AF468302

ŒUVRES COMPLÈTES

DE BUFFON

I

PARIS. — IMPRIMERIE Vve P. LAROUSSE ET Cie
19, RUE MONTPARNASSE, 19

Drouais pinx — [illegible] de Beaulieu sc

BUFFON

ŒUVRES
COMPLÈTES
DE BUFFON

NOUVELLE ÉDITION
ANNOTÉE ET PRÉCÉDÉE D'UNE INTRODUCTION SUR BUFFON
ET SUR LES PROGRÈS DES SCIENCES NATURELLES DEPUIS SON ÉPOQUE

PAR J.-L. DE LANESSAN
Professeur agrégé d'histoire naturelle à la Faculté de médecine de Paris

SUIVIE DE LA
CORRESPONDANCE GÉNÉRALE DE BUFFON
RECUEILLIE ET ANNOTÉE PAR M. NADAULT DE BUFFON

OUVRAGE ILLUSTRÉ
DE 160 PLANCHES GRAVÉES SUR ACIER ET COLORIÉES A LA MAIN
ET DE 8 PORTRAITS GRAVÉS SUR ACIER

TOME PREMIER
INTRODUCTION. — HISTOIRE ET THÉORIE DE LA TERRE

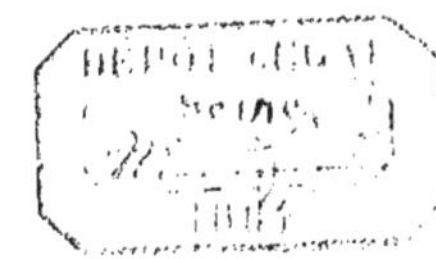

PARIS
LIBRAIRIE ABEL PILON
A. LE VASSEUR, SUCC^r, ÉDITEUR
33, RUE DE FLEURUS, 33

PRÉFACE

Quoiqu'il ait été fait de nombreuses éditions des *Œuvres de Buffon*, j'ai la conviction que celle-ci pourra contribuer à accroître la gloire de l'illustre naturaliste du XVIIIe siècle.

Le grand public ne connaît de Buffon que ses descriptions pittoresques des animaux, devenues classiques, grâce à l'ampleur du trait et à la richesse de coloris du style. Quant aux savants, ceux mêmes qui ont le plus hautement reconnu son génie n'ont mis en relief que ses qualités extérieures. La plupart ont laissé de côté, comme d'inutiles « vues de l'esprit » ses conceptions philosophiques et scientifiques les plus belles et les plus vraies; les autres, dominés par de mesquins préjugés d'écoles, les ont dénaturées ou violemment combattues.

Faire connaître le Buffon savant et penseur, mettre en lumière la grandeur de ses idées, le placer au rang qui lui appartient, à la tête des naturalistes et des philosophes qui ont fondé la science moderne : Lamarck qui fut son élève, Adanson, Ch. Bonnet, Gœthe, Geoffroy Saint-Hilaire, — je ne cite que les plus illustres — dont les écrits portent la marque indélébile du maître dans les œuvres duquel ils puisaient leurs pensées, montrer en Buffon le créateur véritable de la doctrine du transformisme, de l'évolution et de la sélection, tel est le rôle de cette édition, à laquelle mon ami Le Vasseur a voulu que mon nom fut attaché et qu'il a si richement ornée.

Aux œuvres complètes de Buffon, j'ai ajouté sa correspondance, composée de plus de six cents lettres annotées, avec une piété filiale et une science profonde du XVIIIe siècle, par M. Henri Nadault de Buffon, arrière-petit-neveu de l'illustre naturaliste.

Par des notes nombreuses, je me suis efforcé de mettre l'*Histoire naturelle* au courant de la science, ne négligeant que les portions de cette œuvre gigantesque assez vieillies pour n'avoir qu'un intérêt purement historique. Celles-ci sont relativement peu nombreuses. Quant aux autres, le lecteur sera étonné du peu d'efforts qu'il m'a fallu faire pour les moderniser : il sera émerveillé de la jeunesse d'œuvres qui datent de plus de cent ans et qui ont subi l'assaut d'un progrès scientifique si intense que jamais aucun siècle n'en vit un semblable.

Dans une Notice biographique par laquelle débute cette édition j'ai étudié, en naturaliste, la personne, le caractère, la vie privée et publique de Buffon. Dans une Introduction dont l'étendue me sera sans doute pardonnée en raison de l'importance du sujet, j'ai analysé avec un soin minutieux son œuvre scientifique. Je suis sorti de ces travaux plein d'estime pour l'homme et d'amiration pour son génie ; j'aime à croire que cette double impression sera éprouvée par toutes les personnes assez courageuses pour entreprendre la lecture de ma longue étude. Elles y trouveront aussi, à côté de l'exposé des doctrines de Buffon, une histoire condensée des progrès des sciences naturelles depuis le milieu du siècle dernier jusqu'à nos jours.

Quant à moi je m'estimerai suffisamment récompensé de mes efforts et de mon travail si la présente édition contribue à grandir encore la figure de Buffon que je considère comme la plus grande de ce XVIIIe siècle français si fécond en génies.

Diderot, qui était un admirateur passionné du génie de Buffon, a écrit : « Heureux le philosophe systématique à qui la nature aura donné, comme autrefois à Épicure, à Lucrèce, à Aristote, à

Platon, une imagination forte, une grande éloquence, l'art de présenter ses idées sous des images frappantes et sublimes! L'édifice qu'il a construit pourra tomber un jour; mais sa statue restera debout au milieu des ruines; et la pierre qui se détachera de la montagne ne la brisera point, parce que ses pieds ne sont point d'argile. »

A qui ces paroles prophétiques peuvent-elles mieux s'adresser qu'à Buffon? Debout est sa statue, après un siècle de secousses violentes. Quant à l'édifice qu'il a bâti, loin d'avoir été renversé par les efforts incessants du temps, il devient chaque jour plus solide, et ses diverses parties nous apparaissent d'autant plus admirables que la science en progrès les éclaire davantage.

J. L. DE LANESSAN.

Paris, le 6 avril 1884.

NOTICE BIOGRAPHIQUE

SUR BUFFON

Les savants et les penseurs des siècles passés nous intéressent beaucoup plus par les œuvres qu'ils ont laissées à la postérité que par les actes ordinairement peu importants qu'ils ont accomplis. Il y a intérêt cependant à connaître le rôle joué par ces privilégiés de la nature dans le milieu où ils ont vécu, l'action qu'ils ont exercée sur lui et celle qu'ils ont subie de sa part. Tout homme, en effet, si grand qu'il soit, n'est qu'une résultante des générations qui l'ont précédé, des idées et des habitudes de ceux qui ont présidé à son éducation, et de ceux parmi lesquels s'écoule son existence; mais, il faut ajouter que tout homme de la taille de Buffon exerce sur ses contemporains, et souvent aussi sur les générations suivantes, une influence qu'il est à la fois curieux et utile d'étudier. C'est à ce double point de vue que l'histoire des grands hommes doit attirer l'attention de ceux qui entreprennent de l'écrire.

Dans une biographie écrite à ce point de vue, tel gros événement se trouve éclipsé par un petit fait, par un mot échappé dans la conversation, par une ligne écrite sous l'influence d'une émotion qui n'a pas pu être déguisée, par l'acte, en apparence, le plus insignifiant.

La vie de Buffon est peut-être moins favorable que celle de certains autres hommes de son temps à la mise en œuvre de ces principes. Buffon a traversé son siècle entouré de gloire et d'honneurs, mais sans exercer sur lui une de ces influences prépondérantes qui marquent dans l'histoire de l'humanité. Il y a eu en France, pendant le XVIIIe siècle, un mouvement si énergique de l'esprit humain que les savants, même quand ils joignaient, comme Buffon, à leurs connaissances spéciales, la pompe du style et la hardiesse des idées, ne pouvaient rivaliser d'influence avec les hommes qui, comme Voltaire et Rousseau, se préoccupaient par-dessus tout des sentiments et des besoins des masses, réchauffaient les premiers et promettaient satisfaction aux seconds. L'histoire de Buffon est cependant intéressante parce qu'elle témoigne de la puissance à laquelle l'idée seule, dégagée de toutes les passions humaines, a pu atteindre dans un siècle secoué par les plus violentes passions.

Georges-Louis Leclerc (1) de Buffon naquit à Montbard (Côte-d'Or), le 7 septembre 1707. Son père, Benjamin-François Leclerc, était né le 6 mars

(1) Les Leclerc de la Bourgogne appartenaient à une maison fort ancienne dont le chef fut Robert Étienne Leclerc, né en 1298, anobli par Philippe de Valois en 1349. Mais le père de Buffon et son fils ignoraient cette parenté. C'est seulement en 1774 qu'elle fut révélée à Buffon par la lettre suivante du comte de Larivière, qui nous a été conservée par M. H. Nadault de Buffon, arrière-petit-neveu du naturaliste, aujourd'hui dernier représentant de son nom, éditeur et annotateur de sa correspondance publiée pour la première fois en 1860.

« Thôtes, le 12 janvier 1774.

« J'ai eu l'honneur de parler et d'écrire à M. de Buffon, monsieur, depuis que je vous ai vu en ce pays. Quoiqu'une naissance plus ou moins connue, pour un homme de la célébrité de M. de Buffon (célébrité qui rejaillira dans quelque temps que ce soit sur sa postérité), soit peu de chose, il convient que, si on pouvait trouver l'attache de MM. Leclerc du Nivernais avec le premier de ce nom qui fut anobli par Philippe de Valois en 1349, et dont il est démontré, par l'original de la réhabilitation que vous avez, que le chancelier Leclerc sortait, ce serait quelque chose de plus pour M. son fils, qui a d'ailleurs tout ce que l'on peut désirer de mieux pour être au niveau de quelque personne de condition que ce soit; mais sa santé ne lui permettant pas de faire les recherches nécessaires, je l'ai assuré qu'en vous aidant de tous les alentours qu'il a et de la très grande considération dont il jouit, vous étiez l'homme qu'il lui fallait pour ces recherches, et d'autant plus que cela vous regarde un peu, si vous ou les vôtres vous veniez à une fortune qui vous permît de vous faire réhabiliter comme celui qui se fit réhabiliter sous le règne de Louis XIII, et qui n'était certainement pas d'autre famille que MM. Leclerc d'aujourd'hui, qui, manquant de fortune, ont été confondus; car la naissance sans bien est souvent plus à charge qu'utile. Enfin, monsieur, je vous invite à aller trouver M. de Buffon à son hôtel, près le Jardin du Roi; cette lettre vous servira de passe-port; vous en serez certainement bien reçu. MM. Leclerc de Fleurigny, qui, dans leur généalogie, ne remontent qu'au père du chancelier Leclerc, ne sortent pas d'autre que d'Étienne Leclerc, comme vous en avez la preuve sous les yeux, lequel Étienne, grand-père du chancelier, fut anobli en 1349. L'antiquité était assez grande, puisque c'était le cinquième ou le sixième anoblissement que les rois avaient faits jusque-là; mais chacun voudrait tirer son origine du ciel, et quoique l'on vive dans un temps où jamais la noblesse française ait été moins considérée, cette folie occupe cependant les hommes plus que jamais; et des familles oubliées, à force de recherches, ont fini par faire connaître qu'elles sortaient de bon lieu. Je crois que MM. Leclerc du Nivernais y sont non seulement bien fondés, mais qu'un aussi grand homme que M. de Buffon serait reçu à bras ouverts de MM. Leclerc de Fleurigny, en ménageant néanmoins l'anoblissement de l'aïeul du chancelier dont ils ne font pas mention dans leur généalogie, qui commence au père du chancelier et ne remonte pas au grand-père anobli par Philippe de Valois. Adieu, monsieur, soyez toujours bien persuadé de tout l'attachement de cette maison pour vous et de mon estime particulière.

« Le comte de La Rivière. »

Buffon portait les armoiries suivantes :

Écartelés aux I et IV d'argent plein à la bande de gueules, chargée de trois étoiles d'argent (qui est des Leclerc) ; aux II et III d'azur à cinq billettes d'argent posées en sautoir (qui est de Marlin). Son fils y ajouta les armes de sa mère, de la maison de Saint-Belin-Mâlain, qui sont d'azur à trois têtes de béliers d'argent, couronnées d'or et posées III et I.

Dans les actes officiels, contrats et autres actes publics, il prenait les titres suivants : Comte de Buffon, vicomte de Quincy, vidame de Tonnerre, marquis de Rougemont, seigneur de Montbard, la Mairie, les Harens, les Berges et autres lieux; intendant du Jardin et du Cabinet du Roi, l'un des Quarante de l'Académie française, trésorier perpétuel de l'Académie des sciences; des Académies de Londres, de Berlin, de Saint-Pétersbourg, d'Édimbourg, des Arcades, de celle des sciences, lettres et arts de Padoue, de l'Institut de Bologne et de presque toutes celles de l'Europe.

1683; il mourut le 23 avril 1775, c'est-à-dire treize ans seulement avant son fils, aux triomphes duquel il put applaudir. Il exerça d'abord l'office de conseiller du roi, président au grenier à sel de Montbard, puis la charge de commissaire général des maréchaussées de France. Le 14 juin 1740, il fut pourvu de l'office de conseiller au Parlement de Bourgogne. Il résigna cette charge le 13 novembre 1742, et obtint, le 12 mai, ses lettres d'honneur.

Leclerc était seigneur de Buffon et de Mairie. Il y jouissait des droits de haute, basse et moyenne justice.

La mère de Buffon, Christine Marlin, a laissé le souvenir d'une femme de cœur et de grande intelligence. Le fils eut, paraît-il, beaucoup du caractère de sa mère. L'un de ses biographes (1) dit à cet égard : « Buffon avait ce principe qu'en général les enfants tenaient de leur mère leurs qualités intellectuelles et morales, et lorsqu'il l'avait développé dans la conversation, il en faisait sur-le-champ l'application à lui-même, en faisant un éloge pompeux de sa mère, qui avait en effet beaucoup d'esprit, des connaissances étendues, une tête très bien organisée, et dont il aimait à parler souvent. »

La seule chose qu'on sait de l'enfance de Buffon, c'est qu'il fut élevé par les jésuites, à Dijon, où son père vint en 1720 après avoir acheté une charge de conseiller au Parlement de Bourgogne. Voltaire, Diderot, vingt autres hommes de lettres et de sciences du XVIIIe siècle reçurent, comme Buffon, l'instruction et l'éducation dans les maisons de la Compagnie de Jésus, qui se distinguaient à cette époque pour la qualité de leurs méthodes, la valeur scientifique et la distinction des manières de leurs maîtres.

Du temps qu'il passa au collège des godrans, chez les jésuites de Dijon, de la façon dont il fit ses études, on ne sait presque rien. On n'a conservé dans sa famille que le souvenir de son amour des mathématiques, qui étaient alors très en vogue, mais dont le règne ne devait pas tarder à faire place à celui des sciences d'observation (2). Buffon aimait particulièrement la géométrie; il portait toujours avec lui les éléments d'Euclide et le *Traité analytique des sections coniques*, du marquis de l'Hôpital. Il jouait surtout au jeu de paume, qui a toujours été le jeu de prédilection des collèges des jésuites.

(1) HÉRAULT DE SÉCHELLES, *Voyage à Montbard*, p. 24.

(2) En 1754, Diderot écrit : « Nous touchons au moment d'une grande révolution dans les sciences. Au penchant que les esprits me paraissent avoir à la morale, aux belles-lettres, à l'histoire de la nature et à la physique expérimentale, j'oserais presque assurer qu'avant qu'il soit cent ans, on ne comptera pas trois grands géomètres en Europe. Cette science s'arrêtera tout court, où l'auront laissée les Bernouilli, les Euler, les Maupertuis, les Clairaut, les Fontaine, les D'Alembert et les Lagrange. Ils auront posé les colonnes d'Hercule, on n'ira point au delà. Leurs ouvrages subsisteront dans les siècles à venir, comme les pyramides d'Égypte, dont les masses chargées d'hiéroglyphes réveillent en nous une idée effrayante de la puissance et des ressources des hommes qui les ont élevées. » (*De l'interprétation de la Nature*, Ed. Assézat, t. II, p. 11.)

Après avoir fait son droit à Dijon avec les présidents de Brosses et Richard de Ruffey, et avoir conquis le titre de licencié en droit, il se rendit en 1729 à Angers, sur le conseil du P. Landreville, de l'Oratoire, pour y suivre les cours de médecine, alors renommés de cette Faculté, et ceux, encore plus en vogue, de son académie d'équitation, qui attiraient à Angers tous les jeunes gens de famille.

Cela s'appelait faire son académie. A Angers, Buffon se lia étroitement avec le botaniste Berthelot du Paty, et il en fût sorti ou médecin ou botaniste, sans un duel qu'il eut, à propos d'une rivalité d'amour, avec un officier au régiment de Royal-Croates qui tenait garnison dans cette ville.

Il tua son adversaire, dut quitter précipitamment Angers, et se rendit à Nantes, puis à Bordeaux, où il fit une rencontre destinée à exercer une influence considérable sur sa vie, celle du duc de Kingston et de son précepteur allemand Hickmann.

Le jeune duc de Kingston était assez dissipé pour séduire Buffon, M. Hickmann était assez instruit et assez enthousiaste des sciences naturelles pour exercer sur son esprit une influence considérable. Trouvant auprès de ces deux hommes la satisfaction des deux penchants de sa nature, il s'attacha rapidement à eux et les accompagna dans le midi de la France et en Italie.

Le voyage dura deux ans. Les voyageurs, après avoir quitté Bordeaux, s'arrêtèrent à Montauban, Toulouse, Carcassonne, Béziers, Narbonne, Montpellier, Livourne, Gênes, Florence et Rome où se fit leur séparation, Buffon ayant été rappelé en France par la mort de sa mère, le 1er août 1731.

A en juger par sa correspondance, Buffon est tout au plaisir de son voyage. Ses lettres sont rares, courtes, presque vides de descriptions des choses qu'il voit et de jugements sur les hommes qu'il rencontre. Les quelques lignes qu'il leur consacre renferment des appréciations rapides, cassantes, des remarques faites de haut, avec une humeur très aristocratique et le scepticisme de mode au XVIIIe siècle. On y sent cependant un esprit doué d'une grande faculté d'observation et certains fragments figureraient sans désavantage à côté des lettres de Voltaire et de Diderot.

Il dit de la ville de Bordeaux : « Elle peut passer pour une des plus peuplées du royaume ; l'on y fait grand'chère, l'on y boit d'excellent vin ; mais tout est excessivement cher. Paris même, en comparaison, est un lieu de bon marché ; les habitants sont tous marchands, gens grossiers, si méprisés dans notre patrie, mais dont la façon de vivre me paraît la plus raisonnable. Ils ne font point de façons de préférer un ordinaire à une pistole par tête à des habits galonnés ou à un carrosse à six chevaux, et aiment mieux l'abondance dans la bourgeoisie que la disette dans la noblesse. Qu'en pensez-vous ? Pour moi, je ne peux leur donner tort. Il y a ici bonne comédie, concert à dix pistoles par souscription ; tout s'y sent de la richesse que produit le commerce, au lieu qu'à Angers, comme à Dijon tout y est maigre, épargné. L'on y fait plus qu'on ne peut; orgueil et gueuserie y marchent ensemble, filles légitimes du mépris ridicule que l'on y a pour le négoce. »

Dans une autre lettre, il trousse en termes vifs un portrait charmant des petits maîtres de la capitale de l'Aquitaine. Après avoir raconté que les habitants se sont mis en frais pour indemniser de pauvres diables de comédiens dont le théâtre a brûlé, il ajoute : « C'est là l'action la plus sage que j'ai vu faire en ce pays, où la moitié des gens sont grossiers, et l'autre petits-maîtres, mais petits-maîtres de cent cinquante lieues de Paris, c'est-à-dire bien manqués. Vous ririez de les voir, avec des talons rouges et sans épée, marcher dans les rues, où la boue couvre toujours les pavés de deux pouces, sur la pointe de leurs pieds, et de là, à l'aide d'un décrotteur, passer sur un théâtre où jamais ils ne sont que comtes ou marquis, quand ils ne posséderaient qu'un champ ou une métairie, et qu'ils ne seraient que chevaliers d'industrie. Comme il y en a un grand nombre qui s'empressent auprès des étrangers, nous n'avons pas manqué d'en être assaillis; mais heureusement ils n'ont pas assez d'esprit pour faire des dupes. Le jeu est ici la seule occupation, le seul plaisir de tous ces gens; on le joue gros et, en ce temps de carnaval, sous le masque. Le jeu ordinaire est *les trois dés;* mais ce qu'il y a de plus singulier, c'est que chaque masque apporte ses dés et son cornet. Il faut être bien bête pour donner dans un pareil panneau. »

Montauban, où il a séjourné un mois, est assez bien traité. « La ville est petite, mais charmante par sa situation, sa bâtisse et l'air pur qu'on y respire. Les habitants y sont tout à fait polis, grands joueurs de piquet et d'hombre, presque ennemis du quadrille, amateurs des promenades, où ils passent une partie de la journée à parler gascon et à admirer les environs de leur ville, qui réellement sont tout à fait agréables. Ils peuvent se flatter de manger les meilleures volailles de France et de faire très bonne chère à très bon marché. »

Toulouse lui paraît « une grande et belle ville; son étendue est immense. On la croit plus vaste que Lyon; ce qu'il y a de vrai, c'est qu'elle est au moins six fois aussi grande que Dijon. Le sexe y est tout à fait beau, et, excepté les vieilles, je ne me souviens pas d'y avoir vu une laide femme. Les maisons y sont superbement bâties, quoique un peu à l'antique; les rues bien percées, le nombre des carrosses immense. »

A Narbonne, rien ne le choque « que les rues sombres et si étroites qu'à peine trois personnes de front y peuvent passer à leur aise. » Un trait de mœurs le frappe : « Je remarquai avec surprise dans tous les cabarets de grands éventails mobiles sur des poulies, qui servent à rafraîchir les hôtes, qui sont obligés d'y dîner en chemise, et qui, malgré ces précautions, ne laissent pas que d'y suer à grosses gouttes. »

Rome est, après les villes dont je viens de parler, la seule dont sa correspondance fasse mention. « Rome est à cette heure dans son brillant ; le carnaval est commencé depuis quinze jours ; quatre opéras magnifiques et autant de comédies, sans compter plusieurs petits théâtres, y font les plaisirs ordinaires, et je vous avoue qu'ils sont extraordinaires pour moi, pour l'excellence de la musique et le ridicule des danses, par la magnificence des décorations et la métamorphose des eunuques qui y jouent tous les rôles des femmes ; car l'on n'en voit pas une sur tous ces théâtres, et cette différence est si peu sensible pour le peuple romain qu'il a coutume de parler de la beauté de ces hongres de la même façon que nous raisonnerions de celle d'une jolie actrice : tant ils ont conservé le goût de leurs ancêtres, dont ils ont si fort dégénéré pour toute autre chose. »

Il se montre volontiers dédaigneux à l'égard des femmes. Il écrit, en 1729, au président Ruffey : « Il fallait que ce fût une déesse, même au-dessus de Vénus, puisqu'il semble dans votre ouvrage que vous en fassiez une divinité différente de cette reine des Grâces ; mais peut-être avez-vous fait comme Phidias : vous aurez, dans vos plaisirs vagabonds, pris une pièce de l'une, une grâce de l'autre, un trait d'une troisième, et du tout ensemble vous aurez formé votre ode ; car elle est belle partout, et en cela différente de presque toutes les beautés d'à présent. Ce qui me ferait soupçonner que j'aurais deviné juste, c'est qu'à Paris un homme de votre humeur se pique rarement de constance et peut, dans la diversité des objets, trouver plus de plaisir que dans un attachement unique. »

Dans une lettre déjà citée plus haut, il écrit à son ami : « L'on m'a dit que Malteste avait pour maîtresse une des plus jolies dames qu'il y ait à Dijon. Ne pensez-vous pas avec moi que les Danaé sont maintenant bien communes, et Cupidon si aveugle qu'il ne peut plus rien distinguer que le brillant de l'or. »

Tout cela est d'un sceptique élégant, dont les passions n'entraveront jamais la marche ambitieuse.

Il conserva pendant toute sa vie cette verve railleuse, souvent triviale, mais il n'en faisait que rarement usage dans sa correspondance.

Il excelle cependant à tracer, en quelques coups de crayon, des esquisses satiriques plaisantes ou cruelles. Le 29 janvier 1733, il écrit de Dijon : « Voici les nouvelles du pays : il y a quelques jours que de jeunes éveillés jouèrent au bal *à la cloche fondue* et donnèrent le fouet à M. de la Mare le fils ; la mère, qui était présente, se démasqua et voulut faire du bruit ; on lui répondit en se moquant qu'elle avait tort, et que tout cela n'était qu'une *foutaise*. Au concert de dimanche, le conseiller Malteste rencontra Mme Jolivet sur l'escalier, et lui mit à ce qu'on dit, quoi? direz-vous, la main dans la gorge jusqu'au nombril. Elle se retourna et justement courroucée, elle donna un soufflet sanglant. Celui-ci répondit par des injures atroces ; l'on ne sait encore comment tout cela tournera. Mme Jolivet a remercié au concert, parce qu'on voulait l'obliger à chanter dans les chœurs. Autre aventure : un jeune trésorier, que bien vous connaissez, eut dimanche un soufflet au bal, qu'on dit qu'il reçut bénignement; il n'y avait heureusement que deux dames et cinq p...., les deux premières furent obligées d'en sortir, parce qu'on exploitait les autres derrière leur dos. »

De Paris, le 25 janvier 1743. « Toutes les comédiennes ont des rhumes, des fluxions ou des ch... p.... Cela nous prive de la représentation des pièces nouvelles. Piron attend l'hiver prochain pour donner *Montézume*, à cause de Mlle Gaussin, qui a une ou deux de ces incommodités. »

Dans quelques lettres confidentielles, il ne ménage pas plus les grands hommes de son temps que les grandes actrices. « Il me semble (écrit-il au président de Brosses, le 11 février 1761) que, depuis que Voltaire réside en Bourgogne, il est devenu furieusement babillard. Voyez seulement son épître à Mme de Pompadour, sa réponse à M. Déodatie, ses missives au sujet du roman de Rousseau, dans lequel, par parenthèse, je trouve aussi bien du rabâchage, et vous m'avouerez que nos beaux esprits sont plus abondants que jamais, je ne dis pas en idées, mais en paroles. Mes mauvais yeux m'empêchent de lire, et ceci m'en dégoûte. »

Le 7 mars 1768, il écrit au même : « Comme je ne lis aucune des sottises de Voltaire, je n'ai su que par mes amis le mal qu'il a voulu dire de moi; je lui pardonne comme un mal métaphysique qui ne réside que dans sa tête, et qui vient d'une association d'idées de Needham et Buffon. Il est irrité de ce que Needham m'a prêté ses microscopes et de ce que j'ai dit que c'était un bon observateur. Voilà son motif particulier, qui, joint au motif général et toujours subsistant de ses prétentions à l'universalité et de sa jalousie contre toute célébrité, aigrit sa bile recuite par l'âge, en sorte qu'il semble avoir formé le projet de vouloir enterrer de son vivant tous ses contemporains. Il sera tout aussi fâché contre vous dès qu'il vous verra à l'Académie, et j'espère que nous lui donnerons ce chagrin dans peu, quoique toute notre vieillesse académique ait l'air de tenir bon. »

Il écrit à Mme Necker le 16 juillet 1782 : « Connaissez-vous, ma trop indulgente amie, une assez bonne et plaisante critique du *Poème des Jardins*, par le comte de Barruel? Je n'y trouve qu'une méprise, c'est qu'il met Saint-Lambert fort au-dessus de l'abbé Delille et de Roucher, tandis que tous trois me paraissent être de niveau. Je ne suis pas poète ni n'ai voulu l'être, mais j'aime la belle poésie; j'habite la campagne, j'ai des jardins, je connais les saisons, et j'ai vécu bien des mois; j'ai donc voulu lire quelques chants de ces poèmes si vantés des *Saisons*, des *Mois* et des *Jardins*. Eh bien, ma discrète amie, ils m'ont ennuyé, même déplu jusqu'au dégoût, et j'ai dit dans ma mauvaise humeur : « Saint-Lambert, au Parnasse, n'est qu'une froide grenouille, Delille un hanneton, et Roucher un oiseau de nuit. » Aucun d'eux n'a su, je ne dis pas peindre la nature, mais même présenter un seul trait bien caractérisé de ses beautés les plus frappantes. « Quel blasphème! » dirait l'ami Chabanon; je me recommande néanmoins à Mlle Necker, pour lui faire passer ce doux jugement. Il sera furieux et cela l'amusera, et, s'il se fâchait tout de bon, et pour toujours, nous pourrions aussi habiller sa muse d'une forme voisine au-dessous de celle de la Grenouille. »

Il écrit encore à Mme Necker, le 2 janvier 1777 : « Il faut bien qu'il y ait plus de grands écrivains que de penseurs profonds, puisque tous les jours on écrit excellemment sur des choses superficielles. Fénelon, Voltaire et Jean-Jacques ne feraient pas un sillon d'une ligne de profondeur sur la tête massive des pensées des Bacon, des Newton, des Montesquieu. »

Il est manifeste que Buffon ne destinait pas ses lettres à la postérité, différant en cela de la plupart des littérateurs de son temps, qui prenaient grand souci de leur correspondance et apportaient à sa rédaction autant de soin qu'à celle de leurs œuvres les plus considérables.

Il ne parle que rarement à ses amis des événements qui se passent autour de lui et des personnes qu'il fréquente. La plupart de ses lettres appartiennent à la catégorie de celles qu'on peut appeler nécessaires. C'est une commission dont il charge un ami, une réponse à une demande qui lui a été faite, un remerciement pour l'envoi d'un livre ou d'un objet, toujours remis avec un noble désintéressement au Cabinet du Roi, des félicitations à un poète, des instructions à ses collaborateurs, etc. Le style de cette correspondance est bref, sec, quoique souvent empreint de préciosité. Ce défaut est particulièrement saillant dans les seules lettres qui sentent l'application, celles qu'il adresse à Mme Daubenton et à Mme Necker. Quand il écrit à un étranger, il est d'une politesse un peu exagérée; avec ses amis, il n'est pas beaucoup plus familier, mais la sincérité de son affection éclate dans les moindres mots.

S'il s'occupe des choses du jour, c'est rapidement, en quelques mots, comme un homme qui porte un médiocre intérêt à tout ce qui ne le touche pas directement. Il n'est que rarement question dans sa correspondance des événements politiques; quand il en parle, c'est avec le ton d'un homme très dégagé de ces sortes de choses. « On représente à l'Opéra le ballet des *Sens* avec un nouvel acte aussi mauvais que les autres. Il fait une chaleur excessive. Le parlement se rebrouille et avec la cour et avec lui-même. Les princesses vont voir les jeunes gens nager à la porte Saint-Bernard, et la loterie ou la *friponnerie* de Saint-Sulpice va toujours son train. C'est à peu près là tout ce que je sais de nouvelles, excepté celles du café; mais on y en débite tant de fausses qu'il y aurait conscience à les écrire; et, après cela, je les crois moins intéressantes que celles que l'on débite à Dijon dans vos cercles. »

Le 22 octobre 1750 : « Les affaires du clergé font aujourd'hui grand bruit. Tous les honnêtes gens admirent la bonté du Roi et crient contre l'orgueil et la désobéissance des prêtres, qui ont refusé nettement de donner la déclaration des biens qu'ils possèdent. Heureusement on tient ferme, et on leur a déjà fait sentir qu'on les y forcerait. Ils sont tous renvoyés et retenus dans leurs diocèses, et comme le Roi est à Fontainebleau, diocèse de Sens, l'archevêque a cru qu'il lui serait permis d'aller comme à l'ordinaire faire sa cour; mais il a reçu ordre de rester à son archevêché. Je tiens cette nouvelle de son neveu, dont je suis voisin. »

Le 25 juin 1743 : « M. le cardinal est toujours très mal, et tout le monde croit que nous sommes à la veille de le perdre. On parle d'une trêve et de quelques arrangements pour une future paix; il est à souhaiter que cet avenir ne se fasse pas attendre. »

Le 24 avril 1751 : « On est ici fort occupé du jubilé. L'affaire du clergé pour le vingtième n'est point encore finie; l'archevêque de Sens et l'évêque d'Auxerre se sont traités comme des fiacres dans leurs mandements. »

En réalité, Buffon ne s'occupe que fort peu, pendant sa longue carrière, des choses étrangères à la science. Le Jardin et le Cabinet du roi, la rédaction de l'*Histoire naturelle*, ses affaires privées, conduites avec un soin minutieux, ne laissaient aux autres préoccupations qu'une place minime. « L'usage des livres, la solitude, la contemplation des œuvres de la nature, l'indifférence sur le mouvement du tourbillon des hommes sont les seuls éléments de la vie du philosophe, » a-t-il dit dans un de ses discours (1).

Revenons à sa jeunesse : quoiqu'elle fût quelque peu dissipée, il ne paraît pas que, même pendant cette période de sa vie, il attachât aux plaisirs d'autre valeur que celle qu'ils peuvent avoir aux yeux d'un homme jeune, riche et bien portant. En 1732, à vingt-cinq ans, après avoir passé quatre mois à Paris, il écrit à un ami : « Je suis de ces gens un peu extraordinaires pour le goût dans les plaisirs; je n'en ai par exemple point trouvé aux spectacles, qui me paraissent languir de froideur. La tragédie de *Zaïre*, de Voltaire, a pourtant eu cinq ou six chaudes représentations; mais j'aimais mieux en sortir que d'y être étouffé. »

Mme Necker dit de lui (2) : « M. de Buffon a mené dans sa jeunesse toutes les sciences de front; il n'avait jamais été à Paris à vingt-quatre ans et il écrivait très bien en français; la curiosité et la vanité ont développé ses talents; il ne voulait pas qu'un homme pût entendre ce qu'il n'entendait pas lui-même; il ne voulait rien ignorer de ce qu'il pouvait savoir dans quelque genre que ce fût. »

L'opinion de Mme Necker est confirmée par la rapide fortune scientifique du jeune Buffon. A vingt-six ans, le 3 juin 1733, il est élu membre adjoint

(1) Réponse à M. le maréchal, duc de Duras, le jour de sa réception à l'Académie française, le 15 mai 1775, t. XI, p. 580.

(2) *Mélanges*, t. III, p. 81.

de l'Académie des sciences dans la section de mécanique, après avoir publié divers mémoires de géométrie et d'arithmétique.

Il manifesta, d'ailleurs, pendant toute sa vie un très vif amour pour le travail. Encore très jeune, il prit l'habitude de se lever de grand matin, sans tenir compte de l'heure de son coucher. Son domestique avait l'ordre de le réveiller à six heures et de le contraindre à se lever. M. Humbert Bazile, un de ses secrétaires, dont M. Nadault de Buffon a recueilli et publié les mémoires, nous a conservé le récit qu'il faisait lui-même du procédé qu'il mit en œuvre pour atteindre ce résultat. « Dans ma première jeunesse, disait-il, j'aimais le sommeil avec excès; il m'enlevait la meilleure partie de mon temps; mon fidèle Joseph — (son valet de chambre, qui fut à son service pendant soixante-cinq ans) — me devint d'un grand secours pour vaincre cette funeste habitude. Un jour, mécontent de moi-même, je le fis venir et je lui promis de lui donner un écu chaque fois qu'il m'aurait fait lever avant six heures. Le lendemain, il ne manqua pas de venir m'éveiller à l'heure convenue; je lui répondis par des injures; il vint le jour d'après : je le menaçai. « Tu n'as rien gagné, mon pauvre Joseph, lui dis-je, lorsqu'il » vint me servir mon déjeuner, et moi j'ai perdu mon temps. Tu ne sais pas » t'y prendre ; ne pense désormais qu'à la récompense et ne te préoccupe » ni de ma colère ni de mes menaces. » Le lendemain, il vint à l'heure convenue, m'engagea à me lever, insista ; je le suppliai, je lui dis que je le chassais, qu'il n'était plus à mon service. Sans se laisser intimider par ma colère, il employa la force et me contraignit enfin à me lever. Pendant longtemps il en fut de même; mais mon écu, qu'il recevait avec exactitude, le dédommageait chaque jour de mon humeur irascible au moment du réveil. »—« Un matin, continue M. Humbert, et ceci me fut raconté par Joseph lui-même, le valet eut beau faire, le maître ne voulut pas se lever. A bout de ressources et ne sachant plus quel moyen employer, il découvrit de force le lit de M. de Buffon, lança sur sa poitrine une cuvette d'eau glacée et sortit précipitamment. Un instant après, la sonnette de son maître le rappela; il obéit en tremblant. « Donne-moi du linge, lui dit M. de Buffon sans colère, mais à » l'avenir tâchons de ne plus nous brouiller, nous y gagnerons tous deux ; » voici tes trois francs qui, ce matin, te sont bien dus ! » Il disait souvent en parlant de son valet de chambre : « Je dois au pauvre Joseph trois ou » quatre volumes de l'*Histoire naturelle.* » M. de Buffon se plaisait à raconter cette anecdote de sa jeunesse, pour guérir de leur paresse les personnes qui s'y laissaient trop facilement aller. »

Il est bien permis de penser que ses habitudes matinales ne tardèrent pas à agir puissamment sur le reste de sa conduite. Il se plaint de Paris, où l'on se couche trop tard et où les devoirs du monde absorbent la meilleure partie du temps, et il ne tarde pas à renoncer d'une façon presque absolue au séjour de la capitale pour vivre dans sa retraite de Montbard.

A Montbard, sa journée était distribuée avec un ordre et une méthode dont il ne se départit jamais. M. H. Nadault de Buffon, son arrière-petit-neveu et son principal biographe, en a tracé le tableau d'après des renseignements recueillis auprès des vieux serviteurs : « Chaque matin, il se levait à cinq heures. Enveloppé dans une robe de chambre, il quittait sa maison et se dirigeait seul, à l'extrémité de ses jardins, vers la plate-forme de l'ancien château ; la distance était de près d'un demi kilomètre, plusieurs terrasses munies de grilles y conduisaient ; Buffon refermait soigneusement les grilles derrière lui. Un secrétaire l'attendait ; on se mettait aussitôt au travail. Sur une petite table, près de la cheminée, le secrétaire écrivait. Buffon dictait, sans livres, sans notes, sans papiers ; il dictait souvent des pages entières d'un seul trait. Pendant l'été, la porte restait ouverte et Buffon, la tête haute, les bras croisés derrière le dos, se promenait dans les allées, rentrant par instants pour dicter. A neuf heures arrivaient un valet de chambre et un barbier. Le valet de chambre apportait sur un plateau le déjeuner de son maître, un carafon d'eau et un petit pain. Buffon déjeunait, et se faisait coiffer et habiller parfois. Une demi-heure tout au plus était consacrée à la toilette et au déjeuner. Le valet de chambre et le barbier se retiraient en fermant les grilles, et Buffon reprenait son travail, qu'il ne quittait qu'à deux heures pour dîner. »

M. Humbert Bazile raconte de la façon suivante la matinée de Buffon :

« Les jours où M. de Buffon ne montait pas à son cabinet de travail, une heure après son lever, Brocard, un de ses valets de chambre, spécialement attaché à mon service, entrait chez moi. Je me levais et je descendais de suite dans la chambre de M. de Buffon. Je le trouvais assis devant son secrétaire placé près de la cheminée, et occupé à parcourir un grand nombre de petites feuilles de papier de toute dimension, qu'il me remettait pour les transcrire suivant leur numéro d'ordre. Puis on passait à la correspondance qu'il me dictait, ou dont il me donnait seulement le sujet ; le tout lui était lu par moi et souvent corrigé, puis recommencé. S'il n'y avait point de correspondance, après avoir écrit les lettres d'invitation à dîner, pendant que M. de Buffon méditait et prenait des notes, assis à mon bureau, voisin du sien, je copiais ses manuscrits. A huit heures entrait Mlle Blesseau, qui venait rendre ses comptes, puis Limer, le premier valet de chambre, qui du service de M. de Voltaire avait passé à celui de M. de Vilette, son neveu, et qui avait quitté ce dernier pour entrer au service de M. de Buffon. M. de Buffon se faisait raser tous les jours. Drouard, à Montbard, et Pierrelet, à Paris, étaient chargés de ce soin. Tel fut, durant tout le temps que je restai près de lui, l'emploi invariable de sa matinée. »

« A Montbard, dit M. H. Nadault de Buffon, on dînait à deux heures ; c'était l'heure où Buffon quittait son cabinet de travail. Avant deux heures, personne ne pouvait le voir, quelque élevé que fût le rang du visiteur ; il y avait au château, en permanence, une table de vingt-cinq couverts. Le personnage le plus important de la maison et le mieux payé était le cuisinier. Buffon y mettait de l'amour-propre ; c'était son seul luxe. Au reste, lui-même mangeait beaucoup, surtout des fruits. Son dîner était son seul repas ; c'était le seul instant de la journée où il fût entièrement à ses hôtes et aux visiteurs. On restait longtemps à table ; la sœur de Buffon, Mme Nadault, faisait les honneurs de sa maison. En dehors de ses heures de travail, Buffon n'aimait pas à s'occuper de choses profondes ; il laissait son esprit au repos. Sachant mettre chacun à son aise, il était chez lui accueillant et affable. Aimant à causer et parfois un peu à rire, il ne cherchait l'effet en rien. « La » conversation de M. de Buffon, dit Mme Necker, a un attrait tout particu- » lier... Il s'est occupé toute sa vie d'idées étrangères aux autres hommes ; » en sorte que tout ce qu'il dit a le piquant de la nouveauté. » Pour lui, une question de littérature ou de science devait se discuter sérieusement. Aussi évitait-il avec soin, lorsqu'à table la discussion s'élevait sur des sujets de cette nature, d'y prendre part. Il se taisait et laissait dire. Mais que la discussion s'animât, qu'elle prît une tournure capable de l'intéresser, on voyait se réveiller le savant et l'homme de génie ; c'était alors, pour me servir d'une expression qui lui était familière, *une autre paire de manches !* On se taisait et on l'écoutait parler. Lorsqu'il s'apercevait de l'attention qu'on lui prêtait, il s'arrêtait mécontent de lui : *Pardieu !* disait-il, *nous ne sommes pas à l'Académie !* Et la conversation reprenait le ton dont il n'aimait pas à la voir s'écarter. Après le dîner, chacun se dispersait. Buffon rentrait chez lui et s'occupait jusqu'au soir de ses affaires domestiques et de l'administration du Jardin du Roi, dictant à son secrétaire des lettres d'affaires ou des réponses à ses correspondants, au nombre desquels furent Catherine II et le roi de Prusse. Le soir, on se retrouvait au salon, grande pièce tendue en soie verte, décorée dans toute sa hauteur par les peintures des oiseaux décrits dans l'*Histoire naturelle*. Un secrétaire apportait le manuscrit auquel Buffon travaillait. »

Il ne se laissait détourner de ses travaux par aucune préoccupation étrangère. Presque indifférent, ainsi que je l'ai montré plus haut, à tous les événements qui ne l'intéressaient pas d'une façon directe, il ne prêtait pas grande attention aux critiques et aux attaques dont son caractère, sa conduite ou ses œuvres pouvaient être l'objet. Sur ce point, il avait fait du silence un système.

Le 6 août 1779, Guéneau de Montbelliard l'informe que la gazette de l'abbé Grosier, *Journal de la littérature, des sciences et des arts*, vient de publier une lettre dans laquelle un certain Gobet assure que les *Époques de la nature* ne sont que la réédition d'un manuscrit confié à Buffon par Boulanger. Buffon lui répond : « Grand merci, mon cher bon ami, tant à vous qu'à l'abbé Berthier, de cette gazette qui m'a fait quelque plaisir à lire et dont j'ai gardé copie en cas de besoin, quoique je sois encore plus déterminé que jamais à garder un silence absolu; car je suis informé par les lettres d'aujourd'hui que c'est un piège que le journaliste, d'accord avec Gobet et quelques autres, voulait me tendre, et que ledit journaliste n'avait pas d'autres vues que de donner de la vogue à son journal. En m'engageant à y mettre une réponse, il comptait en augmenter le débit, et il a grand besoin de cette ressource, puisqu'il ne s'en vend pas trois cents. »

Quelques jours plus tard, il écrit à l'abbé Bexon à propos de cette même affaire : « Je suis maintenant très décidé à ne faire aucune réponse au sujet du manuscrit Boulanger. Je n'ai jamais lu moi-même le manuscrit : c'est Trécourt qui m'en a lu quelques endroits et qui m'a fait l'extrait de ce qui regardait le cours de la Marne, dont je vous ai remis à vous-même la petite carte. Voilà tout ce que j'ai tiré de ce manuscrit, que je connaissais d'avance par la lettre que Boulanger m'avait écrite en 1750; en sorte qu'ayant alors jeté cette lettre, j'ai de même jeté le manuscrit comme papier très inutile. Mais je vois qu'il n'est pas nécessaire d'en convenir aujourd'hui; il vaut mieux laisser ces mauvaises gens dans l'incertitude, et, comme je garderai un silence absolu, nous aurons le plaisir de voir leurs manœuvres à découvert. Je viens de lire l'extrait de mon ouvrage dans le numéro 18 du même journal Grosier. Il est clair que c'est un guet-apens et un piège qu'on a voulu me tendre, en voulant me forcer à répondre à la lettre de Gobet, parce que le journaliste, dont l'extrait est pitoyable et de mauvaise foi, s'est bien douté que je ne répondrais pas à sa critique, mais que je serais obligé de paraître pour me défendre de la calomnie. Le seul fait d'avoir lu publiquement à l'Académie de Dijon, en 1772, le premier discours des *Époques*, qui en renferme tout le plan, suffit pour confondre les calomniateurs, puisque le manuscrit Boulanger ne m'a été remis que trois ans après. Et voilà ce que peuvent dire mes amis avec d'autant plus d'assurance qu'il en a été fait mention, lors de la lecture, dans les feuilles hebdomadaires de Bourgogne imprimées à Dijon. Il faut donc laisser la calomnie retomber sur elle-même, et je suis très aise que vous en pensiez ainsi. »

Dès le début de sa carrière scientifique, il avait manifesté le même dédain pour les attaques. Le 21 mars 1750, les premiers volumes de son *Histoire naturelle* ayant été l'objet de très vives critiques de la part des jansénistes, il écrit à l'abbé Leblanc : « J'aimerais mieux combattre pour cette cause que pour la mienne contre les jansénistes, dont le gazetier m'a attaqué aussi vivement, mais un peu moins malhonnêtement qu'il n'a fait le président Montesquieu. Il a répondu par une brochure assez épaisse et du meilleur ton. Sa réponse a parfaitement réussi; malgré cet exemple, je crois que j'agirai différemment et que je ne répondrai pas un seul mot. Chacun a sa délicatesse d'amour-propre; la mienne va jusqu'à croire que certaines gens ne peuvent pas même m'offenser. »

Il n'était pas cependant insensible aux attaques et gardait une vigoureuse rancune à ceux dont il avait éprouvé la méchanceté; je n'en veux d'autre preuve que la façon dont il parle de Réaumur et les citations que j'ai faites plus haut de sa correspondance relativement au jugement porté par Voltaire sur son système de la génération.

Mais il considérait avec raison que les penseurs et les savants de sa taille honorent beaucoup trop leurs détracteurs en se donnant la peine de discuter avec eux. Il y a trouvé cet avantage que tous les libelles et les livres écrits contre son œuvre par des contemporains, même célèbres, sont aujourd'hui ignorés de tout le monde. Combien y a-t-il de savants ou de littérateurs qui connaissent ou qui même aient entendu parler des pamphlets de l'abbé Royou (1)?

Les *Lettres à un Américain*, elles-mêmes, sont tombées dans l'oubli, malgré la célébrité et la compétence de leur auteur (2).

Qui donc aujourd'hui connaîtrait le nom du jésuite Fréron, si les flagellations de Voltaire ne l'avaient pas transmis à la postérité?

Si Buffon était porté par la nature de son caractère, par la tournure de son esprit, et par son éducation essentiellement aristocratique à se placer au-dessus des attaques; s'il avait assez de confiance en son génie pour n'attacher qu'une médiocre importance aux critiques passionnées dirigées contre ses œuvres, la confiance qu'il avait en lui-même augmenta par les flatteries dont il était l'objet, par le succès immense qu'obtenaient, les uns après les autres, les nombreux volumes de son *Histoire naturelle*.

(1) *Analyse et réfutation des Époques de la nature*, 1er décembre 1779. — *Le monde de verre de M. de Buffon réduit en poussière, ou réfutation plus complète de sa nouvelle théorie de la terre, développée dans son ouvrage des Époques de la nature.*

(2) Cet ouvrage curieux, aujourd'hui très rare, a pour titre : *Lettres à un Américain sur l'Histoire naturelle générale et particulière de M. de Buffon.* Il parut sans nom d'auteur, en petits volumes in-18. On ne tarda pas à accuser Réaumur d'avoir écrit les lettres; il s'en défendit et on les mit sur le compte d'un abbé de Lignac, prêtre de l'Oratoire. La vérité est que l'ouvrage fut rédigé par ce dernier en collaboration ou tout au moins sous l'inspiration de Réaumur. Le marquis d'Argenson dit à ce propos, dans ses *Mémoires* : « Le véritable auteur est M. de Réaumur, de la même Académie des sciences que M. de Buffon, grand ennemi de celui-ci, envieux et jaloux de ses travaux et de ses récompenses. Buffon a été critiqué par les dévots, n'ayant pas assez respecté la physique révélée par la Genèse, et accusé d'avoir donné lieu au système du livre de *Telliamed*, qui nie le déluge. On y prétend que la terre a été anciennement couverte d'eau; que les plus anciens animaux sont les poissons; que tous les coquillages des mers, même de la Chine, que l'on trouve aujourd'hui au milieu de nos terres et de nos montagnes, proviennent de cet ancien séjour des eaux, et non du déluge de Noé, comme le croient les dévots. Cette critique a assez de succès dans le monde. Il faut être bien savant et bien appliqué pour la suivre dans sa physique sublime et calculée. Réaumur s'est adjoint un petit père de l'Oratoire, qui a rédigé l'ouvrage. Il a évité de faire porter tout l'ouvrage sur la dévotion et la religion vengée; il censure Buffon sur bien des points, des erreurs, des contradictions, de la vanité d'auteur orgueilleux et superficiel. Véritablement Buffon ne s'était chargé que de donner la description du Cabinet de physique du roi, et il part de là pour déduire un système de physique général et hasardé, système nouveau et impossible, quoiqu'il eût lui-même déclamé contre les systèmes généraux. »

Cela ne l'empêchait pas de tenir le plus grand compte des critiques qui lui étaient faites par ses amis. Il aimait à lire ou à faire lire les pages de son œuvre devant ses invités ; et il avait soin de noter les impressions qui se manifestaient. « Il ne cherchait pas des éloges, dit son secrétaire (1), il voulait des critiques. Parfois, il arrêtait la lecture et demandait quel sens on avait attaché à telle phrase, ce que l'on pensait de telle tournure, de telle période. Si sa pensée était mal comprise, sans songer à suspecter l'intelligence ou l'oreille de ses auditeurs, il s'accusait lui-même, soulignait le passage, rentrait dans son cabinet et le refaisait. »

Ce n'était pas par modestie qu'il agissait de la sorte. Ni son allure générale, ni la solennité et la gravité de sa tenue, ni la façon dont il aimait à parler de lui (2) ne permettent de croire qu'il fut riche en cette qualité ou, si l'on préfère, en ce défaut, car il me paraît difficile de décider si la modestie n'est pas simplement une façon habile de se faire valoir. La façon dont il acceptait critiques et compliments était plutôt le résultat de l'éducation élevée qu'il avait reçue et de la justesse de son jugement.

Il ne cherchait même pas, d'ordinaire, à se faire valoir aux yeux des nombreuses personnes qui, pendant les vingt dernières années de sa vie, se pressaient dans les salons de Montbard et du Jardin du roi. « Parmi les visiteurs que la renommée de M. de Buffon attirait, écrit M. Humbert Bazile (3), quelques-uns le quittaient mécontents. Les uns, le jugeant d'après sa conversation sans apprêt, négligée parfois et qui n'avait rien de l'attrait que donnaient alors au langage les hardiesses de certains beaux esprits, s'en retournaient avec la pensée qu'ils avaient vu un homme ordinaire ; d'autres, s'imaginant que M. de Buffon dédaignait leur entretien, s'en allaient humiliés. M. de Buffon, en effet, ne cherchait pas à frapper l'imagination de ses visiteurs ; son accueil était poli, affable, empressé, généreux ; mais le grand homme ne se laissait voir qu'aux rares esprits qu'il avait jugés dignes de l'entendre. Il se montrait alors tout entier, avec un abandon et une confiance dont on lui a depuis fait reproche en mettant sur le compte de sa vanité ce qui eût dû plus justement être attribué à la grande franchise de son caractère. On peut dire de lui, comme on a dit de Fénelon : qu'il était bien plus que modeste, car il ne songeait pas même à l'être. »

Plus loin (4), Humbert Bazile ajoute : « Il avait un tact exquis pour reconnaître le degré de capacité de ceux avec lesquels il s'entretenait ; et il proportionnait le ton à l'intelligence du visiteur ; il ne parlait que salade et rave

(1) *Buffon, sa famille, ses collaborateurs et ses familiers. Mémoires* par HUMBERT BAZILE, p. 41.

(2) On raconte que, comme on lui demandait combien il comptait de grands hommes, il répondit : « Cinq : Newton, Bacon, Leibniz, Montesquieu et moi. » FLOURENS, *Hist. des travaux et des idées de Buffon*, p. 315.

(3) *Loc. cit.*, p. 30.

(4) *Loc. cit.*, p. 35.

aux jardiniers : que de jardiniers sont venus à Montbard pour l'entendre parler des *Époques de la nature!* M. de Buffon ne parlait le langage de ses ouvrages que lorsqu'il était vivement ému. Sa parole était alors plus claire qu'élégante et le ton plus simple qu'ingénieux. Il recherchait particulièrement l'entretien des hommes qui pouvaient lui apporter quelques observations ou qui avaient beaucoup étudié et vu. Il les écoutait avec attention, les aidant, sans qu'ils s'en aperçussent, à traduire leur pensée. A personne il ne dit jamais : *Vous êtes dans l'erreur*, *vous vous trompez*, mais : *Vous pensiez cela*, *votre intention était de dire telle chose*, *vous savez que*, etc. Il évitait avec soin de blesser l'amour-propre, et il possédait à un haut degré cette délicatesse de l'âme qui consiste à indiquer par la façon dont une question est posée la réponse que l'on doit y faire. Aussi les hommes dont la conversation avait été pour lui la cause de quelque enseignement utile le quittaient satisfaits, et quelques-uns m'ont dit pendant que je les reconduisais : « Ce grand homme a vraiment le don de transmettre la science à ceux qui l'approchent; nous avons répondu à toutes ses questions et nous avons trouvé en sa présence des idées dont nous ne nous serions pas crus capables ! »

Buffon était, non seulement un « joli garçon » selon l'expression de Mme de Pompadour (1), mais un des plus beaux hommes de son époque. Il est facile d'en juger par le portrait en pied de Drouais. Il était de haute taille, bien proportionné, avec un front large, fortement bombé de chaque côté, mais un peu fuyant, des yeux noirs, grands, des sourcils noirs et épais, mais le regard rendu vague et indécis par une myopie très prononcée. « Il ne fixait point ses regards sur son interlocuteur, mais il les promenait de côté et d'autre sans les arrêter sur rien. On reconnaissait à ses jambes qu'il tenait habituellement droites et tendues que la marche ne lui était pas familière. Son principal, presque son seul exercice, était de se promener de long en large dans sa chambre, d'aller à son cabinet de travail, placé en haut de ses jardins et d'en revenir. Il allait toujours tête nue (2). » Hume qui le vit en Angleterre vers 1740, pendant un voyage qui dura un an et au cours duquel il fut accueilli avec un vif empressement par l'aristocratie anglaise, disait de lui « qu'il répondait plutôt à l'idée d'un maréchal de France qu'à celle d'un homme de lettres. »

D'après ses biographes, c'est en Angleterre qu'il adopta l'habitude de por-

(1) Buffon allait peu à la cour, et n'eut que rarement l'occasion de solliciter les faveurs de Mme de Pompadour. Il ne déplaisait pas cependant à la favorite. C'est à lui qu'elle donna, quand elle en fut lasse, son perroquet, son chien et son sapajou. La façon dont il parle de l'amour dans son histoire de l'homme déplut à Mme de Pompadour et on raconte qu'un jour, le rencontrant dans les jardins de Marly, elle le toucha de son éventail en haussant les épaules et lui jetant d'un ton d'humeur : « Vous êtes un joli garçon ; » la marquise avait été choquée de ce que Buffon eût dit qu'en amour le « physique seul est bon. »

(2) HUMBERT BAZILE, *loc. cit.*, p. 14.

ter constamment des vêtements riches et cérémonieux (1). Les manchettes de Buffon sont restées célèbres. L'histoire en fut imaginée, paraît-il, par le prince de Monaco. La vérité est qu'il apportait dans ses vêtements une grande recherche. Humbert Bazile nous a conservé le détail de son costume. « Sa coiffure, dit-il (2), ne varia jamais; on lui mettait chaque matin des papillotes passées au fer et on partageait sur ses tempes ses cheveux en trois boudins égaux; M. de Buffon ne portait pas de perruque; à la fin de sa vie, il avait encore tous ses cheveux que son perruquier accommodait de même; seulement il y mettait moins de poudre, car c'était une coquetterie du noble vieillard de laisser ses magnifiques cheveux blancs sans une parure étrangère. Pendant qu'on coiffait M. de Buffon, Limer rangeait les meubles, et enlevait à son maître sa robe de chambre, longtemps la même, faite d'une étoffe de damas à larges fleurs; il lui lavait les pieds dans un bassin d'argent et lui passait ses vêtements.

» J'ai toujours vu M. de Buffon vêtu ainsi : un habit de velours rouge, une veste de soie mordorée, une bourse fort courte, qui renfermait les cheveux, et d'où partait un ruban moiré qui, retombant sur l'épaule, se perdait dans les dentelles de son jabot; il conserva l'habitude de porter une chancelière, dans le temps même où ce n'était plus de mode. M. de Buffon aimait la parure; il ne se mettait au travail qu'après s'être fait accommoder et vêtir comme s'il allait paraître en public. »

Il assistait chaque dimanche à la messe, dans l'église de Montbard, y allait en tenue de gala et se montrait mécontent de ce que son fils renonçât aux vieux costumes de la noblesse pour se vêtir à la mode du jour.

Il apportait à l'entretien de son habitation le même soin qu'à celui de sa personne; mais, s'il fit de grandes dépenses pour accommoder à son goût sa propriété de Montbard, dans laquelle il passa la plus grande partie de sa vie, il ne paraît pas qu'il y sacrifiât beaucoup au luxe. Le château de Montbard avait appartenu aux ducs de Bourgogne. Il était situé dans la ville même, au pied d'un mamelon isolé dans une plaine étroite et resserré entre des coteaux abrupts. Au moment où Buffon s'y établit, il ne restait de la forteresse que « de vieux remparts détruits par le temps et un donjon seul debout au milieu des ruines. Buffon fit raser le château, ne laissant

(1) Il prétendait qu'un écrivain doit avoir à sa table de travail la dignité qui convient à la postérité pour laquelle il écrit. Il pensait, non sans raison, que le costume fait partie de l'homme. « Nous sommes si fort accoutumés, dit-il dans son *Histoire de l'homme* (t. XI, p. 50), à ne voir les choses que par l'extérieur, que nous ne pouvons plus reconnaître combien cet extérieur influe sur nos jugements, même les plus graves et les plus réfléchis; nous prenons l'idée d'un homme et nous la prenons par la physionomie, qui ne dit rien, nous jugeons dès lors qu'il ne pense rien; il n'y a pas jusqu'aux habits et à la coiffure qui n'influent sur notre jugement; un homme sensé doit regarder ses vêtements comme faisant partie de lui-même, puisqu'ils en font, en effet, partie aux yeux des autres, et qu'ils entrent pour quelque chose dans l'idée totale qu'on se forme de celui qui les porte. »

(2) *Loc. cit.*, p. 11.

debout que les murs d'enceinte, le donjon et une seule tour. Il fit combler les fossés et exhaussa le sol jusqu'à la hauteur du mur d'enceinte, pour former une terrasse et des jardins qui dominent la campagne. »

Le château rebâti par Buffon n'eut guère d'autre architecte que lui et son beau-frère Benjamin Nadault, artiste, écrivain et magistrat. Son secrétaire, Humbert Bazile (1), en donne la description suivante :

« Il est de la plus simple apparence. Sa façade donne sur le pont qui sépare la ville de ses faubourgs. Une place en dégage les abords ; attenante à l'aile du midi, il existait avant la Révolution une chapelle sous l'invocation de saint Jean.

» Cette chapelle séparait le château de l'hôtel habité par Nadault, conseiller au parlement de Bourgogne et beau-frère de M. de Buffon.

» Chacun d'eux avait dans l'église une tribune qui communiquait avec ses appartements et d'où l'on pouvait entendre la messe, ce que M. de Buffon faisait toujours lorsque ses douleurs de vessie l'empêchaient de marcher et qu'il ne pouvait assister à la messe paroissiale.

» Les cuisines sont voûtées ; elles forment un sous-sol qui comprend les offices et de vastes dégagements. Le rez-de-chaussée est bas et distribué en un grand nombre de petits appartements occupés par les gens de service.

» Le premier étage est d'une belle proportion et d'une noble ordonnance ; les plafonds sont élevés, chaque pièce est meublée avec luxe : on y trouve douze appartements complets. La chambre de M. de Buffon est dans l'aile du nord ; elle est desservie par plusieurs cabinets et communique avec l'orangerie qui ouvre sur les jardins.

» Une antichambre tendue en cuir sépare cette partie du château de la salle à manger ; une galerie mène au salon ; celui-ci n'a d'autre décor que les oiseaux décrits dans l'*Histoire naturelle*. Ils sont peints sur vélin, et les cadres qui se touchent tiennent lieu de tapisserie ; au-dessus des portes sont des reptiles ; l'ameublement en point d'Aubusson représente divers sujets tirés des fables de La Fontaine. Les autres appartements suivent, aucun ne se surmarche. Du côté des jardins, une terrasse qui règne tout le long de la façade dessert les appartements du premier étage et domine ceux du rez-de-chaussée ; on y voyait autrefois un kiosque d'une construction légère et élégante ; il a été détruit pendant la Révolution ; il avait trois étages, où Mme de Buffon avait placé des pièces de porcelaine, cadeaux de princes et de souverains, dont elle s'occupait seule. A l'intérieur, de chaque côté de la porte, se trouvait une volière haute de plus de dix pieds dans laquelle elle élevait un grand nombre d'oiseaux d'espèces variées. Le parterre était rempli de fleurs ; une grille séparait ce pavillon des remises construites en face de l'entrée principale des jardins.

(1) *Loc. cit.*, p. 23.

» M. de Buffon, qui aimait en tout l'ordre et la méthode, avait placé son cabinet de travail loin de son château, non seulement pour se défendre des importuns, mais surtout parce qu'il voulait séparer ses travaux de ses affaires. Obligé de consulter un grand nombre d'ouvrages, se servant beaucoup des extraits qu'il faisait prendre par ses secrétaires, il n'avait cependant près de lui, lorsqu'il écrivait, que son seul manuscrit... A Montbard, l'ameublement de la chambre de M. de Buffon, quoique luxueux, témoignait cependant, par le petit nombre d'objets dont il se composait, à quel point il était l'ennemi des choses inutiles. On y voyait un lit à la duchesse tendu d'une étoffe semblable à celle de la tapisserie et couronné, suivant la mode du temps, d'une sorte de dais à franges, posé sur quatre colonnes dorées ; un bureau de Boule placé près de la cheminée, sur lequel se trouvait un seul volume, probablement le livre de ses pensées ; près de ce meuble, qui restait toujours ouvert, était un fauteuil en canne, et plus loin, dans l'embrasure d'une croisée, une petite table de bois noir pour le secrétaire. Le seul meuble de luxe qui décorât l'appartement était une glace fort belle et fort haute, posée sur une console dont le marbre blanc à veines d'or était d'un grand prix. Après la mort tragique du jeune comte de Buffon, ce meuble précieux, dont le district s'était emparé, fut brisé pendant le trajet de Montbard à Semur. Dans cette chambre, presque nue, ou dans son cabinet de travail, d'un arrangement plus simple encore, M. de Buffon a passé sa vie à travailler. »

Le lecteur n'a certainement pas laissé passer sans en être frappé ce détail significatif : le salon tapissé par les figures d'oiseaux peintes pour l'*Histoire naturelle*. C'est là un des traits du caractère de Buffon : il se pare pour écrire son œuvre, et celle-ci sert à l'ornementation de la partie la plus fréquentée de sa demeure.

Indépendamment de ses propriétés de Buffon et de Montbard, remarquables par de superbes forêts, Buffon possédait des forges importantes, dans lesquelles il fit lui-même et fit faire un grand nombre d'expériences destinées à servir à l'histoire des minéraux. Des recherches y furent faites sur la fabrication des canons, par ordre du ministre de la marine. Buffon faisait pour l'amélioration de ses forges et pour ses expériences des sacrifices de toutes sortes. Aussi ses aciers et ses fers ne tardèrent-ils pas à jouir d'une certaine renommée. C'est dans ses forges que furent fabriquées les grilles qui entourent encore aujourd'hui le Jardin des Plantes. Il faut, sans doute, attribuer à la préoccupation de développer en France la fabrication du fer et de l'acier les idées nettement protectionnistes de Buffon. Dans sa correspondance, il ne manque jamais de décocher un trait aux économistes partisans du libre échange.

Il préférait la solitude et la tranquillité de Montbard à la vie trop agitée de Paris; il s'était retiré peu à peu de la plupart des cercles dans lesquels il s'était d'abord fait admettre et qu'il fréquentait assidûment pendant sa jeunesse, comme ceux de Mme Geoffrin, de Mme Dupin, du baron d'Holbach, de La Pouplinière, de Mme d'Épinay, etc.; il avait même fini par abandonner le commerce des savants dont il disait qu'il les avait d'abord recherchés, « croyant avoir beaucoup à gagner dans leur entretien, mais qu'il n'avait pas tardé à reconnaître que, pour quelques idées utiles, il avait le plus souvent perdu sa soirée tout entière (1). » Il aimait cependant la société.

A Paris, ses réceptions du dimanche attiraient au Jardin du Roi (2) les

(1) HUMBERT-BAZILE, *Buffon, ses collaborateurs, etc.*, p. 36.

(2) M. Nadault de Buffon a recueilli quelques échos de ces réunions du Jardin du Roi. « Parmi les femmes qui se rencontraient au Jardin du Roi, dit-il (1), il faut mentionner Mme Necker, qui en fit quelque temps les honneurs; la comtesse de Genlis, qui y brillait par son grand talent sur la harpe et sa voix harmonieuse autant que par son esprit; la comtesse Fanny de Beauharnais, qui y lut ses meilleures compositions, la comtesse de Blot de Chauvigny et toute la jeune cour du Palais-Royal introduite dans le salon de Buffon par le mariage de son fils avec la fille de la marquise de Cepoy.

La comtesse de Blot, qui parlait beaucoup et sur tous les sujets, aimait à s'abriter derrière le grand nom de Buffon. On pourra en juger par le trait suivant. C'est au Palais-Royal, un jour de réception; la comtesse de Blot parle, assise au milieu d'un cercle.

« Je disais l'autre jour à M. de Buffon : « Puisqu'il faut du lait dans la nature, pourquoi » les colombes ne nous en fournissent-elles pas? » — C'était parler comme un ange! lui dit la maréchale de Luxembourg. Oserais-je vous demander ce que M. de Buffon vous a répondu?

— Il a pris, je ne sais pourquoi, la chose en plaisanterie; et il m'a conseillé de ne boire que du lait d'amandes. »

La marquise de Valpaire, qui avait une fille jeune et jolie, consultait Buffon sur le régime qu'elle devait lui faire suivre. Elle ne lui permettait que les boissons rafraîchissantes, ce qui n'empêcha pas la jeune personne de prendre la fuite avec le valet de chambre de sa mère. « Vous verrez, dit Buffon, que ce sera arrivé un jour où sa mère aura négligé de lui faire prendre sa potion rafraîchissante! »

Les Mémoires du temps renferment de leur côté quelques anecdotes sur les soirées du Jardin du Roi.

« Le comte de Buffon, qui m'accordait son amitié, dit la vicomtesse de Fars-Fausselandry dans ses Mémoires, avait invité un jour à dîner une société nombreuse, dont le maréchal de Biron et le chevalier de Mouhi devaient faire partie. Tous les convives étaient arrivés, hors ces deux messieurs : une voiture se fait entendre; le maître de la maison jette un coup d'œil par la fenêtre : « Voici le maréchal, dit-il, c'est sa voiture, et je reconnais le chevalier » de Mouhi sur le devant. » Chacun se lève, le valet de chambre ouvre la porte, mais le chevalier se présente seul. « Où est donc M. le maréchal? lui demanda le comte de Buffon » avec impatience. — Il n'a pu venir, répliqua-t-il. — Vous plaisantez, je vous ai vu assis » sur le devant de sa voiture. — C'était par respect, monsieur le comte. » Nous nous regardâmes tous, ne pouvant revenir de cet excès de bassesse. »

On parlait un jour chez M. de Buffon des mouvements naturels. « Il m'est impossible, dit le cardinal de Bernis, de ne pas baisser la tête lorsque j'entre dans une église. »

« Il y a comme cela des mouvements matériels et machinaux qu'il est impossible » d'analyser et d'expliquer, observa M. Rouelle, présent à l'entretien; car enfin, Monsei- » gneur, pourquoi les ânes et les canards baissent-ils toujours la tête en passant sous les » portes cochères? »

Je n'ai rapporté ces quelques anecdotes que pour montrer que les réceptions et les dîners du Jardin du Roi ne réunissaient pas seulement les littérateurs, les savants et les hommes illustres par leur naissance, leurs dignités ou leurs talents, mais qu'on y rencontrait un autre élément et qu'une certaine gaieté n'en était point exclue.

(1) *Correspondance*, 1re édition, t. Ier, p. 489.

notabilités de la littérature et de la science, et ses dîners réunissaient les personnes les plus distinguées de la cour et de la ville. A Montbard, il y avait toujours à sa table des étrangers attirés par sa renommée, des voisins et des amis heureux de jouir de sa douce cordialité, ou des collaborateurs empressés à recueillir les pensées du maître.

Il donnait volontiers au peuple des fêtes somptueuses, dans ses magnifiques jardins de Montbard.

Daubenton a fait le récit de celle qui fut célébrée à l'occasion de la naissance du fils du prince de Condé. Il écrit à un ami, le 16 août 1736 : « M. de Buffon vous attend avec la plus grande impatience, et vous sait mauvais gré de ne vous être pas pressé davantage. Vous auriez été témoin des réjouissances qu'il a faites au sujet de la naissance du prince de Condé. Il en reçut la nouvelle dimanche dernier, 12 août, à sept heures du matin. L'attachement qu'il a pour la maison de Condé le porta aussitôt à marquer sa joie par tout ce qu'on pouvait imaginer de réjouissant dans une petite ville. Son premier mouvement fut d'abord de rendre l'heureux événement public; il fit transporter les canons de la ville dans les jardins du château, et l'on en fit trois décharges, au bruit de plusieurs tambours et d'une grande mousqueterie qu'on avait assemblée, ce qui fut répété jusqu'à dix-huit fois dans toute la matinée. Ces salves parurent si extraordinaires dans tous les villages des environs, que la plupart des paysans vinrent à la ville, croyant que ce fût l'arrivée du prince ou la publication de la paix.

» Sur le midi, il fit rassembler tous les instruments de la ville et des environs, qui dans ce pays, où le goût de la musique ne prévaudra jamais sur celui du vin, ne laissèrent pas que de former trois troupes de plusieurs instruments chacune. On en plaça une partie au château, et le reste devant son habitation, qui est, comme vous le savez, monsieur, dans l'endroit le plus apparent et le plus fréquenté de la ville; tout le peuple s'y assembla pour danser en très grand nombre.

» A cinq heures, on disposa par une fenêtre, au haut de la grande porte, une fontaine de vin, et cet article ne fut pas le moins plaisant de la fête. Elle coula abondamment et sans discontinuer jusqu'à près de minuit, et le bon jus attira mainte fois les acclamations de : *Vive le Roi*, *Leurs Altesses Sérénissimes et le Prince nouveau-né!* Grand souper ensuite, où se trouva ce qu'il y avait de mieux à la ville. La compagnie était nombreuse; aussi fallut-il plus d'une table.On y a bu en vrais Bourguignons.

» A l'entrée de la nuit, la maison fut illuminée sur toute sa façade avec tout ce qu'on put rassembler de torches, flambeaux, lampions, pots de goudron; on employa jusqu'aux creusets du laboratoire.

» Après le souper, on fit devant la maison un essai du feu d'artifice; sur le perron que vous connaissez et autour de la porte était une illumination singulière, composée de soleils et de lances à feu; on tira ensuite des grenades et quelques fusées, et en même temps on jeta par les fenêtres partie des desserts au peuple, quantité de fruits qu'on avait rassemblés pour cet objet, et, entre autres, une fournée entière d'échaudés. Alors les acclamations redoublèrent; jugez aussi si l'on s'y battit!

» Sur les dix heures, la compagnie monta au château. Elle était précédée de tous les instruments, et suivie de toute la ville en si grand nombre, qu'on eut grande peine à garantir les jardins de l'affluence.

» Le feu était disposé sur un belvédère que vous n'avez pas encore vu, mais que vous pouvez juger propre à la chose, puisqu'il est en vue de la ville et des beaux vallons dont vous avez paru si charmé. Là s'élevait encore une estrade qui soutenait en son milieu une grande pyramide, autour de laquelle était rangé tout l'artifice, que l'on avait préparé plusieurs semaines auparavant, dans l'attente de l'heureuse nouvelle. Il réussit si bien, que j'aurais grande envie de vous le décrire. Imaginez-vous grand nombre de longues et belles fusées, étoiles, aigrettes, grenades, soleils, lances et pots à feu, en un mot tout l'art que vous nous connaissez sur cet article. Il dura plus d'une heure, au bruit des canons et de la mousqueterie, au son de tous les instruments et d'un plus grand nombre d'échos; après quoi le bal et la collation terminèrent la fête, que l'on célébra encore le lendemain d'aussi bon cœur, mais un peu plus tranquillement. »

M. Humbert-Bazile (1) nous a conservé le récit d'une fête populaire offerte par Buffon à sa belle-fille.

« Les invitations furent nombreuses et envoyées au loin. La noblesse des villes et des campagnes environnantes y répondit avec empressement.

» La fête se célébra dans les jardins; le peuple de Montbard y fut convié. Les arbres, les boulingrins, les nombreuses terrasses, ce modeste cabinet où M. de Buffon écrivit ses immortels ouvrages, étaient éclairés par mille verres de couleur et des pots enflammés; la montagne était en feu. Des salles de danse, des distributions de vin et de comestibles, des jeux de mâts de cocagne et d'équilibre donnaient au parc l'aspect le plus pittoresque. Dans les salles des tours, et à l'abri de tentes dressées sous les grands arbres, des musiciens exécutaient des mélodies. Mme de Buffon parut tard; elle était mise avec richesse et coiffée à la Titus. La fête était pour elle; elle parut à peine s'en apercevoir, passa dédaigneuse et ennuyée dans le groupe de paysans accourus pour lui rendre hommage, et rentra au château. Elle donnait le bras à Mme de Damas de Cormaillon, qui, du même âge qu'elle, était pour la beauté digne de lui être comparée. La grâce et les heureux à-propos de la seconde firent davantage ressortir la maussade froideur de la première. »

(1) *Loc. cit.*, p. 206.

On remarque avec quelle solennité seigneuriale mêlée de bonhomie ces fêtes sont organisées.

Le moindre événement de famille était entouré, dans la maison de Buffon, d'une grande pompe. Pendant le voyage que fit son fils en Russie, au courant de l'année 1787, dès qu'une lettre du jeune homme arrivait à Montbard, on prévenait les amis et les voisins; on les réunissait au salon, et on faisait solennellement l'ouverture et la lecture de la dépêche (1).

Buffon se montrait grand seigneur, non seulement par tous les détails de sa conduite, mais encore par l'attachement qu'il portait aux privilèges de sa classe. Le 20 mai 1785, quatre ans avant qu'éclatât la Révolution qui devait abroger les droits seigneuriaux et créer un nouvel état de choses, il écrit à Dupleix de Bacquencourt, conseiller du roi : « Je crois, monsieur, que votre bonne volonté aura influé sur celle de M. de Saule, et qu'on me débarrassera, de manière ou d'autre, de cinquante paysans qui seraient chacun autant de petits seigneurs, possesseurs en franc fief de quelques perches de terrain dans ma terre de Buffon, ce qui serait absurde et ne peut pas exister. »

Malgré l'éloignement de la chose publique dans lequel il s'était toujours tenu, les périls qui menaçaient les institutions du passé ne lui avaient pas échappé ; il voyait venir l'orage et il en redoutait les conséquences. Il blâma la guerre en faveur de l'indépendance des États-Unis, et, le jour où il apprit la convocation des notables, il s'écria : « Je vois venir un mouvement terrible et personne pour le diriger. »

Quoiqu'il se montrât très soucieux de ses titres et de ses droits seigneuriaux, quoiqu'il apportât dans tous ses actes une solennité un peu puérile, quoiqu'il fût aussi très amoureux de la renommée et de la gloire, Buffon n'était, cependant, pas assez vain pour mériter le surnom de « comte de Tuffières » que lui avaient donné les encyclopédistes. Enchaîné par les traditions de sa famille, héritier des préjugés de sa race, élevé dans le culte de la religion, de la monarchie et de l'aristocratie, naturellement intéressé à la conservation des privilèges de sa caste, il était fatalement condamné à commettre plus d'une faiblesse; mais la générosité de son cœur, la hauteur de son caractère et la puissance de son génie le préservaient des excès de la vanité. La tendre sollicitude dont il entoura constamment son fils, l'attachement profond que lui témoignèrent pendant toute sa vie les amis de sa première jeunesse, l'affection qu'il sut faire naître plus tard chez ses collaborateurs, l'abbé Bexon, Guéneau de Montbéliard, etc., et chez la plupart des hommes qui le fréquentaient d'une façon un peu assidue, les regrets touchants qu'il laissa chez ses serviteurs et la fidélité avec laquelle ils restèrent à son service pendant de nombreuses années, les marques de sympa-

(1) HUMBERT BAZILE, *loc. cit.*, p. 197.

thique respect que lui prodiguaient, à Montbard et à Buffon, ses voisins, tenanciers et ouvriers, sont un suffisant témoignage de la bonté de son cœur et de la douceur de ses procédés. Ses biographes nous ont conservé des preuves irréfutables de ces qualités.

Mlle Blesseau, qui fut attachée à son service pendant plus de quarante ans, nous a laissé le tableau des bienfaits qu'il répandait autour de lui et du plaisir qu'il éprouvait à rendre service à ceux qui en avaient besoin.

« Le grand plaisir dont il jouit à sa campagne était d'employer deux à trois cents pauvres manouvriers à travailler dans son château à des ouvrages de pur agrément, et de faire ainsi du bien à de pauvres gens qui, sans lui, eussent été très malheureux. Fort souvent, les après-midi, il se distrayait à les voir travailler et prenait plaisir à se faire rendre compte de la situation des plus misérables, disant que c'était une manière de faire l'aumône sans nourrir les paresseux, et que c'était une grande satisfaction pour lui de soulager tant de pauvres qui autrement seraient dans la misère.... Il n'y a presque pas une famille honnête dans cette ville à laquelle il n'ait rendu des services importants; l'intérêt des pauvres ne lui a pas été moins cher : il leur en a donné des preuves dans les temps de disette qu'on a éprouvée bien des années, et surtout l'année 1767. Le 8 décembre, à la suite d'une révolte causée par la cherté des grains, M. de Buffon fit acheter une grande quantité de blé à quatre livres le boisseau, et le fit distribuer à tous ceux qui en avaient besoin, au prix de cinquante sous. »

Il se plaisait à embellir Montbard, non seulement à cause de l'agrément qu'il éprouvait à travailler au milieu de la belle nature qu'il y avait artificiellement créée, mais encore parce qu'il y voyait un moyen de faire du bien aux malheureux. « On couvrirait mes jardins de pièces de six francs, disait-il un jour à sa sœur, Mme Nadault, que ce ne serait rien encore au prix de ce qu'ils m'ont coûté. » Son beau-frère, Benjamin Nadault, lui ayant écrit que les ouvriers perdaient beaucoup de temps, Buffon lui répond : « Laissez-les faire et n'oubliez jamais que mes jardins sont un prétexte pour faire l'aumône. » Il recherchait pour ses travaux les ouvriers les plus pauvres, sans se préoccuper de savoir s'ils étaient les plus forts et les plus laborieux. Lorsqu'il fit combler les anciens fossés du château, il avait donné ordre de faire transporter la terre à dos d'homme et recommandait « que les hottes fussent petites »; le travail durerait ainsi plus longtemps et il nourrirait un plus grand nombre d'ouvriers.

Sa bonté allait souvent jusqu'à la faiblesse. Je n'en veux d'autres preuves que les mauvais tours qu'il se laissait jouer par le père Ignace, capucin qui s'était attaché à son service et qui, s'il lui portait une vive affection, abusait souvent du naturaliste (1).

(1) « Le père Ignace, dit Humbert Bazile, était capucin; il en avait la tournure et la physionomie. Petit, gras et sale, avec une grosse tête, des épaules hautes, un cou apoplec-

Mme Necker, qui fut son amie des dernières années, a dit de lui : « Avant de connaître M. de Buffon, je n'avais encore connu qu'une portion de ce monde; à présent, ce grand homme n'est plus et ma curiosité est éteinte. » Elle a tracé le tableau de l'admirable dévouement qu'il avait su inspirer à Mlle Blesseau, cette femme de charge qui « a servi M. de Buffon mieux qu'il n'aurait pu l'être s'il eût été sur un trône dont il était digne; car la puissance a des bornes et l'affection n'en admet aucune. »—« Je pouvais bien m'attacher, dit-elle, à cette aimable fille comme à une personne au-dessus de son état, puisqu'elle m'a paru même au-dessus de l'humanité : elle a tout surmonté, jusqu'à sa douleur, quand M. de Buffon pouvait l'apercevoir; et jamais je n'oublierai l'image touchante qu'elle m'a présentée sans cesse, lorsque, dans le silence, assise nuit et jour à la même place, les yeux fixés sur le même objet, elle n'avait de mouvement que celui qu'il lui imprimait, de sensibilité que pour ses souffrances, et de pensée que pour aller au-devant de tout ce qui pouvait lui être utile, et prévoir ce qui pouvait lui déplaire. Ce qu'elle a supporté, souffert et adouci, ménagé, concilié, ne pourra jamais se rendre par la parole; elle m'a paru un phénomène moral et sensible : comme si tous les phénomènes devaient être connus de M. de Buffon ou lui appartenir. »

Grimm nous a conservé un mot d'un valet originaire de Montbard, qui peut donner une idée de l'affection dont Buffon était entouré dans sa ville natale. « Je ne puis m'empêcher, écrit-il (1), de rapporter un trait que M. le comte de Fitz-James m'a conté l'autre jour, et qui ne fait pas moins honneur à M. de Buffon qu'à ses ouvrages. Dans le temps que les premiers volumes de l'*Histoire naturelle* parurent, M. de Fitz-James remarqua qu'en lisant cet

tique, des lèvres épaisses et tout un extérieur hypocrite et rusé. Son langage était à la fois humble et empressé. » Il avait d'abord été frère servant, puis frère quêteur et gardien du couvent de Semur-en-Auxois; il venait quelquefois dire la messe à Buffon, dont il finit par se faire donner la cure. M. de Buffon, dont il avait su gagner la faveur, lui avait abandonné la jouissance de la maison seigneuriale, celle des meubles et même de l'argenterie. A partir de ce jour, le père Ignace fut un personnage; il dînait plusieurs fois par semaine au château et donnait lui-même d'excellents repas. Il était, à Buffon, l'homme d'affaires du seigneur qui finit par l'aimer beaucoup. On l'appelait, dans le pays, le « capucin de M. de Buffon. » On se racontait volontiers les bons tours qu'il jouait à ses fidèles. Étant frère quêteur, il avait trouvé le moyen de remplacer la charpente du couvent aux dépens du seigneur de Montbard. Il avait obtenu un ordre aux gardes forestiers de laisser enlever par le père gardien de Semur autant d'arbres qu'il en pourrait emporter en un jour seulement; puis il requit et emmena tous les charretiers de la contrée et fit abattre et enlever une grande quantité de pieds d'arbres. Un autre jour, il demanda à la dame de lui remettre quelques étoffes hors de service, disant que les révérends pères manquaient d'ornements pour célébrer l'office. Mme de Buffon donna l'ordre à sa femme de chambre de le conduire à sa garde-robe : « Comme le père Ignace dépliait les étoffes une à une, qu'il les examinait, mais ne se pressait point de faire un choix, la femme de chambre fut obligée de sortir; lorsqu'elle revint, la garde-robe était vide. » Malgré ces petits défauts, le père Ignace était, paraît-il, un excellent homme et il avait pour M. de Buffon une affection sincère et très vive.

(1) *Correspondance littéraire*, t. Ier, p. 399.

ouvrage chez lui, il était curieusement observé par un de ses laquais. Au bout de quelques jours, voyant toujours la même chose, il lui en demanda la raison; ce valet lui demanda à son tour s'il était bien content de M. de Buffon et si son ouvrage avait du succès dans le public. M. de Fitz-James lui dit qu'il avait le plus grand succès. « Me voilà bien content, dit le valet; car je » vous avoue, monsieur, que M. de Buffon nous fait tant de bien à nous » autres habitants de Montbard, que nous ne pouvons pas rester indifférents » au succès de ses ouvrages. »

Le 6 mai 1771, à la suite d'une maladie qui avait mis les jours de Buffon en danger, le maire et les échevins de la ville de Montbard, informés de la prochaine arrivée de leur illustre compatriote, se réunirent et prirent la délibération suivante, dont le texte est conservé dans les archives de la ville: « La Chambre, ayant appris que M. de Buffon, intendant du Jardin du Roi, devait être de retour ici le 8 de ce mois, et mettant en considération que le vœu des habitants de cette ville est de lui témoigner l'intérêt qu'ils ont pris au danger qu'il a couru dans la maladie fâcheuse qu'il vient d'essuyer et de lui donner des marques publiques de leur attachement à l'occasion du rétablissement de sa santé, il a été délibéré que, pour rendre à M. de Buffon les honneurs de cette ville, l'on fera tirer le canon à son arrivée, que l'on mettra sous les armes une compagnie de milice bourgeoise, composée de jeunes gens, qui se trouvera à son entrée à la ville, et que la Chambre ira en corps lui faire compliment. »

Ces honneurs quasi-royaux témoignent de l'affection et de l'estime que Buffon avait su inspirer à ses compatriotes et de l'immense popularité que ses ouvrages lui avaient procurée.

L'admiration que lui témoignait la foule, il la trouvait, à un degré plus élevé encore, dans son entourage le plus immédiat. Sur la dernière page de l'*Histoire de la terre*, son père, avec lequel il avait eu cependant quelques démêlés à propos de son second mariage avec Antoinette Nadault, fille d'un maire de Montbard élu aux états généraux de la province, écrivait, d'une main rendue tremblante par ses quatre-vingts ans : *Sancte clarissime, ora pro nobis*, l'appelait le « nouveau saint de la légende » et tombait à ses genoux en lui entendant lire l'invocation à l'Être suprême qui termine la seconde *Vue de la nature*.

Séduite par les grâces de sa personne, par sa tournure majestueuse, par le charme de sa conversation et la puissance de son esprit, une jeune fille de grande maison et d'une rare beauté, Mlle de Saint-Belin-Mâlain, mettait ses dix-huit ans aux pieds de son génie et lui vouait une affection admirative qui ne se démentit jamais.

Buffon avait quarante-trois ans quand il contracta cette union. « L'âge, dit Condorcet, dans son éloge académique, avait fait perdre à M. de Buffon une partie des agréments de la jeunesse; mais il lui restait une taille avantageuse, un air noble, une figure imposante, une physionomie à la fois douce et majestueuse. L'enthousiasme pour le talent fit disparaître aux yeux de Mme de Buffon l'inégalité d'âge; et, dans cette époque de la vie où la félicité semble se borner à remplacer par l'amitié et les souvenirs mêlés de regrets un bonheur plus doux qui nous échappe, il eut celui d'inspirer une passion tendre, constante, sans distraction comme sans nuage : jamais une admiration plus profonde ne s'unit à une tendresse plus vraie. Ces sentiments se montraient dans les regards, dans les manières, dans les discours de Mme de Buffon, et remplissaient son cœur et sa vie. Chaque nouvel ouvrage de son mari, chaque nouvelle palme ajoutée à sa gloire, étaient pour elle une source de jouissances d'autant plus douces, qu'elles étaient sans retour sur elle-même, sans aucun mélange de l'orgueil que pouvait lui inspirer l'honneur de partager la considération et le nom de M. de Buffon ; heureuse du seul plaisir d'aimer et d'admirer ce qu'elle aimait, son âme était fermée à toute vanité personnelle comme à tout sentiment étranger.... »

Les amis de Buffon avaient essayé de le détourner de cette union ; ils lui représentaient la différence considérable d'âges qui existait entre lui et Mlle de Saint-Belin ; ils lui rappelaient sa volonté fréquemment exprimée de toujours conserver son indépendance. Rien n'y fit. Le 18 septembre 1752, il écrit à Guéneau de Montbéliard : « Vendredi matin la cérémonie sera faite ; nous reviendrons à Montbard le même jour et vous verrez que je me soucierai encore moins des critiques de mon mariage que de celles de mon livre. »

Le 23 novembre 1753, il écrit à l'abbé Leblanc : « J'ai reçu, mon cher ami, votre compliment avec d'autant plus de sensibilité que vous êtes plus en droit de penser que j'avais tort avec vous de ne vous avoir point parlé de mon mariage. Je vous remercie donc très sincèrement de cette marque de votre amitié, et je ne puis mieux y répondre qu'en vous avouant tout bonnement le motif de mon silence. Il en était de cette affaire comme de quelques autres, sur lesquelles nous ne pensons pas tout à fait l'un comme l'autre ; vous m'eussiez contredit ou blâmé, et je voulais l'éviter, parce que j'étais décidé et que, quelque cas que je fasse de mes amis, il y a des choses qu'on ne doit pas leur dire ; et de ce nombre sont celles qu'ils désapprouvent et auxquelles cependant on est déterminé. Au reste, je ne doute nullement, mon cher ami, de la part que vous voulez bien prendre à ma satisfaction, et je serais très fâché que vous eussiez vous-même quelque soupçon sur ma manière de penser. Les mauvais propos ne me feront jamais d'impression, parce que les mauvais propos ne viennent jamais que de mauvaises gens. »

Un témoin que j'ai plusieurs fois cité, Humbert Bazile, a retracé un tableau de l'affection de Buffon pour sa femme qu'il n'est pas inutile de reproduire, parce qu'il met en relief la sensibilité de ce naturaliste que quelques-uns de ses biographes ont dépeint comme un homme aussi égoïste que vain. « J'avais douze ans à la mort de la comtesse de Buffon. Depuis ses dernières couches elle était très souffrante, et ne se remit jamais entièrement. Mon père habitait Saint-Remy, sur la route de Montbard à Buffon ; je me souviens de l'avoir vue avec M. de Buffon venir rendre visite à mon père. Les soins de M. de Buffon étaient touchants, ses attentions délicates et constantes. Il avait fait entièrement sabler la route de Montbard à ses forges pour lui éviter les cahots (la route a plus d'une lieue). Je tiens de personnes estimables, qui fréquentaient journellement le château, que jamais la bonne harmonie du ménage ne fut un seul instant troublée ; il existait entre les époux un parfait accord de sentiments et de pensées. Lors de la dernière maladie de sa femme, M. de Buffon fut pour elle d'une bonté qui frappa tous ceux qui en furent les témoins. Il s'efforçait de ne point laisser paraître ses inquiétudes, passait auprès d'elle tous les instants que lui laissaient ses travaux, et, lorsqu'il était empêché de le faire, il envoyait d'heure en heure son valet de chambre prendre des nouvelles..... »

Buffon n'eut qu'à se louer d'avoir suivi son penchant. Malheureusement, Mme de Buffon mourut très jeune, à trente-sept ans, lui laissant un fils sur lequel se reporta toute son affection. L'attachement de Buffon pour cet enfant se montre dans un grand nombre de lettres de la correspondance recueillie avec tant de zèle par la piété filiale de M. H. Nadault de Buffon. Le naturaliste avait toujours songé à laisser à son fils la survivance de l'intendance du jardin royal et il avait dirigé son éducation dans ce sens ; mais, pendant la grave maladie qu'il fit en 1777, le comte d'Angeviller trouva le moyen de se faire promettre cette place par le comte de Maurepas. La douleur qu'en éprouva Buffon ne s'éteignit qu'avec sa vie. Tout ce que l'on put faire pour l'apaiser fut inutile. L'érection en comté de sa terre de Buffon, sa statue dressée, par ordre du roi, dans le Jardin des Plantes, pour ainsi dire à son insu, l'inscription si flatteuse qu'on y mit : *Naturæ majestati par ingenium*, ne furent que des palliatifs à sa douleur et à ses regrets. Sur ce jeune homme s'était reporté l'amour qu'il avait pour sa femme. Cependant il n'en garda pas rancune au comte d'Angeviller, qu'il continua à appeler son ami et qu'il nomme dans une lettre à Mme Necker son *grand successeur*.

Les lettres des amis et des collaborateurs de Buffon qui ont été publiées indiquent de leur part un attachement mêlé d'admiration dont peu de grands hommes ont été l'objet. Le président de Ruffey, le président de Brosses, l'abbé Leblanc, Jacques Varennes, ses amis d'enfance, Guéneau de Montbéliard et sa femme, Mme Daubenton et sa famille, l'abbé Bexon et sa sœur, Benjamin Nadault, Mme Nadault sa sœur, le père Ignace son aumônier, Trécourt son intendant, M. Laude précepteur de son fils, Humbert-Bazile son jeune secrétaire, le petit Buffon et sa jeune mère, puis Mme Necker, son amie des vieux ans, forment à Buffon une cour d'affection et de dévouement qui ne l'abandonna à aucune heure de sa vie, prenant sa part de la gloire du savant et se partageant la douce et inébranlable affection de l'homme.

Tandis que Mme Necker célèbre, à toutes les pages de ses Mémoires, les louanges du grand homme dont elle recueillera pieusement le dernier soupir, Guéneau de Montbéliard marque d'un couplet spirituel chacun de ses triomphes, et le jeune Buffon, voulant, comme le roi, dresser un monument à son père, érige, près de la tour superbe où fut écrite l'*Histoire naturelle*, une modeste colonne avec cette touchante inscription :

Excelsæ turri, humilis columna
Parenti suo filius Buffon (1785).

Buffon ne s'était montré que flatté de l'hommage de Louis XV; il fut ému jusqu'aux larmes à la vue du monument plus humble, témoignage de l'amour qu'il avait su inspirer à son fils.

Près de soixante ans après la mort de Buffon, son ancien secrétaire, Humbert Bazile, écrivait, à la suite d'une visite à Montbard, une page touchante, que je veux transcrire ici comme la suprême expression des dévouements et des affections que sut inspirer Buffon à ceux qu'ils l'entouraient et au milieu desquels s'écoula sa longue et laborieuse vie (1).

« J'ai voulu revoir avant de mourir les beaux lieux vers lesquels se reporte constamment ma pensée; j'ai voulu parcourir une fois encore ces jardins célèbres. Le 15 juin 1842, je me suis rendu à Montbard avec ma famille, et j'ai fait demander l'autorisation de visiter le château. Il est habité par Mme Betzy-Daubenton, veuve et héritière du malheureux fils de mon bienfaiteur... Les distributions sont les mêmes... Je me suis senti envahi par l'émotion en pénétrant dans l'aile autrefois habitée par le grand Buffon. Devant la porte de sa chambre, je me suis découvert et j'en ai franchi le seuil avec recueillement. Alors les souvenirs se pressèrent dans mon esprit; je fermais les yeux et je crus voir apparaître l'hôte de cette opulente demeure; il se promenait, suivant son habitude, les bras croisés derrière le dos, absorbé par sa méditation. Sur son front se peignaient des sentiments contraires : cette douce satisfaction de l'esprit qui a vaincu une difficulté, et la contrainte de la pensée impuissante à traduire ses conceptions audacieuses. Je retrouvais les meubles à leur place habituelle. La table de bois noir sur laquelle j'écrivais était encore près de la croisée. Entre les fenêtres, il y avait toujours la riche console avec un échantillon rare de marbre de Paros; puis ce vaste lit à colonnes et à baldaquin avec ses tentures en gros de Naples à fleurs éclatantes; ces fauteuils, ces glaces, ce bureau en marqueterie,

(1) Le fils de Buffon avait épousé en premières noces, à l'âge de vingt ans, Mlle Marguerite-Françoise de Bouvier de Cepoy, qui faisait partie, avec sa mère, de l'entourage le plus immédiat du duc d'Orléans et qui devint, si elle ne l'était pas déjà, la maîtresse du prince. En 1789, il y eut séparation; en 1793, divorce. Le jeune comte de Buffon épousa alors, en secondes noces, Mlle Betzy-Daubenton. Il mourut sur l'échafaud de la Révolution quelques jours avant le 9 thermidor.

coupé en forme de pupitre. Rien ne manquait! mon imagination avait prêté pour un instant à mes souvenirs le charme de la réalité. Je m'arrachai enfin à ces émotions, et je m'éloignai avec tristesse de cette chambre actuellement occupée par la comtesse de Buffon. Elle est suivie d'un boudoir et d'une petite galerie dont la porte vitrée donne sur les premières terrasses des jardins. La grande orangerie, où je m'arrêtai quelques instants, est entretenue avec soin. J'ai parcouru les jardins, je suis monté à la plate-forme du château; j'ai revu le cabinet de travail de Buffon, la tour Saint-Louis, qui lui a servi de bibliothèque, et je suis revenu de cette excursion le cœur gonflé par l'émotion et l'âme remplie d'une amère mélancolie. Je n'ai pas voulu partir sans avoir été revoir la modeste chambre que j'occupais au rez-de-chaussée. J'étais seul et, me laissant aller à un charme involontaire, je m'y reposai un instant. La porte était restée ouverte et je voyais, éclairé par un jour douteux, le grand escalier d'honneur dont les marches maintenant sont silencieuses. Il me restait à faire un pieux pèlerinage; je suis allé m'agenouiller dans la chapelle où le grand homme repose entre son père, sa femme et sa fille..... J'ai quitté Montbard en emportant de ma visite un impérissable souvenir et une relique, Mme la comtesse de Buffon ayant daigné me remettre une mèche de cheveux du grand homme. »

Pour terminer cette « histoire naturelle » du caractère de Buffon, il me reste à dire quelques mots de ses sentiments religieux. Humbert Bazile a écrit au sujet de l'illustre naturaliste : « M. de Buffon fut un génie religieux, et son isolement au milieu du XVIIIe siècle appliqué à battre en brèche des principes qu'il respecta toute sa vie eut peut-être pour cause unique les répugnances de sa foi (1). »

Tous les actes de la vie privée de Buffon tendent à appuyer ce jugement. Il assistait tous les dimanches à la messe, soit dans la chapelle de son château de Montbard, soit à l'église paroissiale où il se rendait en tenue de cérémonie. Tous les ans, il faisait publiquement ses pâques, et sa mort fut, sur sa demande, précédée de l'administration des sacrements et d'une sorte de confession publique qui procura le plus grand honneur à l'Église.

A n'en juger que par les signes extérieurs de dévotion, l'Église pouvait revendiquer Buffon comme un de ses plus fidèles en même temps qu'un de ses plus illustres serviteurs. Cependant sa religiosité, si l'on en juge par ses œuvres, n'avait rien de commun avec les croyances des Églises de ce monde. S'il est vrai, comme tend à le montrer l'histoire de l'humanité, que la pensée religieuse tend d'autant plus à s'élever et pour ainsi dire à se sublimiser, que l'intelligence des hommes et leur savoir se développent davantage, on peut dire que Buffon a marqué le terme le plus élevé de cette évolution de la pensée religieuse, terme au delà duquel le rôle de la divinité devient à la fois

(1) *Loc. cit.*, p. 49.

si vague et si minime qu'il n'est plus nettement perceptible et que la nécessité ne s'en fait plus sentir. Le Dieu de Buffon siège « au sein du repos », sur « le trône immobile de l'empyrée d'où il voit rouler sous ses pieds toutes les sphères célestes, sans choc et sans confusion ; » il ne s'est réservé que ces deux extrêmes du pouvoir : « anéantir et créer », c'est-à-dire les deux seuls phénomènes dont il n'ait jamais été donné à personne de constater la production ; mais il régit « dans une paix profonde » le « nombre infini de cieux et de mondes (1). »

Nulle part ses idées sur ce sujet ne sont aussi nettement exprimées que dans sa première *Vue de la Nature* (2) : « La nature est le système des lois établies par le Créateur pour l'existence des choses et pour la succession des êtres. La nature n'est point une chose, car cette chose serait tout ; la nature n'est point un être, car cet être serait Dieu ; mais on peut la considérer comme une puissance vive, immense, qui embrasse tout, qui anime tout, et qui, subordonnée à celle du premier Être, n'a commencé d'agir que par son ordre, et n'agit encore que par son concours ou son consentement. Cette puissance est, de la Puissance divine, la partie qui se manifeste ; c'est en même temps la cause et l'effet, le mode et la substance, le dessein et l'ouvrage : bien différente de l'art humain, dont les productions ne sont que des ouvrages morts, la nature est elle-même un ouvrage perpétuellement vivant, un ouvrier sans cesse actif, qui sait tout employer, qui, travaillant d'après soi-même, toujours sur le même fonds, bien loin de l'épuiser, le rend inépuisable : le temps, l'espace et la matière sont ses moyens, l'univers son objet, le mouvement et la vie son but.

» Les effets de cette puissance sont les phénomènes du monde ; les ressorts qu'elle emploie sont des forces vives que l'espace et le temps ne peuvent que mesurer et limiter sans jamais les détruire ; des forces qui se balancent, qui se confondent, qui s'opposent sans pouvoir s'anéantir : les unes pénètrent et transportent les corps, les autres les échauffent et les animent ; l'attraction et l'impulsion sont les deux principaux instruments de l'action de cette puissance sur les corps bruts ; la chaleur et les molécules organiques vivantes sont les principes actifs qu'elle met en œuvre pour la formation et le développement des êtres organisés.

» Avec de tels moyens, que ne peut la nature ? Elle pourrait tout si elle pouvait anéantir et créer ; mais Dieu s'est réservé ces deux extrêmes de pouvoir : anéantir et créer sont les attributs de la toute-puissance ; altérer, changer, détruire, développer, renouveler, produire, sont les seuls droits qu'il a voulu céder. Ministre de ses ordres irrévocables, dépositaire de ses immuables décrets, la nature ne s'écarte jamais des lois qui lui ont été prescrites ; elle

(1) *Vues de la Nature*, t. II, p. 201.
(2) *Ibid.*, t. II, p. 195.

n'altère rien aux plans qui lui ont été tracés, et dans tous ses ouvrages elle présente le sceau de l'Éternel; cette empreinte divine, prototype inaltérable des existences, est le modèle sur lequel elle opère, modèle dont tous les traits sont imprimés en caractères ineffaçables et prononcés pour jamais; modèle toujours neuf, que le nombre des moules ou des copies, quelque infini qu'il soit, ne fait que renouveler.

» Tout a donc été créé, et rien encore ne s'est anéanti; la nature balance entre ces deux limites sans jamais approcher ni de l'une ni de l'autre : tâchons de la saisir dans quelques points de cet espace immense qu'elle remplit et parcourt depuis l'origine des siècles. »

Quelque profondément religieuses que fussent ses idées, elles n'en subirent pas moins les menaces des théologiens. Après la publication de l'*Histoire de la terre*, la Sorbonne menaça le naturaliste de prononcer la censure contre son livre, s'il ne rétractait pas un certain nombre de propositions contraires au dogme catholique et aux Écritures. Pour donner une juste idée de l'intolérance de la Sorbonne, il suffit de rappeler qu'elle lui reprochait d'avoir dit que les planètes avaient fait partie du soleil, que le soleil s'éteindrait probablement faute de combustible, qu'au sortir du soleil la terre était brûlante, qu'il y a plusieurs espèces de vérités, etc. Buffon se soumit, dans l'intérêt de son œuvre et pour assurer sa tranquillité. En tête du IVe volume de l'*Histoire naturelle*, il publia les propositions incriminées par la Sorbonne, et les fit suivre de réponses aussi banales que vagues dont les théologiens eurent le bon esprit de se contenter. Le président de Brosses dit à ce sujet, dans sa correspondance : « Buffon sort d'ici; il m'a donné la clef du quatrième volume, sur la manière dont doivent être entendues les choses dites pour la Sorbonne. » Ce mot indique bien le peu d'importance que Buffon attachait à ses rétractations. Avant tout, il voulait conserver son repos.

Dans les *Époques de la nature*, il prit ses précautions à l'avance, en s'efforçant de démontrer lui-même que son histoire du globe terrestre n'était pas contradictoire de celle qui est contenue dans la Genèse. Précaution inutile; un certain abbé Ribalier dénonça le livre à la Sorbonne et des poursuites furent commencées par les docteurs; « mais, dit Bachaumont dans ses Mémoires, vu la vieillesse de l'auteur, vu la considération dont il jouit, vu la protection de la cour, vu l'espèce d'hommage qu'il a rendu au dogme par des tournures dont ils ne sont point dupes, ils ont cru devoir fermer les yeux sur ce nouvel attentat contre la foi, et regarder le système du philosophe comme un *radotage* de sa vieillesse; en conséquence, sans aucune approbation du livre, il ne sera donné aucune suite à la censure. »

Cependant un grand nombre de propositions des *Époques de la nature* avaient été incriminées par la Sorbonne, et Buffon avait fait préparer une réponse par l'abbé Bexon. Les propositions et la réponse ont été publiées par Flourens dans son excellente étude sur les *Manuscrits de Buffon*. Je dois avouer que j'ai trouvé les unes et les autres aussi ridicules que possible, et j'ai hâte d'abandonner ce sujet.

Ses croyances religieuses et les concessions qu'il fit à l'Église ne l'empêchèrent pas d'ailleurs d'être l'objet d'attaques violentes de la part de ceux qui lisaient entre les lignes et qui virent dans l'*Histoire naturelle* des armes redoutables mises au service des encyclopédistes. Le 2 décembre 1749, après la publication de l'*Histoire de la terre*, le marquis d'Argenson inscrit dans ses Mémoires cette note : « Le sieur Buffon, auteur de l'*Histoire naturelle*, a la tête tournée du chagrin que lui donne le succès de son livre. Les dévots sont furieux et veulent le faire brûler par la main du bourreau. Véritablement, il contredit la *Genèse* en tout. »

Les *Lettres à un Américain* débutent par des attaques violentes contre la prétendue irréligion de Buffon (1). « M. de Buffon n'est pas dans le cas de ces auteurs dont vous me parlez dans votre dernière lettre. « Ces gens-là, » me disiez-vous, sentent fort bien que la raison conduit à la religion chré- » tienne ; c'est pour cela qu'ils s'efforcent d'ébranler tous les fondements » du raisonnement humain, dans l'espérance que l'homme, cessant d'en » faire usage, ne trouvera plus de voie qui le mène à la religion. » On ne peut pas prêter les mêmes vues à M. de Buffon, puisqu'il fait hautement profession de reconnaître la divinité des livres de Moïse. Mais on ne peut nier qu'il ne travaille ouvertement à anéantir tous les principes des sciences, aussi bien que les auteurs dont vous me parliez ; même mépris pour les modernes les plus accrédités, même zèle pour le rétablissement de l'ancienne philosophie, même goût pour le paradoxe et pour l'obscurité. Il n'a certainement pas senti toutes les conséquences que les incrédules, ou comme ils s'appellent, les inconvaincus, pourraient tirer de son ouvrage... M. de Buffon serait bien autrement offensé s'il savait que les matérialistes regardent son énorme préface comme l'anti-polignac et comme le rétablissement de l'épicurisme. Ils ont tort assurément : M. de Buffon donne de très bonnes preuves de la distinction de l'âme et du corps, et ceci décide contre leurs soupçons. Mais, disent-ils, sans ces dehors du christianisme, on n'aurait pu obtenir la permission d'imprimer. Cette raison n'est pas trop recevable : M. de Buffon ne me paraît pas homme à garder tant de mesures ; il y va bonnement, on voit bien qu'il s'est cru au-dessus de toute censure. S'il avait craint de ce côté-là, il aurait assurément supprimé bien des choses. On ne peut néanmoins se dissimuler que ces messieurs les inconvaincus n'aient quelques raisons de le préconiser comme un des leurs. Dans son ouvrage, tout s'opère fortuitement ; les animaux mêmes se composent d'éléments qu'il appelle vivants, et également propres à entrer dans la con-

(1) *Lettres à un Américain sur l'Histoire naturelle, générale et particulière de M. de Buffon*, t. Ier, p. 4.

struction des animaux et des végétaux. Il est vrai qu'il met l'efficace de l'attraction à la place du hasard d'Épicure; mais les matérialistes ne trouvent pas mauvais qu'il ait apporté cette modification au système de leur maître. La merveille de la nature, dans son système, c'est qu'on ne voie pas de grands animaux sortis d'une motte de terre, ou du bouton d'un arbre fruitier. Pour les insectes, rien n'est moins rare que leur formation fortuite. Et quant au reste de l'univers, la construction en est si simple, qu'on dirait qu'il n'est point nécessaire que Dieu y intervienne... Enfin, tandis que d'autres auteurs savent nous élever au Créateur en nous amusant de l'histoire d'un insecte, M. de Buffon nous le laisse à peine apercevoir en nous expliquant la fabrique de l'univers... Il est à craindre que les matérialistes ne prétendent encore tirer de grands avantages du peu de morale que M. de Buffon débite, et surtout des caractères qu'il donne aux vérités que comprend la science des mœurs... Après tout cela, je ne vois pas qu'on doive être surpris que les matérialistes prétendent avoir des droits sur la nouvelle *Histoire naturelle*. Que pouvons-nous répondre à ces messieurs ? Un seul mot, mais qui me dit tout, ce me semble : c'est qu'un honnête homme est encore moins capable de se déguiser sur ce qui regarde la religion que sur toute autre chose ; que M. de Buffon fait profession de croire la révélation, mais qu'il l'oublie souvent dans ses méditations physiques. C'est à quoi se réduit toute l'apologie que je puis faire en sa faveur, et c'est, suivant toutes les apparences, ce qu'il dirait lui-même pour sa justification. »

Je ne veux pas insister davantage et je m'empresse de revenir à la partie scientifique de la vie de Buffon.

Ainsi que je l'ai dit plus haut, Buffon fut élu membre adjoint de l'Académie des sciences à l'âge de vingt-six ans, n'ayant encore publié que quelques mémoires sur des questions de mathématiques. Il aurait pu à juste titre s'étonner de la rapidité de ses succès, s'il n'avait pas appartenu à une classe dans laquelle l'Académie était particulièrement heureuse de recruter des sociétaires.

Quelques années plus tard, il fut nommé membre titulaire de l'Académie des sciences; mais il abandonna la section de mécanique pour passer dans celle de botanique, soit en souvenir de ses études de botanique à Angers avec Berthelot du Paty, soit pour préparer sa candidature à la surintendance du Jardin du Roi. Cette importante charge avait été pendant longtemps attachée au titre de médecin du roi; mais elle avait été si mal remplie par plusieurs de ces médecins qu'on s'était enfin décidé à la leur retirer pour la confier à un savant. Le premier des surintendants nommés dans ces conditions fut Dufay, savant de mérite, membre de l'Académie des sciences, adonné à la culture de toutes les branches du savoir humain, à la fois chimiste, physicien et naturaliste. M. Nadault de Buffon rapporte de la manière suivante l'histoire de la nomination de Buffon à la surintendance du Jardin du Roi :

« Une mort subite vint arrêter l'œuvre réparatrice entreprise par Dufay. Sa survivance était promise à Duhamel-Dumonceau. Pendant la maladie de Dufay, Duhamel était hors de France : il faisait en Angleterre des expériences sur les bois de construction ; mais les deux de Jussieu, fort de ses amis, avaient pris soin de s'assurer près de Dufay qu'il n'avait pas oublié ses engagements envers son confrère absent. En une heure, tout changea. Hellot, de l'Académie des sciences, sachant que Buffon désirait cette place, alla trouver Dufay mourant. Dufay et Buffon avaient eu ensemble des démêlés scientifiques, et il y avait un successeur désigné. Mais Hellot ne se décourage pas, apporte, rédigée d'avance, une lettre par laquelle Dufay, revenant sur sa décision, désigne Buffon pour son successeur : « Lui seul, lui avait dit Hellot, est capable de continuer votre œuvre ; éteignez tout sentiment de rivalité, et demandez cet ancien ami pour votre successeur. » Dufay signa, et, lorsque M. de Denainvillers, frère de Duhamel-Dumonceau, alla rappeler sa parole au ministre, M. de Maurepas lui répondit que son frère aurait une compensation. Buffon fut intendant du Jardin du Roi, et, à son retour d'Angleterre, Duhamel-Dumonceau fut nommé inspecteur général de la marine. »

A partir de ce jour, la vie de Buffon change complètement. Quelque temps auparavant (le 23 juillet 1739), il écrivait à M. Hellot : « Je savais déjà la mort du pauvre Dufay, qui m'avait véritablement affligé. Nous perdons beaucoup à l'Académie ; car, outre l'honneur qu'il faisait au corps par son mérite, il était si fort répandu dans le monde et à la cour qu'il obtenait bien des choses étonnantes pour le Jardin du Roi, et je vous avoue qu'il l'a mis sur un si bon pied, qu'il y aurait grand plaisir à lui succéder dans cette place ; mais je m'imagine qu'elle sera bien convoitée. Quand j'aurais plus de raisons d'y prétendre qu'un autre, je me donnerais bien garde de la demander ; je connais assez M. de Maurepas, et j'en suis assez connu, pour qu'il me la donne sans sollicitations. Je prierai mes amis de parler pour moi, de dire hautement que je conviens à cette place ; c'est tout ce que j'ai de raisonnable à faire quant à présent. A l'égard de ce que vous me dites, que M. de Maurepas est déterminé à conserver le Jardin du Roi dans l'Académie, je n'ai pas de peine à le croire ; mais, quand même il n'aurait pas pris en guignon Maupertuis, je ne crois pas qu'il lui donnât cette place. Mais il y a d'autres gens à l'Académie. Marquez-moi si vous entendez nommer quelqu'un ; en un mot, dites-moi tout ce que vous saurez. Vous pourrez bien lâcher quelques mots des vœux de M. le comte de Caylus à M. de Maurepas. Il y a des choses pour moi ; mais il y en a bien contre, et surtout mon âge ; et cependant, si on faisait réflexion, on sentirait que l'intendance du Jardin du Roi demande un jeune homme actif, qui puisse braver le soleil, qui se connaisse en plantes et qui sache la manière de les multiplier, qui soit un peu connaisseur de tous les genres qu'on y demande, et par-dessus tout qui entende les bâtiments, de sorte qu'en moi-même il me paraît que je suis bien leur fait ; mais je n'ai pas encore grande espérance, et par conséquent je n'aurai pas grand regret de voir cette place remplie par un autre. »

Le président de Brosses, ami de collège de Buffon et son compagnon à l'École de droit de Dijon, écrivait dans le même temps, de Florence, le 8 octobre 1739, à un ami (1) : « Que dites-vous de l'aventure de Buffon? Je lui ai écris de Venise ; j'attends avec impatience de ses nouvelles. Je ne sache pas d'avoir eu de plus grande joie que celle que m'a causée sa bonne fortune, quand je songe au plaisir que lui fait ce Jardin du Roi. Combien nous en avons parlé ensemble! Combien il le souhaitait, et combien il était peu probable qu'il l'obtînt jamais à l'âge qu'avait Dufay! »

Mis en possession du Jardin, il voit le profit qu'il en peut tirer pour sa gloire et pour le progrès de la science. Dans l'intérêt de la science, il s'efforce d'accroître les plantations et les collections ; il n'hésite pour cela devant aucune peine et aucun sacrifice; il expose sa propre fortune, payant à l'avance de ses deniers les travaux qu'il fait exécuter, au risque de n'être que difficilement remboursé. Quand il mourut, il lui était dû plus de 225,000 livres qui furent entièrement perdues pour ses héritiers.

Lorsque Buffon prit la direction du Jardin, le « Cabinet du Roi » ne se composait que de trois petites salles mal éclairées, l'une fermée au public, contenant les squelettes, les deux autres ouvertes, renfermant les animaux et les minéraux ; les herbiers étaient placés sous la surveillance des démonstrateurs de botanique. Buffon augmenta rapidement les collections, au point qu'il dut, en 1766, pour leur faire place, abandonner son logement et prendre une maison à loyer rue des Fossés-Saint-Victor. Il remettait généreusement et avec un absolu désintéressement au Cabinet du Roi tous les dons qui lui étaient faits par les explorateurs, les navigateurs, les savants, et qui lui arrivaient de tous les points du globe, sans en excepter les riches présents des rois de Suède et de Danemark, du grand Frédéric, de l'empereur Joseph II et de l'impératrice Catherine.

Buffon fut peut-être le seul naturaliste de ce temps qui n'ait pas possédé de cabinet d'histoire naturelle. Aussi, bientôt quatre galeries purent-elles être ouvertes au public, deux galeries d'animaux, une de minéraux, une de drogues et l'autre de produits d'origine végétale (2).

(1) *Lettres familières écrites d'Italie en* 1739 *et* 1740, par Charles de Brosses. Paris, 1858, 2 vol. in-12, t. Ier, p. 313.

(2) « Lorsque, dit M. Nadault de Buffon (*Correspondance*, 1re édit., I, p. 345), les amis de Buffon lui représentaient qu'il devait songer davantage à sa fortune et à son fils, il répondait en souriant : « Le Jardin du Roi est mon fils aîné. » Le roi, on doit le dire, ne fut point ingrat, et, à différentes reprises, il tint compte à Buffon de son désintéressement en augmentant les revenus de sa charge. Les appointements attachés à la charge d'Intendant du Jardin du Roi étaient de 6,000 livres; les appointements accordés à Buffon, en y

Tandis qu'il augmentait la surface du Jardin du Roi par des achats de terrain et d'immeubles, abandonnant même son logement pour faire place aux collections, il se mettait en relation avec tous les hommes qu'il jugeait aptes à lui fournir des matériaux pour l'enrichissement des galeries. Ne pouvant pas payer tous les objets qui lui étaient envoyés, il s'ingéniait à récompenser d'une autre façon le zèle des donateurs. Peu de temps après

comprenant les différentes pensions qui y furent successivement jointes, montaient à 32,280 livres. On en trouve le détail dans un livre de recettes déjà cité, qui était tenu par Buffon lui-même, écrit en entier de sa main, et dont la régularité parfaite témoigne du soin qu'il apportait dans le règlement de ses affaires et dans l'administration de sa fortune. A la page 6, au chapitre *Appointements*, se trouvent les articles suivants :

» Les appointements de ma place d'Intendant du Jardin et Cabinet du Roi sont de *six mille livres* et se payent par six mois chez M. Matagon, premier commis de MM. les administrateurs des domaines et bois de Paris.

» Il m'a été accordé par le Roi, après trente-cinq ans de service, une somme de *trois mille livres* en supplément de mes appointements, par une ordonnance sur le trésor royal, dont il faut tous les ans solliciter l'expédition.

» Il m'a été accordé par le Roi une pension de *six mille livres*, dont *quatre mille* sont réversibles à mon fils, et qui me sont payées au trésor royal.

» J'ai une pension, en qualité de trésorier de l'Académie des sciences, de *trois mille livres* par an.

» Le Roi a eu la bonté de m'accorder sur sa cassette une pension de *huit cents livres* par an, laquelle se paye d'avance et par quartiers de deux cents livres chacun.

» Le Roi m'a accordé une gratification annuelle de *quatre mille livres* sur la caisse du commerce, et qui se paye chez M. de L'Étang, par six mois, sur ma simple quittance.

» Il m'est dû, sous le nom de mon fils, en qualité de gouverneur de Montbard, une rente viagère de *quatre cent quatre-vingts livres* par an, qui se payent par trimestre. »

La fortune particulière de Buffon représentait un revenu annuel de *quatre-vingt mille livres*, dont, en puisant à la source que j'ai indiquée plus haut, on peut établir ainsi le détail :

1° Les forges, louées par an, dans les derniers temps de la vie de Buffon, *trente-cinq mille livres;*

2° Les bois de Buffon et de la Mairie, dont le revenu était conservé; d'autres bois, situés sur la terre de Montbard, servant à l'alimentation des forges, rapportaient *vingt mille livres* de revenu ;

3° La seigneurie de Buffon avec ses fonds patrimoniaux et ses droits de cens, *sept mille livres ;*

4° La terre de Montbard, *dix-huit mille livres.*

A ces revenus, il faut ajouter les produits de l'*Histoire naturelle*, dont les derniers volumes furent payés par Panckoucke douze mille livres le volume. Quant aux spéculations, Buffon n'en fit jamais. Je me trompe ; une fois, une seule, entraîné par M. de La Chapelle, commissaire général de la maison du Roi, son ami, et dans la prudence duquel il avait toute confiance, il plaça une somme de trente mille livres dans une entreprise industrielle, la Compagnie formée à Paris par M. Leschevin pour l'épurement du charbon de terre, et encouragée par Turgot et Necker ; il les perdit.

Pour donner une idée de l'attention avec laquelle il notait toute chose et du soin qu'il apportait dans le recouvrement de son revenu, parmi les nombreuses pages du livre que j'ai cité et dont l'original appartient à M. Nadault de Buffon, je prendrai deux articles au hasard. Au chapitre des *droits seigneuriaux* sur la terre de Buffon se trouve, à la page 7, la mention suivante : « Il m'est dû pour la location de la halle de Buffon ce que le R. P. Ignace Bougot peut en tirer, savoir *quatre livres* du sieur Tribolet, et plus ou moins des marchands qui viennent y étaler. » A la page 8 : « Il m'est dû pour la permission du jeu de quilles *trois livres* par an, que le R. P. Ignace reçoit pour moi. »

son entrée au Jardin, il fit créer par le comte de Maurepas, ministre de la maison du Roi, un brevet de *Correspondant du Jardin du Roi et des collections d'histoire naturelle*, que les collectionneurs, les savants et les voyageurs se montrèrent désireux d'obtenir. Il eut soin aussi de citer dans l'*Histoire naturelle* toutes les personnes qui lui envoyaient des notes ou des objets dignes d'intérêt ; estimant avec raison que le succès de son livre exciterait le désir d'y figurer. Son influence auprès des ministres était, en outre, acquise à tous ceux qui collaboraient à son entreprise, et, comme elle était considérable, il put souvent récompenser par des places et des honneurs les services rendus au Jardin du Roi.

Son autorité sur le jardin, sur les employés, conservateurs et professeurs, était presque absolue. Il faisait lui-même toutes les nominations. C'est lui qui fit entrer au Jardin Antoine-Laurent de Jussieu, Fourcroy, Antoine Petit, Daubenton, Lacépède, Duverney, Mertrud, Lamarck dont il fit imprimer la *Flore française* par l'Imprimerie royale et auquel il confia son fils pendant un voyage en Allemagne.

Tandis qu'il transformait en un immense dépôt de « richesses » naturelles l'établissement que les médecins du roi avaient laissé péricliter, il n'oubliait pas le soin de sa propre gloire. Il concevait le plan gigantesque d'un ouvrage dans lequel seraient décrits tous les objets contenus dans les collections du « Cabinet d'histoire naturelle » et où seraient exposées toutes les idées et toutes « les vues » que leur examen ferait surgir. En 1748, le *Journal des Savants* publia le programme de l'ouvrage conçu par Buffon. Je crois utile de le reproduire, ne serait-ce que pour mettre en relief l'étendue de l'entreprise et la hardiesse de celui qui l'avait conçue :

« On imprime à l'Imprimerie royale, lit-on dans le *Journal des Savants*, par ordre du Roi, l'*Histoire naturelle générale et particulière, avec la description du Cabinet du Roi*. Cet ouvrage, qui a été fait suivant les vues et par les ordres de M. le comte de Maurepas, en partie par M. de Buffon et en partie par M. Daubenton, l'un et l'autre également chers à la république des lettres et membres des plus illustres Académies de l'Europe, sera divisé en quinze volumes in-4°. Les neuf premiers embrassent le règne animal. Le premier volume, qui est déjà imprimé, contient : 1° une préface qui roule sur l'établissement du Jardin royal et sur le Cabinet d'histoire naturelle; 2° un discours sur la manière d'étudier et de traiter l'histoire naturelle; 3° un second discours qui comprend l'histoire et la théorie de la terre;

« Le deuxième volume, l'histoire des animaux, des végétaux, des minéraux; l'histoire naturelle de l'homme considéré comme animal; les mœurs qui lui sont naturelles, suivant les différentes races et les différents climats, et la description des pièces d'anatomie du Cabinet du Roi;

» Le troisième et le quatrième volume, l'histoire des animaux quadrupèdes;

» Le cinquième volume, l'histoire des quadrupèdes amphibies et des poissons cétacés ;

» Le sixième volume, la description et l'histoire de tous les poissons de mer, de lac et de rivière ;

» Le septième volume, l'histoire et la description des coquillages, des crustacés et des insectes de la mer ;

» Le huitième volume, l'histoire des reptiles, des insectes et des animaux microscopiques ;

» Le neuvième volume, l'ornithologie ;

» Les dixième, onzième et douzième volumes, le règne végétal. On verra, dans le dixième, un système de végétation et un traité d'agriculture ;

» Le treizième volume, un discours sur la formation des pierres et des minéraux, qu'on a composé pour servir de suite à l'histoire de la terre, la description et l'histoire des fossiles, des pierres figurées et des pétrifications;

» Le quatorzième volume, l'histoire des terres, des sables, des pierres communes, des cailloux, des pierres précieuses, avec une méthode simple, naturelle, invariable, pour connaître les pierres précieuses. Cette belle partie de l'histoire naturelle sera traitée avec soin : la collection de ces pierres, soit transparentes, soit opaques, qui est au Jardin du Roi, est extrêmement riche. On tâchera de rendre l'ouvrage digne de la matière ;

» Le quinzième volume, l'histoire des sels, des soufres, des bitumes et de tous les minéraux qu'on tire du sein de la terre. »

Les volumes I à V, le IXe et les volumes XIII à XV de ce programme sont les seuls qui aient été publiés par Buffon. Ils comprennent l'histoire de la formation et de l'évolution de la terre, celle des minéraux, celle des oiseaux et celle des mammifères et de l'homme. Œuvre gigantesque, qui occupa les cinquante dernières années de la vie de Buffon, devant laquelle s'effacèrent toutes ses autres préoccupations, mais dont il retira une gloire et une popularité qu'aucun savant n'avait encore connues dans aucun temps et dans aucun pays.

Le succès qu'obtinrent, au moment de leur apparition, en 1749, les trois premiers volumes de l'*Histoire naturelle*, surtout la *Théorie de la terre*, dépassa tout ce qu'il était permis d'attendre. La majesté pompeuse du style étonna plus encore que la hardiesse des pensées. Pour la première fois, un savant s'était mis en tête de parler la langue des littérateurs et de mêler la discussion des plus graves problèmes philosophiques à la description des phénomènes naturels dont le monde est le théâtre. La Sorbonne devint maussade, les petits cercles littéraires s'émurent, les savants compassés renièrent un confrère qui faisait descendre la science des sommets mystérieux où jusqu'alors elle avait trôné, pour la mettre à la portée du vulgaire. Quant aux encyclopédistes, ils ne comprirent pas l'importance de l'aide inattendue que le naturaliste leur apportait dans leur lutte contre les erreurs du passé.

Marmontel a condensé dans une page haineuse tout le fiel que l'œuvre de Buffon fit sécréter par les littérateurs de second ordre : « Buffon, dit-il (1), avec le Cabinet du Roi et son *Histoire naturelle*, se sentait assez fort pour se donner une existence considérable. Il voyait que l'école encyclopédique était en défaveur à la cour et dans l'esprit du Roi, il craignit d'être enveloppé dans le commun naufrage, et, pour voyager à pleines voiles, ou du moins pour louvoyer seul et prudemment parmi les écueils, il aima mieux avoir à soi sa barque libre et détachée. On ne lui en sut pas mauvais gré; mais sa retraite avait encore une autre cause. Buffon, environné chez lui de complaisants et de flatteurs, et accoutumé à une déférence obséquieuse pour ses idées systématiques, était quelquefois désagréablement surpris de trouver parmi nous moins de révérence et de docilité. Je le voyais s'en aller mécontent des contrariétés qu'il avait essuyées. Avec un mérite incontestable, il avait un orgueil et une présomption égale au moins à son mérite. Excité par l'adulation et placé par la multitude dans la classe de nos grands hommes, il avait le chagrin de voir que les mathématiciens, les chimistes, les astronomes ne lui accordaient qu'un rang très inférieur parmi eux ; que les naturalistes eux-mêmes étaient peu disposés à le mettre à leur tête, et quelques-uns même lui reprochaient d'avoir fastueusement écrit dans un genre qui ne voulait qu'un style simple et naturel. Je me souviens qu'une de ses amies m'ayant demandé comment je parlerais de lui, s'il m'arrivait d'avoir à faire son éloge funèbre à l'Académie française, je répondis que je lui donnerais une place distinguée parmi les poètes du genre descriptif; façon de le louer dont elle ne fut pas contente. Buffon, mal à son aise avec ses pairs, s'enferma donc chez lui avec ses commensaux ignorants et serviles, n'allant plus ni à l'une ni à l'autre Académie, et travaillant à faire sa fortune chez les ministres, et sa réputation dans les cours étrangères, d'où, en échange de ses ouvrages, il recevait de beaux présents. »

Si le style superbe de l'*Histoire naturelle* excita la haine des littérateurs médiocres, il ne fut pas sans nuire à Buffon, même dans l'esprit des hommes de goût. Après la publication du quatrième volume de l'*Histoire naturelle*, Grimm, dont les jugements avaient une grande portée, prit le parti de Buffon contre ses détracteurs : « Nous avons depuis un mois le quatrième volume de l'*Histoire naturelle*. Ce livre, qui est du petit nombre de ceux qui iront à la postérité et qui devraient y aller seuls, a réuni dès le commencement tous les suffrages. Il y a quatre ans que M. de Buffon et M. Daubenton nous donnèrent les trois premiers volumes; ils furent reçus avec un applaudissement universel. Quand je dis universel, j'y compte bien pour quelque chose les *Lettres américaines* et d'autres mauvaises brochures que la cabale et l'envie ont forgées contre l'ouvrage immortel de M. de Buffon. Grâce à

(1) *Mémoires d'un père pour servir à l'éducation de ses enfants*. 1804.

l'imbécillité et à la méchanceté des hommes, ces brochures sont devenues d'une nécessité indispensable pour un grand succès, et il n'y en a point de complet sans elles. Ce sont les productions, comme dit un de nos philosophes dans un ouvrage qui va paraître, de ceux qui usurpent le titre de philosophes ou de beaux esprits, et qui ne rougissent point de ressembler à ces insectes importuns qui passent les instants de leur existence éphémère à troubler l'homme dans ses travaux et dans son repos. Quand les insectes font des piqûres sans venin, quand l'envie se tient aux brochures et aux feuilles, l'homme de génie dédaigne l'un et l'autre, et aurait honte d'écraser un ennemi aussi méprisable; mais, quand la morsure est envenimée, quand la cabale et la calomnie trouvent le secret de dénigrer le philosophe dans la société, de rendre suspectes les mœurs des hommes les plus respectables, et leur sûreté et leur repos mal assurés, alors l'indignation s'en mêle et doit s'en mêler, et la justice demanderait d'exterminer des êtres aussi nuisibles dans la nature et aussi indignes de leur existence. »

Cependant, en 1756, après l'apparition du sixième volume, Grimm revient sur sa première appréciation. Il exalte Daubenton au détriment de Buffon, sans autre motif, peut-être, que la mauvaise humeur produite parmi ses amis politiques par la peinture des plaisirs de la chasse que le naturaliste avait jointe à la description du cerf. « 1er novembre 1756. — MM. de Buffon et Daubenton viennent de donner le sixième volume de l'*Histoire naturelle*. Il contient l'histoire et la description du *chat*, des animaux sauvages en général, du *cerf*, du *daim*, du *chevreuil*, du *lièvre* et du *lapin*. Vous savez que M. de Buffon est chargé de l'histoire naturelle, et M. Daubenton de la description et de la partie anatomique. On ne parle point à Paris du travail de ce dernier; comme c'est un travail de recherche plus utile que brillant, il n'intéresse guère des gens qui ne cherchent qu'à s'amuser et point du tout à s'instruire. Nous ne sommes occupés que des morceaux de M. de Buffon, dont les sujets sont plus de notre goût, et qui les traite avec une pompe, une harmonie et une magnificence de style qui ne peuvent manquer de nous tourner la tête. En effet, c'est une chose fort singulière que le cas qu'on fait à Paris du style; il n'y a rien qu'on ne soit sûr de faire réussir par ce moyen.... Mais je crois que le mérite de M. de Buffon perdra de son éclat chez la postérité autant que chez les étrangers. La beauté de l'harmonie tient à une si grande finesse d'organes, à une manière si déliée d'affecter l'oreille, qu'elle ne se fait sentir qu'à un petit nombre de gens de goût résidant dans la capitale, et formés par un long exercice. Elle est presque perdue pour la province et pour les étrangers ; elle le sera totalement pour la postérité, qui, négligeant la forme, ne pourra juger que les idées et le fond. Au contraire, la réputation de M. Daubenton ne pourra que gagner auprès d'elle. Son mérite est durable et solide ; seulement, il n'appartient pas aux oisifs de Paris de l'apprécier. Tenons-nous-en donc aux morceaux de M. de Buffon, et, pour le juger avec sincérité, soyons perpétuellement en garde contre la majesté et la poésie séduisante de son style. S'il lui arrivait d'abuser de cet instrument dangereux contre les intérêts de la vérité, il serait plus coupable qu'un autre, à proportion que ses talents sont plus grands de ce côté. C'est donc un reproche grave que j'ai à lui faire sur l'éloge pompeux de la chasse qu'il a mis à côté de l'histoire naturelle du cerf. Je ne veux pas le soupçonner d'avoir voulu faire sa cour aux grands, et flatter leur goût dominant au mépris de la vérité et de ses droits sacrés : ce serait une bassesse impardonnable.... »

Grimm traite encore moins bien le septième volume de l'*Histoire naturelle*. « 15 août 1759. — Le septième volume de l'*Histoire naturelle* paraît depuis plusieurs mois. Cet ouvrage s'avance au milieu de la persécution qu'on a suscitée à la philosophie ; mais ce n'est pas sans faire de fréquents sacrifices de la liberté et de la hardiesse avec laquelle il convient de dire la vérité. L'alarme que le livre de l'*Esprit* a jetée dans le camp des fidèles a obligé M. de Buffon de mettre à ce nouveau volume de son *Histoire*, déjà imprimé depuis quelque temps, plusieurs cartons avant que d'oser le faire paraître en public. Quoi qu'il en soit, ce volume contient l'histoire naturelle du *loup*, du *renard*, du *blaireau*, de la *loutre*, de la *fouine*, de la *martre*, du *putois*, du *furet*, de la *belette*, de l'*hermine*, de l'*écureuil*, du *rat*, de la *souris*, du *mulot*, du *rat d'eau* et du *campagnol*. A la fin de l'histoire de chacun de ces animaux, écrite par M. de Buffon, vous trouverez, conformément au plan de l'ouvrage, la description de ces animaux avec leurs dimensions et leur anatomie, par M. Daubenton ; et cette partie, quoique la moins brillante, ne sera pas la moins estimée dans la suite. Comme tous les animaux de ce volume sont de la classe des carnassiers, M. de Buffon a mis à la tête un discours sur les animaux carnassiers en général, et c'est là le morceau remarquable de son volume. Vous connaissez le style de M. de Buffon. Cet écrivain *n'abonde pas en idées ;* mais la noblesse de ses images et l'élévation de sa plume le font lire avec un grand plaisir. »

Le reproche de ne pas « abonder en idées » que fait Grimm à Buffon prouve de la façon la plus manifeste ce que j'ai avancé plus haut, que les encyclopédistes n'avaient pas compris la véritable portée de l'œuvre du naturaliste.

L'attitude de Voltaire est encore plus significative. Il ne peut pas supporter que la terre ait été jadis recouverte par la mer et que les coquilles trouvées dans le sol soient les restes d'animaux marins. Il craint, sans doute, que l'opinion de Buffon ne soit invoquée en faveur du déluge et des Écritures et il s'empresse de travailler à la rendre ridicule. Est-ce un motif analogue, ou quelque mécontentement personnel qui faisait dire à d'Alembert en parlant de Buffon, qu'il appelait « le grand phrasier, le roi des phrasiers » : « Ne me parlez pas de votre Buffon, ce comte de Tuffières, qui, au lieu de nommer simplement le cheval, s'écrie : la plus noble conquête que l'homme ait jamais faite est celle de ce fier et fougueux animal.... »

Cependant, après la publication des Xe et XIe volumes, en 1764, Grimm paraît revenir à une appréciation plus saine de l'œuvre de Buffon : « On comptera, écrit-il, parmi les ouvrages qui ont illustré le siècle de Louis XV, l'*Histoire naturelle, générale et particulière, avec la description du Cabinet du Roi,* entreprise par MM. de Buffon et Daubenton, de l'Académie royale des sciences, et garde du Jardin du Roi et de son Cabinet d'histoire naturelle. Ces deux hommes célèbres, en réunissant leurs talents et leurs connaissances, ont fourni jusqu'à présent une vaste et belle carrière. M. de Buffon, après avoir exposé dans des discours généraux ses idées sur la formation, la constitution de l'univers, sur la nature et les révolutions de notre globe, sur l'homme, sur les animaux, s'est attaché à l'histoire particulière de chaque espèce; M. Daubenton y a ajouté la description anatomique et détaillée de chaque animal. Si le travail de M. de Buffon est plus brillant, s'il est reçu avec plus d'empressement de la part du plus grand nombre, qui ne cherche à avoir que des notions générales, il faut convenir que celui de M. Daubenton sera bien précieux à la postérité ; car si jamais la science de la nature peut faire quelque progrès, ce sera par de tels travaux répétés, comparés et transmis de siècle en siècle....

» On a reproché à M. de Buffon une trop grande facilité à créer des systèmes et à s'en engouer ; on a dit qu'il voyait moins la nature dans ses opérations que dans sa tête; de savants naturalistes des pays étrangers, et surtout d'Allemagne, où cette science est particulièrement cultivée, ont relevé un grand nombre de ses erreurs. Malgré tout cela, M. de Buffon aura toujours la réputation d'un philosophe distingué ; *l'élévation de ses idées* et de son style lui donnera toujours un droit incontestable à l'emploi difficile et glorieux d'historien de la nature. Si des gens d'un goût sévère lui reprochent un peu trop de poésie dans son style, il faut convenir que ce défaut se pardonne bien plus aisément que la sécheresse et la pauvreté qu'on remarque dans d'autres ouvrages philosophiques de notre temps.... En lisant les deux nouveaux volumes que MM. de Buffon et Daubenton viennent de publier, et qui font le dixième et le onzième de leur ouvrage, vous aurez occasion de vous confirmer dans toutes ces idées.... L'histoire de l'*éléphant* et celle du *chameau* sont les deux morceaux distingués ; mais on admire dans tous les articles de M. de Buffon ce coup d'œil philosophique, cette tête saine et sage, ce style noble, élevé, majestueux, qui enchante et agrandit pour ainsi dire le lecteur.... Dans son discours sur les animaux de l'ancien et du nouveau continent, M. de Buffon a exposé une assez belle et grande vue. Il prétend qu'on ne trouve dans l'Amérique que les animaux qui ont pu passer dans ce nouveau continent par le nord de l'ancien. Tous ceux à qui leur tempérament ne permet pas de subsister dans le Nord ne se trouvent pas dans le nouveau monde, parce qu'ils n'ont trouvé aucun passage praticable. Cette conjecture est belle et philosophique ; mais il faut bien se garder de lui assigner un degré de certitude qu'elle ne saurait avoir, à cause de la disette des faits et des observations. »

Montesquieu a laissé un mot plein de réserve, qui met en saillie la mauvaise humeur provoquée chez les savants par la publication des trois premiers volumes de l'*Histoire naturelle*. Il écrit à cette époque à Mgr Ceruti : « M. de Buffon vient de publier trois volumes qui seront suivis de douze autres : les trois premiers contiennent des idées générales.... M. de Buffon a, parmi les savants de ce pays-ci, un très grand nombre d'ennemis, et la voix prépondérante des savants emportera, à ce que je crois, la balance pour bien du temps : pour moi, qui y trouve de belles choses, j'attendrai avec tranquillité et modestie la décision des savants étrangers ; je n'ai pourtant vu personne à qui je n'aie entendu dire qu'il y avait beaucoup d'utilité à le lire.... »

Les deux dernières citations que je viens de faire donnent une idée de la façon dont l'*Histoire naturelle* avait été accueillie par les savants. Ils reprochaient à Buffon la richesse de son style, la large envergure de son imagination, sa tendance à créer des systèmes, en un mot son esprit synthétique. Ils lui en voulaient surtout d'avoir, dès les premières pages, montré son dédain des classifications plus ou moins naturelles imaginées par les botanistes et les zoologistes, et parlé sans un suffisant respect des naturalistes les plus vénérés. Étranger à ce petit monde scientifique qui formait alors en Europe une sorte de franc-maçonnerie tendant à s'isoler du *vulgum pecus*, par la langue, les usages, le costume et même les noms à désinence latine de ses membres, Buffon avait piétiné sans respect les plates-bandes de M. Linnæus.

Laissant de côté le latin, et dans son style et dans l'orthographe de son nom, refusant de signer *Buffonius*, et croyant bon, étant Français, d'écrire dans la claire et lumineuse langue de ses concitoyens, il ne pouvait manquer de soulever contre lui les colères de tous les adeptes des vieilles traditions du monde savant.

Les deux ouvrages qui nous ont le mieux transmis l'écho de ces doléances et de ces colères sont ceux de Réaumur et de Malesherbes.

En 1798, c'est-à-dire cinq ans après la mort tragique de Chrétien-Guillaume Lamoignon-Malesherbes, il parut à Paris un ouvrage posthume du savant jurisconsulte sous le titre de : *Observations de Lamoignon-Malesherbes sur l'Histoire naturelle générale et particulière de Buffon et Daubenton*. Cet ouvrage fut écrit après la publication des trois premiers volumes du livre de Buffon; il renferme une analyse critique très minutieuse des idées et des observations publiées par le savant naturaliste. Malesherbes ne destinait sans doute pas ses observations à la publicité; car il en égara le manuscrit et mourut sans s'être jamais donné la peine de le rechercher. La lecture des *Observations* révèle chez son auteur des connaissances sérieuses dans les diverses branches des sciences naturelles, un esprit critique très délié et une assez grande bienveillance. Il règne cependant dans cet ouvrage une sorte de mauvaise humeur permanente que Malesherbes semble ne pouvoir maîtriser et dont il nous fournit lui-même, dès les premières pages, l'explication : Buffon n'est pas naturaliste, Buffon maltraite les naturalistes. Après avoir montré les difficultés du projet entrepris par Buffon, il dit : « Ce projet me semble d'autant plus hardi, que M. de Buffon n'avait pas encore paru dans le monde savant comme naturaliste (1).... »

Malesherbes se montrait juste pour Buffon quand il louait la profondeur de ses vues et quand il indiquait dans son œuvre des erreurs de détail; mais il est manifeste qu'il n'avait ouvert l'*Histoire naturelle* qu'avec une extrême défiance, parce que Buffon n'appartenait pas au petit monde fermé des savants. Cette défiance se transforme en mauvaise humeur après la lecture du premier discours, dans lequel Buffon ne se montre pas suffisamment respectueux à l'égard des naturalistes passés et présents : « Ce qui rendait, ajoute Malesherbes, une critique plus indispensable, c'est que plusieurs hommes illustres sont attaqués avec force et, si j'ose dire, avec trop peu de circonspection. C'est un reproche que je ne puis m'empêcher de faire à M. de Buffon, surtout à l'égard de Linnæus, dont je crois qu'il a trop peu lu les ouvrages et dont il n'a pas saisi l'esprit (2). »

La suite de cette Introduction montrera que c'est précisément parce que Buffon avait admirablement compris l'esprit des ouvrages de Linnæus et des autres classificateurs, qu'il en avait si vivement critiqué et l'esprit et la méthode. Je ne veux pas insister davantage sur les observations de Malesherbes; je me borne à en citer un passage. En parlant des articles II, III, IV et V des preuves de la *Théorie de la terre*, Malesherbes écrit : « Nous n'avons rien à opposer à ces quatre articles, parce que nous ne refusons pas à l'auteur d'être un homme de beaucoup d'esprit, et de bien saisir l'esprit d'un livre quand il l'aura lu avec attention, et de le rendre avec précision. Nous lui refusons seulement d'être naturaliste, et, par conséquent, de parler pertinemment d'histoire naturelle (3). »

Les critiques de Malesherbes ne sont que maussades; celles de Réaumur sont âcres et virulentes. C'est que Réaumur lui-même est naturaliste, et du plus grand talent. Observateur d'une grande précision et d'une admirable sagacité, mais esprit essentiellement analytique, il n'entend rien aux généralisations, aux systèmes, aux hypothèses brillantes et grandioses de Buffon.

J'ai déjà dit plus haut que les critiques de Réaumur furent publiées sans nom d'auteur sous le titre de *Lettres à un Américain sur l'Histoire naturelle générale et particulière de Buffon*, et j'ai mis en relief la passion religieuse qui les anime. Il serait trop long d'en faire l'analyse.

(1) *Loc. cit.*, p. 3.
(2) *Loc. cit.*, p. 4.
(3) *Loc. cit.*, t. II, p. 20.

Il me paraît inutile de parler des autres critiques publiées par des savants ou au nom de la science. Elles furent impuissantes à empêcher l'*Histoire naturelle* d'acquérir rapidement une vogue et une renommée dont n'avait encore joui aucune œuvre scientifique. C'est que Buffon ne s'adressait pas à une petite coterie scientifique, mais à tous les hommes dont l'esprit avait été l'objet de quelque culture. Son *Histoire naturelle* était véritablement un ouvrage de vulgarisation, écrit dans une langue imagée, pompeuse même et d'une admirable clarté. On ne tarda pas à lui appliquer le mot dont il s'était servi pour caractériser Platon ; c'est, disait-on, un « peintre d'idées. »

En 1746, l'Académie de Berlin l'avait admis parmi ses membres (1). Il fut successivement reçu dans les Académies de Londres, de Saint-Pétersbourg, de Padoue, de Bologne, des Arcardes de Rome, etc. (2).

(1) M. Nadault de Buffon a publié la lettre que Samuel Formey adressa à Buffon, le 10 juin 1746, en sa qualité de secrétaire, pour l'informer de sa nomination,

« Monsieur,

» L'Académie royale des sciences et belles-lettres de Berlin, attentive à orner la liste de ses membres de noms propres à lui faire honneur, et surtout à choisir des associés dont les lumières puissent lui être utiles, a appris avec beaucoup de plaisir que vous souhaitiez d'être agrégé à son corps, et votre élection a été accompagnée d'une parfaite unanimité de suffrages. Vous pouvez donc, monsieur, revêtir la qualité de membre de cette Académie, dont vous recevrez le diplôme dès qu'il se présentera une occasion de vous le faire parvenir.

» Je me félicite en mon particulier, monsieur, d'être chargé de vous notifier votre élection, et, en vous offrant les assurances d'estime et les témoignages de confraternité de tout notre corps, d'être le premier qui ait l'avantage de vous assurer de la considération distinguée avec laquelle j'ai l'honneur d'être votre très humble et très obéissant serviteur,

FORMEY,

» Historiographe et secrétaire de l'Académie royale des sciences et belles-lettres de Berlin. »

(2) Nous devons également à M. Nadault de Buffon le curieux brevet qui fut envoyé à Buffon pas cette Académie.

« Acte de la promotion solennelle par acclamation à l'emploi de pasteur arcadien de l'illustre et savant comte de Buffon, lors de l'assemblée générale du 13 février 1777.

» Nous, honorables Arcades, nous trouvant assemblés ici pour écouter une des si nombreuses productions littéraires du très docte P. François Jacquier, dit Diophante Asmiclée, la réunion du jour nous devient doublement agréable et solennelle en raison de la gracieuse invitation que vous adresse le magnanime prince D. Louis Gonzague de Castiglione (dit Émirène), domicilié actuellement sur les rivages du royal fleuve nommé la Seine, en vous priant de proclamer votre collègue un des plus grands génies de la France, le Pline de notre temps, le très célèbre comte de Buffon ; voulant par là donner à celui-ci un témoignage réciproque de son amitié, et à nous une preuve du généreux zèle que, même éloigné de nous, il conserve pour le plus grand éclat de notre assemblée. Un si grand génie, auteur encore vivant de tant d'œuvres remarquables et utiles à la société, par lesquelles il a mérité l'honneur de se voir élever une statue par l'ordre du Roi très chrétien, mérite bien de nous toute démonstration extraordinaire de profonde estime. En conséquence, très illustres Arcades, répétons avec joie cette invitation si honorable ; que dans ce jour les forêts arcadiennes retentissent du nom immortel du comte de Buffon, et qu'il soit acclamé sous les dénominations

En 1753, l'Académie française sanctionna le jugement de l'esprit public en lui offrant un de ses fauteuils, sans qu'il eût fait aucune des visites qui, dès cette époque, étaient obligatoires.

Son discours de réception fut accueilli dans l'Assemblée par des applaudissements répétés et eut au dehors un immense retentissement. Mme Necker dit, avec sa préciosité habituelle : « Ce discours de M. de Buffon sur les difficultés et les beautés du style enregistrera pour jamais les titres de l'Académie dans le temple de la Renommée. »

« M. de Buffon ne s'est point borné, écrit Grimm, à nous rappeler que le chancelier Séguier était un grand homme, que le cardinal de Richelieu était un très grand homme, que les rois Louis XIV et Louis XV étaient de très grands hommes aussi; que M. l'archevêque de Sens était aussi un grand homme, et qu'enfin tous les Quarante étaient de grands hommes. Cet homme célèbre, dédaignant les éloges fades et pesants qui font ordinairement le sujet de ces sortes de discours, a jugé à propos de traiter une matière digne de sa plume et digne de l'Académie. Ce sont des idées sur le style; et l'on a dit, à ce sujet, que l'Académie avait pris un maître à écrire. On pourrait ajouter, après avoir lu la réponse de M. de Moncrif, qu'elle a bien fait et qu'elle en avait besoin. Le discours de M. de Buffon, qui vient d'être imprimé, fut interrompu à l assemblée de l'Académie trois ou quatre fois par les applaudissements publics. »

Il ne m'appartient pas de rechercher si c'est à tort ou à raison que ce discours est resté classique; je ne veux pas davantage discuter la question résumée dans le mot resté célèbre de Buffon « le style est l'homme même »; je ne contesterai pas l'exactitude de cet autre mot de lui, bien connu : « Les

pastorales d'*Archytas de Thessalie*. Donnez donc les témoignages accoutumés d'approbation et de joie, en déclarant à jamais heureux et agréable le présent jour.

» A cette invitation, les Arcades, réunis en grand nombre dans la salle du Conservatoire, en la présence accidentelle de deux auditeurs du Sacré Conseil de Rote, d'autres membres de la prélature et de la noblesse tant romaine qu'étrangère, de Mme Forester, poète anglais, du marquis de Brasac, premier écuyer de Madame Victoire, princesse de France, de l'abbé de Prades, précepteur de Son Altesse Royale le duc d'Angoulême, du marquis de Gulard, de M. Vien, directeur de l'Académie de France à Rome, de l'abbé Constantin, grand vicaire d'Angers, de l'abbé Deshaises, grand vicaire d'Albi, du chevalier de La Porte du Theil, du comte d'Orcey, et de nombreux professeurs des établissements supérieurs d'instruction publique (archigymnases), ont de la voix et du geste exprimé particulièrement leur vive satisfaction, et confirmé la nomination proposée. Ce dont le gardien, pour l'accomplissement de son ministère, a eu la gloire d'enregistrer l'acte dans les fastes les plus brillants de l'Arcadie.

» Donné en pleine assemblée par la chaumière du Conservatoire, dans le bois Parrhasius, le troisième jour après le 10 du mois de gamélion, dans le cours de la 11e année de la 638e olympiade, 3e année de la 22e olympiade depuis la restauration de l'Arcadie,

» Jour proclamé généralement heureux.

» Niviloo Amarinzio, gardien général.

» Sous-gardiens { Alexinde de Latmos, Lidinius Thésée. »

ouvrages bien écrits sont les seuls qui passeront à la postérité » ; je me bornerai à faire remarquer que, s'il est vrai que Buffon soit passé à la postérité à cause du style de ses œuvres, il n'est pas moins exact que son style a nui à sa réputation scientifique. On a recueilli les pages les mieux écrites de son *Histoire naturelle*, tandis qu'on laissait de côté les nombreuses grandes pensées qu'elle contient.

Cependant, la renommée de Buffon ne fit désormais que grandir, pour le plus grand profit de la science. Les voyageurs se disputaient l'honneur d'enrichir ses collections, les souverains étrangers lui adressaient des objets précieux de toutes sortes; pendant la guerre d'Amérique, des corsaires qui pillaient sans respect des caisses à l'adresse du roi d'Espagne, envoyaient religieusement à Buffon celles qui lui était destinées; les ministres s'inclinaient devant ses moindres désirs; les grands seigneurs ajoutaient des cabinets d'histoire naturelle à leurs galeries de tableaux; et comme les petits aiment à imiter les grands, le goût de l'histoire naturelle se répandit dans toutes les classes de la société. Parisiens et étrangers se pressaient dans les galeries du Jardin du Roi, rapidement accrues par les soins du directeur. Tout homme riche se faisait un titre de collectionner des animaux, des plantes, des marbres et des pierres. Le roi traitait en ami le grand naturaliste; il lui envoyait les pièces rares tirées dans les chasses royales et ne dédaignait pas le chevreuil alors très renommé de Montbard, que lui offrait Buffon (1). Le roi de Prusse recevait le jeune fils du naturaliste avec des honneurs quasi-princiers et l'impératrice de Russie le comblait de mille amitiés (2). Voltaire,

(1) M. Nadault de Buffon raconte à ce propos les curieuses anecdotes suivantes : Un jour, à Versailles, Louis XV fut pris de la fantaisie de manger du chevreuil de Montbard; il en envoya demander à Buffon. Ce dernier ne put offrir que la moitié d'un chevreuil et supplia le Roi de ne voir dans l'envoi de cette pièce, si peu digne d'être offerte à Sa Majesté, que l'empressement que l'on avait au Jardin du Roi de répondre sans retard à son désir. Le Roi, à son tour, envoya au naturaliste la moitié d'un pâté qui avait été servi sur sa table le matin, auquel il avait lui-même travaillé avec le duc d'Aumont et qu'il avait trouvé excellent. « De cette manière, dit-il, M. de Buffon ne regardera plus à m'envoyer une moitié de chevreuil. » Un autre jour, au mois de décembre 1775, ayant tué à la chasse des bécasses d'une espèce rare (des bécasses rousses), il ordonna qu'elles fussent envoyées au Jardin du Roi en ajoutant : « M. de Buffon seul est digne de manger ces oiseaux. »

(2) Buffon envoya d'abord son fils encore très jeune en Suisse, puis en Allemagne et en Autriche, où il le fit accompagner par Lamarck, et enfin en Russie. A Vienne, à Berlin, à Saint-Pétersbourg, le jeune Buffon fut reçu avec une grande bienveillance. En Russie, des honneurs princiers lui furent rendus. Il apportait à Catherine II un buste de son père que l'impératrice avait commandé à Houdon, buste, paraît-il, extrêmement remarquable. Le jeune Buffon était accompagné dans ce voyage par le chevalier de Contréglise : « Lorsque, dit Humbert Bazile (*loc. cit.* p. 195), les voyageurs approchèrent de Saint-Pétersbourg ils trouvèrent, à quarante lieues de la capitale, une compagnie de gardes du corps venue au-devant d'eux pour les accompagner dans la route qu'il leur restait à faire. Le chef de l'escorte avait reçu ordre de veiller à ce que rien ne leur manquât et de payer les dépenses du voyage. A une lieue de la ville, dès qu'ils furent aperçus des remparts, une double salve d'artillerie annonça leur arrivée ; l'état-major de la place vint à leur rencontre et le gouverneur les invita à monter dans les voitures de la Cour, qui les attendaient depuis plusieurs

LOPHOPHORE RESPLENDISSANT.

jadis si dédaigneux à l'égard de Buffon, ménageait un rival devenu puissant. « Je ne veux pas, disait-il, me brouiller avec M. de Buffon pour des coquilles. » Recevant la visite du fils de Buffon, alors âgé de douze ans, il le faisait asseoir dans son grand fauteuil et se découvrait devant lui, voulant témoigner du respect avec lequel il aurait traité le père. Rousseau s'agenouillait devant le pavillon où avait été écrite l'histoire de la terre et des animaux et le Discours sur le style. Mirabeau écrivait à sa Sophie, qui, paraît-il, après la mort de Mlle de Saint-Belin, avait eu l'idée d'épouser Buffon : « En fait de science, comparer l'opinion et l'autorité de M. de Buffon à la mienne, c'est comparer l'aigle au moineau. M. de Buffon est le plus grand homme de son siècle et de bien d'autres..... » Ailleurs, dans une note mise en marge de ses manuscrits, à Vincennes, Mirabeau, parlant de Buffon, dit encore : « On peut justement appliquer à M. de Buffon ce que Quintilien disait d'Homère : *Hunc nemo in magnis*..... Jamais personne ne le surpassera en élévation dans les grands sujets, en justesse et en propriété de termes dans les petits. Il est tout à la fois fécond et serré, plein de gravité et de douceur, admirable par son abondance et par sa brièveté. » Jean-Jacques disait, en parlant de Buffon : « C'est la plus belle plume du siècle. »

Quant à Buffon, il poursuivait patiemment, dans sa retraite de Montbard, l'œuvre commencée, s'entourant de collaborateurs zélés et intelligents : Daubenton d'abord, qui se sépara de lui pour une mesquine question d'amour-propre ; puis l'abbé Bexon et Guéneau de Montbéliard, qui écrivirent la plus grande partie des oiseaux ; M. de Grignon, qui l'aida dans ses recherches sur la fabrication des fers et qui lui fournit des notes pour l'histoire des minéraux ; Faujas de Saint-Fond et Guyton de Morveau, qui lui prêtèrent leur concours pour la rédaction de l'histoire des minéraux ; Jean Nadault, correspondant de l'Académie des sciences, qui rédigea plusieurs parties de cette histoire et des Preuves de la *Théorie de la terre;* Emmanuel Baillon qui lui envoya plus d'un renseignement utile sur les mœurs des oiseaux de rivage, etc.

Tandis que, grâce à ces aides dévoués, les volumes de l'*Histoire naturelle* se succédaient avec une rapidité que la maladie seule fut capable d'inter-

jours. Ils furent conduits au grand maréchal du palais, qui présenta les deux voyageurs à Sa Majesté impériale. Le premier mot de l'impératrice fut pour s'informer de la santé de l'illustre naturaliste dont elle recevait le fils. Le comte de Buffon et le chevalier de Contréglise accompagnaient l'impératrice, soit aux revues, soit aux spectacles ; et, dans les lieux publics où ils se rendaient avec elle, ils étaient toujours placés à sa droite. Le buste fut déposé à l'Hermitage, dans une salle consacrée aux grands hommes des deux mondes. Après un séjour de six mois, le comte de Buffon et le chevalier de Contréglise quittaient Saint-Pétersbourg. On leur rendit au départ les mêmes honneurs que ceux qu'ils avaient reçus à leur arrivée. L'impératrice remit au jeune comte une lettre pour son père, entièrement écrite de sa main, et dans laquelle elle le complimente sur la conduite distinguée que son fils a tenue à sa cour ; elle lui renouvelle ses regrets de ce que son grand âge l'a privée du plaisir qu'elle aurait eu à le recevoir dans son palais où depuis longtemps, dit-elle, une place était assignée à son buste. »

rompre, on faisait des éditions nouvelles et des traductions des parties déjà parues, et la gloire de l'auteur grandissait à ce point qu'on couronnait son buste sur les théâtres et que, en 1777, le roi Louis XV, après avoir érigé la terre de Buffon en comté, sans sollicitations de la part de l'illustre naturaliste, faisait élever à ce dernier, encore vivant, une statue dans le jardin qu'il avait fondé.

Buffon mourut au Jardin du Roi à l'âge de quatre-vingt-un ans, dans la nuit du 15 au 16 avril 1788, au comble de la gloire, sans avoir connu aucune des vicissitudes du sort, ayant été entouré pendant toute sa vie d'amis nombreux et fidèles, d'amies enthousiastes de son talent et amoureuses de sa personne, traité presque en cousin par les rois, les impératrices et les princes, et jouissant d'une popularité telle que plus de vingt mille personnes se pressaient derrière son cortège funèbre et qu'on était monté sur les toits pour le voir passer.

Mort à la veille de la Révolution, il ne l'avait pour ainsi dire pas vue, tant il était absorbé par son œuvre. Fidèle aux traditions de sa race, de sa famille et de sa religion, détesté des encyclopédistes et les haïssant sans s'être jamais douté qu'il était l'un des plus puissants collaborateurs de leur œuvre gigantesque, il n'ignorait pas cependant la force de la science; il avait coutume de dire que « la meilleure manière de détruire les erreurs en métaphysique et en morale c'est de multiplier les vérités d'observation dans les sciences naturelles; il pensait qu'au lieu de combattre avec une arme toujours dangereuse — l'arme du ridicule — l'ignorance et la superstition, il est préférable de répandre le goût de l'étude (1). »

Il pensait que le développement et la diffusion de la science suffiraient à faire disparaître les abus et les misères; mais il comptait sans la violence des premiers et la grandeur des secondes. Il lui fut épargné d'assister à l'écroulement de ses illusions et à la ruine d'un passé qu'il avait ébranlé, en vulgarisant la science, tandis qu'il croyait le consolider en donnant l'exemple de la fidélité aux principes religieux et sociaux sur lesquels reposait ce passé.

(1) Humbert Bazile, *loc. cit.*, p. 62.

INTRODUCTION

BUFFON, SON ŒUVRE, SES IDÉES ET LE DÉVELOPPEMENT DES SCIENCES NATURELLES DEPUIS SON ÉPOQUE

L'entreprise scientifique de Buffon était aussi vaste que son génie. Il la poursuivit pendant quarante années avec une ardeur qui n'avait d'égale que sa passion de la gloire. Sous le titre d'*Histoire naturelle générale et particulière*, il se proposait d'étudier « tous les objets que nous présente l'univers », non seulement dans leur ensemble et en décrivant les grands groupes entre lesquels les savants les ont plus ou moins arbitrairement distribués, mais encore en scrutant les caractères extérieurs et l'organisation de chacun d'entre eux, afin de déterminer les rapports qu'ils ont les uns avec les autres. Il ne se faisait d'ailleurs aucune illusion sur l'immensité de la tache à laquelle, parvenu déjà à l'âge de quarante ans, il allait consacrer le reste de sa vie. Les premières lignes qu'il écrit nous en fournissent le témoignage. « L'histoire naturelle, prise dans toute son étendue, dit-il (1), est une histoire immense; elle embrasse tous les objets que nous présente l'univers. Cette multitude prodigieuse de quadrupèdes, d'oiseaux, de poissons, d'insectes, de plantes, de minéraux, etc., offre à la curiosité de l'esprit humain un vaste spectacle, dont l'ensemble est si grand qu'il paraît et qu'il est en effet inépuisable dans les détails. Une seule partie de l'histoire naturelle, comme l'histoire des insectes ou l'histoire des plantes, suffit pour occuper plusieurs hommes; et les plus habiles observateurs n'ont donné, après un travail de plusieurs années, que des ébauches assez imparfaites des objets trop multipliés que présentent ces branches particulières de l'histoire naturelle auxquelles ils s'étaient uniquement attachés. » S'il a vu la grandeur de l'entreprise, il en a également compris les difficultés. « Le premier obstacle, dit-il (2), qui se présente dans l'étude de l'histoire naturelle vient de cette grande multitude d'objets; mais la variété de ces mêmes objets et la difficulté de rassembler les productions divers des différents climats forment

(1) *De la manière d'étudier et de traiter l'histoire naturelle*, t. Ier, p. 1.
(2) *Ibid.*, t. Ier, p. 2.

un autre obstacle à l'avancement de nos connaissances, qui paraît invincible, et qu'en effet le travail seul ne peut surmonter ; ce n'est qu'à force de temps, de soins, de dépenses, et souvent par des hasards heureux, qu'on peut se procurer des individus bien conservés de chaque espèce d'animaux, de plantes ou de minéraux, et former une collection bien rangée de tous les ouvrages de la nature.

« Mais lorsqu'on est parvenu à rassembler des échantillons de tout ce qui peuple l'univers, lorsque après bien des peines on a mis dans un même lieu des modèles de tout ce qui se trouve répandu avec profusion sur la terre, et qu'on jette pour la première fois les yeux sur ce magasin rempli de choses diverses, nouvelles et étrangères, la première sensation qui en résulte est un étonnement mêlé d'admiration, et la première réflexion qui suit est un retour humiliant sur nous-mêmes. On ne s'imagine pas qu'on puisse avec le temps parvenir au point de reconnaître tous ces différents objets, qu'on puisse parvenir non seulement à les reconnaître par la forme, mais encore à savoir tout ce qui a rapport à la naissance, la production, l'organisation, les usages, en un mot à l'histoire de chaque chose en particulier : cependant, en se familiarisant avec ces mêmes objets, en les voyant souvent, et, pour ainsi dire, sans dessein, ils forment peu à peu des impressions durables, qui bientôt se lient dans notre esprit par des rapports fixes et invariables ; et de là nous nous élevons à des vues plus générales, par lesquelles nous pouvons embrasser à la fois plusieurs objets différents ; et c'est alors qu'on est en état d'étudier avec ordre, de réfléchir avec fruit, et de se frayer des routes pour arriver à des découvertes utiles. »

Quelles que fussent l'étendue et les difficultés du travail auquel Buffon allait se livrer, il était mieux placé que personne pour en mener à bonne fin, sinon la totalité, du moins une grande partie. A l'époque où Louis XV lui confia la surintendance du Jardin du Roi, les collections de minéraux, de végétaux et d'animaux réunies dans cet établissement n'étaient encore, il est vrai, que peu importantes, si on les compare à celles que renferme aujourd'hui le Muséum ; elles n'en avaient pas moins une grande valeur et elles devaient en acquérir rapidement une plus considérable encore, entre les mains d'un homme que sa grande fortune et ses relations avec tous les personnages officiels de la France et de l'étranger mettaient en mesure de récompenser de façons très diverses les personnes dont il sollicitait le concours. Il ne tarda donc pas à avoir entre les mains le « magasin de choses diverses » sans lequel le travail le plus opiniâtre eût été impuissant.

Buffon comprenait la nécessité de commencer l'étude de la nature par l'histoire *particulière* de chacun des êtres et des objets innombrables qu'elle offre à notre examen ; mais il n'était pas homme à s'attarder longtemps dans les études minutieuses, longues et patientes qu'exige l'observation directe des détails. Il n'ignorait pas que dans toute science l'analyse est indispensable, mais il n'avait pas l'esprit analytique. Aussi ne tarda-t-il pas à abandonner à des collaborateurs « l'histoire naturelle particulière », tandis qu'armé de leurs recherches il méditait sur les « rapports fixes et invariables » des choses et « s'élevait à ces vues plus générales par lesquelles nous pouvons embrasser à la fois plusieurs objets différents, réfléchir avec fruit et nous frayer des routes pour arriver à des connaisssances utiles. »

Le premier, il indique la nécessité de joindre à la description des caractères extérieurs des animaux celle de leur organisation interne, et fonde l'anatomie comparée, mais il abandonne à Daubenton le soin de mettre en pratique cette conception nouvelle. Il aime à peindre, dans un style aussi riche en couleurs que fidèle par le trait, les formes, les caractères et les mœurs des oiseaux et des mammifères dont il fait l'objet de ses études ; ses descriptions sont si exactes et si belles qu'il serait impossible de les mieux faire ; il jouit de l'immense succès qu'elles obtiennent ; il est sensible à la popularité qu'elles lui procurent ; mais il se lasse vite de la précision analytique qu'elles lui imposent. A propos des oiseaux, il écrit au président de Brosses (1), quelque temps après la mort de sa femme : « Personne n'a été plus malheureux deux ans de suite : l'étude seule a été ma ressource, et, comme mon cœur et ma tête étaient trop malades pour pouvoir m'appliquer à des choses difficiles, *je me suis amusé à caresser des oiseaux.* » Dès que son esprit est plus calme et plus apte à s'occuper « de choses difficiles », il cesse de caresser des oiseaux ; « j'ai assez de travailler sur des plumes, » écrit-il, et il s'estime heureux d'abandonner cette partie de son œuvre à Guéneau de Montbelliard et à l'abbé Bexon, pour se livrer à l'étude des minéraux. Quoique ces objets soient plus difficiles, il leur donne la préférence parce que leur étude est « plus analogue à son goût par les belles découvertes et les grandes vues dont elle est susceptible ».

L'expérimentation elle-même, après l'avoir séduit par les nouveautés qu'elle l'avaient mis en mesure de découvrir, le fatigue par les soins minutieux qu'elle exige. La grande réputation que lui valurent ses observations microscopiques sur les éléments de la génération, ses expériences sur les miroirs ardents, sur la production des métis, sur les fers, les fontes et les aciers, fût elle-même impuissante, malgré son amour très légitime de la célébrité, à le retenir devant le microscope ou le foyer de la forge.

Esprit éminemment synthétique, il aime le travail, mais non le travail d'analyse, ce *labor improbus* de l'observateur et de l'expérimentateur qui, après une vie consumée en des efforts incessants et opiniâtres, ne laissent à la postérité que quelques faits souvent contestés, toujours perdus dans les larges flots de la science qu'ils ont le rôle modeste de grossir.

Ce qu'il faut chercher dans l'œuvre scientifique de Buffon, ce n'est pas le

(1) Le 29 septembre 1769. Voyez la *Correspondance*.

fait particulier, c'est la mise en œuvre, par son puissant et hardi génie, des faits découverts par ses prédécesseurs, ses contemporains et ses collaborateurs, c'est la synthèse et non l'analyse, ce sont surtout ces « vues de l'esprit », ces hypothèses et ces systèmes que les esprits étroits dédaignent, ne les pouvant embrasser, que les intelligences médiocres sont impuissantes à concevoir, que les cerveaux légers bâtissent sur le sable, mais avec lesquels les génies de haut vol, les Leucippe, les Démocrite, les Épicure, les Lucrèce, les Descartes, les Buffon, les Lamarck, illuminent leur siècle, et qu'ils transmettent, flambeaux lumineux, aux générations suivantes, pour éclairer leur marche vers la vérité.

Il n'y a pour ainsi dire pas une seule question relative à l'organisation, à l'évolution et aux fonctions des diverses formes de la matière inanimée ou vivante qui n'ait fourni à Buffon l'objet de quelque conception prophétique. Le premier, faisant sortir la terre et les autres planètes du soleil, il assigne une origine commune à toutes les parties de notre système solaire. Le premier, il rejette la croyance traditionnelle aux brusques révolutions du globe terrestre, à laquelle Cuvier devait plus tard revenir, et montre que toutes les transformations dont la terre a été le siège se sont produites sous l'influence d'actions qui se font encore sentir de nos jours; il formule ainsi, par la synthèse hardie d'un petit nombre de faits, la « théorie des causes actuelles », qu'admettent aujourd'hui presque tous les géologues. Le premier encore il trace les grandes lignes de la doctrine du transformisme; il établit que les espèces se transforment sous l'influence du climat, de la nourriture et des autres agents extérieurs, et ne forment que des séries gigantesques de chaînons, dont l'homme doit se résigner à n'être que le plus parfait. Il n'est pas jusqu'à la théorie de la lutte pour l'existence et de la sélection naturelle que son puissant génie n'ait devinée, cent ans avant Darwin, et formulée en termes assez nets pour qu'on lui en doive attribuer la paternité. Quant à la sélection artificielle, nul, sans en excepter Darwin, ne l'a mieux comprise et plus exactement dépeinte que lui.

Il y a loin de ce Buffon éclairé par la science moderne, grandi par les découvertes que ses successeurs ont accumulées, de ce Buffon trouvant la solution de la plupart des grands problèmes posés par l'étude de la nature, traçant, avec la hardiesse d'un génie qu'aucune borne ne limite, l'histoire de l'évolution de la terre, des minéraux qui la forment et des êtres vivants qui la peuplent; il y a loin, dis-je, de ce Buffon créateur de la science à celui que nos maîtres nous ont accoutumés à ne considérer que comme un styliste habile, un « grand phrasier », disait d'Alembert, n'ayant d'autre préoccupation que d'aiguiser de sa main aristocratiquement enveloppée de manchettes la plume qui écrivit l'histoire pompeuse du cheval et du lion.

I

ORGANISATION ET FORMATION DU SYSTÈME SOLAIRE ET DES AUTRES PARTIES DE L'UNIVERS. IDÉES DE BUFFON. IDÉES MODERNES.

De tous les objets que l'univers présente à notre étude et à nos méditations, l'un des plus intéressants est la terre que nous habitons. C'est sur lui que se portent les premiers regards de Buffon ; c'est par la terre que débute son *Histoire naturelle.* « L'histoire générale de la terre, dit-il (1), doit précéder l'histoire particulière de ses productions. » Mais il a soin de nous prévenir que, dans son *Histoire et théorie de la terre*, « il n'est question ni de la figure de la terre, ni de ses mouvements, ni des rapports qu'elle peut avoir à l'extérieur avec les autres parties de l'univers; c'est sa constitution intérieure, sa forme et sa matière » qu'il se propose d'examiner. C'est en effet à ces sujets, sur lesquels nous reviendrons plus bas, qu'il limite d'abord ses méditations. Ce n'est que comme supplément à cette « histoire générale de la terre » qu'il expose ses vues sur l'origine de notre globe (2).

C'est par l'examen de ces vues que nous commencerons l'étude des idées de Buffon et celle des théories qui leur ont été substituées par les savants venus après lui.

Organisation de l'univers.

Pour donner à ce difficile sujet toute la clarté désirable, il me paraît utile de rappeler d'abord ce que la science nous a révélé sur l'organisation et la vie de l'univers. Nous parlerons d'abord du système solaire, dont fait partie la terre.

Système solaire.

Ce gigantesque ensemble, dont notre planète, malgré son étendue, ne représente qu'une très minime portion, se compose : 1° d'un globe central, beaucoup plus volumineux que tous les autres, le soleil ; 2° de 8 planètes principales disposées à des distances inégales du soleil : Mercure, Vénus, la terre, Mars, Jupiter, Saturne, Uranus et Neptune ; Mercure étant la planète la plus rapprochée de l'astre central, tandis que Neptune en est la plus éloignée ; 3° de 160 petites planètes (je ne parle que de celles qu'on connaît exactement), situées entre Mars et Jupiter; 4° de 18 satellites des grandes planètes, la terre en ayant 1 qui est la Lune, Jupiter 4, Saturne 8, Uranus 4 et Neptune 1 ; 5° d'un nombre immense de comètes et de corpuscules ou météorites de dimensions très variables, cheminant entre les astres dont nous venons de parler.

(1) *Histoire et théorie de la terre*, t. 1er, p. 34.
(2) Dans l'article : *De la formation des comètes*.

Rappelons maintenant le mouvement de toutes ces parties constituantes de notre système solaire. 1° Le soleil et toutes les planètes, grandes ou petites, décrivent autour d'un axe passant par leurs pôles un mouvement de rotation dirigé de droite à gauche pour un observateur qui serait placé dans le plan de leur équateur, la tête tournée du côté de l'hémisphère nord, c'est-à-dire d'occident en orient. On sait que la terre fait un tour complet sur son axe en 24 heures; quoique nous n'en ayons aucune conscience, ce mouvement est d'une effrayante rapidité; au niveau de Paris, il est de 305 mètres par seconde ou, si l'on veut de 1,098 kilomètres par heure et 25,352 kilomètres par 24 heures. Helmoltz a calculé que si le mouvement de rotation de la terre cessait brusquement, sa transformation nécessaire en chaleur suffirait pour déterminer la combustion complète de 15 sphères de houille ayant chacune les dimensions de notre globe. 2° Chaque planète parcourt, en outre, autour du soleil, dans un temps variable de l'une à l'autre, mais fixe pour chacune d'entre elles une orbite elliptique d'une immense étendue dont le soleil occupe un des foyers. Ce deuxième mouvement a reçu le nom de mouvement de translation. Sa rapidité est excessive. En 365 jours et environ 6 heures, la terre parcourt une ellipse qui mesure 930 millions de kilomètres, ce qui représente une vitesse de 29,450 mètres par seconde, 75 fois la vitesse d'un boulet de canon. Neptune, dont le volume représente 84 fois celui de la terre, parcourt en près de 165 ans une orbite qui a près de 7 milliards de lieues. Les orbites des grandes planètes, étant concentriques, sont d'autant plus grandes que la planète est plus éloignée du soleil. Quant aux orbites des petites planètes, elles sont toutes comprises entre celle de Mars et celle de Jupiter. Chacune de ces orbites est disposée dans un plan qui passe par le centre du soleil et par celui de la planète; toutes ne sont pas dans le même plan, elles sont plus ou moins obliques par rapport à l'axe du soleil, mais toutes disposées dans une zone d'une épaisseur relativement peu considérable. 3° Les satellites décrivent autour des planètes dont elles dépendent des orbites analogues, comprises dans le plan des orbites de leurs planètes respectives. 4° Les comètes décrivent entre tous ces globes des ellipses immenses dont le soleil occupe l'un des foyers et qui varient pour chacune d'étendue et de direction. 5° Quant aux innombrables météorites ou corpuscules plus petits qui voyagent parmi les grands astres du monde solaire, leur obscurité et leur faible dimension ne nous permettent pas de suivre leur marche; nous n'en n'avons connaissance que quand ils s'approchent assez près de notre globe pour en rencontrer l'atmosphère ou pour être attirés par sa masse. Leur mouvement est si rapide que quand ils se heurtent contre notre atmosphère ils s'enflamment et deviennent visibles pendant un certain temps sous le nom d'étoiles filantes. Quand ils se rapprochent assez de la terre pour entrer dans la limite de son attraction, ils tombent sur notre sol et nous apportent, sous les noms de bolides et d'aérolithes, le témoignage de l'existence d'autres terres semblables à la nôtre. D'où viennent ces astres minuscules et où vont-ils? Nul ne pourrait le dire avec quelque certitude. Il nous est seulement permis de supposer qu'ils proviennent de la dislocation de quelque astre vieilli, dont les éléments, dispersés dans l'espace, vont grossir d'autres astres plus jeunes. 6° Enfin, le soleil se déplace dans les espaces infinis du ciel, entraînant après lui les planètes et leurs satellites, les comètes et les météorites, et décrivant autour de quelque soleil plus volumineux et doué d'une force d'attraction plus puissante, ou bien autour d'un groupe de soleils, une orbite dont nous ignorons le tracé, mais qu'il parcourt avec une rapidité telle qu'il franchit en une seule année plus d'une fois et demie la distance du soleil à la terre, c'est-à-dire près de 250 millions de lieues.

Étoiles.

Malgré l'immense étendue qu'il occupe dans le ciel, notre monde solaire ne représente qu'une fraction infinitésimale de l'univers. Chacune des étoiles qui brillent dans la nuit de notre terre est un soleil analogue au nôtre, servant comme lui, selon toute probabilité, de centre à un système planétaire comparable à celui qui se meut autour de notre soleil; or, le nombre des étoiles est incalculable; nous n'en pouvons voir qu'une très minime partie, et beaucoup sont situées à une telle distance de notre globe qu'il pourra parcourir toutes les phases de son évolution avant que leur lumière soit venue le frapper.

Nébuleuses.

Indépendamment des planètes, des soleils ou étoiles et des autres astres à forme définie dont nous venons de parler, il existe, dispersés dans l'immensité du ciel, des corps lumineux que l'irrégularité de leurs contours et l'indécision de leurs limites ont fait désigner sous le nom de nébuleuses. Certaines nébuleuses sont constituées par des amas d'étoiles très rapprochées en apparence les unes des autres, tandis que d'autres sont manifestement composées d'une substance vaporeuse qui ne s'est pas encore condensée en étoile. Assurément, ces masses énormes ne sont pas plus en repos que les étoiles et les planètes. Toutes les parties constituantes de l'univers se meuvent suivant des lois précises et subissent, les unes par rapport aux autres, des déplacements que l'astronome peut mesurer avec autant de précision que le physicien compte les oscillations d'un pendule. Composés d'une matière qui change sans cesse de forme, mais qu'aucune puissance ne saurait ni détruire ni créer, ils parcourent, en nombre indéfini, d'un mouvement éternel, un espace illimité.

Après ce rapide coup d'œil jeté sur l'organisation de l'univers, il nous sera plus facile d'exposer les systèmes imaginés par Buffon, par ses prédécesseurs et par ses successeurs pour expliquer l'origine et la formation de la terre.

Système de Leibnitz.

A l'époque de Buffon, on admettait assez généralement l'opinion émise par Leibnitz sur cette grave question. Le philosophe allemand pensait que la terre et les autres planètes de notre système solaire avaient été jadis autant de soleils fluides, incandescents et lumineux, qui s'étaient peu à peu solidifiés et refroidis par rayonnement dans l'espace. Mais ni lui ni les adeptes de sa manière de voir ne s'étaient préoccupés de savoir ni comment s'étaient formés ni d'où provenaient tous ces soleils. C'est cette lacune de la théorie de Leibnitz que Buffon s'efforce de combler dans son mémoire sur la formation des planètes.

Système de Buffon.

Buffon admet avec Leibnitz que les planètes ont été d'abord fluides, incandescentes et lumineuses; mais, allant beaucoup plus loin que le philosophe allemand, il démontre qu'elles doivent être issues du soleil, autour duquel elles se meuvent, et il émet l'hypothèse qu'elles ne sont que des parcelles de cet astre détachées par le choc oblique d'une comète. « Ne peut-on pas, dit-il (1), imaginer, avec quelque sorte de vraisemblance, qu'une comète, tombant sur la surface du soleil, aura déplacé cet astre et qu'elle en aura séparé quelques petites parties auxquelles elle aura communiqué un mouvement d'impulsion dans le même sens et par un même choc, en sorte que les planètes auraient autrefois appartenu au corps du soleil, et qu'elles en auraient été détachées par une force impulsive commune à toutes, qu'elles conservent encore aujourd'hui? Cela me paraît au moins ainsi probable que l'opinion de M. Leibnitz, qui prétend que les planètes et la terre ont été des soleils, et je crois que son système aurait acquis un grand degré de généralité et un peu plus de probabilité, s'il se fût élevé à cette idée. » Dans une addition à cet article, il dit encore (2): « La matière des planètes, au sortir du soleil, était aussi lumineuse que la matière même de cet astre; et les planètes ne sont devenues opaques, ou pour mieux dire obscures, que quand leur état d'incandescence a cessé... Comme le torrent de la matière projetée par la comète hors du corps du soleil a traversé l'immense atmosphère de cet astre, il en a entraîné les parties volatiles, aériennes et aqueuses, qui forment aujourd'hui les atmosphères et les mers des planètes. Ainsi, l'on peut dire qu'à tous égards la matière dont sont composées les planètes est la même que celle du soleil, et qu'il n'y a d'autre différence que par le degré de chaleur, extrême dans le soleil, et plus ou moins attiédie dans les planètes, suivant le rapport composé de leur épaisseur et de leur densité. »

Les arguments sur lesquels Buffon appuie sa théorie sont les suivants :

1° « La direction commune de leur mouvement d'impulsion qui fait que les six planètes vont toutes d'occident en orient : il y a 64 à parier contre 1 qu'elles n'auraient pas eu ce mouvement dans le même sens, si la même cause ne l'avait pas produit, ce qu'il est aisé de prouver par la doctrine des hasards (3). »

2° « L'inclinaison des orbites n'excède pas 7 degrés et demi; car, en comparant les espaces, on trouve qu'il y a 24 contre 1 pour que deux planètes se

(1) *Preuves de la théorie de la terre;* art. Ier, *De la formation des planètes,* t. Ier, p. 69.
(2) *Ibid.*, t. Ier, p. 248.
(3) *Ibid.*, t. Ier, p. 69.

trouvent dans des plans plus éloignés, et par conséquent 24^5 ou 7,692,624 à parier contre 1 que ce n'est pas par hasard qu'elles se trouvent toutes six ainsi placées et renfermées dans l'espace de 7 degrés et demi, ou, ce qui revient au même, il y a cette probabilité qu'elles ont quelque chose de commun dans le mouvement qui leur a donné cette position. Mais que peut-il y avoir de commun dans l'impression d'un mouvement d'impulsion, si ce n'est la force et la direction des corps qui le communiquent? On peut donc conclure avec une très grande vraisemblance que les planètes ont reçu leur mouvement d'impulsion par un seul coup. Cette probabilité, qui équivaut presque à une certitude, étant acquise, je cherche quel corps en mouvement a pu faire ce choc et produire cet effet, et je ne vois que les comètes capables de communiquer un aussi grand mouvement à d'aussi vastes corps (1). »

« 3° La conformité entre la densité de la matière des planètes et la densité de la matière du soleil. Nous connaissons sur la surface de la terre des matières 14 ou 15,000 fois plus denses les unes que les autres, les densités de l'or et de l'air sont à peu près dans ce rapport; mais l'intérieur de la terre et le corps des planètes sont composés de parties plus similaires et dont la densité comparée varie beaucoup moins, et la conformité de la densité de la matière des planètes et de la densité de la matière du soleil est telle, que sur 650 parties qui composent la totalité de la matière des planètes, il y en a plus de 640 qui sont presque de la même densité que la matière du soleil, et qu'il n'y a pas dix parties sur ces 650 qui soient d'une plus grande densité; car Saturne et Jupiter sont à peu près de la même densité que le soleil, et la quantité de matière que ces deux planètes contiennent est au moins 64 fois plus grande que la quantité de matière des quatre planètes inférieures, Mars, la terre, Vénus et Mercure. On doit donc dire que la matière dont sont composées les planètes en général est à peu près la même que celle du soleil, et que par conséquent cette matière peut en avoir été séparée (2). »

Buffon cherche ensuite à expliquer pourquoi les planètes ont des densités différentes et pourquoi elles sont inégalement distantes du soleil. « La comète, dit-il (3), ayant par un seul coup communiqué un mouvement de projectile à une quantité de matière égale à la six cent cinquantième partie de la masse du soleil, les particules les moins denses se seront séparées des plus denses et auront formé par leur attraction mutuelle des globes de différente densité : Saturne, composé des parties les plus grosses et les plus légères, se sera le plus éloigné du soleil, ensuite Jupiter, qui est plus dense que Saturne, se sera moins éloigné, et ainsi de suite. Les planètes les plus grosses et les moins denses sont les plus éloignées, parce qu'elles ont reçu un mouvement d'impulsion plus fort que les plus petites et les plus denses; car la force d'impulsion

(1) *Preuves de la théorie de la terre; De la formation des planètes*, t. Ier, p. 70.
(2) *Ibid.*, t. Ier, p. 71.
(3) *Ibid.*, t. Ier, p. 73.

se communiquant par les surfaces, le même coup aura fait mouvoir les parties les plus grosses et les plus légères de la matière du soleil avec plus de vitesse que les parties les plus petites et les plus massives; il se sera donc fait une séparation des parties denses de différents degrés, en sorte que la densité de la matière du soleil étant égale à 100, celle de Saturne est égale à 67, celle de Jupiter = 94 ½, celle de Mars = 200, celle de la terre = 400, celle de Vénus = 800, et celle de Mercure = 2,800. Mais la force d'attraction ne se communiquant pas, comme celle d'impulsion, par la surface, et agissant au contraire sur toutes les parties de la masse, elle aura retenu les portions de matières les plus denses, et c'est pour cette raison que les planètes les plus denses sont les plus voisines du soleil, et qu'elles tournent autour de cet astre avec plus de rapidité que les planètes les moins denses, qui sont aussi les plus éloignées. »

Il prévoit qu'on lui objectera que, si les planètes ont été détachées du soleil, elles devraient se trouver dans le même état que cet astre, « elles devraient être, comme le soleil, brûlantes et lumineuses, et non pas froides et opaques comme elles le sont (1). » Or, « rien ne ressemble moins à ce globe de feu qu'un globe de terre et d'eau ; et, à en juger par comparaison, la matière de la terre et des planètes est tout à fait différente de celle du soleil. »

« A cela on peut répondre, dit-il (2), que, dans la séparation qui s'est faite des particules plus ou moins denses, la matière a changé de forme, et que la lumière ou le feu se sont éteints par cette séparation causée par le mouvement d'impulsion. D'ailleurs, ne peut-on pas soupçonner que, si le soleil ou une étoile brûlante et lumineuse par elle-même se mouvait avec autant de vitesse que se meuvent les planètes, le feu s'éteindrait peut-être, et que c'est par cette raison que toutes les étoiles lumineuses sont fixes et ne changent pas de lieu (3), et que ces étoiles que l'on appelle nouvelles, qui ont probablement changé de lieu, se sont éteintes aux yeux même des observateurs? Ceci se confirme par ce qu'on a observé sur les comètes, elles doivent brûler jusqu'au centre lorsqu'elles passent à leur périhélie; cependant elles ne deviennent pas lumineuses par elles-mêmes, on voit seulement qu'elles exhalent des vapeurs brûlantes dont elles laissent en chemin une partie considérable. »

Un peu plus bas (4), il ajoute : « On pourrait répondre encore que le feu ne peut pas subsister aussi longtemps dans les petites que dans les grandes masses, et qu'au sortir du soleil les planètes ont dû brûler pendant quelque temps, mais qu'elles se sont éteintes faute de matières combustibles, comme

(1) *Preuves de la théorie de la terre; De la formation des planètes*, t. Ier, p. 74.
(2) *Ibid.*, t. Ier, p. 74.
(3) Buffon croyait à l'immobilité des étoiles. Nous reviendrons plus bas sur cette question.
(4) *Preuves de la théorie de la terre; De la formation des planètes*, t. Ier, p. 75.

le soleil s'éteindra probablement par la même raison, mais dans des âges futurs et aussi éloignés des temps auxquels les planètes se sont éteintes, que sa grosseur l'est de celle des planètes : quoi qu'il en soit, la séparation des parties plus ou moins denses, qui s'est faite nécessairement dans le temps que la comète a poussé hors du soleil la matière des planètes, me paraît suffisante pour rendre raison de cette extinction de leurs feux. »

Il lui reste à expliquer la formation des satellites des planètes; il le fait de la façon suivante (1) : « L'obliquité du coup a pu être telle qu'il se sera séparé du corps de la planète principale de petites parties de matière qui auront conservé la même direction de mouvement que la planète même; ces parties se seront réunies, suivant leurs densités, à différentes distances de la planète par la force de leur attraction mutuelle, et en même temps elles auront suivi nécessairement la planète dans son cours autour du soleil en tournant elles-mêmes autour de la planète, à peu près dans le plan de son orbite. On voit bien que ces petites parties, que la grande obliquité du coup aura séparées, sont les satellites; ainsi la formation, la position et la direction des mouvements des satellites s'accordent parfaitement avec la théorie, car ils ont tous la même direction de mouvement dans des cercles concentriques autour de leur planète principale; leur mouvement est dans le même plan, et ce plan est celui de l'orbite de la planète; tous ces effets, qui leur sont communs et qui dépendent de leur mouvement d'impulsion, ne peuvent venir que d'une cause commune, c'est-à-dire d'une impulsion commune de mouvement, qui leur a été communiquée par un seul et même coup donné sous une certaine obliquité.

» Ce que nous venons de dire sur la cause du mouvement de rotation et de la formation des satellites acquerra plus de vraisemblance, si nous faisons attention à toutes les circonstances des phénomènes. Les planètes, qui tournent le plus vite sur leur axe, sont celles qui ont des satellites; la terre tourne plus vite que Mars dans le rapport d'environ 24 à 15, la terre a un satellite et Mars n'en a point; Jupiter surtout, dont la rapidité autour de son axe est 5 ou 600 fois plus grande que celle de la terre, a quatre satellites, et il y a grande apparence que Saturne, qui en a cinq et un anneau, tourne encore beaucoup plus vite que Jupiter.

» On peut même conjecturer, avec quelque fondement, que l'anneau de Saturne est parallèle à l'équateur de cette planète, en sorte que le plan de l'équateur de l'anneau et celui de l'équateur de Saturne sont à peu près les mêmes; car en supposant, suivant la théorie précédente, que l'obliquité du coup par lequel Saturne a été mis en mouvement ait été fort grande, la vitesse autour de l'axe qui aura résulté de ce coup oblique aura pu d'abord être telle que la force centrifuge excédait celle de la gravité, et il se sera

(1) *Preuves de la théorie de la terre; De la formation des planètes*, t. Ier, p. 76.

détaché de l'équateur de la planète une quantité considérable de matière, qui aura nécessairement pris la figure d'un anneau, dont le plan doit être à peu près le même que celui de l'équateur de la planète; et cette partie de matière qui forme l'anneau ayant été détachée de la planète dans le voisinage de l'équateur, Saturne en a été abaissé d'autant sous l'équateur, ce qui fait que, malgré la grande rapidité que nous lui supposons autour de son axe, les diamètres de cette planète peuvent n'être pas aussi inégaux que ceux de Jupiter, qui diffèrent de plus d'une onzième partie. »

Il résume ensuite de la façon suivante (1) son hypothèse et les arguments sur lesquels il l'appuie : « Quelque grande que soit, à mes yeux, la vraisemblance de ce que j'ai dit jusqu'ici sur la formation des planètes et de leurs satellites, comme chacun a sa mesure, surtout pour estimer des probabilités de cette nature, et que cette mesure dépend de la puissance qu'a l'esprit pour combiner des rapports plus ou moins éloignés, je ne prétends pas contraindre ceux qui n'en voudront rien croire. J'ai cru seulement devoir semer ces idées, parce qu'elles m'ont paru raisonnables et propres à éclaircir une matière sur laquelle on n'a jamais rien écrit, quelque important qu'en soit le sujet, puisque le mouvement d'impulsion des planètes entre au moins pour moitié dans la composition du système de l'univers, que l'attraction seule ne peut expliquer. J'ajouterai seulement, pour ceux qui voudraient nier la possibilité de mon système, les questions suivantes :

« 1° N'est-il pas naturel d'imaginer qu'un corps qui est en mouvement ait reçu ce mouvement par le choc d'un autre corps?

» 2° N'est-il pas très probable que plusieurs corps qui ont la même direction dans leur mouvement ont reçu cette direction par un seul ou par plusieurs coups dirigés dans le même sens?

» 3° N'est-il pas tout à fait vraisemblable que plusieurs corps, ayant la même direction dans leur mouvement et leur position dans un même plan, n'ont pas reçu cette direction dans le même sens et cette position dans le même plan par plusieurs coups, mais par un seul et même coup?

» 4° N'est-il pas très probable qu'en même temps qu'un corps reçoit un mouvement d'impulsion, il le reçoive obliquement, et que par conséquent il soit obligé de tourner sur lui-même, d'autant plus vite que l'obliquité du coup aura été plus grande?

Si ces questions ne paraissent pas déraisonnables, le système dont nous venons de donner une ébauche cessera de paraître une absurdité. »

En admettant que les planètes sont issues du soleil et qu'elles en sont sorties à l'état d'incandescence pour se refroidir ensuite, tandis que le soleil conserve sa chaleur primitive, Buffon n'ignorait pas qu'il aurait à expliquer la persistance de la chaleur solaire; il le fait de la façon suivante (2) :

(1) *Preuves de la théorie de la terre; De la formation des planètes*, t. Ier, p. 76.
(2) *Époques de la nature*, t. II, p. 27.

« Il m'a paru qu'on peut déduire la cause qui a pu produire la chaleur du soleil des effets naturels, c'est-à-dire la trouver dans la constitution du système du monde : car le soleil ayant à supporter tout le poids, toute l'action de la force pénétrante des vastes corps qui circulent autour de lui, et ayant à souffrir en même temps l'action rapide de cette espèce de frottement intérieur dans toutes les parties de sa masse, la matière qui le compose doit être dans l'état de la plus grande division ; elle a dû devenir et demeurer fluide, lumineuse et brûlante, en raison de cette pression et de ce frottement intérieur, toujours également subsistant. Les mouvements irréguliers des taches du soleil, aussi bien que leur apparition spontanée et leur disparition, démontrent assez que cet astre est liquide, et qu'il s'élève de temps en temps à sa surface des espèces de scories ou d'écumes, dont les unes nagent irrégulièrement sur cette matière en fusion, et dont quelques autres sont fixes pour un temps et disparaissent comme les premières lorsque l'action du feu les a de nouveau divisées. On sait que c'est par le moyen de quelques-unes de ces taches fixes qu'on a déterminé la durée de la rotation du soleil en vingt-cinq jours et demi.

» Or, chaque comète et chaque planète forment une roue dont les raies sont les rayons de la force attractive ; le soleil est l'essieu ou le pivot commun de toutes ces différentes roues ; la comète ou la planète en est la jante mobile, et chacune contribue de tout son poids et de toute sa vitesse à l'embrasement de ce foyer général, dont le feu durera par conséquent aussi longtemps que le mouvement et la pression des vastes corps qui le produisent.

» De là ne doit-on pas présumer que si l'on ne voit pas des planètes autour des étoiles fixes, ce n'est qu'à cause de leur immense éloignement? Notre vue est trop bornée, nos instruments trop peu puissants pour apercevoir ces astres obscurs, puisque ceux même qui sont lumineux échappent à nos yeux, et que dans le nombre infini de ces étoiles nous ne connaîtrons jamais que celles dont nos instruments de longue vue pourront nous rapprocher ; mais l'analogie nous indique qu'étant fixes et lumineuses comme le soleil, les étoiles ont dû s'échauffer, se liquéfier et brûler par la même cause, c'est-à-dire par la pression active des corps opaques, solides et obscurs qui circulent autour d'elles. Cela seul peut expliquer pourquoi il n'y a que les astres fixes qui soient lumineux, et pourquoi dans l'univers solaire tous les astres errants sont obscurs.

» Et la chaleur produite par cette cause devant être en raison du nombre, de la vitesse et de la masse des corps qui circulent autour du foyer, le feu du soleil doit être d'une ardeur ou plutôt d'une violence extrême, non seulement parce que les corps qui circulent autour de lui sont tous vastes, solides et mus rapidement, mais encore parce qu'ils sont en grand nombre : car, indépendamment des six planètes, de leurs dix satellites et de l'anneau de Saturne, qui tous pèsent sur le soleil et forment un volume de matière deux mille fois plus grand que celui de la terre, le nombre des comètes est plus considérable qu'on ne le croit vulgairement : elles seules ont pu suffire pour allumer le feu du soleil avant la projection des planètes, et suffiraient encore pour l'entretenir aujourd'hui. »

Le lecteur a dû distinguer dans le système de Buffon deux parties différentes. D'une part, il s'efforce de démontrer que toutes les planètes, sans en excepter la terre, offrent dans leur constitution et leurs mouvements des caractères tels que tout porte à croire qu'elles sont de même nature que le soleil et qu'elles en sont issues; d'autre part, il cherche à expliquer comment elles ont été séparées de l'astre qui, aujourd'hui, les éclaire et les réchauffe.

La première partie de ce système a été pleinement confirmée par les observations ultérieures. Elle constituait un immense progrès sur les opinions émises antérieurement à Buffon, même sur celle de Leibnitz. « Les planètes sont des soleils refroidis, » disait ce dernier. Buffon ajoute : « Les planètes et le soleil autour duquel elles se meuvent ont une origine commune; non seulement les planètes ont été des soleils, mais encore elles ont fait partie du soleil. »

Analogies entre le soleil et les planètes.

Toutes les découvertes faites depuis cent ans confirment l'existence des analogies signalées par Buffon entre le soleil et les planètes. En premier lieu, ainsi que Buffon le fait remarquer, toutes les planètes se meuvent autour de leur axe dans un même sens, qui est précisément celui dans lequel le soleil tourne sur lui-même. En second lieu, toutes suivent, dans leur mouvement de translation autour du soleil, une ellipse située dans un plan qui passe à la fois par leur centre et par celui du soleil; toutes ces ellipses ne sont pas, il est vrai, situées dans le même plan; mais l'écartement de leurs plans n'est pas très considérable, puisqu'il n'est, au maximum, que d'un peu plus de 7 degrés.

Buffon est le premier qui ait vu la signification réelle de ces faits et qui en ait déduit les légitimes conséquences. La même observation s'applique aux analogies qu'il signale entre la densité des planètes et celle du soleil, et aux rapports qui existent entre la densité des planètes et leur éloignement du soleil. D'après les données les plus récentes, si l'on prend pour unité la densité de la terre, on obtient pour les autres planètes les chiffres suivants : Mercure 1,376, Vénus 0,905, Mars 0,714, Jupiter 0,243, Neptune 0,216, Uranus 0,208, Saturne 0,121. En comparant ces chiffres, on s'assure que la planète la plus dense, Mercure, est aussi la plus rapprochée du soleil. La terre, Vénus et Mars, qui viennent à la suite, dans l'ordre des densités, sont plus rapprochées du soleil que les planètes les moins denses : Jupiter, Neptune, Uranus et Saturne. On peut objecter que la densité du soleil est moindre que celle de la terre, de Vénus, de Mars et de Mercure, et que le contraire devrait exister s'il était vrai que les planètes les plus rapprochées du soleil en fussent issues les dernières et dussent ainsi offrir le maximum d'analogies avec cet astre. Mais on peut répondre à cela que les planètes dont la densité est supérieure à celle du soleil sont aussi les moins volumineuses, celles qui se meuvent avec le plus de rapidité, et, par conséquent, celles qui ont dû subir la condensation et le refroidissement les plus considérables. En effet, si l'on désigne par 1 le volume de la terre, on trouve pour celui de Vénus 0,95, pour celui de Mars 0,54 et pour celui de Mercure 0,38; tandis que celui d'Uranus et celui de Neptune sont 4, celui de Saturne 9, celui de Jupiter 11; tandis que celui du soleil est 1,279,267. D'autre part, il est démontré que la vitesse du mouvement de translation des planètes est d'autant plus grande que celles-ci sont plus rapprochées du soleil. La vitesse moyenne de Mercure est de 47 kilom. par seconde, celle de Vénus est de 35 kilom., celle de la terre est de 29 kilom., celle de Mars est de 24 kilom., celle de Jupiter est de 13, celle de Saturne est de 10, celle d'Uranus est de 7 et celle de Neptune de 5 seulement. Si l'on admet que la condensation et le refroidissement aient dû s'effectuer avec d'autant plus de promptitude que les planètes sont moins volumineuses et se meuvent plus rapidement, on voit que les planètes les plus rapprochées du soleil étant les moins volumineuses et les plus rapides dans leurs courses doivent aussi être les plus denses et doivent l'être beaucoup plus que le soleil, dont le volume est énorme et dont la vitesse de translation est relativement très faible. La terre devrait, il est vrai, être moins dense que Vénus, puisque son volume et sa vitesse sont plus grands que ceux de cette dernière, et cependant c'est le contraire qui existe. Mais la différence est peu considérable, et il est bien permis de supposer que d'autres causes que la vitesse et le volume sont de nature à hâter ou à retarder la condensation et le refroidissement des planètes. Vénus est, par exemple, dépourvue de satellite, tandis que la terre en possède un. N'y a-t-il pas là une cause capable d'influer sur la rapidité de la condensation de ces planètes?

Age des planètes.

Un autre fait qui plaide en faveur de la communauté d'origine de toutes les planètes est celui de l'analogie qu'elles présentent dans leur constitution physique. Les planètes sont toutes, actuellement, à l'état solide, sinon en totalité, du moins en très grande partie, ce qui paraît indiquer qu'elles ont à peu près le même âge, car il est manifeste, ainsi que nous aurons à le dire plus bas, qu'elles ont toutes passé par la phase d'incandescence dans laquelle se trouvent aujourd'hui le soleil et les étoiles. Or, de la similitude d'âge, n'est-il pas permis de conclure à la communauté d'origine?

Caractères communs des planètes.

L'état solide dans lequel sont les planètes ne permet pas d'étudier directement leur composition chimique, comme on le fait pour le soleil, les étoiles et tous les astres incandescents; mais on a pu s'assurer que certaines d'entre elles possèdent une atmosphère et peut-être des mers semblables ou analogues à celles de la terre. Secchi a signalé dans le spectre de Vénus l'existence de raies analogues aux raies de la vapeur d'eau de l'atmosphère terrestre, d'où il conclut non seulement à l'existence d'une atmosphère autour de cette planète, mais encore à l'identité ou, du moins, à l'analogie de composition de cette atmosphère avec la nôtre. Des observations répétées et confirmées les unes par les autres démontrent l'existence, à la surface de Mars, d'une atmosphère, de nuages, de mers, de glaces semblables aux nôtres ; on a cru même y découvrir la coloration caractéristique d'une végétation. A la surface de Jupiter, on a également reconnu d'une façon positive, la présence d'une atmosphère et de nuages identiques à ceux de la terre. De recherches récentes, il est permis de conclure avec certitude que Saturne possède également une atmosphère, et l'on peut supposer qu'il existe au niveau de ses pôles des glaces analogues à celles de la terre et de Mars. Quoique l'observation d'Uranus soit beaucoup plus difficile, à cause de la distance à laquelle nous en sommes, que celle des planètes précédentes, il résulte des recherches spectroscopiques faites pendant ces dernières années que cette planète possède une atmosphère analogue à celles de Jupiter et de Saturne. Enfin, Neptune, que sa très grande distance rend plus difficile encore à étudier, paraît être dans le même cas que les précédentes. M. Vogel, dit en effet, de son spectre qu'il « paraît être identique à celui d'Uranus ».

Analyse spectroscopique des astres.

J'ai dit plus haut que toutes les planètes semblent être parvenues au même âge. Les observations spectroscopiques faites sur l'atmosphère qui enveloppe leur surface paraît, cependant, indiquer que leurs portions superficielles ne sont pas exactement dans le même état. Mars et Vénus présentent une atmosphère tellement analogue à celle de la terre par sa constitution physique et probablement aussi par sa composition chimique qu'on a pu émettre avec quelque fondement l'hypothèse que ces deux planètes sont à peu près exactement du même âge que la terre et qu'elles possèdent peut-être des êtres vivants analogues à ceux qui peuplent notre globe. Jupiter, Saturne, Uranus et Neptune, dont la densité est beaucoup plus faible, sont, au contraire, enveloppés d'une atmosphère assez différente de la nôtre pour que quelques astronomes aient cru pouvoir admettre que leurs couches les plus superficielles sont encore à l'état fluide. Si cette manière de voir était confirmée, on pourrait y trouver un argument en faveur de l'opinion du mathématicien Poisson, dont nous aurons à reparler plus tard, d'après laquelle la terre et les autres planètes se seraient solidifiées et refroidies, non point de la surface au centre, comme on le suppose généralement, mais, au contraire, du centre à la périphérie.

L'état d'incandescence du soleil rendant plus faciles les observations de spectroscopie, on a déjà cherché à pénétrer le secret de sa composition chimique. Or, toutes les observations faites jusqu'à ce jour permettent de croire qu'il est formé des mêmes substances qui entrent dans la composition de notre globe.

Structure du soleil.

Rappelons d'abord les traits principaux de la constitution physique du soleil. On ignore encore quelle est la nature de sa portion centrale, si elle est à l'état gazeux, liquide ou solide ; mais tout permet de supposer qu'elle est formée par un noyau incandescent. Ce dernier est entouré d'une couche périphérique que seule nous pouvons étudier et qui est connue sous le nom de photosphère. Celle-ci est manifestement formée de masses nuageuses, incandescentes, mais dont il est difficile de dire avec certitude si elles sont constituées par des liquides, des gaz ou des particules solides en combustion. Peut-être ces trois sortes d'état s'y trouvent-ils réunis. En observant cette couche superficielle du soleil, on y a découvert depuis longtemps des taches à fond noir et à bord irrégulièrement découpé, brillant, et à parois ombrées, dont la nature a été l'objet de bien des discussions. Aujourd'hui, on s'accorde généralement à admettre qu'elles sont dues à des dépressions de la couche périphérique, ou photosphère, du soleil, dépressions qui, selon les uns, n'auraient qu'une épaisseur relativement peu considérable, tandis que, d'après d'autres, elles seraient de véritables trous, perçant toute l'épaisseur de la photosphère et mettant à nu le noyau central du soleil. De la photosphère s'élèvent sans cesse des expansions irrégulières, incandescentes et très lumineuses qui atteignent parfois une grande hauteur et que l'on désigne sous le nom de protubérances. La photosphère est entourée d'une atmosphère gazeuse, incandescente, dont la portion profonde, mince, est formée par les vapeurs des éléments chimiques du soleil et dont la portion superficielle, beaucoup plus épaisse mais moins dense, se compose en majeure partie d'hydrogène gazeux incandescent. Enfin, en dehors de la chromosphère, on distingue une deuxième atmosphère moins lumineuse, la couronne, constituée par l'hydrogène incandescent et par les matières les plus légères que lancent les protubérances. Remarquons, en passant, que toutes les opinions émises relativement à la constitution physique du soleil s'accordent à considérer les parties les plus superficielles comme formées des substances les moins denses. La couronne et la chromosphère, par exemple, sont des gaz très légers, en combustion, tandis que la photosphère, en admettant même qu'elle soit formée de vapeurs, est constituée par des vapeurs beaucoup plus denses que celles des deux premières couches. J'ai dit plus haut que la question la plus discutée est celle des taches ; c'est aussi la plus importante. L'opinion la plus généralement admise aujourd'hui, relativement à la cause qui détermine leur production, est celle de M. Faye. D'après ce savant astronome, les couches qui composent la photosphère se déplacent autour du noyau central avec une vitesse d'autant plus considérable qu'on envisage des points plus rapprochés des pôles du soleil. Cette différence de vitesse des couches qui composent la photosphère détermine « des tourbillons verticaux tout à fait analogues à ceux qui se produisent si aisément dans les cours d'eau partout où une cause quelconque diminue ou augmente la vitesse des tranches parallèles au sens du mouvement..... Les tourbillons de la photosphère absorbent les nuages lumineux de la surface brillante, et comme ils exercent aussi, dans le sens de leur axe, une sorte d'aspiration sur les régions froides placées au-dessus, ils entraînent dans leur entonnoir, évasé circulairement, les matériaux refroidis de la chromosphère; de là un abaissement de température bien capable de donner l'opacité requise au noyau obscur du tourbillon. » Les trous les plus noirs sont dus à ce que le tourbillon pénètre plus profondément dans l'épaisseur de la photosphère. Quant aux bords des taches, ils sont plus brillants que le reste du disque solaire, parce que le tourbillon y détermine une condensation des parties lumineuses de la photosphère qu'il écarte. Enfin, la zone ombrée (pénombre), située entre la tache noire centrale (noyau) et les bords lumineux (facules), est produite par des granulations lumineuses que les courants ascendants amènent et qui, étant saisies par l'abaissement de température qui se produit le long des parois de l'entonnoir, s'y condensent et s'y déposent en perdant une partie de leur chaleur et de leur lumière. Pour expliquer les protubérances qui font saillie à la surface de la photosphère, Faye suppose que les masses gazeuses de la chromosphère, aspirées par les tourbillons et entraînées par eux jusqu'à une certaine profondeur dans la photosphère, remontent ensuite à la surface, en surgissant sous la forme de flammes d'autant plus hautes que la force d'expansion du gaz en combustion est plus grande.

Composition chimique du soleil.

Voyons maintenant quels sont les résultats qui ont été obtenus dans les recherches faites sur la composition chimique du soleil. L'importance de ces observations, l'époque relativement récente à laquelle elles ont été commencées, et surtout les résultats merveilleux qu'elles ont donnés et qu'elles fournissent chaque jour, rendent nécessaire de dire quelques mots des procédés employés pour les faire, et des principes sur lesquels ces derniers s'appuient.

Tout le monde sait que quand on fait passer un rayon de la lumière blanche du soleil à travers un prisme, il se décompose en sept rayons colorés : rouge, orangé, jaune, vert, bleu, indigo, violet. En observant ces rayons, connus sous le nom de *spectre solaire*, à l'aide d'une lunette grossissante, un physicien de Munich, Fraüenhofer, découvrit, en 1817, qu'ils sont coupés, de distance en distance, par un grand nombre de raies noires ; il en compta plus de cinq cents; on en figure aujourd'hui plus de trois mille. Ces raies ont reçu, du nom de celui qui les a vues le premier, la dénomination de raies de Fraüenhofer. Afin de préciser plus facilement leur position dans le spectre, Fraüenhofer en avait distingué huit principales, qu'il désigna par les huit premières lettres de l'alphabet. La raie A est à l'entrée du rouge, B au milieu du rouge, C vers la fin du rouge, près de l'orangé; D est située à peu près entre l'orangé et le vert; E est au milieu du vert, F au milieu du bleu, G vers la fin de l'indigo; H, qui est double, à la fin du violet. Fraüenhofer et ses successeurs ne tardèrent pas à voir des raies semblables dans la lumière fournie par la lune et les autres planètes, c'est-à-dire par tous les astres qui réfléchissent la lumière du soleil. On en trouva aussi dans le spectre des étoiles, mais elles y étaient différentes et différemment disposées. On les constata dans les spectres d'un grand nombre de lumières artificielles et l'on ne tarda pas à s'assurer, par ces dernières observations, que les raies varient de dimension, d'éclat, de position et de nombre suivant la nature des corps qui produisent la lumière examinée. Un autre fait très remarquable ne tarda pas à être découvert. On vit que la lumière électrique donne, non pas des raies sombres, mais un certain nombre de raies lumineuses. Examinant la lumière produite par la flamme d'une lampe à alcool ou à gaz dans laquelle on fait vaporiser un métal ou un de ses sels, on vit que cette lumière ne donne pas un spectre continu, mais seulement un certain nombre de raies brillantes, séparées par des espaces obscurs, et l'on s'assura que le nombre de ces raies brillantes est constant pour un même métal et qu'elles occupent toujours la même position par rapport aux raies du spectre solaire.

Dès le début de ces recherches, on a imaginé un instrument, le spectroscope, à l'aide duquel on peut examiner simultanément et superposer le spectre du soleil et celui de la lumière produite par un corps quelconque en combustion. Avec ce remarquable appareil, on put déterminer la position des raies obscures ou brillantes des diverses lumières, par rapport à celles du spectre solaire; on étudia le spectre d'un très grand nombre de corps, et la nature des raies de chacun d'eux devint aussi caractéristique que sa coloration, sa densité, ses réactions chimiques, etc. On vit, par exemple, que le spectre du sodium est essentiellement caractérisé par une raie jaune, située exactement au niveau de la double raie D de Fraüenhofer, que le spectre du potassium est une raie rouge et une raie violette, etc. On fit d'autant plus volontiers usage de ce caractère pour reconnaître les corps, qu'il suffit de projeter une quantité infinitésimale du corps à étudier ou d'un de ses sels dans une flamme d'alcool ou de gaz pour obtenir le spectre de ce corps. La raie jaune du sodium, par exemple, est fournie par une flamme dans laquelle on introduit la millionième partie d'un milligramme de ce métal. Enfin, un autre fait très important fut encore découvert. On vit que si l'on fait passer une lumière Drummond, dont le spectre est très brillant, continu et sans des raies sur le spectre solaire, à travers une flamme contenant du sodium, celle-ci, au lieu de donner la raie jaune caractéristique du sodium, fournit, exactement à la même place, une raie noire très nette et de même dimension. En répétant cette expérience avec des flammes contenant d'autres corps en combustion, on s'assura qu'il est constant que les lumières métalliques traversées par la lumière Drummond, interceptent, ou pour nous servir de l'expression des physiciens, absorbent les rayons de cette lumière, précisément au niveau des points où elles donnent, quand elles sont isolées, des raies brillantes. Ainsi, la flamme du potassium, qui donne une raie rouge et une raie violette quand elle est isolée, fournit deux raies noires à leur place quand elle est traversée par la lumière Drummond. On désigna ce phénomène sous le nom de *renversement du spectre des flammes*, et l'on en tira l'explication des raies obscures de Fraüenhofer que présente le spectre solaire. Il devint évident que le spectre solaire est ce que les physiciens appellent un « spectre d'absorption », c'est-à-dire qu'il est produit par une lumière assez intense pour que, si elle était observée seule, elle donnât un spectre continu comme celui de la lumière Drummond, mais que cette lumière traverse une autre lumière moins dense, riche en vapeurs métalliques, qui absorbent une partie de ses rayons dans des points qui donneraient des raies brillantes si on pouvait observer isolément cette deuxième lumière. La première fut attribuée à la photosphère, et la seconde à la chromosphère. On considère la lumière fournie par la chromosphère comme produite par la combustion de métaux qui donneraient des raies brillantes, si cette lumière nous parvenait seule, mais il n'en est pas ainsi : les flammes métalliques de la chromosphère sont nécessairement traversées par la lumière qu'émet la photosphère, et cette dernière, jouant le rôle de la lumière Drummond dans l'expérience citée plus haut, les raies brillantes que donnerait la chromosphère isolée se trouvent remplacées par autant de raies obscures. En partant de ce principe, il suffirait donc de comparer les raies noires du spectre solaire à celles que donnent les diverses flammes métalliques que nous pouvons produire quand elles sont traversées par la lumière Drummond, pour déterminer la nature des corps qui sont en combustion dans la chromosphère du soleil. C'est ce qu'ont fait un grand nombre d'observateurs aussi patients que sagaces : Kirchhoff, Mitscherlich, Secchi, Bunsen, Janssen, Huggins, etc. En étudiant avec le spectroscope la lumière qui nous vient du soleil tout entier, c'est-à-dire la lumière absorbante de la chromosphère traversée par la lumière plus vive de la photosphère, ces physiciens ont pu déterminer la présence dans le soleil d'un grand nombre de métaux qui entrent dans la composition de notre globe : le sodium, le baryum, le calcium, le magnésium, l'aluminium, le fer, le manganèse, le chrome, le cobalt, le nickel, le zinc, le cuivre, le titane, le cadmium, le strontium, le cérium, l'uranium, le plomb, le potassium et un métalloïde : l'hydrogène.

On a aussi essayé d'analyser isolément, par le spectroscope, la lumière de la chromosphère, celle des protubérances et celle de la couronne. On a d'abord profité pour cela des éclipses totales, pendant lesquelles, la photosphère étant cachée, la chromosphère, les protubérances et la couronne se montrent seules ; puis M. Janssen, parvenant à opérer ces recherches en temps ordinaire, les a rendues beaucoup plus commodes. D'après ce que nous avons dit plus haut, on devait s'attendre, en examinant la lumière de la chromosphère isolée, à obtenir un spectre dans lequel les raies noires du spectre ordinaire seraient remplacées par des raies brillantes. C'est, en effet, ce qui a lieu. On a ainsi reconnu l'existence dans la chromosphère des métaux suivants : sodium, baryum, magnésium, fer, manganèse, nickel, titane, cobalt, chrome, lithium, calcium, cérium, strontium, et celle de deux métalloïdes : l'hydrogène et le soufre. On regarde encore comme très probable la présence, dans la chromosphère, de l'oxygène, de l'azote et du chrome, parmi les métalloïdes; du zinc, de l'erbium, de l'ythium, du lanthane, du didyme, de l'iridium et du ruthénium parmi les métaux. Par l'analyse de la couronne, on a obtenu un spectre contenant quelques raies obscures indiquant qu'elle donne en partie une lumière réfléchie, venant du reste du soleil, et une raie verte qui lui est propre; on a attribué cette dernière soit à l'hydrogène, soit à l'oxygène.

Analogie de composition du soleil et de la terre.

En résumé, les recherches spectroscopiques faites jusqu'à ce jour sur le soleil ont révélé une analogie complète entre la composition chimique de cet astre et celle de la terre, de même que les observations relatives aux planètes indiquent une grande similitude entre elles et notre globe; enfin, tous ces faits plaident en faveur de l'opinion que toutes les parties constituantes du système solaire ont une origine commune.

L'origine des planètes d'après Buffon.

Buffon avait donc vu juste quand il émettait l'opinion que la terre et toutes les planètes sont issues du soleil. Il nous reste à rechercher s'il était également dans le vrai ou si, au contraire, il commettait une erreur quand il attribuait la formation des planètes au choc oblique d'une comète contre la surface du soleil. Rappelons brièvement les traits principaux de son hypothèse : une comète rencontre le soleil, elle le frappe obliquement et détache la six cent cinquantième partie de ce globe vaporeux et incandescent. La matière ainsi séparée du soleil « ne sort pas de cet astre en globes tout formés auxquels la comète aurait communiqué son mouvement d'impulsion, mais cette matière est sortie sous la forme d'un torrent (1) » composé de substances différentes et ayant des densités inégales. Tandis que ce torrent enflammé s'éloignait de sa source avec une rapidité d'autant plus grande que « le mouvement des parties antérieures était accéléré par les parties postérieures » et « que d'ailleurs l'attraction des parties antérieures a dû aussi accélérer le mouvement des parties postérieures (2) » une division s'est opérée dans sa masse, « les par-

(1) *Preuves de la théorie de la terre; De la formation des planètes*, t. Ier, p. 71.

(2) *Ibid.*, t. Ier, p. 71. Pour bien faire comprendre la façon dont la direction du torrent a pu être modifiée au point d'acquérir le mouvement qui suit aujourd'hui les planètes, Buffon emploie la comparaison suivante : « Supposons qu'on tirât du haut d'une montagne une balle de mousquet, et que la force de la poudre fût assez grande pour la pousser au delà du demi-diamètre de la terre, il est certain que cette balle tournerait autour du globe et reviendrait à chaque révolution passer au point d'où elle aurait été tirée; mais si, au lieu

ticules les moins denses se seront séparées des plus denses et auront formé dans leur attraction mutuelle des globes de différente densité (1), » parmi lesquels « les plus gros et les moins denses sont les plus éloignés, parce qu'ils ont reçu un mouvement d'impulsion plus fort que les plus petits et les plus denses (2). » Ces corps ont conservé le mouvement d'impulsion qu'ils avaient reçu de la comète, modifié d'un côté par l'attraction qu'exerce sur eux le soleil, de l'autre par l'accélération résultant de la poussée que les parties antérieures ont reçu des parties postérieures plus denses, et transformé en un mouvement elliptique autour du soleil. Quant aux satellites des planètes, ils ont été produits par la violence et l'obliquité du coup porté au soleil par la comète, leur mouvement elliptique étant le produit de la force de l'impulsion modifiée par l'attraction qu'exerce sur eux la planète dont ils ont été détachés. Tous ces globes se sont ensuite graduellement condensés et refroidis; mais auparavant, sous l'action de la force centrifuge, leur matière encore fluide s'est portée vers l'équateur qui s'est renflé, tandis que les pôles s'aplatissaient.

Le système de Buffon ne fut, il faut bien le dire, accepté par personne. Grâce à l'autorité de Leibnitz, on s'était déjà habitué, il est vrai, à considérer la terre et les autres planètes comme ayant passé par une phase d'incandescence et de fluidité qui en faisait des soleils refroidis ; mais on avait en cela fait le maximum des concessions possibles à cette époque, et personne ne voulait accepter l'idée que la terre et les planètes eussent fait partie du soleil. On traita l'hypothèse de Buffon d'invraisemblable; on railla sa comète; on lui contesta la priorité de ses vues; mais il ne vint à la pensée de personne de distinguer dans son système les deux parties qui le composent : l'une vraie, celle qui considère les planètes comme ayant fait partie du soleil ; l'autre fausse, moins importante que la première, dont elle n'est que l'explication hypothétique, celle qui attribue la séparation des planètes au choc d'une comète contre le soleil.

Malgré la justesse d'un certain nombre des critiques qui furent adressées à sa théorie, Buffon n'y renonça pas. Il la reproduisit même trente ans plus tard, dans ses *Époques de la nature*, sinon avec la même assurance, du moins

d'une balle de mousquet, nous supposons qu'on ait tiré une fusée volante où l'action du feu serait durable et accélérerait beaucoup le mouvement d'impulsion, cette fusée, ou plutôt la cartouche qui la contient, ne reviendrait pas au même point, comme la balle du mousquet, mais décrirait un orbe dont le périgée serait d'autant plus éloigné de la terre que la force d'accélération aurait été plus grande et aurait changé davantage la première direction, toutes choses étant supposées égales d'ailleurs. Ainsi, pourvu qu'il y ait eu de l'accélération dans le mouvement d'impulsion communiqué au torrent de matière par la chute de la comète, il est très possible que les planètes, qui se sont formées dans ce torrent, aient acquis le mouvement que nous leur connaissons dans des cercles ou des ellipses dont le soleil est le centre ou le foyer. » (*Ibid.*, t. Ier, p. 72.)

(1) *Ibid.*, t. Ier, p. 73.

(2) *Ibid.*, t. Ier, p. 73.

avec une égale netteté et comme une hypothèse réunissant, à son avis, toutes les probabilités.

« Je conviens, écrit-il alors (1), que les idées de ce système peuvent paraître hypothétiques, étranges et même chimériques à tous ceux qui, ne jugeant les choses que par le rapport de leurs sens, n'ont jamais conçu comment on sait que la terre n'est qu'une petite planète, renflée sur l'équateur et abaissée sous les pôles, à ceux qui ignorent comment on s'est assuré que tous les corps célestes pèsent, agissent et réagissent les uns sur les autres, comment on a pu mesurer leur grandeur, leur distance, leurs mouvements, leur pesanteur, etc. ; mais je suis persuadé que ces mêmes idées paraîtront simples, naturelles et même grandes au petit nombre de ceux qui, par des observations et des réflexions suivies, sont parvenus à connaître les lois de l'univers, et qui, jugeant des choses par leurs propres lumières, les voient sans préjugé telles qu'elles sont, ou telles qu'elles pourraient être : car ces deux points de vue sont à peu près les mêmes ; et celui qui regardant une horloge pour la première fois dirait que le principe de tous ses mouvements est un ressort, quoique ce fût un poids, ne se tromperait que pour le vulgaire, et aurait aux yeux du philosophe expliqué la machine.

» Ce n'est donc pas que j'aie affirmé ni même positivement prétendu que notre terre et les planètes aient été formées nécessairement et réellement par le choc d'une comète qui a projeté hors du soleil la six cent cinquantième partie de sa masse; mais ce que j'ai voulu faire entendre, et ce que je maintiens encore comme hypothèse très probable, c'est qu'une comète qui, dans son périhélie, approcherait assez près du soleil pour en effleurer et sillonner la surface, pourrait produire de pareils effets, et qu'il n'est pas impossible qu'il se forme quelque jour de cette même manière des planètes nouvelles qui toutes circuleraient ensemble, comme les planètes actuelles, dans le même sens et presque dans un même plan, autour du soleil; des planètes qui tourneraient aussi sur elles-mêmes, et dont la matière étant, au sortir du soleil, dans un état de liquéfaction, obéirait à la force centrifuge et s'élèverait à l'équateur en s'abaissant sous les pôles; des planètes qui pourraient de même avoir des satellites en plus ou moins grand nombre, circulant autour d'elles dans le plan de leurs équateurs; et dont les mouvements seraient semblables à ceux des satellites de nos planètes : en sorte que tous les phénomènes de ces planètes possibles et idéales seraient (je ne dis pas les mêmes), mais dans le même ordre et dans des rapports semblables à ceux des phénomènes des planètes réelles. Et pour preuve, je demande seulement que l'on considère si le mouvement de toutes les planètes, dans le même sens et presque dans le même plan, ne suppose pas une impulsion commune? Je demande s'il y a dans l'univers quelques corps,

(1) *Epoques de la nature*, t. II, p. 30.

excepté les comètes, qui aient pu communiquer ce mouvement d'impulsion? Je demande s'il n'est pas probable qu'il tombe de temps à autres des comètes dans le soleil, puisque celle de 1680 en a, pour ainsi dire, rasé la surface; et si par conséquent une telle comète, en sillonnant cette surface du soleil, ne communiquerait pas son mouvement d'impulsion à une certaine quantité de matière qu'elle séparerait du corps du soleil en la projetant au dehors? Je demande si, dans ce torrent de matière projetée, il ne se formerait pas des globes par l'attraction mutuelle des parties, et si ces globes ne se trouveraient pas à des distances différentes, suivant la différente densité des matières, et si les plus légères ne seraient pas poussées plus loin que les plus denses par la même impulsion? Je demande si la situation de tous ces globes presque dans le même plan n'indique pas assez que le torrent projeté n'était pas d'une largeur considérable, et qu'il n'avait pour cause qu'une seule impulsion, puisque toutes les parties de la matière dont il était composé ne se sont éloignées que très peu de la direction commune? Je demande comment et où la matière de la terre et des planètes aurait pu se liquéfier si elle n'eût pas résidé dans le corps même du soleil, et si l'on peut trouver une cause de cette chaleur et de cet embrasement du soleil autre que celle de sa charge et du frottement intérieur produit par l'action de tous ces vastes corps qui circulent autour de lui? Enfin je demande qu'on examine tous les rapports, que l'on suive toutes les vues, que l'on compare toutes les analogies sur lesquelles j'ai fondé mes raisonnements, et qu'on se contente de conclure avec moi que, si Dieu l'eût permis, il se pourrait, par les seules lois de la nature, que la terre et les planètes eussent été formées de cette même manière. »

Objections à l'hypothèse de Buffon.

Je ne veux pas m'attarder à discuter en détail l'hypothèse par laquelle Buffon explique comment les planètes ont été séparées du soleil. Rejetée par tous les astronomes, elle n'a qu'un intérêt purement historique et c'est à ce titre seul que je l'ai rapportée ici, comme j'y ferai figurer toutes les théories importantes émises par ce penseur hardi. On a surtout objecté à l'hypothèse de Buffon, le peu de probabilité qu'il y a à ce qu'une comète ait pu rencontrer le soleil dans les conditions indispensables à la production du choc oblique supposé par l'auteur, et la faible densité des comètes. Il ne faudrait cependant pas exagérer l'importance de ces objections. En premier lieu, certains faits découverts pendant le cours des dernières années confirment, dans une certaine mesure, la possibilité de la rencontre des comètes, soit avec le soleil, soit avec la terre ou avec tout autre corps céleste. S'il est vrai, comme nous aurons occasion de le montrer plus bas, que le météorites, les bolides, les étoiles filantes et les comètes soient des corps de même nature, rien n'empêche de supposer que le soleil, la terre, ou tout autre astre rencontre un jour sur la route régulière qu'il parcourt quelque comète errante, comme ils rencontrent chaque jour des millions d'étoiles filantes. Mais en admettant même la possibilité d'une rencontre, il faudrait y joindre l'obliquité nécessaire du choc et surtout il faudrait que les comètes eussent une densité et une masse suffisantes pour produire l'effet imaginé par Buffon. Or, l'opinion la plus probable est que le noyau des comètes, c'est-à-dire leur partie la plus dense, est formé de corpuscules, solides peut-être, il est vrai, mais relativement peu volumineux et ne formant pas une masse continue, mais étant plus ou moins écartés les uns des autres. Le noyau des comètes, en un mot, serait, d'après cette manière de voir, des astres en poussière et non des masses compactes. Leur rencontre avec le soleil n'aurait donc probablement d'autre résultat que de fournir à ce colossal foyer de chaleur de nouveaux éléments de combustion.

Critique du système de Buffon par Laplace.

La critique la plus complète et la plus sérieuse qui ait été faite de l'hypothèse de Buffon est due à l'illustre astronome Laplace. Je crois utile de la reproduire ici intégralement :

« Buffon, dit-il (1), est le seul que je connaisse, qui, depuis la découverte du vrai système du monde, ait essayé de remonter à l'origine des planètes et des satellites. Il suppose qu'une comète, en tombant sur le soleil, en a chassé un torrent de matière qui s'est réunie au loin, en divers globes plus ou moins grands et plus ou moins éloignés de cet astre. Ces globes sont les planètes et les satellites qui, par leur refroidissement, sont devenus opaques et solides.

» Cette hypothèse satisfait aux premiers des cinq phénomènes précédents; car il est clair que tous les corps ainsi formés doivent se mouvoir à peu près dans le plan qui passait par le centre du soleil et par la direction du torrent de matière qui les a produits. Les quatre autres phénomènes me paraissent inexplicables par son moyen. A la vérité, le mouvement absolu des molécules d'une planète doit être alors dirigé dans le sens du mouvement de son centre de gravité; mais il ne s'ensuit point que le mouvement de rotation de la planète soit dirigé dans le même sens; ainsi, la terre pourrait tourner d'orient en occident et, cependant, le mouvement absolu de chacune de ses molécules serait dirigé d'occident en orient. Ce que je dis du mouvement de rotation des planètes s'applique au mouvement de révolution des satellites, dont la direction, dans l'hypothèse dont il s'agit, n'est pas nécessairement la même que celle du mouvement de projection des planètes.

» Le peu d'excentricité des orbes planétaires est non seulement très difficile à expliquer dans cette hypothèse; mais ce phénomène lui est contraire. On sait, par la théorie des forces centrales, que si un corps, mû dans un orbe rentrant autour du soleil, rase la surface de cet astre, il y reviendra constamment à chacune de ses révolutions; d'où il suit que, si les planètes avaient été primitivement détachées du soleil, elles le toucheraient à chaque révolution, et leurs orbes, loin d'être circulaires, seraient fort excentriques.

(1) *Exposition du système du monde*, édit. de l'an IV, t. II, p 298.

Il est vrai qu'un torrent de matière, chassé du soleil, ne peut pas être exactement comparé à un globe qui rase sa surface; l'impulsion que les parties de ce torrent reçoivent les unes des autres, l'attraction réciproque qu'elles exercent entre elles, peut, en changeant la direction de leurs mouvements, éloigner leurs périhélies du soleil. Mais leurs orbes devraient toujours être fort excentriques, ou du moins il faudrait le hasard le plus extraordinaire pour leur donner d'aussi petites excentricités que celles des orbes planétaires. Enfin, on ne voit pas, dans l'hypothèse de Buffon, pourquoi les orbes d'environ quatre-vingts comètes déjà observées sont tous fort allongés. Cette hypothèse est donc très éloignée de satisfaire aux phénomènes précédents. Voyons s'il est possible de s'élever à leur véritable cause. »

On peut faire à l'hypothèse de Buffon une objection bien plus grave, à mon avis, que toutes celles qui lui ont été adressées, c'est qu'elle n'explique qu'un fait particulier et qu'elle nous laisse dans la nécessité de chercher d'autres hypothèses pour expliquer la formation du soleil, celle des étoiles, et enfin celle des comètes elles-mêmes. Or, plus une hypothèse est particulière, moins sont nombreux les faits dont elle rend compte, et moins elle doit être considérée comme probable. Les efforts de la science moderne tendent, avec raison, à expliquer les phénomènes naturels, par des causes à la fois aussi générales et aussi simples que possible.

Parmi celles que l'on invoque pour expliquer la formation des planètes, il en est une qui paraît réunir toutes les conditions de la certitude, parce qu'elle est de nature à rendre compte, non seulement de la formation de ces astres, mais encore de celle du monde solaire tout entier et des innombrables mondes stellaires qui peuplent l'immensité de l'univers.

Théorie de Laplace.

Emise en premier lieu par Laplace, cette « théorie de l'univers » est aujourd'hui adoptée par la grande majorité des astronomes; ceux mêmes qui se refusent à la considérer comme absolument vraie reconnaissent qu'elle est plus apte que toute autre à expliquer la formation et l'évolution des mondes.

D'après cette théorie, à une époque de l'histoire du système solaire si reculée que notre imagination est presque impuissante à concevoir le nombre d'années qui nous en séparent, toutes les parties de ce vaste ensemble étaient confondus en une masse unique de substance vaporeuse, homogène, occupant tout l'espace que limitent aujourd'hui idéalement les plans des orbites planétaires. Cette immense nébuleuse avait comme diamètre celui de l'orbite la plus reculée de nos planètes, Neptune, et comme épaisseur l'espace que limitent les plans orbitaires les plus écartés. Neptune étant situé à 1 milliard 110 millions de lieues du soleil, et son orbite étant presque circulaire, le diamètre de cette dernière est donc au minimum de 2 milliards 220 millions de lieues, ce qui donne pour la surface totale de l'orbite de Neptune une étendue tellement considérable que les nombres seuls peuvent nous en donner une idée; c'est cette étendue qu'occupait la nébuleuse solaire dont nous avons parlé plus haut. D'autre part, le plus grand écartement qui existe entre les plans orbitaires des planètes étant d'environ 7 degrés et demi, la nébuleuse solaire avait la même épaisseur. D'abord absolument homogène dans toutes ses parties, cette gigantesque nébuleuse se refroidit peu à peu, par suite du rayonnement incessant de sa chaleur dans l'espace, et sa matière se condensa vers le centre. Elle se différencia ainsi en un immense noyau central entouré d'une atmosphère beaucoup moins dense. Le noyau et l'atmosphère ayant une origine commune et se trouvant en contact direct ou pour mieux dire se confondant encore au niveau de la périphérie du noyau, conservèrent le mouvement de rotation d'occident en orient, et le mouvement de translation autour de quelque astre plus volumineux que possédait la nébuleuse primitive. Le noyau devait, en se condensant de plus en plus, constituer le soleil. Le refroidissement de la totalité de la masse continuant à se produire, le rapport entre la force centrifuge qui maintenait l'écartement des molécules et la gravitation qui les rapprochait se modifia de plus en plus à mesure que la déperdition de chaleur augmentait. A un moment donné, la force centrifuge l'emporta sur la gravitation et la portion périphérique de l'atmosphère solaire se détacha du reste de la masse en une zone nébuleuse indépendante; mais celle-ci dut continuer à se mouvoir dans la même direction que la nébuleuse primitive, car rien n'était venu modifier cette direction. Cette zone nébuleuse, en perdant du calorique par le rayonnement, dut se condenser en un globe d'abord vaporeux, incandescent et lumineux, représentant la première phase d'évolution de la planète la plus éloignée du soleil, c'est-à-dire Neptune. Les mêmes causes continuant à exercer leur action, de nouvelles zones de vapeurs se détachèrent successivement de l'atmosphère solaire, se condensèrent en globes incandescents et lumineux d'autant plus rapprochés du noyau central qu'ils étaient de formation plus récente. Tous ces globes, étant beaucoup moins volumineux que le noyau solaire, restèrent placés sous l'influence de son attraction et conservèrent les mouvements dont leur matière constituante était animée alors qu'elle faisait partie de la nébuleuse primitive, c'est-à-dire un mouvement elliptique de translation autour du soleil et un mouvement de rotation de chaque globe autour de son axe. Comme ces deux mouvements ne faisaient que continuer le mouvement de la nébuleuse primitive, ils se firent dans la même direction que le mouvement de rotation de cette dernière.

Avant leur complète condensation, ces globes purent, à leur tour, donner naissance à des satellites qui se comportèrent à leur égard comme ils le faisaient eux-mêmes à l'égard du soleil.

Après leur isolement et leur condensation, les planètes se trouvant formées d'une substance encore fluide ou gazeuse durent, sous l'influence de la force centrifuge, prendre la forme qu'elles ont aujourd'hui, c'est-à-dire se renfler au centre et s'aplatir au niveau des pôles. C'est un point sur lequel nous aurons à revenir plus bas.

Faut-il ne voir dans cette histoire de l'évolution du monde solaire qu'une simple légende sans fondements? ou bien, au contraire, est-elle appuyée sur des documents assez sérieux pour qu'on doive y ajouter foi?

C'est cette dernière opinion qui a prévalu parmi les astronomes; on invoque, en faveur de la théorie de Laplace, qu'elle est en parfait accord avec les données de la mécanique générale, qu'elle explique d'une façon aussi complète qu'il est possible de le désirer, la direction et la rapidité des mouvements des planètes, leurs rapports avec le soleil, entre elles et avec leurs satellites, et qu'elle se trouve confirmée par tous les faits que la physique et l'astronomie nous ont révélés et nous révèlent encore chaque jour, ou, plutôt, qu'elle permet d'expliquer tous ces faits et de les relier les uns aux autres. Ajoutons qu'il nous est permis d'observer directement, dans l'immensité du ciel, les phases primitives de l'évolution du monde solaire décrites par Laplace, et que la théorie de ce savant astronome est applicable non seulement à notre système planétaire, mais encore à l'univers tout entier. Ce dernier caractère constitue le plus grand de ses mérites; elle y trouve la plus importante peut-être des nombreuses probabilités qu'elle présente.

Je crois intéressant, au point de vue de l'histoire de la science, de placer ici sous les yeux du lecteur, l'exposé fait par Laplace lui-même de la théorie que je viens de résumer :

« On a, dit-il (1), pour remonter à la cause des mouvements primitifs du système planétaire, les cinq phénomènes suivants : 1° les mouvements des planètes dans le même sens et à peu près dans un même plan ; 2° les mouvements des satellites dans le même sens, à peu près dans le même plan que ceux des planètes ; 3° les mouvements de rotation de ces différents corps et du soleil dans le même sens que leurs mouvements de projection et dans des plans peu différents ; 4° le peu d'excentricité des orbes des planètes et des satellites; 5° enfin la grande excentricité des orbes des comètes, quoique leurs inclinaisons aient été abandonnées au hasard.

» Quelle que soit la nature de la cause qui a produit les phénomènes ci-dessus, ou dirigé les mouvements des planètes et des satellites, il faut qu'elle ait embrassé tous ces corps; et, vu la distance prodigieuse qui les sépare, elle ne peut avoir été qu'un fluide d'une immense étendue. Pour leur avoir donné dans le même sens un mouvement presque circulaire autour du soleil, il faut que ce fluide ait environné cet astre, comme une atmosphère. La considération des mouvements planétaires nous conduit donc à penser que en vertu d'une chaleur excessive, l'atmosphère du soleil s'est primitivement étendue au delà des orbes de toutes les planètes et qu'elle s'est

(1) *Exposition du système du monde*, édit. de l'an IV, t. 11, p. 278-301

resserrée successivement jusqu'à ses limites actuelles : ce qui peut avoir eu lieu par des causes semblables à celle qui fit briller du plus vif éclat, pendant plusieurs mois, la fameuse étoile que l'on vit tout à coup, en 1572, dans la constellation de Cassiopée.

» La grande excentricité des orbes des comètes conduit au même résultat. Elle indique évidemment la disparition d'un grand nombre d'orbes moins excentriques : ce qui suppose autour du soleil une atmosphère qui s'est étendue au delà du périhélie des comètes observables et qui, en détruisant les mouvements de celles qui l'ont traversée pendant la durée de sa grande étendue, les a réunies au soleil. Alors, on voit qu'il ne doit exister présentement que les comètes qui étaient au delà, dans cet intervalle; et, comme nous ne pouvons observer que celles qui approchent assez près du soleil, dans leur périhélie, leurs orbes doivent être fort excentriques. Mais, en même temps, on voit que leurs inclinaisons doivent offrir les mêmes inégalités que si ces corps ont été lancés au hasard; puisque l'atmosphère solaire n'a point influé sur leurs mouvements. Ainsi, la longue durée des révolutions des comètes, la grande excentricité de leurs orbes et la variété de leurs inclinaisons s'expliquent très naturellement au moyen de cette atmosphère.

» Mais comment a-t-elle déterminé les mouvements de révolution et de rotation des planètes? Si ces corps avaient pénétré dans ce fluide, sa résistance les aurait fait tomber sur le soleil; on peut donc conjecturer qu'ils ont été formés aux limites successives de cette atmosphère, par la condensation des zones qu'elle a dû abandonner dans le plan de son équateur, en se refroidissant et en se condensant à la surface de cet astre, comme on l'a vu dans le livre précédent. On peut conjecturer encore que les satellites ont été formés d'une manière semblable par les atmosphères des planètes. Les cinq phénomènes exposés ci-dessus découlent naturellement de ces hypothèses, auxquelles les anneaux de Saturne ajoutent un nouveau degré de vraisemblance.

» Quoi qu'il en soit de cette origine du système planétaire, que je présente avec la défiance que doit inspirer tout ce qui n'est point un résultat de l'observation ou du calcul; il est certain que ses éléments sont ordonnés de manière qu'il doit jouir de la plus grande stabilité, si des causes étrangères ne viennent point la troubler. Par cela seul que les mouvements des planètes et des satellites sont presque circulaires, et dirigés dans le même sens et dans des plans peu différents, ce système ne fait qu'osciller autour d'un état moyen, dont il ne s'écarte jamais que de quantités très petites; les moyens mouvements de rotation et de révolution de ses différents corps sont uniformes, et leurs distances moyennes aux foyers des forces principales qui les animent sont constantes. Il semble que la nature ait tout disposé dans le ciel pour assurer la durée de ce système, par des vues semblables à celles qu'elle nous paraît suivre si admirablement sur la terre, pour la conservation des individus et la perpétuité des espèces. »

Parmi les phénomènes célestes qui durent inspirer à Laplace sa théorie, il faut citer en premier lieu celui qui est offert par Saturne. Rappelons que cette planète présente, au niveau de son équateur, des anneaux concentriques dont la largeur est évaluée à 65,600 kilomètres et dont l'épaisseur est de 2,070 kilomètres. Après avoir longtemps discuté sur leur nature, on adopte à peu près généralement aujourd'hui l'opinion de M. Hirn, d'après laquelle les anneaux seraient des agrégations de corpuscules solides, discontinus, de dimensions peu considérables, se mouvant isolément, mais simultanément, autour de Saturne, à la façon de minuscules satellites, avec des vitesses qui varient d'après la distance à laquelle ils sont placés du centre de la planète. Les astronomes s'accordent généralement, avec Laplace, à voir dans les anneaux des restes de la zone qui entourait Saturne avant qu'il se fût condensé en globe. « La distribution régulière des anneaux de Saturne autour de son centre et dans le plan de son équateur, dit Laplace (1), résulte naturellement de cette hypothèse, et sans elle devient inexplicable; ces anneaux me paraissent être des preuves toujours subsistantes de l'extension primitive de l'atmosphère de Saturne et de ses retraites successives. » On pourrait presque dire que Saturne nous présente une des phases anciennes de son évolution, pour ainsi dire figée, comme un témoin irrécusable de son histoire et de celle du système solaire tout entier.

Dans ces derniers temps, M. G. Roche (2) a complété la théorie de Laplace en résolvant un certain nombre de problèmes particuliers dont cette théorie n'avait pas encore pu fournir la solution. Faye a résumé (3) de la façon suivante les idées de M. Roche :

« M. Roche reprend l'étude du système planétaire afin de compléter l'idée de Laplace et de faire disparaître certaines objections que l'illustre auteur avait laissé subsister. Il y restait, en effet, certaines difficultés : le mouvement rétrograde des satellites d'Uranus et de Neptune, les anneaux de Saturne, la grande distance qui sépare la lune de la terre; pourquoi, entre Jupiter et Mars, cette solution de continuité déjà remarquée par Kepler dans la succession des grosses planètes? Pourquoi cette multitude d'astéroïdes dont le nombre s'élève déjà à 135, et dépasse peut-être de beaucoup ce nombre déjà si grand, au lieu de la planète unique que nous devrions y voir circuler? Pourquoi, après cette espèce d'hiatus dans le monde planétaire, voit-on se succéder les formations si différentes des précédentes, celles des planètes très denses à rotation lente, comme Mars, la Terre, Vénus et Mercure?

» Ces problèmes ont été traités par M. Roche à l'aide d'une conception nouvelle qu'il a tirée de ses travaux antérieurs. Laplace n'avait considéré que des anneaux abandonnés au delà de la limite où la pesanteur vers le soleil

(1) *Exposition du système du monde*, édit. de l'an IV, t. II, p. 278-301.
(2) *Essai sur la constitution et l'origine du système solaire.*
(3) *Comptes rendus de l'Académie des sciences*, 5 novembre 1879.

fait équilibre à la force centrifuge. M. Roche a fait voir, par la discussion de ses surfaces de niveau, que la portion de la nébuleuse devenue libre ne vient pas seulement de l'équateur, mais d'une nappe superficielle qui s'étend beaucoup plus loin vers les deux pôles et qui se met à couler vers l'ouverture équatoriale. Or certaines parties y arrivent avec une vitesse insuffisante pour circuler extérieurement ; elles rentrent dès lors dans la nébulosité en décrivant des ellipses dont l'aphélie est précisément à la limite équatoriale. Une fois cette notion admise, et elle ne peut l'être pleinement que si l'on tient compte de la rareté excessive de la nébuleuse solaire dans les régions considérées, M. Roche admet que, en vertu de la résistance du milieu, une partie de ces matériaux finissent par tomber sur le soleil en lui restituant quelque chaleur, mais que d'autres n'éprouvent pas cet effet et perdent seulement, par leurs réactions mutuelles, leurs vitesses radiales, en conservant à peu près leurs vitesses tangentielles.

» Cette idée d'anneaux intérieurs rendus libres à leur tour par la contraction progressive de l'atmosphère génératrice donne à M. Roche l'explication de l'existence d'une partie des anneaux de Saturne dans une région où, d'après une autre loi qui lui est due, aucun satellite de même densité que la planète n'aurait pu se former.

» Bornons-nous à indiquer ici les notions originales introduites dans cette belle théorie par M. Roche.

» Égalité de durée, à l'origine, entre la rotation et la révolution de chaque masse planétaire.

» Impossibilité de la formation de satellites quelconques pendant toute la période où l'action solaire a pu maintenir cette égalité.

» Possibilité de la formation d'un ou de plusieurs satellites à partir de l'époque où le rétrécissement de la surface limite de l'atmosphère de la planète a réduit la force dirigeante de l'astre central.

» Formation d'anneaux intérieurs, à la surface limite, entièrement liée à celle des anneaux extérieurs considérés par Laplace.

» Condition pour qu'une planète ou une masse fluide puisse conserver sa figure d'équilibre, malgré l'attraction du corps central. (La distance ne doit pas tomber au-dessous des cinq quarts du quotient du diamètre de ce dernier divisé par la racine cubique de la densité du satellite.)

» Ces notions nouvelles complètent, j'ose le dire, la conception de Laplace; elles lui permettent de s'étendre jusqu'aux détails, au moyen d'une discussion analytique assez simple pour ne dérouter aucun lecteur. »

Des phases primitives d'une révolution semblable à celle que Laplace assigne à notre système solaire nous sont offertes par les nébuleuses actuelles. Quelques-unes de ces immenses masses vaporeuses ont une densité à peu près uniforme dans toutes leurs parties ; elles représentent la première phase d'évolution de notre système solaire ; d'autres sont manifestement en voie de condensation au niveau de leur centre, tandis que les portions périphériques ont encore une densité très faible. On peut voir, dans ces dernières, la deuxième phase de l'évolution de notre système, celle que dut présenter la nébuleuse dont nous sommes sortis au moment où sa portion centrale se condensait pour donner naissance au soleil. D'autres « sont annulaires et semblent destinées à former des systèmes plus compliqués. » De ces nébuleuses, on peut facilement passer à celles qui se montrent composées d'un certain nombre d'étoiles ou masses condensées de matière incandescente et lumineuse, noyées dans une atmosphère vaporeuse d'un gigantesque diamètre. Si l'on admet l'opinion émise par quelques astronomes au sujet de la lumière zodiacale, les astres qui composent notre système solaire seraient, eux aussi, plongés dans une matière vaporeuse qui représenterait des restes épars, non condensés, de la nébuleuse solaire primitive. « Si, dit Laplace, dans les zones abandonnées par l'atmosphère du soleil, il s'est trouvé des molécules trop volatiles pour s'unir entre elles ou aux autres planètes, elles doivent, en continuant de circuler autour de cet astre, offrir toutes les apparences de la lumière zodiacale, sans opposer de résistance sensible aux divers corps du système planétaire, soit à cause de leur extrême rareté, soit parce que leur mouvement est à fort peu près le même que celui des planètes qu'elles rencontrent. » Une troisième phase de cette évolution nous est offerte par les amas stellaires dont les milliers de soleils, avec les planètes qui, sans doute, gravitent autour d'eux, se montrent unis par des rapports fixes de position et jouissent de mouvements coordonnés.

Appliquant la théorie de Laplace à l'univers entier, nous pouvons considérer chaque amas stellaire comme résultant de la condensation, je dirais volontiers de l'individualisation des diverses parties d'une nébuleuse, d'abord homogène et vaporeuse, en autant de globes incandescents et lumineux que cet amas compte d'étoiles. Chacun de ces globes ou soleils primitifs, d'abord très peu dense, s'est ensuite divisé en une sphère centrale, persistant à l'état de soleil, et en un nombre variable de satellites planétaires. Enfermés dans les limites de la nébuleuse qui leur a donné naissance, tous ces astres continuent à se mouvoir dans la direction qu'elle-même suivait. Les uns et les autres ont continué à se refroidir et à se condenser par le rayonnement, les moins volumineux devenant, les premiers, solides froids et obscurs, tandis que les plus volumineux conservaient encore leur incandescence et leur éclat. La gigantesque ceinture lumineuse qui brille pendant les nuits claires dans notre ciel et que sa lumière blanchâtre a fait désigner sous le nom de voie Lactée, cette ceinture formée de millions et de millions d'étoiles et dont fait partie notre système solaire tout entier, cette ceinture, dis-je, aurait été jadis, si l'on admet la théorie de Laplace, une nébuleuse vaporeuse et homogène, mesurant des milliards de lieues, et produisant, par la condensation successive de ses diverses parties, les innombrables étoiles que le télescope découvre dans sa lumière laiteuse. D'où venait cette nébuleuse, cette unité, qui s'est fractionnée en une collectivité de soleils aussi nombreux que les grains de sable de nos plages? Avait-elle toujours été isolée? Provenait-elle du fractionnement d'une masse plus grande encore? C'est cette dernière hypothèse qui serait la plus probable. Et sans cesse les limites du problème se reculent; sans cesse, dans l'espace illimité du ciel, doivent se produire des transformations semblables à celles que nous venons de décrire. Chaque jour, peut-être, des nébuleuses nouvelles sont produites par fractionnement de nébuleuses plus anciennes, des soleils nouveaux se forment dans des nébuleuses, des planètes se condensent dans les atmosphères des soleils, se solidifient et se refroidissent, puis, sans doute, se disloquent, quand leur température est tombée au-dessous d'un certain degré, se divisant en d'innombrables fragments que d'autres astres attirent, qui s'enflamment par le frottement et qui donnent naissance à des nébuleuses nouvelles.

Rapport entre la théorie de Buffon et la théorie moderne.

J'ai dit plus haut que le but suprême de la science devait être de chercher à expliquer et à relier les faits par des conceptions aussi générales que possible, et que les théories rendant compte du plus grand nombre de phénomènes soit aussi les plus probables. Ai-je besoin d'ajouter qu'à ce titre la théorie de Laplace laisse si loin derrière elle celle de Buffon que c'est à peine s'il est permis de rappeler cette dernière. Il ne faut pas oublier cependant qu'à Buffon revient l'honneur d'avoir vu, le premier, les relations qui existent entre nos planètes et notre soleil, et celui d'avoir affirmé l'origine commune de tous ces astres. La grandeur de cette conception doit faire oublier le choc de sa comète. A lui aussi appartient le mérite d'avoir formulé, en termes admirables, la loi suprême qui régit l'univers, celle de la transformation incessante de la matière et des corps qu'elle forme. N'est-ce pas ici le lieu de rappeler l'admirable page par laquelle débutent les *Époques de la nature*, où il trace le grandiose tableau des transformations de la matière et montre à la science le champ sans limites qu'elle doit exploiter.

« Comme dans l'histoire civile, on consulte les titres, on recherche les médailles, on déchiffre les inscriptions antiques pour déterminer les époques des révolutions humaines et constater les dates des événements moraux; de même, dans l'histoire naturelle, il faut fouiller les archives du monde, tirer des entrailles de la terre les vieux monuments, recueillir leurs débris, et rassembler en un corps de preuves tous les indices des changements physiques qui peuvent nous faire remonter aux différents âges de la nature. C'est le seul moyen de fixer quelques points dans l'immensité de l'espace, et de placer un certain nombre de pierres numéraires sur la route éternelle du temps. Le passé est comme la distance; notre vue y décroît et s'y perdrait de même, si l'histoire et la chronologie n'eussent placé des fanaux, des flambeaux aux points les plus obscurs; mais, malgré ces lumières de la tradition écrite, si l'on remonte à quelques siècles, que d'incertitudes dans les faits ! que d'erreurs sur les causes des événements ! et quelle obscurité profonde n'environne pas les temps antérieurs à cette tradition ! D'ailleurs, elle ne nous a transmis que les gestes de quelques nations, c'est-à-dire les actes d'une très petite partie du genre humain ; tout le reste des hommes est demeuré nul pour nous, nul pour la postérité : ils ne sont sortis de leur néant que pour passer comme des ombres qui ne laissent point de traces ; et plût au ciel que le nom de tous ces prétendus héros, dont on a célébré les crimes ou la gloire sanguinaire, fût également enseveli dans la nuit de l'oubli !

» Ainsi l'histoire civile, bornée d'un côté par les ténèbres d'un temps assez voisin du nôtre, ne s'étend de l'autre qu'aux petites portions de terre qu'ont occupées successivement les peuples soigneux de leur mémoire ; au lieu que l'histoire naturelle embrasse également tous les espaces, tous les temps, et n'a d'autres limites que celles de l'univers.

» La nature (1) étant contemporaine de la matière, de l'espace et du temps, son histoire est celle de toutes les substances, de tous les lieux, de tous les âges ; et quoiqu'il paraisse à la première vue que ses grands ouvrages ne s'altèrent ni ne changent, et que dans ses productions, même les plus fragiles et les plus passagères, elle se montre toujours et constamment la même, puisque, à chaque instant, ses premiers modèles reparaissent à nos yeux sous de nouvelles représentations ; cependant, en l'observant de près, on s'apercevra que son cours n'est pas absolument uniforme ; on reconnaîtra qu'elle admet des variations sensibles, quelle reçoit des altérations successives, qu'elle se prête même à des combinaisons nouvelles, à des mutations de matière et de forme ; qu'enfin, autant elle paraît fixe dans son tout, autant elle est variable dans chacune de ses parties ; et si nous l'embrassons dans toute son étendue, nous ne pourrons douter qu'elle ne soit aujourd'hui très différente de ce qu'elle était au commencement et de ce qu'elle est devenue dans la succession des temps : ce sont ces changements divers que nous appelons ses époques. La nature s'est trouvée dans différents états ; la surface de la terre a pris successivement des formes différentes ; les cieux même ont varié, et toutes les choses de l'univers physique sont, comme celles du monde moral, dans un mouvement continuel de variations successives. Par exemple, l'état dans lequel nous voyons aujourd'hui la nature est autant notre ouvrage que le sien ; nous avons su la tempérer, la modifier, la plier à nos besoins, à nos désirs ; nous avons sondé, cultivé, fécondé la terre : l'aspect sous lequel elle se présente est donc bien différent de celui des temps

(1) Buffon nous donne, dans cette page, une idée exacte de ce qu'il entend par ce mot, qu'on trouve à chaque instant dans son œuvre, « la nature. » Ce n'est pas un entité métaphysique, un être idéal, comme on pourrait le supposer d'après cette sorte de personnalité qu'il lui attribue souvent, c'est la matière elle-même, avec ses formes variables à l'infini et se succédant sans interruption dans tous les temps et dans tous les lieux. « Son histoire est *celle de toutes les substances*, de tous les lieux, de tous les âges. »

antérieurs à l'invention des arts. L'âge d'or de la morale, ou plutôt de la Fable, n'était que l'âge de fer de la physique et de la vérité. L'homme de ce temps encore à demi sauvage, dispersé, peu nombreux, ne sentait pas sa puissance, ne connaissait pas sa vraie richesse; le trésor de ses lumières était enfoui; il ignorait la force des volontés unies, et ne se doutait pas que, par la société et par des travaux suivis et concertés, il viendrait à bout d'imprimer ses idées sur la face entière de l'univers.

» Aussi faut-il aller chercher et voir la nature dans ces régions nouvellement découvertes, dans ces contrées de tout temps inhabitées, pour se former une idée de son état ancien; et cet ancien état est encore bien moderne en comparaison de celui où nos continents terrestres étaient couverts par les eaux, où les poissons habitaient nos plaines, où nos montagnes formaient les écueils des mers : combien de changements et de différents états ont dû se succéder depuis ces temps antiques (qui cependant n'étaient pas les premiers) jusqu'aux âges de l'histoire! Que de choses ensevelies! combien d'événements entièrement oubliés! que de révolutions antérieures à la mémoire des hommes! Il a fallu une très longue suite d'observations; il a fallu trente siècles de culture à l'esprit humain, seulement pour reconnaître l'état présent des choses. La terre n'est pas encore entièrement découverte; ce n'est que depuis peu qu'on a déterminé sa figure; ce n'est que de nos jours qu'on s'est élevé à la théorie de sa forme intérieure et qu'on a démontré l'ordre et la disposition des matières dont elle est composée : ce n'est donc que de cet instant où l'on peut commencer à comparer la nature avec elle-même et remonter de son état actuel et connu à quelques époques d'un état plus ancien.

» Mais comme il s'agit ici de percer la nuit des temps, de reconnaître par l'inspection des choses actuelles l'ancienne existence des choses anéanties, et de remonter par la seule force des faits subsistants à la vérité historique des faits ensevelis; comme il s'agit en un mot de juger non seulement le passé moderne, mais le passé le plus ancien par le seul présent, et que, pour nous élever jusqu'à ce point de vue, nous avons besoin de toutes nos forces réunies, nous emploierons trois grands moyens : 1° les faits qui peuvent nous rapprocher de l'origine de la nature; 2° les monuments qu'on doit regarder comme les témoins de ses premiers âges; 3° les traditions qui peuvent nous donner quelque idée des âges subséquents : après quoi nous tâcherons de lier le tout par des analogies, et de former une chaîne qui, du sommet de l'échelle du temps, descendra jusqu'à nous. »

II

ORGANISATION ET ÉVOLUTION DE LA TERRE. IDÉES DE BUFFON. IDÉES MODERNES.

L'évolution des planètes d'après Buffon.

Après avoir déterminé hypothétiquement l'origine des planètes et de la terre, Buffon s'efforce d'établir les phases d'évolution par lesquelles ces globes ont dû passer. D'abord incandescents et lumineux, comme le soleil dont ils étaient nés, ils se sont ensuite graduellement refroidis par le rayonnement dans l'espace, en prenant, sous la double influence de la force centrifuge et de la pesanteur, la forme sphéroïdale qu'ils affectent aujourd'hui. Le refroidissement et la solidification ont commencé par la surface. Telle est, en peu de mots, la première phase de l'évolution de la terre et des planètes, d'après le savant naturaliste du XVIIIe siècle. Laissons-lui la parole : « Passons, dit-il (1), au premier âge de notre univers, où la terre et les planètes ayant reçu leur forme ont pris de la consistance, et de liquides sont devenues solides. Ce changement d'état s'est fait naturellement et par le seul effet de la diminution de la chaleur : la matière qui compose le globe terrestre et les autres globes planétaires était en fusion lorsqu'ils ont commencé à tourner sur eux-mêmes; ils ont donc obéi, comme tout autre matière fluide, aux lois de la force centrifuge ; les parties voisines de l'équateur, qui subissent le plus grand mouvement dans la rotation, se sont le plus élevées ; celles qui sont voisines des pôles, où ce mouvement est moindre ou nul, se sont abaissées dans la proportion juste et précise qu'exigent les lois de la pesanteur, combinées avec celles de la force centrifuge, et cette forme de la terre et des planètes s'est conservée jusqu'à ce jour, et se conservera perpétuellement, quand même l'on voudrait supposer que le mouvement de rotation viendrait à s'accélérer, parce que la matière ayant passé de l'état de fluidité à celui de solidité, la cohésion des parties suffit seule pour maintenir la forme primordiale, et qu'il faudrait pour la changer que le mouvement de rotation prît une rapidité presque infinie, c'est-à-dire assez grande pour que l'effet de la force centrifuge devînt plus grand que celui de la force de cohérence. »

Les planètes ont d'abord été fluides.

Dans un autre passage des *Époques de la nature* (t. II, p. 4), Buffon invoque encore à l'appui de la fluidité primitive générale de la terre sa forme sphéroïdale. « Le premier fait du renflement de la terre à l'équateur et de son aplatissement aux pôles est mathématiquement démontré et physiquement prouvé par la théorie de la gravitation et par les expériences du pendule. Le

(1) *Époques de la nature*, t. II, p. 32.

globe terrestre a précisément la figure que prendrait un globe fluide qui tournerait sur lui-même avec la vitesse que nous connaissons au globe de la terre. Ainsi la première conséquence qui sort de ce fait incontestable, c'est que la matière dont notre terre est composée était dans un état de fluidité au moment qu'elle a pris sa forme, et ce moment est celui où elle a commencé à tourner sur elle-même. Car si la terre n'eût pas été fluide, et qu'elle eût eu la même consistance que nous lui voyons aujourd'hui, il est évident que cette matière consistante et solide n'aurait pas obéi à la loi de la force centrifuge, et que par conséquent malgré la rapidité de son mouvement de rotation, la terre, au lieu d'être un sphéroïde renflé sur l'équateur et aplati sous les pôles, serait au contraire une sphère exacte, et qu'elle n'aurait jamais pu prendre d'autre figure que celle d'un globe parfait, en vertu de l'attraction mutuelle de toutes les parties de la matière dont elle est composée. »

L'opinion émise dans ces deux passages par Buffon est celle que tous les astronomes professent aujourd'hui. Tous aussi invoquent, comme Buffon, à l'appui de cette opinion, la forme sphéroïdale de la terre. Cependant John Herschell a eu soin de faire observer que même dans l'état où elle se trouve aujourd'hui, c'est-à-dire avec une surface solide parsemée de mers, la terre devrait prendre la forme qu'elle présente. Quelle qu'ait été à l'origine la forme de la terre, étant donnée la constitution actuelle de sa surface « il se produirait, dit-il (1), (sous l'influence de la rotation) une force centrifuge dont la tendance générale serait de contraindre les eaux, en chaque point de la surface, à s'éloigner de l'axe. On pourrait même concevoir une rotation assez rapide pour chasser tout l'Océan de la surface de la terre, comme on expulse l'eau d'un linge mouillé; mais un tel résultat exigerait une vitesse beaucoup plus grande que celle dont il s'agit ici. Dans le cas supposé, le *poids* de l'eau suffirait pour la retenir *sur* la terre, et l'effet de la force centrifuge consisterait simplement à éloigner l'eau des pôles et à la faire refluer vers l'équateur, où elle s'accumulerait en forme de bourrelet circulaire, et où elle se trouverait retenue, contrairement à son poids et à sa tendance naturelle vers le centre, par la pression ainsi produite. Ceci, toutefois, ne pourrait avoir lieu sans qu'il en résultât la mise à sec des régions polaires qui, alors, se trouveraient occupées par des continents élevés, tandis qu'une zone océanique entourerait l'équateur. Tel serait le premier effet, l'effet immédiat, de l'état de choses supposé dans l'hypothèse en question. Voyons à présent ce qui arriverait plus tard, en laissant les choses suivre leur cours naturel.

« La mer bat continuellement les côtes de la terre ferme ; elle les ronge, et en disperse sur le fond de son bassin les particules et les fragments, à l'état de sable et de galets. Un grand nombre de faits géologiques attestent pleinement

(1) HERSCHEL, *Astronomie*, ch. III.

que les continents ont tous subi, à plusieurs reprises et plus ou moins, les effets de cette action; qu'ils ont été entièrement réduits en fragments ou en poussière, submergés, puis reconstruits. La terre ferme, considérée à ce point de vue, ne justifie donc pas son attribut de fixité. Comme masse solide, elle peut résister à des forces auxquelles l'eau obéit librement; mais lorsque, dans son état de dégradation subite ou successive, elle se trouve disséminée dans l'eau, sous forme de sable ou de limon, elle participe à tous les mouvements de ce liquide. Ainsi, dans le cours des siècles, les continents seront détruits, et leurs débris se répandront sur le fond de l'Océan, où, remplissant les cavités les plus profondes, ils tendront continuellement à rendre à la surface du noyau solide la *forme d'équilibre*. On voit donc, en admettant que la terre soit douée d'un mouvement de rotation, qu'après un laps de temps suffisant, les protubérances polaires disparaîtront graduellement, et seront transportées à l'équateur (où se trouvera *alors la mer la plus profonde*), jusqu'à ce que la terre prenne peu à peu la forme que nous lui connaissons aujourd'hui, — celle d'un ellipsoïde *aplati*. Nous sommes loin de prétendre que ce soit réellement ainsi que la terre est arrivée à prendre sa forme actuelle; notre seul but est de montrer que telle est la figure qu'elle tend à prendre, étant soumise à un mouvement de rotation autour de son axe, et celle qu'elle prendrait, lors même qu'originairement, et en quelque sorte par erreur, elle eût été constituée de toute autre manière. »

Le savant géologue Lyell, dont la constante préoccupation est de démontrer que tous les caractères de forme et d'organisation de la terre ont pu être produits par des causes lentes et s'exerçant encore aujourd'hui, fait remarquer avec raison que Herschel a négligé l'action destructive exercée sur la terre ferme par les rivières et les fleuves, action puissante et qui s'ajoute à celle de la mer pour déplacer les matériaux solides du globe et les transporter vers l'équateur. Il insiste aussi sur ce fait que, même actuellement, il existe dans les couches les plus superficielles de la terre des foyers de chaleur capables de fondre des masses considérables de substances qui se sont ensuite déversées à la surface et ont été entraînées vers l'équateur. Il ajoute (1) : « Ou si, dans les régions équatoriales, il existait alors au-dessous de l'écorce terrestre des lacs et des mers de lave, comme il s'en trouve probablement aujourd'hui dans les Andes du Pérou, le fluide ainsi emprisonné se serait frayé une issue pour s'échapper et aurait soulevé d'une manière permanente les roches sus-jacentes. La figure d'équilibre du sphéroïde terrestre, dont le plus long diamètre excède le plus court d'environ 40 kilomètres, peut donc être le résultat de causes graduelles et même encore existantes, et non celui d'un état de fluidité primitive, universelle et simultanée. »

(1) *Principes de géologie*, t. II, p. 259.

Buffon se trompait donc lorsqu'il émettait l'opinion, reproduite plus haut, que la forme sphéroïdale de la terre implique *nécessairement* un état de fluidité totale pendant lequel elle aurait revêtu cette forme. Cependant, la nature des phénomènes signalés par Herschel et leur rôle dans la détermination de la forme de la terre ne lui avaient pas échappé. Il admet, en effet, que la forme sphéroïdale prise par la terre pendant son état de fluidité s'est accentuée davantage par le transport vers l'équateur de sédiments entraînés par les eaux : « Il me paraît, dit-il (1), que dans le temps que la terre s'est formée elle a nécessairement dû prendre, en vertu de l'attraction mutuelle de ses parties et de l'action de la force centrifuge, la figure d'un sphéroïde dont les axes diffèrent d'une deux cent trentième partie; la terre ancienne et originaire a eu nécessairement cette figure qu'elle a prise lorsqu'elle était fluide, ou plutôt liquéfiée par le feu ; mais lorsque, après sa formation et son refroidissement, les vapeurs qui étaient étendues et raréfiées, comme nous voyons l'atmosphère et la queue d'une comète, se furent condensées, elles tombèrent sur la surface de la terre et formèrent l'air et l'eau, et lorsque ces eaux qui étaient à la surface furent agitées par le mouvement du flux et reflux, *les matières furent entraînées peu à peu des pôles vers l'équateur,* en sorte qu'il est possible que les parties des pôles soient abaissées d'environ une lieue, et que les parties de l'équateur se soient élevées de la même quantité. »

Il ne faut pas perdre de vue, d'ailleurs, que si la forme sphéroïdale de la terre a pu être déterminée en partie par le transport des terres arrachées aux continents ou par les autres causes signalées par Lyell, cela n'empêche pas d'admettre qu'elle ait été d'abord entièrement fluide; cela prouve simplement que l'on peut expliquer sa forme sans être obligé de supposer, comme le dit Lyell, qu'elle soit due à une « fluidité primitive, *universelle* et simultanée ».

Nature du noyau central de la terre.

Nous devons maintenant examiner une question fort importante et encore très débattue parmi les géologues : celle de savoir si la terre est entièrement solide ou si, au contraire, sa partie superficielle seule est dans cet état, tandis que le centre serait encore liquide ou gazeux.

La manière de voir la plus généralement admise sur ce sujet est, dans les grandes lignes, celle qu'adoptait Buffon. Je lui laisse d'abord la parole; je montrerai ensuite dans quelles limites ses idées ont été modifiées par les savants modernes.

« Le refroidissement de la terre et des planètes, dit-il, comme celui de tous les corps chauds, a commencé par la surface ; les matières en fusion s'y sont consolidées dans un temps assez court; dès que le grand feu dont elles étaient pénétrées s'est échappé, les parties de la matière qu'il tenait divisées se sont

(1) *De la formation des planètes*, t. Ier, p. 80.

rapprochées et réunies de plus près par leur attraction mutuelle; celles qui avaient assez de fixité pour soutenir la violence du feu ont formé des masses solides; mais celles qui, comme l'air et l'eau, se raréfient ou se volatilisent par le feu ne pouvaient faire corps avec les autres; elles en ont été séparées dans les premiers temps du refroidissement; tous les éléments pouvant se transmuer et se convertir, l'instant de la consolidation des matières fixes fut aussi celui de la plus grande conversion des éléments et de la production des matières volatiles : elles étaient réduites en vapeurs et dispersées au loin, formant autour des planètes une espèce d'atmosphère semblable à celle du soleil; car on sait que le corps de cet astre en feu est environné d'une sphère de vapeurs qui s'étend à des distances immenses, et peut-être jusqu'à l'orbe de la terre (1). L'existence réelle de cette atmosphère solaire est démontrée par un phénomène qui accompagne les éclipses totales du soleil. La lune en couvre alors à nos yeux le disque tout entier; et néanmoins l'on voit encore un limbe ou grand cercle de vapeurs dont la lumière est assez vive pour nous éclairer à peu près autant que celle de la lune : sans cela, le globe terrestre serait plongé dans l'obscurité la plus profonde pendant la durée de l'éclipse totale. On a observé que cette atmosphère solaire est plus dense dans ses parties voisines du soleil, et qu'elle devient d'autant plus rare et plus transparente qu'elle s'étend et s'éloigne davantage du corps de cet astre de feu : l'on ne peut donc pas douter que le soleil ne soit environné d'une sphère de matières aqueuses, aériennes et volatiles (2), que sa violente chaleur tient suspendues et reléguées à des distances immenses, et que dans le moment de la projection des planètes le torrent des matières fixes sorties du corps du soleil n'ait, en traversant son atmosphère, entraîné une grande quantité de ces matières volatiles dont elle est composée : et ce sont ces mêmes matières volatiles, aqueuses et aériennes, qui ont ensuite formé les atmosphères des planètes, lesquelles étaient semblables à l'atmosphère du soleil tant que les planètes ont été, comme lui, dans un état de fusion ou de grande incandescence (3).

(1) A l'époque de Buffon, on avait émis l'idée que la lumière zodiacale était due à l'atmosphère du soleil.

(2) J'ai déjà eu l'occasion de rappeler (p. 67) que, d'après les recherches spectroscopiques faites pendant ces dernières années, la chromosphère et la couronne du soleil sont formées de gaz incandescents, particulièrement d'hydrogène, et non de matières aqueuses comme le dit Buffon. Mais rien n'empêche d'admettre que l'hydrogène et l'oxygène qui, sans doute, existaient dans l'atmosphère des planètes, se soient combinés pour former de l'eau à la surface de ces astres, quand ceux-ci ont été suffisamment refroidis.

(3) On doit remarquer la façon dont Buffon explique ici l'origine de l'atmosphère et de l'eau qui enveloppent la terre. Il suppose que l'air et l'eau ont été enlevés au soleil autour duquel ils préexistaient avant la séparation des planètes. Cette opinion n'est pas admissible. La température du soleil, même actuellement, est trop élevée pour qu'on puisse supposer la présence de vapeurs d'eau et d'air dans la couronne ou dans la chromosphère. Ces corps n'ont pu se former à la surface de la terre qu'après son refroidissement. Nous reviendrons plus bas sur cette question.

» Toutes les planètes n'étaient donc alors que des masses de verre liquide, environnées d'une sphère de vapeurs. Tant qu'a duré cet état de fusion, et même lontemps après, les planètes étaient lumineuses par elles-mêmes, comme le sont tous les corps en incandescence; mais à mesure que les planètes prenaient de la consistance, elles perdaient de leur lumière : elles ne devinrent tout à fait obscures qu'après s'être consolidées jusqu'au centre, et longtemps après la consolidation de leur surface, comme l'on voit dans une masse de métal fondu la lumière et la rougeur subsister très longtemps après la consolidation de sa surface. Et dans ce premier temps, où les planètes brillaient de leurs propres feux, elles devaient lancer des rayons, jeter des étincelles, faire des explosions, et ensuite souffrir, en se refroidissant, différentes ébullitions à mesure que l'eau, l'air et les autres matières qui ne peuvent supporter le feu retombaient à leur surface : la production des éléments, et ensuite leur combat, n'ont pu manquer de produire des inégalités, des aspérités, des profondeurs, des hauteurs, des cavernes à la surface et dans les premières couches de l'intérieur de ces grandes masses; et c'est à cette époque que l'on doit rapporter la formation des plus hautes montagnes de la terre, de celles de la lune et de toutes les aspérités ou inégalités qu'on aperçoit sur les planètes.

» Représentons-nous l'état et l'aspect de notre univers dans son premier âge : toutes les planètes nouvellement consolidées à la surface étaient encore liquides à l'intérieur, et lançaient au dehors une lumière très vive; c'étaient autant de petits soleils détachés du grand, qui ne lui cédaient que par le volume, et dont la lumière et la chaleur se répandaient de même : ce temps d'incandescence a duré tant que la planète n'a pas été consolidée jusqu'au centre, c'est-à-dire environ 2,936 ans pour la terre, 644 ans pour la lune, 2,127 ans pour Mercure, 1,130 ans pour Mars, 3,596 ans pour Vénus, 5,140 ans pour Saturne, et 9,433 ans pour Jupiter. »

Buffon pousse, on le voit, la hardiesse de ses vues jusqu'à calculer le temps qui a été nécessaire pour que le refroidissement de chaque planète ait pu s'effectuer. Je n'ai pas besoin d'insister sur ces calculs, qui manquent manifestement de base.

Je me borne à résumer son opinion sur l'évolution de notre globe. D'abord incandescent, il s'est refroidi et solidifié de la surface au centre. Aujourd'hui sa surface est froide, mais son centre est encore chaud. Tandis que la solidification s'effectuait, des irrégularités de toutes sortes se produisaient dans sa surface, des cavernes se creusaient et des montagnes émergeaient, et les matières les plus volatiles « qui ne peuvent supporter le feu », l'eau et l'air notamment, étaient séparées de la masse incandescente et rejetées au dehors. Buffon précise mieux, dans une page des *Époques de la nature* (1), la

(1) Voyez t. II, p. 40.

séparation de ce qu'il appelle « les matières volatiles » et la formation de l'atmosphère : « Tant que la chaleur excessive a duré, il s'est fait une séparation et même une projection de toutes les parties volatiles, telles que l'eau, l'air et les autres substances que la grande chaleur chasse au dehors et qui ne peuvent exister que dans une région plus tempérée que ne l'était alors la surface de la terre. Toutes ces matières volatiles s'étendaient donc autour du globe en forme d'atmosphère à une grande distance où la chaleur était moins forte, tandis que les matières fixes, fondues et vitrifiées, s'étant consolidées, formèrent la roche intérieure du globe et le noyau des grandes montagnes, dont les sommets, les masses intérieures et les bases, sont en effet composés de matières vitrescibles. »

Si on laisse de côté les détails, on peut dire que sur ces questions la science n'a pas modifié l'opinion exprimée par Buffon. La plupart des géologues croient encore comme Buffon que la terre s'est refroidie de la périphérie au centre, que sa portion centrale est encore à une température très élevée, que l'eau et l'air se sont séparés des parties solides du globe lorsqu'il a commencé à se refroidir. Pendant longtemps même, on a pensé, comme Buffon, que certaines montagnes ou, du moins, leur « noyau », pour employer l'expression du savant naturaliste, dataient de l'époque où la croûte du globe était encore en fusion. Si cette opinion n'a plus cours, on admet du moins généralement qu'un grand nombre d'aspérités rocheuses de notre globe ont été poussées au dehors par éruption et proviennent des portions centrales encore en fusion de la terre.

Il importe d'examiner avec soin chacune de ces questions.

Direction du refroidissement de la terre.

Relativement à la direction dans laquelle s'est fait le refroidissement de notre globe et à l'existence d'un noyau terrestre encore en fusion, on peut dire que presque tous les géologues sont du même avis que Buffon, c'est-à-dire admettent que la terre s'est d'abord refroidie à la périphérie, et que son centre est encore composé de matières en fusion. Les motifs invoqués à l'appui de cette manière sont à peu près ceux que faisait valoir Buffon. En premier lieu, l'élévation graduelle de la température à mesure qu'on pénètre davantage dans la profondeur du sol. Buffon dit à cet égard (1) : « La surface de la terre est plus refroidie que son intérieur. Des expériences certaines et réitérées nous assurent que la masse entière du globe a une chaleur propre et tout à fait indépendante de celle du soleil. Cette chaleur nous est démontrée par la comparaison de nos hivers à nos étés (2) ; et on la reconnaît d'une manière encore plus palpable dès qu'on pénètre au dedans de la terre ; elle

(1) *Époques de la nature*, t. II, p. 5.

(2) Buffon était convaincu que la chaleur du soleil n'exerce, à la surface de la terre, qu'une influence peu considérable relativement à celle de la chaleur intérieure du globe. C'est pour cela qu'il attribue les saisons à cette dernière. Il commettait en cela une erreur sur laquelle nous aurons à revenir plus bas.

est constante en tous lieux pour chaque profondeur, et elle paraît augmenter à mesure que l'on descend. Mais que sont nos travaux en comparaison de ceux qu'il faudrait faire pour reconnaître les degrés successifs de cette chaleur intérieure dans les profondeurs du globe ! Nous avons fouillé les montagnes à quelques centaines de toises pour en tirer les métaux ; nous avons fait dans les plaines des puits de quelques centaines de pieds : ce sont là nos plus grandes excavations, ou plutôt nos fouilles les plus profondes ; elles effleurent à peine la première écorce du globe, et néanmoins la chaleur intérieure y est déjà plus sensible qu'à la surface : on doit donc présumer que si l'on pénétrait plus avant, cette chaleur serait plus grande, et que les parties voisines du centre de la terre sont plus chaudes que celles qui en sont éloignées, comme l'on voit, dans un boulet rougi au feu, l'incandescence se conserver dans les parties voisines du centre longtemps après que la surface a perdu cet état d'incandescence et de rougeur. »

Dans une addition à ce passage des *Époques de la nature*, Buffon cite les observations de Gensanne, d'Eller, de Dortous de Mairan, relatives à l'élévation de la température dans les mines.

Depuis la fin du XVIIIe siècle, un très grand nombre d'expériences ont été faites pour établir la quantité dont s'élève la température à mesure que l'on s'enfonce dans le sol, non seulement dans les mines, mais encore dans les puits artésiens, dont quelques-uns atteignent à une grande profondeur et fournissent par suite d'excellents éléments d'étude.

On a d'abord déterminé la profondeur à laquelle les rayons du soleil font sentir leur action calorifique, et l'on sait aussi qu'au delà de 20 à 25 mètres cette action est tout à fait nulle. Des thermomètres placés dans les caves de l'Observatoire de Paris, à une profondeur de 29 mètres, marquent une température de 11°, 7 C., tellement constante, que ses variations annuelles elles-mêmes ne sont pas appréciables. « Il est démontré par l'expérience, dit Buffon (1), que la lumière du soleil ne pénètre qu'à six cents pieds à travers l'eau la plus limpide, et que, par conséquent, sa chaleur n'arrive peut-être pas au quart de cette épaisseur, c'est-à-dire à cent cinquante pieds : ainsi toutes les eaux qui sont au-dessous de cette profondeur seraient glacées sans la chaleur intérieure de la terre, qui, seule, peut entretenir leur liquidité. Et de même, il est encore prouvé par l'expérience que la chaleur des rayons solaires ne pénètre pas à quinze ou vingt pieds dans la terre, puisque la glace se conserve à cette profondeur pendant les étés les plus chauds. »

Quand on descend au-dessous du point à température fixe, on voit, au contraire, le thermomètre s'élever d'autant plus que l'on pénètre plus avant dans les entrailles de la terre, sans que les variations de la température extérieure aient sur lui aucune action. On avait cru d'abord que l'élévation était la même,

(1) *Époques de la nature*, t. II, p. 6.

pour une profondeur déterminée, dans tous les points du globe; on voyait dans ce fait un argument nouveau en faveur de l'existence d'un foyer central de chaleur se faisant également sentir dans tous les points de la sphère terrestre, et l'on admettait que le thermomètre s'élevait de 1° C. par chaque 31 mètres, en moyenne. Des recherches plus précises n'ont pas tardé à montrer, au contraire, que le *degré de profondeur géothermique*, c'est-à-dire le nombre de mètres nécessaires pour obtenir une élévation de 1° C., varie beaucoup d'un point à l'autre du globe. D'après M. Cordier (1), dans certaines mines de la Saxe, on obtient une élévation de 1° C. par chaque 35 mètres, tandis que dans d'autres il faut un nombre de mètres deux ou trois fois plus considérable pour obtenir une élévation de température de 1° C. M. Fox ayant placé un thermomètre dans la mine de Dolcoath, à la profondeur de 421 mètres, obtint, pendant dix-huit mois d'observation, une température moyenne de 20°; celle de l'atmosphère étant de 10°, l'élévation n'était donc que de 1° pour chaque 22 mètres, 13 mètres de moins que dans les mines de la Saxe. Malgré ces inégalités dans le degré de profondeur géothermique, il n'est pas permis de mettre en doute que le thermomètre s'élève d'autant plus qu'on l'enfonce davantage dans le sol. Il paraît fort naturel d'en conclure, comme on l'a fait, que le centre de la terre, étant en fusion, constitue un foyer de chaleur intense auquel est due l'élévation graduelle du thermomètre qui pénètre dans le sol.

On a cependant opposé à cette conclusion des objections dont l'importance est d'autant plus grande qu'elles viennent d'un homme dont la compétence et l'autorité ne sont mises en doute par personne. « Si, dit Lyell (2), nous adoptons comme résultat moyen l'évaluation de 1° C. par 35 mètres de profondeur, et si nous supposons, avec les partisans de la fluidité du noyau central, que la température continue à s'accroître en descendant jusqu'à une distance indéfinie, nous atteindrons le point d'ébullition de l'eau à plus de 3,218 mètres au-dessous de la surface, et celui de la fusion du fer (plus de 1,500° C. suivant le mpyroètre de Daniell) et de presque toutes les substances connues, à la profondeur de 54,716 mètres. S'il est vrai que la chaleur augmente dans la proportion que nous venons d'énoncer, nous devrions rencontrer, à peu de distance, une température plusieurs fois supérieure à celle qui suffit pour fondre les substances les plus réfractaires connues. Dans ce cas, à des profondeurs bien plus considérables, quoique encore très éloignées du noyau central, la chaleur devrait avoir une intensité telle (cent soixante fois celle du point de fusion du fer) qu'il serait impossible de concevoir comment la croûte terrestre peut résister à son action sans se fondre. » Prévoyant une objection qui, en effet, se présente aussitôt à l'esprit, il ajoute : « Peut-être dira-t-on que nous pouvons nous maintenir sur la surface durcie d'un cou-

(1) *Mémoires de l'Institut*, t. VII.
(2) *Principes de géologie*, t. II, p. 263

rant de laves pendant qu'il est encore en mouvement, et même descendre dans le cratère du Vésuve après une éruption, et nous tenir sur les scories au moment où chaque crevasse nous laisse apercevoir la roche incandescente à $0^m,60$ ou $0^m,90$ au-dessous de nous, ce qui permet de supposer qu'un peu plus bas elle est entièrement à l'état de fusion, et qu'à une profondeur de plusieurs centaines de mètres ou de kilomètres, il règne une chaleur beaucoup plus intense encore. A cela, nous répondrons que jusqu'à ce qu'une grande quantité de chaleur ait été abandonnée, soit par l'émission de la lave, soit, sous forme latente, par un dégagement de vapeur d'eau et de gaz, la matière fondue continue à être en ébullition dans le cratère du volcan. Mais cette ébullition cesse quand il ne vient plus d'en bas une quantité suffisante pour l'entretenir, et il peut alors se former une croûte de lave sur la partie supérieure, ce qui permet à des pluies de scories d'y tomber et de s'y maintenir sans se fondre. Si la chaleur intérieure vient à être augmentée de nouveau, l'ébullition recommence et détermine bientôt la fusion de la croûte superficielle. De même, dans le cas du courant en mouvement dont nous parlions tout à l'heure, nous pouvons supposer, en toute assurance, qu'aucune partie du liquide qui se trouve au-dessous de la surface durcie n'a une température de beaucoup supérieure à celle qui suffit pour le maintenir à l'état de fluidité. »

On a encore invoqué, à l'appui de l'existence d'un noyau fluide au centre de la terre, la température élevée des eaux thermales, la densité de la terre, plus forte au centre qu'à la surface, les phénomènes volcaniques, les tremblements de terre, de prétendues marées terrestres intérieures, et des déplacements supposés de l'axe de la croûte terrestre, les abaissements et les soulèvements que subissent certaines parties de la surface de la terre.

M. Lyell pense cependant qu'aucun de ces phénomènes n'est de nature à exiger que le centre de la terre soit entièrement en fusion. Il pense qu'il suffit, pour les expliquer, d'admettre l'existence, dans certaines parties limitées de la portion superficielle du globe terrestre, de cavités remplies de roches en fusion.

D'abord, il nie les marées intérieures et le déplacement de l'axe de la croûte terrestre, qui ont été admis par quelques géologues. Il fait remarquer, relativement au premier phénomène, que, si faibles que fussent les marées intérieures, si elles existaient, et que si, comme l'admettent les partisans de la fluidité centrale, les laves des volcans étaient en communication directe avec la matière fondue du noyau central, elles devraient s'abaisser et s'élever en même temps que la mer dans les volcans, comme le Stromboli, où il existe toujours de la matière en fusion. Or, cela ne se produit pas. Relativement au prétendu déplacement de la croûte terrestre autour du noyau central, il fait, entre autres objections, celle-ci, qui est topique : « La terre étant un sphéroïde et non une sphère parfaite, il devient nécessaire de supposer la fluidité du noyau assez complète pour que l'enveloppe solide puisse glisser librement au-dessus. Si la surface inférieure ou interne de l'enveloppe est de forme irrégulière, ou même si quelqu'une de ses parties est visqueuse, cette enveloppe éprouvera une très forte résistance chaque fois qu'elle devra changer de position. Sa liberté de glissement sera contrariée par son défaut d'adaptation avec le noyau, et son changement de position, supposé même qu'il soit toujours très petit, ne s'effectuera qu'avec des frottements excessivement violents, par suite desquels se produiront la voussure et le déchirement de la masse incombante. »

Les arguments en faveur de la fluidité centrale du globe tirés des phénomènes volcaniques, des sources thermales, des abaissements et des soulèvements de certains points du globe ont une valeur beaucoup plus grande. Lyell cependant n'admet pas davantage les déductions qu'on en tire.

Les volcans d'après Buffon.

Occupons-nous d'abord des volcans. La plupart des géologues modernes admettent que les volcans communiquent avec la masse centrale en fusion du globe. Nous verrons plus bas sur quels arguments ils appuient cette opinion, dont ils font usage, d'un autre côté, pour plaider la cause du feu central. Les idées émises par Buffon au sujet des volcans sont tout à fait différentes; elles méritent de nous arrêter, sinon à cause de leur absolue exactitude, du moins à cause de leur originalité et de la confirmation qu'une partie d'entre elles ont reçue. Disons d'abord que Buffon n'est pas partisan de la fluidité centrale du globe. Il admet bien que le centre de la terre jouit d'une température très élevée, mais il le considère comme doué d'une solidité égale à celle de la surface. « Nous pouvons présumer, dit-il dans son mémoire sur la *Formation des planètes* (1), que l'intérieur de la terre est rempli d'une matière à peu près semblable à celle qui compose sa surface. » Un peu plus loin, il dit encore : « Il y a tout lieu de conjecturer, avec grande vraisemblance, que l'intérieur de la terre est rempli d'une matière vitrifiée dont la densité est à peu près la même que celle du sable (2), et que par conséquent le globe terrestre, en général, peut être regardé comme homogène. »

Buffon admettant l'état solide du centre de la terre ne pouvait pas considérer les volcans comme les cheminées d'un foyer central rempli de matières en fusion. Il explique leur formation et leur fonctionnement d'une toute autre façon. Il suppose qu'au moment du refroidissement de la terre, il s'est formé à sa surface, par le bouillonnement des gaz et des vapeurs, des boursouflures analogues à celles qu'on voit sur un morceau de verre ou de fer fondu au contact de l'air et de la vapeur d'eau; les parties saillantes de ces bour-

(1) T. Ier, p. 79.

(2) Nous reviendrons plus bas sur la densité comparée du centre et de la surface de la terre. Buffon la croyait égale dans les deux points; il n'en est, en réalité, pas ainsi : le centre de la terre est plus dense que la surface.

Edouard Travies pinx. Imp. R. Taneur Cardinal sc.

1 MARTINET À MOUSTACHES _ 2 CAROUGE ORANGÉ

soufflures ont constitué les montagnes primitives, tandis que leurs cavités ont formé les creusets des volcans. « On pourra, dit-il (1), me demander pourquoi tous les volcans sont situés dans les montagnes? pourquoi paraissent-ils d'autant plus ardents que les montagnes sont plus hautes? quelle est la cause qui a pu disposer ces énormes cheminées dans l'intérieur des murs les plus solides et les plus élevés du globe? Si l'on a bien compris ce que j'ai dit au sujet des inégalités produites par le premier refroidissement, lorsque les matières en fusion se sont consolidées, on sentira que les chaînes des hautes montagnes nous représentent les plus grandes boursouflures qui se sont faites à la surface du globe dans le temps qu'il a pris consistance : la plupart des montagnes sont donc situées sur des cavités, auxquelles aboutissent les fentes perpendiculaires qui les tranchent du haut en bas : ces cavernes et ces fentes contiennent des matières qui s'enflamment par la seule effervescence, ou qui sont allumées par les étincelles électriques de la chaleur intérieure du globe. Dès que le feu commence à se faire sentir, l'air attiré par la raréfaction en augmente la force et produit bientôt un grand incendie, dont l'effet est de produire à son tour les mouvements et les orages intestins, les tonnerres souterrains et toutes les impulsions, les bruits et les secousses qui précèdent et accompagnent l'éruption des volcans. On doit donc cesser d'être étonné que les volcans soient tous situés dans les hautes montagnes, puisque ce sont les seuls anciens endroits de la terre où les cavités intérieures se soient maintenues, les seuls où ces cavités communiquent de bas en haut par des fentes qui ne sont pas encore comblées, et enfin les seuls où l'espace vide était assez vaste pour contenir la très grande quantité de matières qui servent d'aliment au feu des volcans permanents et encore subsistants. Au reste, ils s'éteindront comme les autres dans la suite des siècles; leurs éruptions cesseront; oserai-je même dire que les hommes pourraient y contribuer? En coûterait-il autant pour couper la communication d'un volcan avec la mer voisine, qu'il en a coûté pour construire les pyramides d'Égypte? Ces monuments inutiles d'une gloire fausse et vaine nous apprennent au moins qu'en employant les mêmes forces pour les monuments de sagesse, nous pourrions faire de très grandes choses, et peut-être maîtriser la nature, au point de faire cesser, ou du moins diriger les ravages du feu comme nous savons déjà par notre art diriger et rompre les efforts de l'eau. »

D'après Buffon, non seulement les volcans ne communiquent pas avec le centre de la terre, mais encore ils sont situés très près de sa surface, d'ordinaire dans l'épaisseur même des montagnes. « Il ne faut pas croire, dit-il dans son *Histoire et théorie de la terre* (2), que ces feux viennent d'un feu central, comme quelques auteurs l'ont écrit, ni même qu'ils viennent d'une

(1) *Epoques de la nature*, t. II, p. 75.
(2) T. Ier, p. 58.

grande profondeur, comme c'est l'opinion commune; car l'air est absolument nécessaire à leur embrasement, au moins pour l'entretenir. On peut assurer, en examinant les matières qui sortent des volcans dans les plus violentes éruptions, que le foyer de la matière enflammée n'est pas à une grande profondeur, et que ce sont des matières semblables à celles qu'on trouve sur la croupe de la montagne, qui ne sont défigurées que par la calcination et la fonte des parties métalliques qui y sont mêlées; et pour se convaincre que ces matières jetées par les volcans ne viennent pas d'une grande profondeur, il n'y a qu'à faire attention à la hauteur de la montagne et juger de la force immense qui était nécessaire pour pousser des pierres et des minéraux à une demi-lieue en hauteur; car l'Etna, l'Hécla et plusieurs autres volcans ont au moins cette élévation au-dessus des plaines. Or, on sait que l'action du feu se fait en tout sens; elle ne pourrait donc pas s'exercer en haut avec une force capable de lancer de grosses pierres à une demi-lieue en hauteur, sans réagir avec la même force en bas et vers les côtés; cette réaction aurait bientôt détruit et percé la montagne de tous côtés, parce que les matières qui la composent ne sont pas plus dures que celles qui sont lancées; et comment imaginer que la cavité qui sert de tuyau ou de canon pour conduire ces matières jusqu'à l'embouchure du volcan puisse résister à une si grande violence? D'ailleurs, si cette cavité descendait fort bas, comme l'orifice extérieur n'est pas fort grand, il serait comme impossible qu'il en sortît à la fois une aussi grande quantité de matières enflammées et liquides, parce qu'elles se choqueraient entre elles et contre les parois du tuyau, et qu'en parcourant un espace aussi long elles s'éteindraient et se durciraient. On voit souvent couler du sommet du volcan dans les plaines des ruisseaux de bitume et de soufre fondu qui viennent de l'intérieur, et qui sont jetés au dehors avec les pierres et les minéraux. Est-il naturel d'imaginer que des matières si peu solides, et dont la masse donne si peu de prise à une violente action, puissent être lancées d'une grande profondeur? Toutes les observations qu'on fera sur ce sujet prouveront que le feu des volcans n'est pas éloigné du sommet de la montagne, et qu'il s'en faut bien qu'il descende au niveau des plaines.

» Cela n'empêche pas cependant que son action se fasse sentir dans ces plaines par des secousses et des tremblements de terre qui s'étendent quelquefois à une très grande distance, qu'il ne puisse y avoir des voies souterraines par où la flamme et la fumée peuvent se communiquer d'un volcan à un autre, et que, dans ce cas, ils ne puissent agir et s'enflammer presque en même temps (1); mais c'est du foyer de l'embrasement que nous parlons,

(1) Revenant sur cette question, dans les *Epoques de la nature* (t. II, p. 73), Buffon écrit : « Il est vrai que nous ne voyons pas d'assez près la composition intérieure de ces terribles bouches à feu pour pouvoir prononcer sur leurs effets en parfaite connaissance de cause; nous savons que souvent il y a des communications souterraines de volcan à volcan; nous

il ne peut être qu'à une petite distance de la bouche du volcan, et il n'est pas nécessaire pour produire un tremblement de terre dans la plaine que ce foyer soit au-dessous du niveau de la plaine, ni qu'il y ait des cavités intérieures remplies du même feu ; car une violente explosion telle qu'est celle d'un volcan, peut, comme celle d'un magasin à poudre, donner une secousse assez violente pour qu'elle produise par sa réaction un tremblement de terre.

» Je ne prétends pas dire pour cela qu'il n'y ait des tremblements de terre produits immédiatement par des feux souterrains, mais il y en a qui viennent de la seule explosion des volcans. Ce qui confirme tout ce que je viens d'avancer à ce sujet, c'est qu'il est très rare de trouver des volcans dans les plaines; ils sont au contraire tous dans les plus hautes montagnes, et ils ont tous leur bouche au sommet; si le feu intérieur qui les consume s'étendait jusque dessous les plaines, ne le verrait-on pas dans le temps de ces violentes éruptions s'échapper et s'ouvrir un passage au travers du terrain des plaines? et dans le temps de la première éruption, ces feux n'auraient-ils pas plutôt percé dans les plaines et au pied des montagnes, où ils n'auraient trouvé qu'une faible résistance, en comparaison de celle qu'ils ont dû éprouver, s'il est vrai qu'ils aient ouvert et fendu une montagne d'une demi-lieue de hauteur pour trouver une issue ?

» Enfin, on a souvent observé qu'après de violentes éruptions pendant lesquelles le volcan rejette une très grande quantité de matières, le sommet de la montagne s'affaisse et diminue à peu près de la même quantité qu'il serait nécessaire qu'il diminuât pour fournir les matières rejetées; autre preuve qu'elles ne viennent pas de la profondeur intérieure du pied de la montagne, mais de la partie voisine du sommet et du sommet même. »

Quant à la raison pour laquelle les volcans sont situés dans les montagnes, Buffon la formule de la façon suivante (1) :

« Ce qui fait que les volcans sont toujours dans les montagnes, c'est que les minéraux, les pyrites et les soufres se trouvent en plus grande quantité et plus à découvert dans les montagnes que dans les plaines, et que ces lieux élevés recevant plus aisément et en plus grande abondance les pluies et les autres impressions de l'air, ces matières minérales, qui y sont exposées, se mettent en fermentation et s'échauffent jusqu'au point de s'enflammer. »

Il attribue une influence considérable à l'électricité dans la production des phénomènes volcaniques. « L'électricité, dit-il (2), me paraît jouer un très grand rôle dans les tremblements de terre et dans les éruptions des volcans.

savons seulement aussi que, quoique le foyer de leur embrasement ne soit peut-être pas à une grande distance de leur sommet, il y a néanmoins des cavités qui descendent beaucoup plus bas, et que ces cavités, dont la profondeur et l'étendue nous sont inconnues, peuvent être en tout ou en partie remplies des mêmes matières que celles qui sont actuellement embrasées. »

(1) *Histoire et théorie de la terre*, t. Ier, p. 60.

(2) *Epoques de la nature*, t. II, p. 73.

Je me suis convaincu par des raisons très solides, et par la comparaison que j'ai faite des expériences sur l'électricité, que *le fond de la matière électrique est la chaleur propre du globe terrestre;* les émanations continuelles de cette chaleur, quoique sensibles, ne sont pas visibles, et restent sous la forme de chaleur obscure, tant qu'elles ont leur mouvement libre et direct; mais elles produisent un feu très vif et de fortes explosions, dès qu'elles sont détournées de leur direction, ou bien accumulées par le frottement des corps. Les cavités intérieures de la terre contenant du feu, de l'air et de l'eau, l'action de ce premier élément doit y produire des vents impétueux, des orages bruyants et des tonnerres souterrains dont les effets peuvent être comparés à ceux de la foudre des airs; ces effets doivent même être plus violents et plus durables, par la forte résistance que la solidité de la terre oppose de tous côtés à la force électrique de ces tonnerres souterrains. Le ressort d'un air mêlé de vapeurs denses et enflammées par l'électricité, l'effort de l'eau, réduite en vapeurs élastiques par le feu, toutes les autres impulsions de cette puissance électrique, soulèvent, entr'ouvrent la surface de la terre, ou du moins l'agitent par des tremblements, dont les secousses ne durent pas plus longtemps que le coup de la foudre intérieure qui les produit; et ces secousses se renouvellent jusqu'à ce que les vapeurs expansives se soient fait une issue par quelque ouverture à la surface de la terre ou dans le sein des mers. Aussi les éruptions des volcans et les tremblements de terre sont précédés et accompagnés d'un bruit sourd et roulant, qui ne diffère de celui du tonnerre que par le ton sépulcral et profond que le son prend nécessairement en traversant une grande épaisseur de matière solide, lorsqu'il s'y trouve renfermé.

» Cette électricité souterraine, combinée comme cause générale avec les causes particulières des feux allumés par l'effervescence des matières pyriteuses et combustibles que la terre recèle en tant d'endroits, suffit à l'explication des principaux phénomènes de l'action des volcans : par exemple, leur foyer paraît être assez voisin de leur sommet, mais l'orage est au-dessous. Un volcan n'est qu'un vaste fourneau, dont les soufflets, ou plutôt les ventilateurs, sont placés dans les cavités inférieures, à côté et au-dessous du foyer : ce sont ces mêmes cavités, lorsqu'elles s'étendent jusqu'à la mer, qui servent de tuyaux d'aspiration pour porter en haut non seulement les vapeurs, mais les masses mêmes de l'eau et de l'air; c'est dans ce transport que se produit la foudre souterraine, qui s'annonce par des mugissements, et n'éclate que par l'affreux vomissement des matières qu'elle a frappées, brûlées et calcinées : des tourbillons épais d'une noire fumée ou d'une flamme lugubre; des nuages massifs de cendres et de pierres; des torrents bouillants de lave en fusion, roulant au loin leurs flots brûlants et destructeurs, manifestent au dehors le mouvement convulsif des entrailles de la terre. »

Enfin, et c'est par là que je terminerai l'exposé des idées de Buffon sur les volcans, il insiste beaucoup sur l'importance du rôle joué par l'eau dans les phénomènes volcaniques. Il signale ce fait important que les volcans n'existent qu'au voisinage des mers, et il en conclut qu'ils n'ont pu se former et produire leur action qu'après que l'eau se fut déposée à la surface de la terre pour y former les mers. Il distingue les volcans terrestres des volcans marins. « Ceux-ci, dit-il (1), ne peuvent faire que des explosions, pour ainsi dire, momentanées, parce qu'à l'instant que leur feu s'allume par l'effervescence des matières pyriteuses et combustibles, il est immédiatement éteint par l'eau qui les couvre et se précipite à flots jusque dans leur foyer par toutes les routes que le feu s'ouvre pour en sortir. » Quant aux volcans de la terre, « ils ont au contraire une action durable et proportionnée à la quantité de matières qu'ils contiennent. » Et il ajoute aussitôt : « Ces matières ont besoin d'une certaine quantité d'eau pour entrer en effervescence, et ce n'est ensuite que par le choc d'un grand volume de feu contre un volume d'eau que peuvent se produire leurs violentes éruptions ; et de même qu'un volcan sous-marin ne peut agir que par instants, un volcan terrestre ne peut durer qu'autant qu'il est voisin des eaux. C'est par cette raison que tous les volcans actuellement agissants sont dans les îles ou près des côtes de la mer, et qu'on pourrait en compter cent fois plus d'éteints que d'agissants ; car à mesure que les eaux, en se retirant, se sont trop éloignées du pied de ces volcans, leurs éruptions ont diminué par degrés et enfin ont entièrement cessé, et les légères effervescences que l'eau fluviale aura pu causer dans leur ancien foyer n'aura produit d'effet sensible que par des circonstances particulières et très rares.

» Les observations confirment parfaitement ce que je dis de l'action des volcans : tous ceux qui sont maintenant en travail sont situés près des mers ; tous ceux qui sont éteints, et dont le nombre est bien plus grand, sont placés dans le milieu des terres, ou tout au moins à quelque distance de la mer ; et quoique la plupart des volcans qui subsistent paraissent appartenir aux plus hautes montagnes, il en a existé beaucoup d'autres dans les éminences de médiocre hauteur.

» La date de l'âge des volcans n'est donc pas partout la même : d'abord il est sûr que les premiers, c'est-à-dire les plus anciens, n'ont pu acquérir une action permanente qu'après l'abaissement des eaux qui couvraient leur sommet ; et ensuite, il paraît qu'ils ont cessé d'agir dès que ces mêmes eaux se sont trop éloignées de leur voisinage ; car, je le répète, nulle puissance, à l'exception de celle d'une grande masse d'eau choquée contre un grand volume de feu, ne peut produire des mouvements aussi prodigieux que ceux de l'éruption des volcans. »

(1) *Époques de la nature*, t. II, p. 71.

Les volcans d'après les idées modernes.

J'ai insisté sur la théorie des volcans formulée par Buffon, parce qu'elle est à la fois très complète, quand on en rapproche les parties insérées dans ses *Époques de la nature* et dans sa *Théorie de la terre*, parce qu'elle soulève un certain nombre de problèmes d'une grande importance, et parce qu'elle a été adoptée, dans ses parties capitales, par un grand nombre de géologues modernes, revêtus de la plus grande autorité. Résumons cette théorie : les volcans ont un foyer en communication avec des cavités souterraines situées dans l'épaisseur des couches superficielles de la terre. Les matières en fusion que renferment les cavités inférieures et le foyer ont été « enflammées par la seule effervescence », c'est-à-dire par les actions chimiques qu'elles ont exercé les unes sur les autres, « ou par les étincelles électriques de la chaleur intérieure du globe. » Si l'on trouve de préférence les volcans dans les montagnes, c'est parce que les matières minérales y étant plus exposées à l'action de l'eau et de l'air « se mettent en fermentation et s'échauffent jusqu'au point de s'enflammer. »

Deux agents suffisent à Buffon pour expliquer la fusion des matériaux que contiennent et rejettent les volcans : les réactions chimiques et l'électricité développée par la chaleur propre du globe. L'eau et l'air, l'eau surtout, sont indispensables à la production des réactions chimiques. Les matières contenues dans les cavités volcaniques « ont besoin d'une certaine quantité d'eau pour entrer en effervescence »; l'eau est également indispensable à la production des éruptions; « ce n'est que par le choc d'un grand volume de feu contre un volume d'eau que peuvent se produire les violentes éruptions. » C'est cette nécessité de l'eau qui explique la présence constante des volcans au voisinage des mers.

Comparons les divers points de cette théorie avec les opinions admises actuellement et avec les faits découverts par la science moderne.

Les volcans actifs sont au voisinage des mers ou des grands lacs.

En ce qui concerne la position des volcans au voisinage des mers, il est établi que sur 139 volcans qui ont eu des éruptions depuis le milieu du XVIIIe siècle, c'est-à-dire depuis l'époque de Buffon, 98 appartiennent à des îles; 48 sont situés sur des continents, mais au voisinage des côtes ou de grands lacs. John Herschel a constaté que sur 225 volcans que l'on sait avoir été en éruption dans les cent cinquante dernières années, un seul, le mont Demavend, en Perse, est situé à 512 kilomètres de l'Océan, mais il est peu éloigné de la mer Caspienne. Le Jorullo, au Mexique, qui fit éruption en 1759, est situé à 192 kilomètres de l'Océan, mais il fait partie d'une chaîne de volcans dont l'extrémité touche presque à la mer. Quant aux nombreux volcans éteints qui se dressent dans des régions actuellement éloignées de la mer, comme ceux de l'Auvergne, des Montagnes Rocheuses, etc., on sait qu'à l'époque de leur activité ils étaient entourés d'océans ou de grandes mers intérieures.

La relation des cavités volcaniques avec les mers voisines, admise par

Les volcans reçoivent de l'eau et en rejettent.

Buffon, n'est pas moins certaine. On sait que tous les volcans rejettent une grande quantité de vapeurs d'eau. On pourrait, il est vrai, prétendre que cette vapeur provient de l'eau des pluies qui ont pénétré dans le cratère du volcan ou dans les terrains avoisinants et qui est vaporisée par la chaleur du foyer volcanique. Mais des observations directes prouvent que ces vapeurs viennent, au moins en grande partie, d'eau de mer qui a pénétré dans le volcan par des fissures sous-marines. Davy a constaté que les vapeurs qui s'échappent du Vésuve laissent déposer du sel marin. Lors de l'éruption de l'Etna, en 1865, M. Fouqué s'est assuré que les gaz rejetés par le volcan étaient identiques à ceux qui auraient dû prendre naissance, si d'énormes quantités d'eau de mer avaient pénétré dans la cavité du volcan, s'y étaient décomposées et avaient été expulsées avec la lave. Non content de cela, il a calculé que la quantité de vapeur d'eau rejetée par le volcan était proportionnelle à celle des autres gaz, et il a pu évaluer à 22,000 mètres cubes la quantité de vapeur d'eau rejetée chaque jour par les nombreuses bouches béantes de l'Etna. Enfin, on a trouvé dans le tuf qui recouvre Pompéi, et qui est formé de laves rejetées par le Vésuve, une quantité considérable de tests siliceux de diatomées et de protozoaires marins qui ne peuvent provenir que de l'eau de la mer qui a pénétré dans la cavité du volcan et qui a été ensuite rejetée. Un grand nombre de ces tests sont en partie fondus, ce qui témoigne de leur passage dans un foyer à température très élevée, car ils sont formés d'une substance assez difficilement fusible, la silice. Quant au rôle joué par l'eau dans les éruptions, il est décrit de la façon suivante par le géologue Lyell (1) : « On peut supposer qu'il existe à une profondeur de plusieurs kilomètres au-dessous de la surface de la terre de vastes cavités souterraines dans lesquelles s'accumule de la lave fondue, et que lorsque de l'eau, mêlée à de l'air dans les proportions ordinaires, vient à pénétrer dans ces cavités, il s'y produit de la vapeur qui exerce une certaine pression sur la lave et la force à monter dans le conduit d'un volcan de la même manière qu'une colonne d'eau est poussée de bas en haut dans le tube d'un geyser. Dans d'autres cas, on peut supposer une colonne continue de lave liquide, mêlée avec de l'eau à la température de la chaleur rouge ou de la chaleur blanche (car l'eau, suivant le professeur Bunsen, peut se trouver en cet état lorsqu'elle est soumise à une certaine pression), et qui serait douée d'une température croissant de haut en bas d'une façon régulière. Que l'équilibre vienne à être rompu dans la masse, il se produit près de la surface, par suite de l'expansion et de la conversion en gaz de l'eau emprisonnée dans le sein des diverses substances qui constituent la lave, une éruption dont le résultat sera de diminuer la pression supportée par la colonne liquide ; une plus grande quantité de vapeur d'eau venant alors à se dégager, elle entraîne

(1) *Principes de géologie*, t. II, p. 284.

avec elle des jets de roche fondue qui, lancés dans l'air, retomberont en pluies de scories ou de cendres sur la contrée environnante. Enfin, l'arrivée de la lave et de l'eau, de plus en plus chauffées, à l'orifice du conduit ou du cratère du volcan, peut donner à la force d'expansion une puissance suffisante pour expulser un courant de lave massive. L'éruption terminée, survient une période de repos pendant laquelle de nouvelles provisions de calorique sortent du foyer intérieur et fondent peu à peu des masses nouvelles de roche, en même temps que l'eau de la mer ou celle de l'atmosphère descend de la surface dans les cavités inférieures; jusqu'à ce qu'enfin, toutes les conditions requises pour une nouvelle explosion se trouvant parfaites, une autre série de phénomènes se reproduise dans un ordre tout à fait semblable. »

Credner (1), résumant l'opinion admise par tous les géologues, dit de son côté : « On doit considérer la puissance de la vapeur d'eau comme déterminante dans ces manifestations de l'activité des volcans stratifiés, et la gravité des phénomènes éruptifs d'un volcan doit être attribuée à la quantité de vapeur d'eau mise en jeu. »

Tous ces faits, toutes ces opinions ne viennent-ils pas confirmer la manière de voir de Buffon? celui-ci n'avait-il pas raison d'écrire : « En coûterait-il autant pour couper la communication d'un volcan avec la mer voisine qu'il en a coûté pour construire les pyramides d'Égypte (2)? »

Actions chimiques et électricité dans la production des volcans.

Examinons maintenant son opinion sur le rôle des actions chimiques et de l'électricité dans la fusion des matériaux volcaniques. L'état des sciences physique et chimique était encore si rudimentaire à l'époque de Buffon qu'il ne pouvait avoir, relativement au rôle joué par l'électricité et les réactions chimiques dans la production de la chaleur du globe, que des idées purement hypothétiques, de simples « vues de l'esprit », pour me servir d'une expression qui lui était chère; mais j'ajoute que ces vues ont été confirmées, dans une très large mesure, par les découvertes de la science moderne et le seront probablement encore davantage. La première base scientifique qui leur ait été donnée a été fournie par M. Davy. Il émit l'opinion qu'une grande quantité de métaux peuvent exister à l'état non oxydé dans l'intérieur de la terre; que l'eau pénétrant dans le sol par les fissures des roches, et même à travers les pores dont les plus dures sont munies, et entraînant de l'oxygène, peut porter ce gaz au contact des métaux, qui s'oxydent alors en produisant une quantité de chaleur assez considérable pour déterminer la fusion des roches voisines. Si cette manière de voir était exacte, il se formerait sans cesse, dans divers endroits de la portion superficielle de la terre, des amas de substances fondues, sortes de creusets gigantesques dans lesquels il suffirait

(1) *Traité de géologie et de paléontologie*, p. 142.

(2) Voyez plus haut, p. 97.

qu'une certaine quantité d'eau pût pénétrer pour qu'il se produisît une rupture de la partie sus-jacente de la terre et une éruption de matières en fusion, c'est-à-dire un volcan. Un grand nombre de faits tendent à corroborer cette manière de voir.

Il est d'abord certain que l'eau pénètre avec la plus grande facilité dans l'intérieur du globe, à une profondeur très considérable, soit par des fissures, soit même à travers les roches les plus dures. La décomposition des granits par l'eau est une preuve irrécusable entre mille de la faculté qu'a l'eau de traverser toutes les roches, notamment le granit. Il n'est pas moins certain qu'il existe dans l'intérieur de la terre des métaux privés d'oxygène ou n'en contenant qu'une proportion assez faible pour qu'ils soient susceptibles d'en prendre une beaucoup plus considérable. Les sulfures de fer et le sulfure de zinc se trouvent en grande quantité dans le sol; or, tous les sulfures s'oxydent facilement. Tantôt il ne se forme ainsi que des oxydes métalliques qu'on trouve à l'état d'efflorescence à la surface du minéral; c'est ainsi que l'ocre et la fleur d'antimoine se produisent à la surface de la stilbine, que la fleur d'arsenic se forme à la surface de la pyrite d'arsenic, etc. Tantôt les sulfures se transforment, sous l'influence de l'oxygène, en sulfates. Le sulfure de fer devient du sulfate de fer, qui lui-même est susceptible de subir de nouvelles oxydations et de se changer en limonite, en mettant en liberté de l'acide sulfurique; celui-ci attaquant d'autres métaux donnera des sulfates : par exemple, s'il se porte sur des calcaires (carbonate de chaux), il les transformera en gypse (sulfate de chaux). Le sulfure de zinc ou blende s'oxyde facilement, puis donne du sulfate de zinc; le sulfure de plomb (galène) s'oxyde avec non moins de facilité pour donner du sulfate de plomb. Le sulfure de cuivre (pyrite de cuivre) forme aussi volontiers avec l'oxygène du sulfate de cuivre. Tous ces sulfates sont, comme celui de fer, susceptibles de subir de nouvelles oxydations, et de perdre une partie de leur acide sulfurique qui sert à faire d'autres sulfates. Il est à peine utile d'ajouter que toutes ces oxydations sont accompagnées d'une production de chaleur, et que si les masses de sulfures et celles de l'oxygène qui sont mises en contact sont considérables, leur combinaison est de nature à développer une quantité de chaleur assez grande pour déterminer la fusion des roches voisines. Cette chaleur favorise du reste beaucoup d'autres oxydations et réactions chimiques diverses, qui elles-mêmes produisent une nouvelle quantité de calorique. Un grand nombre de carbonates métalliques se forment sous l'influence des sulfates qui proviennent de l'oxydation des sulfures, l'acide sulfurique abandonne l'oxyde métallique pour prendre la place de l'acide carbonique combiné avec les alcalis et les terres; l'acide carbonique mis ainsi en liberté se porte alors sur l'oxyde métallique pour former avec lui un carbonate; c'est ainsi que naissent, dans l'intérieur du sol, l'azurite, la malachite, la céruse, etc.

L'hydrogène sulfuré, qui existe en abondance dans le sol de certaines régions, est encore transformé par l'oxygène en acide sulfurique, qui lui-même sert ensuite à former des sulfates. L'oxydation des silicates d'oxydule de fer se fait avec une telle rapidité que « si les réductions ne venaient s'opposer à ces oxydations, tous les silicates d'oxydule de fer disparaîtraient à la fin, en peu de temps, du règne minéral (1). » (Credner.) L'oxygène se combine même dans le sol avec toutes les substances d'origine animale ou végétale avec lesquelles il est mis en contact. Sans parler de la formation de la houille, de la tourbe, de l'anthracite, de la lignite, du graphite, etc., qui est due à l'oxydation ou combustion lente des végétaux, l'oxygène mis en contact avec ces substances dans l'intérieur du sol, les transforme encore, les brûle, en produisant le bitume, les huiles minérales, le naphte, le pétrole, etc. Les oxydations de cette sorte sont certainement d'une très grande importance si l'on en juge par l'énorme quantité d'acide carbonique qui s'échappe de l'intérieur de la terre, soit à l'état de gaz, soit en dissolution dans les eaux minérales ; encore faut-il ajouter qu'une portion plus grande encore peut-être de l'acide carbonique résultant de l'oxydation du carbone des plantes fossiles, sert à produire, dans l'intérieur du sol, une partie de l'énorme quantité de carbonates que nous offre la terre. Les phénomènes de combustion que l'oxygène détermine par son contact avec les matières organiques contenues dans le sol sont parfois assez intenses pour déterminer la formation de véritables petits volcans auxquels on a donné le nom de *volcans de boue*, à cause de leur composition. Ce sont de petits cônes aplatis, ayant depuis 1 mètre jusqu'à 150 mètres de hauteur, formés d'argile qui se dessèche pendant les périodes d'inaction, mais qui, pendant l'activité, prend la consistance d'une boue épaisse de laquelle se dégagent du protocarbure d'hydrogène, de l'oxyde de carbone, de l'acide carbonique, et, parfois, du naphte ou du pétrole. A l'état paroxysmal, les éruptions sont précédées et accompagnées d'oscillations du sol ; la boue s'échauffe, le cratère qui termine le cône lance de la boue et des pierres jusqu'à une hauteur de 30 mètres de haut, puis laisse échapper un courant de boue liquide, argileuse, bouillante, riche en chlorure de sodium et en naphte. La quantité de ces matières est parfois si considérable qu'elle peut se répandre jusqu'à 1,000 ou 1,500 mètres du cratère. Il existe presque toujours, à proximité des volcans de boue, des sources de pétrole indiquant la relation de ces volcans avec les masses souterraines de matières organiques en voie de décomposition. L'Italie, la Sicile, l'Islande, possèdent des volcans de boue ; mais les plus importants se trouvent dans le voisinage de la mer Caspienne.

Le pétrole, formé par oxydation des matières organiques contenues dans le sol, est lui-même susceptible de s'oxyder encore pour donner d'autres

(1) *Traité de géologie et de paléontologie*, p. 185.

produits. C'est de l'oxydation du pétrole que résultent la poix minérale et l'asphalte solide; c'est encore par suite de l'oxydation lente des matières bitumineuses qu'il contient que le calcaire asphaltique de Hammer, dans le Hanovre, devient blanc à la surface, tandis qu'il est noir dans les parties centrales qui n'ont pas encore subi le contact et l'action de l'oxygène.

Un grand nombre d'autres phénomènes chimiques de diverses sortes se produisent dans le sol, sur lesquels il serait trop long d'insister. Des minéraux anhydres s'hydratent en changeant de caractères extérieurs et de volume. L'anhydrite se transforme en gypse avec une extrême rapidité; l'oligiste se transforme en limonite, etc. Des carbonates se forment par altération des silicates, sous l'influence de l'acide carbonique apporté par l'eau de la surface ou mis en liberté par les oxydations de matières organiques signalées plus haut; d'autre part, les carbonates alcalins décomposent le silicate de chaux, le fluorure de chaux; les silicates d'ammoniaque agissent sur le chlorure de sodium, sur le sulfate de chaux ou de magnésie et déterminent la formation de silicate de magnésie, de sulfates d'alcalis, etc. (1).

Innombrables sont les phénomènes chimiques qui se produisent dans le sol, sous la seule action de l'eau qui dissout les corps, les apporte au contact les uns des autres et les soumet à l'action du gaz qu'elle tient en dissolution. Très grande, par suite, doit être la quantité de chaleur produite par tous ces phénomènes chimiques. Mais la chaleur elle-même détermine la production d'autres phénomènes et active leur intensité, tandis qu'elle-même joint son action à celle des réactions chimiques pour déterminer, comme nous allons le montrer, la production de courants électriques destinés à engendrer de nouvelles quantités de calorique et à provoquer de nouvelles réactions chimiques dans les substances qu'ils traversent.

Il est donc permis d'admettre avec Buffon que les phénomènes chimiques jouent un grand rôle dans la formation des substances fondues que rejettent les volcans. Que ces phénomènes prennent une grande intensité dans un point donné du globe, par suite de la pénétration en ce point d'une grande quantité d'eau et d'oxygène, et ils pourront déterminer la production d'une chaleur assez élevée pour que les roches soient fondues sur une étendue peut-être très considérable. Un nouvel apport d'eau et de gaz au contact de la masse fondue suffira désormais pour provoquer la formation d'un volcan. L'eau, se transformant en vapeur au contact de la masse ignée, se dilatera, soulèvera la croûte terrestre sus-jacente, la fera éclater et poussera au dehors les matériaux en fusion contenus dans le creuset du volcan. Buffon avait donc raison d'attribuer en partie les phénomènes volcaniques aux « feux allumés par l'effervescence des matières pyriteuses et combustibles que la terre

(1) Voyez une liste de ces actions dans CREDNER, *Traité de géologie et de paléontologie*, p. 190 et suiv.

recèle en tant d'endroits. » Mais, ainsi que le fait remarquer Lyell (1), « les difficultés que l'on rencontre, lorsqu'on essaie d'établir une théorie chimique des volcans, sont presque insurmontables, en raison de notre incapacité à démontrer expérimentalement la manière dont se comporteraient diverses substances solides, liquides ou gazeuses, sous des conditions de température et de pression complètement différentes de celles qui existent à la surface de la terre. Une simple variation dans la quantité de chaleur peut entraîner, observe Seemann, des modifications essentielles dans les affinités chimiques des corps. Le mercure, remarque le même auteur, ne se combine pas avec l'oxygène à la température ordinaire, mais bien à celle du point d'ébullition, et se débarrasse ensuite de ce gaz à la chaleur rouge naissante. Nous avons donc ici, dans les limites de quelques centaines de degrés, trois états différents d'affinité chimique ; et qui oserait affirmer, qu'après cette dernière phase de séparation, l'action chimique cesse entre ces deux éléments d'une manière définitive et pour toutes les températures supérieures? Or, ce qui est vrai à l'égard du mercure et de l'oxygène l'est aussi pour tous les autres éléments. »

Rôle de l'électricité et du magnétisme dans la production des volcans.

Nous avons dit plus haut que la science moderne confirme les vues de Buffon relatives à l'action des phénomènes magnétiques et électriques sur la production des matières fondues que rejettent les volcans. Quelques mots de démonstration sont nécessaires. Depuis le commencement de ce siècle, les physiciens sont restés fidèles à l'idée d'Ampère que tous les phénomènes de l'aiguille magnétique sont dus à des courants électriques circulant dans les couches superficielles du globe, dans des directions parallèles à l'équateur magnétique ; mais ils ne sont pas également d'accord quand il s'agit de décider à quelle cause sont dus les courants électriques terrestres. Les uns les attribuent aux phénomènes chimiques qui se produisent dans le sol, sous l'influence de l'eau et de l'air qui y pénètrent ; les autres à la thermo-électricité déterminée dans le sol par la chaleur du soleil ; d'autres les mettent sur le compte, partiellement du moins, de la thermo-électricité développée par la chaleur des cavités volcaniques. Examinons rapidement ces opinions. Il ne paraît guère permis de douter que les innombrables réactions chimiques dont le sol est le siège ne soient de nature à produire des courants électriques d'une grande intensité, mais aucun fait ne prouve que les courants ayant cette origine aient une action sensible sur l'aiguille aimantée. L'opinion d'après laquelle les courants électriques de la terre seraient dus à des phénomènes thermo-électriques déterminés par la chaleur solaire, peut invoquer à son aide des faits très importants. Rappelons d'abord que l'on peut embrasser, sous le nom de phénomènes thermo-électriques, tous ceux qui sont déterminés dans un corps ou mieux dans deux corps en contact intime

(1) *Principes de géologie*, t. II, p. 301.

par une distribution non symétrique de la chaleur. Lorsque, par exemple, on chauffe l'une des extrémités d'une barre de fer, on constate qu'il se produit dans cette barre un courant électrique allant de l'extrémité chaude vers la froide et qu'on peut changer à volonté la direction du courant en chauffant tantôt l'une, tantôt l'autre extrémité. De semblables courants se produisent quand, deux métaux étant soudés ensemble, il y a inégalité de température entre la soudure et les extrémités. Or, grâce à son mouvement de rotation diurne, la terre se trouve dans le cas de métaux inégalement chauffés. Elle jouit toujours d'une température plus chaude sur la face qui regarde le soleil que sur l'autre; un courant thermo-électrique doit donc se produire dans sa masse, se dirigeant de la face chauffée vers la face froide, et changeant de direction au bout de douze heures, lorsque la face qui était froide se trouve réchauffée par son exposition au soleil. « Ce qui prouve, fait observer Lyell (1), que cette idée n'est point une simple conjecture, c'est, d'une part, la correspondance des variations diurnes de l'aiguille aimantée avec le mouvement apparent du soleil; de l'autre, la somme de variations qui est plus grande en été qu'en hiver, et pendant le jour que pendant la nuit. »

D'autres phénomènes thermo-électriques peuvent encore être déterminés dans l'intérieur de la terre par les inégalités de température que provoquent les foyers volcaniques. Le savant anglais que je viens de citer dit à cet égard : « Partout où l'on rencontre des masses de roches d'une grande étendue horizontale et d'une profondeur considérable, qui, sur un point, sont à l'état de fusion (comme au-dessous de quelques volcans actifs), sur un autre, à la température de la chaleur rouge, et sur un troisième, relativement refroidies, il peut arriver que l'action thermo-électrique soit fortement excitée et que les courants électriques, une fois dans cet état, fondent les roches et jouissent du pouvoir décomposant de la pile électrique (2). » L'électricité agirait donc, dans ces cas, d'un côté par elle-même, en élevant la température des roches au point de les fondre; d'un autre côté, indirectement, en provoquant la production de phénomènes chimiques capables d'engendrer une nouvelle quantité de chaleur qui viendrait s'ajouter à la première.

Il n'est pas jusqu'aux modifications qui se produisent périodiquement ou accidentellement dans les taches du soleil dont on n'ait constaté l'influence sur les phénomènes magnétiques dont la terre est le siège. L'électricité et le magnétisme doivent donc jouer un rôle d'une haute importance dans la chaleur terrestre. Quand Buffon, et cent ans après lui, le savant géologue Lyell leur attribuent, conjointement aux phénomènes chimiques, la propriété de développer une chaleur suffisante pour fondre des roches et créer les gigan-

(1) *Principes de géologie*, t. II, p. 206.
(2) *Ibid.*, p. 298.

tesques creusets dans lesquels bouillonnent les laves fondues des volcans, ils émettent une hypothèse au moins aussi plausible que celle des géologues qui expliquent les volcans par l'existence, au centre de la terre, d'une masse en fusion.

Arguments invoqués en faveur d'un noyau terrestre fluide et incandescent.

Nous sommes maintenant en mesure de revenir à cette hypothèse qui est, il faut bien le dire, la plus généralement admise à l'heure actuelle par les géologues. Les seules raisons qu'on invoque en sa faveur sont les suivantes : En premier lieu, les volcans existent ou ont existé dans les points les plus divers du globe, près des pôles comme près de l'équateur et sur tous les points intermédiaires. En second lieu, on les trouve dans tous les terrains et à tous les âges de la terre, aussi bien sous les montagnes que dans les plaines et sous la mer. En troisième lieu, leurs phénomènes sont partout identiques. On en conclut, en violant quelque peu les règles de la logique, que les volcans ne sont pas situés dans la portion superficielle du globe, qu'ils ont leur source dans les régions profondes et que ces sources ne peuvent être que le *feu central*. Un ouvrage essentiellement classique, aussi bien en France qu'en Allemagne, déjà cité plusieurs fois (1), s'exprime sur ce sujet de la façon suivante : « La répartition des volcans et des sources chaudes à la surface de la terre est tout à fait indépendante des rapports physiques et de la composition géognostique. Nous voyons des volcans sur tous les continents, dans chaque océan, à toute latitude, près du pôle et sous l'équateur, sur les plateaux les plus élevés et sur les côtes des montagnes, comme sous le niveau des mers ; enfin, ils ne sont liés à aucune formation et se montrent aussi bien aux plus anciennes périodes de la terre qu'à l'âge actuel. De cette complète indépendance des volcans par rapport à la croûte superficielle du globe, on peut conclure que la cause de leur activité doit être cherchée dans les *régions profondes* de la terre. De l'existence des phénomènes volcaniques par toute la terre, on peut aussi conclure à l'existence en tous points de leur cause matérielle ; et enfin, la concordance des produits éruptifs de volcans d'ailleurs éloignés les uns des autres, leur identité de structure, la similitude des phénomènes volcaniques, apportent aussi la preuve de leur communauté d'origine. On peut dire la même chose des sources chaudes. On les voit sourdre sous toutes les zones, sur les îles comme au milieu des continents. Toutes ces circonstances nous conduisent à admettre que les phénomènes volcaniques ne sont rien autre chose que les *manifestations intérieures du feu central de la terre* (2). »

Il ne me paraît pas utile d'insister beaucoup sur le vice des conclusions que je viens de rapporter. Il est bien manifeste que tous les caractères des volcans sont aussi faciles à expliquer par l'hypothèse des foyers localisés

(1) Credner, *Traité de géologie et de paléontologie*, p. 156.
(2) Les passages que j'ai soulignés le sont aussi dans l'original.

répandus dans l'épaisseur des couches superficielles de la terre que par celle du feu central. L'existence d'un noyau de substances en fusion au centre de la terre n'est pas indispensable à celle des foyers des volcans, puisque les phénomènes chimiques et magnétiques, dont la terre est indubitablement le siège, sont assez intenses pour produire la chaleur nécessaire à la fusion de toutes les roches qui entrent dans la composition du sol et qui sont rejetées par les volcans.

Parmi les arguments qui ont été donnés en faveur de l'existence d'un noyau terrestre, fluide et incandescent, nous devons rappeler, à la suite des volcans, les tremblements de terre. Mais comme, de l'avis de tous les géologues, les tremblements de terre sont très étroitement liés aux phénomènes volcaniques, ce que nous avons dit de ces derniers peut également s'appliquer aux premiers. S'il est possible d'attribuer les phénomènes volcaniques à l'existence, dans les couches superficielles de la terre, de cavités remplies de roches en fusion, on peut, avec autant de raison, appliquer cette hypothèse aux tremblements de terre.

Les phénomènes d'abaissement et de soulèvement constatés à la surface de la terre non seulement aux époques anciennes de son histoire, mais encore de nos jours, peuvent être expliqués de la même façon; mais la nature particulière de cette étude m'oblige à entrer dans quelques détails.

Formation des montagnes d'après Buffon.

Exposons d'abord l'opinion émise par Buffon, relativement à la cause productrice de ces phénomènes. On peut distinguer à cet égard deux phases dans les idées de Buffon. Dans son discours sur l'*Histoire et la théorie de la terre*, il attribue la formation des montagnes, aussi bien que celle des vallées, à la seule action de l'eau enlevant des matériaux d'un point de la surface de la terre pour aller les déposer dans un autre, creusant, dans le fond de la mer, des vallées dont elle transporte les matériaux en d'autres points, où elle édifie des montagnes. Il avait été conduit à cette hypothèse par un fait sur lequel nous aurons à revenir plus tard : la présence de restes fossiles d'animaux et de végétaux non seulement dans le fond des vallées, mais jusque sur le sommet des plus hautes montagnes (1). Il en conclut que la mer avait dû recouvrir le globe entier et qu'elle avait créé, par le flux et le reflux de ses eaux, toutes les inégalités que nous constatons à la surface du sol.

« Nous sommes assurés, dit-il (2), par des observations exactes, réitérées et fondées sur des faits incontestables, que la partie sèche du globe que nous habitons a été longtemps sous les eaux de la mer; par conséquent cette même terre a éprouvé pendant tout ce temps les mêmes mouvements, les mêmes changements qu'éprouvent actuellement les terres couvertes par la

(1) Ajoutons que Buffon croyait au parallélisme constant des couches de roches qui forment la surface de notre globe. Nous verrons plus bas que cette opinion est erronée.

(2) *Histoire et théorie de la terre*, t. Ier, p. 43.

mer. Il paraît que notre terre a été un fond de mer; pour trouver donc ce qui s'est passé autrefois sur cette terre, voyons ce qui se passe aujourd'hui sur le fond de la mer, et de là nous tirerons des inductions raisonnables sur la forme extérieure et la composition intérieure des terres que nous habitons. . . . .

» Examinons de près (1) la possibilité ou l'impossibilité de la formation d'une montagne dans le fond de la mer par le mouvement et par le sédiment des eaux. Personne ne peut nier que sur une côte contre laquelle la mer agit avec violence dans le temps qu'elle est agitée par le flux, ces efforts réitérés ne produisent quelque changement, et que les eaux n'emportent à chaque fois une petite portion de la terre de la côte; et quand même elle serait bordée de rochers, on sait que l'eau use peu à peu ces rochers et que par conséquent elle en emporte de petites parties à chaque fois que la vague se retire après s'être brisée : ces particules de pierre ou de terre seront nécessairement transportées par les eaux jusqu'à une certaine distance et dans de certains endroits où le mouvement de l'eau se trouvant ralenti, abandonnera ces particules à leur propre pesanteur, et alors elles se précipiteront au fond de l'eau en forme de sédiment, et là elles formeront une première couche horizontale ou inclinée, suivant la position de la surface du terrain sur laquelle tombe cette première couche, laquelle sera bientôt couverte et surmontée d'une autre couche semblable et produite par la même cause, et insensiblement il se formera dans cet endroit un dépôt considérable de matière, dont les couches seront posées parallèlement les unes sur les autres; cet amas augmentera toujours par les nouveaux sédiments que les eaux y transporteront, et peu à peu, par succession de temps, il se formera une élévation, une montagne dans le fond de la mer, qui sera entièrement semblable aux éminences et aux montagnes que nous connaissons sur la terre, tant pour la composition intérieure que pour la forme extérieure. S'il se trouve des coquilles dans cet endroit du fond de la mer où nous supposons que se fait notre dépôt, les sédiments couvriront ces coquilles et les rempliront; elles seront incorporées dans les couches de cette matière déposée, et elles feront partie des masses formées par ces dépôts; on les y trouvera dans la situation qu'elles auront acquise en y tombant, ou dans l'état où elles auront été saisies; car, dans cette opération, celles qui se seront trouvées au fond de la mer, lorsque les premières couches se seront déposées, se trouveront dans la couche la plus basse, et celles qui seront tombées depuis dans ce même endroit se trouveront dans les couches plus élevées.

» Tout de même, lorsque le fond de la mer sera remué par l'agitation des eaux, il se fera nécessairement des transports de terre, de vase, de coquilles et d'autres matières dans de certains endroits où elles se déposeront en

(1) *Histoire et théorie de la terre*, t. Ier, p. 44.

forme de sédiment : or nous sommes assurés par les plongeurs qu'aux plus grandes profondeurs où ils puissent descendre, qui sont de vingt brasses, le fond de la mer est remué au point que l'eau se mêle avec la terre, qu'elle devient trouble, et que la vase et les coquillages sont emportés par le mouvement des eaux à des distances considérables ; par conséquent, dans tous les endroits de la mer où l'on a pu descendre, il se fait des transports de terre et de coquilles qui vont tomber quelque part et former, en se déposant, des couches parallèles et des éminences qui sont composées comme nos montagnes le sont ; ainsi le flux et le reflux, les vents, les courants et tous les mouvements des eaux produiront des inégalités dans le fond de la mer, parce que toutes ces causes détachent du fond et des côtes de la mer des matières qui se précipitent ensuite en forme de sédiments.

» Au reste, il ne faut pas croire que ces transports de matières ne puissent pas se faire à des distances considérables, puisque nous voyons tous les jours des graines et d'autres productions des Indes orientales et occidentales arriver sur nos côtes ; à la vérité elles sont spécifiquement plus légères que l'eau, au lieu que les matières dont nous parlons sont plus pesantes ; mais comme elles sont réduites en poudre impalpable, elles se soutiendront assez longtemps dans l'eau pour être transportées à de grandes distances.

» Ceux qui prétendent que la mer n'est pas remuée à de grandes profondeurs ne font pas attention que le flux et le reflux ébranlent et agitent à la fois toute la masse des mers, et que dans un globe qui serait entièrement liquide il y aurait de l'agitation et du mouvement jusqu'au centre ; que la force qui produit celui du flux et du reflux est une force pénétrante qui agit sur toutes les parties proportionnellement à leurs masses ; qu'on pourrait même mesurer et déterminer par le calcul la quantité de cette action sur un liquide à différentes profondeurs, et qu'enfin ce point ne peut être contesté qu'en se refusant à l'évidence du raisonnement et à la certitude des observations.

» Je puis donc supposer légitimement que le flux et le reflux, les vents et toutes les autres causes qui peuvent agiter la mer, doivent produire par le mouvement des eaux des éminences et des inégalités dans le fond de la mer, qui seront toujours composées de couches horizontales ou également inclinées ; ces éminences pourront avec le temps augmenter considérablement, et devenir des collines qui dans une longue étendue de terrain se trouveront, comme les ondes qui les auront produites, dirigées du même sens, et formeront peu à peu une chaîne de montagnes. Ces hauteurs une fois formées feront obstacle à l'uniformité du mouvement des eaux, et il en résultera des mouvements particuliers dans le mouvement général de la mer. Entre deux hauteurs voisines il se formera nécessairement un courant qui suivra leur direction commune, et coulera comme coulent les fleuves de la terre, en formant un canal dont les angles sont alternativement opposés dans toute l'étendue de son cours : ces hauteurs formées au-dessus de la surface du fond pourront augmenter encore de plus en plus; car les eaux qui n'auront que le mouvement du flux déposeront sur la cime le sédiment ordinaire, et celles qui obéiront au courant entraîneront au loin les parties qui se seraient déposées entre deux, et en même temps elles creuseront un vallon au pied de ces montagnes, dont tous les angles se trouveront correspondants, et par l'effet de ces deux mouvements et de ces dépôts le fond de la mer aura bientôt été sillonné, traversé de collines et de chaînes de montagnes, et semé d'inégalités telles que nous les y trouvons aujourd'hui. Peu à peu les matières molles dont les éminences étaient d'abord composées se seront durcies par leur propre poids, les unes formées de parties purement argileuses auront produit ces collines de glaise qu'on trouve en tant d'endroits; d'autres composées de parties sablonneuses et cristallines ont fait ces énormes amas de rochers et de cailloux d'où l'on tire le cristal et les pierres précieuses; d'autres faites de parties pierreuses mêlées de coquilles ont formé ces lits de pierres et de marbres où nous retrouvons ces coquilles aujourd'hui; d'autres enfin composées d'une matière encore plus *coquilleuse* et plus terrestre ont produit les marnes, les craies et les terres; toutes sont posées par lits, toutes contiennent des substances hétérogènes, les débris des productions marines s'y trouvent en abondance et à peu près suivant le rapport de leur pesanteur, les coquilles les plus légères sont dans les craies, les plus pesantes dans les argiles et dans les pierres, et elles sont remplies de la matière même des pierres et des terres où elles sont renfermées, preuve incontestable qu'elles ont été transportées avec la matière qui les environne et qui les remplit, et que cette matière était réduite en particules impalpables; enfin toutes ces matières, dont la situation s'est établie par le niveau des eaux de la mer, conservent encore aujourd'hui leur première position.

. . . .

» Le mouvement général du flux et du reflux a donc produit les plus grandes montagnes qui se trouvent dirigées d'occident en orient dans l'ancien continent, et du nord au sud dans le nouveau, dont les chaînes sont d'une étendue très considérable; mais il faut attribuer aux mouvements particuliers des courants, des vents et des autres agitations de la mer l'origine de toutes les autres montagnes; elles ont vraisemblablement été produites par la combinaison de tous ces mouvements, dont on voit bien que les effets doivent être variés à l'infini, puisque les vents, la position différente des îles et des côtes ont altéré de tous les temps et dans tous les sens possibles la direction du flux et du reflux des eaux : ainsi il n'est point étonnant qu'on trouve sur le globe des éminences considérables dont le cours est dirigé vers différentes plages; il suffit pour notre objet d'avoir démontré que les montagnes n'ont pas été placées au hasard, et qu'elles n'ont point été produites par des tremblements de terre ou par d'autres causes accidentelles, mais qu'elles sont un effet résultant de l'ordre général de la nature, aussi bien que l'espèce d'organisation qui leur est propre et la position des matières qui les composent. »

J'ai insisté sur cette opinion de Buffon parce qu'elle offre un intérêt considérable non seulement au point de vue de la question spéciale qui nous occupe, mais encore au point de vue beaucoup plus général des causes qui ont agi à la surface de notre globe pour en modifier l'aspect. Nous reviendrons plus bas sur cette deuxième partie de la question.

Dans ses *Époques de la nature,* Buffon assigne une autre origine à certaines montagnes. Tandis que dans l'*Histoire et théorie de la terre* il attribuait la formation de toutes ces éminences, grandes ou petites, à l'action lente des eaux de la mer, dans les *Époques*, il distingue deux sortes de montagnes, ou mieux, deux parties dans la plupart des montagnes : l'une produite par les eaux, l'autre, plus ancienne, tirant son origine des phénomènes dont la surface de la terre a été le siège pendant qu'elle était encore incandescente, mais à l'heure où déjà sa consolidation commençait à se produire.

« Comparons, dit-il (1), les effets de cette consolidation du globe de la terre en fusion à ce que nous voyons arriver à une masse de métal ou de verre fondu, lorsqu'elle commence à se refroidir : il se forme à la surface de ces masses des trous, des ondes, des aspérités ; et au-dessous de la surface, il se fait des vides, des cavités, des boursouflures, lesquelles peuvent nous représenter ici les premières inégalités qui se sont trouvées sur la surface de la terre et les cavités de son intérieur ; nous aurons dès lors une idée du grand nombre de montagnes, de vallées, de cavernes et d'anfractuosités qui se sont formées dès ce premier temps dans les couches extérieures de la terre. Notre comparaison est d'autant plus exacte que les montagnes les plus élevées, que je suppose de trois mille ou trois mille cinq cents toises de hauteur, ne sont, par rapport au diamètre de la terre, que ce qu'un huitième de ligne est par rapport au diamètre d'un globe de deux pieds. Ainsi, ces chaînes de montagnes qui nous paraissent si prodigieuses, tant par le volume que par la hauteur, ces vallées de la mer, qui semblent être des abîmes de profondeur, ne sont dans la réalité que de légères inégalités proportionnées à la grosseur du globe, et qui ne pouvaient manquer de se former lorsqu'il prenait sa consistance : ce sont des effets naturels produits par une cause tout aussi naturelle et fort simple, c'est-à-dire par l'action du refroidissement sur les matières en fusion, lorsqu'elles se consolident à la surface. »

Un peu plus loin (2), pour bien montrer la distinction qu'il établit entre ces montagnes primitives et celles dont il attribue la formation à l'eau, il ajoute : « Ainsi, le premier établissement local des grandes chaînes de montagnes appartient à cette seconde époque, qui a précédé de plusieurs

(1) *Époques de la nature,* t. II, p. 39.
(2) *Ibid.*, p. 40.

siècles celle de la formation des montagnes calcaires, lesquelles n'ont existé qu'après l'établissement des eaux, puisque leur composition suppose la production des coquillages et des autres substances que la mer fomente et nourrit. »

Il écrit encore, parlant de la topographie du globe, antérieurement à la chute des eaux, c'est-à-dire pendant la première phase de son refroidissement (1) : « Nous n'avons que quelques indices encore subsistants de la première forme de sa surface ; les plus hautes montagnes, composées de matières vitrescibles, sont les seuls témoins de cet ancien état ; elles étaient alors encore plus élevées qu'elles ne le sont aujourd'hui ; car, depuis ce temps et après l'établissement des eaux, les mouvements de la mer, et ensuite les pluies, les vents, les gelées, les courants d'eau, la chute des torrents, enfin toutes les injures des éléments de l'air et de l'eau, et les secousses des mouvements souterrains, n'ont pas cessé de les dégrader, de les trancher et même d'en renverser les parties les moins solides, et nous ne pouvons douter que les vallées qui sont au pied de ces montagnes ne fussent bien plus profondes qu'elles ne le sont aujourd'hui. »

Parmi les « éminences primitives » de la surface du globe terrestre, il range : la chaîne des Cordillères, les montagnes qui s'étendent en Afrique, dans le sens de son plus grand diamètre, depuis le cap de Bonne-Espérance jusqu'à la Méditerranée, vis-à-vis la pointe de la Morée, et qui forment l'énorme chaîne désignée autrefois sous le nom d'*épine du monde ;* la grande chaîne qui commence à l'occident de l'Europe, dans le sud de l'Espagne, gagne les Pyrénées, se continue par l'Auvergne et le Vivarais, puis par les Alpes jusqu'au Caucase et au Thibet, en émettant de chaque côté un grand nombre de branches principales.

« Les hautes montagnes que nous venons de désigner, dit-il après cette énumération (2), sont les éminences primitives, c'est-à-dire les aspérités produites à la surface du globe au moment qu'il a pris sa consistance ; elles doivent leur origine à l'effet du feu, et sont aussi, par cette raison, composées, dans leur intérieur et jusqu'à leurs sommets, de matières vitrescibles : toutes tiennent par leur base à la roche intérieure du globe, qui est de même nature. Plusieurs autres éminences moins élevées ont traversé dans ce même temps et presque en tous sens la surface de la terre, et l'on peut assurer que, dans tous les lieux où l'on trouve des montagnes de roc vif ou de toute autre matière solide et vitrescible, leur origine et leur établissement local ne peuvent être attribués qu'à l'action du feu et aux effets de la consolidation, qui ne se fait jamais sans laisser des inégalités sur la superficie de toute masse de matière fondue.

» En même temps que ces causes ont produit des éminences et des profon-

(1) *Époques de la nature*, t. II, p. 45.
(2) *Ibid.*, p. 47.

deurs à la surface de la terre, elles ont aussi formé des boursouflures et des cavités à l'intérieur, surtout dans les couches les plus extérieures : ainsi le globe, dès le temps de cette seconde époque, lorsqu'il eut pris sa consistance et avant que les eaux n'y fussent établies, présentait une surface hérissée de montagnes et sillonnée de vallées ; mais toutes les causes subséquentes et postérieures à cette époque ont concouru à combler toutes les profondeurs extérieures et même les cavités intérieures ; ces causes subséquentes ont aussi altéré presque partout la forme de ces inégalités primitives ; celles qui ne s'élevaient qu'à une hauteur médiocre ont été pour la plupart recouvertes dans la suite par les sédiments des eaux, et toutes ont été environnées à leurs bases, jusqu'à de grandes hauteurs, de ces mêmes sédiments ; c'est par cette raison que nous n'avons d'autres témoins apparents de la première forme de la terre que les montagnes composées de matière vitrescible, dont nous venons de faire l'énumération ; cependant ces témoins sont sûrs et suffisants ; car, comme les plus hauts sommets de ces premières montagnes n'ont peut-être jamais été surmontés par les eaux, ou du moins qu'ils ne l'ont été que pendant un petit temps, attendu qu'on n'y trouve aucun débris des productions marines, et qu'ils ne sont composés que de matières vitrescibles, on ne peut pas douter qu'ils ne doivent leur origine au feu, et que ces éminences, ainsi que la roche intérieure du globe, ne fassent ensemble un corps continu de même nature, c'est-à-dire de matière vitrescible, dont la formation a précédé celle de toutes les autres matières. »

On voit que Buffon multiplie les efforts pour mettre d'accord l'opinion exprimée dans son *Histoire de la terre*, relativement à la formation des montagnes avec celle qui lui est venue à l'esprit en écrivant trente ans plus tard les *Époques de la nature*. Le moyen qu'il trouve est de supposer que la charpente, pour ainsi dire, de toutes les grandes chaînes de montagne qui hérissent notre globe est constituée par les boursouflements et aspérités qui se sont formés à l'époque du refroidissement de la terre, tandis que le revêtement de cette charpente a été déposé par les eaux.

Idées modernes sur la formation des montagnes.

Si l'on veut bien comprendre le développement des idées qui ont tour à tour dominé relativement à cette question, parmi les géologues, il faut avoir bien soin de séparer les deux parties de la théorie de Buffon : celle qui se rapporte à la formation de la charpente des montagnes, et celle qui a trait à leurs parties superficielles. Tout le monde est d'accord aujourd'hui pour admettre avec Buffon que le revêtement à base calcaire ou siliceuse des montagnes a été formé sous les eaux. Personne n'oserait plus répéter la méchante et sotte plaisanterie que fit Voltaire à propos de la doctrine émise dans l'*Histoire de la terre ;* le plus ignorant rougirait de dire avec lui que les coquilles trouvées sur les flancs et les sommets des montagnes y ont été perdues par des pèlerins. Mais si tout le monde admet que la plus grande partie de la masse des montagnes a été déposée par les eaux, personne ne croit plus avec Buffon que c'est le flux et le reflux de la mer qui a produit les éminences de notre globe. Tous les géologues sont, au contraire, d'accord pour voir dans les montagnes des portions du globe terrestre soulevées par un agent d'impulsion sous-jacent à ces éminences, et procédant de bas en haut. C'est aussi, nous l'avons vu, dans une certaine mesure, l'opinion qu'admettait Buffon lui-même dans ses *Époques de la nature*. Mais Buffon ne faisait porter le soulèvement que sur la charpente des montagnes, et il le datait de la période de refroidissement du globe, tandis que les géologues modernes assignent aux diverses montagnes des âges différents, et admettent que le soulèvement a porté non seulement sur leur charpente, mais encore sur leur masse entière. Quelques détails sur ce sujet ne seront pas inutiles.

L'opinion qui a été pendant longtemps la plus généralement admise, relativement à la formation des montagnes, peut être résumée de la façon suivante : Le centre de la terre étant encore incandescent et fluide, la croûte solide n'ayant qu'une épaisseur relativement minime, il s'est produit, à diverses époques anciennes de l'histoire de notre globe, des affaissements locaux de la croûte terrestre; la masse fluide centrale, comprimée dans ces points, s'est forcément soulevée en d'autres pour former une montagne ou une chaîne de montagnes, tandis que les parties affaissées formaient des vallées ou même des mers si l'eau venait à les envahir. Si ces soulèvements se sont produits à une époque très reculée, en un point où la mer n'avait pas encore séjourné ou n'avait fait, pour ainsi dire, que passer, la montagne se montre formée uniquement de roches ignées primitives ; si, au contraire, la mer avait régné dans ce point pendant un temps assez long pour qu'elle y eût laissé des dépôts épais de sédiments, ces derniers ont été soulevés par la roche ignée poussée du dedans, et ils la recouvrent plus ou moins complétement. Dans l'un et l'autre cas, la montagne possède une charpente constituée par la roche primitive; le revêtement seul varie en épaisseur et en étendue. Que l'action du feu central se fasse sentir plus violemment encore, et la montagne elle-même se rompt, se transforme en volcan dont l'orifice donne passage à la substance liquide intérieure. Ajoutons que, d'après les uns, le soulèvement des montagnes aurait été aussi brusque et instantané que violent, tandis que, pour d'autres, il se serait effectué avec une lenteur si grande qu'un observateur même attentif n'aurait pu le percevoir qu'avec de grandes difficultés et par les procédés les plus délicats de la science.

Bientôt même les opinions se divisèrent sur la question de savoir si la charpente des montagnes était réellement constituée par des roches primitives, ou si les matériaux auxquels on avait jusqu'alors attribué cette antique origine n'étaient pas d'une naissance plus obscure et moins reculée. Enfin, on émit des doutes relativement à la cause productrice de ces soulèvements, les uns la cherchant dans le feu central, tandis que d'autres, niaient l'existence d'un noyau terrestre en fusion, et la trouvaient dans la présence de cavités superficielles, pleines de matières liquides, dont nous avons déjà parlé à propos des volcans. La dernière de ces opinions est la seule qui nous intéresse en ce moment; nous reviendrons sur les autres avec plus d'à-propos quand nous étudierons les phases ultérieures de l'évolution du globe et les causes qui ont déterminé les transformations successives de sa surface. Nous pourrons alors mettre davantage en relief les parties de la théorie de Buffon sur la formation des montagnes qui sont en accord ou en désacord avec les idées modernes.

Il est bien évident que si l'on admet avec Lyell et d'autres géologues l'existence, dans l'épaisseur des régions superficielles du globe, de vastes cavités remplies de matières en fusion, on peut expliquer le soulèvement des montagnes et l'affaissement corrélatif des vallées et des mers avec la même facilité qu'à l'aide du feu central.

On peut donc conclure, à propos des soulèvements et affaissements dont la surface de la terre est le théâtre, comme à propos des volcans et des tremblements de terre, que ces phénomènes n'exigent pas *nécessairement* l'existence d'un noyau terrestre fluide.

L'hypothèse d'un noyau fluide au centre de la terre.

Je dois ajouter que si aucun des phénomènes qui se passent à la surface du globe ne rend indispensable l'hypothèse d'un noyau fluide central, certaines observations et certains calculs paraissent en démontrer la fausseté. L'un des plus illustres mathématiciens de ce siècle, Poisson, a combattu (1) par le calcul l'hypothèse non seulement de la fluidité, mais encore de la haute température attribuée au centre de la terre. Il paraît avoir pertinemment démontré que si la terre s'est refroidie et solidifiée par suite du rayonnement de sa chaleur, c'est son centre qui a dû le premier se refroidir et se solidifier. D'autres calculs aussi exacts qu'il est possible d'en faire sur un semblable sujet ont conduit à des résultats conformes à celui qu'a obtenu Poisson. Hopkins (2), recherchant les variations qui devraient être introduites dans la précession des équinoxes par la plus ou moins grande fluidité ou solidité de la terre, est arrivé à la conclusion que les conditions actuelles de la précession exigent la présence d'une croûte solide extrêmement épaisse. Il résume son opinion de la façon suivante : « On peut se risquer à dire que l'épaisseur minimum de la croûte terrestre, évaluée d'après les observations faites sur la somme du mouvement de précession, ne saurait être inférieure au quart ou au cinquième du rayon de la terre, » c'est-à-dire 1,287 à 1,609 kilomètres. Il importe de faire remarquer avec Lyell que cette évaluation n'est qu'un minimum, et qu'une épaisseur encore plus grande s'accorderait parfaitement avec les conditions dans lesquelles s'effectue actuellement la précession des équinoxes : « ces calculs n'étant pas con-

(1) Poisson, *Théorie mécanique de la chaleur*.
(2) Voyez Lyell, *Principes de géologie*, t. II, p. 260.

traires à l'hypothèse qui admet l'état de solidité générale du globe. » On doit dire même qu'ils lui sont aussi favorables que possible, car il serait difficile d'expliquer les éruptions volcaniques, si l'on admettait que la matière fondue doit traverser une couche solide épaisse de 1,200 à 1,600 kilomètres avant d'arriver au dehors. Une aussi grande épaisseur de la croûte solide rendrait également bien difficiles les affaissements et des exhaussements du sol que l'on constate encore aujourd'hui. Tous ces phénomènes, au contraire, trouvent aisément leur explication dans l'hypothèse de cavités voisines de la surface du sol, émise par Buffon et adoptée par Lyell.

Nous pouvons donc conclure de cette longue étude que Buffon était dans le vrai quand il admettait la solidité du globe terrestre jusque dans les parties les plus centrales, et quand il expliquait les phénomènes volcaniques par des cavités relativement superficielles, remplies de substances fondues par les actions chimiques et électriques auxquelles elles sont soumises.

Température du centre de la terre.

Avait-il également raison en admettant que le centre de la terre jouit, malgré sa consolidation, d'une température très élevée?

La réponse à cette question est fort difficile à formuler. Nous avons dit plus haut que Poisson concluait à un refroidissement du centre de la terre, antérieur à celui de la surface. L'opinion contraire est, il faut bien le dire, généralement admise. Elle paraîtra probable si l'on tient compte de la pression énorme à laquelle se trouvent soumises les substances contenues dans le centre de notre globe. Cette pression est tellement considérable que, d'après les calculs de Young, l'acier serait réduit, au centre de la terre, au quart de son volume et la pierre au huitième du sien. Si l'on considère que la pression développe de la chaleur, il est permis d'admettre que celle à laquelle sont soumises toutes les substances qui entrent dans la composition des parties centrales de la terre doit être énorme. L'est-elle assez pour faire passer toutes ces substances à l'état liquide? Il est d'autant plus difficile de répondre à cette question qu'on imagine difficilement quel est l'état physique compatible avec de semblables pressions. Nous n'imaginons guère quel serait l'état de l'acier après qu'il aurait atteint le quart de son volume ni celui de la pierre réduite au huitième du sien. On a calculé, en effet, que si l'eau continuait à diminuer de volume suivant le degré de compressibilité qu'on lui connaît, elle doublerait de densité à la profondeur de 149,666, et qu'elle serait aussi dense que le mercure, c'est-à-dire treize fois autant qu'elle l'est à la surface de la terre, à 0°, lorsqu'elle serait descendue à une profondeur de 582,477 mètres seulement, à peine le dixième du rayon de la terre. Quel serait alors son état physique? Serait-elle solide, serait-elle liquide? Si l'on admet la théorie de la constitution atomique de la matière dont j'aurai à parler plus bas, il me paraît impossible de supposer que les corps placés au centre de la terre ou seulement à une certaine profondeur soient gazeux ou liquides; ils ne peuvent être que solides, mais solides dans des conditions telles que nous ne pouvons pas les imaginer.

Nous sommes amenés par tout ce qui précède à nous demander s'il faut croire à la possibilité d'un refroidissement de plus en plus complet de notre globe et au refroidissement concomittant du soleil.

Puisque l'objet spécial de ce travail est une étude des idées de Buffon, voyons d'abord comment il a résolu ce double problème.

Quantité de chaleur envoyée par le soleil à la terre.

Il est utile de faire remarquer, avant toutes choses, que Buffon attachait à la chaleur propre de la terre une influence beaucoup plus considérable qu'à celle du soleil sur les phénomènes dont la surface de la terre est le siège. J'ai à peine besoin d'ajouter qu'il commettait sur ce point une grave erreur. Il dit dans les *Epoques de la nature* : « La chaleur que le soleil envoie à la terre est assez petite en comparaison de la chaleur propre du globe terrestre; et cette chaleur envoyée par le soleil ne serait pas seule suffisante pour maintenir la nature vivante (1). » Contrairement à cette assertion, il est aujourd'hui absolument démontré que la chaleur propre du globe ne se fait, pour ainsi dire, pas sentir à la surface de la terre. La quantité de chaleur que la surface de notre globe reçoit du soleil est au contraire énorme. En une seule année, chaque mètre carré de la surface de la terre reçoit 2,318,157 calories (on nomme calorie la quantité de chaleur nécessaire pour élever de 1° centigrade la température d'un kilogramme d'eau). « C'est plus de 23 millions de calories par hectare, c'est-à-dire 9,852,200,000,000 kilogrammètres (on nomme kilogrammètre la quantité de force nécessaire pour élever de 1 mètre un poids de 1 kilogramme). Ainsi, la radiation calorifique du soleil, en s'exerçant sur la superficie d'un de nos hectares, y développe sous mille formes diverses une puissance qui équivaut au travail continu de 4,163 chevaux-vapeur. Sur la terre entière, c'est un travail de 217,316,000,000,000 chevaux-vapeur (2). » Cette quantité presque inimaginable de chaleur est employée, en partie, au développement des animaux et des végétaux, à la transformation de l'eau liquide en vapeur, et au changement d'état physique d'une foule d'autres corps. Si l'homme savait l'accumuler et la transformer en travail utile comme il le fait pour la chaleur relativement si faible produite à grands frais dans ses machines, il pourrait en quelques années transformer la face entière du globe. Que d'autres forces naturelles, mises à sa disposition par l'univers, laisse-t-il perdre, tandis qu'il use les siennes dans des luttes aussi vaines qu'odieuses, et nuisibles non seulement aux individus qui y prennent part, mais encore à l'espèce humaine tout entière!

Le refroidissement de la terre.

Un grand nombre de géologues pensent que la terre est condamnée à perdre graduellement sa chaleur propre par le rayonnement dans l'espace.

(1) *Epoques de la nature*, t. II, p. 4.

(2) Guillemin, *Le Ciel*, p. 180.

Quoique la déperdition de chaleur que subit notre globe soit très faible, il n'est cependant pas possible de la nier, et il paraît qu'on doive conclure à la possibilité d'un complet refroidissement au bout d'un temps plus ou moins long. Buffon paraît être de cet avis quoiqu'il ne s'en explique nulle part avec précision. Quelques savants modernes ont émis une opinion contraire. Ils pensent que les phénomènes chimiques et électriques dont il a été question plus haut et qui se produisent incessamment dans l'intérieur de notre globe sont de nature à régénérer une quantité de chaleur égale à celle que le rayonnement fait perdre à la terre. Lyell résume cette opinion de la façon suivante (1) : « L'existence de courants électriques dans l'écorce terrestre, et les changements de direction qu'ils peuvent subir, à la suite de grandes révolutions géologiques dans la position des chaînes de montagne, et dans celle de la mer; la relation qui existe entre le magnétisme terrestre et le magnétisme solaire, et les rapports de ce dernier agent avec l'électricité et l'action chimique, peuvent nous aider à concevoir un cycle de changements de nature à rendre à la planète la chaleur qu'elle est supposée perdre par rayonnement dans l'espace. »

Le soleil se refroidira-t-il?

La chaleur propre de la terre n'ayant qu'une influence insignifiante sur les phénomènes dont la surface de notre globe est le siège, tandis que la chaleur du soleil exerce sur eux une action indispensable à leur production, on s'est beaucoup préoccupé de la question de savoir si le soleil est condamné à éprouver un refroidissement semblable à celui que l'on suppose avoir été subi par la terre.

Buffon attribuait la chaleur du soleil à la pression qu'exercent sur lui les nombreux astres qui circulent autour de sa masse. Depuis leur formation, les planètes auraient ajouté leur pression à celle des comètes pour maintenir et même accroître la chaleur du soleil, de même que la pression exercée par les satellites développerait une certaine quantité de chaleur dans les planètes dont ces satellites dépendent. Je lui laisse la parole : « S'il en est, dit-il (2), des comètes comme des planètes, si les plus grosses sont les plus éloignées du soleil, si les plus petites sont les seules qui en approchent d'assez près pour que nous puissions les apercevoir, quel volume immense de matière ! quelle charge énorme sur les corps de cet astre ! quelle pression, c'est-à-dire quel frottement intérieur dans toutes les parties de sa masse, et par conséquent quelle chaleur et quel feu produits par ce frottement !

» Car, dans notre hypothèse, le soleil était une masse de matière en fusion, même avant la projection des planètes ; par conséquent, ce feu n'avait alors pour cause que la pression de ce grand nombre de comètes qui circulaient précédemment et circulent encore aujourd'hui autour de ce foyer commun.

(1) *Principes de géologie*, t. II, p. 311.
(2) *Époques de la nature*, t. II, p. 29.

Si la masse ancienne du soleil a été diminuée d'un six cent cinquantième par la projection de la matière des planètes lors de leur formation, la quantité totale de la cause de son feu, c'est-à-dire de la pression totale, a été augmentée dans la proportion de la pression entière des planètes, réunie à la première pression de toutes les comètes, à l'exception de celle qui a produit l'effet de la projection, et dont la matière s'est mêlée à celle des planètes pour sortir du soleil, lequel par conséquent, après cette perte, n'en est devenu que plus brillant, plus actif et plus propre à éclairer, échauffer et féconder son univers.

» En poussant ces inductions encore plus loin, on se persuadera aisément que les satellites qui circulent autour de leur planète principale, et qui pèsent sur elle comme les planètes pèsent sur le soleil, que ces satellites, dis-je, doivent communiquer un certain degré de chaleur à la planète autour de laquelle ils circulent : la pression et le mouvement de la lune doivent donner à la terre un degré de chaleur qui serait plus grand si la vitesse du mouvement de circulation de la lune était plus grande ; Jupiter, qui a quatre satellites, et Saturne, qui en a cinq avec un grand anneau, doivent par cette seule raison être animés d'un certain degré de chaleur. Si ces planètes, très éloignées du soleil, n'étaient pas douées comme la terre d'une chaleur intérieure, elles seraient plus que gelées ; et le froid extrême que Jupiter et Saturne auraient à supporter, à cause de leur éloignement du soleil, ne pourrait être tempéré que par l'action de leurs satellites. Plus les corps circulants seront nombreux, grands et rapides, plus le corps qui leur sert d'essieu ou de pivot s'échauffera par le frottement intime qu'ils feront subir à toutes les parties de sa masse. »

Il est facile de déduire de ce que dit Buffon, relativement à la cause productrice, d'après lui, de la chaleur solaire, que cette dernière ne saurait s'affaiblir et encore moins disparaître tant que les comètes et les planètes circuleront autour de l'astre lumineux.

Il n'est guère possible de méconnaître que la pression exercée par les planètes et les comètes sur le soleil, ou, pour parler un langage plus moderne, le frottement du soleil contre l'éther qui le sépare des planètes et des comètes, soit de nature à développer une certaine quantité de chaleur ; mais on a calculé que cette quantité ne pourrait suffire à la radiation pendant plus de deux siècles. Thomson avait d'abord attribué l'entretien de la chaleur solaire à la chute incessante, dans le globe incandescent, de météorites innombrables, mais il y a ensuite renoncé, en présence de faits contradictoires, pour se rallier à l'opinion d'Helmholtz. Celui-ci attribue la chaleur du soleil à la conversion en calorique du mouvement dont étaient animées les molécules de la nébuleuse solaire primitive. Nous savons déjà que, d'après l'hypothèse de Laplace, le monde solaire constituait, au début, une immense nébuleuse, dont les molécules se sont rapprochées et condensées pour former, au centre, le globe solaire. En tombant vers le centre, les molécules ont obéi à la force de gravitation dont elles étaient douées ; celle-ci, après leur rapprochement, s'est transformée en chaleur. Mais il est bien évident que si c'est là l'origine de la chaleur solaire, cette dernière doit finir par s'épuiser, puisque sa source n'a été que momentanée. D'après Helmholtz, le soleil serait à l'état de globe rayonnant du calorique depuis environ 500 millions d'années, et il aurait déjà rayonné les $\frac{453}{454}$ de sa provision de calorique. Faye admet également que le soleil se contracte chaque jour davantage, et que cette contraction produit de nouvelles quantités de calorique destinées à subvenir au rayonnement. « Ses matériaux, dit-il, se rapprochent du centre, et cette chute continuelle, si faible qu'elle paraisse, donne lieu à une nouvelle transformation de travail en calories très considérable et peut être même capable de subvenir en grande partie à la dépense actuelle. » Il est bien évident néanmoins que la contraction devra s'arrêter à un moment déterminé, et qu'à partir de ce moment le soleil perdra de la chaleur sans en retrouver autrement que par son frottement contre l'éther, c'est-à-dire, très probablement, en quantité beaucoup inférieure à celle qu'il perd.

Quelques savants émettent encore des doutes sur la réalité du refroidissement du soleil; Lyell fait remarquer que « quand on considère les découvertes récemment faites de conversion d'un genre de force en un autre, et les rapports intimes qui existent entre la chaleur, le magnétisme, l'électricité et l'affinité chimique, il est bien permis d'hésiter avant que d'accepter cette théorie d'une diminution constante qu'éprouverait, de siècle en siècle, une source considérable de puissance vitale et dynamique. » Mais on peut répondre à ses justes observations que l'équilibre de l'univers ne serait nullement rompu par le refroidissement, même absolu, du soleil. La chaleur perdue se transforme chaque jour en électricité, en magnétisme, en mouvements vitaux, en une foule d'autres formes du mouvement qui elles-mêmes se transforment à leur tour sans qu'une seule parcelle en soit perdue, mais sans qu'il soit nécessaire qu'elles retournent au soleil, qui n'en est que la source seconde; lui-même, en effet, n'a pas été toujours ce qu'il est; et j'ajoute que, pour se conformer à la loi immuable de la transformation incessante de la matière, il ne peut pas rester indéfiniment ce qu'il est. Il est donc permis de croire que le soleil ira sans cesse se contractant et se refroidissant davantage, déterminant la disparition des êtres vivants qui peuplent la terre, et finissant par n'être plus lui-même qu'une planète solidifiée, entraînée avec ses satellites dans quelque orbite immense, autour d'un soleil plus volumineux, encore incandescent et lumineux, mais condamné à un sort identique.

Évolution de la terre.

Nous n'avons étudié jusqu'à ce moment que la première phase de l'évolution de la terre, celle de l'incandescence et de la fluidité, en recherchant jusqu'à quel point notre globe a conservé les traces de ces deux états. Nous devons maintenant retracer les phases diverses par lesquelles il a passé depuis la période de l'incandescence jusqu'à nos jours.

C'est ce problème que Buffon s'était efforcé de résoudre dans l'*Histoire et théorie de la terre*, puis dans les *Epoques de la nature*. J'exposerai d'abord ses idées, puis je montrerai le sort que leur a fait subir la science moderne, sort beaucoup plus glorieux qu'on ne le pense généralement.

La surface du globe.

Pour bien préciser la nature des questions qu'il s'agit de résoudre, il est utile de jeter, avec Buffon, un coup d'œil d'ensemble sur l'organisation de la terre. L'esquisse qu'il trace de la structure de notre globe est assez belle pour trouver place ici.

« Ce globe immense, écrit le savant naturaliste (1), nous offre à la surface des hauteurs, des profondeurs, des plaines, des mers, des marais, des fleuves, des cavernes, des gouffres, des volcans, et à la première inspection nous ne découvrons en tout cela aucune régularité, aucun ordre. Si nous pénétrons dans son intérieur, nous y trouvons des métaux, des minéraux, des pierres, des bitumes, des sables, des terres, des eaux et des matières de toute espèce, placées comme au hasard et sans aucune règle apparente; en examinant avec plus d'attention, nous voyons des montagnes affaissées, des rochers fendus et brisés, des contrées englouties, des îles nouvelles, des terrains submergés, des cavernes comblées; nous trouvons des matières pesantes souvent posées sur des matières légères, des corps durs environnés de substances molles, des choses sèches, humides, chaudes, froides, solides, friables, toutes mêlées et dans une espèce de confusion qui ne nous présente d'autre image que celle d'un amas de débris et d'un monde en ruine. »

Cependant ce désordre apparent cache un ordre profond; sur ce globe qui semble formé de ruines entassées et qui porte, en effet, les traces visibles des transformations qu'il a subies, « les générations d'hommes, d'animaux, de plantes, se succèdent sans interruption, la terre fournit abondamment à leur substance; la mer a des limites et des lois, ses mouvements y sont assujettis, l'air a ses courants réglés, les saisons ont leurs retours périodiques et certains, la verdure n'a jamais manqué de succéder aux frimas : tout nous paraît être dans l'ordre. »

Nous ne connaissons d'ailleurs qu'une portion très faible de la masse énorme de notre globe; « il faut donc nous borner à examiner et à décrire la surface de la terre, et la petite épaisseur intérieure dans laquelle nous avons pénétré. La première chose qui se présente, c'est l'immense quantité d'eau qui couvre la plus grande partie du globe; ces eaux occupent toujours les parties les plus basses, elles sont aussi toujours de niveau, et elles tendent

(1) *Histoire et théorie de la terre*, t. Ier, p. 35.

perpétuellement à l'équilibre et au repos : cependant nous les voyons agitées par une forte puissance qui, s'opposant à la tranquillité de cet élément, lui imprime un mouvement périodique et réglé, soulève et abaisse alternativement les flots, et fait un balancement de la masse totale des mers en les remuant jusqu'à la plus grande profondeur. Nous savons que ce mouvement est de tous les temps, et qu'il durera autant que la lune et le soleil, qui en sont les causes.

» Considérant ensuite le fond de la mer, nous y remarquons autant d'inégalités que sur la surface de la terre; nous y trouvons des hauteurs, des vallées, des plaines, des profondeurs, des rochers, des terrains de toute espèce; nous voyons que toutes les îles ne sont que les sommets de vastes montagnes dont le pied et les racines sont couverts de l'élément liquide; nous y trouvons d'autres sommets de montagnes qui sont presque à fleur d'eau, nous y remarquons des courants rapides qui semblent se soustraire au mouvement général : on les voit se porter quelquefois constamment dans la même direction, quelquefois rétrograder et ne jamais excéder leurs limites, qui paraissent aussi invariables que celles qui bornent les efforts des fleuves de la terre. Là sont ces contrées orageuses où les vents en fureur précipitent la tempête, où la mer et le ciel également agités se choquent et se confondent; ici des mouvements intestins, des bouillonnements, des trombes et des agitations extraordinaires causées par des volcans dont la bouche submergée vomit le feu du sein des ondes, et pousse jusqu'aux nues une épaisse vapeur mêlée d'eau, de soufre et de bitume. Plus loin, je vois ces gouffres dont on n'ose approcher, qui semblent attirer les vaisseaux pour les engloutir : au delà j'aperçois ces vastes plaines toujours calmes et tranquilles, mais tout aussi dangereuses, où les vents n'ont jamais exercé leur empire, où l'art du nautonier devient inutile, où il faut rester ou périr; enfin, portant les yeux jusqu'aux extrémités du globe, je vois ces glaces énormes qui se détachent des continents des pôles, et viennent comme des montagnes flottantes voyager et se fondre jusque dans les régions tempérées.

» Voilà les principaux objets que nous offre le vaste empire de la mer; des milliers d'habitants de différentes espèces en peuplent toute l'étendue, les uns couverts d'écailles légères en traversent avec rapidité les divers pays, d'autres chargés d'une épaisse coquille se traînent pesamment et marquent avec lenteur leur route sur le sable; d'autres, à qui la nature a donné des nageoires en forme d'ailes, s'en servent pour s'élever et se soutenir dans les airs; d'autres enfin, à qui tout mouvement a été refusé, croissent et vivent attachés aux rochers; tous trouvent dans cet élément leur pâture; le fond de la mer produit abondamment des plantes, des mousses et des végétations encore plus singulières; le terrain de la mer est de sable, de gravier, souvent de vase, quelquefois de terre ferme, de coquillages, de rochers, et partout il ressemble à la terre que nous habitons.

» Voyageons maintenant sur la partie sèche du globe ; quelle différence prodigieuse entre les climats ! quelle variété de terrains ! quelle inégalité de niveau ! mais observons exactement, et nous reconnaîtrons que les grandes chaînes de montagnes se trouvent plus voisines de l'équateur que des pôles ; que dans l'ancien continent elles s'étendent d'orient en occident beaucoup plus que du nord au sud, et que dans le nouveau monde elles s'étendent au contraire du nord au sud beaucoup plus que d'orient en occident ; mais ce qu'il y a de très remarquable, c'est que la forme de ces montagnes et leurs contours qui paraissent absolument irréguliers, ont cependant des directions suivies et correspondantes entre elles, en sorte que les angles saillants d'une montagne se trouvent toujours opposés aux angles rentrants de la montagne voisine, qui en est séparée par un vallon ou par une profondeur. J'observe aussi que les collines opposées ont toujours à très peu près la même hauteur, et qu'en général les montagnes occupent le milieu des continents et partagent dans la plus grande longueur les îles, les promontoires et les autres terres avancées : je suis de même la direction des plus grands fleuves, et je vois qu'elle est toujours presque perpendiculaire à la côte de la mer dans laquelle ils ont leur embouchure, et que dans la plus grande partie de leur cours il vont à peu près comme les chaînes de montagnes dont ils prennent leur source et leur direction. Examinant ensuite les rivages de la mer, je trouve qu'elle est ordinairement bornée par des rochers, des marbres et d'autres pierres dures, ou bien par des terres et des sables qu'elle a elle-même accumulés ou que les fleuves ont amenés, et je remarque que les côtes voisines, et qui ne sont séparées que par un bras ou par un petit trajet de mer, sont composées des mêmes matières, et que les lits de terre sont les mêmes de l'un et l'autre côté ; je vois que les volcans se trouvent dans les hautes montagnes, qu'il y en a un grand nombre dont les feux sont entièrement éteints, que quelques-uns de ces volcans ont des correspondances souterraines, et que leurs expulsions se font quelquefois en même temps. J'aperçois une correspondance semblable entre certains lacs et les mers voisines ; ici sont des fleuves et des torrents qui se perdent tout à coup et paraissent se précipiter dans les entrailles de la terre ; là est une mer intérieure où se rendent cent rivières qui y portent de toutes parts une énorme quantité d'eau sans jamais augmenter ce lac immense, qui semble rendre par des voies souterraines tout ce qu'il reçoit par ses bords ; et chemin faisant je reconnais aisément les pays anciennement habités, je les distingue de ces contrées nouvelles où le terrain paraît encore tout brut, où les fleuves sont remplis de cataractes, où les terres sont en partie submergées, marécageuses ou trop arides, où la distribution des eaux est irrégulière, où des bois incultes couvrent toute la surface des terrains qui peuvent produire.

» Entrant dans un plus grand détail, je vois que la première couche qui enveloppe le globe est partout d'une même substance ; que cette substance qui sert à faire croître et à nourrir les végétaux et les animaux, n'est elle-même qu'un composé de parties animales et végétales détruites, ou plutôt réduites en petites parties, dans lesquelles l'ancienne organisation n'est pas sensible. Pénétrant plus avant je trouve la vraie terre, je vois des couches de sable, de pierres à chaux, d'argile, de coquillages, de marbres, de gravier, de craie, de plâtre, etc., et je remarque que ces couches sont toujours posées parallèlement les unes sur les autres, et que chaque couche a la même épaisseur dans toute son étendue : je vois que dans les collines voisines les mêmes matières se trouvent au même niveau, quoique les collines soient séparées par des intervalles profonds et considérables. J'observe que dans tous les lits de terre, et même dans les couches plus solides, comme dans les rochers, dans les carrières de marbres et de pierres, il y a des fentes, que ces fentes sont perpendiculaires à l'horizon, et que dans les plus grandes comme dans les plus petites profondeurs, c'est une espèce de règle que la nature suit constamment. Je vois de plus que dans l'intérieur de la terre, sur la cime des monts et dans les lieux les plus éloignés de la mer, on trouve des coquilles, des squelettes de poissons de mer, des plantes marines, etc., qui sont entièrement semblables aux coquilles, aux poissons, aux plantes actuellement vivantes dans la mer, et qui en effet sont absolument les mêmes. Je remarque que ces coquilles pétrifiées sont en prodigieuse quantité, qu'on en trouve dans une infinité d'endroits, qu'elles sont renfermées dans l'intérieur des rochers et des autres masses de marbre et de pierre dure, aussi bien que dans les craies et dans les terres ; et que non seulement elles sont renfermées dans toutes ces matières, mais qu'elles y sont incorporées, pétrifiées et remplies de la substance même qui les environne : enfin, je me trouve convaincu par des observations réitérées que les marbres, les pierres, les craies, les marnes, les argiles, les sables et presque toutes les matières terrestres sont remplies de coquilles et d'autres débris de la mer, et cela par toute la terre et dans tous les lieux où l'on a pu faire des observations exactes. »

Dans cette esquisse, aussi remarquable par l'ampleur du trait que par la richesse du coloris, l'illustre naturaliste ne s'est pas seulement attaché à réunir les beautés de la forme, il a aussi entassé tous les faits sur lesquels il se propose d'étayer son histoire de l'évolution de la terre.

Les monuments de l'histoire de la terre.

L'ayant terminée (1), « tout cela posé, raisonnons, » dit-il, et il reprend, l'un après l'autre, tous les faits qu'il a exposés pour en déduire les causes et l'enchaînement historique.

Dans ses *Epoques de la nature,* il commence aussi par citer un certain nombre de faits dont il s'efforce ensuite de déduire les conséquences. Comme

(1) *Histoire et théorie de la terre*, t. Ier, p 40.

ces deux ouvrages se complètent l'un l'autre, nous devons rapporter ici les faits qui servent de base aux idées exposées dans le second (1) : « 1° La terre est élevée sur l'équateur et abaissée sous les pôles, dans la proportion qu'exigent les lois de la pesanteur et de la force centrifuge; 2° le globe terrestre a une chaleur intérieure qui lui est propre, et qui est indépendante de celle que les rayons du soleil peuvent lui communiquer; 3° la chaleur que le soleil envoie à la terre est assez petite, en comparaison de la chaleur propre du globe terrestre; et cette chaleur envoyée par le soleil ne serait pas seule suffisante pour maintenir la nature vivante (2); 4° les matières qui composent le globe de la terre sont en général de la nature du verre, et peuvent être toutes réduites en verre; 5° on trouve sur toute la surface de la terre, et même sur les montagnes, jusqu'à 1,500 et 2,000 toises de hauteur, une immense quantité de coquilles et d'autres débris des productions de la mer. »

Parmi les faits qui servent de base à l'histoire de la terre tracée par Buffon, je dois encore citer ce qu'il appelle, d'un mot très juste, les « monuments » de cette histoire. Les voici (3) : « 1° On trouve à la surface et à l'intérieur de la terre des coquilles et autres productions de la mer; et toutes les matières qu'on appelle *calcaires* sont composées de leurs détriments. 2° En examinant ces coquilles et autres productions marines que l'on tire de la terre, en France, en Angleterre, en Allemagne et dans le reste de l'Europe, on reconnaît qu'une grande partie des espèces d'animaux auxquels ces dépouilles ont appartenu, ne se trouvent pas dans les mers adjacentes, et que ces espèces, ou ne subsistent plus, ou ne se trouvent que dans les mers méridionales. De même, on voit dans les ardoises et dans d'autres matières, à de grandes profondeurs, des impressions de poissons et de plantes, dont aucune espèce n'appartient à notre climat, et lesquelles n'existent plus, ou ne se trouvent subsistantes que dans les climats méridionaux. 3° On trouve en Sibérie et dans les autres contrées septentrionales de l'Europe et de l'Asie, des squelettes, des défenses, des ossements d'éléphants, d'hippopotames et de rhinocéros, en assez grande quantité pour être assuré que les espèces de ces animaux, qui ne peuvent se propager aujourd'hui que dans les terres du Midi, existaient et se propageaient autrefois dans les terres du Nord, et l'on a observé que ces dépouilles d'éléphants et d'autres animaux terrestres se présentent à une assez petite profondeur, au lieu que les coquilles et les autres débris des productions de la mer se trouvent enfouies à de plus grandes profondeurs dans l'intérieur de la terre. 4° On trouve des défenses et des ossements d'élé-

(1) *Epoques de la nature*, t. II, p. 3.

(2) J'ai déjà insisté plus haut sur l'erreur commise par Buffon en ce qui concerne l'importance relative de la chaleur solaire et de la chaleur propre du globe, par rapport aux phénomènes qui se produisent à la surface du globe.

(3) *Epoques de la nature*, t. II, p. 10.

phants, ainsi que des dents d'hippopotames, non seulement dans les terres du nord de notre continent, mais aussi dans celles du nord de l'Amérique, quoique les espèces de l'éléphant et de l'hippopotame n'existent point dans ce continent du nouveau monde. 5° On trouve dans le milieu des continents, dans les lieux les plus éloignés des mers, un nombre infini de coquilles, dont la plupart appartiennent aux animaux de ce genre actuellement existants dans les mers méridionales, et dont plusieurs autres n'ont aucun analogue vivant, en sorte que les espèces en paraissent perdues et détruites par des causes jusqu'à présent inconnues. »

A l'exemple et à la suite de Buffon, examinons ces faits et ces monuments, contrôlons leur exactitude et recherchons l'usage qu'on en peut faire pour la rédaction de l'histoire de la terre.

Nous avons déjà eu l'occasion de parler de quelques-uns de ces faits. Nous n'y reviendrons pas. Ce serait nous livrer à des répétitions inutiles que de reparler ici de la forme sphéroïdale de la terre, de sa chaleur propre et de celle qu'elle reçoit du soleil. Nous laissons donc ces faits de côté.

Les fossiles.

Parmi les autres faits, le plus important, celui dont nous devons nous occuper en premier lieu, est la présence des coquilles et autres débris d'animaux marins « dans l'intérieur de la terre, sur la cime des monts et dans les lieux les plus éloignés de la mer, » jusque « dans l'intérieur des roches et des autres masses de marbre et de pierre dure, aussi bien dans les craies que dans les terres, » et cette circonstance que les coquilles, les squelettes, etc., fossiles, « non seulement sont renfermés dans toutes ces matières, mais qu'ils y sont incorporés, pétrifiés et remplis de la substance même qui les environne. »

Buffon n'est pas le premier qui ait été frappé de la présence des débris d'animaux marins dans des lieux fort éloignés de la mer et jusque sur les plus hautes montagnes. D'autres avaient déjà observé ce fait et s'étaient préoccupés d'en chercher l'explication. C'est lui probablement qui avait servi de base à la légende des déluges partiels admis par les Grecs et les Romains et à celle du déluge universel décrit dans les livres sacrés du peuple juif. C'est aussi par le déluge que la plupart des savants l'expliquaient à l'époque de Buffon.

Bernard Palissy et les fossiles.

Cependant, à la fin du XVIe siècle, Bernard Palissy avait été conduit par une longue série d'observations à formuler la cause véritable de la présence des fossiles marins dans des points très éloignés de la mer. S'appuyant sur ce que les coquilles et autres débris d'organismes marins se trouvent parfois à des profondeurs considérables et dans des roches dont la formation a dû être très lente, il émit l'opinion que la mer avait autrefois recouvert les terres dans lesquelles se trouvent ces fossiles, et qu'elle avait dû y séjourner pendant une durée bien supérieure à celle qu'on attribue au déluge. Il avait recueilli un véritable musée de fossiles de toutes sortes, récoltés particulièrement dans son pays, la Saintonge, et dans les montagnes des Ardennes.

Il montrait ce musée, il fournissait aux visiteurs des explications sur l'origine des différentes pièces et présentait ces dernières comme des preuves à l'appui de sa doctrine. « Il lui tomba entre les mains, dit un de ses panégyristes du XVIIIe siècle (1), un livre de Cardan qu'on avait traduit en français, et qui attribuait au déluge les coquillages fossiles. Il rejeta hautement ce système, fondé sur un raisonnement bien simple : c'est que ce qu'on nous dit du déluge donne l'idée d'un événement subit, et, pour ainsi dire, momentané, au lieu que ce qu'on remarque dans la terre est l'ouvrage d'un grand nombre de siècles. » Mais les idées de Palissy n'eurent aucun succès; on persévéra dans les errements du passé et à l'époque de Buffon presque tous les systèmes scientifiques relatifs à l'histoire de la terre attribuaient la distribution générale des fossiles au déluge. Quand on objectait la profondeur à laquelle un grand nombre se trouvent dans les entrailles de la terre, les partisans de la doctrine diluvienne répondaient qu'ils avaient été transportés en ces points par des canaux souterrains aujourd'hui comblés, mais qui, autrefois, faisaient communiquer diverses parties de la terre ferme avec la mer. Si on leur parlait des fossiles qui se trouvent au sommet des montagnes, où nul canal souterrain n'avait pu les conduire, les mêmes gens répondaient que des semences d'animaux marins avaient filtré avec les eaux à travers les terres jusqu'aux plus grandes hauteurs où elles avaient été fécondées par les neiges. Quant aux esprits plus éclairés, qui auraient été tentés d'adopter les idées de Palissy ou qui même en étaient les partisans, ils cachaient leurs pensées au fond de leur conscience. « Quoique sûrs de leurs principes, dit Malesherbes, ils craignaient l'abus qu'on en pourrait faire; » ils redoutaient « de s'annoncer pour les défenseurs d'un système qui aurait pu rendre leur religion suspecte (2). » C'est qui advint à Buffon après la publication de sa *Théorie de la terre;* la censure énergique dont il fut l'objet de la part de la Sorbonne, la soumission à laquelle il dut se résigner afin d'éviter l'interdiction de son œuvre, témoignent du peu de sécurité qu'il y avait, en plein XVIIIe siècle, pour les savants qui osaient chercher ailleurs que dans le déluge biblique la cause de la présence des fossiles marins dans les lieux les plus éloignés de la mer et les plus élevés au-dessus de son niveau actuel. Avant Buffon cependant, ou plutôt à peu près en même temps que lui, un voyageur français, Dumaillet, s'était prononcé en faveur de la doctrine de Palissy, dans un ouvrage qui resta longtemps manuscrit et qui finit par être imprimé, après avoir subi de regrettables modifications, soustractions et additions, sous le titre de *Telliamed* (anagramme de Dumaillet) (3). La terre y était repré-

(1) *Observations de Lamoignon Malesherbes sur l'Histoire naturelle générale et particulière de Buffon et Daubenton*, t. Ier, p. 135.

(2) *Loc. cit.*, t. Ier, p. 260.

(3) Le titre exact est *Telliamed, ou entretiens d'un philosophe indien avec un missionnaire français, mis en ordre sur les mémoires de feu M. Demaillet* par J.-A. G***.

sentée comme ayant été entièrement recouverte par les eaux de la mer pendant une très longue période de temps, et tous les animaux terrestres, sans en excepter l'homme, y étaient considérés comme des organismes aquatiques graduellement transformés par le changement du milieu.

Explication des fossiles.

Si Buffon n'est pas le premier (1) qui ait compris l'importance des fossiles, en tant que monuments de l'histoire de la terre, s'il n'est pas le premier qui ait donné de leur présence une explication scientifique, c'est du moins à lui qu'appartient l'honneur d'avoir rassemblé tous les faits découverts aux époques antérieures, et d'en avoir tiré les éléments d'une histoire de la terre assez exacte pour que ses successeurs n'aient eu qu'à la compléter, en en rectifiant quelques traits.

Comme on avait trouvé des fossiles marins dans une foule de points très éloignés les uns des autres, sous toutes les latitudes et longitudes, et à toutes les altitudes et profondeurs, il se crut autorisé à affirmer qu'ils existent réellement partout et dans tous les terrains, et, point capital de sa théorie, jusque sur le sommet des plus hautes montagnes. « Il paraît certain, dit-il dans son *Histoire et théorie de la terre* (2), que la terre actuellement sèche et habitée a été autrefois sous les eaux de la mer, et que ces eaux étaient supérieures aux sommets des plus hautes montagnes, puisqu'on trouve sur ces montagnes et jusque sur leurs sommets des productions marines et des coquilles qui, comparées avec les coquillages vivants, sont les mêmes, et qu'on ne peut douter de leur parfaite ressemblance, ni de l'identité de leurs espèces. » Plus tard, il est vrai, son opinion se modifia quelque peu. Il admit qu'au-dessus d'une certaine hauteur les montagnes pouvaient être dépourvues de fossiles, mais il n'en persista pas moins à penser que

(1) Buffon n'ignore ni ne tait le rôle joué par Palissy dans l'histoire des fossiles. Il cite (t. Ier, p. 119) le passage suivant de l'*Histoire de l'Académie* de Fontenelle, dans lequel se trouve dignement consignée la découverte de Bernard Palissy, et où pleine justice est rendue au mérite de ce savant aussi grand que modeste. Voici ce passage : « Un potier de terre, qui ne savait ni latin ni grec, fut le premier, vers la fin du XVIe siècle, qui osa dire dans Paris et à la face de tous les docteurs, que les coquilles fossiles étaient de véritables coquilles déposées autrefois par la mer dans les lieux où elles se trouvaient alors ; que des animaux, et surtout des poissons, avaient donné aux pierres figurées toutes leurs différentes figures, etc., et il défia hardiment toute l'école d'Aristote d'attaquer ses preuves ; c'est Bernard Palissy, Saintongeois, aussi grand physicien que la nature seule en puisse former un : cependant son système a dormi près de cent ans, et le nom même de l'auteur est presque mort. Enfin, les idées de Palissy se sont réveillées dans l'esprit de plusieurs savants, elles ont fait la fortune qu'elles méritaient, on a profité de toutes les coquilles, de toutes les pierres figurées que la terre a fournies ; peut-être seulement sont-elles devenues aujourd'hui trop communes, et les conséquences qu'on en tire sont en danger d'être bientôt trop incontestables. »

Les regrets introduits par Fontenelle dans cet éloge de Bernard Palissy, n'échapperont pas au lecteur.

Buffon fait encore remarquer que l'opinion de Bernard Palissy avait déjà été émise par les anciens. « Je ne puis, dit-il, m'empêcher d'observer que le sentiment de Palissy avait été celle des anciens, notamment d'Hérodote, de Platon, de Sénèque, de Plutarque, d'Ovide, etc.

(2) T. Ier, p. 40.

l'eau avait autrefois recouvert tous les sommets. Il écrit sur ce sujet, dans ses *Notes justificatives des Époques de la nature* (1) : « J'ai avancé, d'après l'autorité de Woodward, qui le premier a recueilli ces observations, qu'on trouvait des coquilles jusque sur les sommets des plus hautes montagnes; d'autant que j'étais assuré par moi-même, et par d'autres observations assez récentes, qu'il y en a dans les Pyrénées et les Alpes à 900, 1,000, 1,200 et 1,500 toises de hauteur au-dessus du niveau de la mer, qu'il s'en trouve de même dans les montagnes de l'Asie, et qu'enfin dans les Cordillères, en Amérique, on en a nouvellement découvert un banc à plus de 2,000 toises au-dessus du niveau de la mer.

» On ne peut donc pas douter que, dans toutes les différentes parties du monde, et jusqu'à la hauteur de 1,500 ou 2,000 toises au-dessus du niveau des mers actuelles, la surface du globe n'ait été couverte des eaux, et pendant un temps assez long pour y produire ces coquillages et les laisser multiplier, car leur quantité est si considérable que leurs débris forment des bancs de plusieurs lieues d'étendue, souvent de plusieurs toises d'épaisseur sur une largeur indéfinie; en sorte qu'ils composent une partie assez considérable des couches extérieures de la surface du globe, c'est-à-dire toute la matière calcaire qui, comme l'on sait, est très commune et très abondante en plusieurs contrées. Mais au-dessus des plus hauts points d'élévation, c'est-à-dire au-dessus de 1,500 ou 2,000 toises de hauteur, et souvent plus bas, on a remarqué que les sommets de plusieurs montagnes sont composés de roc vif, de granit et d'autres matières vitrescibles produites par le feu primitif, lesquelles ne contiennent en effet ni coquilles, ni madrépores, ni rien qui ait rapport aux matières calcaires. On peut donc en inférer que la mer n'a pas atteint, ou du moins n'a surmonté que pendant un petit temps, ces parties les plus élevées, et ces pointes les plus avancées de la surface de la terre. »

Parlant, un peu plus bas, des Cordillères, dans lesquelles certains auteurs avaient nié l'existence des coquilles fossiles, il cite le témoignage de don Ulloa, qui avait signalé des coquilles sur ces montagnes. Il émet l'opinion que s'il existe quelques montagnes sur lesquelles ces débris d'animaux marins font réellement défaut, il faut l'attribuer, ou bien à ce que les eaux n'y ont séjourné que pendant trop peu de temps pour que les animaux s'y soient habitués, ou bien à ce que les volcans ont détruit les coquilles qu'elles pouvaient contenir. « Si, dit-il (2), les premiers observateurs ont cru qu'on ne trouvait point de coquilles sur les montagnes des Cordillères, c'est que ces montagnes, les plus élevées de la terre, sont pour la plupart des volcans actuellement agissants ou des volcans éteints, lesquels, par leurs éruptions,

(1) T. II, p. 156.
(2) *Ibid.*, t. II, p. 157.

ont recouvert de matières brûlées toutes les terres adjacentes ; ce qui a non seulement enfoui, mais détruit toutes les coquilles qui pouvaient s'y trouver. Il ne serait donc pas étonnant qu'on ne rencontrât point de productions marines autour de ces montagnes, qui sont aujourd'hui ou qui ont été autrefois embrasées, car le terrain qui les enveloppe ne doit être qu'un composé de cendres, de scories, de verre, de lave et d'autres matières brûlées ou vitrifiées : ainsi, il n'y a d'autre fondement à l'opinion de ceux qui prétendent que la mer n'a pas couvert les montagnes, si ce n'est qu'il y a plusieurs de leurs sommets où l'on ne voit aucune coquille ni autres productions marines. Mais, comme on trouve en une infinité d'endroits, et jusqu'à 1,500 et 2,000 toises de hauteur, des coquilles et d'autres productions de la mer, il est évident qu'il y a eu peu de pointes ou crêtes de montagnes qui n'aient été surmontées par les eaux, et que les endroits où on ne trouve point de coquilles indiquent seulement que les animaux qui les ont produites ne s'y sont pas habitués, et que les mouvements de la mer n'y ont point amené les débris de ses productions, comme elle en a amené sur tout le reste de la surface du globe. »

Ainsi que nous l'avons dit plus haut, Buffon n'ignorait pas que plusieurs interprétations de la dispersion des coquilles marines sur les continents avaient déjà été émises. A ceux qui attribuaient ce fait à un simple hasard, il dit (1) : « Il ne faut pas croire, comme se l'imaginent tous les gens qui veulent raisonner sur cela sans avoir rien vu, qu'on ne trouve ces coquilles que par hasard, qu'elles sont dispersées çà et là, ou tout au plus par petits tas, comme des coquilles d'huîtres jetées à la porte ; c'est par montagnes qu'on les trouve, c'est par bancs de 100 et de 200 lieues de longueur ; c'est par collines et par provinces qu'il faut les toiser, souvent dans une épaisseur de 50 ou 60 pieds, et c'est d'après cela qu'il faut raisonner. » Il cite toutes les roches, tous les terrains, toutes les localités dans lesquels on a découvert, en immenses quantités, les dépouilles des habitants des anciennes mers. Il raille doucement Voltaire, qui, dans un opuscule anonyme paru à la suite de la publication de l'*Histoire de la terre,* avait attribué la présence de coquilles marines sur le sommet des montagnes au passage de pèlerins revenant de Syrie (2).

Théorie diluvienne.

Quant à ceux qui mettaient sur le compte du déluge biblique la dispersion

(1) T. Ier, p. 119.

(2) Je ne puis me soustraire au désir de rappeler ici le passage relatif à Voltaire. Après avoir cité un grand nombre de localités, dans lesquelles se trouvent des coquilles fossiles en grand nombre, il ajoute : « En voilà assez pour prouver qu'en effet on trouve des coquilles de mer, des poissons pétrifiés et d'autres productions marines presque dans tous les lieux où on a voulu les chercher, et qu'elles y sont en prodigieuse quantité. « Il est vrai, dit-un » auteur anglais (*Tancred Robinson*), qu'il y a eu quelques coquilles de mer dispersées çà et » là sur la terre par les armées, par les habitants des villes et villages, et que La Loubère » rapporte, dans son voyage de Siam, que les singes au cap de Bonne-Espérance s'amusent » continuellement à transporter des coquilles du rivage de la mer au-dessus des montagnes, » mais cela ne peut pas résoudre la question pourquoi ces coquilles sont dispersées dans

des coquilles marines sur nos continents, il leur répond (1) : « Cependant cette supposition que c'est le déluge universel qui a transporté les coquilles de la mer dans tous les climats de la terre est devenue l'opinion, ou plutôt la superstition de la plupart des naturalistes. Woodward, Scheuchzer et quelques autres, appellent ces coquilles pétrifiées les restes du déluge : ils les regardent comme les médailles et les monuments que Dieu nous a laissés de ce terrible événement, afin qu'il ne s'effaçât jamais de la mémoire du genre humain; enfin ils ont adopté cette hypothèse avec tant de respect, pour ne pas dire d'aveuglement, qu'ils ne paraissent s'être occupés qu'à chercher les moyens de concilier l'Écriture sainte avec leur opinion, et qu'au lieu de se servir de leurs observations et d'en tirer des lumières, ils se sont enveloppés dans les nuages d'une théologie physique, dont l'obscurité et la petitesse dérogent à la clarté et à la dignité de la religion, et ne laissent apercevoir aux incrédules qu'un mélange ridicule d'idées humaines et de faits divins. Prétendre, en effet, expliquer le déluge universel et ses causes physiques, vouloir nous apprendre le détail de ce qui s'est passé dans le temps de cette grande révolution, deviner quels en ont été les effets, ajouter des faits à ceux du livre sacré, tirer des conséquences de ces faits, n'est-ce pas vouloir mesurer la puissance du Très-Haut? Les merveilles, que sa main bienfaisante opère dans la nature d'une manière uniforme et régulière, sont incompréhensibles, à plus forte raison les coups d'éclat, les miracles doivent nous tenir dans le saisissement et dans le silence.

» tous les climats de la terre, et jusque dans l'intérieur des hautes montagnes, où elles sont » posées par lits, comme elles le sont dans le fond de la mer. »

« En lisant une lettre italienne sur les changements arrivés au globe terrestre, imprimée à Paris cette année (1746), je m'attendais à y trouver ce fait rapporté par La Loubère; il s'accorde parfaitement avec les idées de l'auteur : les poissons pétrifiés ne sont, à son avis, que des poissons rares rejetés de la table des Romains, parce qu'ils n'étaient pas frais; et à l'égard des coquilles ce sont, dit-il, les pèlerins de Syrie qui ont rapporté, dans le temps des croisades, celles des mers du Levant qu'on trouve actuellement pétrifiées en France, en Italie et dans les autres États de la chrétienneté; pourquoi n'a-t-il pas ajouté que ce sont les singes qui ont transporté les coquilles au sommet des hautes montagnes et dans tous les lieux où les hommes ne peuvent habiter? Cela n'eût rien gâté et eût rendu son explication encore plus vraisemblable? Comment se peut-il que des personnes éclairées, et qui se piquent même de philosophie, aient encore des idées aussi fausses sur ce sujet? Nous ne nous contenterons donc pas d'avoir dit qu'on trouve des coquilles pétrifiées dans presque tous les endroits de la terre où l'on a fouillé, et d'avoir rapporté les témoignages des auteurs d'histoire naturelle : comme on pourrait les soupçonner d'apercevoir, en vue de quelques systèmes, des coquilles où il n'y en a point, nous croyons devoir encore citer les voyageurs qui en ont remarqué par hasard, et dont les yeux moins exercés n'ont pu reconnaître que les coquilles entières et bien conservées : leur témoignage sera peut-être d'une plus grande autorité auprès des gens qui ne sont pas à portée de s'assurer par eux-mêmes de la vérité des faits, et de ceux qui ne connaissent ni les coquilles, ni les pétrifications, et qui, n'étant pas en état d'en faire la comparaison, pourraient douter que les pétrifications fussent en effet de vraies coquilles, et que ces coquilles se trouvassent entassées par millions dans tous les climats de la terre »

(1) T. Ier, p. 132

» Cette immense quantité de fossiles marins, que l'on trouve en tant d'endroits, prouve qu'ils n'ont pas été transportés par un déluge ; car on observe plusieurs milliers de gros rochers et des carrières dans tous les pays où il y a des marbres et de la pierre à chaux, qui sont toutes remplies de vertèbres d'étoiles de mer, de pointes d'oursins, de coquillages et d'autres débris de productions marines. Or, si ces coquilles, qu'on trouve partout, eussent été amenées sur la terre sèche par un déluge ou par une inondation, la plus grande partie seraient demeurées sur la surface de la terre, ou du moins elles ne seraient pas enterrées à une grande profondeur, et on ne les trouverait pas dans les marbres les plus solides à sept ou huit cents pieds de profondeur.

» Dans toutes les carrières, ces coquilles font partie de la pierre à l'intérieur, et on en voit quelquefois à l'extérieur qui sont recouvertes de stalactites qui, comme l'on sait, ne sont pas des matières aussi anciennes que la pierre qui contient les coquilles ; une seconde preuve que cela n'est point arrivé par un déluge, c'est que les os, les cornes, les ergots, les ongles, etc., ne se trouvent que très rarement, et peut-être point du tout, renfermés dans les marbres et dans les autres pierres dures, tandis que, si c'était l'effet d'un déluge où tout aurait péri, on y devrait trouver les restes des animaux de la terre aussi bien que ceux des mers. (Voyez *Ray's Discourses*, p. 178 et suiv.)

» C'est, comme nous l'avons dit, une supposition bien gratuite que de prétendre que toute la terre a été dissoute dans l'eau au temps du déluge ; et on ne peut donner quelque fondement à cette idée qu'en supposant un second miracle qui aurait donné à l'eau la propriété d'un dissolvant universel, miracle dont il n'est fait aucune mention dans l'Écriture sainte ; d'ailleurs, ce qui anéantit la supposition et la rend même contradictoire, c'est que toutes ces matières, ayant été dissoutes dans l'eau, les coquilles ne l'ont pas été, puisque nous les trouvons entières et bien conservées dans toutes les masses qu'on prétend avoir été dissoutes ; cela prouve évidemment qu'il n'y a jamais eu de telle dissolution, et que l'arrangement des couches horizontales et parallèles ne s'est pas fait en un instant, mais par les sédiments qui se sont amoncelés peu à peu, et qui ont enfin produit des hauteurs considérables par la succession des temps ; car il est évident, pour tous les gens qui se donneront la peine d'observer, que l'arrangement de toutes les matières qui composent le globe est l'ouvrage des eaux ; il n'est donc question que de savoir si cet arrangement a été fait dans le même temps ; or, nous avons prouvé qu'il n'a pas pu se faire dans le même temps, puisque les matières ne gardent pas l'ordre de la pesanteur spécifique et qu'il n'y a pas eu de dissolution générale de toutes les matières ; donc cet arrangement a été produit par les eaux ou plutôt par les sédiments qu'elles ont déposés dans la succession des temps ; toute autre révolution, tout autre mouvement, toute autre cause aurait produit un arrangement très différent ; d'ailleurs, un accident particulier, une révolution ou un bouleversement, n'aurait pas produit un pareil effet dans le globe tout entier, et, si l'arrangement des terres et des couches avait pour cause des révolutions particulières et accidentelles, on trouverait les pierres et les terres disposées différemment en différents pays, au lieu qu'on les trouve partout disposées de même par couches parallèles, horizontales ou légèrement inclinées. »

Buffon n'ignorait pas d'ailleurs que certaines roches ne contiennent jamais de fossiles. « On ne trouve jamais, dit-il dans la première de ses œuvres qui traite de ce sujet (1), de coquilles ni dans le roc vif ou granit, ni dans le grès ; au moins, je n'y en ai jamais vu, quoiqu'on en trouve, et même assez souvent, dans le sable vitrifiable duquel ces matières tirent leur origine. »

Il me parait inutile de m'étendre davantage sur ce premier fait. C'est avec raison que Buffon a insisté sur son importance ; mais si cela était nécessaire à son époque, à cause des erreurs d'interprétation dont il était l'objet, il n'en est heureusement plus ainsi de nos jours. Le dernier enfant de nos écoles rirait également, et de ceux qui mettaient jadis la dispersion des fossiles sur le compte du déluge biblique, et de Voltaire qui, pour railler ces croyants, tombait dans une erreur plus grossière encore et beaucoup moins excusable.

Différences d'âges des fossiles.

Je me borne à remarquer qu'il est un fait important dont Buffon ne paraît pas avoir eu connaissance, ou, du moins, dont il n'a pas su tirer les conséquences : je veux parler des différences considérables d'âges qui existent entre les espèces fossiles. Buffon a bien vu qu'elles étaient superposées, dans un certain ordre, dans des couches de terrains qui n'avaient été déposées que très lentement ; mais l'étude de ces débris d'organismes anciens et celle des roches dans lesquelles ils sont contenus n'était pas encore assez avancée pour qu'il put se rendre compte de ce fait, que les débris des animaux les plus simples se trouvent dans les couches les plus anciennes, tandis que ceux des organismes les plus parfaits ne gisent que dans les couches les plus récentes. Buffon pensait que les animaux les plus anciens sont ceux dont on trouve les restes au sommet des montagnes les plus hautes, mais il n'indique pas le motif de cette opinion. Je la relève simplement pour montrer qu'il avait eu quelque idée de la différence d'âge des fossiles. « On doit présumer, dit-il (2), que les coquilles et les autres productions marines que l'on trouve à de grandes hauteurs au-dessus du niveau actuel des mers sont les espèces les plus anciennes de la nature. »

Il ne vit pas non plus ce fait que les couches contenant des restes d'animaux marins alternent, dans certaines localités, avec d'autres couches ne renfermant que des débris d'animaux propres aux eaux douces.

Ces deux lacunes eurent nécessairement une influence considérable

(1) T. Ier, p. 123.
(2) *Epoques de la nature*, t. II, p. 53.

sur la façon dont il expliqua la présence des fossiles marins sur les continents.

Analogies des espèces fossiles avec les espèces actuelles.

Le deuxième fait auquel Buffon attache la valeur d'un « monument de la nature » est la ressemblance des animaux et des végétaux fossiles avec ceux qui existent actuellement. Buffon n'avait pas étudié les animaux inférieurs; il ne connaissait pas non plus beaucoup l'anatomie des animaux supérieurs; du reste, l'anatomie comparée en était alors à la première phase de son développement. Ni Buffon ni ses contemporains ne se donnèrent donc le souci d'étudier les fossiles minutieusement, en les comparant aux animaux actuels. Il leur suffisait de constater certaines analogies de formes pour conclure à l'identité des uns avec les autres. L'opinion de Buffon sur ce sujet se modifia cependant dans une certaine mesure avec le temps. On a vu plus haut que dans son *Histoire et théorie de la terre,* il admet l'identité absolue des animaux fossiles avec ceux qui vivent de nos jours : « Je vois de plus, écrit-il alors (1), que dans l'intérieur de la terre, sur la cime des monts et dans les lieux les plus éloignés de la mer, on trouve des coquilles, des squelettes de poissons de mer, des plantes marines, etc., qui sont entièrement semblables aux coquilles, aux poissons, aux plantes actuellement vivantes dans la mer, et qui, en effet, sont absolument les mêmes. » Il ne tarde pas cependant à admettre qu'il peut y avoir des espèces fossiles qui ont disparu. « Il peut aussi se faire, dit-il dans ses suppléments à l'*Histoire de la terre* (2), qu'il y ait eu de certains animaux dont l'espèce a péri; ces coquillages (les cornes d'Ammon ou Ammonites) pourraient être du nombre : les os fossiles extraordinaires qu'on trouve en Sibérie, au Canada, en Irlande et dans plusieurs autres endroits, semblent confirmer cette conjecture, car jusqu'ici on ne connaît pas d'animal à qui on puisse attriber ces os qui, pour la plupart, sont d'une grandeur et d'une grosseur démesurées. » Sa première opinion est cependant celle qui a ses préférences, car, trente ans plus tard, dans les *Époques de la nature,* il répète que « la plupart des coquilles appartiennent aux animaux de ce genre actuellement existants. »

Buffon commettait en cela une erreur grave; son génie en fut entravé; il se trouva hors d'état de tirer de ses études et de ses méditations les fruits qu'elles auraient pu produire s'il avait eu connaissance du nombre extrêmement considérable d'espèces disparues qui figurent parmi les animaux et les végétaux fossiles. A Cuvier était réservé l'honneur de cette découverte, ainsi que nous aurons l'occasion de le dire plus tard, en même temps que nous devrons montrer la fausseté des idées qu'il en tira.

Buffon fait figurer, avec raison, parmi ses « monuments de la nature », le fait que les animaux fossiles trouvés dans les régions septentrionales de nos

(1) Voyez plus haut, p. 128.
(2) T. Ier, p. 128.

continents sont presque tous des organismes actuellement propres aux mers des régions méridionales. On a découvert, en effet, dans les parties les plus froides du globe des animaux et des végétaux fossiles dont les genres ne vivent actuellement que dans des contrées plus ou moins chaudes, tandis qu'on ne trouve dans le voisinage des pôles aucun fossile attestant que ces contrées aient joui, dans les périodes anciennes de l'évolution de la terre, d'une température inférieure à celle que nous connaissons actuellement. Il est vrai qu'on rencontre dans certaines régions tempérées des animaux propres aux régions froides. Nous aurons à revenir plus tard sur l'interprétation qu'il importe de donner à ces faits.

Horizontalité des couches terrestres.

Parmi les faits auxquels Buffon attache une très grande importance et sur lesquels il fonda sa doctrine, nous avons indiqué plus haut l'horizontalité des couches qui forment la portion superficielle de la terre. Ayant constaté, soit par lui-même, soit d'après les observations d'autres savants que, dans un grand nombre de points du globe, les couches sont superposées régulièrement les unes aux autres, il en déduisit, par une généralisation plus hardie que juste, qu'il en était partout ainsi. « Je vois, dit-il dans son *Histoire et théorie de la terre* (1), des couches de sable, de pierres à chaux, d'argile, de coquillages, de marbres, de gravier, de craie, de plâtre, etc., et je remarque que *ces couches sont toujours posées parallèlement les unes sur les autres*, et que chaque couche a la même épaisseur dans toute son étendue : je vois que dans les collines voisines les mêmes matières se trouvent au même niveau, quoique les collines soient séparées par des intervalles profonds et considérables. » Revenant sur ce sujet, dans les pièces justificatives de ce mémoire, il dit encore (2) : « Non seulement la terre est composée de couches parallèles et horizontales dans les plaines et dans les collines, mais les montagnes même sont en général composées de la même façon ; on peut dire que ces couches y sont plus apparentes que dans les plaines, parce que les plaines sont ordinairement recouvertes d'une quantité assez considérable de sable et de terre que les eaux ont amenés, et, pour trouver les anciennes couches, il faut creuser plus profondément dans les plaines que dans les montagnes. »

En ce qui concerne les montagnes, il ajoute (3) : « J'ai souvent observé que lorsqu'une montagne est égale et que son sommet est de niveau, les couches ou lits de pierre qui la composent sont aussi de niveau ; mais si le sommet de la montagne n'est pas posé horizontalement, et s'il penche vers l'orient ou vers tout autre côté, les couches de pierre penchent aussi du même côté. »

Il admet encore que chaque couche a la même épaisseur dans toute son

(1) Voyez plus haut, p. 128.
(2) T. Ier, p. 112.
(3) *Ibid.*, t. Ier, p. 112.

étendue. « Au reste chaque couche, soit qu'elle soit horizontale ou inclinée, a dans toute son étendue une épaisseur égale, c'est-à-dire chaque lit d'une matière quelconque, pris à part, a une épaisseur égale dans toute son étendue ; par exemple, lorsque, dans une carrière, le lit de pierre dure a 3 pieds d'épaisseur en un endroit, il a ces 3 pieds d'épaisseur partout ; s'il a 6 pieds d'épaisseur en un endroit, il en a 6 partout. Dans les carrières autour de Paris, le lit de bonne pierre n'est pas épais, et il n'a guère que 18 à 20 pouces d'épaisseur partout ; dans d'autres carrières, comme en Bourgogne, la pierre a beaucoup plus d'épaisseur ; il en est de même des marbres ; ceux dont le lit est le plus épais sont les marbres blancs et noirs, ceux de couleur sont ordinairement plus minces, et je connais des lits d'une pierre fort dure et dont les paysans se servent en Bourgogne pour couvrir leurs maisons, qui n'ont qu'un pouce d'épaisseur ; les épaisseurs des différents lits sont donc différentes, mais chaque lit conserve la même épaisseur dans toute son étendue. »

Il admet aussi que toujours les couches d'une colline correspondent exactement à celles de la colline située de l'autre côté des vallons et que les deux collines ont la même hauteur.

« Ces couches parallèles, dit-il (1), ces lits de terre ou de pierre, qui ont été formés par les sédiments des eaux de la mer, s'étendent souvent à des distances très considérables, et même on trouve dans les collines séparées par un vallon les mêmes lits, les mêmes matières, au même niveau. Cette observation, que j'ai faite, s'accorde parfaitement avec celle de l'égalité de la hauteur des collines opposées dont je parlerai tout à l'heure ; on pourra s'assurer aisément de la vérité de ces faits, car, dans tous les vallons étroits, où l'on découvre des rochers, on verra que les mêmes lits de pierre ou de marbre se trouvent des deux côtés à la même hauteur. Dans une campagne qne j'habite souvent et où j'ai beaucoup examiné les rochers et les carrières, j'ai trouvé une carrière de marbre qui s'étend à plus de douze lieues en longueur et dont la largeur est fort considérable, quoique je n'aie pas pu m'assurer précisément de cette étendue en largeur. J'ai souvent observé que ce lit de marbre a la même épaisseur partout ; et dans des collines, séparées de cette carrière par un vallon de 100 pieds de profondeur et d'un quart de lieue de largeur, j'ai trouvé le même lit de marbre à la même hauteur ; je suis persuadé qu'il en est de même de toutes les carrières de pierre ou de marbre où l'on trouve des coquilles, car cette observation n'a pas lieu dans les carrières de grès. »

Il applique les mêmes considérations aux couches situées de chaque côté d'un détroit. « On a même observé, dit-il (2), que les lits de terre sont les mêmes des deux côtés des détroits de la mer, et cette observation, qui est

(1) *Histoire et théorie de la terre*, t. Ier, p. 114.
(2) *Ibid.*, t. Ier, p. 114.

importante, peut nous conduire à reconnaître les terres et les îles qui ont été séparées du continent; elle prouve, par exemple, que l'Angleterre a été séparée de la France, l'Espagne de l'Afrique, la Sicile de l'Italie, et il serait à souhaiter qu'on eût fait la même observation dans tous les détroits; je suis persuadé qu'on la trouverait vraie presque partout. »

Il insiste sur le fait que les collines situées de chaque côté d'un vallon ont à peu près la même hauteur, et que les angles rentrants des unes correspondent aux angles saillants des autres. « Si l'on considère en voyageant, dit-il (1), la forme des terrains, la position des montagnes et les sinuosités des rivières, on s'apercevra qu'ordinairement les collines opposées sont non seulement composées des mêmes matières, au même niveau, mais même qu'elles sont à peu près également élevées; j'ai observé cette égalité de hauteur dans les endroits où j'ai voyagé, et je l'ai toujours trouvée la même à très peu près des deux côtés, surtout dans les vallons serrés, et qui n'ont tout au plus qu'un quart ou un tiers de lieue de largeur; car, dans les grandes vallées qui ont beaucoup plus de largeur, il est assez difficile de juger exactement de la hauteur des collines et de leur égalité. »

Il cite à l'appui de ses assertions les collines d'une partie de la Bourgogne (2) : « Cette partie de la Bourgogne qui est comprise entre Auxerre, Dijon, Autun et Bar-sur-Seine, et dont une étendue considérable s'appelle le bailliage de la Montagne, est un des endroits les plus élevés de la France; d'un côté de la plupart de ces montagnes, qui ne sont que du second ordre et qu'on ne doit regarder que comme des collines élevées, les eaux coulent vers l'Océan, et de l'autre vers la Méditerranée; il y a des points de partage, comme à Sombernon, Pouilly-en-Auxois, etc., où on peut tourner les eaux indifféremment vers l'Océan ou vers la Méditerranée : ce pays élevé est entrecoupé de plusieurs petits vallons assez serrés et presque tous arrosés de gros ruisseaux ou de petites rivières. J'ai mille et mille fois observé la correspondance des angles de ces collines et leur égalité de hauteur, et je puis assurer que j'ai trouvé partout les angles saillants opposés aux angles rentrants, et les hauteurs à peu près égales des deux côtés. Plus on avance dans le pays élevé où sont les points de partage dont nous venons de parler, plus les montagnes ont de hauteur; mais cette hauteur est toujours la même des deux côtés des vallons, et les collines s'élèvent ou s'abaissent également : en se plaçant à l'extrémité des vallons dans le milieu de la largeur, j'ai toujours vu que le bassin du vallon était environné et surmonté de collines dont la hauteur était égale; j'ai fait la même observation dans plusieurs autres provinces de France. C'est cette égalité de hauteur dans les collines qui fait les plaines en montagnes; ces plaines forment, pour ainsi dire, des pays élevés au-dessus d'autres pays; mais les hautes montagnes ne paraissent pas si

(1) *Histoire et théorie de la terre*, t. Ier, p. 114.
(2) *Ibid.*, t. Ier, p. 115.

égales en hauteur; elles se terminent la plupart en pointes et en pics irréguliers, et j'ai vu, en traversant plusieurs fois les Alpes et l'Apennin, que les angles sont en effet correspondants, mais qu'il est presque impossible de juger à l'œil de l'égalité ou de l'inégalité de hauteur des montagnes opposées, parce que leur sommet se perd dans les brouillards et dans les nues. »

Enfin, il met en relief ce fait que les couches de la surface de la terre ne sont pas disposées les unes au-dessus des autres dans l'ordre de leur pesanteur spécifique, comme cela aurait dû se produire si elles s'étaient toutes déposées en même temps; mais que des couches plus légères se trouvent souvent situées au-dessous de couches beaucoup plus pesantes. « Il dit à ce sujet (1) : « Les différentes couches dont la terre est composée ne sont pas disposées suivant l'ordre de leur pesanteur spécifique ; souvent on trouve des couches de matières pesantes posées sur des couches de matières plus légères; pour s'en assurer, il ne faut qu'examiner la nature des terres sur lesquelles portent les rochers, et on verra que c'est ordinairement sur des glaises ou sur des sables qui sont spécifiquement moins pesants que la matière du rocher; dans les collines et dans les autres petites élévations on reconnaît facilement la base sur laquelle portent les rochers; mais il n'en est pas de même des grandes montagnes: non seulement le sommet est de rocher, mais ces rochers portent sur d'autres rochers, il y a montagnes sur montagnes et rochers sur rochers, à des hauteurs si considérables et dans une si grande étendue de terrain, qu'on ne peut guère s'assurer s'il y a de la terre dessous, et de quelle nature est cette terre: on voit des rochers coupés à pic qui ont plusieurs centaines de pieds de hauteur; ces rochers portent sur d'autres, qui peut-être n'en ont pas moins; cependant, ne peut-on pas conclure du petit au grand? et puisque les rochers des petites montagnes dont on voit la base portent sur des terres moins pesantes et moins solides que la pierre, ne peut-on pas croire que la base des hautes montagnes est aussi de terre? »

Je rappelle, en terminant, que Buffon avait connaissance de l'irrégularité de position affectée presque constamment par certaines roches. Nous avons vu plus haut qu'il cite parmi elles les grès; il parle ailleurs des granits comme étant dans le même cas. Nous verrons plus bas ce qu'il faut penser de ces exceptions.

J'ai insisté sur l'opinion émise par Buffon relativement à ces différentes questions, parce que de cette opinion découle toute sa théorie de la formation des couches superficielles de notre globe, et parce que, malgré les erreurs qu'elle contient, cette théorie se rapproche assez exactement de la vérité pour faire le plus grand honneur à l'illustre naturaliste, enfin parce que

(1) *Histoire et théorie de la terre*, t. Ier, p. 115.

j'aurai à signaler les attaques vigoureuses dont elle a été l'objet et auxquelles elle à résisté dans son ensemble.

Voyons maintenant quelle est la part de vérité et la part d'erreur contenues dans les idées émises par Buffon relativement à la disposition des couches superficielles de la terre.

Variétés de stratification.

Si l'on devait prendre à la lettre les termes « couches horizontales » et « couches parallèles » dont fait usage Buffon, il serait facile de montrer qu'il commettait une grave erreur en affirmant à la suite de Woodward et d'autres savants que toutes les couches composant la surface de la terre sont horizontales et parallèles. Mais il me paraît évident qu'en se servant de ces expressions, Buffon et ses prédécesseurs entendaient seulement dire que les terrains ne forment pas des masses informes, mais des couches régulièrement disposées les unes au-dessus des autres. L'observation la plus superficielle suffit, en effet, pour permettre de se convaincre que l'horizontalité absolue des couches, quoique fréquente, est loin d'être constante, et qu'une obliquité plus ou moins prononcée se présente beaucoup plus souvent. Il ne me paraît pas permis de croire que ce fait ait pu échapper à la sagacité de Palissy, de Woodward, de Buffon. Rappelons-nous qu'en parlant des montagnes, Buffon note l'inclinaison fréquente des couches qui tapissent leurs flancs (1). Il paraît néanmoins bien certain que ni lui ni ses prédécesseurs et ses contemporains n'ont eu connaissance des irrégularités considérables de position et de direction qui ont été déterminées dans les couches par des phénomènes ultérieurs à leur dépôt. Ils ont vu la loi générale qui préside à l'arrangement des terrains que l'on a nommés *stratifiés*, à cause de leur disposition en couches superposées, mais ils n'ont pas saisi les perturbations qui, dans la plupart des cas, sont introduites dans cette loi. Ajoutons que son ignorance des troubles apportés à la stratification régulière de notre sol n'a pas empêché Buffon de découvrir l'explication du phénomène principal, que peut-être même elle a servi son esprit de généralisation, en ne le détournant pas de la voie où le poussait la vue d'ensemble de la loi. J'irais volontiers jusqu'à soupçonner qu'il a volontairement fermé les yeux sur les irrégularités de la stratification, afin de donner plus de poids à l'explication qu'il fournit de ce phénomène.

Cela dit, il est utile de passer rapidement en revue les principales modifications de direction et de position que les terrains stratifiés sont susceptibles de présenter. La modification la plus ordinaire et la plus simple consiste dans le redressement des couches qui, d'horizontales, deviennent plus ou moins obliques, souvent tout à fait perpendiculaires à l'horizon, et même, dans quelques cas, sont renversées au point de diriger vers le bas celle de leurs faces qui primitivement était supérieure. Ces redressements peuvent

(1) Voyez plus haut, p. 139

être accompagnés d'un phénomène propre à quelques couches. S'il existe entre deux couches solides, calcaires, par exemple, une couche encore molle et plastique, formée d'argile à éléments fins, cette dernière peut se plisser par suite du glissement des couches qui lui sont supérieures sur celles qui la supportent. Ces glissements et ces plissements de couches accompagnent fréquemment l'obliquité de direction produite par le redressement. La direction des couches est encore souvent modifiée par l'affaissement de leur partie médiane, ou, ce qui revient au même, par le soulèvement de leurs extrémités ; ou bien encore par le relèvement de leur partie médiane ou l'affaissement de leurs extrémités. Dans le premier cas, les couches deviennent concaves ; dans le second, elles deviennent convexes. Dans quelques circonstances, la même couche peut subir alternativement les deux effets ; elle est alors convexe dans une de ses parties et concave dans la portion suivante, et peut même affecter une disposition en éventail très remarquable si ces alternatives de soulèvement et d'affaissement se reproduisent un certain nombre de fois dans sa longueur. Sur ces couches diversement contournées, il n'est pas rare d'en voir d'autres disposées dans une horizontalité plus ou moins parfaite; ce qui permet d'admettre que les secondes se sont déposées après que les premières avaient subi les bouleversements dont elles portent les marques indélébiles. On dit alors qu'il y a discordance de stratification, tandis qu'on désigne sous le nom de stratification concordante celle dans laquelle des couches de différentes natures et de différents âges sont disposées parallèlement et sans qu'on puisse les distinguer autrement que par leur nature ou par celle des fossiles qu'elles contiennent. Enfin, dans un grand nombre de localités, des couches horizontales, inclinées ou contournées se montrent coupées perpendiculairement à leur surface par des fentes ou failles, remplies d'une substance différente de celle qui les compose. Ces fentes peuvent avoir depuis quelques centimètres jusqu'à 10 et 15 mètres de largeur. Dans la plupart de ces cas, les couches brisées ne correspondent plus les unes aux autres dans le sens horizontal ; l'une des parties de la couche a été fortement relevée par rapport à l'autre.

Je n'insiste pas davantage sur ces faits, dont j'aurai à exposer plus bas la signification. Je reviens à Buffon.

Concordance des angles des montagnes.

Parmi les faits qui ont attiré son attention et sur lesquels il a fondé sa théorie de l'évolution de la terre, nous avons vu figurer plus haut, à diverses reprises, celui de la correspondance des angles rentrants et des angles saillants des collines et des montagnes situées des deux côtés d'une vallée. Nous avons déjà reproduit (1) l'observation de ce phénomène faite par lui-même dans la vallée de Bar-le-Duc. Il ne fut pas le premier à attirer sur cette remarquable disposition des montagnes l'attention des savants.

(1) Voyez plus haut, p. 141.

CAURALE PHALÉNOÏDE

Avant lui, Bourguet en avait réuni un certain nombre d'exemples. « Personne, dit Buffon (1), n'avait découvert, avant M. Bourguet, la surprenante régularité de la structure de ces grandes masses : il a trouvé, après avoir passé trente fois les Alpes en quatorze endroits différents, deux fois l'Apennin, et fait plusieurs tours dans les environs de ces montagnes et dans le mont Jura, que toutes les montagnes sont formées dans leurs contours à peu près comme les ouvrages de fortification. Lorsque le corps d'une montagne va d'occident en orient, elle forme des avances qui regardent, autant qu'il est possible, le nord et le midi : cette régularité admirable est si sensible dans les vallons, qu'il semble qu'on y marche dans un chemin couvert fort régulier; car si, par exemple, on voyage dans un vallon du nord au sud, on remarque que la montagne qui est à droite forme des avances, ou des angles qui regardent l'orient, et ceux de la montagne du côté gauche regardent l'occident, de sorte que néanmoins les angles saillants de chaque côté répondent réciproquement aux angles rentrants qui leur sont toujours alternativement opposés. Les angles que les montagnes forment dans les grandes vallées sont moins aigus, parce que la pente est moins raide et qu'ils sont plus éloignés les uns des autres; et, dans les plaines, ils ne sont sensibles que dans le cours des rivières, qui en occupent ordinairement le milieu; leurs coudes naturels répondent aux avances les plus marquées, ou aux angles les plus avancés des montagnes auxquelles le terrain, où les rivières coulent, va aboutir. Il est étonnant qu'on n'ait pas aperçu une chose si visible; et lorsque, dans une vallée, la pente de l'une des montagnes qui la bordent est moins rapide que celle de l'autre, la rivière prend son cours beaucoup plus près de la montagne la plus rapide, et elle ne coule que dans le milieu. »

Un peu plus loin, il ajoute : « M. Bourguet, à qui on doit cette belle observation de la correspondance des angles des montagnes, l'appelle, avec raison, la clef de la théorie de la terre; cependant il me paraît que, s'il en eût senti toute l'importance, il l'aurait employée plus heureusement en la liant avec des faits convenables, et qu'il aurait donné une théorie de la terre plus vraisemblable, au lieu que, dans son mémoire, il ne présente que le projet d'un système hypothétique dont la plupart des conséquences sont fausses ou précaires. »

Résumé de l'histoire de la terre d'après Buffon.

En rapprochant tous ces faits, Buffon établit une histoire de la terre que je puis résumer de la façon suivante, à partir de la seconde phase, la première, déjà étudiée, répondant au refroidissement de la planète : Pendant que la surface de la terre se solidifie, l'eau et l'air s'en séparent; l'eau est d'abord à l'état de vapeur suspendue en immense quantité dans l'atmosphère; puis elle se précipite sur la terre et la recouvre d'un océan universel, dans lequel

(1) *Sur les inégalités de la surface de la terre*, t. Ier, p. 139-140.

se développent d'innombrables organismes vivants. Ceux-ci se construisent, à l'aide des matériaux dissous dans l'eau, des coquilles calcaires qui tombent après leur mort dans le fond de la mer, s'y déposent en couches parallèlement superposées, très régulières, et forment, par leurs détritus, toutes les roches calcaires. Quant aux matières « vitrifiables », c'est-à-dire fusibles qui constituaient la surface primitive du globe, elles ont été délayées par l'eau de l'océan universel, entraînées par les courants, accumulées en certains points où elles ont formé des montagnes, tandis que des vallées étaient creusées dans ceux d'où elles étaient enlevées en plus grande quantité. C'est donc sous les eaux de l'océan primitif que se sont formées toutes les chaînes de montagnes, par accumulation des sédiments entraînés par les eaux et des débris des tests des animaux marins. C'est aussi sous les eaux de cet océan qu'ont été creusées les vallées qui séparent les montagnes, et ce creusement a été effectué par les courants sous-marins. Plus tard, des crevasses s'étant formées dans le fond de la mer, une grande partie des eaux de l'océan universel ont pénétré dans les cavernes dont est creusée la terre au-dessous de sa surface, cavernes produites pendant le refroidissement du globe, de la même façon que se forment des cavités dans une masse de fer que l'on fait fondre, bouillonner et refroidir au contact de l'air. Par l'abaissement consécutif du niveau des eaux, la surface de la terre s'est trouvée divisée en continents et en mers, mais son relief n'a pas cessé d'être modifié. Les courants sous-marins agissent sans cesse sur le fond des mers et le transforment, tandis que les pluies, les torrents, les ruisseaux, les rivières et les fleuves attaquent les continents, en minent la surface et en transportent les matériaux dans la mer.

Les sept périodes de Buffon.

Telle est, en résumé, l'histoire de la terre écrite par Buffon dans ses deux remarquables œuvres : l'*Histoire et théorie de la terre* et les *Époques de la nature*. Dans le second de ces ouvrages, il divise l'histoire de la terre en sept périodes :

Pendant la première, la terre et les planètes ont pris la forme qu'elles ont aujourd'hui.

Pendant la seconde, la terre s'est consolidée et refroidie ; les matériaux qui entrent dans sa composition se sont agencés pour former « la roche intérieure du globe et les grandes masses vitrescibles de sa surface. » C'est pendant cette période que s'est formé le noyau des plus hautes montagnes.

La troisième époque répond à l'océan universel.

Pendant la quatrième, les eaux se sont abaissées, les continents ont apparu et les volcans ont commencé à agir.

Pendant la cinquième époque, les régions voisines des pôles sont suffisamment refroidies, quoique encore très chaudes, pour que les animaux y vivent en grand nombre, tandis qu'ils n'existent pas près de l'équateur, où règne une chaleur encore incompatible avec la vie.

La sixième époque répond à la séparation des continents ; d'abord tous unis, ils s'isolent alors les uns des autres pour affecter la disposition qu'ils ont aujourd'hui

Pendant la septième époque, les hommes, jusqu'alors réduits à l'impuissance par la faiblesse de leur intelligence, s'unissent en sociétés, et contribuent, par une action continue et sans cesse plus énergique, à modifier la surface de la terre.

III

L'ÉVOLUTION DE LA TERRE D'APRÈS LES IDÉES MODERNES.

Avant de rechercher si les époques admises par Buffon dans l'histoire de l'évolution de la terre sont bien celles que la science moderne doit admettre, nous devons nous demander si, réellement, la terre offre des traces manifestes d'une semblable évolution ; puis nous devrons, dans le cas d'une réponse affirmative, étudier les agents qui ont déterminé cette évolution, qui ont provoqué les transformations subies par notre globe.

Les preuves de l'évolution de la terre.

La réponse à la première question n'est pas douteuse. Elle a été formulée par Buffon aussi nettement qu'elle pourrait l'être aujourd'hui. La présence de débris d'animaux et de végétaux marins dans des lieux que la mer n'occupe plus depuis des milliers de siècles, l'alternance, en une foule de points du globe, de couches manifestement déposées par la mer avec d'autres qui portent tous les caractères de sédiments d'eau douce, les cassures, les déplacements qu'un grand nombre de couches ont subis depuis l'époque de leur dépôt, les affaissements et les soulèvements du sol que l'homme lui-même a pu constater depuis les périodes historiques et qu'il est en mesure d'observer aujourd'hui même, les tremblements de terre, les éruptions volcaniques, le nombre immense des volcans éteints distribués sur toute la surface du globe, et une foule d'autres phénomènes de même ordre témoignent, d'une façon irrécusable, des transformations que la terre a subies.

Nous pouvons donc, sans hésitation, nous livrer à la recherche des causes productrices de ces transformations et étudier leur mode d'action.

Causes des transformations subies par la surface du sol.

Buffon est le premier qui ait exposé scientifiquement la nature des causes qui ont déterminé les nombreuses transformations subies par la surface de notre globe. On doit, avec lui, les distinguer en deux classes : celles qui ont le feu pour agent et celles qui ont été produites par l'eau ou, comme l'on dit aujourd'hui : les *causes ignées* et les *causes aqueuses*. Buffon est également le premier qui ait déterminé la façon dont ces causes agissent, et il a eu l'honneur de formuler la théorie qui, après bien des luttes ardentes, a fini par triompher sous le nom de « théorie des causes actuelles ». Buffon n'en traça que les traits principaux, mais il le fit en homme de génie, par la seule puissance d'un esprit synthétique, auquel un petit nombre de faits révèlent l'enchaînement et la cause de toute une série de phénomènes, dont un grand nombre ne trouveront que plus tard leur explication particulière.

Déluge et cataclysmes niés par Buffon.

Tous les prédécesseurs de Buffon avaient cherché dans des révolutions subites, dans des cataclysmes généraux et formidables, la raison des modifications dont la terre porte des traces trop nombreuses pour qu'il soit possible de les nier. Ceux qu'enchaînaient les croyances religieuses mettaient tout sur le compte du déluge. D'autres invoquaient l'action malfaisante des astres, et particulièrement des comètes (1). Buffon nie toutes ces révolutions, tous ces cataclysmes; il tente d'expliquer par des actions lentes toutes les transformations subies par notre globe. C'est d'abord le refroidissement graduel pendant lequel la terre se contracte, puis la séparation des parties solides de l'eau et de l'air, puis la condensation de la vapeur d'eau répandue dans l'atmosphère, son dépôt à la surface de la terre sous la forme d'un océan universel et la dissolution des matières solides qui se précipitent de nouveau. Comme cet océan est soumis au flux et au reflux que détermine l'influence de la lune, comme il est parcouru par des courants qui résultent des différences de température des divers points de sa masse, l'eau entraîne les matériaux qu'elle a dissous tantôt dans un point, tantôt dans un autre; elle édifie les montagnes et creuse les vallées; elle baisse ensuite graduellement de niveau, laissant à découvert les sommets des montagnes, puis leurs bases et les continents; elle s'évapore dans l'atmosphère devenue moins riche en vapeur, puis retombe en pluie sur tous les continents, décapite lentement les montagnes, s'épanche en torrents, en ruisseaux, en fleuves, use lentement les roches et les terres en y creusant les lits dans lesquels elle roule, déborde souvent et envahit les plaines plus basses que ses rives, déracine les arbres et les rochers, entraîne tous les matériaux qu'elle a détachés, vers la mer où elle les dépose, forme ainsi de nouvelles terres à l'embouchure des fleuves, tandis que, de son côté, la mer use les rivages qui limitent la marche envahissante de ses flots pour combler ses vallées, élargir quelques points de ses rives et refaire en un lieu les terres qu'elle a détruites en un autre. En tout cela, rien de brusque, ni de violent, aucun phénomène insolite et, pour ainsi dire, miraculeux, mais des faits en apparence insignifiants et semblables à ceux qui se produisent tous les jours sous nos yeux.

Buffon et les causes lentes, actuelles.

« Je ne parle point, dit-il (2), de ces causes éloignées qu'on prévoit moins qu'on ne les devine, de ces secousses de la nature dont le moindre effet serait la catastrophe du monde : le choc ou l'approche d'une comète, l'absence

(1) Voyez l'analyse de ces systèmes faite par Buffon, t. Ier, p. 82 et suiv.
(2) *Histoire et théorie de la terre*, t. Ier, p. 52.

de la lune, la présence d'une nouvelle planète, etc., sont des suppositions sur lesquelles il est aisé de donner carrière à son imagination ; de pareilles causes produisent tout ce qu'on veut, et d'une seule de ces hypothèses on va tirer mille romans physiques que leurs auteurs appelleront Théorie de la terre. Comme historien, nous nous refusons à ces vaines spéculations, elles roulent sur des possibilités qui, pour se réduire à l'acte, supposent un bouleversement de l'univers, dans lequel notre globe, comme un point de matière abandonnée, échappe à nos yeux et n'est plus un objet digne de nos regards; pour les fixer il faut le prendre tel qu'il est, en bien observer toutes les parties, et par des inductions conclure du présent au passé; d'ailleurs des causes dont l'effet est rare, violent et subit ne doivent pas nous toucher, elles ne se trouvent pas dans la marche ordinaire de la nature, mais des effets qui arrivent tous les jours, des mouvements qui se succèdent et se renouvellent sans interruption, des opérations constantes et toujours réitérées, ce sont là nos causes et nos raisons. »

Fort bien accueillie d'abord par quelques hommes du plus grand mérite, parmi lesquels il me suffira de citer l'illustre Lamarck, cette façon d'expliquer les transformations subies par notre globe, ne tarda pas à être vivement combattue. Sans parler des savants de second ordre, ni des personnages intéressés à la trouver fausse, qui firent effort pour la renverser, elle eut dans Cuvier, au commencement de ce siècle, un adversaire plus redoutable encore par sa haute position que par sa grande valeur scientifique (1).

Cuvier et les révolutions brusques.

Observateur très sagace et très laborieux, mais esprit timide et peu généralisateur, analyste et non synthétiste, Cuvier vécut aux antipodes intellectuelles de Buffon. Il s'était adonné de bonne heure à l'étude de l'anatomie comparée et n'avait pas tardé à concevoir le désir d'édifier une classification des animaux qui fût de nature à rivaliser avec celle de Linné. En lui écrivant de venir à Paris, Mertrud (2) lui avait dit : « Venez jouer parmi nous le rôle d'un Linné. » C'est, en effet, à ce rôle qu'il prétend.

Buffon s'était efforcé de mettre en relief les affinités qui rapprochent tous les organismes vivants; il avait, comme nous le verrons plus tard, posé les bases de la magnifique doctrine, aujourd'hui certifiée par des milliers de faits, qui montre tous les êtres dérivant les uns des autres; en même temps que lui et plus tard, Lamarck avait accumulé les preuves en faveur de cette doctrine et en avait précisé les détails. Geoffroy Saint-Hilaire devait

(1) Georges Cuvier naquit à Montbelliard le 23 août 1769. Il mourut à Paris le 13 mai 1832. En 1794, il fut nommé suppléant de Mertrud à la chaire d'anatomie comparée du Muséum d'histoire naturelle de Paris. En 1795, il entra à l'Institut national, qui venait d'être fondé. En 1796, il professe à l'École centrale du Panthéon; en 1802, il est nommé professeur au Muséum. En 1808, l'empereur le nomme membre du conseil de l'Université; en 1813, il est maître des requêtes; il devient ensuite conseiller d'État, président du comité de l'Intérieur, chancelier de l'Instruction publique et pair de France en 1831.

(2) Voyez la note précédente.

bientôt lui donner de nouvelles forces et lui imprimer un mouvement en avant qui n'a fait depuis lors que s'accélérer. Cuvier passa trente-cinq ans de sa vie à contrarier, à ralentir ce mouvement, dont il aurait renversé la direction, si la vérité n'était pas plus forte que les hommes les plus puissants.

L'enchaînement de l'œuvre et des idées de Cuvier est facile à voir. Il découvre que l'on peut assez aisément diviser tout le règne animal en quatre grands groupes qu'il nomme « embranchements » : les vertébrés, les mollusques, les articulés, les zoophytes. Il ne tarde pas, exagérant l'importance des différences qu'il a saisies, à considérer chacun de ces groupes comme indépendant de tous les autres, comme isolé par « une sorte de circonvallation (1) », et enfin, comme ayant une origine distincte ou, pour parler son langage et mieux exprimer sa pensée, comme ayant été l'objet « d'une création spéciale. » Il est confirmé dans cette pensée par la constatation déjà faite par Buffon que les espèces actuelles diffèrent des espèces fossiles; mais, généralisant les découvertes faites dans cette direction, il nie d'une façon absolue qu'aucune espèce fossile ressemble à une espèce actuelle; les fossiles sont tous pour lui des espèces détruites. De là découle tout son système des révolutions du globe. Il raille Buffon, et Lamarck, et Hutton, et Playfair, et Marschall, et tous ceux qui pensent avec Buffon que des causes lentes et actuelles ont pu transformer le globe et les organismes qui le peuplent. Ce qu'il admet, ce sont des révolutions brusques et violentes, qui ont détruit tout ce qui existait au moment où elles se sont produites dans les lieux qui les ont ressenties. Il ne paraît pas, en effet, croire à des révolutions générales, totales, mais plutôt à des révolutions partielles, nombreuses et subites.

Le débat entre les partisans des causes actuelles et ceux des révolutions a été vif; il n'est même pas encore entièrement terminé. Le lecteur me saura donc gré de mettre sous ses yeux les pièces les plus importantes du procès. Je donne d'abord la parole à Cuvier, pour lui permettre d'exposer lui-même ses idées. « Examinons, dit-il (2), ce qui se passe aujourd'hui sur le globe, analysons les causes qui agissent encore à sa surface et déterminons l'étendue possible de leurs effets. C'est une partie de l'histoire de la terre d'autant plus importante que l'on a cru longtemps pouvoir expliquer, par ces causes actuelles, les révolutions antérieures, comme on explique aisément, dans l'histoire politique, les événements passés, quand on connaît bien les passions et les intrigues de nos jours. Mais nous allons voir que malheureusement il n'en est pas ainsi dans l'histoire physique : le fil des opérations est rompu, la marche de la nature est changée, et aucun des agents qu'elle emploie aujourd'hui ne lui aurait suffi pour produire ses anciens ouvrages. »

(1) Ce mot est de Flourens, l'élève et l'admirateur passionné de Cuvier.
(2) *Discours sur les révolutions de la surface du globe*, 8e édition, p. 32.

Nous reviendrons plus bas sur les preuves que Cuvier croit trouver dans les faits; nous examinerons ces faits avec toute l'attention qu'ils méritent; pour le moment, je me borne à dégager de l'œuvre de Cuvier l'expression de sa théorie. Il dit encore (1) : « Lorsque je soutiens que les bancs pierreux contiennent les os de plusieurs genres, et les couches meubles ceux de plusieurs espèces qui n'existent plus, je ne prétends pas qu'il ait fallu une création nouvelle pour produire les espèces aujourd'hui existantes; je dis seulement qu'elles n'existaient pas dans les lieux où on les voit à présent et qu'elles ont dû y venir d'ailleurs. » Indépendamment des nombreuses et subites révolutions partielles qui se seraient produites à des époques très reculées de l'histoire de notre globe, Cuvier en admet une dernière, récente et beaucoup plus étendue. « Je pense, dit-il, que s'il y a quelque chose de constaté en géologie, c'est que la surface de notre globe a été victime d'une grande et subite révolution, dont la date ne peut remonter beaucoup au delà de cinq ou six mille ans, que cette révolution a enfoui et fait disparaître les pays qu'habitaient auparavant les hommes et les espèces d'animaux aujourd'hui les plus connus; qu'elle a, au contraire, mis à sec le fond de la dernière mer, et en a formé les pays aujourd'hui habités; que c'est depuis cette révolution que le petit nombre des individus épargnés par elle, se sont répandus et propagés sur les terrains nouvellement mis à sec, et par conséquent que c'est depuis cette époque seulement que nos sociétés ont repris une marche progressive, qu'elles ont formé des établissements, élevé des monuments, recueilli des faits naturels et combiné des systèmes scientifiques.

» Mais ces pays aujourd'hui habités, et que la dernière révolution a mis à sec, avaient déjà été habités auparavant, sinon par des hommes, du moins par des animaux terrestres; par conséquent, une révolution précédente, au moins, les avait mis sous les eaux; et, si l'on peut en juger par les différents ordres d'animaux dont on y trouve des dépouilles, ils avaient peut-être subi jusqu'à deux ou trois irruptions de la mer. »

Rapprochons ces citations et tirons-en la substance de la théorie de Cuvier : La terre a été l'objet de révolutions subites, nombreuses, plus ou moins générales, produites par des causes totalement différentes de celles qui agissent de nos jours; chaque révolution a détruit toutes les espèces qui vivaient dans le lieu où elle s'est produite; des espèces nouvelles venues d'ailleurs ont ultérieurement remplacé les anciennes, enfin, ces révolutions ont consisté dans un envahissement brusque des continents par les eaux de la mer ou, au contraire, dans un retrait non moins brusque des eaux qui mettait à sec les continents. Je dois ajouter, en passant, que Cuvier croyait à la fixité absolue des espèces. Mais je laisse de côté ce point que j'aurai à traiter plus tard avec toute l'attention dont il est digne.

(1) *Discours sur les révolutions de la surface du globe*, p. 135.

Connaissant la théorie des révolutions de Cuvier, nous devons examiner les preuves sur lesquelles il l'appuie.

Le nombre en est peu considérable; leur importance est encore moindre. La richesse de certaines couches de terrains en coquilles fossiles est la première preuve que Cuvier invoque en faveur de ses révolutions. Il déduit, avec raison, de la présence de ces coquilles, que la mer a occupé les lieux dans lesquels on les trouve. C'est précisément la conclusion à laquelle était parvenu Buffon. Il tire sa deuxième preuve de l'inclinaison de certaines couches coquillières, particulièrement des couches situées dans le voisinage des montagnes. Il insiste sur le fait indéniable que, dans ces points, les couches riches en coquilles marines sont redressées contre les flancs des montagnes, et, parfois, surmontées de couches horizontales, également riches en fossiles marins, d'où il conclut, encore avec raison, que « la mer, avant de former les couches horizontales, en avait formé d'autres, que des causes quelconques avaient brisées, redressées, bouleversées de mille manières. » C'est à cela que se réduisent les preuves qu'il invoque en faveur des révolutions elles-mêmes.

Il reste à démontrer qu'elles ont été nombreuses et subites. En faveur du grand nombre des révolutions, il invoque le fait, méconnu par Buffon, de l'alternance de couches riches en fossiles terrestres ou d'eau douce avec des couches qui ne contiennent que des fossiles marins; et cet autre fait que, même dans les couches marines, les fossiles varient d'une couche à l'autre, « quoiqu'il y ait, dit-il (1), quelques retours d'espèces à de petites distances; il est vrai de dire, en général, que les coquilles des couches anciennes ont des formes qui leur sont propres; qu'elles disparaissent graduellement pour ne plus se montrer dans les couches récentes, encore moins dans les mers actuelles, où l'on ne découvre jamais leurs analogues d'espèce, où plusieurs de leurs genres eux-mêmes ne se retrouvent pas; que les coquilles des couches récentes, au contraire, ressemblent, pour le genre, à celles qui vivent dans nos mers, et que dans les dernières et les plus meubles de ces couches, et dans certains dépôts récents et limités, il y a quelques espèces que l'œil le plus exercé ne pourrait distinguer de celles que nourrissent les côtes voisines. »

Il restait à démontrer que les révolutions ont été subites. Comme c'est ce dernier caractère qui est le plus important, au point de vue de la théorie de Cuvier, c'est celui qui devait être appuyé du plus grand nombre de preuves et des preuves les plus solides. Il est cependant loin d'en être ainsi. Afin de ne pas être accusé d'atténuer l'importance des arguments, je laisse la parole à Cuvier lui-même. Après avoir parlé de l'existence des révolutions et de leur nombre, il ajoute un alinéa qui a pour titre : « Preuves que ces révolu-

(1) *Discours sur les révolutions de la surface du globe*, p. 19.

tions ont été subites » et que je reproduis intégralement (1) : « Mais, ce qu'il est aussi bien important de remarquer, ces irruptions, ces retraites répétées n'ont point toutes été lentes, ne se sont point toutes faites par degrés. Au contraire, la plupart des catastrophes qui les ont amenées ont été subites; et cela est surtout facile à prouver pour la dernière de ces catastrophes; pour celle qui, par un double mouvement, a inondé et ensuite remis à sec nos continents actuels, ou du moins une grande partie du sol qui les forme aujourd'hui. Elle a laissé encore, dans les pays du Nord, des cadavres de grands quadrupèdes que la glace a saisis, et qui se sont conservés jusqu'à nos jours avec leur peau, leurs poils et leur chair. S'ils n'eussent été gelés aussitôt que tués, la putréfaction les aurait décomposés. Et, d'un autre côté, cette gelée éternelle n'occupait pas auparavant les lieux où ils ont été saisis; car ils n'auraient pas pu vivre sous une pareille température. C'est donc le même instant qui a fait périr les animaux, et qui a rendu glacial le pays qu'ils habitaient. Cet événement a été subit, instantané, sans aucune gradation, et ce qui est si clairement démontré pour cette dernière catastrophe ne l'est guère moins pour celles qui l'ont précédée. Les déchirements, les redressements, les renversements des couches plus anciennes ne laissent pas douter que des causes subites et violentes ne les aient mises en l'état où nous les voyons; et même la force des mouvements qu'éprouva la masse des eaux est encore attestée par les amas de débris et de cailloux roulés qui s'interposent en beaucoup d'endroits entre les couches solides. La vie a donc souvent été troublée sur cette terre par des événements effroyables. Des êtres vivants sans nombre ont été victimes de ces catastrophes : les uns, habitants de la terre sèche, se sont vus engloutis par des déluges; les autres, qui peuplaient le sein des eaux, ont été mis à sec avec le fond des mers subitement relevé; leurs races mêmes ont fini pour jamais et ne laissent dans le monde que quelques débris à peine reconnaissables pour le naturaliste. Telles sont les conséquences où conduisent nécessairement les objets que nous rencontrons à chaque pas, que nous pouvons vérifier à chaque instant, presque dans tous les pays. Ces grands et terribles événements sont clairement empreints partout pour l'œil qui sait lire l'histoire dans leurs monuments. »

Remarquons d'abord que dans ce passage, le plus important de tous, au point de vue de la théorie des révolutions, Cuvier semble ne pas considérer *toutes* les révolutions comme également subites. Il dit que « ces irruptions, ces retraites, n'ont point *toutes* été lentes », comme s'il admettait que quelques-unes l'ont été; il dit un peu plus bas que « la plupart des catastrophes ont été subites », comme s'il craignait qu'on lui en montrât de manifestement lentes.

(1) *Discours sur les révolutions de la surface du globe*, p. 22.

Quant aux arguments qu'il invoque en faveur de la soudaineté de celles qu'il considère comme « subites », ils sont d'une bien maigre valeur : c'est la présence dans les glaces du Nord d'éléphants encore recouverts de leur chair, de leur peau et de leurs poils ; ce sont « les déchirements, les redressements, les renversements » des couches anciennes; ce sont enfin « les amas de débris et de cailloux roulés qui s'interposent en beaucoup d'endroits entre les couches solides. »

Nous examinerons la valeur de ces divers faits au point de vue de la théorie des révolutions. Mais, auparavant, je tiens à parler de l'aide puissant que trouva la théorie des révolutions dans l'un des géologues les plus distingués de ce siècle, Élie de Beaumont (1).

Élie de Beaumont et les soulèvements brusques des montagnes.

Cet illustre savant admettait : en premier lieu, que les chaînes de montagnes se sont soulevées brusquement; en second lieu, que chaque soulèvement a été accompagné d'un changement également brusque dans les formations sédimentaires voisines, changement caractérisé par une différence considérable des types organiques; en troisième lieu, que toutes les chaînes de montagnes soulevées par une même révolution brusque ont une direction constante et sont parallèles les unes aux autres, même lorsqu'elles sont situées dans des contrées très écartées. M. de Beaumont pense, d'ailleurs, comme Cuvier, que l'histoire de la terre se compose de longues périodes de calme interrompues par des révolutions subites : « L'histoire de la terre, dit-il (2), présente, d'une part, de longues périodes de repos comparatif, pendant lesquelles le dépôt de la matière sédimentaire s'est opéré d'une manière aussi régulière que continue; et, de l'autre, de courtes périodes de violents paroxysmes, pendant lesquelles la continuité de cette action a été interrompue. » C'est pendant les périodes de paroxysmes que se sont produits les soulèvements brusques des montagnes et les phénomènes concomitants indiqués plus haut.

Pour expliquer ses révolutions, Élie de Beaumont admet que la croûte terrestre solide n'a pas une épaisseur de plus de 58 kilomètres et que par suite de son refroidissement graduel, le noyau central et en fusion qu'elle recouvre,

(1) Élie de Beaumont naquit à Caen (Calvados) le 25 septembre 1798. Il est mort dans le même lieu, le 22 septembre 1874. D'abord élève de l'École polytechnique, puis de l'École des mines, il fut chargé, en 1821, par le gouvernement français, d'une série de voyages métallurgiques, à la suite desquels il fut nommé ingénieur des mines (1824). En 1829 il est nommé professeur au Collège de France, puis membre de l'Académie des sciences dont il devient secrétaire général à la mort d'Arago. En 1852, l'empire lui donne un siége de sénateur. Parmi ses travaux les plus remarquables citons : *Voyage métallurgique en Angleterre* (1827); *Observations sur les différentes formations qui dans le système des masses séparent la formation houillère de celle du liais* (1827); *Recherches sur quelques-unes des révolutions de la surface du globe* (1829); *Notice sur les systèmes des montagnes*; sa collaboration au Dictionnaire des sciences naturelles de d'Orbigny et à la *Carte géologique de la France* qui commença en 1825.

(2) *Dict. universel d'histoire naturelle*, 1852, t. XIII, art. *Systèmes de montagnes*, p 272.

diminue sans cesse de volume en se séparant de la croûte solide. Celle-ci ne s'affaisse pas graduellement de manière à toujours s'adapter au noyau, mais elle reste, pendant de longues périodes géologiques, séparée du noyau central; puis, tout à coup, elle fléchit et s'affaisse en certains points, tandis que d'autres se relèvent. Ce sont ces derniers qui produisent les montagnes.

Le seul argument qu'Élie de Beaumont invoque à l'appui de sa théorie est le suivant : l'examen attentif de la plupart des montagnes montre que sur leurs flancs reposent des couches de deux sortes, les unes fortement relevées, s'élevant parfois jusqu'au sommet de la montagne, les autres horizontales, déposées sur les premières. Comme les unes et les autres offrent tous les caractères de dépôts sédimentaires, c'est-à-dire de dépôts abandonnés en couches horizontales par les eaux, il faut admettre que les premières ont été redressées, après leur formation, par le soulèvement de la montagne, et que les secondes n'ont été déposées qu'après le relèvement des premières. Élie de Beaumont, poussant plus loin les déductions, croit pouvoir affirmer que le soulèvement de la montagne s'est fait brusquement, à une époque intermédiaire au dépôt des deux séries de couches, époque qu'il regarde comme n'ayant pu être que de très courte durée.

Arguments contre les soulèvements brusques.

Lyell relève avec raison le vice de ce raisonnement. Il admet bien qu'on doit considérer le soulèvement comme postérieur à la formation des couches redressées qu'on trouve sur le flanc de la montagne, et comme antérieur au dépôt des couches horizontales, mais il fait remarquer qu'il a pu s'écouler entre ces deux formations un laps de temps extrêmement long, et que les fossiles de la couche redressée ont pu vivre dans l'océan voisin non seulement pendant toute la période du redressement, mais encore pendant que les couches horizontales se déposaient. Rien donc ne prouve que le soulèvement d'une chaîne de montagnes ait causé la disparition des animaux qui vivaient pendant la période antérieure au soulèvement. Prenons un exemple : M. de Beaumont a établi d'une manière à peu près certaine que le dernier soulèvement des Pyrénées, celui qui a donné à cette chaîne de montagnes son relief actuel, s'est produit après le dépôt des couches crétacées qui se trouvent à l'état de redressement sur le flanc de cette chaîne, et avant le dépôt des couches tertiaires qu'on trouve dans le même lieu à l'état de strates horizontales. A-t-il le droit d'en conclure que le soulèvement des Pyrénées a marqué la fin brusque de la période crétacée, la destruction de tous les organismes de cette période et l'avènement de la période tertiaire? Enfin, a-t-il le droit de conclure à la contemporanéité absolue d'une autre chaîne qui offrirait, comme les Pyrénées, du crétacé redressé et du tertiaire horizontal ? Evidemment non. Il existe du crétacé ailleurs que dans les Pyrénées et il est bien démontré que le dépôt des couches crétacées a pu cesser dans un point du globe, tandis qu'il continuait dans l'autre. « En raisonnant rigoureusement, dit Lyell (1), l'auteur ne saurait exclure les périodes crétacées ou tertiaires de la durée possible de l'intervalle pendant lequel l'exhaussement a pu se produire : car, d'une part, il n'est pas présumable que le mouvement de soulèvement ait eu lieu après la fin de la période crétacée, et tout ce que l'on peut dire, c'est qu'il s'est manifesté après le dépôt de certaines couches de cette période. D'autre part, bien que l'événement ait eu véritablement lieu avant la formation de toutes les couches tertiaires qui se trouvent actuellement à la base des Pyrénées, il ne s'en suit nullement qu'il ait précédé toute l'époque tertiaire. » A l'appui de ce raisonnement, Lyell invoque un fait qui en met en relief la valeur et l'importance : c'est celui des montagnes de la Sicile, qui ont 600 à 900 mètres de haut et dont le sommet est formé d'un calcaire dans lequel on trouve un grand nombre de coquilles fossiles appartenant à des espèces qui vivent encore de nos jours dans la Méditerranée. Il n'est pas douteux cependant que ces montagnes ont été soulevées à une époque déjà très reculée. L'existence dans la Méditerranée, d'espèces vivantes semblables aux fossiles qu'on trouve au sommet des montagnes de la Sicile, témoigne bien que le soulèvement de ces montagnes n'a pas le moins du monde entraîné la destruction des espèces qui vivaient au moment où il s'est produit. Elle témoigne aussi de la lenteur avec laquelle le soulèvement a dû se faire, puisque ce dernier n'a pas déterminé dans le milieu de modification assez forte et assez brusque pour détruire les animaux.

« Pareillement, dit Lyell (2), la craie des Pyrénées a pu, à quelque époque reculée, être soulevée à une hauteur de plusieurs centaines de mètres, tandis que les espèces que l'on trouve à l'état fossile, dans cette même craie, continuaient à figurer dans la faune de l'océan voisin. En un mot, on ne peut pas supposer que l'origine d'une nouvelle chaîne de montagnes ait mis fin à la période crétacée, et qu'elle ait servi de prélude à un nouvel ordre de choses dans la création animée. » Et le savant géologue anglais conclut (3) : « D'où il suit que tous les faits géologiques fournis par M. de Beaumont peuvent être vrais et incontestables, sans qu'il soit pourtant le moins du monde légitime d'en conclure la simultanéité ou la non-simultanéité du soulèvement de certaines chaînes de montagnes ; » ajoutons, sans qu'il soit davantage légitime d'en conclure que le soulèvement a été brusque et qu'il a déterminé la destruction de tous les organismes vivants au moment où il s'est produit.

J'ai insisté sur ces faits parce qu'ils sont les seuls qui aient pu être invoqués avec quelque apparence de raison en faveur de la théorie des révolutions du globe imaginée par Cuvier. Quant aux arguments de ce dernier, que

(1) *Principes de géologie*, t. Ier, p. 162.
(2) *Ibid.*, t. Ier, p. 164.
(3) *Ibid.*, t. Ier, p. 165.

j'ai cités plus haut, il suffira de quelques mots pour en montrer le peu de valeur.

Le plus important de tous est représenté par « les déchirements, les redressements, les renversements des couches anciennes (1). » Après ce que nous venons de dire, il serait inutile d'insister sur ces faits. Je ne veux pas, cependant, les laisser passer sans montrer que, pour expliquer leur production, il n'est nullement nécessaire d'avoir recours à des révolutions violentes et subites. Si lentement que s'effectue le soulèvement d'une montagne, il est bien évident qu'il doit déterminer le redressement des couches au niveau desquelles il se produit ; les plissements, les renversements de couches étant des phénomènes de même ordre que le redressement, attribués par tous les géologues aux mêmes causes, il est bien évident encore qu'ils pourront être produits tout aussi bien par des soulèvements ou des abaissements très lents que par des soulèvements ou des abaissements brusques et violents. N'est-il pas évident encore qu'on peut expliquer la présence « des amas de débris et de cailloux roulés qui s'interposent en beaucoup d'endroits entre les couches solides », sans avoir recours à des révolutions violentes. Les torrents, les fleuves, les glaciers, les vagues de la mer transportent tous les jours des « amas de débris et de cailloux roulés », et les accumulent au-dessus de couches solides, où ils sont plus tard recouverts par d'autres couches destinées à devenir solides. Qu'une plage soit tour à tour abandonnée et recouverte par les eaux de la mer, transformée en haut fond, puis de nouveau en rivage, et elle offrira nécessairement une alternance de couches solides « de débris et de cailloux roulés » qui aura pu être déterminée par des abaissements ou des relèvements successifs du sol aussi lents qu'on voudra les imaginer. Ce deuxième argument n'a donc aucune valeur.

C'est à peine si je crois utile de relever le troisième. De ce que l'on a trouvé dans les glaces des régions polaires des cadavres de grands quadrupèdes, dont la peau et même la chair étaient parfaitement conservées, Cuvier en conclut que l'événement qui les a fait périr a dû être subit, et que cet événement est une révolution du globe. Il faudrait cependant distinguer entre un événement qui enlise brusquement un animal dans de l'eau en voie de congélation et une révolution qui bouleverse la surface du globe. Qu'un bœuf ou un éléphant essaie de traverser un fleuve qui se congèle, il sera tué par le froid, enveloppé par la glace, entraîné par elle vers le Nord, où de nouveaux glaçons se formeront autour de lui ; et s'il parvient à une latitude où la glace ne fond jamais, on pourra, quelques milliers de siècles plus tard, le retrouver aussi intact qu'il l'était le premier jour.

Cuvier fait observer, il est vrai, que l'éléphant étant un animal des régions chaudes, on ne saurait expliquer sa présence dans la glace que par

(1) Voyez plus haut, p. 153.

une transformation tellement subite du climat, que les éléphants ont été tués par un froid survenu brusquement et enveloppés par les premières glaces produites. « C'est le même instant, dit-il, qui a fait périr les animaux et qui a rendu glacial le pays qu'ils habitaient. » A cela il faut répondre que la présence de poils épais sur la peau de certains des grands mammifères trouvés dans les glaces du Nord, indique qu'ils ont vécu dans ces contrées à une époque où elles avaient déjà une température froide. Il suffirait aussi d'admettre que leurs cadavres ont été entraînés par les glaces des fleuves.

Un autre fait a été invoqué en faveur de l'existence, dans les temps anciens, de révolutions brusques et violentes, c'est la présence de rochers souvent très volumineux à des distances parfois énormes des lieux dans lesquels existent des roches semblables, et d'où par conséquent ils ont dû être arrachés. Les partisans des révolutions demandent comment on pourrait expliquer le transport de ces blocs dits *erratiques*, si l'on n'admet pas qu'ils ont été soulevés et entraînés par des secousses violentes ou par l'irruption non moins violente de grandes masses d'eau. La réponse a été faite à cette question par les observations modernes. Il est aujourd'hui démontré avec la plus rigoureuse exactitude que tous les blocs erratiques ont été entraînés par les glaces. Nous reviendrons plus bas sur cette question.

Aucun des arguments invoqués en faveur de révolutions brusques et violentes dont notre globe aurait été le théâtre ne présente la valeur qui leur a été attribuée par leurs auteurs. On pourrait en ajouter quelques autres, en apparence plus probants. On pourrait, par exemple, invoquer à l'appui de ces révolutions, l'apparition et la disparition brusques de certaines îles dont l'histoire a conservé le souvenir. Parmi les plus importants de ces phénomènes, rappelons l'éruption, au centre du bassin limité par la grande île de Santorin, des petites îles Kaïmenis, qui eut lieu avant et après notre ère. Pline rapporte qu'en l'année 168 avant Jésus-Christ, on vit apparaître l'île « vieille Kaïmeni » ou Hiera (île sacrée); en 19 après Jésus-Christ, apparut une autre île (Thia, la divine), qui bientôt fut réunie à la première, dont elle n'était distante que de 250 pas. En 726, la vieille Kaïmeni acquit des dimensions plus grandes; en 1427, elle s'agrandit encore; en 1573, une nouvelle île apparut, la Micra-Kaïmeni ou petite île brûlée. En 1650, de violentes perturbations survinrent à peu de distance de Santorin, et il s'éleva un haut fond à 5,600 mètres au nord-est de Théra. De 1707 à 1709, apparut une nouvelle île (Nea Kaïmeni) entre les deux Kaïmenis déjà existantes. Enfin, en février 1866, une nouvelle éruption fut accompagnée de l'apparition d'une nouvelle petite île, à laquelle on a donné le nom d'Aphroessa. En étudiant avec attention l'histoire de l'île de Santorin ou celle des petites îles dont nous venons de parler, on s'assure aisément que les îles principales (Théra, la plus grande, et Therasia plus petite) dont la forme est celle d'un cercle ouvert à l'ouest, représentent le pourtour d'un cône volcanique, au centre duquel les îles Kaïmenis, Aphroessa, etc., constituent des cônes secondaires. L'ensemble des îles Santorin ne représente donc pas un soulèvement semblable à celui de montagnes véritables, mais un simple volcan. Il existe, en effet, cette différence entre les montagnes et les volcans, que les montagnes sont produites par un soulèvement des couches qui composaient antérieurement le sol, là où elles se produisent, tandis que les volcans sont, pour ainsi dire, de simples cheminées par lesquelles sortent des matières en fusion qui se déposent sur les terrains préexistants, sans modifier la disposition primitive de ces terrains. « On avait d'abord admis, avec de Buch et A. de Humboldt, que l'activité volcanique déterminait un soulèvement central des roches qui se trouvaient au voisinage du foyer de l'éruption, de manière que les couches de débris, de tufs, de cendres, qui reposaient d'abord horizontalement sur les couches sédimentaires voisines, devaient leur disposition inclinée autour de la cheminée d'éruption à la force d'expansion des produits éruptifs, surtout des gaz. Mais, dans ce cas, les roches sédimentaires formant le substratum des matières volcaniques auraient dû, nécessairement, prendre part au soulèvement, et c'est ce que l'observation n'a pas démontré. On a vu, au contraire, que la position des roches sur lesquelles reposent les cônes d'éruption n'était nullement influencée par les phénomènes volcaniques. Les quartzites et schistes de la région de Laach, comme les quartzites et schistes du mont Élie à Santorin ont entièrement conservé leur situation primitive, malgré les nombreuses éruptions volcaniques qui les ont traversés (1). »

On ne peut donc établir aucune analogie entre la formation brusque des îles produites par des éruptions volcaniques et le soulèvement des montagnes. Or, toutes les îles dont l'apparition subite ou la disparition ont été consignées dans l'histoire ne sont que des cônes volcaniques analogues à ceux de Santorin. Cela s'applique notamment à l'île Graham, qui fit son apparition en 1831, dans la Méditerranée, entre la côte sud-ouest de la Sicile et la côte d'Afrique. Son émersion fut précédée de secousses de tremblements de terre, d'éruption de fumées, de vapeurs et de scories, et elle affecta très exactement la forme d'un sommet de cratère, de même qu'elle en avait la structure ; après avoir acquis, dans l'espace d'un mois environ, une circonférence de près de 5,000 mètres, elle disparut peu à peu, détruite par les vagues ; deux mois plus tard elle n'avait plus que 700 mètres de circonférence, et bientôt elle ne forma plus qu'un récif sous-marin. Elle n'était composée que de lave et de scories rejetées par un volcan. Cette histoire est, à peu de chose près, celle de l'île Nyoë (île nouvelle), qui, en 1783, fit son apparition dans le voisinage de l'Islande, et disparut l'année suivante, détruite par les vagues.

Des considérations analogues s'appliquent à tous les phénomènes qui ont

(1) Credner, *Traité de géologie et de paléontologie*, p. 130.

accompagné la production des éruptions volcaniques célèbres. Parmi ces faits, je pourrais rappeler l'apparition de Monte-Nuovo, près de Pouzzole, en 1538, la formation des cônes secondaires de l'Etna, l'ensevelissement de Pompéi, d'Herculanum et d'un grand nombre d'autres villes ou villages sous les laves ou les cendres rejetées par les volcans et les désordres considérables occasionnés par les tremblements de terre. Tous ces phénomènes se produisent, il est vrai, très brusquement, et peuvent déterminer de grands ravages, mais ils n'ont rien de commun avec les soulèvements des chaînes de montagnes ou les grands affaissements de continents, dont la surface de la terre porte les traces indélébiles. Ils déterminent la destruction d'un certain nombre d'hommes et d'ouvrages humains, d'animaux et de végétaux; des villages, des villes peuvent être couverts par les déjections des volcans; des surfaces énormes de champs peuvent être ainsi stérilisées; mais, tout cela est local, ne ressemble en rien aux révolutions imaginées par Cuvier et de Beaumont, révolutions qui auraient fait disparaître d'un seul coup un nombre immense, non pas d'individus, mais d'espèces et même de genres et de familles d'animaux et de végétaux. Ces révolutions effroyables, parmi les phénomènes qui se produisent sous nos yeux, aucun ne peut nous en donner une idée, et nous sommes obligés, pour les concevoir, de faire des efforts d'imagination aussi grands qu'inutiles.

Causes actuelles.

Il est, en effet, facile de s'assurer que si aucun fait ne démontre l'existence de ces révolutions, tous ceux qu'il nous est actuellement permis d'observer concordent pour nous faire croire que les transformations, même les plus considérables, subies par notre globe, ont pu être déterminées par les causes qui agissent de nos jours. Nous avons, plus haut, divisé ces causes en deux groupes : celui des causes ignées et celui des causes aqueuses. Nous allons les étudier successivement en commençant par les premières.

Causes ignées actuelles.

Nous avons déjà eu l'occasion, à propos des volcans et de la formation des montagnes, de parler de l'action actuelle des causes ignées. Nous n'aurons que peu de chose à ajouter ici. Il est impossible de méconnaître l'importance de ces causes dans les transformations locales que subissent, de nos jours, certaines portions de la surface de notre globe. Dans le nouveau monde, la vaste région des Andes; dans l'ancien, les contrées volcaniques de l'Europe et de l'Asie sont chaque jour le théâtre de quelque bouleversement produit par les éruptions volcaniques ou les tremblements de terre.

Quoique ces phénomènes n'aient rien de commun, ainsi que je l'ai fait remarquer plus haut, avec les révolutions de Cuvier et d'Élie de Beaumont, ils n'en ont pas moins une action sérieuse sur les contours extérieurs de notre globe et peuvent, en se répétant, les modifier beaucoup. A la suite de certains tremblements de terre, on a vu la mer envahir des régions qui avaient été jusqu'alors à l'abri de ses atteintes, ou, au contraire, se retirer de localités qu'elle recouvrait depuis de nombreux siècles. Parmi les faits de cet ordre les plus significatifs, citons celui dont le delta de l'Indus a été le théâtre en 1819. Un tremblement de terre, qui eut lieu le 16 juin de cette année, se fit sentir sur un espace de plus de 1,600 kilomètres autour de la ville de Bhooj qui fut démolie en totalité; on le ressentit à Calcutta et à Pondichéry; le canal oriental de l'Indus, qui sépare la province de Kotch de celle du Sinde et qui n'était pas navigable, n'ayant que $0^m,30$ de profondeur à la basse mer et $1^m,80$ à la haute mer, acquit tout à coup une profondeur de $5^m,40$ aux basses eaux; toute la région voisine fut transformée en une lagune ou mer intérieure de 5,180 kilomètres carrés, tandis qu'à 8 kilomètres du village de Sindree, la plaine se soulevait en un grand monticule auquel les habitants stupéfaits donnèrent le nom de Ullah Bund (monticule de Dieu), et subissait autour de ce dernier un exhaussement général sensible sur une surface de plus de 25,000 mètres. En 1826, le bras oriental de l'Indus, recevant tout à coup une quantité d'eau infiniment supérieure à celle qu'il offrait d'habitude, se frayait un passage à travers la région soulevée, coupait en deux l'Ullah Bund, situé sur son trajet, et se taillait, dans ce monticule, un lit qui atteignit bientôt plus de 40 mètres de large et plus de 5 mètres de profondeur. En 1826 et 1827, des phénomènes analogues se produisirent dans la Nouvelle-Zélande. Une petite crique, connue sous le nom de Jail, très fréquentée des baleiniers à cause de sa profondeur et de la facilité qu'elle offrait à l'abordage, eut son sol soulevé au point qu'elle fut entièrement convertie en terre ferme. Au Chili, en 1837, à la suite d'un tremblement de terre qui détruisit la ville de Valdivia, on constata, près de l'île Lemus, dans l'archipel des Chonos, un exhaussement de $2^m,40$ du sol de la mer. Dans le même pays, en 1835, un tremblement de terre, dont les secousses furent ressenties sur un espace ayant 1,600 kilomètres de large, entre Copiapo et Chiloé, et 800 kilomètres de large entre Mendoza et Juan-Fernandez, et qui détruisit plusieurs villes, la terre ferme fut élevée de $1^m,20$ à $1^m,50$ dans l'île de Santa-Maria; à Tubal, l'exhaussement fut de $1^m,80$. Quelques mois plus tard, on put constater que le sol s'était de nouveau abaissé, mais il ne reprit pas son ancien niveau. A d'autres époques rapprochées de nous, en 1822, par exemple, un exhaussement analogue accompagna, dans le même pays, des tremblements de terre plus ou moins forts. Le plus fort de ces exhaussements et aussi le plus étendu est celui de 1822. Tout l'espace qui s'étend entre le pied des Andes et la mer se souleva. Sur la côte, l'exhaussement fut estimé de $0^m,60$ à $1^m,20$; à deux kilomètres, il fut, dit-on, de plus de 2 mètres; on estima que le soulèvement s'était produit sur un espace de près de 3,000 kilomètres carrés.

« Il importe de considérer, dit Lyell, à qui j'emprunte ces faits (1), quelle énorme quantité de changements cette seule convulsion dut occa-

(1) *Principes de géologie*, t. II, p. 125.

sionner ; si réellement l'étendue du pays soulevé fut de 298,989 kilomètres carrés, étendue précisément égale à celle de la moitié de la France, on aura cinq sixièmes de l'espace que comprend la Grande-Bretagne unie à l'Irlande. Si l'on suppose qu'en moyenne l'élévation n'a été que de 0m,90, on trouve que la masse de roche, ainsi ajoutée au continent d'Amérique, ou, en d'autres termes, que la masse qui, avant le tremblement de terre, était au-dessous du niveau des eaux, et qui, après, s'est trouvée d'une manière permanente au-dessus, doit avoir présenté un volume de 237 kilomètres carrés, 573,476 ; ce qui suffirait pour former une montagne conique de 3,200 mètres de hauteur (à peu près celle de l'Etna), et ayant environ 52,800 mètres de circonférence à sa base. On peut estimer la pesanteur spécifique moyenne de la roche à 2,655, moyenne assez exacte et fort commode dans de telles évaluations, parce qu'à ce taux le yard cube (0mc,7645) pèse 2 tonneaux. Or, si l'on admet que la grande pyramide d'Égypte, considérée comme une masse pleine, pèse, suivant une estimation qui a été déjà donnée, 6 millions de tonneaux, on arrive à cette conséquence que la quantité de roche ajoutée au continent par le tremblement de terre du Chili a surpassé 100,000 pyramides. Mais on ne doit pas perdre de vue que le poids de la roche dont il est ici question ne formait qu'une partie insignifiante de la résistance totale que les forces volcaniques avaient à surmonter. L'épaisseur de la roche comprise entre la surface du sol, au Chili, et les foyers souterrains de l'action volcanique peut bien être de plusieurs kilomètres ou de plusieurs lieues. Supposons que cette épaisseur soit seulement de 3,200 mètres, alors le volume de la masse qui s'est déplacée et élevée de 0m,90 sera encore de 832,000 kilomètres cubes, et, par conséquent, son poids excédera celui de 363 millions de pyramides. »

Je me suis étendu sur ces faits et j'ai tenu à exposer les considérations qu'ils ont provoquées de la part de l'illustre géologue anglais parce que plus que tous les autres qu'on pourrait invoquer, ils paraissent susceptibles de fournir un argument favorable à la théorie de Cuvier sur les révolutions du globe. Les partisans de cette théorie n'auraient-ils pas le droit de supposer que si, à notre époque, de pareils soulèvements brusques peuvent se produire, il a dû y en avoir de bien plus intenses aux âges reculés de la terre, alors que la croûte solide du globe avait une moindre épaisseur? C'est, en effet, une argumentation qui a été produite, mais on remarquera qu'elle repose tout entière sur une série d'hypothèses dont il faudrait, au préalable, démontrer l'exactitude. Il faut admettre, en premier lieu, que la terre s'est refroidie de la périphérie au centre, ce qui n'est nullement démontré d'une manière rigoureuse; en second lieu, partant de cette première hypothèse, il faudrait prouver que les grands soulèvements de montagnes se sont tous produits à l'époque où la croûte terrestre était encore assez mince pour permettre des exhaussements brusques de plusieurs centaines ou même de milliers de mètres, car des soulèvements moindres ,si rapprochés qu'on les suppose, n'auraient pu déterminer les destructions brusques d'espèces entières d'animaux et de plantes que Cuvier et ses partisans mettent sur le compte de leurs révolutions. Or, cette deuxième supposition est contredite par tous les faits connus. On sait d'une manière positive que la plupart des grandes chaînes de montagnes n'ont commencé à se soulever qu'à une époque relativement récente, alors que la portion superficielle de notre globe offrait la solidité qu'elle présente aujourd'hui.

Il me paraît donc impossible de voir dans les soulèvements brusques, mais relativement très faibles dont nous avons parlé plus haut, un argument en faveur de la théorie des révolutions. J'y vois au contraire une preuve de la fausseté de cette théorie et un argument à l'appui de celle des causes actuelles. Rien n'empêche de supposer, par exemple, que la région des Andes ait été, depuis une époque extrêmement reculée, le siège de soulèvements faibles, semblables à ceux dont nous avons parlé, se renouvelant cinq, six, dix fois peut-être par siècle. En s'ajoutant les unes aux autres, ces modifications, en apparence insignifiantes, apportées au relief de notre globe, finissent nécessairement par changer ce relief, au point de le rendre méconnaissable et de remplacer une série de plaines par une chaîne de montagnes. Pour explipliquer ces exhaussements faibles, mais très nombreux et se produisant pendant une très longue période de temps dans un même point du globe, il n'est pas nécessaire de supposer que la terre est liquide au centre, il suffit d'admettre l'existence de cavités pleines de liquides en fusion dans les régions où ils se produisent. Le grand nombre des foyers volcaniques qui existent dans les Andes, leur voisinage de la mer, les éruptions et les tremblements de terre fréquents dans toute cette région, permettent d'affirmer qu'il existe le long de la côte américaine du Pacifique, au-dessous de la chaîne des Andes, une série de cavités pleines de matières en fusion, communiquant avec la mer et se trouvant par suite en de bonnes conditions pour produire les exhaussements dont nous avons parlé.

La certitude où nous sommes aujourd'hui, d'après tous les faits connus, que les grandes chaînes de montagnes ont toutes été produites en plusieurs fois, apporte un témoignage important en faveur de cette manière de voir. D'autres faits encore la corroborent.

Exhaussements, affaissements lents et insensibles du sol.

Parmi eux, je dois citer en première ligne les exhaussements insensibles qui se produisent de nos jours en certains points du globe. Il est aujourd'hui rigoureusement démontré qu'au niveau du cap Nord, le sol s'élève insensiblement d'environ $1^m,50$ par siècle. Un peu plus au sud, l'exhaussement séculaire n'est que de 30 centimètres; plus bas encore, à la hauteur de Stockholm, il n'est que de 76 millimètres. En admettant que ces divers points continuent à s'élever dans les mêmes proportions, le cap Nord se serait, au bout de mille siècles, élevé de 1,500 mètres et formerait une véritable montagne par rapport à Stockholm qui ne serait élevé que de 76 mètres. Or, mille siècles dans l'histoire de la terre ont moins de valeur que mille secondes dans la vie d'un homme. Tandis que certains points de la surface de notre globe s'exhaussent lentement ou par soubresauts brusques, d'autres points subissent des affaissements de même nature. Boussingault (1) a émis l'idée que certaines montagnes des Andes ont diminué de hauteur à une époque récente. Un grand nombre d'îles du Pacifique subissent de nos jours un abaissement graduel, mis en évidence par la façon dont se forment les bancs de coraux qui les environnent. Dans certaines régions du Groenland le même fait est non moins manifeste.

Il est nécessaire de faire remarquer qu'un exhaussement aussi lent peut fort bien se produire sans déterminer une altération notable dans la faune ou la flore des régions qui le subissent. Les faits actuels en témoignent. Il existe en Norvège des plaines ayant une hauteur de 210 mètres dans lesquelles on trouve des coquilles fossiles appartenant à des espèces qui vivent actuellement dans les mers voisines. En Sicile, des montagnes de 600 mètres de haut présentent sur leur sommet des coquilles fossiles d'espèces actuelles. Or, ces plaines de la Norvège et ces montagnes de la Sicile datent d'une époque séparée de nous, sans aucun doute, par plusieurs milliers d'années et peut-être de siècles.

Mode d'action des causes ignées actuelles.

Tous les phénomènes d'exhaussement et d'abaissement du sol que nous venons de citer sont évidemment produits par les causes ignées. Il nous reste à examiner la façon dont ces dernières agissent. Je ne reviendrai pas ici sur la question du feu central. Nous avons déjà vu plus haut que tous les phénomènes ayant la chaleur pour cause peuvent être expliqués sans qu'il soit nécessaire d'admettre que le centre de la terre est en fusion ou même à une température très élevée. Il suffit pour cela de supposer que des foyers locaux de chaleur existent en certains points du globe, et nous savons qu'on peut expliquer leur existence par des phénomènes physiques et chimiques semblables à ceux qui se passent tous les jours sous nos yeux. Nous avons déjà dit comment ces foyers agissent pour déterminer les éruptions volcaniques et les tremblements de terre. Nous n'avons pas besoin d'ajouter que leur action est la même dans les phénomènes de soulèvements brusques dont nous avons cité plus haut des exemples ; nous avons vu, en effet, que ces soulèvements s'étaient toujours produits en même temps que des tremblements de terre très violents. La portion de la croûte terrestre située au-dessus des foyers souterrains se trouve soulevée par la force d'expansion des gaz et des vapeurs lorsque ces derniers ne trouvent pas une issue par la bouche des volcans. Si, plus tard, les gaz fortement dilatés qui ont déterminé le soulèvement parviennent à s'échapper, la région qui avait été soulevée s'affaisse plus ou

(1) *Bull. soc. géol. de France*, t. VI, p. 56.

moins rapidement. Nous avons signalé ce phénomène dans plusieurs localités. Les régions montagneuses étant toujours riches en volcans, il est permis, d'après ce que nous venons de dire, de supposer que la plupart des chaînes de montagnes ont été produites par le procédé que nous venons d'indiquer. Ce qui tend encore à le démontrer, c'est que la structure de la plupart des grandes chaînes et la disposition des terrains dans leur voisinage témoignent que l'exhaussement s'est fait en plusieurs fois, des périodes de *statu quo* souvent très longues alternant avec des périodes d'exhaussement.

Quant aux soulèvements lents et continus dont nous avons cité quelques exemples on peut les expliquer d'autres façons. Il est permis de les attribuer à la dilatation. Certaines régions du globe se dilatent sous l'influence d'un échauffement graduel et chaque jour plus intense, échauffement déterminé lui-même par des phénomènes électriques ou chimiques. Si la masse qui s'échauffe est formée de substances diverses et inégalement dilatables, le soulèvement sera lui-même inégal, plus marqué dans les points situés au-dessus des matières les plus dilatables, moins fort dans ceux qui correspondent aux substances qui se dilatent le moins. C'est ainsi qu'on pourra expliquer pourquoi l'exhaussement est de $1^{m},50$ par siècle au pôle nord, tandis que plus au sud, à Stockholm, il n'est que de 76 millimètres.

On peut encore expliquer les exhaussements graduels et lents d'une autre façon. Nous aurons à dire, plus bas, avec quelle facilité les eaux de la surface du sol pénètrent à travers les roches même les plus dures et s'infiltrent dans le sol à des profondeurs considérables. Lorsque ces eaux ou les vapeurs qui s'en dégagent sont riches en matières minérales dissoutes, elles en abandonnent une grande partie dans les interstices des roches qu'elles traversent; celles-ci augmentent ainsi graduellement de volume, et soulèvent les terrains situés au-dessus d'elles.

Les abaissements brusques ou graduels dont il a été question plus haut trouvent une facile explication dans des phénomènes analogues à ceux qui produisent les soulèvements. Nous avons dit déjà que si l'abaissement se fait d'un coup, il peut être attribué à l'affaissement des voûtes des cavités volcaniques dont une partie du contenu a pu se faire jour au dehors. C'est à cette cause qu'on pourrait attribuer l'abaissement de certaines montagnes des Andes, admis par les géologues : car il n'est plus douteux pour personne qu'il existe au-dessous de cette immense chaîne un ou plusieurs foyers volcaniques d'une étendue proportionnelle à celle des montagnes. Les abaissements lents et graduels peuvent être mis sur le compte du retrait que subissent des matières d'abord surchauffées en se refroidissant. Ils peuvent être produits encore par la fusion lente de roches primitivement solides; en se fondant, ces roches diminuent de volume et celles qui les surmontent s'affaissent.

On voit que, si tous les faits signalés plus haut plaident contre la théorie des révolutions brusques et considérables, il est au contraire facile d'expliquer par les actions ignées actuelles tous les phénomènes qui ont pu déterminer les transformations subies antérieurement par la surface de notre globe.

Parmi les transformations de la surface du globe déterminées par les causes ignées, nous devons, avant d'abandonner ce sujet, parler de celles que les matières rejetées par les volcans déterminent dans les roches avec lesquelles elles se trouvent en contact. Ces transformations font partie de la grande classe de phénomènes cosmiques qu'on désigne par l'épithète de métamorphiques.

Actions métamorphiques produites par les éruptions volcaniques.

L'étude comparée des roches a fait depuis longtemps concevoir l'idée qu'un grand nombre d'entre elles ont été transformées, au point de vue physique et même chimique, depuis le jour où elles ont été déposées. On a été, par exemple, conduit à penser que les calcaires cristallins avaient été primitivement amorphes, que les calcaires dolomitiques, c'est-à-dire très riches en carbonate de magnésie, avaient jadis contenu autant sinon plus de carbonate de chaux que de carbonate de magnésie. On a supposé encore que les gneiss cristallins actuels n'offraient pas cet état à l'époque où ils se sont déposés. Ayant admis, pour des motifs d'une valeur indiscutable, l'existence de ces transformations de roches, il a fallu en chercher la cause. La première explication qui ait été fournie est la suivante : on a supposé que toutes les roches métamorphisées l'avaient été par la chaleur centrale de la terre, aidée de la pression exercée par les roches sus-jacentes. Les parties les plus profondes de ces roches, disait-on, ont été fondues, tandis que les parties plus superficielles ont seulement été cristallisées. On a admis encore qu'une partie des roches métamorphisées l'avait été par le contact de roches éruptives les ayant traversées; qu'un jet de trachite fondu traverse une couche calcaire amorphe et il la transformera en calcaire cristallin. On a ajouté à l'action de la chaleur centrale ou des roches en fusion celle de la vapeur d'eau ou de l'eau chauffée à une haute température. Quelques géologues, comme nous le verrons plus bas, ont attribué le métamorphisme à l'eau seule. La vérité, ainsi que nous aurons l'occasion de le rappeler, est que toutes ces actions ont dû agir, soit séparément, soit concurremment, pour produire les nombreux phénomènes de métamorphisme dont un grand nombre de roches ont été et sont encore l'objet. Notons simplement, en ce qui concerne les causes ignées, qu'elles provoquent encore de nos jours des phénomènes métamorphiques tout aussi importants que ceux du passé.

Buffon n'attachait pas une très grande importance aux causes ignées actuelles, dont il n'ignorait cependant ni l'énergie ni la fréquente intervention dans les phénomènes dont notre globe est le théâtre. C'est parce qu'il les a trop négligées qu'il n'a pas compris la façon dont se forment les montagnes. Le rôle principal des causes ignées est, en effet, de produire des inégalités à la surface de la terre, tandis que les causes aqueuses ont surtout, comme nous le montrerons plus bas, le rôle de niveler les inégalités créées par les premières. La seule action importante que Buffon attribue aux causes ignées est celle qui consiste à avoir produit la charpente des grandes chaînes de montagne, et il limite cette action à la période de la consolidation du globe.

Causes aqueuses de transformation de la surface du globe.

Si les modifications produites par les causes ignées ne sont pas favorables à la théorie des révolutions brusques, celles que déterminent les causes aqueuses, dont il nous reste à parler, le sont encore beaucoup moins. Ces causes sont cependant assez énergiques pour produire des effets extrêmement importants. Nous nous bornerons à citer ceux qui offrent le plus d'intérêt, au point de vue de la question débattue ici, c'est-à-dire ceux qui pourraient être invoqués avec quelque apparence de raison en faveur de la doctrine des révolutions brusques.

L'eau exerce à la surface du globe l'action modificatrice indiquée plus haut, de deux façons différentes : en détruisant ou en reconstruisant.

Action destructive de l'eau.

Parmi les actions destructives, nous devons rappeler, en premier lieu, celles qui sont accomplies directement par les pluies. Nous avons à peine besoin d'insister sur leur importance. Il n'y a pas un seul de nos lecteurs qui n'ait été témoin des ravages que les pluies sont capables de produire, quand elles tombent avec une grande intensité ou quand elles sont de longue durée. Dans les régions montagneuses surtout, où les pluies sont particulièrement abondantes (1), et dans les contrées voisines de l'équateur, où il tombe beaucoup plus d'eau que vers les pôles, la pluie fait souvent de grands ravages, détruisant les moissons et entraînant parfois le sol lui-même sur une étendue et jusqu'à une profondeur considérables. Dans les régions montagneuses intertropicales, il n'est pas rare de voir la pluie tomber avec une telle violence que les racines des arbres sont déchaussées par l'eau qui dévale en vastes nappes des sommets des montagnes, en entraînant la terre et les rochers.

Action des pluies.

Le savant botaniste anglais Hooker, dont les travaux sur l'Inde ont une grande valeur, a noté la violence des pluies qui s'abattent sur les flancs des monts Sikkins. Les vents chauds qui soufflent au-dessus de la baie du Bengale s'y chargent de vapeur d'eau, puis ils vont se briser sur les monts Sikkins, où ils subissent un refroidissement tel que leurs vapeurs se con-

(1) On sait que la pluie est due à la condensation et à la chute sur le sol de la vapeur d'eau tenue en suspension dans l'atmosphère. La quantité de la vapeur atmosphérique augmente avec la température et même dans des proportions supérieures à cette dernière. Si deux volumes d'air saturés d'humidité et ayant des températures différentes viennent à se mélanger, leurs vapeurs se condensent, forment des nuages pour tomber en pluie. C'est à ce phénomène qu'est due l'abondance des pluies dans les régions montagneuses. Quant à l'abondance des pluies équatoriales, elle est due à la grande évaporation de l'eau des fleuves et de la mer qui se produit dans ces pays.

densent et tombent en grandes masses, en produisant des dénudations et des éboulements qui s'étendent parfois à une surface de 1,000 ou 1,200 mètres. « Nuit et jour, dit-il (1), on entend le craquement des arbres qui tombent et le fracas des cailloux qui s'entrechoquent violemment dans le lit des torrents. Ainsi usés par les frottements, les fragments rocheux détachés des collines se convertissent, pour une partie, en sable et en limon fin, et c'est bien plutôt à cette tourbe qu'à la désagrégation de l'argile très divisée des plaines inférieures d'alluvions que le Gange aux eaux troubles, durant son inondation, emprunte la plus grande quantité des sédiments qu'il charrie. »

Parmi les exemples remarquables de l'action produite par les pluies, tous les géologues se plaisent à citer les piliers de terre coiffés de pierres de Botzen, dans le Tyrol. Les vallées de l'Eisack et de l'Adige offrent, en ce point, un nombre très considérable de piliers de limon durci, à forme irrégulièrement pyramidale, coiffés chacun d'une, deux, ou d'un petit nombre de pierres, et s'élevant à une hauteur de 6, 10, 20 et même 30 mètres. Le limon qui les compose provient de la décomposition du porphyre rouge qui forme la masse principale des montagnes voisines. Ce limon porphyrique s'est d'abord accumulé en couche très épaisse dans les vallées, puis la pluie l'a dissout et entraîné, ne respectant que les points protégés par les pierres qui constituent aujourd'hui les piliers. Des piliers semblables existent dans le Valais suisse, à Stalden, dans la vallée de la Visp-bach, près d'Useigne, sur la Borgne, entre Sion et Evolena. Il en existe encore dans la plupart des vallées qui communiquent avec celle du Rhône, dans le voisinage du lac de Genève.

Est-il nécessaire de rappeler les ravins, parfois si profonds, creusés par les pluies? Dans nos pays tempérés, ils ne présentent jamais une très grande étendue; il en est autrement dans les pays où des pluies violentes et se répétant chaque jour, pendant des mois entiers, alternent avec une période de sècheresse de plusieurs mois. Pendant celle-ci, les terrains argileux se fendillent sous l'influence de la chaleur solaire; puis, à l'époque des pluies, l'eau s'accumule dans les crevasses, en détrempe les parois qui se détachent, en creuse l'extrémité inférieure et ne tarde pas à les transformer en ravins larges, profonds et souvent d'une grande longueur.

Action des cours d'eau.

A l'action destructive produite directement par les pluies s'ajoute celle des ruisseaux, des torrents, des rivières et des fleuves. Sans insister beaucoup sur les faits de cet ordre, il me paraît utile de rappeler leur importance. Il suffit de parcourir une région montagneuse quelconque pour avoir une idée des transformations que les cours d'eau font subir, avec l'aide du temps, à la surface de la terre. On ne tarde pas à s'assurer que toutes les vallées et les

(1) *Booker's Hymalayan Journal*, in LYELL, *Principes de géologie*, t. Ier, p 437.

vallons qui séparent les sommets ont été creusés par l'eau tombant de ces derniers. Beaucoup ont ensuite été comblés en partie, puis creusés de nouveau.

D'énormes quantités de roches et de terres sont ainsi, chaque jour, enlevées aux flancs des montagnes et charriées dans les rivières qui roulent à leurs pieds. Des coupées gigantesques ont été pratiquées par certains fleuves à travers les collines ou les montagnes qui se trouvent sur le trajet de leur cours et qui, jadis, les arrêtaient dans leur marche vers la mer. C'est le Danube qui a creusé les célèbres Portes de Fer; c'est, sans nul doute, le Rhin qui a creusé la vaste plaine où il trace ses sinuosités entre le rempart des Vosges et celui de la forêt Noire. Le Niagara creuse encore chaque jour la portion de son lit située entre sa chute célèbre et le lac Érié; un jour même, peut-être, le point de sa chute sera, par rétrogradation, porté au niveau du point par lequel il sort du lac Érié, et la masse immense d'eau que contient ce dernier pourra s'épancher librement dans les plaines, les inonder et les transformer en un lac immense. Mais, quoique les chutes ne soient qu'à 26 kilomètres du lac Érié, il est permis de croire qu'il faudra au fleuve un très grand nombre de siècles pour rétrograder jusqu'au lac. On calcule, en effet, que l'usure et le déplacement en arrière des roches au niveau desquelles se produit la chute n'est que de 30 centimètres par an. Si l'on suppose, avec la majorité des géologues, que les chutes du Niagara se trouvaient, jadis, à la hauteur de Queenstown, c'est-à-dire à 11 kilomètres plus bas qu'aujourd'hui, il leur aurait fallu trente-cinq mille ans pour rétrograder jusqu'au point où elles se trouvent de nos jours; et il leur faudrait plus de quatre-vingt-trois mille ans pour rétrograder jusqu'au lac Erié, en admettant que la nature du terrain ne déterminât pas un abaissement de la hauteur des chutes qui diminuerait beaucoup l'action destructive de l'eau.

Action destructive des inondations.

Il me paraît inutile de parler des ravages parfois si considérables faits par les inondations. L'eau, acquérant alors une puissance infiniment supérieure à celle qu'elle a normalement, peut renverser des masses énormes de roches, creuser de nouveaux lits de torrents et de rivières et bouleverser de grandes étendues de terrain. Les inondations les plus redoutables sont celles qui succèdent à une obstruction momentanée du cours d'un torrent ou d'une rivière, ainsi que cela arrive fréquemment dans les pays de montagnes. Les glaces accumulent alors habituellement des rochers en travers du cours d'une rivière ou d'un torrent, et y forment une barrière derrière laquelle s'entassent des neiges et de l'eau glacée. Quand arrive le dégel, la barrière fond et la masse d'eau accumulée derrière elle se précipite sur les flancs de la montagne avec une rapidité vertigineuse et une force proportionnée à son volume. Les phénomènes de cet ordre jouent un grand rôle dans le creusement du lit des rivières et des fleuves. C'est à une succession d'inondations plus ou moins violentes qu'il faut, d'après certains géologues, attribuer la majeure partie des actions destructives produites par les cours d'eau. En 1826, près de Tivoli, pendant une inondation, l'Anio mina, dans l'espace de quelques heures, une haute falaise et élargit son lit d'une quinzaine de mètres. Il est bien évident que des actions violentes de cette nature, se reproduisant à des intervalles de quelques années, hâtent beaucoup le travail de destruction des rivières et rendent fort difficile le calcul du temps qui a pu être nécessaire à un fleuve pour creuser son lit. Les obstacles momentanés apportés au cours d'une rivière ont pour effet non seulement d'augmenter, dans de très fortes proportions, la vitesse et l'intensité du courant, mais encore de lui faire transporter des masses solides, arbres, rochers, pierres, cailloux, qui agissent puissamment sur les berges, les usent, les minent et les renversent.

Un autre phénomène accélère également beaucoup l'action destructive normale des cours d'eau : je veux parler de l'action que les eaux provenant d'un affluent exercent sur les berges de la rivière principale. Il est établi par de nombreuses observations que le lit d'une rivière, au-dessous du point où elle reçoit un affluent, est moindre que les lits des deux cours d'eau réunis ; il en résulte une augmentation de vitesse de l'eau au-dessous de chaque embouchure d'affluent et, par suite, une action plus énergique sur les berges.

Sinuosités des fleuves.

Rappelons que le cours des rivières et des fleuves est toujours plus ou moins sinueux. Cela est dû à ce que les terrains dans lesquels les rivières tracent leurs cours ne sont jamais absolument homogènes ; certains points cèdent plus facilement que d'autres et se creusent en anses arrondies qui repousent l'eau dans une direction opposée ; une nouvelle anse se creuse un peu plus loin, et le cours de la rivière se trouve décrire une série de sinuosités plus ou moins profondes dont les angles rentrants correspondent toujours aux angles saillants. Nous avons vu plus haut que, frappé de ce fait et le rapprochant de la correspondance des angles des chaînes de montagnes qui bordent les vallées étroites, Buffon en avait déduit que les vallées des chaînes de montagnes étaient l'œuvre des courants marins. Nous reviendrons plus bas sur cette opinion.

Opinion de Buffon sur les causes actuelles aqueuses.

Tous ces faits montrent combien Buffon avait raison d'attribuer à l'eau de la pluie et des fleuves une action considérable dans les transformations subies par la surface du globe. Certes, ces actions n'auraient pas suffi pour déterminer les changements profonds dont la terre porte les traces; mais une bonne part de ces derniers peut être mise sur leur compte.

« Ce qui, dit Buffon (1), produit les changements les plus grands et les plus généraux sur la surface de la terre, ce sont les eaux du ciel, les fleuves, les rivières et les torrents. Leur première origine vient des vapeurs que le

(1) *Histoire et théorie de la terre*, t. Ier, p. 61.

soleil élève au-dessus de la surface des mers, et que les vents transportent dans tous les climats de la terre; ces vapeurs, soutenues dans les airs et poussées au gré du vent, s'attachent aux sommets des montagnes qu'elles rencontrent, et s'y accumulent en si grande quantité, qu'elles y forment continuellement des nuages et retombent incessamment en forme de pluie, de rosée, de brouillard ou de neige. Toutes ces eaux sont d'abord descendues dans les plaines, sans tenir de route fixe, mais peu à peu elles ont creusé leur lit, et cherchant par leur pente naturelle les endroits les plus bas de la montagne et les terrains les plus faciles à diviser ou à pénétrer, elles ont entraîné les terres et les sables, elles ont formé des ravines profondes en coulant avec rapidité dans les plaines, elles se sont ouvert des chemins jusqu'à la mer, qui reçoit autant d'eau par ses bords qu'elle en perd par l'évaporation (1), et de même que les canaux et les ravines que les fleuves ont creusés ont des sinuosités et des contours dont les angles sont correspondants entre eux, en sorte que l'un des bords formant un angle saillant dans les terres, le bord opposé fait toujours un angle rentrant, les montagnes et les collines qu'on doit regarder comme le bord des vallées qui les séparent ont aussi des sinuosités correspondantes de la même façon; ce qui semble démontrer que les vallées ont été les canaux des courants de la mer, qui les ont creusés peu à peu et de la même manière que les fleuves ont creusé leur lit dans les terres. »

Après avoir parlé de l'action destructive des pluies et des cours d'eau, nous devons dire quelques mots de celle des glaciers et de celle des glaces de mer ou de rivière.

Action des glaciers et des glaces.

Il faut avoir soin de ne confondre les glaciers ni avec les neiges qui recouvrent le sommet des montagnes d'un manteau pour ainsi dire éternel, ni avec les glaces flottantes des mers polaires.

Les glaciers peuvent être définis des ruisseaux, des rivières et des lacs en grande partie congelés. Ils sont formés par l'eau provenant de la fusion des neiges qui recouvrent les hauts sommets, eau qui s'écoule dans les ravins, les vallons et les vallées des montagnes, se congèle et se durcit sous l'influence de la pression des neiges qui tombent sur sa surface et finit par former de gigantesques fleuves solidifiés, dont la plupart ont, en Suisse, une longueur de 20 à 50 kilomètres et peuvent acquérir, dans les vallées les plus ouvertes, une longueur de 3 à 5 kilomètres sur une épaisseur de 150 à 180 mètres. La surface de ces masses énormes de glace et la neige qui les recouvre fondent en partie pendant le jour; l'eau qui provient de cette fusion coule dans des rigoles, où elle se congèle de nouveau pendant la nuit, ou filtre à travers les fissures et les pores du glacier jusqu'au-dessous de ce dernier, en entraînant du limon et des graviers, puis s'échappe

(1) Buffon reconnaît lui-même un peu plus bas que toute l'eau évaporée ne revient pas à la mer.

dans le bas du glacier, en cascades rapides, sous des voûtes superbes de glace. La glace qui forme ces rivières solides n'est pas immobile; elle glisse lentement sur son lit et se résout, au niveau de son extrémité inférieure, en un torrent liquide qui descend dans les plaines. La marche des glaciers suisses n'est que de 15 à 17 centimètres par douze heures; Lyell calcule qu'un bloc de pierre emprisonné dans la glace et provenant de l'extrémité supérieure d'un glacier de 32 kilomètres de long mettrait cent cinquante ans pour atteindre l'extrémité inférieure. La marche est un peu plus rapide au centre que sur les côtés, comme celle des rivières; elle est également plus rapide vers le milieu du glacier qu'à ses extrémités. Comme le lit du glacier n'offre pas la même longueur dans toute son étendue, comme il présente, au contraire, des parties larges alternant avec des cols étroits, on voit, au niveau de ces derniers, la glace se rompre en blocs qui s'entassent les uns sur les autres, en formant des figures aussi variées que fantastiques, rendues plus bizarres encore par la neige qui s'accumule dans leurs anfractuosités, arrondit leurs arêtes et pend de leurs corniches en voiles déchiquetés.

Sur le dos du glacier s'étendent toujours une ou plusieurs longues arêtes saillantes, formées de pierres, de blocs de rochers et de graviers, désignées sous le nom de *moraine médiane*. De chaque côté, ses flancs sont également bordés de pierres, de graviers, de rochers formant des *moraines latérales*. D'autres blocs de pierre sont incrustés dans la glace elle-même, qui entraîne tous les débris de son lit et des roches voisines pour les laisser tomber dans le torrent, dans lequel se résout son extrémité inférieure; « effet comparable, dit Lyell, à celui qu'offrirait une file interminable de soldats qui, se dirigeant vers une brèche, y tomberaient morts aussitôt leur arrivée. » Enfin, les pierres incrustées dans la face inférieure et sur les faces latérales du glacier frottent contre les roches qui tapissent les parois de son lit, les usent, les rayent, les arrondissent et les creusent de sillons parallèles, caractéristiques, qui permettront plus tard au géologue de distinguer entre mille autres formes de roches celles qui ont été rayées par un glacier et les blocs qu'il a transportés, blocs auxquels on a donné le nom de *blocs erratiques*.

Plusieurs théories ont été proposées pour expliquer la régularité de la marche des glaciers. Forbes supposait que la glace est un corps plastique, susceptible, quand elle était soumise à la pression, de se mouler sur les corps avec lesquels sa surface se trouve en contact, comme le font les corps visqueux; de telle sorte qu'un glacier pourrait s'élargir, se rétrécir, tout en continuant à avancer, en se moulant sur les parois qui le limitent, comme le ferait un sirop très épais. Cette manière de voir a été généralement adoptée jusqu'à ce que Tyndall eût objecté que, si la glace était susceptible de se courber, de se rétrécir, de changer de forme sous l'influence de la pression, elle était, au contraire, incapable de se laisser étirer et étendre comme les substances visqueuses auxquelles on l'avait comparée. Tyndall rejeta donc l'hypothèse de Forbes et il chercha dans une propriété de la glace signalée par Faraday en 1850, sous le nom de *regélation*, l'explication de la régularité des mouvements des glaciers. Faraday avait constaté que quand on met en contact deux morceaux de glace à la température de zéro, c'est-à-dire dont la surface commence à fondre, la fusion s'arrête immédiatement et les deux morceaux de glace se trouvent soudés par la congélation des points de contact. Ce phénomène se produit même quand on tient les morceaux de glace en contact dans de l'eau chaude pendant une demi-minute. Il observa aussi que, si l'on soumet un grand nombre de morceaux de glace à la presse hydraulique, ils se soudent tous les uns aux autres en un seul bloc auquel on peut faire prendre toutes les formes possibles. Tyndall, appliquant ces faits aux glaciers, conclut : « Il est donc aisé de comprendre comment une substance ainsi douée peut passer, en se comprimant, à travers les gorges des Alpes, s'infléchir de manière à s'ajuster aux sinuosités des vallées, se prêter au mouvement inégal de ses diverses parties, sans, pour cela, présenter aucune trace sensible de viscosité. » Cette opinion est, aujourd'hui, généralement admise par les géologues.

Quant à l'explication des moraines latérales et médianes, elle ne souffre aucune difficulté. Les moraines latérales sont formées par les pierres, les fragments de roches, les graviers, etc., que la glace arrache aux parois du glacier et qu'elle entraîne avec elle. Les moraines médianes sont formées par les moraines latérales de deux glaciers qui convergent l'un vers l'autre, se rencontrent et s'unissent en un seul. Au niveau du point de fusion des deux glaciers, la moraine latérale gauche de l'un se confond avec la moraine latérale droite de l'autre pour former la moraine médiane du glacier unique formé par la réunion des deux glaciers primitifs.

Dans les régions voisines des pôles, les glaciers descendent jusqu'à la mer, y plongent d'abord en suivant le fond, puis sont brisés et divisés en blocs énormes de glace qui flottent à la surface de la mer et qui peuvent atteindre jusqu'à 100 mètres de hauteur au-dessus de son niveau. C'est ce que l'on nomme les montagnes de glace ou *icebergs*. Ces icebergs transportent souvent des blocs énormes de roches fort loin des terres. On a rencontré des blocs erratiques enchaînés par des îles de glace à près de 200 kilomètres de toute terre. Lorsque la glace fond, ces blocs se déposent sur le sol de la mer. Les îles de glace s'enfonçant beaucoup dans l'eau exercent souvent une action destructive très prononcée sur les roches sous-marines ; elles les déracinent et bouleversent les terrains du voisinage.

Les glaciers sont intéressants au point de vue géologique par les blocs erratiques qu'ils entraînent et déposent sur leur parcours, et par l'usure des roches qu'ils déterminent. C'est à l'aide de ces deux phénomènes qu'on a pu déterminer l'existence, l'étendue et la direction des glaciers anciens, de ceux, par exemple, qui ont occupé pendant la période tertiaire tout le nord de l'Europe et de l'Amérique et dont nous aurons ultérieurement à parler.

Les rivières et les fleuves des régions septentrionales charrient comme la mer des masses de glace de grandes dimensions, dans lesquels sont fréquemment enchâssés des blocs erratiques. Ces blocs, entraînés vers la mer par le courant des fleuves, peuvent flotter à sa surface pendant un laps de temps encore fort long et être transportés à de grandes distances de l'embouchure du fleuve d'où ils viennent. La côte du Salvador, entre le 50° et le 60° degré de latitude, est remarquable par la grande quantité de blocs erratiques qu'elle présente.

Les blocs de pierre ainsi transportés par la glace ne viennent pas toujours des rives des fleuves. Souvent ils y ont été apportés par des glaciers ; d'autrefois ils viennent du fond même des torrents ou des rivières. Lorsque l'eau se congèle jusqu'au fond du lit de la rivière, elle enchâsse les roches qui fond saillie ; plus tard, quand la fonte commence à se faire, quand la glace se divise en blocs, ces derniers tendent, en vertu de leur moindre densité, à gagner la surface du fleuve ; alors, ils arrachent et soulèvent les pierres enchâssées dans leur masse.

Un phénomène analogue a été observé dans la Baltique. Des pierres fort grosses y sont fréquemment prises par les glaces dans le fond de la mer et transportées plus ou moins loin.

Eau décomposée dans le sol.

Il ne faudrait pas croire que toute l'eau des pluies soit transportée vers la mer par les ruisseaux, les torrents, les rivières et les fleuves. C'est à tort que Buffon, dans le passage cité plus haut (1), écrit : « La mer reçoit autant d'eau par ses bords qu'elle en perd par l'évaporation. » Il est, au contraire, bien certain qu'une partie de l'eau qui tombe sur le sol sous forme de pluie et qui provient de la vapeur d'eau enlevée par le soleil à la mer et aux fleuves ne revient jamais ni à la mer ni aux fleuves.

Une partie de l'eau des pluies ne fait, pour ainsi dire, que laver la surface du sol, et se rend tout de suite dans les cours d'eau voisins. Une autre partie beaucoup plus importante pénètre dans le sol par des fissures et des fentes, ou en filtrant à travers les roches, et ne reparaît à la surface qu'après s'être chargée de matières empruntées aux roches souterraines. Enfin, il est permis de croire qu'une troisième portion de l'eau tombée sur le sol à l'état de pluie est décomposée dans le sol et ne reparaît plus à la surface sous sa forme primitive.

Pénétration de l'eau dans le sol.

Nous venons de dire que l'eau des pluies pénètre dans les profondeurs du sol soit par des pentes et des fissures, soit par filtration. Les fentes et les fissures destinées à lui donner passage sont extrêmement nombreuses. Tout

(1) Page 171.

le monde connaît l'effet produit à la surface des terrains argileux par la chaleur du soleil; le sol se fendille, se crevasse; des fentes de plusieurs centimètres de large et d'un demi-mètre ou même d'un mètre de profondeur s'y forment par le retrait de la terre, privée de l'eau dont elle était imbibée. Qu'une pluie survienne, chacune de ces crevasses et de ces fentes se comporte comme une bouche béante et boit l'eau bienfaisante. Indépendamment des fentes superficielles, il en existe d'autres beaucoup plus larges et plus profondes dans tous les terrains connus, entre les rochers de granit comme dans les strates les plus régulières des carrières de marbre, de calcaire ou d'ardoise. Lorsqu'elles sont perpendiculaires à la direction des couches, on doit les considérer comme produites par la dessiccation de ces dernières. « Il est visible, dit Buffon (1), que ces fentes ont été produites par le dessèchement des matières qui composent les couches horizontales ; de quelque manière que ce dessèchement soit arrivé, il a dû produire des fentes perpendiculaires; les matières qui composent ces couches n'ont pas pu diminuer de volume sans se fendre de distance en distance dans une direction perpendiculaire à ces mêmes couches. » Les lits des rivières, des lacs et de la mer présentent en beaucoup de points des fentes de cette sorte. Nous avons eu l'occasion, en parlant des volcans, de citer celles qui font communiquer les foyers volcaniques avec la mer, les lacs ou les rivières du voisinage. C'est à elles qu'il faut attribuer la mise à sec de certaines rivières en des points déterminés, tandis qu'au-dessus et au-dessous on trouve encore de l'eau.

Canaux souterrains.

Indépendamment de ces fentes, dont un grand nombre doivent pénétrer à des profondeurs considérables, il existe dans le sol de véritables canaux souterrains. H. de Thury a signalé un fait curieux qui témoigne de l'existence de ces canaux. Dans un puits artésien que l'on perforait à Saint-Ouen, la sonde, parvenue à une profondeur de 45 mètres, s'enfonça tout à coup de 30 centimètres, et une grande quantité d'eau jaillit du puits. Il est manifeste qu'on avait rencontré un véritable canal plein d'eau, creusé dans les roches dures. Ces canaux communiquent souvent avec la surface non seulement par des fentes étroites, mais par des ouvertures de dimensions relativement considérables. Les faits suivants en témoignent. En Algérie, on a vu souvent l'eau des puits artésiens amener à la surface des poissons longs de 10 et 15 centimètres, appartenant à des espèces de cyprins, qui vivent dans des étangs ou des lacs, situés à 50 ou 60 kilomètres du point où l'on creusait le puits. Des coquilles, des débris de plantes provenant, sans nul doute, des mêmes étangs ou lacs, étaient également amenés à la surface par l'eau des puits. En 1830, le savant zoologiste Dujardin eut l'occasion d'observer des mollusques, des racines et des graines provenant d'un puits artésien qui avait 109 mètres de profondeur. L'état des graines et des racines indiquait que

(1) *Des îles nouvelles, des cavernes*, etc., t. Ier, p. 225.

ces organes végétaux avaient dû séjourner plus de trois à quatre mois dans le sol. Dujardin conclut de l'examen des espèces auxquelles appartenaient les végétaux et les animaux, qu'ils devaient provenir des vallées de l'Auvergne et du Vivarais, c'est-à-dire d'une distance de 240 à 250 kilomètres.

Ces faits prouvent d'une manière indubitable l'existence, dans la profondeur du sol de véritables canaux communiquant, au moins par l'une de leurs extrémités, avec le lit des lacs, des étangs, des rivières et de la mer.

Fleuves qui se perdent dans le sol.

Ce n'est pas tout. « Il y a, dit Buffon (1), des fleuves qui se perdent dans les sables, d'autres qui semblent se précipiter dans les entrailles de la terre; le Guadalquivir en Espagne, la rivière de Gottemburg en Suède, et le Rhin même, se perdent dans la terre. On assure que dans la partie occidentale de l'île de Saint-Domingue, il y a une montagne d'une hauteur considérable, au pied de laquelle sont plusieurs cavernes où les rivières et les ruisseaux se précipitent avec tant de bruit, qu'on l'entend de sept ou huit lieues. (Voyez *Varenii Geograph. general.*, p. 43.)

» Au reste, le nombre de ces fleuves qui se perdent dans le sein de la terre est fort petit, et il n'y a pas d'apparence que ces eaux descendent bien bas dans l'intérieur du globe; il est plus vraisemblable qu'elles se perdent, comme celles du Rhin, en se divisant dans les sables, ce qui est fort ordinaire aux petites rivières qui arrosent les terrains secs et sablonneux; on en a plusieurs exemples en Afrique, en Perse, en Arabie, etc. »

Origine des fentes et des canaux souterrains.

Les fissures, les fentes et les canaux souterrains dont nous venons de parler n'ont certainement pas tous la même origine. Les fentes perpendiculaires sont très probablement dues, ainsi que l'indiquait Buffon, à la dessiccation et à la contraction consécutive des roches. Mais la dessiccation peut être produite, soit par la chaleur solaire, soit par la chaleur intérieure du globe. La chaleur du soleil n'agit qu'à la surface du sol. Quant aux fentes situées plus profondément, il faut probablement les attribuer à une contraction des roches déterminée par la chaleur des foyers volcaniques, ou, si l'on admet l'existence d'un noyau terrestre incandescent, à la chaleur énorme de ce noyau. Certaines fentes doivent être attribuées au glissement des couches les unes sur les autres, phénomène qui accompagne presque toujours l'exhaussement ou l'affaissement du sol. Quant aux canaux souterrains, une partie doit avoir été creusée par les eaux qui circulent au-dessous de la surface, soit que les eaux aient dissout la roche à travers laquelle elles filtrent, soit qu'elles l'aient désagrégée au point de pouvoir entraîner ses fragments; une autre partie est due, sans doute, à la dislocation des roches par les feux intérieurs. C'est par ce dernier procédé que se sont formées la plupart des cavernes naturelles, cavernes dont quelques-unes paraissent pénétrer très profondément dans le sol. « La terre, dit Buffon (2), ayant subi

(1) *Des fleuves*, t. Ier, p. 157.
(2) *Des volcans et des tremblements de terre*, t. Ier, p. 215.

de grands changements à sa surface, on trouve, même à des profondeurs considérables, des trous, des cavernes, des ruisseaux souterrains et des endroits vides qui se communiquent quelquefois par des fentes et des boyaux. Il y a deux espèces de cavernes : les premières sont celles qui sont produites par l'action des feux souterrains et des volcans ; l'action du feu soulève, ébranle et jette au loin les matières supérieures, et en même temps elle divise, fend et dérange celles qui sont à côté, et produit ainsi des cavernes, des grottes, des trous et des anfractuosités ; mais cela ne se trouve ordinairement qu'aux environs des hautes montagnes où sont les volcans ; et ces espèces de cavernes, produites par l'action du feu, sont plus rares que les cavernes de la seconde espèce, qui sont produites par les eaux. Nous avons vu que les différentes couches, qui composent le globe à sa surface, sont toutes interrompues par des fentes perpendiculaires dont nous expliquerons l'origine dans la suite. Les eaux des pluies et des vapeurs, en descendant par ces fentes perpendiculaires, se rassemblent sur la glaise et forment des sources et des ruisseaux ; elles cherchent, par leur mouvement naturel, toutes les petites cavités et les petits vides, et elles tendent toujours à couler et à s'ouvrir des routes, jusqu'à ce qu'elles trouvent une issue ; elles entraînent en même temps les sables, les terres, les graviers et les autres matières qu'elles peuvent diviser, et peu à peu elles se font des chemins ; elles forment dans l'intérieur de la terre des espèces de petites tranchées ou de canaux qui leur servent de lit ; elles sortent enfin, soit à la surface de la terre, soit dans la mer, en forme de fontaines : les matières qu'elles entraînent laissent des vides dont l'étendue peut être fort considérable, et ces vides forment des grottes et des cavernes dont l'origine est, comme l'on voit, bien différente de celle des cavernes produites par les tremblements de terre. »

Cavernes et grottes souterraines.

Un grand nombre de cavernes sont manifestement formées par l'action désagrégeante ou dissolvante de l'eau, et surtout par cette dernière. On sait, par exemple, que les cavernes sont très nombreuses dans les localités riches en calcaire ou en gypse, dans lesquelles les eaux des sources tiennent en dissolution une grande quantité de sulfate ou de carbonate de chaux. Tout le monde a entendu parler des grottes d'Adelsberg, dans la Carniole, de Castleton, dans le Derbyshire, de Baumann et de Biel, dans le Harz, toutes régions très riches en calcaire et en sources contenant beaucoup de carbonate de chaux ; on cite également partout les grottes de Nuggendorf, dans la dolomie jurassique, de Mansfeld, dans le gypse, etc.

Dans certaines localités, ces grottes souterraines s'effondrent en produisant des tremblements de terre, des plissements et des bouleversements de couches. C'est à des effondrements de grottes profondes qu'on attribue généralement le tremblement de terre qui eut lieu dans la vallée du Visp, en Valais, en août 1855 ; la durée du tremblement de terre fut de plus d'un mois ; il y eut des maisons renversées, des roches fendues et déplacées. Le pays de Karst, qui est miné de grottes et de canaux souterrains formés par les eaux, est souvent troublé par des tremblements de terre. Les lacs de Sperensberg, dans le Brandebourg, de Segeberg, en Holstein, ont été formés par des effondrements de terrains calcaires. Dans le pays d'Eisleben, on trouve des bouleversements considérables de couches qui ne peuvent être attribués qu'à des effondrements de même nature.

Sources. Substances dissoutes par l'eau et ramenées à la surface du sol.

L'action de l'eau n'est pas bornée à ce que nous venons de dire. Elle dissout encore un grand nombre de substances que les sources ramènent ensuite à la surface du globe. Toutes les substances qui entrent dans la composition de notre globe sont suffisamment poreuses pour que l'eau puisse les traverser. Il n'est pas jusqu'aux granits, aux gneiss, aux trachites, qui ne puissent être traversés par l'eau, et même, ainsi que nous le verrons plus bas, désagrégés et détruits par elle. Certaines substances cependant, sans avoir une grande dureté, ne se laissent que difficilement traverser par l'eau. Parmi elles, nous devons citer au premier rang les argiles, parce qu'elles jouent un rôle prépondérant dans la formation des sources. Tant que l'eau qui pénètre dans le sol par filtration ne rencontre que des roches calcaires ou des sables qui sont facilement perméables, elle continue à descendre, en vertu de la pesanteur ; mais vient-elle à rencontrer un lit d'argile, elle est arrêtée dans sa marche descendante. Si l'argile est surmontée d'un lit de sable ou de gravier, l'eau se répand dans ce dernier et forme des nappes d'une étendue égale à la surface de la couche d'argile sous-jacente. L'épaisseur de la nappe augmentant sans cesse, sous l'influence des pluies et par l'infiltration de l'eau des fleuves, des rivières et des ruisseaux, l'eau tend à remonter vers la surface. Comme la couche d'argile n'est jamais parfaitement horizontale, tandis que la surface de la nappe d'eau a une tendance invincible à le devenir, si une fissure ou une fente, même très minime, se présente, l'eau y monte jusqu'à ce qu'elle ait atteint le niveau de la plus grande altitude de la nappe, comme elle se comporterait dans un système de vases communiquants. Supposons, par exemple, qu'une couche d'argile s'étale au-dessous de la cuvette dans laquelle Paris est bâti et au-dessus des buttes de Montmartre. Toute l'eau qui s'infiltre dans le sol étant arrêtée par l'argile, formera au-dessus de cette dernière une nappe étendue à la fois sur les hauteurs de Montmartre et dans la cuvette de Paris ; mais le niveau de cette nappe étant beaucoup plus bas dans le dernier point que dans le premier, l'eau aura une tendance invincible à monter à la surface du sol de la cuvette ; elle y apparaîtra, en effet, par toutes les fissures du sol, en formant autant de sources qu'elle rencontrera de fissures, et l'abondance de ces sources sera d'autant plus grande qu'une plus grande quantité d'eau pénétrera par filtration à travers les couches perméables du terrain. C'est ainsi que s'explique la grande quantité et la violence des sources que présentent les régions montagneuses dans lesquelles les pluies sont très abondantes. Il faut aussi remarquer que, dans les montagues, les sources se trouvent fréquemment au sommet des premières éminences de la chaîne; cela tient, d'une part, à ce que ces éminences sont le siège de pluies fréquentes, et, d'autre part, à ce qu'ayant été dénudées par les pluies, tandis que les vallées étaient graduellement comblées, elles possèdent une grande quantité de fissures par lesquelles l'eau des nappes sous-jacentes s'échappe aisément, tandis qu'elle trouve mille difficultés à le faire dans le fond des vallées, où la nappe est située beaucoup plus profondément. Le comblement des vallées et la profondeur des nappes aqueuses qui s'étalent au-dessous d'elles expliquent encore pourquoi, dans la plupart des cas, les puits qu'on y creuse présentent des alternatives de plénitude et de sécheresse presque absolue. Dans la petite vallée située entre les coteaux de Montmorency et ceux d'Écouen, vallée arrosée par le rû du Rhone, on trouve le sable de Fontainebleau à 1 mètre au-dessous de la surface. Ce sable est imprégné d'eau; à certains moments, l'on ne peut le creuser de 1 mètre sans être arrêté par l'eau qui s'accumule dans le puits. On pourrait croire, d'après cela, que les puits n'exigent qu'une faible profondeur. Il n'en est rien cependant; pour avoir de l'eau d'une façon constante, il faut descendre à 20 et 25 mètres de profondeur, c'est-à-dire jusqu'à la surface de l'argile sous-jacente au sable. On trouve à cette profondeur une nappe d'eau qui a normalement 1 ou 2 mètres d'épaisseur. Mais, à de certaines époques, après de grandes pluies, les puits se remplissent tout à coup au point de déborder. Cela dure pendant quelques heures, puis tout rentre dans l'ordre. Afin d'éviter ces accidents, on est obligé de ménager dans les parois des puits des issues permettant à l'eau de se répandre dans la couche sableuse.

Un caractère important distingue donc les réservoirs souterrains des ruisseaux et des rivières de la surface; tandis, que dans ces derniers, l'eau coule toujours de haut en bas, dans les premières, elle peut aussi bien monter que descendre, parce qu'elle se comporte comme dans des vases communiquants et aussi parce qu'elle est sollicitée par la capillarité dans des directions très variées.

En cheminant à travers le sol, l'eau désagrège et dissout un très grand nombre de matières. Son action destructive est encore facilitée par l'air et l'acide carbonique qu'elle tient en dissolution, et aussi par la température élevée qu'elle atteint dans toutes les régions où elle se trouve en contact avec des foyers volcaniques. Il est, en effet, important de remarquer que c'est seulement au voisinage des volcans actifs ou éteints que l'on trouve des sources chaudes. Ce fait vient bien à l'appui de l'opinion des géologues qui nient l'existence d'un noyau incandescent et qui admettent seulement la présence, dans divers points du globe, de foyers caloriques produits par des actions électriques ou chimiques. Il semble que, s'il existait un noyau central incandescent, on devrait trouver partout des sources chaudes, car partout il existe des sources, c'est-à-dire des jets d'eau provenant de nappes situées à de grandes profondeurs. Quoi qu'il en soit, l'élévation de la température des sources thermales s'explique facilement par le fait que les eaux venues de la surface s'enfoncent dans le sol jusqu'au voisinage de foyers de chaleur, puis remontent à la surface par les procédés que nous avons indiqués plus haut.

On ne peut que difficilement se faire une idée des destructions opérées par l'eau dans l'intérieur du sol. Ces phénomènes ont cependant une importance capitale; ils méritent d'autant plus d'attirer notre attention qu'ils sont de nature à faire comprendre, mieux peut-être que tous les autres, le rôle des causes actuelles dans les transformations de la surface de notre globe.

Ainsi que je l'ai rappelé plus haut, il n'y a pas une seule des substances entrant dans la composition de la terre qui ne puisse être dissociée, dissoute ou transformée par l'eau qui pénètre dans le sol chargée d'air et d'acide carbonique. Le carbonate de chaux, qui forme les immenses bancs de calcaire des divers terrains, est insoluble dans l'eau pure, mais il se dissout aisément dans l'eau chargée d'acide carbonique. Il en est de même du carbonate de magnésie qui forme les strates dolomitiques si fréquemment associées au calcaire. Les schistes, les argiles, les gneiss, les granits eux-mêmes, sont lentement dissociés par l'eau, et peuvent même être entièrement décomposés si l'eau qui les pénètre est riche en acide carbonique. Il est facile de voir en Auvergne cet état particulier du granit qui a été désigné sous le nom de « carie ». La roche conserve sa forme et son aspect ordinaires, mais on la désagrège entre les doigts avec la plus grande facilité. Dans les plaines du Pô, à Vérone, à Parme, à Villafranca, on rencontre à chaque pas des galets arrondis de gneiss tellement modifiés par l'eau et l'acide carbonique qu'on les brise en morceaux par le plus faible choc.

Qui ne sait que l'argile blanche et fine avec laquelle on fabrique les belles porcelaines, et que l'on connaît sous le nom de kaolin, n'est qu'un produit de décomposition du granit, du gneiss, du porphyre. Dans les variétés peu estimées de cette argile, dans celles, par exemple, que l'on peut observer dans la vallée des Roches, près de Plombières, on trouve encore de gros cristaux de quartz et des paillettes de mica qui n'ont pas encore été décomposés. Dans la même région il existe, à peu de distance d'une carrière de kaolin en exploitation, des couches de granit en voie de décomposition, mais offrant une certaine dureté et possédant tous ses éléments dans un état qui permet de les distinguer avec la plus grande facilité. Les basaltes eux-mêmes, dont l'origine volcanique est indéniable, sont attaqués par l'eau qui les désagrège pour former l'argile et la wacke dites basaltiques.

Quant à la somme de matières dissoutes par l'eau dans l'intérieur du sol et ramenées à la surface, elle est véritablement énorme. On sait fort bien qu'il n'y a pas une seule source dont l'eau soit tout à fait pure. Celle-ci contient toujours une proportion variable de matières minérales en dissolution, matières parmi lesquelles dominent le carbonate de chaux et de magnésie, le sulfate de magnésie, le chlorure de sodium, etc. Toutes ces substances ont été prises par l'eau dans le sol, car l'eau des pluies, au moment où elle tombe à la surface de la terre, ne contient en dissolution que de l'air et de l'acide carbonique ; elle ne renferme aucun sel soluble. Pour avoir une idée de la quantité de matière que l'eau enlève au sol, il suffit de se rappeler que la salure de la mer est due au sel alcalin, et particulièrement au chlorure de sodium et au chlorure de magnésium qui lui sont apportés par les eaux des fleuves et que celles-ci ont pris dans le sol. Dans quelques localités, par exemple, près de Clermont, en Auvergne, il existe des ruisseaux si riches en carbonate de chaux qu'on les utilise à la production de pétrifications et d'incrustations calcaires. Il suffit pour cela de faire tomber l'eau en nappes minces ; elle perd au contact de l'air une portion de son acide carbonique et dépose à la surface des objets qu'on lui présente une couche de carbonate de chaux. L'une des sources de la ville de Clermont a déjà formé de la sorte une butte longue de 72 mètres, haute à son extrémité de $4^m,50$ et large de $3^m,60$. Les environs de Rome sont classiques pour les dépôts de calcaire connus sous le nom de « travertins », formés par des sources qui tiennent en dissolution d'énormes quantités de carbonate de chaux emprunté aux couches calcaires des Apennins L'eau qui alimente les bains de San Filippo tombe dans un étang au fond duquel s'est déposée en vingt ans une couche de carbonate de chaux ayant 9 mètres d'épaisseur. D'après Lyell, en quatre mois, les mêmes sources produisent une couche de pierre dure épaisse de 30 centimètres. L'une des sources séléniteuses de Visp, dans le Valais, enlève chaque année à l'intérieur de la terre plus de 200 mètres cubes de sulfate de chaux. Des fleuves, comme le Rhin et le Danube, qui contiennent 1/8000 de substances minérales dissoutes conduiraient à la mer, en huit mille ans, une masse de ces substances égale à celle de l'eau qu'ils y déversent chaque année. On voit par là qu'elle est l'importance du rôle destructif de l'eau qui circule dans l'intérieur de notre globe.

Action métamorphique de l'eau dans le sol.

Nous devons ajouter que, d'après certains géologues, l'eau, même froide, qui circule dans l'intérieur du globe jouerait un rôle chimique tellement considérable qu'il faudrait mettre sur son compte une grande partie des transformations des roches connues sous le nom de métamorphiques. L'eau, en traversant les roches les plus superficielles, perdrait son oxygène et son acide carbonique et se chargerait de substances en dissolution qu'elle porterait au contact des roches situées plus profondément ; celles-ci seraient transformées sous l'influence de décompositions et de compositions chimiques provoquées par les substances dissoutes dans l'eau. L'eau, par exemple, apportant des silicates calcaires et alcalins au contact d'autres silicates situés plus profondément, il se formerait par combinaison des silicates plus complexes, cristallins. On a objecté, à cette manière de voir, le temps énorme qu'elle exige pour produire le métamorphisme des roches. Cependant, en admettant qu'elle ne puisse pas être appliquée à tous les cas, il est indéniable qu'elle suffit pour expliquer un certain nombre d'actions métamorphiques. Il est démontré, par exemple, que les roches contenant de l'augite, du mica, du hornblende, du grenat, de la diallage, etc., c'est-à-dire des silicates de magnésie hydratés, se transforment en serpentine,—qui est un silicate moins altérable par les agents atmosphériques—, sous l'influence de l'eau chargée d'acide carbonique et de sulfate, de carbonate ou de chlorure de magnésie. On sait également que les calcaires magnésiens, c'est-à-dire contenant à la fois de la magnésie et de la chaux, sont facilement tranformés, par les eaux chargées d'acide carbonique, en *dolomie* ou calcaire presque uniquement formé de carbonate de magnésie. Nous avons déjà parlé des nombreux phénomènes chimiques que l'eau chargée d'oxygène et d'acide carbonique est capable de déterminer dans la profondeur du sol, nous n'y reviendrons pas ici.

Il n'est pas douteux que les eaux jouissant d'une température élevée, ou transformées en vapeur par les foyers caloriques de l'intérieur de la terre, jouent un rôle considérable dans les transformations de roches qui se produisent au sein de notre globe. Leur température élevée favorise beaucoup les actions de dissociation et de dissolution dont nous avons parlé plus haut, et leur fait acquérir par suite une puissance de décomposition qu'elles n'ont pas à l'état normal. Des expériences de M. Daubrée ont mis hors de doute l'action puissante que l'eau surchauffée peut exercer et exerce, sans aucun doute, sur les roches avec lesquelles elle se trouve en contact. De l'eau pure, chauffée à 300° R., transforme des fragments d'obsidienne en trachite cristallin, et des fragments de verre en une masse semblable à du kaolin, formée en majeure partie de cristaux de quartz et d'aiguilles de wollastonite. Des transformations analogues se produisent sous nos yeux dans la nature. Les eaux minérales et chaudes de Plombières, qui sont riches en silicates d'alcalis, ont déposé dans les vieux conduits des bains romains du calcaire spathique, du spath-fluor, de l'aragonite, de l'hyalithe, etc.; elles ont changé le kaolin en cristaux de feldspath, etc.

Je crois inutile d'insister sur ces phénomènes, dont l'importance est suffisamment indiquée par ce que nous venons d'en dire, et qui devront d'ailleurs attirer, plus tard, de nouveau notre attention, lorsque nous étudierons les phases d'évolution de notre globe.

Action destructive de la mer.

Pour achever l'histoire des actions destructives de l'eau, il nous reste à parler de celle de la mer. Personne n'ignore que les eaux de la mer sont sans cesse en mouvement, qu'elles s'élèvent et s'abaissent alternativement le long des côtes, phénomène qui a reçu les noms de flux et reflux, et qu'il existe dans tous les points des mers des courants qui entraînent les eaux dans des directions déterminées, ordinairement constantes en un même point.

Le mouvement du flux et du reflux se fait alternativement en sens contraire dans chaque point du globe, mais il ne se produit pas partout en en même temps et il est facile de constater qu'il se dirige de l'orient vers l'occident. Dès les temps les plus reculés, on a constaté les relations qui existent entre ces mouvements et la position de la terre par rapport à la lune. On n'a pas eu de peine à voir que le flux se produit, en chaque lieu de nos rivages, toutes les fois que la lune est au-dessus ou au-dessous du méridien de ce lieu, tandis que le reflux arrive lorsque la lune est aussi éloignée que possible du méridien, c'est-à-dire quand elle est à l'horizon, soit au moment de son coucher, soit au moment de son lever. On a aussi remarqué, depuis les temps les plus reculés, que le flux et le reflux atteignent leur maximum d'intensité au moment des pleines lunes et des nouvelles lunes, et qu'il est encore plus intense en automne et au printemps que dans les deux autres saisons.

Cause des marées.

De ces observations, il était naturel de conclure que le flux et le reflux sont déterminés par la lune. C'est en effet l'opinion qui a été émise par les savants les plus anciens; c'est celle encore qui a été consolidée par toutes les observations de la science moderne. Puisque mon objet principal est d'analyser l'œuvre de Buffon, je ne puis mieux faire que de lui laisser la parole pour l'exposition de cette théorie : « La lune, dit-il (1), agit sur la terre par une force que les uns appellent attraction, et les autres pesanteur; cette force d'attraction ou de pesanteur pénètre le globe de la terre dans toutes les parties de sa masse, elle est exactement proportionnelle à la quantité de matière, et en même temps elle décroît comme le carré de la distance augmente : cela posé, examinons ce qui doit arriver en supposant la lune au méridien d'une plage de la mer. La surface des eaux, étant immédiatement sous la lune, est alors plus près de cet astre que toutes les autres parties du globe, soit de la terre, soit de la mer : dès lors cette partie de la mer doit s'élever vers la lune en formant une éminence dont le sommet correspond au centre de cet astre. Pour que cette éminence puisse se former, il est nécessaire que les eaux, tant de la surface environnante que du fond de cette partie de la mer, y contribuent, ce qu'elles font en effet, à proportion de la proximité où elles sont de l'astre qui exerce cette action dans la raison inverse du carré de la distance : ainsi la surface de cette partie de la mer s'élevant la première, les eaux de la surface des parties voisines s'élèveront aussi, mais à une moindre hauteur, et les eaux du fond de toutes ces parties éprouveront le même effet et s'élèveront par la même cause; en sorte que toute

Action de la lune

(1) *Histoire et théorie de la terre. Du flux et du reflux*, t. Ier, p. 180.

cette partie de la mer devenant plus haute et formant une éminence, il est nécessaire que les eaux de la surface et du fond des parties éloignées, et sur lesquelles cette force d'attraction n'agit pas, viennent avec précipitation pour remplacer les eaux qui se sont élevées; c'est là ce qui produit le flux, qui est plus ou moins sensible sur les différentes côtes, et qui, comme l'on voit, agite la mer non seulement à sa surface, mais jusqu'aux plus grandes profondeurs. Le reflux arrive ensuite par la pente naturelle des eaux; lorsque l'astre a passé et qu'il n'exerce plus sa force, l'eau, qui s'était élevée par l'action de cette puissance étrangère, reprend son niveau et regagne les rivages et les lieux qu'elle avait été forcée d'abandonner; ensuite, lorsque la lune passe au méridien de l'antipode du lieu où nous avons supposé qu'elle a d'abord élevé les eaux, le même effet arrive; les eaux, dans cet instant où la lune est absente et la plus éloignée, s'élèvent sensiblement, autant que dans le temps où elle est présente et la plus voisine de cette partie de la mer: dans le premier cas, les eaux s'élèvent parce qu'elles sont plus près de l'astre que toutes les autres parties du globe; et dans le second cas, c'est par la raison contraire : elles ne s'élèvent que parce qu'elles en sont plus éloignées que toutes les autres parties du globe, et l'on voit bien que cela doit produire le même effet; car alors les eaux de cette partie, étant moins attirées que tout le reste du globe, elles s'éloigneront nécessairement du reste du globe et formeront une éminence dont le sommet répondra au point de la moindre action, c'est-à-dire au point du ciel directement opposé à celui où se trouve la lune, ou, ce qui revient au même, au point où elle était treize heures auparavant, lorsqu'elle avait élevé les eaux la première fois; car lorsqu'elle est parvenue à l'horizon, le reflux étant arrivé, la mer est alors dans son état naturel, et les eaux sont en équilibre et de niveau; mais quand la lune est au méridien opposé, cet équilibre ne peut plus subsister, puisque les eaux de la partie opposée à la lune étant à la plus grande distance où elles puissent être de cet astre, elles sont moins attirées que le reste du globe, qui, étant intermédiaire, se trouve être plus voisin de la lune, et, dès lors, leur pesanteur relative, qui les tient toujours en équilibre et de niveau, les pousse vers le point opposé à la lune pour que cet équilibre se conserve. Ainsi, dans les deux cas, lorsque la lune est au méridien d'un lieu ou au méridien opposé, les eaux doivent s'élever à très peu près de la même quantité, et par conséquent s'abaisser et refluer aussi de la même quantité, lorsque la lune est à l'horizon, à son coucher ou à son lever. On voit bien qu'un mouvement, dont la cause et l'effet sont tels que nous venons de l'expliquer, ébranle nécessairement la masse entière des mers, et la remue dans toute son étendue et dans toute sa profondeur; et, si ce mouvement paraît insensible dans les hautes mers et lorsqu'on est éloigné des terres, il n'en est cependant pas moins réel; le fond et la surface sont remués à peu près également, et même les eaux du fond, que les vents ne peuvent agiter comme celles de la surface, éprouvent bien plus régulièrement que celles de la surface cette action, et elles ont un mouvement plus réglé et qui est toujours alternativement dirigé de la même façon.

» De ce mouvement alternatif de flux et de reflux il résulte, comme nous l'avons dit, un mouvement continuel de la mer de l'orient vers l'occident, parce que l'astre, qui produit l'intumescence des eaux, va lui-même d'orient en occident, et qu'agissant successivement dans cette direction, les eaux suivent le mouvement de l'astre dans la même direction. Les marées sont plus fortes et elles font hausser et baisser les eaux bien plus considérablement dans la zone torride entre les tropiques, que dans le reste de l'océan; elles sont aussi beaucoup plus sensibles dans les lieux qui s'étendent d'orient en occident, dans les golfes qui sont longs et étroits, et sur les côtes où il y a des îles et des promontoires. »

Action du soleil.

La lune n'est pas le seul astre qui agisse sur nos eaux pour déterminer les marées. Le soleil joint son action à celle de notre satellite, mais son très grand éloignement ne lui permet d'exercer, malgré son énorme masse, qu'une action relativement faible; on estime, en effet, que la lune est pour les deux tiers dans la production des marées, tandis que le soleil n'y est que pour un tiers. Au moment des pleines lunes et des nouvelles lunes, l'action du soleil et celle de la lune s'exerçant en même temps sur les mêmes points du globe, les marées atteignent forcément leur plus grande hauteur, tandis qu'elles présentent leur minimum d'intensité au moment des quadratures, parce qu'alors le soleil et la lune exercent leur action dans des directions formant entre elles un angle droit.

Le mouvement des marées peut être accéléré ou ralenti par les vents. Lorsque le vent pousse les flots dans la même direction que le flux, l'eau s'élève sur les côtes à une hauteur beaucoup plus considérable que celle que lui ferait atteindre le flux seul; elle se précipite alors sur les obstacles qui lui sont opposés avec une violence d'autant plus grande que le vent est plus fort. Lorsque, au contraire, le vent souffle dans une direction opposée à celle du flux, la force de celui-ci est très sensiblement diminuée.

Une autre cause rend les marées beaucoup plus fortes qu'elles ne le seraient sous l'action seule de la lune et du soleil. On a calculé qu'au niveau de l'équateur l'action de la lune élève la surface de la mer de $0^{m},50$ seulement; en y ajoutant l'action du soleil, on obtient une élévation de $0^{m},74$. Or, ce chiffre est très inférieur à celui qui représente l'élévation de la mer dans un grand nombre d'autres points du globe. Tandis qu'à Sainte-Hélène les marées dépassent rarement $0^{m},90$, elles sont, à l'entrée de la Tamise, de $5^{m},40$; à Boston et à Deeps, elles sont de $6^{m},60$ à $7^{m},20$; à l'embouchure du canal de Bristol, elles atteignent $10^{m},80$; à King-Road, près de Bristol, elles sont de $12^{m},60$. A Chepstow, petit port situé sur la Wye, rivière qui se jette dans les terrains de la Saverne, elles s'élèvent jusqu'à 15 et même 21 mètres ou $21^{m},90$. En général, elles sont beaucoup plus fortes dans les détroits, les estuaires et les parties concaves des côtes qu'au niveau des parties saillantes des continents. Dans beaucoup de cas, ces élévations considérables des marées sont dues à l'action des courants ; mais, d'une façon générale, on peut les attribuer à la vitesse acquise de l'eau. Pour nous rendre compte de ce fait, envisageons un point déterminé de l'Océan. Au moment où la lune passe au méridien de ce point, elle attire fortement l'eau des régions voisines ; celles-ci se précipitent avec une vitesse calculable vers le point où la lune exerce le maximum de son influence ; grâce à la vitesse ainsi acquise, les eaux ne s'arrêtent pas dans leur mouvement lorsque la surface s'est mise en équilibre ; elles continuent, au contraire, à se mouvoir dans les directions où elles sont attirées jusqu'à ce que leur vitesse soit détruite par les frottements contre le fond de la mer ou par la pesanteur. S'il se trouve dans ce voisinage une côte à pente douce, elles s'avancent sur elle à une grande distance ; si la côte est à pic, elles s'élèvent contre elle et la frappent avec une grande violence. On peut expliquer ainsi, par la vitesse acquise, non seulement les élévations considérables des marées dont nous avons parlé plus haut et les coups terribles que la mer frappe contre les côtes qui font obstacle à sa marche, mais encore la persistance de l'élévation des eaux après le passage de la lune au méridien. On sait, en effet, que, surtout au moment des syzygies, la mer continue à monter après que la lune a dépassé le méridien. Cette persistance du mouvement ascensionnel après le passage de la lune au méridien est due à la vitesse acquise par la mer. Quant à la hauteur qu'atteignent les marées dans les détroits, les estuaires et toutes les parties des côtes qui offrent des concavités, elle s'explique par ce fait que l'eau, chassée dans ces points par le flux, y rencontrant des obstacles latéraux à sa marche, s'élève nécessairement le long de ces obstacles, de même que l'eau d'un lac s'écoulant par un canal étroit s'élève davantage dans ce dernier que dans le lit du lac.

Avant de parler des actions destructives exercées par les marées sur les côtes de nos continents, il est nécessaire de dire un mot des courants et de leurs causes, parce qu'ils agissent de la même façon que les marées.

Courants marins.

Buffon attribuait la production de la plupart des courants au flux et au reflux et leur direction aux inégalités du fond de la mer. Après avoir parlé des inégalités du fond de la mer, il ajoute (1) : « C'est à ces inégalités du fond de la mer qu'on doit attribuer l'origine des courants ; car on sent bien que, si le fond de l'Océan était égal et de niveau, il n'y aurait dans la mer d'autre courant que le mouvement général d'orient en occident, et quelques autres mouvements qui auraient pour cause l'action des vents et qui en suivraient la direction ; mais une preuve certaine que la plupart des cou-

(1) *Histoire et théorie de la terre. Du flux et du reflux*, t. Ier, p. 186.

rants sont produits par le flux et le reflux, et dirigés par les inégalités du fond de la mer, c'est qu'ils suivent régulièrement les marées et qu'ils changent de direction à chaque flux et à chaque reflux. »

Un peu plus loin, poursuivant la même idée, il dit (1) : « Ainsi on ne peut pas douter que le flux et le reflux ne produisent des courants dont la direction suit toujours celle des collines ou des montagnes opposées entre lesquelles ils coulent. Les courants qui sont produits par les vents suivent aussi la direction de ces mêmes collines qui sont cachées sous l'eau, car ils ne sont presque jamais opposés directement au vent qui les produit, non plus que ceux qui ont le flux et le reflux pour cause ne suivent pas pour cela la même direction.

» Pour donner une idée nette de la production des courants, nous observerons d'abord qu'il y en a dans toutes les mers, que les uns sont plus rapides et les autres plus lents, qu'il y en a de fort étendus, tant en longueur qu'en largeur, et d'autres qui sont plus courts et plus étroits ; que la même cause, soit le vent, soit le flux et le reflux, qui produit ces courants, leur donne à chacun une vitesse et une direction souvent très différentes ; qu'un vent de nord, par exemple, qui devrait donner aux eaux un mouvement général vers le sud, dans toute l'étendue de la mer où il exerce son action, produit au contraire un grand nombre de courants séparés les uns des autres et bien différents en étendue et en direction ; quelques-uns vont droit au sud, d'autres au sud-est, d'autres au sud-ouest ; les uns sont fort rapides, d'autres sont lents ; il y en a de plus et moins forts, de plus et moins larges, de plus et moins étendus, et cela dans une variété de combinaisons si grande, qu'on ne peut leur trouver rien de commun que la cause qui les produit ; et lorsqu'un vent contraire succède, comme cela arrive souvent dans toutes les mers, et régulièrement dans l'océan Indien, tous ces courants prennent une direction opposée à la première, et suivent en sens contraire les mêmes routes et le même cours, en sorte que ceux qui allaient au sud vont au nord, ceux qui coulaient vers le sud-est vont au nord-ouest, etc., et ils ont la même étendue en longueur et en largeur, la même vitesse, etc., et leur cours au milieu des autres eaux de la mer se fait précisément de la même façon qu'il se ferait sur la terre entre deux rivages opposés et voisins, comme on le voit aux Maldives et entre toutes les îles de la mer des Indes, où les courants vont comme les vents pendant six mois dans une direction, et pendant six autres mois dans la direction opposée : on a fait la même remarque sur les courants qui sont entre les bancs de sable et entre les hauts-fonds ; et en général tous les courants, soit qu'ils aient pour cause le mouvement du flux et du reflux, ou l'action des vents, ont chacun constamment la même étendue, la même largeur et la même direction dans tout leur cours, et ils sont

(1) *Histoire et théorie de la terre*, t. Ier, p. 187.

très différents les uns des autres en longueur, en largeur, en rapidité et en direction, ce qui ne peut venir que des inégalités des collines, des montagnes et des vallées qui sont au fond de la mer, comme l'on voit qu'entre deux îles le courant suit la direction des côtes aussi bien qu'entre les bancs de sable, les écueils et les hauts-fonds. On doit donc regarder les collines et les montagnes du fond de la mer comme les bords qui contiennent et qui dirigent les courants, et dès lors un courant est un fleuve dont la largeur est déterminée par celle de la vallée dans laquelle il coule, dont la rapidité dépend de la force qui le produit, combinée avec le plus ou moins de largeur de l'intervalle par où il doit passer, et enfin dont la direction est tracée par la position des collines et des inégalités entre lesquelles il doit prendre son cours. »

C'est à ces courants ou, pour me servir de son expression fort juste, à ces « fleuves » de la mer que Buffon attribue la formation des vallées de nos chaînes de montagnes.

Le lecteur n'a pas oublié ce que nous avons dit plus haut au sujet de la façon dont Buffon expliquait la formation des montagnes : il supposait que toutes les montagnes et les collines qui hérissent notre globe avaient été formées par l'œuvre des mers, par dépôts de sédiments entraînés par les courants. Il suppose que les courants ont ensuite creusé les montagnes comme un ruisseau creuse le sol de la prairie dans laquelle il rampe, en y décrivant des sinuosités. C'est ainsi qu'il explique le fait indéniable de l'emboîtement des angles des montagnes de chaque côté des vallées étroites. « On voit, dit-il (1), en jetant les yeux sur les ruisseaux, les rivières et toutes les eaux courantes, que les bords qui les contiennent forment toujours des angles alternativement opposés; de sorte que, quand un fleuve fait un coude, l'un des bords du fleuve forme d'un côté une avance ou un angle rentrant dans les terres, et l'autre bord forme au contraire une pointe ou un angle saillant hors des terres, et que dans toutes les sinuosités de leur cours cette correspondance des angles alternativement opposés se trouve toujours; elle est en effet fondée sur les lois du mouvement des eaux et l'égalité de l'action des fluides, et il nous serait facile de démontrer la cause de cet effet, mais il nous suffit ici qu'il soit général et universellement reconnu, et que tout le monde puisse s'assurer par ses yeux que toutes les fois que le bord d'une rivière fait une avance dans les terres, que je suppose à main gauche, l'autre bord fait au contraire une avance hors des terres à main droite.

» Dès lors les courants de la mer, qu'on doit regarder comme de grands fleuves ou des eaux courantes, sujettes aux mêmes lois que les fleuves de la terre, formeront de même dans l'étendue de leur cours plusieurs sinuosités dont les avances ou les angles seront rentrants d'un côté et saillants de

(1) *Histoire et théorie de la terre*, p. 187.

l'autre côté; et, comme les bords de ces courants sont les collines et les montagnes qui se trouvent au-dessous ou au-dessus de la surface des eaux, ils auront donné à ces éminences cette même forme qu'on remarque aux bords des fleuves : ainsi on ne doit pas s'étonner que nos collines et nos mon-montagnes, qui ont été autrefois couvertes des eaux de la mer et qui ont été formées par le sédiment des eaux, aient pris par le mouvement des courants cette figure régulière, et que tous les angles en soient alternativement opposés ; elles ont été les bords des courants ou des fleuves de la mer, elles ont donc nécessairement pris une figure et des directions semblables à celles des bords des fleuves de la terre, et par conséquent toutes les fois que le bord à main gauche aura formé un angle rentrant, le bord à main droite aura formé un angle saillant, comme nous l'observons dans toutes les collines opposées. »

Ainsi que l'avons dit déjà plus haut, l'opinion de Buffon est en grande partie erronée. Il paraît certain que la majeure partie des vallées de nos montagnes ont été creusées non pendant qu'elles étaient encore au-dessous des mers, mais après leur soulèvement.

Les découvertes faites par la science depuis l'époque de Buffon ont également renversé sa théorie des courants et nous ont révélé les véritables causes productrices de ces fleuves marins. Le savant qui a fait le premier la lumière sur cette question est un Anglais, le major Rennel.

Il divisait les courants marins en deux grandes classes : les courants d'impulsion (*drift-currents*) et les courants torrentiels (*stream-currents*). Il attribuait les premiers à l'action du vent poussant les eaux de la mer dans une direction déterminée et constante pendant une certaine période de temps; mais si ces eaux viennent à rencontrer un obstacle, par exemple une côte ou un autre courant de direction différente ou un fleuve, elles se trouvent arrêtées dans leur marche, se détournent de leur route primitive et vont dans une direction nouvelle, en prenant le nom de courants torrentiels.

Ces deux sortes de courants ne sont pas les seules que l'on connaisse. Il existe encore des courants formés par l'eau douce des rivières. Dans la plupart des cas, l'eau des fleuves ne tarde pas à se confondre avec celle de la mer, et à une petite distance de l'embouchure des fleuves, on ne trouve plus d'indications de leur existence. Quelques fleuves se comportent différemment. Celui des Amazones, par exemple, se prolonge dans l'Atlantique à une distance considérable. D'après le général Sabine, à une distance de 480 kilomètres de son embouchure, on trouve encore des eaux distinctes de celles de l'Océan, presque entièrement douces, prolongeant la direction du fleuve et ayant une vitesse de 4,800 mètres à l'heure. D'après Rennel, la rivière Plate est encore distincte dans l'Océan, à 960 kilomètres de son embouchure; elle forme en ce point une sorte de fleuve marin, ayant une vitesse de 1,600 mètres à l'heure et une largeur de 1,280 mètres. Indépendamment de l'importance que peuvent avoir par eux-mêmes de pareils courants, ils doivent encore jouer un rôle considérable, en déterminant la dérivation des courants marins avec lesquels ils sont susceptibles de se rencontrer.

L'évaporation qui se fait à la surface des mers détermine la production d'une quatrième classe de courants. C'est à cette cause qu'il faut attribuer notamment les courants qui se dirigent de l'Atlantique dans la Méditerranée. Dans le détroit de Gibraltar, ils sont au nombre de trois, l'un médian, les deux autres latéraux. On sait que la Méditerranée n'a pour ainsi dire pas de marées; on ne constate des mouvements de flux et de reflux un peu sensibles que dans quelques points de cette mer; dans le détroit de Messine, la mer monte de 60 à 65 centimètres; à Naples, elle monte de 30 à 32 centimètres; à Venise, elle paraît pouvoir s'élever de plus de 1 mètre; dans les golfes de la côte septentrionale de l'Afrique, elle s'élève de $1^{m},52$; mais dans la plupart des autres points, les marées ne sont que difficilement observables. Il en résulte que l'Atlantique verse dans la Méditerranée une quantité d'eau beaucoup plus considérable que celle qui passe de la deuxième de ces mers dans la première. On doit en conclure que l'excédent de l'eau apportée par les courants venus de l'Atlantique s'évapore à la surface de la Méditerranée. Cette évaporation est d'ailleurs rendue très prompte et très abondante par les vents secs venus d'Afrique et par la chaleur. C'est très probablement à elle qu'on doit attribuer la constance et la rapidité des courants qui traversent le détroit de Gibraltar, beaucoup plus qu'à la différence de niveau des deux mers, car cette différence est à peine sensible, si même elle existe. Il est bien probable que l'évaporation joue un rôle semblable dans la production des courants que l'on constate à l'entrée de la plupart des golfes ou des mers qui pénètrent profondément dans les terres, courants presque toujours dirigés de la haute mer vers le fond de ces golfes.

Une cinquième classe comprend les courants produits par la différence de température des diverses mers. C'est à cette classe qu'appartient le célèbre courant connu sous le nom de Gulf-Stream. On sait qu'il prend naissance dans le golfe du Mexique. De ce point il se dirige vers le nord-est, par le détroit de la Floride, et atteint le banc de Terre-Neuve, où il se divise en deux branches : l'une qui revient vers les tropiques en limitant une surface elliptique calme et couverte d'algues, connue sous le nom de mer des sargasses et qui ensuite passe près des îles Açores et remonte jusqu'au golfe de Biscaye; l'autre, qui se porte vers le nord de l'Europe, passe entre la Grande-Bretagne et l'Islande, suit les côtes de la Norvège, puis va, par le détroit de Davis, vers la côte de l'Amérique du Nord qu'il descend jusqu'au niveau de l'Amérique du Sud où il se perd. La largeur de ce courant est très considérable; au niveau du cap Floride, elle est de 40 kilomètres; sous le 40° degré de latitude, elle est de 205 kilomètres. En ce dernier point, sa profondeur est de 30 mètres. Sa vitesse est très grande; dans le détroit de Bahama, elle est de 4,800 à 6,400 mètres à l'heure. De Terre-Neuve aux Açores, il parcourt 3,000 géographiques en soixante-dix-huit jours. Sa température est de 30 degrés dans le golfe du Mexique; en vue des sables de Hook, sous le 40°30′ de latitude, elle est de 26°,67 centigrades. A la hauteur de Terre-Neuve, sa température est encore supérieure de plus de 4 degrés centigrades à celle de l'eau voisine. La quantité de chaleur apportée par le Gulf-Stream dans l'Atlantique est tellement considérable que, d'après Forbes, elle suffirait pour élever la température de l'atmosphère qui recouvre la Grande-Bretagne et la France du point de congélation de l'eau à la température d'un jour d'été. Le Gulf-Stream doit donc exercer une influence considérable sur la température moyenne de tous les continents au voisinage desquels il passe. C'est à lui notamment qu'on attribue la douceur du climat de toutes les côtes du nord-ouest de la France.

Au-dessous du courant d'eau chaude dont nous venons de parler, il existe un courant d'eau froide dirigé exactement en sens contraire, c'est-à-dire du nord au sud, prenant naissance dans les régions polaires de l'Atlantique.

La manière dont se forment ces courants est très simple. L'eau très chaude du golfe du Mexique, tend naturellement à se répandre au-dessus de l'eau plus froide, et par conséquent plus dense, des mers voisines, comme l'huile versée dans un point limité d'un verre d'eau, tend à recouvrir toute la surface de l'eau. Quant aux courants d'eau froide qui viennent du nord, ils s'expliquent par le fait que l'eau de la surface parvenue à 4 degrés centigrades, se trouvant plus dense s'enfonce et se répand au-dessous de l'eau plus froide exposée au contact glacial des vents qui soufflent du nord.

Je ne veux pas insister davantage sur ces phénomènes. Il me suffira de rappeler que, grâce aux marées, aux courants et aux vents, les eaux de la mer sont dans un état incessant de mouvement non seulement à la surface, mais jusque dans les plus grandes profondeurs. Le sol des mers est ainsi sans cesse agité, tandis que les côtes des continents sont doucement léchées ou violemment heurtées par les vagues. Il en résulte nécessairement l'usure de certaines côtes dont les matériaux transportés en d'autres points y forment des dépôts destinés à augmenter la surface des continents.

Usure des côtes.

Quelques exemples suffisent pour mettre en lumière l'importance de l'action destructive de la mer, la seule dont nous ayons à nous occuper en ce moment. Le voyageur le moins attentif n'a qu'à jeter un coup d'œil sur les falaises qui bordent notre pays le long de la Manche et du Pas-de-Calais pour acquérir la preuve irrécusable des dégâts terribles que fait la mer en ces régions. On voit, au moment des grandes marées et pendant les tempêtes, d'énormes blocs de terre ou de rochers se détacher des falaises sous le choc de vagues gigantesques. De Boulogne au cap Gris-Nez, par exemple, toute la partie de la côte qui est formée de falaises est bordée d'immenses blocs de roches arrondies, tombées de la falaise, dans laquelle des blocs semblables ont déjà été à demi découverts par le choc des vagues. Au niveau du cap Gris-Nez, les blocs de roches s'avancent dans la mer à plusieurs centaines de mètres et y forment des écueils sur lesquels, chaque année, plusieurs navires se brisent. Deux ou trois forts qui jadis étaient sur la côte en sont aujourd'hui séparés par une plage large de plusieurs centaines de mètres que la mer recouvre à chaque marée. Plus bas, sur la côte de Bretagne, le mont Saint-Michel, aujourd'hui séparé de la terre, avec laquelle il communiquait autrefois, témoigne d'une destruction semblable de nos côtes par les eaux de la mer. Si l'on remonte vers le nord, on trouve sur les côtes de la Hollande des traces manifestes d'une action plus violente encore et probablement plus rapide ; la Hollande tout entière ne tarderait pas à être submergée sans les digues qui l'entourent. Du côté opposé, les îles Shetland sont en voie manifeste de destruction et ne tarderont probablement pas à disparaître en totalité sous les coups de la mer qui en use, ronge et brise les roches les unes après les autres. La côte du Yorkshire subit une destruction constatable d'année en année ; sur une longueur de 57,600 mètres, la destruction est de 2m,25 par an, c'est-à-dire environ 13 hectares de terrain. Dans le Norfolk, entre Cromer et Mundesley, la falaise recule de 4m,20 par an. Il me paraît inutile d'insister davantage. Ces faits sont assez connus de tout le monde et assez facilement contatables pour qu'on me dispense d'en énumérer un plus grand nombre.

Ils mettent bien en relief la puissance considérable de la mer envisagée comme agent destructeur ; ils permettent d'affirmer que, sous ses efforts incessants, les continents les plus élevés et les plus résistants sont destinés à disparaître lambeau par lambeau, comme ont disparu déjà un nombre considérable de terres dont les eaux recouvrent aujourd'hui la surface. Il est à peu près certain, par exemple, qu'à une époque relativement peu éloignée la Grande-Bretagne et la France étaient en relation directe par le Pas-de-Calais, de même que jadis la France ou, tout au moins, l'Italie et l'Afrique communiquaient par des terres que recouvrent aujourd'hui les eaux de la Méditerranée. Ces terres ont-elles été simplement détruites par la mer qui battait leurs côtes, ou bien se sont elles affaissées, tandis que d'autres points des continents, comme la région pyrénéenne et celle des Alpes, s'élevaient, ou bien encore leur submersion a-t-elle été déterminée par l'action combinée de ces deux agents ? Il est à peu près impossible de répondre à ces questions d'une manière positive.

Si nous ajoutons toutes les causes dans lesquelles l'eau joue le rôle d'agent destructeur à celles où le feu exerce la même action, nous pouvons facilement expliquer tous les phénomènes de destruction dont le globe a été le théâtre. Or, ces causes agissent encore de nos jours ; nous pouvons en constater les effets et en calculer la valeur. Elles rendent donc inutiles les révolutions brusques de Cuvier.

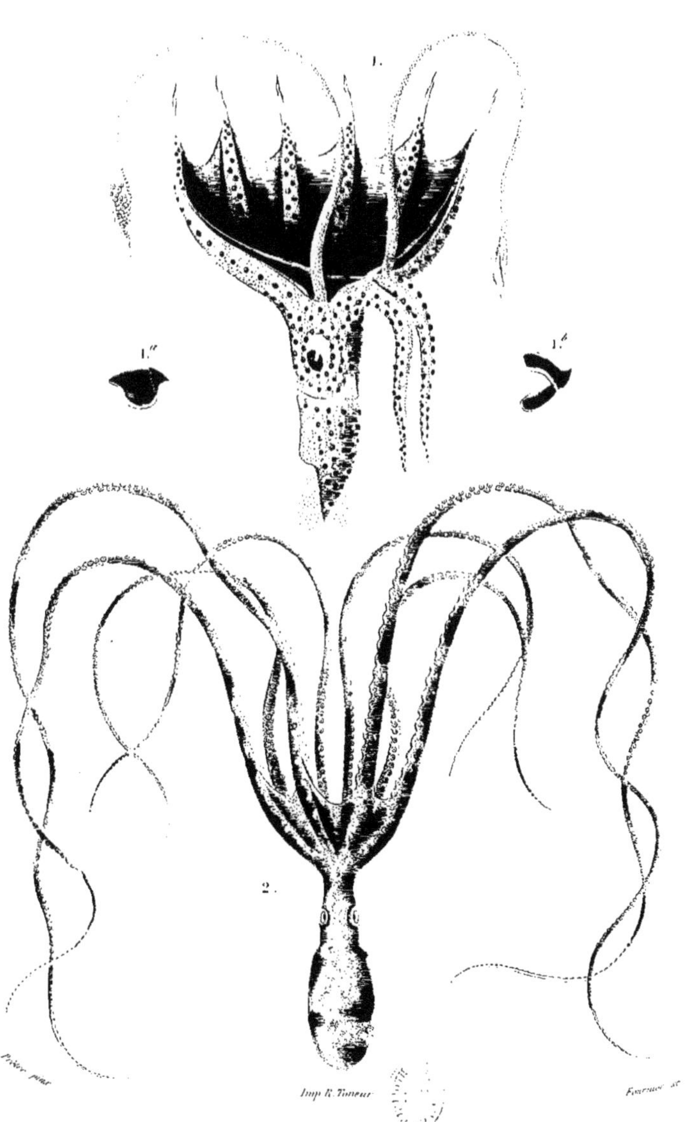

1 Histioteuthis de Bonelli. 1.a b Mandibules ou armure de la bouche

2 Poulpe commun

Ayant étudié le rôle destructeur de l'eau, nous devons, comme nous l'avons fait pour le feu, étudier son rôle réparateur ou édificateur.

Action édificatrice et réparatrice de l'eau.

L'action réparatrice de l'eau a été signalée de tous temps par les savants qui se sont occupés des phénomènes physiques dont notre globe est le théâtre. Il n'est donc pas étonnant que Buffon lui ait attribué une grande importance. Nous devons même ajouter immédiatement qu'il l'a beaucoup trop exagéré. Nous avons dit déjà qu'il considérait sinon la totalité, du moins la majeure partie de la masse des montagnes comme due à des dépôts de matières entraînées par les eaux ; il assignait la même origine à toutes les couches de terrains qui forment la surface de notre globe.

Opinion de Buffon.

« On ne peut douter, dit-il (1), que les eaux de la mer n'aient séjourné sur la surface de la terre que nous habitons, et que par conséquent cette même surface de notre continent n'ait été pendant quelque temps le fond d'une mer, dans laquelle tout se passait comme tout se passe actuellement dans la mer d'aujourd'hui : d'ailleurs les couches des différentes matières qui composent la terre étant, comme nous l'avons remarqué, posées parallèlement et de niveau, il est clair que cette position est l'ouvrage des eaux qui ont amassé et accumulé peu à peu ces matières et leur ont donné la même situation que l'eau prend toujours elle-même, c'est-à-dire cette situation horizontale que nous observons presque partout ; car, dans les plaines, les couches sont exactement horizontales, et il n'y a que dans les montagnes où elles soient inclinées, comme ayant été formées par des sédiments déposés sur une base inclinée, c'est-à-dire sur un terrain penchant : or, je dis que ces couches ont été formées peu à peu, et non pas tout d'un coup, par quelque révolution que ce soit, parce que nous trouvons souvent des couches de matière plus pesante posées sur des couches de matière beaucoup plus légère, ce qui ne pourrait être, si, comme le veulent quelques auteurs, toutes ces matières dissoutes et mêlées en même temps dans l'eau se fussent ensuite précipitées au fond de cet élément, parce qu'alors elles eussent produit une tout autre composition que celle qui existe ; les matières les plus pesantes seraient descendues les premières et au plus bas, et chacune se serait arrangée suivant sa gravité spécifique, dans un ordre relatif à leur pesanteur particulière, et nous ne trouverions pas des rochers massifs sur des arènes légères, non plus que des charbons de terre sous des argiles, des glaises sous des marbres, et des métaux sur des sables.

» Une chose à laquelle nous devons encore faire attention, et qui confirme ce que nous venons de dire sur la formation des couches par le mouvement et par le sédiment des eaux, c'est que toutes les autres causes de révolution ou de changement sur le globe ne peuvent produire les mêmes effets. Les montagnes les plus élevées sont composées de couches parallèles, tout de

(1) *Histoire et théorie de la terre*, t. Ier, p. 41.

même que les plaines les plus basses, et par conséquent on ne peut pas attribuer l'origine et la formation des montagnes à des secousses, à des tremblements de terre, non plus qu'à des volcans ; et nous avons des preuves que s'il se forme quelquefois de petites éminences par ces mouvements convulsifs de la terre, ces éminences ne sont pas composées de couches parallèles, que les matières de ces éminences n'ont intérieurement aucune liaison, aucune position régulière, et qu'enfin ces petites collines formées par les volcans ne présentent aux yeux que le désordre d'un tas de matières rejetées confusément ; mais cette espèce d'organisation de la terre que nous découvrons partout, cette situation horizontale et parallèle des couches, ne peuvent venir que d'une cause constante et d'un mouvement réglé et toujours dirigé de la même façon. »

Je ne veux pas revenir ici sur ce qui a été dit plus haut au sujet des erreurs commises par Buffon relativement à la disposition des couches et à la formation des montagnes. Je me borne à faire remarquer avec qu'elle admirable netteté il formule l'idée de la formation de toutes les couches terrestres observables, au moyen du dépôt de sédiments entraînés par les eaux ou abandonnés par elles au fond du lit des mers. Il n'ignore pas cependant que certaines couches de notre globe ont une origine différente et ont été déposées non par la mer, mais par les ruisseaux, les rivières et les fleuves après l'émergement des continents.

« Il faut excepter, dit-il (1), à certains égards, les couches de sable ou de gravier entraînées du sommet des montagnes par la pente des eaux ; ces veines de sable se trouvent quelquefois dans les plaines, où elles s'étendent même assez considérablement ; elles sont ordinairement posées sous la première couche de terre labourable, et dans les lieux plats elles sont de niveau, comme les couches plus anciennes et plus intérieures ; mais au pied et sur la croupe des montagnes, ces couches de sable sont fort inclinées, et elles suivent le penchant de la hauteur sur laquelle elles ont coulé : les rivières et les ruisseaux ont formé ces couches, et en changeant souvent de lit dans les plaines, ils ont entraîné et déposé partout ces sables et ces graviers. Un petit ruisseau coulant des hauteurs voisines suffit, avec le temps, pour étendre une couche de sable et de gravier sur toute la superficie d'un vallon, quelque spacieux qu'il soit, et j'ai souvent observé, dans une campagne environnée de collines, dont la base est de glaise aussi bien que la première couche de la plaine, qu'au-dessus d'un ruisseau qui y coule, la glaise se trouve immédiatement sous la terre labourable, et qu'au-dessous du ruisseau il y a une épaisseur d'environ un pied de sable sur la glaise, qui s'étend à une distance considérable. Ces couches, produites par les rivières et par les autres eaux courantes, ne sont pas de l'ancienne formation : elles se recon-

(1) *Histoire et théorie de la terre*, t. Ier, p. 48.

naissent aisément à la différence de leur épaisseur, qui varie et n'est pas la même partout, comme celle des couches anciennes, à leurs interruptions fréquentes, et enfin à la matière même qu'il est aisé de juger et qu'on reconnaît avoir été lavée, roulée et arrondie. On peut dire la même chose des couches de tourbes et de végétaux pourris qui se trouvent au-dessous de la première couche de terre dans les terrains marécageux ; ces couches ne sont pas anciennes, et elles ont été produites par l'entassement successif des arbres et des plantes, qui peu à peu ont comblé ces marais. Il en est encore de même de ces couches limoneuses que l'inondation des fleuves a produites dans différents pays ; donc tous ces terrains ont été nouvellement formés par les eaux courantes ou stagnantes, et ils ne suivent pas la pente égale ou le niveau aussi exactement que les couches anciennement produites par le mouvement régulier des ondes de la mer. Dans les couches que les rivières ont formées, on trouve des coquilles fluviatiles, mais il y en a peu de marines, et le peu qu'on y trouve est brisé, déplacé, isolé, au lieu que dans les couches anciennes, les coquilles marines se trouvent en quantité. »

Dans les suppléments à la *Théorie de la terre*, il s'efforce de réunir tous les faits qui lui paraissent de nature à confirmer, d'une part, la formation des couches de notre globe par dépôts aqueux sous-marins, et, d'autre part, à montrer l'action puissante exercée par l'eau à la surface des continents. Parlant des débordements périodiques du Nil, il dit (1) : « Ce débordement est bien moins considérable aujourd'hui qu'il ne l'était autrefois, car Hérodote nous dit que le Nil était cent jours à croître et autant à décroître ; si le fait est vrai, on ne peut guère en attribuer la cause qu'à l'élévation du terrain, que le limon des eaux a haussé peu à peu, et à la diminution de la hauteur des montagnes de l'intérieur de l'Afrique, dont il tire sa source : il est assez naturel d'imaginer que ces montagnes ont diminué, parce que les pluies abondantes, qui tombent dans ces climats pendant la moitié de l'année, entraînent les sables et les terres du dessus des montagnes dans les vallons, d'où les torrents les charrient dans le canal du Nil, qui en emporte une grande partie en Égypte, où il les dépose dans ses débordements. »

Dans un autre supplément, il écrit (2) : « Il y a un nombre infini d'îles nouvelles produites par les limons, les sables et les terres que les eaux des fleuves ou de la mer entraînent et transportent en différents endroits. A l'embouchure de toutes les rivières, il se forme des amas de terre et des bancs de sable dont l'étendue devient souvent assez considérable pour former des îles d'une grandeur médiocre. La mer, en se retirant et en s'éloignant de certaines côtes, laisse à découvert les parties les plus élevées du fond, ce qui forme autant d'îles nouvelles ; et de même, en s'étendant sur certaines plages, elle en couvre les parties les plus basses, et laisse paraître

(1) *Des fleuves*, t. Ier, p. 155.
(2) *Des îles nouvelles, des cavernes*, etc., t. Ier, p. 222.

les plus élevées qu'elle n'a pu surmonter, ce qui fait encore autant d'îles; et on remarque, en conséquence, qu'il y a fort peu d'îles dans le milieu des mers, et qu'elles sont presque toutes dans le voisinage des continents où la mer les a formées, soit en s'éloignant, soit en s'approchant de ces différentes contrées. »

Ailleurs (1), il parle de l'action des pluies et des couches qu'elles servent à former : « L'intérieur des montagnes est principalement composé de pierres et de rochers dont les différents lits sont parallèles; on trouve souvent entre les lits horizontaux de petites couches d'une matière moins dure que la pierre, et les fentes perpendiculaires sont remplies de sable, de cristaux, de minéraux, de métaux, etc. Ces dernières matières sont d'une formation plus nouvelle que celle des lits horizontaux, dans lesquels on trouve des coquilles marines. Les pluies ont peu à peu détaché les sables et les terres du dessus des montagnes, et elles ont laissé à découvert les pierres et les autres matières solides, dans lesquelles on distingue aisément les couches horizontales et les fentes perpendiculaires; dans les plaines, au contraire, les eaux des pluies et les fleuves ayant amené une quantité considérable de sable, de terre, de gravier et d'autres matières divisées, il s'en est formé des couches de tuf, pierre molle et fondante, de sable et de gravier arrondi, de terre mêlée de végétaux; ces couches ne contiennent point de coquilles marines, ou du moins n'en contiennent que des fragments, qui ont été détachés des montagnes avec les graviers et les terres : il faut distinguer avec soin ces nouvelles couches des anciennes, où l'on trouve presque toujours un grand nombre de coquilles entières et posées dans leur situation naturelle. »

Plus loin encore (2), il insiste sur le rôle des pluies dans la formation des couches les plus superficielles du sol : « Nous avons dit que les pluies, et les eaux courantes qu'elles produisent, détachent continuellement du sommet et de la croupe des montagnes les sables, les terres, les graviers, etc., et qu'elles les entraînent dans les plaines, d'où les rivières et les fleuves en charrient une partie dans les plaines plus basses, et souvent jusqu'à la mer; les plaines se remplissent donc successivement et s'élèvent peu à peu, et les montagnes diminuent tous les jours et s'abaissent continuellement, et dans plusieurs endroits on s'est aperçu de cet abaissement. Joseph Blancanus rapporte sur cela des faits qui étaient de notoriété publique dans son temps, et qui prouvent que les montagnes s'étaient abaissées au point que l'on voyait des villages et des châteaux de plusieurs endroits d'où on ne pouvait pas les voir autrefois. Dans la province de Darby, en Angleterre, le clocher du village Craih n'était pas visible en 1572 depuis une certaine montagne, à cause de la hauteur d'une autre montagne interposée, laquelle s'étend en Hopton et Wirksworth, et quatre-vingts ou cent ans après, on voyait ce clocher

(1) *Des îles nouvelles, des cavernes*, etc., t. Ier, p. 225.
(2) *De l'effet des pluies, des marécages*, etc., t. Ier, p. 231.

et même une partie de l'église. Le docteur Plot donne un exemple pareil d'une montagne entre Sibbertoft et Ashby, dans la province de Northampton. Les eaux entraînent non seulement les parties les plus légères des montagnes, comme la terre, le sable, le gravier et les petites pierres, mais elles roulent même de très gros rochers, ce qui en diminue considérablement la hauteur. En général, plus les montagnes sont hautes et plus leur pente est raide, plus les rochers y sont coupés à pic. Les plus hautes montagnes du pays de Galles ont des rochers extrêmement droits et fort nus; on voit les copeaux de ces rochers (si on peut se servir de ce nom) en gros monceaux à leurs pieds; ce sont les gelées et les eaux qui les séparent et les entraînent. Ainsi, ce ne sont pas seulement les montagnes de sable et de terre que les pluies rabaissent, mais, comme l'on voit, elles attaquent les rochers les plus durs, et en entraînent les fragments jusque dans les vallées. Il arriva dans la vallée de Nant-Phrancon, en 1685, qu'une partie d'un gros rocher qui ne portait que sur une base étroite, ayant été minée par les eaux, tomba et se rompit en plusieurs morceaux avec plus d'un millier d'autres pierres, dont la plus grosse fit en descendant une tranchée considérable jusque dans la plaine, où elle continua à cheminer dans une petite prairie et traversa une petite rivière, de l'autre côté de laquelle elle s'arrêta. C'est à de pareils accidents qu'on doit attribuer l'origine de toutes les grosses pierres que l'on trouve ordinairement çà et là dans le voisinage des montagnes. On doit se souvenir, à l'occasion de cette observation, de ce que nous avons dit dans l'article précédent, savoir : que ces rochers et ces grosses pierres dispersées sont bien plus communs dans les pays dont les montagnes sont de sable et de grès que dans ceux où elles sont de marbre et de glaise, parce que le sable qui sert de base au rocher est un fondement moins solide que la glaise.

» Pour donner une idée de la quantité de terre que les pluies détachent des montagnes et qu'elles entraînent dans les vallées, nous pouvons citer un fait rapporté par le docteur Plot : il dit, dans son *Histoire naturelle de Staffort*, qu'on a trouvé dans la terre, à 18 pieds de profondeur, un grand nombre de pièces de monnaie frappées du temps d'Édouard IV, c'est-à-dire deux cents ans auparavant, en sorte que ce terrain, qui est marécageux, s'est augmenté d'environ 1 pied en onze ans, ou de 1 pouce et un douzième par an. On peut encore faire une observation semblable sur des arbres enterrés à 17 pieds de profondeur, au-dessous desquels on a trouvé des médailles de Jules César : ainsi les terres, amenées du dessus des montagnes dans les plaines par les eaux courantes, ne laissent pas d'augmenter très considérablement l'élévation du terrain des plaines.

» Ces graviers, ces sables et ces terres que les eaux détachent des montagnes et qu'elles entraînent dans les plaines y forment des couches qu'il ne faut pas confondre avec les couches anciennes et originaires de la terre. On doit mettre dans la classe de ces nouvelles couches celles de tuf, de pierre molle, de gravier et de sable dont les grains sont lavés et arrondis; on doit y rapporter aussi les couches de pierre qui se sont faites par une espèce de dépôt et d'incrustation : toutes ces couches ne doivent pas leur origine au mouvement et aux sédiments des eaux de la mer. On trouve dans ces tufs et dans ces pierres molles et imparfaites une infinité de végétaux, de feuilles d'arbres, de coquilles terrestres ou fluviatiles, de petits os d'animaux terrestres, et jamais de coquilles ni d'autres productions marines, ce qui prouve évidemment, aussi bien que leur peu de solidité, que ces couches se sont formées sur la surface de la terre sèche, et qu'elles sont bien plus nouvelles que les marbres et les autres pierres qui contiennent des coquilles, et qui se sont formées autrefois dans la mer. Les tufs et toutes ces pierres nouvelles paraissent avoir de la dureté et de la solidité lorsqu'on les tire; mais, si on veut les employer, on trouve que l'air et les pluies les dissolvent bientôt; leur substance est même si différente de la vraie pierre que, lorsqu'on les réduit en petites parties et qu'on en veut faire du sable, elles se convertissent bientôt en une espèce de terre et de boue; les stalactites et les autres concrétions pierreuses, que M. de Tournefort prenait pour des marbres qui avaient végété, ne sont pas de vraies pierres, non plus que celles qui sont formées par des incrustations. Nous avons déjà fait voir que les tufs ne sont pas de l'ancienne formation, et qu'on ne doit pas les ranger dans la classe des pierres. Le tuf est une matière imparfaite, différente de la pierre et de la terre, et qui tire son origine de toutes deux par le moyen de l'eau des pluies, comme les incrustations pierreuses tirent la leur du dépôt des eaux de certaines fontaines : ainsi les couches de ces matières ne sont pas anciennes et n'ont pas été formées, comme les autres, par le sédiment des eaux de la mer; les couches de tourbe doivent être aussi regardées comme des couches nouvelles qui ont été produites par l'entassement successif des arbres et des autres végétaux à demi pourris, et qui ne se sont conservés que parce qu'ils se sont trouvés dans des terres bitumineuses qui les ont empêchés de se corrompre en entier. On ne trouve dans toutes ces nouvelles couches de tuf, ou de pierre molle, ou de pierre formée par des dépôts, ou de tourbes, aucune production marine, mais on y trouve au contraire beaucoup de végétaux, d'os d'animaux terrestres, de coquilles fluviatiles et terrestres, comme on peut le voir dans les prairies de la province de Northampton, auprès d'Ashby, où l'on a trouvé un grand nombre de coquilles d'escargots, avec des plantes, des herbes et plusieurs coquilles fluviatiles, bien conservées, à quelques pieds de profondeur sous terre, sans aucunes coquilles marines. (Voyez *Trans. Phil. Abr.*, vol. IV, p. 271.) Les eaux qui roulent sur la surface de la terre ont formé toutes ces nouvelles couches en changeant souvent de lit et en se répandant de tous côtés; une partie de ces eaux pénètre à l'intérieur et coule à travers les fentes des rochers et des pierres; et ce qui fait qu'on ne trouve point d'eau dans les pays élevés, non plus qu'au-dessus des collines, c'est parce que toutes les hauteurs de la terre sont ordinairement composées de pierres et de rochers, surtout vers le sommet. Il faut, pour trouver de l'eau, creuser dans la pierre et dans le rocher jusqu'à ce qu'on parvienne à la base, c'est-à-dire à la glaise ou à la terre ferme sur laquelle portent ces rochers, et on ne trouve point d'eau tant que l'épaisseur de la pierre n'est pas percée jusqu'au-dessous, comme je l'ai observé dans plusieurs puits creusés dans les lieux élevés ; et lorsque la hauteur des rochers, c'est-à-dire l'épaisseur de la pierre qu'il faut percer est fort considérable, comme dans les hautes montagnes, où les rochers ont souvent plus de 1,000 pieds d'élévation, il est impossible d'y faire des puits, et par conséquent d'avoir de l'eau. Il y a même de grandes étendues de terre où l'eau manque absolument, comme dans l'Arabie Pétrée, qui est un désert où il ne pleut jamais, où des sables brûlants couvrent toute la surface de la terre, où il n'y a presque point de terre végétale, où le peu de plantes qui s'y trouvent languissent ; les sources et les puits y sont si rares, que l'on n'en compte que cinq depuis le Caire jusqu'au mont Sinaï, encore l'eau est-elle amère et saumâtre. »

L'action réparatrice de la mer ne lui paraît pas moins importante que celle des fleuves et des pluies. « Il est vraisemblable, dit-il (1), que la mer peut former de nouveaux terrains en y apportant les sables, la terre, la vase, etc. » Et il cite un grand nombre de faits qui confirment cette assertion.

Plus loin, il dit encore : « La mer peut former des collines et élever des montagnes de plusieurs façons différentes, d'abord par des transports de terre, de vase, de coquilles d'un lieu à un autre, soit par son mouvement naturel de flux et de reflux, soit par l'agitation des eaux causée par les vents; en second lieu par des sédiments des parties impalpables qu'elle aura détachées des côtes et de son fond, et qu'elle pourra transporter et déposer à des distances considérables, et enfin par des sables, des coquilles, de la vase et des terres que les vents de mer poussent souvent contre les côtes, ce qui produit des dunes et des collines que les eaux abandonnent peu à peu, et qui deviennent des parties du continent. Nous en avons un exemple dans nos dunes de Flandre et dans celles de Hollande, qui ne sont que des collines composées de sable et de coquilles que les vents de mer ont poussées vers la terre. »

Puis, il résume de la façon suivante son opinion sur l'action exercée par l'eau dans les modifications subies par la surface de notre globe (2) : « Les mouvements de la mer sont donc les principales causes des changements qui sont arrivés et qui arrivent sur la surface du globe; mais cette cause n'est pas unique; il y en a beaucoup d'autres moins considérables qui contribuent à ces changements : les eaux courantes, les fleuves, les ruisseaux, la fonte des neiges, les torrents, les gelées, etc., ont changé considérable-

(1) *Des changements de terres en mers et de mers en terres*, t. Ier, p. 238.
(2) *Ibid.*, t. Ier, p. 243.

ment la surface de la terre; les pluies ont diminué la hauteur des montagnes, les rivières et les ruisseaux ont élevé les plaines, les fleuves ont rempli la mer à leur embouchure, la fonte des neiges et les torrents ont creusé des ravines dans les gorges et dans les vallons, les gelées ont fait fendre les rochers et les ont détachés des montagnes. Nous pourrions citer une infinité d'exemples des différents changements que toutes ces causes ont occasionnés. »

Plus loin (1), il ajoute : « Il est inutile de donner un plus grand nombre d'exemples des altérations qui arrivent sur la terre; le feu, l'air et l'eau y produisent des changements continuels, et qui deviennent très considérables avec le temps : non seulement il y a des causes générales dont les effets sont périodiques et réglés, par lesquels la mer prend successivement la place de la terre et abandonne la sienne, mais il y a une grande quantité de causes particulières qui contribuent à ces changements et qui produisent des bouleversements, des inondations, des affaissements, et la surface de la terre, qui est ce que nous connaissons de plus solide, est sujette, comme tout le reste de la nature, à des vicissitudes perpétuelles. »

Enfin, il résume de la façon suivante toute cette partie de son œuvre (2) : « Il paraît certain, par les preuves que nous avons données (art. VII et VIII), que les continents terrestres ont été autrefois couverts par les eaux de la mer; il paraît tout aussi certain (art. XII) que le flux et le reflux et les autres mouvements des eaux détachent continuellement des côtes et du fond de la mer des matières de toute espèce, et des coquilles qui se déposent ensuite quelque part et tombent au fond de l'eau comme des sédiments, et que c'est là l'origine des couches parallèles et horizontales qu'on trouve partout. Il paraît (art. IX) que les inégalités du globe n'ont pas d'autre cause que celle du mouvement des eaux de la mer, et que les montagnes ont été produites par l'amas successif et l'entassement des sédiments dont nous parlons, qui ont formé les différents lits dont elles sont composées. Il est évident que les courants qui ont suivi d'abord la direction de ces inégalités leur ont donné ensuite à toutes la figure qu'elles conservent encore aujourd'hui (art. XIII), c'est-à-dire cette correspondance alternative des angles saillants toujours opposés aux angles rentrants. Il paraît de même (art. VIII et XVIII) que la plus grande partie des matières que la mer a détachées de son fond et de ses côtes étaient en poussière lorsqu'elles se sont précipitées en forme de sédiments, et que cette poussière impalpable a rempli l'intérieur des coquilles absolument et parfaitement, lorsque ces matières se sont trouvées ou de la nature même des coquilles, ou d'une autre nature analogue. Il est certain (art. XVII) que les couches horizontales qui ont été produites successivement par le sédiment des eaux, et qui étaient d'abord dans un état de mollesse,

(1) *Des changements de terres en mers et de mers en terres*, t. Ier, p. 246.
(2) *Conclusion*, t. Ier, p. 247.

ont acquis de la dureté à mesure qu'elles se sont desséchées, et que ce desséchement a produit des fentes perpendiculaires qui traversent les couches horizontales.

» Il n'est pas possible de douter, après avoir vu les faits qui sont rapportés dans les articles x, xi, xiv, xv, xvi, xvii, xviii et xix, qu'il ne soit arrivé une infinité de révolutions, de bouleversements, de changements particuliers et d'altérations sur la surface de la terre, tant par le mouvement naturel des eaux de la mer que par l'action des pluies, des gelées, des eaux courantes, des vents, des feux souterrains, des tremblements de terre, des inondations, etc., et que par conséquent la mer n'ait pu prendre successivement la place de la terre, surtout dans les premiers temps après la création où les matières terrestres étaient beaucoup plus molles qu'elles ne le sont aujourd'hui. Il faut cependant avouer que nous ne pouvons juger que très imparfaitement de la succession des révolutions naturelles ; que nous jugeons encore moins de la suite des accidents, des changements et des altérations ; que le défaut des monuments historiques nous prive de la connaissance des faits : il nous manque de l'expérience et du temps ; nous ne faisons pas réflexion que ce temps qui nous manque ne manque point à la nature ; nous voulons rapporter à l'instant de notre existence les siècles passés et les âges à venir, sans considérer que cet instant, la vie humaine, étendue même autant qu'elle peut l'être par l'histoire, n'est qu'un point dans la durée, un seul fait dans l'histoire des faits de Dieu. »

Si j'ai tant insisté sur l'opinion de Buffon relativement à l'action réparatrice ou, pour mieux dire, édificatrice des eaux, c'est qu'elle contient en germe presque toute la science géologique.

Ainsi que nous l'avons fait pour les causes ignées, nous devons d'abord étudier les actions édificatrices de l'eau qu'il est possible de constater de nos jours; puis nous rechercherons si, à l'aide de ces actions, il est possible d'expliquer les phénomènes géologiques anciens.

Action édificatrice et réparatrice actuelle de l'eau.

L'eau accomplit chaque jour sous nos yeux un nombre considérable d'actions réparatrices ou édificatrices. Chaque jour, tandis qu'elle mine la surface et les bords des continents, elle abandonne dans le fond des mers ou des fleuves, dans les plaines et dans les vallées et sur les côtes, des matériaux destinés soit à agrandir les continents actuels, soit à construire des îles et des continents nouveaux. Nous avons déjà cité plus haut quelques-uns de ces faits empruntés à l'œuvre de Buffon; nous nous bornerons à en ajouter un petit nombre choisis parmi les plus importants et les mieux contrôlés.

En étudiant l'action destructive de l'eau, nous avons parlé des roches qu'elle dissout soit à la surface, soit dans les profondeurs du sol. L'eau se charge ainsi de matériaux dont elle abandonne une partie dans les profondeurs de la terre, mais dont elle ramène une autre partie à la surface.

On sait que, après avoir circulé dans ou entre les roches souterraines, l'eau remonte à la surface sous la forme de sources froides ou chaudes. L'observation la plus élémentaire permet de s'assurer que l'eau de ces sources contient toujours une quantité plus ou moins considérable de matières minérales en dissolution ; une partie de ces dernières est entraînée dans les ruisseaux, les rivières et les fleuves où elle se confond avec les substances de même nature prises à la surface du sol par les pluies ou par les eaux courantes, et va se déposer sur les bords ou dans le fond de la mer; nous en reparlerons plus tard. Une autre partie se dépose sur place, dans le voisinage des sources ; celle-ci est de beaucoup la moins importante, mais elle n'en offre pas moins un grand intérêt, parce qu'elle nous permet de nous rendre compte de la façon dont se sont produites un certain nombre de roches d'origine aqueuse.

Carbonate de chaux déposé par l'eau.

J'ai déjà dit plus haut quelques mots des dépôts de carbonate de chaux qui se font autour de certaines sources de l'Auvergne, de la campagne de Rome, etc. J'ai cité les sources de Clermont-Ferrand qui jaillissent de la colline sur laquelle est bâtie la ville et qui sont si riches en carbonate de chaux qu'on les utilise à faire des pétrifications bien connues dans le commerce sous le nom de pétrifications de Sainte-Allyre. J'ai rappelé aussi que l'une de ces sources a déjà déposé une butte de travertin, ou calcaire curiformé, longue de 72 mètres, haute de $4^{m},50$ à l'extrémité et large de $3^{m},60$. Encore dans le département du Puy-de-Dôme, à Chaluzet près de Pont-Gibaud, une autre source, issue d'une roche gneissique, au pied d'un cône volcanique, et à 32 kilomètres de toute roche calcaire, dépose du carbonate de chaux qui offre tous les caractères du calcaire oolithique, c'est-à-dire qu'il est formé de granulations arrondies, ayant le volume d'un grain de millet à celui d'un petit pois, et disposées en couches concentriques autour d'un petit corps étranger, comme un grain de sable ou un fragment de coquille, toutes ces granulations étant unies les unes aux autres par un ciment calcaire homogène. En Italie, dans les Apennins, la vallée d'Esta est bien connue pour les couches de calcaire blanc déposées par les sources sur les flancs des collines où elles se présentent en coulées répondant aux ruisseaux qui les ont déposées. A San-Vignone, les sources ont déposé une couche de travertin qui a plus de 800 mètres de long. La campagne de Rome est très riche en travertins de même nature, également formés par des sources dont l'eau contient un excès de carbonate de chaux. Le travertin de Tivoli est remarquable par l'aspect sphéroïdal des masses calcaires qui le composent. Tous ces faits témoignent de la quantité considérable de carbonate de chaux que l'eau chargée d'acide carbonique dissout dans les profondeurs du sol ; ils nous permettent ainsi de nous rendre compte de la façon dont se sont formées les masses énormes de calcaire qui entrent dans la composition des couches superficielles de notre globe.

Sulfate de chaux déposé par l'eau.

Certaines sources déposent de grandes quantités de sulfate de chaux; je me borne à citer ici les sources classiques, à cet égard, d'Aix en Savoie et de l'Islande. L'eau se charge d'acide sulfureux dans les parties profondes du sol; puis elle traverse des calcaires que l'acide sulfureux transforme, au contact de l'oxygène, en sulfate de chaux; l'eau dissout alors le sulfate de chaux, et l'entraîne à la surface de la terre. Rappelons encore qu'un grand nombre de sources chaudes tiennent en dissolution de la silice qu'elles déposent en se refroidissant à la surface du sol. Dans les Açores, l'île de Saint-Michel est célèbre par les sources chaudes et très riches en silice du val de Fumas. Les sources sortent de roches volcaniques et déposent d'énormes quantités de silice dont l'aspect rappelle celui de l'opale. Plus célèbres encore sont les sources chaudes et siliceuses de l'Islande, connues sous le nom de geysers. Elles jaillissent du sol en jets qui s'élèvent à plusieurs mètres de haut et qui retombent dans des bassins tapissés d'une couche épaisse de silice ayant l'apparence de l'opale. La précipitation de la silice tenue en dissolution par l'eau de ces sources serait due, d'après Faraday, non seulement au refroidissement de l'eau dont la température est, à la sortie, de plus de 80 degrés centigrades, mais encore à ce que la dissolution de la silice serait favorisée par la présence dans les eaux d'une assez forte proportion de soude; au contact de l'atmosphère, la soude se combinerait avec l'acide carbonique de l'air et la propriété dissolvante de l'eau vis-à-vis de la silice serait diminuée au point que la silice ne pourrait plus être maintenue en dissolution.

Sédiments déposés par les fleuves.

Quelque importants que soient les dépôts formés par les eaux des sources, ils le sont infiniment moins que ceux dont on peut observer la formation le long des fleuves et surtout à leurs embouchures. Nous avons déjà insisté plus haut sur l'énorme quantité de matériaux de toute sorte, que les pluies, les torrents, les ruisseaux, les rivières et les fleuves arrachent à la surface du sol, et qu'ils entraînent, soit à l'état de dissolution, soit à l'état de suspension dans l'eau. Les rivières et les fleuves reçoivent encore un grand nombre de matières en dissolution qui leur sont apportées par les sources et qu'ils portent à la mer. Ce n'est, en effet, qu'une très minime partie des sels tenus en dissolution par les sources froides ou chaudes, qui sont déposées sur le trajet du cours de ces sources; la majeure partie reste en dissolution et gagne la mer. Cela est vrai pour le carbonate de chaux et de magnésie, pour les sels de fer, pour les silicates, pour le chlorure de sodium, etc. Ces sels déversés en énorme quantité dans les mers par les eaux des fleuves, donnent à la mer la saveur salée qui est si caractéristique de ses eaux. Certaines sources sont presque saturées de chlorure de sodium qu'elles entraînent à la mer; parmi les plus célèbres, je citerai celles de Cheshire, de Northwich, de Lancashire et de Worcestershire, en Angleterre, qui jaillissent de terrains riches en dépôts de sel gemme. Ces sels se déposent dans le fond des mers, surtout dans celui des mers intérieures. On sait, par exemple, que l'eau de la mer Baltique est plus salée et plus dense dans le fond qu'à la surface. Dans le fond de la mer Morte et dans celui du grand lac Salé de l'Amérique du Nord, il existe des dépôts de sel marin.

Le carbonate de chaux puisé par l'eau des sources dans la profondeur du sol est aussi en majeure partie entraîné dans les fleuves, sur le lit desquels il se dépose. A propos de cette substance, on a soulevé une question de la plus haute importance dont il est nécessaire que nous parlions ici. Quelques naturalistes anciens ont émis l'idée que tout le carbonate de chaux qu'on trouve à la surface de la terre a été fabriqué par les animaux ou les végétaux, surtout par les premiers. D'après cette manière de voir, les organismes vivants opéreraient eux-mêmes la combinaison soit de l'acide carbonique et de l'oxyde de calcium, soit du carbone, de l'oxygène et de l'oxyde de calcium, de laquelle résulte le carbonate de chaux. C'est l'idée que Linné formulait dans l'aphorisme suivant : *Non a petrefactis.*

D'après le Dr Mac-Culloch (1), les terrains primaires, qui étaient pauvres en animaux à coquilles, renferment beaucoup moins de calcaire que les terrains secondaires, et la quantité de calcaire irait sans cesse en augmentant à mesure qu'on envisage les âges de la terre plus rapprochés de nous.

Carbonate de chaux produit et déposé par les animaux.

L'observation de Mac-Culloch est confirmée par tout ce que nous savons de la structure des différents terrains. Partout, la présence du carbonate de chaux paraît être liée à celle des animaux ; et alors même que les tests de ces derniers font défaut, on est tenté d'admettre que les calcaires ont été produits par eux.

Mais la question est de savoir si le carbonate de chaux est produit par les animaux de toutes pièces, à l'aide d'éléments chimiques plus simples puisés dans la nature, ou s'il est pris tout formé par ces êtres dans l'eau, qui, elle-même, l'emprunterait au sol, dans lequel des quantités nouvelles se produiraient sans cesse par combinaison chimique. S'il est vrai, comme l'admet Mac-Culloch et comme l'observation semble le démontrer, que la quantité absolue de ce corps augmente sans cesse à mesure que la terre vieillit, il faut bien admettre qu'il s'en forme chaque jour, par combinaison chimique, des quantités nouvelles. Où se produit cette combinaison ? Est-ce dans le sol ? est-ce dans les tissus des organismes vivants ? Telle est la question qu'il s'agit de résoudre. Ce qui tendrait à faire croire que c'est la première hypothèse qui est vraie, c'est que l'on ne voit pas d'animal ou de végétal fabriquer du carbonate de chaux dans un milieu qui n'en renferme pas. Une poule élevée dans une basse-cour où elle ne peut pas trouver du carbonate de chaux pond des œufs sans coquille calcaire. On remarque, d'autre part, que les points des lacs et des étangs dans lesquels on trouve le plus de coquillages d'eau douce et où se forment des couches de marne coquillière correspondent toujours

(1) *Système de géologie*, t. Ier, p. 219.

aux points par lesquels jaillissent des sources riches en carbonate de chaux. Il est donc permis de supposer, quoique cela ne soit pas absolument démontré par des observations précises, que les animaux et les végétaux ne fabriquent pas eux-mêmes le carbonate de chaux qui si souvent incruste leurs enveloppes ou leurs tissus, mais qu'ils l'empruntent au sol ou à l'eau. Une grande partie du carbonate de chaux que l'on trouve dans l'eau à l'état de dissolution provient manifestement du sol. L'eau chargée d'acide carbonique qui pénètre dans le sol transforme le carbonate en bicarbonate, qui est soluble, et le ramène sous cet état à la suface ; le carbonate de chaux du sol provient, au moins en grande partie, des tests des animaux des âges antérieurs ; il y aurait donc simplement changements successifs de bicarbonate soluble en carbonate insoluble, et de carbonate insoluble en bicarbonate soluble. Se forme-t-il directement dans le sol du carbonate ou du bicarbonate ? La quantité absolue de l'un ou de l'autre augmente-t-elle chaque jour ou est-elle constante ? On comprend combien il est difficile de répondre à cette question d'une manière positive ; cependant, rien n'empêche d'admettre que l'oxygène de l'air se combine ou se soit jadis combiné, dans la profondeur du sol, avec le calcium, que nulle part on ne trouve aujourd'hui à l'état de pureté, pour former un oxyde de calcium ; celui étant très avide d'eau a dû s'emparer, aussitôt après sa formation, de celle qui s'est trouvée à son contact pour former de la chaux ; celle-ci, à son tour, ne manque jamais dans le sol de l'acide carbonique nécessaire à la production de carbonate ou de bicarbonate de chaux. Rien n'empêche donc de supposer que le carbonate de chaux a précédé sur la terre l'apparition des animaux.

Quelle que soit la solution de cette intéressante et difficile question, le carbonate de chaux est l'un des corps qui jouent le plus grand rôle dans les actions réparatrices et édificatrices de l'eau, soit que l'eau l'abandonne directement dans le fond des mers, soit que les animaux le prennent à l'eau pour en former des coquilles qui tombent, après leur mort, dans le fond des eaux douces ou salées.

Avec le chlorure de sodium et le carbonate de chaux, l'eau tient souvent en dissolution du carbonate de magnésie, qu'elle abandonne en couches souvent très épaisses, ordinairement associé au carbonate de chaux. D'autres corps se trouvent plus souvent à l'état de suspension que de dissolution dans l'eau des ruisseaux, des rivières et des fleuves : telles sont les argiles, les sables, les graviers, etc.

Formation des alluvions.

Les fleuves, lors des débordements qui succèdent aux grandes pluies, abandonnent une grande quantité de ces substances dans les vallées et les plaines où ils serpentent, et forment ainsi des alluvions dont l'importance est parfois très grande. J'ai à peine besoin de citer, à ce propos, le Nil, le Sénégal, le Niger, qui, chaque année, déversent dans les plaines d'énormes quantités de sédiments.

Formation d'alluvions dans les lacs.

Des dépôts semblables se forment dans le fond de presque tous les lacs. On sait qu'elle importance ont les sédiments déposés par le Rhône dans le lac de Genève. L'étendue du lac sur laquelle se forment les dépôts de matériaux arrachés par le Rhône et ses affluents aux montagnes n'a pas moins de 3,200 mètres de long ; d'après les calculs les mieux faits, on peut admettre que l'épaisseur des dépôts effectués depuis huit siècles seulement n'est pas moindre de 180 à 270 mètres. La ville de Port-Valais, qui est aujourd'hui située à 2,500 mètres du lac, était, il y a seulement huit siècles, située sur ses rives. L'espace de terre qui la sépare du lac a été comblé par le Rhône depuis huit cents ans. Si l'on réfléchit que le Rhône à sa sortie du lac de Genève est très limpide, tandis qu'à son entrée il est chargée de limon, on ne pourra pas se dispenser d'admettre que tôt ou tard, les choses étant livrées à elles-mêmes, il finira par combler le lac de Genève, comme il est manifeste que lui-même et ses affluents ont déjà comblé une série de bassins situés le long de leur trajet, au-dessus du lac de Genève. Parmi les exemples de lacs comblés lentement par les matériaux que leur apportent des rivières, nous devons encore citer le lac le plus vaste du monde, celui que les géologues ont désigné sous le nom de lac Supérieur, dans le Canada. Les cours d'eau qui l'alimentent sont au nombre de plusieurs centaines ; ils y charrient une énorme quantité de blocs de roches granitiques et trappéennes, de sable, de gravier, dont la plus grande partie se dépose sur le fond du lac. Malgré son étendue, qui est presque égale à la surface de l'Angleterre, et sa profondeur, qui atteint jusqu'à 400 mètres, ce vaste bassin d'eau douce est fatalement condamné à être comblé dans un avenir plus ou moins éloigné. Déjà son fond est tapissé d'une couche épaisse de limon argileux contenant des coquilles d'espèces actuelles et ressemblant à tous les égards à celui qui forme le fond des bassins lacustres de l'époque tertiaire qu'on trouve dans le centre de la France.

Formation d'alluvions dans la mer et dans les fleuves.

On peut rapprocher de ces phénomènes, ceux qui sont en voie de se produire dans quelques mers intérieures, comme l'Adriatique, la Méditerranée, etc. Les deltas du Pô et de l'Adige sont des exemples classiques d'actions édificatrices de l'eau. On compte par centaines les étangs, les lacs, les marais, qui ont été remplis par leurs sédiments depuis les époques historiques. Ces deux fleuves comblent leurs lits avec tant de rapidité et ont une tendance si grande à en changer qu'on a été contraint de les endiguer dans des rives artificielles. Mais les lits que leur ont fait les hommes s'envasent avec encore plus de rapidité que les lits naturels, parce que les eaux ne débordant plus, ne peuvent pas rejeter dans les plaines les sédiments qu'elles transportent ; il faut donc sans cesse élever les rives à mesure que le fond du fleuve s'élève. A Ferrare, le niveau actuel du Pô est plus élevé que le toit des maisons. Cependant, la majeure partie des sédiments de ces fleuves et de leurs affluents est transportée dans l'Adriatique, où ils se déposent en formant un vaste delta qui gagne chaque année davantage sur la mer. On admet que de 1600 à 1804 l'empiétement des terres du delta du Pô sur l'Adriatique a été de 70 mètres par an. Entre 1200 et 1600, époque à laquelle l'endiguement du fleuve n'existait pas, ou n'était que très faible, l'empiétement n'était, paraît-il, que de 25 mètres par an. Il est bien évident que, en continuant à agir de la sorte, les fleuves dont nous parlons doivent, au bout d'un temps déterminé, extrêmement long, il est vrai, finir par combler en partie la mer Adriatique. Ne sait-on pas que Ravenne, aujourd'hui situé à 6,400 mètres des côtes, était autrefois port de mer? Spissa, qui jadis était située à l'embouchure de l'un des grands bras du Pô, se trouvait déjà éloignée de la mer de près de 18 kilomètres, au commencement de notre ère. Il importe de remarquer que l'envahissement de l'Adriatique par les sédiments terrestres aurait marché beaucoup plus vite encore sans l'affaissement que subit son fond, affaissement que l'on évalue à $1^{m},50$ depuis l'époque des Romains.

Ce que nous venons de dire du Pô et de l'Adige, par rapport à l'Adriatique, pourrait être dit du Rhône et de la Méditerranée. Sans cesse le delta du Rhône gagne sur la Méditerranée par le dépôt de sédiments que ce fleuve et ses affluents enlèvent aux terrains qu'ils traversent depuis le lac de Genève. Notre-Dame des Ports, qui, en 898, était assise sur les bords de la mer, en est maintenant à plus de 8 kilomètres. Tandis que le Rhône tend à combler la Méditerranée au nord, le Nil accomplit la même besogne au sud, une foule de petites rivières la font à l'est et à l'ouest, si bien que graduellement les côtes gagnent sur la mer, au point de transformer des îles en terre ferme, et de faire des villes continentales avec des ports autrefois fiers de leur importance maritime. Certes, il faudra des millions et des millions de siècles pour que les sables, les graviers, les calcaires, etc., empruntés aux continents par les fleuves qui se déversent dans la Méditerranée arrivent à combler cette immense mer intérieure; mais le temps ne leur faisant pas défaut, ces fleuves atteindront tour à tour leur but si, comme cela paraît certain, des courants sous-marins n'enlèvent pas, pour les transporter dans l'Atlantique, les dépôts qu'ils abandonnent au niveau de leurs embouchures. Toutes les mers intérieures, la mer Caspienne, qui n'est en réalité qu'un grand lac, la mer Noire, la mer Baltique, etc., nous paraissent ainsi condamnées à disparaître un jour, pour faire place à la terre, comme ont disparu les vastes mers intérieures qui, à l'époque tertiaire, couvraient la majeure partie de l'Europe. Ce changement s'effectuera sans secousses, sans révolutions violentes, par le seul effet des pluies, des sources, des ruisseaux, des torrents, des rivières et des fleuves qui sillonnent la surface de nos continents.

Faut-il insister sur les phénomènes de même ordre qui se passent à l'embouchure des fleuves qui se jettent dans les grands océans? Qui ne sait que la plupart des grands fleuves, le Mississipi, le Saint-Laurent, le Niger, le Sénégal, les fleuves Rouge et Jaune, déversent dans les océans des quantités prodigieuses de matériaux que les courants charrient d'un point à un autre, les accumulant en collines, entre lesquelles ils creusent des vallées?

Résumé de l'action de l'eau.

Tandis que les mers se comblent, les montagnes sont dénudées par l'eau des pluies, les plaines sont creusées par les fleuves, les continents sont en butte, sur tous les points de leur surface, à des tentatives incessantes de destruction. « Ne sait-on pas, dit éloquemment Buffon (1), que les montagnes s'abaissent continuellement par les pluies qui en détachent les terres et les entraînent dans les vallées? Ne sait-on pas que les ruisseaux roulent les terres des plaines et des montagnes dans les fleuves, qui portent à leur tour cette terre superflue dans la mer? Ainsi peu à peu le fond des mers se remplit, la surface des continents s'abaisse et se met de niveau, et il ne faut que du temps pour que la mer prenne successivement la place de la terre. »

Plus loin (2), il ajoute : « Nous voyons sous nos yeux d'assez grands changements de terres en eau et d'eau en terres, pour être assurés que ces changements se sont faits, se font et se feront; en sorte qu'avec le temps les golfes deviendront des continents, les isthmes seront un jour des détroits, les marais deviendront des terres arides, et les sommets de nos montagnes les écueils de la mer. »

Plus loin (3), il résume en un mot toute la théorie des causes actuelles aqueuses : « Ainsi, l'eau ne travaille point en grand dans l'intérieur de la terre, mais elle y fait bien de l'ouvrage en petit. »

Un simple coup d'œil jeté sur les phénomènes terrestres qui ont eu, dans les temps reculés, l'eau pour agent producteur, permet de s'assurer qu'il n'y a pas un seul de ces phénomènes qui n'ait pu être produit par cet « ouvrage en petit » dont parle Buffon.

Division des roches.

Nous avons dit plus haut que toutes les matières minérales qui forment la partie observable de notre globe peuvent être divisées, au point de vue du procédé suivant lequel elles ont été formées, en deux classes : les unes d'origine ignée, c'est-à-dire ayant été projetées, dans un état de fusion plus ou moins complète, par les foyers souterrains; les autres d'origine aqueuse, c'est-à-dire déposées par les eaux. On a réuni les premières sous la dénomination de *roches éruptives*, et les secondes sous celle de *roches sédimentaires*.

Formation des roches sédimentaires.

D'après ce qui a été dit plus haut des roches éruptives, il est aisé de se rendre compte de l'importance relativement beaucoup plus grande qu'ont les roches sédimentaires. C'est par elles, c'est par les rapports de position qu'elles affectent entre elles et avec les roches éruptives que l'on a pu établir

(1) *Histoire et théorie de la terre*, t. Ier, p. 52.
(2) *Ibid.*, t. Ier, p. 56.
(3) *Ibid.*, t. Ier, p. 65.

l'histoire des transformations subies par la surface de la terre; elles sont les monuments dressés par les âges passés pour conserver le souvenir des hauts faits de la nature.

Au point de vue de la structure et de la composition, en négligeant pour le moment leur origine et leur mode de formation, toutes les roches sédimentaires observables à la surface de la terre rentrent dans les deux grandes catégories suivantes : dans les unes, c'est la silice qui domine, elles sont fusibles ou, selon l'expression très heureuse de Buffon, vitrifiables; les autres ont pour base la chaux, la magnésie ou la soude, elles sont calcinables.

Dans la première catégorie figurent les sables, les grès, les argiles et les schistes argileux, les tufs et les conglomérats.

Roches sédimentaires à base de silice

Disons un mot de chacune de ces roches. Les sables se présentent en couches plus ou moins épaisses, friables et dissociables en grains siliceux tout à fait semblables à ceux des sables qui couvrent actuellement nos plages. On y trouve habituellement des coquilles intactes, ou roulées, ou brisées en fragments à angles et bords arrondis. Tous les caractères de ces sables indiquent qu'ils ont eu une origine semblable à celle des sables actuels. Or, d'après ce que nous avons dit plus haut, ces derniers proviennent de roches siliceuses qui ont été brisées en fragments d'abord anguleux, emportés par les eaux, roulés, arrondis, brisés par des frottements et des chocs incessants, charriés de ruisseaux en ruisseaux, de rivières en rivières, portés à la mer qui les roule sur ses plages, les broie, les use et finalement les dépose sur ses bords.

N'est-il pas naturel de conclure de la similitude des caractères à la communauté d'origine? Et ne devons-nous pas supposer que là où nous trouvons les sables anciens avec des débris de coquilles roulées, il y a eu jadis le rivage d'une mer semblable aux nôtres, agitée comme les nôtres par les marées, les courants et les vents, recevant comme les nôtres des galets, des graviers et des sables déjà roulés par les fleuves et destinés à l'être encore par les vagues jusqu'à ce que des dépôts nouveaux, en se formant au-dessus des premières assies, leur donnent un repos que la pioche de l'homme troublera seul désormais.

Des sables anciens on passe facilement aux grès. La moindre observation des diverses sortes les plus communes de grès suffit pour rendre manifeste leur origine, et pour amener la conviction que les grès ne sont pas autre chose que des sables à grains fins fortement adhérents en une masse compacte et dure. Il n'est pas rare de rencontrer, dans les sables de Fontainebleau, des blocs de grès dont la surface tendre et sablonneuse se laisse dissocier par l'ongle, sans efforts, en grains tout à fait semblables au sable du voisinage, tandis que le centre est très dur, brillant et compact. Est-il nécessaire pour expliquer la formation de ces grès d'admettre des causes mystérieuses, des révolutions, des secousses violentes? Pas le moins du monde; il suffit d'admettre qu'une eau riche en une substance minérale précipitable s'est déposée entre les grains de sable et les a unis en une masse destinée à devenir d'autant plus dure et compacte qu'elle subira ultérieurement une pression plus grande ou qu'elle s'imbibera davantage du ciment cohésif. Tantôt ce dernier sera un sel de silice, tantôt ce sera du carbonate de chaux ou de magnésie, de l'oxyde ou de l'hydrate de fer unis à de l'argile ou à du calcaire, etc.

Les brèches ne sont pas autre chose que des fragments anguleux de roches siliceuses, unis par un ciment calcaire ou magnésien. Les conglomérats sont des galets roulés unis par un ciment de même nature.

Rien de plus facile que de comprendre la façon dont ces roches se sont formées sur les bords des rivages couverts de galets et amenés par des eaux riches en sels calcaires. Une foule de plages offrent actuellement des conglomérats en voie de formation, absolument semblables à ceux que l'on trouve en si grande abondance dans les Alpes et le Jura.

Est-il plus difficile d'expliquer par des causes actuelles la formation des rognons de silex que l'on trouve dans les carrières à plâtre? N'est-il pas naturel d'admettre qu'ils ont été produits par le dépôt, dans des cavités de la roche calcaire, de silice entraînée par les eaux qui filtrent à travers les couches superficielles de notre globe?

On peut non moins aisément se rendre compte de la façon dont se sont formés les argiles et les schistes argileux. Les roches siliceuses que l'eau entraîne se fragmentent souvent en débris encore plus petits que les sables les plus fins, en une sorte de poussière presque impalpable qui se sépare du sable en vertu de sa densité, se précipite en couches minces, durcit et forme, suivant les caractères de disposition et de solidité qu'elle présente, les roches que l'on connaît sous les noms de Lehm, d'argile, de schistes argileux, etc., roches qui varient non seulement par la structure, mais encore par la nature des poussières qui les forment et par celle des ciments qui s'y infiltrent.

Quelques roches siliceuses ont été déposées dans les eaux douces; citons la meulière des environs de Paris, que tout le monde connaît, et qui se trouve sur le sommet des plateaux de Montmorency, de Meudon, etc. La formation de ces roches est facile à expliquer par le dépôt de la silice contenue dans les eaux de sources qui, sans doute, jaillissaient autrefois dans les points où l'on trouve la meulière. Ces sources étaient-elles chaudes comme les geysers d'Islande? C'est peu probable, étant donné qu'on trouve dans la meulière une grande quantité de fruits de characées et de coquilles de mollusques qui vivent dans les eaux froides. Il paraît plus rationnel d'admettre que la meulière provient d'un calcaire siliceux déposé dans une eau riche en acide carbonique; le carbonate de chaux de ce calcaire a été dissout tandis que la silice s'est précipitée.

Citons encore, dans la catégorie des roches vitrifiables sédimentaires, les gneiss, dont la majorité ne sont que des granits dissous par l'eau, puis déposés en couches souvent stratifiées.

Origine des éléments des roches sédimentaires siliceuses.

D'où proviennent les éléments de toutes ces roches ? Avec Buffon, tous les géologues modernes sont l'accord pour en chercher la source dans les matériaux qui ont constitué la surface primitive du globe, matériaux d'abord incandescents, puis refroidis par le rayonnement de la terre dans l'espace, ou bien fondus dans les foyers souterrains et projetés à la surface par une poussée de dedans en dehors. Exposés à l'action incessante de l'eau, ils ont été dissociés, dissous, charriés par l'eau, puis déposés dans le fond des fleuves, des lacs ou des mers où ils se sont agrégés en masses solides. Leur histoire n'a pas toujours été terminée par ce premier dépôt. Un très grand nombre de ces roches ont dû être amenées à la surface de la terre par le soulèvement des lits des mers, reprises par l'eau des pluies et des torrents, redissociées, redissoutes, agitées et transportées, puis de nouveau déposées par l'eau. Il n'est donc pas étonnant qu'un grand nombre de ces roches ne contiennent plus que de rares débris d'animaux. Mais leur formation n'exige aucun autre phénomène que ceux auxquels nous assistons tous les jours.

Il me paraît important, dans cette étude, de faire remarquer que la théorie générale de la formation de ces roches a été formulée avec la plus grande netteté, il y a plus de cent ans, par Buffon. « Je conçois, dit-il (1), que la terre, dans le premier état, était un globe, ou plutôt un sphéroïde de matière vitrifiée, de verre, si l'on veut, très compacte, couvert d'une croûte légère et et friable, formée par les scories de la matière en fusion, d'une véritable pierre ponce : le mouvement et l'agitation des eaux et de l'air brisèrent bientôt et réduisirent en poussière cette croûte de verre spongieuse, cette pierre ponce qui était à la surface; de là les sables qui, en s'unissant, produisent ensuite les grès et le roc vif, ou, ce qui est la même chose, les cailloux en grande masse, qui doivent, aussi bien que les cailloux en petite masse, leur dureté, leur couleur ou leur transparence et la variété de leurs accidents, aux différents degrés de pureté et à la finesse du grain des sables qui sont entrés dans leur composition.

» Ces mêmes sables, dont les parties constituantes s'unissent par le moyen du feu, s'assimilent et deviennent un corps dur très dense, et d'autant plus transparent que le sable est plus homogène; exposés au contraire longtemps à l'air, se décomposant par la désunion et l'exfoliation de petites lames dont ils sont formés, ils commencent à devenir terre, et c'est ainsi qu'ils ont pu former les glaises et les argiles. Cette poussière, tantôt d'un jaune brillant, tantôt semblable à des paillettes d'argent dont on se sert pour sécher l'écriture, n'est autre chose qu'un sable très pur, en quelque façon pourri, pres-

(1) *Sur la production des couches ou lits de terre*, t, Ier, p. 116.

que réduit en ses principes, et qui tend à une décomposition complète; avec le temps, ces paillettes se seraient atténuées et divisées au point qu'elles n'auraient plus eu assez d'épaisseur et de surface pour réfléchir la lumière, et elles auraient acquis toutes les propriétés des glaises : qu'on regarde au grand jour un morceau d'argile, on y apercevra une grande quantité de ces paillettes talqueuses, qui n'ont pas encore entièrement perdu leur forme. Le sable peut donc, avec le temps, produire l'argile, et celle-ci, en se divisant, acquiert de même les propriétés d'un véritable limon, matière vitrifiable comme l'argile et qui est du même genre.

» Cette théorie est conforme à ce qui se passe tous les jours sous nos yeux : qu'on lave du sable sortant de sa minière, l'eau se chargera d'une assez grande quantité de terre noire, ductile, grasse, de véritable argile. Dans les villes où les rues sont pavées de grès, les boues sont toujours noires et très grasses, et desséchées elles forment une terre de la même nature que l'argile. Qu'on détrempe et qu'on lave de même de l'argile prise dans un terrain où il n'y a ni grès ni cailloux, il se précipitera toujours au fond de l'eau une assez grande quantité de sable vitrifiable. »

Sans entrer dans d'autres détails sur cette question, sans passer en revue toutes les roches et tous les minéraux « vitrifiables » qui présentent les caractères de dépôts aqueux, je me borne à ajouter qu'il n'en est pas un seul auquel on ne puisse appliquer les considérations que nous venons d'émettre relativement aux sables, aux argiles, aux schistes, etc. Tous les minéraux de cet ordre ont une origine première ignée. Tous ont été jadis soumis à l'action du feu, tous ont été incandescents, fondus, tous proviennent, soit de la première couche solide du globe, soit de couches ultérieurement modifiées par le feu, mais tous ont subi l'action ultérieure de l'eau, ont été dissous, dissociés, puis déposés par elle dans le lit ou sur les berges des fleuves, dans le fond ou sur le rivage des mers. Quant au petit nombre de minéraux d'origine ignée que nous avons signalés dans un paragraphe précédent, comme n'ayant subi encore aucune transformation, il est permis d'affirmer qu'ils n'échapperont pas au sort de leurs congénères. Nous avons déjà montré qu'un grand nombre de granits, de basaltes, de trachites, sont chaque jour attaqués par l'eau; il en est de même de toutes les roches d'origine ignée qui entrent dans la composition de la surface de notre globe, de toutes celles qui sont exposées à l'action de l'eau froide ou chaude, pure ou chargée de gaz atmosphériques.

Formation des roches sédimentaires à base terreuse.

Dans la deuxième grande catégorie de roches sédimentaires, ce sont les métaux terreux (sodium, calcium, magnésium), qui forment la base des minéraux. Dans cette catégorie rentrent le sel gemme, les calcaires, la dolomite, le gypse, le quartz cristallisé, etc. Les phénomènes actuels décrits plus haut mettent bien en relief la façon dont ces roches ont été formées. Le sel gemme s'est autrefois déposé dans le fond des mers intérieures ou des lacs salés, comme il le fait aujourd'hui dans la mer Morte et dans le grand lac Salé de l'Amérique du Nord. L'observation démontre que dans un vase à large surface rempli d'eau salée, l'évaporation ne tarde pas à rendre la proportion de sel plus grande dans les couches superficielles; ces couches, étant devenues plus denses, tombent dans le fond; le même fait se reproduisant sans discontinuité, la salure est toujours plus grande dans le fond du vase qu'à la superficie; et dès que les couches profondes du liquide sont saturées de sel, celui-ci se dépose. Les mêmes phénomènes se produisent manifestement dans toutes les mers intérieures, dans celles surtout qui reçoivent des ruisseaux riches en chlorure de sodium, sans avoir de canaux de déversement, comme c'est le cas pour la mer Morte. Dans le fond de ces mers, il se forme d'une façon presque continue un dépôt de sel. La mer Morte fournit un excellent exemple de ce fait. Le Jourdain, qui est son unique affluent, lui apporte une eau très riche en chlorure de sodium et de magnésium (52 parties de chlorure de magnésium et 25 parties de chlorure de sodium pour 100,000 parties d'eau), tandis qu'aucun cours d'eau ne sort de cette mer, dont le niveau ne se maintient que par évaporation. Le degré de salure de la mer Morte augmente donc sans cesse, et sans cesse aussi les couches profondes de ses eaux déposent leur excédent de sels dans le lit de la mer.

Sel gemme.

L'expérience indique un autre phénomène qui ne manque pas non plus d'intérêt. On a constaté que quand l'eau d'un vase à large surface contient à la fois du chlorure de sodium et du sulfate de chaux, celui-ci se dépose le premier. Cela explique pourquoi dans presque toutes les mines de sel gemme on trouve au-dessous des couches de chlorure de sodium des couches plus ou moins épaisses de gypse et d'anhydrite. Quand l'eau contient non seulement du sulfate de chaux et du chlorure de sodium, mais aussi du chlorure de magnésium, le sulfate de chaux se dépose le premier, le chlorure de sodium se dépose ensuite, tandis que le chlorure de magnésium persiste à l'état de solution. Ajoutons que sa présence en certaines proportions diminue le pouvoir dissolvant de l'eau par rapport au chlorure de sodium, de telle sorte que le dépôt de ce dernier s'effectue plus facilement que quand il est seul. La mer Morte nous présente en grand cette expérience; le sulfate de chaux s'est déposé le premier, puis le chlorure de sodium a commencé à se déposer, et son dépôt continue à se faire, quoique sa proportion ne s'élève qu'à 8 ou 15 p. 100, parce que le chlorure de magnésium, maintenu à l'état de dissolution, augmente sans cesse.

Des phénomènes semblables se passent dans les lacs Elton et Bodgo, situés entre l'Oural et le Volga, lacs qui sont alimentés par des cours d'eau issus du mont Tschaptschatschi, qui contient de riches mines de sel gemme. Les ruisseaux qui sortent de cette montagne contiennent une forte proportion de chlorures de sodium, de potassium, de magnésium et de sulfate de chaux. Pendant l'été, ils roulent, en outre, une assez forte proportion de boue. De là résulte le dépôt entre les lits de sel gemme de couches minimes de boue dont chacune répond à une période estivale.

Les mines de sel gemme offrant toutes une constitution analogue à celle que présentent les dépôts dont nous venons de parler, il est naturel de penser qu'elles se sont formées par les mêmes procédés, que chaque mine répond au fond d'une ancienne mer intérieure, semblable à la mer Morte, ou de lacs salés, analogues aux lacs Elton et Bogdo. En d'autres termes, les couches de sel gemme contenues dans les continents actuels se sont formées sous l'influence des causes lentes qui agissent encore de nos jours. De même que de nos jours on ne voit pas de dépôts de sel se former au fond des mers ouvertes qui reçoivent assez d'eau pour que la perte subie par l'évaporation soit largement compensée et pour que le degré de saturation par le chlorure de sodium ne soit jamais atteint, de même aussi on ne trouve aucune mine de sel gemme dans le bassin des mers anciennes qui offrent le caractère de mers ouvertes.

Origine du chlorure de sodium.

Une question reste à résoudre, celle de savoir d'où vient le chlorure de sodium que les sources amènent à la surface du sol. La plus grande partie provient manifestement des dépôts de sel gemme qui existent dans les terrains voisins; mais on doit admettre qu'une autre partie se forme par combinaison chimique, ou, du moins, qu'il s'en est autrefois produit de cette manière une énorme quantité. On sait, par exemple, que les silicates d'alcalis agissent sur les sulfates de chaux et de magnésie et sur le chlorure de magnésium et de calcium pour former, d'un côté, des silicates de chaux et de magnésie, de l'autre, des sulfates d'alcalis et du chlorure de potassium ou de sodium. D'autres réactions chimiques sont encore susceptibles de donner naissance à du chlorure de sodium qui est ensuite dissout par les eaux souterraines et amené à la surface. Il y a donc non seulement circulation du chlorure de sodium alternativement dissout et déposé, mais formation incessante de nouvelles quantités de ce corps.

Gypse.

Ce que nous avons dit plus haut au sujet du procédé par lequel se dépose actuellement le sulfate de chaux dans les mers intérieures et dans les lacs nous dispense de parler longuement des sédiments de gypse et d'anhydrite qui existent en si grande quantité dans nos continents. Ajoutons seulement que le sulfate de chaux se dépose avec encore plus de facilité que le sel gemme, et nous aurons une explication suffisante de son abondance dans les terrains sédimentaires, sans qu'il soit nécessaire de recourir à des révolutions d'aucune sorte. La grande quantité d'acide sulfureux qui est émise par les volcans et les solfatares permet de penser qu'il se forme sans cesse dans les profondeurs du sol de nouvelles quantités de sulfate de chaux. On sait, en outre, que le sulfate de magnésie et le chlorure de magnésium décomposent le silicate de chaux pour donner naissance à du sulfate de chaux et à du chlorure de calcium. D'autres réactions encore se produisent, sans aucun doute, dont le résultat est la formation du sulfate de chaux. Celui-ci est entraîné à la surface par l'eau souterraine, porté dans les fleuves et les lacs, puis déposé en couches sédimentaires, repris par les eaux souterraines, etc. Carrières de gypse et mines de sel gemme sont donc le produit de causes qui agissent de la même façon aujourd'hui qu'aux époques les plus reculées de l'histoire de la terre, et probablement avec la même intensité.

Il me serait facile, passant en revue successivement toutes les roches sédimentaires analogues par leur composition chimique à celles dont je viens de parler, de montrer que toutes ont été formées par des procédés actuellement observables ; mais les détails de cette étude m'entraîneraient hors du cadre dans lequel il est nécessaire que je me renferme. Je me bornerai à parler encore des roches calcaires, parce que des questions du plus haut intérêt se rattachent à leur histoire, et parce que cette histoire me servira de transition vers celle de certaines productions animales et végétales.

Roches calcaires. Leur origine.

Buffon avait admirablement compris l'importance des substances calcaires au double point de vue de l'histoire de la terre et de celle des organismes vivants. « La formation des pierres calcaires, dit-il (1), est l'un des plus grands ouvrages de la nature : quelque brute que nous en paraisse la matière, il est aisé d'y reconnaître une forme d'organisation actuelle et des traces d'une organisation antérieure bien plus complète dans les parties dont cette matière est originairement composée. Ces pierres ont, en effet, été primitivement formées du détriment des coquilles, des madrépores, des coraux et de toutes les autres substances qui ont servi d'enveloppe ou de domicile à ces animaux infiniment nombreux, qui sont pourvus des organes nécessaires pour cette production de matière pierreuse ; je dis que le nombre de ces animaux est immense, infini, car l'imagination même serait épouvantée de leur quantité si nos yeux ne nous en assuraient pas en nous démontrant leurs débris réunis en grandes masses, et formant des collines, des montagnes et des terrains de plusieurs lieues d'étendue. Quelle prodigieuse pullulation ne doit-on pas supposer dans tous les animaux de ce genre ! Quel nombre d'espèces ne faut-il pas compter, tant dans les coquillages et crustacés actuellement existants, que pour ceux dont les espèces ne subsistent plus et qui sont encore de beaucoup plus nombreux ! Enfin, combien de temps et quel nombre de siècles n'est-on pas forcé d'admettre pour l'existence successive des unes et des autres ! Rien ne peut satisfaire notre jugement à cet égard, si nous n'admettons pas une grande antériorité de temps pour la naissance des coquillages (2) avant tous les autres animaux, et une multiplication non interrompue de ces mêmes coquillages pendant plusieurs centaines de siècles,

(1) *De la pierre calcaire*, t. II, p. 551.

(2) Nous aurons l'occasion de dire un peu plus bas qu'un groupe d'animaux beaucoup plus ancien et plus simple que celui de « coquillages », a joué un rôle de premier ordre dans la formation des terrains calcaires.

car toutes les pierres et craies disposées et déposées en couches horizontales par les eaux de la mer ne sont, en effet, formées que de ces coquilles ou de leurs débris réduits en poudre, et il n'existe aucun autre agent, aucune autre puissance particulière dans la nature qui puisse produire la matière calcaire, dont nous devons par conséquent rapporter la première origine à ces êtres organisés. »

Buffon considérait, on le voit, tous les terrains calcaires comme formés par les débris des tests d'animaux. Il suffit de se rapporter à ce qui a été dit plus haut sur ce sujet pour se convaincre qu'il n'était pas tout à fait dans le vrai; nous avons vu que quelques formations de carbonate de chaux, comme les travertins de la campagne de Rome, ont été déposées directement par les eaux. Mais ces cas sont rares, et la plupart des calcaires peuvent être considérés comme d'origine animale. Les animaux puisent dans le sol ou dans l'eau le bicarbonate de chaux dissout; ils éliminent une partie de l'acide carbonique et déposent, dans leurs tissus ou à la surface de leurs téguments, du carbonate de chaux insoluble.

Principales formations calcaires.

Un coup d'œil jeté sur les principales formations calcaires de notre globe ne sera pas inutile. Buffon admettait trois sortes de formations calcaires auxquelles il attribuait des âges différents. « Dans les amas immenses de cette matière toute composée des débris des animaux à coquilles, nous devons d'abord, dit-il (1), distinguer les grandes couches, qui sont d'ancienne formation, et en séparer celles qui, ne s'étant formées que des détriments des premières, sont à la vérité d'une même nature, mais d'une date de formation postérieure; et l'on reconnaîtra toujours leurs différences par des indices faciles à saisir. Dans toutes les pierres d'ancienne formation, il y a toujours des coquilles ou des impressions de coquilles et de crustacés très évidentes, au lieu que, dans celles de formation moderne, il n'y a nul vestige, nulle figure de coquilles : ces carrières de pierres parasites, formées du détriment des premières, gisent ordinairement au pied ou à quelque distance des montagnes et des collines, dont les anciens bancs ont été attaqués dans leur contour par l'action de la gelée et de l'humidité; les eaux ont ensuite entraîné et déposé dans les lieux plus bas toutes les poudres et les graviers détachés des bancs supérieurs, et ces débris stratifiés les uns sur les autres par le transport et le sédiment des eaux ont formé ces lits de pierres nouvelles où l'on ne remarque aucune impression de coquilles, quoique ces pierres de seconde formation soient, comme la pierre ancienne, entièrement composées de substance coquilleuse.

» Et dans ces pierres de formation secondaire, on peut encore en distinguer de plusieurs dates différentes, et plus ou moins modernes ou récentes : toutes celles, par exemple, qui contiennent des coquilles fluviatiles, comme on en

(1) *De la pierre calcaire*, t. II, p. 552.

voit dans la pierre qui se tire derrière l'Hôpital général à Paris, ont été formées par des eaux vives et courantes longtemps après que la mer a laissé notre continent à découvert; et néanmoins, la plupart des autres, dans lesquelles on ne trouve aucune de ces coquilles fluviatiles, sont encore plus récentes. Voilà donc trois dates de formation bien distinctes : la première et plus ancienne est celle de la formation des pierres dans lesquelles on voit des coquilles ou des impressions de coquilles marines, et ces anciennes pierres ne présentent jamais des impressions de coquilles terrestres ou fluviatiles; la seconde formation est celle de ces pierres mêlées de petites *vis* et limaçons fluviatiles ou terrestres; et la troisième sera celle des pierres qui, ne contenant aucunes coquilles marines ou terrestres, n'ont été formées que des détriments et des débris réduits en poussière des unes ou des autres. »

Ces considérations sont, en partie, justes. Il importe de distinguer les formations calcaires marines des formations d'eau douce, et toutes les deux des formations ultérieures dues à la dissociation ou à la dissolution des deux premières, par l'eau qui va déposer ailleurs du carbonate de chaux amorphe. Mais il faut ajouter que chaque âge de la terre a vu se produire un ou plusieurs grands dépôts de roches calcaires. Dès le premier âge géologique connu, dans les formations laurentiennes, on trouve un calcaire cristallin s'intercalant au gneiss en couches de 3 à 400 mètres d'épaisseur, et se faisant remarquer par sa richesse en minéraux accessoires (grenat, épidote, zircon, tourmaline, etc.). Dans beaucoup de localités, il est dolomitique et passe même, dans certains points, à la dolomie véritable. C'est dans le calcaire cristallin des formations laurentiennes du Canada, de l'Écosse et de la Bavière que l'on a trouvé les concrétions connues sous le nom d'*Eozoon canadense*, considérées par beaucoup de paléontologistes comme un foraminifère et comme le fossile le plus ancien que nous connaissions.

Dans les séries huroniennes du premier âge, on trouve encore des masses puissantes de calcaires plus ou moins cristallins, blancs, gris ou rouges, souvent dolomitiques. Près de la limite inférieure de la série huronienne du Michigan, on trouve un groupe de calcaires dolomitiques atteignant 600 à 1,000 mètres d'épaisseur, très nettement stratifiés et alternant, en certains points, avec de minces lits de quartzite. Il est permis de supposer que tous les calcaires des formations archaïques sont d'origine animale et que la structure plus ou moins cristalline qu'ils présentent n'est due qu'aux transformations qu'ils ont subies depuis cette époque reculée. Quoique les formations archaïques ne présentent qu'un petit nombre de fossiles (l'*Eozoon canadense* dans les formations laurentiennes, quelques graptholithes, de très rares débris de crinoïdes et un petit nombre de fucoïdes dans les formations huroniennes), ces fossiles appartiennent à des espèces animales et végétales suffisamment élevées, pour qu'on soit obligé d'admettre que le règne animal et le règne végétal dataient déjà de plusieurs milliers et même de plusieurs millions de siècles. Si nous ne retrouvons plus les traces de ces organismes dans les terrains de la période archaïque et particulièrement dans les calcaires, si ces derniers s'y présentent à nous avec un aspect cristallin, il faut donc l'attribuer, sans nul doute, à ce que les fossiles ont été détruits et à ce que le calcaire a été transformé soit par l'eau, soit par la chaleur, soit par les deux simultanément ou consécutivement. Cette double action est d'autant plus certaine que la période archaïque a été manifestement marquée par un grand nombre de bouleversements de la surface du sol, d'affaissements et de soulèvements, d'éruptions volcaniques, etc., tous phénomènes qui exercent une action métamorphique considérable sur les terrains qui en sont le siège.

S'il est permis de croire que tous les calcaires de la période archaïque ont été fabriqués par les animaux, quoiqu'ils n'en contiennent plus que de rares traces, cette conclusion s'impose d'elle-même, en ce qui concerne les calcaires de la période paléozoïque, pendant laquelle les animaux aquatiques, notamment les animaux à coquilles calcaires, prirent un développement extrêmement considérable. La seule formation silurienne, c'est-à-dire la plus inférieure de la période paléozoïque, comprend 161 protozoaires, 507 cœlentérés, 500 échinodermes, 1,611 trilobites, 1,650 brachiopodes, 895 gastéropodes, etc. Et ce qui prouve que l'évolution des animaux était déjà fort avancée, c'est qu'on rencontre dans la formation silurienne un grand nombre d'invertébrés supérieurs (par exemple 1,454 céphalopodes, 154 annélides, 318 crustacés entomostracés, et 37 poissons). Les calcaires se retrouvent, du reste, en assez grande quantité dans chacune des formations paléozoïques : moins abondants dans les formations siluriennes, ils augmentent d'importance dans la formation dévonienne, et surtout dans la formation carbonifère et dans la formation permienne qui représente la dernière phase de ce deuxième âge du globe.

La façon dont se produisent les couches calcaires est rendue très manifeste pendant les périodes carbonifère et dévonienne de l'âge paléozoïque. Dans les régions où les terrains de ces périodes sont aussi développés que possible, on trouve, tout à fait à la base, du calcaire contenant des fossiles marins, manifestement déposé sur le sol de mers profondes. Puis le sol de ces mers s'est soulevé et il s'est déposé au-dessus du calcaire, auquel on donne le nom de calcaire carbonifère, des couches de conglomérats et de grès qui ont tous les caractères des formations actuelles des rivages. La période d'émersion ayant été suivie d'une période de *statu quo* relatif très longue, interrompue par des affaissements et des soulèvements alternatifs peu importants, il s'est déposé au-dessus des grès de rivage des couches de végétaux, morts sur place ou apportés par les fleuves, couches qui se sont transformées ultérieurement en houille et dans lesquelles on trouve des plantes et des animaux terrestres ou de marécages. Un nouvel affaissement plus considérable s'étant alors produit, il s'y est formé, au-dessus des couches de houille, des dépôts de grès et de conglomérats de rivages; puis, l'affaissement ayant continué à se faire, une mer profonde s'étant de nouveau formée sur le même point, on retrouve des couches de calcaires avec fossiles marins (calcaire du Dyas, Zechstein). Le calcaire, on le voit, ne s'est formé, dans les deux cas, que sur le sol des mers profondes, ou, pour mieux dire, dans les deux cas, sa formation indique l'existence de mers profondes; son alternance avec des couches de rivages et des couches de marécages ou de forêts révèle un soulèvement et un nouvel affaissement consécutif d'une même région du globe pendant l'âge paléozoïque. Remarquons, en outre, que tout le calcaire de l'âge paléozoïque, comme celui de l'âge archaïque, est un produit d'animaux marins.

Le calcaire abonde dans les formations de l'âge mézozoïque, c'est-à-dire dans les périodes triasique, jurassique et crétacée. Dans la formation triasique, il est situé au-dessus des grès bigarrés; il forme d'abord la majeure partie du terrain désigné sous le nom de Muschelkalck et contient les premiers crustacés macroures, ce qui indique son origine marine; il offre du gypse et du sel gemme. Dans le Reuss, qui est postérieur au Muschelkalck, il n'est que peu représenté. Le rhétien, qui forme l'étage le plus vieux du trias, est représenté par des dolomies importantes, finement grenues et par le calcaire de Dachstein, qui est pur, compact, de couleur sombre et porte tous les caractères de couches déposées dans des mers profondes. Dans beaucoup de points, le calcaire du trias a été transformé en marbre blanc, parfois grossièrement cristallin, par des éruptions volcaniques, c'est-à-dire par l'action combinée de la chaleur et de la vapeur d'eau. Dans le jurassique, le calcaire abonde à tel point, sous la forme oolithique, c'est-à-dire contenant des nodules arrondies plus ou moins volumineux, qu'on considère ces oolithes comme le trait caractéristique des terrains jurassiques. Toutes ces formations présentent le caractère de dépôts ininterrompus sur le fond de mers très calmes. Le calcaire des formations crétacées se présente surtout sous la forme de craie et revêt également les caractères de dépôts marins.

Les calcaires de la période tertiaire, dont le plus ancien est le calcaire grossier de Paris, riche en nummulites, présentent encore les caractères de formations marines. Ils se déposent dans le fond des mers tertiaires. Dans la période oligocène apparaissent pour la première fois des calcaires formés dans l'eau douce. Dans le bassin de la Seine, on trouve d'abord une couche de calcaire d'eau douce, riche en gypse et contenant des planorbes et des paludines, puis des couches marines sableuses et une couche supérieure de calcaire (calcaire de la Beauce), d'eau douce, riche en planorbes, en lymnées, en paludines. Enfin, dans les formations miocènes inférieures, apparaissent des calcaires contenant des fossiles terrestres, notamment un grand nombre d'*helix* et de *pupa*.

Rôle des causes actuelles dans la formation des calcaires.

Est-il nécessaire, pour expliquer la formation de ces masses immenses de calcaire, d'invoquer des révolutions violentes? Pas le moins du monde. Elles se sont produites lentement, comme se forment aujourd'hui les sédiments de même nature dans le fond de nos mers, de nos lacs et de nos étangs. Les eaux qui circulent dans les profondeurs du sol étant riches en acide carbonique y transforment le carbonate de chaux en bicarbonate soluble qu'elles amènent à la surface et que les animaux et les végétaux transforment de nouveau en carbonate insoluble avec lequel ils construisent leurs tests calcaires; ceux-ci se déposent après la mort des animaux dans le fond des mers, des étangs, des fleuves, y sont cimentés par du carbonate de chaux provenant directement de l'eau et contribuent à former de nouveaux sédiments calcaires. Parfois, même, de la silice se dépose dans les tests calcaires, en masses solides; les tests sont ensuite dissous par l'eau riche en acide carbonique, et il ne reste que la silice sous forme de sable ou d'argile. Les faits suivants donnent une excellente idée de ces transformations.

« A l'époque actuelle, dit Huxley (1) dans le golfe du Mexique, au delà du banc d'Agulhas et dans d'autres points, à de faibles profondeurs (100 à 300 brasses), les tests des foraminifères subissent une métamorphose remarquable. Leurs chambres se remplissent d'un silicate vert d'alumine et de fer, qui pénètre jusque dans les tubes les plus fins, et prend une empreinte presque indestructible de leurs cavités. La matière calcaire qui forme le test des foraminifères est alors dissoute lentement, tandis que l'empreinte subsiste, constituant un sable noir, fin, qui, lorsqu'on l'écrase, donne une poussière verdâtre connue sous le nom de sable vert. Les recherches faites à bord du *Challenger* ont, en outre, montré que de grandes surfaces des océans Atlantique et Pacifique, au-dessus desquelles la mer offre une profondeur excédant 2,400 brasses, — surfaces ayant parfois plusieurs milliers de mille carrés d'étendue, — offrent un fond couvert, non par une ooze à globigérines, mais par une argile rouge, formée de silicate de fer et d'alumine. On ne trouve dans cette argile aucune trace de globigérines ou d'autres organismes calcaires; mais, dans les points où l'eau est moins profonde, les globigérines se montrent à l'état de fragments qui deviennent de plus en plus complets à mesure que la profondeur diminue et se rapproche de 2,400 pieds, ou devient encore moindre. Cependant, les globigérines et d'autres foraminifères abondent au-dessus de ces surfaces comme ailleurs, et leurs tests doivent tomber au fond; mais on ne sait pas encore, d'une manière satisfaisante, comment ils disparaissent, ni quelle relation existe entre eux et l'argile rouge. On a émis l'opinion que les coquilles sont dissoutes et que l'argile rouge représente simplement le résidu insoluble qui persiste après que la partie calcaire du squelette a disparu. Dans ce cas, l'argile rouge, de

(1) *Comparative anatomy of invertebrated animales*, p. 85.

même que l'ooze à globigérines, la vase siliceuse et le sable vert seraient des produits indirects de l'action de la vie.

» Les agents métamorphiques, agissant ensuite sur l'argile, peuvent la transformer en schiste, et tous les minéraux fondamentaux qui entrent dans la composition des roches peuvent ainsi avoir été produits par des organismes vivants, quoiqu'on ne puisse, dans leur état ultime, y découvrir aucune trace de ces derniers. »

Iles de coraux. Leur formation.

Pour terminer l'histoire si intéressante des formations calcaires, je dois dire quelques mots des îles de coraux, au sujet desquelles Darwin a fait de si curieuses observations. Le corail rouge et les coraux blancs, qui seuls nous intéressent ici, sont les squelettes d'animaux appartenant au groupe des cœlentérés qui vivent sur le fond des mers chaudes. Dans la Méditerranée, on pêche une grande quantité de corail rouge, mais les coraux blancs ne se trouvent guère que dans les mers intertropicales et même pas dans toutes. L'océan Pacifique est de toutes les grandes mers, celle qui en contient le plus; certains groupes d'îles de la mer Pacifique, entièrement formées, du moins à la surface, de squelettes de coraux, ont près de 2,000 kilomètres de long. Citons : la chaîne des récifs et des îles connue sous le nom de Maldives, au sud-ouest du Malabar, qui a une largeur moyenne de 8 kilomètres, et une longueur de 470 mille géographiques ; au nord-ouest de l'Australie, il existe une rangée de récifs longue de plus de 1,600 kilomètres et large de 32 à 112 kilomètres; sur la côte orientale de la Nouvelle-Hollande, on a signalé un récif de coraux, long de près de 600 kilomètres, ininterrompu sur une étendue de 560 kilomètres. Il existe encore un grand nombre de coraux dans la mer des Antilles, dans le golfe Persique et dans le golfe Arabique. On ne trouve que rarement des coraux au delà du 32e degré de latitude nord ou sud; cependant, les îles Bermudes et quelques autres points baignés par le Gulf-Stream en présentent une assez grande quantité. Ajoutons ce fait important découvert par Darwin que, quoiqu'on ait trouvé des coraux à des profondeurs de plus de 100 mètres, il est rare qu'ils vivent à plus de 36 mètres au-dessous de la surface. Nous verrons que c'est ce fait qui a mis sur la voie de la découverte de la façon dont se développent les îles de coraux.

Ces îles affectent une forme à peu près constante. Elles se présentent presque toujours sous l'aspect d'un plateau peu élevé au-dessus de la mer, à bords abruptes, souvent couverts de végétation, et limitant une lagune circulaire qui occupe presque toute la surface de l'île. Dans un point de la côte annulaire qui entoure la lagune centrale, il existe presque toujours une sorte de canal très profond, faisant communiquer la lagune avec la haute mer. Au pied des rivages de l'île, la mer a toujours une profondeur très considérable : 100, 150, 200 brasses et même davantage. Jusqu'à une profondeur de 30 à 36 mètres au-dessous du niveau des marées, le rivage abrupte de ces îles est tapissé de coraux vivants ; au niveau des marées, la plage et les falaises sont formées de squelettes calcaires de coraux plus ou moins altérés et recouverts d'un sable calcaire blanc. Le fond de la lagune centrale est ordinairement tapissé de coraux vivants ; ces derniers ne manquent que dans les points où des ruisseaux et des rivières d'eau douce débouchent dans la lagune. Le sol de la partie annulaire et habitable de l'île, est formé, comme celui des rivages et de la lagune, de calcaire blanc, souvent compact, portant plus ou moins la trace de son origine. On donne généralement à ces îles de coraux le nom d'*atolls*. D'autres formations de coraux se présentent sous des aspects différents. Ce sont des îles ordinairement coniques, entourées d'une ceinture de coraux formant un récif continu et immédiatement en contact avec l'île ; on a donné à ces récifs le nom de *récifs en bordures*. Leur bord extérieur, celui qui est exposé aux vagues du large, est toujours plus relevé sur le bord adhérent à l'île, et à ses pieds on trouve des profondeurs considérables. Une troisième sorte de formations coralliaires, désignées sous le nom de *récifs en barrières* ou en *digues*, se présente sous l'aspect d'une rangée de récifs situés à une certaine distance de l'île et séparés de cette dernière par une mer circulaire, calme, peuplée de coraux, dans laquelle on pénètre par un ou plusieurs points au niveau desquels la ceinture de récifs coralliaires est interrompue.

On considérait autrefois toutes les îles formées de coraux ou entourées de récifs de coraux comme des cônes volcaniques anciens ; les lagunes des atolls répondaient, dans cette opinion, au cratère du volcan, tandis que la ceinture des récifs coralliaires était considérée comme s'étant développée sur le bord du cratère. Cette manière de voir n'a pas résisté aux observations de Darwin, et l'on admet aujourd'hui, que la plupart des îles de coraux, notamment tous les atolls et toutes les îles entourées de récifs en bordures, sont des terres en voie d'affaissement. Les coraux ne pouvant pas vivre au-dessous de 36 à 40 mètres de profondeur, ils meurent successivement à mesure que la terre s'enfonce, tandis que de nouvelles couches se forment sans cesse à la surface des anciennes. Tant que la terre sur laquelle ils se sont d'abord posés domine au-dessus du niveau de la mer, les coraux ne forment que des récifs autour du sommet terrestre central ; mais lorsque ce dernier disparaît sous l'eau, les coraux le recouvrent entièrement et forment des atolls, à lagune centrale, parce qu'ils ont une tendance manifeste à se développer beaucoup plus dans les points battus par la mer, c'est-à-dire à la périphérie ; celle-ci s'élève donc pour former la ceinture annulaire des atolls, tandis que le centre reste plus bas et forme la lagune. Dans quelques îles, on peut constater la disparition de cette dernière, soit que les coraux vivants aient fini par la combler, soit qu'elle ait été remplie par les débris de coraux morts et par le sable calcaire que la mer rejette sur le rivage.

Indépendamment des arguments tirés de la manière de vivre des coraux et notamment de ce fait qu'ils meurent au-dessous de 36 à 40 mètres, de la structure des atolls et des autres îles à coraux, de la profondeur des mers qui les entourent, etc., certains faits d'observation directe démontrent l'exactitude de la théorie de l'affaissement. C'est ainsi que, dans l'un des groupes des îles Maldives, le lieutenant Prentice, trouva un récif couvert de coraux vivants, ne s'élevant pas au-dessus de la mer, dans un point où existait, quelques années auparavant, un îlot couvert d'herbes et de cocotiers.

Les coraux ne pouvant vivre qu'au-dessous du niveau des marées, il paraît difficile d'expliquer la formation des atolls, dont la partie aérienne, élevée parfois de 10 à 15 mètres au-dessus du niveau de la mer, est entièrement formée de squelettes de coraux. Le fait est expliqué de la façon suivante par Chamisso (1) : « Quand le récif est d'une hauteur telle qu'il se trouve presque à sec au moment de la basse mer, les coraux abandonnent leurs travaux. Au-dessus de cette ligne, on observe une masse pierreuse continue, composée de coquilles de mollusques et d'échinites avec leurs pointes brisées, et des fragments de coraux, cimentés par un sable calcaire provenant de la pulvérisation des coquilles. Il arrive souvent que la chaleur du soleil pénètre cette masse de pierre quand elle est sèche, et y occasionne des fentes en plusieurs endroits ; alors les vagues ont assez de force pour diviser des blocs de coraux qui ont souvent jusqu'à $1^m,80$ de long sur $0^m,90$ et $1^m,20$ d'épaisseur, et pour les lancer sur les récifs, ce qui finit par en élever tellement la crête que la haute mer ne la recouvre, à la marée montante, que pendant quelques saisons de l'année. Le sable calcaire n'éprouve ensuite aucun dérangement, et offre aux graines d'arbres et de plantes que les vagues y amènent un sol sur lequel ces végétaux croissent assez rapidement pour ombrager bientôt sa surface éblouissante de blancheur. Les troncs d'arbres entiers qui sont transportés par les rivières, d'autres pays et d'autres îles, y trouvent enfin un point d'arrêt après leur longue course, et, avec eux, s'introduisent de petits animaux, tels que des insectes et des lézards, qui deviennent les premiers habitants de ces récifs. Même avant que les arbres soient assez touffus pour former un bois, les oiseaux de mer y construisent leurs nids, les oiseaux de terre égarés viennent y chercher un refuge dans les buissons ; et, plus tard enfin, lorsque la transformation est depuis longtemps accomplie, l'homme paraît et bâtit sa hutte sur le sol devenu fertile. »

Il ne faudrait pas croire que les îles de coraux soient formées seulement des squelettes des animaux qui les construisent. Il est, au contraire, indispensable de mettre en relief ce fait que le calcaire qui les constitue est souvent compact et n'offre plus en beaucoup de ses points aucune trace des squelettes des coraux. Cela tient à ce que ces squelettes sont souvent détruits par d'autres animaux, brisés par la mer, réduits en sable calcaire, et même dissous par l'eau riche en acide carbonique qui frappe sans cesse contre les

(1) *Kotzebue's Voy.*, t. III, p. 231.

récifs. Le sable calcaire ainsi formé se précipite ensuite sur les rivages de l'île et dans les lagunes, et il est cimenté par le carbonate de chaux qui a été dissous, puis de nouveau précipité.

Ce fait est d'un intérêt de premier ordre au point de vue de l'histoire géologique de notre globe. Ayant constaté par l'observation directe que du calcaire manifestement produit par les coraux, comme celui des atolls du Pacifique, peut n'offrir que très peu ou pas du tout de traces de ces organismes, ne sommes-nous pas autorisés à penser que certaines formations calcaires anciennes offrant des caractères semblables ont une origine analogue? N'est-il pas, notamment, permis de croire que les couches de calcaire des Alpes, couches qui ont parfois de 500 à 800 et même 900 mètres d'épaisseur, ont été formées comme celles des atolls.

Ces faits nous donnent une idée de l'importance énorme du rôle joué par les animaux dans la formation de notre globe. Tout le calcaire avec lequel les coraux bâtissent leurs squelettes, tout celui qui servait jadis aux ammonites pour la construction de leurs coquilles, dont quelques-unes ont plus d'un mètre de diamètre, tout celui que les innombrables mollusques des mers anciennes et modernes utilisent à l'édification de leurs demeures aux formes indéfiniment variées, tout ce calcaire, dis-je, est pris dans l'eau par les organismes qui s'en servent; il est ensuite remanié, dissocié, dissous, puis utilisé de nouveau, tandis que de nouvelles quantités se forment sans aucun doute dans l'intérieur du sol par les procédés que nous avons indiqués plus haut. Au rôle si important joue par les coraux dans la formation des couches sédimentaires et calcaires de notre globe, nous pourrions ajouter celui d'un grand nombre d'autres organismes, tels que certaines plantes (corallines, etc.), les mollusques gastéropodes à coquilles calcaires, les échinodermes dont les piquants calcaires forment presque exclusivement certains dépôts anciens, les annélides qui vivent dans des tubes calcaires, etc. Mais ce serait entrer dans des détails déplacés ici. Je ne veux dire qu'un mot d'organismes beaucoup plus infimes et qui, cependant, sont peut-être à l'heure actuelle, comme ils l'ont été dans le passé, les agents les plus puissants de la formation des roches calcaires : je parle des foraminifères, organismes microscopiques du groupe des protozoaires. C'est par milliards qu'ils déposent dans certaines mers leurs squelettes calcaires. Entre l'Irlande, Terre-Neuve et les Açores, le sol de l'Atlantique contient 85 p. 100 de squelettes de ces minuscules organiques. Parmi les calcaires anciens, celui des environs de Paris en est presque entièrement formé, sans parler de celui qui ayant été dissous ou dissocié ne porte plus la trace de ses producteurs.

Dépôts siliceux d'origine animale.

Le calcaire n'est pas la seule substance utilisée par les organismes vivants, déposée par eux à la surface du globe et contribuant à former les roches sédimentaires. Un grand nombre d'animaux et de végétaux accumulent dans leurs tissus ou à la surface de leur corps des quantités considérables de silice. Sans parler des végétaux dont les troncs en contiennent toujours une certaine proportion, je dois citer ici la silice avec laquelle les radiolaires fabriquent leurs élégants squelettes et celle qui forme les valves des diatomées. Les radiolaires et les diatomées ne sont, il est vrai, que des organismes microscopiques, mais ils vivent en si grande quantité dans certaines eaux qu'ils y peuvent former des dépôts considérables de leurs squelettes. On sait, par exemple, qu'au delà du 60° degré de latitude le fond de l'Atlantique est entièrement tapissé de squelettes siliceux de radiolaires, tandis qu'entre le 60° degré nord et sud, ce sont les squelettes calcaires des foraminifères qui forment le lit de la mer. La plupart des roches auxquelles on donne le nom de tripoli sont formées de squelettes siliceux de diatomées.

Tourbières et houille.

Nous pourrions encore, pour montrer l'importance du rôle joué par les organismes vivants dans la formation des terrains sédimentaires, parler de la formation des tourbières et des houillères, décrire la décomposition lente des mousses, des herbes, des arbres, qui ont produit ces puissantes et utiles formations; mais ces détails seraient peut-être déplacés ici et auraient le grave inconvénient d'augmenter outre mesure la longueur de cette étude.

Les roches sédimentaires sont dues aux causes actuelles.

Les faits que je viens d'exposer démontrent d'une manière bien irréfutable l'exactitude de la proposition qu'il s'agissait d'établir, à savoir qu'à l'aide des phénomènes qu'il nous est permis d'observer actuellement à la surface du globe nous pouvons expliquer la formation de toutes les roches sédimentaires qui ont été déposées dans les temps anciens. En d'autres termes, ils prouvent d'une manière irréfutable que les « causes actuelles aqueuses » permettent d'expliquer la formation de tous les terrains sédimentaires, de même que les « causes actuelles ignées » fournissent une suffisante explication de la formation des roches volcaniques. Je ne veux plus ajouter que quelques mots relativement à cette importante question.

Métamorphisme des roches sédimentaires.

Nous avons insisté déjà, dans plusieurs points des pages précédentes, sur les transformations que certains sédiments sont susceptibles de subir après leur dépôt. Dans toutes les transformations dont nous avons parlé, les actions chimiques seules intervenaient; il en est d'autres plus localisées, mais également importantes, qui se produisent chaque jour et qui ont pour cause la chaleur terrestre. Toutes les fois que des roches en fusion traversent des roches sédimentaires ou volcaniques plus anciennes, elles y déterminent des modifications plus ou moins profondes. Je me bornerai à en citer quelques-unes pour donner une idée de leur nature.

On croyait autrefois que toute roche éruptive traversant une roche sédimentaire devait déterminer dans cette dernière, par le seul fait de sa température élevée, des transformations importantes. L'observation a montré que ce métamorphisme, désigné sous le nom de métamorphisme de contact, est beaucoup plus rare qu'on ne l'avait d'abord supposé. Cependant, on en trouve des cas incontestables : on cite des marnes, des argiles et des grès qui ont été fondus et vitrifiés sur les parois de la fente par laquelle des basaltes en fusion ont été projetés au dehors. Au Puy-de-Dôme, on voit du granit dont le feldspath a été fondu et le mica calciné au contact du basalte, etc Les actions métamorphiques de beaucoup les plus énergiques et les plus fréquentes sont celles qu'exerce la vapeur d'eau surchauffée rejetée avec les matières fondues. La vapeur d'eau pénètre profondément dans les roches poreuses avec lesquelles elle se trouve en rapport, modifie leur état physique, et dépose entre leurs molécules les substances qu'elle tient en dissolution. Dans les Pyrénées, les Alpes, la Scandinavie, on trouve fréquemment des calcaires qui non seulement ont été changés en marnes par l'eau surchauffée, mais qui encore ont été imprégnés de minéraux étrangers, tels que des silicates calcaires. Si l'on songe que la terre contient soit un grand foyer central de chaleur, soit un grand nombre de foyers locaux distribués à peu de distance de sa surface et capables de recevoir de l'eau par filtration, on comprendra quelle importance doivent avoir les actions métamorphiques dans le voisinage de tous les foyers de chaleur. Les roches y sont modifiées dans leur structure physique et dans leur composition chimique, au point de changer entièrement de nature. A la surface de notre globe, ces actions sont, en fait, moins importantes que les actions chimiques dont nous avons déjà parlé plus haut; il est cependant nécessaire d'en tenir compte, quand on veut établir l'âge d'une roche ou son mode de formation.

Lente disparition des animaux et des végétaux.

La lenteur excessive avec laquelle la plupart des espèces animales et végétales disparaissent est un des arguments les plus puissants qu'il soit permis d'invoquer en faveur de la théorie des causes actuelles et contre celle des révolutions. C'est seulement dans quelques îles de peu d'étendue, ou bien dans des régions où l'homme a fait sentir son influence qu'on peut constater la disparition rapide de certaines espèces terrestres, animales ou végétales. Le castor, par exemple, disparaît rapidement de l'Europe; il en serait ainsi de toutes les espèces d'animaux auxquelles l'homme fait la chasse, si les gouvernements européens ne prenaient pas des mesures pour assurer leur conservation. On peut en dire autant des poissons, des écrevisses, qui peuplent nos étangs et nos rivières. Mais là où la nature est livrée à elle-même, et surtout dans la mer, dont les conditions de température sont relativement peu variables, les espèces animales et végétales ont une durée extrêmement considérable. Un très grand nombre d'espèces modernes se montrent déjà dans les roches qui composent les terrains tertiaires. Certaines d'entre elles même remontent beaucoup plus haut. En examinant la faune et la flore des diverses époques géologiques, on s'assure rapidement qu'un grand nombre d'espèces existent à la fois dans deux époques successives, ou, si l'on veut, ont persisté pendant toute la durée de deux périodes, c'est-à-dire pendant un laps de temps tellement considérable que notre imagination peut à peine le concevoir. Or, pendant cette longue durée des espèces, dans une même localité, bien des soulèvements et des affaissements successifs se sont manifestement produits.

Ce fait, joint à tous les précédents, met bien en évidence l'erreur dans laquelle tombait Cuvier en admettant les révolutions brusques de la surface du globe, révolutions qui auraient été accompagnées de la destruction de toutes les espèces animales et végétales existant dans le lieu où elles se seraient produites. Tous, au contraire, sont favorables à la théorie des causes actuelles qu'admettait Buffon, et à laquelle se sont ralliés, de nos jours, tous les géologues, en dépit des efforts de l'école de Cuvier.

Buffon est le fondateur de la théorie des causes actuelles.

Parmi les titres de gloire de Buffon, celui-là est, sans contredit, l'un des plus beaux, qui consiste à avoir ouvert la voie dans laquelle la géologie était destinée à se lancer, et dont il ne lui sera plus possible de s'écarter.

Après avoir étudié les causes qui ont déterminé les transformations multiples subies par la surface de notre globe depuis sa consolidation, il est nécessaire de passer en revue les transformations elles-mêmes et d'établir les époques auxquelles elles ont eu lieu; en un mot, il faudrait écrire l'histoire de l'évolution de la terre.

Les phases de l'évolution de la terre.

C'est ce qu'avait tenté de faire Buffon dans les *Époques de la nature.* Mais il faut bien dire que cette partie de son œuvre est la plus faible de toutes. L'histoire géologique de la terre n'a été sérieusement étudiée que depuis le commencement de notre siècle. Buffon et ses prédécesseurs n'ont fait qu'indiquer les monuments dont il faudrait faire usage dans ce travail et les titres auxquels il faudrait avoir recours ; quant à l'histoire même de la terre, ils en ont à peine entrevu les dates principales et les événements les plus saillants.

Époques de Buffon

Buffon distingue les deux sortes de roches qui entrent dans la composition du globe ; mais incapable d'apprécier leur âge relatif, il tire de cette distinction une première erreur . « On voit, dit-il, que le temps de la formation des matières vitrescibles est bien plus reculé que celui de la composition des substances calcaires. » Cette erreur va le conduire à admettre que toutes les montagnes, que tous les terrains dans lesquels on trouve des « matières vitrescibles » datent de l'époque où la terre était en fusion. La vérité aujourd'hui reconnue est qu'il n'y a peut-être pas, à l'heure actuelle, dans les parties observables de notre globe, une seule roche qui date de cette époque primitive. « Il est aujourd'hui bien prouvé, dit le savant géologue Lyell, que les granits des différentes régions ne sont pas tous de la même date, et qu'il est à peu près impossible de démontrer qu'une quelconque de ces roches soit aussi ancienne que les débris organiques du fossile le plus ancien connu. On admet aussi maintenant que le gneiss et les autres strates cristallins sont des dépôts sédimentaires qui ont subi l'action métamorphique, et que presque toutes ces formations, comme on peut le démontrer, sont postérieures à l'*Eozoon canadense*, fossile récemment découvert (1). »

En attribuant le même âge à toutes les roches « vitrescibles », en faisant remonter la formation du squelette de toutes les montagnes à la période de fusion de la terre, Buffon se privait de l'un des éléments les plus nécessaires à l'établissement des dates principales de l'histoire de notre planète. Il commit une autre grave erreur en admettant que toutes les roches sédimentaires ont des couches régulièrement parallèles, tandis que, comme nous avons eu l'occasion de le dire plus haut, un grand nombre d'entre elles ont été plissées, rendues plus ou moins obliques, redressées et même retournées par des soulèvements locaux postérieurs à leur formation. Les rapports des couches redressées avec les couches horizontales qui souvent les recouvrent ont précisément fourni aux géologues les moyens de déterminer les dates des soulèvements des montagnes et des collines. Privé de la notion des rapports dont je viens de parler, Buffon se trouvait dans l'impossibilité de découvrir ces dates. Un troisième élément plus indispensable encore lui faisait défaut. Il avait justement apprécié la valeur des fossiles comme monuments historiques, mais il ne sut en tirer qu'un très mince profit, parce qu'il n'eut pas l'idée d'attribuer des dates différentes à l'apparition des diverses espèces animales et végétales dont il trouvait les restes dans le sol. Cette lacune est l'une de celles qu'on aurait le moins de droit de s'attendre à trouver dans l'œuvre de Buffon. Nous verrons plus tard qu'il avait eu une conception très juste du mode d'apparition des organismes vivants, en considérant toutes les espèces comme produites par la transformation graduelle, sous l'influence du milieu, d'espèces préexistantes et en n'admettant aucune interruption dans l'évolution des animaux ou des végétaux. Il semble qu'un esprit aussi éminemment synthétique que le sien aurait dû déduire de cette première conception que les diverses espèces animales et végétales avaient apparu à des époques différentes, et qu'il suffisait de déterminer la nature des espèces fossiles d'une couche terrestre pour savoir si cette couche était plus ou moins ancienne que d'autres couches contenant d'autres espèces fossiles. On trouve bien, épars dans ses œuvres, quelques indices de cette conception, mais il ressort de l'ensemble qu'elle ne se présenta jamais nettement à son esprit. Les quelques citations suivantes donneront au lecteur une notion précise des idées de Buffon à cet égard. J'ai soin de les disposer dans l'ordre des dates où elles ont été publiées. Dans ses additions à l'*Histoire et théorie de la terre*, il paraît admettre que toutes les coquilles fossiles, ou, du moins, la grande majorité, appartiennent à des espèces existantes encore de nos jours. « On trouve en France, dit-il (2), non seulement les coquilles de nos côtes, mais encore des coquilles

(1) *Principes de géologie*, t. II, p. 269.
(2) T. Ier, p. 127.

qu'on n'a jamais vues dans nos mers. Il y a même des naturalistes qui prétendent que la quantité de ces coquilles étrangères pétrifiées est beaucoup plus grande que celle des coquilles de notre climat, mais je crois cette opinion mal fondée; car indépendamment des coquillages qui habitent le fond de la mer et de ceux qui sont difficiles à pêcher, et que par conséquent on peut regarder comme inconnus ou même étrangers, quoiqu'ils puissent être nés dans nos mers, je vois en gros qu'en comparant les pétrifications avec les analogues vivants, il y en a plus de nos côtes que d'autres: par exemple, tous les peignes, la plupart des pétoncles, les moules, les huîtres, les glands de mer, la plupart des buccins, les oreilles de mer, les patelles, le cœur-de-bœuf, les nautiles, les oursins à gros tubercules et à grosses pointes, les oursins châtaignes de mer, les étoiles, les dentales, les tubulites, les astroïtes, les cerveaux, les coraux, les madrépores, etc., qu'on trouve pétrifiés en tant d'endroits, sont certainement des productions de nos mers ; et quoiqu'on trouve en grande quantité les cornes d'Ammon, les pierres lenticulaires, les pierres judaïques, les columnites, les vertèbres de grandes étoiles et plusieurs autres pétrifications, comme les grosses vis, le buccin appelé abajour, les sabots, etc., dont l'analogue vivant est étranger ou inconnu, je suis convaincu, par mes observations, que le nombre de ces espèces est petit en comparaison de celui des coquilles pétrifiées de nos côtes : d'ailleurs ce qui fait le fond de nos marbres et de presque toutes nos pierres à chaux et à bâtir, sont des madrépores, des astroïtes, et toutes ces autres productions formées par les insectes de la mer et qu'on appelait autrefois plantes marines; les coquilles, quelque abondantes qu'elles soient, ne font qu'un petit volume en comparaison de ces productions, qui toutes sont originaires de nos mers, et surtout de la Méditerranée. »

Un peu plus loin, il ajoute (1) : « Il y a des coquillages qui habitent le fond des hautes mers et qui ne sont jamais jetés sur les rivages; les auteurs les appellent *Pelagiæ*, pour les distinguer des autres qu'ils appellent *Littorales*. Il est à croire que les cornes d'Ammon et quelques autres espèces qu'on trouve pétrifiées, et dont on n'a pas encore trouvé les analogues vivants, demeurent toujours dans le fond des hautes mers, et qu'elles ont été remplies du sédiment pierreux dans le lieu même où elles étaient; *il peut se faire aussi qu'il y ait eu de certains animaux dont l'espèce a péri;* ces coquillages pourraient être du nombre : les os fossiles extraordinaires, qu'on trouve en Sibérie, au Canada, en Irlande et dans plusieurs autres endroits, semblent confirmer cette conjecture, car jusqu'ici on ne connaît pas d'animal à qui on puisse attribuer ces os qui, pour la plupart, sont d'une grandeur et d'une grosseur démesurées. »

Dans un autre passage du même ouvrage il formule encore plus nettement

(1) *Histoire et théorie de la terre*, t. Ier, p. 128.

l'idée que certaines espèces d'animaux fossiles n'existent plus de nos jours, mais il a soin d'indiquer que ces espèces lui semblent être très peu nombreuses. Après avoir parlé des ammonites, il dit : « Il en est de même des bélemnites, des pierres lenticulaires et de quantité d'autres coquillages dont on ne retrouve point aujourd'hui les analogues vivants dans aucune région de la mer, quoiqu'ils soient presque universellement répandus sur la surface entière de la terre. Je suis persuadé que toutes ces espèces, qui n'existent plus, ont autrefois subsisté pendant tout le temps que la température du globe et des eaux de la mer était plus chaude qu'elle ne l'est aujourd'hui, et qu'il pourra de même arriver, à mesure que le globe se refroidira, que *d'autres espèces actuellement vivantes cesseront de se multiplier et périront*, comme ces premières ont péri, par le refroidissement.

» La seconde observation, c'est que quelques-uns de ces ossements énormes, que je croyais appartenir à des animaux inconnus et dont je supposais les espèces perdues, nous ont paru néanmoins, après les avoir scrupuleusement examinés, appartenir à l'espèce de l'éléphant et à celle de l'hippopotame; mais, à la vérité, à des éléphants et des hippopotames plus grands que ceux du temps présent. Je ne connais dans les animaux terrestres qu'une seule espèce perdue, c'est celle de l'animal dont j'ai fait dessiner les dents molaires avec leurs dimensions ; les autres grosses dents et grands ossements que j'ai pu recueillir ont appartenu à des éléphants et à des hippopotames. »

Trente ans plus tard, dans les *Époques de la nature*, il émet l'opinion que les espèces les plus anciennes sont celles dont on trouve les restes au sommet des hautes montagnes, que toutes les espèces anciennes étaient plus grandes que celles de nos jours et que certaines espèces des temps primitifs ont disparu, mais il ne pousse pas plus loin dans cette voie. « On peut, dit-il (1), présumer que les coquilles et les autres productions marines que l'on trouve à de grandes hauteurs au-dessus du niveau actuel des mers sont les espèces les plus anciennes de la nature ; et il serait important pour l'histoire naturelle de recueillir un assez grand nombre de ces productions de la mer qui se trouvent à cette plus grande hauteur, et de les comparer avec celles qui sont dans les terrains les plus bas. Nous sommes assurés que les coquilles dont nos collines sont composées appartiennent en partie à des espèces inconnues, c'est-à-dire à des espèces dont aucune mer fréquentée ne nous offre les analogues vivants. Si jamais on fait un recueil de ces pétrifications prises à la plus grande élévation dans les montagnes, on sera peut-être en état de prononcer sur l'ancienneté plus ou moins grande de ces espèces, relativement aux autres. Tout ce que nous pouvons en dire aujourd'hui, c'est que quelques-uns des monuments qui nous démontrent l'exis-

(1) *Époques de la nature*, t. II, p. 63.

tence de certains animaux terrestres et marins, dont nous ne connaissons pas les analogues vivants, nous montrent en même temps que ces animaux étaient beaucoup plus grands qu'aucune espèce du même genre actuellement subsistante : ces grosses dents molaires à pointes mousses, du poids de onze ou douze livres ; ces cornes d'Ammon, de sept à huit pieds de diamètre sur un pied d'épaisseur, dont on trouve les moules pétrifiés, sont certainement des coquillages. La nature était alors dans sa première force, et travaillait la matière organique et vivante avec une puissance plus active dans une température plus chaude : cette matière organique était plus divisée, moins combinée avec d'autres matières, et pouvait se réunir et se combiner avec elle-même en plus grandes masses, pour se développer en plus grandes dimensions : cette cause est suffisante pour rendre raison de toutes les productions gigantesques qui paraissent avoir été fréquentes dans ces premiers âges du monde. »

Il semble bien résulter de ces citations que Buffon attribuait des âges différents aux diverses espèces d'animaux, puisqu'il dit que les plus anciens étaient plus grands ; mais il n'avait vu ni l'importance véritable du fait lui-même, ni le profit qu'on en peut tirer pour établir les époques successives de l'évolution de la terre. Le passage suivant montre combien étaient vagues et fausses ses idées sur ce grave sujet. « En fécondant les mers, dit-il (1), la nature répandait aussi les principes de vie sur toutes les terres que l'eau n'avait pu surmonter ou qu'elle avait promptement abandonnées ; et ces terres, comme les mers, ne pouvaient être peuplées que d'animaux et de végétaux capables de supporter une chaleur plus grande que celle qui convient aujourd'hui à la nature vivante. Nous avons des monuments tirés du sein de la terre, et particulièrement du fond des minières de charbon et d'ardoise, qui nous démontrent que quelques-uns des poissons et des végétaux que ces matières contiennent ne sont pas des espèces actuellement existantes. On peut donc croire que la population de la mer en animaux n'est pas plus ancienne que celle de la terre en végétaux : les monuments et les témoins sont plus nombreux, plus évidents pour la mer ; mais ceux qui déposent pour la terre sont aussi certains, et semblent nous démontrer que ces espèces anciennes dans les animaux marins et dans les végétaux terrestres sont anéanties, ou plutôt ont cessé de se multiplier dès que la terre et la mer ont perdu la grande chaleur nécessaire à l'effet de leur propagation. »

Buffon pensait, on le voit, que les animaux et les végétaux terrestres dataient à peu près, sinon tout à fait, de la même époque que les animaux aquatiques, ce qui est une grave erreur.

C'est un spectacle singulier que celui de cet esprit éminemment généralisateur et synthétique, résolu à ne reculer devant aucune hardiesse et qui

(1) *Époques de la nature*, t. II, p. 63.

cependant reste fermé à une idée qui paraît découler naturellement de toutes ses connaissances, de tous les faits sur lesquels il insiste le plus volontiers, de toutes les pensées que lui suggère le spectacle de l'univers et de ses transformations. Il admet que la terre a d'abord été entièrement couverte par les eaux et que, de fort bonne heure, les eaux ont été peuplées d'organismes vivants; il semble donc qu'il doive être amené à penser que les animaux terrestres sont postérieurs aux animaux aquatiques; c'est l'opinion contraire qu'il formule. Il admet que toutes les espèces d'animaux sont le produit de transformation d'un petit nombre de types, par exemple, dans le passage suivant (1) : « En comparant tous les animaux et les rappelant chacun à leur genre, nous trouverons que les deux cents espèces dont nous avons donné l'histoire peuvent se réduire à un assez petit nombre de familles ou souches principales desquelles il n'est pas impossible que toutes les autres soient issues, » et, pourtant, il ne lui vient pas à l'esprit de rechercher à quelle dates différentes de l'histoire de la terre les espèces filles sont issues de leurs parentes.

La raison de ces inconséquences, de cette absence de déduction, provient sans doute, en grande partie, de ce que Buffon ne connaissait pour ainsi dire pas les animaux inférieurs. Il n'étudia jamais que les oiseaux et les mammifères, c'est-à-dire les deux groupes les plus homogènes qui existent, ceux qui lui permettaient le moins d'entrevoir les grandes dates de l'évolution des êtres vivants. Quant aux invertébrés, il n'eut pas le temps de les étudier, il en parle avec une sorte de dédain qui témoigne de l'ignorance dans laquelle il était à leur égard. Je m'empresse de dire que cette ignorance était partagée par la plupart de ses contemporains. Il n'avait encore été fait que très peu de travaux sur les animaux inférieurs; et ceux qui avaient été publiés n'étaient pas de nature à ouvrir les larges horizons de l'histoire du monde. Ajoutons que les espèces fossiles d'animaux et de végétaux n'avaient encore été étudiées que d'une façon très superficielle, au point que l'on considérait la plupart d'entre elles comme identiques avec celles de notre époque. Ces raisons sont plus que suffisantes pour rendre compte de la lacune immense qui se trouve dans l'œuvre de Buffon. Il n'a pas pu tracer l'histoire des transformations de notre globe, il n'a pas pu, malgré le désir qu'il en avait, décrire les « Époques de la nature », parce que les matériaux les plus indispensables lui faisaient défaut.

Difficultés de l'établissement des phases d'évolution de la terre.

Rien n'est plus difficile, d'ailleurs, que de fixer l'époque exacte à laquelle se sont produites les transformations successives dont la surface de la terre porte les traces. Il importe d'abord de remarquer que les différents points de la terre n'ont pas été soumis en même temps aux mêmes causes modificatrices. Ainsi que l'avait bien compris Buffon, il s'est produit à la surface

(1) *De la dégénération des animaux*, t. IV, p 494

de notre planète une série de « changements de terres en mers et de mers en terres. » Tandis que telle portion du globe se soulève, comme le fait aujourd'hui la région septentrionale de la Norvège, telle autre portion s'affaisse, comme on le constate à l'heure présente dans les îles du Pacifique. Les transformations des différentes parties du globe n'étant pas synchrones, il devient fort difficile d'établir le moment précis de ces transformations et, par conséquent, d'écrire ce que j'appellerai l'histoire géologique universelle de la terre.

Comment pourra-t-on, dans quelques milliers d'années, établir le synchronisme de l'affaissement du Pacifique avec le soulèvement du pôle nord? Tandis qu'il ne restera peut-être plus aucune trace des îles actuelles du Pacifique, le pôle nord aura pris une élévation considérable. Le problème sera plus difficile encore à résoudre si les terres du Pacifique, après s'être affaissées au point de disparaître entièrement sous les eaux, subissent un nouveau soulèvement. Comment le géologue qui étudierait alors, d'une part, l'organisation des couches géologiques du pôle nord, d'autre part, celle des îles Maldives, pourrait-il déterminer les dépôts qui se sont effectués dans ces deux points pendant la durée du XIXe siècle? Tandis que pendant le cours de ce siècle les terres du pôle nord étaient dénudées par les eaux des pluies, des ruisseaux et des sources, celles des Maldives étaient recouvertes par les débris des squelettes calcaires des innombrables coraux qui édifient ces îles. La nature des roches ne pourrait donc pas permettre au géologue en question d'établir le synchronisme des modifications subies aujourd'hui par le pôle nord et par les Maldives. La nature des fossiles qu'il pourrait trouver dans les deux points ne pourrait pas davantage le conduire à la solution du problème; tandis que les Maldives sont exposées à un climat tropical et habitées par des organismes adaptés à la chaleur, le pôle nord est couvert de neiges et de glaces et n'offre que des habitants organisés pour résister au froid. Cet exemple montre bien l'énorme difficulté, pour ne pas dire l'impossibilité, d'écrire une histoire géologique synchronique des diverses portions de la terre. On sait combien grands sont les obstacles que doit surmonter l'historien, pour écrire l'histoire civile universelle de l'humanité, à des époques même rapprochées de la nôtre. Eh bien, ces difficultés paraissent relativement minimes, quand on les compare à celles que rencontre le géologue. Tandis que les monuments mis à la disposition du premier portent des dates fixes, ceux dont peut faire usage le second n'offrent que des dates relatives.

Il est, sans doute, plus facile d'écrire l'histoire géologique particulière d'un point déterminé de notre globe; mais les causes d'erreur sont encore nombreuses. En premier lieu, des lacunes énormes existent toujours. Toutes les couches formées pendant une période d'immersion ont pu être enlevées pendant la période d'émersion consécutive, en sorte que le géologue sera dépourvu de tout moyen de connaître la période d'immersion, et il conclura à l'existence d'une phase d'émersion unique, de très longue durée, comprenant, en réalité, trois phases consécutives distinctes : une première phase d'émersion, une phase d'immersion dont tous les témoins ont disparu, et une deuxième phase d'émersion également sans témoins. Une seconde cause d'erreur rend très difficile la rédaction de l'histoire géologique d'une portion même très limitée du globe : je veux parler des changements de climats.

Il est aujourd'hui bien démontré que les régions septentrionales ont été soumises jadis à un climat aussi chaud que celui qui règne aujourd'hui sous les tropiques, de même qu'on sait, à n'en pas douter, que certaines régions, actuellement tempérées de notre globe, ont été soumises, pendant un laps de temps considérable, à des froids tellement intenses qu'elles étaient couvertes de glaciers. Mais si l'on a pu reconnaître cette succession de phases de chaud et de froid dans quelques parties de nos continents, il n'est pas douteux que dans d'autres toutes les traces qu'elles avaient laissées ont pu être enlevées, soit par les eaux courantes, soit par des immersions et des émersions consécutives.

Dois-je rappeler que les actions métamorphiques produites par la chaleur, ou par l'eau, ou par les réactions chimiques, ou par ces trois agents à la fois, sont encore de nature à modifier totalement le faciès et les caractères des terrains. Rappelons-nous, par exemple, que les dépôts de tests calcaires de foraminifères du golfe du Mexique, sont actuellement en voie de remplacement par des dépôts d'argile, et nous aurons une idée suffisante des troubles que le métamorphisme, sans cesse agissant, apporte dans les témoignages les plus indispensables au géologue.

Des transformations de la plus haute importance pourront ainsi échapper à l'observateur le plus attentif, et les histoires géologiques particulières des diverses régions du globe sont exposées à offrir des inexactitudes égales à celles qui incombent presque fatalement à l'histoire générale.

Tout ce que peut faire le géologue, c'est d'établir les dates relatives des principales transformations qui se sont produites à la surface de notre globe, c'est de prouver que tel phénomène est antérieur ou postérieur à tel autre, et que tels et tels faits se sont produits pendant l'intervalle de temps qui s'est écoulé entre tels et tels autres.

Documents pour l'histoire de la terre.

J'ai déjà indiqué plus haut les éléments dont on fait usage pour écrire cette histoire relative des transformations subies par les diverses régions du globe.

Le premier de ces éléments est la disposition que les couches affectent les unes par rapport aux autres ; le second est la nature des animaux ou des végétaux fossiles qu'elles renferment.

Toutes les fois que des couches sont régulièrement superposées, on est en droit de les considérer comme d'autant plus anciennes qu'elles sont situées plus profondément; mais il faut tenir compte, dans l'usage qu'on fait de ce caractère, des déplacements et des bouleversements que les couches ont pu subir. Ainsi que nous avons eu l'occasion de le dire plus haut, il n'est pas rare de rencontrer des couches qui, d'horizontales qu'elles étaient d'abord, ont été rendues obliques, redressées, parfois même totalement renversées, au point que les supérieures sont devenues inférieures et réciproquement. Ces faits étant très fréquents, il importe de ne jamais les perdre de vue. Pour éviter les erreurs qu'ils sont capables de causer, il faut avoir soin de ne pas s'en tenir, dans l'appréciation de l'âge des dépôts, à une seule région du globe; il faut comparer les régions qui offrent les mêmes terrains, de manière à se rendre un compte exact des bouleversements qui ont pu être produits.

Les redressements, plissements, renversements de couches fournissent des indications précieuses pour déterminer l'âge des affaissements ou des soulèvements dont la surface de la terre a été le théâtre. Quand, par exemple, on trouve au pied d'une montagne des couches redressées, au-dessus desquelles gisent d'autres couches horizontales, on est en droit d'affirmer que le soulèvement de la montagne s'est effectué après le dépôt des premières et avant celui des secondes; mais il ne faut pas oublier que cet intervalle de temps peut avoir été d'une très longue durée, ainsi que nous l'avons démontré précédemment. On peut encore, par l'inspection des couches, établir l'âge relatif des éruptions de roches volcaniques. Si certaines couches sédimentaires sont traversées par des filons de basalte, de trachite, de granit, tandis que les couches supérieures sont intactes, on peut affirmer que l'éruption est postérieure au dépôt des premières couches et antérieure à celui des secondes; mais, dans ce cas comme dans le précédent, on n'a nul moyen de déterminer l'époque exacte, le siècle pendant lequel le phénomène s'est produit.

Le second élément dont on fait usage dans la détermination de l'âge relatif des terrains est la nature des fossiles qu'ils contiennent. Celui-ci est le plus important; mais il ne peut donner, comme le précédent, que des indications relatives. Lorsqu'on eut admis que les espèces animales et végétales étaient toutes produites par transformation les unes des autres, on fut naturellement conduit à admettre que les plus inférieures et les plus simples avaient fait leur apparition les premières et que l'époque de la genèse de chaque espèce était d'autant plus rapprochée de la nôtre que cette espèce était elle-même plus parfaite. Les recherches géologiques ne tardèrent pas à confirmer ces vues. On s'assura que les couches situées le plus profondément au-dessous de la surface du sol ne renferment que des restes d'animaux inférieurs; on vit que les vertébrés n'apparaissent que dans des couches beaucoup plus superficielles et manifestement plus récentes que les précédentes; et, enfin, on ne trouva des squelettes d'hommes que dans les terrains les plus rapprochés de la surface. Ces faits ayant été bien constatés dans des points du globe où un grand nombre de terrains distincts étaient régulièrement superposées, on put logiquement en faire l'application aux régions dans lesquelles règne un ordre moins parfait dans la disposition des couches terrestres, ou qui présentent des lacunes plus ou moins considérables. On put ainsi établir la parenté de terrains offrant des caractères pétrographiques plus ou moins distincts. On cite volontiers, dans les ouvrages classiques, comme exemple d'application de ce principe à la détermination des terrains, l'usage qui en est fait pour le crétacé. Il n'y a pas de formation aussi variable pétrographiquement que celle du crétacé; à Meudon, à Calais, à Douvres, etc., il est représenté par une craie blanche contenant des noyaux de silex; dans la Suisse saxonne il est représenté par des grès; dans le Hanovre et le Brunswick, ce sont des argiles plastiques et une craie marneuse; en Belgique et à l'est de l'Amérique du Nord, ce sont des marnes glauconieuses; dans l'ouest de la Californie, ce sont des schistes cristallins, etc. Pourquoi, malgré ces différences considérables de composition minérale, a-t-on réuni toutes ces couches sous la dénomination de crétacé? Parce qu'elles offrent des rapports identiques de position avec les terrains susjacents et sous-jacents, et surtout parce que, dans ces diverses localités, elles renferment des espèces animales et végétales semblables ou très voisines. Il ne faut pas oublier cependant que, d'après ce que nous avons dit plus haut, les espèces animales pourraient être assez distinctes sans que cependant on fût en droit de conclure à la non-identité des terrains; il suffirait pour cela qu'il eût existé des différences dans le climat ou les autres conditions de milieu entre les diverses régions indiquées. D'où il faut conclure que si les fossiles fournissent un élément précieux de détermination de l'âge relatif des formations géologiques, ils peuvent aussi conduire à des erreurs plus ou moins graves. Il arrive fréquemment, par exemple, que des couches manifestement du même âge, d'après les rapports de stratification, soient riches les unes en certaines espèces de fossiles, les autres en des espèces différentes; ou bien que les unes aient des fossiles, tandis que les autres en sont dépourvues. Ce dernier fait peut se présenter même avec des couches formées exactement de la même façon, mais dont les unes sont restées intactes, tandis que les autres ont subi des actions métamorphiques.

Époques de l'évolution de la terre.

Je crois en avoir dit assez pour donner au lecteur une idée des progrès faits dans cette voie par la géologie depuis l'époque de Buffon. Je terminerai cette partie de mon étude par l'indication des époques principales entre lesquelles on peut actuellement distribuer l'histoire de la terre. Il suffira de comparer ce que j'en vais dire avec les époques de Buffon, signalées précédemment, pour saisir d'un premier coup d'œil les ressemblances et les différences qui existent entre les deux divisions.

Première époque.

La première époque est caractérisée par l'état d'incandescence de la terre. Elle s'étend depuis l'heure où la terre s'est séparée de la nébuleuse solaire, jusqu'à celle où sa surface s'est refroidie. Ce que nous en avons dit déjà nous dispense d'en reparler en ce moment. Bornons-nous à rappeler que tout ce que l'on en raconte est purement hypothétique et ne peut être admis que par comparaison avec ce que nous pouvons actuellement observer dans les autres parties de l'univers.

Deuxième époque.

La deuxième époque correspond à la période pendant laquelle la terre, étant suffisamment consolidée et refroidie, la vapeur d'eau se précipita à sa surface pour former les mers, se séparant des gaz oxygène, azote et acide carbonique qui désormais formèrent seuls l'atmosphère de notre globe. Nous devons dire quelques mots de cette époque, parce qu'elle a été l'objet de considérations intéressantes de la part de Buffon et de ses successeurs. On s'assurera par là que les idées de Buffon n'ont guère été modifiées par la science moderne. « Représentons-nous, dit-il (1), l'aspect qu'offrait la terre immédiatement après que sa surface eut pris de la consistance et avant que la grande chaleur permît à l'eau d'y séjourner ni même de tomber de l'atmosphère ; les plaines, les montagnes, ainsi que l'intérieur du globe, étaient également et uniquement composées de matières fondues par le feu, toutes vitrifiées, toutes de la même nature. Qu'on se figure pour un instant la surface actuelle du globe dépouillée de toutes ses mers, de toutes ses collines calcaires, ainsi que de toutes ses couches horizontales de pierre, de craie, de tuf, de terre végétale, d'argile, en un mot de toutes les matières liquides ou solides qui ont été formées ou déposées par les eaux : quelle serait cette surface après l'enlèvement de ces immenses déblais ? Il ne resterait que le squelette de la terre, c'est-à-dire la roche vitrescible qui en constitue la masse intérieure ; il resterait les fentes perpendiculaires produites dans le temps de la consolidation, augmentées, élargies par le refroidissement ; il resterait les métaux et les minéraux fixes qui, séparés de la roche vitrescible par l'action du feu, ont rempli par fusion ou par sublimation les fentes perpendiculaires de ces prolongements de la roche intérieure du globe ; et enfin il resterait les trous, les anfractuosités et toutes les cavités intérieures de cette roche qui en est la base, et qui sert de soutien à toutes les matières terrestres amenées ensuite par les eaux. »

Plus loin (2), il décrit avec une merveilleuse éloquence les phénomènes qu'il suppose s'être produits, alors que la terre fut suffisamment refroidie, pour que la vapeur d'eau se précipitât à sa surface. « Le chaos de l'atmosphère avait commencé à se débrouiller : non seulement les eaux, mais toutes les matières volatiles que la trop grande chaleur y tenait reléguées et suspendues tombèrent successivement ; elles remplirent toutes les profondeurs, couvrirent toutes les plaines, tous les intervalles qui se trouvaient

(1) *Epoques de la nature*, t. II, p. 42.
(2) *Ibid.*, t. II, p. 50.

entre les éminences de la surface du globe, et même elles surmontèrent toutes celles qui n'étaient pas successivement élevées. On a des preuves évidentes que les mers ont couvert le continent de l'Europe jusqu'à quinze cents toises au-dessus du niveau de la mer actuelle, puisqu'on trouve des coquilles et d'autres productions marines dans les Alpes et dans les Pyrénées jusqu'à cette même hauteur. On a les mêmes preuves pour les continents de l'Asie et de l'Afrique ; et même dans celui de l'Amérique, où les montagnes sont plus élevées qu'en Europe, on a trouvé des coquilles marines à plus de deux mille toises de hauteur au-dessus du niveau de la mer du Sud. Il est donc certain que dans ces premiers temps le diamètre du globe avait deux lieues de plus, puisqu'il était enveloppé d'eau jusqu'à deux mille toises de hauteur. La surface de la terre en général était donc beaucoup plus élevée qu'elle ne l'est aujourd'hui ; et pendant une longue suite de temps les mers l'ont recouverte en entier, à l'exception peut-être de quelques terres très élevées et des sommets des hautes montagnes, qui seuls surmontaient cette mer universelle, dont l'élévation était au moins à cette hauteur où l'on cesse de trouver des coquilles ; d'où l'on doit inférer que les animaux auxquels ces dépouilles ont appartenu peuvent être regardés comme les premiers habitants du globe, et cette population était innombrable, à en juger par l'immense quantité de leurs dépouilles et de leurs détriments, puisque c'est de leurs détriments qu'ont été formées toutes les couches des pierres calcaires, des marbres, des craies et des tufs qui composent nos collines et qui s'étendent sur de grandes contrées dans toutes les parties de la terre.

» Or, dans les commencements de ce séjour des eaux sur la surface du globe, n'avaient-elles pas un degré de chaleur que nos poissons et nos coquillages actuellement existants n'auraient pu supporter ? et ne devons-nous pas présumer que les premières productions d'une mer encore bouillante étaient différentes de celles qu'elle nous offre aujourd'hui ? Cette grande chaleur ne pouvait convenir qu'à d'autres natures de coquillages et de poissons ; et par conséquent c'est aux premiers temps de cette époque, c'est-à-dire depuis trente jusqu'à quarante mille ans de la formation de la terre, que l'on doit rapporter l'existence des espèces perdues dont on ne trouve nulle part les analogues vivants. Ces premières espèces, maintenant anéanties, ont subsisté pendant les dix ou quinze mille ans qui ont suivi le temps auquel les eaux venaient de s'établir.

» Et l'on ne doit point être étonné de ce que j'avance ici qu'il y a eu des poissons et d'autres animaux aquatiques capables de supporter un degré de chaleur beaucoup plus grand que celui de la température actuelle de nos mers méridionales, puisque encore aujourd'hui, nous connaissons des espèces de poissons et de plantes qui vivent et végètent dans des eaux presque bouillantes, ou du moins chaudes jusqu'à 50 et 60 degrés du thermomètre.

» Mais, pour ne pas perdre le fil des grands et nombreux phénomènes que nous avons à exposer, reprenons ces temps antérieurs, où les eaux jusqu'alors réduites en vapeurs, se sont condensées et ont commencé de tomber sur la terre brûlante, aride, desséchée, crevassée par le feu : tâchons de nous représenter les prodigieux effets qui ont accompagné et suivi cette chute précipitée des matières volatiles, toutes séparées, combinées, sublimées dans le temps de la consolidation et pendant le progrès du premier refroidissement. La séparation de l'élément de l'air et de l'élément de l'eau, le choc des vents et des flots qui tombaient en tourbillons sur une terre fumante ; la dépuration de l'atmosphère, qu'auparavant les rayons du soleil ne pouvaient pénétrer ; cette même atmosphère obscurcie de nouveau par les nuages d'une épaisse fumée ; la cohobation mille fois répétée et le bouillonnement continuel des eaux tombées et rejetées alternativement ; enfin la lessive de l'air par l'abandon des matières volatiles précédemment sublimées, qui toutes s'en emparèrent et descendirent avec plus ou moins de précipitation : quels mouvements, quelles tempêtes ont dû précéder, accompagner et suivre l'établissement local de chacun de ces éléments ! Et ne devons-nous pas rapporter à ces premiers moments de choc et d'agitation les bouleversements, les premières dégradations, les irruptions et les changements qui ont donné une seconde forme à la plus grande partie de la surface de la terre ? Il est aisé de sentir que les eaux qui la couvraient alors presque tout entière, étant continuellement agitées par la rapidité de leur chute, par l'action de la lune sur l'atmosphère et sur les eaux déjà tombées, par la violence des vents, etc., auront obéi à toutes ces impulsions, et que dans leurs mouvements elles auront commencé par sillonner plus à fond les vallées de la terre, par renverser les éminences les moins solides, rabaisser les crêtes des montagnes, percer leurs chaînes dans les points les plus faibles ; et qu'après leur établissement, ces mêmes eaux se seront ouvert des routes souterraines, qu'elles ont miné les voûtes des cavernes, les ont fait écrouler, et que par conséquent ces mêmes eaux se sont abaissées successivement pour remplir les nouvelles profondeurs qu'elles venaient de former : les cavernes étaient l'ouvrage du feu ; l'eau dès son arrivée a commencé par les attaquer ; elle les a détruites, et continue de les détruire encore ; nous devons donc attribuer l'abaissement des eaux à l'affaissement des cavernes, comme à la seule cause qui nous soit démontrée par les faits.

» Voilà les premiers effets produits par la masse, par le poids et par le volume de l'eau ; mais elle en a produit d'autres par sa seule qualité : elle a saisi toutes les matières qu'elle pouvait délayer et dissoudre ; elle s'est combinée avec l'air, la terre et le feu pour former les acides, les sels, etc. ; elle a converti les scories et les poudres du verre primitif en argiles ; ensuite elle a, par son mouvement, transporté de place en place ces mêmes scories, et toutes les matières qui se trouvaient réduites en petits volumes. Il s'est dont fait dans cette seconde période, depuis trente-cinq jusqu'à cinquante mille ans, un si grand changement à la surface du globe, que la mer universelle, d'abord très élevée, s'est successivement abaissée pour remplir les profondeurs occasionnées par l'affaissement des cavernes, dont les voûtes naturelles, sapées ou percées par l'action et l'effet de ce nouvel élément, ne pouvaient plus soutenir le poids cumulé des terres et des eaux dont elles étaient chargées. A mesure qu'il se faisait quelque grand affaissement par la rupture d'une ou de plusieurs cavernes, la surface de la terre se déprimant en ces endroits, l'eau arrivait de toutes parts pour remplir cette nouvelle profondeur, et par conséquent la hauteur générale des mers diminuait d'autant; en sorte qu'étant d'abord à deux mille toises d'élévation, la mer a successivement baissé jusqu'au niveau où nous la voyons aujourd'hui. »

Résumons les idées de l'illustre naturaliste : Lorsque la terre a été suffisamment refroidie, la vapeur d'eau s'est précipitée; elle a couvert en totalité la surface du globe, sauf quelques sommets des plus hautes montagnes (1), émergeant seuls au-dessus de cette « mer universelle », dont les eaux bouillantes virent naître les premiers animaux. Les agitations et les tempêtes de l'océan universel donnent « une seconde forme à la plus grande partie de la surface de la terre », renversent les éminences les moins élevées, creusent des vallées, percent des montagnes, etc.; l'eau dissout et disperse les matières qui formaient la surface primitive du globe et les abandonne ensuite à l'état d'argiles. Puis elle creuse des cavernes dont les voûtes s'affaissent et dans lesquelles se précipitent une partie des mers. Le niveau de l'océan universel baisse ainsi graduellement « jusqu'au niveau où nous le voyons aujourd'hui ».

Si l'on en excepte l'explication que donne Buffon de l'abaissement de la mer primitive, on peut dire que toute sa théorie est acceptée par la grande majorité des géologues modernes. La plupart admettent encore l'océan universel, d'abord formé d'eau bouillante qui se refroidit par rayonnement dans l'espace, et dans lequel se développèrent les premiers organismes vivants; mais ils expliquent autrement que Buffon la façon dont les continents se sont montrés au-dessus des eaux de cet océan. Ils supposent généralement que la terre avait d'abord une surface presque entièrement unie et que plus tard certains points se sont soulevés pour former les continents, tandis que d'autres se déprimaient pour constituer les lits des mers. Tous aussi admettent à la suite de Buffon que les matériaux constituant la surface primitive du globe ont été dissociés, dissous, remaniés, déplacés par la mer primitive et déposés en couches qui couvrent partout la surface primitive du globe terrestre.

(1) Nous avons déjà dit que, d'après Buffon, le squelette des montagnes s'était formé, pendant la période du refroidissement de la terre, « comme se forment des boursouflures à la surface d'un morceau de verre fondu ».

KANGUROO À DOS NOIR

L'accord n'est cependant pas complet entre les géologués sur toutes ces questions. L'existence d'un océan universel est nié ou mis en doute par quelques-uns. L'école du géologue Lyell pense que la proportion actuelle des terres et des mers a toujours été à peu près la même et qu'il y a eu simplement transformation des terres en mers et des mers en terres, au point qu'il n'y a pas un seul point du globe qui n'ait été tour à tour et peut-être plusieurs fois mis à nu ou couvert par les eaux. « Il est bon d'ajouter, dit Lyell (1), que tout point qui se montre aujourd'hui terre sèche, a jadis été mer et que chaque partie de la surface terrestre que l'on voit actuellement couverte par l'océan le plus profond s'est trouvée autrefois à l'état de terre ferme. La distribution actuelle des terres et des mers nous porte à croire que la forme extérieure de l'écorce du globe a pu subir toutes les transformations imaginables. Il est possible qu'à une époque les continents se soient groupés surtout dans les régions équatoriales; qu'à une autre, ils aient envahi le pôle et les espaces circumpolaires; qu'à une certaine période, la majeure partie de la terre ferme se soit trouvée au nord de l'équateur, et dans une autre, au sud de cette ligne; qu'une fois elle ait prédominé à l'est et qu'ensuite elle se soit montrée tout entière à l'ouest. A l'appui de cette idée, il est peut-être utile de constater que, de nos jours, l'hémisphère oriental contient juste deux fois autant de terre ferme que l'hémisphère occidental, et qu'en supposant même l'existence d'un continent antarctique, il y a deux fois plus de terre au nord de l'équateur qu'il n'en existe au sud de cette ligne. Mais, chose bien plus singulière, en ce qu'elle montre la distribution capricieuse des terres et des mers dans l'état actuel de la croûte terrestre, c'est qu'il est possible de diviser le globe en deux parties, de telle manière qu'un hémisphère renferme autant de terre que d'eau, tandis que l'autre offre un aspect tellement océanique que la mer soit à la terre dans le rapport très approximatif de 8 : 1..... Il est un fait singulier qui a une connexion intime avec l'excès de terre ferme que l'on observe dans l'un des deux hémisphères, c'est que, en admettant même le continent antarctique, la trentième partie seulement de la surface du globe a de la terre à ses antipodes. »

L'une et l'autre opinion, celle qui admet l'existence d'une mer universelle et celle qui la nie, sont également hypothétiques, et je m'empresse d'ajouter également admissibles; mais il est non moins difficile de les établir sur des preuves positives. Le seul argument qu'on puisse invoquer à l'appui de l'océan universel, c'est que l'on trouve partout des sédiments vitrescibles qu'il est permis de considérer comme dus à la désagrégation par les eaux des roches qui formaient la surface du globe à l'époque de son refroidissement. Or, cet argument tombe devant la certitude où nous sommes aujourd'hui que toutes les parties de la terre ont été plusieurs fois soulevées

(1) *Principes de géologie*, t. Ier, p. 337.

et affaissées, couvertes par les eaux et mises à nu; on doit conclure, en effet, de ce fait indéniable, que les détritus des roches primitives ont été plusieurs fois remaniés et transportés.

Troisième époque.

La troisième grande époque de l'histoire de la terre, la seule dont il nous soit permis d'analyser les documents et les titres, commence à la formation des premiers dépôts sédimentaires et s'étend jusqu'à nos jours. Elle comprend les 3e, 4e, 5e, 6e et 7e époques de Buffon.

Nous ne savons rien de précis sur les débuts de cette grande époque. Tout ce qu'il nous est permis de penser, c'est qu'il s'est écoulé un temps probablement assez long entre le moment où les premières mers se sont formées par condensation des vapeurs atmosphériques et l'apparition des premiers organismes vivants. Pendant ce temps, sous l'influence de marées et de courants identiques à ceux qui existent aujourd'hui, les eaux de la mer ont du dissocier et dissoudre les matériaux constituant la surface du globe, les transporter d'un point à un autre, les manier et les remanier au point de les rendre d'autant plus méconnaissables, qu'à ces actions mécaniques se joignaient, comme aujourd'hui, des actions chimiques innombrables. En même temps, des soulèvements et des affaissements lents ou brusques, violents ou insensibles, se produisaient en divers points du globe, tantôt élevant des continents dans des lieux couverts par les eaux, tantôt affaissant des terres et déterminant leur envahissement par la mer. Les phénomènes volcaniques, les sources thermales et froides, les pluies, les torrents, les ruisseaux, les fleuves, ajoutaient leurs puissantes influences à celles des mers pour modifier sans cesse la surface du globe. Mais tout cela s'effectuait sans qu'aucun être vivant en fût le témoin, et l'époque de ces événements est si reculée, la terre a été si souvent remaniée depuis qu'ils ont eu lieu, qu'il n'en reste peut-être plus aucune trace visible. Qu'on admette ou non l'existence d'un océan universel, qu'on croie ou non à celle d'un noyau terrestre encore fluide et chaud, que la terre se soit refroidie du centre à la surface, comme le pense Poisson, ou de la surface au centre comme le pensent avec Buffon la plupart des géologues actuels, il semble difficile de rejeter l'opinion que les premières mers étaient formées d'eaux jouissant d'une température élevée; la vapeur d'eau de l'atmosphère a dû, en effet, se précipiter à la surface de la terre à une époque où cette surface était encore chaude. Or, la température élevée de l'eau des mers a dû favoriser à la fois la dissociation, la dissolution et les transformations des roches primitives, et aussi la production des phénomènes chimiques qui ont déterminé la formation des premiers organismes vivants. Mais, ainsi que nous le dirons plus tard, ces premiers organismes étaient d'une extrême simplicité; leur corps était mou, sans squelette, et nulle trace de leur existence n'a pu être gardée. De tous ces faits résulte la difficulté insurmontable d'établir l'histoire des débuts de cette troisième période; aussi sommes-nous obligés de la laisser de côté. Je me borne, ne perdant pas de vue l'effet spécial de cette étude, à citer le récit hypothétique, mais fort rapproché sans aucun doute, à certains égards, de la vérité, qu'en trace Buffon (1).

« Après la chute et l'établissement des eaux bouillantes sur la surface du globe, la plus grande partie des scories de verre qui la couvraient en entier ont donc été converties en assez peu de temps en argiles : tous les mouvements de la mer ont contribué à la prompte formation de ces mêmes argiles, en remuant et transportant les scories et les poudres de verre, et les forçant de se présenter à l'action de l'eau dans tous les sens. Et peu de temps après, les argiles, formées par l'intermède et l'impression de l'eau, ont successivement été transportées et déposées au-dessus de la roche primitive du globe, c'est-à-dire au-dessus de la masse solide de matières vitrescibles qui en fait le fond et qui, par sa ferme consistance et sa dureté, avait résisté à cette même action des eaux. »

Un peu plus loin (2), il ajoute : « Le temps de la formation des argiles a donc immédiatement suivi celui de l'établissement des eaux : le temps de la formation des premiers coquillages (3) doit être placé quelques siècles après; et le temps du transport de leurs dépouilles a suivi presque immédiatement; il n'y a eu d'intervalle qu'autant que la nature en a mis entre la naissance et la mort de ces animaux à coquilles. Comme l'impression de l'eau convertissait chaque jour les sables vitrescibles en argiles, et que son mouvement les transportait de place en place, elle entraînait en même temps les coquilles et les autres dépouilles et débris des productions marines, et, déposant le tout comme des sédiments, elle a formé dès lors les couches d'argile où nous trouvons aujourd'hui ces monuments, les plus anciens de la nature organisée, dont les modèles ne subsistent plus. »

C'est seulement à partir du moment où des restes d'animaux et de végétaux ont été enfouis et conservés dans les terrains qui constituent la surface de la terre que nous pouvons étudier l'histoire de notre globe avec quelque espoir d'aboutir à des résultats positifs. Mais, ainsi que j'aurai de nouveau l'occasion de le faire remarquer, une période peut-être fort longue a précédé celle de l'apparition des organismes pourvus de squelettes ou d'enveloppes minérales; il se peut même que toutes les enveloppes et tous les squelettes calcaires d'animaux ayant peuplé la terre pendant les premiers âges aient été complètement détruits par les actions multiples et innombrables auxquelles ont été soumises les roches qui les contenaient.

Ces mêmes destructions de fossiles rendent fort difficile l'établissement de

(1) *Époques de la nature*, t. II, p. 55.

(2) *Ibid.*, t. II, p. 57.

(3) Ainsi que j'ai déjà eu occasion de le dire, Buffon ne connaissait pas du tout les animaux inférieurs. Ce terme vague de « coquillages », dont il fait usage à chaque instant, en est une preuve manifeste. Pour lui « coquillages » s'applique à tous les animaux invertébrés marins qui laissent des coquilles ou des squelettes minéraux.

Divisions de la troisième époque.

divisions ayant une réelle valeur dans la troisième époque de l'histoire de la terre. Celle-ci est cependant d'une telle étendue qu'il a été nécessaire, afin de mettre de l'ordre dans les recherches géologiques, de la diviser en un certain nombre de phases. Mais il importe de ne pas perdre de vue que ces divisions, comme toutes celles qu'établissent les naturalistes, ne répondent à rien de réel. L'évolution de la terre s'est faite lentement, de même que celle des animaux et des végétaux; elle ne s'est pas faite de la même façon, en même temps dans les divers points de la surface de notre planète, telle partie étant couverte par les eaux quand telle autre était à sec, et réciproquement. Rappelons encore que les traces d'un certain nombre de transformations subies par la surface du globe ont été effacées, en sorte que, même dans une localité déterminée, nous trouvons aujourd'hui des lacunes qu'il est fort difficile de combler. Toutes les divisions qu'il nous conviendra d'établir dans cette évolution ne peuvent donc être que factices.

Quoi qu'il en soit, les géologues sont aujourd'hui à peu près unanimes pour diviser notre troisième époque de l'évolution de la terre en trois grandes phases ou formations : phases *primaire*, *secondaire* et *tertiaire*. On y ajoute d'ordinaire une quatrième phase désignée sous le nom de *quaternaire*, répondant à la période contemporaine de l'histoire de la terre. Nous conserverons cette phase sous le titre de *phase contemporaine*. Nous nous bornerons à jeter un coup d'œil sur ces différentes phases, nous bornant à indiquer les phénomènes principaux qui se sont produits pendant leur durée, les groupes d'animaux ou de végétaux qui les caractérisent et la nature des principaux terrains qui entrent dans leur composition.

Phase primaire.

La phase primaire peut être assez facilement divisée en deux périodes : l'une plus ancienne, désignée généralement sous le nom d'*archaïque*, l'autre plus récente, à laquelle nous donnons le nom de période *paléozoïque*.

Période archaïque.

Les couches de terrain que l'on considère comme s'étant formées pendant la période archaïque atteignent une épaisseur que l'on évalue à plus de 30,000 mètres et qui est peut-être plus considérable encore, car on n'a jamais vu les couches sous-jacentes qui doivent répondre au noyau du globe, à cette partie de notre planète qui n'a jamais subi l'action des eaux de la mer ou des pluies, protégée qu'elle est par les dépôts sédimentaires qui la recouvrent. On admet généralement que cette formation s'étend sur toute la surface de la terre; on l'a trouvée en effet partout où on l'a cherchée avec des caractères pétrographiques et paléontologiques semblables. Les partisans de l'océan universel en concluent qu'elle a dû se produire partout en même temps et de la même façon, dans le fond de l'océan primitif et universel; mais il faut bien reconnaître que cette opinion n'a pas grand fondement. En effet, les partisans de l'océan universel s'appuient pour admettre cet océan sur la présence des terrains archaïques dans tous les points du globe qui ont été explorés, et, d'autre part, ils attribuent à l'océan universel la production des terrains archaïques. La vérité est que ces terrains peuvent fort bien avoir été déposés à des époques différentes dans les différents points du globe ; l'uniformité de leurs caractères indique simplement qu'il ont été produits par des procédés identiques dans tous les points et pendant une même phase de l'histoire du globe ; mais cette phase peut avoir eu une durée assez longue pour que les mers primitives aient été changées en continents et pour que les continents primitifs aient été de leur côté transformés en mer.

Formation laurentienne.

Les terrains archaïques les plus inférieurs, ceux auxquels on a donné le nom de formations laurentiennes, sont constitués en majeure partie par des gneiss auxquels les géologues donnent volontiers le nom de gneiss primitifs pour indiquer qu'ils représentent les sédiments les plus anciens. Ils sont entremêlés de granits auxquels ils se rattachent en une foule de points par des caractères de transition tellement marqués qu'il est impossible de ne pas les considérer comme un produit de transformation de ces roches ; mais les granits laurentiens eux-mêmes affectent des dispositions telles que les géologues sont aujourd'hui d'accord pour leur refuser l'origine éruptive qui avait été attribué autrefois à tous les granits sans exception. Les gneiss laurentiens alternent aussi, dans beaucoup de régions, avec des couches de calcaire cristallin souvent dolomitique, c'est-à-dire riche en carbonate de magnésie et parfois même remplacé par de la dolomie véritable. Tandis que les gneiss sont considérés comme des sédiments produits par la destruction des robes primitives du globe, on hésite encore sur l'origine des calcaires qui alternent avec eux. Pendant longtemps on les a considérés comme dus à des actions purement chimiques, parce qu'on n'y découvrait aucune trace d'animaux ni de végétaux. D'après ce que nous avons dit à diverses reprises au sujet des actions métamorphiques, l'absence de fossiles est sans aucun doute insuffisante pour légitimer l'opinion que je viens de rappeler ; beaucoup d'autres calcaires sont considérés par tous les géologues comme ayant une origine animale, quoiqu'on n'y trouve plus de fossiles. Il pourrait en être de même des calcaires cristallins des formations laurentiennes. On est d'autant plus autorisé à admettre cette dernière manière de voir que l'on a récemment découvert dans le calcaire laurentien du Canada, de l'Écosse et de la Bavière, des corps que beaucoup de zoologistes considèrent comme les reste d'un foraminifère auquel on a donné le nom d'*Ezoon canadense*. Quelques doutes cependant ont été exprimés relativement à la nature de ces corps ; tandis que les uns les considèrent comme les restes d'un animal, d'autres n'y voient que de simples concrétions minérales. Mais, je le répète, alors même que la dernière opinion serait la bonne, l'absence de fossiles dans le calcaire laurentien n'empêcherait pas de le considérer comme provenant de tests ou de squelettes d'animaux ; il suffirait d'admettre que, comme une foule d'autres calcaires cristallins, il a été l'objet d'actions métamorphiques qui ont détruit tous les fossiles. On trouve encore dans certains gneiss laurentiens de l'asphalte, du bitume et de l'anthracite dont il est permis d'attribuer l'origine à la décomposition lente d'organismes végétaux. En Scandinavie notamment, on trouve, en alternance avec le gneiss laurentien, des couches de graphite qu'il est difficile de ne pas considérer comme un produit de décomposition lente de végétaux ligneux. En conséquence, tout permet de croire que la vie avait déjà acquis une certaine intensité à la surface du globe pendant la période laurentienne de la phase archaïque. Je dois ajouter que la présence d'anthracite, de graphite, de bitume, d'asphalte, dans les gneiss laurentiens doit faire supposer que certaines portions du globe étaient alors à découvert, car des végétaux aériens peuvent seuls avoir offert une structure assez ligneuse pour se perpétuer sous ces formes; des algues se seraient putréfiées sans donner naissance à de semblables produits de carbonisation. D'ailleurs, l'existence, à cette époque, de terres découvertes est démontrée par la présence, dans certains points du globe, notamment dans le Michigan, de conglomérats formés par des galets roulés de nature gneissique; or, nous avons dit déjà que les conglomérats sont des roches de littoral. Les couches laurentiennes sont souvent très relevées, plissées, souvent même dressées; dans beaucoup de régions, elles sont recouvertes en stratification discordante par celles de la formation huronienne, ce qui indique qu'avant le dépôt de ces dernières le laurentien avait été l'objet de bouleversements considérables.

Formation huronienne.

La formation huronienne qui, en beaucoup d'endroits, recouvre directement la formation laurentienne, n'est jamais séparée d'elle par aucune autre, ce qui permet d'affirmer qu'elle lui a immédiatement succédé; la nature des roches qui constituent ces deux formations est d'ailleurs à peu près identique, mais les gneiss du laurentien sont remplacés, dans le huronien, par des roches moins riches en feldspath et, par suite, moins grenues et plus schisteuses. Les calcaires y sont moins cristallins, moins dolomitiques et pauvres en fossiles. C'est seulement dans les couches les plus élevées du huronien que se montrent les restes d'un certain nombre d'animaux et de végétaux. Parmi les animaux, on trouve des tubes d'annélides, ce qui indique un développement déjà très considérable de la vie animale, car les annélides occupent un étage élevé dans la série des organismes inférieurs. Les roches huroniennes portent souvent, comme celles de la formation laurentienne, les traces de bouleversements et la présence de conglomérats huroniens dans un grand nombre de points, témoignent de l'importance qu'avaient pris les continents. Enfin, le fait que la formation huronienne manque fréquemment entre le laurentien et le silurien, qui forme la base de la phase paléozoïque, indiquent que certains continents s'étaient formés avant le dépôt des sédiments huroniens, sont restés au-dessus des mers pendant toute la durée de cette période et ne se sont affaissés que pendant la période silurienne. La présence de filons et de couches de roches manifestement éruptives dans le laurentien et le huronien témoignent, d'autre part, de l'existence d'éruptions d'une certaine importance, mais pas plus considérables que celles qui eurent lieu pendant les phases ultérieures de l'histoire du globe. « Il est indubitable, dit à cet égard Credner (1), que l'éruption de la plupart des roches qui traversent les séries de couches archaïques n'a eu lieu qu'aux périodes dévoniennes et carbonifères ou même encore plus tard. » Ce fait, admis par tous les géologues, est d'une grande importance; il contredit formellement l'opinion de ceux qui pensent que la croûte terrestre solide, étant autrefois beaucoup moins épaisse que de nos jours, était plus souvent et plus violemment disloquée par l'éruption de roches souterraines.

Si l'on ajoute aux 30,000 mètres de la formation laurentienne les 8,000 mètres de la formation huronienne et si l'on réfléchit à la lenteur avec laquelle se sont nécessairement effectués des dépôts aussi puissants, on aura quelque idée de la durée de la phase archaïque. Ce ne sont pas seulement des milliers, mais bien des millions et des millions d'années qu'on est obligé de lui attribuer; on n'a donc pas lieu d'être étonné quand on trouve dans le silurien des organismes appartenant à des groupes assez élevés du règne animal. Quelque considérable que soit le temps nécessaire à la transformation et à l'évolution des êtres vivants, on peut affirmer, en présence des 38,000 mètres d'épaisseur des dépôts archaïques, que les animaux et les végétaux ont eu ce temps à leur disposition.

Période paléozoïque.

Les formations sédimentaires qui se sont déposées pendant la période paléozoïque de la phase primaire de l'histoire de la terre atteignent une épaisseur beaucoup moindre que les précédentes; elles n'ont pas plus de 15,000 mètres d'épaisseur. Les roches principales qu'on y trouve sont des schistes argileux, des grès et des calcaires; de nombreux amas de conglomérats y marquent les limites des mers et des continents; les fossiles y sont très nombreux et appartiennent à des groupes beaucoup plus élevés que ceux de la période archaïque; non seulement toutes les branches principales des invertébrés y sont représentées, mais encore on y rencontre un assez grand nombre d'espèces de vertébrés. Cette période est généralement divisée par les géologues en quatre formations principales, se succédant dans l'ordre suivant : 1° formation silurienne; 2° formation dévonienne; 3° formation carbonifère; 4° formation permienne ou dyasique. Je ne dirai que quelques mots de chacune.

Formation silurienne.

La formation silurienne succède manifestement à la formation huronienne avec laquelle, dans certains points du globe, elle se confond au point de n'en être que difficilement séparable. Elle atteint, en quelques lieux, une puissance de plus de 6,000 mètres et se montre formée d'une façon très variable selon les points du globe où on l'envisage; mais, en général, ce qui domine

(1) *Traité de géologie et de paléontologie*, p. 361.

dans ses dépôts, ce sont les grès, les schistes argileux, les grauwackes et parfois les calcaires. Les fossiles sont nombreux et variés; on en compte jusqu'à neuf mille espèces, sur lesquelles une quarantaine d'espèces de poissons; mais ces derniers ne se trouvent que dans les couches les plus élevées, ce qui permet de supposer que la formation silurienne a eu une durée extrêmement considérable. Un autre fait corrobore cette opinion, c'est l'étendue immense de la surface terrestre dans laquelle on trouve des dépôts siluriens; cette étendue est si considérable que certains géologues supposent que pendant la période silurienne presque tout le globe était couvert par les eaux et que, seules, quelques îles émergeaient au-dessus de cet océan. Mais cette opinion paraîtra fort douteuse si l'on songe que la période silurienne offre des formes tout à fait locales, c'est-à-dire formées d'espèces que l'on ne trouve pas dans d'autres régions. M. de Barante, qui a fait une étude aussi remarquable que patiente du silurien de Bohême, a mis en relief ce fait que des deux mille huit cents espèces d'animaux marins trouvés dans cette région, il n'y en a que deux cent sept qui existent dans le silurien des autres régions. Il faut donc en conclure, premièrement que la mer silurienne de la Bohême a été isolée des autres mers de la même époque pendant un laps de temps d'une durée considérable, puisque deux mille six cents espèces s'y sont produites pendant ce temps; en second lieu, que les conditions de température, de salure, etc., de la mer de Bohême étaient différentes de celles des autres mers, car si les conditions cosmiques n'avaient pas varié depuis l'isolement de cette mer, il n'aurait pu s'y développer aucune espèce nouvelle. Or, les conditions de température, qui sont les plus importantes, dépendent beaucoup de l'étendue et de la distribution des continents à la surface du globe; d'où il faut conclure que pendant la période silurienne, des modifications importantes ont eu lieu dans le nombre, la disposition et les relations des continents et des mers, modifications assez étendues pour que presque tous les points du globe aient été tour à tour envahis par les eaux.

Quoiqu'un grand nombre de roches éruptives aient été poussées au dehors pendant la formation silurienne, rien ne permet de croire qu'elle ait vu se produire de grands soulèvements de montagnes; tout, au contraire, permet de penser que pendant cette formation et les précédentes les inégalités de la surface du sol étaient beaucoup moindres qu'elles ne le sont aujourd'hui. C'est, sans doute, à ce fait qu'il faut attribuer l'uniformité relative de température qui régnait alors à la surface du globe, uniformité qui, cependant, devait tendre à s'effacer, puisque nous voyons surgir des espèces locales.

Formation dévonienne.

La formation dévonienne se confond inférieurement en beaucoup de points avec le silurien, et supérieurement avec la première. Elle ressemble beaucoup au silurien par sa structure pétrographique, mais elle s'en distingue, au point de vue paléontologique, par le développement que prennent les poissons et par l'extension que commencent à présenter les plantes; c'est pendant cette période que se développent les premières plantes vasculaires. On en conclut généralement que les continents devaient être plus étendus que pendant la formation précédente; le fait est possible, mais ce n'est pas l'apparition des plantes vasculaires qui pourrait suffire à l'établir. Pour que ces plantes pussent alors commencer à se montrer, il fallait que des végétaux terrestres plus inférieurs tels que les mousses, les hépatiques eussent eu le temps d'évoluer; les plantes vasculaires elles-mêmes offraient déjà un degré de développement assez élevé, car on trouve dans le dévonien non seulement des cryptogames vasculaires, mais encore des conifères. Le soulèvement des continents sur lesquels ces végétaux se développaient devaient donc dater d'une époque déjà fort reculée.

Formation carbonifère.

De la formation dévonienne on passe facilement à la formation carbonifère dont la durée a dû être très considérable, car les dépôts sédimentaires qu'on lui attribue ont atteint dans certaines régions jusqu'à 7,000 mètres d'épaisseur et au delà. Cette période est essentiellement caractérisée par l'importance que prennent les débris des végétaux et par l'apparition des premiers animaux amphibiens et aériens. D'après la nature des roches et des fossiles qui entrent dans leur constitution, les formations de la période houillère peuvent facilement être divisées en deux sortes de terrains ayant une origine différente : les uns formés en majeure partie d'un calcaire très riche en fossiles marins, connu sous le nom de calcaire carbonifère; les autres formant le *houiller* constitués par des grès argileux, des schistes et des houilles. Le calcaire carbonifère s'est manifestement déposé sur le sol d'océans profonds et tranquilles, tandis que la houille s'est déposée sur des terres basses, marécageuses, où croissaient en quantités immenses des fougères et des lepidodendrons gigantesques, des sigillaires, des calamites et un petit nombre de conifères. Ce sont ces forêts de végétaux aux dimensions inconnues aujourd'hui dans les groupes auxquels ils appartiennent qui ont servi à produire la houille; ils sont tombés sur place, s'y sont lentement carbonisés sous l'eau des marécages, tandis que des générations nouvelles se développaient au-dessus d'eux, et subissaient tour à tour la même destinée. Toutes les couches de houille ne se sont pas ainsi formées sur place; un grand nombre ont été produites par des arbres transportés plus ou moins loin du lieu sur lequel ils avaient végété, ainsi que l'indiquent les lits d'argile qui alternent sur les couches de houille.

Buffon décrit avec une grande exactitude la manière dont se sont formées les couches de houille : « Toutes les parties du globe, dit-il (1), qui se trouvaient élevées au-dessus des eaux produisirent dès les premiers temps une infinité de plantes et d'arbres de toutes espèces, lesquels, bientôt tombant de vétusté, furent entraînés par les eaux et formèrent des dépôts de

(1) *Époques de la nature*, t. II, p. 58.

matières végétales en une infinité d'endroits; et comme les bitumes et les autres huiles terrestres paraissent provenir des substances végétales et animales, qu'en même temps l'acide provient de la décomposition du sable vitrescible par le feu, l'air et l'eau, et qu'enfin il entre de l'acide dans la composition des bitumes, puisque avec une huile végétale et de l'acide on peut faire du bitume, il paraît que les eaux se sont dès lors mêlées avec ces bitumes et s'en sont imprégnées pour toujours; et comme elles transportaient incessamment les arbres et les autres matières végétales descendues des hauteurs de la terre, ces matières végétales ont continué de se mêler avec les bitumes déjà formés des résidus des premiers végétaux, et la mer, par son mouvement et par ses courants, les a remuées, transportées et déposées sur les éminences d'argile qu'elle avait formées précédemment.

» Les couches d'ardoises, qui contiennent aussi des végétaux et même des poissons, ont été formées de la même manière, et l'on peut en donner des exemples, qui sont pour ainsi dire sous nos yeux. Ainsi les ardoisières et les mines de charbon ont ensuite été recouvertes par d'autres couches de terres argileuses que la mer a déposées dans des temps postérieurs : il y a même eu des intervalles considérables et des alternatives de mouvement entre l'établissement des différentes couches de charbon dans le même terrain; car on trouve souvent au-dessous de la première couche de charbon une veine d'argile ou d'autre terre qui suit la même inclinaison; et ensuite on trouve assez communément une seconde couche de charbon inclinée comme la première, et souvent une troisième, également séparées l'une de l'autre par des veines de terre, et quelquefois même par des bancs de pierres calcaires, comme dans les mines de charbon du Hainaut. L'on ne peut donc pas douter que les couches les plus basses de charbon n'aient été produites les premières par le transport des matières végétales amenées par les eaux; et lorsque le premier dépôt d'où la mer enlevait ces matières végétales se trouvait épuisé, le mouvement des eaux continuait de transporter au même lieu les terres ou les autres matières qui environnaient ce dépôt : ce sont ces terres qui forment aujourd'hui la veine intermédiaire entre les deux couches de charbon, ce qui suppose que l'eau amenait ensuite de quelque autre dépôt des matières végétales pour former la seconde couche de charbon. J'entends ici par couches la veine entière de charbon, prise dans toute son épaisseur, et non pas les petites couches ou feuillets dont la substance même du charbon est composée, et qui souvent sont extrêmement minces : ce sont ces mêmes feuillets, toujours parallèles entre eux, qui démontrent que ces masses de charbon ont été formées et déposées par le sédiment et même par la stillation des eaux imprégnées de bitume; et cette même forme de feuillets se trouve dans les nouveaux charbons dont les couches se forment par stillation aux dépens des couches plus anciennes. Ainsi les feuillets du charbon de terre ont pris leur forme par des causes combinées : la première est le dépôt toujours horizontal de l'eau; et la seconde, la disposition des matières végétales, qui tendent à faire des feuillets. Au surplus, ce sont les morceaux de bois, souvent entiers, et les détriments très reconnaissables d'autres végétaux, qui prouvent évidemment que la substance de ces charbons de terre n'est qu'un assemblage de débris de végétaux liés ensemble par des bitumes.

» La seule chose qui pourrait être difficile à concevoir, c'est l'immense quantité de débris de végétaux que la composition de ces mines de charbon suppose, car elles sont très épaisses, très étendues, et se trouvent en une infinité d'endroits : mais si l'on fait attention à la production peut-être encore plus immense de végétaux qui s'est faite pendant vingt ou vingt-cinq mille ans, et si l'on pense en même temps que l'homme n'étant pas encore créé, il n'y avait aucune destruction des végétaux par le feu, on sentira qu'ils ne pouvaient manquer d'être emportés par les eaux, et de former en mille endroits différents des couches très étendues de matière végétale; on peut se faire une idée en petit de ce qui est alors arrivé en grand : quelle énorme quantité de gros arbres certains fleuves, comme le Mississipi, n'entraînent-ils pas dans la mer! Le nombre de ces arbres est si prodigieux, qu'il empêche dans certaines saisons la navigation de ce large fleuve : il en est de même sur la rivière des Amazones et sur la plupart des grands fleuves des continents déserts ou mal peuplés. On peut donc penser, par cette comparaison, que toutes les terres élevées au-dessus des eaux étant dans le commencement couvertes d'arbres et d'autres végétaux que rien ne détruisait que leur vétusté, il s'est fait dans cette longue période de temps des transports successifs de tous ces végétaux et de leurs détriments, entraînés par les eaux courantes du haut des montagnes jusqu'aux mers. Les mêmes contrées inhabitées de l'Amérique nous en fournissent un autre exemple frappant : on voit à la Guiane des forêts de palmiers *lataniers* de plusieurs lieues d'étendue, qui croissent dans des espèces de marais qu'on appelle des *savanes noyées*, qui ne sont que des appendices de la mer : ces arbres, après avoir vécu leur âge, tombent de vétusté et sont emportés par le mouvement des eaux. Les forêts, plus éloignées de la mer et qui couvrent toutes les hauteurs de l'intérieur du pays, sont moins peuplées d'arbres sains et vigoureux que jonchées d'arbres décrépits et à demi pourris : les voyageurs qui sont obligés de passer la nuit dans ces bois ont soin d'examiner le lieu qu'ils choisissent pour gîte, afin de reconnaître s'il n'est environné que d'arbres solides, et s'ils ne courent pas risque d'être écrasés pendant leur sommeil par la chute de quelque arbre pourri sur pied; et la chute de ces arbres en grand nombre est très fréquente : un seul coup de vent fait souvent un abatis si considérable, qu'on en entend le bruit à de grandes distances. Ces arbres roulant du haut des montagnes en renversent quantité d'autres, et ils arrivent ensemble dans les lieux les plus bas, où ils achèvent de pourrir pour former de nouvelles couches de terre végétale, ou bien ils sont entraînés par les eaux courantes dans les mers voisines, pour aller former au loin de nouvelles couches de charbon fossile.

» Les détriments des substances végétales sont donc le premier fonds des mines de charbon; ce sont des trésors que la nature semble avoir accumulés d'avance pour les besoins à venir des grandes populations : plus les hommes se multiplieront, plus les forêts diminueront : le bois ne pouvant plus suffire à leur consommation, ils auront recours à ces immenses dépôts de matières combustibles, dont l'usage leur deviendra d'autant plus nécessaire que le globe se refroidira davantage; néanmoins ils ne les épuiseront jamais, car une seule de ces mines de charbon contient peut-être plus de matière combustible que toutes les forêts d'une vaste contrée. »

Parmi les débris des végétaux de la formation houillère, on trouve des insectes, des myriopodes, des arachnides, des mollusques d'eau douce ou terrestres, des amphibiens de grande taille et des reptiles de transition. Lorsque le houiller et le calcaire carbonifère existent simultanément dans un point déterminé du globe, c'est le calcaire carbonifère qui occupe la situation la plus inférieure. Il faut donc admettre, dans ce cas, que le fond de la mer dans lequel s'était déposé le calcaire carbonifère s'est lentement soulevé pour former un continent bas et marécageux sur lequel les végétaux qui existaient déjà pendant la période dévonienne, ont pris un grand et rapide accroissement. La réalité de ce soulèvement est encore indiquée, dans un grand nombre de localités, par l'existence d'une zone située entre le calcaire carbonifère et le houiller, zone ayant tous les caractères d'une formation de rivage, c'est-à-dire composée de grès et de conglomérats. Dans certains points, le soulèvement a été suivi d'une nouvelle période d'affaissement; on trouve alors au-dessus du houiller, offrant tous les caractères d'une formation marécageuse, des grès et des conglomérats qui indiquent le passage à l'état de rivage, puis des calcaires à fossiles marins qui répondent à la phase d'affaissement pendant laquelle la mer recouvrit de nouveau le continent jadis abandonné par elle.

Nous avons dit que la faune du houiller indique une formation de marécages; il est à peu près certain, en effet, que pendant la formation carbonifère, comme pendant les précédentes, les continents étaient relativement très bas, et n'offraient aucune saillie comparable à nos chaînes de montagnes. C'est à ce caractère qu'il faut attribuer l'uniformité relative de température indiquée par la similitude des formes animales et végétales sur tous les points du globe. Tous les végétaux et animaux du carbonifère offrent les caractères propres aux organismes adaptés à une haute température. Ainsi, non seulement la température était uniforme, mais encore elle était élevée.

Formation permienne.

La formation permienne ou dyasique, par laquelle se termine la phase paléozoïque de l'histoire de la terre, ne diffère de la précédente que par la prédominance des formations marines. Une grande partie des continents de la période houillère s'affaissent; ils sont envahis par la mer qui les recouvre de dépôts calcaires et siliceux marins, tandis que la partie conservée des continents anciens, continue sans doute à offrir les mêmes caractères que précédemment. Sur ces continents, les végétaux et les animaux évoluent graduellement pour atteindre les formes caractéristiques des époques subséquentes.

Il n'y a pas de soulèvements de montagnes pendant les phases archaïque et paléozoïque.

Si nous jetons un coup d'œil rétrospectif sur les périodes archaïque et paléozoïque, nous constatons ce fait important que malgré la grande fréquence des éruptions volcaniques, éruptions indiquées dans un grand nombre de localités par la présence de filons ayant dû traverser toutes les roches antérieurement formées et par les déviations, les redressements, les plissements des couches de chaque formation, nous constatons, dis-je, que malgré ces éruptions volcaniques, il ne se fait pas à la surface de la terre de soulèvements montagneux. Les continents et les mers se succèdent, dans un même lieu, un grand nombre de fois, par suite de soulèvements et d'affaissements peu considérables; des formations de fond de mer, de rivages et de marais se produisent alternativement et successivement en un même point, mais il n'existe jamais une très grande différence de niveau entre les continents et les mers. Les terres sont basses et les océans sont probablement peu profonds. Cela résulte à la fois de la nature des fossiles et de l'uniformité de la température. Cette dernière considération mérite d'attirer un instant notre attention.

Uniformité de la température pendant les phases archaïque et paléozoïque.

Pendant longtemps, la plupart des géologues ont attribué l'uniformité et l'élévation de la température pendant les périodes archaïque et paléozoïque à ce que l'eau des mers était encore chaude et à ce que la couche superficielle du globe avait, malgré sa consolidation, une température plus élevée qu'à l'heure actuelle. C'était à peu près l'opinion de Buffon. Mais l'illustre naturaliste, poussant jusqu'au bout la logique et les déductions de son système, pensait que la terre s'était refroidie plus tôt au voisinage des pôles qu'au niveau de l'équateur, et il supposait que les pôles avaient été peuplés d'animaux adaptés à un climat chaud mais tolérable, alors que l'équateur jouissait encore d'une température tellement élevée que les organismes vivants n'auraient pas pu la supporter. C'est, d'après lui, au niveau des pôles que se sont développés, pour ces motifs, les premiers animaux et végétaux terrestres et les premiers hommes.

« Tout ce qui existe aujourd'hui dans la nature dit-il (1), a pu exister de même dès que la température de la terre s'est trouvée la même. Or, les contrées septentrionales du globe ont joui pendant longtemps du même degré de chaleur dont jouissent aujourd'hui les terres méridionales; et dans le

(1) *Époques de la nature*, t. II, p. 99.

temps où ces contrées du Nord jouissaient de cette température, les terres avancées vers le Midi étaient encore brûlantes et sont demeurées désertes pendant un long espace de temps. Il semble même que la mémoire s'en soit conservée par la tradition, car les anciens étaient persuadés que les terres de la zone torride étaient inhabitées ; elles étaient en effet encore inhabitables longtemps après la population des terres du Nord. »

Plus loin il ajoute (1) :

« Et dans quelle contrée du Nord les premiers animaux terrestres auront-ils pris naissance ? N'est-il pas probable que c'est dans les terres les plus élevées, puisqu'elles ont été refroidies avant les autres ? Et n'est-il pas également probable que les éléphants et les animaux actuellement habitant les terres du Midi sont nés les premiers de tous (2), et qu'ils ont occupé ces terres du Nord pendant quelques milliers d'années et longtemps avant la naissance des rennes qui habitent aujourd'hui ces mêmes terres du Nord ?

Il dit encore, suivant « les éléphants dans leur marche progressive du Nord au Midi » : « Nous ne pouvons douter qu'après avoir occupé les parties septentrionales de la Russie et de la Sibérie jusqu'au 60e degré, où l'on a trouvé leurs dépouilles en Moscovie, en Pologne, en Allemagne, en Angleterre, en France, en Italie ; en sorte qu'à mesure que les terres du Nord se refroidissaient, ces animaux cherchaient des terres plus chaudes ; et il est clair que tous les climats, depuis le Nord jusqu'à l'équateur, ont successivement joui du degré de chaleur convenable à leur nature. Ainsi, quoique de mémoire d'homme l'espèce de l'éléphant ne paraisse avoir occupé que les climats actuellement les plus chauds dans notre continent, c'est-à-dire les terres qui s'étendent à peu près à 20 degrés des deux côtés de l'équateur, et qu'ils y paraissent confinés depuis plusieurs siècles, les monuments de leurs dépouilles trouvées dans toutes les parties tempérées de ce même continent, démontrent qu'ils ont aussi habité pendant autant de siècles les différents climats de ce même continent ; d'abord : du 60e au 50e degré, puis du 50e au 40e, ensuite du 40e au 30e, et du 30e au 20e, enfin, du 20e à l'équateur et au delà à la même distance. On pourrait même présumer qu'en faisant des recherches en Laponie, dans les terres de l'Europe et de l'Asie qui sont au delà du 60e degré, on pourrait y trouver de même des défenses et des ossements d'éléphants, ainsi que des autres animaux du Midi, à moins qu'on ne veuille supposer (ce qui n'est pas sans vraisemblance) que la surface de

(1) *Époques de la nature*, t. II, p. 91.

(2) Il me paraît presque inutile de relever l'erreur contenue dans ces mots « sont nés les premiers de tous ». Buffon lui-même ne leur attribuait pas le sens qu'ils paraissent offrir, puisqu'il dit dans la même page que les éléphants ne sont venus qu'après un grand nombre d'autres organismes ; mais il n'avait, en réalité, que des idées très vagues sur les époques successives d'apparition des animaux. Je dois ajouter aussi que les animaux dont parle Buffon ne sont pas, comme il paraît le supposer, de la même espèce que les éléphants actuels.

la terre étant réellement encore plus élevée en Sibérie que dans toutes les provinces qui l'avoisinent du côté du Nord, ces mêmes terres de la Sibérie ont été les premières abandonnées par les eaux, et par conséquent les premières où les animaux terrestres aient pu s'établir. Quoi qu'il en soit, il est certain que les éléphants ont vécu, produit, multiplié pendant plusieurs siècles dans cette même Sibérie et dans le nord de la Russie ; qu'ensuite ils ont gagné les terres du 50e au 40e degré, et qu'ils y ont subsisté plus longtemps que dans leur terre natale, et encore plus longtemps dans les contrées du 40e au 30e degré, etc., parce que le refroidissement successif du globe a toujours été plus lent, à mesure que les climats se sont trouvés plus voisins de l'équateur, tant par la plus forte épaisseur du globe que par la plus grande chaleur du soleil. »

Il applique les mêmes considérations aux végétaux : « Dans ce même temps, dit-il (1), où les éléphants habitaient nos terres septentrionales, les arbres et les plantes qui couvrent actuellement nos contrées méridionales existaient aussi dans ces mêmes terres du Nord. Les monuments semblent le démontrer ; car toutes les impressions bien avérées des plantes qu'on a trouvées dans nos ardoises et nos charbons, présentent la figure de plantes qui n'existent actuellement que dans les Grandes Indes ou dans les autres parties du Midi. On pourra m'objecter, malgré la certitude du fait par l'évidence de ces preuves, que les arbres et les plantes n'ont pu voyager comme les animaux, ni par conséquent se transporter du Nord au Midi. A cela je réponds : 1° que ce transport ne s'est pas fait tout à coup, mais successivement ; les espèces de végétaux se sont semées de proche en proche dans les terres dont la température leur devenait convenable (2) ; et ensuite ces mêmes espèces, après avoir gagné jusqu'aux contrées de l'équateur, auront péri dans celles du Nord, dont elles ne pouvaient supporter le froid ; 2° ce

(1) *Epoques de la nature*, t. II, p. 100.

(2) Le déplacement ou, si l'on veut, la migration des végétaux est aussi bien démontrée que celui des animaux ; et Buffon a raison de dire que les plantes, comme les animaux, se sont lentement avancées vers les régions dont le climat leur convenait le mieux, tandis qu'elles disparaissaient dans celles dont la température cessait d'être adaptée à leurs besoins. Les plantes se déplacent, comme le dit Buffon, de proche en proche, par les semis; mais elles peuvent aussi subir des migrations brusques, lointaines et rapides. Les fruits et les graines d'un grand nombre de plantes présentent des détails d'organisation admirablement adaptés à leur dispersion loin des pieds qui les ont produits. Les uns sont pourvus d'ailes ou d'aigrettes qui permettent au vent de les emporter à de très grandes distances; d'autres sont armés de crochets qui se prennent dans les poils des mammifères ou dans le duvet des oiseaux, et qui facilitent leur transport en des localités souvent très éloignées de celles où ils se sont développés; certains fruits ont une pulpe gluante qui les fait adhérer aux plumes des oiseaux; d'autres ont leurs graines protégées par des noyaux très durs que les oiseaux ne peuvent ni broyer ni digérer et qu'ils rendent avec leurs excréments, parfois très loin du lieu où ils ont fait leur repas. Grâce à ces traits spéciaux d'organisation, les fruits et les graines d'un grand nombre de plantes sont disséminés sur une surface géographique d'autant plus considérable que les vents ont plus de force ou que les animaux qui servent à leur transport ont eux-mêmes une aire de dispersion plus étendue.

transport, ou plutôt ces accrues successives de bois, ne sont pas même nécessaires pour rendre raison de l'existence de ces végétaux dans les pays méridionaux; car en général la même température, c'est-à-dire le même degré de chaleur, produit partout les mêmes plantes sans qu'elles y aient été transportées (1). La population des terres méridionales par les végétaux est donc encore plus simple que par les animaux. »

Il admet aussi que c'est dans les régions septentrionales qu'ont apparu les premiers hommes. « Il paraît, dit-il (2), que son premier séjour a d'abord été, comme celui des animaux terrestres, dans les hautes terres de l'Asie, que c'est dans ces mêmes terres où sont nés les arts de première nécessité, et bientôt après les sciences, également nécessaires à l'exercice de la puissance de l'homme, et sans lesquelles il n'aurait pu former de société, ni compter sa vie, ni commander aux animaux, ni se servir autrement des végétaux que pour les brouter. Mais nous nous réservons d'exposer dans notre dernière époque les principaux faits qui ont rapport à l'histoire des premiers hommes. »

Il a d'ailleurs soin de faire remarquer que les hommes après s'être développés dans les régions septentrionales, les ont abandonnées quand elles ont été envahies par le froid. En supposant que la terre continue sans cesse à se refroidir, plus rapidement au voisinage des pôles que sous l'équateur, les régions septentrionales seront de plus en plus le séjour des glaces et deviendront chaque jour moins aptes à porter des végétaux et des animaux : « Autant, dit-il (3), les hommes se sont multipliés dans les terres qui sont actuellement chaudes et tempérées, autant leur nombre a diminué dans celles qui sont devenues trop froides. Le nord du Groenland, de la Laponie, du Spitzberg, de la Nouvelle-Zemble, de la terre des Samoïèdes, aussi bien qu'une partie de celles qui avoisinent la mer Glaciale jusqu'à l'extrémité de l'Asie, au nord de Kamtschatka, sont actuellement désertes ou plutôt dépeuplées depuis un temps assez moderne. Les terres du Nord, autrefois assez chaudes, pour faire multiplier les éléphants et les hippopotames, s'étant déjà refroidies au point de ne pouvoir nourrir que des ours blancs et des rennes, seront dans quelques milliers d'années entièrement dénuées et désertes par les seuls effets du refroidissement. Il y a même de très fortes raisons qui me portent à croire que la région de notre pôle qui n'a pas été reconnue ne le sera jamais ; car ce refroidissement glacial me paraît s'être emparé du pôle jusqu'à la distance de sept ou huit degrés, et il est plus que probable que toute cette plage polaire, autrefois terre ou mer, n'est aujourd'hui que glace. Et

(1) Buffon commet une erreur en affirmant que « la même température produit partout les mêmes plantes sans qu'elles y aient été transportées ». Il est, au contraire, à peu près certain que chaque espèce de végétaux et d'animaux a une patrie unique.

(2) *Époques de la nature*, t. II, p. 103.

(3) *Ibid.*, t. II, p. 116.

si cette présomption est fondée, le circuit et l'étendue de ces glaces, loin de diminuer, ne pourront qu'augmenter avec le refroidissement de la terre. »

La théorie de Buffon est, on le voit, fort simple. D'abord entièrement incandescente, la terre se refroidit peu à peu, elle se recouvre d'un océan d'eau bouillante qui subit un refroidissement semblable; les pôles atteignant les premiers une température compatible avec la vie, c'est dans leur voisinage que naissent les premiers végétaux et les premiers animaux terrestres, et aussi les premiers hommes; ils sont déjà peuplés depuis longtemps, que l'équateur jouit encore d'une température trop élevée pour que les animaux et les végétaux y puissent vivre. Mais, le refroidissement continuant à se produire, les pôles deviennent trop froids pour les êtres qui les peuplent et ceux-ci descendent vers l'équateur dont la température est devenue supportable. La marche du refroidissement est continue; les pôles deviennent chaque jour de plus en plus inhabitables, ils finissent par l'être tout à fait et leurs glaces envahissent peu à peu le reste de la terre.

L'opinion admise par les successeurs immédiats de Buffon n'est pas très différente, du moins en ce qui concerne le passé. Pendant toute la première partie de ce siècle, les géologues ont pensé que les pôles avaient joui autrefois d'une température tropicale. Ils en trouvaient la preuve dans l'existence des fougères arborescentes si abondantes pendant la période carbonifère et dont les semblables ou, du moins, les analogues, vivent aujourd'hui dans des régions chaudes et humides. Les reptiles du carbonifère fournissaient un deuxième argument, car les espèces actuelles, voisines des espèces fossiles, vivent toutes sous les tropiques. On remarqua cependant que les fougères et autres cryptogames vasculaires du terrain houiller étaient accompagnées dans le Nord d'espèces aquatiques qui vivent volontiers dans des eaux tempérées et l'on en vint peu à peu à admettre que les régions septentrionales avaient joui pendant les périodes archaïque et paléozoïque d'une température chaude et humide, mais non pas nécessairement tropicale. Certains géologues même se fondant sur ce que une chaleur intense est peu favorable à la formation des houillères et des tourbières admirent que les tropiques eux-mêmes étaient peut-être moins chauds pendant les époques primitives que de nos jours. Mais il est un point sur lequel tout le monde est aujourd'hui d'accord : on admet que pendant la phase primaire de l'histoire de notre globe, la température était chaude, humide et uniforme. Quelques-uns cependant croient qu'il a existé pendant la période permienne des glaciers sur une partie de l'Europe. On a signalé en Angleterre, dans les formations permiennes, l'existence de cailloux de grès et de granit anguleux, marqués des stries parallèles caractéristiques des pierres transportées par les glaciers. Cependant, en admettant qu'il n'y ait pas d'erreur d'observation, il paraît certain que ces glaciers permiens ont été très localisés, et que leur existence n'a été que passagère.

Cause de l'uniformité et de l'élévation de la température pendant la phase primaire.

Il reste à établir les causes de l'uniformité et de l'élévation de la température de l'âge primaire. Cette question est assez importante, pour que nous nous y arrêtions un instant. Faut-il, à l'exemple de Buffon, attribuer ce fait à ce que la terre elle-même était alors plus chaude qu'aujourd'hui? La plupart des géologues de ce siècle l'ont pensé et le pensent encore; cette opinion est formulée dans la plupart des livres classiques et enseignée dans la plupart des chaires. Rien cependant n'en démontre l'exactitude, tandis qu'une foule de faits permettent de penser que depuis l'époque de la première apparition des êtres vivants sur le globe, la température générale de ce dernier ne s'est pas modifiée d'une manière perceptible; or notre histoire géologique de la terre ne commence pas au delà de l'apparition des êtres vivants; il est même à peu près certain qu'elle ne remonte pas jusqu'à une époque aussi reculée. Si la terre avait joui pendant les périodes archaïque et paléozoïque d'une température *propre* beaucoup supérieure à celle qu'elle possède aujourd'hui, il n'est pas douteux que ses habitants auraient offert des caractères tout à fait distincts de ceux qu'ils présentent de nos jours. Or il n'en est rien. Les différences que l'on constate entre les fossiles des périodes les plus reculées et les espèces actuelles ne sont pas assez importantes pour faire admettre des conditions cosmiques tout à fait différentes. Il est donc permis de penser que pendant l'âge primaire la chaleur intérieure, la chaleur propre du globe, n'était pas plus sensible à la surface qu'elle ne l'est de nos jours et que par conséquent la distribution de la température était due aux mêmes causes qui y président actuellement.

Lignes isothermes.

Il ne me reste donc qu'à rechercher ces causes et à étudier leur mode d'action. Humboldt est le premier qui ait attiré l'attention sur les faits qui ont été le point de départ de toutes les recherches dont nous allons parler (1). Dans son Mémoire sur les lignes isothermes, paru au début de ce siècle, il établissait, par des observations dues en partie à ses prédécesseurs et en partie à lui-même, qu'un grand nombre de points du globe situés sous des latitudes très différentes présentent une température semblable et il s'efforça d'établir les circonstances auxquelles est dû ce fait. En 1848, il publia avec la collaboration de Dove une carte des lignes isothermes qui eut un grand retentissement et qui sert encore de base à toutes celles que l'on établit en vue du même objet. Un simple coup d'œil jeté sur cette carte suffit pour montrer l'énorme différence qui existe entre les lignes isothermes et les lignes marquant les latitudes. Tandis que des points du globe situés exactement sous la même latitude, et, par conséquent, soumis aux mêmes conditions par rapport à la chaleur du soleil, jouissent de températures très différentes, d'autres points situés sous des latitudes très écartées sont rattachés par une même ligne isotherme, c'est-à-dire jouissent de la même température. Il

(1) *Sur les lignes isothermes*, in *Mémoires de la Société d'Arcueil*, t. III.

importe cependant de distinguer les lignes isothermes indiquant la température moyenne de l'année de celles qui marquent soit la température de l'hiver, soit la température de l'été. Les lignes isothermes qui s'écartent le moins des parallèles des latitudes sont celles qui indiquent la température moyenne de l'année. Les lignes qui correspondent aux températures d'hiver sont celles qui diffèrent le plus des parallèles; elles peuvent avoir des écarts de 10, 15 et 19 degrés. Les courbes tracées par les lignes isothermes sont par suite extrêmement capricieuses, du moins si on les compare aux lignes parallèles qui, sur les cartes, marquent les latitudes. La ligne isotherme réunissant tous les points qui ont pour température moyenne — 10° centigrades est une des plus intéressantes à cet égard; en Sibérie, elle passe à 20 lieues au sud d'Yakoust, par 60° 2′ de latitude nord; de là elle remonte brusquement vers le nord pour aller traverser le Spitzberg par 79° de latitude nord; elle redescend ensuite à travers le Groenland jusqu'à la baie d'Hudson où elle rejoint le 60° degré de latitude nord, d'où nous l'avons vu partir en Sibérie, mais elle remonte de nouveau vers le nord pour aller passer près de Barrow, au sud de la Russie d'Amérique, à la hauteur du 70° 40′ de latitude. L'examen, même le plus superficiel, d'une carte isothermique, met en évidence deux faits importants : en premier lieu, plus on s'éloigne de l'équateur et plus les lignes isothermiques décrivent des courbes prononcées; en second lieu, les courbes décrites par les lignes isothermiques sont beaucoup plus fortes dans les régions arctiques que dans les régions antarctiques du globe. Si, l'on compare la température moyenne des régions situées au delà du 60° de latitude sud, on reconnaît que le froid est beaucoup plus intense et plus constant dans ces dernières que dans les premières. D'après les observations faites par James Ross en 1841 et plusieurs fois confirmées depuis cette époque, au niveau du 60° degré de latitude sud, le thermomètre s'élève rarement au-dessus de 0° C. Pendant les deux mois d'été (janvier et février) de 1841, sir James Ross constate une température stationnaire entre 0° et — 11° C. Dans l'hémisphère arctique, au contraire, il existe au niveau du 60° degré de latitude et même beaucoup au-dessus des étés très chauds, alternant avec des hivers extrêmement rigoureux. Un autre fait très important est révélé par les observations faites sur la température comparée des diverses contrées du globe. Si l'on compare les hivers et les étés de l'ensemble de l'Europe, des parties orientales de l'Amérique et de l'Asie, avec ceux des parties septentrionales de l'Amérique et de l'Asie, on constate que dans les premières de ces régions les étés sont moins chauds et les hivers moins froids que dans les secondes. Dans les îles, il y a d'ordinaire moins de différence entre l'hiver et l'été que sur les continents voisins. C'est à cette cause qu'il faut attribuer la facilité avec laquelle on cultive dans la plupart des îles des végétaux qui sont tués sur les continents voisins, par les gelées de l'hiver ou par les chaleurs de l'été. C'est de là qu'est venu le nom de *climats insulaires* donné à tous les climats dans lesquels il n'existe qu'une différence relativement minime entre l'hiver et l'été, tandis qu'on désigne par l'épithète *d'excessifs* les climats dans lesquels il existe une grande différence entre l'hiver et l'été. Parmi les climats les plus excessifs, on cite d'habitude celui de New-York, parce que cette ville a des hivers aussi froids que ceux de Copenhague avec des étés aussi chauds que ceux de Rome. A Pékin, les hivers sont aussi froids qu'à Upsal et les étés aussi brûlants qu'au Caire. D'une façon générale, les côtes ont des climats insulaires et le centre des continents des climats excessifs.

Causes des climats.

Il importe de rechercher les causes de tous ces faits. Parmi les conditions déterminantes de la différence des climats, la plus importante de toutes est la distribution, la position et l'altitude des continents. Le rôle considérable de cette condition dans l'établissement de la température moyenne du globe est facile à comprendre.

Grâce à la nature même du fluide qui les forme et aux courants qui les traversent, les mers tendent toujours à uniformiser leur température. Des courants d'eau froide se dirigent vers les mers équatoriales qu'ils refroidissent tandis que des courants d'eau chaude vont réchauffer les mers polaires. Il en résulte une sorte d'uniformisation de la température des mers qui produit les climats insulaires. Le climat insulaire de l'Europe est dû à ce que le nord de ce continent est séparé par une zone de mers des terres arctiques. Les courants de cette mer réchauffent les côtes voisines et les mettent à l'abri de la propagation du froid des terres polaires. L'Amérique du Nord, communiquant sans interruption avec les terres polaires, est beaucoup plus froide que le nord de l'Europe.

Les continents sont dans des conditions toutes différentes de celles des mers; ils peuvent bien se renvoyer de l'un à l'autre une portion de la chaleur qu'ils reçoivent du soleil, mais cette transmission ne s'effectue qu'à des distances relativement peu considérables. Il est certain, par exemple, que les déserts de l'Afrique, échauffés par un soleil ardent, fournissent à l'Europe, à la Turquie d'Asie et à l'Arabie une quantité de chaleur suffisante pour élever leur température moyenne; mais cette action ne se fait pas sentir au delà des régions moyennes de l'Europe. Par conséquent, s'il existe au voisinage des pôles, c'est-à-dire dans des points du globe que le soleil visite à peine, une grande étendue de terres; celles-ci n'étant réchauffées ni par les continents tropicaux et équatoriaux, ni par les courants marins qui agissent seulement sur leurs côtes, elles se couvrent de glaces qui augmentent sans cesse d'épaisseur, et qui produisent par le rayonnement et par leur transport à travers les mers un abaissement considérable de la température sur une région du globe d'autant plus étendue que les terres polaires sont plus vastes. Le contraire existerait si les continents étaient très étendus entre les tropiques, tandis que les pôles seraient dépourvus de terres ou n'en présenteraient qu'une petite quantité. Il faut ajouter que si l'eau tend par sa nature même à uniformiser sa température par suite des courants qui s'y forment, elle absorbe une grande partie de la chaleur qu'elle reçoit. Les continents agissent d'une toute autre façon, ils réfléchissent la chaleur et la répandent dans l'atmosphère. « L'effet de la terre ferme sous le rayon solaire, dit Herschel (1), est de repousser la chaleur dans l'atmosphère et de la distribuer ainsi que toute la surface terrestre par le pouvoir conducteur de l'atmosphère. L'eau ne produit pas le moindre effet, la chaleur pénétrant les profondeurs du liquide et s'y trouvant absorbée, la surface des eaux n'acquiert jamais une température très élevée, même sous l'équateur. » On voit par là que le maximum de chaleur moyenne du globe serait obtenu si tous les continents étaient disposés entre les tropiques, c'est-à-dire dans la région qui reçoit le plus de chaleur solaire, tout le reste de la terre étant couvert par la mer; tandis que l'on aurait le maximum de froid si tous les continents étaient placés au niveau des deux pôles. Dans le premier cas, en effet, la chaleur solaire reçue par les continents intertropicaux serait réfléchie dans l'atmosphère et distribuée par les courants marins dans toutes les autres parties du globe, jusqu'au voisinage des pôles qui n'offriraient probablement jamais de glaces. Dans le second, au contraire, le froid des glaces se répandrait par les courants de la mer et par le transport des icebergs jusqu'au voisinage des tropiques, tandis que les mers situées entre ces derniers absorberaient la majeure partie de la chaleur reçue.

C'est, sans nul doute, dans la distribution des continents à la surface du globe qu'il faut chercher les raisons principales des différences considérables qui ont existé dans la température moyenne de la terre aux diverses époques de son évolution. Il est notamment permis de croire que pendant les époques archaïque et paléozoïque, alors qu'un climat tempéré régnait jusque dans le voisinage du pôle sud, il y avait entre les tropiques plus de terres que de nos jours. Les îles à coraux du Pacifique sont peut-être les derniers restes des vastes continents qui occupaient alors cette région. L'Atlantique devait aussi offrir un continent étendu entre l'Amérique et l'Europe, tandis que les pôles et surtout le pôle antarctique étaient probablement plus riches en mers et plus pauvres en terres.

C'est par la présence d'un continent très étendu au niveau du pôle sud qu'on explique généralement le froid intense et constant dont nous avons parlé plus haut, froid qui se fait sentir pendant toute l'année jusqu'à la hauteur du 60e degré de latitude sud. Le froid est si intense dans toute cette région que les terres antarctiques ne présentent presque pas de végétaux ni d'animaux et qu'elles sont absolument inhabitées, même par 64 degrés (Terres de Graham et d'Enderby), tandis que dans l'hémisphère nord, sous

(1) *Astronomie*, p. 236.

les latitudes correspondantes, on trouve des troupeaux de rennes et des hommes.

La température si rigoureuse des régions antarctiques doit encore être attribuée à l'élévation des continents circumpolaires. L'intérieur de la terre connue sous le nom de Victoria Land, située entre le 71e et le 79e degré de latitude sud, en face de la Nouvelle-Zélande et de la Tasmanie, atteint une altitude de 1,200 à 4,500 mètres au-dessus du niveau de la mer; la terre de Graham atteint 1,200 à 2,100 mètres. Cette grande altitude favorise la production de glaciers et de champs de neige et de glaces d'une énorme étendue et d'une constance absolue. D'énormes bancs de glaces se détachent sans cesse des côtes et sont transportés jusqu'au voisinage de la pointe sud de l'Amérique; ils refroidissent les eaux de l'Océan et les terres dont ils s'approchent.

Une troisième cause contribue à rendre les régions antarctiques plus froides que les régions arctiques; dans ces dernières il existe, au niveau des zones tempérées, des continents d'une grande étendue : l'Asie septentrionale, l'Europe, l'Amérique du Nord, continents qui font rayonner autour d'eux la chaleur du soleil. Dans les régions antarctiques, au contraire, de très grands espaces de mers séparent les terres circumpolaires des continents les plus voisins et ces derniers se terminent au sud par de très faibles surfaces. Enfin, l'état actuel de l'hémisphère sud, par rapport à l'excentricité de la terre et à la précession des équinoxes, contribue encore à le rendre plus froid que l'hémisphère nord; les hivers de l'hémisphère sud ont lieu au moment où la terre est à sa plus grande distance du soleil et ils sont plus longs de huit jours que ceux de notre hémisphère.

L'altitude des continents a nécessairement joué, aux époques géologiques antérieures, le même rôle que de nos jours. On sait que plus un continent est élevé et plus sa température moyenne est basse. Lorsque l'altitude devient assez grande, comme dans les grandes chaînes de montagnes, la neige s'accumule sur les sommets et y persiste pendant une grande partie de l'année ou même pendant toute l'année, des glaciers se forment, les vents qui traversent ces régions s'y refroidissent et vont déterminer au loin un abaissement de la température. N'est-on pas obligé de conclure de ces faits, d'une part que les soulèvements et les abaissements successifs dont les divers points de la surface du globe ont été l'objet, ont dû exercer une influence considérable sur le climat des différentes régions, et, d'autre part, que plus les grandes chaînes de montagnes se sont multipliées, plus la température moyenne des continents a dû s'abaisser? Ces considérations sont surtout applicables aux régions tempérées. Il est bien évident qu'une chaîne de montagnes agira davantage pour abaisser la température moyenne d'une contrée, si celle-ci ne reçoit du soleil qu'une chaleur modérée, c'est-à-dire si elle est placée en dehors des tropiques que si étant située entre les tropiques, elle reçoit le maximum possible de chaleur solaire. Le soulèvement des Alpes, des Pyrénées, des Apennins, du Caucase, etc., ont dû agir très puissamment sur le climat de l'Europe. Ces chaînes de montagnes n'existant pas pendant les périodes archaïque et paléozoïque de l'histoire de notre globe, il est permis de penser que leur absence a été pour quelque chose dans l'élévation de la température qui régnait alors dans toute l'Europe, et jusqu'au voisinage du pôle nord. Nous avons dit plus haut que le maximum de chaleur serait atteint sur le globe si les continents étaient tous réunis entre les tropiques, nous devons ajouter que la production de ce maximum serait encore favorisée si les continents n'étaient que peu élevés au-dessus du niveau de la mer. Ces deux conditions ont-elles existé simultanément à une époque quelconque? Nous l'ignorons et nous l'ignorerons peut-être toujours, mais rien ne nous empêche de le supposer. Dans tous les cas, nous avons plus d'un motif de croire que pendant les périodes archaïque et paléozoïque, il y avait moins de terres autour des pôles qu'aujourd'hui, et que les continents étaient moins élevés qu'ils ne le sont ; d'où résultait l'uniformité et l'élévation de la température qui nous sont attestées par la nature et la distribution géographique des végétaux et des animaux qui ont peuplé le globe pendant les nombreux siècles de ces temps reculés.

La distribution, l'étendue et l'altitude des continents ne sont pas les seules causes qui soient de nature à influer sur la température moyenne de la terre et sur celle de ses diverses régions. A côté de ces causes, auxquelles on peut donner l'épithète de géographiques, il en est d'autres, dites astronomiques, auxquelles certains savants accordent une grande importance ; je me bornerai à en dire quelques mots parce que si elles sont de nature à rendre compte des variations périodiques de la température de la terre, elles n'ont probablement joué aucun rôle dans la production du climat chaud et uniforme propre aux périodes géologiques primitives de l'histoire de notre globe. La première de ces causes réside dans le phénomène astronomique auquel on a donné le nom de précession des équinoxes. On sait que l'axe de rotation de la terre n'est pas toujours situé dans le plan de l'écliptique, c'est-à-dire dans le plan de l'orbite décrite par la terre autour du soleil, mais qu'il se déplace de façon à ce que deux fois par an seulement, à des époques désignées sous le nom d'équinoxes, il se trouve exactement dans ce plan. L'une de ces époques tombe vers le 22 mars, c'est l'équinoxe de printemps ; l'autre vers le 22 septembre, c'est l'équinoxe d'automne. A ces deux époques, en tous les points du globe, les jours et les nuits ont une durée égale ; il en est ainsi, aussi bien autour des deux pôles qu'au niveau de l'équateur. A partir de l'équinoxe du printemps, l'axe de rotation s'incline sur l'écliptique, de telle sorte que le pôle nord se dirige chaque jour davantage vers le soleil, tandis que le pôle sud s'en éloigne ; il en résulte que dans le voisinage du pôle arctique du globe le soleil est constamment visible au-dessus de l'horizon, tandis qu'il est constamment invisible au niveau du pôle sud ; sous l'équateur, la durée des jours et celle des nuits restent égales ; dans tous les points intermédiaires à l'équateur et au pôle nord les jours sont plus longs que les nuits, tandis qu'ils sont plus courts que les nuits dans tous les points situés entre l'équateur et le pôle sud.

Ces phénomènes vont en s'accentuant parce que le pôle nord se dirige toujours de plus en plus vers le soleil, jusqu'au 21 juin environ, époque que l'on désigne sous le nom de solstice. Les jours ont alors atteint, dans toutes les régions situées au nord de l'équateur, leur plus grande longueur, l'obliquité de l'axe de rotation de la terre par rapport au plan de l'orbite terrestre est à son maximum. A partir de ce moment le pôle nord revient sur ses pas, il s'éloigne chaque jour de plus en plus du soleil, jusqu'à ce que l'axe de rotation de la terre soit revenu se placer de nouveau dans le plan de l'orbite terrestre, ce qui a lieu vers le 22 septembre (équinoxe d'automne). Pendant toute cette période, le pôle nord voit encore le soleil d'une façon constante, mais le soleil s'y rapproche de plus en plus de l'horizon ; le pôle sud continue à rester dans une nuit perpétuelle ; l'équateur jouit encore de jours et de nuits d'égale durée ; tous les points situés entre le pôle nord et l'équateur voient diminuer la longueur de leurs jours et augmenter celle de leurs nuits. A partir du 22 sepembre, l'axe de la terre recommence à devenir oblique par rapport au plan de l'orbite terrestre, mais cette fois-ci, le pôle nord s'écarte de plus en plus du soleil, tandis que le pôle sud se dirige chaque jour davantage vers cet astre. Le pôle nord rentre dans la nuit, le pôle sud au contraire rentre dans la lumière qu'il conservera pendant six mois. L'obliquité de l'axe terrestre augmente ainsi jusqu'au 21 décembre qui est le solstice d'hiver. A ce moment les points situés entre le pôle sud et l'équateur jouissent des jours les plus longs, tandis que tous ceux qui sont intermédiaires au pôle nord et à l'équateur ont leurs jours les plus courts. Du 21 décembre au 22 mars, le pôle sud s'éloigne de nouveau du soleil, et le 22 mars les choses sont dans l'état où nous les avons prises au début de cet exposé.

Si la durée de ces phénomènes était absolument constante, la durée des saisons, en un point déterminé de la terre, serait la même depuis que la terre existe et resterait la même jusqu'à la destruction de notre planète; mais il n'en est pas ainsi. Chaque année, les époques exactes des équinoxes, c'est-à-dire les moments où l'axe de la terre se trouve situé exactement dans le plan de l'orbite terrestre ; chaque année, dis-je, ces moments avancent dans une mesure très faible, il est vrai, mais cependant perceptible, de sorte qu'ils coïncident chaque année en des points différents de l'orbite terrestre ; c'est ce phénomène que l'on a désigné sous le nom de précession des équinoxes. Il s'effectue de telle sorte qu'il s'écoulera vingt-cinq mille huit cent soixante-huit ans avant que l'équinoxe de printemps, par exemple, se produise de nouveau dans le point exact de l'orbite terrestre où il s'est produit cette année. Je dois ajouter immédiatement que cette durée est réduite à vingt et un mille ans par suite d'un changement graduel qui s'opère dans la direction de l'axe des pôles terrestres dont nous n'avons pas à nous occuper ici.

La précession des équinoxes n'aurait aucune influence sur la durée relative des saisons et sur la quantité de chaleur reçue par les différents points du globe, si l'orbite terrestre était exactement circulaire, mais nous savons qu'elle décrit une ellipse dont le soleil occupe l'un des foyers. Il en résulte que pendant cette période de vingt et un mille ans les équinoxes se produisent en des points alternativement de plus en plus rapprochés et de plus en plus éloignés du soleil. Il est bien évident que pendant les périodes où les équinoxes se produisent dans les points de l'écliptique où la terre est plus rapprochée du soleil, l'été doit être plus chaud dans un même lieu du globe terrestre et l'hiver moins froid que pendant les périodes où c'est le contraire qui existe. Le point de l'ellipse terrestre, le plus rapproché du soleil, se nomme le périhélie, tandis qu'on nomme aphélie le point de cette même ellipse le plus éloigné du soleil; il est bien évident que quand le solstice d'hiver se produit exactement au périhélie, c'est-à-dire dans le point de l'ellipse le plus voisin du soleil, l'hiver doit être aussi peu froid que possible; par contre, le solstice d'été se produisant alors exactement à l'aphélie, c'est-à-dire dans le point le plus éloigné du soleil, l'été doit être aussi peu chaud que possible. Il y a dix mille cinq cents ans environ cela se produisit; le solstice d'hiver qui a lieu le 21 décembre coïncidait exactement avec le périhélie. Actuellement, le passage de la terre au périhélie n'a lieu que plus tard, le 31 décembre; son passage à l'aphélie, également retardé, a lieu le 1er juillet; nos hivers tendent donc à devenir plus froids, tandis que nos étés tendent à devenir plus chauds. L'été offrira le maximum de chaleur, tandis que l'hiver présentera le maximum de froid, lorsque le solstice d'hiver coïncidera exactement avec le point d'aphélie, tandis que le solstice d'été coïncidera avec la périhélie. Cette année-là, en effet, la terre sera aussi éloignée que possible du soleil pendant l'hiver, tandis que pendant l'été elle en sera aussi rapprochée que possible. Cela aura lieu environ dans dix mille cinq cents ans.

Une autre cause astronomique influe, dans une certaine mesure, sur la température moyenne de la terre en un lieu déterminé; elle réside dans le phénomène qui a reçu le nom de variation d'excentricité. L'orbite terrestre, c'est-à-dire la route parcourue par la terre autour du soleil, n'est pas toujours exactement la même. L'ellipse se raccourcit peu à peu, au point de devenir presque circulaire, puis elle s'allonge de nouveau jusqu'à ce qu'elle ait atteint un maximum d'excentricité, à partir duquel elle recommence à se raccourcir. Le laps de temps qui s'écoule entre les deux moments successifs où l'orbite atteint son maximum d'allongement est extrêmement considérable. Pour en donner une idée, rappelons qu'il y a cent mille ans l'excentricité était trois fois plus forte qu'aujourd'hui, et que dans vingt-quatre mille ans elle aura atteint son maximum; l'orbite terrestre devenue alors presque circulaire, recommencera lentement à s'allonger. Il est bien manifeste que dans les périodes où l'orbite de la terre atteint son maximum d'excentricité, les saisons doivent être différentes de ce qu'elles sont, alors qu'au contraire l'orbite est devenue presque circulaire. Dans les premières, en effet, au moment de l'aphélie, la terre est beaucoup plus éloignée du soleil que pendant les secondes.

Il est extrêmement difficile de déterminer la somme exacte d'influence que les phénomènes astronomiques dont nous venons de parler exercent sur les variations de la température terrestre pendant le cours des temps. Certains auteurs la croient très grande, d'autres la considèrent comme à peu près négligeable. Lyell cite le fait suivant, qui semble venir à l'appui de l'influence de la précession des équinoxes: « M. Vinet, dit-il (1), a signalé, à titre de fait historique, que les glaciers de la Suisse furent plus considérables après le xe siècle qu'ils ne le sont aujourd'hui, et qu'ensuite après s'être retirés pendant quatre siècles, ils avançaient de nouveau et reprenaient lentement leurs positions primitives. Ce qui signifie, en d'autres termes, que pendant la période où le soleil était le plus près de la terre au solstice d'hiver, c'est-à-dire deux siècles avant et deux siècles après 1248, il y eut la plus grande fonte de glace dans l'hémisphère septentrional. » D'un autre côté, M. Croll (2), a émis l'opinion que le maximum d'excentricité de l'orbite terrestre augmenterait considérablement le froid dans l'hémisphère où l'hiver arriverait en aphélie. La température baisserait d'un cinquième dans cet hémisphère, toute l'humidité de l'atmosphère tomberait dans les latitudes élevées, sous forme de neige, et, bien que la chaleur de l'été qui, lui, surviendrait en périhélie, fût cinq fois aussi forte que celle dont nous jouissons aujourd'hui, elle serait insuffisante pour faire disparaître toute la neige, parce que la fonte continuelle de quantités considérables de neige donnerait naissance à des brouillards qui entraveraient la marche et l'action calorifique des rayons solaires. M. Croll pense que la quantité de neige et de glace accumulée au niveau du pôle de l'hémisphère envisagé plus haut serait suffisante pour déterminer un affaissement de ce point du globe. Quant à l'autre hémisphère, il jouirait, d'après Croll, pendant la même période, d'un printemps à peu près éternel; en effet, son été survenant en aphélie, il serait exposé à une chaleur solaire tempérée par la grande distance, tandis que son hiver ne pourrait pas être rigoureux puisqu'il aurait lieu en périhélie, c'est-à-dire alors que la terre serait aussi rapprochée que possible du soleil.

Faut-il penser avec M. Croll que la période carbonifère de l'histoire de la terre a coïncidé avec des phases de précession et d'excentricité de nature à produire dans notre hémisphère la température chaude, humide et uniforme

(1) *Principes de géologie*, t. Ier, p. 364.
(2) In *Philosophical magazine*, 1864.

qui a manifestement existé pendant cette période? En d'autres termes, faut-il attribuer aux causes astronomiques la température chaude des périodes archaïque et paléozoïque; ou bien faut-il mettre cette température sur le compte des causes géographiques étudiées plus haut; ou bien encore faut-il admettre que ces deux ordres de causes ont agi simultanément? La réponse à toutes ces questions est évidemment fort difficile à faire. A l'heure actuelle, la géologie ne peut que les poser, laissant aux recherches ultérieures le soin de les résoudre, s'il est possible. Quant à moi, j'ai pensé qu'il n'était pas inutile d'exposer les termes principaux de ces graves problèmes, ne serait-ce que pour montrer au lecteur la longueur du chemin parcouru depuis un siècle par la science.

Je devais aussi en parler pour un autre motif, c'est qu'il me sera maintenant plus facile de passer rapidement sur l'histoire des périodes de l'évolution de notre globe, dont j'ai encore à exposer les principaux événements.

Phase secondaire.

La phase moyenne ou secondaire de la terre est généralement divisée par les géologues en trois grandes périodes: triasique, jurassique et crétacée. Jetons successivement un coup d'œil sur chacune de ces trois périodes, souvent réunies sous la dénomination de formations mésozoïques parce qu'elles présentent un nombre considérable d'espèces animales et végétales, en quelque sorte transitoires, servant de trait d'union entre les espèces plus anciennes en voie de destruction et les formes des âges ultérieurs.

Période triasique.

Les formations triasiques, par lesquelles débute la période mésozoïque, sont essentiellement marines. Elles reposent sur le trias supérieur et sont recouvertes par le jurassique, du moins dans les lieux où les dépôts des trois périodes se sont succédés sans interruption. Dans chaque localité où il existe, le trias offre d'ailleurs une structure pétrographique spéciale; ce sont tantôt des grès et des marnes contenant des fossiles terrestres et séparés par des calcaires à fossiles marins, tantôt des calcaires marins seuls. En Allemagne, où il est plus complet peut-être que partout ailleurs, il offre d'abord les caractères de dépôts de rivages tranquilles, étant formé de marnes et de grès, dans lesquels existent surtout des fossiles terrestres sans doute entraînés par des fleuves et déposés dans des estuaires, ou vivant dans les eaux saumâtres. On y trouve quelques équisétacées, quelques fougères et un petit nombre d'abiétinées; les amphibiens ont laissé sur les dépôts de ces rivages quelques empreintes de leurs pieds. Il y eut ensuite probablement un affaissement de ces rivages, car on trouve au-dessus des marnes irisées (kerpeu) et des grès de la première formation, un calcaire si riche en coquilles marines qu'il leur doit son nom de muschelkalck (calcaire coquillier). On y trouve en abondance des échinodermes, des brachiopodes, des acéphales, des gastéropodes, des céphalopodes, des poissons hétérocerques et un saurien qui vivait constamment dans la mer. Après le dépôt de ce calcaire, le bassin triasique de l'Allemagne a dû subir un nouveau relèvement, car il présente de nouveau les caractères de formations de rivages, étant composé de grès bigarrés (*Bundersandstein*) contenant une grande quantité de débris de plantes terrestres.

Un fait caractéristique est offert par le trias dans la région des Alpes. Là cette formation n'est pas celle d'une mer se soulevant et s'abaissant alternativement, mais celle d'un océan très profond dans lequel vivaient encore un grand nombre d'animaux de l'âge primaire, en même temps que ceux de la période triasique. En Californie, au Spitzberg, dans l'Himalaya et à la Nouvelle-Zélande le trias offre les mêmes caractères. Le faciès présenté par le trias dans la région alpine démontre d'une façon irréfutable que le soulèvement des Alpes est beaucoup postérieur à cette époque.

Période jurassique.

La période jurassique, qui succède à la précédente, se distingue par des formations offrant tous les caractères de dépôts effectués dans des mers tranquilles, mais dont les dimensions, en ce qui concerne l'Europe, avaient manifestement diminué depuis la période triasique. La Forêt-Noire, les Vosges émergent déjà au-dessus du niveau de la mer et forment même des montagnes d'une certaine hauteur ; les Alpes ont commencé à se soulever. Le nord de l'Allemagne et l'est de la France sont couverts par l'océan jurassique. La surface de l'Europe offrait alors un certain nombre de petites mers très calmes et d'étangs au-dessus desquels émergeaient des collines et des montagnes encore peu élevées. Les animaux les plus remarquables de cette période sont l'icthyosaure et le plésiosaure, sauriens de grande taille, pourvus de vertèbres biconcaves comme les poissons, de pieds en forme de nageoires, de dents semblables à celles des crocodiles, et se nourrissant de poissons, de reptiles et de céphalopodes. Ces organismes, intermédiaires aux poissons et aux reptiles proprement dits, vivaient exclusivement dans la mer. Ils figurent parmi les animaux de transition les plus remarquables. Les formations les plus récentes du jurassique, celles qui portent le nom de jurassique supérieur ou jurassique blanc (*malm*) contiennent les restes d'un certain nombre d'espèces de sauriens volants (ptérodactiles et rhamphorhynches) et ceux d'un autre animal de passage fort singulier, l'archéoptérix, que l'on range parmi les oiseaux et qui présentait à la fois les caractères d'un oiseau et ceux des sauriens volants. Des restes de mammifères du groupe des marsupiaux existent aussi dans les mêmes dépôts. Un autre trait caractéristique du jurassique est l'existence de faunes locales spéciales, c'est-à-dire formées d'animaux distincts de ceux qui étaient répandus dans la majeure partie des mers ou des terres. Ces faunes, faciles à constater dans la région alpine et dans celle du Tyrol, etc., indiquent l'existence de climats locaux distincts, et par conséquent celle de conditions géographiques déjà beaucoup moins uniformes que pendant les périodes antérieures. Peu d'éruptions volcaniques ont eu lieu pendant la période jurassique ; mais il est probable que des soulèvements et des affaissements locaux d'une certaine importance préparaient déjà l'état de choses qui atteindra sa perfection pendant les périodes subséquentes.

Période crétacée.

Cette opinion est confirmée par la nature des formations crétacées qui succèdent à celles du jurassique. Rien n'est plus variable que les dépôts formés pendant la période crétacée. Tantôt ils sont représentés par la craie blanche à écrire, riche en rognons de silex, tantôt ils sont constitués par des grès, ou bien par des argiles, ou même par des calcaires marneux. Ces différences dépendent de la façon dont les dépôts ont été effectués, mais partout les formations crétacées offrent, comme celles du jurassique, les caractères de dépôts marins; les fossiles terrestres y sont rares, et proviennent, sans aucun doute, de végétaux entraînés par les fleuves et déposés sur les rivages des mers. Pendant cette période, les organismes vivants progressent d'une façon remarquable. Parmi les végétaux, on voit apparaître les premières dicotylédones angiospermes, tandis que parmi les animaux commencent à se montrer les poissons osseux. Mais on ne trouve dans le crétacé que peu de restes d'animaux terrestres. Les reptiles de transition commencent à disparaître, tandis qu'apparaissent de véritables crocodiles et des iguanes herbivores. Tout permet de supposer que les mers étaient plus profondes que pendant la période jurassique, qu'elles étaient plus vastes et qu'elles ont persisté assez longtemps dans le même état pour qu'une grande partie des fossiles marins aient été détruits, tandis que les animaux terrestres, pourrissant en plein air, ne laissaient aucune trace de leur passage sur les continents. A plusieurs reprises déjà nous avons attiré l'attention du lecteur sur ce fait que dans la recherche des monuments des âges primitifs de notre globe, on doit s'attendre à retrouver presque uniquement ceux qui ont été conservés par les eaux. C'est ainsi que la majorité des anciennes espèces terrestres ont disparu, tandis que la mer nous a conservé, sinon la totalité, du moins une grande partie de celles qui l'ont habitée pendant les diverses périodes de l'histoire de notre globe.

Phase tertiaire.

La troisième phase de la terre ou phase tertiaire, est remarquable parce que les continents prennent, pendant sa très longue durée, la disposition et les reliefs qu'ils présentent de nos jours et parce que les organismes vivants atteignent graduellement une perfection qu'ils n'ont pas beaucoup dépassée, tandis que la plupart des formes anciennes et des espèces de transition disparaissent. C'est pendant la phase tertiaire que s'effectue ou que s'achève le soulèvement de la plupart des grandes chaînes de montagnes qui hérissent aujourd'hui le globe : les Pyrénées, les Alpes, le Caucase, les Karpathes, l'Himalaya, les Cordillères; c'est aussi pendant cette phase que les continents actuels achèvent d'émerger, qu'un grand nombre d'îles des époques précédentes se trouvent unies aux continents, tandis que certaines portions de ces derniers, comme l'Angleterre, se trouvent isolées en îles indépendantes. La conséquence de changements aussi considérables dans les conditions géographiques du globe est la production de climats locaux distincts et l'apparition de faunes et de flores spéciales, adaptées à chaque climat ou plutôt produites par les climats. Autant qu'il est permis d'en juger, c'est pendant la période tertiaire que se sont formées les premières glaces polaires, sans doute par suite du soulèvement de vastes continents au niveau du pôle, tandis que des étendues plus ou moins considérables de terres intertropicales s'enfonçaient dans les eaux de la mer.

Les transformations locales ont été si nombreuses et si importantes pendant le troisième âge de la terre qu'il est fort difficile d'établir la contemporanéité des événements même très graves se produisant sur des points différents. Il serait par exemple difficile de dire à quel dépôt formé en Amérique correspond le soulèvement des Pyrénées ou des Alpes; il est même fort difficile de préciser le moment exact de l'histoire géologique de l'Europe où a commencé et où s'est achevé ce soulèvement. Cela est d'autant plus difficile que, comme nous l'avons prouvé plus haut, les soulèvements et les affaissements se sont produits alors, comme de nos jours, avec une extrême lenteur. Du reste, les monuments pétrographiques et paléontologiques de la période tertiaire témoignent de changements plusieurs fois répétés de terres en mers et de mers en terres, ce qui permet d'attribuer à cette phase une durée extrêmement longue.

Je me borne à rappeler qu'on l'a divisée en deux grandes périodes : le tertiaire ancien, comprenant deux séries : l'éocène et l'oligocène, et le tertiaire récent ou néocène comprenant aussi deux séries : le miocène et le pliocène. C'est à l'éocène qu'appartiennent par ordre d'ancienneté : les sables de Bracheux et les sables inférieurs du Soissonnais dans lesquels on trouve avec des coquilles d'eau douce, un mammifère voisin des ours, l'*Arctocyon primævus;* les argiles plastiques et les lignites du bassin de la Seine ; le calcaire grossier de Paris, formation marine puissante ; les sables et grès de Beauchamps qui indiquent une formation de rivage. L'oligocène du bassin de la Seine se compose : 1° à la base, d'une formation d'eau douce constituée par des calcaires et du gypse et contenant de grandes tortures terrestres, fluviatiles et de marais, des batraciens gigantesques, des crocodiles, des iguanes et des oiseaux de grande taille. Les reptiles indiquent un climat encore chaud, sinon tout à fait tropical. C'est là aussi qu'on trouve les gigantesques mammifères restaurés par Cuvier, le *Palæotherium* et l'*Anoplotherium*, le premier tenant du tapir et du rhinocéros et le second réunissant certains caractères des porcins, des ruminants et des pachydermes; 2° les sables marins et les grès de Fontainebleau ; 3° le calcaire d'eau douce de la Beauce. Pendant ces deux formations, le bassin de la Seine a donc été, manifestement, plusieurs fois mis à nu et recouvert de nouveau par l'océan tertiaire.

Éocène.

Oligocène.

Dans le bassin de Paris, on ne trouve aucune formation tertiaire supérieure à l'oligocène ; dans le bassin de la Loire, c'est le contraire qui existe, on ne trouve pas le tertiaire ancien, mais on rencontre le tertiaire récent représenté par le miocène et par le pliocène.

C'est vers la fin de la période tertiaire que commencent à se produire les soulèvements destinés à donner naissance aux continents polaires. Pendant la majeure partie de l'âge tertiaire le climat est encore chaud jusqu'à une faible distance des pôles, puisque l'on trouve jusqu'au 79e degré de latitude sud une végétation très luxuriante, formée d'espèces semblables à celles de l'Allemagne et de la Suisse. Plus tard, à la fin de l'âge tertiaire, les mers du sud sont remplacées par des continents, des terres intertropicales s'affaissent et des glaces apparaissent dans les régions septentrionales de notre hémisphère. C'est à ce moment que se place la période de l'histoire de la terre à laquelle on a donné le nom d'époque glaciaire, les uns la faisant figurer à la fin de l'âge tertiaire, tandis que d'autres la placent au début de l'âge quaternaire ; d'autres enfin, et ceux-là peut-être ont davantage raison, supposent qu'il y eut pendant l'âge tertiaire et peut-être même pendant l'âge secondaire plusieurs périodes glaciaires alternant avec des périodes plus chaudes. Il paraît certain, notamment, que des glaciers d'une grande importance ont existé dans la Grande-Bretagne pendant la période miocène. Si l'on ne perd pas de vue les changements incessants de mers en terres et de terres en mers dont la surface du globe a été le théâtre, et l'influence prédominante que les conditions géographiques exercent sur les climats locaux ou généraux, si d'autre part on tient compte de l'impossibilité dans laquelle nous sommes de trouver les traces d'un glacier ancien, là où a passé un glacier plus récent, si, enfin, on se rappelle que nous sommes presque impuissants à tracer l'histoire des phases pendant lesquelles les continents ont été à découvert, on ne manquera pas de conclure que rien n'empêche de supposer que la terre ait vu se produire, à des dates plus ou moins éloignées les unes des autres, une série de périodes glaciaires alternant avec des périodes tempérées ou même chaudes.

Époque glaciaire.

Quoi qu'il en soit, il est incontestable que la fin de l'âge tertiaire ou le commencement de l'âge quaternaire a été marquée par une époque glaciaire de très longue durée, époque pendant laquelle les Alpes et les Pyrénées, les montagnes de l'Angleterre, de l'Écosse, de la Scandinavie étaient couvertes de glaciers descendant jusque dans les vallées et recouvrant même une partie des plaines voisines, tandis que toutes les mers septentrionales charriaient d'énormes blocs de glace. Comme l'Europe ne formait alors qu'une île étroite, étendue de l'est à l'ouest et bordée au nord par une mer qui la séparait des régions polaires, et qui recouvrait l'Allemagne du Nord, la Hollande, le Danemark, la Pologne et le nord de la Russie, comme l'Amérique du Nord seule était émergée, comme aussi les terres étaient probablement peu étendues entre les tropiques, il est permis de croire que de vastes terres s'étaient déjà soulevées au voisinage du pôle nord et qu'elles s'étaient couvertes de glaces dont l'action se faisait sentir d'autant plus sur tous les continents septentrionaux que ces derniers n'étaient pas réchauffés comme de nos jours par le rayonnement de continents intertropicaux. Cette période glaciaire dut avoir une très longue durée, car l'Europe était alors peuplée d'animaux qui tous recherchent les régions les plus froides, comme le renne, le chamois, la marmotte, etc. Mais les autres terres devaient jouir en même temps d'une température assez douce, sinon chaude, car les hyènes, les chats, les éléphants et les rhinocéros y vivaient en grand nombre dans des forêts de conifères et de dicotylédones. Quant aux fossiles qu'on trouve dans les parties des continents qui furent alors couvertes par la mer dite Diluvienne, ils sont composés d'un mélange d'espèces de mers arctiques et d'espèces de mers tempérées; les dépôts minéraux sont d'ailleurs peu abondants; ils sont formés de vases argileuses ou lehm, de graviers, de tuf calcaire et de tourbe. Parmi les sédiments d'eau douce il faut signaler celui auquel on a donné le nom de loess; il est formé d'un sable très fin agglutiné en une roche friable, colorée en brun jaunâtre clair; le oess est souvent riche en ossementsde mammifères et en coquilles de mollusques terrestres ou fluviatiles. Il a été manifestement formé par le dépôt de sables entraînés par les fleuves. Quand le lehm et le loess existent dans la même localité, il est aisé de se convaincre que le loess est le plus récent des deux. C'est dans le lehm et dans les graviers que l'on trouve, répandus sur toute l'étendue des continents diluviens, les squelettes de l'*Ursus spelœus*, de l'*Elephas primigenius*, du *Rhinoceros tichorhinus*, etc. Ces débris se sont surtout accumulés dans les cavernes dites à ossements, dans lesquelles on trouve fréquemment les marques de l'action de l'homme sur les os des grands mammifères. Dans la grotte de Gailenreult, en Allemagne, on a trouvé les os de plus de huit cents individus appartenant à l'espèce *Ursus spelœus*, mélangés avec des os d'hyènes, de chats, de rhinocéros, de bœufs, de cerfs, etc. Les cavernes de la France contiennent un grand nombre d'os de rennes. Enfin, ajoutons que l'existence de l'homme à l'époque glaciaire n'est plus mise en doute par personne.

Il est difficile de déterminer la durée de cette époque. Elle fut sans doute extrêmement longue et ne dut prendre fin qu'après que les régions septentrionales de l'Europe, s'étant soulevées, arrêtèrent les glaces venues du pôle nord. C'est après ce soulèvement que commence ce que j'appellerais volontiers la phase contemporaine de l'histoire de la terre, phase pleine d'intérêt à tous les points de vue, mais dont l'histoire, même très succincte, serait déplacée ici.

Phase contemporaine.

Au début de cette phase, toutes les formes principales des animaux terrestres aquatiques existaient; l'homme lui-même avait fait son apparition. Il est même permis d'affirmer que dès la fin de la période tertiaire il existait en Europe un animal assez développé en organisation, assez intelligent pour tailler la pierre et faire du feu. Faut-il donner à ces êtres le nom d'hommes; faut-il, avec M. de Mortillet, les appeler simplement des anthropopithèques? Le nom importe peu à la chose. Nous verrons, en effet, plus bas, que les espèces ne sont, comme toutes les autres divisions introduites parmi les êtres vivants, que des créations de notre esprit, ne répondant à rien de réel dans la nature.

On ne peut jamais dire à quel moment une espèce commence, à quelle époque elle se sépare assez nettement de celle qui lui a donné naissance pour qu'on doive lui donner un nom nouveau. Comme toutes les autres espèces animales et végétales, l'espèce humaine a évolué lentement, par transformation d'une espèce antérieure, et il nous est impossible d'assigner une date fixe à son apparition.

Pour terminer cette étude rapide de l'évolution de la terre, je me borne à rappeler que l'histoire géologique de notre globe se confond avec l'histoire des végétaux et des animaux, que l'une ne peut être écrite sans l'autre, et que s'il nous est aujourd'hui possible de retrouver quelques dates principales de l'histoire de la terre, quelques phases importantes de sa longue évolution, nous le devons à ce qu'elle a conservé dans ses entrailles et préservé de la destruction une partie des êtres produits par l'évolution de la matière qui compose à la fois et notre globe et les êtres qu'il nourrit.

IV

LA MATIÈRE, SES PROPRIÉTÉS ET SON ÉVOLUTION. IDÉES DE BUFFON. IDÉES MODERNES.

On ne saurait faire un grand reproche à Buffon de n'avoir eu que des idées très peu nettes relativement à la constitution et aux propriétés de la matière. A l'époque où il vivait, la physique et la chimie, cette dernière science surtout, n'avaient encore fait que bien peu de progrès. On n'avait analysé qu'un tout petit nombre de corps; on ne connaissait que très imparfaitement ceux qu'il est le plus indispensable de bien connaître, pour saisir les rapports des substances matérielles. L'oxygène, le carbone, l'hydrogène, l'azote n'avaient été pour ainsi dire qu'entrevus. On peut dire que les bases mêmes de la chimie n'étaient pas encore posées. Quant à la physique, quoique plus avancée, elle n'avait encore résolu aucun des vastes problèmes avec lesquels nous nous jouons presque à l'heure actuelle. Newton avait montré les effets puissants de l'attraction, Descartes avait plongé un regard indiscret dans les mystères du magnétisme, on connaissait assez bien quelques-unes des lois de la chaleur, de la lumière et du son; mais on considérait encore la chaleur, la lumière, l'électricité comme des substances matérielles.

Nature de la lumière, de la chaleur et de l'électricité d'après Buffon.

Buffon parle encore des « atomes » de la lumière, et les représente comme « les plus petits que nous connaissions » (1).

Il dit encore (2) que « la lumière, la chaleur et le feu ne sont pas des matières particulières, des matières différentes de toute autre matière; ce n'est toujours que la même matière qui n'a subi d'autre altération, d'autre modification qu'une grande division de parties, et une direction de mouvement en sens contraire par l'effet du choc et de la réaction. »

Puis il ajoute : « Ce qui prouve assez évidemment que cette matière du feu et de la lumière n'est pas une substance différente de toute autre matière, c'est qu'elle conserve toutes les qualités essentielles, et même la plupart des attributs de la matière commune : 1° la lumière, quoique composée de particules presque infiniment petites, est néanmoins encore divisible, puisque avec le prisme on sépare les uns des autres les rayons, ou, pour parler plus clairement, les atomes différemment colorés; 2° la lumière, quoique douée en apparence d'une qualité tout opposée à celle de la pesanteur, c'est-à-dire d'une volatilité qu'on croirait lui être essentielle, est néanmoins pesante comme toute autre matière, puisqu'elle fléchit toutes les fois qu'elle passe auprès des autres corps, et qu'elle se trouve à portée de leur sphère d'attraction; je dois même dire qu'elle est fort pesante, relativement à son volume qui est d'une petitesse extrême, puisque la vitesse immense avec laquelle la lumière se meut en ligne directe ne l'empêche pas d'éprouver assez d'attraction près des autres corps pour que sa direction s'incline et change d'une manière très sensible à nos yeux; 3° la substance de la lumière n'est pas plus simple que celle de toute autre matière, puisqu'elle est composée de parties d'inégale pesanteur, que le rayon rouge est beaucoup plus pesant que le rayon violet, et qu'entre ces deux extrêmes elle contient une infinité de rayons intermédiaires qui approchent plus ou moins de la pesanteur du rayon rouge ou de la légèreté du rayon violet : toutes ces conséquences dérivent nécessairement des phénomènes de l'inflexion de la lumière et de sa réfraction, qui, dans le réel, n'est qu'une inflexion qui s'opère lorsque la lumière passe à travers les corps transparents; 4° on peut démontrer que la lumière est massive, et qu'elle agit, dans quelques cas, comme agissent tous les autres corps; car, indépendamment de son effet ordinaire qui est de briller à nos yeux, et de son action propre accompagnée d'éclat et souvent de chaleur, elle agit par sa masse lorsqu'on la condense en la réunissant; et elle agit au point de mettre en mouvement des corps assez pesants placés au foyer d'un bon miroir ardent; elle fait tourner une aiguille sur un pivot placé à son foyer; elle pousse, déplace et

(1) *Introduction à l'histoire des minéraux*, t. II, p. 216.
(2) *Ibid.*, t. II, p. 217.

chasse les feuilles d'or ou d'argent qu'on lui présente avant de les fondre, et même avant de les échauffer sensiblement. Cette action produite par sa masse est la première, et précède celle de la chaleur ; elle s'opère entre la lumière condensée et les feuilles de métal, de la même façon qu'elle s'opère entre deux autres corps qui deviennent contigus, et par conséquent la lumière a encore cette propriété commune avec toute autre matière ; 5° enfin, on sera forcé de convenir que la lumière est un mixte, c'est-à-dire une matière composée comme la matière commune, non seulement de parties plus grosses et plus petites, plus ou moins pesantes, plus ou moins mobiles, mais encore différemment figurées ; quiconque aura réfléchi sur les phénomènes que Newton appelle *les accès de facile réflexion et de facile transmission de la lumière,* et sur les effets de la double réfraction du cristal de roche, et du spath appelé cristal d'Islande, ne pourra s'empêcher de reconnaître que les atomes de la lumière ont plusieurs côtés, plusieurs faces différentes, qui, selon qu'elles se présentent, produisent constamment des effets différents. »

Plus loin (1) : « Toute matière peut devenir lumière dès que, toute cohérence étant détruite, elle se trouvera divisée en molécules suffisamment petites, et que ces molécules étant en liberté seront déterminées par leur attraction mutuelle à se précipiter les unes contre les autres : dans l'instant du choc la force répulsive s'exercera, les molécules se fuiront en tous sens avec une vitesse presque infinie, laquelle néanmoins n'est qu'égale à leur vitesse acquise au moment du contact..... Et de même, que toute matière peut se convertir en lumière par la division et la répulsion de ses parties excessivement divisées lorsqu'elles éprouvent un choc des unes contre les autres, la lumière peut aussi se convertir en toute autre matière par l'addition de ses propres parties, accumulées par l'attraction des autres corps. Nous verrons, dans la suite, que tous les éléments sont convertibles ; et si l'on a douté que la lumière, qui paraît être l'élément le plus simple, pût se convertir en substance solide, c'est que d'une part, on n'a pas fait assez d'attention à tous les phénomènes, et que d'autre part on était dans le préjugé, qu'étant essentiellement volatile, elle ne pouvait jamais devenir fixe. Mais n'avons-nous pas prouvé que la fixité et la volatilité dépendent de la même force, attractive dans le premier cas, devenue répulsive dans le second ? Et dès lors ne sommes-nous pas fondés à croire que ce changement de la matière fixe en lumière, et de la lumière en matière fixe, est une des plus fréquentes opérations de la nature? »

Il considère la lumière, la chaleur et le feu comme « trois choses différentes ». « Dans le point de vue général, dit-il (2), la lumière, la chaleur et le feu ne font qu'un seul objet, mais dans le point de vue particulier ce sont

(1) *Introduction à l'histoire des minéraux*, t. II, p. 219.
(2) *Ibid.*, t. II, p. 220.

trois objets distincts, trois choses qui, quoique se ressemblant par un grand nombre de propriétés, diffèrent néanmoins par un petit nombre d'autres propriétés assez essentielles pour qu'on puisse les regarder comme trois choses différentes, et qu'on puisse les comparer une à une. »

Il s'élève contre l'opinion qui considère la chaleur comme « un attribut de la lumière et du feu (1) »; il veut que la chaleur soit une substance matérielle; et il dit : « Quoique les molécules de la chaleur soient excessivement petites, puisqu'elles pénètrent les corps les plus compactes, il me semble néanmoins que l'on peut démontrer qu'elles sont bien plus grosses que celles de la lumière; » l'argument qu'il invoque à l'appui de cette opinion, c'est que « on fait de la chaleur avec la lumière en la réunissant en grande quantité », et que « d'ailleurs, la chaleur agissant sur le sens du toucher, il est nécessaire que son action soit proportionnée à la grossièreté de ce sens, comme la délicatesse des organes de la vue paraît l'être à l'extrême finesse des parties de la lumière. »

Le passage suivant est fort curieux : « Le principe de toute chaleur, dit Buffon (2), paraît être l'attrition des corps; tout frottement, c'est-à-dire tout mouvement en sens contraire entre des matières solides, produit de la chaleur, et si ce même effet n'arrive pas dans les fluides, c'est parce que leurs parties ne se touchent pas d'assez près pour pouvoir être frottées les unes contre les autres, et qu'ayant peu d'adhérence entre elles, leur résistance au choc des autres corps est trop faible pour que la chaleur puisse naître ou se manifester à un degré sensible; mais dans ce cas, on voit souvent de la lumière produite par ce frottement d'un fluide sans sentir de la chaleur. Tous les corps, soit en petit ou en grand volume, s'échauffent dès qu'ils se rencontrent en sens contraire : la chaleur est donc produite par le mouvement de toute matière palpable et d'un volume quelconque, au lieu que la production de la lumière qui se fait aussi par le mouvement en sens contraire, suppose de plus la division de la matière en parties très petites; et comme cette opération de la nature est la même pour la production de la chaleur et celle de la lumière, que c'est le mouvement en sens contraire, la rencontre des corps qui produisent l'un et l'autre, on doit en conclure que les atomes de la lumière sont solides par eux-mêmes, et qu'ils sont chauds au moment de leur naissance; mais on ne peut pas également assurer qu'ils conservent leur chaleur au même degré que leur lumière, ni qu'ils ne cessent pas d'être chauds avant de cesser d'être lumineux. Des expériences familières paraissent indiquer que la chaleur de la lumière du soleil augmente en passant à travers une glace plane, quoique la quantité de la lumière soit diminuée considérablement par la réflexion qui se fait à la surface extérieure de la glace, et que la matière même du verre en retienne une certaine quantité. D'autres

(1) *Introduction à l'histoire des minéraux*, t. II. p. 221.
(2) *Ibid.*, t. II, p. 221.

expériences plus recherchées semblent prouver que la lumière augmente de chaleur à mesure qu'elle traverse une plus grande épaisseur de notre atmosphère. »

Un autre fait l'a frappé et lui sert à distinguer la chaleur de la lumière : « Ce qui mettrait encore, dit-il (1), une différence bien essentielle entre ces deux modifications de la matière, c'est que la chaleur qui pénètre tous les corps ne paraît se fixer dans aucun et ne s'y arrêter que peu de temps, au lieu que la lumière s'incorpore, s'amortit et s'éteint dans tous ceux qui ne la réfléchissent pas, ou qui ne la laissent pas passer librement. »

Il distingue encore le feu de la chaleur : « Le feu qui ne paraît être à première vue, dit-il (2), qu'un composé de chaleur et de lumière, ne serait-il pas encore une modification de la matière qu'on doive considérer à part, quoiqu'elle ne diffère pas essentiellement de l'une ou de l'autre, et encore moins des deux prises ensemble? »

Enfin il suppose que tous les corps qui ont reçu de la chaleur, de la lumière ou du feu augmentent de poids, puisque les « particules de lumière et de chaleur » se sont mêlées à leur matière.

En résumé, pour Buffon, la chaleur et la lumière représentent un état particulier de la matière, caractérisé par une division plus ou moins grande des parties constituantes. Quant à l'électricité et au magnétisme, il en parle tantôt comme de « forces de la nature », tantôt comme de « fluides ». Je lis en un point (3) : « En général la *force magnétique* n'agit que sur le fer ou sur les matières qui en contiennent; de même la force électrique ne se produit que dans certaines matières, telles que l'ambre, les résines, les verres et les autres substances qu'on appelle électriques par elles-mêmes, quoiqu'elle puisse se communiquer à tous les corps. » Mais à la même page, il dit : « Les phénomènes électriques que nous pouvons produire augmentent en effet ou diminuent de force, et même sont quelquefois totalement supprimés, suivant qu'il y a plus ou moins d'humidité dans l'air, que le fluide électrique est plus ou moins répandu dans l'atmosphère, et que les nuages orageux y sont plus ou moins accumulés. De même les barres de fer, que l'on veut aimanter par la seule exposition aux impressions du magnétisme général, acquièrent plus ou moins promptement la vertu magnétique, suivant que le fluide électrique est plus ou moins abondant dans l'atmosphère; et les aiguilles des boussoles éprouvent des variations, tant périodiques qu'irrégulières, qui ne paraissent dépendre que du plus ou moins de force de l'électricité de l'air. »

Tout cela manque singulièrement de précision. « Fluide magnétique, fluide électrique, vertu magnétique, force électrique ou magnétisme » sont des termes vagues et contradictoires ; « une force et une vertu » ne peuvent pas

(1) *Introduction à l'histoire des minéraux*, t. II, p. 224.
(2) *Ibid.*, t. II, p. 227.
(3) *Traité de l'aimant et de ses usages*, t. IV, p. 89.

être un « fluide »; et réciproquement un « fluide » qui est un corps matériel ne peut être ni une « vertu » ni une « force. »

Si j'ai tant insisté sur l'opinion de Buffon relativement à ces questions, c'est parce qu'elle est de nature à nous donner une idée exacte de l'état de la science à son époque. La lumière, la chaleur, l'électricité, n'avaient été encore étudiées que dans leurs manifestations extérieures les plus faciles à percevoir. Il était réservé à la science moderne d'en pénétrer les mystères et d'en dévoiler la nature.

L'attraction d'après Buffon.

Parmi les propriétés vraies ou prétendues de la matière, il en est une sur laquelle Buffon insiste d'une façon toute particulière, c'est celle qui a reçu le nom d'attraction. Pour lui comme pour Newton l'attraction est une « propriété générale » de la matière, une qualité sans laquelle la matière ne serait pas concevable.

Buffon critique vivement Euler qui, après avoir admis avec Descartes l'existence d'une « matière magnétique plus subtile que tout autre matière subtile (1) » circulant dans « les conduits et les pores de l'aimant », a « cru pouvoir démontrer la cause de l'attraction universelle par l'action du même fluide qui selon lui produit le magnétisme. » Et il ajoute : « Cette prétention quoique vaine et mal conçue n'a pas manqué de prévaloir dans l'esprit de quelques physiciens; et cependant si l'on considère sans préjugés la nature et ses effets et si l'on réfléchit sur les forces d'attractions et d'impulsions qui l'animent, on reconnaîtra que leurs causes ne peuvent ni s'expliquer, ni même se concevoir par cette mécanique matérielle, qui n'admet que ce qui tombe sous nos sens et rejette, en quelque sorte, ce qui n'est aperçu que par l'esprit; et de fait, l'action de la pesanteur ou de l'attraction peut-elle se rapporter à des effets mécaniques, et s'expliquer par des causes secondaires puisque cette attraction est une force générale, une propriété primitive et un attribut essentiel de la matière? Ne suffit-il pas de savoir que toute matière s'attire et que cette force s'exerce non seulement dans toutes les parties de la masse du globe terrestre, mais s'étend même depuis le soleil jusqu'aux corps les plus éloignés dans notre univers, pour être convaincu que la cause de cette attraction ne peut nous être connue, puisque son effet étant universel et s'exerçant généralement dans toute matière, cette cause ne nous offre aucune différence, aucun point de comparaison, ni par conséquent, aucun indice de connaissance, aucun moyen d'explication. En se souvenant donc que nous ne pouvons rien juger que par comparaison, nous verrons clairement qu'il est non seulement vain, mais absurde de vouloir rechercher et expliquer la cause d'un effet général et commun à toute matière, tel que l'attraction universelle, et qu'on doit se borner à regarder cet effet général comme une vraie cause à laquelle on doit rapporter les autres forces, en comparant leurs

(1) *Traité de l'aimant et de ses usages*, t. IV, p. 107.

différents effets; et si nous comparons l'attraction magnétique à l'attraction universelle, nous verrons qu'elles diffèrent très essentiellement. L'aimant est, comme toute autre matière, sujet aux lois de l'attraction générale, et en même temps, il semble posséder une force attractive particulière et qui ne s'exerce que sur le fer ou sur un autre aimant. »

La « force attractive » de l'aimant à laquelle il ajoute une « force directive » lui paraît être « extérieure » à l'aimant lui-même; « elle existe à part, et n'en existerait pas moins quand il n'y aurait point de fer ni d'aimant dans le monde; mais il est vrai qu'elle ne produirait pas les mêmes effets qui, tous, dépendent du rapport particulier que la matière ferrugineuse se trouve avoir avec l'action de cette force (1). »

Je ne veux pas insister davantage sur ce sujet. Malgré l'obscurité qui règne dans les opinions de Buffon, nous possédons maintenant les éléments nécessaires pour en dégager les traits principaux. Pour le savant naturaliste, la chaleur, la lumière, le feu, sont des matières divisées en particules plus ou moins petites; l'électricité et le magnétisme sont des « forces » particulières, extérieures aux corps magnétiques ou électrisés; enfin, l'attraction est une « propriété générale » de la matière, ce qu'il appelle une « vraie cause ».

Je reviendrai plus tard à la chaleur, à la lumière et à l'électricité. Je veux d'abord examiner la question de « l'attraction universelle » qui est la plus importante et dont la solution entraîne celle de tous les grands problèmes physiques.

On sait que Newton expliquait les rapports fixes qui existent entre les corps célestes et les mouvements dont ces corps sont doués par une force d'attraction qui tendrait à les faire tomber les uns sur les autres comme une pierre tombe sur le sol, faisant équilibre à la force d'impulsion dont ils sont doués. Tous les faits naturels pouvant être expliqués à l'aide des lois de l'attraction, les physiciens n'hésitèrent pas à admettre l'existence d'une force d'attraction, inhérente à toutes les particules matérielles, sans cesse en jeu dans l'univers et régissant d'une façon souveraine les rapports de tous les corps grands et petits les uns avec les autres. C'est cette doctrine que Buffon expose dans les lignes suivantes (2) : « Il n'y a dans la nature qu'une seule force primitive : c'est l'attraction réciproque entre toutes les parties de la matière. Cette force est une puissance émanée de la puissance divine, et seule elle a suffi pour produire le mouvement et toutes les autres forces qui animent l'univers. Car, comme son action peut servir en deux sens opposés en vertu du ressort qui appartient à toute matière, et dont cette même puissance d'attraction est la cause, elle repousse autant qu'elle attire. On doit donc admettre deux effets généraux, c'est-à-dire l'attraction

(1) *Traité de l'aimant et de ses usages*, t. IV, p. 122.
(2) *Ibid.*, t. IV, p. 76.

et l'impulsion qui n'est que la répulsion : la première également répartie est toujours subsistante dans la matière, et la seconde variable, occasionnelle et dépendante de la première. Autant l'attraction maintient la cohérence et la dureté des corps, autant l'impulsion tend à les desunir et à les séparer. Ainsi, toutes les fois que les corps ne sont pas brisés par le choc, et qu'ils sont seulement comprimés, l'attraction qui fait le lien de la cohérence, rétablit les parties dans leur première situation, en agissant en sens contraire, par répulsion, avec autant de force que l'impulsion avait agi en sens direct; c'est ici, comme en tout, une réaction égale à l'action : on ne peut donc pas rapporter à l'impulsion les effets de l'attraction universelle: mais c'est, au contraire, cette attraction générale qui produit, comme première cause, tous les phénomènes de l'impulsion. »

En résumé, que deux corps ou deux parties d'un corps se rapprochent ou s'éloignent l'un de l'autre, c'est toujours l'attraction qui agit, soit directement en les attirant l'un vers l'autre, soit indirectement en les repoussant ou plutôt en les attirant en sens contraire.

Buffon s'empresse d'ajouter que l'attraction n'a par elle-même rien de matériel et qu'il en est de même de toutes les forces. « L'on ne connaît les forces qui animent l'univers que par le mouvement et par ses effets : ce mot même de *force* ne signifie rien de matériel et n'indique rien de ce qui peut affecter nos organes, qui cependant sont nos seuls moyens de communication avec la nature. Ne devons-nous pas renoncer dès lors à vouloir mettre au nombre des substances matérielles ces forces générales de l'attraction et de l'impulsion primitive en les transformant, pour aider notre imagination, en matières subtiles, en fluides élastiques, en substances réellement existantes, et qui comme la lumière, la chaleur, le son et les odeurs devraient affecter nos organes : car ces rapports avec nous sont les seuls attributs de la matière que nous puissions saisir, les seuls que l'on doive regarder comme des agents mécaniques, et ces agents eux-mêmes, ainsi que leurs effets, ne dépendent-ils pas, plus ou moins, et toujours, de la force primitive (1) dont l'origine et l'essence nous seront à jamais inconnues, parce que cette force, en effet, n'est pas une substance mais une puissance qui anime la matière? Tout ce que nous pouvons concevoir de cette puissance primitive d'attraction, et de l'impulsion ou répulsion qu'elle produit, c'est que *la matière n'a jamais existé sans mouvement*, car l'attraction étant essentielle à tout atome matériel, cette force a nécessairement produit des mouvements toutes les fois que les parties de la matière se sont trouvées séparées ou éloignées les unes des autres ; elles ont dès lors été forcées de se mouvoir et de parcourir l'espace intermédiaire pour se rapprocher et se réunir. Le *mouvement est donc aussi ancien que la matière*, et l'impulsion ou répul-

Le mouvement d'après Buffon.

(1) On remarquera que dans cette phrase Buffon place la chaleur, la lumière et le son sous la dépendance de l'attraction.

sion est contemporaine de l'attraction; mais, agissant en sens contraire, elle tend à éloigner tout ce que l'attraction a rapproché. »

On remarquera l'insistance avec laquelle Buffon affirme que « le mouvement est aussi ancien que la matière », que « la matière n'a jamais existé sans mouvement. » Nous verrons tout à l'heure de quelle importance est ce fait.

Il fait suivre la page que je viens de citer de quelques lignes dans lesquelles se trouve une vue véritablement géniale et qu'il importe de noter ici parce qu'elle contredit ou explique (il me paraît difficile de se prononcer entre ces deux hypothèses) une opinion de Buffon exposée plus haut. On a vu qu'il considérait le feu, la chaleur et la lumière comme des substances matérielles. Dans un autre passage il ne les envisage plus, avec beaucoup de raison, que comme des effets du mouvement. « Le choc, dit-il (1), et toute violente attrition entre les corps, produit du feu en divisant et repoussant les parties de la matière; et c'est de l'impulsion primitive que cet élément a tiré son origine; élément lequel seul est actif et sert de base et de ministre à toute force impulsive, générale et particulière, dont les effets sont toujours opposés et contraires à ceux de l'attraction universelle. Le feu se manifeste dans toutes les parties de l'univers, soit par la lumière, soit par la chaleur; il brille dans le soleil et dans les astres fixes; il tient encore en incandescence les grandes planètes; il échauffe plus ou moins les autres planètes et les comètes; il a aussi pénétré, fondu, enflammé la matière de notre globe, lequel, ayant subi l'action de ce feu primitif, est encore chaud; et, quoique cette chaleur s'évapore et se dissipe sans cesse, elle est néanmoins très active et subsiste en grande quantité, puisque la température de l'intérieur de la terre, à une médiocre profondeur, est de plus de dix degrés. C'est de ce feu intérieur ou de cette chaleur propre du globe que provient le feu particulier de l'électricité. »

Dégageons ce passage des erreurs de détail qu'il renferme, erreurs déjà signalées et combattues plus haut, et résumons-les: la matière n'a jamais existé sans le mouvement; le mouvement est dû à l'attraction; l'attraction produit le choc; le choc produit la chaleur; la chaleur détermine la répulsion dont les effets sont contraires à l'attraction; enfin, la chaleur se transforme en lumière et produit l'électricité. Là se trouvent les bases de la théorie moderne dite de « l'unité des forces physiques » dont nous parlerons dans un instant, théorie d'après laquelle la chaleur, la lumière, l'électricité, ne sont que des formes diverses d'une seule et même propriété de la matière, le mouvement, et sont susceptibles de se transformer l'une dans l'autre.

Mais revenons à l'attraction. Pour Buffon comme pour Newton, si les corps s'attirent ou se repoussent, c'est-à-dire, si on les voit, eux-mêmes ou leurs

(1) *Introduction à l'histoire des minéraux*, t. IV, p. 78.

De l'affinité d'après Buffon.

particules, se rapprocher ou s'écarter, cela est dû à ce que la matière est douée dans toutes ses parties d'une propriété générale, essentielle, l'attraction. Buffon confond « l'affinité » des chimistes avec l'attraction (1). « Les lois d'affinité par lesquelles les parties constituantes de ces différentes substances se séparent des autres pour se réunir entre elles et former des matières homogènes, sont les mêmes que la loi générale par laquelle tous les corps célestes agissent les uns sur les autres ; elles s'exercent également et dans les mêmes rapports des masses et des distances ; un globule d'eau, de sable ou de métal, agit sur un autre globule comme le globe de la terre agit sur celui de la lune : et si jusqu'à ce jour l'on a regardé ces lois d'affinité comme différentes de celles de la pesanteur, c'est faute de les avoir bien conçues, bien saisies, c'est faute d'avoir embrassé cet objet dans toute son étendue. »

Cette vue est absolument juste. Si l'on admet l'attraction comme cause des mouvements et des rapports des corps célestes, on doit l'admettre aussi comme cause des mouvements et des rapports des particules matérielles les plus minimes; et l'affinité chimique, c'est-à-dire la prétendue force en vertu de laquelle les atomes et les molécules se rapprochent et se combinent pour former les divers corps composés ne doit être considérée que comme une forme de l'attraction.

Figure des molécules d'après Buffon.

Un peu plus loin, cherchant à expliquer la différence de densité qui existe entre les corps, Buffon ajoute quelques considérations qu'il me paraît utile de reproduire. Il suppose que les molécules des corps sont de formes différentes et que la densité est d'autant moindre que plus d'intervalles existent entre les molécules, les intervalles dépendant eux-mêmes de la forme des molécules. « Newton, dit-il (2), a bien soupçonné que les affinités chimiques, qui ne sont autre chose que les attractions particulières dont nous venons de parler, se faisaient par des lois assez semblables à celles de la gravitation ; mais il ne paraît pas avoir vu que toutes ces lois particulières n'étaient que de simples modifications de la loi générale, et qu'elles n'en paraissaient différentes que parce qu'à une très petite distance la figure des atomes qui s'attirent fait autant et plus que la masse pour l'expression de la loi, cette figure entrant alors pour beaucoup dans l'élément de la distance.

Rapport de la figure des molécules avec la densité des corps, d'après Buffon.

» C'est cependant à cette théorie que tient la connaissance intime de la composition des corps bruts ; le fond de toute matière est le même, la masse et le volume, c'est-à-dire la forme, serait aussi la même, si la figure des parties constituantes était semblable. Une substance homogène ne peut différer d'une autre qu'autant que la figure de ses parties primitives est différente ; celle dont toutes les molécules sont sphériques doit être spécifiquement une fois plus légère qu'une autre dont les molécules seraient

(1) *Vues de la nature, première vue*, t. II, p. 208.
(2) *Ibid.*, t. II, p. 209.

cubiques, parce que les premières ne pouvant se toucher que par des points, laissent des intervalles égaux à l'espace qu'elles remplissent, tandis que les parties supposées cubiques peuvent se réunir toutes sans laisser le moindre intervalle, et former par conséquent une matière une fois plus pesante que la première. Et quoique les figures puissent varier à l'infini, il paraît qu'il n'en existe pas autant dans la nature que l'esprit pourrait en concevoir ; car elle a fixé les limites de la pesanteur et de la légèreté : l'or et l'air sont les deux extrêmes de toute densité ; toutes les figures admises, exécutées par la nature, sont donc comprises entre ces deux termes, et toutes celles qui auraient pu produire des substances plus pesantes ou plus légères ont été rejetées.

» Au reste, lorsque je parle des figures employées par la nature, je n'entends pas qu'elles soient nécessairement ni même exactement semblables aux figures géométriques qui existent dans notre entendement : c'est par supposition que nous les faisons régulières, et par abstraction que nous les rendons simples. Il n'y a peut-être ni cubes exacts, ni sphères parfaites dans l'univers ; mais comme rien n'existe sans forme, et que selon la diversité des substances les figures de leurs éléments sont différentes, il y en a nécessairement qui approchent de la sphère ou du cube et de toutes les autres figures régulières que nous avons imaginées : le précis, l'absolu, l'abstrait, qui se présentent si souvent à notre esprit, ne peuvent se trouver dans le réel, parce que tout y est relatif, tout s'y fait par nuances, tout s'y combine par approximation. De même, lorsque j'ai parlé d'une substance qui serait entièrement pleine, parce qu'elle serait composée de parties cubiques et d'une autre substance qui ne serait qu'à moitié pleine, parce que toutes ses parties constituantes seraient sphériques, je ne l'ai dit que par comparaison, et je n'ai pas prétendu que ces substances existassent dans la réalité : car l'on voit par l'expérience des corps transparents, tels que le verre, qui ne laisse pas d'être dense et pesant, que la quantité de matière y est très petite en comparaison de l'étendue des intervalles ; et l'on peut démontrer que l'or, qui est la matière la plus dense, contient beaucoup plus de vide que de plein. » Nous reviendrons tout à l'heure sur ces considérations.

Il reste à décider si l'attraction existe réellement en tant que « propriété générale » de la matière. On l'a admis pendant de nombreuses années avec Newton et Buffon, et quelques savants l'admettent encore, mais je m'empresse d'ajouter que ces derniers deviennent chaque jour de moins en moins nombreux.

Explication moderne de l'attraction.

Depuis le commencement du siècle, on a commencé à rechercher quelle pourrait être la cause réelle de l'attraction. Dire avec Newton et Buffon que les corps ou leurs molécules se rapprochent ou s'écartent parce qu'ils sont doués d'une propriété attractive ou répulsive, c'était pour tous les savants réfléchis, imiter le médecin de Molière : *opium facit dormire quia proprietatem dormitivam habet.* On voulait une explication plus scientifique des phénomènes de l'attraction, et cette explication était d'autant plus nécessaire que l'attraction ne suffisait pas à résoudre tous les phénomènes physiques, chimiques ou astronomiques; or, ainsi que je l'ai dit plus haut, la tendance de la science moderne est de chercher des causes aussi générales, et, en même temps, aussi simples que possible.

L'éther.

C'est cette préoccupation qui a fait imaginer par les physiciens l'existence d'une matière très subtile, impondérable, c'est-à-dire échappant à l'action de l'attraction ou plutôt déterminant tous les phénomènes qui ont été mis sur le compte de cette dernière.

D'après cette manière de voir, aujourd'hui admise, dans ses traits généraux, par tous les physiciens et tous les chimistes, la matière pondérable serait composée d'atomes séparés les uns des autres par cette matière impondérable, à laquelle on a donné le nom d'éther. La gravité et l'affinité seraient « un effet des atomes éthérés qui environnent de toutes parts la matière pondérable et qui la choquent incessamment dans tous les sens : si l'action de ces chocs n'est pas symétrique, c'est-à-dire également énergique dans tous les sens, autour d'une molécule ou d'un corps pondérable, le corps en question se mettra en mouvement dans la direction de la résultante des chocs qui ont la plus grande somme d'énergie; cette condition se trouve réalisée, quand deux corps pondérables sont en présence l'un de l'autre, et l'inégalité d'intensité des chocs auxquels ils sont alors soumis est dirigée précisément de façon à opérer le rapprochement de ces corps (1). »

L'attraction expliquée par l'éther.

Quand donc nous voyons un corps, jeté en l'air, retomber sur le sol en suivant une ligne qui, prolongée, passerait par le centre de la terre, nous devons conclure, d'après la théorie que nous venons d'exposer, que ce corps subit de la part de l'éther une somme de chocs dont la résultante est une ligne perpendiculaire à la surface du sphéroïde terrestre. Quand nous voyons la terre se mouvoir autour du soleil suivant une ellipse déterminée, nous devons admettre que cette ellipse est la résultante des chocs inégalement énergiques et dirigés en tous sens que la terre subit de la part de l'éther dont elle est environnée. On peut encore, à l'aide de l'éther, expliquer sans difficulté les changements d'état des corps, c'est-à-dire leur passage successif, suivant les conditions auxquelles ils sont exposés, de l'état solide à l'état liquide et gazeux, et inversement de l'état gazeux à l'état liquide et solide. Dans l'état solide, les atomes pondérables sont très énergiquement pressés les uns contre les autres par l'éther qui les environne; c'est ce que l'on nomme la cohésion des corps solides; si une force artificielle écarte les molécules de ces corps, ils sont rapprochés de nouveau par la pression de

(1) WUNDT, *Traité élémentaire de physique médic.*, p. 67.

l'éther, dès que cette force cesse son action ; c'est ce que l'on nomme l'élasticité. Dans les corps liquides, la pression exercée par l'éther sur les molécules pondérables pour les rapprocher étant beaucoup moindre, la cohésion est également moins grande ; il en est de même de l'élasticité qui n'est qu'une conséquence de la cohésion. Etant moins pressées, les molécules des corps liquides glissent les unes sur les autres et prennent la forme des vases qui contiennent le liquide, mais la surface de ce dernier se maintient horizontale, parce que la pression de l'éther sur les molécules est plus forte dans le sens de leur rapprochement que dans celui de leur écartement. C'est le contraire qui existe dans les gaz. L'action de l'éther interposé aux atomes gazeux étant plus grande que celui de l'éther extérieur, ces atomes sont écartés les uns des autres dans tous les sens avec assez de violence pour que les gaz prennent toujours la forme des vases dans lesquels ils sont contenus, et pour qu'ils exercent une pression énergique contre les parois, que ces dernières soient situées au-dessus ou au-dessous de l'horizontale. Il ne faut pas oublier cependant que cette faculté, à laquelle on a donné le nom d'expansibilité, de force d'expansion, etc., a des limites, et que les gaz abandonnés à eux-mêmes dans un espace suffisamment grand et rempli d'air atmosphérique n'occupent pas tout cet espace ; la pression de l'éther qui tend à écarter les molécules est alors combattue par celle de l'atmosphère. Mais si l'espace est vide, c'est-à-dire dépourvu de toute matière pondérable, l'écartement des molécules produit par la pression de l'éther intermédiaire est assez grand pour que le gaz occupe tout l'espace.

Comment expliquer que l'éther interposé aux atomes d'un même corps pondérable puisse exercer des pouvoirs assez différents pour que ce corps se montre successivement gazeux, liquide et solide ; en d'autres termes quelle est la cause qui fait varier l'intensité de la pression exercée par l'éther sur les atomes de la matière pondérable ? La chaleur, répond-t-on immédiatement. Fort bien ; il suffit, en effet, de chauffer un corps solide, la glace par exemple, c'est-à-dire de lui donner de la chaleur pour le faire passer d'abord à l'état liquide, puis à l'état gazeux. Mais, qu'est-ce que la chaleur elle-même ? La théorie de l'éther répond : une forme particulière du mouvement des atomes. Ceci demande explication.

Les mouvements des atomes.

Nous avons vu plus haut que les atomes de la matière pondérable s'entre-choquent sans eux. La conséquence nécessaire de ces chocs est le déplacement ou, pour employer un terme plus scientifique, un mouvement de translation à la fois de l'atome qui a reçu le choc et de celui qui l'a donné ; l'un et l'autre ne peuvent manquer de choquer à leur tour soit d'autres atomes pondérables, soit l'éther qui les entoure, éther qui lui-même transmettra le choc aux atomes pondérables et à d'autres atomes éthérés. Il suffit donc qu'un seul atome d'éther ou de matière pondérable soit mis en mouvement pour que ce mouvement se transmette de proche en proche à l'univers tout entier. D'où nous pouvons conclure, en présence de la multiplicité des mouvements que nous observons, que toute la matière constituante de l'univers, matière pondérable ou matière éthérée, est dans un mouvement incessant, que tout atome de matière est doué d'un mouvement de translation incessant. Mais ce mouvement n'existe pas seul. Le choc des atomes a pour résultat nécessaire de leur imprimer un mouvement de rotation autour d'un axe passant par le centre de leur masse. Pour qu'il en fût autrement, il faudrait que le choc eût lieu dans la direction absolument exacte de la ligne droite joignant les centres de leurs masses, ce qui ne peut être qu'un cas tout à fait spécial. Tout mouvement de translation des atomes a donc fatalement pour corollaire un mouvement de rotation et chaque atome de matière peut être comparé, par la nature de ses mouvements, aux astres gigantesques qui circulent dans l'immensité du ciel en tournant sur eux-mêmes. Il est facile de conclure de cela que plus les atomes pondérables d'un corps seront écartés les uns des autres et plus leur mouvement de translation sera étendu. Leur mouvement de rotation devra de son côté être moins rapide puisque les chocs seront moins fréquents

Les états divers des corps.

Ainsi, dans les corps gazeux, où l'écartement atteint son maximum, le mouvement de translation est très étendu, et le mouvement de rotation très faible.

On admet que dans ces corps, les atomes de la matière pondérable suivent dans leur mouvement de translation une trajectoire ouverte, « serpentant indéfiniment dans l'intérieur des corps. La molécule passe librement d'un groupe à l'autre, pénétrant tantôt celui-ci, tantôt celui-là; subissant des réflexions positives ou négatives, changeant de direction à chaque instant, ayant, en un mot, un mouvement comparable à celui que certains astronomes attribuent aux comètes hyperboliques qui passent d'un système stellaire à un autre (1). » M. Crookes a montré récemment que quand on raréfie beaucoup un gaz, c'est-à-dire quand on diminue le nombre d'atomes contenus dans un volume déterminé, le mouvement des atomes est modifié; étant moins nombreux, ils se heurtent moins fréquemment, et lorsqu'ils sont réduits à un nombre suffisamment faible, ils suivent une ligne tout à fait droite, avec une vitesse excessive. « On considère dit Crookes (2), les gaz comme composés d'un nombre presque infini de petites particules ou molécules, lesquelles sont mises en mouvement et animées de vitesse de toutes les grandeurs imaginables. Comme le nombre de ces molécules est extrêmement grand, il s'ensuit qu'une molécule ne peut avancer dans aucune direction sans se heurter presque aussitôt à une autre. Mais si nous retirons d'un vase clos une grande partie de l'air ou du gaz qu'il contient, le nombre des molécules diminue, et la distance qu'une molécule donnée peut parcourir sans se

(1) Secchi, *L'unité des forces physiques*, p. 66.
(2) *Revue scientifique*, 1878.

heurter contre une autre s'accroît, la longueur moyenne de la course libre étant en raison inverse du nombre des molécules restantes. Plus le vide devient parfait, plus s'accroît la distance moyenne qu'une molécule parcourt avant d'entrer en collision; ou, en d'autres termes, plus la longueur moyenne de la course libre augmente, plus les propriétés physiques du gaz se modifient... Dans les tubes où le vide est presque parfait, les molécules du résidu gazeux peuvent s'élancer d'un bout à l'autre en subissant un nombre de chocs relativement faible, et en rayonnant du pôle avec une vitesse énorme; elles présentent des propriétés nouvelles et assez caractéristiques pour justifier tout à fait l'appellation de matière radiante que nous empruntons à Faraday. »

Si les atomes d'un gaz se rencontrent d'autant moins fréquemment et parcourent des routes d'autant plus rectilignes que le gaz est plus raréfié, il est bien évident qu'en condensant le gaz, c'est-à-dire en diminuant son volume on déterminera la multiplication des chocs et on rendra plus irrégulière la course des atomes. Lorsque le gaz sera passé à l'état liquide, ses atomes ne parcourront plus que des courbes fermées, en frappant tangentiellement un grand nombre d'atomes voisins, très rapprochés. Le mouvement de translation sera ralenti par les chocs, mais, par contre, les chocs accroîtront la rapidité du mouvement de rotation des atomes. « Ainsi cessera, dit M. Félix Marco (1) cette force expansive propre à l'état gazeux, qui est due, ainsi que nous l'avons vu, au mouvement libre des particules ; et ce ne sera qu'à la surface, où les molécules ne sont point entourées de tous les côtés, que nous verrons persister une tendance de ces mêmes molécules à abandonner les autres, en vertu de la force vive de translation qui leur est restée. »

Quand les atomes pondérables d'un corps se rapprochent assez pour que toute translation véritable de chacun parmi les autres devienne impossible, le corps est à l'état solide. Le mouvement de translation a atteint son minimum, mais, en même temps, le mouvement de rotation a atteint son maximum. Il est bien certain cependant que les atomes pondérables des corps solides ne sont pas directement en contact les uns avec les autres ; la propriété que possèdent la plupart de ces corps de laisser passer les gaz ou les liquides, en est une preuve suffisante. Mais il est important de noter que quand on les chauffe, leur porosité augmente considérablement. Cela a été bien démontré pour les métaux. On a constaté aussi, que les métaux deviennent transparents sous l'influence de la chaleur ; le fer chauffé au rouge reste transparent jusqu'à l'épaisseur de plus d'un demi-centimètre. Il faut conclure de ces faits que la chaleur détermine l'écartement des molécules pondérables. D'où il résulte encore : 1° que c'est en déter-

(1) *L'unité dynamique des forces et des phénomènes de la nature*, p. 12.

minant un écartement de plus en plus considérable des atomes pondérables que la chaleur détermine le passage de l'état solide à l'état liquide et à l'état gazeux; 2° qu'en augmentant l'écartement des atomes pondérables, la chaleur augmente l'étendue et la rapidité du mouvement de translation tandis qu'elle diminue la rapidité du mouvement de rotation.

Mais il nous reste encore à expliquer de quelle façon la chaleur produit l'écartement en question, et quelle est la nature de la chaleur elle même.

Composition de la matière.

Afin de résoudre cette question, nous devons pénétrer plus avant que nous ne l'avons fait encore dans l'étude de la constitution intime et des propriétés essentielles de la matière.

Corps simples.

On admet généralement, à l'heure actuelle, que toutes les substances qui entrent dans la constitution de l'univers sont formées d'un petit nombre (une soixantaine environ) de corps dits simples, c'est-à-dire incapables d'être décomposés en éléments dissemblables, mais susceptibles, au contraire, de se mélanger, de s'associer, de se combiner les uns avec les autres, pour former des corps dits composés qui sont en nombre pour ainsi dire illimité. Les corps composés sont toujours formés d'un petit nombre de corps simples, mais ils peuvent eux-mêmes se mélanger et se combiner pour former des corps plus complexes.

D'abord observés dans la matière qui compose notre globe, les corps simples furent ensuite découverts, à l'aide des procédés spectroscopiques, dans les divers astres incandescents, ainsi que nous l'avons exposé plus haut.

Les corps dits simples ne le sont probablement pas.

Dans ces derniers temps, les recherches spectroscopiques ont conduit à un autre résultat plus important encore. Elles ont permis d'émettre comme très plausible l'opinion que la plupart des corps considérés autrefois comme simples sont, en réalité, des corps composés ; et elles promettent de nous conduire à la vérification d'une hypothèse émise depuis bien longtemps déjà, mais restée jusqu'à ce jour sans fondement, hypothèse d'après laquelle les corps dits simples ne seraient que des états moléculaires différents d'un corps unique qui, seul, serait véritablement simple. Ces recherches sont dues à un savant anglais, M. Normann Lockyer. Je crois bon d'en dire ici quelques mots.

Expériences de Lockyer.

En règle générale, lorsqu'on veut établir le spectre d'une substance, il faut la volatiliser dans une flamme gazeuse, ou bien lui faire produire des étincelles à l'aide d'un appareil à induction, et faire tomber les rayons lumineux sur la fente du spectroscope. On obtient alors généralement un spectre dont les lignes occupent le champ entier de la bande ; mais en interposant une lentille entre la flamme et la fente du spectroscope, M. Lockyer a pu étudier les diverses régions de la vapeur incandescente et établir le fait déjà noté, mais auquel on n'avait guère prêté attention, que toutes les lignes du spectre

KANGUROO LAINEUX

de la substance volatilisée ne s'étendent pas à égale distance à partir des pôles. Il a montré ensuite, à l'aide de cette méthode d'observation, que dans le cas d'alliage contenant différentes proportions de deux métaux, si l'un des métaux constituants est en très petite quantité son spectre est réduit à sa forme la plus simple; les lignes qui sont les plus longues lorsque la substance est pure apparaissent seules. Si l'on augmente la proportion de ce métal, les autres lignes se montrent graduellement dans l'ordre de la longueur relative qu'elles présentent dans le spectre de la substance pure. Des observations semblables furent faites avec des corps composés. On constata ainsi que les lignes fournies par une substance déterminée varient non seulement en longueur et en nombre, mais aussi en éclat et en épaisseur suivant la proportion relative de cette substance.

Armé de ces faits et se proposant de déterminer exactement les éléments qui entrent dans la composition du soleil, M. Lockyer prit environ deux mille photographies de spectres de substances métalliques diverses et observa directement plus de cent mille de ces spectres. Comme il est à peu près impossible d'obtenir des substances pures, les photographies furent soigneusement comparées, dans le but d'éliminer de chacune les lignes dues aux impuretés; l'absence d'un élément particulier à l'état d'impureté étant considérée comme démontrée lorsque ses lignes les plus longues et les plus fortes étaient absentes de la photographie. Le résultat de tout ce travail fut de démontrer à M. Lockyer qu'il existe des lignes identiques dans les spectres de métaux différents sans qu'on puisse mettre cette coexistence sur le compte d'impuretés; en effet, des spectres de métaux dont la pureté absolue était démontrée lui offrirent cependant des lignes qu'ils n'auraient pas dû contenir si le métal était réellement un corps simple. M. Lockyer fut conduit par des observations spectroscopiques sur le soleil et d'autres astres à admettre que les corps dits simples sont en réalité composés. Il constata que plus un astre est chaud, plus son spectre est simple. Les astres les plus brillants et les plus chauds, comme Sirius, donnent un spectre dans lequel on ne trouve que les lignes très larges de l'hydrogène et un petit nombre d'autres lignes très fines, caractéristiques d'éléments d'un poids atomique très faible; tandis que des astres moins chauds, comme le soleil, fournissent un spectre indiquant un plus grand nombre d'éléments métalliques. Ces faits paraissent faciles à expliquer, d'après M. Lockyer, si l'on suppose qu'à mesure que la température s'élève les corps sont de plus en plus divisés en éléments d'un poids atomique plus faible.

Il n'existe probablement qu'un seul corps simple.

Ces observations donnent, je le répète, un certain fondement à l'hypothèse d'après laquelle les corps dits simples ne seraient en réalité que des corps composés, l'univers entier n'étant formé que d'un seul corps véritablement simple, dont tous les autres ne seraient que des états particuliers d'agrégation atomique et moléculaire. En 1864, M. Berthelot avait déjà émis l'idée que les atomes des corps simples pourraient bien être tous constitués d'une même matière ne différant que par la nature de ses mouvements.

L'éther est le seul corps simple de l'univers.

Il devait venir à l'esprit des chimistes et des physiciens que ce corps simple unique n'est autre que la substance impondérable à laquelle on a donné le nom d'éther, et dont il a déjà été si longuement question plus haut. Mais, comment expliquer la formation des atomes de la matière pondérable à l'aide des atomes impondérables de l'éther? Un calcul célèbre de Helmholtz mit sur la voie de cette explication. L'illustre physicien avait démontré que quand une partie d'un fluide est animée d'un mouvement rotatoire, elle conserve tous les caractères de ce mouvement, quels que soient les déplacements qu'on lui fasse subir dans la masse totale du fluide, et il avait donné à cette partie en rotation le nom de tourbillon. Ce tourbillon jouit d'une sorte d'individualité propre qui permet de le distinguer du fluide environnant par les vibrations qu'il présente et par les raies spectrales qu'il fournit. Appliquant ce fait à la matière tout entière, un physicien italien très distingué, dont j'ai déjà cité le nom, M. Félix Marco (1), se demande si « les atomes de la matière pondérable ne pourraient pas être constitués par de très petits tourbillons existant dans le milieu éthéré, ainsi que nous voyons continuellement s'en produire dans l'eau, et surtout dans l'air, où ils voyagent pendant plusieurs milles sans se perdre »? Et il ajoute : « En général les trombes sont toujours douées d'un mouvement en tourbillon ; et les observations météorologiques des temps modernes ont mis ce fait en lumière : que les tempêtes sont pareillement toujours le résultat de mouvements en tourbillons qui s'établissent dans l'atmosphère et s'y transportent. Tyndall, dans ses célèbres expériences optiques sur les matières gazeuses (2), voyait se produire avec la plus grande facilité des tourbillons par de petites différences de température des différentes parties des colonnes gazeuses contenues dans ses tubes.

Les atomes de la matière pondérable sont des tourbillons d'atomes éthérés.

» Or, si ces tourbillons se produisent avec tant de facilité et se conservent dans les liquides pondérables, c'est-à-dire dans les liquides et les gaz, ne pourrait-il pas aussi advenir qu'ils se fussent formés dans des conditions déterminées de chaleur, et qu'ils se conserveront dans cette matière impondérable répandue par tout l'univers, et qu'on appelle éther, pour constituer précisément les éléments de la matière pondérable? Ainsi l'univers sensible ne serait que le résultat des mouvements vibratoires et en tourbillon qui existent dans la matière unique appelée éther. Les mouvements vibratoires engendrent la lumière et la chaleur, et le mouvement en tourbillon produit la matière pondérable avec toutes ses modifications électriques et magnétiques.

» L'indivisibilité que les chimistes sont forcés d'admettre dans les atomes,

(1) *L'unité dynamique*, p. 5.
(2) Voyez *Les Mondes*, t. XXII (1871), p. 574.

appartient évidemment à ces atomes tourbillonnants qu'on ne peut diviser sans les défaire. Plusieurs tourbillons réunis dans une atmosphère raréfiée commune, c'est-à-dire dans un tourbillon plus grand, ainsi qu'il arrive parfois dans les tourbillons aériens, ou bien simplement réunis en vertu de leurs mouvements rotatoires et de la pression de l'éther environnant, constitueraient les molécules. » « Cette théorie, ajoute M. F. Marco, est évidemment d'accord avec celle de Gaudin, qui rend merveilleusement raison de la constitution atomique des molécules et de leur disposition dans les formes cristallines. Il considère les atomes comme des sphéroïdes, tels qu'ils doivent être dans la théorie des atomes tourbillons. »

Je m'empresse d'ajouter que M. Félix Marco n'est pas le seul physicien admettant aussi nettement que les atomes des corps pondérables ne sont que des tourbillons d'atomes éthérés. L'illustre astronome Secchi se prononce d'une manière positive pour l'identité de l'éther et de la matière pondérable. « Pour nous, dit-il (1), l'éther sera constitué par les atomes primitifs de la matière ordinaire. » Il dit ailleurs (2) : « L'étude de la lumière et de l'électricité nous a conduit à regarder comme infiniment probable que l'éther n'est autre chose que la matière elle-même, parvenue au plus haut degré de ténuité, à cet état de rareté extrême que l'on nomme état atomique. Par suite, tous les corps ne seraient en réalité que des agrégats des atomes mêmes de ce fluide. » Il admet, d'autre part, que les molécules des corps pondérables sont formées par des agrégations tourbillonnantes d'atomes. « Chacun de ces tourbillons (3), que nous pouvons nommer infinitésimaux, constituent ou renferment une molécule des corps, suspendue, en quelque sorte, dans le reste de l'éther environnant. » Et il ajoute, dans une note, plus significative encore que le texte lui-même : « M. Thomson est arrivé aussi, lui, à cette idée, que les molécules des corps ne seraient que de simples tourbillons éthérés. C'est déjà un résultat intéressant que de nous être rencontré avec cet illustre savant. »

L'illustre physicien anglais Thomson prononça, en 1870, dans son discours à l'Association britannique pour l'avancement des sciences (Session d'Édimbourg) les paroles suivantes : « L'exquise théorie de Helmholtz, les mouvements en tourbillon dans un liquide incompressible et sans frottement, a surgi comme un poteau indicateur, montrant la voie qui peut conduire à une pleine intelligence des propriétés des atomes, en mettant en pratique la grande conception de Lucrèce, qui n'admet ni éthers subtils ni variétés d'éléments avec principes de feu ou d'eau, de lumière ou de pesanteur ; qui ne suppose pas la lumière une chose, le feu une autre, l'électricité un fluide, le magnétisme un principe vital, mais qui traite tous ces phénomènes comme de sim-

(1) *L'unité des forces physiques*, 2e édit., p. 118.
(2) *Ibid.*, p. 518.
(3) *Ibid.*, p. 542.

ples propriétés ou accidents de la matière pure. Je prends ce passage dans un admirable travail sur la théorie atomique de Lucrèce, publié dans le *Nord British Review* (mai 1868) et contenant un très intéressant et très instructif sommaire des doctrines anciennes et modernes concernant les atomes. Permettez-moi de vous lire de cet article un autre court passage, décrivant parfaitement l'aspect naturel de la théorie atomique : L'existence de l'atome chimique, qui est presque tout un petit monde complexe, semble très probable. Nous ne sommes pas tout à fait sans espoir que l'on puisse connaître un jour le poids réel de chaque atome de ce genre, non seulement les poids relatifs des divers atomes, mais leur nombre sous un volume donné de matière ; on pourra calculer la forme et le mouvement des parties de chaque atome et les distances qui les séparent ; par le moyen de diagrammes géométriques exacts, on parviendra à mettre en évidence les mouvements par lesquels ils produisent la chaleur, l'électricité et la lumière ; enfin, il y aura possibilité d'arriver aux propriétés fondamentales du milieu intermédiaire et probablement constituant. Alors le mouvement des planètes et la musique des sphères seront négligés un instant, dans le transport d'admiration que nous inspirera la vue du dédale où se précipitent les atomes légers. »

Lucrèce et la théorie atomique.

Avant les hommes de notre époque, il serait facile de citer, parmi les partisans de la théorie atomique, plus d'un nom illustre. Je me borne à rappeler ici la théorie des atomes tourbillons de Descartes malgré les railleries dont elle a été longtemps l'objet. Mais je ne veux citer parmi les fondateurs de cette doctrine que le plus ancien de tous, l'illustre poète latin qui a écrit, dans une langue admirable ce poème de l'univers matériel, *De natura rerum*. Voulant donner une idée de la constitution intime du monde et du mouvement de la matière : « Regarde, dit-il, ce qui se passe lorsqu'un rayon de soleil se glisse dans les ténèbres de ta maison : tu verras dans la lumière de ce rayon une multitude de petits corps se mêler de mille façons à travers le vide, se livrer des assauts et des combats incessants, se disperser et se réunir sans prendre aucun repos. Par là tu pourras concevoir l'agitation incessante, dans le vide infini, des éléments primordiaux de la matière, autant qu'un petit fait peut servir à faire concevoir les grands et à nous mettre sur les traces de la vérité. L'observation des corpuscules qui s'agitent dans un rayon de soleil doit d'autant plus frapper ton esprit que leur agitation rend manifeste à tes yeux les mouvements cachés des éléments de la matière. Tu y verras, en effet, des milliers de ces corpuscules frappés par des agents invisibles, changer de route, retourner en arrière, s'en aller de-ci de-là dans toutes les directions. Ce trouble est produit par les éléments primordiaux de la matière, qui jouissent eux-mêmes d'un mouvement propre. Ce sont eux qui donnent l'impulsion par des chocs invisibles, aux corpuscules de petite taille, dont les masses sont peu différentes des leurs ; puis, ces corpuscules ébranlés transmettent leur mouvement à des corps un peu plus volumineux. Le mouvement, parti des éléments primordiaux, devient ainsi, par transmission, peu à peu sensible à nos sens par les corpuscules que nous observons dans un rayon de soleil ; et cependant nous ne pouvons distinguer nettement les choses qui déterminent l'agitation de ces derniers. »

Lucrèce admet, on le voit, deux sortes d'éléments : les éléments visibles et les éléments invisibles, « primordiaux », ces derniers naturellement doués de mouvement et déterminant par leurs chocs le mouvement des premiers. Faut-il voir dans cette doctrine la première idée de la distinction que nous établissons aujourd'hui entre les atomes de la matière pondérable et ceux de la matière impondérable ? Ce serait peut-être aller bien loin ; mais il est manifeste qu'elle est l'expression aussi nette que possible de la théorie atomique, c'est-à-dire de la théorie qui considère la matière comme constituée par des atomes extrêmement petits, se réunissant afin de former les corps assez volumineux pour tomber sous nos sens. La doctrine de Lucrèce est même remarquable à ce point de vue qu'elle considère le mouvement comme une propriété essentielle, inséparable de la matière, propriété dont cette dernière a toujours été douée, en sorte qu'il n'y a pas plus de mouvement sans matière que de matière sans mouvement, ou bien encore, pour parler comme Buffon : « La matière n'a jamais existé sans mouvement ; le mouvement est aussi ancien que la matière. » Cette doctrine, Lucrèce en avait hérité des matérialistes de l'ancienne Grèce : Épicure, Démocrite et son maître Leucippe. Il l'a transmise à Descartes et à Buffon, aux physiciens et aux naturalistes modernes.

La matière et le mouvement.

La question de la coexistence éternelle de la matière et du mouvement a soulevé trop de discussions pour que je ne me considère pas comme obligé de lui donner ici la place qui lui convient. Frappés de ce fait que les corps dont nous sommes entourés ne se mettent jamais en mouvement d'eux-mêmes, spontanément comme disent les philosophes, les mécaniciens et les physiciens ont été presque irrésistiblement conduits à considérer la matière comme naturellement immobile et ils ont fait de l'*inertie* l'une de ses propriétés les plus essentielles, voulant dire par là qu'elle avait été primitivement mise en mouvement par un agent d'impulsion extérieur à elle, de même que la pierre qui roule a été mise en mouvement par le choc d'un corps extérieur.

Malgré son apparence de rectitude, cette hypothèse me paraît tout à fait inadmissible. Quel motif avons-nous, en effet, de supposer que la matière a jamais été inerte, alors que nous la constatons dans un état de mouvement incessant et indestructible ? Quel motif avons-nous de supposer l'existence d'un agent impulseur, extérieur à la matière, alors que les propriétés manifestées par cette dernière nous suffisent pour expliquer tous les phénomènes dont nous constatons en elle la production ?

Si l'on admet qu'à un moment quelconque de son existence la matière a été absolument immobile, il faut supposer que l'agent auquel elle a dû sa mise en mouvement était lui-même en mouvement. Il faut aussi supposer que cet agent avait de toute éternité été en mouvement et aussi qu'il était matériel. En effet, un agent immatériel n'aurait pu posséder la mobilité, c'est-à-dire la faculté de changer de position dans l'espace, et il aurait encore moins pu agir sur les corps matériels pour les mettre en mouvement. Secchi reconnaît, indirectement, il est vrai, mais très formellement, la valeur de cet argument quand il dit, en parlant de l'éther : « Sa matérialité est démontrée par l'échange de travail qui s'accomplit entre lui et la matière pesante (1). » L'agent extérieur qui aurait imprimé le mouvement à la matière n'aurait donc pu détruire l'inertie première et supposée de l'univers qu'à la condition d'être lui-même matériel, c'est-à-dire d'être une portion de la matière universelle.

Si, pour éviter cette déduction nécessaire, on admet avec Buffon que la matière a toujours été en mouvement, « qu'elle n'a jamais existé sans mouvement », toute force extérieure à la matière devient inutile.

Nous devons donc renoncer à parler plus longtemps de l'*inertie* de la matière. Cependant il n'en reste pas moins exact que tout corps matériel, et que même les atomes impondérables ou les atomes tourbillons de la matière pondérable, sont soumis à des chocs incessants qui modifient, activent ou ralentissent leurs mouvements; il est vrai encore que tout corps comme tout atome ne peut être *déplacé* que par une action extérieure à lui-même. Mais, ainsi que le fait remarquer très justement un mathématicien de grande valeur, M. Kretz (2) : « Si une action est nécessaire pour déplacer un atome, cela tient entièrement à la présence du milieu. »

M. Kretz ajoute : « La matière doit alors être considérée non comme *inerte*, mais comme *passive;* si on la conçoit isolée de son milieu, elle ne peut pas évidemment se mettre en mouvement sans cause externe, mais on la déplace sans effort et quand on l'abandonne à elle-même, elle reste où on l'a mise; son inertie apparente est due uniquement à l'action de l'éther. »

K. Kretz, on le voit, n'admet pas plus l'inertie que nous; il attribue l'inertie « apparente » de la matière pondérable à la résistance de l'éther; il admet un état passif de la matière pondérable, c'est-à-dire comme il le dit, « l'absence de toute propriété » (3). Mais il admet, avec tous les physiciens, que la matière pondérable peut être mise en mouvement par la matière impondérable, c'est-à-dire par l'éther. Ce qui suppose que l'éther lui-même est en mouvement et qu'il est matériel. Or, si nous admettons la théorie des tourbillons de Thomson, de Secchi, de Marco, etc., la matière pondérable

(1) *L'unité des forces physiques*, 2e édit., p. 514.
(2) *Matière et éther, indication d'une méthode pour établir les propriétés de l'éther*, p. 28.
(3) *Ibid.*, p. 30.

n'est qu'une forme particulière de la matière impondérable, et une forme due autant à la nature des mouvements des atomes qu'à leur agrégation, d'où il résulte que malgré sa passivité apparente la matière, tant pondérable qu'impondérable, est douée d'un mouvement atomique incessant, sans lequel on peut dire qu'elle n'est pas concevable.

C'est par ces mouvements atomiques que l'on a pu, enfin, après de longues et patientes recherches, après mille hésitations et discussions stériles, expliquer les phénomènes de gravitation, de chaleur, de lumière, d'électricité, de magnétisme dont la matière est le siège.

Résumé de la théorie atomique.

Avant d'aborder l'explication de ces phénomènes, résumons, au point de vue physique et chimique, la théorie atomique. Au point de vue physique, la matière est composée d'une seule substance, l'éther, formée d'atomes sans cesse en mouvement; ces atomes éthérés, impondérables, s'associent en tourbillons qui représentent les molécules de la matière pondérable, ou *atomes tourbillons* de Marco, molécules douées : d'un mouvement de rotation autour de leur axe, d'un mouvement de translation dans l'espace et, enfin, d'un mouvement de vibration. Tous les intervalles qui séparent les molécules de la matière pondérable et tous les espaces intersidéraux sont remplis par l'éther. Par suite de la constitution et des mouvements des atomes et molécules de la matière impondérable et de la matière pondérable, il se produit incessamment : 1° des chocs des atomes pondérables les uns contre les autres; 2° des chocs entre les atomes tourbillons de la matière pondérable et les atomes de la matière impondérable ou éther; 3° des chocs entre les atomes de la matière impondérable; 4° enfin, toute vibration des atomes tourbillons doit nécessairement se transmettre aux atomes voisins de l'éther et, par leur intermédiaire, aux autres atomes tourbillons.

Tout mouvement d'un seul atome de la matière, soit pondérable, soit impondérable, est nécessairement transmis à toute la matière constituante de l'univers, suivant des lois immuables qu'il appartient à la physique de déterminer. C'est à l'aide de ces mouvements et de leur transmission à travers les milieux pondérables ou impondérables, que l'on explique, de nos jours, le son, la chaleur, la lumière, l'électricité, la pesanteur, etc.

Le son.

Parlons d'abord du son. Il est aisé de démontrer que sa transmission ne peut s'effectuer que dans un milieu pondérable et que, par conséquent, il consiste dans un mouvement des atomes tourbillons transmis directement d'un de ces atomes à un second, puis à un troisième, etc., jusqu'à l'organe de l'audition. Quand on agite une clochette dans un ballon de verre dont tout l'air a été retiré à l'aide de la machine pneumatique, on voit le battant de la clochette frapper contre les parois du ballon, mais on n'entend aucun bruit; qu'on laisse pénétrer de l'air dans le ballon, et aussitôt on entend le son. L'air, corps pondérable, est donc indispensable à la transmission du son; l'éther qui, seul, restait dans le ballon après qu'on a fait le vide, est incapable de servir à cette transmission. Mais l'air n'est pas le seul corps pondérable qui puisse servir à transmettre le son; tous les corps solides, tous les liquides, tous les gaz, en un mot, tous les corps pondérables, jouissent de la même propriété. Nous devons conclure de ces faits, que le son est le résultat d'un mouvement des atomes pondérables, de nature telle, qu'il ne peut pas faire entrer en mouvement les atomes de l'éther, ou que s'il produit cet effet, ce qui paraît plus que probable, il imprime aux atomes de l'éther un mouvement différent de celui qui caractérise le son, et par conséquent incapable de produire ce dernier mouvement dans les atomes de la matière pondérable. Personne n'ignore que les sons sont produits par des vibrations longitudinales ou transversales des corps dits sonores, que ces vibrations déterminent des vibrations analogues dans l'air interposé entre le corps sonore et notre tympan, et enfin dans cette membrane et dans les autres parties de notre oreille jusqu'aux terminaisons du nerf auditif; mais je ne crois pas qu'aucun physicien ait encore cherché à déterminer la nature intime du mouvement de la matière pondérable, qui produit en nous la sensation désignée sous le nom de son. Il y a là un sujet fort intéressant de recherches, car ce mouvement est peut-être le seul qui, en traversant l'éther, se transforme au point de n'être plus perceptible à nos sens si une couche même minime d'éther ne contenant pas d'atomes pondérables est interposée entre le corps pondérable qui produit le son et les autres corps pondérables capables de transmettre les vibrations sonores jusqu'à notre oreille.

La chaleur.

La chaleur se distingue du son en ce qu'elle se transmet à la fois par la matière pondérable et par la matière impondérable. La meilleure preuve qu'on en puisse donner est la transmission de la chaleur du soleil à la terre, à travers l'espace immense, dépourvu d'air et de tout autre matière pondérable, qui nous sépare de cet astre. C'est même, en grande partie, pour expliquer ce fait, que les physiciens ont été obligés de recourir à l'hypothèse de l'éther.

La chaleur est due au mouvement vibratoire des atomes.

Nous avons dit plus haut que l'on est obligé d'admettre dans les molécules pondérables auxquelles M. Marco donne le nom d'atomes tourbillons trois sortes de mouvements : un mouvement rotatoire autour de leur axe, un mouvement de translation et un mouvement vibratoire résultant de toute nécessité du choc des atomes les uns contre les autres. C'est dans le mouvement vibratoire que les physiciens cherchent la cause des phénomènes caloriques.

Les atomes constituants de la molécule pondérable étant mis en vibration radiaire par les chocs qu'ils donnent et reçoivent, devront faire vibrer dans la même direction les atomes d'éther dont ils sont entourés. Ceux-ci transmettront les vibrations à d'autres molécules pondérables, et, finalement le mouvement vibratoire sera transmis aux extrémités de nos nerfs qui, les conduiront jusqu'aux centres nerveux capables de les transformer en la sensation dite de chaleur.

Le mouvement vibratoire résultant des chocs des atomes, et ce dernier n'étant que la conséquence du mouvement rotatoire et translatoire, il est facile d'en conclure que le mouvement vibratoire caractéristique de la chaleur pourra être produit par tous les mouvements de rotation et de translation dont les atomes pondérables ou impondérables sont le siège, et que d'autre part, il pourra lui-même donner naissance à des mouvements rotatoires et de translation. En d'autres termes, il est aisé de conclure de la nature même des mouvements qui caractérisent la chaleur que ces mouvements pourront naître de toutes les autres formes de mouvements des atomes, et qu'ils pourront eux-mêmes se transformer en d'autres mouvements. Ainsi se trouve expliquée la transformation, aujourd'hui mise hors de doute par d'innombrables expériences, de la chaleur en lumière, en électricité, en mouvement de déplacement des corps, etc., et réciproquement, la transformation de la chaleur, de l'électricité, du mouvement, du déplacement des corps, en chaleur.

A l'aide de cette théorie, on explique non moins facilement l'action que la chaleur exerce sur les changements d'état des corps. Il serait trop long d'analyser ici le mécanisme de chacun de ces phénomènes. Je ne veux pas cependant quitter ce sujet sans en avoir donné une idée suffisante. Je ne puis mieux faire pour cela que de citer les paroles très concises et très nettes de M. Félix Marco. « La théorie mécanique de la chaleur nous enseigne, dit-il (1) : 1° qu'il existe une température relative directement proportionnelle à la quantité de chaleur actuellement libre dans un corps (2) ; 2° que la chaleur d'un corps ne peut diminuer indéfiniment ; mais qu'il existe une température dite zéro absolu, au delà de laquelle, la température ne peut plus diminuer ; 3° qu'à la température du zéro absolu le volume des corps n'est point nul, mais qu'il a une valeur déterminée, laquelle, comme la température, n'est plus susceptible de diminution (3).

» Si la chaleur est un mouvement vibratoire des particules éthérées des atomes tourbillons, qui prend sa source dans leurs chocs réciproques en conséquence de leur mouvement de translation, on comprend parfaitement : 1° qu'il doit y avoir une température relative, proportionnelle à la quantité de chaleur libre actuellement contenue dans le corps, c'est-à-dire à la quantité de mouvement vibratoire de ses atomes tourbillons ; 2° que, dès que tout mouvement de translation cesse dans les atomes tourbillons, quand leur mouvement rotatoire devient très grand, il n'y aura plus de chocs, et par conséquent, plus de mouvement vibratoire, c'est-à-dire plus de chaleur ;

(1) *Loc. cit.*, p. 26.
(2) Hirn, *Théorie mécanique de la chaleur*, p. 100.
(3) Hirn, *Annales de chimie et de physique*, 1867, t. XI, p. 45.

3° que lorsque le mouvement de translation et le mouvement vibratoire des atomes tourbillons seront nuls, et leur mouvement rotatoire très grand, ces atomes devront se trouver en contact, et, conséquemment, le volume du corps étant réduit à la somme des volumes de ses atomes tourbillons, c'est-à-dire de ses molécules, il ne pourra plus diminuer; 4° enfin, ainsi que Hirn le fait observer (*loc. cit.*), la distance relativement petite (— 273°) du zéro absolu de notre zéro conventionnel, nous prouve que les corps solides sont très près du volume minimum qu'ils atteignent au zéro absolu. »

M. Félix Marco fournit ensuite l'explication de tous les principaux phénomènes caloriques. Cette explication est assez intéressante, elle marque assez bien l'état de la science, pour qu'il me paraisse utile d'en reproduire ici les traits principaux. On sait : 1° que quand on comprime un gaz il y a un dégagement de chaleur, ou si l'on veut transformation du travail compressif en chaleur ; 2° que quand un gaz se dilate, il produit un travail en perdant de sa chaleur utile, c'est-à-dire qu'il y a transformation de la chaleur en travail ; voici d'après notre physicien ce qui se produit alors (1) : « La manifestation de chaleur qui accompagne la compression d'un gaz est une transformation du mouvement de la masse qui produit la compression en mouvement vibratoire des éléments éthérés constituant les atomes tourbillons moléculaires qui composent la masse gazeuse, et, par conséquent, de l'éther libre environnant auquel le mouvement vibratoire est communiqué.

» *Vice versa*, le travail mécanique d'un gaz qui se dilate par l'effet du réchauffement est une transformation du mouvement de l'éther libre constituant la chaleur que le gaz reçoit du dehors en mouvement de translation des molécules gazeuses, et, par conséquent, en mouvement de la masse qui est déplacée par l'expansion du gaz ; c'est en cela que consiste son travail. L'abaissement de température qui accompagne l'expansion du gaz est évidemment dû à ce que les molécules gazeuses qui s'éloignent de celles qui restent, ne restituent plus à ces dernières le mouvement qu'elles en ont reçu. »

M. Marco explique de la façon suivante les effets thermiques de la chaleur (2). « L'effet thermique de la chaleur peut être entendu mécaniquement de la manière suivante : le mouvement vibratoire de l'éther en pénétrant dans l'intérieur du corps, fait naître le mouvement de translation de ses molécules, lesquelles, par conséquent, s'entre-choqueront avec une intensité croissante, ce qui augmentera le mouvement vibratoire de leurs masses éthérées, c'est-à-dire la chaleur du corps à quelque état que ce corps se trouve, solide, liquide ou gazeux. » Mais l'accroissement du mouvement de translation des molécules du corps aura nécessairement pour effet de détruire les liens qui les retenaient, de sorte que si le corps est à l'état

(1) Hirn, *Annales de chimie et de physique*, 1867, t. XI, p. 27.
(2) *Ibid.*, p. 28.

solide il passera bientôt à l'état liquide ; que de nouvelles vibrations lui soient communiquées par l'éther qui l'environne, le mouvement de translation de ses molécules sera encore augmenté, leurs liens de nouveau relâchés, et le corps passera de l'état liquide à l'état gazeux. On sait encore que quand un corps passe de l'état solide à l'état liquide ou de l'état liquide à l'état de vapeur ou de gaz, sa température n'augmente pas puisqu'il absorbe de la chaleur ; il en est ainsi « parce que les molécules qui changent d'état reçoivent le mouvement de translation qui est propre au nouvel état sans plus heurter les autres molécules qu'elles abandonnent, et conséquemment sans plus faire croître le mouvement vibratoire des molécules des corps. La chaleur de fusion et de vaporisation démontre que, dans l'état liquide, la force vive totale des atomes tourbillons doit être plus grande que dans l'état solide, et dans l'état gazeux plus grande que dans l'état liquide ; aussi a-t-on une restitution de chaleur dans les phénomènes inverses, c'est-à-dire dans la condensation des vapeurs et dans la solidification des liquides. »

On explique non moins facilement à l'aide de la même théorie, le pouvoir absorbant et le pouvoir émissif des corps, c'est-à-dire la propriété qu'ont les corps pondérables d'absorber et d'émettre inégalement de la chaleur, le pouvoir émissif de chacun étant toujours égal à son pouvoir absorbant. « Les particules éthérées de chaque atome tourbillon, dit M. F. Marco (1), peuvent évidemment vibrer quand elles sont heurtées dans l'acte de la combinaison chimique, ou bien quand elles sont frappées par des ondes éthérées lumineuses ou caloriques ; elles peuvent alors produire de nouvelles ondes, c'est-à-dire la lumière et la chaleur émises par les corps. L'absorption de la chaleur n'est qu'une communication du mouvement vibratoire de l'éther libre aux atomes tourbillons. Ainsi, il est évident que le pouvoir émissif doit être égal au pouvoir absorbant. De même, on comprend facilement pourquoi les corps réduits en poussière ont un pouvoir absorbant et émissif plus grand que celui des corps compacts tels que les métaux, si l'on considère que les corps réduits en poussière présentent une grande quantité de surface moléculaire en contact avec l'éther libre, tandis que le contraire advient avec les corps compacts tels que les métaux. Cette raison vaut pareillement pour un même corps ; et, partant, l'argent bruni possède un pouvoir émissif et absorbant moindre que l'argent dépuré chimiquement. »

La lumière.

Je ne veux pas insister davantage sur cette question ; les faits que je viens de citer suffisent amplement pour montrer de quel secours est la théorie de l'éther dans l'explication des phénomènes caloriques. Je n'insisterai pas non plus sur les faits relatifs à la lumière. Il me suffira de rappeler que la lumière, de même que la chaleur, se transmet à travers l'éther pour montrer l'analogie qu'il doit y avoir entre les phénomènes intimes auxquels elle donne lieu

(1) Hirn, *Annales de chimie et de physique*, 1867, t. XI, p. 29.

et ceux de la chaleur. Tous les faits connus démontrent que la lumière doit être attribuée à la vibration des atomes éthérés, comme les vibrations caloriques, les vibrations lumineuses se transmettent sous la forme d'ondes comparables à celles du son, mais ayant leur siège dans l'éther. Quant à la coloration des différents rayons du prisme, elle doit être attribuée, de même que la variété des sons, à la nature différente des vibrations lumineuses. L'analogie dans la nature intime des phénomènes explique encore pourquoi la chaleur et la lumière sont si souvent émises en même temps par un même corps, quoique cependant on ne puisse pas confondre les deux sortes de phénomènes.

Il est également facile d'expliquer avec la théorie des atomes les phénomènes chimiques déterminés par la chaleur et la lumière, si l'on réfléchit que les corps composés sur lesquels elles agissent sont formés d'atomes dont il suffit de modifier les mouvements vibratoires et par suite les mouvements rotatoires et translatoires pour modifier leurs rapports, c'est-à-dire pour les rapprocher ou les séparer.

Électricité et magnétisme.

L'ordre de phénomènes qui est le plus vivement éclairé par la théorie de l'éther et par celle des atomes tourbillons est celui des phénomènes électriques et magnétiques. J'ai à peine besoin de rappeler que jusqu'à ces dernières années, la plupart des physiciens admettaient avec plus ou moins de confiance l'existence soit d'un, soit de deux ou plusieurs fluides électriques et magnétiques, de même qu'au siècle dernier on croyait à l'existence d'un fluide calorique et d'un fluide lumineux. Tous ces fluides hypothétiques sont rendus absolument inutiles par la théorie de l'éther. Sans entrer dans l'analyse de la nature intime de tous les phénomènes électriques et magnétiques, analyse qui dépasserait beaucoup les limites de ce travail, je crois utile de montrer par quelques exemples la façon dont on peut expliquer ces phénomènes avec la théorie qui déjà nous a permis de projeter une si vive lumière sur l'étude de la chaleur. Je prends encore pour guide M. F. Marco qui a fait de l'électricité et du magnétisme une étude très complète au point de vue qui nous occupe ici.

Cherchant à expliquer la production de l'électricité qui a lieu au contact des corps hétérogènes, il écrit (1) : « J'ai établi qu'un corps solide est un système d'atomes tourbillons, chacun desquels a sa vitesse, sa densité, et exerce une pression déterminée sur l'éther libre, pression dépendante du mouvement rotatoire dont il est animé, et que l'augmentation de la vitesse de rotation fait aussi la pression et la densité des atomes tourbillons et *vice versa*. Dans cette théorie, la vitesse de rotation, et par conséquent la densité et la pression des atomes tourbillons doivent être autant de fonctions des différentes propriétés des corps; et comme ces propriétés varient d'un corps à

(1) Hirn, *Annales de chimie et de physique*, 1867, t. XI, p. 47.

un autre, dans de certaines limites, nous devons également admettre que ces fonctions varient, dans de certaines limites, d'un corps à un autre. Cela posé, lorsqu'on place en contact deux corps différents, chez lesquels la vitesse de rotation, et, par suite, la densité et la pression extérieure des atomes tourbillons est différente, les atomes tourbillons les plus rapides doivent accélérer les plus lents, et, *vice versa*, ces derniers devront retarder les premiers. Ainsi, les atomes tourbillons dont la vitesse de rotation diminue se trouveront en défaut de pression et de densité, à l'état électrique, et ceux dont la vitesse de rotation augmente se trouveront en excès de pression et de densité; mais, par l'effet du contact, il y aura passage d'éther des atomes tourbillons qui sont en excès à ceux qui sont en défaut de densité, il s'établira ainsi un équilibre entre la densité et pression des atomes tourbillons qui se trouvent en contact. Cet équilibre durera tant que durera le contact. Lorsqu'ensuite les divers corps seront séparés, celui dont les atomes tourbillons ont reçu de l'éther, se trouvera dans l'état électrique positif, et, *vice versa*, celui dont les atomes tourbillons ont perdu de l'éther se trouvera dans l'état électrique négatif. Voilà en quoi consiste l'état électrique positif et négatif, et quelle est l'origine de l'électricité qui se manifeste dans le contact des corps hétérogènes. »

En d'autres termes, un corps électrisé positivement par rapport à un autre avec lequel il a été mis en contact, est un corps dont les atomes tourbillons ou molécules pondérables ont reçu du corps avec lequel il a été mis en contact des particules d'éther, et qui, par suite, a vu augmenter sa pression sur l'éther ambiant; tandis que le corps électrisé négativement est celui qui a cédé aux atomes tourbillons ou molécules pondérables de l'autre une partie de ses atomes d'éther : la perte ou le gain en éther étant déterminé par la vitesse de rotation des atomes tourbillons avant le contact.

Ce que produit le contact de divers corps solides hétérogènes, le contact d'un liquide et d'un solide le produira plus énergiquement encore; là est l'explication de l'électricité produite par le contact des liquides avec les métaux, celle des piles, celle qui résulte du frottement, etc. M. Marco explique aussi par ces phénomènes la production d'électricité qui accompagne les actions chimiques et le mécanisme des actions chimiques elles-mêmes. Il rappelle que d'après la théorie de Gaudin chaque molécule d'un corps composé est constituée par un système d'atomes tourbillons en équilibre dynamique et il ajoute (1) : « Dès que la vitesse de rotation de l'un quelconque des atomes tourbillons qui constituent une molécule est accélérée ou retardée au delà d'une certaine limite, par le contact d'autres atomes tourbillons d'une substance différente, l'équilibre est rompu. Les atomes tourbillons dont la vitesse s'accroît, se trouveront en excès de densité et de

(1) Hirn, *Annales de chimie et de physique*, 1867, t. XI, p. 56.

pression et partant à l'état électropositif. *Vice versa*, les atomes tourbillons dont la vitesse de rotation diminue seront en défaut de densité et de pression et partant dans l'état électro-négatif. Grâce au passage d'éther des atomes tourbillons en excès de densité à ceux qui sont en défaut de densité, l'équilibre de densité se rétablira parmi les atomes tourbillons dont les vitesses de rotation se seront égalisées pour former de nouvelles molécules. Les ondulations caloriques et lumineuses peuvent produire des actions chimiques en modifiant la vitesse de rotation des atomes tourbillons qui sont associés et constituent les molécules précisément en vertu de leurs mouvements rotatoires. » Il faut remarquer que Bunsen et Roscoë ont démontré que quand la lumière détermine une action chimique elle diminue d'intensité, d'où il faut conclure « qu'elle doit évidemment, ou engendrer un mouvement ou modifier celui qui préexiste dans les atomes qui se combinent » et que « la combinaison chimique elle-même est un travail mécanique ». Afin de donner une idée de la cause intime des phénomènes électriques qui se produisent dans les combinaisons et décompositions chimiques, M. Marco prend pour exemple l'oxygène. L'électricité constamment positive de ce corps quand il entre en combinaison signifie pour M. Marco que la vitesse du mouvement rotatoire de ses atomes tourbillons s'accroît constamment par le contact avec les atomes tourbillons des substances avec lesquelles il se combine, tandis que les atomes tourbillons de ces dernières se trouvent à l'état électro-négatif parce que leur vitesse de rotation diminue. Au contraire, au moment des décompositions, la vitesse de rotation des atomes tourbillons de l'oxygène diminuant pour rentrer dans l'état naturel, l'oxygène devient électro-négatif; les atomes tourbillons de la substance avec laquelle l'oxygène était combiné augmentent au contraire de vitesse en revenant à leur état primitif et deviennent électropositifs.

Les changements de vitesse du mouvement rotatoire permettent encore d'expliquer les phénomènes électriques dus au changement d'état des corps, à la variation de leurs volumes et généralement à toutes les modifications moléculaires dont ils peuvent être le siège, soit sous l'influence de la chaleur ou de la lumière, soit sous celle des actions chimiques.

Après avoir exposé tous ces faits, M. Marco conclut : « L'électricité n'est donc pas un pur mouvement de la matière ainsi qu'on l'admet ordinairement, par une extension conforme de la théorie mécanique de la chaleur, mais une altération de l'équilibre quantitatif et dynamique de l'éther qui constitue les atomes des corps dans l'état naturel. Si cette altération se propage difficilement, elle donne lieu aux phénomènes de l'électricité statique ; si, au contraire, elle se propage facilement, moyennant le passage d'éther d'un atome à l'autre, elle donne lieu aux phénomènes de l'électricité dynamique (1). »

(1) Hirn, *Annales de chimie et de physique*, 1867. t. XI, p. 73.

Je ne suivrai pas M. Marco dans l'étude qu'il fait des applications de cette théorie aux divers phénomènes de l'électricité dynamique et statique. Il me suffit d'avoir montré la base sur laquelle il s'appuie pour les expliquer.

J'agirai de la même façon pour ce qui concerne les phénomènes magnétiques. Quelques expériences fort curieuses et récentes ont mis les physiciens sur la voie d'une explication rationnelle de ces phénomènes en apparence si mystérieux. Je me bornerai à citer les trois ou quatre plus importantes. L'une des plus remarquables est due à M. de la Rive (1). Plaçant une masse de fer cylindrique, pesant 10 kilogrammes et ayant 10 centimètres de diamètre, dans l'intérieur d'une grosse hélice de solénoïde parcouru par un courant intermittent, il entendit la masse de fer produire un son musical très clair. Des fils de fer bien recuits, ayant 1 à 2 millimètres de diamètre, longs de 1 à 2 mètres, tendus sur une table d'harmonie, ayant été placés dans l'axe des bobines dont les fils étaient parcourus par un courant intermittent, M. de la Rive entendit des sons tout à fait comparables à ceux de plusieurs cloches d'église vibrant harmoniquement au loin. Si l'on se rappelle que le son est produit par une vibration des molécules pondérables des corps, on est conduit à conclure de ces premières expériences que le passage du courant électrique dans le solénoïde détermine un changement de position dans les molécules du fer qui rend les sons. Les expériences suivantes confirment pleinement cette interprétation. De la Rive introduit dans une bobine électro-magnétique verticale, un disque de carton suspendu à un fil passant par son centre et couvert de limaille de fer. Dès que le courant passe dans le fil de la bobine, les morceaux de limaille se disposent en petites pyramides allongées dans le sens de l'axe de la bobine ; quand le courant cesse de passer, les pyramides s'écroulent, pour se reconstituer quand il passe de nouveau.

Une autre expérience due à Grove, rend évidente la tendance qu'ont les parcelles de métal à se rapprocher les unes des autres, en se disposant dans l'axe du courant. Grove remplit d'eau un tube de verre dans lequel il introduit une poussière très fine d'oxyde magnétique de fer, puis il ferme les deux extrémités du tube à l'aide de rondelles en verre. Il a soin d'introduire assez de poussière pour qu'à l'état ordinaire la lumière ne puisse pas traverser le tube dans le sens de sa longueur. Plaçant ensuite ce tube dans une bobine, il constate qu'au moment du passage du courant, la lumière traverse longitudinalement le tube avec une grande aisance parce que les granules de poussière se sont rapprochés, en files parallèles à l'axe du courant. Enfin Joule a constaté qu'une barre de fer magnétisée par un courant s'allonge, tandis que son diamètre diminue, ce qui ne peut avoir lieu que si ses molécules se rapprochent, parallèlement à l'axe du courant. De toutes ces expériences, il est permis de conclure que les molécules pondé-

(1) *Traité de l'électricité*, t. Ier, p. 300.

rables des corps changent de position sous l'influence des courants électriques. Le changement de position détermine le son constaté par de la Rive, et les corps dits magnétiques seraient ceux dont les atomes offriraient cette faculté de changement de position à un degré assez prononcé pour qu'elle soit facilement mise en jeu. Si nous appliquons ces données à la théorie des atomes tourbillons, nous pouvons admettre facilement avec M. Marco (1) que « la magnétisation consiste dans l'orientation des axes de rotation des atomes tourbillons des corps magnétiques, dans la direction parallèle à l'axe de la spirale magnétique; de sorte qu'un aimant serait un corps dont les atomes tourbillons ont une orientation commune telle que leurs axes sont parallèles à l'axe de l'aimant et que leurs rotations se font dans le sens des courants moléculaires d'Ampère. Ces fameux courants moléculaires se réduiraient donc à des atomes tourbillons. Le caractère des métaux magnétiques consisterait donc en ce que leurs atomes tourbillons sont susceptibles d'une orientation très prononcée. Je dis *très prononcée* parce que le magnétisme est une propriété générale des corps, laquelle, ainsi qu'il en est de toutes les propriétés de la matière est plus saillante chez quelques-uns d'entre eux. » M. Marco ajoute : « Une telle hypothèse rend compte de tous les phénomènes du magnétisme aussi bien que celle d'Ampère, sans avoir les difficultés que cette dernière nous présente. De plus, elle rend une raison claire d'une foule d'autres phénomènes qui deviennent autant de preuves concluantes de la vérité. » Il montre alors qu'elle fournit l'explication des sons produits par le fer magnétisé et celle de l'allongement de la barre de fer de Grove. Elle explique aussi pourquoi ni l'échauffement, ni la pression, ni la tension, ni aucune autre action mécanique ne peuvent produire la magnétisation, tandis que ces actions la diminuent ou la détruisent en modifiant l'orientation magnétique des axes des tourbillons. Elle montre que si la tension diminue le magnétisme des barres magnétiques, cela est dû à ce qu'elle altère l'orientation des axes des tourbillons, tandis que la magnétisation diminue la tension d'un fil de fer ou d'acier en rendant parallèles les axes d'orientation des atomes tourbillons, etc.

Mais il importe d'expliquer pourquoi la magnétisation rend les axes de rotation des tourbillons de la barre magnétisée parallèles à l'axe de cette barre et pourquoi elle imprime aux tourbillons une rotation dans le sens des courants d'Ampère.

Un premier fait peut servir de base à cette recherche. On sait que quand on fait passer un courant électrique à travers un fil de fer, ce dernier rend un son analogue à ceux que nous avons signalés à propos des barres ou des fils de fer doux que l'on magnétise par le solénoïde. Il est naturel d'en conclure que le passage du courant à travers le fil de fer modifie la position de

(1) *Traité de l'électricité*, t. Ier, p. 109.

ses molécules. Cette modification moléculaire est encore démontrée par ce fait que les fils dans lesquels on fait passer les courants, ne tardent pas à devenir plus cassants qu'ils ne l'étaient auparavant. Une expérience de de la Rive (1) peut nous donner une idée de la position que prennent les molécules sous l'influence du courant : plaçant de la limaille sur un fil de fer parcouru par un courant, il a vu les grains se disposer transversalement par rapport à l'axe longitudinal du fil et même former des anneaux tout autour de lui. Cette disposition perpendiculaire à la direction du courant nous permet de supposer avec quelque fondement que les atomes tourbillons du fil parcouru par le courant se disposent de façon à ce que leurs axes de rotation soient perpendiculaires à la direction du courant. C'est en prenant cette position pendant le passage du courant et en l'abandonnant pendant l'interruption du passage, qu'ils déterminent les vibrations sonores signalées plus haut.

Dans un solénoïde, le fil étant enroulé en spirale, les axes des atomes tourbillons, en prenant une direction perpendiculaire à celle du fil, se trouvent devenir parallèles à la barre de fer doux que l'on place au centre du solénoïde pour la magnétiser. Par l'intermédiaire de l'éther qui les sépare des atomes tourbillons de la barre, ils agissent de façon à imprimer à ces derniers une direction semblable à la leur et une rotation dans le même sens. C'est, en effet, un principe admis par tous les physiciens que les axes de rotation des atomes tendent toujours, en tous cas, à devenir parallèles, de même que la rotation tend à se faire dans le même sens. Cette loi se trouve vérifiée dans des proportions infiniment étendues au sein de l'univers. Rappelons que tous les globes constituant le monde solaire ont leurs axes dirigés de la même façon et tournent dans le même sens. Il en est probablement ainsi de tous les astres qui entrent dans la composition de l'univers.

Résumons maintenant la théorie de l'électricité et du magnétisme que nous venons d'exposer : le courant électrique est déterminé par la différence de vitesse des atomes tourbillons des corps mis en contact ; le courant électrique n'est pas autre chose qu'un mouvement des atomes tourbillons, mouvement transmis par l'éther intermédiaire, déterminant un changement de position des atomes tel que leurs axes deviennent tous parallèles entre eux et perpendiculaires à la direction dans laquelle se propage le courant ; quand le courant cesse, c'est-à-dire quand on interrompt le contact des corps qui lui donne naissance, les atomes tourbillons reprennent leur position primitive. Rien de plus facile que d'expliquer l'action des courants sur les courants, des aimants sur les courants, des courants et des aimants entre eux ; ces actions ne sont que des transmissions du mouvement des atomes tourbillons d'un corps à un autre par l'intermédiaire de l'éther dans lequel ils sont plongés.

(1) *Traité de l'électricité*, t. Ier, p. 310.

Quant aux phénomènes sonores, caloriques, lumineux, chimiques, qui accompagnent les phénomènes électriques et magnétiques, ils sont bien faciles à interpréter si l'on songe que toute modification dans la position et le mouvement rotatoire des atomes tourbillons est nécessairement accompagnée de chocs de ces atomes soit les uns contre les autres, soit contre les atomes de l'éther, et par conséquent de vibrations caloriques qui elles-mêmes modifient le mouvement de translation des atomes, les écartent ou les rapprochent, les choquent, les disjoignent ou les associent.

Il résulte de ce qui précède que tous les prétendus fluides ou forces des anciens physiciens, la chaleur, la lumière, le son, l'électricité, le magnétisme, se réduisent à des mouvements de la matière, mouvements susceptibles de se transformer les uns dans les autres, mais aussi indestructibles que la matière elle-même.

Gravité et attraction.

Il nous reste à parler de la gravité ou pesanteur et de l'affinité chimique et des autres prétendues « forces attractives » des physiciens et des chimistes.

Avec la théorie de l'éther et des atomes tourbillons rien n'est plus facile à expliquer que les prétendues attractions des corps.

Supposons qu'il n'existe dans l'univers qu'un seul atome tourbillon A, environné d'éther ; il déterminera nécessairement par sa rotation autour de son axe une agitation de l'éther, un refoulement des atomes éthérés libres, se propageant à l'infini autour de son centre et décroissant du centre à la périphérie avec le carré des distances, de telle sorte que la densité de la masse agitée va en décroissant de la périphérie au centre. Supposons maintenant qu'un deuxième atome tourbillon, B, existe dans la masse de l'éther; comme la sphère d'action du premier est illimitée, le deuxième atome tourbillon se trouvera nécessairement situé dans cette sphère. La quantité de matière et par suite la résistance que rencontre l'atome tourbillon B, étant moindre du côté de A, qui est à une distance finie, que de tous les autres côtés où la matière s'étend à l'infini, l'atome B subira une pression extérieure le poussant vers l'atome A. Les deux atomes se rapprocheront ainsi jusqu'à ce qu'ils soient arrivés au contact, ou plutôt jusqu'à ce qu'il se produise un choc qui imprimera à l'un et à l'autre un mouvement de translation dans l'espace. « De cette analyse, dit Secchi (1), à qui j'ai emprunté l'exemple ci-dessus, il ressort que deux atomes ou deux molécules en mouvement au sein d'un milieu constitué comme il a été dit (formé d'éther) ont une tendance réciproque au rapprochement, non en vertu d'une force intérieure, mais à cause de l'inégale résistance au mouvement que présente le milieu dans les divers sens dès l'instant où le centre agissant n'est plus unique. Dans ces conditions, il se produit ce que l'on appelle une attraction. Toutes les causes capables

(1) *L'unité des forces physiques*, p. 539.

d'augmenter l'intensité du mouvement modifieront nécessairement les effets de cette attraction apparente. »

Passons de ce fait à celui d'une pierre qui tombe sur le sol, l'explication en est aussi facile. La terre détermine autour d'elle, par sa rotation, un refoulement à l'infini de l'éther dans lequel elle se meut, en sorte qu'elle se trouve placée au centre d'une sphère dont la densité diminue du centre à la périphérie ; qu'une pierre soit abandonnée à elle-même dans cette sphère, comme elle recevra du côté des espaces infinis du ciel une pression beaucoup plus forte que du côté de la terre, puisque tous les atomes de l'éther jusqu'à l'infini pèsent sur elle, elle tombera vers la terre, c'est-à-dire vers le point d'où lui vient la moindre pression. De la même façon, nous expliquerons sans peine pourquoi la terre est attirée vers le soleil, pourquoi la lune est attirée vers la terre, pourquoi tout astre céleste est attiré vers un autre. Quant au motif qui empêche la terre de tomber sur le soleil, et la lune de tomber sur la terre, il faut le chercher dans le mouvement de translation de ces astres, mouvement qui lancerait la terre et la lune en droite ligne dans l'espace si la pression de l'éther ne les maintenait, la terre dans la sphère d'action du soleil, et la lune dans la sphère d'action de la terre. Sans doute aussi la pression de l'éther agit pour maintenir les astres à une certaine distance les uns des autres, de même que la pression atmosphérique agissant sur un ballon de bas en haut et aussi de haut en bas le maintient à une distance fixe de la terre ; de même aussi que la pression de l'eau s'exerçant dans les deux sens maintient entre deux eaux les navires sous-marins. On peut ainsi appliquer la loi célèbre d'Archimède à tous les corps suspendus dans l'éther, c'est-à-dire à tous les corps pondérables, qu'ils aient les dimensions gigantesques du soleil ou de la terre, ou la taille infime de l'atome tourbillon. A tous ces corps aussi on pourra probablement appliquer les lois qui ont été assignées par les astronomes à la marche des sphères célestes, de même que la forme sphéroïde appartient probablement aux atomes tourbillons comme aux astres qui peuplent l'immensité du ciel.

Mouvements musculaires.

Il n'est pas jusqu'aux corps vivants qu'on ne puisse considérer comme formés élémentairement d'atomes, tourbillons semblables à ceux de la matière brute. Toutes les observations relatives aux phénomènes électriques ou caloriques dont les animaux et les végétaux sont le siège tendent à montrer l'identité de structure fondamentale de ces êtres et des autres corps pondérables. Les cellules ont offert à M. Dubois Raymond une zone équatoriale positive et deux zones polaires négatives, c'est-à-dire exactement ce qui existerait si chaque cellule était formée d'atomes tourbillons ayant leurs axes de rotation parallèles les unes aux autres et parallèles au grand axe de la cellule, de telle sorte que les pôles des plus superficiels correspondent aux extrémités de la cellule, tandis que leurs zones équatoriales répondraient à ses faces. Le mouvement musculaire lui-même offre tous les caractères qu'il présenterait s'il consistait en un raccourcissement de l'axe polaire et en un allongement simultané du diamètre équatorial des atomes tourbillons au moment de la contraction, tandis qu'après celle-ci les diamètres polaires s'allongeraient de nouveau, en même temps que les diamètres équatoriaux se raccourciraient. Cette explication de la contraction musculaire, émise par M. Félix Marco, paraît d'autant plus admissible que les atomes tourbillons étant formés par l'agrégation d'atomes éthérés, on comprend facilement que ceux-ci puissent se mouvoir de façon à modifier la forme de la molécule pondérable représentée par l'atome tourbillon. Ces raccourcissements et allongements alternatifs du diamètre de l'atome tourbillon musculaire ne seraient que peu différents des mouvements vibratoires qui caractérisent la chaleur et la lumière.

On peut donc attribuer aux atomes tourbillons les divers mouvements suivants, à l'aide desquels seraient expliqués tous les phénomènes naturels : 1° un mouvement de rotation provoquant les phénomènes dits d'attraction et les phénomènes électriques ; 2° des mouvements de translation destinés à activer les mouvements de rotation et à les provoquer ; 3° les mouvements vibratoires qui produisent la lumière et la chaleur ; 4° un mouvement de déplacement des axes déterminant le magnétisme ; 5° un mouvement de raccourcissement et d'allongement alternatifs des axes déterminant les contractions musculaires ; mouvements capables de se transformer les uns en les autres, mais ne s'éteignant jamais, aussi impossibles à concevoir en dehors de la matière qu'il est impossible de concevoir la matière sans eux ; mouvements éternels comme la matière, déterminant ses transformations incessantes, et donnant à ce corps unique, illimité dans son étendue, éternel dans sa durée, l'éther, les formes variables à l'infini des corps pondérables qui tombent sous nos sens.

Si l'on admet la théorie de l'éther et celle des atomes tourbillons que nous venons d'exposer, il est facile d'expliquer la différence de caractères des différents corps chimiques qui entrent dans la composition de l'univers par les différences qui peuvent exister dans le volume, la forme, la vitesse et la direction des mouvements des molécules pondérables ou atomes tourbillons, de même que les combinaisons et les décompositions chimiques trouvent une explication facile dans les mouvements de rotation ou de translation qui dissocient ou rapprochent les atomes tourbillons de différentes sortes.

Formation de la matière pondérable par l'éther. Évolution de la matière.

Il ne sera pas inutile de jeter un coup d'œil sur les procédés à l'aide desquels l'éther a pu former les éléments chimiques si nombreux qui entrent dans la composition des corps pondérables.

En admettant que l'évolution de la matière ait été ascendante, il est permis de supposer que l'univers a d'abord été constitué uniquement par de l'éther, dont les atomes se sont agrégés en certains points pour former des molécules pondérables. Celles-ci, en s'unissant, ont formé les corps que les chimistes considèrent comme simples. Ces derniers, en se mélangeant, donnèrent d'abord naissance à des corps complexes; puis, en se combinant, ils produisirent des corps chimiquement composés. Ce qui est incontestable, c'est que nous pouvons à volonté, d'une part, produire, à l'aide des corps dits simples, un nombre extrêmement considérable de corps plus ou moins complexes; d'autre part, modifier les propriétés physiques des corps simples ou composés, en changeant leur état moléculaire, par soustraction ou addition de calorique.

La simple modification de l'état moléculaire et le mélange ne produisent que des corps peu distincts par leurs propriétés de ceux qui leur ont donné naissance, tandis que les propriétés des corps produits par combinaison chimique sont toujours très différentes de celles des éléments qui ont servi à les former. Mélangeons, par exemple, de l'oxygène et de l'hydrogène dans une éprouvette, nous obtiendrons un corps gazeux dont les propriétés rappelleront encore beaucoup celles des deux gaz, sans cependant être tout à fait identiques. Mais si nous déterminons la combinaison chimique des deux gaz par le passage d'une étincelle électrique à travers l'éprouvette qui les contient, nous obtenons un corps liquide, l'eau, dont les propriétés sont totalement différentes de celles des gaz qui entrent dans sa composition. Nous pouvons encore mélanger ou combiner cette eau avec d'autres corps pour obtenir des substances nouvelles. En combinant, par exemple, un certain nombre de molécules d'eau avec des atomes de carbone, nous obtiendrons des substances dites ternaires, c'est-à-dire contenant trois corps simples : l'oxygène, l'hydrogène et le carbone. Ces corps ternaires eux-mêmes nous servent à faire avec l'azote des corps quaternaires, ou à quatre éléments simples, etc.

Nous pouvons même, ainsi que j'ai dit plus haut, modifier profondément les propriétés des corps simples ou composés sans altérer leur composition chimique, en leur enlevant ou en leur donnant de la chaleur, c'est-à-dire en modifiant leur état moléculaire. En voici un exemple bien connu : le soufre en bâton est dur, cassant, coloré en jaune clair, et formé de cristaux octaédriques. Quand on le fait fondre au feu, il se transforme d'abord en un liquide jaune clair, très fluide; mais, continuons à chauffer ce liquide, nous le verrons bientôt s'épaissir et se colorer en brun. A 250 degrés, il sera assez épais pour qu'on puisse retourner le vase qui le contient sans qu'il s'en échappe. Chauffons encore, et un quatrième état se montrera : le soufre redeviendra liquide. Versons ce liquide dans l'eau, il s'épaissit rapidement, reste mou et peut être étiré en longs fils minces. Abandonné à lui-même à la température des appartements, le soufre mou change encore une fois d'état; il se durcit peu à peu et prend à peu près les caractères extérieurs qu'il avait avant la série d'expériences que nous venons de faire, mais il perd de la chaleur et se montre formé de prismes. Il diffère donc par sa structure intime du soufre dur qui lui a donné naissance ; cependant, au bout d'un temps plus ou moins long, il aura perdu une nouvelle quantité de chaleur et il se montrera formé de cristaux octaédriques ; enfin, nous pouvons, en lui donnant une grande quantité de chaleur, l'obtenir à l'état de vapeur. Je pourrais passer en revue autant de corps simples ou composés qu'il me plairait de choisir, on les verrait acquérir des propriétés différentes en changeant d'état moléculaire sous l'influence d'une soustraction ou d'une addition de chaleur.

N'est-il pas permis de conclure de ces faits que la différence des propriétés n'est pas un motif suffisant de conclure à la diversité de composition? Et ne pouvons-nous pas logiquement en déduire qu'un même corps, l'éther, en associant ses atomes de diverses façons, a pu produire tous les corps regardés comme simples par les chimistes. Or, nous savons que par le mélange et la combinaison des corps simples, nous pouvons produire tous les corps composés de l'univers, corps se manifestant à nous par des propriétés physiques et chimiques différentes.

Faisons un pas de plus dans cette voie. En s'appuyant sur leurs propriétés ainsi que sur la nature et le nombre de leurs éléments constituants, on a divisé tous les corps composés que nous connaissons en deux grands groupes, sous les noms de *corps inorganiques* et *corps organiques*. Les premiers peuvent être dépourvus de carbone, les seconds en contiennent toujours ; les premiers sont relativement stables, c'est-à-dire qu'ils ne se décomposent que difficilement ; les seconds sont instables, ils se décomposent avec une très grande facilité. Les uns et les autres peuvent être formés de deux, de trois ou d'un nombre plus grand et très variable d'éléments simples ou composés. Dans les corps organiques cependant, il n'entre, en général, qu'un petit nombre de corps simples ; le carbone et l'hydrogène, qui ne font jamais défaut, suffisent, avec l'azote et l'oxygène (auxquels s'ajoutent parfois le fer, le soufre et le phosphore), pour former un nombre indéfini de corps organiques qui diffèrent les uns des autres, soit par la quantité d'atomes de chacun d'eux, soit par le mode d'arrangement de ces atomes.

Les propriétés de ces corps sont d'autant plus variées et leur tendance à subir des modifications est d'autant plus grande que le nombre des atomes constituant la molécule est plus considérable et que leur arrangement est plus complexe. Ainsi, les propriétés d'un corps organique binaire, dont la molécule contient seulement des atomes de carbone et d'hydrogène, sont moins nombreuses et moins variées que celles d'un corps ternaire dont la molécule renferme du carbone, de l'hydrogène et de l'oxygène ; la stabilité de la molécule ternaire est également moindre que celle de la molécule binaire. De même les corps formés des quatre éléments : carbone, hydrogène, oxygène et azote, corps parmi lesquels figurent les substances organiques les plus complexes, celles qui ont reçu le nom de *matières albuminoïdes*, les substances quaternaires, dis-je, sont encore moins stables que toutes les précédentes et jouissent de propriétés en apparence plus complexes. Les matières albuminoïdes ont une instabilité telle qu'on n'a pu encore déterminer leur formule chimique.

Si nombreux et si différents que soient les corps organiques, ils ne sont formés, on le voit, que des mêmes corps simples qui entrent dans la composition des corps inorganiques; ils ne se distinguent donc de ces derniers par aucun caractère primordial.

En résumé, par l'évolution d'un seul corps simple, l'éther, nous pouvons concevoir la genèse de tous les corps qui entrent dans la constitution de l'univers.

V

LA MATIÈRE VIVANTE ET LES ÊTRES VIVANTS. IDÉES DE BUFFON. IDÉES MODERNES.

Tous les corps dont nous venons de parler, depuis l'éther jusqu'aux matières albuminoïdes, ne possèdent que des propriétés d'ordre physique et chimique; ils ne vivent pas. Mais il y a dans l'univers d'autres corps qui semblent être doués, en outre, de propriétés spéciales, auxquelles on donne l'épithète de *biologiques*. On dit de ces corps qu'ils sont *vivants*.

J'ai à peine besoin de rappeler que l'on a, de tout temps, établi entre ces deux sortes de corps un abîme si profond et si large que la plupart des philosophes et même des naturalistes l'ont considéré comme infranchissable.

Idées de Buffon.

Voyons ce qu'en pensait Buffon. Le savant naturaliste réagit manifestement contre les idées répandues à son époque sur ce sujet. Il cherche les relations qui peuvent exister entre les êtres vivants et la matière brute. Il admet une sorte de matière intermédiaire formée de « molécules organiques et vivantes », indestructibles comme les molécules de la matière brute, s'associant à ces dernières pour comparer le corps des végétaux et des animaux, redevenant libres après la mort de ces êtres et servant à en constituer de nouveaux. Enfin, il considère la vie comme une propriété physique de la matière.

« Ces erreurs où l'on pouvait tomber, écrit-il (1), en comparant la forme des plantes à celle des animaux, ne porteront jamais que sur un petit nombre de sujets qui sont la mesure entre les deux ; et plus on fera d'observations plus on se convaincra qu'entre les animaux et les végétaux le Créateur *n'a pas mis un terme fixe ;* que ces deux genres d'êtres organisés ont beaucoup plus de propriétés communes que de différences réelles ;... qu'enfin *le vivant et l'animé*, au lieu d'être un degré métaphysique des êtres, *est une propriété physique de la matière.* »

(1) *Comparaison des animaux et des végétaux*, t. IV, p. 152.

Dans son mémoire sur la génération, après avoir parlé des spermatozoïdes des animaux, il émet l'opinion que non seulement les spermatozoïdes, mais encore les « corps mouvants qui se trouvent dans la chair infusée des animaux et dans les graines et les autres parties infusées des plantes », c'est-à-dire les infusoires des zoologistes modernes, sont des êtres intermédiaires à la fois aux animaux, aux végétaux et aux minéraux. C'est là une grave erreur, incontestablement, mais elle montre combien Buffon était préoccupé par l'idée de rattacher toutes les formes de la matière les unes aux autres.

Je crois utile de reproduire les pages magnifiques, à plus d'un égard, qu'il écrit à ce propos ; elles montreront quelle puissance de divination il y avait dans ce hardi génie (1). « On me demandera sans doute pourquoi je ne veux pas que ces corps mouvants (les spermatozoïdes) qu'on trouve dans les liqueurs séminales soient des animaux, puisque tous ceux qui les ont observés les ont regardés comme tels, et que Leeuwenhoek et les autres observateurs s'accordent à les appeler animaux, qu'il ne paraît même pas qu'ils aient eu le moindre doute, le moindre scrupule sur cela. On pourrait me dire aussi qu'on ne conçoit pas trop ce que c'est que des parties organiques vivantes, à moins que de les regarder comme des animalcules, et que de supposer qu'un animal composé de petits animaux est à peu près la même chose que de dire qu'un être organisé est composé de parties organiques vivantes. Je vais tâcher de répondre à ces questions d'une manière satisfaisante.

» Il est vrai que presque tous les observateurs se sont accordés à regarder comme des animaux les corps mouvants des liqueurs séminales, et qu'il n'y a guère que ceux qui, comme Verheyen, ne les avaient pas observées avec de bons microscopes, qui ont cru que le mouvement qu'on voyait dans ces liqueurs pouvait provenir des esprits de la semence qu'ils supposaient être en grande agitation ; mais il n'est pas moins certain, tant par mes observations que par celles de M. Needham sur la semence du calmar, que ces corps en mouvement des liqueurs séminales sont des êtres plus simples et moins organisés que les animaux.

» Le mot *animal*, dans l'acception où nous le prenons ordinairement, représente une idée générale, formée des idées particulières qu'on s'est faites de quelques animaux particuliers : toutes les idées générales renferment des idées différentes qui approchent ou diffèrent plus ou moins les unes des autres, et par conséquent aucune idée générale ne peut être exacte ni précise ; l'idée générale que nous nous sommes formée de l'animal sera, si vous voulez, prise principalement de l'idée particulière du chien, du cheval et d'autres bêtes qui nous paraissent avoir de l'intelligence, de la volonté, qui semblent se déterminer et se mouvoir suivant cette volonté, et qui de

(1) *De la génération des animaux*, t. IV, p. 288.

plus sont composées de chair et de sang, qui cherchent et prennent leur nourriture, qui ont des sens, des sexes et la faculté de se reproduire. Nous joignons donc ensemble une grande quantité d'idées particulières, lorsque nous nous formons l'idée générale que nous exprimons par le mot *animal*, et l'on doit observer que dans le grand nombre de ces idées particulières, il n'y en a pas une qui constitue l'essence de l'idée générale; car il y a, de l'aveu de tout le monde, desanimaux qui paraissent n'avoir aucune intelligence, aucune volonté, aucun mouvement progressif; il y en a qui n'ont ni chair ni sang, et qui ne paraissent qu'une glaire congelée, il y en a qui ne peuvent chercher leur nourriture et qui ne la reçoivent que de l'élément qu'ils habitent; enfin il y en a qui n'ont point de sens, pas même celui du toucher, au moins à un degré qui nous soit sensible; il y en a qui n'ont point de sexes, ou qui les ont tous deux, et il ne reste de général à l'animal que ce qui lui est commun avec le végétal, c'est-à-dire la faculté de se reproduire. C'est donc du tout ensemble qu'est composée l'idée générale, et ce tout étant composé de parties différentes, il y a nécessairement entre ces parties des degrés et des nuances; un insecte, dans ce sens, est quelque chose de moins animal qu'un chien; une huître est encore moins animale qu'un insecte; une ortie de mer, ou un polype d'eau douce, l'est encore moins qu'une huître; et comme la nature va par nuances insensibles, nous devons trouver des êtres qui sont encore moins animaux qu'une ortie de mer ou un polype. Nos idées générales ne sont que des méthodes artificielles que nous nous sommes formées pour rassembler une grande quantité d'objets dans le même point de vue, et elles ont comme les méthodes artificielles dont nous avons parlé (*Discours I*), le défaut de ne pouvoir jamais tout comprendre; elles sont de même opposées à la marche de la nature, qui se fait uniformément, insensiblement et toujours particulièrement : en sorte que c'est pour vouloir comprendre un trop grand nombre d'idées particulières dans un seul mot, que nous n'avons plus une idée claire de ce que ce mot signifie, parce que ce mot étant reçu, on s'imagine que ce mot est une ligne qu'on peut tirer entre les productions de la nature, que tout ce qui est au-dessus de cette ligne est en effet *animal*, et que tout ce qui est au-dessous ne peut être que *végétal*, autre mot aussi général que le premier, qu'on emploie de même comme une ligne de séparation entre les corps organisés et les corps bruts. Mais, comme nous l'avons déjà dit plus d'une fois, ces lignes de séparation n'existent point dans la nature : il y a des êtres qui ne sont ni animaux, ni végétaux, ni minéraux, et qu'on tenterait vainement de rapporter aux uns ou aux autres : par exemple, lorsque M. Trembley, cet auteur célèbre de la découverte des animaux qui se multiplient par chacune de leurs parties détachées, coupées ou séparées, observa pour la première fois le polype de la lentille d'eau, combien employa-t-il de temps pour reconnaître si ce polype était un animal ou une plante! et combien n'eut-il pas sur cela de doutes et d'incertitudes ! C'est qu'en effet le polype de la lentille n'est peut-être ni l'un ni l'autre, et que tout ce qu'on en peut dire, c'est qu'il approche un peu plus de l'animal que du végétal ; et comme on veut absolument que tout être vivant soit un animal ou une plante, on croirait n'avoir pas bien connu un être organisé, si on ne le rapportait pas à l'un ou l'autre de ces noms généraux, tandis qu'il doit y avoir, et qu'en effet il y a une grande quantité d'êtres organisés qui ne sont ni l'un ni l'autre. Les corps mouvants que l'on trouve dans les liqueurs séminales, dans la chair infusée des animaux et dans les graines et les autres parties infusées des plantes, sont de cette espèce ; on ne peut pas dire que ce soient des animaux, on ne peut pas dire que ce soient des végétaux, et assurément on dira encore moins que ce sont des minéraux.

» On peut donc assurer, sans crainte de trop avancer, que la grande division des productions de la nature en *animaux*, *végétaux* et *minéraux*, ne contient pas tous les êtres matériels ; il existe, comme on vient de le voir, des corps organisés qui ne sont pas compris dans cette division. Nous avons dit que la marche de la nature se fait par des degrés nuancés et souvent imperceptibles ; aussi passe-t-elle, par des nuances insensibles, de l'animal au végétal ; mais du végétal au minéral le passage est brusque, et cette loi de n'aller que par degrés nuancés paraît se démentir. Cela m'a fait soupçonner qu'en examinant de près la nature, on viendrait à découvrir des êtres intermédiaires, des corps organisés qui, sans avoir, par exemple, la puissance de se reproduire comme les animaux et les végétaux, auraient cependant une espèce de vie et de mouvement ; d'autres êtres qui, sans être des animaux ou des végétaux, pourraient bien entrer dans la constitution des uns et des autres ; et enfin d'autres êtres qui ne seraient que le premier assemblage des molécules organiques dont j'ai parlé dans les chapitres précédents. »

Les « particules organiques » de Buffon.

Dans son Discours sur la figuration des minéraux (1), il développe cette idée que certaines substances minérales, dont il fait sa troisième classe des minéraux, sont mélangées de particules organiques « toujours actives », provenant des animaux et des végétaux morts. Il donne aux minéraux qui contiennent ces particules organiques le nom de « matière ductile ». Cette dernière, « pénétrée et travaillée dans les trois dimensions » par l'attraction et la chaleur, prend la forme d'un « germe organisé » qui n'aura plus qu'à se développer dans les trois dimensions, c'est-à-dire en longueur, en largeur et en profondeur, pour devenir un végétal ou un animal. Quant aux molécules organiques, il admet qu'elles proviennent de la transformation de certaines portions de la « matière brute ». L'animal et le végétal sont formés non seulement de molécules organiques, mais encore « d'une petite portion de matière ductile » ; après la mort, celle-ci retourne à la masse brute de

(1) T. II, p. 466.

l'univers, tandis que les molécules organiques servent à former d'autres êtres vivants. Je crois utile de citer ses propres paroles :

« La troisième classe contient les substances calcinables, les terres végétales, et toutes les matières formées du détriment et des dépouilles des animaux et des végétaux, par l'action ou l'intermède de l'eau, dont les grandes masses sont les rochers et les bancs des marbres, des pierres calcaires, des craies, des plâtres, et la couche universelle de terre végétale qui couvre la surface du globe, ainsi que les couches particulières de tourbes, de bois fossiles et de charbons de terre qui se trouvent dans son intérieur.

» C'est surtout dans cette troisième classe que se voient tous les degrés et toutes les nuances qui remplissent l'intervalle entre la matière brute et les substances organisées ; et cette matière intermédiaire, pour ainsi dire mi-partie de brut et d'organique, sert également aux productions de la nature active dans les deux empires de la vie et de la mort ; car comme la terre végétale et toutes les substances calcinables contiennent beaucoup plus de parties organiques que les autres matières produites ou dénaturées par le feu, ces parties organiques, toujours actives, ont fait de fortes impressions sur la matière brute et passive, elles en ont travaillé toutes les surfaces et quelquefois pénétré l'épaisseur ; l'eau développe, délaie, entraîne et dépose ces éléments organiques sur les matières brutes : aussi la plupart des minéraux figurés ne doivent leurs différentes formes qu'au mélange et aux combinaisons de cette matière active avec l'eau qui lui sert de véhicule. Les productions de la nature organisée qui, dans l'état de vie et de végétation, représentent sa force et font l'ornement de la terre, sont encore, après la mort, ce qu'il y a de plus noble dans la nature brute ; les détriments des animaux et des végétaux conservent des molécules organiques actives qui communiquent à cette matière passive les premiers traits de l'organisation en lui donnant la forme extérieure. Tout minéral figuré a été travaillé par ces molécules organiques, provenant du détriment des êtres organisés ou par les premières molécules organiques existant avant leur formation : ainsi les minéraux figurés tiennent tous de près ou de loin à la nature organisée ; et il n'y a de matières entièrement brutes que celles qui ne portent aucun trait de figuration, car l'organisation a, comme toute autre qualité de la matière, ses degrés et ses nuances dont les caractères les plus généraux, les plus distincts et les résultats les plus évidents, sont la vie dans les animaux, la végétation dans les plantes et la figuration dans les minéraux.

» Le grand et premier instrument avec lequel la nature opère toutes ses merveilles est cette force universelle, constante et pénétrante dont elle anime chaque atome de matière en leur imprimant une tendance mutuelle à se rapprocher et s'unir ; son autre grand moyen est la chaleur, et cette seconde force tend à séparer tout ce que la première a réuni ; néanmoins elle lui est subordonnée, car l'élément du feu, comme toute autre matière, est soumis à la puissance générale de la force attractive : celle-ci est d'ailleurs également répartie dans les substances organisées comme dans les matières brutes; elle est toujours proportionnelle à la masse, toujours présente, sans cesse active ; elle peut travailler la matière dans les trois dimensions à la fois, dès qu'elle est aidée de la chaleur, parce qu'il n'y a pas un point qu'elle ne pénètre à tout instant, et que par conséquent la chaleur ne puisse étendre et développer dès qu'elle se trouve dans la proportion qu'exige l'état des matières sur lesquelles elle opère : ainsi par la combinaison de ces deux forces actives, la matière ductile, pénétrée et travaillée dans tous ses points, et par conséquent dans les trois dimensions à la fois, prend la forme d'un germe organisé qui bientôt deviendra vivant ou végétant par la continuité de son développement et de son extension proportionnelle en longueur, largeur et profondeur. »

En réalité, la seule différence que Buffon établisse entre les minéraux de sa troisième classe réside dans la proportion de « molécules organiques » qu'ils contiennent. C'est uniquement parce que les matières minérales de cette catégorie contiennent moins de « molécules organiques » que les corps vivants, qu'elles ne jouissent pas des mêmes propriétés que ces derniers. Si le minéral ne se reproduit pas de lui-même, c'est « parce qu'il n'a point de molécules organiques superflues qui puissent être renvoyées pour la reproduction » (1). Si le minéral ne s'accroît que par juxtaposition (ce qui, disons-le en passant, n'est pas tout à fait exact), tandis que l'animal et le végétal se nourrissent et s'accroissent par intussusception, c'est parce que dans les minéraux le travail d'accroissement n'est accompli que « par un petit nombre de molécules organiques qui, se trouvant surchargées de la matière brute, ne peuvent en arranger que les parties superficielles, sans en pénétrer l'intérieur, pour en disposer le fond, et par conséquent sans pouvoir animer cette masse minérale d'une vie animale ou végétative » (2). Mais la forme des minéraux, leur « figuration », pour me servir du terme employé par Buffon, est déterminée par les molécules organiques qu'ils renferment. « Les prismes du cristal, les rhombes des spaths calcaires, les cubes du sel marin, les aiguilles du nitre, etc., et toutes les figures anguleuses, régulières ou irrégulières des minéraux, sont tracées par le mouvement des molécules organiques, et particulièrement par les molécules qui proviennent du résidu des animaux et végétaux dans les matières calcaires, et dans celles de la couche universelle de terre végétale qui couvre la superficie du globe; c'est donc à ces matières mêlées d'organique et de brut que l'on doit rapporter l'origine primitive des minéraux figurés.

» Ainsi toute décomposition, tout détriment de matière animale ou végétale, sert non seulement à la nutrition, au développement et à la reproduction

(1) *Discours sur la figuration des minéraux*, t. II, p. 469.
(2) *Ibid.*, t. II, p. 469.

des êtres organisés; mais cette même matière active opère encore comme cause efficiente la figuration des minéraux : elle seule par son activité différemment dirigée, suivant les résistances de la matière inerte, peut donner la figure aux parties constituantes de chaque minéral, et il ne faut qu'un très petit nombre de molécules organiques pour imprimer cette trace superficielle d'organisation dans le minéral, dont elles ne peuvent travailler l'intérieur; et c'est par cette raison que ces corps étant toujours bruts dans leur substance, ils ne peuvent croître par la nutrition comme les êtres organisés, dont l'intérieur est actif dans tous les points de la masse, et qu'ils n'ont que la faculté d'augmenter de volume par une simple agrégation superficielle de leurs parties. »

Le « moule intérieur » de Buffon.

Quant à la forme des animaux et des végétaux, Buffon l'attribue à ce qu'il appelle le « moule intérieur ». « Le germe de l'animal ou du végétal étant, dit-il (1), formé par la réunion des molécules organiques avec une petite portion de matière ductile, ce moule intérieur, une fois donné et bientôt développé par la nutrition, suffit pour communiquer son empreinte, et rendre sa même force à perpétuité par toutes les voies de la reproduction et de la génération, au lieu que, dans le minéral, il n'y a point de germe, point de moule intérieur capable de se développer par la nutrition, ni de transmettre sa forme par la reproduction. »

Les commentateurs de Buffon ont beaucoup raillé son « moule intérieur », sans doute parce qu'ils ont pris ce terme avec sa signification grammaticale. Il est bien manifeste, d'après le passage ci-dessus, que sous la plume de Buffon il indique la forme de l'espèce animale ou végétale, l'ensemble des caractères qui se transmettent par la reproduction et qui se développent en même temps que l'animal ou le végétal, grâce à la nutrition. Mais Buffon est dans l'erreur quand il refuse ce « moule intérieur » aux corps non vivants, aux minéraux. Chaque espèce de minéral présente, en effet, comme les espèces animales et végétales, un ensemble de caractères morphologiques, chimiques, physiques, etc.. absolument constants. Ainsi, le sel marin cristallise toujours en cube, et les cubes s'accolent toujours les uns aux autres, de manière à former des pyramides quadrangulaires, creuses à l'intérieur et à parois formant des gradins, tandis que le sulfate de soude cristallise toujours en prismes allongés, à quatre pans, terminés par des pyramides. Nous montrerons plus bas que le minéral ou, pour parler comme Buffon, le « moule intérieur » de chaque minéral est susceptible de s'accroître par des procédés assez analogues à la nutrition des animaux et des végétaux.

Résumé des idées de Buffon sur l'origine de la matière vivante.

En résumé, Buffon admet que certaines parties de la matière brute se sont transformées en molécules organiques, que celles-ci forment par leur alliance avec la matière brute la matière ductile, et que le corps des ani-

(1) *Discours sur la figuration des minéraux*, t. II, p. 467.

maux et des végétaux est formé par l'agrégation de molécules organiques unies à une petite partie de matière ductile. Cette dernière établit donc une transition entre la matière brute et la matière vivante. Il nous reste à examiner de quelle façon il explique l'accroissement des animaux et des végétaux, et leur perpétuation.

Le développement des êtres vivants d'après Buffon.

Les pages qu'il a écrites sur la première de ces questions figurent parmi les plus remarquables de son œuvre. Dans son chapitre relatif à la *nutrition et au développement* (1), il montre que le développement des animaux et des végétaux est dû à la pénétration, par intussusception, dans toutes les parties de leur organisme, des matériaux fournis par la nutrition; mais il se trompe, quand il ajoute que les seuls matériaux qui soient susceptibles de servir à cet accroissement sont les molécules organiques contenues dans les aliments.

« Le corps d'un animal, dit-il (2), est une espèce de moule intérieur (3), dans lequel la matière qui sert à son accroissement se modèle et s'assimile au total; de manière que, sans qu'il arrive aucun changement à l'ordre et à la proportion des parties, il en résulte cependant une augmentation dans chaque partie prise séparément, et c'est par cette augmentation de volume qu'on appelle développement, parce qu'on a cru en rendre raison en disant que l'animal étant formé en petit comme il l'est en grand, il n'était pas difficile de concevoir que ses parties se développaient à mesure qu'une matière accessoire venait augmenter proportionnellement chacune de ses parties... Ce qui prouve que ce développement ne peut pas se faire, comme on se le persuade ordinairement, par la seule addition aux surfaces, et qu'au contraire il s'opère par une susception intime et qui pénètre la masse, c'est que dans la partie qui se développe, le volume et la masse augmentent proportionnellement et sans changer de forme; dès lors il est nécessaire que la matière qui sert à ce développement pénètre, par quelque voie que ce puisse être, l'intérieur de la partie et la pénètre dans toutes les dimensions, et cependant il est, en même temps, tout aussi nécessaire que cette pénétration de substance se fasse dans un certain ordre et avec une certaine mesure, telle qu'il n'arrive pas plus de substance à un point de l'intérieur qu'à un autre point, sans quoi certaines parties du tout se développeraient plus vite que d'autres, et dès lors la forme serait altérée. » Insistant ici sur son « moule intérieur », il ajoute : « Or, que peut-il y avoir qui prescrive, en

(1) Buffon, t. IV, p. 168.

(2) *Ibid.*, t. IV, p. 168.

(3) Ce terme « une espèce de moule intérieur » montre bien que, comme je l'ai fait observer plus haut, il ne faut pas entendre le « moule intérieur » de Buffon dans son sens vulgaire. Il aurait pu le supprimer sans inconvénient; il ne s'en sert que comme d'un moyen de traduire sa pensée par l'image d'un objet tangible. Sa pensée, il n'est pas permis d'en douter, est celle-ci : chaque corps a une forme propre, et l'accroissement de ses diverses parties se fait d'une façon si intime que cette forme ne subit aucune modification.

effet, à la matière accessoire cette règle, et qui la contraigne à arriver également et proportionnellement à tous les points de l'intérieur, si ce n'est le moule intérieur ? » Il nous montre ensuite le « moule intérieur » s'accroissant par intussusception de la matière venue du dehors.

« Il nous paraît donc certain, dit-il, que le corps de l'animal ou du végétal est un moule intérieur qui a une forme constante, mais dont la masse et le volume peuvent augmenter proportionnellement et que l'accroissement, ou, si l'on veut, le développement de l'animal ou du végétal, ne se fait que par l'extension de ce moule dans toutes ses dimensions extérieures et intérieures, que cette extension se fait par l'intussusception d'une matière accessoire et étrangère qui pénètre dans l'intérieur, qui *devient semblable à la forme et identique* avec la matière du moule. »

Il se demande ensuite « de quelle nature est cette matière que l'animal ou le végétal assimile à sa substance? Quelle peut être la force ou la puissance qui donne à cette matière l'activité et le mouvement nécessaires pour qu'elle pénètre le moule intérieur? » Et il ajoute : « S'il existe une telle puissance, ne serait-ce pas par une puissance semblable que le moule intérieur lui-même pourrait être reproduit? »

A la première question, il répond : « Nous ferons voir qu'il existe dans la nature une infinité de parties organiques vivantes, que les êtres organisés sont composés de ces parties organiques, que leur production ne coûte rien à la nature, puisque leur existence est constante et invariable, que les causes de destruction ne font que les séparer sans les détruire : ainsi, la matière que l'animal ou le végétal assimile à sa substance est une matière organique qui est de la même nature que celle de l'animal ou du végétal, laquelle par conséquent peut augmenter la masse et le volume sans en changer la forme et sans altérer la qualité de la matière du moule puisqu'elle est en effet de la même forme et de la même qualité que celle qui le constitue; ainsi dans la quantité d'aliments que l'animal prend pour soutenir sa vie et pour entretenir le jeu de ses organes, et dans la sève que le végétal tire par ses racines et par ses feuilles, il y en a une grande partie qu'il rejette par la transpiration, les sécrétions et les autres voies excrétoires, et il n'y en a qu'une petite portion qui sert à la nourriture intime des parties et à leur développement : il est très vraisemblable qu'il se fait dans le corps de l'animal ou du végétal une séparation des parties brutes de la matière des aliments et des parties organiques, que les premières sont emportées par les causes dont nous venons de parler, qu'il n'y a que les parties organiques qui restent dans le corps de l'animal ou du végétal, et que la distribution s'en fait au moyen de quelque puissance active qui les porte à toutes les parties dans une proportion exacte, et telle qu'il n'en arrive ni plus ni moins qu'il ne faut pour que la nutrition, l'accroissement ou le développement se fasse d'une manière à peu près égale. »

J'ai à peine besoin de faire remarquer combien est erronée la réponse que fait Buffon à la première question. Il est entraîné dans l'erreur par sa théorie des « molécules vivantes », théorie elle-même inspirée par les préjugés des savants de cette époque, qui ne pouvaient concevoir rien de commun entre la matière morte et la matière vivante, mais rendue excusable par l'ignorance dans laquelle on se trouvait alors de toutes les questions résolues depuis un siècle par la chimie. Certes, si Buffon avait connu les innombrables et incessantes transformations que les corps organiques subissent sous l'influence des causes, en apparence les plus minimes; s'il avait su avec quelle facilité l'albumine, par exemple, se modifie sous l'influence d'une augmentation ou d'une diminution de calorique, sous celle d'un acide ou d'une base même très dilués, etc.; s'il avait su, par quelle série de transformations les corps ternaires les plus connus, l'alcool, l'amidon, le sucre, sont susceptibles de passer; il aurait laissé de côté ses inutiles et embarrassantes « molécules organiques », et il n'aurait pas manqué de nous montrer les aliments pris par l'animal se transformant en principes chimiques analogues à ceux qui composent son organisme.

Diderot se montrait plus hardi que son compatriote, lorsqu'il écrivait dans son *Entretien entre d'Alembert et Diderot* (1) cette merveilleuse page où il montre le marbre d'une statue de Falconnet, brisée et réduite en poudre dans un mortier, puis semée sur le sol, se transformant en humus, celui-ci devenant fève ou pois, et le légume se faisant chair, en servant à l'alimentation de l'homme. — *D'Alembert :* « Je voudrais bien que vous me disiez quelle différence vous mettez entre l'humus et la statue, entre le marbre et la chair »; et Diderot de répondre : « Assez peu. On fait du marbre avec de la chair et de la chair avec du marbre... Je prends la statue que vous voyez et je la mets dans un mortier, et... lorsque le bloc de marbre est réduit en une poudre impalpable, je mêle cette poudre à l'humus ou terre végétale; je les pétris bien ensemble; j'arrose le mélange; je le laisse putréfier un an, deux ans, un siècle, le temps ne me fait rien. Lorsque le tout s'est transformé en une matière homogène, ou humus, savez-vous ce que je fais? J'y sème des pois, des fèves, des choux. Les plantes se nourrissent de la terre et je me nourris des plantes. » D'Alembert réplique : « Vrai ou faux, j'aime ce passage du marbre à l'humus, de l'humus au règne végétal et du règne végétal au règne animal, à la chair. »

La solution que le hardi philosophe avait entrevue dans ce dialogue si humoristique, il était réservé à la science moderne de la formuler. C'est à elle qu'il appartenait de démontrer l'exactitude de ce mot en apparence si paradoxal : « avec du marbre on fait de la chair. » Que faut-il pour cela? Qu'un végétal vert croisse au soleil, dans un terrain formé de quelques

(1) *Œuvres complètes*, édit. d'Assézat, t. II, p. 108.

sels minéraux suffisamment azotés. Ce végétal empruntant au sol, par ses racines, de l'eau et de l'azote, tandis que ses feuilles puiseront dans l'atmosphère de l'acide carbonique, il se produira dans ses cellules vertes une série de combinaisons de l'azote avec le carbone, l'oxygène et l'hydrogène, desquelles résultera finalement une matière vivante, le protoplasma végétal. Qu'un animal dévore la plante ainsi produite par la combinaison de matériaux purement inorganiques, et il y trouvera tous les éléments nécessaires à la formation des cellules, des tissus, des organes si multiples de son corps. Je ne veux pas m'attarder plus longtemps sur cette question, qui m'entraînerait beaucoup trop loin, si je voulais la traiter avec les détails qu'elle comporte; je reviens à Buffon.

La deuxième question relative à la nutrition et au développement des êtres vivants qu'il a posée est la suivante : « Quelle peut être la puissance active qui fait que la matière organique pénètre le moule intérieur et se joint, ou plutôt s'incorpore intimement avec lui? » La réponse qu'il y fait est très curieuse (1) : « Il paraît, par ce que nous avons dit dans le chapitre précédent, qu'il existe dans la nature, des forces, comme celle de la pesanteur, qui sont relatives à l'intérieur de la matière, et qui n'ont aucun rapport avec les qualités extérieures des corps, mais qui agissent sur les parties les plus intimes et qui les pénètrent dans tous les points; ces forces, comme nous l'avons prouvé, ne pourront jamais tomber sous nos sens, parce que leur action se faisant sur l'intérieur des corps, et nos sens ne pouvant nous représenter que ce qui se fait à l'extérieur, elles ne sont pas du genre des choses que nous puissions apercevoir; il faudrait pour cela que nos yeux, au lieu de nous représenter les surfaces, fussent organisés de façon à nous représenter les masses des corps, et que notre vue pût pénétrer dans leur structure et dans la composition intime de la matière; il est donc évident que nous n'aurons jamais d'idée nette de ces forces pénétrantes, ni de la manière dont elles agissent; mais en même temps il n'est pas moins certain qu'elles existent, que c'est par leur moyen que se produisent la plus grande partie des effets de la nature, et qu'on doit en particulier leur attribuer l'effet de la nutrition et du développement, puisque nous sommes assurés qu'il ne se peut faire qu'au moyen de la pénétration intime du moule intérieur; car de la même façon que la force de la pesanteur pénètre à l'intérieur de toute matière, de même la force qui pousse ou qui attire les parties organiques de la nourriture pénètre aussi dans l'intérieur des corps organisés et les y fait entrer par son action; et comme ces corps ont une certaine forme que nous avons appelée le *moule intérieur*, les parties organiques, poussées par l'action de la force pénétrante, ne peuvent y pénétrer que dans un certain ordre relatif à cette forme, ce qui, par conséquent, ne la peut pas chan-

(1) BUFFON, t. IV, p. 170.

ger, mais seulement en augmenter toutes les dimensions, tant extérieures qu'intérieures, et produire ainsi l'accroissement des corps organisés et leur développement. »

Dégagée des longues périphrases qui l'obscurcissent, la pensée de Buffon peut être résumée de la façon suivante : « Il existe dans les organismes vivants une force très analogue à la pesanteur qui détermine la pénétration des matériaux venus du dehors entre les molécules préexistantes du corps de l'animal et qui provoque ainsi l'accroissement du corps. »

La nutrition et le développement sont des phénomènes mécaniques.

Cette opinion est très remarquable en ce qu'elle explique les phénomènes d'assimilation et d'accroissement consécutif qui se produisent chez les êtres vivants aux phénomènes purement physiques dont la matière inorganique est le siège. Pour moderniser, en quelque sorte, l'opinion de Buffon, il suffit de remplacer sa prétendue force par les mouvements moléculaires dont nous avons si longuement parlé plus haut, mouvements auxquels, dans le cas actuel, les physiciens et les chimistes ont donné des noms spéciaux : l'endosmose et l'affinité, et qu'ils ont voulu considérer comme des forces spéciales. Qu'est-ce que l'endosmose? simplement le fait par lequel les molécules d'un liquide traversent une membrane animale ou végétale; or ce fait est très facile à expliquer si l'on admet que les atomes pondérables sont en mouvement incessant de rotation et de translation et qu'ils sont séparés les uns des autres par des espaces remplis d'éther. Rappelons-nous que les atomes pondérables des gaz et des liquides sont doués d'un mouvement de translation très énergique, et nous comprendrons qu'ils puissent aisément traverser les corps solides. Par là aussi s'explique la pénétration des atomes des aliments ou de leurs produits de transformation jusque dans la profondeur des tissus et dans la cavité des cellules. Quant à l'affinité chimique, nous savons qu'elle a sa cause, comme la pesanteur, dans la pression que l'éther exerce sur les atomes pondérables. A l'aide de ces deux sortes de mouvements, endosmose et affinité, nous expliquons sans difficulté tous les faits d'assimilation et d'accroissement qu'offrent les êtres vivants.

La reproduction d'après Buffon.

Je passe à la troisième question. Celle-ci est relative à la reproduction des êtres vivants. Buffon se demande si la puissance qui détermine l'accroissement du « moule intérieur », c'est-à-dire l'accroissement de l'animal sans changement dans la forme, ne préside pas également à la perpétuation de cette forme dans l'acte de la reproduction. Il répond : « Non seulement c'est une puissance semblable, mais il paraît que c'est la même puissance qui cause le développement et la reproduction. » Expliquant sa pensée, il ajoute une hypothèse nouvelle à celles qu'il a déjà imaginées : il suppose qu'il y a dans le corps des animaux « quelque partie semblable au tout » virtuellement, sans doute, capable, en se développant, de « devenir elle-même un corps organisé tout semblable à celui dont elle fait actuellement partie ». Il ajoute :

« Cette partie, dont la forme intérieure et extérieure est semblable à celle du corps entier, ne se développant que comme partie dans ce premier développement, elle ne présentera pas à nos yeux une figure sensible que nous puissions comparer actuellement avec le corps entier ; mais si on la sépare de ce corps et qu'elle trouve de la nourriture, elle commencera à se développer comme corps entier et nous offrira bientôt une forme semblable tant à l'extérieur qu'à l'intérieur, et deviendra par ce second développement un un être de la même espèce que le corps dont elle aura été séparée ; ainsi dans les saules et les polypes, comme il y a plus de parties organiques semblables au tout que d'autres parties, chaque morceau de saule ou de polype qu'on retranche du corps entier devient un saule ou un polype par ce second développement. »

La dernière phrase de cette citation montre par quelle filière d'idées Buffon était parvenu à concevoir son hypothèse des « parties organiques semblables au tout ». Il a remarqué que tout rameau de saule mis en terre reproduit un saule semblable à celui dont on l'a détaché ; il a appris par les expériences célèbres de Trembley qu'une portion du corps d'un polype d'eau douce peut se développer en un animal semblable au premier ; il en conclut que les animaux et les végétaux contiennent des parties ayant virtuellement toutes les qualités de l'organisme entier ; mais, sachant fort bien que tous les êtres ne se reproduisent pas avec la même facilité ; que de la patte d'un hanneton ou d'un chien, par exemple, ne peut naître ni un hanneton ni un chien, tandis que toute branche d'un saule peut donner un saule ; il admet que les « parties semblables au tout » sont d'autant plus nombreuses que l'organisme est plus simple. « Un corps organisé, dit-il, dont toutes les parties seraient semblables à lui-même, est un corps dont l'organisation est la plus simple de toutes, car ce n'est que la répétition de la même forme et une composition de figures semblables toutes organisées de même, et c'est par cette raison que les corps les plus simples, les espèces les plus imparfaites sont celles qui se reproduisent le plus aisément et le plus abondamment ; au lieu que si un corps organisé ne contient que quelques parties semblables à lui-même, alors il n'y a que ces parties qui puissent arriver au second développement, et par conséquent la reproduction ne sera ni aussi facile ni aussi abondante dans ces espèces qu'elle l'est dans celles dont toutes les parties sont semblables au tout ; mais aussi l'organisation de ces corps sera plus composée que celle des corps dont toutes les parties sont semblables, parce que le corps entier sera composé de parties, à la vérité toutes organiques, mais différemment organisées, et plus il y aura dans le corps organisé de parties différentes du tout, et différentes entre elles, plus l'organisation de ce corps sera parfaite et plus la reproduction sera difficile. »

Je montrerai tout à l'heure quelle idée profonde était en germe dans l'hypothèse, en apparence fantaisiste, que je viens de reproduire. Mais auparavant je veux laisser exposer par Buffon lui-même la solution d'une question qui se pose naturellement en face de son hypothèse : d'où viennent ces parties semblables au tout? Il résume d'abord sa manière de voir : « Se nourrir, se développer et se reproduire, dit-il (1), sont donc les effets d'une seule et même cause ; le corps organisé se nourrit par les parties des aliments qui sont analogues, il se développe par la susception intime des parties organiques qui lui conviennent, et il se reproduit parce qu'il contient quelques parties organiques qui lui ressemblent. » Puis il ajoute : « Il reste maintenant à examiner si ces parties organiques, qui lui ressemblent, sont venues dans le corps organisé par la nourriture, ou bien si elles y étaient auparavant. Si nous supposons qu'elles y étaient auparavant, nous retombons dans le progrès à l'infini des parties ou germes semblables contenus les uns dans les autres, et nous avons fait voir l'insuffisance et les difficultés de cette hypothèse ; ainsi nous pensons que les parties semblables au tout arrivent au corps organisé par la nourriture, et il nous paraît qu'on peut, après ce qui a été dit, concevoir la manière dont elles arrivent et dont les molécules organiques qui doivent les former peuvent se réunir.

« Il se fait, comme nous l'avons dit, une séparation de parties dans la nourriture : celles qui ne sont pas organiques, et qui par conséquent ne sont point analogues à l'animal ou au végétal, sont rejetées hors du corps organisé par la transpiration et par les autres voies excrétoires ; celles qui sont organiques restent et servent au développement et à la nourriture du corps organisé ; mais dans ces parties organiques il doit y avoir beaucoup de variété, et des espèces de parties organiques très différentes les unes des autres ; et comme chaque partie du corps organisé reçoit les espèces qui lui conviennent le mieux, et dans un nombre et une proportion assez égale, il est très naturel d'imaginer que le superflu de cette matière organique qui ne peut pas pénétrer les parties du corps organisé, parce qu'elles ont reçu tout ce qu'elles pouvaient recevoir, que ce superflu, dis-je, soit renvoyé de toutes les parties du corps dans un ou plusieurs endroits communs, où toutes ces molécules organiques se trouvant réunies, elles forment de petits corps organisés semblables au premier, et auxquels il ne manque que les moyens de se développer ; car toutes les parties du corps organisé renvoyant des parties organiques, semblables à celles dont elles sont elles-mêmes composées, il est nécessaire que de la réunion de toutes ces parties il résulte un corps organisé semblable au premier : cela étant entendu, ne peut-on pas dire que c'est par cette raison que, dans le temps de l'accroissement et du développement, les corps organisés ne peuvent encore produire ou ne produisent que peu parce que les parties qui se développent absorbent la quantité entière des molécules organiques qui leur sont propres, et que n'y ayant

(1) Buffon, t. IV, p. 172.

point de parties superflues, il n'y en a point de renvoyées de chaque partie du corps, et par conséquent il n'y a encore aucune reproduction. »

Rien de plus simple, on le voit, que la théorie de Buffon en ce qui concerne la multiplication des organismes qui se reproduisent sans le secours des sexes. Des molécules organiques contenues dans les aliments s'incorporent par intussusception aux diverses parties de l'organisme, c'est la nutrition; celles de ces molécules qui ne sont pas utilisées pour la nutrition, sont renvoyées dans « une ou plusieurs parties du corps où elles se rassemblent et se réunissent; elles forment par leur réunion un ou plusieurs petits corps organisés entièrement semblables à celui dont elles font désormais partie, que ce soit un oignon ou un puceron; lorsque ces petits corps organisés sont formés, il ne leur manque plus que les moyens de se développer, ce qui se fait dès qu'ils se trouvent à portée de la nourriture : les petits pucerons sortent du corps de leur père et la cherchent sur les feuilles des plantes; on sépare de l'oignon son caïeu et il la trouve dans le sein de la terre (1). »

Mais, ajoute Buffon, comment appliquerons-nous ce raisonnement à la génération de l'homme et des animaux qui ont des sexes, et pour laquelle il est nécessaire que deux individus concourent?

A cette question, Buffon, prenant l'homme pour exemple, fait la curieuse réponse suivante (2) : « Je le prends (l'homme) dans l'enfance, et je conçois que le développement ou l'accroissement des différentes parties de son corps se faisant par la pénétration intime des molécules organiques analogues à chacune de ses parties, toutes ces molécules organiques sont absorbées dans le premier âge et entièrement employées au développement, que par conséquent il n'y en a que peu ou point de superflues, tant que le développement n'est pas achevé, et que c'est pour cela que les enfants sont incapables d'engendrer; mais lorsque le corps a pris la plus grande partie de son accroissement, il commence à n'avoir plus besoin d'une aussi grande quantité de molécules organiques pour se développer; le superflu de ces mêmes molécules organiques est donc renvoyé de chacune des parties du corps dans des réservoirs destinés à les recevoir; ces réservoirs sont les testicules et les vésicules séminales : c'est alors que commence la puberté, dans le temps, comme on voit, où le développement du corps est à peu près achevé; tout indique alors la surabondance de la nourriture, la voix change et grossit, la barbe commence à paraître, plusieurs autres parties du corps se couvrent de poil, celles qui sont destinées à la génération prennent un prompt accroissement, la liqueur séminale arrive et remplit les réservoirs qui lui sont préparés, et, lorsque la plénitude est trop grande, elle force, même sans aucune provocation et pendant le sommeil, la résistance des vaisseaux qui la contiennent pour se répandre au dehors; tout annonce donc dans le mâle une

(1) Buffon, t. IV, p. 177.
(2) *Ibid.*, t. IV, p. 178.

surabondance de nourriture dans le temps que commence la puberté; celle de la femelle est encore plus précoce, et cette surabondance y est encore plus marquée par cette évacuation périodique qui commence et finit en même temps que la puissance d'engendrer, par le prompt accroissement du sein, et par un changement dans les parties de la génération, que nous expliquerons dans la suite.

» Je pense donc que les molécules organiques renvoyées de toutes les parties du corps dans les testicules et dans les vésicules séminales du mâle, et dans les testicules ou dans telle autre partie qu'on voudra de la femelle (1), y forment la liqueur séminale, laquelle, dans l'un et l'autre sexe, est, comme l'on voit, une espèce d'extrait de toutes les parties du corps : ces molécules organiques, au lieu de se réunir et de former dans l'individu même de petits corps organisés semblables au grand, comme dans le puceron et dans l'oignon, ne peuvent ici se réunir en effet que quand les liqueurs séminales des deux sexes se mêlent; et lorsque dans le mélange qui s'en fait il se trouve plus de molécules organiques du mâle que de la femelle, il en résulte un mâle; au contraire, s'il y a plus de particules organiques de la femelle que du mâle, il forme une petite femelle.

» Au reste, je ne dis pas que dans chaque individu mâle et femelle les molécules organiques renvoyées de toutes les parties du corps ne se réunissent pas pour former dans ces mêmes individus de petits corps organisés : ce que je dis, c'est que lorsqu'ils sont réunis, soit dans le mâle, soit dans la femelle, tous ces petits corps organisés ne peuvent pas se développer d'eux-mêmes, qu'il faut que la liqueur du mâle rencontre celle de la femelle, et qu'il n'y a en effet que ceux qui se forment dans le mélange des deux liqueurs séminales qui puissent se développer; ces petits corps mouvants, auxquels on a donné le nom d'animaux spermatiques, qu'on voit au microscope dans la liqueur séminale de tous les animaux mâles, sont peut-être de petits corps organisés provenant de l'individu qui les contient, mais qui d'eux-mêmes ne peuvent se développer ni rien produire; nous ferons voir qu'il y en a de semblables dans la liqueur séminale des femelles; nous indiquerons l'endroit où l'on trouve cette liqueur de la femelle; mais, quoique la liqueur du mâle et celle de la femelle contiennent toutes deux des espèces de petits corps vivants et organisés, elles ont besoin l'une de l'autre pour que les molécules organiques qu'elles contiennent puissent se réunir et former un animal... Les prétendus animaux spermatiques dont nous venons de parler pourraient bien n'être que très peu organisés; ils ne sont, tout au plus, que l'ébauche d'un être vivant; ou, pour le dire plus clairement, ces

(1) Buffon, ainsi qu'on le verra mieux tout à l'heure, n'admettait pas que la femme et les femelles des mammifères eussent des œufs. Il n'admet, chez ces femelles, qu'une liqueur séminale analogue à celle de l'homme et contenant, comme celle de l'homme, des spermatozoïdes.

prétendus animaux ne sont que les parties organiques vivantes dont nous avons parlé, qui sont communes aux animaux et aux végétaux, ou, tout au plus, ils ne sont que la première réunion de ces parties organiques. »

La seule différence donc qui existe, d'après Buffon, entre la reproduction asexuée et la reproduction sexuée, c'est que dans la première les « parties organiques » inutiles à l'accroissement, venues « de toutes les parties du corps», forment directement, par leur réunion, le rudiment de l'organisme nouveau, tandis que, dans les animaux à reproduction sexuée, elles se réunissent dans les organes génitaux de chacun des sexes pour former une liqueur séminale et des spermatozoïdes, incapables de reproduire l'animal s'ils restent isolés, mais capables de former un animal nouveau s'ils sont réunis ; le jeune sera mâle si ce sont les particules organiques fournies par le mâle qui dominent ; il sera femelle si, au contraire, les particules organiques fournies par la femelle sont plus abondantes.

Si singulière que puisse paraître cette thèse, elle n'est pas morte avec Buffon qui, du reste, l'avait empruntée en partie aux anciens; elle a revu le jour, sous une forme très peu différente, à une époque toute récente, sous le patronage d'un homme dont le nom jouit d'une grande popularité, Charles Darwin.

Avant d'examiner l'évolution scientifique des questions que je viens de traiter, il me paraît nécessaire de résumer les idées de Buffon; le lecteur saisira ainsi plus facilement la part qui revient à l'illustre naturaliste dans l'histoire de cette partie de la science.

Résumé des idées de Buffon sur l'origine et la multiplication des êtres vivants.

Buffon pense que certaines parties de la matière inorganique se sont transformées en « particules » ou « molécules organiques » désormais indestructibles, destinées à produire par leur mélange avec la matière inorganique le corps des animaux et des végétaux, se séparant de la matière inorganique après la mort des organismes dont elles ont fait partie, et se réunissant plus tard pour former de nouveaux organismes. Il admet formellement non seulement la génération spontanée des premiers êtres vivants, mais encore la génération spontanée actuelle d'un très grand nombre d'organismes inférieurs. Les animaux et les végétaux se nourrissent par la pénétration et l'intussusception dans toutes les parties de leur organisme des molécules organiques contenues dans les aliments. Tant que l'animal croît, les molécules organiques qui lui sont fournies par les aliments sont entièrement utilisées pour le développement; quand il a atteint le maximum de son accroissement, les molécules organiques alimentaires qui ne sont pas employées à la croissance se rendent de tous les points du corps dans des régions déterminées où elles forment, par leur union, tantôt des parties virtuellement « semblables au tout », capables de reproduire l'animal ou le végétal dès qu'elles en sont séparées et mises en état de se nourrir, tantôt des liquides et des corpuscules solides, mâles et femelles, dont le mélange est nécessaire pour former un organisme nouveau.

Ainsi, formation spontanée de la matière vivante, génération spontanée des premiers organismes et d'un grand nombre d'organismes inférieurs actuels, nutrition, développement et reproduction ramenés à des phénomènes purement physiques et chimiques ou, si l'on veut, mécaniques, telle est, dans son essence, la doctrine de Buffon.

Il importe de rechercher quelles modifications les découvertes récentes de la science ont fait subir à cette doctrine, soit au point de vue général, soit au point de vue particulier de chacune de ses parties.

La cellule

Le lecteur a dû être frappé de ce fait que dans les nombreuses et longues citations que j'ai faites des mémoires de Buffon sur la génération, il n'y a pas un seul mot relatif à l'organisation intime des végétaux et des animaux. Le naturaliste du XVIIIe siècle parle bien de « molécules organiques », de « particules vivantes », de « parties semblables au tout » existant en nombre plus ou moins considérable dans le corps des animaux et des végétaux, mais il ne fait allusion ni à leurs tissus, ni aux parties plus élémentaires encore dont sont formés les tissus. On n'avait, en effet, à son époque, aucune idée de l'organisation élémentaire des êtres vivants. L'anatomie des animaux était dans l'enfance, celle des végétaux n'était même pas entrevue ; on ne connaissait que très imparfaitement les organes de la plupart des animaux inférieurs, et c'est seulement au début de ce siècle que Bichat, le premier, devait décomposer les organes en tissus et réunir ces derniers en « systèmes » d'après leurs ressemblances physiques et physiologiques.

Buffon se montre cependant plus ignorant de ces questions qu'il n'aurait pu l'être, s'il eût été plus au courant des travaux publiés à l'étranger sur l'organisation des plantes. Dès 1667, en effet, un Anglais, Robert Hooke (1), avait signalé la structure du liège ; il avait vu que ce tissu offre des cavités très régulières, séparées par des cloisons solides. De là à la notion des cellules, il y avait loin sans doute ; mais Malpighi, en Italie, et Grew, en Angleterre, n'avaient pas tardé à faire un pas de plus en avant. Ils posèrent les bases de l'anatomie microscopique des plantes ; ils montrèrent qu'on trouve dans les organes de ces êtres des cavités et des corpuscules qui doivent en être considérés comme les éléments fondamentaux. Au début du XVIIe siècle, Leeuwenhoeck vit les spermatozoïdes et les globules du sang, et décrivit un grand nombre d'organismes inférieurs. Mais toutes ces découvertes furent faussées par les spéculations purement théoriques dans lesquelles Buffon tomba en imaginant ses particules vivantes. Organismes inférieurs, spermatozoïdes, animalcules et végétaux microscopiques, éléments constituant des organes des animaux et des végétaux, sont réunies par le savant naturaliste sous la dénomination commune de « par-

(1) *Micrographia, or some physiological descriptions of minute bodies made by magnifying glasses.* (London, Roy. Soc., 1667.)

ticules vivantes », de « molécules vivantes », de « parties semblables au tout ». Au-dessus de ces erreurs surnage l'idée, juste au fond, que tous les êtres vivants sont formés par l'agrégation de parties élémentaires, très simples, dans lesquelles résident les propriétés de la vie.

Cette idée ne devait pas tarder à être confirmée, en même temps qu'éclaircie, par les travaux de Mirbel, en France, de Wolff, de Sprengel, de Meyen, de Mohl, de Schleiden et de Schwann, en Allemagne. Au XVIIIe siècle, l'Allemand Caspard Friedrich Wolff, dont le nom est surtout attaché à la doctrine de l'épigenèse, dont je dirai un mot tout à l'heure, avait soutenu l'idée que les jeunes organes végétaux sont formés d'une substance gélatineuse amorphe, saturée de sucs nutritifs, substance se décomposant en gouttelettes, qui elles-mêmes se réunissaient en cellules.

En 1804, Brisseau de Mirbel admet avec Wolff que les tissus végétaux sont d'abord amorphes et que dans la substance qui les constitue, naissent des vésicules qui, en grandissant, deviennent des cellules, mais il précise cette idée et il décrit avec détail la forme et la disposition des différentes sortes de cellules qui entrent dans la composition des organismes végétaux, si bien qu'on peut le considérer comme le véritable fondateur de l'anatomie végétale. « Toutes les parties du végétal, dit de Mirbel (1), ont été d'abord mucilagineuses et fluides, et ce n'est que par la succession des temps que le tissu est devenu ferme et solide. Cet état de faiblesse est visible dans la graine. L'embryon n'est dans l'origine qu'une goutte de mucilage, où les plus forts microscopes ne font discerner aucune organisation. Cette substance a un coup d'œil vitré. Le contact de l'air et de la lumière la dessèche et la détruit promptement; ce n'est point, à proprement parler, un fluide, c'est une substance organique semblable, par l'apparence, à la glaire de l'œuf. La substance organisatrice se forme durant tout le temps de l'accroissement; elle se dépose dans l'endroit où le végétal doit prendre plus de vigueur. Dans les monocotylédones, c'est autour de chaque filet ligneux; dans les dicotylédones, c'est à la superficie de l'aubier et du canal médullaire : aussi voyons-nous chaque jour les filets ligneux des monocotylédones prendre plus de volume, les couches concentriques des dicotylédones se multiplier, et leur moelle se changer en bois. La substance organisatrice est d'autant plus abondante et se renouvelle avec d'autant plus de facilité, que l'individu est plus jeune et plus sain, qu'il est dans une situation plus favorable et que la saison convient mieux à sa végétation. *Insensiblement cette substance prend des formes déterminées*. Soit que les fluides y développent par leur impulsion les cellules et les tubes; soit qu'une puissance inconnue agisse seule et y détermine ces développements; soit, comme il est probable, que ces deux causes réunies et combinées agissent de concert pour changer en tissu

(1) *Traité d'anatomie et de physiologie végétales*, an X, t. Ier, p. 91.

membraneux la substance organisatrice, il est certain que le végétal acquiert un volume plus considérable, qu'il s'allonge et s'épaissit de jour en jour. » Mirbel suppose, on le voit, que « les cellules et les tubes » sont creusés dans « la substance organisatrice » par les liquides venus du sol; les tubes se forment dans les points où le mouvement ascensionnel des liquides est le plus intense, les cellules, c'est-à-dire les cavités, ayant à peu près le même diamètre dans tous les sens, dans les points où les liquides sont à peu près en équilibre. D'après Mirbel tous les éléments (cellules et tubes) forment une sorte de tissu membraneux, continu dans toutes ses parties. « Les végétaux, dit-il, sont formés d'un tissu membraneux qui varie par sa forme et sa consistance non seulement dans les espèces différentes, mais encore dans le même individu. Le tissu membraneux, quoique continu dans toutes ses parties, forme deux espèces d'organes différents : le tissu cellulaire et le tissu tubulaire. » Il dit du tissu cellulaire : « Ce tissu offre à l'observateur une suite de poches membraneuses, qui paraissent, au premier coup d'œil, n'avoir aucune communication entre elles. Ce ne sont point de petites outres ou utricules, comme le disent la plupart des auteurs ; c'est une membrane qui se dédouble en quelque sorte pour former des rides contiguës les unes aux autres » et dont les parois sont munies de pores qui « établissent la communication d'une cellule à une autre et servent à la transfusion des sucs qui est extrêmement lente dans ce tissu. » Quant au « tissu tubulaire », il le considère comme formé de deux sortes de tubes : « les grands et les petits. Les grands tubes ne sont pas, comme on pourrait le penser, des canaux membraneux, séparés et distincts du tissu ; ce sont des ouvertures ménagées dans le tissu même, et elles n'existent que parce qu'il y a une lacune dans les membranes. » Il assigne une origine analogue aux petits tubes. En résumé, les cellules et les tubes ne sont pour Mirbel que des cavités creusées dans une substance fondamentale, « organisatrice », d'abord molle, puis durcie.

J'ai noté avec autant de soin cette opinion parce qu'elle marque l'une des phases les plus intéressantes de l'histoire de la cellule. En 1820, Moldenhaver parvient à isoler les cellules par la macération et démolit ainsi la doctrine de Mirbel. En 1830, Meyen commence à étudier le contenu des cellules ; en 1834, un botaniste anglais, Robert Brown, découvre dans les cellules un corps arrondi auquel il donne le nom de *noyau*. De 1843 à 1846, Nægeli et Hugo Mohl tracent la première histoire du contenu vivant de la cellule, auquel Hugo Mohl donne, en 1846, le nom de *protoplasma*. Schleiden, pendant ce temps, étudiait la formation des cellules et les considérait comme se dévéloppant toujours autour du noyau ; idée fausse, mais qui donna lieu, de sa part et de la part de beaucoup d'autres observateurs, à des recherches tellement importantes que Schleiden figure parmi les fondateurs de la théorie cellulaire. Dès ce moment quelques faits importants sont indiscutables : la cellule n'est pas une simple cavité creusée dans une substance fondamentale, les cellules sont indépendantes et isolables les unes des autres, enfin chaque cellule est formée d'une membrane d'enveloppe et d'un contenu, ce dernier formé du protoplasma et du noyau. Je ne parle pas du suc cellulaire dont Hugo Mohl décrit la formation au sein du protoplasma, ni de l'amidon, ni d'une foule d'autres corps accessoires que successivement on découvre dans les cellules.

Les cellules n'avaient d'abord été étudiées que dans les végétaux. Schwann répéta sur les animaux les observations faites sur les plantes et ne tarda pas à se convaincre que, dans les premières comme dans les dernières, le corps entier est réductible en ces éléments primordiaux, auxquels on avait donné, par suite de la première idée qu'on en avait eue, la dénomination erronée de « cellules. »

Désormais, les recherches des micrographes portèrent principalement sur le protoplasma et sur le noyau.

Le protoplasma.

Dujardin, qui fit une étude consciencieuse et très remarquable du premier dans les animaux, lui donna le nom de *sarcode;* mais Max Schulze ayant établi d'une façon irrécusable l'analogie de composition et de propriétés entre le protoplasma des cellules végétales et le sarcorde des cellules animales, la dénomination de protoplasma ne tarda pas à être unanimement adoptée pour désigner les deux substances.

Toutes les études faites sur le protoplasma ne tardèrent pas à établir sur des preuves irrécusables que le protoplasma est non seulement la partie la plus essentielle des cellules, mais encore qu'il est, avec le noyau, la seule partie vivante, la membrane et toutes les autres substances qui se rencontrent dans les cellules animales ou végétales n'étant que des parties accessoires. On constata même l'absence de la membrane et celle du noyau dans un grand nombre de cellules, tandis qu'on vit que toute cellule dépourvue de protoplasma est une cellule morte. Ainsi se trouve pleinement justifié le nom de « base physique de la vie » donné au protoplasma par le savant naturaliste anglais Huxley.

Formation des cellules.

Il restait à établir l'origine des cellules. Pendant longtemps on admit, soit dans les végétaux, soit surtout chez les animaux, deux modes distincts de formation des cellules : l'un consistant dans la division du noyau et de la cellule en deux noyaux et deux cellules nouvelles ; l'autre consistant dans ce que l'on appela la formation cellulaire libre. On admit, d'une part, qu'il existait, entre les cellules, dans les régions en voie d'accroissement, une substance amorphe ou *blastème* dans laquelle naissaient spontanément des noyaux autour desquels le blastème se segmentait en cellules. Cette manière de voir a été très habilement soutenue en Allemagne par Schwann, en France par Ch. Robin. D'autre part, on admit que dans la cavité même de certaines cellules pouvaient naître des noyaux autour desquels le protoplasma se segmentait pour former autant de cellules qu'il était né de noyaux. Dans ces derniers temps, on a abandonné successivement l'une et l'autre de ces opinions, et l'on considère aujourd'hui toute cellule, soit animale, soit végétale, comme produite par la segmentation d'une cellule préexistante. D'où le principe à peu près généralement admis : *Omnis cellula e cellula.* A ce principe, on en a récemment ajouté un second : *Omnis nucleus e nucleo,* c'est-à-dire que tout noyau, comme toute cellule, est considéré comme provenant de la segmentation d'un noyau préexistant. On comprend que je ne puisse pas citer ici les noms de tous les hommes qui ont contribué aux remarquables et rapides progrès que je viens de résumer. Je me bornerai à nommer : en France, Ch. Robin, qui a créé dans notre pays le premier laboratoire histologique, une quinzaine d'années avant que le gouvernement impérial eût songé à établir une chaire pour l'enseignement de cette science, Ranvier, etc.; en Allemagne, Auerbach, Butschli, Flemming, Oskar Hertwig, pour la zoologie; Schmitz et surtout Strasburger, pour la botanique. Le nom de M. Strasburger restera attaché à l'étude de la division des cellules et des noyaux, parce qu'il est le premier qui ait fourni sur ces importants phénomènes des données positives, et parce qu'il a établi, le premier, les principes cités plus haut, que toute cellule et tout noyau proviennent d'une cellule et d'un noyau préexistants.

J'entends le lecteur poser cette question : D'où sont venus la première cellule et le premier noyau, ou, si l'on veut, les premières cellules et les premiers noyaux ?

Question de la plus haute importance, en effet, car si tous les animaux et tous les végétaux ne sont formés que de cellules et si toutes les cellules proviennent actuellement de cellules préexistantes, l'origine des premières cellules se confond nécessairement avec celle des premiers organismes vivants.

Pour résoudre ce problème, il importe de revenir au protoplasma. Nous avons dit déjà que lui seul représente la partie essentielle, indispensable à toute cellule ; il peut exister des cellules sans noyau et sans membrane, tandis qu'il n'y a pas de cellule vivante sans protoplasma. Étudions donc de plus près les caractères du protoplasma.

Au point de vue physique, le protoplasma est une substance molle, plus ou moins gélatineuse, incolore, parsemée de granulations grisâtres. Ses propriétés endosmotiques sont énergiques et ses propriétés optiques tendent toutes à le faire considérer comme formé par des particules cristalloïdes, juxtaposées, ou plutôt très rapprochées les unes des autres, comme les éléments d'un cristal, et séparées par des couches très minces d'une substance plus liquide. Au point de vue chimique, le protoplasma est formé par le mélange d'un nombre variable de substances albuminoïdes avec des substances inorganiques et de l'eau. Les propriétés physiques et la composition chimique du noyau étant analogues à celles du protoplasma, on peut considérer le noyau comme résultant d'une simple différenciation du protoplasma.

Il est important d'ajouter que l'on ne trouve pas seulement le protoplasma dans les cellules des animaux ou des végétaux, mais aussi à l'état de masses libres. On rencontre souvent dans les bois, par les temps humides, des masses d'une substance jaune d'or, gluantes, qui se déplacent lentement à la surface des feuilles ou des branches mortes ; c'est du protoplasma nu, représentant une phase de la vie d'un champignon du groupe des myxomycètes. Des masses semblables se trouvent souvent dans le tan. Ces masses de protoplasma conviennent très bien par leurs dimensions (elles atteignent plusieurs centimètres de diamètre) à l'étude des propriétés physiques et chimiques du protoplasma, ainsi qu'à celle de ses mouvements. Mais, je le répète, elles ne représentent qu'une phase transitoire de la vie d'un champignon, qui pendant les autres périodes se montre formé de cellules.

Il y a quelques années, M. Hæckel signala l'existence d'organismes qui conservent pendant toute la durée de leur vie la structure si simple dont nous venons de parler, c'est-à-dire qui sont formés uniquement de protoplasma nu et libre; il leur donna le nom de Monères (1). L'un de ces organismes, qui fut décrit par M. Huxley, reçut de lui le nom de *Bathybius Hæckelii*.

Les monériens.

L'histoire de cet organisme est assez curieuse, elle a soulevé d'assez vives discussions pour que le lecteur me pardonne de la lui raconter en passant. Il fut trouvé pour la première fois en 1857, pendant les explorations du fond de l'Atlantique, faites en vue de la pose du premier câble transatlantique. Il était mélangé au limon qui forme le sol de la vaste plaine sous-marine étendue entre l'Islande et Terre-Neuve; il se présentait sous l'aspect d'une masse gélatineuse, hyaline, affectant la forme de mailles très irrégulières et contenant des corpuscules calcaires de diverses sortes. Il ne fut étudié avec quelque soin que beaucoup plus tard, en 1868, par M. Huxley, à l'aide d'échantillons conservés dans l'alcool. Ce zoologiste le décrivit comme constitué par de petites masses de protoplasma « de toute grandeur, depuis des morceaux qu'on distingue à l'œil nu, jusqu'à des particules excessivement ténues, incolores et sans la moindre structure, contenant divers corps étrangers. Vers la même époque, MM. Wyville Thomson et William Carpenter, lors de l'expédition du *Porcupine* dans le sud de l'Atlantique, observèrent le même organisme, à l'état vivant, dans le limon ramené du fond de l'Océan. Ils le décrivirent comme ayant l'aspect d'un réseau irrégulier, à contours nets, formé d'une substance douée de mouvement. Sir Wyville Thomson,

(1) Voyez, pour l'histoire détaillée de toutes les espèces qui ont été étudiées jusqu'à ce jour : DE LANESSAN, *Traité de zoologie*, t. Ier, *les Protozoaires*, p. 1-38.

dans son remarquable ouvrage *Sur les Profondeurs de la mer*, s'exprime de la façon suivante : « Dans ce limon (limon contenant des globigérines, rapporté de 2,435 brasses, ou environ 14,000 pieds de profondeur, dans le golfe de Gascogne), ainsi que dans la plupart des autres échantillons de limon tiré du lit de l'océan Atlantique, on constatait une quantité considérable de matière molle, gélatineuse, organique, dans une proportion assez considérable pour donner au limon une véritable viscosité. Si l'on agite ce limon avec de l'esprit-de-vin à un faible degré, des flocons très fins se déposent, ayant l'aspect d'une substance muqueuse et coagulée. Si un peu de ce limon, dont la nature visqueuse est des plus évidentes, est placé dans une goutte d'eau de mer sous le microscope, on peut ordinairement apercevoir, au bout de quelque temps, un réseau irrégulier de matière albuminoïde, avec contours nettement dessinés, et qui ne se mêle pas avec l'eau. On peut voir comment cette masse visqueuse modifie peu à peu sa forme et comment les granules englobés et les corps étrangers y changent leur situation relative. La substance gélatineuse est donc susceptible d'un certain degré de mouvement, et il ne peut y avoir aucun doute qu'elle ne manifeste des phénomènes d'une forme de la vie très simple, très élémentaire. » Plus tard, M. Hæckel l'observa de nouveau, mais à l'état inerte, dans le même limon conservé dans l'alcool.

La première description du *Bathybius Hæckelii* fut accueillie avec enthousiasme par les partisans de la doctrine du transformisme. On admit, avec un peu trop de promptitude, que tout le fond des mers était tapissé par cet organisme rudimentaire, et l'on pensa qu'il s'y formait sans cesse spontanément. Cette hypothèse était d'autant plus admissible que dans le milieu habité par le *Bathybius* les conditions ambiantes sont d'une remarquable constance ; on pourrait donc les considérer comme particulièrement favorables à une production incessante de matière vivante rudimentaire.

Des doutes sérieux et en apparence très fondés ne tardèrent cependant pas à être émis relativement à la nature animale du *Bathybius*. Pendant la remarquable expédition du *Challenger* qui dura trois ans et que dirigeait M. Wyville Thomson, on ne put, malgré les recherches les plus actives, parvenir à retrouver cet organisme. Force était d'admettre qu'il manquait dans les mers explorées par le *Challenger*, ou du moins dans tous les points où des sondages avaient été faits. On alla plus loin ; on nia la nature animale du *Bathybius*. Les chimistes ayant montré que quand on verse de l'alcool absolu dans de l'eau de mer, il se forme un précipité visqueux, on émit l'idée que le prétendu organisme décrit par M. Huxley n'était pas autre chose qu'un précipité de cet ordre. Au congrès scientifique de Hambourg, en 1876, Mœbius reproduisit cette expérience avec grand fracas. On crut, ou du moins on feignit de croire qu'elle était concluante, et le *Bathybius* fut rayé par beaucoup de gens de la liste des êtres vivants. Rien cependant n'était moins probant que l'expérience de Mœbius. Comme le fait avec raison remarquer M. Hæckel, de ce que l'alcool produit dans de l'eau de mer un précipité gypseux floconneux, on n'est pas le moins du monde en droit de conclure que la substance visqueuse observée par Huxley, par Wyville Thomson, par Carpenter et par lui-même, n'est pas de nature albuminoïde. On n'aurait pas dû oublier non plus que M. Wyville Thomson avait, lors de sa première expédition, observé cette substance à l'état frais, et qu'elle s'était montrée à lui avec tous les caractères d'une matière vivante, y compris les mouvements.

Malgré cela, le *Bathybius* se trouva d'autant plus compromis, que M. Huxley lui-même abandonna son enfant aux critiques de ses détracteurs. On ne s'en occupait presque plus lorsque M. Bessel le retrouva dans les mers du sud. « Au cours de la dernière expédition au pôle nord, écrit M. Bessel, je découvris à une profondeur de 92 brasses, dans le détroit de Smith, de grandes masses de protoplasma homogène et libre, non différencié, qui ne renfermaient même aucune trace de coccolithes. La simplicité vraiment spartiate de cet organisme, que je pus étudier à l'état vivant, fit que je lui donnai le nom de *Protobathybius*. Ces masses étaient purement et simplement constituées par du protoplasma, auquel se trouvaient être mêlés accidentellement quelques-uns de ces corpuscules calcaires dont est formé le lit de la mer. Ces masses, d'une nature extrêmement visqueuse, affectaient la forme de réseaux aux larges mailles, elles exécutaient des mouvements amœboïdes, absorbaient des particules de carmin ou d'autres corps étrangers, et étaient animées de courants qui chariaient des granules. » Cette observation, confirmant celles de Carpenter et Wyville Thomson, de Huxley et de Hæckel, il me semble que l'existence du *Bathybius* ne peut plus être mise en doute.

Alors même d'ailleurs qu'on persisterait à contester la nature animale de cet organisme, on ne pourrait nier celle des autres espèces de monériens qui ont été découvertes et étudiées pendant ces dernières années. Or, tous ces organismes sont formés de protoplasma nu, sans noyau, sans enveloppe, sans organe d'aucune sorte. On peut encore moins nier la nature protoplasmique des plasmodies des myxomycètes dont j'ai parlé plus haut. Dans tous les cas, nous sommes en présence d'une matière vivante aussi rudimentaire que possible, jouissant de tous les caractères essentiels de la vie, se nourrissant, par intussusception, de matériaux ou aliments pris dans le milieu ambiant, respirant, c'est-à-dire prenant de l'oxygène dans l'air en y rejetant de l'acide carbonique et d'autres produits de désassimilation analogues à ceux qui se forment sous l'influence de la respiration dans les organismes les plus élevés, se déplaçant et changeant de formes, c'est-à-dire jouissant des mouvements dits spontanés des organismes supérieurs, enfin se montrant sensibles à la lumière, qu'on les voit fuir ou rechercher.

Cette forme de la matière vivante est évidemment la plus simple qu'on puisse imaginer. Plus simple que les cellules qui entrent dans la composition du corps des animaux et des végétaux, elle a dû nécessairement les précéder. C'est donc à propos d'elle que nous devons poser et résoudre, si possible, la question posée plus haut : d'où vient la matière vivante?

Origine de la matière vivante.

Rappelons-nous d'abord que le protoplasma, dont elle est formée, est simplement un mélange de matières albuminoïdes, avec quelques granulations ternaires, graisseuses ou autres, de l'eau et quelques sels minéraux.

Les quantités d'oxygène, d'hydrogène, de carbone et d'azote unies pour former les matières albuminoïdes qui constituent la partie fondamentale du protoplasma nous sont actuellement inconnues; mais rien ne s'oppose à ce qu'un jour nous découvrions la composition chimique de ces matières comme nous l'avons fait pour celle de tous les autres corps.

Les rapides et incessants progrès accomplis depuis le commencement de ce siècle par la chimie sont d'un bon augure à cet égard. Si quelque esprit hardi avait, il y a seulement deux siècles, affirmé que le jour viendrait où l'on pourrait à volonté fabriquer de l'eau, il eût sans doute provoqué la manifestation d'une bien vive incrédulité. C'est qu'alors on ignorait non seulement la façon dont on pourrait fabriquer de l'eau, les conditions dans lesquelles on devrait se placer, mais encore la nature des éléments qui entrent dans la composition de ce corps. Le doute eût été beaucoup moins grand après qu'on eut découvert que l'eau est formée par une simple combinaison d'oxygène et d'hydrogène, et surtout quand on eut trouvé la proportion suivant laquelle ces deux éléments sont associés. Enfin, lorsque les chimistes eurent acquis la connaissance exacte de la composition chimique de l'eau, rien ne les empêcha plus d'admettre que ce corps s'était formé spontanément dans la nature, par simple combinaison de ses éléments se rencontrant dans des conditions favorables.

Ce que nous venons de dire de l'eau, nous pourrions le répéter au sujet d'une foule d'autres corps plus ou moins complexes, dont nous avons découvert successivement la composition élémentaire, le mode de production, et que nous fabriquons aujourd'hui journellement. Au commencement de ce siècle, Chevreul faisait l'analyse des corps gras; il n'est pas encore mort qu'on a déjà réalisé la synthèse artificielle de quelques-uns; on a fabriqué de toutes pièces des alcools, des éthers, des essences dont on ne connaît la composition que depuis quelques années.

Appliquons le même raisonnement aux matières albuminoïdes. Nous savons déjà que ces matières ne sont composées que de carbone, d'azote, d'hydrogène et d'oxygène; il nous est bien permis de supposer qu'un jour viendra où non seulement nous connaîtrons exactement les proportions suivant lesquelles ces éléments sont associés, mais encore les conditions dans lesquelles ils sont susceptibles de se combiner. Ce jour-là, sans nul doute, le chimiste

Traviès pinx. Fournier sc.

ORNITHORHYNQUE

Imp. F. Taurin

ne sera guère éloigné de l'époque où il pourra faire la synthèse de ces matières.

En attendant, nous pouvons admettre, sans crainte de commettre la moindre erreur, que ces quatre corps : carbone, azote, hydrogène, oxygène, ont pu et peuvent peut-être encore se rencontrer au sein de la nature, dans des conditions telles, que leur combinaison s'effectue suivant les proportions exigées pour la constitution des matières albuminoïdes.

Ces dernières, une fois produites, rien ne s'oppose à ce qu'elles s'unissent entre elles et avec de l'eau et des sels minéraux, pour former le protoplasma qui constitue tous les êtres vivants.

Enfin, si j'ajoute qu'un simple changement d'état moléculaire produit soit par l'élévation, soit par l'abaissement de la température au delà d'une certaine limite, suffit pour faire passer le protoplasma de l'état de vie à l'état de mort, on comprendra facilement que nous puissions admettre que le protoplasma, en se formant par l'association des matières albuminoïdes dans des conditions déterminées, ait pu se trouver dans l'état moléculaire spécial auquel correspondent les phénomènes qui caractérisent ce que nous nommons la vie.

Quant à ceux qui prétendraient réfuter cette hypothèse en nous mettant au défi de fabriquer de toute pièce soit un animal, soit un végétal aussi inférieur que possible, il nous est facile de leur répondre qu'ils tombent dans la même erreur que ceux qui, il y a deux cents ans, auraient nié la possibilité de la production spontanée de l'eau dans la nature, en se fondant sur ce que leurs contemporains étaient incapables de fabriquer ce corps. Nous ignorons comment les matières albuminoïdes et le protoplasma vivant ont pu être formés, comme il y a deux siècles on ignorait la façon dont l'eau avait pu apparaître sur notre globe; mais nous avons trop de confiance dans la science pour désespérer de l'apprendre un jour.

Cette manière de voir est tellement répandue parmi les savants de notre époque, que deux hypothèses importantes et très séduisantes ont déjà été émises en vue d'expliquer la genèse des matières albuminoïdes et du protoplasma. Le lecteur trouvera bon, sans doute, que j'en résume ici les traits principaux; nous ne sortirons pas du cadre de cette étude et nous aurons fait un pas de plus vers la solution des questions que nous avons posées tout à l'heure.

D'après l'une des deux hypothèses auxquelles je viens de faire allusion, il se serait d'abord produit, à la surface de notre globe, à l'aide des corps purement inorganiques, des corps organiques ternaires, c'est-à-dire contenant du carbone, de l'hydrogène et de l'oxygène, et parmi ces corps surtout des hydrates de carbone. L'azote, en s'ajoutant à ces corps ternaires, aurait déterminé la production des substances quaternaires et des matières albuminoïdes.

A l'appui de cette opinion on pourrait invoquer des faits d'une certaine valeur.

En premier lieu, M. Schutzenberger (1) a pu obtenir un véritable hydrate de carbone, en traitant à froid de la fonte blanche grossièrement pulvérisée, par une solution aqueuse de sulfate de cuivre. Ces corps : fer, carbone, sulfate de cuivre et eau, se rencontrant à la surface de la terre, on pourrait supposer que des corps ternaires analogues à celui qu'a pu produire expérimentalement M. Schutzenberger se sont formés spontanément pendant les premiers âges de notre planète.

Mais on peut objecter à cette supposition que nulle part, à la surface de notre globe, nous ne pouvons constater l'existence de corps ternaires et particulièrement d'hydrates de carbone existant en dehors des organismes vivants, ou du moins n'ayant pas tiré leur origine d'organismes vivants.

L'hypothèse que nous venons de résumer est connue dans la science sous le nom de théorie du carbone. Elle est formellement adoptée par la majorité des zoologistes les plus distingués, notamment par M. Haeckel (2).

M. Pfluger (3) en a récemment émis une autre qui nous paraît plus plausible. Il suppose qu'il s'est d'abord formé une combinaison d'azote et de carbone que les chimistes désignent sous le nom de cyanogène; ce corps, en se combinant aux éléments de l'eau, aurait ensuite produit directement les matières quaternaires. A l'appui de cette opinion, on peut invoquer le fait bien démontré que le cyanogène se forme spontanément dans les points du globe qui contiennent des matières minérales incandescentes au contact desquelles se trouve de l'acide carbonique.

Quelle que soit la part de probabilité que contiennent ces hypothèses, elles ne peuvent qu'expliquer la formation des matières quaternaires et albuminoïdes. Il nous reste encore à rechercher comment a pu apparaître la vie.

Il existe, sans nul doute, une différence considérable entre la matière vivante et la matière non vivante. Cependant, quelque grande que soit cette différence, n'en retrouvons-nous pas d'analogue chez les corps inorganiques? L'eau, par exemple, ne varie-t-elle pas constamment d'aspect et de propriété? Tantôt elle se montre à nous répandue dans l'atmosphère à l'état de nuages, tantôt elle est étalée en nappe liquide à la surface du sol, tantôt elle couvre ce dernier d'un manteau solide. Or, nous savons fort bien que ces différents états résultent de l'action qu'exercent sur l'eau les agents extérieurs, notamment la température. Suivant que celle-ci s'élève ou s'abaisse, l'eau se présente avec des propriétés physiques absolument différentes; cependant sa composition chimique reste toujours la même.

(1) Schutzenberger, *Les Fermentations*, p. 87.

(2) Hæckel, *Histoire de la création des êtres organisés d'après les lois naturelles*, p. 296; *Generelle Morphologie der Organismen*, t. II.

(3) Pfluger, In *Archiv für Physiologie*, 10, 1875.

La matière vivante ne nous offre-t-elle pas des phénomènes analogues? Existe-t-il la moindre différence de composition chimique entre un œuf vivant et un œuf tué par la chaleur ou le froid? Nullement, et cependant les propriétés du premier sont absolument différentes de celles du second. L'élévation ou l'abaissement de la température n'ont modifié que l'état physique, le mode d'agrégation moléculaire du corps, ils ont agi sur lui comme sur l'eau qu'ils transforment en vapeur ou en glace.

Nous pouvons conclure de ce fait, que les différences qui existent entre un œuf, une cellule, une monère, un animal, un végétal quelconque vivants et les mêmes organismes frappés de mort, résultent de la quantité de chaleur latente qu'ils renferment. Pour atteindre la solution du problème biologique formulé plus haut, nous devons ajouter aux conditions déjà exposées, celles de la température nécessaire pour que les mouvements vitaux se produisent dans les substances quaternaires et ternaires dont l'association constitue le protoplasma.

Nous ignorons si les conditions nécessaires à la formation des matières quaternaires albuminoïdes et à l'apparition des propriétés dont l'ensemble constitue l'état spécial de la matière connu sous le nom de vie, ne se sont montrées qu'à une époque très reculée de notre globe, ou si elles se produisent encore de nos jours; nous ignorons aussi quelle est la part de vérité que renferment les hypothèses que je viens de résumer; mais nous pouvons affirmer sans crainte que ces hypothèses, ou quelque autre de même nature, n'invoquant comme causes productrices de la matière vivante que des phénomènes purement physiques ou chimiques, sont les seules qui puissent nous permettre d'expliquer d'une façon scientifique l'apparition des organismes vivants sur notre globe.

Si nous sortions de ce domaine nous ne pourrions porter nos pas que sur le terrain de la métaphysique.

Le dilemme suivant se présente nettement à notre esprit : ou bien les êtres vivants ont été le résultat de phénomènes purement physiques et chimiques, ou bien il a fallu pour les produire l'intervention d'agents surnaturels que nous ne pouvons ni observer ni comprendre. La raison et la science s'accommodent de la première alternative, l'imagination et le sentiment peuvent seuls se contenter de la seconde.

Examinons maintenant en détail les diverses fonctions biologiques des organismes vivants les plus simples, ceux que nous avons désignés plus haut sous le nom de monères, et cherchons si leur accomplissement nécessite la production de phénomènes qu'il soit possible de distinguer fondamentalement de ceux que nous offrent les corps inorganiques. Nous parviendrons ainsi à établir les analogies et les différences qui existent entre la matière vivante dont les monères représentent les formes les plus rudimentaires et la matière non vivante.

Propriétés de la matière vivante et de la matière non vivante.

En premier lieu, la monère se nourrit, c'est-à-dire qu'elle introduit dans sa masse des matières prises en dehors d'elle-même.

On a voulu trouver dans l'accomplissement de cette fonction une différence fondamentale entre les corps organisés et les corps inorganiques, entre les corps vivants et les corps non vivants. On a admis que les premiers s'accroissent par intussusception et les seconds par juxtaposition. En d'autres termes, on suppose que les uns s'accroissent par l'introduction, entre les atomes qui les constituent, des substances destinées à servir à l'accroissement de leur masse, et l'on a dit qu'ils se nourrissent, tandis que les autres s'accroîtraient uniquement par le dépôt de molécules nouvelles à leur surface.

Si, à l'exemple des défenseurs de cette opinion, nous considérons deux corps aussi différents que possible, d'une part, un cristal de sel marin, de l'autre une monère, elle nous paraîtra fort plausible. Nous ne pouvons nier, en effet, que l'accroissement du cristal de sel marin s'effectue par juxtaposition, tandis que celui de la monère a lieu par intussusception. Mais il n'existe pas dans le monde que des corps solides et cristallisés, et si, au lieu de prendre pour exemple des corps inorganiques un cristal de sel marin, nous prenons une goutte d'eau distillée, nous verrons s'amoindrir beaucoup la différence indiquée plus haut. Plaçons cette goutte d'eau dans un milieu où elle puisse absorber une substance semblable à elle-même, dans une cloche remplie de vapeur d'eau, par exemple, sa taille augmente rapidement, et cette augmentation de volume ne s'opère pas comme celle du cristal, par juxtaposition, mais bien par intussusception véritable, c'est-à-dire par pénétration des molécules nouvelles entre celles qui préexistaient dans la goutte d'eau.

On pourra nous objecter que cet accroissement diffère de celui de la monère en ce que la goutte d'eau distillée n'a absorbé que des molécules semblables à celles qui la constituent elle-même, tandis que la monère introduit dans la profondeur de sa masse des substances qui en diffèrent par leur nature chimique. Mais, afin que la démonstration soit complète, il suffit que nous modifiions un peu les conditions de notre expérience. Plaçons une goutte d'eau distillée en présence de vapeurs alcooliques, ou une goutte d'alcool en présence de vapeurs aqueuses et l'accroissement se fera à la fois par intussusception et à l'aide de matériaux dissemblables de ceux qui constituent le corps en voie d'accroissement ; nous ne verrons plus aucune différence entre l'accroissement de la monère et celui du corps inorganique. Si, au lieu de corps très simples comme l'eau et l'alcool, nous prenions des corps très complexes, nous arriverions à des phénomènes rappelant à tel point ceux de la nutrition des êtres vivants, qu'il ne serait bientôt plus possible d'établir de limites, au point de vue du mode d'accroissement, entre les corps vivants et les corps non vivants.

Maintenant qu'il nous est acquis que ce n'est pas au point de vue de la nutrition que des êtres vivants aussi simples que les monères diffèrent absolument d'un corps non vivant, cherchons si l'étude des autres fonctions nous conduira à admettre d'autres diff rences assez considérables pour que nous nous rangions à l'opinion officiellement enseignée, d'après laquelle la vie ne pourrait être comprise qu'à la condition de l'attribuer à un agent immatériel uni aux corps vivants.

La monère, en même temps qu'elle se nourrit, se dénourrit; elle introduit dans sa masse de l'oxygène; celui-ci produit des décompositions dont le résultat ultime est le rejet par l'organisme d'un certain nombre de produits de désassimilation ou destruction moléculaire, produits parmi lesquels se trouvent constamment de l'acide carbonique, de l'eau et un corps azoté de nature variable. C'est cet acte complexe qui a reçu le nom de respiration. Appartient-il exclusivement aux êtres vivants ?

Réduite à sa plus simple expression, la respiration n'est qu'un ensemble de phénomènes d'oxydation ou de dédoublement des principes chimiques qui entrent dans la constitution des corps vivants. Or, les oxydations et les dédoublements se présentent à nous, partout dans la nature. Abandonnons dans l'air, dans l'eau, ou dans tout autre milieu oxygéné, un morceau de fer, et ce corps ne tardera pas à s'oxyder, d'une façon lente, il est vrai, mais tellement continue qu'au bout d'un temps plus ou moins long il sera impossible de retrouver la moindre parcelle de fer; le métal sera remplacé par un corps nouveau, produit de son oxydation, de sa combinaison avec l'oxygène : un oxyde de fer. Ne pouvons-nous pas comparer cette oxydation avec celles qui se produisent dans un corps vivant ?

On objectera, sans nul doute, que l'oxydation du fer ne donne naissance qu'à un seul produit : l'oxyde de fer; tandis que celle des corps vivants détermine la production d'un nombre très considérable de produits et surtout de produits très différents par leur nature de celui qui résulte de l'oxydation du fer; on ajoutera que le fer ne s'oxyde qu'à sa surface et de dehors en dedans, tandis que les oxydations de la matière vivante s'effectuent dans la profondeur même de la masse matérielle. Mais nous devons tenir compte de ce double fait : que le fer étant un corps simple ne peut donner avec un autre corps simple qu'un seul ou un très petit nombre de corps composés produit par son oxydation, et que la densité du fer étant très considérable, l'oxygène ne peut pénétrer dans sa profondeur qu'avec une grande lenteur. Un corps vivant, au contraire, une monère, par exemple, est formé d'une substance très peu dense et soumise à des déplacements moléculaires incessants; il est, par suite, très perméable aux gaz; d'autre part, sa constitution chimique étant très complexe, ses produits d'oxydation sont très variés.

Qu'au lieu d'un corps simple et très dense comme le fer, nous prenions un corps peu dense, liquide ou gazeux, et d'une constitution chimique complexe, tel qu'une essence ou un corps gras, nous verrons l'oxydation se produire simultanément dans tous les points de sa masse et donner naissance à des produits d'autant plus nombreux que dans sa composition chimique entrent un plus grand nombre d'éléments. La matière vivante, le protoplasma, étant, de tous les corps, le plus complexe chimiquement, devons-nous être étonnés que son oxydation soit accompagnée de phénomènes plus divers? Au fond, la nature de ces phénomènes est toujours identique et la respiration de l'organisme vivant est aussi bien soumise aux lois de la chimie que l'oxydation d'un simple morceau de fer.

La respiration ne peut donc pas plus que la nutrition nous servir à séparer d'une façon absolue les êtres vivants des corps non vivants.

Est-ce par la faculté de reproduction que les deux groupes d'êtres qui constituent, en se complétant l'un par l'autre, l'univers, sont séparables? La monère, parvenue à une certaine taille, se segmente pour donner naissance à deux organismes nouveaux qui se séparent et vont vivre isolément. Il semble, au premier abord, qu'il soit bien difficile de trouver un phénomène semblable dans la matière non vivante. Examinons cependant avec soin ce qui se passe, d'une part, dans la monère, qui se divise, et, d'autre part, dans un corps inorganique dont les fragments placés dans des conditions favorables s'accroissent en un corps de même taille que celui qui les a produits, et nous arriverons, je crois, à nous convaincre que le fossé qui sépare, à cet égard, le monde vivant du monde non vivant, n'est pas tellement large que nous ne puissions, avec les données de la science actuelle, jeter un pont de l'un à l'autre de ses bords.

Quand une monère se divise, on a l'habitude de dire que cette division est *spontanée*, c'est-à-dire indépendante de tout agent extérieur et résultant d'une propriété exclusivement inhérente à la matière vivante, au protoplasma vivant de la monère. Lorsqu'au contraire nous voyons un corps non vivant, un cristal de sel marin, par exemple, plongé dans une solution du même corps, se rompre, nous disons que sa rupture a été *provoquée*, qu'elle a été déterminée par un agent extérieur au corps qui se divise, par un courant d'eau frappant rapidement ce dernier, par un choc, etc.

Les deux ordres de phénomènes ainsi interprétés paraissent être absolument différents l'un de l'autre : l'un serait spontané, l'autre est manifestement toujours provoqué. Mais si nous étudions de plus près le phénomène de la division de la monère, nous pourrons facilement nous convaincre qu'il est soumis à certaines conditions extérieures, en dehors desquelles il ne se produit jamais, mais sous l'influence desquelles il se produit toujours. Cette étude, difficile à faire avec les monères que nous ne pouvons que difficilement nous procurer, peut être accomplie très aisément avec d'autres organismes vivants, et notamment avec certaines algues filamenteuses très répandues dans nos eaux douces. Tous les observateurs ont constaté que les cellules de ces algues ne se divisent normalement qu'à de certaines heures de la journée. Ce premier fait indique bien que la division est soumise à des conditions cosmiques qui, pour nous être inconnues, n'en sont ni moins réelles ni moins actives.

Lorsque M. Strasburger, faisant ses beaux travaux sur la division du *Spirogyra orthospira*, eut constaté qu'elle s'accomplissait, dans son laboratoire, pendant le mois d'octobre 1874, entre dix heures et minuit, il ne lui vint certainement pas à l'esprit que cette heure était capricieusement choisie par l'algue observée; il y vit l'influence de certaines conditions de milieu et finit par s'assurer qu'en changeant ces conditions, qu'en plaçant, par exemple, les algues dans une chambre plus froide, il pouvait retarder la division cellulaire jusqu'au lendemain matin, ou même l'empêcher complètement de se produire.

Il est facile de tirer les conclusions de ce fait qui n'est nullement limité à l'algue dont nous venons de parler, mais qui est offert sans exception par tous les organismes vivants : la division de ces organismes, loin d'être spontanée, c'est-à-dire indépendante de toute cause extérieure est, au contraire, directement placée sous la dépendance de toutes les conditions cosmiques. La chaleur, la lumière, l'électricité, etc., sont, sans nul doute, les agents producteurs de cette division; mais comme la chaleur, la lumière, l'électricité, etc., ne sont que des mouvements moléculaires de la matière qui entoure le corps vivant, nous pouvons dire que celui-ci ne se divise que sous l'influence d'un mouvement matériel qui lui est transmis par le milieu ambiant. Ainsi envisagée, la division de la monère n'offre plus aucun caractère de spontanéité, et ne diffère de la division des corps inorganiques que par la nature des agents provocateurs de la division et par l'intensité de l'action nécessaire pour la déterminer.

Nous pouvons donc conclure de ce qui précède que, pas plus au point de vue de la segmentation qu'à ceux de la nutrition et de la respiration, on ne peut séparer, d'une façon absolue, la monère vivante, des formes inorganiques de la matière. Mais, la monère, représentant une forme de la matière aussi complexe que possible, au point de vue de la composition chimique et de la constitution moléculaire, il est facile de comprendre qu'elle obéisse bien plus facilement aux agents extérieurs à l'influence desquels elle est soumise que toute autre forme de la matière.

Il est un exemple bien vulgaire et qui cependant nous prouve que, eux aussi, les corps dits inanimés sont, dans certaines conditions déterminées, d'une grande sensibilité aux excitations extérieures. Vous êtes dans un appartement, sur votre table est une lampe allumée, quelqu'un ouvre une porte et subitement le verre de la lampe, dont les molécules sont déjà mises en mouvement par la chaleur de la flamme, se brise, se divise en un certain nombre de fragments, et cela en un point qui n'est pas le premier venu, qui au contraire, par sa constitution, présente quelque caractère particulier. Lorsque vous voyez votre verre se briser sans qu'il ait, en apparence, reçu le moindre choc, dites-vous qu'il s'est brisé spontanément? En aucune façon; vous essayez, pour me servir d'une expression chère à Claude Bernard, « de déterminer » les conditions dans lesquelles le phénomène s'est accompli et la nature de l'agent qui l'a produit. Telle est la conduite que nous devons tenir quand nous voyons la masse protoplasmique d'une monère ou d'une cellule quelconque se diviser. Nous devons chercher à déterminer l'agent producteur de la division, et nous sommes bien certains à l'avance que cet agent ne peut être que de nature physique ou chimique.

Nous avons à examiner maintenant si c'est par la faculté qu'elle possède de se mouvoir, et par celle de sentir, que la monère se distingue des corps non vivants.

La monère fait deux ordres de mouvements : l'un, dont la conséquence est un simple changement de forme ; l'autre, qui a pour résultat le changement de lieu, le déplacement de l'animal. Examinons-les successivement.

En premier lieu, devons-nous considérer la faculté de changer de forme comme appartenant exclusivement à la matière vivante? Il suffit presque de poser la question pour quelle soit résolue. L'examen le moins attentif suffit pour faire reconnaître que le changement de forme de la monère n'est que la conséquence de la dilatation de certaines parties de sa masse ou de la contraction de certaines autres parties. Or, ces phénomènes sont loin de se produire exclusivement dans la matière vivante. Il n'est pas un seul corps inorganique qui ne les manifeste plus ou moins nettement. Prenez dans les mains un morceau de soufre, les craquements qu'il ne tarde pas à faire entendre vous sont un indice certain de la dilatation de sa masse, dilatation produite par l'écartement des molécules qui le constituent. Suivez attentivement ce qui se passe dans un tube étroit remplit de mercure, vous verrez la petite colonne de métal s'allonger et se raccourcir alternativement, en d'autres termes, se dilater ou se contracter, suivant que la température ambiante s'élève ou s'abaisse.

Si, au lieu de prendre un corps à forme très régulière, comme la colonne cylindrique de mercure contenue dans un tube thermométrique, nous prenons un corps à contours très irréguliers et en même temps formé par la juxtaposition de substances différentes, inégalement contractiles ou dilatables, il est incontestable que la dilatation ou la contraction de ce corps seront accompagnées de changements dans sa forme d'autant plus manifestes que l'énergie de la dilatation et de la contraction sera plus considérable et plus différente dans les divers points de la masse; de telle sorte que sous l'influence de la dilatation ou de la contraction la forme du corps pourra changer du tout au tout. Entre ce corps et la monère il n'existera qu'une différence de plus ou de moins ; la nature des mouvements sera la même.

On peut, il est vrai, objecter que la monère change de forme spontanément, tandis que le corps inorganique n'en change que sous l'influence d'agents extérieurs, tels que la chaleur. Mais sachant déjà que l'épithète de « spontanée » appliquée à un phénomène n'a été imaginée que pour cacher notre ignorance de la cause déterminante de ce phénomène, nous ne nous laisserons pas entraîner à considérer comme spontanés tous les mouvements dont nous ignorons la cause. Est-ce que le paysan qui voit une nappe de brouillard s'élever du sol et gravir lentement le flanc d'une montagne pour aller former un nuage à son sommet, n'est pas tenté de croire ou plutôt ne croit pas que le mouvement du brouillard est spontané ? Et cependant nous savons ce qu'il faut penser de cette prétendue spontanéité.

Lors donc que nous constatons dans le protoplasma de la monère un changement, ou lorsque nous voyons ce petit organisme se déplacer, nous devons rechercher quel est l'agent qui détermine l'une ou l'autre de ces deux sortes de mouvements. Alors même qu'il nous serait impossible de découvrir cet agent, nous ne devrions pas imiter le paysan qui, dans son ignorance, admet des effets sans cause, ou, si vous préférez cette expression, des phénomènes sans antécédents.

Sait-on pourquoi la légère boule de sureau d'un pendule électrique s'approche d'un bâton de verre électrisé par frottement, puis s'en éloigne après l'avoir touché ? non, certes ; cependant le lecteur sourirait, sans nul doute, de commisération, si je lui disais que la boule se comporte de cette façon parce que cela lui plaît ; qu'elle se rapproche du bâton de verre parce qu'il lui est sympathique, que si elle s'en éloigne après le contact, c'est parce que, après avoir fait sa connaissance elle le considère comme dangereux. En d'autres termes, on ne saurait admettre que les mouvements de la balle de sureau sont spontanés, c'est-à-dire indépendants de toute autre cause que la volonté de la balle. N'est-ce pas ainsi cependant qu'on agit quand, voyant une monère aller au-devant d'un rayon de soleil qui tombe sur l'eau, on affirme qu'elle se meut spontanément ; ce qui revient à dire qu'il lui plaît d'aller au-devant du rayon lumineux, que le rayon lui est sympathique. On me permettra de citer un petit fait qui me paraît fort intéressant au point de vue des changements de forme et des mouvements de déplacement.

Wolff a constaté dans ces derniers temps, que l'appareil olfactif de l'abeille commune est formée par la réunion de petites cellules offrant à leur extrémité périphérique une cupule au centre de laquelle est inséré un long filament. Dans cette cupule se trouve un liquide visqueux qui se répand le long du filament. M. Wolff (1) place une goutte de ce liquide sur une lamelle de

(1) Wolff, *Le Mécanisme de l'odorat*, in *Revue internationale des sciences*, 1878, p. 422.

verre qu'il transporte sous le microscope ; il approche alors du liquide olfactif une petite aiguille portant à son extrémité une gouttelette d'une essence odorante ; immédiatement la goutte de liquide olfactif change de forme et même se déplace. Les molécules gazeuses de l'essence, en venant frapper sa surface, suffisent pour déterminer ce double mouvement. La conséquence de cette expérience est facile à tirer : dans la nature, l'ébranlement du cil vibratile de la cellule olfactive est déterminé par les vibrations des molécules gazeuses dites odorantes qui viennent frapper le liquide olfactif dont le cil est recouvert ; l'ébranlement moléculaire du cil est transmis au corps de la cellule olfactive, puis au nerf olfactif qui le communique aux centres nerveux olfactifs ; là cette vibration moléculaire se transforme en ce que nous nommons la sensation d'odeur. Ce petit fait ne confirme-t-il pas ce que je disais tout à l'heure, que quand nous voyons un corps matériel quelconque entrer en mouvement, notre première préoccupation doit être de chercher la cause déterminante du mouvement, au lieu de nous endormir dans une douce quiétude, après avoir déclaré que tel ou tel mouvement, dont nous ne saisissons pas la cause, est « spontané ».

Pour moi, je ne pense pas qu'il y ait plus de mouvements spontanés chez les êtres vivants que dans les corps inorganiques ; je crois que tout mouvement, qu'il consiste en un simple changement de forme ou en un déplacement du corps entier, est nécessairement provoqué par un agent extérieur, ou, pour mieux dire, par un mouvement antécédent.

Il me reste à parler de la sensibilité, ou, pour employer un terme qui est plus à la mode parmi les biologistes modernes, de l'irritabilité.

Quand on voit une monère se déplacer ou changer de forme sous l'influence du contact d'un corps étranger, on dit qu'elle est sensible ou irritable, et l'on ajoute que la sensibilité ou l'irritabilité est une propriété appartenant en propre et exclusivement aux êtres vivants. C'est là encore une manière de voir à laquelle nous devons, je pense, renoncer. Si, en effet, nous disons que la monère est sensible parce qu'elle change de forme quand on la touche, ne devrait-on pas en dire autant du liquide olfactif, qui se comporte exactement de la même façon quand on approche de lui une goutte d'essence? La vérité est que ces mots : sensibilité et irritabilité ne veulent pas dire autre chose que ceci : « Quand un agent extérieur agit sur un corps déterminé, ce dernier obéit à l'action qui s'exerce sur lui. » Or, ce fait n'est pas exclusivement propre à la matière vivante, il nous est offert par tous les corps que nous connaissons, avec cette différence que, suivant les corps, il est plus ou moins manifeste.

L'étude comparée que nous venons de faire des propriétés biologiques de la monère nous permet, je crois de conclure, sans crainte de nous tromper, que toutes ces propriétés se retrouvent dans la matière non vivante, mais que dans la monère elles se manifestent avec une intensité tellement considérable, que l'on peut facilement se laisser entraîner à leur donner des dénominations particulières.

Nous sommes d'autant plus sollicités d'entrer dans cette voie, que nos sciences, encore dans l'enfance, nous laissent ignorer le pourquoi et le comment de la plupart des phénomènes naturels dont nous constatons la production. Cependant, elles sont aujourd'hui assez avancées pour que nous puissions admettre, sans crainte de nous tromper, que tous les phénomènes biologiques ne sont, en réalité, que des phénomènes physiques ou chimiques. Nous ignorons bien des choses, mais nous en connaissons assez pour ne plus nous laisser entraîner à considérer comme des vérités les opinions engendrées par l'ignorance de nos pères ou par la nôtre.

L'origine de la matière vivante.

Il me paraît maintenant possible de faire à la question posée plus haut : quelle est l'origine de la matière vivante? la réponse suivante : la matière vivante s'est produite par suite de la combinaison, dans des conditions déterminées, de principes organiques et inorganiqnes soumis à toutes les lois de l'affinité chimique. Que cette combinaison se soit effectuée dans des conditions de chaleur, de lumière, d'électricité, etc., convenables, et la matière formée aura pu manifester les propriétés dites de la vie. Cette réponse trouve ses arguments non seulement dans tout ce que nous avons dit des propriétés des êtres vivants comparées à celles des corps non vivants, mais encore dans ce que nous savons relativement à la constitution intime de la matière. Si la matière est une, si les divers corps qu'elle forme ne diffèrent que par les rapports des atomes pondérables entre eux et par la diversité des mouvements des atomes, il me paraît aussi aisé de passer des matières albuminoïdes non vivantes au protoplasma vivant que de l'éther impondérable à la matière pondérable.

Tout cela, dira-t-on peut-être, n'est qu'hypothèse! Sans doute, mais cette hypothèse réunit les deux conditions essentielles de probabilité qu'on puisse exiger d'une hypothèse : elle est la plus simple qu'il soit possible d'imaginer, en même temps qu'elle est la plus apte à expliquer scientifiquement, c'est-à-dire sans l'intervention d'aucune force occulte, tous les phénomènes dont l'univers est le siège, depuis la formation de la nébuleuse jusqu'à celle de l'organisme vivant le plus compliqué, en passant par les innombrables systèmes solaires et planétaires qui peuplent l'immensité des cieux et par les formes presque aussi nombreuses d'organismes qui pullulent dans les eaux douces et salées et sur les continents de notre petit globe.

Ayant répondu avec les données actuelles de la science à la question de l'origine de la matière vivante, il nous reste à montrer par quels moyens on peut expliquer l'origine des innombrables espèces d'animaux et de végétaux qui peuplent la terre. Deux questions sont contenues dans celle-là : l'une, dont il a déjà été parlé plus haut, relative à la perpétuation des êtres vivants, ou, pour employer les termes qui nous ont déjà servi, à la géné-

Genèse des êtres vivants.

ration de ces êtres envisagés en tant qu'individus, et l'autre relative à la formation des espèces et autres groupes admis par les naturalistes. Si l'on veut que je prenne des exemples, il nous reste à expliquer : 1° comment il se fait qu'un homme donne toujours naissance à un autre homme, un chêne à un autre chêne ; comment il se fait qu'une écrevisse, qu'un bolett, un ver de terre, une monère, produisent toujours l'écrevisse une autre écrevisse, le bolet un autre bolet, le ver de terre un autre ver de terre, la monère une autre monère ; 2° d'où vient l'espèce Homme, l'espèce Chêne, l'espèce Écrevisse, l'espèce Bolet, l'espèce Ver de terre, l'espèce Monère, etc.

Nous avons vu comment Buffon répondait à la première question ; je crois qu'il n'est pas inutile de le rappeler pour montrer la filière par laquelle sont passées les idées des naturalistes depuis son époque. Buffon admettait d'abord l'existence dans tout organisme vivant de « parties semblables au tout, » capables de reproduire un organisme identique au premier quand elles deviennent libres, et qu'elles trouvent l'alimentation nécessaire à leur accroissement; il pensait, en second lieu, que les parties semblables au tout sont d'autant plus nombreuses que l'organisme est plus inférieur ; en d'autres termes, il admettait que dans les organismes inférieurs toutes les parties élémentaires se ressemblent à tel point qu'elles sont toutes capables de reproduire un organisme nouveau, semblable à celui dont elles ont fait partie ; en troisième lieu, enfin, il supposait que les « parties semblables au tout » capables de reproduire l'animal ou le végétal proviennent de l'accumulation des « molécules organiques » nutritives, inutiles à l'accroissement, superflues pour ainsi dire. Ces parties venant de toutes les régions du corps, elles réunissent les propriétés et les caractères de toutes ces régions, autrement dit de l'organisme entier ; dans les organismes les plus élevés, il faut que des parties venues du mâle s'unissent aux parties venues de la femelle pour former un individu nouveau.

J'ai à peine besoin de dire que la partie de cette théorie relative aux molécules organiques nous est absolument inutile; elle n'eut, du reste, qu'un très faible succès à l'époque de Buffon. L'homme qui peut au plus juste titre passer pour son élève (1), Lamarck n'y fait même pas allusion. Parlant de l'origine des premiers êtres vivants, il dit (2) : « Voyons comment la nature a pu produire directement les premiers corps vivants, ceux-ci lui ayant ensuite suffi pour amener progressivement la formation des autres. En donnant l'existence aux corps inorganiques et en formant par cela divers assemblages

(1) Je ne crois pas que personne ait encore signalé les relations scientifiques qui existent entre Lamarck et Buffon. On verra plus bas que c'est à Buffon que Lamarck a emprunté la plupart de ses idées. Je me borne à rappeler ici que Lamarck dut à Buffon son entrée au Jardin du roi en qualité de conservateur des herbiers, que Buffon lui confia son fils pendant un voyage en Allemagne, après lui avoir fait donner une mission scientifique et que c'est à Buffon qu'il dut de voir imprimer sa *Flore de France* par l'imprimerie royale.

(2) *Système analytique des connaissances de l'homme*, p. 115.

de matières diverses, ce qu'elle parvient à faire, tantôt par de simples réunions, tantôt par cohésion ou par agrégation des molécules, la nature a pu, parmi les corps résultés de ces opérations, en former qui soient propres à recevoir les premiers traits de l'organisation et les mouvements qui constituent la vie. C'est effectivement ce qu'elle paraît avoir fait. »

Il fait passer, on le voit, la matière directement des corps inorganiques aux premiers corps organisés et vivants. Dans les autres parties de sa doctrine, il ne parle pas davantage des « molécules organiques de Buffon ». Nous ferons comme lui, après avoir rappelé toutefois, que des molécules organiques de Buffon aux cellules des modernes il n'y a peut-être pas extrêmement loin. Cela est vrai, surtout des « parties semblables au tout » qui jouent un rôle si considérable dans sa théorie de la génération. Parmi les « parties semblables au tout », il place en effet les cellules reproductrices, les bourgeons, etc.

La théorie des « parties semblables au tout » a eu un sort plus heureux que celle des « molécules organiques ». C'est elle que nous retrouverons dans l'œuvre de Darwin sous le nom de « Pangenèse ». Elle avait été précédée d'une autre doctrine qui était en grande vogue à l'époque de Buffon, celle de l'*emboîtement des germes*, dont je dois dire quelques mots.

Théorie de l'emboîtement des germes.

Déjà vaguement indiquée par les naturalistes du XVIIe siècle, elle dut sa dernière expression à un naturaliste genevois d'une grande valeur, Ch. Bonnet. C'est à lui que je vais donner la parole pour exposer cette célèbre doctrine. Je me borne à rappeler qu'on désignait à cette époque par le nom de théorie de l'*épigenèse* celle qui consiste à admettre, avec Buffon et avec tous les naturalistes modernes, que le développement des animaux et des végétaux se fait par l'apparition successive de tissus, d'organes, de membres, qui n'existaient pas dans l'œuf, qui se forment graduellement et s'ajoutent les uns aux autres. Ceci dit, écoutons Bonnet : « Sans être, dit-il (1), un Malpighi, un Haller, un Albinus, on comprend très bien que toutes les parties d'un animal ont entre elles des rapports si directs, si variés, si multipliés, des liaisons si étroites, si indissolubles, qu'elles doivent avoir toujours coexisté ensemble. Les artères supposent les veines : les unes et les autres supposent les nerfs ; ceux-ci le cerveau ; ce dernier, le cœur ; et tous supposent une multitude d'autres organes.

» Vouloir qu'un animal se forme comme un sel ou un cristal, de la réunion de différentes molécules, qui s'assemblent en vertu de certaines forces de rapport ; admettre que le cœur est formé avant le cerveau, celui-ci avant les nerfs ; en un mot, soutenir que l'animal se façonne par apposition, c'est préférer Scudéri à Bossuet, le roman à l'histoire.

» Des sages appelés à éclairer le monde ont choqué les règles de la logique la plus commune : ils ont jugé du temps où les parties d'un animal ont com-

(1) *Contemplation de la nature*, œuvres complètes, éd. 1779, t. IV, partie Ire, p. 261. Ce volume a paru en 1781.

mencé d'exister par celui où elles ont commencé à devenir visibles; et tout ce qu'ils ne voyaient point, n'existait point. »

Il cite alors l'exemple du poulet, dans lequel on croit, dit-il, que les organes apparaissent les uns après les autres, et il affirme que cela est une illusion, que toutes les parties existaient à l'avance dans l'œuf, mais qu'on ne les voyait pas. Et il ajoute (1) : « Bien d'autres faits concourent avec ceux-ci à établir la préexistence des « touts organiques ».

Parlant des bourgeons qui poussent sur un arbre ou un polype, et d'un tronçon d'animal qui reproduit l'animal entier, il dit : « La partie qui se reproduit passe donc par tous les états et par tous les degrés d'accroissement par lesquels l'animal entier avait passé lui-même. Elle a donc probablement la même origine : elle est un véritable animal, qui préexistait très en petit dans le grand animal qui lui a servi de matrice (p. 264). »

Parlant de la préordination qui doit exister dans l'univers, il ajoute (p. 268) : « Quel serait notre étonnement, si nous pouvions pénétrer dans ses profondeurs et promener nos regards dans cet abîme! Nous y découvririons un monde bien différent du nôtre, et dont les décorations bizarres nous jetteraient dans un embarras qui s'accroîtrait sans cesse. Un Réaumur, un Jussieu, un Linnæus s'y perdraient. Nous y chercherions nos quadrupèdes, nos oiseaux, nos reptiles, nos insectes, etc., et nous ne verrions à leur place que des figures bizarrement découpées dont les traits irréguliers et informes nous laisseraient incertains si ce que nous aurions sous les yeux serait un quadrupède ou un oiseau. Il en serait de ces figures comme de celles de l'optique, qu'on ne parvient à reconnaître qu'en les redressant avec un miroir. La fécondation fait ici l'office de ce miroir : elle est le principe d'un développement qui redresse les formes et nous les rend sensibles.

» Cet état dans lequel nous concevons qu'ont été d'abord tous les corps organisés, est l'état de *germe*, et nous dirons que le germe contient, en raccourci, toutes les parties du végétal ou de l'animal futurs...

» Il n'acquiert donc pas des organes qu'il n'avait point; mais des organes qui n'apparaissaient point encore commencent à devenir visibles...

» Il est possible que tous les germes d'une même espèce aient été originairement emboîtés les uns dans les autres, et qu'ils ne fassent que se développer de génération en génération, suivant une progression que la géométrie tente d'assigner.

» Cette hypothèse de l'*emboîtement* est une des plus belles victoires que l'entendement pur ait remporté sur les sens. Les calculs effrayants par lesquels on entreprend de la combattre prouvent seulement qu'on peut toujours ajouter des zéros à des unités, et accabler l'imagination sur le poids des nombres.

(1) *Contemplation de la nature*, œuvres complètes, éd. 1779, t. IV, partie Ire, p. 263.

» Mais en accumulant des nombres, on n'accumule pas des faits, et la nature elle-même semble nous fournir des preuves directes de l'emboîtement. Elle nous montre des parties osseuses d'un fœtus, renfermées dans un autre fœtus, un œuf renfermé dans un autre œuf, un fruit dans un autre fruit, un fœtus dans un autre fœtus, etc. »

Pour Bonnet et pour tous les partisans de l'emboîtement des germes, l'œuf contient, avant la fécondation, toutes les parties qui entreront plus tard dans la composition de l'animal. Mais ces parties, et notamment la plus importante d'entre elles, le cœur, ont besoin pour s'accroître d'un stimulant qui leur est fourni, au moment de la fécondation, par le liquide mâle. « Le poulet, dit Bonnet (*ibid.*, p. 274), était tout entier dans l'œuf avant la fécondation. Il ne doit donc pas son origine à la liqueur que le coq fournit : il était dessiné en petit dans l'œuf antérieurement au commerce des sexes. Le germe appartient donc uniquement à la femelle. » Dans une note ajoutée à ce paragraphe, Bonnet dit encore : « M. Spallanzani a démontré, par une suite nombreuse d'observations bien faites, que ce qu'on nomme les œufs dans la grenouille ou le crapaud, n'en sont point; mais qu'ils sont réellement le petit animal ou le têtard, bien complet, replié sur lui-même, et qu'on aperçoit distinctement dans les prétendus œufs non fécondés, comme dans ceux qui l'ont été. L'observateur a démontré la même chose chez les salamandres aquatiques. Il a plus fait encore : il a fécondé artificiellement les embryons préexistants de ces divers amphibies; et il lui a suffi pour opérer cette singulière fécondation, de toucher l'espèce d'œuf avec la pointe d'une aiguille ou d'un pinceau, humectés légèrement de la liqueur du mâle. C'est à peu près de la même manière que s'opère la fécondation naturelle de ces amphibies : on n'ignore pas, en effet, qu'elle ne s'exécute point dans l'intérieur de la femelle. Le mâle de la grenouille ou du crapaud répand sa liqueur sur les œufs que la femelle vient de pondre; et l'épaisse couche de glaire dont ils sont alors enveloppés n'empêche point que cette liqueur ne pénètre jusqu'à l'embryon. Il en est de même encore de la fécondation chez les poissons à écailles. Le mâle répand ses laites sur les œufs, après que la femelle s'en est déchargée. Avant que M. Spallanzani eût tenté de féconder artificiellement les espèces d'œufs de la grenouille et du crapaud, un autre observateur avait réussi à féconder de la sorte les œufs de divers poissons. Ainsi, ce qui se passe à découvert dans la fécondation des œufs des poissons et des amphibies, se passe dans l'obscurité d'un ovaire chez les autres animaux. C'est donc toujours par dehors que l'œuf est fécondé, soit chez les ovipares, soit chez les vivipares; et il était bien naturel de le supposer, dès qu'on admettait que l'*embryon préexiste tout entier dans l'œuf :* car on devait en inférer que le sperme n'agissait que comme un principe stimulant et nourricier. »

On remarque avec quelle insistance Bonnet nomme les œufs des « espèces d'œufs », pour indiquer que ce ne sont pas seulement des œufs, mais bien des « embryons préexistants », et déjà complètement formés, n'attendant plus que la stimulation du sperme pour se développer.

Revenons au poulet, et voyons comment Bonnet interprète le rôle de la fécondation. Ayant admis que le poulet préexiste dans la poule et qu'il a tous ses organes y compris le cœur, il ajoute (1) : « L'évolution ou le développement s'opère par la nutrition. La nutrition suppose la circulation. Enfin, le cœur est le principe de la circulation. S'il se fait une circulation dans le germe avant la fécondation, vous conviendrez au moins qu'elle n'est pas suffisante pour opérer cette évolution totale, qui rend le germe visible et qui donne à toutes les parties les formes, les proportions et l'arrangement qui caractérisent l'espèce. Le germe ne peut donc achever de se développer dans un œuf qui n'a point été fécondé, et l'incubation ne ferait que hâter sa corruption. Cependant, que lui manque-t-il pour continuer à croître? Il a tous les organes nécessaires à l'évolution. Il a même déjà pris un certain accroissement; car les œufs croissent dans les poules vierges; leurs ovaires en renferment de toutes grandeurs. Le germe y croît donc aussi. Pourquoi ne peut-il se développer davantage? Quelle force secrète le retient dans les limites de l'invisibilité? L'accroissement dépend de l'impulsion du cœur. Un plus grand développement dépend donc d'une plus grande impulsion. Ce degré d'impulsion manque donc au cœur du germe qui n'a pas été fécondé. Ceci démontre une certaine résistance dans les parties du germe. A mesure qu'il croît, cette résistance augmente. Les unes résistent plus que les autres; les parties osseuses ou qui doivent le devenir plus que les membraneuses ou qui doivent toujours demeurer telles. Le cœur du germe a donc besoin d'un degré de force déterminé pour surmonter cette résistance. Sa force est dans son irritabilité, ou dans le pouvoir de se contracter de lui-même à l'attouchement d'un liquide. Augmenter l'irritabilité du cœur c'est augmenter sa force impulsive. La fécondation accroît sans doute cette force, et elle peut seule l'accroître, puisque ce n'est que par son intervention que le germe parvient à franchir les limites étroites qui le retenaient dans son premier état. La liqueur fécondante est donc un vrai stimulant, qui, porté au cœur du germe, l'excite puissamment et lui communique une nouvelle activité. Voilà en quoi consiste ce que nous nommons la *conception*. Le mouvement une fois imprimé au petit mobile s'y conserve par la seule énergie de son admirable mécanique. »

Bonnet ajoute (2) que « la liqueur prolifique n'est pas un simple stimulant, » mais qu'elle « est encore un fluide nourricier, approprié à l'extrême délicatesse des parties du germe. »

La théorie de l'emboîtement des germes fut adoptée par la plupart des

(1) *Contemplation de la nature*, œuvres complètes, éd. 1779, t. IV, partie Ire, p. 276.
(2) *Ibid.*, p. 278.

naturalistes du XVIIIe siècle. Elle leur paraissait si simple qu'il n'y a pas de sarcasmes et de railleries dont ils ne fissent usage contre les partisans de l'épigenèse, c'est-à-dire contre ceux qui « n'admettent point de germes *pré-formés*, et qui veulent que l'animal soit généralement *engendré*, parties après parties, de la réunion de différentes molécules, qui s'assemblent en vertu de certains rapports. (1) » Parmi les partisans de l'épigenèse, le plus illustre alors était Buffon. C'est à lui surtout que Bonnet fait allusion, quand il dit : « Soutenir que l'animal se façonne par apposition, c'est préférer Scudéri à Bossuet, le roman à l'histoire (2). » C'est de lui qu'il dit : « Des sages appelés à éclairer le monde ont choqué les règles de la logique la plus commune : ils ont jugé du temps où les parties d'un animal ont commencé d'exister par celui où elles ont commencé à devenir visibles ; et tout ce qu'ils ne voyaient point, n'existait point (3). » C'est encore à lui qu'il adresse ces paroles peu aimables : « C'est sur ces apparences trompeuses qu'on a imaginé que l'animal se formait par apposition, comme une végétation chimique. L'on a bâti là-dessus des systèmes plus hardis que solides, et qu'un intérêt secret étaye, défend et propage (4). »

Les partisans de l'emboîtement ne se faisaient cependant pas tout à fait illusion sur les difficultés de leur système. Il ne pouvait échapper à leur perspicacité que l'esprit conçoit difficilement comment une série indéfinie de germes d'hommes ou de poulets peuvent être emboîtés dans chaque homme ou dans chaque poulet. Ils essayaient de résoudre cette difficulté ou plutôt de l'écarter, mais sans y pouvoir parvenir. Qu'on en juge par les explications de Bonnet (5) : « Le terme d'*emboîtement*, dit-il, dont on se sert en parlant des germes, réveille une idée qui n'est point du tout exacte. Les germes ne sont pas renfermés, comme des boîtes ou des étuis, les uns dans les autres : un germe fait partie d'un autre germe, comme une graine fait partie de la plante sur laquelle elle se développe. Cette graine renferme une petite plante, qui a aussi ses graines dans chacune desquelles se trouve une plantule d'une petitesse proportionnée. Cette plantule a elle-même ses graines et celles-ci des plantules incomparablement plus petites, etc., etc. Toute cette suite d'êtres organisés, toujours décroissants, fait partie de la première plante et y prend ses premiers accroissements. » « Il est très connu, ajoute-t-il, que les œufs croissent dans les poules vierges, et il est bien démontré aujourd'hui que le germe y préexiste. Ce germe y croît donc aussi, mais ce germe en renferme d'autres qui croissent avec lui et par lui. »

A notre époque, le microscope a pénétré si profondément dans l'organisa-

(1) BONNET, *ibid.*, p. 275, note 3.
(2) *Ibid.*, p. 261.
(3) *Ibid.*, p. 261.
(4) *Ibid.*, p. 262.
(5) *Ibid.*, p. 269, note 2.

tion des animaux, il en a si bien scruté tous les détails et mis à découvert les éléments constitutifs, il nous a procuré une connaissance si exacte de l'œuf, qu'il serait superflu de discuter la théorie de l'emboîtement des germes. Au XVIIIe siècle, elle eut un succès considérable. Bonnet qui l'imagina, Haller qui s'y rallia aussitôt, et qui peut même passer pour l'un de ses créateurs, Spallanzani, Réaumur, etc., en furent les apôtres ardents et quelque peu violents, comme sont tous les apôtres. En combattant cette doctrine, Buffon s'exposait à leurs coups et ne manqua pas d'en recevoir. Les citations faites plus haut en portent témoignage.

La théorie des germes flottants.

A côté de la théorie de l'emboîtement des germes, on trouve, au XVIIIe siècle, une autre façon d'interpréter la multiplication et la génération des animaux qui a pu servir de point de départ à l'hypothèse des « molécules organiques » de Buffon. On supposait qu'il existait dans l'atmosphère un nombre considérable de germes indestructibles de toutes les espèces d'animaux et de végétaux, germes ayant existé de tout temps et n'attendant que de pénétrer dans un organisme convenable pour s'y développer. D'après cette théorie, par exemple, les germes de l'homme flottent dans l'air, pénètrent dans la femme et s'y développent en un homme nouveau ou en une femme nouvelle. Bonnet, tout en repoussant cette doctrine, la traite cependant avec beaucoup de ménagements; il la place bien au-dessus de celle de l'épigenèse, pour laquelle il réserve tous ses sarcasmes.

L'œuf est une simple cellule.

C'est cette dernière cependant qui devait triompher dans la lutte des doctrines. Le microscope ne devait pas tarder, en effet, à montrer d'une façon aussi certaine que possible que l'œuf est un simple élément anatomique, sans autre organisation que sa division en une masse protoplasmique granuleuse, un noyau et une membrane d'enveloppe, que sa segmentation pour produire d'autres cellules, et, finalement, un embryon, ne commence qu'après la fusion de sa substance avec celle d'une cellule mâle. Nous reviendrons plus bas sur cette question.

L'hérédité. L'origine des individus.

Je veux d'abord traiter celle que j'ai posée plus haut en ces termes : « Pourquoi l'homme donne-t-il toujours naissance à un autre homme, pourquoi tout animal ou tout végétal produit-il toujours un animal ou un végétal plus semblable à lui-même qu'à tous les autres animaux ou végétaux? » C'est ce qu'on peut appeler la question de l'origine des individus, question qui se confond avec celle de l'hérédité.

Les « unités physiologiques » de H. Spencer.

Deux réponses seulement y ont été faites depuis l'époque de Buffon : l'une par Darwin, l'autre par M. Hæckel. Je ne parle pas de l'hypothèse des « unités physiologiques » de M. Herbert Spencer, parce que cette hypothèse est, en réalité, non pas l'explication du fait, mais la constatation du fait lui-même, ainsi d'ailleurs que le reconnaît le savant philosophe anglais. Il admet que chaque organisme est formé d'unités qui « ont une structure spéciale dans laquelle elles tendent à s'arranger, comme en ont les unités de matière organique » (1), et que dans chaque espèce animale ou végétale ces unités ont « une aptitude intrinsèque à s'agréger dans la forme de cette espèce.» (2), de même que « dans les atomes d'un sel réside une aptitude intrinsèque à cristalliser d'une façon particulière ». Ce n'est pas là véritablement une solution du problème, mais une constatation indirecte d'un fait qu'il s'agit d'expliquer.

Hypothèse de la « pangenèse » de Darwin.

Darwin a exposé son opinion sous le nom de « Hypothèse provisoire de la pangenèse » (3). Il part, comme est contraint de le faire tout savant de notre époque, de la cellule ou « unité » à la fois physiologique et morphologique de tous les organismes vivants, et il admet que « ces unités engendrent des petits granules qui se dispersent dans le système entier ; que ces granules, quand ils reçoivent une nutrition suffisante, se multiplient par division spontanée et se développent ultérieurement en cellules semblables à celles dont ils dérivent ». Il propose pour ces granules le nom de « gemmules », et il ajoute : « Emises par toutes les parties du système, ces gemmules se réunissent pour former les éléments sexuels, et leur développement dans la génération suivante constitue un être nouveau ; mais elles peuvent également se transmettre à l'état latent à des générations futures et se développer alors. Ce développement dépend de leur union avec d'autres gemmules pareillement développées, ou des cellules naissantes qui les précèdent dans le cours régulier de la croissance. Je suppose que les gemmules sont émises par chaque unité, non seulement pendant l'état adulte, mais aussi pendant chaque phase du développement ; mais non pas nécessairement pendant toute l'existence de la même unité. Je suppose, enfin, que les gemmules à l'état latent ont une affinité naturelle les unes pour les autres, d'où résulte leur agrégation en bourgeon ou en élément sexuel. Ce ne sont pas les organes reproducteurs ou les bourgeons qui engendrent de nouveaux organismes, mais les unités dont chaque individu est composé. »

A cet exposé si net, je n'ajouterai qu'une seule remarque. Comme il est aujourd'hui bien démontré que toutes les cellules des animaux et des végétaux ne se multiplient que par segmentation et qu'aucune cellule ne naît dans un blastème ou liquide amorphe, on ne peut admettre que les granules de Darwin forment directement des cellules par leur union, ainsi qu'on pourrait le déduire de la citation que je viens de faire ; il faut penser qu'il a voulu dire simplement que ces gemmules pénètrent dans certaines cellules, celles des bourgeons ou celles des organes sexuels, en leur apportant en quelque sorte les caractères de toutes les cellules d'où elles proviennent, c'est-à-dire de toutes les cellules de l'organisme.

Avec cette hypothèse, Darwin explique tous les phénomènes de la généra-

(1) *Principes de biologie*, t. 1er, p. 217.
(2) *Ibid.*, p. 218.
(3) *De la variation des animaux et des plantes à l'état domestique*, t. II, p. 369-425.

tion des animaux et des végétaux. Si le bourgeon d'un saule ou d'un polype est capable de produire un saule ou un polype semblable à celui qui lui a donné naissance, cela est dû à ce que les cellules de ce bourgeon ont été formées par des gemmules provenant de toutes les cellules du saule ou du polype primitif. Si l'œuf d'une poule peut produire un poulet semblable à la poule qui a pondu l'œuf et au coq qui l'a fécondé, cela tient à ce que l'œuf est formé de gemmules fournies par toutes les cellules de la poule et à ce que le spermatozoïde fécondateur qui s'est fondu avec l'œuf est constitué par des gemmules provenant de toutes les cellules du coq. Si le petit-fils d'un homme est capable de présenter des caractères que n'avait pas son père, mais que possédait son grand-père, cela tient à ce que pendant une génération entière les gemmules du grand-père sont restées à l'état latent. Enfin, si toutes les sortes de cellules, épidermiques, osseuses, nerveuses, musculaires, sanguines, etc., d'un homme, se retrouvent dans son fils et dans toutes les générations successives des hommes, cela tient à ce que chacune de ces cellules produit des gemmules qui donnent naissance à des cellules semblables. « Les physiologistes, dit Darwin (1), admettent ordinairement que les unités du corps sont autonomes ; je fais un pas de plus et j'admets qu'elles émettent des gemmules reproductrices. En conséquence, un organisme n'engendre pas son semblable comme un tout, mais chaque unité séparée engendre une unité semblable. Les naturalistes ont souvent affirmé que chaque cellule d'une plante possède la capacité potentielle de produire la plante entière ; or, cette cellule ne possède cette propriété que parce qu'elle contient des gemmules provenant de chaque partie de la plante. Quand une cellule ou unité se trouve modifiée en vertu d'une cause quelconque, les cellules qui en proviennent sont modifiées de la même manière. Si on accepte provisoirement notre hypothèse, on doit admettre que toutes les formes de la reproduction asexuelle sont fondamentalement les mêmes, soit que la reproduction se fasse pendant la maturité de l'individu ou pendant sa jeunesse, et dépend de l'agrégation mutuelle et de la multiplication des gemmules. La régénération d'un membre amputé et la cicatrisation d'une blessure constituent un phénomène analogue à la reproduction asexuelle, mais se produisant seulement sur une partie du corps. Les bourgeons semblent contenir des cellules naissantes appartenant à la phase du développement existant au moment où le bourgeon se produit, et ces cellules sont prêtes à s'unir avec les gemmules provenant des cellules qui leur succèdent immédiatement dans la série. Les éléments sexuels, au contraire, ne contiennent pas des cellules naissantes analogues ; l'élément mâle et l'élément femelle pris séparément ne contiennent pas un nombre suffisant de gemmules pour amener un développement indépendant, sauf toutefois dans le cas de parthénogenèse. Le développement

(1) *De la variation des animaux et des plantes à l'état domestique*, t. II, p. 423.

de chaque organisme, y compris toutes les formes de la métamorphose et de la métagenèse, dépend de la présence de gemmules émises à chaque période de la vie, et du développement de ces gemmules à une période correspondante, en union avec les cellules précédentes. On peut dire que ces cellules sont fécondées par les gemmules qui les suivent immédiatement dans l'ordre du développement. En conséquence, l'acte de la fécondation ordinaire et le développement de chaque partie de chaque organisme sont des phénomènes absolument analogues. L'enfant, à proprement parler, ne croît pas pour devenir un homme, mais il contient des germes qui se développent lentement et successivement et qui finissent par former l'homme; chez l'enfant aussi bien que chez l'adulte, chaque partie engendre une partie semblable. On doit regarder l'hérédité comme une simple forme de croissance, semblable à la division spontanée d'un organisme unicellulaire inférieur. Le retour provient de ce que l'ancêtre a transmis à ses descendants des gemmules latentes, qui se développent éventuellement dans certaines conditions connues ou inconnues. On pourrait comparer chaque animal et chaque plante à une couche de terre pleine de graines, dont les unes germent rapidement, dont les autres restent inactives pendant une période plus ou moins longue, tandis que d'autres périssent. Quand nous entendons dire qu'un homme porte dans sa constitution les germes d'une maladie héréditaire, l'expression est en somme absolument correcte. Jusqu'à présent on n'a pas encore essayé, que je sache, de relier l'une à l'autre ces grandes catégories de faits; l'hypothèse que je propose, très imparfaite d'ailleurs, je le reconnais, est donc la première. En résumé, un être inanimé est un microcosme, un petit univers, composé d'une foule d'organismes, doués de la propriété de se propager eux-mêmes, extraordinairement petits, et aussi nombreux que les étoiles du ciel. »

Analogies entre la théorie de Darwin et celle de Buffon.

Je n'ai pas besoin d'insister sur l'analogie profonde qui existe entre cette théorie et celle de Buffon. Dans les « gemmules » de Darwin, il est facile de voir les filles des « molécules organiques » de Buffon. Les unes comme les autres proviennent de toutes les parties du corps et forment par leur agrégation ce que Buffon appelle des « parties semblables au tout », car l'œuf qui n'est qu'une cellule, une unité, mais une cellule, une unité capable de reproduire le tout, quand il aura été fondu avec cette autre unité, le spermatozoïde, l'œuf, dis-je, dans les deux théories, est formé de particules, de gemmules, provenant de toutes les parties de l'organisme femelle, comme le spermatozoïde est formé de particules, de gemmules, venant de toutes les parties de l'organisme mâle. Dans les deux théories aussi, les « molécules organiques » ou les « gemmules » sont susceptibles de se conserver sans s'altérer, Buffon allant même jusqu'à les faire indestructibles. Darwin dit bien que les « molécules organiques de Buffon », qui semblent au premier abord identiques aux gemmules de son hypothèse, en sont essentiellement différentes, mais il ne montre pas en quoi consiste la différence ; elle ne réside, en effet, réellement, que dans la différence des époques où les deux hypothèses ont été émises.

Théorie de « la conservation et régénération des molécules organiques » de Elsberg.

La même analogie existe entre les théories de Buffon et de Darwin, d'une part, et celle qu'un savant américain, M. Elsberg, a désignée sous le nom de « théorie de la régénération ou préservation des molécules organiques ». M. Elsberg admet avec M. Hæckel que la forme la plus élémentaire du protoplasma, celle que le naturaliste allemand désigne sous le nom de *plasson*, est formée de molécules actives ou plastidules, et il résume de la façon suivante la façon dont il comprend la préservation et la régénération des plastidules (1). « Le germe de tout être vivant contient des plastidules de toute la série de ses ancêtres. J'appelle « hypothèse de la régénération » mon hypothèse, parce que, jusqu'à un certain degré, les ancêtres renaissent corporellement, et même aussi à tout égard, dans leur postérité ; ou encore « hypothèse de la conservation des molécules organiques », parce qu'elle suppose que certaines plastidules, sinon pour toujours, du moins pour longtemps, sont conservées et transmises de génération en génération. Enfin, je pourrais encore lui donner le nom « d'hypothèse de la conservation des forces organiques », ce qui exprimerait la même chose en d'autres termes. »

Théorie de « la périgenèse des plastidules » de Hæckel.

Dans ces mots « conservation des forces organiques » se trouve en germe la théorie de M. Hæckel, celle à laquelle il a donné le nom de « Périgenèse des plastidules ».

Buffon, Darwin, Elsberg, admettent que la conservation des formes et des caractères des parents dans les descendants est due à ce que les molécules organiques, les gemmules ou les plastidules produites par les premiers sont transmises directement aux seconds ; ils admettent, en d'autres termes, la conservation des parties les plus simples de la matière vivante ; Hæckel fonde sa théorie sur la conservation des mouvements seuls. Hæckel établit lui-même cette différence entre sa théorie et celle de ses prédécesseurs. « Darwin dit expressément que « toutes les formes de la reproduction dépendent de l'agrégation des gemmules, qui sont émises de toutes les parties du corps. » Nous disons au contraire : « Toutes les formes de la reproduction dépendent de la communication du mouvement des plastidules, lequel est simplement transmis directement des parties génératrices du corps aux plastidules engendrées ; en outre, grâce à la mémoire et à la division du travail des plastidules, le mouvement ondulatoire des ancêtres peut être reproduit entièrement ou en partie chez les descendants (2). »

Ceci demande quelques explications. J'ai dit plus haut que M. Hæckel donne le nom de plasson à la matière vivante la plus rudimentaire, celle qui par sa différenciation produit le protoplasma et le noyau des cellules, et

(1) *Regeneration, or the preservation of organic molecules ; a contribution to the doctrine of the evolution*, in *Proceed. of the Americ. Associat.*, 1875, p. 93.

(2) Hæckel, *Essais de psychologie cellulaire*, trad. fr., p. 84.

qu'il considère le plasson comme formé par l'agrégation de molécules auxquelles il donne, avec Elsberg, le nom de plastidules. Les plastidules « possèdent toutes les propriétés que la physique attribue en général aux molécules hypothétiques et aux « atomes composés ». Chaque plastidule n'est donc point résoluble en plusieurs petites plastidules : elle ne peut plus qu'être décomposée en ses atomes constituants » (1). Il ajoute : « Outre les propriétés physiques générales que la physique et la chimie de nos jours attribuent aux molécules de la matière, les plastidules possèdent encore des attributs spéciaux qui leur appartiennent exclusivement : ce sont, d'une manière générale, les propriétés de la vie, en vertu desquelles ce qui vit se distingue de ce qui est mort, et l'organique de l'inorganique, du moins dans l'opinion courante. » Je n'ai pas besoin de rappeler que cette « opinion courante », est très suspecte, et que les propriétés des corps vivants ne diffèrent pas essentiellement des propriétés des corps non vivants. Je ne veux pas suivre Hæckel dans les considérations auxquelles il se livre relativement à ces propriétés. La langue qu'il parle est tellement imbue des termes usités parmi les panthéistes que je craindrais d'introduire ici une cause de confusion. Je suis cependant obligé, pour rendre compréhensible l'exposé de sa doctrine, de citer le passage suivant, dans lequel se trouve exprimée sa manière de voir sur les propriétés des molécules vivantes et des atomes non vivants. « Chaque atome, dit-il (2), possède une somme inhérente de force et est bien, en ce sens, « animé ». Sans l'hypothèse d'une « âme de l'atome », les phénomènes les plus vulgaires et les plus généraux de la chimie ne s'expliquent point. Le plaisir et le déplaisir, le désir et l'aversion, l'attraction et la répulsion doivent être communs à tous les atomes : car les mouvements des atomes, qui doivent avoir lieu dans la formation et la dissolution d'une combinaison chimique quelconque, ne sont explicables que si nous leur attribuons une sensibilité et une volonté. Autrement, sur quoi repose au fond la doctrine chimique, généralement admise, de l'affinité élective des corps, sinon de la supposition inconsciente, qu'en réalité les atomes, qui s'attirent et se repoussent, sont doués de certaines tendances, et qu'en suivant ces sensations ou impulsions ils possèdent la volonté et la capacité de se rapprocher ou de s'éloigner les uns des autres. » Je montrerai plus loin comment il faut entendre les termes dont se sert ici Hæckel si l'on veut rester dans le domaine des faits scientifiques et quelle langue il faut substituer à celle qu'il parle si l'on veut éviter les interprétations panthéistes dont tout ce qui précède peut être l'objet.

« Rien de plus vrai, ajoute M. Hæckel (3), que ce qu'a dit Gœthe sur ce sujet dans ses *Affinités électives*, quand il a transporté à la vie de l'âme humaine,

(1) HÆCKEL, *Essais de psychologie cellulaire*, trad. fr., p. 38.
(2) *Ibid.*, p. 40.
(3) *Ibid*, p. 41.

d'une si haute complexité, ce qui appartient à la vie psychique élémentaire de l'atome. En présentant, dans ce roman classique, l'affinité élective comme le ressort même des actions humaines et, partant, de l'histoire du monde, la nature purement mécanique des processus organiques les plus complexes a été ainsi indiquée d'une manière très profonde par le grand penseur et le grand poète. Si la « volonté » de l'homme et des animaux supérieurs paraît libre, en comparaison de la volonté « fixe » de l'atome, c'est là une illusion, causée par le haut degré de complication du mouvement volontaire chez l'homme, comparé à la simplicité extrême du mouvement volontaire de l'atome. Partout et toujours les atomes veulent la même chose, parce qu'en présence d'un atome de tout autre élément leur tendance est constante et invariable : chacun de leurs mouvements est donc déterminé. Au contraire, les penchants et les mouvements volontaires des organismes supérieurs paraissent libres et indépendants, parce que dans les incessants échanges matériels de ceux-ci les atomes changent constamment leur situation respective et leur mode d'association, et que le résultat qui se dégage de l'ensemble de ces innombrables mouvements volontaires des atomes constituants est extrêmement complexe et incessamment varié. »

M. Hæckel ayant ainsi représenté « toute matière comme animée, tout atome comme doué de sensation, de volonté », s'efforce de montrer, ce qui à mon avis est inexact, que les corps vivants se distinguent des corps non vivants par la faculté de reproduction, ou, pour parler son langage, par la « reproduction ou mémoire » ; car il considère ces deux termes comme synonymes et équivalents. « Toutes les plastidules, dit-il (1), possèdent la mémoire ; cette aptitude manque à toutes les autres molécules. » Plus loin : « Nous sommes convaincu que, sans l'hypothèse d'une mémoire inconsciente de la matière vivante, les plus importantes fonctions de la vie sont, en somme, inexplicables. La capacité d'avoir des idées et de former des concepts, le pouvoir de la pensée et de la conscience, de l'exercice et de l'habitude, de la nutrition et de la reproduction, repose sur la fonction de la mémoire inconsciente, dont l'activité a une valeur infiniment plus grande que celle de la mémoire consciente. » Plus loin encore (2) : « Le groupe des substances plastiques est seul doué de la mémoire ; seules, les plastidules sont douées du pouvoir de reproduction, et cette mémoire inconsciente des plastidules détermine leur mouvement moléculaire caractéristique. » Enfin, il dit encore (3) : « C'est incontestablement la reproduction qui, plus que toutes les autres fonctions, caractérise les organismes en regard des corps inorganiques... Aucun corps inorganique n'est doué de la faculté de reproduction. » J'ai déjà indiqué que cette dernière proposition est erronée.

(1) Hæckel, *Essais de psychologie cellulaire*, trad. fr., p. 44.
(2) *Ibid.*, p. 45.
(3) *Ibid.*, p. 47.

Continuons cet exposé, nous voici dans le cœur de la théorie de la périgenèse. « Qu'est-ce que la reproduction? » se demande Hæckel (1). Et il répond, après Buffon : « La reproduction est un excès de croissance de l'individu (2). » Après avoir montré très justement que la reproduction sexuelle non seulement n'est pas le seul, mais même n'est pas le mode de reproduction le plus fréquent dans les êtres vivants, il ajoute : « Lorsqu'un être élémentaire, une plastide, une monère homogène, a atteint un certain degré de croissance, le plasson amorphe se divise, en raison même de cet accroissement continu, en deux moitiés égales, parce que la cohésion des plastidules ne suffit pas à maintenir agrégée toute la masse... L'hérédité paraît ici comme une simple et fatale conséquence de la division ; en même temps, elle nous révèle l'essence même de sa nature : *l'hérédité est la transmission du mouvement des plastidules*, la propagation ou reproduction du mouvement moléculaire individuel des plastidules de la plastide mère aux plastides filles. » Si rien ne venait troubler le mouvement des plastidules transmis de la plastide mère à la cellule fille, ce mouvement serait exactement le même dans la fille que dans la mère, mais il est toujours plus ou moins modifié par les conditions extérieures, conditions qui ne sont jamais absolument identiques pour deux individus. « En retentissant sur l'organisme élémentaire, ces diverses conditions d'existence changent sa nutrition originelle et produisent une modification partielle du mouvement primitif des plastidules ; cette modification ou variation, on la nomme *adaptation : l'adaptation est une modification des plastidules*, grâce à laquelle les plastidules acquièrent des propriétés nouvelles (3). » Nous verrons plus tard que cette adaptation est la cause déterminante non seulement des variations individuelles, mais encore des variations de races, d'espèces, etc. Hæckel dit ailleurs (4) : « L'hérédité est la mémoire des plastidules ; la variabilité est la réceptivité des plastidules. » Ainsi se trouve bien précisé le sens attribué plus haut par Hæckel au mot « mémoire ». Il dit encore (5) : « Grâce à la mémoire des plastidules, le plasson est capable de transmettre par l'hérédité, de génération en génération, ses propriétés caractéristiques, dans un mouvement rhythmique continu, et il est capable d'ajouter à ces propriétés les nouvelles expériences qu'ont acquises par l'adaptation les plastidules au cours de leur évolution. » Il continue : « Les modifications des formes organiques que nous comprenons au sens le plus étendu, sous la notion d'adaptation, ont pour cause les changements qui surviennent dans la nutrition des plastides. Mais ces modifications sont réductibles aux change-

(1) Hæckel, *Essais de psychologie cellulaire*, trad. fr., p. 47.
(2) *Ibid.*, p. 49.
(3) *Ibid.*, p. 51.
(4) *Ibid.*, p. 80.
(5) *Ibid.*, p. 78.

ments chimiques qui ont lieu dans la composition atomique, et, partant, dans le mouvement moléculaire des plastides, lesquels changements sont produits, grâce à la mobilité extraordinaire des atomes constituants, par les influences variées du monde ambiant ou des conditions d'existence extérieures. Ces expériences dont nous parlons, les plastidules ne les oublient pas. Elles les transmettent aux descendants sous la forme d'une modification du mouvement plastidulaire primitif. Telle est au fond l'explication de l'hérédité : c'est la transmission du mouvement particulier des plastidules, transmission liée nécessairement à tout phénomène de reproduction. »

Partant de cette conception, Hæckel représente l'évolution de chaque individu comme un mouvement ondulatoire formé de deux termes, le mouvement transmis par l'individu qui lui a donné le jour et le mouvement acquis par l'individu lui-même, sous l'influence du milieu. L'évolution de toute espèce animale ou végétale est également représentée par un mouvement ondulatoire complexe : un mouvement hérité, et un mouvement acquis. Comme ces mouvements ne sont que les résultantes des mouvements des plastidules, il en déduit que (1) « le mouvement invisible des plastidules est, lui aussi, une ondulation du même genre », et il ajoute : « Cette dernière et véritable *causa efficiens* du processus biogénétique, nous l'appelons d'un seul mot la périgenèse, la genèse ondulatoire, rhythmique, des dernières particules vivantes ou plastidules. » Plus loin, il dit (2) : « Par l'hypothèse d'un mouvement ondulatoire ramifié et se propageant sans interruption, des plastidules, considéré comme la cause efficiente du processus biogénétique, nous voyons la possibilité de ramener l'infinie complexité de celui-ci au mouvement mécanique des atomes, lesquels sont ici, comme dans tous les phénomènes de la nature inorganique, soumis aux lois physico-chimiques. En donnant le nom de périgenèse à ce mouvement ondulatoire et ramifié des plastidules, nous voulons exprimer la propriété caractéristique qui distingue ce mouvement, en tant que ramifié, des autres processus rhythmiques analogues. Cette propriété repose sur la force de reproduction des plastidules, et cette force est déterminée par la composition atomique spéciale des plastidules. Or, cette force reproductrice, qui rend seule possible la reproduction des plastides, est synonyme de mémoire des plastidules. »

Je ne veux pas insister davantage sur l'esprit de cette théorie. Le lecteur en a, sans doute, maintenant une idée très nette. On peut la résumer en quelques mots, de la façon suivante : les cellules, unités, plastides des organismes vivants sont formées de plastidules, ou molécules élémentaires vivantes, douées d'un mouvement propre ondulatoire ; ce mouvement existe

(1) Hæckel, *Essais de psychologie cellulaire*, trad. fr., p. 75.
(2) *Ibid.*, p. 77.

dans les plastidules des éléments reproducteurs, qui le transmettent aux plastidules des cellules de l'individu nouveau ; cela constitue l'hérédité. Ce mouvement est modifié par les conditions extérieures ; c'est l'adaptation.

A la question posée plus haut : pourquoi un homme ressemble-t-il à l'homme qui lui a donné naissance ? pourquoi tout être vivant ressemble-t-il à celui qui l'a produit ? Hæckel répond donc : parce que les mouvements des plastidules du premier homme sont transmis, par l'intermédiaire de l'œuf, aux plastidules du second.

Si nous comparons la théorie de la périgenèse à celle de la pangenèse de Darwin et à celle des « molécules organiques » de Buffon, nous voyons que la différence essentielle existant entre elles réside, comme je l'ai dit plus haut, en ce que Darwin et Buffon supposent la transmission, d'individus à individus, de molécules organiques, tandis que Hæckel admet seulement la transmission du mouvement : « Mon hypothèse de la périgenèse des plastidules, dit-il excellement (1), s'appuie sur le principe mécanique de la communication du mouvement. »

De ces trois théories, la plus simple est incontestablement celle de Hæckel. Elle a sur les deux autres l'avantage immense de ne pas exiger la conservation de particules matérielles à travers un nombre de générations réellement indéfini, conservation presque aussi difficile à concevoir que l'emboîtement des germes de Bonnet. Elle a cet autre avantage de s'accorder beaucoup mieux avec la théorie atomique admise par les physiciens et décrite plus haut ; mais, telle qu'elle a été présentée par Hæckel, elle me paraît fort imparfaite à plus d'un égard.

Hæckel n'explique ni comment s'effectue la communication du mouvement entre les plastidules, ni quelle est l'organisation intime de ces dernières, ni par suite de quel mécanisme la communication du mouvement détermine dans le produit la formation des mêmes éléments anatomiques et des diverses sortes de ces éléments qui existaient chez le producteur. En un mot, nous ne voyons pas très clairement, dans la théorie d'Hæckel, par suite de quels phénomènes la communication du mouvement des plastidules de la mère à celles de l'œuf détermine la ressemblance de l'enfant à la mère.

Les atomes tourbillons, les phénomènes biologiques et l'hérédité.

Peut-être trouverait-on la réponse à ces questions dans la théorie des atomes tourbillons que j'ai exposée plus haut. Si l'on admet que la matière est « une », et que les corps simples ou composés ne diffèrent les uns des autres que par le mode d'agrégation de leurs atomes et par les caractères des mouvements de ces derniers, il devient plus facile de comprendre et la communication et la perpétuation du mouvement en même temps que la perpétuation des formes.

En premier lieu, si nous considérons les plastidules comme des agrégations

(1) Hæckel, *Essais de psychologie cellulaire*, trad. fr., p. 82.

d'atomes tourbillons jouissant chacun d'une forme propre de mouvement, et si nous nous rappelons que les atomes tourbillons ou les molécules qu'ils forment ont la propriété de communiquer leur mouvement propre aux atomes avec lesquels ils sont en contact immédiat ou en relation par l'intermédiaire de l'éther, une foule de faits obscurs s'éclaircissent rapidement. Lorsqu'une cellule s'accroît par l'influence de la nutrition sans que ses propriétés essentielles soient modifiées malgré l'intussusception de particules nutritives différentes de celles qui entrent dans sa composition, que se passe-t-il? Les atomes nutritifs, jusque-là doués d'un mouvement propre, sont entraînés par les plastidules de la cellule, ils perdent leur mouvement primitif, acquièrent celui des plastidules et par conséquent leur deviennent semblables, puisque les corps ne diffèrent les uns des autres que par la nature de leurs mouvements atomiques. Ainsi, malgré la nutrition et l'accroissement, les cellules conservent leurs propriétés physiques, chimiques et biologiques. Ces propriétés ne seront altérées que si la nature des molécules nutritives est telle que leurs mouvements, au lieu d'être modifiés par celui des plastidules, modifient, au contraire, très profondément celui de ces dernières. Il est démontré par une foule de faits d'électricité, de chaleur, de lumière, etc., que tous les corps n'agissent pas également bien les uns sur les autres, et que dans la lutte de mouvements, — si je puis m'exprimer de la sorte, — qui existe entre eux, tous ne montrent pas la même énergie. Qui ignore que le bois résiste aux mouvements moléculaires caloriques beaucoup plus que les métaux? d'où la faible transmissibilité de la chaleur à travers le bois. Qui ignore encore que les métaux transmettent admirablement l'électricité, tandis que le verre l'intercepte? Les exemples de ces résistances à certains mouvements moléculaires sont en nombre infini; mais le terme résistance employé pour désigner les faits de cette nature est impropre; la vérité est que les molécules du corps « résistant », au lieu de se laisser entraîner dans le mouvement des atomes éthérés qui caractérise la chaleur, l'électricité ou la lumière, modifient ce mouvement, le transforment en un mouvement nouveau. C'est ainsi que l'on voit à chaque instant la chaleur se transformer en électricité, l'électricité en chaleur, le choc produire de la chaleur et celle-ci engendrer de l'électricité, etc.

Doit-on s'étonner que des transformations analogues puissent être produites dans le mouvement, que j'appellerai biologique, des plastidules vivantes, par le contact de particules étrangères, vivantes ou non vivantes, douées de mouvements suffisamment énergiques? C'est dans cet ordre d'idées qu'il faut très probablement chercher l'explication des transformations chimiques déterminées dans certaines substances ternaires ou quaternaires par les diastases. Je me borne à rappeler un de ces faits : on sait que la pepsine, substance contenue dans le suc gastrique, transforme les substances albuminoïdes insolubles en peptones solubles; mais on sait aussi qu'il suffit d'une quantité extrêmement minime de pepsine pour transformer une énorme quantité de matières albuminoïdes ; il y a tant de disproportion entre la quantité de la matière modifiante et celle de la matière modifiée qu'on ne peut pas voir dans l'action de la première un simple acte chimique ; on ne peut l'expliquer que par un phénomène mécanique, et je crois ne pas sortir des bornes d'une hypothèse rigoureusement scientifique en émettant l'idée que les atomes de la pepsine transmettent leurs mouvements à ceux des substances albuminoïdes avec une intensité telle qu'ils troublent l'équilibre physique de ces dernières au point d'en déterminer la décomposition chimique.

Appliquons cette hypothèse aux cellules vivantes et nous arriverons à cette idée que quand une substance étrangère est mise en rapport avec leurs plastidules par la nutrition, il peut se produire deux cas : ou bien les plastidules vivantes entraînent dans leur mouvement les molécules étrangères, et il y a accroissement des cellules sans modification de leurs propriétés vitales, chaque cellule d'un organisme pluricellulaire conservant depuis la naissance jusqu'à la mort ses caractères et ses propriétés individuelles ; ou bien les molécules étrangères modifient le mouvement propre aux plastidules vivantes, et il y a trouble dans les fonctions vitales des cellules ou même mort de ces dernières.

L'hypothèse de l'unité de la matière et des atomes tourbillons peut nous servir à expliquer un deuxième fait, aussi important que difficile à interpréter, celui de la persistance des caractères spécifiques. Si nous envisageons une cellule qui se divise en deux ou plusieurs cellules nouvelles, soit par segmentation totale ou partielle, soit par bourgeonnement, nous comprenons facilement que toutes les cellules issues de sa division doivent lui ressembler. Toutes ces cellules-filles ne sont, en effet, que des fragments, des portions de la cellule-mère. Mais il paraît beaucoup plus difficile d'expliquer comment il se fait qu'un bourgeon d'un arbre ou d'un polype reproduise un arbre ou un polype ; la difficulté paraît d'autant plus grande que les cellules entrant dans la constitution de l'arbre ou du polype sont de sortes très diverses, tandis que le bourgeon, du moins à l'état jeune, est constitué par des cellules peu différentes, en apparence, les unes des autres. Dans la reproduction par des œufs et des spermatozoïdes, il est encore bien plus difficile d'expliquer comment d'une cellule très simple peuvent sortir les éléments, si divers par leurs formes et leurs propriétés, qui entrent dans l'organisation des animaux ou des végétaux supérieurs.

M. Darwin nous dit : « Il y a dans l'œuf des particules provenant de toutes les sortes de cellules de l'organisme, nous ne devons donc pas être étonnés que l'œuf donne naissance à des cellules semblables à celles qui ont fourni ces particules. » A cela, M. Hæckel objecte la difficulté d'admettre que ces particules de toutes les parties du corps se réunissent ainsi dans l'œuf, et il dit : « Il n'y a pas transmission de matière, mais seulement communication de mouvement. » Ce à quoi nous objectons, que le vague de cette explication, la rend plus difficile à admettre que celle de Darwin.

Mais si l'on admet que la matière est une, et que la nature du mouvement atomique est la seule différence qui existe entre ses différentes formes; si, d'autre part, on admet, comme cela a été démontré plus haut, que tout atome tourbillon tend à adapter son mouvement à celui des atomes voisins, on devra admettre que tous les atomes tourbillons d'un individu déterminé, animal ou végétal, jouissent d'une sorte de mouvement commun, représentant en quelque sorte la résultante de tous les mouvements de tous les atomes tourbillons qui entrent dans la constitution de cet individu. Si les cellules de cet individu sont peu différentes les unes des autres, c'est-à-dire si leurs atomes sont peu dissemblables, chacune pourra reproduire l'animal ou le végétal; si elles diffèrent beaucoup, il pourra se faire, malgré l'équilibre de mouvement établi entre elles, que toutes ne jouissent pas de la propriété de se développer en un individu nouveau, que cette propriété soit perdue chez toutes celles qui se sont fortement différenciées, tandis qu'elle persiste chez celles qui ont subi une différenciation moindre, qui sont, si l'on veut, restées plus jeunes et qui représentent les œufs. Comme l'œuf fait partie de l'organisme de l'individu au même titre que les autres cellules, comme il se nourrit de la même façon que les autres et est soumis aux mêmes conditions de milieu, il est évident que ses atomes jouissent du mouvement commun à toutes les cellules de l'individu dont je parlais plus haut. Quand l'œuf se détache de l'individu qui l'a produit, il conserve ce mouvement; il le conserve quand il s'accroît par la nutrition, en vertu de ce que nous avons dit plus haut; quand il se segmente, les cellules qui naissent de sa division, le conservent encore; et si nombreuses que soient les segmentations successives de ces cellules, le mouvement primitif persiste dans toutes et détermine dans chacune un arrangement des atomes semblable à celui qui existait dans les diverses cellules de l'individu qui a produit l'œuf.

Pour bien comprendre cette transmission du mouvement atomique que j'appellerai *spécifique*, puisqu'il est chargé de conserver les caractères spécifiques des animaux et des végétaux, il faut se rappeler que les différentes sortes de cellules qui doivent entrer dans la constitution d'un animal ou d'un végétal se forment de très bonne heure. L'œuf n'a encore que deux cellules qu'on y peut distinguer celle qui produira tous les éléments de nature épidermique, et celle qui donnera naissance à tous les autres éléments du corps.

Ce qu'il importe aussi de remarquer, c'est qu'il n'y a pas seulement transmission de mouvement du générateur à son produit, mais encore transmission d'atomes matériels pondérables, puisqu'il n'y a pas plus de mouvement sans matière que de matière sans mouvement. S'il y a perpétuation d'un mouvement déterminé, il y a donc fatalement perpétuation de la forme de la matière qui correspond à ce mouvement, puisque la forme de la matière n'est que la résultante de la nature du mouvement de ses atomes.

Tandis que Darwin est obligé d'admettre le passage successif des mêmes atomes matériels dans toute la série des générations, nous n'avons besoin, comme Hæckel, que de la transmission des atomes d'un générateur à son produit direct; les atomes entraînent ensuite eux-mêmes, dans leur mouvement propre, tous les atomes nutritifs qui viennent à leur contact et qui servent à l'accroissement des tissus.

A l'aide de la théorie des atomes tourbillons nous pouvons donc expliquer non seulement tous les phénomènes dont la matière inorganique est le siège, mais encore la nutrition, l'accroissement, la reproduction des êtres vivants, et la transmission des formes et des caractères spécifiques et individuels, c'est-à-dire l'hérédité. La mémoire, ne serait elle-même que la persistance d'un mouvement particulier des atomes tourbillons de certaines cellules cérébrales.

L'univers nous offre ainsi, malgré les diversités infinies de formes et de propriétés que présentent ses différentes parties, une admirable unité de constitution et de propriété : ses matériaux se résolvant en une matière unique, « l'éther », et ses propriétés se réduisant à une seule, « le mouvement ».

Nous avons répondu à la première des deux questions que nous avions posées plus haut. Nous restons en présence de la seconde : d'où viennent les espèces ?

VI

DE LA FORMATION DES ESPÈCES ANIMALES ET VÉGÉTALES. IDÉES DE BUFFON. — IDÉES MODERNES.

Il n'y a pas de problème qui ait soulevé plus de discussions ardentes que celui de l'origine des espèces. La politique et la religion s'étant mises de la partie, la science s'est trouvée gênée, pendant longtemps, dans l'expression des solutions qu'elle trouvait, et l'on peut dire que c'est à peine si à l'heure actuelle elle est, dans ce domaine, entièrement libre de ses mouvements.

Dans l'exposé rapide qui va suivre des efforts tentés par les savants pour atteindre la vérité, j'aurai soin de me dégager non seulement de toute préoccupation étrangère à la science, mais encore de tout préjugé d'école scientifique. En cela je ne ferai que suivre l'exemple de Buffon.

A l'époque où parurent les premiers volumes de l'*Histoire naturelle*, l'idée la plus répandue parmi les naturalistes, était celle de la fixité des espèces. On définissait alors l'espèce, avec Linné : l'ensemble des individus capables de se reproduire entre eux en donnant des descendants indéfiniment féconds, et l'on ajoutait que l'espèce était immuable, c'est-à-dire que chaque espèce avait toujours été et serait toujours ce qu'elle est actuellement.

Linné admet l'espèce immuable.

L'un des botanistes les plus illustres du XVIIIe siècle, Adanson, dont nous aurons à reparler plus bas, résume admirablement cette doctrine dans les lignes suivantes; écrites en 1763 : « Suivant Linnæus (1), les espèces de plantes sont naturelles et *constantes*, parce que leur propagation soit par graines, soit par bourgeons n'est qu'une continuation de la même espèce de plante : car qu'une graine ou un bourgeon soient mis en terre, ils produisent chacun une plante semblable à la mère dont ils ne sont qu'une continuation. De là *on a conclu que les individus meurent, mais que l'espèce ne meurt pas.* »

Buffon admet la variabilité des espèces.

Buffon peut être considéré comme le premier naturaliste qui ait protesté contre la prétendue immutabilité ou fixité des espèces. Il faut dire, il est vrai, qu'avant Linné, on n'avait eu que fort peu l'idée de l'espèce. On admettait bien des familles, des genres, mais on avait à peine précisé le sens attaché à ces mots ; on n'avait même pas de nom pour les genres ; Tournefort, le premier, créa les noms génériques, et détermina le sens qu'il attachait à ce mot « le genre », mais il ne descendit pas plus bas. Linné, le premier, imagina les noms spécifiques, noms formés de deux mots : le premier désignant le genre et le second l'espèce, exemple : *Felis Leo*, indiquant que le lion appartient au genre *Felis* et à l'espèce *Leo ; Felis Catus* indiquant que notre chat domestique appartient comme le lion au genre *Leo*, mais à une espèce distincte désignée par le mot *Catus*. Linné donna de l'espèce une définition précise, et il affirma son immutabilité, ainsi que nous l'avons vu plus haut.

La plupart des naturalistes anciens avaient cru à une gradation des êtres, à une sorte de lien les unissant les uns aux autres. Aristote admettait la génération spontanée des animaux inférieurs ; il croyait que la teigne naît dans la laine, le ciron dans le bois ; les poètes, brodant sur cela, admirent, comme Virgile, la naissance des abeilles dans les entrailles des chevaux ; Lucrèce croit également à une chaîne des êtres et à la génération spontanée des plus inférieurs. Le judaïsme et le catholicisme enrayèrent le mouvement de ces idées en imposant la croyance à la création, mais la tradition ancienne persistait dans quelques esprits, et nous voyons au commencement du XVIIIe siècle, de Maillet, dont j'ai eu déjà l'occasion de parler, admettre une transformation de tous les animaux qui auraient d'abord vécu dans la mer avant de devenir terrestres.

(1) *Phil. Botan.*, p. 99.

L'établissement des espèces par Linné, la rareté des produits féconds entre individus appartenant à des espèces différentes et aussi l'influence des idées religieuses poussèrent la science dans une voie nouvelle, en établissant toutes les classifications et toutes les doctrines naturelles sur l'idée de l'immutabilité des espèces. Buffon lui-même, tout en combattant cette idée, semble l'adopter dans quelques passages de ses œuvres. On peut cependant, à juste titre, le considérer comme le véritable fondateur d'une doctrine diamétralement opposée, celle de la transformation des espèces.

Dans le discours qui sert pour ainsi dire de préface à son Histoire naturelle, il affirme nettement l'idée que toutes les classifications adoptées par les naturalistes sont artificielles, ne répondent à rien de ce qui existe dans l'univers et ne doivent être envisagées que comme des moyens de mettre en ordre nos connaissances ; il nie l'existence des espèces, des genres, des familles, il affirme que l'individu seul, répond à une réalité, et il montre tous les êtres vivants reliés les uns aux autres par des traits communs, de même que plus tard il devait admettre des liens rattachant la matière vivante à la matière inorganique. Je lui laisse la parole :

Buffon et les méthodes de classification.

Il dit des méthodes (1) : « Mais revenons à l'homme qui veut s'appliquer sérieusement à l'étude de la nature, et reprenons-le au point où nous l'avons laissé, à ce point où il commence à généraliser ses idées, et à se former une méthode d'arrangement et des systèmes d'explication : c'est alors qu'il doit consulter les gens instruits, lire les bons auteurs, examiner leurs différentes méthodes, et emprunter des lumières de tous côtés. Mais comme il arrive ordinairement qu'on se prend alors d'affection et de goût pour certains auteurs, pour une certaine méthode, et que souvent, sans un examen assez mûr, on se livre à un système quelquefois mal fondé, il est bon que nous donnions ici quelques notions préliminaires sur les méthodes qu'on a imaginées pour faciliter l'intelligence de l'histoire naturelle : ces méthodes sont très utiles, lorsqu'on ne les emploie qu'avec les restrictions convenables ; elles abrègent le travail, elles aident la mémoire, et elles offrent à l'esprit une suite d'idées, à la vérité composée d'objets différents entre eux, mais qui ne laissent pas d'avoir des rapports communs, et ces rapports forment des impressions plus fortes que ne pourraient faire des objets détachés qui n'auraient aucune relation. Voilà la principale utilité des méthodes, mais l'inconvénient est de vouloir trop allonger ou trop resserrer la chaîne, de vouloir soumettre à des lois arbitraires les lois de la nature, de vouloir la diviser dans des points où elle est indivisible, et de vouloir mesurer ses forces par notre faible imagination. Un autre inconvénient qui n'est pas moins grand, et qui est le contraire du premier, c'est de s'assujettir à des méthodes trop particulières, de vouloir juger du tout par une seule par-

(1) *De la manière d'étudier l'Histoire naturelle*, t. Ier, p. 4.

tie, de réduire la nature à de petits systèmes qui lui sont étrangers, et de ses ouvrages immenses en former arbitrairement autant d'assemblages détachés ; enfin, de rendre, en multipliant les noms et les représentations, la langue de la science plus difficile que la science elle-même. »

Un peu plus loin, il ajoute (1) : « La première vérité qui sort de cet examen sérieux de la nature est une vérité peut-être humiliante pour l'homme ; c'est qu'il doit se ranger lui-même dans la classe des animaux, auxquels il ressemble par tout ce qu'il a de matériel, et même leur instinct lui paraîtra peut-être plus sûr que sa raison, et leur industrie plus admirable que ses arts. Parcourant ensuite successivement et par ordre les différents objets qui composent l'univers, et se mettant à la tête de tous les êtres créés, il verra avec étonnement qu'on peut descendre par des degrés presque insensibles de la créature la plus parfaite jusqu'à la matière la plus informe, de l'animal le mieux organisé jusqu'au minéral le plus brut ; il reconnaîtra que ces nuances imperceptibles sont le grand œuvre de la nature ; il les trouvera ces nuances, non seulement dans les grandeurs et dans les formes, mais dans les mouvements, dans les générations, dans les successions de toute espèce. »

Après avoir ainsi affirmé la continuité de tous les êtres vivants, il revient aux méthodes de classification et il insiste sur la fausseté des idées qui ont présidé à leur édification.

« En approfondissant cette idée, dit-il (2), on voit clairement qu'il est impossible de donner un système général, une méthode parfaite, non seulement pour l'histoire naturelle entière, mais même pour une seule de ses branches ; car pour faire un système, un arrangement, en un mot une méthode générale, il faut que tout y soit compris ; il faut diviser ce tout en différentes classes, partager ces classes en genres, sous-diviser ces genres en espèces, et tout cela suivant un ordre dans lequel il entre nécessairement de l'arbitraire. Mais la nature marche par des gradations inconnues, et par conséquent elle ne peut pas se prêter totalement à ces divisions, puisqu'elle passe d'une espèce à une autre espèce, et souvent d'un genre à un autre genre, par des nuances imperceptibles ; de sorte qu'il se trouve un grand nombre d'espèces moyennes et d'objets mi-partis qu'on ne sait où placer, et qui dérangent nécessairement le projet du système général : cette vérité est trop importante pour que je ne l'appuie pas de tout ce qui peut la rendre claire et évidente.

» Prenons pour exemple la botanique, cette belle partie de l'histoire naturelle qui par son utilité a mérité de tout temps d'être la plus cultivée, et rappelons à l'examen les principes de toutes les méthodes que les botanistes nous ont données ; nous verrons avec quelque surprise qu'ils ont eu tous en

(1) *De la manière d'étudier l'Histoire naturelle*, t. Ier, p. 6.
(2) *Ibid.*, p. 7.

vue de comprendre dans leurs méthodes généralement toutes les espèces de plantes, et qu'aucun d'eux n'a parfaitement réussi ; il se trouve toujours dans chacune de ces méthodes un certain nombre de plantes anomales, dont l'espèce est moyenne entre deux genres, et sur laquelle il ne leur a pas été possible de prononcer juste, parce qu'il n'y a pas plus de raison de rapporter cette espèce à l'un plutôt qu'à l'autre de ces deux genres : en effet, se proposer de faire une méthode parfaite, c'est se proposer un travail impossible ; il faudrait un ouvrage qui représentât exactement tous ceux de la nature, et au contraire tous les jours il arrive qu'avec toutes les méthodes connues, et avec tous les secours qu'on peut tirer de la botanique la plus éclairée, on trouve des espèces qui ne peuvent se rapporter à aucun des genres compris dans ces méthodes : ainsi l'expérience est d'accord avec la raison sur ce point, et l'on doit être convaincu qu'on ne peut pas faire une méthode générale et parfaite en botanique. Cependant il semble que la recherche de cette méthode générale soit une espèce de pierre philosophale pour les botanistes, qu'ils ont tous cherchée avec des peines et des travaux infinis ; tel a passé quarante ans, tel autre en a passé cinquante à faire son système, et il est arrivé en botanique ce qui est arrivé en chimie, c'est qu'en cherchant la pierre philosophale que l'on n'a pas trouvée, on a trouvé une infinité de choses utiles ; et de même en voulant faire une méthode générale et parfaite en botanique, on a plus étudié et mieux connu les plantes et leurs usages : serait-il vrai qu'il faut un but imaginaire aux hommes pour les soutenir dans leurs travaux, et que s'ils étaient bien persuadés qu'ils ne feront que ce qu'en effet ils peuvent faire, ils ne feraient rien du tout ?

« Cette prétention qu'ont les botanistes d'établir des systèmes généraux, parfaits et méthodiques, est donc peu fondée ; aussi leurs travaux n'ont pu aboutir qu'à nous donner des méthodes défectueuses, lesquelles ont été successivement détruites les unes par les autres, et ont subi le sort commun à tous les systèmes fondés sur des principes arbitraires ; et ce qui a le plus contribué à renverser les unes de ces méthodes par les autres, c'est la liberté que les botanistes se sont donnée de choisir arbitrairement une seule partie dans les plantes, pour en faire le caractère spécifique : les uns ont établi leur méthode sur la figure des feuilles, les autres sur leur position, d'autres sur la forme des fleurs, d'autres sur le nombre de leurs pétales, d'autres enfin sur le nombre des étamines ; je ne finirais pas si je voulais rapporter en détail toutes les méthodes qui ont été imaginées, mais je ne veux parler ici que de celles qui ont été reçues avec applaudissement, et qui ont été suivies chacune à leur tour, sans que l'on ait fait assez d'attention à cette rreur de principe qui leur est commune à toutes, et qui consiste à vouloir juger d'un tout, et de la combinaison de plusieurs touts, par une seule partie, et par la comparaison des différences de cette seule partie : car vouloir juger de la différence des plantes uniquement par celle de leurs feuilles ou de leurs fleurs, c'est comme si l'on voulait connaître la différence des animaux par la différence de leurs peaux ou par celle des parties de la génération ; et qui ne voit que cette façon de connaître n'est pas une science, et que ce n'est tout au plus qu'une convention, une langue arbitraire, un moyen de s'entendre, mais dont il ne peut résulter aucune connaissance réelle? »

Il passe ensuite en revue les principales méthodes de classification admises par les botanistes : « Me serait-il permis de dire ce que je pense sur l'origine de ces différentes méthodes, et sur les causes qui les ont multipliées au point qu'actuellement la botanique elle-même est plus aisée à apprendre que la nomenclature, qui n'en est que la langue? Me serait-il permis de dire qu'un homme aurait plus tôt fait de graver dans sa mémoire les figures de toutes les plantes, et d'en avoir des idées nettes, ce qui est la vraie botanique, que de retenir tous les noms que les différentes méthodes donnent à ces plantes, et que par conséquent la langue est devenue plus difficile que la science? Voici, ce me semble, comment cela est arrivé. On a d'abord divisé les végétaux suivant leurs différentes grandeurs ; on a dit : il y a de grands arbres, de petits arbres, des arbrisseaux, des sous-arbrisseaux, de grandes plantes, de petites plantes et des herbes. Voilà le fondement d'une méthode que l'on divise et sous-divise ensuite par d'autres relations de grandeurs et de formes, pour donner à chaque espèce un caractère particulier. Après la méthode faite sur ce plan, il est venu des gens qui ont examiné cette distribution, et qui ont dit : Mais cette méthode, fondée sur la grandeur relative des végétaux, ne peut pas se soutenir, car il y a dans une seule espèce, comme dans celle du chêne, des grandeurs si différentes, qu'il y a des espèces de chêne qui s'élèvent à cent pieds de hauteur, et d'autres espèces de chêne qui ne s'élèvent jamais à plus de deux pieds ; il en est de même, proportion gardée, des châtaigniers, des pins, des aloès et d'une infinité d'autres espèces de plantes. On ne doit donc pas, a-t-on dit, déterminer les genres des plantes par leur grandeur, puisque ce signe est équivoque et incertain, et l'on a abandonné avec raison cette méthode. D'autres sont venus ensuite, qui, croyant faire mieux, ont dit : Il faut, pour connaître les plantes, s'attacher aux parties les plus apparentes, et comme les feuilles sont ce qu'il y a de plus apparent, il faut arranger les plantes par la forme, la grandeur et la position des feuilles. Sur ce projet, on a fait une autre méthode, on l'a suivie pendant quelque temps, mais ensuite on a reconnu que les feuilles de presque toutes les plantes varient prodigieusement selon les différents âges et les différents terrains, que leur forme n'est pas plus constante que leur grandeur, que leur position est encore plus incertaine ; on a donc été aussi peu content de cette méthode que de la précédente. Enfin quelqu'un a imaginé, et je crois que c'est Gesner, que le Créateur avait mis dans la fructification des plantes un certain nombre de caractères différents et invariables, et que c'était de ce point dont il fallait partir pour faire une méthode; et comme cette idée s'est trouvée vraie jusqu'à un certain point, en sorte que les parties de la génération des plantes se sont trouvées avoir quelques différences plus constantes que toutes les autres parties de la plante, prises séparément, on a vu tout d'un coup s'élever plusieurs méthodes de botanique, toutes fondées à peu près sur ce même principe; parmi ces méthodes, celle de M. de Tournefort est la plus remarquable, la plus ingénieuse et la plus complète. Cet illustre botaniste a senti les défauts d'un système qui serait purement arbitraire; en homme d'esprit, il a évité les absurdités qui se trouvent dans la plupart des autres méthodes de ses contemporains, et il a fait ses distributions et ses exceptions avec une science et une adresse infinies; il avait, en un mot, mis la botanique au point de se passer de toutes les autres méthodes, et il l'avait rendue susceptible d'un certain degré de perfection; mais il s'est élevé un autre méthodiste (1) qui, après avoir loué son système, a tâché de le détruire pour établir le sien, et qui ayant adopté avec M. de Tournefort les caractères tirés de la fructification, a employé toutes les parties de la génération des plantes, et surtout les étamines, pour en faire la distribution de ses genres; et méprisant la sage attention de M. de Tournefort à ne pas forcer la nature au point de confondre, en vertu de son système, les objets les plus différents, comme les arbres avec les herbes, a mis ensemble et dans les mêmes classes le mûrier et l'ortie, la tulipe et l'épine-vinette, l'orme et la carotte, la rose et la fraise, le chêne et la pimprenelle. N'est-ce pas se jouer de la nature et de ceux qui l'étudient? et si tout cela n'était pas donné avec une certaine apparence d'ordre mystérieux, et enveloppé de grec et d'érudition botanique, aurait-on tant tardé à faire apercevoir le ridicule d'une pareille méthode, ou plutôt à montrer la confusion qui résulte d'un assemblage si bizarre? Mais ce n'est pas tout, et je vais insister, parce qu'il est juste de conserver à M. de Tournefort la gloire qu'il a méritée par un travail sensé et suivi, et parce qu'il ne faut pas que les gens qui ont appris la botanique par la méthode de Tournefort perdent leur temps à étudier cette nouvelle méthode où tout est changé jusqu'aux noms et aux surnoms des plantes. Je dis donc que cette nouvelle méthode, qui rassemble dans la même classe des genres de plantes entièrement dissemblables, a encore, indépendamment de ces disparates, des défauts essentiels, et des inconvénients plus grands que toutes les méthodes qui ont précédé. Comme les caractères des genres sont pris de parties presque infiniment petites, il faut aller le microscope à la main pour reconnaître un arbre ou une plante; la grandeur, la figure, le port extérieur, les feuilles, toutes les parties apparentes ne servent plus à rien, il n'y a que les étamines, et si l'on ne peut pas voir les étamines, on ne sait rien, on n'a rien

(1) Linné.

vu. Ce grand arbre que vous apercevez, n'est peut-être qu'une pimprenelle, il faut compter ses étamines pour savoir ce que c'est, et comme ces étamines sont souvent si petites qu'elles échappent à l'œil simple ou à la loupe, il faut un microscope; mais malheureusement encore pour le système, il y a des plantes qui n'ont point d'étamines, il y a des plantes dont le nombre des étamines varie, et voilà la méthode en défaut comme les autres, malgré la loupe et le microscope.

» Après cette exposition sincère des fondements sur lesquels on a bâti les différents systèmes de botanique, il est aisé de voir que le grand défaut de tout ceci est une erreur de métaphysique dans le principe même de ces méthodes. Cette erreur consiste à méconnaître la marche de la nature, qui se fait toujours par nuances, et à vouloir juger d'un tout par une seule de ses parties : erreur bien évidente, et qu'il est étonnant de retrouver partout; car presque tous les nomenclateurs n'ont employé qu'une partie, comme les dents, les ongles ou ergots, pour ranger les animaux, les feuilles ou les fleurs, pour distribuer les plantes, au lieu de se servir de toutes les parties, et de chercher les différences ou les ressemblances dans l'individu tout entier : c'est renoncer volontairement au plus grand nombre des avantages que la nature nous offre pour la connaître, que de refuser de se servir de toutes les parties des objets que nous considérons; et quand même on serait assuré de trouver dans quelques parties prises séparément des caractères constants et invariables, il ne faudrait pas pour cela réduire la connaissance des productions naturelles à celle de ces parties constantes qui ne donnent que des idées particulières et très imparfaites du tout, et il me paraît que le seul moyen de faire une méthode instructive et naturelle, c'est de mettre ensemble les choses qui se ressemblent, et de séparer celles qui diffèrent les unes des autres. Si les individus ont une ressemblance parfaite, ou des différences si petites qu'on ne puisse les apercevoir qu'avec peine, ces individus seront de la même espèce; si les différences commencent à être sensibles, et qu'en même temps il y ait toujours beaucoup plus de ressemblance que de différence, les individus seront d'une autre espèce, mais du même genre que les premiers; et si ces différences sont encore plus marquées, sans cependant excéder les ressemblances, alors les individus seront non seulement d'une autre espèce, mais même d'un autre genre que les premiers et les seconds, et cependant ils seront encore de la même classe, parce qu'ils se ressemblent plus qu'ils ne diffèrent; mais si au contraire le nombre des différences excède celui des ressemblances, alors les individus ne sont pas même de la même classe. Voilà l'ordre méthodique que l'on doit suivre dans l'arrangement des productions naturelles; bien entendu que les ressemblances et les différences seront prises non seulement d'une partie, mais du tout ensemble, et que cette méthode d'inspection se portera sur la forme, sur la grandeur, sur le port extérieur, sur les différentes parties, sur leur nombre, sur leur position, sur la substance même de la chose, et qu'on se servira de ces éléments en petit ou en grand nombre, à mesure qu'on en aura besoin ; de sorte que si un individu, de quelque nature qu'il soit, est d'une figure assez singulière pour être toujours reconnu au premier coup d'œil, on ne lui donnera qu'un nom ; mais si cet individu a de commun avec un autre la figure, et qu'il en diffère constamment par la grandeur, la couleur, la substance, ou par quelque autre qualité très sensible, alors on lui donnera le même nom, en y ajoutant un adjectif pour marquer cette différence ; et ainsi de suite, en mettant autant d'adjectifs qu'il y a de différences, on sera sûr d'exprimer tous les attributs différents de chaque espèce, et on ne craindra pas de tomber dans les inconvénients des méthodes trop particulières dont nous venons de parler, et sur lesquelles je me suis beaucoup étendu, parce que c'est un défaut commun à toutes les méthodes de botanique et d'histoire naturelle, et que les systèmes qui ont été faits pour les animaux sont encore plus défectueux que les méthodes de botanique ; car, comme nous l'avons déjà insinué, on a voulu prononcer sur la ressemblance et la différence des animaux en n'employant que le nombre des doigts ou ergots, des dents et des mamelles ; projet qui ressemble beaucoup à celui des étamines, et qui est en effet du même auteur.

» Il résulte de tout ce que nous venons d'exposer, qu'il y a dans l'étude de l'histoire naturelle deux écueils également dangereux, le premier, de n'avoir aucune méthode, et le second, de vouloir tout rapporter à un système particulier. Dans le grand nombre de gens qui s'appliquent maintenant à cette science, on pourrait trouver des exemples frappants de ces deux manières si opposées, et cependant toutes deux vicieuses : la plupart de ceux qui, sans aucune étude précédente de l'histoire naturelle, veulent avoir des cabinets de ce genre, sont de ces personnes aisées, peu occupées, qui cherchent à s'amuser, et regardent comme un mérite d'être mises au rang des curieux ; ces gens-là commencent par acheter, sans choix, tout ce qui leur frappe les yeux ; ils ont l'air de désirer avec passion les choses qu'on leur dit être rares et extraordinaires, ils les estiment au prix qu'ils les ont acquises, ils arrangent le tout avec complaisance, ou l'entassent avec confusion, et finissent bientôt par se dégoûter : d'autres au contraire, et ce sont les plus savants, après s'être rempli la tête de noms, de phrases, de méthodes particulières, viennent à en adopter quelqu'une, ou s'occupent à en faire une nouvelle, et travaillant ainsi toute leur vie sur une même ligne et dans une fausse direction, et voulant tout ramener à leur point de vue particulier, ils se rétrécissent l'esprit, cessent de voir les objets tels qu'ils sont, et finissent par embarrasser la science et la charger du poids étranger de toutes leurs idées.

» On ne doit donc pas regarder les méthodes que les auteurs nous ont données sur l'histoire naturelle en général, ou sur quelques-unes de ses parties, comme les fondements de la science, et on ne doit s'en servir que comme de signes dont on est convenu pour s'entendre. En effet, ce ne sont que des rapports arbitraires et des points de vue différents sous lesquels on a considéré les objets de la nature, et en ne faisant usage des méthodes que dans cet esprit, on peut en tirer quelque utilité; car quoique cela ne paraisse pas fort nécessaire, cependant il pourrait être bon qu'on sût toutes les espèces de plantes dont les feuilles se ressemblent, toutes celles dont les fleurs sont semblables, toutes celles qui nourrissent de certaines espèces d'insectes, toutes celles qui ont un certain nombre d'étamines, toutes celles qui ont de certaines glandes excrétoires; et de même dans les animaux, tous ceux qui ont un certain nombre de mamelles, tous ceux qui ont un certain nombre de doigts. Chacune de ces méthodes n'est, à parler vrai, qu'un dictionnaire où l'on trouve les noms rangés dans un ordre relatif à cette idée, et par conséquent aussi arbitraire que l'ordre alphabétique; mais l'avantage qu'on en pourrait tirer, c'est qu'en comparant tous ces résultats, on se retrouverait enfin à la vraie méthode, qui est la description complète et l'histoire exacte de chaque chose en particulier.

» C'est ici le principal but qu'on doive se proposer : on peut se servir d'une méthode déjà faite comme d'une commodité pour étudier, on doit la regarder comme une facilité pour s'entendre; mais le seul et le vrai moyen d'avancer la science est de travailler à la description et à l'histoire des différentes choses qui en font l'objet.

» Les choses par rapport à nous ne sont rien en elles-mêmes, elles ne sont encore rien lorsqu'elles ont un nom; mais elles commencent à exister pour nous lorsque nous leur connaissons des rapports, des propriétés; ce n'est même que par ces rapports que nous pouvons leur donner une définition : or la définition, telle qu'on la peut faire par une phrase, n'est encore que la représentation très imparfaite de la chose, et nous ne pouvons jamais bien définir une chose sans la décrire exactement. C'est cette difficulté de faire une bonne définition que l'on retrouve à tout moment dans toutes les méthodes, dans tous les abrégés qu'on a tâché de faire pour soulager la mémoire; aussi doit-on dire que dans les choses naturelles il n'y a rien de bien défini que ce qui est exactement décrit : or pour décrire exactement, il faut avoir vu, revu, examiné, comparé la chose qu'on veut décrire, et tout cela sans préjugé, sans idée de système, sans quoi la description n'a plus le caractère de la vérité, qui est le seul qu'elle puisse comporter. Le style même de la description doit être simple, net et mesuré, il n'est pas susceptible d'élévation, d'agréments, encore moins d'écarts, de plaisanterie ou d'équivoque; le seul ornement qu'on puisse lui donner, c'est de la noblesse dans l'expression, du choix et de la propriété dans les termes. »

L'importance des idées émises dans les citations qui précèdent m'en fera pardonner la longueur. Deux questions y sont soulevées : celle des méthodes de classification des êtres vivants et celle de l'enchaînement de ces êtres.

Les premiers naturalistes n'ont fait que de l'analyse.

C'est avec raison que Buffon critique toutes les méthodes de classification adoptées à son époque ou dans des temps plus anciens. La connaissance des animaux et des végétaux était encore trop imparfaite pour qu'on eût pu saisir les ressemblances qui existent entre eux. On ne pouvait qu'être frappé des différences. Buffon lui-même trace le tableau des idées qui durent venir à l'esprit des premiers observateurs de la nature : « Imaginons, dit-il, un homme qui a tout oublié ou qui s'éveille tout neuf pour les objets qui l'environnent, plaçons cet homme dans une campagne où les animaux, les oiseaux, les poissons, les plantes, les pierres se présentent successivement à ses yeux. Dans les premiers instants cet homme ne distinguera rien et confondra tout; mais laissons ses idées s'affermir peu à peu par des sensations réitérées des mêmes objets; bientôt il se formera une idée générale de la matière animée, il la distinguera aisément de la matière inanimée, et peu de temps après il distinguera très bien la matière animée de la matière végétative, et naturellement il arrivera à cette première grande division, *animal, végétal* et *minéral ;* et comme il aura pris en même temps une idée nette de ces grands objets si différents, la *terre,* l'*air* et l'*eau,* il viendra en peu de temps à se former une idée particulière des animaux qui habitent la terre, de ceux qui demeurent dans l'eau, et de ceux qui s'élèvent dans l'air, et par conséquent il se fera aisément à lui-même cette seconde division, *animaux quadrupèdes, oiseaux, poissons ;* il en est de même dans le règne végétal, des arbres et des plantes, il les distinguera très bien, soit par leur grandeur, soit par leur substance, soit par leur figure. Voilà ce que la simple inspection doit nécessairement lui donner, et ce qu'avec une très légère attention il ne peut manquer de reconnaître. »

C'est, en effet, ce que firent les premiers naturalistes. Rien n'est puéril, aux yeux d'un savant de notre époque, comme les classifications adoptées jusqu'à la fin du siècle dernier. Aristote établit sa division primordiale des animaux sur la présence ou l'absence de sang rouge ; puis il divise tous les animaux sanguins d'après la présence ou l'absence de membres ; il nomme quadrupèdes ceux qui ont quatre membres, confondant sous cette dénomination les mammifères, les lézards, les grenouilles, les tortues, etc.; les animaux à deux pieds et à deux ailes forment son groupe des oiseaux ; les animaux sanguins sans pieds constituent son groupe des poissons; mais il confond dans cette classe les baleines, qui sont des mammifères, avec les véritables poissons, etc. Sa classification des plantes n'est pas moins rudimentaire : il les divise d'après leur taille, en arbres, arbrisseaux, herbes ; d'après leur usage comme herbes potagères ou non ; d'après la nature comestible de leurs graines, les sucs qu'elles fournissent, etc. C'est bien réellement la classification de l'homme ignorant dépeint plus haut par Buffon, de celui qui ne juge que d'après les analogies extérieures et qui est plutôt frappé par les dissemblances que par les ressemblances, qui cherche plutôt à éloigner qu'à rapprocher les êtres, qui fait de l'analyse et non de la synthèse. A cette classification s'appliquent exactement encore les paroles suivantes de l'illustre naturaliste du XVIIIe siècle : « Nos idées générales n'étant composées que d'idées particulières, elles sont relatives à une échelle continue d'objets, de laquelle nous n'apercevons nettement que les milieux, et dont les deux extrémités fuient et échappent de plus en plus à nos considérations. » Aristote voit les êtres vivants comme un voyageur aperçoit les montagnes d'une chaîne dont il n'a encore gravi que les premiers mamelons; il découvre les nombreux sommets étalés devant ses yeux ; il peut en décrire les formes et la position relative, mais il n'aperçoit pas les vallées qui les rattachent les uns aux autres. S'il veut découvrir les vallées, les gorges, les ravins qui relient les sommets des montagnes en une chaîne ininterrompue, il faut qu'il gravisse successivement chacune des cimes de la chaîne, qu'il descende dans chaque vallée, qu'il sonde chaque ravin, qu'il scrute le fond de chaque précipice. C'est seulement après ce long et pénible voyage, qu'il pourra tracer une carte complète de la chaîne si péniblement explorée.

C'est de la sorte qu'ont dû procéder les naturalistes. Tant qu'un petit nombre seulement d'animaux ou de végétaux leur ont été connus, tant que leur vue n'a été frappée que par les plus communs et les mieux caractérisés parmi les êtres, ils n'ont vu que des différences. Il suffisait qu'un caractère quelque peu tranché leur sautât aux yeux pour qu'ils en fissent la base de leurs classifications. Mais à mesure que le nombre des animaux et des végétaux connus devint plus considérable, à mesure qu'on connut mieux ces organismes, on s'attacha à des caractères plus précis, on établit des classifications à la fois plus étendues et plus exactes. Les formes extérieures étant trop variées, les grands traits d'organisation, tels que la présence ou l'absence de membres, étant devenus insuffisants, on étudia de plus près les différents organes des animaux pour y chercher des éléments nouveaux de classification. C'est ainsi que graduellement, poussant toujours l'analyse plus loin, on atteignit, avec Tournefort, à la fin du XVIIe siècle, à la notion du genre, c'est-à-dire de groupes d'animaux et de végétaux se ressemblant non seulement par quelques caractères principaux, mais encore par des traits tout intimes d'organisation et de structure. Linné poussa plus loin encore l'analyse en établissant les espèces, mais il commit l'erreur dont je parlais plus haut, il considéra tous ces groupes comme créés indépendamment les uns des autres, il fit comme le voyageur qui du haut de la terrasse de Pau voyant se dérouler devant ses yeux les innombrables sommets des Pyrénées prendrait chaque pic pour une montagne indépendante de toutes les autres.

C'est contre cette erreur que proteste Buffon dans les pages citées plus

Buffon fait de la synthèse ; il rapproche les organismes au lieu de les séparer.

haut. Le premier, dans l'étude des organismes vivants, il joint la synthèse à l'analyse; le premier il montre que les sommets décrits par Tournefort et par Linné, que les genres et les espèces ne sont pas des formes isolées, mais que des liens nombreux les rattachent les uns aux autres en une chaîne partout continue, malgré ses innombrables anneaux. « Il semble que tout ce qui peut être, est, » dit-il dans son premier discours ; et il ne regarde que comme des objets conventionnels, œuvre de l'esprit humain, tous ces prétendus genres, classes, espèces, auxquels ses contemporains attribuent une existence réelle. « La nature, écrit-il, dans son discours sur l'Homme (1), n'a ni classes ni genres, elle ne comprend que des individus; ces genres et ces classes sont l'ouvrage de notre esprit, ce ne sont que des idées de convention. »

J'entends quelque lecteur, trompé par l'apparence, objecter qu'en détruisant les classes, les genres, les espèces des naturalistes, pour y substituer les individus seuls, Buffon, au lieu de faire une opération synthétique pousse au contraire l'analyse jusqu'à ses dernières limites. Mais cette objection ne provient que d'une illusion d'optique. Il me suffira de rappeler que pour Linné et tous ses élèves, chaque espèce est entièrement indépendante de toutes les autres, immuable et produite par une création spéciale. C'est contre cette idée que Buffon proteste ; en rejetant l'espèce pour n'admettre comme réel que l'individu, il rétablit entre tous les organismes, entre toutes les espèces, les genres, les classes, etc., le lien que Linné avait brisé, puisqu'on sait que tout individu est issu d'un individu préexistant. Aussi écrit-il ailleurs (2) : « Ce n'est point en resserrant la sphère de la nature et en la renfermant dans un cercle étroit qu'on pourra la connaître ; ce n'est point en la faisant agir par des vues particulières qu'on saura la juger ni qu'on pourra la deviner ; ce n'est point en lui prêtant nos idées qu'on approfondira les desseins de son auteur. Au lieu de resserrer les limites de sa puissance, il faut les reculer, les étendre jusque dans l'immensité ; il faut ne rien voir d'impossible, s'attendre à tout et supposer que tout ce qui peut être est. Les espèces ambiguës, les productions irrégulières, les êtres anomaux, cesseront dès lors de nous étonner et se trouveront aussi nécessairement que les autres dans l'ordre infini des choses ; ils remplissent les intervalles de la chaîne ; ils en forment les nœuds, les points intermédiaires ; ils en marquent aussi les extrémités. Ces êtres sont pour l'esprit humain des exemplaires précieux, uniques, où la nature paraissant moins conforme à elle-même, se montre plus à découvert ; où nous pouvons reconnaître des caractères singuliers et des traits fugitifs qui nous indiquent que ses fins sont bien plus générales que nos vues, et que, si elle ne fait rien en vain, elle ne fait rien non plus dans les desseins que nous lui supposons. »

(1) *De la nature de l'homme*, t. XI, p. 5.
(2) *Histoire du cochon et du sanglier*, t. VIII, p. 372.

Tandis que la préoccupation des partisans de la fixité, de l'immutabilité des espèces est d'établir des différences entre les êtres, celle de Buffon, comme de tous les partisans de la mutabilité des espèces et de l'enchaînement des organismes, est de montrer qu'à côté des différences indéniables existent des ressemblances non moins manifestes, reliant les espèces les unes aux autres, c'est-à-dire réduisant les espèces à l'état de groupes idéaux, créés par le seul besoin de la mise en ordre de nos connaissances. Écoutons encore Buffon. Dans son histoire de l'âne il dit (1) : « Si, dans l'immense variété que nous présentent tous les êtres animés qui peuplent l'univers, nous choisissons un animal ou même le corps de chacun pour servir de base à nos connaissances et y rapporter, par la voie de la comparaison, les autres êtres organisés, nous trouverons que, quoique tous ces êtres existent solitairement et que tous varient par des différences graduées à l'infini, il existe en même temps un dessein primitif et général qu'on peut suivre très loin et dont les dégradations sont bien plus lentes que celles des figures et des autres rapports apparents, car, sans parler des organes de la digestion, de la circulation et de la génération, qui appartiennent à tous les animaux et sans lesquels l'animal cesserait d'être animal et ne pourrait ni subsister ni se produire, il y a, dans les parties mêmes qui contribuent à la variété de la forme extérieure, une prodigieuse ressemblance qui nous rappelle nécessairement l'idée d'un premier dessein, sur lequel tout semble avoir été conçu. Le corps du cheval, par exemple, qui, du premier coup d'œil, paraît si différent du corps de l'homme, lorsqu'on vient à les comparer en détail et partie par partie, au lieu de surprendre par la différence, n'étonne plus que par la ressemblance singulière et presque complète qu'on y trouve. En effet, prenez le squelette de l'homme, inclinez les os du bassin, accourcissez les os des cuisses, des jambes et des bras, allongez ceux des pieds et des mains, soudez ensemble les phalanges, allongez les mâchoires en raccourcissant l'os frontal, et enfin allongez aussi l'épine du dos, ce squelette cessera de représenter la dépouille d'un homme et sera le squelette d'un cheval; car on peut aisément supposer qu'en allongeant l'épine du dos et des mâchoires on augmente en même temps le nombre des vertèbres, des côtes et des dents, et ce n'est en effet que par le nombre de ces os, qu'on peut regarder comme accessoires, et par l'allongement, le raccourcissement ou la jonction des autres, que la charpente du corps de cet animal diffère de la charpente du corps humain. Mais, pour suivre ces rapports encore plus loin, que l'on considère séparément quelques parties essentielles à la forme, les côtes, par exemple, on les trouvera dans l'homme, dans tous les quadrupèdes, dans les oiseaux, dans les poissons, et on en suivra les vestiges jusque dans la tortue, où elles paraissent encore dessinées par les sillons qui sont sous son écaille; que l'on con-

(1) Buffon, t. VIII, p. 519.

sidère, comme l'a remarqué M. Daubenton, que le pied d'un cheval, en apparence si différent de la main de l'homme, est cependant composé des mêmes os, et que nous avons à l'extrémité de chacun de nos doigts le même osselet en fer à cheval qui termine le pied de cet animal, et l'on jugera si cette ressemblance cachée n'est pas plus merveilleuse que les différences apparentes; si cette conformité constante et ce dessein suivi de l'homme aux quadrupèdes, des quadrupèdes aux cétacés, des cétacés aux oiseaux, des oiseaux aux reptiles, des reptiles aux poissons, etc., dans lesquels les parties essentielles, comme le cœur, les intestins, l'épine du dos, les sens, etc., se trouvent toujours, ne semblent pas indiquer qu'en créant les animaux l'Être suprême n'a voulu employer qu'une idée et la varier en même temps de toutes les manières possibles, afin que l'homme pût admirer également et la magnificence de l'exécution et la simplicité du dessein.

» Dans ce point de vue, non seulement l'âne et le cheval, mais même le singe, les quadrupèdes et tous les animaux, pourraient être regardés comme ne faisant que la même *famille;* mais en doit-on conclure que dans cette grande et nombreuse famille, que Dieu seul a conçue et tirée du néant, il y ait d'autres petites familles projetées par la nature et produites par le temps, dont les unes ne seraient composées que de deux individus, comme le cheval et l'âne; d'autres de plusieurs individus, comme celle de la belette, de la marte, du furet, de la fouine, etc.; et, de même que dans les végétaux, il y ait des familles de dix, vingt, trente, etc., plantes? Si ces familles existaient, en effet, elles n'auraient pu se former que par le mélange, la variation successive et la dégénération des espèces originaires; et si l'on admet une fois qu'il y ait des familles dans les plantes et dans les animaux, que l'âne sort de la famille du cheval, et qu'il n'en diffère que parce qu'il a dégénéré, on pourra dire également que le singe est de la famille de l'homme, que c'est un homme dégénéré, que l'homme et le singe ont une origine commune comme le cheval et l'âne, que chaque famille, tant dans les animaux que dans les végétaux, n'a qu'une seule souche, et même que tous les animaux sont venus d'un seul animal, qui, dans la succession des temps a produit, en se proportionnant et en dégénérant, toutes les races des autres animaux.

» Les naturalistes qui établissent si légèrement des familles dans les animaux et dans les végétaux, ne paraissent pas avoir assez senti toute l'étendue de ces conséquences qui réduiraient le produit immédiat de la création à un nombre d'individus aussi petit que l'on voudrait : car s'il était une fois prouvé qu'on pût établir ces familles avec raison, s'il était acquis que dans les animaux, et même dans les végétaux, il y eût, je ne dis pas plusieurs espèces, mais une seule qui eût été produite par la dégénération d'une autre espèce; s'il était vrai que l'âne ne fût qu'un cheval dégénéré, il n'y aurait plus de bornes à la puissance de la nature et l'on n'aurait pas tort de supposer que d'un seul être elle a su tirer avec le temps tous les autres êtres organisés. »

A cette dernière question si bien posée « s'il était vrai que l'âne ne fût qu'un cheval dégénéré », Buffon fait une réponse qu'il est curieux de reproduire : « Mais non, dit-il ; il est certain par la révélation que tous les animaux ont également participé à la grâce de la création, que les deux premiers de chaque espèce et de toutes les espèces sont sortis tout formés des mains du Créateur, et l'on doit croire qu'ils étaient tels alors à peu près qu'ils nous sont aujourd'hui représentés par leurs descendants. »

Cette réponse fut sans doute écrite pour éviter les atteintes de la Sorbonne, dont il avait déjà subi les menaces à la suite de la publication de son premier discours. Ce qui en établit le caractèrece sont les preuves qu'il s'efforce d'accumuler en faveur de l'idée que l'âne n'est qu'un cheval dégénéré. « A considérer, dit-il, cet animal, même avec des yeux attentifs et dans un assez grand détail, il paraît n'être qu'un cheval dégénéré : la parfaite similitude de conformation dans le cerveau, les poumons, l'estomac, le conduit intestinal, le cœur, le foie, les autres viscères, et la grande ressemblance du corps, des jambes, des pieds et du squelette en entier, semblent fonder cette opinion ; l'on pourrait attribuer les légères différences qui se trouvent entre ces deux animaux à l'influence très ancienne du climat, de la nourriture et à la succession fortuite de plusieurs générations de petits chevaux sauvages à demi dégénérés, qui peu à peu avaient encore dégénéré davantage, se seraient ensuite dégradés autant qu'il est possible, et auraient à la fin produit à nos yeux une espèce nouvelle et constante, ou plutôt une succession d'individus semblables, tous constamment viciés de la même façon, et assez différents des chevaux pour pouvoir être regardés comme formant une autre espèce. Ce qui paraît favoriser cette idée c'est que les chevaux varient beaucoup plus que les ânes par la couleur de leur poil ; qu'ils sont par conséquent plus anciennement domestiques, puisque tous les animaux domestiques varient par la couleur beaucoup plus que les animaux sauvages de la même espèce ; que la plupart des chevaux sauvages dont parlent les voyageurs sont de petite taille et ont, comme les ânes, le poil gris, la queue nue, hérissée à l'extrémité, et qu'il y a des chevaux sauvages, et même des chevaux domestiques, qui ont la raie noire sur le dos, et d'autres caractères qui les rapprochent encore des ânes sauvages ou domestiques. »

Buffon n'ignore pas que dans ce cas particulier plus d'une raison empêchent d'admettre que l'âne soit un cheval dégénéré, il cite notamment l'impossibilité d'en obtenir des métis féconds, mais il caresse tellement cette idée de la dégénération qu'il est manifeste qu'elle hantait fortement son esprit. Il en était préoccupé à ce point qu'il lui a consacré un mémoire tout entier, et non des moins remarquables de son œuvre, ainsi que je le montrerai tout à l'heure.

Pour le moment, je me borne à montrer que le fond de sa pensée est manifestement la variabilité des espèces, ou plutôt la non-existence dans la nature des groupes artificiels auxquels les naturalistes donnent le nom d'espèces.

Des citations faites plus haut, il est aisé de dégager les arguments sur lesquels Buffon étayait sa théorie de l'enchaînement de tous les organismes vivants.

Arguments de Buffon en faveur de l'enchaînement des animaux.

Le premier argument sur lequel Buffon s'appuie pour admettre l'enchaînement des animaux est tiré des ressemblances qui existent dans l'organisation d'animaux souvent très éloignés en apparence les uns des autres. Je rappellerai ce qu'il dit à propos de l'anatomie du cochon et de l'âne. Mais l'anatomie comparée n'était encore qu'à l'état naissant, on ne savait rien du développement embryogénique des animaux, on ignorait leur structure histologique; il n'est donc pas étonnant que Buffon n'ait que peu insisté sur les analogies d'organisation qui existent entre les êtres vivants. Cette partie de la question devait être la tâche de notre siècle.

Les espèces intermédiaires.

Le deuxième argument est tiré de l'existence des espèces qu'il nomme « ambiguës » et qu'il considère, avec raison, comme « remplissant les intervalles de la chaîne », comme « en formant les nœuds, les points intermédiaires ». Le nombre des espèces « ambiguës, » « intermédiaires » connues à l'époque de Buffon n'était encore que très peu considérable. On ne doit qu'admirer davantage la sagacité dont faisait preuve l'illustre naturaliste en attirant sur elles l'attention, et en signalant l'importance qu'il fallait leur attribuer dans la détermination des rapports qui unissent les uns aux autres les êtres vivants. Dans sa remarquable histoire des mammifères et des oiseaux, il ne laisse jamais passer l'occasion de signaler les espèces qui lui paraissent servir de trait d'union entre des espèces voisines. Le lecteur me pardonnera d'ajouter quelques exemples à la citation que j'ai déjà faite de l'histoire du cochon. A propos d'un oiseau aquatique de Surinam, auquel il donne le nom de grèbe-foulque (*Plotus surinamensis* Gmel), il écrit (1) : « La nature trace des traits d'union partout où nous voudrions marquer des intervalles et faire des coupures; sans quitter brusquement une forme pour passer à une autre, elle emprunte de toutes deux et compose un être mi-parti qui réunit les deux extrêmes et remplit jusqu'au moindre vide de l'ensemble d'un tout où rien n'est isolé. Tels sont les traits de l'oiseau grèbe-foulque jusqu'à ce jour inconnu et qui nous a été envoyé de l'Amérique méridionale; nous lui avons donné ce nom parce qu'il porte les deux caractères du grèbe et de la foulque..... »

L'histoire de l'anhinga (*Plotus anhinga* L.), oiseau aquatique du Brésil et la Guyane, remarquable par la longueur démesurée de son cou, lui inspire des réflexions qui peuvent paraître un peu enfantines aux savants de notre époque, mais qui n'en indiquent pas moins la préoccupation constante par

(1) *Histoire naturelle des oiseaux*, t. VIII, p. 129.

laquelle il était dominé de rechercher les animaux pouvant servir de passage entre les différents groupes. « Non contente (la nature) de varier le trait primitif de son dessin dans chaque genre, en le fléchissant sous les contours auxquels il pouvait se prêter, ne semble-t-elle pas avoir voulu tracer d'un genre à un autre, et même de chacun à tous les autres, des lignes de communication, des fils de rapprochement et de jonction au moyen desquels rien n'est coupé et tout s'enchaîne, depuis le plus riche et le plus hardi de ses chefs-d'œuvre, jusqu'aux plus simples de ses essais? Ainsi dans l'histoire des oiseaux, nous avons vu l'autruche, le casoar, le dronte, par le raccourcissement des ailes et la pesanteur du corps, par la grosseur des ossements de leurs jambes, faire la nuance entre les animaux de l'air et ceux de la terre; nous verrons de même le pingouin, le manchot, oiseaux demi-poissons, se plonger dans les eaux et se mêler avec leurs habitants; et l'anhinga, dont nous allons parler, nous offre l'image d'un reptile enté sur le corps d'un oiseau; son cou long et grêle à l'excès, sa petite tête cylindrique roulée en fuseau, de même venue avec le cou, et effilée en un long bec aigu, ressemble à la figure et même au mouvement d'une couleuvre, soit par la manière dont cet oiseau étend brusquement son cou en partant de dessus les arbres, soit par la façon dont il le replie et le lance dans l'eau pour darder les poissons.

» Ces singuliers rapports ont également frappé tous ceux qui ont observé l'anhinga dans son pays natal (le Brésil et la Guyane); ils nous frappent de même jusque dans sa dépouille desséchée et conservée dans nos cabinets (1). »

Il dit (2) du guillemot (*Colymbus Troile* L.), dont les ailes sont très courtes, qu'il « nous présente les traits par lesquels la nature se prépare à terminer la suite nombreuse des formes variées du genre entier des oiseaux ».

Son histoire des pingouins et des manchots, dont les ailes sont encore plus réduites, commence par les curieuses observations suivantes (3) : « L'oiseau sans ailes est sans doute le moins oiseau qu'il soit possible; l'imagination ne sépare pas volontiers l'idée du vol du nom d'oiseau; néanmoins le vol n'est qu'un attribut et non pas une propriété essentielle, puisqu'il existe des quadrupèdes avec des ailes et des oiseaux qui n'en ont point; il semble donc qu'en ôtant les ailes à l'oiseau c'est en faire une espèce de monstre produit par une erreur ou un oubli de la nature; mais ce qui nous paraît être un dérangement dans ses plans ou une interruption dans sa marche, en est pour elle l'ordre et la suite, et sert à remplir ses vues dans toute leur étendue : comme elle prive le quadrupède de pieds, elle prive l'oiseau d'ailes, et ce qu'il y a de remarquable elle paraît avoir commencé dans les oiseaux de terre, comme elle finit dans les oiseaux d'eau par cette même défectuosité; l'autruche est pour ainsi dire sans ailes; le

(1) *Histoire naturelle des oiseaux*, t. VIII, p. 233.

(2) *Ibid.*, p. 429.

(3) *Ibid.*, p. 439.

Travers pinx

Annedouche sc

POLATOUCHE D'AMÉRIQUE

casoar en est absolument privé, il est couvert de poils et non de plumes, et ces deux grands oiseaux semblent à plusieurs égards s'approcher des animaux terrestres, tandis que les pingouins et les manchots paraissent faire la nuance entre les oiseaux et les poissons; en effet, ils ont au lieu d'ailes de petits ailerons que l'on dirait couverts d'écailles plutôt que de plumes, et qui leur servent de nageoires, avec un gros corps uni et cylindrique à l'arrière duquel sont attachées deux larges rames plutôt que deux pieds; l'impossibilité d'avancer loin sur terre, la fatigue même de s'y tenir autrement que couché, le besoin, l'habitude d'être presque toujours en mer, tout semble rappeler au genre de vie des animaux aquatiques ces oiseaux informes, étrangers aux régions de l'air qu'ils ne peuvent fréquenter, presque également bannis de celles de la terre, et qui paraissent uniquement appartenir à l'élément des eaux.

» Ainsi entre chacune de ses grandes familles, entre les quadrupèdes, les oiseaux, les poissons, la nature a ménagé des points d'union, des lignes de prolongement par lesquelles tout s'approche, tout se lie, tout se tient; elle envoie la chauve-souris voleter parmi les oiseaux, tandis qu'elle emprisonne le tatou sous le têt d'un crustacé; elle a construit le moule du cétacé sur le modèle du quadrupède dont elle a seulement tronqué la forme dans le morse, le phoque, qui de la terre où ils naissent, se plongeant dans l'onde, vont se rejoindre à ces mêmes cétacés comme pour démontrer la parenté universelle de toutes les générations sorties du sein de la mère commune; enfin elle a produit des oiseaux qui, moins oiseaux par le vol que le poisson volant, sont aussi poissons que lui par l'instinct et la manière de vivre. Telles sont les deux familles des pingouins et des manchots. »

Des remarques analogues figurent en tête de son histoire des phoques, morses et lamantins : « Assemblons, dit-il (1), pour un instant, tous les animaux quadrupèdes, faisons-en un groupe, ou plutôt faisons-en une troupe dont les intervalles et les rangs représentent à peu près la promiscuité ou l'éloignement qui se trouve entre chaque espèce; plaçons au centre les genres les plus nombreux, et sur les flancs, sur les ailes, ceux qui le sont le moins; resserrons-les tous dans le plus petit espace afin de les mieux voir, et nous trouverons qu'il n'est pas possible d'arrondir cette enceinte; que, quoique tous les animaux quadrupèdes tiennent entre eux de plus près qu'ils ne tiennent aux autres êtres, il s'en trouve néanmoins un grand nombre qui font des pointes au dehors et semblent s'élancer pour atteindre à d'autres classes de la nature : les singes tendent à s'approcher de l'homme et s'en approchent en effet de très près; les chauves-souris sont les singes des oiseaux qu'elles imitent par leur vol; les porcs-épics, les hérissons, par les tuyaux dont ils sont couverts, semblent nous indiquer que les plumes

(1) Buffon, t. X, p. 1.

pourraient appartenir à d'autres qu'aux oiseaux; les tatous par leur têt écailleux s'approchent de la tortue et des crustacés; les castors par les écailles de leur queue ressemblent aux poissons; les fourmiliers par leur espèce de bec ou de trompe sans dents et par leur longue langue, nous rappellent encore les oiseaux; enfin les phoques, les morses et les lamantins font un petit corps à part qui forme la pointe la plus saillante pour arriver aux cétacés. »

A propos des lamantins, il ajoute (1) : « Nous avons dit que la nature semble avoir formé les lamantins pour faire la nuance entre les quadrupèdes amphibies et les cétacés (2) : ces êtres mitoyens, placés au delà des limites de chaque classe, nous paraissent imparfaits, quoiqu'ils ne soient qu'extraordinaires et anormaux; car en les considérant avec attention, l'on s'aperçoit bientôt qu'ils possèdent tout ce qui leur était nécessaire pour remplir la place qu'ils doivent occuper dans la chaîne des êtres. »

Certes, les analogies signalées par Buffon dans toutes les citations que je viens de faire sont très superficielles et de bien peu d'importance, mais il ne faut pas oublier qu'à l'époque où Buffon les indiquait, l'anatomie comparée n'existait pour ainsi dire pas encore; on n'avait encore étudié que les formes extérieures des animaux, et lui-même est le premier qui ait eu l'idée de joindre à la description des formes, de la couleur, de la taille, et des organes extérieurs, celle des organes intérieurs. Ce qu'il faut remarquer dans les observations de Buffon c'est, je le répète, la préoccupation constante d'attirer l'esprit du lecteur sur les formes « intermédiaires », et de tirer de ces formes un argument en faveur de l'enchaînement, de la « parenté universelle » des espèces animales. Il ne laisse échapper aucune occasion de parler de la « parenté », de la « filiation » des êtres vivants. « Nous pourrions, dit-il, quelque part (3), prononcer plus affirmativement, si les limites qui séparent les espèces, ou la chaîne qui les unit, nous étaient mieux connues; mais qui peut avoir suivi *la grande filiation de toutes les généalogies dans la nature?* Il faudrait être né avec elle et avoir, pour ainsi dire, des observations contemporaines. C'est beaucoup, dans le court espace qu'il nous est permis de saisir, d'observer ses passages, d'indiquer ses nuances et de soupçonner *les transformations infinies* qu'elle a pu subir ou faire depuis les temps immenses qu'elle a travaillé ses ouvrages. »

Il me paraît intéressant de noter ici les formes transitoires qu'il signale, d'une part entre les divers groupes de singes, d'autre part entre les singes et l'homme. Il divise les singes en trois grands groupes : Singes, Babouins et Guenons. Après avoir parlé des singes et des babouins, il dit (4) : « Mais

(1) BUFFON, t. X, p. 74.
(2) Buffon considérait les cétacés comme des poissons.
(3) BUFFON, t. VIII p. 128.
(4) *Ibid.*, t. X, p. 88.

comme la nature ne connait pas nos définitions, qu'elle n'a jamais rangé ses ouvrages par tas, ni les êtres par genres, que sa marche au contraire va toujours par degrés, et que son plan est nuancé partout et s'étend en tout sens, il doit se trouver entre le genre du singe et celui du babouin quelque espèce intermédiaire qui ne soit précisément ni l'un ni l'autre, et qui cependant participe des deux. Cette espèce intermédiaire existe en effet, et c'est l'animal que nous appelons *magot;* il se trouve placé entre nos deux définitions; il fait la nuance entre les singes et les babouins; il diffère des premiers en ce qu'il a le museau allongé et de grosses dents canines; il diffère des seconds parce qu'il n'a réellement point de queue, quoiqu'il ait un petit appendice de peau qui a l'apparence d'une naissance de queue; il n'est par conséquent ni singe ni babouin, et tient en même temps de la nature des deux. »

Il fait suivre l'énumération des guenons de réflexions analogues (1) : « Et comme la nature est constante dans sa marche, qu'elle ne va jamais par sauts, et que toujours tout est gradué, nuancé, on trouve entre les babouins et les guenons une espèce intermédiaire, comme celle du magot l'est entre les singes et les babouins : l'animal qui remplit cet intervalle, et forme cette espèce intermédiaire, ressemble beaucoup aux guenons, surtout au macaque, et en même temps il a le museau fort large, et la queue courte comme les babouins : ne lui connaissant point de nom, nous l'avons appelé *maimon* pour le distinguer des autres; il se trouve à Sumatra; c'est le seul de tous ces animaux, tant babouins que guenons, dont la queue soit dégarnie de poil; et c'est par cette raison que les auteurs qui en ont parlé l'ont désigné par la dénomination de *singe à queue de cochon*, ou de *singe à queue de rat*. »

Rapports des singes avec l'homme d'après Buffon.

Il montre ensuite les rapports qui existent entre les quadrumanes et l'homme : « Les quadrumanes, dit-il (2), remplissent le grand intervalle qui se trouve entre l'homme et les quadrupèdes (3); les bimanes sont un terme moyen dans la distance encore plus grande de l'homme aux cétacés; les bipèdes avec des ailes font la nuance des quadrupèdes aux oiseaux, et les fissipèdes, qui se servent de leurs pieds comme de mains, remplissent tous les degrés qui se trouvent entre les quadrumanes et les quadrupèdes; mais c'est nous arrêter assez sur cette vue : quelque utile qu'elle puisse être pour la connaissance distincte des animaux, elle l'est encore plus par l'exemple, et par la nouvelle preuve qu'elle nous donne qu'il n'y a aucune de nos définitions qui soit précise, aucun de nos termes généraux qui soit exact, lors-

(1) Buffon, t. X, p. 91.

(2) *Ibid.*, p. 95.

(3) On sait aujourd'hui que les singes ne méritent pas véritablement le nom de quadrumanes; leurs membres postérieurs sont terminés, en effet, comme ceux de l'homme, par de véritables pieds, mais par des pieds à pouce opposable. Leurs rapports avec l'homme n'en sont donc que plus étroits.

qu'on vient à les appliquer en particulier aux choses ou aux êtres qu'ils représentent. »

Il termine sa *Nomenclature des singes* par des considérations remarquables, qui sont comme le résumé de toute sa doctrine touchant l'organisation et les rapports des corps inorganiques et des êtres vivants. Je ne puis résister au désir de placer ces magnifiques pages sous les yeux du lecteur, en n'en éliminant que les parties relatives aux questions déjà traitées plus haut.

« L'esprit, dit-il (1), quoique resserré par les sens, quoique souvent abusé par leurs faux rapports, n'en est ni moins pur ni moins actif; l'homme, qui a voulu savoir, a commencé par les rectifier, par démontrer leurs erreurs; il les a traités comme des organes mécaniques, des instruments qu'il faut mettre en expérience pour les vérifier et juger de leurs effets : marchant ensuite la balance d'une main et le compas de l'autre, il a mesuré et le temps et l'espace; il a reconnu tous les dehors de la nature, et ne pouvant en pénétrer l'intérieur par les sens il l'a deviné par comparaison et jugé par analogie; il a trouvé qu'il existait dans la nutrition. Il a reconnu que l'homme, le quadrupède, le cétacé, l'oiseau, le reptile, l'insecte, l'arbre, la plante, l'herbe, se nourrissent, se développent et se reproduisent par cette même loi; et que si la manière dont s'exécutent leur nutrition et leur génération paraît si différente, c'est que, quoique dépendante d'une cause générale et commune, elle ne peut s'exercer en particulier que d'une façon relative à la forme de chaque espèce d'êtres; et chemin faisant (car il a fallu des siècles à l'esprit humain pour arriver à ces grandes vérités, desquelles toutes les autres dépendent), il n'a cessé de comparer les êtres; il leur a donné des noms particuliers pour les distinguer les uns des autres, et des noms généraux pour les réunir sous un même point de vue; prenant son corps pour le module physique de tous les êtres vivants, et les ayant mesurés, sondés, comparés dans toutes leurs parties, il a vu que la forme de tout ce qui respire est à peu près la même; qu'en disséquant le singe on pouvait donner l'anatomie de l'homme; qu'en prenant un autre animal on trouvait toujours le même fond d'organisation, les mêmes sens, les mêmes viscères, les mêmes os, la même chair, le même mouvement dans les fluides, le même jeu, la même action dans les solides; il a trouvé dans tous un cœur, des veines et des artères; dans tous, les mêmes organes de circulation, de respiration, de digestion, de nutrition, d'excrétion; dans tous, une charpente solide, composée des mêmes pièces à peu près assemblées de la même manière; et ce plan toujours le même, toujours suivi de l'homme au singe, du singe aux quadrupèdes, des quadrupèdes aux cétacés, aux oiseaux, aux poissons, aux reptiles; ce plan, dis-je, bien saisi par

(1) BUFFON, t. X, p. 97.

l'esprit humain, est un exemplaire fidèle de la nature vivante, et la vue la plus simple et la plus générale sous laquelle on puisse la considérer : et lorsqu'on veut l'étendre et passer de ce qui vit à ce qui végète on voit ce plan, qui d'abord n'avait varié que par nuances, se déformer par degrés des reptiles aux insectes, des insectes aux vers, des vers aux zoophytes, des zoophytes aux plantes, et quoique altéré dans toutes ses parties extérieures, conserver néanmoins le même fond, le même caractère, dont les traits principaux sont la nutrition, le développement et la reproduction ; traits généraux et communs à toute substance organisée, traits éternels et divins que le temps, loin d'effacer ou de détruire, ne fait que renouveler et rendre plus évidents.

» Si, de ce grand tableau des ressemblances dans lequel *l'univers vivant se présente comme ne faisant qu'une même famille,* nous passons à celui des différences, où chaque espèce réclame une place isolée et doit avoir son portrait à part, on reconnaîtra qu'à l'exception de quelques espèces majeures, telles que l'éléphant, le rhinocéros, l'hippopotame, le tigre, le lion, qui doivent avoir leur cadre, tous les autres semblent se réunir avec leurs voisins et former des groupes de similitudes dégradées, des genres que nos nomenclateurs ont présentés par un lacis de figures dont les unes se tiennent par les pieds, les autres par les dents, par les cornes, par le poil, et par d'autres rapports encore plus petits. Et ceux mêmes dont la forme nous paraît la plus parfaite, c'est-à-dire la plus approchante de la nôtre, les singes, se présentent ensemble et demandent déjà des yeux attentifs pour être distingués les uns des autres..... On verra dans l'histoire de l'orang-outang, que si l'on ne faisait attention qu'à la figure, *on pourrait également regarder cet animal comme le premier des singes ou le dernier des hommes*, parce qu'à l'exception de l'âme, il ne lui manque rien de tout ce que nous avons, et parce qu'*il diffère moins de l'homme par le corps, qu'il ne diffère des autres animaux auxquels on a donné le même nom de singe.*

» L'âme, la pensée, la parole ne dépendent donc pas de la forme ou de l'organisation du corps : rien ne prouve mieux que c'est un don particulier et fait à l'homme seul, puisqu'il peut faire ou contrefaire tous les mouvements, toutes les actions humaines, et que cependant il ne fait aucun acte de l'homme (1). C'est peut-être faute d'éducation, c'est encore faute d'équité dans notre jugement ; vous comparez, dira-t-on, fort injustement le singe des bois avec l'homme des villes ; c'est à côté de l'homme sauvage, de l'homme auquel l'éducation n'a rien transmis, qu'il faut le placer pour les juger l'un et l'autre ; et a-t-on une idée juste de l'homme dans l'état de pure nature ? la tête couverte de cheveux hérissés ou d'une laine crépue ; la face voilée par une longue barbe, surmontée de deux croissants de poils encore plus

(1) Buffon, en refusant la pensée, l'intelligence, la parole aux animaux, commet une grave erreur. Voyez la note ajoutée à l'article du Perroquet.

grossiers, qui par leur largeur et leur saillie raccourcissent le front et lui font perdre son caractère auguste, et non seulement mettent les yeux dans l'ombre, mais les enfoncent et les arrondissent comme ceux des animaux; les lèvres épaisses et avancées; le nez aplati; le regard stupide ou farouche; les oreilles, le corps et les membres velus; la peau dure comme un cuir noir ou tanné; les ongles longs, épais et crochus; une semelle calleuse, en forme de corne, sous la plante des pieds; et pour attributs du sexe des mamelles longues et molles, la peau du ventre pendante jusque sur les genoux; les enfants se vautrant dans l'ordure et se traînant à quatre; le père et la mère, assis sur leurs talons, tout hideux, tout couverts d'une crasse empestée. Et cette esquisse, tirée d'après le sauvage hottentot, est encore un portrait flatté; car il y a plus loin de l'homme dans l'état de pure nature à l'Hottentot, que de l'Hottentot à nous : chargez donc encore le tableau si vous voulez comparer le singe à l'homme, ajoutez-y les rapports d'organisation, les convenances de tempérament, l'appétit véhément des singes mâles pour les femmes, la même conformation dans les parties génitales des deux sexes; l'écoulement périodique dans les femelles, et les mélanges forcés ou volontaires des négresses aux singes, dont le produit est rentré dans l'une ou l'autre espèce; et voyez, supposé qu'elles ne soient pas la même, combien l'intervalle qui les sépare est difficile à saisir.

» Je l'avoue, si l'on ne devait juger que par la forme, l'espèce du singe pourrait être prise pour une variété dans l'espèce humaine : le Créateur n'a pas voulu faire pour le corps de l'homme un modèle absolument différent de celui de l'animal; il a compris sa forme, comme celle de tous les animaux, dans un plan général; mais en même temps qu'il lui a départi cette forme matérielle, semblable à celle du singe, il a pénétré ce corps animal de son souffle divin; s'il eût fait la même faveur, je ne dis pas au singe, mais à l'espèce la plus vile, à l'animal qui nous paraît le plus mal organisé, cette espèce serait bientôt devenue la rivale de l'homme; vivifiée par l'esprit, elle eût primé sur les autres; elle eût pensé, elle eût parlé : quelque ressemblance qu'il y ait donc entre l'Hottentot et le singe, l'intervalle qui les sépare est immense, puisqu'à l'intérieur il est rempli par la pensée, et au dehors par la parole (1). »

Causes des transformations des organismes d'après Buffon.

Pour terminer l'exposé des idées de Buffon sur les espèces et leurs variations, il me reste à montrer quelles causes il attribuait aux transformations des organismes.

On ne peut pas dire que Buffon ait réellement cherché à exposer une théorie complète de la formation des espèces. D'après l'impression que j'ai retirée de la lecture attentive de ses œuvres, je crois pouvoir dire, sans crainte de me tromper, qu'il évitait de se prononcer nettement sur une

(1) Voyez la note ci-dessus.

question dans laquelle il risquait fort de s'exposer à la censure de la Sorbonne. Dans quelques passages, comme dans celui que j'ai reproduit plus haut, il affirme la création des espèces animales et végétales. Cette affirmation est sa sauvegarde contre la Sorbonne, la réponse qu'il prépare aux accusations d'impiété dont il pourrait être l'objet. Ainsi mis à couvert, il parle de la « filiation » de tous les êtres vivants, de leurs « rapports généalogiques », des ressemblances qu'ils offrent dans leurs formes extérieures et dans leur organisation interne, de la vaste chaine qu'ils forment et dont l'homme occupe le sommet; il s'attache dans maintes occasions à montrer que telles ou telles espèces sont nées de la transformation de telles ou telles autres, enfin il s'efforce de déterminer les moyens employés par la nature ou par l'homme pour opérer ces transformations. C'est cette dernière partie de sa doctrine qu'il me reste à examiner. Je n'aurai pas de peine à montrer qu'elle n'est pas inférieure aux autres et que sur ce terrain, comme sur les autres, il a non seulement tracé la voie que devaient suivre ses successeurs, mais qu'il y a marqué presque tous les buts qu'ils devaient atteindre.

Le climat et la nourriture.

Les causes naturelles auxquelles Buffon attribue les transformations subies par les êtres vivants sont particulièrement le climat et la nourriture. Mais, ainsi que nous le verrons, les autres causes de transformation aujourd'hui admises n'avaient pas entièrement échappé à son attention.

Dans son Histoire naturelle du chien (1), c'est à l'influence du climat qu'il attribue la formation des nombreuses races que nous présente cette espèce.

« Et de même, dit-il, que de tous les animaux le chien est celui dont le naturel est le plus susceptible d'impression et se modifie le plus aisément par les causes morales, il est aussi de tous celui dont la nature est le plus sujette aux variétés et aux altérations causées par les influences physiques : le tempérament, les facultés, les habitudes du corps varient prodigieusement; la forme même n'est pas constante : dans le même pays un chien est très différent d'un autre chien, et l'espèce est, pour ainsi dire, toute différente d'elle-même dans les différents climats. De là cette confusion, ce mélange et cette variété de races si nombreuses qu'on ne peut en faire l'énumération ; de là ces différences si marquées pour la grandeur de la taille, la figure du corps, l'allongement du museau, la forme de la tête, la longueur et la direction des oreilles et de la queue, la couleur, la qualité, la quantité du poil, etc., en sorte qu'il ne reste rien de constant, rien de commun à ces animaux que la conformité de l'organisation intérieure et la faculté de pouvoir tous produire ensemble. Et comme ceux qui diffèrent le plus les uns des autres à tous égards ne laissent pas de produire des individus qui peuvent se perpétuer en produisant eux-mêmes d'autres individus,

(1) Buffon, t. VIII, p. 588 et suiv.

il est évident que tous les chiens, quelque différents, quelque variés qu'ils soient, ne font qu'une seule et même espèce.

» Mais ce qui est difficile à saisir dans cette nombreuse variété de races différentes, c'est le caractère de la race primitive, de la race originaire, de la race mère de toutes les autres races; comment reconnaître les effets produits par l'influence du climat, de la nourriture, etc.; comment les distinguer encore des autres effets, ou plutôt des résultats qui proviennent du mélange de ces différentes races entre elles, dans l'état de liberté ou de domesticité ? »

Dans son discours *Sur les animaux sauvages*, il insiste longuement sur l'action transformatrice qu'exercent le climat et la nourriture : « Les végétaux qui couvrent cette terre, dit-il (1), et qui y sont encore attachés de plus près que l'animal qui broute participent aussi plus que lui à la nature du climat; chaque pays, chaque degré de température a ses plantes particulières; on trouve au pied des Alpes celles de France et d'Italie; on trouve à leur sommet celles des pays du Nord; on retrouve ces mêmes plantes du Nord sur les cimes glacées des montagnes d'Afrique..... Ainsi la terre fait les plantes, la terre et les plantes font les animaux, la terre, les plantes et les animaux font l'homme, car les qualités des végétaux viennent immédiatement de la terre et de l'air; le tempérament et les autres qualités relatives des animaux qui paissent l'herbe tiennent de près à celles des plantes dont ils se nourrissent; enfin, les qualités physiques de l'homme et des animaux, qui vivent sur les autres animaux autant que sur les plantes, dépendent, quoique de plus loin, de ces mêmes causes dont l'influence s'étend jusque sur leur naturel et sur leurs mœurs..... Et si l'on considère encore chaque espèce dans différents climats, on y trouvera des variétés sensibles par la grandeur et par la forme; toutes prennent une teinture plus ou moins forte du climat. Ces changements ne se font que lentement, imperceptiblement; le grand ouvrier de la nature est le temps; comme il marche toujours d'un pas égal, uniforme et réglé, il ne fait rien par sauts; mais par degrés, par nuances, par succession, il fait tout; et ces changements, d'abord imperceptibles, deviennent peu à peu sensibles et se marquent enfin par des résultats auxquels on ne peut se méprendre. »

Il est impossible, on le voit, de mieux préciser que ne le fait Buffon dans ce passage, le rôle du climat, de la nourriture et du temps dans la transformation des plantes, des animaux et de l'homme.

Dans l'histoire du cheval il insiste sur les variations de couleur déterminées par le climat et la nourriture. « Une autre influence du climat et de la nourriture, dit-il (2), est la variété des couleurs dans la robe des animaux; ceux qui sont sauvages et qui vivent dans le même climat sont d'une même cou-

(1) Buffon, t.. IX, p. 3.
(2) T. VIII, p. 500.

leur, qui devient seulement un peu plus claire ou plus foncée dans les différentes saisons de l'année; ceux, au contraire, qui vivent sous des climats différents sont de couleurs différentes, et les animaux domestiques varient prodigieusement par les couleurs, en sorte qu'il y a des chevaux, des chiens, etc., de toute sorte de poils, au lieu que les cerfs, les lièvres, etc., sont tous de la même couleur : les injures du climat toujours les mêmes, la nourriture toujours la même, produisent dans les animaux sauvages cette uniformité; le soin de l'homme, la douceur de l'abri, la variété dans la nourriture, effacent et font varier cette couleur dans les animaux domestiques, aussi bien que le mélange des races étrangères, lorsqu'on n'a pas soin d'assortir la couleur du mâle avec celle de la femelle, ce qui produit quelquefois de belles singularités, comme on le voit sur les chevaux pies, où le blanc et le noir sont appliqués d'une manière si bizarre et tranchent l'un sur l'autre si singulièrement qu'il semble que ce ne soit pas l'ouvrage de la nature, mais l'effet du caprice d'un peintre. »

Dans un autre passage de la même histoire, il décrit les variations produites par le climat et la nourriture sur les dimensions de la tête et du corps des chevaux. « On a remarqué que les haras établis dans des terrains secs et légers produisaient des chevaux sobres, légers et vigoureux, avec la jambe nerveuse et la corne dure, tandis que dans les lieux humides et dans les pâturages les plus gras ils ont presque tous la tête grosse et pesante, le corps épais, les jambes chargées, la corne mauvaise et les pieds plats : ces différences viennent de celles du climat et de la nourriture, ce qui peut s'entendre aisément. »

Dans l'histoire du lièvre, il insiste sur l'influence que le climat fait subir à cet animal, dont l'espèce est cependant très répandue. « La nature du terroir, dit-il (1), influe sur ces animaux comme sur tous les autres : les lièvres de montagnes sont plus grands et plus gros que les lièvres de plaine; ils sont aussi de couleur différente; ceux de montagne sont plus blancs sur le corps et ont plus de blanc sous le cou que ceux de plaine, qui sont presque rouges. Dans les hautes montagnes et dans les pays du Nord ils deviennent blancs pendant l'hiver et reprennent en été leur couleur ordinaire... Les lièvres des pays chauds, d'Italie, d'Espagne, de Barbarie, sont plus petits que ceux de France et des autres pays plus septentrionaux. »

Dans l'histoire du lion, il dit des animaux (2) : « Chacun a son pays, sa patrie naturelle, dans laquelle chacun est retenu par nécessité physique. *Chacun est fils de la terre qu'il habite*, et c'est dans ce sens qu'on doit dire que tel ou tel animal est originaire de tel ou tel climat. »

Buffon admettait, ainsi que nous l'avons montré plus haut, que les diverses parties de la terre n'ont pas toujours eu le même climat; il en concluait

(1) Buffon, t. IX, p. 44.
(2) *Ibid.*, p. 166.

que les animaux d'un même pays avaient dû se modifier avec le climat : « Lorsque, dit-il (1), par des révolutions sur le globe ou par la force de l'homme ils (les animaux) ont été contraints d'abandonner leur terre natale, qu'ils ont été chassés ou relégués dans des climats éloignés ; leur nature a subi des altérations si grandes et si profondes qu'elle n'est pas reconnaissable à la première vue, et que pour la juger il faut avoir recours à l'inspection la plus attentive et même aux expériences et à l'analogie. »

Les variétés de l'espèce humaine d'après Buffon.

C'est surtout à propos de l'espèce humaine qu'il insiste sur l'influence du climat et de la nourriture comme causes productrices des variations.

« Dès que l'homme, dit-il (2), a commencé à changer de ciel, et qu'il s'est répandu de climats en climats, sa nature a subi des altérations ; elles ont été légères dans les contrées tempérées que nous supposons voisines du lieu de son origine ; mais elles ont augmenté à mesure qu'il s'en est éloigné, et lorsque, après des siècles écoulés, des continents traversés et des générations déjà dégénérées sous l'influence des différentes terres, il a voulu s'habituer dans les climats extrêmes, et peupler les sables du Midi et les glaces du Nord, les changements sont devenus si grands et si sensibles qu'il y aurait lieu de croire que le nègre, le lapon et le blanc forment des espèces différentes. » Mais Buffon croit à l'unité de l'espèce humaine et toutes les variations que l'homme présente ne constituent à ses yeux que des races. Cette opinion, aujourd'hui admise par tous les naturalistes a été récemment l'objet de luttes acharnées entre eux. Pendant plus d'un demi-siècle, monogénistes et polygénistes, c'est-à-dire partisans d'une seule espèce et partisans de plusieurs espèces humaines, ont rompu des milliers de lances. Buffon et les monogénistes l'ont enfin emporté ou plutôt, depuis que la théorie du transformisme s'est répandue, le mot « espèce » ayant perdu de son importance au point de n'avoir plus qu'une valeur conventionnelle, on a cessé de se quereller pour une question que Buffon avait résolue du premier coup, en mettant sur le compte des circonstances extérieures toutes les variétés d'hommes que nous connaissons.

Influence du climat.

Buffon fait remarquer, avec raison, que l'homme a subi beaucoup moins que les autres animaux l'influence des climats parce qu'il a su trouver les moyens de se mettre à l'abri des vicissitudes de l'atmosphère. « Il s'est pour ainsi dire soumis les éléments ; par un seul signe de son intelligence il a produit celui du feu, qui n'existait pas sur la surface de la terre ; il a su se vêtir, s'abriter, se loger, il a compensé par l'esprit toutes les facultés qui manquent à la matière (3) ; et sans être ni si fort, ni si grand, ni si robuste que la plupart des animaux, il a su les vaincre, les dompter, les subjuguer, les confiner, les chasser, et s'emparer des espaces que la nature semblait leur avoir exclu-

(1) Buffon, t. IV, p. 472.
(2) *Ibid.*, p. 469.
(3) *Ibid.*, p. 470.

sivement départis. » Dans un autre ouvrage (1) il dit encore à propos de la résistance de l'homme à l'action du milieu extérieur : « L'homme se défend mieux que l'animal de l'intempérie du climat ; il se loge, il se vêtit convenablement aux saisons ; sa nourriture est aussi beaucoup plus variée, et par conséquent elle n'influe pas de la même façon sur tous les individus. »

Malgré cela, l'homme a subi d'une façon profonde l'influence du climat, de la nourriture et des mœurs auxquelles il a été soumis. « Les grandes différences, dit-il (2), c'est-à-dire les principales variétés dépendent entièrement de l'influence du climat. On doit entendre par climat non seulement la latitude plus ou moins élevée, mais aussi la hauteur et la dépression des terres, leur voisinage ou leur éloignement des mers, leur situation par rapport aux vents, et surtout au vent d'est, toutes les circonstances en un mot, qui concourent à former la température de chaque contrée ; car c'est de cette température, plus ou moins chaude ou froide, humide ou sèche, que dépend non seulement la couleur des hommes, mais l'existence même des espèces d'animaux et de plantes qui tous affectent de certaines contrées et ne se trouvent pas dans d'autres ; c'est de cette même température que dépend par conséquent la différence de la nourriture des hommes, seconde cause qui influe beaucoup sur leur tempérament, leur naturel, leur grandeur et leur force. »

Il dit encore, dans son remarquable mémoire sur les *Variétés dans l'espèce humaine* (3) : « On peut donc regarder le climat comme la cause première et presque unique de la couleur des hommes ; mais la nourriture, qui fait à la couleur beaucoup moins que le climat, fait beaucoup à la forme. Des nourritures grossières, malsaines ou mal préparées peuvent faire dégénérer l'espèce humaine : tous les peuples qui vivent misérablement sont laids et mal faits ; chez nous-mêmes les gens de la campagne sont plus laids que ceux des villes, et j'ai souvent remarqué que dans les villages où la pauvreté est moins grande que dans les autres villages voisins, les hommes y sont aussi mieux faits et les visages moins laids. L'air et la terre influent beaucoup sur la forme des hommes, des animaux, des plantes : qu'on examine dans le même canton les hommes qui habitent les terres élevées, comme les coteaux ou le dessus des collines, et qu'on les compare avec ceux qui occupent le milieu des vallées voisines, on trouvera que les premiers sont agiles, dispos, bien faits, spirituels, et que les femmes y sont communément jolies, au lieu que dans le plat pays, où la terre est grosse, l'air épais, et l'eau moins pure, les paysans sont grossiers, pesants, mal faits, stupides, et les paysannes presque toutes laides. Qu'on amène des chevaux d'Espagne ou de Barbarie en France, il ne sera pas possible de perpétuer leur race ; ils commencent à dégénérer dès la première génération, et à la troisième ou quatrième ces

(1) *Le Cheval*, t. VIII, p. 500.
(2) T. XI, p. 297.
(3) *Ibid.*, p. 220.

chevaux de race barbe ou espagnole, sans aucun mélange avec d'autres races, ne laisseront pas de devenir des chevaux français : en sorte que, pour perpétuer les beaux chevaux, on est obligé de croiser les races, en faisant venir de nouveaux étalons d'Espagne ou de Barbarie. Le climat et la nourriture influent donc sur la forme des animaux d'une manière si marquée, qu'on ne peut pas douter de leurs effets ; et quoiqu'ils soient moins prompts, moins apparents et moins sensibles sur les hommes, nous devons conclure par analogie que ces effets ont lieu dans l'espèce humaine, et qu'ils se manifestent par les variétés qu'on y trouve. »

Influence de la nourriture.

Dans un autre mémoire (1), il distingue avec soin les variations produites par le climat de celles qu'il attribue à la nourriture : « La couleur de la peau, des cheveux et des yeux varie par la seule influence du climat ; les autres changements, tels que ceux de la taille, de la forme des traits et de la qualité des cheveux ne me paraissent pas dépendre de cette seule cause ; car dans la race des nègres, lesquels, comme l'on sait ont pour la plupart la tête couverte d'une laine crépue, le nez épaté, les lèvres épaisses, on trouve des nations entières avec de longs et vrais cheveux, avec des traits réguliers ; et si l'on comparait dans la race des blancs le Danois au Calmouck, ou seulement le Finlandais au Lapon dont il est voisin, on trouverait entre eux autant de différence pour les traits et la taille qu'il y en a dans la race des noirs ; par conséquent, il faut admettre pour ces altérations, qui sont plus profondes que les premières, quelques autres causes réunies avec celles du climat ; la plus générale et la plus directe est la qualité de la nourriture ; c'est principalement par les aliments que l'homme reçoit l'influence de la terre qu'il habite, celle de l'air et du ciel agit plus superficiellement ; et tandis qu'elle altère la surface la plus extérieure en changeant la couleur de la peau, la nourriture agit sur la forme intérieure par ses propriétés qui sont constamment relatives à celles de la terre qui la produit. On voit dans le même pays des différences marquées entre les hommes qui en occupent les hauteurs et ceux qui demeurent dans les lieux bas ; les habitants de la montagne sont toujours mieux faits, plus vifs et plus beaux que ceux de la vallée ; à plus forte raison dans des climats éloignés du climat primitif, dans des climats où les herbes, les fruits, les grains et la chair des animaux sont de qualité et même de substance différentes, les hommes qui s'en nourrissent doivent devenir différents. Ces impressions ne se font pas subitement ni même dans l'espace de quelques années ; il faut du temps pour que l'homme reçoive la teinture du ciel, il en faut encore plus pour que la terre lui transmette ses qualités ; et il a fallu des siècles joints à un usage toujours constant des mêmes nourritures pour influer sur la forme des traits, sur la grandeur du corps, sur la substance des cheveux, et produire ces altérations intérieures, qui, s'étant

(1) *De la dégénération des animaux*, t. IV, p. 471.

ensuite perpétuées par la génération, sont devenues les caractères généraux et constants auxquels on reconnaît les races et même les nations différentes qui composent le genre humain. Dans les animaux, ces effets sont plus prompts et plus grands : parce qu'ils tiennent à la terre de bien plus près que l'homme ; parce que leur nourriture étant plus uniforme, plus constamment la même, et n'étant nullement préparée, la qualité en est plus décidée et l'influence plus forte ; parce que d'ailleurs les animaux ne pouvant ni se vêtir, ni s'abriter, ni faire usage de l'élément du feu pour se réchauffer, ils demeurent vivement exposés et pleinement livrés à l'action de l'air et à toutes les intempéries. »

Influence des mœurs.

Relativement à l'influence des mœurs sur la production des caractères particuliers aux diverses races humaines, il écrit : « Il paraît que la couleur dépend beaucoup du climat, sans cependant qu'on puisse dire qu'elle en dépende entièrement ; il y a en effet plusieurs causes qui doivent influer sur la couleur et même sur la forme du corps et des traits des différents peuples : l'une des principales est la nourriture, et nous examinerons dans la suite les changements qu'elle peut occasionner. Une autre qui ne laisse pas de produire son effet sont les mœurs ou la manière de vivre ; un peuple policé qui vit dans une certaine aisance, qui est accoutumé à une vie réglée, douce et tranquille, qui par les soins d'un bon gouvernement est à l'abri d'une certaine misère et ne peut manquer des choses de première nécessité, sera par cette seule raison composé d'hommes plus forts, plus beaux et mieux faits qu'une nation sauvage et indépendante, où chaque individu, ne tirant aucun secours de la société, est obligé de pourvoir à sa subsistance, de souffrir alternativement la faim ou les excès d'une nourriture souvent mauvaise, de s'épuiser de travaux ou de lassitude, d'éprouver les rigueurs du climat sans pouvoir s'en garantir, d'agir en un mot plus souvent comme animal que comme homme. En supposant ces deux différents peuples sous un même climat, on peut croire que les hommes de la nation sauvage seraient plus basanés, plus laids, plus petits, plus ridés que ceux de la nation policée. S'ils avaient quelque avantage sur ceux-ci, ce serait par la force ou plutôt par la dureté de leur corps ; il pourrait se faire aussi qu'il y eût dans cette nation sauvage beaucoup moins de bossus, de boiteux, de sourds, de louches, etc. Ces hommes défectueux vivent et même se multiplient dans une nation policée où l'on se supporte les uns les autres, où le fort ne peut rien contre le faible, où les qualités du corps font beaucoup moins que celles de l'esprit ; mais dans un peuple sauvage, comme chaque individu ne subsiste, ne vit, ne se défend que par ses qualités corporelles, son adresse et sa force, ceux qui sont malheureusement nés faibles, défectueux, ou qui deviennent incommodés, cessent bientôt de faire partie de la nation.

» J'admettrais donc trois causes qui toutes trois concourent à produire les variétés que nous remarquons dans les différents peuples de la terre. La première est l'influence du climat; la seconde, qui tient beaucoup à la première, est la nourriture; et la troisième, qui tient peut-être encore plus à la seconde, sont les mœurs. »

Buffon saisit toutes les occasions qui se présentent à lui de mettre en lumière les variations simultanées produites par le climat, la nourriture et les autres conditions de la vie, chez l'homme et chez les animaux. Il résume ces considérations, dans l'histoire du chat, de la façon suivante (1) : « On a vu dans l'histoire de chaque animal domestique combien l'éducation, l'abri, le soin, la main de l'homme, influent sur le naturel, sur les mœurs, et même sur la forme des animaux. On a vu que ces causes, jointes à l'influence du climat, modifient, altèrent et changent les espèces au point d'être différentes de ce qu'elles étaient originairement, et rendent les individus si différents entre eux, dans le même temps et dans la même espèce, qu'on aurait raison de les regarder comme des animaux différents, s'ils ne conservaient pas la faculté de produire ensemble des individus féconds, ce qui fait le caractère essentiel et unique de l'espèce. On a vu que les différentes races de ces animaux domestiques suivent dans les différents climats le même ordre à peu près que les races humaines; qu'ils sont, comme les hommes, plus forts, plus grands et plus courageux dans les pays froids, plus civilisés, plus doux dans le climat tempéré, plus lâches, plus faibles et plus laids dans les climats trop chauds; que c'est encore dans les climats tempérés et chez les peuples les plus policés que se trouvent la plus grande diversité, le plus grand mélange et les plus nombreuses variétés dans chaque espèce; et, ce qui n'est pas moins digne de remarque, c'est qu'il y a dans les animaux plusieurs signes évidents de l'ancienneté de leur esclavage : les oreilles pendantes, les couleurs variées, les poils longs et fins, sont autant d'effets produits par le temps, ou plutôt par la longue durée de leur domesticité. Presque tous les animaux libres et sauvages ont les oreilles droites; le sanglier les a droites et raides, le cochon domestique les a inclinées et demi-pendantes. Chez les Lapons, chez les sauvages de l'Amérique, chez les Hottentots, chez les nègres et les autres peuples non policés tous les chiens ont les oreilles droites; au lieu qu'en Espagne, en France, en Angleterre, en Turquie, en Perse, à la Chine, et dans tous les pays civilisés, la plupart les ont molles et pendantes. Les chats domestiques n'ont pas les oreilles si raides que les chats sauvages, et l'on voit qu'à la Chine, qui est un empire très anciennement policé et où le climat est fort doux, il y a des chats domestiques à oreilles pendantes. C'est par cette même raison que la chèvre d'Angora, qui a les oreilles pendantes, doit être regardée, entre toutes les chèvres, comme celle qui s'éloigne le plus de l'état de nature : l'influence

(1) BUFFON, t. VIII, p. 613.

si générale et si marquée du climat de Syrie, jointe à la domesticité de ces animaux chez un peuple très anciennement policé, aura produit avec le temps cette variété, qui ne se maintiendrait pas dans un autre climat. Les chèvres d'Angora, nées en France, n'ont pas les oreilles aussi longues ni aussi pendantes qu'en Syrie, et reprendraient vraisemblablement les oreilles et le poil de nos chèvres après un certain nombre de générations. »

Influence de la domestication.

Buffon n'ignorait pas, on l'a vu déjà par les citations précédentes, que les animaux domestiques varient beaucoup plus facilement que les animaux sauvages. Dans plusieurs de ses mémoires il revient sur cette importante question ; et l'on peut dire que tous les auteurs contemporains, et particulièrement Darwin, dans son très beau livre sur les « Variations des animaux et des plantes sous l'influence de la domestication », n'ont fait que paraphraser les idées du naturaliste français du XVIIIe siècle. « On trouvera, dit-il (1), sur tous les animaux esclaves les stigmates de leur captivité et l'empreinte de leurs fers ; on verra que ces plaies sont d'autant plus grandes, d'autant plus incurables, qu'elles sont plus anciennes, et que, dans l'état où nous les avons réduits, il ne serait peut-être plus facile de les réhabiliter ni de leur rendre leur forme primitive et les autres attributs de nature que nous leur avons enlevés. »

Il dit dans l'histoire du chien (2) : « Ceux (les animaux) que l'homme s'est soumis, ceux qu'il a transportés de climats en climats, ceux dont il a changé la nourriture, les habitudes et la manière de vivre, ont aussi dû changer pour la forme plus que tous les autres ; et l'on trouve en effet bien plus de variété dans les espèces d'animaux domestiques que dans celles des animaux sauvages. Et comme parmi les animaux domestiques le chien est, de tous, celui qui s'est attaché à l'homme de plus près ; celui qui, vivant comme l'homme, vit aussi le plus irrégulièrement ; celui dans lequel le sentiment domine assez pour le rendre docile, obéissant et susceptible de toute impression, et même de toute contrainte, il n'est pas étonnant que de tous les animaux, ce soit aussi celui dans lequel on trouve les plus grandes variétés pour la figure, pour la taille, pour la couleur et pour les autres qualités. »

Il me paraît inutile de mettre ici en relief tous les caractères que Buffon signale comme susceptibles de varier sous l'influence de la domestication. Il insiste particulièrement sur la taille, la forme, la couleur, la nature du poil, des cornes, etc. (Voy. à cet égard, t. IV, p. 473, ce qu'il dit des transformations subies par nos brebis, nos bœufs, nos chiens, etc.) Là se trouve la base de toutes les observations publiées par Darwin.

Il insiste sur la difficulté qu'il y aurait à retrouver la forme primitive de nos chiens, de notre blé, etc., à cause des transformations profondes qu'ils

(1) Buffon, t. IV, p. 472.
(2) T. VIII, p. 588.

ont subies sous l'influence de la domestication : « Les espèces, dit-il (1), que l'homme a beaucoup travaillées, tant dans les végétaux que dans les animaux, sont donc celles qui de toutes se sont le plus altérées ; et comme quelquefois elles le sont au point qu'on ne peut reconnaître leur forme primitive, comme dans le blé, qui ne ressemble plus à la plante dont il a tiré son origine, il ne serait pas impossible que dans la nombreuse variété des chiens que nous voyons aujourd'hui il n'y en eut pas un seul de semblable au premier chien, ou plutôt au premier animal de cette espèce, qui s'est peut-être beaucoup altérée depuis la création, et dont la souche a pu par conséquent être très différente des races qui subsistent actuellement, quoique ces races en soient originairement toutes également provenues. »

Il n'ignore pas cependant que les plantes et les animaux rendus à l'état sauvage, c'est-à-dire aux conditions de milieu dans lesquelles ont vécu leurs ancêtres font retour, dans une certaine mesure, à la forme primitive ; il émet même l'idée qu'avec certaines plantes, le blé, par exemple, on pourrait arriver, en les abandonnant à l'état sauvage, à voir reparaître la forme d'où l'homme les a tirées, mais il insiste sur la difficulté de réaliser de pareilles espérances, surtout quand il s'agit d'animaux qui s'accouplent à leur guise et qui nous échappent facilement (2).

Variations plus fréquentes chez les animaux et végétaux à reproduction rapide.

Il fait ressortir, à ce propos, la différence considérable qui existe, au point de vue de la production des variétés, entre les animaux qui se reproduisent lentement et ceux dont la reproduction est rapide, et il montre que parmi les premiers figurent tous les animaux de grande taille, tandis que parmi les seconds se trouvent tous les animaux de petite taille, et il insiste sur le fait que les espèces sont beaucoup moins tranchées parmi les derniers que parmi les premiers. « Les petits animaux éphémères, dit-il (3), et dont la vie est si courte qu'ils se renouvellent tous les ans par la génération, sont infiniment plus sujets que les autres animaux aux variétés et aux altérations de tout genre : il en est de même des plantes annuelles en comparaison des autres végétaux ; il y en a même dont la nature est, pour ainsi dire, artificielle et factice. Le blé, par exemple, est une plante que l'homme a changée au point qu'elle n'existe nulle part dans l'état de nature : on voit bien qu'il a quelque rapport avec l'ivraie, avec les gramens, les chiendents, et quelques autres herbes des prairies ; mais on ignore à laquelle de ces herbes on doit le rapporter ; et comme il se renouvelle tous les ans, et que, servant de nourriture à l'homme, il est de toutes les plantes celle qu'il a le plus travaillée, il est aussi de toutes celle dont la nature est la plus altérée. L'homme peut donc non seulement faire servir à ses besoins, à son usage, tous les individus de l'univers ; mais il peut encore, avec le temps, changer, modifier et

(1) Buffon, t. VIII, p. 589.
(2) *Ibid.*, p. 590.
(3) *Ibid.*, p. 589.

perfectionner les espèces; c'est même le plus beau droit qu'il ait sur la nature. Avoir transformé une herbe stérile en blé est une espèce de création dont cependant il ne doit pas s'enorgueillir, puisque ce n'est qu'à la sueur de son front et par des cultures réitérées qu'il peut tirer du sein de la terre ce pain souverain qui fait sa subsistance ».

Influence du croisement.

Buffon attribue une grande importance au croisement des races et des espèces comme cause de production de races et d'espèces nouvelles.

Variations moins fréquentes dans les espèces monogames.

Il insiste sur la nécessité de croiser les familles, les races et les individus provenant de localités différentes. Il est un autre détail d'observation que je veux signaler ici parce qu'il témoigne de la grande sagacité de son esprit. Il fait remarquer(1) que « dans les espèces, comme celle du chevreuil, où le mâle s'attache à sa femelle et ne la change pas, les petits démontrent la constante fidélité de leurs parents par leur entière ressemblance entre eux », tandis que « dans celles, au contraire, où les femelles changent souvent de mâle, comme dans celle du cerf, il se trouve des variétés assez nombreuses ».

Variations plus grandes dans les espèces qui produisent beaucoup de petits.

Il note encore la fréquence plus grande des variations individuelles dans les espèces qui produisent un plus grand nombre de petits, « comme dans la nature il n'y a pas un seul individu qui soit parfaitement ressemblant à un autre, il se trouve d'autant plus de variétés dans les animaux que le nombre de leurs produits est plus grand et plus fréquent. Dans les espèces où la femelle produit cinq ou six petits, trois ou quatre fois par an, de mâles différents, il est nécessaire que le nombre des variétés soit beaucoup plus grand que dans celles où le produit est annuel et unique; aussi les espèces inférieures, les petits animaux, qui tous produisent plus souvent et en plus grand nombre que ceux des espèces majeures, sont-elles sujettes à plus de variétés ».

L'hybridité d'après Buffon.

Enfin, il s'occupe, dans un grand nombre de parties de son œuvre, de la question, tant débattue à toutes les époques, de l'hybridité, c'est-à-dire du croisement des races et des espèces. En s'en tenant à la lettre, on pourrait dire qu'il admet le croisement indéfiniment fécond des races, tandis qu'il croit à l'infécondité des produits issus du croisement des animaux appartenant à des espèces distinctes. Il insiste en maints passages, sur ce fait que les animaux de même espèce peuvent s'accoupler en donnant des produits indéfiniment féconds, tandis qu'il cite plus d'une expérience d'impossibilité d'accouplement des animaux d'espèces distinctes ou d'accouplement suivi de produits inféconds, mais il fournit lui-même d'autres expériences, dans lesquelles des animaux d'espèces manifestement distinctes ont donné des produits indéfiniment féconds. Dans son remarquable mémoire *sur les mulets,* il cite des faits de croisement de la brebis avec le bouc ayant donné

(1) Buffon, t. IV, p. 479.

des produits féconds ; il cite aussi des exemples de mulet mâle ayant donné des petits avec des juments, et de chevaux en ayant produit avec la mule. Il insiste sur le fait que les serins et les chardonnerets, qui sont manifestement d'espèces différentes, donnent des petits indéfiniment féconds ; sur celui de mulets engendrés par le croisement de la louve avec le chien, etc. J'ai à peine besoin d'ajouter que le nombre des croisements d'espèces animales ou végétales donnant des produits indéfiniment féconds augmente chaque jour. Je me bornerai à citer le léporide, très fécond, obtenu par le croisement du lièvre et du lapin, le produit également fécond du mouton et de la chèvre que l'on élève au Chili depuis de nombreuses années. Rien n'est donc mieux démontré que la possibilité de croiser des espèces distinctes pour obtenir des espèces intermédiaires. Mais ce qui me paraît curieux à signaler ici, c'est la façon dont Buffon cherche à expliquer pourquoi le croisement des espèces n'est pas toujours possible et ne donne que rarement des produits féconds.

Explication l'infécondité habituelle des métis d'après Buffon.

Il commence par affirmer « qu'aucun animal provenant de deux espèces distinctes n'est absolument infécond ». Mais il fait remarquer que les différentes espèces ne sont pas également fécondes, que les espèces les plus petites sont beaucoup plus prolifiques que les grandes (1) : « Tous les mulets, dit le préjugé, sont des animaux viciés qui ne peuvent produire ; aucun animal, quoique provenant de diverses espèces, n'est absolument infécond, disent l'expérience et la raison : tous, au contraire, peuvent produire, et il n'y a de différence que du plus au moins ; seulement on doit observer que dans les espèces pures, ainsi que dans les espèces mixtes, il y a de grandes différences dans la fécondité. Dans les premières, les unes, comme les poissons, les insectes, etc., se multiplient chaque année par milliers, par centaines ; d'autres, comme les oiseaux et les petits animaux quadrupèdes, se reproduisent par vingtaines, par douzaines ; d'autres enfin, comme l'homme et tous les grands animaux, ne se reproduisent qu'un à un. Le nombre dans la production est, pour ainsi dire, en raison inverse de la grandeur des animaux. Le cheval et l'âne ne produisent qu'un par an, et dans le même espace de temps les souris, les mulots, les cochons d'Inde, produisent trente ou quarante. La fécondité de ces petits animaux est donc trente ou quarante fois plus grande ; et en faisant une échelle des différents degrés de fécondité, les petits animaux que nous venons de nommer seront aux points les plus élevés, tandis que le cheval, ainsi que l'âne, se trouveront presque au terme de la moindre fécondité, car il n'y a guère que l'éléphant qui soit encore moins fécond. »

Il fait remarquer aussi que les espèces domestiques sont beaucoup plus fécondes que les espèces sauvages et qu'il en est de même parmi les hommes (2).

(1) Buffon, t. IV, p. 515.
(2) *Ibid.*, p. 517.

» Dans les animaux domestiques soignés et bien nourris, la multiplication est plus grande que dans les animaux sauvages : on le voit par l'exemple des chats et des chiens, qui produisent dans nos maisons plusieurs fois par an, tandis que le chat sauvage et le chien abandonné à la seule nature ne produisent qu'une seule fois chaque année. On le voit encore mieux par l'exemple des oiseaux domestiques : y a-t-il dans aucune espèce d'oiseaux libres une fécondité comparable à celle d'une poule bien nourrie, bien fêtée par son coq? Et dans l'espèce humaine quelle différence entre la chétive propagation des sauvages et l'immense population des nations civilisées et bien gouvernées? mais nous ne parlons ici que de la fécondité naturelle aux animaux dans leur état de pleine liberté; on en verra d'un coup d'œil les rapports dans la table suivante, de laquelle on pourra tirer quelques conséquences utiles à l'histoire naturelle. »

Il insiste à tort ou à raison sur ce que « l'ardeur du tempérament dans le mâle est nécessaire pour la bonne génération, et surtout pour la nombreuse multiplication », tandis qu'elle nuit au contraire dans la femelle, et l'empêche presque toujours « de retenir et de concevoir (1) ». A l'appui de cette proposition il ajoute : « Ce fait est généralement vrai, soit dans les animaux, soit dans l'espèce humaine : les femmes les plus froides avec les hommes les plus chauds engendrent un grand nombre d'enfants; il est rare, au contraire, qu'une femme produise, si elle est trop sensible au physique de l'amour. L'acte par lequel on arrive à la génération n'est alors qu'une fleur sans fruit, un plaisir sans effet; mais aussi dans la plupart des femmes qui sont purement passives, c'est un fruit qui se produit sans fleur; car l'effet de cet acte est d'autant plus sûr, qu'il est moins troublé dans la femelle par les convulsions du plaisir : elles sont si marquées dans quelques-unes, et même si nuisibles à la conception dans quelques femelles, telles que l'ânesse, qu'on est obligé de leur jeter de l'eau sur la croupe ou même de les frapper rudement pour les calmer ; sans ce secours désagréable elles ne deviendraient pas mères, ou du moins ne le deviendraient que fort tard, lorsque dans un âge plus avancé la grande ardeur du tempérament serait éteinte ou ne subsisterait qu'en partie. On est quelquefois obligé de se servir des mêmes moyens pour faire concevoir les juments.

» Mais, dira-t-on, les chiennes et les chattes, qui paraissent être encore plus ardentes en amour que la jument et l'ânesse, ne manquent néanmoins jamais de concevoir; le fait que vous avancez sur l'infécondité des femelles trop ardentes en amour n'est donc pas général et souffre de grandes exceptions. Je réponds que l'exemple des chiennes et des chattes, au lieu de faire une exception à la règle, en serait plutôt une confirmation ; car, à quelque excès qu'on veuille supposer les convulsions intérieures des organes

(1) Buffon, t. IV, p. 516.

de la chienne, elles ont tout le temps de se calmer pendant la longue durée du temps qui se passe entre l'acte consommé et la retraite du mâle, qui ne peut se séparer tant que subsiste le gonflement et l'irritation des parties ; il en est de même de la chatte, qui, de toutes les femelles, paraît être la plus ardente, puisqu'elle appelle ses mâles par des cris lamentables d'amour qui annoncent le plus pressant besoin, mais c'est comme pour le chien par une autre raison de conformation dans le mâle que cette femelle si ardente ne manque jamais de concevoir ; son plaisir très vif dans l'accouplement est nécessairement mêlé d'une douleur presque aussi vive. Le gland du chat est hérissé d'épines plus grosses et plus poignantes que celles de sa langue, qui, comme l'on sait, est rude au point d'offenser la peau ; dès lors l'intromission ne peut être que fort douloureuse pour la femelle, qui s'en plaint et l'annonce hautement par des cris encore plus perçants que les premiers ; la douleur est si vive que la chatte fait en ce moment tous ses efforts pour échapper, et le chat pour la retenir est forcé de la saisir sur le cou avec ses dents et de contraindre et soumettre ainsi par la force cette même femelle amenée par l'amour. »

Il essaie ensuite, à l'aide des faits ou des idées précédentes, d'expliquer l'inégalité de fécondité des hybrides qu'il nomme *espèces mixtes* pour bien montrer qu'il les considère comme de véritables espèces. Après avoir dit que cette fécondité est toujours moindre que celle des espèces pures, il ajoute : « On en verra clairement la raison par une simple supposition. Que l'on supprime, par exemple, tous les mâles dans l'espèce du cheval et toutes les femelles dans celle de l'âne, ou bien tous les mâles dans l'espèce de l'âne, et toutes les femelles dans celle du cheval, il ne naîtra plus que des animaux mixtes, que nous avons appelés *mulets* et *bardots,* et ils naîtront en moindre nombre que les chevaux ou les ânes, puisqu'il y a moins de convenances, moins de rapports de nature entre le cheval et l'ânesse ou l'âne et la jument qu'entre l'âne et l'ânesse ou le cheval et la jument. Dans le réel, c'est le nombre des convenances ou des disconvenances qui constitue ou sépare les espèces, et puisque celle de l'âne se trouve de tout temps séparée de celle du cheval, il est clair qu'en mêlant ces deux espèces, soit par les mâles, soit par les femelles, on diminue le nombre des convenances qui constituent l'espèce. Donc les mâles engendreront et les femelles produiront plus difficilement, plus rarement en conséquence de leur mélange ; et même ces espèces mélangées ne produiraient point du tout si leurs disconvenances étaient un peu plus grandes. Les mulets de toute sorte seront donc toujours rares dans l'état de nature, car ce n'est qu'au défaut de sa femelle naturelle qu'un animal de quelque espèce qu'il soit recherchera une autre femelle moins convenable pour lui, et à laquelle il conviendrait moins aussi que son mâle naturel. Et quand même ces deux animaux d'espèces différentes s'approcheraient sans répugnance et se joindraient avec quelque empressement dans les temps du besoin de l'amour, leur produit ne sera ni aussi certain ni aussi fréquent que dans l'espèce pure, où le nombre beaucoup plus grand de ces mêmes convenances fonde les rapports de l'appétit physique et en multiplie toutes les sensations. Or ce produit sera d'autant moins fréquent dans l'espèce mêlée que la fécondité sera moindre dans les deux espèces pures dont on fera le mélange; et le produit ultérieur de ces animaux mixtes provenus des espèces mêlées sera encore beaucoup plus rare que le premier, parce que l'animal mixte, héritier, pour ainsi dire, de la disconvenance de nature qui se trouve entre ses père et mère, et n'étant lui-même d'aucune espèce, n'a parfaite convenance de nature avec aucune. Par exemple, je suis persuadé que le bardot couvrirait en vain sa femelle bardot et qu'il ne résulterait rien de cet accouplement; d'abord par la raison générale que je viens d'exposer, ensuite par la raison particulière du peu de fécondité dans les deux espèces dont cet animal mixte provient, et enfin par la raison encore plus particulière des causes qui empêchent souvent l'ânesse de concevoir avec son mâle, et à plus forte raison avec un mâle d'une autre espèce; je ne crois donc pas que ces petits mulets provenant du cheval et de l'ânesse puissent produire entre eux, ni qu'ils aient jamais formé lignée, parce qu'ils me paraissent réunir toutes les disconvenances qui doivent amener l'infécondité. Mais je ne prononcerai pas aussi affirmativement sur la nullité du produit de la mule et du mulet, parce que des trois causes d'infécondité que nous venons d'exposer la dernière n'a pas ici tout son effet; car la jument concevant plus facilement que l'ânesse, et l'âne étant plus ardent, plus chaud que le cheval, leur puissance respective de fécondité est plus grande et leur produit moins rare que celui de l'ânesse et du cheval; par conséquent le mulet sera moins infécond que le bardot; néanmoins je doute beaucoup que le mulet ait jamais engendré avec la mule, et je présume, d'après les exemples même des mules qui ont mis bas, qu'elles devaient leur imprégnation à l'âne plutôt qu'au mulet. Car on ne doit pas regarder le mulet comme le mâle naturel de la mule, quoique tous deux portent le même nom, ou plutôt n'en diffèrent que du masculin au féminin.

» Pour me faire mieux entendre, établissons pour un moment un ordre de parenté dans les espèces, comme nous en admettons un dans la parenté des familles. Le cheval et la jument seront frère et sœur d'espèce, et parents au premier degré. Il en est de même de l'âne et de l'ânesse; mais si l'on donne l'âne à la jument, ce sera tout au plus comme son cousin d'espèce, et cette parenté sera déjà du second degré; le mulet qui en résultera, participant par moitié de l'espèce du père et de celle de la mère, ne sera qu'au troisième degré de parenté d'espèce avec l'un et l'autre. Dès lors le mulet et la mule, quoique issus des mêmes père et mère, au lieu d'être frères et sœurs d'espèce ne seront parents qu'au quatrième degré, et par conséquent produisent plus difficilement entre eux que l'âne et la jument, qui sont parents d'espèce au second degré. Et, par la même raison, le mulet et la mule produiront moins aisément entre eux qu'avec la jument ou avec l'âne. parce que leur parenté d'espèce n'est qu'au troisième degré, tandis qu'entre eux elle est au quatrième; l'infécondité qui commence à se manifester ici dès le second degré doit être plus marquée au troisième, et si grande au quatrième qu'elle est peut-être absolue. »

Les hybrides des espèces les plus fécondes sont eux-mêmes plus féconds.

En résumé, Buffon admet d'abord que les hybrides des espèces les plus fécondes doivent eux-mêmes être plus féconds que ceux des espèces les moins fécondes; les petites espèces animales étant plus fécondes que les grandes, leurs hybrides doivent donc être plus féconds. Cette opinion paraît être vérifiée par la facilité avec laquelle on obtient des hybrides féconds d'oiseaux et de rongeurs, qui sont très féconds, tandis qu'on n'obtient que difficilement des grands mammifères.

Explication de ce fait.

S'il m'était permis de formuler une explication hypothétique de ce fait, je ferais remarquer que dans les espèces très prolifiques les caractères spécifiques sont beaucoup moins marqués que dans les autres, en raison même du nombre d'individus auxquels une femelle peut donner naissance avec des mâles différents. On sait, en effet, que l'action du mâle sur la femelle n'est pas limitée aux produits qui suivent cette action, mais qu'il s'étend à ceux qu'elle pourra donner avec un autre mâle. Donc, plus une femelle donne de petits et plus sont nombreux les mâles qui la couvrent, plus aussi seront nombreuses les variations de l'espèce, moins, par conséquent, cette espèce sera fixe. Or, nous savons que la fécondation donne de meilleurs produits, j'entends des produits plus prolifiques, quand elle a lieu entre individus appartenant à des familles et même à des races différentes. Si ce raisonnement est juste, on comprend fort bien que, comme le dit Buffon, plus les espèces pures sont prolifiques et plus, en vertu de l'hérédité, leurs hybrides doivent avoir de chances de l'être.

Quoi qu'il en soit, ce qui précède prouve amplement que Buffon croyait à la possibilité de faire des espèces par le croisement de deux espèces plus ou moins voisines, de même qu'il croyait à la production d'espèces nouvelles par transformation d'espèces anciennes, sous l'influence du climat, de la nourriture, etc. Il fait, il est vrai, remarquer que dans la nature la formation d'espèces par croisement doit être rare, parce que les croisements eux-mêmes le sont nécessairement. Ainsi qu'il le dit, « ce n'est qu'au défaut de sa femelle naturelle qu'un animal, de quelque espèce qu'il soit, recherchera une autre femelle moins convenable pour lui, et à laquelle il conviendrait moins aussi que son mâle naturel ».

Causes des variations des animaux sauvages d'après Buffon.

On peut donc déduire de tout ce que nous avons dit déjà relativement aux variations des animaux sauvages, que Buffon attribue à peu près exclusivement ces variations à l'action du climat, de la nourriture et des autres conditions que l'on peut réunir sous le nom de « milieu extérieur ».

Il admet les mêmes causes de variation pour les animaux domestiques, mais il y joint le croisement et la sélection artificielle. C'est surtout à propos de cette dernière que se montre son puissant génie.

Causes des variations des espèces domestiques d'après Buffon.

Dans vingt endroits il insiste sur l'utilité d'employer le croisement des races domestiques, pour produire des variétés possédant tel ou tel caractère profitable à l'homme. « Si l'on voulait, dit-il (1), relever la brebis pour la force et la taille, il faudrait unir le mouflon avec notre brebis flandrine et cesser de propager les races inférieures ; et si, comme chose plus utile, nous voulons dévouer cette espèce à ne nous donner que de la bonne chair et de la belle laine, il faudrait au moins, comme l'ont fait nos voisins, choisir et propager la race des brebis de Barbarie, qui, transportée en Espagne et même en Angleterre, a très bien réussi. La force du corps et la grandeur de la taille sont des attributs masculins ; l'embonpoint et la beauté de la peau sont des qualités féminines : il faudrait donc, dans le procédé des mélanges, observer cette différence, donner à nos béliers des femelles de Barbarie pour avoir de belles laines, et donner le mouflon à nos brebis pour en relever la taille. Il en serait à cet égard de nos chèvres comme de nos brebis ; on pourrait, en les mêlant avec la chèvre d'Angora, changer leur poil et le rendre aussi utile que la plus belle laine. »

Nécessité des croisements pour améliorer les races.

Dans l'histoire du cheval, il insiste sur la nécessité de mélanger les races et les familles afin d'éviter la dégénération : « On peut croire, dit-il (2), que, par une expérience dont on a perdu toute mémoire, les hommes ont autrefois connu le mal qui résultait des alliances du même sang, puisque chez les nations les moins policées il a rarement été permis au frère d'épouser sa sœur : cet usage, qui est pour nous de droit divin, et qu'on ne rapporte chez les autres peuples qu'à des vues politiques, a peut-être été fondé sur l'observation ; la politique ne s'étend pas d'une manière si générale et si absolue, à moins qu'elle ne tienne au physique ; mais si les hommes ont une fois connu par expérience que leur race dégénérait toutes les fois qu'ils ont voulu la conserver sans mélange dans une même famille, ils auront regardé comme une loi de la nature celle de l'alliance avec des familles étrangères, et se seront tous accordés à ne pas souffrir de mélange entre leurs enfants. Et, en effet, l'analogie peut faire présumer que dans la plupart des climats les hommes dégénéreraient, comme les animaux, après un certain nombre de générations. »

Il pense, en effet, que si l'espèce humaine se montre dans les régions civilisées relativement plus semblable à elle-même que les espèces animales, et que si elle supporte mieux les différents climats, cela tient aux fréquents mélanges qui se font entre les races. « Comme il y a eu, dit-il (3), de fré-

(1) Buffon, t. IV, p. 474.
(2) T. VIII, p. 500.
(3) *Ibid.*, p. 500.

quentes migrations de peuples, que les nations se sont mêlées, et que beaucoup d'hommes voyagent et se répandent de tous côtés, il n'est pas étonnant que les races humaines paraissent être moins sujettes au climat, et qu'il se trouve des hommes forts, bien faits et spirituels dans tous les pays. » Il recommande de croiser les chevaux des climats froids avec ceux des climats chauds. « A défaut de chevaux de climats beaucoup plus froids ou plus chauds, il faudra faire venir des étalons anglais ou allemands, ou même des provinces méridionales de la France dans les provinces septentrionales : on gagnera toujours à donner aux juments des chevaux étrangers ; et, au contraire, on perdra beaucoup à laisser multiplier ensemble dans un haras des chevaux de même race, car ils dégénèrent infailliblement et en très peu de temps (1). » Il faudra, de même, avoir soin de « ne jamais semer les graines dans le terrain qui les a produites (2) ». Pour avoir de belles fleurs, de beaux grains, de bons chiens, de beaux chevaux, « il faut donner aux femelles du pays des mâles étrangers, et réciproquement aux mâles du pays des femelles étrangères », il faut semer les graines dans un terrain différent de celui qui les a produites, « sans cela les grains, les fleurs, les animaux dégénèrent, ou plutôt prennent une si forte teinture du climat, que la matière domine sur la forme et semble l'abâtardir ; l'empreinte reste, mais dégénérée par tous les traits qui ne lui sont pas essentiels ; en mêlant au contraire les races, et surtout en les renouvelant toujours par des races étrangères, la forme semble se perfectionner et la nature se relever et donner tout ce qu'elle peut produire de meilleur ».

Buffon et la sélection artificielle.

Ceci nous conduit naturellement à la sélection artificielle. Buffon en donne la formule avec une netteté qui n'a jamais été atteinte par personne. Sans parler des conseils qu'il donne aux éleveurs pour le choix des étalons (3) destinés à la reproduction, il insinue, dans son histoire du chien (4), que quand « par un hasard assez ordinaire à la nature, il se sera trouvé dans quelques individus des singularités ou des variétés apparentes, on aura tâché de les perpétuer en unissant ensemble ces individus singuliers, comme on le fait encore aujourd'hui lorsqu'on veut se procurer de nouvelles races de chiens et d'autres animaux ».

Dans l'histoire du chat, il explique comment on a obtenu par sélection les chats angoras entièrement blancs, ainsi que les lapins blancs, les chèvres blanches, etc. « Le chat sauvage, dit-il (5), a les couleurs dures et le poil un peu rude, comme la plupart des autres animaux sauvages ; devenu domestique, le poil s'est radouci, les couleurs ont varié, et dans le climat favorable

(1) Buffon, t. VIII, p. 499.
(2) *Ibid.*, p. 497.
(3) *Ibid.*, p. 492, 496.
(4) *Ibid.*, p. 589.
(5) *Ibid.*, p. 612.

du Chorazan et de la Syrie le poil est devenu plus long, plus fin, plus fourni, et les couleurs se sont uniformément adoucies; le noir et le roux sont devenus d'un brun clair, le gris brun est devenu gris cendré, et en comparant un chat sauvage de nos forêts avec un chartreux, on verra qu'ils ne diffèrent en effet que par cette dégradation nuancée de couleurs; ensuite, comme ces animaux ont plus ou moins de blanc sous le ventre et aux côtés, on concevra aisément que pour avoir des chats tout blancs et à longs poils, tels que ceux que nous appelons proprement chats d'Angora, il n'a fallu que choisir dans cette race adoucie ceux qui avaient le plus de blanc aux côtés et sous le ventre, et qu'en les unissant ensemble on sera parvenu à leur faire produire des chats entièrement blancs, comme on l'a fait aussi pour avoir des lapins blancs, des chiens blancs, des chèvres blanches, des cerfs blancs, des daims blancs, etc. »

Dans l'histoire du pigeon, il trace avec une précision plus admirable encore les procédés de la sélection en vue de la production de races nouvelles. Le lecteur s'assurera par cette citation de l'erreur que commettent la plupart des gens en s'imaginant que Darwin est le premier qui ait compris l'importance de la sélection au point de vue de la formation des races et des espèces. « Les cinq espèces de pigeons indiquées par nos nomenclateurs, dit Buffon (1), sont : 1° le pigeon domestique; 2° le pigeon romain, sous l'espèce duquel ils comprennent seize variétés; 3° le pigeon biset; 4° le pigeon de roche avec une variété; 5° le pigeon sauvage. Or, ces cinq espèces, à mon avis, n'en font qu'une, et voici la preuve : le pigeon domestique et le pigeon romain avec toutes ses variétés, quoique différents par la grandeur et par les couleurs, sont certainement de la même espèce, puisqu'ils produisent ensemble des individus féconds et qui se reproduisent. On ne doit donc pas regarder les pigeons de volière et les pigeons de colombier, c'est-à-dire les grands et les petits pigeons domestiques, comme deux espèces différentes, et il faut se borner à dire que ce sont deux races dans une seule espèce, dont l'une est plus domestique et plus perfectionnée que l'autre; de même, le pigeon biset, le pigeon de roche et le pigeon sauvage sont trois espèces nominales qu'on doit réduire à une seule, qui est celle du biset, dans laquelle le pigeon de roche et le pigeon sauvage ne sont que des variétés très légères, puisque, de l'aveu même de nos nomenclateurs, ces trois oiseaux sont à peu près de la même grandeur, que tous trois sont de passage, se perchent, ont en tout les mêmes habitudes naturelles et ne diffèrent entre eux que par quelques teintes de couleurs.

» Voilà donc nos cinq espèces nominales déjà réduites à deux, savoir, le biset et le pigeon, entre lesquelles deux il n'y a de différence réelle, sinon que le premier est sauvage et le second est domestique : je regarde le biset comme la souche première, de laquelle tous les autres pigeons tirent leur

(1) Buffon, t. V, p. 505.

origine, et duquel ils diffèrent plus ou moins, selon qu'ils ont été plus ou moins maniés par les hommes. »

Il indique alors comment il suppose qu'on a produit les races de pigeons domestiques : « Supposant une fois nos colombiers établis et peuplés, ce qui était le premier point et le plus difficile à remplir pour obtenir quelque empire sur une espèce aussi fugitive, aussi volage, on se sera bientôt aperçu que, dans le grand nombre de jeunes pigeons que ces établissements nous produisent à chaque saison, il s'en trouve quelques-uns qui varient pour la grandeur, la forme et les couleurs. On aura donc choisi les plus gros, les plus singuliers, les plus beaux; on les aura séparés de la troupe commune pour les élever à part avec des soins plus assidus et dans une captivité plus étroite; les descendants de ces esclaves choisis auront encore présenté de nouvelles variétés, qu'on aura distinguées, séparées des autres, unissant constamment et mettant ensemble ceux qui ont paru les plus beaux ou les plus utiles. Le produit en grand nombre est la première source des variétés dans les espèces; mais le maintien de ces variétés et même leur multiplication dépend de la main de l'homme; il faut recueillir de celle de la nature les individus qui se ressemblent le plus, les séparer des autres, les unir ensemble, prendre les mêmes soins pour les variétés qui se trouvent dans les nombreux produits de leurs descendants, et par ces attentions suivies on peut, avec le temps, créer à nos yeux, c'est-à-dire amener à la lumière une infinité d'êtres nouveaux que la nature seule n'aurait jamais produits : les semences de toute matière vivante lui appartiennent, elle en compose tous les germes des êtres organisés; mais la combinaison, la succession, l'assortiment, la réunion ou la séparation de chacun de ces êtres, dépendent souvent de la volonté de l'homme : dès lors il est le maître de forcer la nature par ses combinaisons et de la fixer par son industrie; de deux individus singuliers qu'elle aura produits comme par hasard, il en fera une race constante et perpétuelle, et de laquelle il tirera plusieurs autres races qui, sans ses soins, n'auraient jamais vu le jour. »

La sélection nécessite la ségrégation.

Il est important de remarquer que Buffon distingue dans la sélection artificielle deux opérations : le choix des individus destinés à servir de souche à la variété qu'on veut créer, et leur isolement de tous les autres. La première opération, qui constitue la sélection proprement dite, serait inutile, si l'on n'avait pas, en même temps, recours à la seconde, à laquelle je donnerai ici le nom de *ségrégation* (de *segregare*, séparer). Si, en effet, on laissait les individus choisis, sélectés, en rapport avec les autres, il ne tarderait pas à y avoir des croisements entre les produits du couple sélecté et ceux des autres couples et l'on n'aboutirait à aucun résultat. Nous verrons que si Darwin a conclu trop facilement de la sélection artificielle à la sélection naturelle, c'est parce qu'il n'a pas tenu compte de la nécessité de la ségrégation.

Avant d'aller plus loin, il me paraît utile de résumer en quelques lignes les idées de Buffon sur l'espèce et sur l'origine des espèces. En dépit de quelques passages, écrits sans nul doute en vue d'assurer sa tranquillité, et où il affirme la création et la fixité des espèces, toute son œuvre concourt à montrer que son opinion véritable est qu'il n'y a pas d'espèces, qu'il n'existe, selon son heureuse expression, que des individus, que les prétendues espèces, genres et familles des naturalistes ne sont que des groupes artificiels, destinés à faciliter la mise en ordre de nos connaissances, que des espèces nouvelles peuvent être produites soit par hybridation, soit par la sélection avec ségrégation, soit par la transformation des anciennes sous l'influence du climat, de la nourriture, et des autres conditions extérieures.

Résumé des idées de Buffon sur l'espèce et ses transformations.

Buffon doit donc être considéré comme le véritable fondateur de la doctrine du transformisme et de l'évolution. On doit aussi le considérer comme le précurseur de Darwin, car le premier il a nettement formulé les principes et la mise en œuvre de la sélection.

Buffon est le fondateur du transformisme.

Pour terminer l'exposé des idées de Buffon relativement aux rapports généraux des êtres vivants entre eux, il me resterait à montrer qu'il avait entrevu les phénomènes auxquels Darwin a donné les noms de « lutte pour l'existence » et de « sélection naturelle », mais je trouve préférable, afin d'éviter les répétitions, de remettre pour traiter ce sujet au moment où j'aurai à analyser les théories de Darwin.

La publication, en 1749, des trois premiers volumes de l'*Histoire naturelle* dans lesquels se trouvaient exposées avec plus ou moins de détail la plupart des idées que nous venons de résumer, ne pouvait manquer de produire un effet considérable dans le monde savant. Elle fut l'occasion d'une division des naturalistes en deux camps opposés, dont les luttes ont duré, violentes, pendant toute la fin du siècle dernier et la première moitié de celui-ci.

Son influence sur les naturalistes du XVIIIe siècle.

En France, Adanson et Lamarck; en Suisse, Ch. Bonnet; en Allemagne, Oken et Gœthe furent successivement, au XVIIIe siècle, les défenseurs des idées de Buffon, tandis que toute l'école de Linné, de Jussieu, de Réaumur, forte surtout dans notre pays, resta fidèle au dogme de l'immutabilité des espèces. Je me sers avec intention du mot « dogme » parce que les préoccupations religieuses ne furent pas étrangères à la querelle, les partisans de l'immutabilité ayant pour eux l'Église, ceux de la mutabilité et de la transformation des espèces ayant, comme Buffon, à redouter son influence encore toute-puissante.

Les partisans de l'immutabilité et de la création indépendante des espèces, s'en tenant à la définition de l'espèce donnée par Linné, considéraient comme étant de la même espèce « tous les individus capables de donner des produits indéfiniment féconds » tandis qu'ils considéraient comme appartenant à des espèces différentes tous les individus qui ne se reproduisent pas entre eux ou qui donnent des produits à fécondité limitée, et ils ajoutaient : « L'espèce

Les partisans de l'immutabilité des espèces.

est immuable; toute espèce a toujours été ce qu'elle est aujourd'hui. » La conséquence naturelle de cette immutabilité était que chaque espèce a été l'objet d'une création indépendante.

De Jussieu.

En 1789, quarante ans après la publication du discours sur *la Manière d'étudier l'Histoire naturelle*, Antoine-Laurent de Jussieu (1) écrit : « Toutes les plantes qui se ressemblent par toutes leurs parties, ou par un caractère universel, qui sont nées de plantes semblables et qui en engendrent de semblables à elles, sont autant d'individus formant ensemble l'espèce proprement dite, qui, autrefois mal délimitée, est aujourd'hui mieux définie : une succession constante (*perennis*) d'individus semblables renaissant par une génération continue. »

Si ardents et entêtés que fussent les partisans de l'immutabilité des espèces, ils ne pouvaient cependant pas nier que l'on trouve dans un grand nombre d'espèces des individus se distinguant d'entre les autres par certains caractères spéciaux, qu'ils sont susceptibles de transmettre à leur descendance, et ils furent obligés d'admettre l'existence, dans certaines espèces, de variétés et de races. Jussieu ne nie pas ces variétés, produites soit par l'homme, soit par des circonstances fortuites, mais il ajoute que quand on les abandonne à elles-mêmes, elles reviennent à la forme primitive. Cet argument figure depuis un siècle dans les ouvrages de tous les partisans de l'immutabilité; il est, cependant, si dépourvu de valeur, qu'il est permis de trouver étrange qu'on y ait attaché une si grande importance. Si nous admettons avec Buffon que les variations productrices de races ou d'espèces sont déterminées par l'action du milieu, il est bien évident qu'il suffira d'enlever une race ou une espèce au milieu qui a créé ses caractères, pour que ceux-ci disparaissent.

C'est ce que Buffon indique lorsqu'il émet l'idée qu'on pourrait ramener

(1) *Genera plantarum secundum ordines naturales disposita*, 1789, p. XIX. — Voici le passage dont j'ai traduit une phrase : « Cogniti caracteres determinandis impenduntur plantis, et eas similes indicant aut dissimiles pro suâ in omnibus majori aut minori consensione. Plantæ cunctis partibus seu caractere universali convenientes, ex consimili natæ et similem parituræ, totidem sunt individua simul constituentia *speciem* propriè dictam quæ olim malè designata, nunc rectiùs definitur perennis individuorum similium successio continuatâ generatione renascentium. Hæc entium consociatio et series generatim immutabilis ac perpetua, fortituitò interdùm aut humanâ industriâ subventitur aliquantisper, dùm scilicet ratione loci aut temperici aut morbi aut culturæ variant individua quædam à primigenio discedentia floribus multiplicatis aut plenis aut mutilatis aut proliferis, foliis variè luxuriantibus aut deformatis, colore immutato, irrepente rubigine aut ustilagine, organis uberiori succorum affluxu ampliatis. Sed eæ varietates in novâ seminum germinatione sibi commissæ, ad primordialem restituto caractere redeunt speciem, cæteris non obstantibus causis et servatâ lege naturali. Nativa autem species, accuratâ difinitione certò circumscripta, verum stat fundamentum scientiæ botanicæ quæ in id penitùs incumbit, ut omnes planè dignoscat species, universalem earum caracterem apprimè calleat, eas invicem conferat affines connectens et discrepantes segregans, et ex speciali cognitione ac collatione generali integram omnium naturæ atque cohærentiæ notitiam consequatur. »

ne espèce à sa forme ancestrale en la plaçant dans le milieu où ont vécu es ancêtres.

Il dit, dans son histoire du chien (1) : « La nature ne manque jamais de eprendre ses droits, dès qu'on la laisse agir en liberté : le froment jeté sur ne terre inculte dégénère à la première année; si l'on recueillait ce grain égénéré pour le jeter de même, le produit de cette seconde génération serait ncore plus altéré; et au bout d'un certain nombre d'années et de reproduc-ons, l'homme verrait reparaître la plante originaire du froment, et saurait ombien il faut de temps à la nature pour détruire le produit d'un art qui la ontraint et pour la réhabiliter. » Dans son histoire de la dégénération, il émet ussi l'idée que si l'on pouvait placer les races humaines dans leur patrie riginaire, on les ramènerait à la forme humaine primitive. Ce sont là, sans oute, des exagérations de langage, des amplifications de rhétorique, mais ui indiquent l'importance énorme attachée par Buffon à l'influence du milieu.

Duchesne.

Revenant à mon sujet; je répète que les naturalistes les plus résolus à défendre e dogme de l'immutabilité des espèces, ne pouvaient se défendre d'admettre ne certaine somme de variations produites par l'influence du milieu. Parmi eux qui, au XVIIIe siècle, ont fait le plus de concessions dans cette voie, je iterai un botaniste français dont on a quelque peu parlé dans ces derniers emps et que l'on a voulu considérer comme un précurseur de Darwin. Il 'agit de Duchesne. Dans une très remarquable monographie des fraisiers, uchesne étudie les variétés produites dans cette espèce, par les conditions limatériques et par la culture, et il cherche à déterminer la filiation des iverses variétés, en montrant qu'elles résultent toutes de la transforma-ion d'une seule forme primitive, sauvage. Mais il maintient énergiquement e principe de l'immutabilité de l'espèce, qu'il tenait de son maître Jussieu, t il a bien soin de répéter que s'il peut se produire des variétés dans l'espèce, 'espèce elle-même ne varie jamais. Après avoir décrit une variété de fraisier une seule foliole, obtenue à Versailles et qui s'était maintenue pendant eux générations, il écrit (2) : « La formation de cette nouvelle race de raisier doit rendre plus que probable l'hypothèse que toutes viennent origi-airement d'une seule; et j'ai dit les raisons qui me portent à croire que 'est celle du fraisier des mois. Il y aurait à ce sujet bien des réflexions à jouter, sur la distinction qu'on doit faire des caractères fixes et essentiels es espèces, d'avec les différences légères des races; sur la constance des nes, et la mutabilité des autres, mais comme cela convient en général à outes les plantes, et non pas aux fraisiers en particulier, j'ai cru devoir es réserver pour une *Remarque particulière.* »

Variabilité dans les limites de l'espèce, constance possible de certaines aces, mais invariabilité de l'espèce, telle est l'opinion qu'affirme bien net-

(1) BUFFON, t. VIII, p. 590.

(2) DUCHESNE fils, *Histoire naturelle des fraisiers*, 1766, p. 124.

tement Duchesne. Je suis donc fort étonné qu'on ait voulu le faire figurer parmi les précurseurs de Darwin. Mais à cause de cela et aussi parce que son livre est très difficile à trouver, je crois utile de parler encore de lui et de multiplier les preuves de sa croyance à l'immutabilité des espèces.

Après avoir dit qu'on a appliqué de façons très diverses les mots « genre » et « espèce » il ajoute (1) : « Delà, parmi les naturalistes, les uns ont dit que, dans les plantes, il n'y avait que les genres de fixés par la nature, et que les espèces se formaient, se détruisaient et se renouvelaient, suivant certaines causes accidentelles; les autres ont voulu que les espèces fussent stables; donnant le nom de variétés aux plantes dont la culture pouvait changer les différences : mais ces derniers, en ne resserrant pas assez leur principe, ont été obligés de regarder comme espèces toutes les races constantes, ce qui a multiplié les espèces au point où elles le sont, dans les ouvrages de nomenclature. Enfin, il semble que ce soit cette confusion qui ait porté d'autres botanistes à dire que ni les espèces ni les genres n'étaient stables dans les plantes; les mulets ou hybrides y étant fertiles et formant tous les jours de nouvelles espèces, qui quelquefois même, par la singularité de leurs caractères, ne pouvaient se ranger sous aucun genre; et que les anciennes espèces périssaient quelquefois totalement par d'autres causes : *hypothèse peu probable*, et dont personne n'a encore donné de preuves, ainsi que j'espère le faire voir dans la *Remarque particulière* où je traite des fécondations étrangères. »

Dans les pages suivantes, il est encore plus précis : « Lorsque, dit-il (2), guéri des préjugés des anciens on a su, sans en pouvoir douter, que les corps organisés doivent leur existence aux œufs et aux graines ; après qu'Harvey a eu prouvé cette grande vérité; quand les observateurs qui l'ont suivi, ont eu découvert qu'aucun œuf et qu'aucune graine ne germait et ne produisait d'êtres vivants, sans avoir été fécondés; les naturalistes ont établi la loi de l'immutabilité des espèces, en définissant l'espèce *une succession constante d'individus, qui périssent, mais se renouvellent en même temps par la génération, au moyen du concours des deux sexes*. En effet, l'expérience nous fait voir tous les jours, que les animaux d'espèces différentes refusent ordinairement de s'accoupler et que ceux qui s'accouplent, comme l'âne avec la jument, le cheval avec l'ânesse, le faisan avec la poule, et le serin ou la serine avec les chardonnerets mâles et femelles, ne font que des mulets, des bardots et autres bâtards qu'on nomme des hybrides, qui ressemblent en partie à l'espèce maternelle, et en partie à l'espèce paternelle, mais auxquels la nature refuse la faculté de se reproduire, s'opposant par ce moyen à la formation de nouvelles espèces.

» On cite, il est vrai, des observations de M. Sprengel, par lesquelles il

(1) *Remarques*, p. 19.
(2) *Ibid.*, p. 43 et suiv.

s'est assuré du contraire, quant aux hybrides de chardonnerets et de serins, qu'il a vu se multiplier entre eux, et avec les races paternelles et maternelles; mais M. von Linné ajoute que les enfants de ces bâtards sont stériles, et qu'on n'en a jamais vu produire à la troisième génération; d'où il conclut qu'on ne peut se dispenser d'admirer les décrets de Dieu, en ce que ces animaux hybrides, quoique pourvus des parties de la génération, ont tant de peine à se reproduire.

» M. Adanson ne juge pas de même de ce fait; il le rapproche au contraire de celui qu'Aristote raconte, que de son temps, il y avait en Syrie des mulets provenus du cheval avec l'ânesse, qui engendraient tous leurs semblables; il se sert de ces deux exemples pour prouver qu'il se forme de nouvelles espèces, même dans les animaux les plus composés, qu'on nomme parfaits..... Je ne crois pas que beaucoup de naturalistes soient de son avis sur cette mutabilité des espèces, dans les animaux : mais dans les végétaux, la loi de la constance est presque généralement abrogée. On veut, depuis une vingtaine d'annés, y substituer le système de la fécondité des hybrides, et établir pour axiome : que les graines d'un individu, étant fécondées par les poussières d'étamines d'une plante d'espèce toute différente, produisent des individus, qui tiennent des deux, et qui, se multipliant par leurs graines, forment une nouvelle espèce. *Mais je vais tâcher de faire voir que ce système n'est qu'une suite abusive de la découverte du sexe des plantes.* »

Après avoir analysé et justement critiqué les faits auxquels il vient de faire allusion, il ajoute : « Ainsi après avoir condamné en plusieurs points l'observation de Marchand, je ne crois pas pouvoir mieux faire que de dire, comme lui, que les *espèces paraissent fixes et immuables,* mais que les accidents qui font varier certains individus procurent à d'autres des changements assez considérables pour qu'ils se perpétuent dans leur postérité, qui forme ainsi une race et d'ajouter avec M. de Buffon que les métis nés de l'accouplement de deux individus de races différentes, mais de même espèce, deviennent bien des chefs de nouvelles races; mais que les hybrides produits par des individus d'espèces différentes sont privés de la faculté de se reproduire. »

On voit, par la fin de cette citation, que non seulement Duchesne est l'adversaire résolu de la mutabilité des espèces, mais qu'encore il a la prétention de chercher en Buffon un appui, n'hésitant pas pour cela à interpréter d'une façon entièrement erronée la manière de voir de l'illustre naturaliste. Il écrit encore, dans l'Avertissement de son livre (1) : « Enfin la quatrième remarque a pour objet d'examiner si les métis et les hybrides, suivent, dans les plantes, les mêmes règles que dans les animaux : la fécondation étrangère, dont j'ai été témoin dans les fraisiers, me porte à discuter ce point si intéressant dans l'histoire naturelle. Je commence par raconter ce que j'ai

(1) Avertissement, p. xij.

observé : je demande ensuite ce qui doit être; et parcourant, dans cette vue, les systèmes de plusieurs naturalistes modernes, je tâche de faire voir, contre leur sentiment, qu'il n'y a point eu jusqu'à présent, dans les plantes, d'exemples d'hybrides féconds, mais seulement de métis; et que *l'analogie porte à croire les espèce immuables, dans l'un et dans l'autre règne* ».

Duchesne était cependant doué d'une grande sagacité d'esprit, et il est permis de croire que s'il n'eût pas été dominé par l'influence alors toute-puissante de Jussieu, il se fût volontiers rallié aux idées de Buffon. A propos de la filiation des variétés de fraisiers, il écrit (1) : « J'ai déjà dit, à l'occasion du fraisier ananas, qu'il était très difficile de ranger en ligne droite les diverses races d'une même espèce, de manière qu'on pût passer de l'une à l'autre par gradations de nuance. Cela est peut-être aussi impossible que de ranger en ligne droite les espèces, les genres et les familles ; par la raison que chaque race, comme chaque espèce, chaque genre ou chaque famille, a des rapports de ressemblance avec plusieurs autres. L'ordre généalogique est donc le seul que la nature indique, le seul qui satisfasse pleinement l'esprit ; tout autre est arbitraire et vide d'idées. J'ai eu soin, à chaque race de fraisiers, d'indiquer ce qui m'a paru vraisemblable à cet égard ; mais je n'ose me flatter d'avoir toujours montré juste. » Il figure dans un tableau les rapports généalogiques qu'il admet entre les différentes variétés de fraisiers. En cela, il ne fait qu'appliquer la doctrine de Buffon sur les rapports des organismes vivants. Nous avons vu, en effet, plus haut, que Buffon revient à chaque instant sur les rapports généalogiques des variétés et des espèces. Il fait dériver toutes nos races de chiens d'une seule; toutes les espèces de pigeons de deux espèces primitives, toutes les races d'hommes d'une seule race, et montre que toutes les espèces animales sont reliées au point de ne former qu'une seule grande famille. Buffon ayant écrit tout cela vingt ans avant l'apparition du livre de Duchesne, il me paraît impossible de considérer l'élève de Jussieu comme un précurseur des idées modernes; il proteste, au contraire, chaque fois qu'il en trouve l'occasion, contre les doctrines alors nouvelles, de Buffon et d'Adanson, et se montre le fidèle disciple de Linné et de Jussieu.

Depuis Linné, fondateur de l'espèce immuable, jusqu'à Cuvier et ses élèves, qui furent les derniers défenseurs de l'immutabilité, le grand argument en faveur de la permanence, de l'immutabilité, de la création indépendante des espèces est celui que nous venons de voir donner par Duchesne, « les espèces ne donnent pas de produits féconds. » Ce à quoi Buffon et tous les partisans de la mutabilité répondaient en montrant les produits indéfiniment féconds de certaines espèces. Cependant les héritiers de la doctrine de Buffon y ajoutaient les exemples nombreux de variations produites à chaque instant sous nos yeux, soit par l'accouplement d'individus dissemblables, soit par

(1) Duchesne fils, *Histoire naturelle des fraisiers*, p. 219.

les conditions de climat, de nourriture, etc., et ils montraient l'impossibilité de délimiter exactement la plupart des espèces animales et végétales.

Adanson transformiste.

Le premier naturaliste qui adopta sans restriction les idées de Buffon, le premier après Buffon dont nous pouvons inscrire le nom sur le livre d'or des fondateurs de la doctrine du transformisme et de l'évolution, est un botaniste français, Adanson. Dans un livre fort remarquable, beaucoup attaqué par l'école de Jussieu, paru en 1763, sous le titre de *Familles des plantes*, Adanson montre la vanité de toutes les classifications adoptées par Linné et Jussieu, il rejette, — et ce fut la cause véritable des haines qu'il souleva, — les classifications soi-disant naturelles de Jussieu, suit le conseil donné par Buffon (1) de tenir compte de tous les caractères pour établir nos classifications, combat énergiquement l'idée de l'immutabilité des espèces et se range à l'opinion de Buffon, en admettant qu'elles varient sous l'influence du croisement et du milieu. « Suivant M. Linnœus (*Phil. bot.*, p. 99), dit-il (2), les espèces de plantes sont naturelles et constantes, parce que leur propagation, soit par graines, soit par bourgeons, n'est qu'une continuation de la même espèce de plante; car qu'une graine ou un bourgeon soient mis en terre, ils produisent chacun une plante semblable à la mère, dont ils ne sont qu'une continuation. De là on a conclu que les individus meurent, mais que l'espèce ne meurt pas.

» Mais nous croyons devoir faire ici une distinction entre la reproduction qui se fait par graines, et celle qui se fait par bourgeons, ou, ce qui revient au même, par caïeux, par bouture ou par greffe. La reproduction par bourgeons ne produit point de variétés, elle ne fait que continuer l'individu dont ils ont été tirés, et par là elle semble s'opposer à la production de nouvelles espèces dans les plantes; au lieu que les graines sont la source d'un nombre prodigieux de variétés, souvent si changées, qu'elles peuvent passer pour de nouvelles espèces, surtout lorsqu'elles se multiplient par la même voie des graines, comme on en a plusieurs exemples . . . .

. . . .

» Ces exemples de changements causés par des fécondations étrangères se multiplieront sans doute, à mesure qu'on sera plus attentif à les observer, ou qu'on voudra se les procurer, en fécondant une plante femelle par une mâle d'espèce différente, par exemple, le chanvre par le houblon, l'ortie par le mûrier, le saule par le peuplier, le ricin par le tithymale, pour savoir ce qui proviendrait de ces mélanges. L'observation et l'expérience peuvent seules nous instruire là-dessus.

» Mais il se fait, sans le secours de la fécondation étrangère, dans les plantes qui se reproduisent de graines, des changements semblables, procurés, soit par la fécondation réciproque de deux individus différents en quelque chose,

(1) Voyez plus haut.
(2) *Famille des plantes*, 1763, Préface, p. CIX-CXIV.

quoique de même espèce, soit par la culture, le terrain, le climat, la sécheresse, l'humidité, l'ombre, le soleil, etc. Ces changements sont plus ou moins prompts, plus ou moins durables, disparaissant à chaque génération, ou se perpétuant pendant plusieurs générations, selon le nombre, la force, la durée des causes qui se réunissent pour les former, et selon la nature, la disposition et les mœurs, pour ainsi dire, de chaque plante; car il est de remarque que telle famille de plantes ne varie que par les racines, telle autre par les feuilles, d'autres par la grandeur, le velouté, la couleur, pendant que d'autres changeront plus facilement par leurs fleurs et leurs fruits. Enfin ces changements ne se font qu'entre les individus de même espèce, ou entre deux espèces très voisines, telles que le chou et le navet. Il n'est personne qui ignore qu'en coupant toutes les étamines d'une tulipe rouge avant l'émission de leur poussière, et qu'en poudrant le stigmate de cette même plante avec les étamines d'une autre tulipe blanche, les graines de cette tulipe rouge produisent des tulipes, dont les unes sont rouges, les autres blanches, d'autres blanches et rouges, de même que deux animaux de même espèce transmettent leurs couleurs différentes aux animaux qu'ils engendrent. Morison a prouvé, par nombre d'exemples, que toutes les variétés de chou, étant semées, dégénèrent les unes dans les autres, et passent successivement dans divers états. Rai en cite beaucoup d'autres que nous supprimons pour abréger. On sait jusqu'où peuvent aller les changements, par la culture, dans les plantes potagères et les froments; telles plantes transportées dans les jardins ou d'un climat à l'autre, sont si différentes des sylvestres, que le botaniste le plus exercé a peine à les reconnaître; c'est ainsi que le tabac et le ricin qui forment des arbrisseaux vivaces en Afrique, ne sont qu'herbacés et annuels en Europe; il en est de même de beaucoup d'autres.

» Il paraît donc suffisamment prouvé, par les faits cités ci-dessus, que l'art, la culture et encore plus le hasard, c'est-à-dire certaines circonstances inconnues, font naître non seulement tous les jours des variétés dans les fleurs curieuses, telles que les tulipes, les anémones, les renoncules, etc., qui ne méritent pas de changer les espèces, mais même quelquefois des espèces nouvelles; au moins y en a-t-il trois ou quatre de telles qui ont été découvertes depuis cinquante ans, et qui certainement n'auraient pas échappé aux recherches de tous les botanistes, sans compter nombre d'autres plantes qui passent pour des variétés nouvelles, et qui se perpétuent peut-être et forment autant d'espèces. Pourquoi la nature serait-elle incapable de nouveautés qui allassent jusque-là? Il paraît qu'elle est moins constante et plus diverse dans les plantes que dans les animaux; et qui connaît les bornes de cette diversité? Il y a des quadrupèdes et des oiseaux où l'accouplement de deux espèces différentes ne produit rien, il y en a d'autres où il forme une espèce bâtarde, qui ne peut se reproduire et périt dès la première génération; les végétaux franchissent le pas, et forment, au lieu de mulets, des espèces vraies et franches, qui se reproduisent suivant les lois ordinaires à leur génération, jusqu'à ce que de nouvelles causes les fassent, ou rentrer dans leur premier état, ou passer dans un troisième état, différent des deux premiers, ce qui paraît plus vraisemblable. »

Lamarck et le transformisme

Quelques années plus tard, en 1778, un homme que l'on peut considérer comme l'élève de Buffon, car Buffon lui confia pendant quelque temps l'éducation de son fils, et le fit entrer comme conservateur au Jardin du Roi, le botaniste Lamarck, dans le Discours préliminaire de la *Flore française*, imprimée, grâce à l'intervention de Buffon, par l'imprimerie royale, Lamarck, dis-je, se prononçait aussi nettement que possible en faveur de la doctrine de la mutabilité et de la transformation des espèces.

« Il y a, dit Lamarck (1), des plantes qui diffèrent entièrement dans toutes leurs parties; il y en a d'autres qui diffèrent seulement dans beaucoup de leurs parties; d'autres ensuite ne diffèrent que dans quelques-unes de leurs parties; et enfin il y en a qui ne diffèrent absolument dans aucune de leurs parties.

» Voilà qui est bien certain et bien connu; mais en rapprochant les plantes en raison de leurs ressemblances et en les éloignant à mesure qu'elles diffèrent, peut-on former des groupes particuliers séparés par des limites bien marquées et bien circonscrites? Peut-on après cela diviser, et même sous-diviser, ces groupes considérables, et en former d'autres moins composés, mais toujours déterminés par des caractères saillants, sans rompre aucun rapport essentiel? En un mot, existe-t-il bien réellement des familles que l'on puisse isoler les unes des autres? Existe-t-il des genres dont les limites ne soient jamais confondues? Enfin, peut-on distinguer, sans équivoque, les espèces des variétés, et celles-ci des individus?

» Ce sont là sans doute les problèmes les plus intéressants de la botanique; mais il y a beaucoup d'apparence qu'on ne pourra de longtemps en trouver la solution affirmative.

» On a cependant agi comme si ces questions n'existaient point, ou n'étaient point proposables; on a regardé comme certain, ce qui pouvait à peine être supposé; et en conséquence on a essayé de former des familles du premier ordre, auxquelles on a donné le nom de genres; on s'est ensuite retourné de mille manières pour faire avec les genres des familles de second ordre, que l'on a nommées familles naturelles; on a même été jusqu'au point de vouloir réunir plusieurs de ces prétendues familles, pour former des classes, c'est-à-dire des divisions générales que l'on regardait aussi comme naturelles; mais la nature qui ne se plie nulle part à ces règles que l'on prétend établir sur la marche de ses productions, forme tantôt des interruptions subites ou des retours frappants dans ses rapports, tantôt des nuances imperceptibles qui

(1) Lamarck, *Flore française. Discours préliminaire*, Paris. 1778, p. xvi.

refusent toute espèce de division : la nature en un mot rejette les classes et les familles, et contrarie presque partout les genres même les moins composés.

» Je sais combien ces principes s'éloignent des idées reçues, et même combien de noms illustres on pourrait m'opposer. Mais si les autorités doivent être appréciées plutôt que comptées, quel avantage n'est-ce pas pour moi de pouvoir citer en ma faveur un témoignage d'un aussi grand poids que celui de Buffon. »

Bonnet et le transformisme.

L'année suivante, un naturaliste de grand talent, dont j'ai déjà parlé, le savant Ch. Bonnet, admettait l'enchaînement des êtres vivants découvert par Buffon trente ans auparavant. « Enfin, dit-il, dans la préface d'une édition de ses œuvres complètes publiée en 1779 (1), un cinquième usage de la nouvelle découverte (celle de l'organisation et de la reproduction des polypes faite par Trembley et celle de la reproduction des insectes) est de nous montrer qu'il y a une gradation entre toutes les parties de cet univers ; vérité sublime et bien digne de devenir l'objet de nos méditations ! En effet, si nous parcourons les principales productions de la nature, nous croirons aisément remarquer qu'entre celles de différentes classes, et même entre celles de différents genres, il en est qui semblent tenir le milieu, et former ainsi comme autant de points de passage ou de liaisons. C'est ce qui se voit surtout dans les polypes. Les admirables propriétés qui leur sont communes avec les plantes, je veux dire la multiplication de bouture et celle par rejetons, indiquent suffisamment qu'ils sont le lien qui unit le règne végétal à l'animal. Cette réflexion m'a fait naître la pensée, peut-être téméraire, de dresser une échelle des êtres naturels, qu'on trouvera à la fin de cette préface. Je ne la produis que comme un essai, mais propre à nous faire concevoir les plus grandes idées du système du monde et de la Sagesse infinie qui en a formé et combiné les différentes pièces. Rendons-nous attentifs à ce beau spectacle. Voyons cette multitude innombrable de corps organisés, et non organisés, se placer les uns au-dessus des autres, suivant le degré de perfection ou d'excellence qui est en chacun. Si la suite ne nous en paraît pas partout également continue, c'est que nos connaissances sont encore très bornées : plus elles augmenteront, et plus nous découvrirons d'échelons ou de degrés. Elles auront atteint leur plus grande perfection lorsqu'il n'en restera plus à découvrir. Mais pouvons-nous l'espérer ici-bas ? Il n'y a apparemment que des intelligences célestes qui puissent jouir de cet avantage. Quelle ravissante perspective pour les esprits bienheureux que celle que leur offre l'échelle des êtres propres à chaque monde ! Et si, comme je le pense, toutes ces échelles, dont le nombre est presque infini, n'en forment qu'une seule qui réunit tous les ordres possibles de perfection, il faut convenir qu'on ne saurait rien concevoir de plus grand ni de plus relevé.

(1) Ch. Bonnet, *Œuvres complètes*, éd. 1779, t. Ier, p. xxx.

» Il y a donc une liaison entre toutes les parties de cet univers. Le système général est formé de l'assemblage des systèmes particuliers, qui sont comme les différentes roues de la machine. Un insecte, une plante est un système particulier, une petite roue qui en fait mouvoir de plus grandes. »

Ch. Bonnet faisait suivre ces considérations d'un tableau dans lequel il tente de dresser une échelle des corps inorganiques et des êtres vivants.

Gœthe et le transformisme.

En Allemagne, Gœthe se prononçait, vers la même époque, pour la théorie de la variabilité et de l'évolution des organismes. En 1796, près de cinquante ans après Buffon, — je prie le lecteur de ne pas oublier les dates, — il écrivait : « Nous en sommes arrivés à pouvoir affirmer sans crainte que toutes les formes les plus parfaites de la nature organique, par exemple, les poissons, les amphibies, les oiseaux, les mammifères, et, au premier rang de ces derniers, l'homme, ont tous été modelés sur un type primitif dont les parties les plus fixes en apparence ne varient que dans d'étroites limites et que, tous les jours encore, ces formes se développent et se métamorphosent en se reproduisant. » Déjà, en 1790, Gœthe avait, dans ses *Métamorphoses des plantes*, fourni un excellent argument à la doctrine du transformisme en montrant que dans les végétaux supérieurs les organes de la fleur ne sont que des feuilles modifiées, de même que plus tard il devait indiquer un lien étroit entre les mammifères et l'homme en montrant que chez tous ces êtres, la mâchoire supérieure est formée des mêmes os.

L'œuvre de Lamarck.

Cependant, l'homme qui, à la fin du siècle dernier, fit le plus pour le triomphe de la doctrine de l'évolution est, sans contredit, Lamarck. Il me plaît de laisser établir le fait par un étranger. Voici ce que dit à cet égard le savant naturaliste allemand Ernst Hæckel (1) : « Pour la première fois, en 1801, le grand Lamarck énonça la théorie généalogique, que plus tard, en 1809, il exposa avec plus de développement dans sa classique *Philosophie zoologique* (2). » Un peu plus loin, il dit encore (3) : « A lui revient l'impérissable gloire d'avoir, le premier, élevé la théorie de la descendance au rang d'une théorie scientifique indépendante, et d'avoir fait de la philosophie de la nature la base solide de la biologie tout entière. » Parlant de la *Philosophie zoologique* de Lamarck, il ajoute (4) : « Cette œuvre admirable est la première expression raisonnée, et strictement poussée jusqu'à ses dernières conséquences, de la doctrine généalogique. En considérant la nature organique à un point de vue purement mécanique, en établissant d'une manière rigoureusement philosophique la nécessité de ce point de vue, le travail de Lamarck domine de haut les idées dualistiques en vigueur de son temps, et,

(1) *Histoire de la création naturelle*, traduction française de Letourneau, p. 69.

(2) On a vu, par la citation faite plus haut, que le premier essai de Lamarck sur ce sujet date de sa *Flore française*, en 1778.

(3) *Histoire de la création naturelle*, p. 99.

(4) *Ibid.*, p. 99.

jusqu'au traité de Darwin, qui parut juste un demi-siècle après, nous ne trouvons pas un autre livre qui puisse, sous ce rapport, se placer à côté de la *Philosophie zoologique.* » Hæckel fait remarquer ensuite l'indifférence qui accueillit l'admirable livre de Lamarck. « On voit encore mieux, dit-il, combien cette œuvre devançait son époque, quand on songe qu'elle ne fut pas comprise et resta pendant cinquante ans ensevelie dans un profond oubli. Le plus grand adversaire de Lamarck, Cuvier, dans son rapport sur les progrès des sciences naturelles, où il y a place pour les plus insignifiantes recherches anatomiques, ne trouve pas un mot à dire de cette œuvre capitale. Gœthe lui-même, qui s'intéressait si vivement au naturalisme philosophique français et « aux pensées des esprits parents de l'autre côté du Rhin », Gœthe n'a jamais cité Lamarck et ne semble pas avoir connu sa *Philosophie zoologique.* »

Chose singulière, Hæckel, qui rend un si juste témoignage en faveur de Lamarck, n'a aucune idée de la source à laquelle Lamarck avait puisé sa doctrine. Nulle part, dans son œuvre entière, il ne prononce le nom de Buffon. Le même silence a été gardé par tous les historiens de la doctrine de l'évolution. Cependant, nous avons vu plus haut que Lamarck lui-même rend hommage à Buffon, invoque son autorité contre celle de tous les autres naturalistes de son temps et se montre, jusque dans la forme qu'il donne à ses idées, l'héritier de son illustre maître (1). Je ne crois pas que personne ait, avant moi, mis convenablement en lumière les admirables conceptions philosophiques de Buffon. Il semble que les naturalistes aient négligé de lire son œuvre, la considérant comme une pure dissertation littéraire, tandis que les littérateurs et les philosophes n'en pouvaient admirer que le style. Adanson et Lamarck se réclament, il est vrai, de son autorité, mais le livre d'Adanson n'a jamais été lu que par un petit nombre de botanistes, et Lamarck ne parle de Buffon que dans la préface de la *Flore française*, ouvrage également très peu répandu. Ajoutons à cela que le silence gardé par Cuvier relativement à la *Zoologie philosophique* de Lamarck, fut également observé par lui à l'égard des idées scientifiques de Buffon. Dans la biographie qu'il écrivit pour l'encyclopédie de Michaud il vante tout en Buffon, sauf ce qui mérite le mieux d'être loué.

Quant à Flourens, l'élève et l'admirateur de Cuvier, auquel est due la dernière édition des œuvres de Buffon qui ait été faite, et les dernières études publiées sur l'illustre naturaliste, il semble s'être attaché à mettre l'éteignoir sur toutes les grandes idées que contient l'*Histoire naturelle;* ou bien il ne les a pas comprises, ou bien il s'est attaché à les cacher, parfois même à les amoindrir au lieu de les mettre en relief. C'est ainsi que pour nos compatriotes, Buffon est resté un simple

(1) Voyez plus haut, p. 419 de cette Introduction.

styliste. Il n'est pas étonnant que méconnu des Français, il l'ait été des étrangers.

Je reviens à Lamarck. La première ébauche de sa doctrine du transformisme se trouve dans le discours d'ouverture de son cours sur les animaux invertébrés, prononcé le 21 floréal an VIII, au Muséum d'histoire naturelle de Paris. Je crois utile d'en reproduire ici les principaux traits, pour montrer par quelles phases est passé son système. Le lecteur trouvera encore dans ces pages toutes les idées de Buffon, exprimées presque de la même façon; il y verra aussi les premiers germes du système qui appartient en propre à Lamarck. Buffon s'était borné à attribuer les transformations et l'évolution des organismes vivants au climat, à la nourriture et aux autres circonstances extérieures, il n'avait pas essayé d'expliquer comment agissent ces circonstances. C'est cette explication que Lamarck cherche à donner et dont il expose la première formule dans son très beau discours.

« Si l'on considère, dit-il (1), la diversité des formes, des masses, des grandeurs et des caractères, que la nature a donnée à ses productions, la variété des organes et des facultés dont elle a enrichi les êtres qu'elle a doués de la vie, on ne peut s'empêcher d'admirer les ressources infinies dont elle sait faire usage pour arriver à son but. Car il semble en quelque sorte que tout ce qu'il est possible d'imaginer ait effectivement lieu; que toutes les formes, toutes les facultés et tous les modes aient été épuisés dans la formation et la composition de cette immense quantité de productions naturelles qui existent. Mais si l'on examine avec attention les moyens qu'elle paraît employer pour cet objet, l'on sentira que leur puissance et leur fécondité a suffi pour produire tous les effets observés.

» Il paraît, comme je l'ai déjà dit, que du *temps* et des *circonstances favorables* sont les deux moyens que la nature emploie pour donner l'existence à toutes ses productions. On sait que le temps n'a point de limite pour elle, et qu'en conséquence, elle l'a toujours à sa disposition.

» Quant aux circonstances dont elle a eu besoin et dont elle se sert encore chaque jour pour varier ses productions, on peut dire qu'elles sont en quelque sorte inépuisables.

» Les principales naissent de l'influence du climat, des variations de température de l'atmosphère et de tous les milieux environnants, de la diversité des lieux, de celle des habitudes, des mouvements, des actions, enfin de celle des moyens de vivre, de se conserver, se défendre, se multiplier, etc. Or, par suite de ces influences diverses, les facultés s'étendent et se fortifient par l'usage, se diversifient par les nouvelles habitudes longtemps conservées; et insensiblement la conformation, la consistance, en un mot, la nature et l'état des parties ainsi que des organes,

(1) *Système des animaux sans vertèbres*, Paris, an IX, p. 12 et suiv.

participent des suites de toutes ces influences, se conservent et se propagent par la génération.

» L'oiseau que le besoin attire sur l'eau pour y trouver la proie qui le fait vivre, écarte les doigts de ses pieds lorsqu'il veut frapper l'eau et se mouvoir à sa surface. La peau qui unit ces doigts à leur base, contracte par là l'habitude de s'étendre. Ainsi avec le temps, les larges membranes qui unissent les doigts des canards, des oies, etc., se sont formées telles que nous le voyons.

» Mais celui que la manière de vivre habitue à se poser sur les arbres, a nécessairement à la fin les doigts des pieds étendus et conformés d'une autre manière. Ses ongles s'allongent, s'aiguisent et se courbent en crochet, pour embrasser les rameaux sur lesquels il se repose si souvent.

» De même, l'on sent que l'oiseau de rivage, qui ne se plaît point à nager, et qui cependant a besoin de s'approcher des eaux pour y trouver sa proie, sera continuellement exposé à s'enfoncer dans la vase : or, voulant faire en sorte que son corps ne plonge pas dans le liquide, il fera contracter à ses pieds l'habitude de s'étendre et de s'allonger.

» Il en résultera pour les générations de ces oiseaux qui continueront de vivre de cette manière, que les individus se trouveront élevés comme sur des échasses, sur de longues pattes nues; c'est-à-dire, dénuées de plumes jusqu'aux cuisses et souvent au delà.

» Je pourrais ici passer en revue toutes les classes, tous les ordres, tous les genres et les espèces des animaux qui existent, et faire voir que la conformation des individus et de leurs parties, que leurs organes, leurs facultés, etc., sont entièrement le résultat des circonstances dans lesquelles la race de chaque espèce s'est trouvée assujettie par la nature.

» Je pourrais prouver que ce n'est point la forme soit du corps, soit de ses parties, qui donne lieu aux habitudes, à la manière de vivre des animaux; mais que ce sont au contraire les habitudes, la manière de vivre et toutes les circonstances influentes qui ont avec le temps constitué la forme du corps et des parties des animaux. Avec de nouvelles formes, de nouvelles facultés ont été acquises, et peu à peu la nature est parvenue à l'état où nous la voyons actuellement.

» Il convient donc de donner la plus grande attention à cette considération importante; d'autant plus que l'ordre que je viens simplement d'indiquer dans le règne animal, montrant évidemment une diminution graduée dans la composition de l'organisation ainsi que dans le nombre des facultés animales, fait pressentir la marche qu'a tenue la nature dans la formation de tous les êtres vivants.

» Ainsi les *animaux à vertèbres,* et parmi eux les mammaux, présentent un *maximum* dans le nombre et dans la réunion des principales facultés de l'animalité; tandis que les *animaux sans vertèbres,* et surtout ceux de la dernière classe (les polypes) en offrent, comme vous le verrez, le *minimum.*

» En effet, en considérant d'abord l'organisation animale la plus simple, pour s'élever ensuite graduellement jusqu'à celle qui est la plus composée, comme depuis la monade qui, pour ainsi dire, n'est qu'un *point animé*, jusqu'aux animaux à mamelles, et parmi eux jusqu'à l'homme, il y a évidemment une gradation nuancée dans la composition de l'organisation de tous les animaux et dans la nature de ses résultats, qu'on ne saurait trop admirer et qu'on doit s'efforcer d'étudier, de déterminer et de bien connaître.

» De même, parmi les végétaux, depuis les byssus pulvérulents, depuis la simple moisissure jusqu'à la plante dont l'organisation est la plus composée, la plus féconde en organes de tout genre, il y a évidemment une gradation nuancée en quelque sorte analogue à celle qu'on remarque dans les animaux.

» Par cette gradation nuancée dans la complication de l'organisation, je n'entends point parler de l'existence d'une série linéaire, régulière dans les intervalles des espèces et des genres : une pareille série n'existe pas; mais je parle d'une série presque régulièrement graduée dans les masses principales, telles que les grandes familles; série bien assurément existante, soit parmi les animaux, soit parmi les végétaux; mais qui dans la considération des genres et surtout des espèces, forme en beaucoup d'endroits des ramifications latérales, dont les extrémités offrent des points véritablement isolés.

» S'il existe parmi les êtres vivants une série graduée au moins dans les masses principales, relativement à la complication ou à la simplification de l'organisation, il est évident que dans une distribution bien naturelle, soit des animaux, soit des végétaux, on doit nécessairement placer aux deux extrémités de l'ordre les êtres les plus dissemblables, les plus éloignés sous la considération des rapports, et par conséquent ceux qui forment les termes extrêmes que l'organisation, soit animale, soit végétale, peut présenter.

» Toute distribution qui s'éloigne de ce principe me paraît fautive; car elle ne peut pas être conforme à la marche de la nature.

» Cette considération importante nous mettra donc dans le cas de mieux connaître la nature des êtres dont nous devons nous occuper dans ce Cours; de juger plus justement de leurs rapports avec les autres êtres qui existent; enfin de déterminer plus convenablement le rang que chacun d'eux doit occuper dans la série générale des êtres vivants, et particulièrement dans celle des animaux connus.

» Vous verrez que les polypes qui forment la dernière classe des animaux sans vertèbres et par conséquent de tout le règne animal, et que ceux surtout que comprend le dernier ordre de cette classe, n'offrent en quelque sorte que des ébauches de l'animalité; enfin vous serez convaincus que les polypes sont à l'égard des autres animaux, ce que les plantes *cryptogames* sont aux végétaux des autres classes.

» Cette gradation soutenue dans la simplification ou dans la complication d'organisation des êtres vivants, est un fait incontestable sur lequel j'insiste, parce que sa connaissance jette actuellement le plus grand jour sur l'ordre naturel des êtres vivants, et en même temps soutient et guide la pensée qui les embrasse tous par l'imagination ou qui les fixe dans leur véritable point de vue, en les considérant chacun en particulier.

» A cette vue extrêmement intéressante, il faut ajouter celle qui nous apprend qu'à mesure que l'organisation animale se complique, c'est-à-dire devient plus composée, à mesure, de même les facultés animales se multiplient et deviennent plus nombreuses, ce qui en est un résultat simple et naturel. Mais aussi en se multipliant, les facultés animales perdent en quelque sorte de leur étendue, c'est-à-dire que dans les animaux qui ont le plus de facultés, celles de ces facultés qui sont communes à tous les animaux y ont bien plus d'étendue et de capacité qu'elles n'en ont dans les animaux à organisation plus simple. Voilà ce que l'observation nous apprend et ce qu'il était important de remarquer. Ainsi la faculté de se régénérer se rencontrant dans tous les animaux, quelle que soit la simplification ou la complication de leur organisation, leurs moyens de multiplication sont d'autant plus nombreux et plus faciles, que les animaux ont une organisation plus simple, et *vice versa* (réciproquement).

» Dans les insectes, et bien plus encore dans les vers proprement dits, et surtout dans les polypes, les facultés de l'animalité sont à la vérité moins nombreuses que dans les animaux des premières classes, qui sont les plus parfaits; mais elles y sont bien plus étendues : car l'irritabilité y est plus grande, plus durable ; la faculté de régénérer les parties plus facile, et celle de multiplier les individus bien plus considérable. Aussi la place que les animaux *sans vertèbres* tiennent dans la nature est-elle immense et de beaucoup supérieure à celle de tous les autres animaux réunis.

» On ne sait quel est le terme de l'échelle animale vers l'extrémité qui comprend les animaux les plus simplement organisés. On ignore aussi nécessairement le terme de la petitesse de ces animaux, mais on peut assurer que plus on descend vers cette extrémité de l'échelle animale, plus le nombre des individus de chaque espèce est immense, parce que leur régénération est proportionnellement plus prompte et plus facile. Aussi le nombre de ces animaux est inappréciable, et n'a d'autre borne que celle que la nature y met par le temps, les lieux et les circonstances (1).

» Cette facilité, cette abondance, enfin cette promptitude avec laquelle la nature produit, multiplie et propage les animaux les plus simplement organisés, se fait régulièrement remarquer dans les temps et dans tous les lieux qui y sont favorables.

(1) Quel point de vue pour juger de la nature ! Elle n'a sûrement pas dans ses productions procédé du plus composé au plus simple. Qu'on juge donc de ce qu'avec le temps et les circonstances elle a pu opérer. (Note de Lamarck.)

» La terre en effet, particulièrement vers sa surface, les eaux et même l'atmosphère dans certains temps et dans certains climats, sont peuplés en quelque sorte de molécules animées, dont l'organisation, quelque simple qu'elle soit, suffit pour leur existence. Ces animalcules se reproduisent et se multiplient surtout dans les temps et les climats chauds, avec une fécondité effrayante, fécondité qui est bien plus considérable que celle des gros animaux dont l'organisation est plus compliquée. Il semble, pour ainsi dire, que la matière alors s'animalise de toutes parts, tant les résultats de cette étonnante fécondité sont rapides. Aussi, sans l'immense consommation qui se fait dans la nature des animaux qui composent les derniers ordres du règne animal, ces animaux accableraient bientôt et peut-être anéantiraient, par les suites de leur énorme multiplicité, les animaux plus organisés et plus parfaits qui composent les premières classes et les premiers ordres de ce règne, tant la différence dans les moyens et la facilité de se multiplier est grande entre les uns et les autres.

» Mais la nature a prévenu les dangereux effets de cette faculté si étendue de produire et de multiplier. Elle les a prévenus, d'une part, en bornant considérablement la durée de la vie de ces êtres si simplement organisés qui composent les dernières classes, et surtout les derniers ordres du règne animal.

» De l'autre part, elle les a prévenus, soit en rendant ces animaux la proie les uns des autres, ce qui sans cesse en réduit le nombre, soit enfin en fixant par la diversité des climats, les lieux où ils peuvent exister, et par la variété des saisons, c'est-à-dire par les influences des différents météores atmosphériques, les temps même pendant lesquels ils peuvent conserver leur existence.

» Au moyen de ces sages précautions de la nature, tout reste dans l'ordre. Les individus se multiplient, se propagent, se consument de différentes manières; aucune espèce ne prédomine au point d'entraîner la ruine d'une autre, excepté peut-être dans les premières classes, où la multiplication des individus est lente et difficile; et par les suites de cet état de choses, l'on conçoit qu'en général les espèces sont conservées.

» Il résulte néanmoins de cette fécondité de la nature qui s'accroît dans les êtres vivants avec la simplification de leur organisation, que les animaux sans vertèbres doivent présenter et présentent réellement la série d'animaux la plus nombreuse de celles qui existent dans la nature, quoique les animaux qui la composent soient en même temps les moins vivaces.

» Ce qu'il y a encore de bien remarquable, c'est que parmi les changements que les animaux et les végétaux opèrent sans cesse par leurs productions et leurs débris, dans l'état et la nature de la surface du globe terrestre, ce ne sont pas les plus grands animaux, les plus parfaits en organisation qui forment les plus considérables de ces changements. »

Lamarck dérive de Buffon.

N'est-il pas vrai que presque tout cela est tiré de l'œuvre de Buffon? Les considérations sur la parenté de tous les organismes, sur l'action des circonstances extérieures, sur l'évolution parallèle de l'organisation et des facultés, sur la rapidité de la multiplication d'autant plus grande que l'animal est plus petit, sur les procédés mis en œuvre par la nature pour limiter le nombre des espèces, etc., viennent en ligne droite de l'*Histoire naturelle;* nous les avons déjà transcrites plus haut avec la signature de Buffon. La seule chose qui appartienne en propre à Lamarck, c'est l'explication qu'il donne des procédés à l'aide desquels les circonstances extérieures modifient l'organisation des animaux. Elles font naître des habitudes nouvelles, et ces habitudes déterminent la production d'organes nouveaux.

C'est cette idée que Lamarck développe plus amplement dans sa *Philosophie zoologique*, qui parut en 1809.

L'espèce d'après Lamarck.

Dans ce remarquable ouvrage, il commence par rejeter les caractères de fixité que les élèves de Linné et de Jussieu attribuaient à l'espèce. « L'idée, dit-il (1), qu'on s'était formé de l'espèce parmi les corps vivants, était assez simple, facile à saisir, et semblait confirmée par la constance dans la forme semblable des individus que la reproduction ou la génération perpétuait : telles se trouvent encore pour nous un très grand nombre de ces espèces prétendues que nous voyons tous les jours.

» Cependant, plus nous avançons dans la connaissance des différents corps organisés, dont presque toutes les parties de la surface du globe sont couvertes, plus notre embarras s'accroît pour déterminer ce qui doit être regardé comme *espèce* et, à plus forte raison, pour limiter et distinguer les genres.

» A mesure qu'on recueille les productions de la nature, à mesure que nos collections s'enrichissent, nous voyons presque tous les vides se remplir et nos lignes de séparation s'effacer. Nous nous trouvons réduits à une détermination arbitraire, qui tantôt nous porte à saisir les moindres différences des variétés pour en former les caractères de ce que nous appelons *espèce*, et tantôt nous fait déclarer variété de telle espèce des individus un peu différents, que d'autres regardent comme constituant une espèce particulière.

» Je le répète, plus nos collections s'enrichissent, plus nous rencontrons de preuves que tout est plus ou moins nuancé, que les différences remarquables s'évanouissent, et que, le plus souvent, la nature ne laisse à notre disposition, pour établir des distinctions, que des particularités minutieuses et en quelque sorte puériles.

» Que de genres, parmi les animaux et les végétaux, sont d'une étendue telle, que la quantité d'espèces qu'on y rapporte, que l'étude et la détermination de ces espèces y sont maintenant presque impraticables ! Les espèces de ces genres, rangées en séries et rapprochées d'après la considération de

(1) *Philosophie zoologique*, t. Ier, p. 75.

leurs rapports naturels, présentent avec celles qui les avoisinent des différences si légères qu'elles se nuancent, et que ces espèces se confondent, en quelque sorte, les unes avec les autres, ne laissant presque aucun moyen de fixer, par l'expression, les petites différences qui les distinguent.

» Il n'y a que ceux qui se sont longtemps et fortement occupés de la détermination des *espèces*, et qui ont consulté de riches collections, qui peuvent savoir jusqu'à quel point les *espèces*, parmi les corps vivants, *se fondent les unes dans les autres*, et qui ont pu se convaincre que, dans les parties où nous voyons des espèces isolées, cela n'est ainsi que parce qu'il nous en manque d'autres qui en sont plus voisines et que nous n'avons pas encore recueillies.

» Je ne veux pas dire pour cela que les animaux qui existent forment une série très simple et partout également nuancée; mais je dis qu'ils forment une série rameuse, irrégulièrement graduée et *qui n'a point de discontinuité dans ses parties*, ou qui, du moins n'en a pas toujours eu, s'il est vrai que par suite de quelques espèces perdues, il s'en trouve quelque part. Il en résulte que les espèces qui déterminent chaque rameau de la série générale, tiennent, au moins d'un côté, à d'autres espèces voisines qui se nuancent avec elles. Voilà ce que l'état bien connu des choses me met maintenant à portée de démontrer. Je n'ai besoin d'aucune hypothèse, ni d'aucune supposition pour cela; j'en atteste tous les naturalistes observateurs. Non seulement beaucoup de genres, mais des ordres entiers, et quelque fois des classes mêmes, nous présentent déjà des portions presque complètes de l'état de choses que je viens d'indiquer.

» Or, lorsque dans ces cas l'on a rangé les espèces en séries, et qu'elles sont toutes bien placées suivant leurs rapports naturels, si vous en choisissez une, et que, faisant un saut par-dessus plusieurs autres, vous en prenez une autre plus éloignée, ces deux espèces, mises en comparaison, nous offriront alors de grandes dissemblances entre elles. C'est ainsi que nous avons commencé à voir les productions de la nature, qui se sont trouvées le plus à notre portée. Alors les distinctions génériques et spécifiques étaient faciles à établir. Mais maintenant que nos collections sont fort riches, si vous suivez la série que je citais tout à l'heure, depuis l'espèce que vous avez choisie d'abord, jusqu'à celle que vous avez prise en second lieu, et qui est très différente de la première, vous y arrivez de nuance en nuance, sans avoir remarqué des distinctions dignes d'être notées.

» Je le demande : quel est le zoologiste ou le botaniste expérimenté, qui n'est pas pénétré du fondement de ce que je viens d'exposer? »

Mode d'action du milieu d'après Lamarck.

Lamarck s'efforce ensuite de déterminer comment le milieu a pu agir pour déterminer la transformation des organismes. « Il me semble, dit-il (1), que personne encore n'a fait connaître l'influence de nos actions et de nos habi-

(1) *Philosophie zoologique*, t. Ier, p. 220.

tudes sur notre organisation même. Or, comme ces actions et ces habitudes dépendent des circonstances dans lesquelles nous nous trouvons habituellement, je vais essayer de montrer combien est grande l'influence qu'exercent ces circonstances sur la forme générale, sur l'état des parties et même sur l'organisation des corps vivants... L'influence des circonstances est effectivement en tout et partout agissante sur les corps qui jouissent de la vie ; mais ce qui rend pour nous cette influence difficile à apercevoir, c'est que ses effets ne deviennent sensibles ou reconnaissables (surtout dans les animaux), qu'à la suite de beaucoup de temps... Il devient nécessaire de m'expliquer sur le sens que j'attache à ces expressions : *Les circonstances influent sur la forme et l'organisation des animaux*, c'est-à-dire qu'en devenant très différentes, elles changent, avec le temps, et cette forme et l'organisation elle-même, par des modifications proportionnées.

» Assurément, si l'on prenait ces expressions à la lettre, on m'attribuerait une erreur; car quelles que puissent être les circonstances, elles n'opèrent directement sur la forme et l'organisation des animaux aucune modification quelconque.

» Mais de grands changements dans les circonstances amènent pour les animaux de grands changements dans leurs besoins, et de pareils changements dans les besoins en amènent nécessairement dans les actions. Or, si les nouveaux besoins deviennent constants et très durables, les animaux prennent alors de nouvelles *habitudes*, qui sont aussi durables que les besoins qui les ont fait naître. Voilà ce qu'il est facile de démontrer et même ce qui n'exige aucune explication pour être senti.

» Il est donc évident qu'un grand changement dans les circonstances devenu constant pour une race d'animaux entraîne ces animaux à de nouvelles habitudes.

» Or, si de nouvelles circonstances devenues permanentes pour une race d'animaux ont donné à ces animaux de nouvelles habitudes, c'est-à-dire les ont portés à de nouvelles actions qui sont devenues habituelles, il en sera résulté l'emploi de telle partie par préférence à celui de telle autre, et, dans certains cas, le défaut total d'emploi de telle partie qui est devenue inutile.

» D'une part, de nouveaux besoins ayant rendu telle partie nécessaire, ont réellement, par une suite d'efforts, fait naître cette partie, et ensuite son emploi soutenu l'a peu à peu fortifiée, développée, et a fini par l'agrandir considérablement ; d'une autre part, dans certains cas, les nouvelles circonstances et les nouveaux besoins ayant rendu telle partie tout à fait inutile, le défaut total d'emploi de cette partie a été cause qu'elle a cessé graduellement de recevoir les développements que les autres parties de l'animal obtiennent; qu'elle s'est amaigrie et atténuée peu à peu, et qu'enfin lorsque le défaut d'emploi a été total pendant beaucoup de temps, la partie dont il est question a fini par disparaître.

» Dans les végétaux, où il n'y a pas d'actions, et par conséquent point d'*habitudes* proprement dites, de grands changements de circonstances n'en amènent pas moins de grandes différences dans les développements de leurs parties, en sorte que ces différences font naître et développer certaines d'entre elles, tandis qu'elles atténuent et font disparaître plusieurs autres. Mais ici tout s'opère par les changements survenus dans la nutrition du végétal, dans ses absorptions et ses transpirations, dans la quantité de calorique, de lumière, d'air et d'humidité qu'il reçoit alors habituellement; enfin dans la supériorité que certains des divers mouvements vitaux prennent sur les autres. »

Lamarck résume ensuite les conséquences des habitudes dans les deux lois suivantes :

« 1° Dans tout animal qui n'a point dépassé le terme de ses développements, l'emploi plus fréquent et soutenu d'un organe, le développe, l'agrandit, et lui donne une puissance proportionnée à la durée de cet emploi. Tandis que le défaut constant d'usage de tel organe l'affaiblit insensiblement et le détériore, diminue progressivement ses facultés et finit par le faire disparaître ;

» 2° Tout ce que la nature a fait acquérir ou perdre aux individus par l'influence des circonstances où leur vie se trouve depuis longtemps exposée, et par conséquent par l'influence de l'emploi prédominant de tel organe ou par celle d'un défaut constant d'usage de telle partie, elle le conserve par la génération aux nouveaux individus qui en proviennent, pourvu que les changements acquis soient communs aux deux sexes qui ont produit ces nouveaux individus. »

En résumé, pour Lamarck, le point de départ de toute variation individuelle se trouve dans l'action des conditions extérieures qui, en créant à l'individu des besoins nouveaux, entraîne la production d'habitudes nouvelles; celles-ci, à leur tour, déterminent le développement ou même la formation de certaines parties, tandis que d'autres, non utilisées, peuvent disparaître.

L'hérédité perpétue ensuite les qualités acquises, et celles-ci prennent un développement d'autant plus considérable, que l'espèce envisagée se trouve soumise pendant plus longtemps aux mêmes circonstances.

Je ne veux pas discuter l'opinion de Lamarck. Les développements dans lesquels je serai bientôt obligé de rentrer relativement à la question de la transformation des espèces suffiront pour mettre en lumière ce qu'il y a d'inexact ou d'erroné dans sa théorie.

Progrès de la théorie du transformisme.

A partir du milieu du XVIIIe siècle il se fait un mouvement scientifique considérable à la production duquel contribuent Buffon, Réaumur, Adanson, Lamarck, en France; Oken, Treviranus, en Allemagne; Bonnet, en Suisse; Spallanzani en Italie, etc. L'anatomie comparée à laquelle Daubenton avait fait faire les premiers pas dans l'*Histoire naturelle* remplace l'étude des formes extérieures; Von Baer étudie l'œuf des animaux supérieurs et son développement dans un certain nombre d'espèces, tandis que Mirbel observe la formation de l'embryon des végétaux. Cuvier, après avoir poussé loin l'anatomie des vertébrés, reconstitue des espèces animales dont les couches du sol avaient jusqu'alors dissimulé les restes. Toutes ces études mettent en lumière « l'unité de plan » signalée par Buffon un demi-siècle auparavant. Dès le début de notre siècle, il n'était plus permis de nier que tous les animaux pourvus de vertèbres ne fussent construits sur un plan identique, et que les invertébrés ne répondissent à un second modèle. Bientôt même Geoffroy Saint-Hilaire mettait en relief les ressemblances déjà soupçonnées et signalées par Lamarck entre les vertébrés et les invertébrés.

Mouvement rétrograde provoqué en France par Cuvier.

Il semblait que les idées de Buffon, de Lamarck, de Gœthe étaient destinées à ne plus trouver de contradicteurs. Il n'en fut pas ainsi cependant, du moins en France. Tandis que la théorie de l'évolution gagnait rapidement autour de nous, en Allemagne et en Angleterre surtout, elle était, en France, l'objet d'attaques aussi passionnées que puissantes.

Cuvier sut si bien faire le silence autour des grandes idées émises par Buffon et Lamarck que le second mourait pauvre et inconnu, tandis que le premier passait aux yeux de tous pour un simple « phrasier ». Cuvier, grâce à sa haute situation politique, imposait à la science française le dogme de l'immutabilité des espèces et imaginait lui-même celui des révolutions brusques du monde. Comme il ne pouvait pas nier les analogies de structure révélées, mises hors de doute par les études d'anatomie comparée, il tentait du moins de leur imposer des limites infranchissables. Nier que tous les vertébrés ont des traits communs d'organisation, sont construits sur un même type, étant chose impossible, Cuvier admettait un embranchement des vertèbres, entre lesquels il ne contestait pas qu'on établît des « analogies », le mot était alors fort à la mode. La même ressemblance existant entre tous les articulés (insectes, crustacés, arachnides), il autorisait encore qu'on étudiât entre eux des « analogies ». La même concession était faite pour tous les animaux à structure asymétrique (mollusques) et pour tous ceux qui ont une symétrie radiée ou une grande simplicité d'organisation (rayonnés). Il divisait donc tout le règne animal en quatre grands groupes ou embranchements (vertébrés, mollusques, articulés, rayonnés), entre lesquels il élevait une barrière infranchissable. Il est presque inutile de rappeler qu'il considérait les espèces constituantes de chaque embranchement comme immuables; mais il admettait que toutes celles d'un même groupe avaient été créées en même temps, étaient le fruit d'une conception unique du créateur.

Geoffroy Saint-Hilaire.

Geoffroy Saint-Hilaire, au contraire, s'attachait à montrer que certaines analogies de structure existent chez tous les animaux à quelque embran-

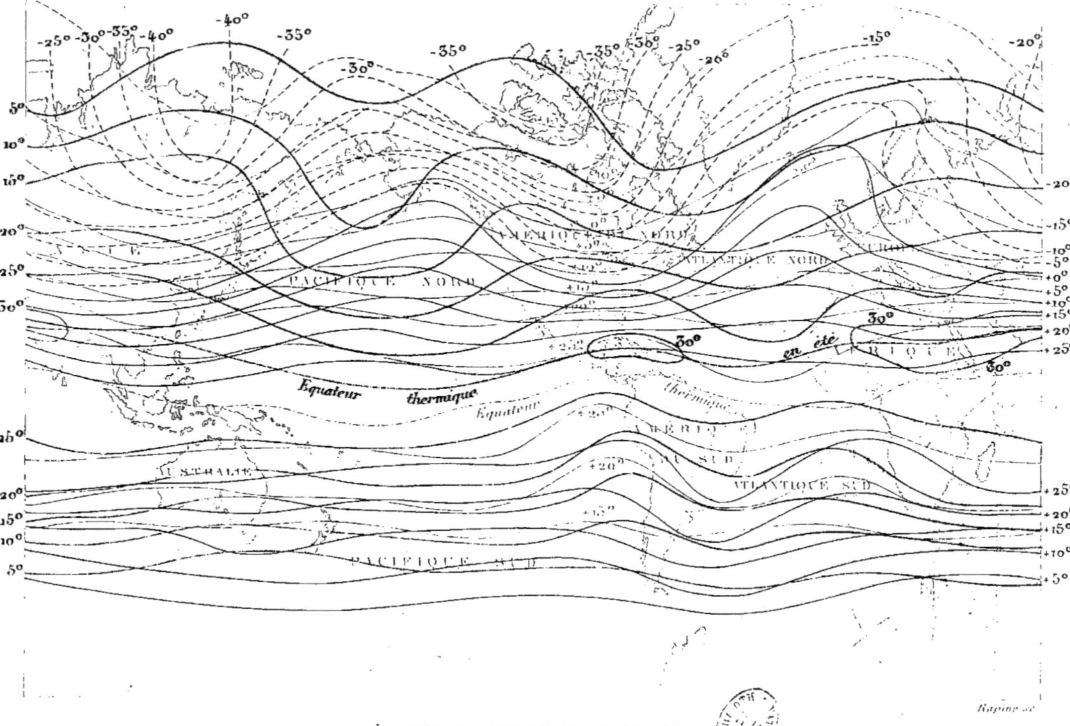

LIGNES ISOTHERMES DU GLOBE

Lignes isothermes de l'année — Lignes isothermes de l'été

Lignes isothermes de l'hiver

A. Le Vasseur, Editeur. Imp. R. Taneur

chement qu'ils appartiennent, et que tout le règne animal est construit sur un plan unique; il donnait à sa théorie le nom de « Théorie des analogies. » Il n'est pas inutile de montrer sur quoi il l'établissait.

La théorie des analogies de Geoffroy Saint-Hilaire.

Cuvier et toute son école avaient pour principe de ne tenir compte que de la forme et de la fonction des organes; ils considéraient comme absolument distincts tous les organes qui n'avaient pas la même forme et qui n'exerçaient pas la même fonction. Geoffroy n'avait pas de peine à prouver que cette manière de procéder était tout à fait insuffisante; il montra qu'un même organe peut exercer chez deux animaux différents des fonctions différentes et offrir des formes distinctes. Il prouva, par exemple, que l'appareil operculaire des poissons n'est que l'appareil auriculaire des autres vertébrés modifié dans ses formes et servant à d'autres usages; il fit voir encore toutes les transformations subies par l'appareil hyoïdien, depuis les poissons où il est très compliqué, jusqu'à l'homme où il n'est plus représenté que par quelques os de peu d'importance; il en déduisit que pour déterminer la nature d'un organe il ne faut pas se borner à tenir compte de sa forme et de sa fonction, mais qu'il faut avant tout s'en rapporter à ses rapports avec les organes voisins; c'est cette règle qu'il désignait sous le nom de *loi des connexions*.

La loi des connexions de Geoffroy Saint-Hilaire.

« Il est évident, dit-il (1), que la seule généralité à appliquer ici est donnée par la position, la relation et la dépendance des parties, c'est-à-dire par ce que j'embrasse et que je désigne par le nom de connexion. »

Je rappellerai que la théorie des analogies avait été entrevue par Buffon dans ce passage de son histoire de l'âne où il montre les formes que peut offrir un même organe quand on l'étudie dans des animaux différents. Le style même de Geoffroy se ressent de l'origine de ses idées. En 1796, il écrit (2) : « Une vérité constante pour l'homme qui a observé un grand nombre des productions du globe, c'est qu'il existe entre toutes leurs parties une grande harmonie et des rapports nécessaires; c'est qu'il semble que la nature se soit renfermée dans de certaines limites et n'ait formé tous les êtres vivants que sur un plan unique, essentiellement le même dans son principe, mais qu'elle a varié de mille manières dans toutes ses parties accessoires. Si nous considérons particulièrement une classe d'animaux, c'est là surtout que son plan nous paraîtra évident : nous trouverons que les formes diverses, sous lesquelles elle s'est plu à faire exister chaque espèce, dérivent toutes les unes des autres : il lui suffit de changer quelques-unes des proportions des organes, pour les rendre propres à de nouvelles fonctions, et pour en étendre ou restreindre les usages. » « On sait, dit-il encore, en 1807 (3), que la nature

(1) *Philosophie anatomique*, p. XXII.
(2) *Dissertation sur les Makis*, in *Magasin encyclopédique*, t. VII, p. 20.
(3) *Considérations sur la tête osseuse des animaux vertébrés et particulièrement de celle des oiseaux*, p. 2.

travaille constamment avec les mêmes matériaux : elle n'est inférieure qu'à en varier les formes. Comme si, en effet, elle était soumise à de premières données, on la voit tendre toujours à faire reparaître les mêmes éléments en même nombre, dans les mêmes circonstances et avec les mêmes connexions (1) ». Geoffroy avait été l'élève de Daubenton qui, lui-même, on le sait, avait été le collaborateur de Buffon et avait écrit tous les articles d'anatomie comparée de l'*Histoire naturelle;* or selon l'expression de Flourens « ayant peu d'idées, Daubenton n'en tenait que plus à celles qui lui venaient de Buffon » (2).

Plus on pénétrait dans l'étude comparée de l'organisation des animaux plus cette unité de plan, dont parlent Buffon et Geoffroy, devenait évidente. Les esprits les plus timides eux-mêmes ne pouvaient échapper à son influence. Savigny établissait, en se fondant sur la loi des connexions de Geoffroy, la nature véritable des différentes pièces de la bouche des insectes; Milne-Edwards faisait l'application de la même loi à la bouche des suceurs et à celle des crustacés; partout, mais surtout à l'étranger, les naturalistes se donnaient pour objet de rechercher, non plus des différences entre les groupes des animaux, mais au contraire des ressemblances et des analogies. On cherchait, en un mot, à faire de la synthèse.

La loi du balancement des organes.

Indépendamment de la loi des connexions, Geoffroy invoquait à l'appui de sa théorie des analogies, ce qu'il appelait la loi du balancement des organes, en vertu de laquelle toutes les fois qu'un organe prend un accroissement exagéré, un autre organe subit un décroissement plus ou moins rigoureusement proportionnel. Il attribuait à ce phénomène une partie des variations de formes que présentent les organismes animaux.

Il faisait remarquer en outre, et c'est là incontestablement la plus belle de ses conceptions, que dans le cours de son développement, chaque espèce animale passe successivement par des états qui correspondent aux formes permanentes des espèces plus inférieures. L'homme, par exemple, passait dans son évolution individuelle par une série de phases répondant aux zoophytes, aux articulés, aux poissons, etc. Cette idée est une de celles qui devaient jeter le plus de jour sur les rapports de filiation qui existent entre tous les animaux; c'est celle que M. Hæckel a présentée récemment avec cette formule : « L'ontogenèse ou l'évolution individuelle, est une courte et rapide récapitulation de la phylogenèse ou du développement du groupe correspondant, c'est-à-dire de la chaîne ancestrale de l'individu (3). » Je reviendrai plus bas sur cette question.

(1) Comparez cela avec les citations de Buffon faites plus haut.

(2) Flourens, *De l'unité de composition*, p. 138.

(3) *Hist. de la création naturelle*, p. 274; (*Gener. Morphol.*, II). Geoffroy-Saint-Hilaire avait encore introduit dans la science un élément de progrès important en montrant, dans sa *Philosophie anatomique*, que pour déterminer la nature véritable d'un organe et son analogie avec les organes d'un autre animal, il faut s'adresser non pas à l'adulte mais à l'embryon.

Le débat entre Cuvier et Geoffroy Saint-Hilaire.

Esprit essentiellement analytique, Cuvier résistait de toutes ses forces à ce mouvement. Au lieu de marcher sur les traces de Buffon et de s'associer à ce grand travail de synthèse qui se faisait autour de lui, il restait fidèle à la méthode de Linné et de Jussieu, il cherchait des *différences*, des « diversités » là où les autres se préoccupaient de trouver des ressemblances. En 1817, dix ans après la publication des premiers travaux de Geoffroy, il écrit (1) : « Depuis longtemps les naturalistes étaient frappés des grandes différences qui séparent les animaux invertébrés les uns des autres, tandis que les animaux vertébrés se ressemblent à tant d'égards. Il résultait de là une grande difficulté dans la rédaction des propositions de l'anatomie comparée qui se laissaient aisément généraliser pour les animaux vertébrés, mais non pas pour les autres ; mais cette difficulté même a donné son remède. De la manière dont les propositions relatives à chaque organe se groupaient toujours j'ai conclu qu'il existe parmi les animaux, *quatre formes principales,* dont la première est celle que nous connaissons sous le nom d'animaux vertébrés, et dont les trois autres sont à peu près comparables à celle-là par l'uniformité de leurs plans respectifs. Je les nomme animaux mollusques, animaux articulés et animaux rayonnés ou zoophytes. Je subdivise ensuite chacune de ces formes ou de ces embranchements en quatre classes, d'après des motifs à peu près équivalents à ceux sur lesquels reposent les quatre classes généralement adoptées pour les vertébrés. J'ai tiré de cette disposition une grande facilité à réduire sous des règles générales les *diversités de l'organisation.* »

En établissant les « quatre formes principales, » en recherchant « les diversités de l'organisation » Cuvier avait la prétention d'introduire « l'ordre » dans le règne animal ; il restait fidèle à la mission que lui avait assignée Mertrud en l'appelant au Muséum, il cherchait à jouer le rôle d'un nouveau Linné, il faisait de l'analyse, il divisait la nature en tranches et il faisait cela avec l'autorité d'un homme qui joint à une grande science et à une assurance plus grande encore, la plus haute situation que pût alors souhaiter un savant. Aussi, se montre-t-il très mécontent de l'attitude de Geoffroy. Flourens, son élève dévoué et son panégyriste enthousiaste, a donné la note exacte de ce mécontentement. « L'ordre, dit-il (2), était mis enfin dans le règne animal. Que venait donc faire M. Geoffroy ? que voulait-il ? Il venait défaire ce qu'avait fait, et avec tant de soin, avec tant de peine, M. Cuvier. Partout où M. Cuvier avait porté l'ordre, il apportait le désordre ; partout où M. Cuvier avait séparé les structures, il les *remêlait.* M. Cuvier ne le put souffrir ; et de là le fameux débat dont je vais raconter l'histoire. »

Ce débat fut fameux, en effet, mais il fut aussi nuisible aux intérêts de la science française que profitable à la gloire momentanée de Cuvier. Il surgit

(1) *Analyse* de 1812, p. 31.
(2) *De l'unité de composition*, p. 14.

à propos d'un mémoire de deux jeunes naturalistes sur les mollusques céphalopodes. Les auteurs y soutenaient que ces animaux devaient être considérés comme des vertébrés. Dans un rapport sur leur mémoire, Geoffroy Saint-Hilaire eut soin de faire remarquer qu'il apportait une preuve nouvelle à sa théorie des analogies. « MM. Laurencet et Meyran, disait-il, ont dû apprécier les besoins de la science, puisqu'ils ont essayé de diminuer l'hiatus remarqué entre les céphalopodes et les animaux supérieurs. Ils n'ont sans doute point espéré d'arriver tout d'abord à un résultat complètement satisfaisant ; mais on leur doit du moins la justice de dire qu'ils tentent avec bonheur de frayer la route, et qu'ils l'ont même parcourue dans quelques-uns de ses sentiers. »

De pareils encouragements officiels à suivre une voie qui répugnait tant à Cuvier ne pouvaient manquer de faire éclater l'orage. Cuvier s'abandonna à un véritable emportement et la discussion dura plusieurs séances, entre le représentant de la « théorie des analogies » et celui de la « théorie des différences ». Ce sont les termes dont on se servait alors pour désigner les deux doctrines. La presse s'en mêla, le public afflua dans la salle de l'Académie des sciences où le baron Cuvier fulminait, au nom des causes finales, contre les doctrines nouvelles.

Cuvier étant celui des deux antagonistes dont le crédit était le plus considérable, qui pouvait le mieux distribuer les places et les honneurs, c'est à lui que resta la victoire, du moins en France. La conséquence fut un arrêt de développement des sciences naturelles dans le pays même où le grand Buffon leur avait ouvert un si large horizon.

Il serait injuste de taire que le moment n'était alors certainement pas encore venu où le débat put produire tous ses fruits. Geoffroy Saint-Hilaire ne pouvait ignorer que sa doctrine ne reposait pas encore sur des bases assez solides pour résister aux chocs violents qui la battaient en brèche. Dans toute doctrine naissante il y a d'abord plus d'hypothèse que de certitude ; puis, si la doctrine est exacte, les faits augmentent la part de la certitude à mesure qu'ils diminuent celle de l'hypothèse, jusqu'au jour où leur accumulation remplace définitivement l'hypothèse par un système incontestable. La théorie de l'évolution, si magistralement conçue par Buffon, adoptée successivement par la plupart des naturalistes étrangers et français, n'en était encore, en 1830, qu'à cette phase transitoire où l'hypothèse domine encore la certitude. Geoffroy dis-je, en avait parfaitement conscience lorsque dans la séance du 29 mars 1830 il prononçait ces paroles : « Je vise plus haut qu'à un succès du moment ; désirant faire entrer dans le domaine de la pensée publique une vérité d'un ordre élevé, toute fondamentale. Je me garderai bien, en conséquence, de presser le moment où cette vérité pourra se faire jour et apparaître dans tout son éclat ; ce qui n'adviendra que quand elle sera incontestablement établie. »

Ce jour-là est venu, on peut l'affirmer ; la « vérité d'un ordre élevé » que

Geoffroy Saint-Hilaire désirait de voir « apparaître dans tout son éclat » s'est fait jour ; elle est aujourd'hui admise par l'immense majorité des naturalistes et des philosophes, bientôt elle ne sera plus contestée par personne, mais cette vérité que des Français, Buffon, Lamarck, Geoffroy Saint-Hilaire, avaient les premiers signalée au monde, c'est sur des bases établies en dehors de la France qu'elle est édifiée. Cuvier et ses élèves ont tant fait d'efforts pour l'obscurcir et l'étouffer qu'ils ont du même coup ruiné dans notre pays les sciences naturelles elles-mêmes.

C'est en Angleterre, c'est en Allemagne, c'est en Russie, c'est en Hollande qu'ont été faites, de 1830 à 1850, presque toutes les découvertes d'anatomie comparée, d'embryogénie, d'histogénie, qui servent aujourd'hui de base inébranlable à la doctrine de l'évolution, et c'est en France, sa patrie première, que cette doctrine a le plus de mal à s'implanter.

Toutes les grandes idées qui la composent ont été cependant émises par Buffon, par Lamarck et par Geoffroy Saint-Hilaire.

Pour atteindre le but définitif, il suffisait de développer leurs idées, d'accumuler des arguments à l'appui des conceptions qu'ils avaient eues. La voie étant ouverte et nettement tracée, il n'y avait plus qu'à la suivre pas à pas, en récoltant tous les faits qu'ils avaient pour ainsi dire devinés.

La théorie du transformisme établie par les recherches modernes.

La paléontologie ne tarda pas, grâce à l'impulsion vigoureuse qui lui avait été donnée par Cuvier, à combler un grand nombre des vides qui existaient entre les formes vivantes ; elle révéla une foule d'êtres intermédiaires aux grands groupes établis par les naturalistes ; les poissons, jusqu'alors isolés, furent reliés aux reptiles, tandis que le passage entre ces derniers et les oiseaux se trouvait comblé ; les oiseaux et les mammifères furent également rattachés les uns aux autres par des formes transitoires, témoins des évolutions subies dans le passé par les formes vivantes. Dans chaque groupe les formes les plus distinctes se trouvèrent reliées les unes aux autres.

L'embryologie fit davantage encore. Elle montra que tous les animaux, depuis le plus élevé jusqu'au plus inférieur, ont une phase unicellulaire commune ; que tous ceux qui se reproduisent par des œufs subissent des phases évolutives analogues, sinon identiques, et que, selon la vue générale de Geoffroy, chaque individu présente, plus ou moins nettement, dans le cours de son développement embryonnaire, les états auxquels se sont arrêtées les formes inférieures à lui.

L'histogénie révéla la même structure fondamentale dans tous les êtres ; elle montra que tout organisme, si complexe qu'il soit, n'est qu'une agrégation d'individualités, les cellules, à la fois autonomes et solidaires ; et elle put tracer les phases évolutives de chaque cellule, de chaque tissu, de chaque organe, de chaque membre, depuis la première minute de son développement jusqu'à ce qu'ils aient atteint le summum de leur croissance. Et partout elle vit les cellules se comporter de la même façon, se multiplier et se transformer par les mêmes procédés.

La botanique mit chaque jour en relief l'analogie de la structure des végétaux avec celle des animaux qu'étudiait la zoologie ; tandis que la physiologie établissait l'identité des fonctions non seulement chez tous les animaux, mais aussi chez les végétaux. Toutes ces sciences permettaient de suivre l'évolution graduelle des formes, des structures, des fonctions, depuis la masse vivante la plus simple jusqu'aux êtres les plus élevés en organisation ; elles montraient que s'il n'est pas toujours aisé de trouver des formes transitoires entre les organismes adultes, il est toujours possible d'indiquer l'origine de ces organismes ; elles firent voir que si Bonnet s'était trompé en imaginant une échelle unique des êtres, Buffon avait eu raison en adoptant une évolution en quelque sorte rayonnante et arborescente ; et les savants luttent encore à qui établira l'arbre généalogique des êtres vivants conforme aux liens de parenté qui les rattachent les uns aux autres et qui ne peuvent plus être niés par personne.

L'unité de plan de Buffon, l'unité de composition de Geoffroy Saint-Hilaire étaient ainsi mis hors de doute par toutes les découvertes de la science moderne et le mot de Buffon « tous les êtres de l'univers ne forment qu'une seule famille » devenait une vérité aussi banale, un axiome aussi incontestable que le un et un font deux des géomètres.

Une autre question restait à résoudre. Il importait de déterminer les causes déterminantes des transformations, de l'évolution ascendante ou descendante des êtres vivants.

Les causes des transformations des êtres vivants.

Buffon avait indiqué comme cause de ces transformations le milieu ambiant, le climat, la nourriture, etc., mais il n'avait même pas cherché à expliquer comment agissaient ces conditions, par quels procédés elles opéraient les transformations qu'il mettait sur leur compte. Le rôle de Lamarck avait été de chercher ces explications. Il avait cru les trouver dans les besoins nouveaux provoqués par des conditions nouvelles, entraînant des habitudes nouvelles et par suite provoquant le développement ou l'atrophie et la transformation d'organes anciens, ou bien l'apparition d'organes nouveaux. En un mot, il émettait cette idée, fort juste en elle-même, vérifiée depuis par mille faits, que la fonction crée l'organe, la fonction étant elle-même créée par le besoin, et le besoin déterminé par le milieu. La théorie de Lamarck n'avait qu'un tort, elle avait été formulée trop tôt, à une époque où les faits sur lesquels elle aurait dû être étayée n'étaient pas encore suffisamment connus. Sur le moment on n'y prêta pas grande attention, puis on l'oublia, involontairement d'abord, volontairement ensuite. Darwin put tout à son aise parler des organes développés par l'usage ou atrophiés par le défaut d'usage, sans que personne parût se douter qu'en termes différents, il ressuscitait la doctrine de Lamarck : « la fonction transforme ou produit l'organe », doctrine beaucoup plus générale, car Lamarck y ajoutait cette partie essentielle : « Les fonctions résultent des besoins, les besoins proviennent des conditions de milieu dans lesquelles se trouve l'animal. »

L'attention du monde savant fut d'ailleurs détournée de ces considérations et attirée dans une voie que l'on crut être entièrement nouvelle, par la publication d'un livre de Darwin, qui provoqua une sorte de révolution dans le monde scientifique. Darwin rejetait dans les oubliettes du passé et les grandes conceptions de Buffon et la théorie de Lamarck, il expliquait la formation des espèces par un mécanisme, selon lui, entièrement nouveau, que nul avant lui, si l'on veut l'en croire, n'avait soupçonné, et qu'il présentait au monde sous le nom de *Sélection*.

La théorie de la sélection.

Darwin nous informe lui-même qu'il a d'abord fait porter ses méditations et ses recherches sur l'origine des espèces et des variétés d'animaux et de végétaux domestiques. Après avoir dit que la plupart de ces variétés ne peuvent pas être attribuées à la seule action du milieu, il ajoute : « Certaines variations utiles à l'homme se sont probablement produites soudainement, d'autres par degrés; quelques naturalistes, par exemple, crurent que le chardon à foulon, armé de crochets que ne peut remplacer aucune machine, est tout simplement une variété du *Dipsacus* sauvage; or, cette transformation peut s'être manifestée dans un seul semis. Il en a été probablement ainsi pour le chien de Tournebroche; on sait tout au moins que le mouton Ancon a surgi d'une manière subite. Mais il faut, si l'on compare le cheval de trait et le cheval de course, le dromadaire et le chameau, les diverses races de moutons adaptées, soit aux plaines cultivées, soit aux pâturages des montagnes, et dont la laine, suivant la race, est appropriée tantôt à un usage, tantôt à un autre; si l'on compare les différentes races de chiens, dont chacune d'elles est utile à l'homme à des points de vue divers; si l'on compare le coq de combat, si enclin à la bataille, avec d'autres races si pacifiques; avec les pondeuses perpétuelles qui ne demandent jamais à couver, et avec le coq Bantam, si petit et si élégant; si l'on considère enfin, cette légion de plantes agricoles et culinaires, les arbres qui encombrent nos vergers, les fleurs qui ornent nos jardins; les unes si utiles à l'homme en différentes saisons et pour tant d'usages divers, ou seulement agréables à ses yeux, il faut chercher, je crois, quelque chose de plus qu'un simple effet de variabilité. Nous ne pouvons supposer en effet, que toutes ces races ont été soudainement produites avec toute la perfection et toute l'utilité qu'elles ont aujourd'hui; nous savons même, dans bien des cas, qu'il n'en a pas été ainsi. Le pouvoir de sélection, d'accumulation que possède l'homme, est la clef de ce problème; la nature fournit les variations successives, l'homme les accumule dans certaines directions qui lui sont utiles. Dans ce sens, on peut dire que l'homme crée à son profit des races utiles. La grande valeur de ce principe de sélection n'est pas hypothétique. Il est certain que plusieurs de nos éleveurs les plus éminents ont, pendant le cours d'une seule vie d'homme, considérablement modifié leurs bestiaux et leurs moutons. »

Buffon a précédé Darwin dans la doctrine de la sélection artificielle.

Cette sélection volontaire, artificielle comme il la nomme dans tous ses écrits, à l'aide de laquelle l'homme a produit des variétés nouvelles, c'est l'éclair qui illumine l'esprit de Darwin. Mais cet éclair, il importe de le faire remarquer, n'a pas jailli dans ses propres méditations. Il brille de tout son éclat dans maints endroits de l'œuvre de Buffon. J'ai cité plus haut sa superbe description de ce que Darwin appelle « la sélection artificielle » appliquée aux pigeons, aux chats, aux chiens, aux chevaux etc. Je dois faire remarquer en outre que Buffon, beaucoupplus précis que Darwin, a eu soin d'indiquer comment peuvent surgir les variétés accidentelles que l'homme sélectera, et que d'autre part, il insistait sur la nécessité, d'isoler, de séparer, de ségréger comme on dit aujourd'hui, les individus sélectés, si l'on veut obtenir une race nouvelle. La cause déterminante de la variation, c'est, pour Buffon, la nourriture, le climat, l'habitation, etc., en un mot, les conditions auxquelles est soumis l'animal, c'est aussi l'hybridation des races ou le croisement d'individus provenant de familles distinctes, de localités différentes, etc. Darwin ne parle pas de la nécessité d'isoler les individus sélectés artificiellement parce que, sans doute, il avait vu l'embarras qu'elle lui occasionnerait dans l'établissement du reste de sa doctrine.

Quoi qu'il en soit, un premier fait est acquis : à Buffon revient l'honneur d'avoir signalé et précisé avec autant d'exactitude que possible le rôle de la sélection dans la production des variétés et des espèces domestiques. Il me paraît singulier que ni Darwin, ni aucun autre naturaliste de ce temps n'en ait encore fait la remarque. Cela est surtout étrange de la part de Darwin, qui a été le bibliophile le plus minutieux de notre époque.

La lutte pour l'existence.

Ayant constaté l'importance de la sélection artificielle dans la formation des races et des variétés domestiques, Darwin se demande s'il ne se passerait pas dans la nature quelque chose d'analogue. Il est mis sur la voie par les travaux de Malthus, relatifs aux relations qui existent entre le développement des animaux et de l'homme et leur alimentation.

Malthus avait établi, vers le commencement de ce siècle, dans un livre célèbre, l'*Essai sur le principe de population,* que les animaux croissent dans la proportion géométrique, tandis que les aliments ne peuvent augmenter que dans une proportion arithmétique, d'où il résulte que si les animaux ou les hommes n'étaient pas détruits d'une façon quelconque, ils finiraient par succomber faute de nourriture. Mais il est bien évident que tous les individus ne courent pas les mêmes chances de destruction ; les plus forts, ceux qui savent le mieux se procurer des aliments résistent, tandis que les autres disparaissent. C'est le point de départ de toute la doctrine que Darwin a désignée sous le nom de sélection naturelle. Il constate justement, après Malthus, après Lamarck, après Buffon, ainsi que je le montrai tout à l'heure, que les êtres vivants ont à lutter les uns contre les autres et avec les mille difficultés de la vie, qu'ils supportent un perpétuel combat contre les autres êtres organisés et contre les conditions physiques auxquelles ils sont soumis, combat dans lequel survivent ceux-là seuls qui sont les mieux doués, les mieux armés, ou, si l'on veut, les plus aptes à résister aux causes nombreuses de destruction qui les menacent. C'est ce qu'il nomme le *struggle for life*, le combat pour la vie, la lutte pour l'existence.

La sélection naturelle d'après Darwin.

Le résultat de cette lutte, la persistance des plus aptes, est ce que Darwin appelle la sélection naturelle. Et il conclut que les espèces sauvages ont toutes été produites par la sélection naturelle. Je m'explique : il admet que certains individus d'une espèce déterminée peuvent naître accidentellement avec un caractère qui les rend plus aptes que tous les autres à résister aux causes de destruction ; ceux-là seuls survivront, et ils formeront la souche d'une espèce nouvelle, tandis que les autres disparaîtront. Je lui laisse la parole : « On peut encore se demander, dit-il (1), comment il se fait que les variétés que j'ai appelées *espèces naissantes*, ont fini par se convertir en espèces vraies et distinctes, lesquelles, dans la plupart des cas, diffèrent évidemment beaucoup plus les unes des autres que les variétés d'une même espèce; comment se forment ces groupes d'espèces, qui constituent ce qu'on appelle des *genres distincts*, et qui diffèrent plus les uns des autres que les espèces du même genre.

» Tous ces résultats, comme nous l'expliquerons de façon plus détaillée dans le chapitre suivant, proviennent de la lutte pour l'existence. Grâce à cette lutte, les variations quelque faibles qu'elles soient, et de quelque cause qu'elles proviennent, tendent à préserver les individus d'une espèce et se transmettent ordinairement à leur descendance, pourvu qu'elles soient utiles à ces individus dans leurs rapports infiniment complexes avec les autres êtres organisés et avec les conditions physiques de la vie. Les descendants auront, eux aussi, en vertu de ce fait, une plus grande chance de survivre ; car, sur les individus d'une espèce quelconque nés périodiquement, un bien petit nombre peut survivre. J'ai donné à ce principe, en vertu duquel une variation si insignifiante qu'elle soit se conserve et se perpétue, si elle est utile, le nom de *sélection naturelle*, pour indiquer les rapports de cette sélection avec celle que l'homme peut accomplir. Mais l'expression qu'emploie souvent M. Herber Spencer : « la persistance du plus apte », est plus exacte et quelquefois tout aussi commode. »

On comprendra que je ne puisse pas m'adonner ici à une étude complète de la doctrine de Darwin. Je ne puis qu'en indiquer les grandes lignes. Si l'on a bien compris ce que j'en ai dit plus haut, on verra aisément que les motifs de la lutte pour l'existence sont de deux sortes : les animaux ou les

(1) *Origine des espèces*, p. 67.

végétaux luttent entre eux et ils luttent contre les conditions du milieu cosmique.

Les végétaux luttent entre eux pour la nourriture, chaque espèce tendant à s'emparer du sol au détriment des autres ; ils luttent contre les animaux et l'homme qui les mangent, et n'échappent à la destruction que grâce à une multiplication très rapide et aux mille procédés à l'aide desquels ils dispersent leurs graines ; enfin ils luttent contre les conditions climatériques, contre la chaleur, le froid, la sécheresse, les vents, l'électricité, etc. Les animaux luttent entre eux, d'espèces à espèces, les unes détruisant les autres ; et, dans la même espèce, chaque individu consommant une portion de nourriture dont souvent il prive un certain nombre d'autres ; ils luttent aussi pour leurs femelles, chaque individu cherchant à s'emparer d'une ou plusieurs femelles, dont il ne laisse souvent plus approcher les autres, et chaque femelle choisissant de préférence les mâles les plus beaux et les plus forts. Le résultat de toutes les luttes, est la persistance des mieux armés, le triomphe des plus forts, des plus beaux, de ceux qui se multiplient le plus rapidement.

Buffon et la lutte pour l'existence.

Jusque-là point de contestations et rien de bien nouveau. Buffon avait entrevu ces faits, ainsi que le prouvent les citations suivantes, mais Darwin a le grand mérite d'en avoir réuni un grand nombre, de les avoir coordonnées et d'en avoir nettement montré la signification.

L'idée de Darwin n'est-elle pas contenue tout entière dans ces lignes de Buffon (1) : « Lorsqu'on réfléchit sur cette fécondité sans bornes donnée à chaque espèce, sur le produit innombrable qui doit en résulter, sur la prompte et prodigieuse multiplication de certains animaux qui pullulent tout à coup et viennent par milliers dévaster les campagnes et ravager la terre, on est étonné qu'ils n'envahissent pas la nature ; on craint qu'ils ne l'oppriment par le nombre et qu'après avoir dévoré sa substance ils ne périssent eux-mêmes avec elle. » Après avoir retracé les dégâts occasionnés par les bandes de sauterelles et de rats, et par les hordes sauvages des hommes du Nord, il ajoute : « Les grands événements, les époques si marquées dans l'histoire du genre humain ne sont cependant que de légères vicissitudes dans le cours ordinaire de la nature vivante ; il est en général toujours constant, toujours le même ; son mouvement toujours régulier, roule sur deux pivots inébranlables : l'un, la fécondité sans bornes donnée à toutes les espèces, l'autre, les obstacles sans nombre qui réduisent cette fécondité à une mesure déterminée et ne laissent en tout temps qu'à peu près la même quantité d'individus de chaque espèce. » Il montre l'espèce humaine se limitant elle-même : « lorsqu'une portion de la terre est surchargée d'hommes, ils se dispersent, ils se répandent, ils se détruisent, et il s'établit en même

(1) Buffon, t. IX, p. 37-40.

temps des lois et des usages qui souvent ne préviennent que trop cet excès de multiplication. Dans les climats excessivement féconds, comme à la Chine, en Égypte, en Guinée, on relègue, on vend, ou noie les enfants; ici, on les condamne à un célibat perpétuel. Ceux qui existent s'arrogent aisément des droits sur ceux qui n'existent pas; comme êtres nécessaires, ils anéantissent les êtres contingents, ils suppriment pour leur aisance, pour leur commodité, les générations futures. Il se fait sur les hommes, sans qu'on s'en aperçoive, ce qui se fait sur les animaux; on les soigne, on les multiplie, on les néglige, on les détruit selon le besoin, les avantages, l'incommodité, les désagréments qui en résultent; et comme tous ces effets moraux dépendent eux-mêmes des causes physiques qui, depuis que la terre a pris sa consistance, sont dans un état fixe et dans un équilibre permanent, il paraît que pour l'homme comme pour les animaux, le nombre d'individus dans l'espèce ne peut qu'être constant. Au reste, cet état fixe et ce nombre constant ne sont pas des quantités absolues : toutes les causes physiques et morales, tous les effets qui en résultent, sont compris et balancent entre certaines limites plus ou moins étendues, mais jamais assez grandes pour que l'équilibre se rompe. Comme tout est en mouvement dans l'univers, et que toutes les forces répandues dans la matière agissent les unes contre les autres et se contre-balancent, tout se fait par des espèces d'oscillations, dont les points milieux sont ceux auxquels nous rapportons le cours ordinaire de la nature, et dont les points extrêmes en sont les périodes les plus éloignées. En effet, tant dans les animaux que dans les végétaux, l'excès de la multiplication est ordinairement suivi de la stérilité; l'abondance et la disette se présentent tour à tour, et souvent se suivent de si près, que l'on pourrait juger de la production d'une année par le produit de celle qui la précède. Les pommiers, les pruniers, les chênes, les hêtres et la plupart des autres arbres fruitiers et forestiers, ne portent abondamment que de deux années l'une; les chenilles, les hannetons, les mulots et plusieurs autres animaux qui dans certaines années se multiplient à l'excès, ne paraissent qu'en petit nombre l'année suivante. Que deviendraient en effet tous les biens de la terre, que deviendraient les animaux utiles et l'homme lui-même, si dans ces années excessives chacun de ces insectes se reproduisait pour l'année suivante par une génération proportionnelle à leur nombre? Mais non : les causes de destruction, d'anéantissement et de stérilité suivent immédiatement celles de la trop grande multiplication; et indépendamment de la contagion, suite nécessaire des trop grands amas de toute matière vivante dans un même lieu, il y a dans chaque espèce des causes particulières de mort et de destruction, que nous indiquerons dans la suite, et qui seules suffisent pour compenser les excès des générations précédentes. Au reste, je le répète encore, ceci ne doit pas être pris dans un sens absolu ni même strict, surtout pour les espèces qui ne sont pas abandonnées en entier à la nature seule : celles dont l'homme prend soin, à commencer par la sienne, sont plus abondantes qu'elles ne le seraient sans ces soins ; mais comme ces soins ont eux-mêmes des limites, l'augmentation qui en résulte est aussi limitée et fixée depuis longtemps par des bornes immuables ; et quoique dans les pays policés l'espèce de l'homme et celles de tous les animaux utiles soient plus nombreuses que dans les autres climats, elles ne le sont jamais à l'excès, parce que la même puissance qui les fait naître les détruit, dès qu'elles deviennent incommodes. »

Dans l'introduction à l'histoire des animaux carnassiers, il trace un tableau plus remarquable encore de la lutte pour l'existence. Il montre l'homme et les animaux carnassiers détruisant une multitude d'organismes ; les insectes dévorant les plantes, mais ceux qui sont le plus exposés à la destruction se multipliant plus rapidement que les autres, de manière à compenser les pertes.

« Destructeurs nés des êtres qui nous sont subordonnés, dit-il (1), nous épuiserions la nature si elle n'était pas inépuisable, si par une fécondité aussi grande que notre déprédation, elle ne savait pas se réparer elle-même et se renouveler. Mais il est dans l'ordre que la mort serve à la vie, que la reproduction naisse de la destruction : quelque grande, quelque prématurée que soit donc la dépense de l'homme et des animaux carnassiers, le fonds, la quantité totale de substance vivante n'est point diminuée ; et s'ils précipitent les destructions, ils hâtent en même temps les naissances nouvelles.

« Les animaux qui par leur grandeur figurent dans l'univers, ne font que la plus petite partie des substances vivantes ; la terre fourmille de petits animaux. Chaque plante, chaque graine, chaque particule de matière organique contient des milliers d'atomes animés. Les végétaux paraissent être le premier fonds de la nature ; mais ce fonds de subsistance, tout abondant, tout inépuisable qu'il est, suffirait à peine au nombre encore plus abondant d'insectes de toute espèce. Leur pullulation, toute aussi nombreuse et souvent plus prompte que la reproduction des plantes, indique assez combien ils sont surabondants ; car les plantes ne se reproduisent que tous les ans, il faut une saison entière pour en former la graine, au lieu que dans les insectes, et surtout dans les plus petites espèces, comme celle des pucerons, une seule saison suffit à plusieurs générations. Ils multiplieraient donc plus que les plantes, s'ils n'étaient détruits par d'autres animaux dont ils paraissent être la pâture naturelle, comme les herbes et les graines semblent être la nourriture préparée pour eux-mêmes. Aussi parmi les insectes y en a-t-il beaucoup qui ne vivent que d'autres insectes ; il y en a même quelques espèces qui, comme les araignées, dévorent indifféremment les autres espèces et la leur : tous servent de pâture aux oiseaux, et les oiseaux domestiques

(1) Buffon, t. IX, p. 53.

et sauvages nourrissent l'homme ou deviennent la proie des animaux carnassiers.

« Ainsi la mort violente est un usage presque aussi nécessaire que la loi de la mort naturelle : ce sont deux moyens de destruction et de renouvellement, dont l'un sert à entretenir la jeunesse perpétuelle de la nature, et dont l'autre maintient l'ordre de ses productions, et peut seul limiter le nombre dans les espèces. Tous deux sont des effets dépendants des causes générales, chaque individu qui naît tombe de lui-même au bout d'un temps, ou, lorsqu'il est prématurément détruit par les autres, c'est qu'il était surabondant. Et combien n'y en a-t-il pas de supprimés d'avance ! que de fleurs moissonnées au printemps ! que de races éteintes au moment de leur naissance ! que de germes anéantis avant leur développement ! L'homme et les animaux carnassiers ne vivent que d'individus tout formés, ou d'individus prêts à l'être ; la chair, les œufs, les graines, les germes de toute espèce font leur nourriture ordinaire : cela seul peut borner l'exubérance de la nature. Que l'on considère un instant quelqu'une de ces espèces inférieures qui servent de pâture aux autres, celle des harengs, par exemple ; ils viennent par milliers s'offrir à nos pêcheurs, et après avoir nourri tous les monstres des mers du Nord, ils fournissent encore à la subsistance de tous les peuples de l'Europe pendant une partie de l'année. Quelle pullulation prodigieuse parmi ces animaux ! et s'ils n'étaient en grande partie détruits par les autres, quels seraient les effets de cette immense multiplication ! eux seuls couvriraient la surface entière de la mer ; mais bientôt se nuisant par le nombre, ils se corrompraient, ils se détruiraient eux-mêmes ; faute de nourriture suffisante leur fécondité diminuerait ; la contagion et la disette feraient ce que fait la consommation ; le nombre de ces animaux ne serait guère augmenté, et le nombre de ceux qui s'en nourrissent serait diminué. Et comme l'on peut dire la même chose de toutes les autres espèces, il est donc nécessaire que les uns vivent sur les autres ; et dès lors la mort violente des animaux est un usage légitime, innocent, puisqu'il est fondé sur la nature et qu'ils ne naissent qu'à cette condition ».

Dans l'histoire du rat, il insiste sur la rapide multiplication des animaux de petite taille et dépourvus de force, comme moyen de résister aux causes de destruction dont ils sont entourés ; il y ajoute cette idée ingénieuse et vraie que parmi les petits animaux ce sont non seulement les individus d'une même espèce qui sont nombreux, mais encore les espèces voisines elles-mêmes.

« Descendant par degrés du grand au petit, dit-il (1), du fort au faible, nous trouverons que la nature a su tout compenser ; qu'uniquement attentive à la conservation de chaque espèce, elle fait profusion d'individus, et se soutient

(1) Buffon, t. IX, p. 103.

par le nombre dans toutes celles qu'elle a réduites au petit, ou qu'elle a laissées sans forces, sans armes et sans courage : et non seulement elle a voulu que ces espèces inférieures fussent en état de résister ou durer par le nombre, mais il semble qu'elle ait en même temps donné des suppléments à chacune, en multipliant les espèces voisines. Le rat, la souris, le mulot, le rat d'eau, le campagnol, le loir, le lérot, le muscardin, la musaraigne, beaucoup d'autres que je ne cite point parce qu'ils sont étrangers à notre climat, forment autant d'espèces distinctes et séparées, mais assez peu différentes pour pouvoir en quelque sorte se suppléer et faire que, si l'une d'entre elles venait à manquer, le vide en ce genre serait à peine sensible; c'est ce grand nombre d'espèces voisines qui a donné l'idée des genres aux naturalistes; idée que l'on ne peut employer qu'en ce sens, lorsqu'on ne voit les objets qu'en gros, mais qui s'évanouit dès qu'on l'applique à la réalité, et qu'on vient à considérer la nature en détail. » Dans son mémoire sur les mulets, il pose cette question (1) :

« Les espèces faibles n'ont-elles pas été détruites par les plus fortes ou par la tyrannie de l'homme, dont le nombre est devenu mille fois plus grand que celui d'aucune espèce d'animaux puissants? »

Buffon et la sélection naturelle.

Dans son mémoire sur les animaux communs aux deux continents, il fait à cette question la réponse suivante, dans laquelle se trouve en germe toute la théorie de la sélection naturelle : « Les animaux ne sont à beaucoup d'égards que des productions de la terre; ceux d'un continent ne se trouvent pas dans l'autre; ceux qui s'y trouvent sont altérés, rapetissés, changés souvent au point d'être méconnaissables : en faut-il plus pour être convaincu que leur forme n'est pas inaltérable, que leur nature, beaucoup moins constante que celle de l'homme peut se varier et même se changer absolument avec le temps, que par la même raison, *les espèces les moins parfaites, les plus délicates, les plus pesantes, les moins agissantes, les moins armées*, etc., *ont déjà disparu ou disparaîtront*. »

De toutes ces citations, il ressort bien clairement la preuve de ce que j'ai affirmé plus haut que Buffon avait une connaissance exacte des faits qui ont servi de base à la théorie de Darwin et qu'il avait conçu très nettement l'idée que le savant Anglais devait développer cent ans plus tard sous le nom de « lutte pour l'existence ».

Mais Buffon ne voyait d'autre conséquence à cette lutte que la destruction des individus ou des espèces « les plus faibles et les moins armés » et la persistance des individus ou des espèces les plus forts et les mieux armés; parmi ces armes il faisait figurer non seulement la force physique et l'intelligence, mais encore la rapidité de la multiplication. Ce qui est l'une des vues les plus exactes qu'il ait formulées.

(1) Buffon, t. IV, p. 523.

La sélection naturelle n'est pas la cause déterminante de la formation des espèces sauvages.

Darwin va beaucoup plus loin. D'après lui, la lutte pour l'existence a pour conséquence non seulement la persistance des plus forts et des mieux armés, et la disparition des plus faibles et des moins armés, ce qu'il nomme la sélection naturelle, mais encore, la lutte pour l'existence et la sélection naturelle seraient à peu près la seule cause déterminante de la formation des espèces.

Buffon, Adanson, Lamarck avaient admis comme cause déterminante de la formation d'espèces sauvages nouvelles la transformation d'espèces préexistantes sous l'influence du milieu ambiant, climat, nourriture, etc. Darwin rejette ces causes : « Les naturalistes, dit-il (1), assignent comme seules causes possibles aux variations, les conditions extérieures, telles que le climat, la nourriture, etc. Cela peut être vrai dans un sens très limité. » « On peut attribuer, dit-il encore (2), quelques effets à l'action directe et définie des conditions extérieures de la vie, quelques autres aux habitudes; mais il faudrait être bien hardi pour expliquer par de telles causes les différences qui existent entre le cheval de trait et le cheval de course, entre le limier et le lévrier, entre le pigeon sauvage et le pigeon culbutant... »

Remarquons que parmi les naturalistes dont parle Darwin, il en est un, Buffon, qui précisément attribue la formation des races de chiens, de chevaux et de pigeons, non point à l'action seule du milieu, mais à l'action du milieu additionnée de la sélection artificielle et de la ségrégation. Buffon dit : sous l'influence de la nourriture, du climat, etc.; j'obtiens un chien, un cheval, un pigeon offrant un caractère qui me présente quelques avantages; je prends ce chien, ce cheval, ce pigeon, je l'accouple avec un individu offrant autant que possible les mêmes caractères, je les isole, je les ségrège et j'obtiens ainsi une race nouvelle. Donc trois phénomènes : la variation produite par le milieu, la sélection et la ségrégation effectués par l'homme. Darwin ne s'occupe ni de la cause de la variation, « certaines variations utiles à l'homme se sont produites *soudainement* », ni de la ségrégation; il ne voit que la sélection. Or, celle-ci n'est que postérieure à la variation, sans laquelle elle serait impossible; et, d'autre part, sans la ségrégation la sélection serait inutile puisque les individus sélectés continuant à fréquenter les autres et à se croiser avec eux, leurs caractères particuliers ne tarderaient pas à disparaître.

Certes, Darwin n'ignorait pas cela; s'il ne parle pas de la nécessité de la ségrégation dans la sélection artificielle, c'est que sa théorie de la sélection naturelle en serait singulièrement embarrassée. Je n'aurai pas de peine à le démontrer.

Rappelons brièvement la théorie de Darwin : tous les êtres luttent contre le milieu, contre d'autres espèces, contre les individus de la même espèce; les mieux armés seuls persistent, ce qui consiste la « sélection naturelle »;

(1) *Origine des espèces*, p. 3.
(2) *Ibid.*, p. 67.

tout caractère individuel nouveau, favorable à l'individu qui le présente, se perpétue et devient le signe d'une race nouvelle, qui formera espèce quand tous les individus qui ne le présentent pas auront disparu. Pour bien prouver que je ne change rien à la doctrine, je laisse la parole à Darwin lui-même. « Afin, dit-il (1), de bien comprendre de quelle manière agit, selon moi, la sélection naturelle, je demande la permission de donner un ou deux exemples imaginaires. Supposons un loup qui se nourrisse de différents animaux, s'emparant des uns par la ruse, des autres par la force, d'autres enfin par l'agilité. Supposons encore que sa proie la plus rapide, le daim par exemple, ait augmenté en nombre à la suite de quelques changements survenus dans le pays, ou que les autres animaux dont il se nourrit ordinairement aient diminué pendant la saison de l'année où le loup est le plus pressé par la faim. Dans ces circonstances, les loups les plus agiles et les plus rapides ont plus de chance de survivre que les autres; ils sont donc conservés ou choisis, pourvu toutefois qu'ils conservent assez de force pour terrasser leur proie et s'en rendre maîtres à cette époque de l'année ou à toute autre, lorsqu'ils sont forcés de s'emparer d'autres animaux pour se nourrir. Je ne vois pas plus de raison de douter de ce résultat que de la possibilité pour l'homme d'augmenter la vitesse de ses lévriers par une sélection soigneuse et méthodique, ou par cette espèce de sélection inconsciente qui provient de ce que chaque personne s'efforce de posséder les meilleurs chiens, sans avoir la moindre pensée de modifier la race. Je puis ajouter que, selon M. Pierce, deux variétés de loups habitent les montagnes de Catskill aux États-Unis; l'une de ces variétés, qui affecte un peu la forme du lévrier, se nourrit principalement de daims; l'autre, plus épaisse, aux jambes courtes, attaque plus fréquemment les troupeaux. »

L'analyse de cet exemple montrera ce que vaut la théorie. Deux cas peuvent se présenter. Dans le premier, un seul loup aura la rapidité exceptionnelle dont parle Darwin, et il est bien évident que son accouplement avec une louve ne présentant pas ce caractère, sera suivi de la production de louveteaux ayant à un moindre degré que leur père le caractère de celui-ci; leurs produits le posséderont à un degré moindre encore et le caractère exceptionnel, accidentel, du premier ancêtre finira par disparaître totalement.

Dans le second cas possible, un grand nombre de loups posséderont simultanément une rapidité à la course que n'avaient pas leurs ancêtres; mais un tel caractère ne peut surgir brusquement chez un grand nombre d'individus, que si la race entière est soumise à des conditions extérieures spéciales.

Dans le premier cas, la sélection ne peut pas produire de race parce qu'il n'y a pas ségrégation de l'individu présentant le caractère exceptionnel; dans le second cas, les conditions extérieures seules déterminent la variation; la

(1) *Origine des espèces*, p. 97.

sélection agit seulement en faisant disparaître les individus qui ne présentent pas le caractère favorable.

Darwin reconnaît lui-même qu'un caractère, si favorable fût-il, présenté par un seul ou un petit nombre d'individus, a beaucoup de chances de disparaître : « J'ai complètement compris, avoue-t-il (1), combien il est rare que des variations isolées, qu'elles soient peu ou fortement accusées, puissent se perpétuer. »

Donc, quand une variation est limitée à un petit nombre d'individus, la sélection naturelle n'agit pas; elle n'agit pas parce que la ségrégation, c'est-à-dire l'isolement des individus qui offrent la variation, n'est pas applicable, comme elle l'est dans la sélection artificielle. J'avais donc raison d'attirer plus haut l'attention du lecteur sur la nécessité de la ségrégation dans la sélection artificielle. Dans la nature comme dans l'état domestique il n'y a pas de sélection sans ségrégation.

Or, dans la nature, la ségrégation d'individus possédant des variations accidentelles ne se fait probablement jamais. On ne voit pas pourquoi un animal s'isolerait de tous ceux de son espèce, uniquement parce qu'il serait doué d'une coloration un peu différente, d'une vue meilleure, d'une aptitude plus grande à la course, etc.

Quand la variation porte sur un grand nombre d'individus, c'est qu'elle a été déterminée par une cause générale; dans ce cas, elle persiste tant que la cause générale qui l'a produite continue à agir et s'il se fait une sélection c'est seulement par disparition des individus qui n'offrent pas la variation favorable.

Prenons un exemple. Je suppose que des marches forcées constituent le seul gagne-pain des habitants d'une commune. Il est bien évident que les plus forts marcheurs seront les plus favorisés, et qu'au bout d'un certain nombre de générations, tous les habitants de la localité seront plus aptes à la marche que leurs ancêtres. Cela tiendra à deux causes : d'abord à la condition spéciale d'existence imposée aux membres de la commune, ensuite à la disparition des individus incapables de marcher, à une sélection agissant par destruction, à la façon d'un berger qui pour avoir un troupeau de moutons blancs tuerait, dès leur naissance, tous les agneaux noirs ou tachés de noir. Mais il faut remarquer que dans la transformation des individus de la commune, la cause agissante est, non pas la sélection, mais l'obligation de faire des marches forcées; c'est cette dernière qui modifie les muscles et les nerfs mis en action et qui leur fait acquérir les qualités nécessaires au rôle exceptionnel qu'ils doivent remplir; que les marches forcées cessent d'être obligatoires et les caractères particuliers aux gens de cette commune disparaîtront.

(1) *Origine des espèces*, p. 98.

La sélection ne fait qu'ajouter son action à celle des conditions extérieures.

Ainsi, quel que soit le cas que nous envisagions, celui de « variations isolées » ou celui de variations généralisées, ce n'est jamais la sélection qui agit, ni pour produire, ni pour perpétuer la variation; elle ne fait qu'ajouter son action à celle des conditions extérieures.

Il me serait facile de montrer que les mêmes conclusions s'appliquent à tous les cas dans lesquels Darwin attribue la formation de variétés ou d'espèces sauvages à la sélection naturelle, mais je serais entraîné beaucoup au delà des limites dans lesquelles je dois me renfermer.

Darwin conclut à tort des espèces domestiques aux espèces sauvages.

Le grand tort de Darwin a été de vouloir appliquer à la formation des espèces sauvages toutes les causes qui agissent dans celle des espèces domestiques.

C'est une erreur que Buffon avait su éviter. L'illustre naturaliste du XVIIIe siècle avait constaté par l'expérience qu'à l'état domestique l'hybridité des races, des variétés, des espèces, peut servir à la production d'espèces nouvelles et cependant il a soin de faire remarquer que l'hybridité n'agit pas dans le même sens, ou n'agit que très peu, parmi les espèces sauvages, parce que l'hybridation y est très rare. Il avait aussi très nettement observé et compris la sélection artificielle; il avait décrit, avec plus de clarté que cela n'a jamais été fait la formation de races et d'espèces par la sélection et la ségrégation artificielles, mais il n'appliquait pas ces causes aux espèces sauvages parce qu'il savait bien qu'à l'état sauvage la ségrégation, sans laquelle la sélection n'existe pas, est presque complètement inadmissible. Mais il avait bien vu les conséquences vraies de la lutte pour l'existence, c'est-à-dire la disparition des individus ou des espèces les plus faibles et les moins armés, disparition qui favorise la perpétuation des forts et des mieux armés, mais qui ne peut pas être considérée comme la cause de leur production. Il avait vu qu'à l'état sauvage la sélection détruit, mais qu'elle ne crée pas. C'est à cette conclusion que doit conduire toute analyse indépendante de l'œuvre de Darwin.

Le milieu est la véritable cause de formation des espèces sauvages.

En résumé, la véritable cause des transformations des espèces et par conséquent de la formation des espèces nouvelles dans l'état sauvage réside dans l'action du milieu : climat, nourriture, vents, électricité, etc., en un mot, de toutes les conditions dans lesquelles vivent les animaux et les plantes. Ce sont ces conditions qui déterminent les variations, en modifiant les besoins, créant des habitudes nouvelles, provoquant l'usage ou le non-usage de tels et tels organes, etc.

Quant à la sélection, elle ne fait qu'ajouter son action à celui du milieu, en faisant disparaître les organismes qui ne s'adaptent pas à ce dernier.

Ainsi que Buffon l'avait fait remarquer, pour que le milieu agisse, pour qu'il modifie l'organe, il faut que ce dernier soit soumis à une action constante et prolongée des mêmes conditions : un animal qui voyage sur une grande étendue du globe terrestre est beaucoup moins facilement modifié; il offre des caractères pour ainsi dire moyens, tandis que les animaux très sédentaires et les plantes, les espèces isolées dans une région limitée offrent des caractères beaucoup plus tranchés.

Conclusion.

Je ne veux pas davantage insister sur les questions relatives à l'origine des espèces (1); je me borne à attirer l'attention du lecteur sur le rôle considérable qu'a joué Buffon dans leur solution.

Quant à cette dernière, je puis maintenant la résumer en quelques mots : il n'y a dans la nature que des individus; les espèces, les genres, les familles, les classes ne sont que des divisions artificielles, destinées à nous permettre d'ordonner nos connaissances; la matière vivante est produite par transformation de la matière non vivante; sa forme la plus rudimentaire est reliée à ses formes les plus élevées par une série indéfinie de formes intermédiaires, issues les unes des autres par transformations graduelles et dans des directions multiples; chaque organisme hérite des caractères de ses ancêtres et s'adapte au milieu dans lequel il vit; l'action de l'hérédité et celle de l'adaptation se combinent pour produire les caractères de chaque individu. Me reportant à la théorie mécanique des phénomènes biologiques dont il a été fait mention tant de fois dans cette étude, j'ajouterais volontiers : les atomes constituants de chaque individu sont doués d'un mouvement hérité qui se modifie et se transforme sous l'influence des mouvements atomiques des corps avec lesquels l'animal ou le végétal se trouve en rapport pendant le cours de son existence; la résultante du mouvement hérité et du mouvement provoqué par le milieu constitue l'adaptation et l'individualité du végétal ou de l'animal.

Que sont en réalité les mouvements biologiques? De quelle façon se modifient-ils? Quels sont leurs rapports avec les mouvements des autres corps matériels? Quels sont les liens qui unissent les unes avec les autres, les innombrables parties de cet univers? Comment le mouvement calorique, lumineux, électrique, biologique, se transforment-ils l'un en l'autre? Ce sont là autant de questions auxquelles il serait téméraire de faire une réponse? Mais la science est assez avancée pour qu'il nous soit permis d'affirmer que ces deux termes : matière et mouvement contiennent tous les éléments de la solution des problèmes les plus compliqués de la science.

Certes, la solution de la plupart des questions débattues par notre siècle est encore loin de nous; mais c'est surtout dans le domaine de la science que la fortune a toujours favorisé les efforts de l'audace, et je crois ne pouvoir mieux terminer cette étude sur l'œuvre de Buffon qu'en reproduisant ici l'encouragement aux audacieux qu'il signait il y a plus de cent ans (2) : « Loin de se décourager, le philosophe doit applaudir à la nature, lors même qu'elle lui

(1) Je les ai toutes discutées avec le plus grand soin, et, j'ose ajouter, avec autant d'impartialité que d'indépendance dans mon livre : *Le Transformisme*.

(2) Buffon, t. IV, p. 523.

paraît avare ou trop mystérieuse, et se féliciter de ce qu'à mesure qu'il lève une partie de son voile, elle lui laisse entrevoir une immensité d'autres objets tous dignes de ses recherches. Car ce que nous connaissons déjà doit nous faire juges de ce que nous pourrons connaître; l'esprit humain n'a point de bornes, il s'étend à mesure que l'univers se déploie; l'homme peut donc et doit tout tenter, il ne lui faut que du temps pour tout savoir. Il pourrait même, en multipliant ses observations, voir et prévoir tous les phénomènes, tous les événements de la nature, avec autant de vérité et de certitude que s'il les déduisait immédiatement des causes; et quel enthousiasme plus pardonnable et même plus noble que celui de croire l'homme capable de reconnaître toutes les puissances, et découvrir par ses travaux tous les secrets de la nature ! »

FIN DE L'INTRODUCTION.

ŒUVRES COMPLÈTES

DE BUFFON

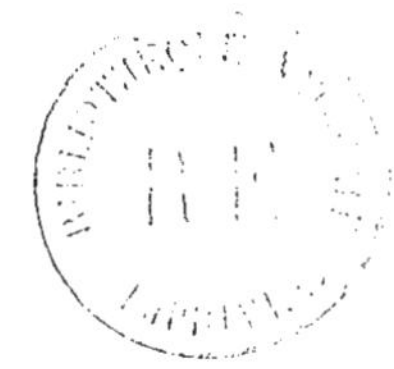

PREMIER DISCOURS

DE LA MANIÈRE D'ÉTUDIER ET DE TRAITER L'HISTOIRE NATURELLE

Res ardua vetustis novitatem dare, novis auctoritatem, obsoletis nitorem, obscuris lucem, fastiditis gratiam, dubiis fidem, omnibus verò naturam, et naturæ suæ omnia. (PLIN. *in Præf. ad Vespas.*)

L'histoire naturelle, prise dans toute son étendue, est une histoire immense; elle embrasse tous les objets que nous présente l'univers. Cette multitude prodigieuse de quadrupèdes, d'oiseaux, de poissons, d'insectes, de plantes, de minéraux, etc., offre à la curiosité de l'esprit humain un vaste spectacle dont l'ensemble est si grand, qu'il paraît et qu'il est en effet inépuisable dans les détails. Une seule partie de l'histoire naturelle, comme l'histoire des insectes, ou l'histoire des plantes, suffit pour occuper plusieurs hommes; et les plus habiles observateurs n'ont donné, après un travail de plusieurs années, que des ébauches assez imparfaites des objets trop multipliés que présentent ces branches particulières de l'histoire naturelle, auxquelles ils s'étaient uniquement attachés : cependant ils ont fait tout ce qu'ils pouvaient faire, et bien loin de s'en prendre aux observateurs du peu d'avancement de la science, on ne saurait trop louer leur assiduité au travail et leur patience, on ne peut même leur refuser des qualités plus élevées; car il y a une espèce de force de génie et de courage d'esprit à pouvoir envisager, sans s'étonner, la nature dans la multitude innombrable de ses

REMARQUE GÉNÉRALE. — Les Notes de BUFFON seront indiquées par des *lettres italiques*, et celles de M. DE LANESSAN par des *astérisques*.

productions, et à se croire capable de les comprendre et de les comparer; il y a une espèce de goût à les aimer, plus grand que le goût qui n'a pour but que des objets particuliers; et l'on peut dire que l'amour de l'étude de la nature suppose dans l'esprit deux qualités qui paraissent opposées, les grandes vues d'un génie ardent qui embrasse tout d'un coup d'œil, et les petites attentions d'un instinct laborieux qui ne s'attache qu'à un seul point.

Le premier obstacle qui se présente dans l'étude de l'histoire naturelle vient de cette grande multitude d'objets; mais la variété de ces mêmes objets, et la difficulté de rassembler les productions diverses des différents climats, forment un autre obstacle à l'avancement de nos connaissances, qui paraît invincible, et qu'en effet le travail seul ne peut surmonter; ce n'est qu'à force de temps, de soins, de dépenses, et souvent par des hasards heureux, qu'on peut se procurer des individus bien conservés de chaque espèce d'animaux, de plantes ou de minéraux, et former une collection bien rangée de tous les ouvrages de la nature.

Mais lorsqu'on est parvenu à rassembler des échantillons de tout ce qui peuple l'univers, lorsque après bien des peines on a mis dans un même lieu des modèles de tout ce qui se trouve répandu avec profusion sur la terre, et qu'on jette pour la première fois les yeux sur ce magasin rempli de choses diverses, nouvelles et étrangères, la première sensation qui en résulte est un étonnement mêlé d'admiration, et la première réflexion qui suit est un retour humiliant sur nous-mêmes. On ne s'imagine pas qu'on puisse avec le temps parvenir au point de reconnaître tous ces différents objets, qu'on puisse parvenir non seulement à les reconnaître par la forme, mais encore à savoir tout ce qui a rapport à la naissance, la production, l'organisation, les usages, en un mot à l'histoire de chaque chose en particulier : cependant, en se familiarisant avec ces mêmes objets, en les voyant souvent, et, pour ainsi dire, sans dessein, ils forment peu à peu des impressions durables, qui bientôt se lient dans notre esprit par des rapports fixes et invariables (*); et de là nous nous élevons à des vues plus générales, par lesquelles nous pouvons embrasser à la fois plusieurs objets différents; et c'est alors qu'on est en état d'étudier avec ordre, de réfléchir avec fruit, et de se frayer des routes pour arriver à des découvertes utiles.

On doit donc commencer par voir beaucoup et revoir souvent; quelque nécessaire que l'attention soit à tout, ici on peut s'en dispenser d'abord : je veux parler de cette attention scrupuleuse, toujours utile lorsqu'on sait

(*) Buffon montre ici l'importance qu'il attache aux « rapports » des êtres les uns avec les autres. Pendant de longs siècles les naturalistes se sont montrés beaucoup plus préoccupés d'établir des différences que des ressemblances entre les êtres qui faisaient l'objet de leurs études. Buffon est l'un des premiers qui aient compris que le moment était venu de procéder d'autre façon et de faire succéder la synthèse à l'analyse. Tout son discours *Sur la manière d'étudier l'histoire naturelle* est inspiré par cette idée. A ce titre, il est l'une des œuvres les plus importantes de l'illustre naturaliste.

beaucoup, et souvent nuisible à ceux qui commencent à s'instruire. L'essentiel est de leur meubler la tête d'idées et de faits, de les empêcher, s'il est possible, d'en tirer trop tôt des raisonnements et des rapports; car il arrive toujours que par l'ignorance de certains faits, et par la trop petite quantité d'idées, ils épuisent leur esprit en fausses combinaisons, et se chargent la mémoire de conséquences vagues et de résultats contraires à la vérité, lesquels forment dans la suite des préjugés qui s'effacent difficilement.

C'est pour cela que j'ai dit qu'il fallait commencer par voir beaucoup; il faut aussi voir presque sans dessein, parce que si vous avez résolu de ne considérer les choses que dans une certaine vue, dans un certain ordre, dans un certain système, eussiez-vous pris le meilleur chemin, vous n'arriverez jamais à la même étendue de connaissances à laquelle vous pourrez prétendre, si vous laissez dans les commencements votre esprit marcher de lui-même, se reconnaître, s'assurer sans secours, et former seul la première chaîne qui représente l'ordre de ses idées.

Ceci est vrai sans exception, pour toutes les personnes dont l'esprit est fait et le raisonnement formé; les jeunes gens, au contraire, doivent être guidés plutôt et conseillés à propos, il faut même les encourager par ce qu'il y a de plus piquant dans la science, en leur faisant remarquer les choses les plus singulières, mais sans leur en donner d'explications précises; le mystère à cet âge excite la curiosité, au lieu que dans l'âge mûr il n'inspire que le dégoût; les enfants se lassent aisément des choses qu'ils ont déjà vues, ils revoient avec indifférence, à moins qu'on ne leur présente les mêmes objets sous d'autres points de vue; et au lieu de leur répéter simplement ce qu'on leur a déjà dit, il vaut mieux y ajouter des circonstances, même étrangères ou inutiles; on perd moins à les tromper qu'à les dégoûter (*).

Lorsque, après avoir vu et revu plusieurs fois les choses, ils commenceront à se les représenter en gros, que d'eux-mêmes ils se feront des divisions, qu'ils commenceront à apercevoir des distinctions générales, le goût de la science pourra naître, et il faudra l'aider. Ce goût si nécessaire à tout, mais en même temps si rare, ne se donne point par les préceptes; en vain l'éducation voudrait y suppléer, en vain les pères contraignent-ils leurs enfants, ils ne les amèneront jamais qu'à ce point commun à tous les hommes,

(*) Nous avons à peine besoin de dire que nous ne partageons pas la plupart des idées exprimées par Buffon dans cet alinéa. S'il est vrai qu'il faille encourager les jeunes gens à l'étude « par ce qu'il y a de plus piquant dans la science » et en multipliant autant que possible le nombre des objets capables d'exciter leur curiosité, il est vrai aussi qu'on doit toujours leur donner les explications des faits qu'on livre à leur observation et combattre le goût du mystère qu'ils possèdent, au lieu de l'encourager, comme le demande Buffon. Il ne faut pas attendre que l'âge amène le dégoût des choses mystérieuses; le devoir du maître est de le provoquer dès l'enfance. Enfin, contrairement à l'avis de Buffon, nous pensons qu'il faut éviter avec le plus grand soin de tromper les enfants et les jeunes gens. Pour cela, il est bon de ne leur communiquer que les faits déjà bien connus, et les explications de ces faits qui ont été consacrées par l'expérience.

à ce degré d'intelligence et de mémoire qui suffit à la société ou aux affaires ordinaires; mais c'est à la nature à qui on doit cette première étincelle de génie, ce germe de goût dont nous parlons, qui se développe ensuite plus ou moins, suivant les différentes circonstances et les différents objets.

Aussi doit-on présenter à l'esprit des jeunes gens des choses de toute espèce, des études de tout genre, des objets de toute sorte, afin de reconnaître le genre auquel leur esprit se porte avec plus de force, ou se livre avec plus de plaisir : l'histoire naturelle doit leur être présentée à son tour, et précisément dans ce temps où la raison commence à se développer, dans cet âge où ils pourraient commencer à croire qu'ils savent déjà beaucoup; rien n'est plus capable de rabaisser leur amour-propre, et de leur faire sentir combien il y a de choses qu'ils ignorent; et indépendamment de ce premier effet qui ne peut qu'être utile, une étude même légère de l'histoire naturelle élèvera leurs idées et leur donnera des connaissances d'une infinité de choses que le commun des hommes ignore, et qui se retrouvent souvent dans l'usage de la vie.

Mais revenons à l'homme qui veut s'appliquer sérieusement à l'étude de la nature, et reprenons-le au point où nous l'avons laissé, à ce point où il commence à généraliser ses idées, et à se former une méthode d'arrangement et des systèmes d'explication : c'est alors qu'il doit consulter les gens instruits, lire les bons auteurs, examiner leurs différentes méthodes, et emprunter des lumières de tous côtés. Mais comme il arrive ordinairement qu'on se prend alors d'affection et de goût pour certains auteurs, pour une certaine méthode, et que souvent, sans un examen assez mûr, on se livre à un système quelquefois mal fondé, il est bon que nous donnions ici quelques notions préliminaires sur les méthodes qu'on a imaginées pour faciliter l'intelligence de l'histoire naturelle : ces méthodes sont très utiles, lorsqu'on ne les emploie qu'avec les restrictions convenables; elles abrègent le travail, elles aident la mémoire, et elles offrent à l'esprit une suite d'idées, à la vérité composée d'objets différents entre eux, mais qui ne laissent pas d'avoir des rapports communs, et ces rapports forment des impressions plus fortes que ne pourraient faire des objets détachés qui n'auraient aucune relation. Voilà la principale utilité des méthodes, mais l'inconvénient est de vouloir trop allonger ou trop resserrer la chaîne, de vouloir soumettre à des lois arbitraires les lois de la nature, de vouloir la diviser dans des points où elle est indivisible (*), et de vouloir mesurer ses forces par notre faible imagination. Un autre inconvénient qui n'est pas moins grand, et qui est le contraire

(*) Cette pensée est l'une des plus exactes et des plus riches en conséquences qui aient été formulées par Buffon. Toutes les méthodes qui ont été imaginées dans le but de classer les objets naturels sont, en effet, tombées nécessairement dans le reproche que leur fait Buffon de diviser la nature dans des points où elle est indivisible. Quelques prétentions qu'aient la plupart des méthodes de classification à être « naturelles, » elles ne sont jamais que des produits artificiels de notre esprit.

du premier, c'est de s'assujettir à des méthodes trop particulières, de vouloir juger du tout par une seule partie (*), de réduire la nature à de petits systèmes qui lui sont étrangers, et de ses ouvrages immenses en former arbitrairement autant d'assemblages détachés; enfin de rendre, en multipliant les noms et les représentations, la langue de la science plus difficile que la science elle-même.

Nous sommes naturellement portés à imaginer en tout une espèce d'ordre et d'uniformité, et quand on n'examine que légèrement les ouvrages de la nature, il paraît à cette première vue qu'elle a toujours travaillé sur un même plan : comme nous ne connaissons nous-mêmes qu'une voie pour arriver à un but, nous nous persuadons que la nature fait et opère tout par les mêmes moyens et par des opérations semblables; cette manière de penser a fait imaginer une infinité de faux rapports entre les productions naturelles : les plantes ont été comparées aux animaux, on a cru voir végéter les minéraux, leur organisation si différente, et leur mécanique si peu ressemblante a été souvent réduite à la même forme (**). Le moule commun de toutes ces choses si dissemblables entre elles est moins dans la nature que dans l'esprit étroit de ceux qui l'ont mal connue, et qui savent aussi peu juger de la force d'une vérité que des justes limites d'une analogie comparée. En effet, doit-on, parce que le sang circule, assurer que la sève circule aussi? doit-on conclure de la végétation connue des plantes à une pareille végétation dans les minéraux, du mouvement du sang à celui de la sève, de celui de la sève au mouvement du suc pétrifiant (***)? n'est-ce pas porter dans la réalité des ouvrages du Créateur les abstractions de notre esprit borné, et ne lui accorder, pour ainsi dire, qu'autant d'idées que nous en avons? Cependant on a dit, et on dit tous les jours des choses aussi peu fondées, et on bâtit des systèmes sur des faits incertains, dont l'examen n'a jamais été fait, et qui ne servent qu'à montrer le penchant qu'ont les hommes à vouloir trouver de la ressemblance dans les objets les plus différents, de la régularité où il ne règne que de la variété, et de l'ordre dans les choses qu'ils n'aperçoivent que confusément.

Car lorsque, sans s'arrêter à des connaissances superficielles dont les

(*) « Juger du tout par une partie » est précisément l'erreur dans laquelle sont tombées la plupart des méthodes dites « naturelles ». Lorsque Jussieu prend pour base de sa classification des végétaux Angiospermes, la gomopétalie ou la dialypétalie de la corolle et l'hypogynie, la périgynie ou l'épigynie des étamines, lorsque Cuvier base sa classification des animaux sur le système nerveux, Jussieu et Cuvier « jugent du tout par une partie ». Leurs méthodes pourront, sans nul doute, rendre des services, mais elles sont incapables de mettre en relief les « rapports fixes et invariables » des végétaux ou des animaux.

(**) Buffon commet ici une erreur qu'il se chargera lui-même de relever dans un autre ouvrage. Il s'étonne qu'on ait comparé les végétaux et les animaux, mais lui-même se chargera d'établir les ressemblances qui existent entre ces deux groupes d'êtres. Voyez : *Comparaison des animaux et des végétaux.*

(***) Nous ignorons à quel suc Buffon fait allusion sous le nom de « suc pétrifiant ».

résultats ne peuvent nous donner que des idées incomplètes des productions et des opérations de la nature, nous voulons pénétrer plus avant, et examiner avec des yeux plus attentifs la forme et la conduite de ses ouvrages, on est aussi surpris de la variété du dessein que de la multiplicité des moyens d'exécution. Le nombre des productions de la nature, quoique prodigieux, ne fait alors que la plus petite partie de notre étonnement; sa mécanique, son art, ses ressources, ses désordres même, emportent toute notre admiration; trop petit pour cette immensité, accablé par le nombre des merveilles, l'esprit humain succombe : il semble que tout ce qui peut être, est; la main du Créateur ne paraît pas s'être ouverte pour donner l'être à un certain nombre déterminé d'espèces; mais il semble qu'elle ait jeté tout à la fois un monde d'êtres relatifs et non relatifs, une infinité de combinaisons harmoniques et contraires, et une perpétuité de destructions et de renouvellements. Quelle idée de puissance ce spectacle ne nous offre-t-il pas! quel sentiment de respect cette vue de l'univers ne nous inspire-t-elle pas pour son auteur! Que serait-ce si la faible lumière qui nous guide devenait assez vive pour nous faire apercevoir l'ordre général des causes et de la dépendance des effets? Mais l'esprit le plus vaste, et le génie le plus puissant, ne s'élèvera jamais à ce haut point de connaissance : les premières causes nous seront à jamais cachées, les résultats généraux de ces causes nous seront aussi difficiles à connaître que les causes mêmes; tout ce qui nous est possible, c'est d'apercevoir quelques effets particuliers, de les comparer, de les combiner, et enfin d'y reconnaître plutôt un ordre relatif à notre propre nature, que convenable à l'existence des choses que nous considérons.

Mais puisque c'est la seule voie qui nous soit ouverte, puisque nous n'avons pas d'autres moyens pour arriver à la connaissance des choses naturelles, il faut aller jusqu'où cette route peut nous conduire, il faut rassembler tous les objets, les comparer, les étudier, et tirer de leurs rapports combinés toutes les lumières qui peuvent nous aider à les apercevoir nettement et à les mieux connaître.

La première vérité qui sort de cet examen sérieux de la nature est une vérité peut-être humiliante pour l'homme; c'est qu'il doit se ranger lui-même dans la classe des animaux (*), auxquels il ressemble par tout ce qu'il a de matériel, et même leur instinct lui paraîtra peut-être plus sûr que sa raison, et leur industrie plus admirable que ses arts. Parcourant ensuite successivement et par ordre les différents objets qui composent l'univers, et

(*) A l'époque de Buffon, il y avait quelque hardiesse à affirmer que l'homme doit être rangé « dans la classe des animaux ». Aujourd'hui même, il ne manque pas de gens, en dehors du milieu scientifique, qui répugnent à l'idée que l'homme n'est que le premier des animaux. Il y a quelques années, j'ai entendu un membre de l'Institut de France parler d'un prétendu « règne hominal ».

se mettant à la tête de tous les êtres créés, il verra avec étonnement qu'on peut descendre par des degrés presque insensibles de la créature la plus parfaite jusqu'à la matière la plus informe, de l'animal le mieux organisé jusqu'au minéral le plus brut (*); il reconnaîtra que ces nuances imperceptibles sont le grand œuvre de la nature (**); il les trouvera ces nuances, non seulement dans les grandeurs et dans les formes, mais dans les mouvements, dans les générations, dans les successions de toute espèce.

En approfondissant cette idée, on voit clairement qu'il est impossible de donner un système général, une méthode parfaite, non seulement pour l'histoire naturelle entière, mais même pour une seule de ses branches; car pour faire un système, un arrangement, en un mot une méthode générale, il faut que tout y soit compris; il faut diviser ce tout en différentes classes, partager ces classes en genres, sous-diviser ces genres en espèces, et tout cela suivant un ordre dans lequel il entre nécessairement de l'arbitraire. Mais la nature marche par des gradations inconnues, et par conséquent elle ne peut pas se prêter totalement à ces divisions, puisqu'elle passe d'une espèce à une autre espèce, et souvent d'un genre à un autre genre, par des nuances imperceptibles; de sorte qu'il se trouve un grand nombre d'espèces moyennes et d'objets mi-partis qu'on ne sait où placer, et qui dérangent nécessairement le projet du système général (***) : cette vérité est trop importante pour que je ne l'appuie pas de tout ce qui peut la rendre claire et évidente.

Prenons pour exemple la botanique, cette belle partie de l'histoire naturelle qui par son utilité a mérité de tout temps d'être la plus cultivée, et rappelons à l'examen les principes de toutes les méthodes que les botanistes nous ont données; nous verrons avec quelque surprise qu'ils ont eu tous en vue de comprendre dans leurs méthodes généralement toutes les espèces de plantes, et qu'aucun d'eux n'a parfaitement réussi; il se trouve toujours dans chacune de ces méthodes un certain nombre de plantes anomales, dont l'espèce est moyenne entre deux genres, et sur laquelle il ne leur a pas été

(*) « Il verra qu'on peut descendre par des degrés presque insensibles de la créature la plus parfaite jusqu'à la matière la plus informe, de l'animal le mieux organisé jusqu'au minéral le plus brut. » Buffon donne, dans cette phrase, la formule la plus nette de la théorie du Transformisme, à laquelle Lamarck devait, plus tard, imprimer, le premier, une forme scientifique précise.

(**) « Il reconnaîtra que ces nuances imperceptibles sont le grand œuvre de la nature. » Nous engageons le lecteur à rapprocher de cette phrase ce que Buffon a dit plus haut de la création et du Créateur; peut-être ce rapprochement lui donnera-t-il quelque idée du « créateur » de Buffon.

(***) Lamarck, reprenant l'idée exprimée dans ce passage, montrera, dans sa *Philosophie zoologique*, que ce que l'on nomme l'espèce n'existe réellement pas et de ce point de « départ » fera découler toute la théorie de la transformation des organismes. Ce passage du discours de Buffon et toute la partie relative aux méthodes qui vient à la suite est extrêmement remarquable. Nous en avons déjà fait remarquer l'importance dans notre étude sur Buffon et son œuvre.

possible de prononcer juste, parce qu'il n'y a pas plus de raison de rapporter cette espèce à l'un plutôt qu'à l'autre de ces deux genres : en effet, se proposer de faire une méthode parfaite, c'est se proposer un travail impossible ; il faudrait un ouvrage qui représentât exactement tous ceux de la nature, et au contraire tous les jours il arrive qu'avec toutes les méthodes connues, et avec tous les secours qu'on peut tirer de la botanique la plus éclairée, on trouve des espèces qui ne peuvent se rapporter à aucun des genres compris dans ces méthodes : ainsi l'expérience est d'accord avec la raison sur ce point, et l'on doit être convaincu qu'on ne peut pas faire une méthode générale et parfaite en botanique (*). Cependant il semble que la recherche de cette méthode générale soit une espèce de pierre philosophale pour les botanistes, qu'ils ont tous cherchée avec des peines et des travaux infinis ; tel a passé quarante ans, tel autre en a passé cinquante à faire son système, et il est arrivé en botanique ce qui est arrivé en chimie, c'est qu'en cherchant la pierre philosophale que l'on n'a pas trouvée, on a trouvé une infinité de choses utiles ; et de même en voulant faire une méthode générale et parfaite en botanique, on a plus étudié et mieux connu les plantes et leurs usages : serait-il vrai qu'il faut un but imaginaire aux hommes pour les soutenir dans leurs travaux, et que s'ils étaient bien persuadés qu'ils ne feront que ce qu'en effet ils peuvent faire, ils ne feraient rien du tout ?

Cette prétention qu'ont les botanistes d'établir des systèmes généraux, parfaits et méthodiques, est donc peu fondée ; aussi leurs travaux n'ont pu aboutir qu'à nous donner des méthodes défectueuses, lesquelles ont été successivement détruites les unes par les autres, et ont subi le sort commun à tous les systèmes fondés sur des principes arbitraires ; et ce qui a le plus contribué à renverser les unes de ces méthodes par les autres, c'est la liberté que les botanistes se sont donnée de choisir arbitrairement une seule partie dans les plantes, pour en faire le caractère spécifique : les uns ont établi leur méthode sur la figure des feuilles, les autres sur leur position, d'autres sur la forme des fleurs, d'autres sur le nombre de leurs pétales, d'autres enfin sur le nombre des étamines ; je ne finirais pas si je voulais rapporter en détail toutes les méthodes qui ont été imaginées, mais je ne veux parler ici que de celles qui ont été reçues avec applaudissement, et qui ont été suivies chacune à leur tour, sans que l'on ait fait assez d'attention à cette erreur de principe qui leur est commune à toutes, et qui consiste à vouloir juger d'un tout, et de la combinaison de plusieurs touts, par une seule partie, et par la comparaison des différences de cette seule partie : car

(*) En botanique comme en zoologie, il faudrait, pour qu'une méthode fût parfaite, qu'elle tînt compte non seulement de tous les caractères de l'adulte, mais encore de la filiation de chaque forme animale ou végétale, filiation que nous ne pouvons jamais suivre par l'observation directe, et que, pour beaucoup de formes, nous pouvons à peine soupçonner, dans l'état actuel de la science.

vouloir juger de la différence des plantes uniquement par celle de leurs feuilles ou de leurs fleurs, c'est comme si l'on voulait connaître la différence des animaux par la différence de leurs peaux ou par celle des parties de la génération; et qui ne voit que cette façon de connaître n'est pas une science, et que ce n'est tout au plus qu'une convention, une langue arbitraire, un moyen de s'entendre, mais dont il ne peut résulter aucune connaissance réelle?

Me serait-il permis de dire ce que je pense sur l'origine de ces différentes méthodes, et sur les causes qui les ont multipliées au point qu'actuellement la botanique elle-même est plus aisée à apprendre que la nomenclature, qui n'en est que la langue? Me serait-il permis de dire qu'un homme aurait plus tôt fait de graver dans sa mémoire les figures de toutes les plantes, et d'en avoir des idées nettes, ce qui est la vraie botanique, que de retenir tous les noms que les différentes méthodes donnent à ces plantes, et que par conséquent la langue est devenue plus difficile que la science? voici, ce me semble, comment cela est arrivé. On a d'abord divisé les vegétaux suivant leurs différentes grandeurs; on a dit : il y a de grands arbres, de petits arbres, des arbrisseaux, des sous-arbrisseaux, de grandes plantes, de petites plantes et des herbes. Voilà le fondement d'une méthode que l'on divise et sous-divise ensuite par d'autres relations de grandeurs et de formes, pour donner à chaque espèce un caractère particulier. Après la méthode faite sur ce plan, il est venu des gens qui ont examiné cette distribution, et qui ont dit : Mais cette méthode, fondée sur la grandeur relative des végétaux, ne peut pas se soutenir, car il y a dans une seule espèce, comme dans celle du chêne, des grandeurs si différentes, qu'il y a des espèces de chêne qui s'élèvent à cent pieds de hauteur, et d'autres espèces de chêne qui ne s'élèvent jamais à plus de deux pieds; il en est de même, proportion gardée, des châtaigniers, des pins, des aloès et d'une infinité d'autres espèces de plantes. On ne doit donc pas, a-t-on dit, déterminer les genres des plantes par leur grandeur, puisque ce signe est équivoque et incertain, et l'on a abandonné avec raison cette méthode. D'autres sont venus ensuite, qui, croyant faire mieux, ont dit : Il faut, pour connaître les plantes, s'attacher aux parties les plus apparentes, et comme les feuilles sont ce qu'il y a de plus apparent, il faut arranger les plantes par la forme, la grandeur et la position des feuilles. Sur ce projet, on a fait une autre méthode, on l'a suivie pendant quelque temps, mais ensuite on a reconnu que les feuilles de presque toutes les plantes varient prodigieusement selon les différents âges et les différents terrains, que leur forme n'est pas plus constante que leur grandeur, que leur position est encore plus incertaine; on a donc été aussi peu content de cette méthode que de la précédente. Enfin quelqu'un a imaginé, et je crois que c'est Gesner, que le Créateur avait mis dans la fructification des plantes un certain nombre de caractères différents et invariables, et que c'était de ce point dont il fallait partir pour faire une méthode; et comme cette idée s'est trouvée vraie jusqu'à un certain point, en sorte que les parties de la génération des plantes se sont trouvées avoir quelques différences plus constantes que toutes les autres parties de la plante, prises séparément, on a vu tout d'un coup s'élever plusieurs méthodes de botanique, toutes fondées à peu près sur ce même principe; parmi ces méthodes, celle de M. de Tournefort est la plus remarquable, la plus ingénieuse et la plus complète. Cet illustre botaniste a senti les défauts d'un système qui serait purement arbitraire; en homme d'esprit, il a évité les absurdités qui se trouvent dans la plupart des autres méthodes de ses contemporains, et il a fait ses distributions et ses exceptions avec une science et une adresse infinies; il avait, en un mot, mis la botanique au point de se passer de toutes les autres méthodes, et il l'avait rendue susceptible d'un certain degré de perfection; mais il s'est élevé un autre méthodiste (*) qui, après avoir loué son système, a tâché de le détruire pour établir le sien, et qui, ayant adopté avec M. de Tournefort les caractères tirés de la fructification, a employé toutes les parties de la génération des plantes, et surtout les étamines, pour en faire la distribution de ses genres; et méprisant la sage attention de M. de Tournefort à ne pas forcer la nature au point de confondre, en vertu de son système, les objets les plus différents, comme les arbres avec les herbes, a mis ensemble et dans les mêmes classes le mûrier et l'ortie, la tulipe et l'épine-vinette, l'orme et la carotte, la rose et la fraise, le chêne et la pimprenelle. N'est-ce pas se jouer de la nature et de ceux qui l'étudient? et si tout cela n'était pas donné avec une certaine apparence d'ordre mystérieux, et enveloppé de grec et d'érudition botanique, aurait-on tant tardé à faire apercevoir le ridicule d'une pareille méthode, ou plutôt à montrer la confusion qui résulte d'un assemblage si bizarre? Mais ce n'est pas tout, et je vais insister, parce qu'il est juste de conserver à M. de Tournefort la gloire qu'il a méritée par un travail sensé et suivi, et parce qu'il ne faut pas que les gens qui ont appris la botanique par la méthode de Tournefort perdent leur temps à étudier cette nouvelle méthode où tout est changé jusqu'aux noms et aux surnoms des plantes. Je dis donc que cette nouvelle méthode, qui rassemble dans la même classe des genres de plantes entièrement dissemblables, a encore, indépendamment de ces disparates, des défauts essentiels, et des inconvénients plus grands que toutes les méthodes qui ont précédé. Comme les caractères des genres sont pris de parties presque infiniment petites, il faut aller le microscope à la main pour reconnaître un arbre ou une plante; la grandeur, la figure, le port extérieur,

(*) Buffon fait ici allusion à Linné et à sa classification. Quoique son jugement puisse être considéré comme un peu trop sévère, il ne manque pas d'exactitude. Le tort de Linné, et celui de la plupart des botanistes qui ont créé des classifications des végétaux, a été d'accorder beaucoup trop d'importance à un seul ou à un petit nombre de caractères.

les feuilles, toutes les parties apparentes ne servent plus à rien, il n'y a que les étamines, et si l'on ne peut pas voir les étamines, on ne sait rien, on n'a rien vu. Ce grand arbre que vous apercevez, n'est peut-être qu'une pimprenelle, il faut compter ses étamines pour savoir ce que c'est, et comme ces étamines sont souvent si petites qu'elles échappent à l'œil simple ou à la loupe, il faut un microscope; mais malheureusement encore pour le système, il y a des plantes qui n'ont point d'étamines, il y a des plantes dont le nombre des étamines varie, et voilà la méthode en défaut comme les autres, malgré la loupe et le microscope *(a)*.

Après cette exposition sincère des fondements sur lesquels on a bâti les différents systèmes de botanique, il est aisé de voir que le grand défaut de tout ceci est une erreur de métaphysique dans le principe même de ces méthodes. Cette erreur consiste à méconnaître la marche de la nature, qui se fait toujours par nuances, et à vouloir juger d'un tout par une seule de ses parties : erreur bien évidente, et qu'il est étonnant de retrouver partout (*); car presque tous les nomenclateurs n'ont employé qu'une partie, comme les dents, les ongles ou ergots, pour ranger les animaux, les feuilles ou les fleurs pour distribuer les plantes, au lieu de se servir de toutes les parties, et de chercher les différences ou les ressemblances dans l'individu tout entier : c'est renoncer volontairement au plus grand nombre des avantages que la nature nous offre pour la connaître, que de refuser de se servir de toutes les parties des objets que nous considérons (**); et quand même on serait assuré de trouver dans quelques parties prises séparément des caractères constants et invariables, il ne faudrait pas pour cela réduire la connaissance des productions naturelles à celle de ces parties constantes qui ne donnent que des idées particulières et très imparfaites du tout, et il me paraît que le seul moyen de faire une méthode instructive et naturelle, c'est de mettre ensemble les choses qui se ressemblent, et de séparer celles qui diffèrent les unes des autres. Si les individus ont une ressemblance parfaite, ou des différences si petites qu'on ne puisse les apercevoir qu'avec peine, ces individus seront de la même espèce; si les différences commencent à être sensibles, et qu'en même temps il y ait toujours beaucoup plus de ressemblance que de différence, les individus seront d'une autre espèce, mais du même genre que les premiers; et si ces différences sont encore plus marquées, sans

(a) Hoc verò systema, Linnæi scilicet, jam cognitis plantarum methodis longè vilius et inferius non solùm, sed et insuper nimis coactum, lubricum et fallax, imò lusorium deprehenderim; et quidem in tantùm, ut non solùm quoad dispositionem ac denominationem plantarum enormes confusiones post se trahat, sed et vix non plenaria doctrinæ botanicæ solidioris obscuratio et perturbatio indè fuerit metuenda. (Vaniloq. *Botan. specimen refutatum à Siegesbeck.* Petropoli, 1741.)

(*) Ces considérations sont d'une justesse absolue.

(**) Adanson a essayé d'appliquer à la botanique la manière de procéder dont parle Buffon.

cependant excéder les ressemblances, alors les individus seront non seulement d'une autre espèce, mais même d'un autre genre que les premiers et les seconds, et cependant ils seront encore de la même classe, parce qu'ils se ressemblent plus qu'ils ne diffèrent; mais si au contraire le nombre des différences excède celui des ressemblances, alors les individus ne sont pas même de la même classe. Voilà l'ordre méthodique que l'on doit suivre dans l'arrangement des productions naturelles; bien entendu que les ressemblances et les différences seront prises non seulement d'une partie, mais du tout ensemble, et que cette méthode d'inspection se portera sur la forme, sur la grandeur, sur le port extérieur, sur les différentes parties, sur leur nombre, sur leur position, sur la substance même de la chose, et qu'on se servira de ces éléments en petit ou en grand nombre, à mesure qu'on en aura besoin; de sorte que si un individu, de quelque nature qu'il soit, est d'une figure assez singulière pour être toujours reconnu au premier coup d'œil, on ne lui donnera qu'un nom; mais si cet individu a de commun avec un autre la figure, et qu'il en diffère constamment par la grandeur, la couleur, la substance, ou par quelque autre qualité très sensible, alors on lui donnera le même nom, en y ajoutant un adjectif pour marquer cette différence; et ainsi de suite, en mettant autant d'adjectifs qu'il y a de différences, on sera sûr d'exprimer tous les attributs différents de chaque espèce, et on ne craindra pas de tomber dans les inconvénients des méthodes trop particulières dont nous venons de parler, et sur lesquelles je me suis beaucoup étendu, parce que c'est un défaut commun à toutes les méthodes de botanique et d'histoire naturelle, et que les systèmes qui ont été faits pour les animaux sont encore plus défectueux que les méthodes de botanique; car, comme nous l'avons déjà insinué, on a voulu prononcer sur la ressemblance et la différence des animaux en n'employant que le nombre des doigts ou ergots, des dents et des mamelles; projet qui ressemble beaucoup à celui des étamines, et qui est en effet du même auteur.

Il résulte de tout ce que nous venons d'exposer, qu'il y a dans l'étude de l'histoire naturelle deux écueils également dangereux, le premier, de n'avoir aucune méthode, et le second, de vouloir tout rapporter à un système particulier. Dans le grand nombre de gens qui s'appliquent maintenant à cette science, on pourrait trouver des exemples frappants de ces deux manières si opposées, et cependant toutes deux vicieuses : la plupart de ceux qui, sans aucune étude précédente de l'histoire naturelle, veulent avoir des cabinets de ce genre, sont de ces personnes aisées, peu occupées, qui cherchent à s'amuser, et regardent comme un mérite d'être mises au rang des curieux; ces gens-là commencent par acheter, sans choix, tout ce qui leur frappe les yeux; ils ont l'air de désirer avec passion les choses qu'on leur dit être rares et extraordinaires, ils les estiment au prix qu'ils les ont acquises, ils arrangent le tout avec complaisance, ou l'entassent avec confusion, et finissent bientôt par se dégoûter : d'autres au contraire, et ce sont les plus savants, après s'être rempli la tête de noms, de phrases, de méthodes particulières, viennent à en adopter quelqu'une, ou s'occupent à en faire une nouvelle, et travaillant ainsi toute leur vie sur une même ligne et dans une fausse direction, et voulant tout ramener à leur point de vue particulier, ils se rétrécissent l'esprit, cessent de voir les objets tels qu'ils sont, et finissent par embarrasser la science et la charger du poids étranger de toutes leurs idées.

On ne doit donc pas regarder les méthodes que les auteurs nous ont données sur l'histoire naturelle en général, ou sur quelques-unes de ses parties, comme les fondements de la science, et on ne doit s'en servir que comme de signes dont on est convenu pour s'entendre. En effet, ce ne sont que des rapports arbitraires et des points de vue différents sous lesquels on a considéré les objets de la nature, et en ne faisant usage des méthodes que dans cet esprit, on peut en tirer quelque utilité; car quoique cela ne paraisse pas fort nécessaire, cependant il pourrait être bon qu'on sût toutes les espèces de plantes dont les feuilles se ressemblent, toutes celles dont les fleurs sont semblables, toutes celles qui nourrissent de certaines espèces d'insectes (*), toutes celles qui ont un certain nombre d'étamines, toutes celles qui ont de certaines glandes excrétoires; et de même dans les animaux, tous ceux qui ont un certain nombre de mamelles, tous ceux qui ont un certain nombre de doigts. Chacune de ces méthodes n'est, à parler vrai, qu'un dictionnaire où l'on trouve les noms rangés dans un ordre relatif à cette idée, et par conséquent aussi arbitraire que l'ordre alphabétique; mais l'avantage qu'on en pourrait tirer, c'est qu'en comparant tous ces résultats, on se retrouverait enfin à la vraie méthode, qui est la description complète et l'histoire exacte de chaque chose en particulier.

C'est ici le principal but qu'on doive se proposer : on peut se servir d'une méthode déjà faite comme d'une commodité pour étudier, on doit la regarder comme une facilité pour s'entendre; mais le seul et le vrai moyen d'avancer la science est de travailler à la description et à l'histoire des différentes choses qui en font l'objet.

Les choses par rapport à nous ne sont rien en elles-mêmes, elles ne sont encore rien lorsqu'elles ont un nom; mais elles commencent à exister pour nous lorsque nous leur connaissons des rapports, des propriétés; ce n'est même que par ces rapports que nous pouvons leur donner une définition : or la définition, telle qu'on la peut faire par une phrase, n'est encore

(*) La question des rapports qui existent entre les plantes et les insectes a pris une importance exceptionnelle depuis que Darwin a mis en relief le rôle considérable joué par les insectes dans la fécondation des plantes. Il est devenu, par suite, fort utile d'établir la liste des insectes qui fréquentent habituellement chaque espèce de plantes. Quelques tableaux de ce genre ont déjà été donnés, notamment par HERMANN MÜLLER (*Die Befruchtung der Blumen durch Insecten*). Voyez aussi : J. LUBLOCK, *Insectes et fleurs*.

que la représentation très imparfaite de la chose, et nous ne pouvons jamais bien définir une chose sans la décrire exactement. C'est cette difficulté de faire une bonne définition que l'on retrouve à tout moment dans toutes les méthodes, dans tous les abrégés qu'on a tâché de faire pour soulager la mémoire; aussi doit-on dire que dans les choses naturelles il n'y a rien de bien défini que ce qui est exactement décrit : or pour décrire exactement, il faut avoir vu, revu, examiné, comparé la chose qu'on veut décrire, et tout cela sans préjugé, sans idée de système, sans quoi la description n'a plus le caractère de la vérité, qui est le seul qu'elle puisse comporter. Le style même de la description doit être simple, net et mesuré, il n'est pas susceptible d'élévation, d'agréments, encore moins d'écarts, de plaisanterie ou d'équivoque; le seul ornement qu'on puisse lui donner, c'est de la noblesse dans l'expression, du choix et de la propriété dans les termes.

Dans le grand nombre d'auteurs qui ont écrit sur l'histoire naturelle, il y en a fort peu qui aient bien décrit. Représenter naïvement et nettement les choses, sans les charger ni les diminuer, et sans rien y ajouter de son imagination, est un talent d'autant plus louable qu'il est moins brillant, et qu'il ne peut être senti que d'un petit nombre de personnes capables d'une certaine attention nécessaire pour suivre les choses jusque dans les petits détails : rien n'est plus commun que des ouvrages embarrassés d'une nombreuse et sèche nomenclature, de méthodes ennuyeuses et peu naturelles dont les auteurs croient se faire un mérite; rien de si rare que de trouver l'exactitude dans les descriptions, de la nouveauté dans les faits, de la finesse dans les observations.

Aldrovande, le plus laborieux et le plus savant de tous les naturalistes, a laissé, après un travail de soixante ans, des volumes immenses sur l'histoire naturelle, qui ont été imprimés successivement, et la plupart après sa mort : on les réduirait à la dixième partie si on en ôtait toutes les inutilités et toutes les choses étrangères à son sujet. A cette prolixité près, qui, je l'avoue, est accablante, ses livres doivent être regardés comme ce qu'il y a de mieux sur la totalité de l'histoire naturelle; le plan de son ouvrage est bon, ses distributions sont sensées, ses divisions bien marquées, ses descriptions assez exactes, monotones, à la vérité, mais fidèles : l'historique est moins bon, souvent il est mêlé de fabuleux, et l'auteur y laisse voir trop de penchant à la crédulité.

J'ai été frappé, en parcourant cet auteur, d'un défaut ou d'un excès qu'on retrouve presque dans tous les livres faits il y a cent ou deux cents ans, et que les savants d'Allemagne ont encore aujourd'hui; c'est de cette quantité d'érudition inutile dont ils grossissent à dessein leurs ouvrages, en sorte que le sujet qu'ils traitent est noyé dans une quantité de matières étrangères sur lesquelles ils raisonnent avec tant de complaisance et s'étendent avec si peu de ménagement pour les lecteurs, qu'ils semblent avoir oublié ce qu'ils avaient à vous dire, pour ne vous raconter que ce qu'ont dit les autres. Je me représente un homme comme Aldrovande, ayant une fois conçu le dessein de faire un corps complet d'histoire naturelle; je le vois dans sa bibliothèque lire successivement les anciens, les modernes, les philosophes, les théologiens, les jurisconsultes, les historiens, les voyageurs, les poètes, et lire sans autre but que de saisir tous les mots, toutes les phrases qui de près ou de loin ont rapport à son objet; je le vois copier et faire copier toutes ces remarques et les ranger par lettres alphabétiques, et après avoir rempli plusieurs portefeuilles de notes de toute espèce, prises souvent sans examen et sans choix, commencer à travailler un sujet particulier, et ne vouloir rien perdre de tout ce qu'il a ramassé; en sorte qu'à l'occasion de l'histoire naturelle du coq ou du bœuf, il vous raconte tout ce qui a jamais été dit des coqs ou des bœufs, tout ce que les anciens en ont pensé, tout ce qu'on a imaginé de leurs vertus, de leur caractère, de leur courage, toutes les choses auxquelles on a voulu les employer, tous les contes que les bonnes femmes en ont faits, tous les miracles qu'on leur a fait faire dans certaines religions, tous les sujets de superstition qu'ils ont fournis, toutes les comparaisons que les poètes en ont tirées, tous les attributs que certains peuples leur ont accordés, toutes les représentations qu'on en fait dans les hiéroglyphes, dans les armoiries, en un mot toutes les histoires et toutes les fables dont on s'est jamais avisé au sujet des coqs ou des bœufs. Qu'on juge après cela de la portion d'histoire naturelle qu'on doit s'attendre à trouver dans ce fatras d'écritures; et si en effet l'auteur ne l'eût pas mise dans des articles séparés des autres, elle n'aurait pas été trouvable, ou du moins elle n'aurait pas valu la peine d'y être cherchée.

On s'est tout à fait corrigé de ce défaut dans ce siècle; l'ordre et la précision avec laquelle on écrit maintenant ont rendu les sciences plus agréables, plus aisées, et je suis persuadé que cette différence de style contribue peut-être autant à leur avancement que l'esprit de recherche qui règne aujourd'hui; car nos prédécesseurs cherchaient comme nous, mais ils ramassaient tout ce qui se présentait, au lieu que nous rejetons ce qui nous paraît avoir peu de valeur, et que nous préférons un petit ouvrage bien raisonné à un gros volume bien savant; seulement il est à craindre que venant à mépriser l'érudition, nous ne venions aussi à imaginer que l'esprit peut suppléer à tout, et que la science n'est qu'un vain nom.

Les gens sensés cependant sentiront toujours que la seule et vraie science est la connaissance des faits, l'esprit ne peut pas y suppléer, et les faits sont dans les sciences ce qu'est l'expérience dans la vie civile. On pourrait donc diviser toutes les sciences en deux classes principales, qui contiendraient tout ce qu'il convient à l'homme de savoir; la première est l'histoire civile, et la seconde, l'histoire naturelle, toutes deux fondées sur des faits qu'il est souvent important et toujours agréable de connaître : la première est l'étude des hommes d'État, la seconde est celle des philosophes; et quoique l'utilité de celle-ci ne soit peut-être pas aussi prochaine que celle de l'autre, on peut cependant assurer que l'histoire naturelle est la source des autres sciences physiques et la mère de tous les arts : combien de remèdes excellents la médecine n'a-t-elle pas tirés de certaines productions de la nature jusqu'alors inconnues! combien de richesses les arts n'ont-ils pas trouvées dans plusieurs matières autrefois méprisées! Il y a plus, c'est que toutes les idées des arts ont leurs modèles dans les productions de la nature : Dieu a créé, et l'homme imite; toutes les inventions des hommes, soit pour la nécessité, soit pour la commodité, ne sont que des imitations assez grossières de ce que la nature exécute avec la dernière perfection.

Mais sans insister plus longtemps sur l'utilité qu'on doit tirer de l'histoire naturelle, soit par rapport aux autres sciences, soit par rapport aux arts, revenons à notre objet principal, à la manière de l'étudier et de la traiter. La description exacte de l'histoire fidèle de chaque chose est, comme nous l'avons dit, le seul but qu'on doive se proposer d'abord. Dans la description, l'on doit faire entrer la forme, la grandeur, le poids, les couleurs, les situations de repos et de mouvements, la position des parties, leurs rapports, leur figure, leur action et toutes les fonctions extérieures; si l'on peut joindre à tout cela l'exposition des parties intérieures, la description n'en sera que plus complète; seulement on doit prendre garde de tomber dans de trop petits détails, ou de s'appesantir sur la description de quelque partie peu importante, et de traiter trop légèrement les choses essentielles et principales. L'histoire doit suivre la description, et doit uniquement rouler sur les rapports que les choses naturelles ont entre elles et avec nous : l'histoire d'un animal doit être non pas l'histoire d'un individu, mais celle de l'espèce entière de ces animaux; elle doit comprendre leur génération, le temps de l'imprégnation, celui de l'accouchement, le nombre des petits, les soins des pères et des mères, leur espèce d'éducation, leur instinct, les lieux de leur habitation, leur nourriture, la manière dont ils se la procurent, leurs mœurs, leurs ruses, leur chasse, ensuite les services qu'ils peuvent nous rendre, et toutes les utilités ou les commodités que nous pouvons en tirer; et lorsque dans l'intérieur du corps de l'animal il y a des choses remarquables, soit par la conformation, soit pour les usages qu'on en peut faire, on doit les ajouter ou à la description ou à l'histoire; mais ce serait un objet étranger à l'histoire naturelle (*) que d'entrer dans un examen anatomique trop circon-

(*) Contrairement à l'opinion de Buffon, nous pensons que la seule manière de faire l'histoire naturelle complète d'un animal ou d'un végétal consiste à l'envisager de tous les points de vue. Il ne suffit pas d'observer à l'état adulte ses caractères extérieurs; il faut encore étudier avec le soin le plus minutieux son organisation anatomique; puis suivre pas à pas les diverses phases de son évolution, depuis la formation de l'œuf jusqu'à la mort de l'individu qui en est dérivé, en notant toutes les modifications que l'âge apporte dans les caractères extérieurs et dans l'organisation anatomique ou histologique. En même temps il

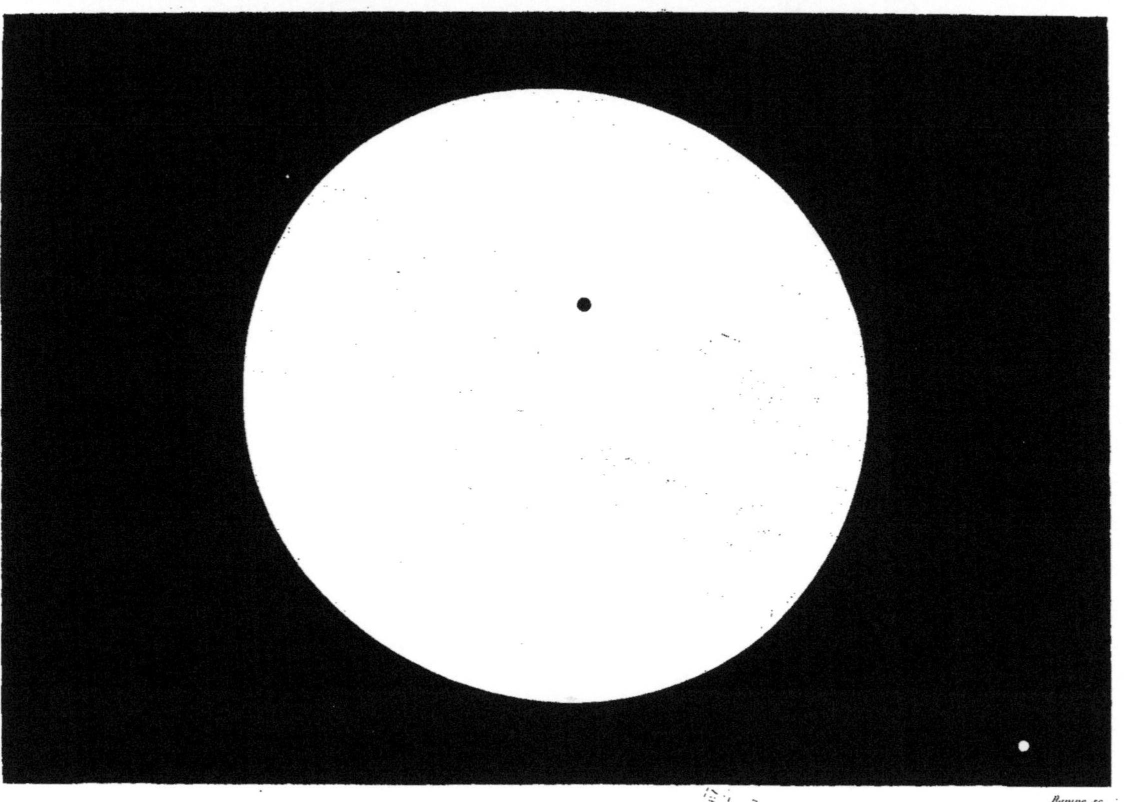

Rapine sc.

JUPITER

vu le 25 Octobre 1856

d'après le dessin de Mr Warren de la Rue

A. Le Vasseur, Editeur

Imp. R. Taneur

stancié, ou du moins ce n'est pas son objet principal, et il faut réserver ces détails pour servir de mémoires sur l'anatomie comparée.

Ce plan général doit être suivi et rempli avec toute l'exactitude possible, et pour ne pas tomber dans une répétition trop fréquente du même ordre, pour éviter la monotonie du style, il faut varier la forme des descriptions et changer le fil de l'histoire, selon qu'on le jugera nécessaire; de même pour rendre les descriptions moins sèches, y mêler quelques faits, quelques comparaisons, quelques réflexions sur les usages des différentes parties, en un mot, faire en sorte qu'on puisse vous lire sans ennui aussi bien que sans contention.

A l'égard de l'ordre général et de la méthode de distribution des différents sujets de l'histoire naturelle, on pourrait dire qu'il est purement arbitraire, et dès lors on est assez le maître de choisir celui qu'on regarde comme le plus commode ou le plus communément reçu; mais avant que de donner les raisons qui pourraient déterminer à adopter un ordre plutôt qu'un autre, il est nécessaire de faire encore quelques réflexions, par lesquelles nous tâcherons de faire sentir ce qu'il peut y avoir de réel dans les divisions que l'on a faites des productions naturelles.

Pour le reconnaître il faut nous défaire un instant de tous nos préjugés, et même nous dépouiller de nos idées. Imaginons un homme qui a en effet tout oublié ou qui s'éveille tout neuf pour les objets qui l'environnent, plaçons cet homme dans une campagne où les animaux, les oiseaux, les poissons, les plantes, les pierres se présentent successivement à ses yeux. Dans les premiers instants cet homme ne distinguera rien et confondra tout; mais laissons ses idées s'affermir peu à peu par des sensations réitérées des mêmes objets; bientôt il se formera une idée générale de la matière animée, il la distinguera aisément de la matière inanimée, et peu de temps après il distinguera très bien la matière animée de la matière végétative, et naturellement il arrivera à cette première grande division, *animal*, *végétal* et *minéral;* et comme il aura pris en même temps une idée nette de ces grands objets si différents, la *terre*, l'*air* et l'*eau,* il viendra en peu de temps à se former une idée particulière des animaux qui habitent la terre, de ceux qui demeurent dans l'eau, et de ceux qui s'élèvent dans l'air, et par conséquent il se fera aisément à lui-même cette seconde division, *animaux quadrupèdes*, *oiseaux*, *poissons;* il en est de même dans le règne végétal, des arbres et des plantes, il les distinguera très bien, soit par leur grandeur, soit par leur substance, soit par leur figure. Voilà ce que la simple inspection doit nécessairement lui donner, et ce qu'avec une très légère attention il ne peut manquer de reconnaître; c'est là aussi ce que nous devons regarder comme

faut étudier les mœurs de l'individu aux différentes époques de son existence. C'est seulement à l'aide de cette étude complète qu'il sera possible d'établir la filiation des innombrables organismes soumis à l'étude du naturaliste.

réel, et ce que nous devons respecter comme une division donnée par la nature même. Ensuite mettons-nous à la place de cet homme, ou supposons qu'il ait acquis autant de connaissances, et qu'il ait autant d'expérience que nous en avons, il viendra à juger les objets de l'histoire naturelle par les rapports qu'ils auront avec lui; ceux qui lui seront les plus nécessaires, les plus utiles, tiendront le premier rang; par exemple, il donnera la préférence dans l'ordre des animaux au cheval, au chien, au bœuf, etc., et il connaîtra toujours mieux ceux qui lui seront les plus familiers; ensuite il s'occupera de ceux qui, sans être familiers, ne laissent pas que d'habiter les mêmes lieux, les mêmes climats, comme les cerfs, les lièvres et tous les animaux sauvages, et ce ne sera qu'après toutes ces connaissances acquises que sa curiosité le portera à rechercher ce que peuvent être les animaux des climats étrangers, comme les éléphants, les dromadaires, etc. Il en sera de même pour les poissons, pour les oiseaux, pour les insectes, pour les coquillages, pour les plantes, pour les minéraux, et pour toutes les autres productions de la nature; il les étudiera à proportion de l'utilité qu'il en pourra tirer, il les considérera à mesure qu'ils se présenteront plus familièrement, et il les rangera dans sa tête relativement à cet ordre de ses connaissances, parce que c'est, en effet, l'ordre selon lequel il les a acquises, et selon lequel il lui importe de les conserver.

Cet ordre, le plus naturel de tous, est celui que nous avons cru devoir suivre. Notre méthode de distribution n'est pas plus mystérieuse que ce qu'on vient de voir, nous partons des divisions générales telles qu'on vient de les indiquer, et que personne ne peut contester, et ensuite nous prenons les objets qui nous intéressent le plus par les rapports qu'ils ont avec nous, et de là nous passons peu à peu jusqu'à ceux qui sont les plus éloignés et qui nous sont étrangers, et nous croyons que cette façon simple et naturelle de considérer les choses est préférable aux méthodes les plus recherchées et les plus composées, parce qu'il n'y en a pas une, et de celles qui sont faites, et de toutes celles que l'on peut faire, où il n'y ait plus d'arbitraire que dans celle-ci, et qu'à tout prendre il nous est plus facile, plus agréable et plus utile de considérer les choses par rapport à nous que sous aucun autre point de vue (*).

Je prévois qu'on pourra nous faire deux objections : la première, c'est que ces grandes divisions que nous regardons comme réelles ne sont peut-être

(*) Buffon tombe dans l'excès aussi déplorable que celui qu'il a précédemment critiqué quand, rejetant toute méthode, il déclare « plus utile de considérer les choses par rapport à nous que sous aucun autre point de vue. » Cela peut être, comme il le dit aussi « plus agréable », cela peut aussi fort bien convenir pour l'instruction des enfants; mais, quand on veut se placer sur le terrain scientifique, il faut grouper les êtres non point en vue de notre agrément, mais de façon à mettre en relief les rapports qui existent entre eux et surtout les liens de parenté qui les unissent. C'est du reste ce que Buffon lui-même a fait dans une très large mesure dans ses études sur les oiseaux et les mammifères.

pas exactes, que, par exemple, nous ne sommes pas sûrs qu'on puisse tirer une ligne de séparation entre le règne animal et le règne végétal, ou bien entre le règne végétal et le minéral, et que dans la nature il peut se trouver des choses qui participent également des propriétés de l'un et de l'autre, lesquelles par conséquent ne peuvent entrer ni dans l'une ni dans l'autre de ces divisions.

A cela je réponds que, s'il existe des choses qui soient exactement moitié animal et moitié plante, ou moitié plante et moitié minéral, etc., elles nous sont encore inconnues; en sorte que dans le fait la division est entière et exacte, et l'on sent bien que plus les divisions seront générales, moins il y aura de risque de rencontrer des objets mi-partis qui participeraient de la nature des deux choses comprises dans ces divisions, en sorte que cette même objection que nous avons employée avec avantage contre les distributions particulières ne peut avoir lieu lorsqu'il s'agira de divisions aussi générales que l'est celle-ci, surtout si l'on ne rend pas ces divisions exclusives, et si l'on ne prétend pas y comprendre sans exception, non seulement tous les êtres connus, mais encore tous ceux qu'on pourrait découvrir a l'avenir. D'ailleurs, si l'on y fait attention, l'on verra bien que nos idées générales n'étant composées que d'idées particulières, elles sont relatives à une échelle continue d'objets, de laquelle nous n'apercevons nettement que les milieux, et dont les deux extrémités fuient et échappent toujours de plus en plus à nos considérations, de sorte que nous ne nous attachons jamais qu'au gros des choses, et que par conséquent on ne doit pas croire que nos idées, quelque générales qu'elles puissent être, comprennent les idées particulières de toutes les choses existantes et possibles.

La seconde objection qu'on nous fera sans doute, c'est qu'en suivant dans notre ouvrage l'ordre que nous avons indiqué, nous tomberons dans l'inconvénient de mettre ensemble des objets très différents; par exemple, dans l'histoire des animaux, si nous commençons par ceux qui nous sont les plus utiles, les plus familiers, nous serons obligés de donner l'histoire du chien après ou avant celle du cheval, ce qui ne paraît pas naturel, parce que ces animaux sont si différents à tous autres égards, qu'ils ne paraissent point du tout faits pour être mis si près l'un de l'autre dans un traité d'histoire naturelle; et on ajoutera peut-être qu'il aurait mieux valu suivre la méthode ancienne de la division des animaux en *solipèdes, pieds-fourchus,* et *fissipèdes*, ou la méthode nouvelle de la division des animaux par les dents et les mamelles, etc.

Cette objection, qui d'abord pourrait paraître spécieuse, s'évanouira dès qu'on l'aura examinée. Ne vaut-il pas mieux ranger, non seulement dans un traité d'histoire naturelle, mais même dans un tableau ou partout ailleurs, les objets dans l'ordre et dans la position où ils se trouvent ordinairement, que de les forcer à se trouver ensemble en vertu d'une supposition? Ne vaut-il pas mieux faire suivre le cheval qui est solipède, par le chien qui est fissipède, et qui a coutume de le suivre en effet, que par un zèbre qui nous est peu connu, et qui n'a peut-être d'autre rapport avec le cheval que d'être solipède (*)? D'ailleurs n'y a-t-il pas le même inconvénient pour les différences dans cet arrangement que dans le nôtre? un lion parce qu'il est fissipède ressemble-t-il à un rat qui est aussi fissipède, plus qu'un cheval ne ressemble à un chien? un éléphant solipède (**) ressemble-t-il plus à un âne solipède aussi, qu'à un cerf qui est pied-fourchu? Et si on veut se servir de la nouvelle méthode dans laquelle les dents et les mamelles sont les caractères spécifiques, sur lesquels sont fondées les divisions et les distributions, trouvera-t-on qu'un lion ressemble plus à une chauve-souris qu'un cheval ne ressemble à un chien? ou bien, pour faire notre comparaison encore plus exactement, un cheval ressemble-t-il plus à un cochon qu'à un chien, ou un chien ressemble-t-il plus à une taupe qu'un cheval (*a*)? Et puisqu'il y a autant d'inconvénients et des différences aussi grandes dans ces méthodes d'arrangement que dans la nôtre, et que d'ailleurs ces méthodes n'ont pas les mêmes avantages, et qu'elles sont beaucoup plus éloignées de la façon ordinaire et naturelle de considérer les choses, nous croyons avoir eu des raisons suffisantes pour lui donner la préférence, et ne suivre dans nos distributions que l'ordre des rapports que les choses nous ont paru avoir avec nous-mêmes.

Nous n'examinerons pas en détail toutes les méthodes artificielles que l'on a données pour la division des animaux, elles sont toutes plus ou moins sujettes aux inconvénients dont nous avons parlé au sujet des méthodes de botanique, et il nous paraît que l'examen d'une seule de ces méthodes suffit pour faire découvrir les défauts des autres; ainsi, nous nous bornerons ici à examiner celle de M. Linnæus qui est la plus nouvelle, afin que l'on soit en état de juger si nous avons eu raison de la rejeter, et de nous attacher seulement à l'ordre naturel dans lequel tous les hommes ont coutume de voir et de considérer les choses.

M. Linnæus divise tous les animaux en six classes, savoir : les *quadrupèdes*, les *oiseaux*, les *amphibies*, les *poissons*, les *insectes* et les *vers*. Cette première division est, comme l'on voit, très arbitraire et fort incomplète, car elle ne nous donne aucune idée de certains genres d'animaux, qui sont cependant très considérables et très étendus, les serpents, par exemple, les coquillages, les crustacés, et il paraît au premier coup d'œil qu'ils ont été

(*a*) Voyez Linn. *Sys. nat.*, p. 65 et suiv.

(*) Le lecteur n'aura pas de peine à comprendre ce que renferme de paradoxal tout cet aliéna.

(**) L'éléphant n'a pas les pieds constitués comme celui de l'âne. Ses pieds sont munis chacun de cinq doigts recouverts et ne manifestant leur présence au dehors que par les ongles qui les terminent; les pieds de l'âne ne reposent sur le sol que par un seul doigt.

oubliés; car on n'imagine pas d'abord que les serpents soient des amphibies, les crustacés des insectes, et les coquillages des vers ; au lieu de ne faire que six classes, si cet auteur en eût fait douze ou davantage, et qu'il eût dit les quadrupèdes, les oiseaux, les reptiles, les amphibies, les poissons cétacés, les poissons ovipares, les poissons mous, les crustacés, les coquillages, les insectes de mer, les insectes d'eau douce, etc., il eût parlé plus clairement, et ses divisions eussent été plus vraies et moins arbitraires; car en général plus on augmentera le nombre des divisions des productions naturelles, plus on approchera du vrai, puisqu'il n'existe réellement dans la nature que des individus, et que les genres, les ordres et les classes n'existent que dans notre imagination (*).

Si l'on examine les caractères généraux qu'il emploie, et la manière dont il fait ses divisions particulières, on y trouvera encore des défauts bien plus essentiels ; par exemple, un caractère général comme celui pris des mamelles pour la division des quadrupèdes, devrait au moins appartenir à tous les quadrupèdes, cependant depuis Aristote on sait que le cheval n'a point de mamelles.

Il divise la classe des quadrupèdes en cinq ordres : le premier *anthropomorpha*, le second *feræ*, le troisième *glires*, le quatrième *jumenta*, et le cinquième *pecora ;* et ces cinq ordres renferment, selon lui, tous les animaux quadrupèdes. On va voir, par l'exposition et l'énumération même de ces cinq ordres, que cette division est non seulement arbitraire, mais encore très mal imaginée ; car cet auteur met dans le premier ordre l'homme, le singe, le paresseux et le lézard écailleux. Il faut bien avoir la manie de faire des classes pour mettre ensemble des êtres aussi différents que l'homme et le paresseux, ou le singe et le lézard écailleux. Passons au second ordre qu'il appelle *feræ*, les bêtes féroces ; il commence en effet par le lion, le tigre, mais il continue par le chat, la belette, la loutre, le veau-marin, le chien, l'ours, le blaireau, et il finit par le hérisson, la taupe et la chauve-souris. Aurait-on jamais cru que le nom de *feræ* en latin, *bêtes sauvages* ou *féroces* en français, eût pu être donné à la chauve-souris, à la taupe, au hérisson; que les animaux domestiques comme le chien et le chat, fussent des bêtes sauvages ? et n'y a-t-il pas à cela une aussi grande équivoque de bons sens que de mots ? Mais voyons le troisième ordre, *glires*, les loirs ; ces loirs de M. Linnæus sont le porc-épic, le lièvre, l'écureuil, le castor et les rats ; j'avoue que dans tout cela je ne vois qu'une espèce de rats qui soit en effet un loir. Le quatrième ordre est celui des *jumenta* ou bêtes de somme, ces bêtes de somme sont l'éléphant, l'hippopotame, la musaraigne, le cheval et

(*) Il est absolument exact « qu'*il n'existe réellement dans la nature que des individus*, et que les genres, les ordres et les classes n'existent que dans notre imagination. » C'est cette vérité, aujourd'hui bien démontrée, qui peut être considérée comme la base inébranlable de la doctrine du transformisme.

le cochon; autre assemblage, comme on voit, qui est aussi gratuit et aussi bizarre que si l'auteur eût travaillé dans le dessein de le rendre tel. Enfin le cinquième ordre, *pecora*, ou le bétail, comprend le chameau, le cerf, le bouc, le bélier et le bœuf; mais quelle différence n'y a-t-il pas entre un chameau et un bélier, ou entre un cerf et un bouc? et quelle raison peut-on avoir pour prétendre que ce soient des animaux du même ordre, si ce n'est que voulant absolument faire des ordres, et n'en faire qu'un petit nombre, il faut bien y recevoir des bêtes de toute espèce? Ensuite en examinant les dernières divisions des animaux en espèces particulières, on trouve que le loup-cervier n'est qu'une espèce de chat, le renard et le loup une espèce de chien, la civette une espèce de blaireau, le cochon d'Inde une espèce de lièvre, le rat d'eau une espèce de castor, le rhinocéros une espèce d'éléphant, l'âne une espèce de cheval, etc., et tout cela parce qu'il y a quelques petits rapports entre le nombre des mamelles et des dents de ces animaux, ou quelque ressemblance légère dans la forme de leurs cornes.

Voilà pourtant, et sans y rien omettre, à quoi se réduit ce système de la nature pour les animaux quadrupèdes. Ne serait-il pas plus simple, plus naturel et plus vrai de dire qu'un âne est un âne, et un chat un chat, que de vouloir, sans savoir pourquoi, qu'un âne soit un cheval, et un chat un loup-cervier?

On peut juger par cet échantillon de tout le reste du système. Les serpents, selon cet auteur, sont des amphibies, les écrevisses sont des insectes, et non seulement des insectes, mais des insectes du même ordre que les poux et les puces, et tous les coquillages, les crustacés et les poissons mous sont des vers; les huîtres, les moules, les oursins, les étoiles de mer, les seiches, etc., ne sont, selon cet auteur, que des vers (*). En faut-il davantage pour faire sentir combien toutes ces divisions sont arbitraires, et cette méthode mal fondée?

On reproche aux anciens de n'avoir pas fait des méthodes, et les modernes se croient fort au-dessus d'eux parce qu'ils ont fait un grand nombre de ces arrangements méthodiques et de ces dictionnaires dont nous venons de parler; ils se sont persuadé que cela seul suffit pour prouver que les anciens n'avaient pas à beaucoup près autant de connaissances en histoire naturelle que nous en avons; cependant c'est tout le contraire, et nous aurons dans la suite de cet ouvrage mille occasions de prouver que les anciens étaient beaucoup plus avancés et plus instruits que nous ne le sommes, je ne dis pas en physique, mais dans l'histoire naturelle des animaux et des minéraux, et que les faits de cette histoire leur étaient bien plus familiers qu'à nous qui aurions dû profiter de leurs découvertes et de leurs remarques. En attendant

(*) La science moderne reprend aujourd'hui l'idée de Linné. Les recherches embryologiques les plus récentes ont mis hors de doute la parenté des Mollusques avec les Annélides.

qu'on en voie des exemples en détail, nous nous contenterons d'indiquer ici les raisons générales qui suffiraient pour le faire penser, quand même on n'en aurait pas des preuves particulières.

La langue grecque est une des plus anciennes, et celle dont on a fait le plus longtemps usage : avant et depuis Homère on a écrit et parlé grec jusqu'au treizième ou quatorzième siècle, et actuellement encore le grec corrompu par les idiomes étrangers ne diffère pas autant du grec ancien que l'italien diffère du latin. Cette langue, qu'on doit regarder comme la plus parfaite et la plus abondante de toutes, était dès le temps d'Homère portée à un grand point de perfection, ce qui suppose nécessairement une ancienneté considérable avant le siècle même de ce grand poète ; car l'on pourrait estimer l'ancienneté ou la nouveauté d'une langue par la quantité plus ou moins grande des mots, et la variété plus ou moins nuancée des constructions : or nous avons dans cette langue les noms d'une très grande quantité de choses qui n'ont aucun nom en latin ou en français ; les animaux les plus rares, certaines espèces d'oiseaux ou de poissons, ou de minéraux qu'on ne rencontre que très-difficilement, très rarement, ont des noms et des noms constants dans cette langue ; preuve évidente que ces objets de l'histoire naturelle étaient connus, et que les Grecs non seulement les connaissaient, mais même qu'ils en avaient une idée précise, qu'ils ne pouvaient avoir acquise que par une étude de ces mêmes objets, étude qui suppose nécessairement des observations et des remarques : ils ont même des noms pour les variétés et ce que nous ne pouvons représenter que par une phrase, se nomme dans cette langue par un seul substantif. Cette abondance de mots, cette richesse d'expressions nettes et précises ne supposent-elles pas la même abondance d'idées et de connaissances? Ne voit-on pas que des gens qui avaient nommé beaucoup plus de choses que nous en connaissaient par conséquent beaucoup plus? et cependant ils n'avaient pas fait, comme nous, des méthodes et des arrangements arbitraires ; ils pensaient que la vraie science est la connaissance des faits, que pour l'acquérir il fallait se familiariser avec les productions de la nature, donner des noms à toutes, afin de les faire reconnaître, de pouvoir s'en entretenir, de se représenter plus souvent les idées des choses rares et singulières, et de multiplier ainsi des connaissances qui sans cela se seraient peut-être évanouies, rien n'étant plus sujet à l'oubli que ce qui n'a point de nom. Tout ce qui n'est pas d'un usage commun ne se soutient que par le secours des représentations.

D'ailleurs les anciens qui ont écrit sur l'histoire naturelle étaient de grands hommes, et qui ne s'étaient pas bornés à cette seule étude ; ils avaient l'esprit élevé, des connaissances variées, approfondies, et des vues générales, et s'il nous paraît au premier coup d'œil qu'il leur manquât un peu d'exactitude dans de certains détails, il est aisé de reconnaître, en les lisant avec réflexion, qu'ils ne pensaient pas que les petites choses méritassent une attention aussi grande que celle qu'on leur a donnée dans ces derniers temps ; et quelque reproche que les modernes puissent faire aux anciens, il me paraît qu'Aristote, Théophraste et Pline, qui ont été les premiers naturalistes, sont aussi les plus grands à certains égards. L'histoire des animaux d'Aristote est peut-être encore aujourd'hui ce que nous avons de mieux fait en ce genre, et il serait fort à désirer qu'il nous eût laissé quelque chose d'aussi complet sur les végétaux et sur les minéraux, mais les deux livres des plantes que quelques auteurs lui attribuent ne ressemblent pas à ses autres ouvrages et ne sont pas en effet de lui (*). Il est vrai que la botanique n'était pas fort en honneur de son temps : les Grecs, et même les Romains, ne la regardaient pas comme une science qui dût exister par elle-même et qui dût faire un objet à part, ils ne la considéraient que relativement à l'agriculture, au jardinage, à la médecine et aux arts ; et quoique Théophraste, disciple d'Aristote, connût plus de cinq cents genres de plantes, et que Pline en cite plus de mille, ils n'en parlent que pour nous en apprendre la culture, ou pour nous dire que les unes entrent dans la composition des drogues, que les autres sont d'usage pour les arts, que d'autres servent à orner nos jardins, etc., en un mot, ils ne les considèrent que par l'utilité qu'on en peut tirer, et ils ne se sont pas attachés à les décrire exactement.

L'histoire des animaux leur était mieux connue que celle des plantes. Alexandre donna des ordres et fit des dépenses très considérables pour rassembler des animaux et en faire venir de tous les pays, et il mit Aristote en état de les bien observer ; il paraît par son ouvrage qu'il les connaissait peut-être mieux et sous des vues plus générales qu'on ne les connaît aujourd'hui. Enfin quoique les modernes aient ajouté leurs découvertes à celles des anciens, je ne vois pas que nous ayons sur l'histoire naturelle beaucoup d'ouvrages modernes qu'on puisse mettre au-dessus de ceux d'Aristote et de Pline ; mais comme la prévention naturelle qu'on a pour son siècle pourrait persuader que ce que je viens de dire est avancé témérairement, je vais faire en peu de mots l'exposition du plan de leurs ouvrages.

Aristote commence son histoire des animaux par établir des différences et des ressemblances générales entre les différents genres d'animaux ; au lieu de les diviser par de petits caractères particuliers, comme l'ont fait les modernes, il rapporte historiquement tous les faits et toutes les observations qui portent sur des rapports généraux et sur des caractères sensibles ; il tire ces caractères de la forme, de la couleur, de la grandeur et de toutes les qualités extérieures de l'animal entier, et aussi du nombre et de la position de ses parties, de la grandeur, du mouvement, de la forme de ses membres, des rapports semblables ou différents qui se trouvent dans ces mêmes parties comparées, et il donne partout des exemples pour se faire

(*) Voyez le Commentaire de Scaliger.

mieux entendre : il considère aussi les différences des animaux par leur façon de vivre, leurs actions et leurs mœurs, leurs habitations, etc.; il parle des parties qui sont communes et essentielles aux animaux, et de celles qui peuvent manquer et qui manquent en effet à plusieurs espèces d'animaux : le sens du toucher, dit-il, est la seule chose qu'on doive regarder comme nécessaire, et qui ne doit manquer à aucun animal; et comme ce sens est commun à tous les animaux, il n'est pas possible de donner un nom à la partie de leur corps, dans laquelle réside la faculté de sentir. Les parties les plus essentielles sont celles par lesquelles l'animal prend sa nourriture, celles qui reçoivent et digèrent cette nourriture, et celles par où il en rend le superflu. Il examine ensuite les variétés de la génération des animaux, celles de leurs membres et de leurs différentes parties qui servent à leurs mouvements et à leurs fonctions naturelles. Ces observations générales et préliminaires font un tableau dont toutes les parties sont intéressantes, et ce grand philosophe dit aussi qu'il les a présentées sous cet aspect pour donner un avant-goût de ce qui doit suivre et faire naître l'attention qu'exige l'histoire particulière de chaque animal, ou plutôt de chaque chose.

Il commence par l'homme et il le décrit le premier, plutôt parce qu'il est l'animal le mieux connu, que parce qu'il est le plus parfait; et pour rendre sa description moins sèche et plus piquante, il tâche de tirer des connaissances morales en parcourant les rapports physiques du corps humain; il indique les caractères des hommes par les traits de leur visage : se bien connaître en physionomie serait en effet une science bien utile à celui qui l'aurait acquise, mais peut-on la tirer de l'histoire naturelle? Il décrit donc l'homme par toutes ses parties extérieures et intérieures, et cette description est la seule qui soit entière : au lieu de décrire chaque animal en particulier, il les fait connaître tous par les rapports que toutes les parties de leur corps ont avec celles du corps de l'homme ; lorsqu'il décrit, par exemple, la tête humaine, il compare avec elle la tête de différentes espèces d'animaux; il en est de même de toutes les autres parties. A la description du poumon de l'homme, il rapporte historiquement tout ce qu'on savait des poumons des animaux, et il fait l'histoire de ceux qui en manquent; de même à l'occasion des parties de la génération, il rapporte toutes les variétés des animaux dans la manière de s'accoupler, d'engendrer, de porter et d'accoucher, etc.; à l'occasion du sang il fait l'histoire des animaux qui en sont privés, et suivant ainsi ce plan de comparaison, dans lequel, comme l'on voit, l'homme sert de modèle, et ne donnant que les différences qu'il y a des animaux à l'homme, et de chaque partie des animaux à chaque partie de l'homme, il retranche à dessein toute description particulière, il évite par là toute répétition, il accumule les faits, et il n'écrit pas un mot qui soit inutile; aussi a-t-il compris dans un petit volume un nombre presque infini de différents faits, et je ne crois pas qu'il soit possible de réduire à de moindres termes tout ce qu'il avait à dire sur cette matière, qui paraît si peu susceptible de cette précision, qu'il fallait un génie comme le sien pour y conserver en même temps de l'ordre et de la netteté. Cet ouvrage d'Aristote s'est présenté à mes yeux comme une table de matières qu'on aurait extraite avec le plus grand soin de plusieurs milliers de volumes remplis de descriptions et d'observations de toute espèce; c'est l'abrégé le plus savant qui ait jamais été fait, si la science est en effet l'histoire des faits : et quand même on supposerait qu'Aristote aurait tiré de tous les livres de son temps ce qu'il a mis dans le sien, le plan de l'ouvrage, sa distribution, le choix des exemples, la justesse des comparaisons, une certaine tournure dans les idées, que j'appellerais volontiers le caractère philosophique, ne laissent pas douter un instant qu'il ne fût lui-même bien plus riche que ceux dont il aurait emprunté.

Pline a travaillé sur un plan bien plus grand, et peut-être trop vaste: il a voulu tout embrasser, et il semble avoir mesuré la nature et l'avoir trouvée trop petite encore pour l'étendue de son esprit; son histoire naturelle comprend, indépendamment de l'histoire des animaux, des plantes et des minéraux, l'histoire du ciel et de la terre, la médecine, le commerce, la navigation, l'histoire des arts libéraux et mécaniques, l'origine des usages, enfin toutes les sciences naturelles et tous les arts humains; et ce qu'il y a d'étonnant, c'est que dans chaque partie Pline est également grand; l'élévation des idées, la noblesse du style relèvent encore sa profonde érudition; non seulement il savait tout ce qu'on pouvait savoir de son temps, mais il avait cette facilité de penser en grand qui multiplie la science, il avait cette finesse de réflexion de laquelle dépendent l'élégance et le goût, et il communique à ses lecteurs une certaine liberté d'esprit, une hardiesse de penser qui est le germe de la philosophie. Son ouvrage, tout aussi varié que la nature, la peint toujours en beau; c'est, si l'on veut, une compilation de tout ce qui avait été écrit avant lui, une copie de tout ce qui avait été fait d'excellent et d'utile à savoir; mais cette copie a de si grands traits, cette compilation contient des choses rassemblées d'une manière si neuve, qu'elle est préférable à la plupart des ouvrages originaux qui traitent des mêmes matières.

Nous avons dit que l'histoire fidèle et la description exacte de chaque chose étaient les deux seuls objets que l'on devait se proposer d'abord dans l'étude de l'histoire naturelle. Les anciens ont bien rempli le premier, et sont peut-être autant au-dessus des modernes par cette première partie, que ceux-ci sont au-dessus d'eux par la seconde; car les anciens ont très bien traité l'historique de la vie et des mœurs des animaux, de la culture et des usages des plantes, des propriétés et de l'emploi des minéraux, et en même temps ils semblent avoir négligé à dessein la description de chaque chose : ce n'est pas qu'ils ne fussent très capables de la bien faire, mais ils dédaignaient apparemment d'écrire des choses qu'ils regardaient comme inutiles, et cette façon de penser tenait à quelque chose de général et n'était pas aussi déraisonnable qu'on pourrait le croire, et même ils ne pouvaient guère penser autrement. Premièrement ils cherchaient à être courts et à ne mettre dans leurs ouvrages que les faits essentiels et utiles, parce qu'ils n'avaient pas, comme nous, la facilité de multiplier les livres et de les grossir impunément. En second lieu ils tournaient toutes les sciences du côté de l'utilité, et donnaient beaucoup moins que nous à la vaine curiosité; tout ce qui n'était pas intéressant pour la société, pour la santé, pour les arts, était négligé: ils rapportaient tout à l'homme moral, et ils ne croyaient pas que les choses qui n'avaient point d'usage fussent dignes de l'occuper; un insecte inutile dont nos observateurs admirent les manœuvres, une herbe sans vertu dont nos botanistes observent les étamines, n'étaient pour eux qu'un insecte ou une herbe : on peut citer pour exemple le vingt-septième livre de Pline, *Reliqua herbarum genera*, où il met ensemble toutes les herbes dont il ne fait pas grand cas, qu'il se contente de nommer par lettres alphabétiques, en indiquant seulement quelqu'un de leurs caractères généraux et de leurs usages pour la médecine. Tout cela venait du peu de goût que les anciens avaient pour la physique, ou, pour parler plus exactement, comme ils n'avaient aucune idée de ce que nous appelons physique particulière et expérimentale, ils ne pensaient pas que l'on pût tirer aucun avantage de l'examen scrupuleux et de la description exacte de toutes les parties d'une plante ou d'un petit animal, et ils ne voyaient pas les rapports que cela pouvait avoir avec l'explication des phénomènes de la nature.

Cependant cet objet est le plus important, et il ne faut pas s'imaginer, même aujourd'hui, que dans l'étude de l'histoire naturelle on doive se borner uniquement à faire des descriptions exactes et à s'assurer seulement des faits particuliers; c'est à la vérité, et comme nous l'avons dit, le but essentiel qu'on doit se proposer d'abord, mais il faut tâcher de s'élever à quelque chose de plus grand et plus digne encore de nous occuper, c'est de combiner les observations, de généraliser les faits, de les lier ensemble par la force des analogies, et de tâcher d'arriver à ce haut degré de connaissances où nous pouvons juger que les effets particuliers dépendent d'effets plus généraux, où nous pouvons comparer la nature avec elle-même dans ses grandes opérations, et d'où nous pouvons enfin nous ouvrir des routes pour perfectionner les différentes parties de la physique. Une grande mémoire, de l'assiduité et de l'attention suffisent pour arriver au premier but; mais il faut ici quelque chose de plus, il faut des vues générales, un coup d'œil ferme et un raisonnement formé plus encore par la réflexion que par l'étude; il faut enfin cette qualité d'esprit qui nous fait saisir les rapports éloignés, les rassembler et en former un corps d'idées raisonnées, après en avoir apprécié au juste les vraisemblances et en avoir pesé les probabilités.

C'est ici où l'on a besoin de méthode pour conduire son esprit, non pas de celle dont nous avons parlé, qui ne sert qu'à arranger arbitrairement des mots, mais de cette méthode qui soutient l'ordre même des choses, qui guide notre raisonnement, qui éclaire nos vues, les étend et nous empêche de nous égarer.

Les plus grands philosophes ont senti la nécessité de cette méthode, et même ils ont voulu nous en donner des principes et des essais; mais les uns ne nous ont laissé que l'histoire de leurs pensées, et les autres la fable de leur imagination; et si quelques-uns se sont élevés à ce haut point de métaphysique d'où l'on peut voir les principes, les rapports et l'ensemble des sciences, aucun ne nous a sur cela communiqué ses idées, aucun ne nous a donné des conseils, et la méthode de bien conduire son esprit dans les sciences est encore à trouver : au défaut de préceptes on a substitué des exemples, au lieu de principes on a employé des définitions, au lieu de faits avérés, des suppositions hasardées.

Dans ce siècle même où les sciences paraissent être cultivées avec soin, je crois qu'il est aisé de s'apercevoir que la philosophie est négligée, et peut-être plus que dans aucun autre siècle; les arts qu'on veut appeler scientifiques ont pris sa place; les méthodes de calcul et de géométrie, celles de botanique et d'histoire naturelle, les formules, en un mot, et les dictionnaires occupent presque tout le monde; on s'imagine savoir davantage, parce qu'on a augmenté le nombre des expressions symboliques et des phrases savantes, et on ne fait point attention que tous ces arts ne sont que des échafaudages pour arriver à la science, et non pas la science elle-même, qu'il ne faut s'en servir que lorsqu'on ne peut s'en passer, et qu'on doit toujours se défier qu'ils ne viennent à nous manquer lorsque nous voudrons les appliquer à l'édifice.

La vérité, cet être métaphysique dont tout le monde croit avoir une idée claire, me paraît confondue dans un si grand nombre d'objets étrangers auxquels on donne son nom, que je ne suis pas surpris qu'on ait de la peine à la reconnaître. Les préjugés et les fausses applications se sont multipliés à mesure que nos hypothèses ont été plus savantes, plus abstraites et plus perfectionnées; il est donc plus difficile que jamais de reconnaître ce que nous pouvons savoir, et de le distinguer nettement de ce que nous devons ignorer. Les réflexions suivantes serviront au moins d'avis sur ce sujet important.

Le mot de vérité ne fait naître qu'une idée vague, il n'a jamais eu de définition précise, et la définition elle-même prise dans un sens général et absolu, n'est qu'une abstraction qui n'existe qu'en vertu de quelque supposition; au lieu de chercher à faire une définition de la vérité, cherchons donc à faire une énumération, voyons de près ce qu'on appelle communément vérités, et tâchons de nous en former des idées nettes.

Il y a plusieurs espèces de vérités, et on a coutume de mettre dans le premier ordre les vérités mathématiques, ce ne sont cependant que des vérités de définition; ces définitions portent sur des suppositions simples, mais abstraites, et toutes les vérités en ce genre ne sont que des conséquences composées, mais toujours abstraites, de ces définitions. Nous avons fait les suppositions, nous les avons combinées de toutes les façons, ce corps de combinaisons est la science mathématique; il n'y a donc rien dans cette science que ce que nous y avons mis, et les vérités qu'on en tire ne peuvent être que des expressions différentes sous lesquelles se présentent les suppositions que nous avons employées; ainsi les vérités mathématiques ne sont que les répétitions exactes des définitions ou suppositions. La dernière conséquence n'est vraie que parce qu'elle est identique avec celle qui la précède, et que celle-ci l'est avec la précédente, et ainsi de suite en remontant jusqu'à la première supposition; et comme les définitions sont les seuls principes sur lesquels tout est établi, et qu'elles sont arbitraires et relatives, toutes les conséquences qu'on en peut tirer sont également arbitraires et relatives. Ce qu'on appelle vérités mathématiques se réduit donc à des identités d'idées et n'a aucune réalité; nous supposons, nous raisonnons sur nos suppositions, nous en tirons des conséquences, nous concluons, la conclusion ou dernière conséquence est une proposition vraie relativement à notre supposition, mais cette vérité n'est pas plus réelle que la supposition elle-même. Ce n'est point ici le lieu de nous étendre sur les usages des sciences mathématiques, non plus que sur l'abus qu'on en peut faire, il nous suffit d'avoir prouvé que les vérités mathématiques ne sont que des vérités de définition, ou, si l'on veut, des expressions différentes de la même chose, et qu'elles ne sont vérités que relativement à ces mêmes définitions que nous avons faites; c'est par cette raison qu'elles ont l'avantage d'être toujours exactes et démonstratives, mais abstraites, intellectuelles et arbitraires.

Les vérités physiques, au contraire, ne sont nullement arbitraires et ne dépendent point de nous; au lieu d'être fondées sur des suppositions que nous ayons faites, elles ne sont appuyées que sur des faits; une suite de faits semblables, ou, si l'on veut, une répétition fréquente et une succession non interrompue des mêmes événements, fait l'essence de la vérité physique : ce qu'on appelle vérité physique n'est donc qu'une probabilité, mais une probabilité si grande qu'elle équivaut à une certitude. En mathématique on suppose, en physique on pose et on établit; là ce sont des définitions, ici ce sont des faits; on va de définitions en définitions dans les sciences abstraites, on marche d'observations en observations dans les sciences réelles; dans les premières on arrive à l'évidence, dans les dernières à la certitude. Le mot de vérité comprend l'une et l'autre et répond par conséquent à deux idées différentes; sa signification est vague et composée; il n'était donc pas possible de la définir généralement, il fallait, comme nous venons de le faire, en distinguer les genres afin de s'en former une idée nette.

Je ne parlerai pas des autres ordres de vérités; celles de la morale, par exemple, qui sont en partie réelles et en partie arbitraires, demanderaient une longue discussion qui nous éloignerait de notre but, et cela d'autant plus qu'elles n'ont pour objet et pour fin que des convenances et des probabilités (*).

L'évidence mathématique et la certitude physique sont donc les deux seuls points sous lesquels nous devons considérer la vérité; dès qu'elle s'éloignera de l'une ou de l'autre, ce n'est plus que vraisemblance et probabilité. Examinons donc ce que nous pouvons savoir de science évidente ou certaine, après quoi nous verrons ce que nous ne pouvons connaître que par conjecture, et enfin ce que nous devons ignorer.

Nous savons ou nous pouvons savoir de science évidente toutes les propriétés ou plutôt tous les rapports des nombres, des lignes, des surfaces et de toutes les autres quantités abstraites; nous pourrons les savoir d'une manière plus complète à mesure que nous nous exercerons à résoudre de nouvelles questions, et d'une manière plus sûre à mesure que nous rechercherons les causes des difficultés. Comme nous sommes les créateurs de cette science, et qu'elle ne comprend absolument rien que ce que nous avons nous-mêmes imaginé, il ne peut y avoir ni obscurités ni paradoxes qui soient réels ou impossibles, et on en trouvera toujours la solution en examinant avec soin les principes supposés et en suivant toutes les démarches qu'on a faites pour y arriver; comme les combinaisons de ces principes et des façons de les employer sont innombrables, il y a dans les mathématiques un champ d'une immense étendue de connaissances acquises et à acquérir, que nous serons toujours les maîtres de cultiver quand nous voudrons, et dans lequel nous recueillerons toujours la même abondance de vérités.

Mais ces vérités auraient été perpétuellement de pure spéculation, de simple curiosité et d'entière inutilité, si on n'avait pas trouvé les moyens de les associer aux vérités physiques; avant que de considérer les avantages de cette union, voyons ce que nous pouvons espérer de savoir en ce genre.

Les phénomènes qui s'offrent tous les jours à nos yeux, qui se succèdent et se répètent sans interruption et dans tous les cas, sont le fondement de nos connaissances physiques. Il suffit qu'une chose arrive toujours de la même façon pour qu'elle fasse une certitude ou une vérité pour nous; tous les faits de la nature que nous avons observés, ou que nous pourrons observer, sont autant de vérités, ainsi nous pouvons en augmenter le nombre autant qu'il nous plaira, en multipliant nos observations; notre science n'est ici bornée que par les limites de l'univers.

(*) Pensée très hardie pour l'époque à laquelle écrivait Buffon.

Mais lorsqu'après avoir bien constaté les faits par des observations réitérées, lorsqu'après avoir établi de nouvelles vérités par des expériences exactes, nous voulons chercher les raisons de ces mêmes faits, les causes de ces effets, nous nous trouvons arrêtés tout à coup, réduits à tâcher de déduire les effets d'effets plus généraux, et obligés d'avouer que les causes nous sont et nous seront perpétuellement inconnues, parce que nos sens étant eux-mêmes les effets de causes que nous ne connaissons point, ils ne peuvent nous donner des idées *que des effets*, et jamais des causes; il faudra donc nous réduire à appeler cause un effet général, et renoncer à savoir au delà.

Ces effets généraux sont pour nous les vraies lois de la nature; tous les phénomènes que nous reconnaîtrons tenir à ces lois et en dépendre seront autant de faits expliqués, autant de vérités comprises; ceux que nous ne pourrons y rapporter, seront de simples faits qu'il faut mettre en réserve, en attendant qu'un plus grand nombre d'observations et une plus longue expérience nous apprennent d'autres faits et nous découvrent la cause physique, c'est-à-dire l'effet général dont ces effets particuliers dérivent. C'est ici où l'union des deux sciences mathématique et physique peut donner de grands avantages, l'une donne le *combien*, et l'autre le *comment* des choses; et comme il s'agit ici de combiner et d'estimer des probabilités pour juger si un effet dépend plutôt d'une cause que d'une autre, lorsque vous avez imaginé par la physique le *comment*, c'est-à-dire lorsque vous avez vu qu'un tel effet pourrait bien dépendre de telle cause, vous appliquez ensuite le calcul pour vous assurer du *combien* de cet effet combiné avec sa cause, et si vous trouvez que le résultat s'accorde avec les observations, la probabilité que vous avez deviné juste augmente si fort qu'elle devient une certitude; au lieu que sans ce secours elle serait demeurée simple probabilité.

Il est vrai que cette union des mathématiques et de la physique ne peut se faire que pour un très petit nombre de sujets; il faut pour cela que les phénomènes que nous cherchons à expliquer, soient susceptibles d'être considérés d'une manière abstraite, et que de leur nature ils soient dénués de presque toutes les qualités physiques, car pour peu qu'ils soient composés, le calcul ne peut plus s'y appliquer. La plus belle et la plus heureuse application qu'on en ait jamais faite, est au système du monde; et il faut avouer que si Newton ne nous eût donné que les idées physiques de son système, sans les avoir appuyées sur des évaluations précises et mathématiques, elles n'auraient pas eu à beaucoup près la même force; mais on doit sentir en même temps qu'il y a très peu de sujets aussi simples, c'est-à-dire aussi dénués de qualités physiques que l'est celui-ci; car la distance des planètes est si grande qu'on peut les considérer les unes à l'égard des autres comme n'étant que des points; on peut en même temps, sans se tromper, faire abstraction de toutes les qualités physiques des planètes, et ne considérer que leur force d'attraction : leurs mouvements sont d'ailleurs les plus réguliers que nous connaissions, et n'éprouvent aucun retardement par la résistance : tout cela concourt à rendre l'explication du système du monde un problème de mathématique, auquel il ne fallait qu'une idée physique heureusement conçue pour le réaliser; et cette idée est d'avoir pensé que la force qui fait tomber les graves à la surface de la terre, pourrait bien être la même que celle qui retient la lune dans son orbite.

Mais, je le répète, il y a bien peu de sujets en physique où l'on puisse appliquer aussi avantageusement les sciences abstraites, et je ne vois guère que l'astronomie et l'optique auxquelles elles puissent être d'une grande utilité; l'astronomie par les raisons que nous venons d'exposer, et l'optique parce que la lumière étant un corps presque infiniment petit, dont les effets s'opèrent en ligne droite avec une vitesse presque infinie, ses propriétés sont presque mathématiques, ce qui fait qu'on peut y appliquer avec quelque succès le calcul et les mesures géométriques. Je ne parlerai pas des mécaniques, parce que la mécanique *rationnelle* est elle-même une science mathématique et abstraite, de laquelle la mécanique pratique ou l'art de faire et de composer les machines, n'emprunte qu'un seul principe par lequel on peut juger tous les effets en faisant abstraction des frottements et des autres qualités physiques. Aussi m'a-t-il toujours paru qu'il y avait une espèce d'abus dans la manière dont on professe la physique expérimentale, l'objet de cette science n'étant point du tout celui qu'on lui prête. La démonstration des effets mécaniques, comme de la puissance des leviers, des poulies, de l'équilibre des solides et des fluides, de l'effet des plans inclinés, de celui des forces centrifuges, etc., appartenant entièrement aux mathématiques, et pouvant être saisie par les yeux de l'esprit avec la dernière évidence, il me paraît superflu de la représenter à ceux du corps; le vrai but est au contraire de faire des expériences sur toutes les choses que nous ne pouvons pas mesurer par le calcul, sur tous les effets dont nous ne connaissons pas encore les causes, et sur toutes les propriétés dont nous ignorons les circonstances, cela seul peut nous conduire à de nouvelles découvertes; au lieu que la démonstration des effets mathématiques ne nous apprendra jamais que ce que nous savions déjà.

Mais cet abus n'est rien en comparaison des inconvénients où l'on tombe lorsqu'on veut appliquer la géométrie et le calcul à des sujets de physique trop compliqués, à des objets dont nous ne connaissons pas assez les propriétés pour pouvoir les mesurer; on est obligé dans tous ces cas de faire des suppositions toujours contraires à la nature, de dépouiller le sujet de la plupart de ses qualités, d'en faire un être abstrait qui ne ressemble plus à l'être réel, et lorsqu'on a beaucoup raisonné et calculé sur les rapports et les propriétés de cet être abstrait, et qu'on est arrivé à une conclusion tout aussi abstraite, on croit avoir trouvé quelque chose de réel, et on transporte ce résultat idéal dans le sujet réel, ce qui produit une infinité de fausses conséquences et d'erreurs.

C'est ici le point le plus délicat et le plus important de l'étude des sciences : savoir bien distinguer ce qu'il y a de réel dans un sujet, de ce que nous y mettons d'arbitraire en le considérant, reconnaître clairement les propriétés qui lui appartiennent et celles que nous lui prêtons, me paraît être le fondement de la vraie méthode de conduire son esprit dans les sciences; et si on ne perdait jamais de vue ce principe, on ne ferait pas une fausse démarche, on éviterait de tomber dans ces erreurs savantes qu'on reçoit souvent comme des vérités ; on verrait disparaître les paradoxes, les questions insolubles des sciences abstraites, on reconnaîtrait les préjugés et les incertitudes que nous portons nous-mêmes dans les sciences réelles, on viendrait alors à s'entendre sur la métaphysique des sciences, on cesserait de disputer, et on se réunirait pour marcher dans la même route à la suite de l'expérience, et arriver enfin à la connaissance de toutes les vérités qui sont du ressort de l'esprit humain.

Lorsque les sujets sont trop compliqués pour qu'on puisse y appliquer avec avantage le calcul et les mesures, comme le sont presque tous ceux de l'histoire naturelle et de la physique particulière, il me paraît que la vraie méthode de conduire son esprit dans ces recherches, c'est d'avoir recours aux observations, de les rassembler, d'en faire de nouvelles, et en assez grand nombre pour nous assurer de la vérité des faits principaux, et de n'employer la méthode mathématique que pour estimer les probabilités des conséquences qu'on peut tirer de ces faits; surtout il faut tâcher de les généraliser et de bien distinguer ceux qui sont essentiels de ceux qui ne sont qu'accessoires au sujet que nous considérons; il faut ensuite les lier ensemble par les analogies, confirmer ou détruire certains points équivoques par le moyen des expériences, former son plan d'explication sur la combinaison de tous ces rapports, et les présenter dans l'ordre le plus naturel. Cet ordre peut se prendre de deux façons, la première est de remonter des effets particuliers à des effets plus généraux, et l'autre de descendre du général au particulier : toutes deux sont bonnes, et le choix de l'une ou de l'autre dépend plutôt du génie de l'auteur que de la nature des choses, qui toutes peuvent être également bien traitées par l'une ou l'autre de ces manières. Nous allons donner des essais de cette méthode dans les discours suivants, de la *Théorie de la terre*, de la *Formation des planètes*, et de la *Génération des animaux*.

SECOND DISCOURS

HISTOIRE ET THÉORIE DE LA TERRE

Vidi ego, quod fuerat quondam solidissima tellus,
Esse fretum; vidi fractas ex æquore terras;
Et procul a pelago conchæ jacuère marinæ,
Et vetus inventa est in montibus anchora summis;
Quodque fuit campus, vallem decursus aquarum
Fecit, et eluvie mons est deductus in æquor.

OVID. *Metam.* lib. 15.

Il n'est ici question ni de la figure (*a*) de la terre ni de son mouvement ni des rapports qu'elle peut avoir à l'extérieur avec les autres parties de l'univers; c'est sa constitution intérieure, sa forme et sa matière que nous nous proposons d'examiner. L'histoire générale de la terre doit précéder l'histoire particulière de ses productions, et les détails des faits singuliers de la vie et des mœurs des animaux ou de la culture et de la végétation des plantes appartiennent peut-être moins à l'histoire naturelle que les résultats généraux des observations qu'on a faites sur les différentes matières qui composent le globe terrestre, sur les éminences, les profondeurs et les inégalités de sa forme, sur le mouvement des mers, sur la direction des montagnes, sur la position des carrières, sur la rapidité et les effets des courants de la mer, etc. Ceci est la nature en grand, et ce sont là ses principales opérations, elles influent sur toutes les autres, et la théorie de ces effets est une première science de laquelle dépend l'intelligence des phénomènes particuliers, aussi bien que la connaissance exacte des substances terrestres; et quand même on voudrait donner à cette partie des sciences naturelles le nom de *physique*, toute physique où l'on n'admet point de systèmes n'est-elle pas l'histoire de la nature?

Dans des sujets d'une vaste étendue dont les rapports sont difficiles à rapprocher, où les faits sont inconnus en partie, et pour le reste incertains, il est plus aisé d'imaginer un système que de donner une théorie; aussi la théorie de la terre n'a-t-elle jamais été traitée que d'une manière vague et hypothétique. Je ne parlerai donc que légèrement des idées singulières de quelques auteurs qui ont écrit sur cette matière.

(*a*) Voyez ci-après les Preuves de la Théorie de la terre, art. 1er.

L'un (*a*), plus ingénieux que raisonnable, astronome convaincu du système de Newton, envisageant tous les événements possibles du cours et de la direction des astres, explique, à l'aide d'un calcul mathématique, par la queue d'une comète, tous les changements qui sont arrivés au globe terrestre.

Un autre (*b*), théologien hétérodoxe, la tête échauffée de visions poétiques, croit avoir vu créer l'univers; osant prendre le style prophétique, après nous avoir dit ce qu'était la terre au sortir du néant, ce que le déluge y a changé, ce qu'elle a été et ce qu'elle est, il nous prédit ce qu'elle sera, même après la destruction du genre humain.

Un troisième (*c*), à la vérité meilleur observateur que les deux premiers, mais tout aussi peu réglé dans ses idées, explique par un abîme immense d'un liquide contenu dans les entrailles du globe, les principaux phénomènes de la terre, laquelle, selon lui, n'est qu'une croûte superficielle et fort mince qui sert d'enveloppe au fluide qu'elle renferme.

Toutes ces hypothèses faites au hasard, et qui ne portent que sur des fondements ruineux, n'ont point éclairci les idées et ont confondu les faits; on a mêlé la fable à la physique. Aussi ces systèmes n'ont été reçus que de ceux qui reçoivent tout aveuglément, incapables qu'ils sont de distinguer les nuances du vraisemblable, et plus flattés du merveilleux que frappés du vrai.

Ce que nous avons à dire au sujet de la terre sera sans doute moins extraordinaire, et pourra paraître commun en comparaison des grands systèmes dont nous venons de parler; mais on doit se souvenir qu'un historien est fait pour décrire et non pour inventer, qu'il ne doit se permettre aucune supposition, et qu'il ne peut faire usage de son imagination que pour combiner les observations, généraliser les faits, et en former un ensemble qui présente à l'esprit un ordre méthodique d'idées claires et de rapports suivis et vraisemblables; je dis vraisemblables, car il ne faut pas espérer qu'on puisse donner des démonstrations exactes sur cette matière, elles n'ont lieu que dans les sciences mathématiques, et nos connaissances en physique et en histoire naturelle dépendent de l'expérience et se bornent à des inductions.

Commençons donc par nous représenter ce que l'expérience de tous les temps et ce que nos propres observations nous apprennent au sujet de la terre. Ce globe immense nous offre à la surface des hauteurs, des profondeurs, des plaines, des mers, des marais, des fleuves, des cavernes, des gouffres, des volcans, et à la première inspection nous ne découvrons en tout cela aucune régularité, aucun ordre. Si nous pénétrons dans son intérieur,

(*a*) Whiston. Voyez les Preuves de la Théorie de la terre, art. II.
(*b*) Burnet. Voyez les Preuves de la Théorie de la terre, art. III.
(*c*) Woodward. Voyez les Preuves, art. IV.

nous y trouvons des métaux, des minéraux, des pierres, des bitumes, des sables, des terres, des eaux et des matières de toute espèce, placées comme au hasard et sans aucune règle apparente; en examinant avec plus d'attention, nous voyons des montagnes (*a*) affaissées, des rochers fendus et brisés, des contrées englouties, des îles nouvelles, des terrains submergés, des cavernes comblées; nous trouvons des matières pesantes souvent posées sur des matières légères, des corps durs environnés de substances molles, des choses sèches, humides, chaudes, froides, solides, friables, toutes mêlées et dans une espèce de confusion qui ne nous présente d'autre image que celle d'un amas de débris et d'un monde en ruines.

Cependant nous habitons ces ruines avec une entière sécurité; les générations d'hommes, d'animaux, de plantes se succèdent sans interruption, la terre fournit abondamment à leur substance; la mer a des limites et des lois, ses mouvements y sont assujettis, l'air a ses courants (*b*) réglés, les saisons ont leurs retours périodiques et certains, la verdure n'a jamais manqué de succéder aux frimas: tout nous paraît être dans l'ordre; la terre, qui tout à l'heure n'était qu'un chaos, est un séjour délicieux où règnent le calme et l'harmonie, où tout est animé et conduit avec une puissance et une intelligence qui nous remplissent d'admiration et nous élèvent jusqu'au Créateur.

Ne nous pressons donc pas de prononcer sur l'irrégularité que nous voyons à la surface de la terre, et sur le désordre apparent qui se trouve dans son intérieur, car nous en reconnaîtrons bientôt l'utilité et même la nécessité; et, en y faisant plus d'attention, nous y trouverons peut-être un ordre que nous ne soupçonnions pas, et des rapports généraux que nous n'apercevions pas au premier coup d'œil. A la vérité, nos connaissances à cet égard seront toujours bornées : nous ne connaissons point encore la surface entière du globe (*c*), nous ignorons en partie ce qui se trouve au fond des mers, il y en a dont nous n'avons pu sonder les profondeurs : nous ne pouvons pénétrer que dans l'écorce de la terre, et les plus grandes cavités (*d*), les mines (*e*) les plus profondes ne descendent pas à la huit-millième partie de son diamètre; nous ne pouvons donc juger que de la couche extérieure et presque superficielle, l'intérieur de la masse nous est entièrement inconnu; on sait que, volume pour volume, la terre pèse quatre fois plus que le soleil; on a aussi le rapport de sa pesanteur avec les autres planètes, mais ce n'est qu'une estimation relative, l'unité de mesure nous manque, le poids réel de la ma-

(*a*) *Vid. Senec. quæst.*, lib. VI, cap. XXI. — *Strab. Geograph.*, lib. I. — *Orosius*, lib. II, cap. XVIII. — *Plin*, lib. II, cap. XIX. — *Hist. de l'Acad. des Sc.*, année 1708, p. 23.

(*b*) Voyez les Preuves, art. XIV.

(*c*) Voyez les Preuves, art. VI.

(*d*) Voyez *Trans. phil. Abr.*, vol. II, p. 323.

(*e*) Voyez *Boyle's Works*, vol. III, p. 232.

tière nous étant inconnu, en sorte que l'intérieur de la terre pourrait être vide ou rempli d'une matière mille fois plus pesante que l'or, et nous n'avons aucun moyen de le reconnaître ; à peine pouvons-nous former sur cela quelques conjectures (*a*) raisonnables.

Il faut donc nous borner à examiner et à décrire la surface de la terre, et la petite épaisseur intérieure dans laquelle nous avons pénétré. La première chose qui se présente, c'est l'immense quantité d'eau qui couvre la plus grande partie du globe ; ces eaux occupent toujours les parties les plus basses, elles sont aussi toujours de niveau, et elles tendent perpétuellement à l'équilibre et au repos : cependant nous les voyons (*b*) agitées par une forte puissance, qui, s'opposant à la tranquillité de cet élément, lui imprime un mouvement périodique et réglé, soulève et abaisse alternativement les flots, et fait un balancement de la masse totale des mers en les remuant jusqu'à la plus grande profondeur. Nous savons que ce mouvement est de tous les temps, et qu'il durera autant que la lune et le soleil qui en sont les causes.

Considérant ensuite le fond de la mer, nous y remarquons autant d'inégalités (*c*) que sur la surface de la terre ; nous y trouvons des hauteurs (*d*), des vallées, des plaines, des profondeurs, des rochers, des terrains de toute espèce ; nous voyons que toutes les îles ne sont que les sommets (*e*) de vastes montagnes dont le pied et les racines sont couverts de l'élément liquide ; nous y trouvons d'autres sommets de montagnes qui sont presque à fleur d'eau, nous y remarquons des courants (*f*) rapides qui semblent se soustraire au mouvement général : on les voit (*g*) se porter quelquefois constamment dans la même direction, quelquefois rétrograder et ne jamais excéder leurs limites, qui paraissent aussi invariables que celles qui bornent les efforts des fleuves de la terre. Là sont ces contrées orageuses où les vents en fureur précipitent la tempête, où la mer et le ciel également agités se choquent et se confondent ; ici sont des mouvements intestins, des bouillonnements (*h*), des trombes (*i*), et des agitations extraordinaires causées par des volcans dont la bouche submergée vomit le feu du sein des ondes, et pousse jusqu'aux nues une épaisse vapeur mêlée d'eau, de soufre et de bitume. Plus loin, je vois ces gouffres (*j*) dont on n'ose approcher, qui semblent attirer les vaisseaux

(*a*) Voyez les Preuves, art. I.
(*b*) Voyez les Preuves, art. XII.
(*c*) Voyez les Preuves, art. XIII.
(*d*) Voyez la carte dressée en 1737 par M. Buache, des profondeurs de l'Océan entre l'Afrique et l'Amérique.
(*e*) Voyez *Varen. Geogr. gen.*, p. 218.
(*f*) Voyez les Preuves, art. XIII.
(*g*) Voyez *Varen.*, p. 140. — Voyez aussi les Voyages de Pyrard, p. 137.
(*h*) Voyez les Voyages de Shaw, tome II, p. 56.
(*i*) Voyez les Preuves, art. XVI.
(*j*) Le Malestroom, dans la mer de Norvège.

pour les engloutir; au delà, j'aperçois ces vastes plaines toujours calmes et tranquilles (*a*), mais tout aussi dangereuses, où les vents n'ont jamais exercé leur empire, où l'art du nautonier devient inutile, où il faut rester et périr; enfin portant les yeux jusqu'aux extrémités du globe, je vois ces glaces (*b*) énormes qui se détachent des continents des pôles, et viennent comme des montagnes flottantes voyager et se fondre jusque dans les régions tempérées (*c*).

Voilà les principaux objets que nous offre le vaste empire de la mer; des milliers d'habitants de différentes espèces en peuplent toute l'étendue: les uns, couverts d'écailles légères, en traversent avec rapidité les différents pays; d'autres, chargés d'une épaisse coquille, se traînent pesamment et marquent avec lenteur leur route sur le sable; d'autres, à qui la nature a donné des nageoires en forme d'ailes, s'en servent pour s'élever et se soutenir dans les airs; d'autres enfin, à qui tout mouvement a été refusé, croissent et vivent attachés aux rochers; tous trouvent dans cet élément leur pâture; le fond de la mer produit abondamment des plantes, des mousses et des végétations encore plus singulières; le terrain de la mer est de sable, de gravier, souvent de vase, quelquefois de terre ferme, de coquillages, de rochers, et partout il ressemble à la terre que nous habitons.

Voyageons maintenant sur la partie sèche du globe, quelle différence prodigieuse entre les climats! quelle variété de terrains! quelle inégalité de niveau! mais observons exactement, et nous reconnaîtrons que les grandes (*d*) chaînes de montagnes se trouvent plus voisines de l'équateur que des pôles; que, dans l'ancien continent, elles s'étendent d'orient en occident beaucoup plus que du nord au sud, et que dans le nouveau monde elles s'étendent au contraire du nord au sud beaucoup plus que d'orient en occident; mais ce qu'il y a de très remarquable, c'est que la forme de ces montagnes et leurs contours, qui paraissent absolument irréguliers (*e*), ont cependant les directions suivies et correspondantes (*f*) entre elles, en sorte que les angles saillants d'une montagne se trouvent toujours opposés aux angles rentrants de la montagne voisine qui en est séparée par un vallon ou par une profondeur. J'observe aussi que les collines opposées ont toujours à très peu près la même hauteur, et qu'en général les montagnes occupent le milieu des continents et partagent dans la plus grande longueur les îles, les promontoires et les autres (*g*) terres avancées. Je suis de même la direction des plus grands fleuves, et je vois qu'elle est toujours presque perpendiculaire à la côte de

(*a*) Les calmes et les tornados de la mer Éthiopique.
(*b*) Voyez les Preuves, art. VI et X.
(*c*) Voyez la Carte de l'expédition de M. Bouvet, dressée par M. Buache en 1739.
(*d*) Voyez les Preuves, art. IX.
(*e*) Voyez les Preuves, art. IX et XII.
(*f*) Voyez *Lettres philos.* de Bourguet, p. 181.
(*g*) *Vid. Varenii Geogr.*, p. 69.

la mer dans laquelle ils ont leur embouchure, et que dans la plus grande partie de leur cours ils vont à peu près (a) comme les chaînes de montagnes dont ils prennent leur source et leur direction. Examinant ensuite les rivages de la mer, je trouve qu'elle est ordinairement bornée par des rochers, des marbres et d'autres pierres dures, ou bien par des terres et des sables qu'elle a elle-même accumulés ou que les fleuves ont amenés, et je remarque que les côtes voisines, et qui ne sont séparées que par un bras ou par un petit trajet de mer, sont composées des mêmes matières, et que les lits de terre sont les mêmes de l'un et l'autre côté (b); je vois que les volcans se (c) trouvent dans les hautes montagnes, qu'il y en a un grand nombre dont les feux sont entièrement éteints, que quelques-uns de ces volcans ont des correspondances (d) souterraines, et que leurs explosions se font quelquefois en même temps. J'aperçois une correspondance semblable entre certains lacs et les mers voisines ; ici sont des fleuves et des torrents (e) qui se perdent tout à coup et paraissent se précipiter dans les entrailles de la terre ; là est une mer intérieure où se rendent cent rivières qui y portent de toutes parts une énorme quantité d'eau sans jamais augmenter ce lac immense, qui semble rendre par des voies souterraines tout ce qu'il reçoit par ses bords ; et chemin faisant je reconnais aisément les pays anciennement habités ; je les distingue de ces contrées nouvelles où le terrain paraît encore tout brut, où les fleuves sont remplis de cataractes, où les terres sont en partie submergées, marécageuses ou trop arides, où la distribution des eaux est irrégulière, où des bois incultes couvrent toute la surface des terrains qui peuvent produire.

Entrant dans un plus grand détail, je vois que la première couche (f) qui enveloppe le globe est partout d'une même substance ; que cette substance qui sert à faire croître et à nourrir les végétaux et les animaux, n'est elle-même qu'un composé de parties animales et végétales détruites, ou plutôt réduites en petites parties, dans lesquelles l'ancienne organisation n'est pas sensible. Pénétrant plus avant, je trouve la vraie terre, je vois des couches de sable, de pierres à chaux, d'argile, de coquillages, de marbres, de gravier, de craie, de plâtre, etc., et je remarque que ces (g) couches sont toujours posées parallèlement les unes (h) sur les autres, et que chaque couche a la même épaisseur dans toute son étendue : je vois que dans les collines voisines les mêmes matières se trouvent au même niveau, quoique les collines

(a) Voyez les Preuves, art. X.
(b) Voyez les Preuves, art. VII.
(c) Voyez les Preuves, art. XVI.
(d) *Vid. Kircher. Mund. Subter. in præf.*
(e) Voyez *Varen. Geogr.*, p. 43.
(f) Voyez les Preuves, art. VII.
(g) Voyez les Preuves, art. VII.
(h) Voyez Woodward p. 41, etc.

soient séparées par des intervalles profonds et considérables. J'observe que, dans tous les lits de terre, et (*a*) même dans les couches plus solides, comme dans les rochers, dans les carrières de marbres et de pierres, il y a des fentes, que ces fentes sont perpendiculaires à l'horizon, et que, dans les plus grandes comme dans les plus petites profondeurs, c'est une espèce de règle que la nature suit constamment. Je vois de plus que, dans l'intérieur de la terre, sur la cime des monts (*b*) et dans les lieux les plus éloignés de la mer, on trouve des coquilles, des squelettes de poissons de mer, des plantes marines, etc., qui sont entièrement semblables aux coquilles, aux poissons, aux plantes actuellement vivantes dans la mer, et qui en effet sont absolument les mêmes. Je remarque que ces coquilles pétrifiées sont en prodigieuse quantité, qu'on en trouve dans une infinité d'endroits, qu'elles sont renfermées dans l'intérieur des rochers et des autres masses de marbre et de pierre dure, aussi bien que dans les craies et dans les terres ; et que non seulement elles sont renfermées dans toutes ces matières, mais qu'elles y sont incorporées, pétrifiées et remplies de la substance même qui les environne : enfin je me trouve convaincu par des observations réitérées que les marbres, les pierres, les craies, les marnes, les argiles, les sables et presque toutes les matières terrestres, sont remplies de (*c*) coquilles et d'autres débris de la mer, et cela par toute la terre et dans tous les lieux où l'on a pu faire des observations exactes.

Tout cela posé, raisonnons.

Les changements qui sont arrivés au globe terrestre depuis deux et même trois mille ans sont fort peu considérables en comparaison des révolutions qui ont dû se faire dans les premiers temps après la création, car il est aisé de démontrer que comme toutes les matières terrestres n'ont acquis de la solidité que par l'action continuée de la gravité et des autres forces qui rapprochent et réunissent les particules de la matière, la surface de la terre devait être au commencement beaucoup moins solide qu'elle ne l'est devenue dans la suite, et que par conséquent les mêmes causes qui ne produisent aujourd'hui que des changements presque insensibles dans l'espace de plusieurs siècles, devaient causer alors de très grandes révolutions dans un petit nombre d'années ; en effet, il paraît certain que la terre actuellement sèche et habitée a été autrefois sous les eaux de la mer, et que ces eaux étaient supérieures aux sommets des plus hautes montagnes, puisqu'on trouve sur ces montagnes et jusque sur leurs sommets, des productions marines et des coquilles, qui comparées avec les coquillages vivants sont les mêmes, et qu'on ne peut douter de leur parfaite ressemblance ni de

(*a*) Voyez les Preuves, art. VIII.

(*b*) Voyez les Preuves, art. VIII.

(*c*) Voyez Stenon, Woodward, Ray, Bourguet, Scheuchzer, les *Trans. phil.*, les *Mém. de l'Acad.*, etc.

l'identité de leurs espèces (*). Il paraît aussi que les eaux de la mer ont séjourné quelque temps sur cette terre, puisqu'on trouve en plusieurs endroits des bancs de coquilles si prodigieux et si étendus, qu'il n'est pas possible qu'une aussi grande (*a*) multitude d'animaux ait été tout à la fois vivante en même temps : cela semble prouver aussi que, quoique les matières qui composent la surface de la terre fussent alors dans un état de mollesse qui les rendait susceptibles d'être aisément divisées, remuées et transportées par les eaux, ces mouvements ne se sont pas faits tout à coup, mais successivement et par degrés ; et comme on trouve quelquefois des productions de la mer à mille et douze cents pieds de profondeur, il paraît que cette épaisseur de terre ou de pierre étant si considérable, il a fallu des années pour la produire : car quand on voudrait supposer que dans le déluge universel tous les coquillages eussent été enlevés du fond des mers et transportés sur toutes les parties de la terre, outre que cette supposition serait difficile à établir (*b*), il est clair que, comme on trouve ces coquilles incorporées et pétrifiées dans les marbres et dans les rochers des plus hautes montagnes, il faudrait donc supposer que ces marbres et ces rochers eussent été tous formés en même temps et précisément dans l'instant du déluge, et qu'avant cette grande révolution il n'y avait sur le globe terrestre ni montagnes, ni marbres, ni rochers, ni craies, ni aucune autre matière semblable à celles que nous connaissons, qui presque toutes contiennent des coquilles et d'autres débris des productions de la mer. D'ailleurs, la surface de la terre devait avoir acquis au temps du déluge un degré considérable de solidité, puisque la gravité avait agi sur les matières qui la composent, pendant plus de seize siècles, et par conséquent il ne paraît pas possible que les eaux du déluge aient pu bouleverser les terres à la surface du globe jusqu'à d'aussi grandes profondeurs dans le peu de temps que dura l'inondation universelle.

Mais, sans insister plus longtemps sur ce point qui sera discuté dans la suite, je m'en tiendrai maintenant aux observations qui sont constantes, et aux faits qui sont certains. On ne peut douter que les eaux de la mer n'aient séjourné sur la surface de la terre que nous habitons, et que, par conséquent, cette même surface de notre continent n'ait été pendant quelque temps le fond d'une mer, dans laquelle tout se passait comme tout se passe actuellement dans la mer d'aujourd'hui : d'ailleurs, les couches des différentes matières qui composent la terre étant, comme nous l'avons remarqué (*c*),

(*a*) Voyez les Preuves, art. VIII.
(*b*) Voyez les Preuves, art. V.
(*c*) Voyez les Preuves, art. VII.

(*) Il n'existe en réalité qu'un nombre relativement petit d'espèces d'animaux fossiles semblables aux espèces actuelles, mais ici Buffon donne évidemment au mot espèce une extension beaucoup plus considérable que celle qu'il comporte dans la taxinomie des êtres vivants. S'il en est ainsi, il est dans le vrai, car beaucoup d'espèces fossiles ne diffèrent que très peu des espèces actuelles.

posées parallèlement et de niveau, il est clair que cette position est l'ouvrage des eaux qui ont amassé et accumulé peu à peu ces matières et leur ont donné la même situation que l'eau prend toujours elle-même, c'est-à-dire cette situation horizontale que nous observons presque partout; car dans les plaines, les couches sont exactement horizontales, et il n'y a que dans les montagnes où elles soient inclinées, comme ayant été formées par des sédiments déposés sur une base inclinée, c'est-à-dire sur un terrain penchant : or je dis que ces couches ont été formées peu à peu, et non pas tout d'un coup par quelque révolution que ce soit, parce que nous trouvons souvent des couches de matière plus pesante posées sur des couches de matière beaucoup plus légère ; ce qui ne pourrait être, si, comme le veulent quelques auteurs, toutes ces matières (*a*) dissoutes et mêlées en même temps dans l'eau se fussent ensuite précipitées au fond de cet élément, parce qu'alors elles eussent produit une tout autre composition que celle qui existe; les matières les plus pesantes seraient descendues les premières et au plus bas, et chacune se serait arrangée suivant sa gravité spécifique, dans un ordre relatif à leur pesanteur particulière, et nous ne trouverions pas des rochers massifs sur des arènes légères, non plus que des charbons de terre sous des argiles, des glaises sous des marbres, et des métaux sur des sables.

Une chose à laquelle nous devons encore faire attention, et qui confirme ce que nous venons de dire sur la formation des couches par le mouvement et par le sédiment des eaux, c'est que toutes les autres causes de révolution ou de changement sur le globe ne peuvent produire les mêmes effets. Les montagnes les plus élevées sont composées de couches parallèles, tout de même que les plaines les plus basses, et par conséquent on ne peut pas attribuer l'origine et la formation des montagnes à des secousses, à des tremblements de terre, non plus qu'à des volcans; et nous avons des preuves que, s'il se forme (*b*) quelquefois de petites éminences par ces mouvements convulsifs de la terre, ces éminences ne sont pas composées de couches parallèles, que les matières de ces éminences n'ont intérieurement aucune liaison, aucune position régulière, et qu'enfin ces petites collines formées par les volcans ne présentent aux yeux que le désordre d'un tas de matières rejetées confusément; mais cette espèce d'organisation de la terre que nous découvrons partout, cette situation horizontale et parallèle des couches, ne peuvent venir que d'une cause constante et d'un mouvement réglé et toujours dirigé de la même façon.

Nous sommes donc assurés par des observations exactes, réitérées et fondées sur des faits incontestables, que la partie sèche du globe que nous habitons a été longtemps sous les eaux de la mer; par conséquent, cette même terre a éprouvé pendant tout ce temps les mêmes mouvements, les

(*a*) Voyez les Preuves, art. IV.
(*b*) Voyez les Preuves, art. XVII.

mêmes changements qu'éprouvent actuellement les terres couvertes par la mer. Il paraît que notre terre a été un fond de mer ; pour trouver donc ce qui s'est passé autrefois sur cette terre, voyons ce qui se passe aujourd'hui sur le fond de la mer, et de là nous tirerons des inductions raisonnables sur la forme extérieure et la composition intérieure des terres que nous habitons.

Souvenons-nous donc que la mer à de tout temps, et depuis la création, un mouvement de flux et de reflux causé principalement par la lune ; que ce mouvement, qui dans vingt-quatre heures fait deux fois élever et baisser les eaux, s'exerce avec plus de force sous l'équateur que dans les autres climats. Souvenons-nous aussi que la terre a un mouvement rapide sur son axe, et par conséquent une force centrifuge plus grande à l'équateur que dans toutes les autres parties du globe ; que cela seul, indépendamment des observations actuelles et des mesures, nous prouve qu'elle n'est pas parfaitement sphérique, mais qu'elle est plus élevée sous l'équateur que sous les pôles ; et concluons de ces premières observations que quand même on supposerait que la terre est sortie des mains du Créateur parfaitement ronde en tout sens (supposition gratuite et qui marquerait bien le cercle étroit de nos idées), son mouvement diurne et celui du flux et du reflux auraient élevé peu à peu les parties de l'équateur, en y amenant successivement les limons, les terres, les coquillages, etc. Ainsi les plus grandes inégalités du globe doivent se trouver et se trouvent en effet voisines de l'équateur ; et comme ce mouvement de flux et de reflux (*a*) se fait par des alternatives journalières et répétées sans interruption, il est fort naturel d'imaginer qu'à chaque fois les eaux emportent d'un endroit à l'autre une petite quantité de matière, laquelle tombe ensuite comme un sédiment au fond de l'eau ; car la totalité du mouvement des eaux dans le flux et reflux étant horizontale, les matières entraînées ont nécessairement suivi la même direction et se sont toutes arrangées parallèlement et de niveau (*).

(*a*) Voyez les Preuves, art. XII.

(*) La façon dont Buffon explique la formation des couches géologiques est fort remarquable, non par son exactitude, mais parce qu'elle montre que le savant naturaliste avait conçu la possibilité d'expliquer par des phénomènes lents et continus, sans révolutions et sans cataclysmes, toutes les transformations subies par la surface de notre globe. C'est cette manière de voir qui a définitivement triomphé et qui est admise aujourd'hui par tous les géologues. Les théologiens ne manquèrent pas d'en voir le danger; la Sorbonne la condamna solennellement et somma Buffon d'y renoncer. Le savant qui a le plus fait à notre époque pour faire triompher cette théorie, sir Charles Lyell, écrit à ce propos (dans ses *Principes de géologie*, t. Ier, p. 74) : « Le grand principe auquel Buffon avait été mis en demeure de renoncer était simplement celui-ci : « que les montagnes et les vallées actuelles sont dues » à des causes secondaires, et que les mêmes causes, à un temps donné, détruiront tous les » continents, les collines, les vallées, et en reproduiront de semblables. » Or, quelque défectueuse que puissent être certaines idées de Buffon, on admet aujourd'hui sans discussion que les continents actuels sont d'origine secondaire. Cette doctrine est aussi fermement établie

Mais, dira-t-on, comme le mouvement du flux et reflux est un balancement égal des eaux, une espèce d'oscillation régulière, on ne voit pas pourquoi tout ne serait pas compensé, et pourquoi les matières apportées par le flux ne seraient pas remportées par le reflux, et dès lors la cause de la formation des couches disparaît, et le fond de la mer doit toujours rester le même, le flux détruisant les effets du reflux, et l'un et l'autre ne pouvant causer aucun mouvement, aucune altération sensible dans le fond de la mer, et encore moins en changer la forme primitive en y produisant des hauteurs et des inégalités.

A cela je réponds que le balancement des eaux n'est point égal, puisqu'il produit un mouvement continuel de la mer de l'orient vers l'occident, que de plus l'agitation causée par les vents s'oppose à l'égalité du flux et du reflux, et que, de tous les mouvements dont la mer est susceptible, il résultera toujours des transports de terre et des dépôts de matière dans de certains endroits, que ces amas de matières seront composés de couches parallèles et horizontales, les combinaisons quelconques des mouvements de la mer tendant toujours à remuer les terres et à les mettre de niveau les unes sur les autres dans les lieux où elles tombent en forme de sédiment; mais, de plus, il est aisé de répondre à cette objection par un fait, c'est que dans toutes les extrémités de la mer où l'on observe le flux et le reflux, dans toutes les côtes qui la bornent, on voit que le flux amène une infinité de choses que le reflux ne remporte pas, qu'il y a des terrains que la mer couvre insensiblement (*a*), et d'autres qu'elle laisse à découvert après y avoir apporté des terres, des sables, des coquilles, etc., qu'elle dépose, et qui prennent naturellement une situation horizontale, et que ces matières accumulées par la suite des temps, et élevées jusqu'à un certain point, se trouvent peu à peu hors d'atteinte aux eaux, restent ensuite pour toujours dans l'état de terre sèche et font partie des continents terrestres.

Mais, pour ne laisser aucun doute sur ce point important, examinons de près la possibilité ou l'impossibilité de la formation d'une montagne dans le fond de la mer par le mouvement et par le sédiment des eaux. Personne ne peut nier que sur une côte contre laquelle la mer agit avec violence dans le temps qu'elle est agitée par le flux, ces efforts réitérés ne produisent quelque changement, et que les eaux n'emportent à chaque fois une petite portion de la terre de la côte; et quand même elle serait bordée de rochers, on sait que l'eau use peu à peu ces rochers (*b*), et que par conséquent elle

(*a*) Voyez les Preuves, art. XIX.
(*b*) Voyez les Voyages de Shaw, tome II, p. 69.

que la rotation de la terre autour de son axe, et l'opinion qu'il émit que la terre, maintenant à découvert au-dessus du niveau de la mer, ne restera pas toujours ainsi, gagne chaque jour du terrain à mesure que l'expérience nous fait mieux connaître les changements actuellement en voie de s'accomplir. »

en emporte de petites parties à chaque fois que la vague se retire après s'être brisée : ces particules de pierre ou de terre seront nécessairement transportées par les eaux jusqu'à une certaine distance et dans de certains endroits où le mouvement de l'eau, se trouvant ralenti, abandonnera ces particules à leur propre pesanteur, et alors elles se précipiteront au fond de l'eau en forme de sédiment, et là elles formeront une première couche horizontale ou inclinée, suivant la position de la surface du terrain sur laquelle tombe cette première couche, laquelle sera bientôt couverte et surmontée d'une autre couche semblable et produite par la même cause, et insensiblement il se formera dans cet endroit un dépôt considérable de matière, dont les couches seront posées parallèlement les unes sur les autres; cet amas augmentera toujours par les nouveaux sédiments que les eaux y transporteront, et peu à peu, par succession de temps, il se formera une élévation, une montagne dans le fond de la mer, qui sera entièrement semblable aux éminences et aux montagnes que nous connaissons sur la terre, tant pour la composition intérieure que pour la forme extérieure. S'il se trouve des coquilles dans cet endroit du fond de la mer où nous supposons que se fait notre dépôt, les sédiments couvriront ces coquilles et les rempliront; elles seront incorporées dans les couches de cette matière déposée, et elles feront partie des masses formées par ces dépôts, on les y trouvera dans la situation qu'elles auront acquise en y tombant, ou dans l'état où elles auront été saisies; car, dans cette opération, celles qui se seront trouvées au fond de la mer lorsque les premières couches se seront déposées, se trouveront dans la couche la plus basse, et celles qui seront tombées depuis dans ce même endroit se trouveront dans les couches plus élevées.

Tout de même lorsque le fond de la mer sera remué par l'agitation des eaux, il se fera nécessairement des transports de terre, de vase, de coquilles et d'autres matières dans de certains endroits où elles se déposeront en forme de sédiment : or nous sommes assurés par les plongeurs (*a*) qu'aux plus grandes profondeurs où ils puissent descendre, qui sont de vingt brasses, le fond de la mer est remué au point que l'eau se mêle avec la terre, qu'elle devient trouble, et que la vase et les coquillages sont emportés par le mouvement des eaux à des distances considérables; par conséquent, dans tous les endroits de la mer où l'on a pu descendre, il se fait des transports de terre et de coquilles qui vont tomber quelque part et former, en se déposant, des couches parallèles et des éminences qui sont composées comme nos montagnes le sont; ainsi le flux et le reflux, les vents, les courants et tous les mouvements des eaux produiront des inégalités dans le fond de la mer, parce que toutes ces causes détachent du fond et des côtes de la mer des matières qui se précipitent ensuite en forme de sédiments.

(*a*) Voyez *Boyle's Works*, vol. III, p. 232.

Au reste, il ne faut pas croire que ces transports de matières ne puissent pas se faire à des distances considérables, puisque nous voyons tous les jours des graines et d'autres productions des Indes orientales et occidentales arriver sur nos côtes (*a*); à la vérité, elles sont spécifiquement plus légères que l'eau, au lieu que les matières dont nous parlons sont plus pesantes; mais, comme elles sont réduites en poudre impalpable, elles se soutiendront assez longtemps dans l'eau pour être transportées à de grandes distances.

Ceux qui prétendent que la mer n'est pas remuée à de grandes profondeurs ne font pas attention que le flux et le reflux ébranlent et agitent à la fois toute la masse des mers, et que dans un globe qui serait entièrement liquide il y aurait de l'agitation et du mouvement jusqu'au centre; que la force qui produit celui du flux et du reflux est une force pénétrante, qui agit sur toutes les parties proportionnellement à leurs masses; qu'on pourrait même mesurer et déterminer par le calcul la quantité de cette action sur un liquide à différentes profondeurs, et qu'enfin ce point ne peut être contesté qu'en se refusant à l'évidence du raisonnement et à la certitude des observations.

Je puis donc supposer légitimement que le flux et le reflux, les vents et toutes les autres causes qui peuvent agiter la mer, doivent produire par le mouvement des eaux, des éminences et des inégalités dans le fond de la mer, qui seront toujours composées de couches horizontales ou également inclinées; ces éminences pourront, avec le temps, augmenter considérablement, et devenir des collines qui dans une longue étendue de terrain se trouveront, comme les ondes qui les auront produites, dirigées du même sens, et formeront peu à peu une chaîne de montagnes. Ces hauteurs une fois formées feront obstacle à l'uniformité du mouvement des eaux, et il en résultera des mouvements particuliers dans le mouvement général de la mer. Entre deux hauteurs voisines, il se formera nécessairement un courant (*b*) qui suivra leur direction commune, et coulera comme coulent les fleuves de la terre, en formant un canal dont les angles seront alternativement opposés dans tout l'étendue de son cours : ces hauteurs formées au-dessus de la surface du fond pourront augmenter encore de plus en plus; car les eaux qui n'auront que le mouvement du flux déposeront sur la cime le sédiment ordinaire, et celles qui obéiront au courant entraîneront au loin les parties qui se seraient déposées entre deux, et en même temps elles creuseront un vallon au pied de ces montagnes, dont tous les angles se trouveront correspondants, et, par l'effet de ces deux mouvements et de ces dépôts, le fond de la mer aura bientôt été sillonné, traversé de collines et de chaînes de montagnes, et semé d'inégalités telles que nous les y trouvons aujourd'hui. Peu à peu les matières molles dont les éminences étaient d'abord composées se

(*a*) Particulièrement sur les côtes d'Écosse et d'Irlande. Voyez *Ray's Discourses.*

(*b*) Voyez les Preuves, art. XIII.

seront durcies par leur propre poids, les unes formées de parties purement argileuses auront produit ces collines de glaise qu'on trouve en tant d'endroits ; d'autres, composées de parties sablonneuses et cristallines, ont fait ces énormes amas de rochers et de cailloux d'où l'on tire le cristal et les pierres précieuses; d'autres, faites de parties pierreuses mêlées de coquilles, ont formé ces lits de pierres et de marbres où nous retrouvons ces coquilles aujourd'hui; d'autres enfin, composées d'une matière encore plus *coquilleuse* et plus terrestre, ont produit les marnes, les craies et les terres; toutes sont posées par lits, toutes contiennent des substances hétérogènes, les débris des productions marines s'y trouvent en abondance et à peu près suivant le rapport de leur pesanteur : les coquilles les plus légères sont dans les craies, les plus pesantes dans les argiles et dans les pierres, et elles sont remplies de la matière même des pierres et des terres où elles sont renfermées, preuve incontestable qu'elles ont été transportées avec la matière qui les environne et qui les remplit, et que cette matière était réduite en particules impalpables; enfin toutes ces matières, dont la situation s'est établie par le niveau des eaux de la mer, conservent encore aujourd'hui leur première position (*).

On pourra nous dire que la plupart des collines et des montagnes dont le sommet est de rocher, de pierre ou de marbre, ont pour base des matières plus légères; que ce sont ordinairement ou des monticules de glaise ferme et solide, ou des couches de sable qu'on retrouve dans les plaines voisines jusqu'à une distance assez grande, et on nous demandera comment il est arrivé que ces marbres et ces rochers se soient trouvés au-dessus de ces sables et de ces glaises. Il me paraît que cela peut s'expliquer assez naturellement; l'eau aura d'abord transporté la glaise ou le sable qui faisait la première couche des côtes ou du fond de la mer, ce qui aura produit au bas une éminence composée de tout ce sable ou de toute cette glaise rassemblée; après cela, les matières plus fermes et plus pesantes qui se seront trouvées au-dessous auront été attaquées et transportées par les eaux en poussière impalpable au-dessus de cette éminence de glaise ou de sable, et cette poussière de pierre aura formé les rochers et les carrières que nous trouvons au-dessus des collines. On peut croire qu'étant les plus pesantes, ces matières étaient autrefois au-dessous des autres, et qu'elles sont aujourd'hui au-dessus, parce qu'elles ont été enlevées et transportées les dernières par le mouvement des eaux.

Pour confirmer ce que nous avons dit, examinons encore plus en détail

(*) La façon dont Buffon explique la formation des montagnes est, comme je l'ai dit plus haut, tout à fait erronée. Il suppose qu'elles ont été produites, dans la mer, par l'accumulation de matériaux entraînés par les eaux et déposés en certains points. Il est aujourd'hui démontré qu'elles se forment par le soulèvement lent de certains points de la surface du globe, soulèvement qui est accompagné d'abaissement d'autres points de cette surface.

la situation des matières qui composent cette première épaisseur du globe terrestre, la seule que nous connaissions. Les carrières sont composées de différents lits ou couches presque toutes horizontales ou inclinées suivant la même pente ; celles qui posent sur des glaises ou des bases d'autres matières solides sont sensiblement de niveau, surtout dans les plaines. Les carrières où l'on trouve les cailloux et les grès dispersés ont à la vérité une position moins régulière, cependant l'uniformité de la nature ne laisse pas de s'y reconnaître ; car la position horizontale ou toujours également penchante des couches se trouve dans les carrières de roc vif et dans celles des grès en grande masse; elle n'est altérée et interrompue que dans les carrières de cailloux et de grès en petite masse, dont nous ferons voir que la formation est postérieure à celle de toutes les autres matières; car le roc vif, le sable vitrifiable, les argiles, les marbres, les pierres calcinables, les craies, les marnes, sont toutes disposées par couches parallèles horizontales ou également inclinées. On reconnaît aisément dans ces dernières matières la première formation, car les couches sont exactement horizontales et fort minces, et elles sont arrangées les unes sur les autres comme les feuillets d'un livre; les couches de sable, d'argile molle, de glaise dure, de craie, de coquilles, sont aussi toutes horizontales ou inclinées suivant la même pente : les épaisseurs des couches sont toujours les mêmes dans toute leur étendue, qui souvent occupe un espace de plusieurs lieues, et que l'on pourrait suivre bien plus loin si l'on observait plus exactement. Enfin toutes les matières qui composent la première épaisseur du globe sont disposées de cette façon, et, quelque part qu'on fouille, on trouvera des couches, et on se convaincra par ses yeux de la vérité de ce qui vient d'être dit.

Il faut excepter à certains égards les couches de sable ou de gravier entraîné du sommet des montagnes par la pente des eaux; ces veines de sable se trouvent quelquefois dans les plaines où elles s'étendent même assez considérablement; elles sont ordinairement posées sous la première couche de terre labourable, et dans les lieux plats elles sont de niveau comme les couches plus anciennes et plus intérieures; mais, au pied et sur la croupe des montagnes, ces couches de sable sont fort inclinées, et elles suivent le penchant de la hauteur sur laquelle elles ont coulé : les rivières et les ruisseaux ont formé ces couches, et, en changeant souvent de lit dans les plaines, ils ont entraîné et déposé partout ces sables et ces graviers. Un petit ruisseau coulant des hauteurs voisines suffit, avec le temps, pour étendre une couche de sable et de gravier sur toute la superficie d'un vallon, quelque spacieux qu'il soit, et j'ai souvent observé dans une campagne environnée de collines, dont la base est de glaise aussi bien que la première couche de la plaine, qu'au-dessus d'un ruisseau qui y coule, la glaise se trouve immédiatement sous la terre labourable, et qu'au-dessous du ruissau il y a une épaisseur d'environ un pied de sable sur la glaise, qui s'étend à une distance considérable. Ces couches produites par les rivières et par les autres eaux courantes ne sont pas de l'ancienne formation ; elles se reconnaissent aisément à la différence de leur épaisseur, qui varie et n'est pas la même partout comme celle des couches anciennes, à leurs interruptions fréquentes, et enfin à la matière même qu'il est aisé de juger et qu'on reconnaît avoir été lavée, roulée et arrondie. On peut dire la même chose des couches de tourbes et de végétaux pourris qui se trouvent au-dessous de la première couche de terre dans les terrains marécageux ; ces couches ne sont pas anciennes, et elles ont été produites par l'entassement successif des arbres et des plantes qui peu à peu ont comblé ces marais. Il en est encore de même de ces couches limoneuses que l'inondation des fleuves a produites dans différents pays ; tous ces terrains ont été nouvellement formés par les eaux courantes ou stagnantes, et ils ne suivent pas la pente égale ou le niveau aussi exactement que les couches anciennement produites par le mouvement régulier des ondes de la mer (*). Dans les couches que les rivières ont formées, on trouve des coquilles fluviatiles, mais il y en a peu de marines, et le peu qu'on y trouve est brisé, déplacé, isolé, au lieu que, dans les couches anciennes, les coquilles marines se trouvent en quantité ; il n'y en a point de fluviales et ces coquilles de mer y sont bien conservées et toutes placées de la même manière, comme ayant été transportées et posées en même temps par la même cause ; et, en effet, pourquoi ne trouve-t-on pas les matières entassées irrégulièrement, au lieu de les trouver par couches ? pourquoi les marbres, les pierres dures, les craies, les argiles, les plâtres, les marnes, etc., ne sont-ils pas dispersés ou joints par couches irrégulières ou verticales ? pourquoi les choses pesantes ne sont-elles pas toujours au-dessous des plus légères ? Il est aisé d'apercevoir que cette uniformité de la nature, cette espèce d'organisation de la terre, cette jonction des différentes matières par couches parallèles et par lits, sans égard à leur pesanteur, n'ont pu être produites que par une cause aussi puissante et aussi constante que celle de l'agitation des eaux de la mer, soit par le mouvement réglé des vents, soit par celui du flux et du reflux, etc.

Ces causes agissent avec plus de force sous l'équateur que dans les autres climats, car les vents y sont plus constants et les marées plus violentes que partout ailleurs ; aussi, les plus grandes chaînes de montagnes sont voisines de l'équateur ; les montagnes de l'Afrique et du Pérou sont les plus hautes qu'on connaisse, et, après avoir traversé des continents entiers, elles s'étendent encore à des distances très considérables sous les eaux de la mer Océane. Les montagnes de l'Europe et de l'Asie, qui s'étendent depuis l'Espagne jusqu'à la Chine, ne sont pas aussi élevées que celles de l'Amérique méridionale et de l'Afrique. Les montagnes du Nord ne sont, au rapport des voyageurs, que des collines en comparaison de celles des pays méridionaux ;

(*) Tout le passage relatif aux dépôts formés par les ruisseaux et les rivières est d'une grande exactitude.

d'ailleurs, le nombre des îles est fort peu considérable dans les mers septentrionales, tandis qu'il y en a une quantité prodigieuse dans la zone torride; et comme une ile n'est qu'un sommet de montagne, il est clair que la surface de la terre a beaucoup plus d'inégalités vers l'équateur que vers le nord.

Le mouvement général du flux et du reflux a donc produit les plus grandes montagnes qui se trouvent dirigées d'occident en orient dans l'ancien continent, et du nord au sud dans le nouveau, dont les chaînes sont d'une étendue très considérable; mais il faut attribuer aux mouvements particuliers des courants, des vents et des autres agitations de la mer, l'origine de toutes les autres montagnes; elles ont vraisemblablement été produites par la combinaison de tous ces mouvements, dont on voit bien que les effets doivent être variés à l'infini, puisque les vents, la position différente des îles et des côtes ont altéré de tous les temps et dans tous les sens possibles la direction du flux et du reflux des eaux: ainsi, il n'est point étonnant qu'on trouve sur le globe des éminences considérables dont le cours est dirigé vers différentes plages: il suffit pour notre objet d'avoir démontré que les montagnes n'ont pas été placées au hasard, et qu'elles n'ont point été produites par des tremblements de terre ou par d'autres causes accidentelles, mais qu'elles sont un effet résultant de l'ordre général de la nature, aussi bien que l'espèce d'organisation qui leur est propre et la position des matières qui les composent.

Mais comment est-il arrivé que cette terre que nous habitons, que nos ancêtres ont habitée comme nous, qui de temps immémorial est un continent sec, ferme et éloigné des mers, ayant été autrefois un fond de mer, soit actuellement supérieure à toutes les eaux et en soit si distinctement séparée? Pourquoi les eaux de la mer n'ont-elles pas resté sur cette terre, puisqu'elles y ont séjourné si longtemps? Quel accident, quelle cause a pu produire ce changement dans le globe? Est-il même possible d'en concevoir une assez puissante pour opérer un tel effet?

Ces questions sont difficiles à résoudre; mais les faits étant certains, la manière dont ils sont arrivés peut demeurer inconnue sans préjudicier au jugement que nous devons en porter; cependant, si nous voulons y réfléchir, nous trouverons par induction des raisons très plausibles de ces changements (*a*). Nous voyons tous les jours la mer gagner du terrain dans de certaines côtes et en perdre dans d'autres; nous savons que l'Océan a un mouvement général et continuel d'orient en occident, nous entendons de loin les efforts terribles que la mer fait contre les basses terres et contre les rochers qui la bornent, nous connaissons des provinces entières où on est obligé de lui opposer des digues que l'industrie humaine a bien de la peine à soutenir contre la fureur des flots, nous avons des exemples de pays récemment submergés et de débordements réguliers; l'histoire nous parle

(*a*) Voyez les Preuves, art. XIX.

d'inondations encore plus grandes et de déluges : tout cela ne doit-il pas nous porter à croire qu'il est en effet arrivé de grandes révolutions sur la surface de la terre, et que la mer a pu quitter et laisser à découvert la plus grande partie des terres qu'elle occupait autrefois? Par exemple, si nous nous prêtons un instant à supposer que l'ancien et le nouveau monde ne faisaient autrefois qu'un seul continent, et que, par un violent tremblement de terre, le terrain de l'ancienne Atlantide de Platon se soit affaissé, la mer aura nécessairement coulé de tous côtés pour former l'océan Atlantique, et par conséquent aura laissé à découvert de vastes continents qui sont peut-être ceux que nous habitons (*); ce changement a donc pu se faire tout à coup par l'affaissement de quelque vaste caverne dans l'intérieur du globe, et produire par conséquent un déluge universel; ou bien ce changement ne s'est pas fait tout à coup, et il a fallu peut-être beaucoup de temps, mais enfin il s'est fait, et je crois même qu'il s'est fait naturellement; car, pour juger de ce qui est arrivé et même de ce qui arrivera, nous n'avons qu'à examiner ce qui arrive. Il est certain, par les observations réitérées de tous les voyageurs (*a*), que l'Océan a un mouvement constant d'orient en occident; ce mouvement se fait sentir non seulement entre les tropiques comme celui du vent d'est, mais encore dans toute l'étendue des zones tempérées et froides où l'on a navigué : il suit de cette observation qui est constante, que la mer Pacifique fait un effort continuel contre les côtes de la Tartarie, de la Chine et de l'Inde; que l'océan Indien fait effort contre la côte orientale de l'Afrique, et que l'océan Atlantique agit de même contre toutes les côtes orientales de l'Amérique : ainsi la mer a dû et doit toujours gagner du terrain sur les côtes orientales, et en perdre sur les côtes occidentales. Cela seul suffirait pour prouver la possibilité de ce changement de terre en mer et de mer en terre; et si, en effet, il s'est opéré par ce mouvement des eaux d'orient en occident, comme il y a grande apparence, ne peut-on pas conjecturer très vraisemblablement que le pays le plus ancien du monde est l'Asie et tout le continent oriental? que l'Europe, au contraire, et une partie de l'Afrique, et surtout les côtes occidentales de ces continents, comme l'Angleterre, la France, l'Espagne, la Mauritanie, etc., sont des terres plus nouvelles? L'histoire paraît s'accorder ici avec la physique, et confirmer cette conjecture qui n'est pas sans fondement.

(*a*) Voyez *Varen.*, *Géogr. gén.*, p. 119.

(*) Tout ce que vient de dire Buffon au sujet des déplacements de la mer est absolument exact. Il est parfaitement démontré que la mer a occupé jadis des surfaces considérables de nos continents actuels, tandis qu'elle recouvre aujourd'hui des régions qui étaient autrefois à découvert. On sait, par exemple, que tout le territoire parisien a été occupé par une mer, tandis que jadis l'Angleterre et la France, la France et l'Afrique étaient en relation par des terres découvertes; mais, si Buffon a parfaitement compris le phénomène, il en donne une explication aussi bizarre qu'erronée quand il suppose que ces changements ont « pu se faire tout à coup par l'affaissement de quelque vaste caverne dans l'intérieur du globe. »

Mais il y a bien d'autres causes qui concourent avec le mouvement continuel de la mer d'orient en occident pour produire l'effet dont nous parlons. Combien n'y a-t-il pas de terres plus basses que le niveau de la mer et qui ne sont défendues que par un isthme, un banc de rochers, ou par des digues encore plus faibles ! L'effort des eaux détruira peu à peu ces barrières, et dès lors ces pays seront submergés. De plus, ne sait-on pas que les montagnes s'abaissent (*a*) continuellement par les pluies qui en détachent les terres et les entraînent dans les vallées? Ne sait-on pas que les ruisseaux roulent les terres des plaines et des montagnes dans les fleuves, qui portent à leur tour cette terre superflue dans la mer? Ainsi peu à peu le fond des mers se remplit, la surface des continents s'abaisse et se met de niveau, et il ne faut que du temps pour que la mer prenne successivement la place de la terre.

Je ne parle point de ces causes éloignées qu'on prévoit moins qu'on ne les devine, de ces secousses de la nature dont le moindre effet serait la catastrophe du monde : le choc ou l'approche d'une comète, l'absence de la lune, la présence d'une nouvelle planète, etc., sont des suppositions sur lesquelles il est aisé de donner carrière à son imagination ; de pareilles causes produisent tout ce qu'on veut, et d'une seule de ces hypothèses on va tirer mille romans physiques que leurs auteurs appelleront Théorie de la Terre. Comme historien, nous nous refusons à ces vaines spéculations ; elles roulent sur des possibilités qui, pour se réduire à l'acte, supposent un bouleversement de l'univers, dans lequel notre globe, comme un point de matière abandonnée, échappe à nos yeux et n'est plus un objet digne de nos regards ; pour les fixer, il faut le prendre tel qu'il est, en bien observer toutes les parties, et par des inductions conclure du présent au passé ; d'ailleurs, des causes dont l'effet est rare, violent et subit, ne doivent pas nous toucher : elles ne se trouvent pas dans la marche ordinaire de la nature ; mais des effets qui arrivent tous les jours, des mouvements qui se succèdent et se renouvellent sans interruption, des opérations constantes et toujours réitérées, ce sont là nos causes et nos raisons.

Ajoutons-y des exemples, combinons la cause générale avec les causes particulières, et donnons des faits dont le détail rendra sensibles les différents changements qui sont arrivés sur le globe, soit par l'irruption de l'Océan dans les terres, soit par l'abandon de ces mêmes terres lorsqu'elles se sont trouvées trop élevées.

La plus grande irruption de l'Océan dans les terres est celle (*b*) qui a produit la mer (*c*) Méditerranée ; entre deux promontoires avancés, l'Océan (*d*) coule avec une très grande rapidité par un passage étroit, et forme ensuite une

(*a*) Voyez *Ray's Discourses*, p. 126. — Plot, *Hist. nat.*, etc.
(*b*) Voyez les Preuves, art. XI et XIX.
(*c*) Voyez *Ray's Discourses*, p. 209.
(*d*) Voyez *Trans. phil. Abr.*, vol. II, p. 289.

vaste mer qui couvre un espace, lequel, sans y comprendre la mer Noire, est environ sept fois grand comme la France. Ce mouvement de l'Océan par le détroit de Gibraltar est contraire à tous les autres mouvements de la mer dans tous les détroits qui joignent l'Océan à l'Océan; car le mouvement général de la mer est d'orient en occident, et celui-ci seul est d'occident en orient ; ce qui prouve que la mer Méditerranée n'est point un golfe ancien de l'Océan, mais qu'elle a été formée par une irruption des eaux, produite par quelques causes accidentelles, comme serait un tremblement de terre, lequel aurait affaissé les terres à l'endroit du détroit, ou un violent effort de l'Océan causé par les vents, qui aurait rompu la digue entre les promontoires de Gibraltar et de Ceuta. Cette opinion est appuyée du témoignage des anciens (*a*), qui ont écrit que la mer Méditerranée n'existait point autrefois, et elle est, comme on voit, confirmée par l'histoire naturelle et par les observations qu'on a faites sur la nature des terres à la côte d'Afrique et à celle d'Espagne, où l'on trouve les mêmes lits de pierres, les mêmes couches de terre en deçà et au delà du détroit, à peu près comme dans de certaines vallées où les deux collines qui les surmontent se trouvent être composées des mêmes matières et au même niveau.

L'Océan, s'étant donc ouvert cette porte, a d'abord coulé par le détroit avec une rapidité beaucoup plus grande qu'il ne coule aujourd'hui, et il a inondé le continent qui joignait l'Europe à l'Afrique ; les eaux ont couvert toutes les basses terres dont nous n'apercevons aujourd'hui que les éminences et les sommets dans l'Italie et dans les îles de Sicile, de Malte, de Corse, de Sardaigne, de Chypre, de Rhodes et de l'archipel.

Je n'ai pas compris la mer Noire dans cette irruption de l'Océan, parce qu'il paraît que la quantité d'eau qu'elle reçoit du Danube, du Niéper, du Don et de plusieurs autres fleuves qui y entrent, est plus que suffisante pour la former, et que d'ailleurs elle (*b*) coule avec une très grande rapidité par le Bosphore dans la mer Méditerranée. On pourrait même présumer que la mer Noire et la mer Caspienne ne faisaient autrefois que deux grands lacs qui peut-être étaient joints par un détroit de communication, ou bien par un marais ou un petit lac qui réunissait les eaux du Don et du Volga auprès de Tria, où ces deux fleuves sont fort voisins l'un de l'autre, et l'on peut croire que ces deux mers ou ces deux lacs étaient autrefois d'une bien plus grande étendue qu'ils ne sont aujourd'hui ; peu à peu ces grands fleuves, qui ont leurs embouchures dans la mer Noire et dans la mer Caspienne, auront amené une assez grande quantité de terre pour fermer la communication, remplir le détroit et séparer ces deux lacs ; car on sait qu'avec le temps les grands fleuves remplissent les mers et forment des continents nouveaux,

(*a*) Diodore de Sicile, Strabon.
(*b*) Voyez *Trans. phil. Abr.*, vol. II, p. 289.

comme la province de l'embouchure du fleuve Jaune à la Chine, la Louisiane à l'embouchure du Mississipi, et la partie septentrionale de l'Égypte qui doit son origine(*a*) et son existence aux inondations (*b*) du Nil. La rapidité de ce fleuve entraîne les terres de l'intérieur de l'Afrique, et il les dépose ensuite dans ses débordements en si grande quantité qu'on peut fouiller jusqu'à cinquante pieds dans l'épaisseur de ce limon déposé par les inondations du Nil; de même, les terrains de la province de la rivière Jaune et de la Louisiane ne se sont formés que par le limon des fleuves.

Au reste, la mer Caspienne est actuellement un vrai lac qui n'a aucune communication avec les autres mers, pas même avec le lac Aral, qui paraît en avoir fait partie, et qui n'en est séparé que par un vaste pays de sable dans lequel on ne trouve ni fleuves, ni rivières, ni aucun canal par lequel la mer Caspienne puisse verser ses eaux. Cette mer n'a donc aucune communication extérieure avec les autres mers, et je ne sais si l'on est bien fondé à soupçonner qu'elle en a d'intérieure avec la mer Noire ou avec le golfe Persique. Il est vrai que la mer Caspienne reçoit le Volga et plusieurs autres fleuves qui semblent lui fournir plus d'eau que l'évaporation n'en peut enlever; mais, indépendamment de la difficulté de cette estimation, il paraît que si elle avait communication avec l'une ou l'autre de ces mers, on y aurait reconnu un courant rapide et constant qui entraînerait tout vers cette ouverture qui servirait de décharge à ses eaux, et je ne sache pas qu'on ait jamais rien observé de semblable sur cette mer; des voyageurs exacts, sur le témoignage desquels on peut compter, nous assurent le contraire, et, par conséquent, il est nécessaire que l'évaporation enlève de la mer Caspienne une quantité d'eau égale à celle qu'elle reçoit.

On pourrait encore conjecturer avec quelque vraisemblance que la mer Noire sera un jour séparée de la Méditerranée, et que le Bosphore se remplira lorsque les grands fleuves qui ont leurs embouchures dans le Pont-Euxin auront amené une assez grande quantité de terre pour fermer le détroit; ce qui peut arriver avec le temps, et par la diminution successive des fleuves, dont la quantité des eaux diminue à mesure que les montagnes et les pays élevés, dont ils tirent leurs sources, s'abaissent par le dépouillement des terres que les pluies entraînent et que les vents enlèvent.

La mer Caspienne et la mer Noire doivent donc être regardées plutôt comme des lacs que comme des mers ou des golfes de l'Océan; car elles ressemblent à d'autres lacs qui reçoivent un grand nombre de fleuves et qui ne rendent rien par les voies extérieures, comme la mer Morte, plusieurs lacs en Afrique, etc.; d'ailleurs, les eaux de ces deux mers ne sont pas à beaucoup près aussi salées que celles de la Méditerranée ou de l'Océan, et

(*a*) Voyez les Voyages de Shaw, vol. II, p. 173 jusqu'à la p. 188.
(*b*) Voyez les Preuves, art. XIX.

tous les voyageurs assurent que la navigation est très difficile sur la mer Noire et sur la mer Caspienne, à cause de leur peu de profondeur et de la quantité d'écueils et de bas-fonds qui s'y rencontrent, en sorte qu'elles ne peuvent porter que de petits vaisseaux (*a*); ce qui prouve encore qu'elles ne doivent pas être regardées comme des golfes de l'Océan, mais comme des amas d'eau formés par les grands fleuves dans l'intérieur des terres.

Il arriverait peut-être une irruption considérable de l'Océan dans les terres, si on coupait l'isthme qui sépare l'Afrique de l'Asie, comme les rois d'Égypte, et depuis les califes, en ont eu le projet; et je ne sais si le canal de communication qu'on a prétendu reconnaître entre ces deux mers est assez bien constaté, car la mer Rouge doit être plus élevée que la mer Méditerranée; cette mer étroite est un bras de l'Océan qui dans toute son étendue ne reçoit aucun fleuve du côté de l'Égypte, et fort peu de l'autre côté : elle ne sera donc pas sujette à diminuer comme les mers ou les lacs qui reçoivent en même temps les terres et les eaux que les fleuves y amènent, et qui se remplissent peu à peu. L'Océan fournit à la mer Rouge toutes ses eaux, et le mouvement du flux et du reflux y est extrêmement sensible, ainsi elle participe immédiatement aux grands mouvements de l'Océan. Mais la mer Méditerranée est plus basse que l'Océan, puisque les eaux y coulent avec une très grande rapidité par le détroit de Gibraltar : d'ailleurs, elle reçoit le Nil qui coule parallèlement à la côte occidentale de la mer Rouge et qui traverse l'Égypte dans toute sa longueur, dont le terrain est par lui-même extrêmement bas : ainsi il est très vraisemblable que la mer Rouge est plus élevée que la Méditerranée, et que si on ôtait la barrière en coupant l'isthme de Suez il s'ensuivrait une grande inondation et une augmentation considérable de la mer Méditerranée, à moins qu'on ne retînt les eaux par des digues et des écluses de distance en distance, comme il est à présumer qu'on l'a fait autrefois si l'ancien canal de communication a existé.

Mais, sans nous arrêter plus longtemps à des conjectures qui, quoique fondées, pourraient paraître trop hasardées, surtout à ceux qui ne jugent des possibilités que par les événements actuels, nous pouvons donner des exemples récents et des faits certains sur le changement de mer en terre (*b*) et de terre en mer. A Venise, le fond de la mer Adriatique s'élève tous les jours, et il y a déjà longtemps que les lagunes et la ville feraient partie du continent, si on n'avait pas un très grand soin de nettoyer et vider les canaux : il en est de même de la plupart des ports, des petites baies et des embouchures de toutes les rivières. En Hollande, le fond de la mer s'élève aussi en plusieurs endroits, car le petit golfe de Zuyderzée et le détroit du

(*a*) Voyez les Voyages de Pietro della Valle, vol. III, p. 236.
(*b*) Voyez les Preuves, art. XIX.

Texel ne peuvent plus recevoir de vaisseaux aussi grands qu'autrefois. On trouve, à l'embouchure de presque tous les fleuves, des îles, des sables, des terres amoncelées et amenées par les eaux, et il n'est pas douteux que la mer ne se remplisse dans tous les endroits où elle reçoit de grandes rivières. Le Rhin se perd dans les sables qu'il a lui-même accumulés; le Danube, le Nil et tous les grands fleuves ayant entraîné beaucoup de terrain, n'arrivent plus à la mer par un seul canal, mais ils ont plusieurs bouches dont les intervalles ne sont remplis que des sables ou du limon qu'ils ont charriés. Tous les jours on dessèche des marais, on cultive des terres abandonnées par la mer, on navigue sur des pays submergés; enfin nous voyons sous nos yeux d'assez grands changements de terres en eau et d'eau en terres, pour être assurés que ces changements se sont faits, se font et se feront; en sorte qu'avec le temps les golfes deviendront des continents, les isthmes seront un jour des détroits, les marais deviendront des terres arides, et les sommets de nos montagnes les écueils de la mer.

Les eaux ont donc couvert et peuvent encore couvrir successivement toutes les parties des continents terrestres, et dès lors on doit cesser d'être étonné de trouver partout des productions marines et une composition dans l'intérieur qui ne peut être que l'ouvrage des eaux. Nous avons vu comment se sont formées les couches horizontales de la terre; mais nous n'avons encore rien dit des fentes perpendiculaires qu'on remarque dans les rochers, dans les carrières, dans les argiles, etc., et qui se trouvent aussi généralement (*a*) que les couches horizontales dans toutes les matières qui composent le globe; ces fentes perpendiculaires sont à la vérité beaucoup plus éloignées les unes des autres que les couches horizontales, et plus les matières sont molles, plus ces fentes paraissent être éloignées les unes des autres. Il est fort ordinaire, dans les carrières de marbre ou de pierre dure, de trouver les fentes perpendiculaires éloignées seulement de quelques pieds. Si la masse des rochers est fort grande, on les trouve éloignées de quelques toises; quelquefois elles descendent depuis le sommet des rochers jusqu'à leur base; souvent elles se terminent à un lit inférieur du rocher, mais elles sont toujours perpendiculaires aux couches horizontales dans toutes les matières calcinables, comme les craies, les marnes, les pierres, les marbres, etc.; au lieu qu'elles sont plus obliques et plus irrégulièrement posées dans les matières vitrifiables, dans les carrières de grès et les rochers de caillou, où elles sont intérieurement garnies de pointes de cristal et de minéraux de toute espèce; et dans les carrières de marbre ou de pierre calcinable, elles sont remplies de spath, de gypse, de gravier et d'un sable terreux qui est bon pour bâtir et qui contient beaucoup de chaux; dans les argiles, dans les craies, dans les marnes et dans toutes les autres espèces de terres, à l'ex-

(*a*) Voyez les Preuves, art. XVII.

ception des tufs, on trouve ces fentes perpendiculaires ou vides, ou remplies de quelques matières que l'eau y a conduites.

Il me semble qu'on ne doit pas aller chercher loin la cause de l'origine de ces fentes perpendiculaires ; comme toutes les matières ont été amenées et déposées par les eaux, il est naturel de penser qu'elles étaient détrempées et qu'elles contenaient d'abord une grande quantité d'eau ; peu à peu, elles se sont durcies et ressuyées, et en se desséchant elles ont diminué de volume, ce qui les a fait fendre de distance en distance : elles ont dû se fendre perpendiculairement, parce que l'action de la pesanteur des parties les unes sur les autres est nulle dans cette direction, et qu'au contraire elle est tout à fait opposée à cette *disruption* dans la situation horizontale, ce qui a fait que la diminution de volume n'a pu avoir d'effet sensible que dans la direction verticale. Je dis que c'est la diminution du volume par le dessèchement qui seule a produit ces fentes perpendiculaires, et que ce n'est pas l'eau contenue dans l'intérieur de ces matières qui a cherché des issues et qui a formé ces fentes ; car j'ai souvent observé que les deux parois de ces fentes se répondent dans toute leur hauteur aussi exactement que deux morceaux de bois qu'on viendrait de fendre : leur intérieur est rude et ne paraît pas avoir essuyé le frottement des eaux qui auraient à la longue poli et usé les surfaces ; ainsi ces fentes se sont faites ou tout à coup, ou peu à peu par le dessèchement, comme nous voyons les gerçures se faire dans les bois, et la plus grande partie de l'eau s'est évaporée par les pores. Mais nous ferons voir, dans notre discours sur les minéraux, qu'il reste encore de cette eau primitive dans les pierres et dans plusieurs autres matières, et qu'elle sert à la production des cristaux, des minéraux et de plusieurs autres substances terrestres (*).

L'ouverture de ces fentes perpendiculaires varie beaucoup pour la grandeur ; quelques-unes n'ont qu'un demi-pouce, un pouce ; d'autres ont un pied, deux pieds, il y en a qui ont quelquefois plusieurs toises, et ces dernières forment entre les deux parties du rocher ces précipices qu'on rencontre si souvent dans les Alpes et dans toutes les hautes montagnes : on voit bien que celles dont l'ouverture est petite ont été produites par le seul dessèchement, mais celles qui présentent une ouverture de quelques pieds de largeur ne se sont pas augmentées à ce point par cette seule cause, c'est aussi parce que la base qui porte le rocher ou les terres supérieures, s'est affaissée un peu plus d'un côté que de l'autre, et un petit affaissement dans

(*) L'explication que donne Buffon de la formation des failles montre plus de logique qu'elle n'est exacte. Ayant admis que les montagnes étaient des dépôts abandonnés par les eaux, il suppose que ces dépôts, d'abord très riches en eau, se sont desséchés ensuite et se sont fendus en se rétractant. Plus tard, quand on a considéré les montagnes comme produites par des soulèvements brusques du sol, on a considéré les failles comme résultant de fisures et de déplacements également brusques des roches. Avec Lyell, la majorité des géologues les considère aujourd'hui comme dues à des glissements, à des affaissements lents du sol.

la base, par exemple, d'une ligne ou deux, suffit pour produire dans une hauteur considérable des ouvertures de plusieurs pieds et même de plusieurs toises; quelquefois aussi les rochers coulent un peu sur leur base de glaise ou de sable, et les fentes perpendiculaires deviennent plus grandes par ce mouvement. Je ne parle pas encore de ces larges ouvertures, de ces énormes coupures qu'on trouve dans les rochers et dans les montagnes; elles ont été produites par de grands affaissements, comme serait celui d'une caverne intérieure qui, ne pouvant plus soutenir le poids dont elle est chargée, s'affaisse et laisse un intervalle considérable entre les terres supérieures. Ces intervalles sont différents des fentes perpendiculaires: ils paraissent être des portes ouvertes par les mains de la nature pour la communication des nations. C'est de cette façon que se présentent les portes qu'on trouve dans les chaînes de montagnes et les ouvertures des détroits de la mer, comme les Thermopyles, les portes du Caucase, des Cordillères, etc., la porte du détroit de Gibraltar entre les monts Calpé et Abyla, la porte de l'Hellespont, etc. Ces ouvertures n'ont point été formées par la simple séparation des matières, comme les fentes dont nous venons de parler (*a*), mais par l'affaissement et la destruction d'une partie même des terres qui a été engloutie ou renversée.

Ces grands affaissements, quoique produits par des causes accidentelles (*b*) et secondaires, ne laissent pas que de tenir une des premières places entre les principaux faits de l'histoire de la terre, et ils n'ont pas peu contribué à changer la face du globe. La plupart sont causés par des feux intérieurs, dont l'explosion fait les tremblements de terre et les volcans : rien n'est comparable à la force (*c*) de ces matières enflammées et resserrées dans le sein de la terre; on a vu des villes entières englouties, des provinces bouleversées, des montagnes renversées par leur effort; mais, quelque grande que soit cette violence et quelque prodigieux que nous en paraissent les effets, il ne faut pas croire que ces feux viennent d'un feu central, comme quelques auteurs l'ont écrit, ni même qu'ils viennent d'une grande profondeur, comme c'est l'opinion commune; car l'air est absolument nécessaire à leur embrasement, au moins pour l'entretenir; on peut s'assurer, en examinant les matières qui sortent des volcans dans les plus violentes éruptions, que le foyer de la matière enflammée n'est pas à une grande profondeur, et que ce sont des matières semblables à celles qu'on trouve sur la croupe de la montagne, qui ne sont défigurées que par la calcination et la fonte des parties métalliques qui y sont mêlées; et, pour se convaincre que ces matières jetées par les volcans ne viennent pas d'une grande profondeur, il n'y a qu'à

(*a*) Voyez les Preuves, art. XVII.

(*b*) Voyez les Preuves, art. XVII.

(*c*) Voyez Agricola, *De rebus quæ effluunt è terra. Trans. phil. Abr.*, vol. II, p. 391. — *Ray's Discoursès*, p. 272, etc.

faire attention à la hauteur de la montagne et juger de la force immense qui serait nécessaire pour pousser des pierres et des minéraux à une demi-lieue de hauteur; car l'Etna, l'Hécla et plusieurs autres volcans ont au moins cette élévation au-dessus des plaines. Or on sait que l'action du feu se fait en tout sens; elle ne pourrait donc pas s'exercer en haut avec une force capable de lancer de grosses pierres à une demi-lieue en hauteur, sans *réagir* avec la même force en bas et vers les côtés; cette réaction aurait bientôt détruit et percé la montagne de tous côtés, parce que les matières qui la composent ne sont pas plus dures que celles qui sont lancées; et comment imaginer que la cavité qui sert de tuyau ou de canon pour conduire ces matières jusqu'à l'embouchure du volcan puisse résister à une si grande violence? D'ailleurs, si cette cavité descendait fort bas, comme l'orifice extérieur n'est pas fort grand, il serait comme impossible qu'il en sortît à la fois une aussi grande quantité de matières enflammées et liquides, parce qu'elles se choqueraient entre elles et contre les parois du tuyau, et qu'en parcourant un espace aussi long, elles s'éteindraient et se durciraient (*). On voit souvent couler du sommet du volcan dans les plaines des ruisseaux de bitume et de soufre fondu qui viennent de l'intérieur, et qui sont jetés au dehors avec les pierres et les minéraux. Est-il naturel d'imaginer que des matières si peu solides, et dont la masse donne si peu de prise à une violente action, puissent être lancées d'une grande profondeur? Toutes les observations qu'on fera sur ce sujet prouveront que le feu des volcans n'est pas éloigné du sommet de la montagne, et qu'il s'en faut bien qu'il descende (*a*) au niveau des plaines.

Cela n'empêche pas cependant que son action ne se fasse sentir dans ces plaines par des secousses et des tremblements de terre qui s'étendent quelquefois à une très grande distance, qu'il ne puisse y avoir des voies souterraines par où la flamme et la fumée peuvent se (*b*) communiquer d'un volcan à un autre, et que, dans ce cas, ils ne puissent agir et s'enflammer presque en même temps; mais c'est du foyer de l'embrasement que nous parlons : il ne peut être qu'à une petite distance de la bouche du volcan, et il n'est pas nécessaire, pour produire un tremblement de terre dans la plaine, que ce foyer soit au-dessous du niveau de la plaine, ni qu'il y ait des cavités intérieures remplies du même feu; car une violente explosion, telle qu'est celle d'un volcan, peut, comme celle d'un magasin à poudre, donner une secousse assez violente pour qu'elle produise par sa réaction un tremblement de terre.

Je ne prétends pas dire pour cela qu'il n'y ait des tremblements de terre

(*a*) Voyez Borelli, *De incendiis Ætnæ*, etc.
(*b*) Voyez *Trans. phil. Abr.*, vol. II, p. 392.

(*) Il est cependant admis aujourd'hui par tous les géologues que les volcans correspondent avec des régions très profondes du globe terrestre, soit qu'on admette que le centre même du globe est encore liquide, soit qu'on rejette cette hypothèse.

produits immédiatement par des feux souterrains ; mais (*a*) il y en a qui viennent de la seule explosion des volcans. Ce qui confirme tout ce que je viens d'avancer à ce sujet, c'est qu'il est très rare de trouver des volcans dans les plaines ; ils sont, au contraire, tous dans les plus hautes montagnes, et ils ont tous leur bouche au sommet ; si le feu intérieur qui les consume s'étendait jusque dessous les plaines, ne le verrait-on pas dans le temps de ces violentes éruptions s'échapper et s'ouvrir un passage au travers du terrain des plaines? Et, dans le temps de la première éruption, ces feux n'auraient-ils pas plutôt percé dans les plaines et au pied des montagnes où ils n'auraient trouvé qu'une faible résistance, en comparaison de celle qu'ils ont dû éprouver, s'il est vrai qu'ils aient ouvert et fendu une montagne d'une demi-lieue de hauteur pour trouver une issue?

Ce qui fait que les volcans sont toujours dans les montagnes, c'est que les minéraux, les pyrites et les soufres se trouvent en plus grande quantité et plus à découvert dans les montagnes que dans les plaines, et que ces lieux élevés, recevant plus aisément et en plus grande abondance les pluies et les autres impressions de l'air, ces matières minérales, qui y sont exposées, se mettent en fermentation et s'échauffent jusqu'au point de s'enflammer.

Enfin on a souvent observé qu'après de violentes éruptions pendant lesquelles le volcan rejette une très grande quantité de matières, le sommet de la montagne s'affaisse et diminue à peu près de la même quantité qu'il serait nécessaire qu'il diminuât pour fournir les matières rejetées ; autre preuve qu'elles ne viennent pas de la profondeur intérieure du pied de la montagne, mais de la partie voisine du sommet, et du sommet même.

Les tremblements de terre ont donc produit dans plusieurs endroits des affaissements considérables, et ont fait quelques-unes des grandes séparations qu'on trouve dans les chaînes des montagnes : toutes les autres ont été produites en même temps que les montagnes mêmes, par le mouvement des courants de la mer ; et partout où il n'y a pas eu de bouleversements, on trouve les couches horizontales et les angles correspondants des montagnes (*b*). Les volcans ont aussi formé des cavernes et des excavations souterraines qu'il est aisé de distinguer de celles qui ont été formées par les eaux, qui, ayant entraîné de l'intérieur des montagnes les sables et les autres matières divisées, n'ont laissé que les pierres et les rochers qui contenaient ces sables, et ont ainsi formé les cavernes que l'on remarque dans les lieux élevés ; car celles qu'on trouve dans les plaines ne sont ordinairement que des carrières anciennes ou des mines de sel et d'autres minéraux, comme la carrière de Maëstricht et les mines de Pologne, etc., qui sont dans des plaines ; mais les cavernes naturelles appartiennent aux montagnes, et elles reçoivent les eaux

(*a*) Voyez les Preuves, art. XVI.
(*b*) Voyez les Preuves, art. XVII.

du sommet et des environs, qui y tombent comme dans des réservoirs, d'où elles coulent ensuite sur la surface de la terre lorsqu'elles trouvent une issue. C'est à ces cavités que l'on doit attribuer l'origine des fontaines abondantes et des grosses sources, et lorsqu'une caverne s'affaisse et se comble, il s'ensuit ordinairement (*a*) une inondation.

On voit, par tout ce que nous venons de dire, combien les feux souterrains contribuent à changer la surface et l'intérieur du globe : cette cause est assez puissante pour produire d'aussi grands effets, mais on ne croirait pas que les vents pussent causer (*b*) des altérations sensibles sur la terre ; la mer paraît être leur empire, et, après le flux et le reflux, rien n'agit avec plus de puissance sur cet élément ; même le flux et le reflux marchent d'un pas uniforme, et leurs effets s'opèrent d'une manière égale et qu'on prévoit, mais les vents impétueux agissent, pour ainsi dire, par caprice : ils se précipitent avec fureur et agitent la mer avec une telle violence, qu'en un instant cette plaine calme et tranquille devient hérissée de vagues hautes comme des montagnes, qui viennent se briser contre les rochers et contre les côtes ; les vents changent donc à tout moment la face mobile de la mer ; mais la face de la terre, qui nous paraît si solide, ne devrait-elle pas être à l'abri d'un pareil effet? On sait cependant que les vents élèvent des montagnes de sable dans l'Arabie et dans l'Afrique, qu'ils en couvrent les plaines, et que souvent ils transportent ces sables à de grandes (*c*) distances et jusqu'à plusieurs lieues dans la mer, où ils les amoncellent en si grande quantité qu'ils y ont formé des bancs, des dunes et des îles. On sait que les ouragans sont le fléau des Antilles, de Madagascar et de beaucoup d'autres pays, où ils agissent avec tant de fureur qu'ils enlèvent quelquefois les arbres, les plantes, les animaux avec toute la terre cultivée ; ils font remonter et tarir les rivières, ils en produisent de nouvelles, ils renversent les montagnes et les rochers, ils font des trous et des gouffres dans la terre et changent entièrement la surface des malheureuses contrées où ils se forment. Heureusement, il n'y a que peu de climats exposés à la fureur impétueuse de ces terribles agitations de l'air.

Mais ce qui produit les changements les plus grands et les plus généraux sur la surface de la terre, ce sont les eaux du ciel, les fleuves, les rivières et les torrents. Leur première origine vient des vapeurs que le soleil élève au-dessus de la surface des mers, et que les vents transportent dans tous les climats de la terre ; ces vapeurs, soutenues dans les airs et poussées au gré du vent, s'attachent aux sommets des montagnes qu'elles rencontrent, et s'y accumulent en si grande quantité qu'elles y forment

(*a*) Voyez *Trans. phil. Abr.*, vol. II, p. 322.

(*b*) Voyez les Preuves, art. XV.

(*c*) Voyez Bellarmin, *De ascen. ment. in Deum.* — Varen., *Géogr. gén.*, p. 282. — Voyage de Pyrard, t. Ier, p. 470.

continuellement des nuages et retombent incessamment en forme de pluie, de rosée, de brouillard ou de neige. Toutes ces eaux sont d'abord descendues dans les plaines (*a*), sans tenir de route fixe ; mais peu à peu elles ont creusé leur lit, et, cherchant par leur pente naturelle les endroits les plus bas de la montagne et les terrains les plus faciles à diviser ou à pénétrer, elles ont entraîné les terres et les sables; elles ont formé des ravines profondes en coulant avec rapidité dans les plaines; elles se sont ouvert des chemins jusqu'à la mer, qui reçoit autant d'eau par ses bords qu'elle en perd par l'évaporation; et, de même que les canaux et les ravines que les fleuves ont creusés ont des sinuosités et des contours dont les angles sont correspondants entre eux, en sorte que l'un des bords formant un angle saillant dans les terres, le bord opposé fait toujours un angle rentrant, les montagnes et les collines qu'on doit regarder comme les bords des vallées qui les séparent ont aussi des sinuosités correspondantes de la même façon; ce qui semble démontrer que les vallées ont été les canaux des courants de la mer, qui les ont creusés peu à peu et de la même manière que les fleuves ont creusé leur lit dans les terres.

Les eaux qui roulent sur la surface de la terre, et qui y entretiennent la verdure et la fertilité, ne sont peut-être que la plus petite partie de celles que les vapeurs produisent; car il y a des veines d'eau qui coulent et de l'humidité qui se filtre à de grandes profondeurs dans l'intérieur de la terre. Dans certains lieux, en quelque endroit qu'on fouille, on est sûr de faire un puits et de trouver de l'eau ; dans d'autres, on n'en trouve point du tout; dans presque tous les vallons et les plaines basses, on ne manque guère de trouver de l'eau à une profondeur médiocre; au contraire, dans tous les lieux élevés et dans toutes les plaines en montagne, on ne peut en tirer du sein de la terre, et il faut ramasser les eaux du ciel. Il y a des pays d'une vaste étendue où l'on n'a jamais pu faire un puits et où toutes les eaux qui servent à abreuver les habitants et les animaux sont contenues dans des mares et des citernes. En Orient, surtout dans l'Arabie, dans l'Égypte, dans la Perse, etc., les puits sont extrêmement rares, aussi bien que les sources d'eau douce, et ces peuples ont été obligés de faire de grands réservoirs pour recueillir les eaux des pluies et des neiges : ces ouvrages, faits pour la nécessité publique, sont peut-être les plus beaux et les plus magnifiques monuments des Orientaux; il y a des réservoirs qui ont jusqu'à deux lieues de surface, et qui servent à arroser et à abreuver une province entière, au moyen des saignées et des petits ruisseaux qu'on en dérive de tous côtés. Dans d'autres pays, au contraire, comme dans les plaines où coulent les grands fleuves de la terre, on ne peut pas fouiller un peu profondément sans trouver de l'eau, et dans un camp situé aux environs d'une

(*a*) Voyez les Preuves, art. x et xviii.

rivière, souvent chaque tente a son puits au moyen de quelques coups de pioche.

Cette quantité d'eau qu'on trouve partout dans les lieux bas vient des terres supérieures et des collines voisines, au moins pour la plus grande partie ; car, dans le temps des pluies et de la fonte des neiges, une partie des eaux coule sur la surface de la terre, et le reste pénètre dans l'intérieur à travers les petites fentes des terres et des rochers, et cette eau sourcille en différents endroits lorsqu'elle trouve des issues, ou bien elle se filtre dans les sables, et lorsqu'elle vient à trouver un fond de glaise ou de terre ferme et solide, elle forme des lacs, des ruisseaux, et peut-être des fleuves souterrains dont le cours et l'embouchure nous sont inconnus, mais dont cependant par les lois de la nature le mouvement ne peut se faire qu'en allant d'un lieu plus élevé dans un lieu plus bas, et par conséquent ces eaux souterraines doivent tomber dans la mer ou se rassembler dans quelque lieu bas de la terre, soit à la surface, soit dans l'intérieur du globe; car nous connaissons sur la terre quelques lacs dans lesquels il n'entre et desquels il ne sort aucune rivière, et il y en a un nombre beaucoup plus grand qui, ne recevant aucune rivière considérable, sont les sources des plus grands fleuves de la terre, comme les lacs du fleuve Saint-Laurent, le lac Chiamé, d'où sortent deux grandes rivières qui arrosent les royaumes d'Asem et de Pégu, les lacs d'Assiniboils en Amérique, ceux d'Ozera en Moscovie, celui qui donne naissance au fleuve Bog, celui d'où sort la grande rivière Irtis, etc., et une infinité d'autres qui semblent être les réservoirs (*a*) d'où la nature verse de tous côtés les eaux qu'elle distribue sur la surface de la terre. On voit bien que ces lacs ne peuvent être produits que par les eaux des terres supérieures qui coulent par de petits canaux souterrains en se filtrant à travers les graviers et les sables, et viennent toutes se rassembler dans les lieux les plus bas où se trouvent ces grands amas d'eau. Au reste, il ne faut pas croire, comme quelques gens l'ont avancé, qu'il se trouve des lacs au sommet des plus hautes montagnes; car ceux qu'on trouve dans les Alpes et dans les autres lieux hauts, sont tous surmontés par des terres beaucoup plus hautes, et sont au pied d'autres montagnes peut-être plus élevées que les premières ; ils tirent leur origine des eaux qui coulent à l'extérieur ou se filtrent dans l'intérieur de ces montagnes, tout de même que les eaux des vallons et des plaines tirent leur source des collines voisines et des terres plus éloignées qui les surmontent.

Il doit donc se trouver, et il se trouve en effet dans l'intérieur de la terre, des lacs et des eaux répandues, surtout au-dessous des plaines (*b*) et des grandes vallées ; car les montagnes, les collines et toutes les hauteurs qui surmon-

(*a*) Voyez les Preuves, art. XI.
(*b*) Voyez les Preuves, art. XVIII.

tent les terres basses, sont découvertes tout autour et présentent dans leur penchant une coupe ou perpendiculaire ou inclinée, dans l'étendue de laquelle les eaux qui tombent sur le sommet de la montagne et sur les plaines élevées, après avoir pénétré dans les terres, ne peuvent manquer de trouver issue et de sortir de plusieurs endroits en forme de sources et de fontaines, et, par conséquent, il n'y aura que peu ou point d'eau sous les montagnes : dans les plaines, au contraire, comme l'eau qui se filtre dans les terres ne peut trouver d'issue, il y aura des amas d'eau souterrains dans les cavités de la terre, et une grande quantité d'eau qui suintera à travers les fentes des glaises et des terres fermes, ou qui se trouvera dispersée et divisée dans les graviers et dans les sables. C'est cette eau qu'on trouve partout dans les lieux bas; pour l'ordinaire, le fond d'un puits n'est autre chose qu'un petit bassin dans lequel les eaux qui suintent des terres voisines se rassemblent en tombant d'abord goutte à goutte, et ensuite en filets d'eau continus, lorsque les routes sont ouvertes aux eaux les plus éloignées; en sorte qu'il est vrai de dire que, quoique dans les plaines basses on trouve de l'eau partout, on ne pourrait cependant y faire qu'un certain nombre de puits, proportionné à la quantité d'eau dispersée, ou plutôt à l'étendue des terres plus élevées d'où ces eaux tirent leur source.

Dans la plupart des plaines, il n'est pas nécessaire de creuser jusqu'au niveau de la rivière pour avoir de l'eau : on la trouve ordinairement à une moindre profondeur, et il n'y a pas d'apparence que l'eau des fleuves et des rivières s'étende loin en se filtrant à travers les terres. On ne doit pas non plus leur attribuer l'origine de toutes les eaux qu'on trouve au-dessous de leur niveau dans l'intérieur de la terre; car, dans les torrents, dans les rivières qui tarissent, dans celles dont on détourne le cours, on ne trouve pas, en fouillant dans leur lit, plus d'eau qu'on n'en trouve dans les terres voisines; il ne faut qu'une langue de terre de cinq ou six pieds d'épaisseur pour contenir l'eau et l'empêcher de s'échapper, et j'ai souvent observé que les bords des ruisseaux et des mares ne sont pas sensiblement humides à six pouces de distance. Il est vrai que l'étendue de la filtration est plus ou moins grande selon que le terrain est plus ou moins pénétrable; mais, si l'on examine les ravines qui se forment dans les terres et même dans les sables, on reconnaîtra que l'eau passe toute dans le petit espace qu'elle se creuse elle-même et qu'à peine les bords sont mouillés à quelques pouces de distance dans ces sables; dans les terres végétales même, où la filtration doit être beaucoup plus grande que dans les sables et dans les autres terres, puisqu'elle est aidée de la force du tuyau capillaire, on ne s'aperçoit pas qu'elle s'étende fort loin. Dans un jardin, on arrose abondamment, et on inonde, pour ainsi dire, une planche, sans que les planches voisines s'en ressentent considérablement; j'ai remarqué, en examinant de gros monceaux de terre de jardin de huit ou dix pieds d'épaisseur qui n'avaient pas été remués depuis

Imp. R. Taneur

Rapine sc.

ÉCLIPSE TOTALE DE SOLEIL DU 18 JUILLET 1860.

Protubérances rougeâtres d'après les dessins de Mr Warren de la Rue

Apparence du phénomène un peu avant le commencement de la totalité

Apparence du phénomène un peu après la fin de la totalité

A. Le Vasseur Éditeur

quelques années, et dont le sommet était à peu près de niveau, que l'eau des pluies n'a jamais pénétré à plus de trois ou quatre pieds de profondeur, en sorte qu'en remuant cette terre au printemps, après un hiver fort humide, j'ai trouvé la terre de l'intérieur de ces monceaux aussi sèche que quand on l'avait amoncelée. J'ai fait la même observation sur des terres accumulées depuis près de deux cents ans; au-dessous de trois ou quatre pieds de profondeur, la terre était aussi sèche que la poussière; ainsi, l'eau ne se communique ni ne s'étend pas aussi loin qu'on le croit par la seule filtration : cette voie n'en fournit dans l'intérieur de la terre que la plus petite partie; mais, depuis la surface jusqu'à de grandes profondeurs, l'eau descend par son propre poids : elle pénètre par des conduits naturels ou par de petites routes qu'elle s'est ouvertes elle-même; elle suit les racines des arbres, les fentes des rochers, les interstices des terres, et se divise et s'étend de tous côtés en une infinité de petits rameaux et de filets, toujours en descendant, jusqu'à ce qu'elle trouve une issue après avoir rencontré la glaise ou un autre terrain solide sur lequel elle s'est rassemblée.

Il serait fort difficile de faire une évaluation un peu juste de la quantité des eaux souterraines qui n'ont point d'issue apparente (*a*). Bien des gens ont prétendu qu'elle surpassait de beaucoup celle de toutes les eaux qui sont à la surface de la terre, et, sans parler de ceux qui ont avancé que l'intérieur du globe était absolument rempli d'eau, il y en a qui croient qu'il y a une infinité de fleuves, de ruisseaux, de lacs dans la profondeur de la terre : mais cette opinion, quoique commune, ne me paraît pas fondée, et je crois que la quantité des eaux souterraines qui n'ont point d'issue à la surface du globe n'est pas considérable; car, s'il y avait un si grand nombre de rivières souterraines, pourquoi ne verrions-nous pas à la surface de la terre les embouchures de quelques-unes de ces rivières, et par conséquent des sources grosses comme des fleuves? D'ailleurs, les rivières et toutes les eaux courantes produisent des changements très considérables à la surface de la terre; elles entraînent les terres, creusent les rochers, déplacent tout ce qui s'oppose à leur passage : il en serait de même des fleuves souterrains, ils produiraient des altérations sensibles dans l'intérieur du globe; mais on n'y a point observé de ces changements produits par le mouvement des eaux, rien n'est déplacé; les couches parallèles et horizontales subsistent partout, les différentes matières gardent partout leur position primitive, et ce n'est qu'en fort peu d'endroits qu'on a observé quelques veines d'eau souterraines un peu considérables. Ainsi, l'eau ne travaille point en grand dans l'intérieur de la terre; mais elle y fait bien de l'ouvrage en petit : comme elle est divisée en une infinité de filets, qu'elle est retenue par autant d'obstacles, et enfin qu'elle est dispersée presque partout, elle concourt

(*a*) Voyez les Preuves, art. X, XI et XVIII.

immédiatement à la formation de plusieurs substances terrestres qu'il faut distinguer avec soin des matières anciennes, et qui, en effet, en diffèrent totalement par leur forme et par leur organisation.

Ce sont donc les eaux rassemblées dans la vaste étendue des mers qui, par le mouvement continuel du flux et du reflux, ont produit les montagnes, les vallées et les autres inégalités de la terre ; ce sont les courants de la mer qui ont creusé les vallons et élevé les collines en leur donnant des directions correspondantes ; ce sont ces mêmes eaux de la mer qui, en transportant les terres, les ont disposées les unes sur les autres par lits horizontaux, et ce sont les eaux du ciel qui peu à peu détruisent l'ouvrage de la mer, qui rabaissent continuellement la hauteur des montagnes, qui comblent les vallées, les bouches des fleuves et les golfes, et qui, ramenant tout au niveau, rendront un jour cette terre à la mer, qui s'en emparera successivement, en laissant à découvert de nouveaux continents entrecoupés de vallons et de montagnes, et tout semblables à ceux que nous habitons aujourd'hui.

A Montbard, le 3 octobre 1744.

PREUVES

DE LA

THÉORIE DE LA TERRE

ARTICLE PREMIER

DE LA FORMATION DES PLANÈTES

. . . . Fecitque cadendo
Undique ne caderet.
MANIL.

Notre objet étant l'histoire naturelle, nous nous dispenserions volontiers de parler d'astronomie; mais la physique de la terre tient à la physique céleste, et d'ailleurs nous croyons que, pour une plus grande intelligence de ce qui a été dit, il est nécessaire de donner quelques idées générales sur la formation, le mouvement et la figure de la terre et des planètes.

La terre est un globe d'environ trois mille lieues de diamètre; elle est située à trente millions de lieues du soleil, autour duquel elle fait sa révolution en trois cent soixante-cinq jours. Ce mouvement de révolution est le résultat de deux forces : l'une qu'on peut se représenter comme une impulsion de droite à gauche, ou de gauche à droite, et l'autre comme une attraction du haut en bas ou du bas en haut vers un centre. La direction de ces deux forces et leurs quantités sont combinées et proportionnées de façon qu'il en résulte un mouvement presque uniforme dans une ellipse fort approchante d'un cercle. Semblable aux autres planètes, la terre est opaque : elle fait ombre, elle reçoit et réfléchit la lumière du soleil, et elle tourne autour de cet astre suivant les lois qui conviennent à sa distance et à sa densité relative; elle tourne aussi sur elle-même en vingt-quatre heures, et l'axe autour duquel se fait ce mouvement de rotation est incliné de soixante-six degrés et demi sur le plan de l'orbite de sa révolution. Sa figure est celle d'un sphéroïde dont les deux axes diffèrent d'environ une cent-soixante et quinzième partie, et le plus petit axe est celui autour duquel se fait cette rotation.

Ce sont là les principaux phénomènes de la terre; ce sont là les résultats des grandes découvertes que l'on a faites par le moyen de la géométrie, de l'astronomie et de la navigation. Nous n'entrerons point ici dans le détail qu'elles exigent pour être démontrées, et nous n'examinerons pas comment on est venu au point de s'assurer de la vérité de tous ces faits, ce serait répéter ce qui a été dit; nous ferons seulement quelques remarques qui pourront servir à éclaircir ce qui est encore douteux ou contesté, et en même temps nous donnerons nos idées au sujet de la formation des planètes et des différents états par où il est possible qu'elles aient passé avant que d'être parvenues à l'état où nous les voyons aujourd'hui. On trouvera dans la suite de cet ouvrage des extraits de tant de systèmes et de tant d'hypothèses sur la formation du globe terrestre, sur les différents états par où il a passé et sur les changements qu'il a subis, qu'on ne peut pas trouver mauvais que nous joignions ici nos conjectures à celles des philosophes qui ont écrit sur ces matières, et surtout lorsqu'on verra que nous ne les donnons en effet que pour de simples conjectures, auxquelles nous prétendons seulement assigner un plus grand degré de probabilité qu'à toutes celles qu'on a faites sur le même sujet; nous nous refusons d'autant moins à publier ce que nous avons pensé sur cette matière, que nous espérons par là mettre le lecteur plus en état de prononcer sur la grande différence qu'il y a entre une hypothèse où il n'entre que des possibilités, et une théorie fondée sur des faits, entre un système tel que nous allons en donner un dans cet article sur la formation et le premier état de la terre, et une histoire physique de son état actuel, telle que nous venons de la donner dans le discours précédent.

Galilée ayant trouvé la loi de la chute des corps, et Képler ayant observé que les aires que les planètes principales décrivent autour du soleil, et celles que les satellites décrivent autour de leur planète principale, sont proportionnelles aux temps, et que les temps des révolutions des planètes et des satellites sont proportionnels aux racines carrées des cubes de leurs distances au soleil ou à leurs planètes principales, Newton trouva que la force qui fait tomber les graves sur la surface de la terre s'étend jusqu'à la lune et la retient dans son orbite; que cette force diminue en même proportion que le carré de la distance augmente, que par conséquent la lune est attirée par la terre, que la terre et toutes les planètes sont attirées par le soleil, et qu'en général tous les corps qui décrivent autour d'un centre ou d'un foyer des aires proportionnelles aux temps, sont attirés vers ce point. Cette force, que nous connaissons sous le nom de pesanteur, est donc généralement répandue dans toute la matière; les planètes, les comètes, le soleil, la terre, tout est sujet à ses lois, et elle sert de fondement à l'harmonie de l'univers; nous n'avons rien de mieux prouvé en physique que l'existence actuelle et individuelle de cette force dans les planètes, dans le soleil, dans la terre et dans toute la matière que nous touchons ou que nous apercevons. Toutes les observations ont confirmé l'effet actuel de cette force, et le calcul en a déterminé la quantité et les rapports; l'exactitude des géomètres et la vigilance des astronomes atteignent à peine à la précision de cette mécanique céleste et à la régularité de ses effets.

Cette cause générale étant connue, on en déduirait aisément les phénomènes si l'action des forces qui les produisent n'était pas trop combinée; mais qu'on se représente un moment le système du monde sous ce point de vue, et on sentira quel chaos on a eu à débrouiller. Les planètes principales sont attirées par le soleil, le soleil est attiré par les planètes, les satellites sont aussi attirés par leurs planètes principales, chaque planète est attirée par toutes les autres, et elle les attire aussi : toutes ces actions et réactions varient suivant les masses et les distances; elles produisent des inégalités, des irrégularités; comment combiner et évaluer une si grande quantité de rapports? Paraît-il possible, au milieu de tant d'objets, de suivre un objet particulier? Cependant on a surmonté ces difficultés, le calcul a confirmé ce que la raison avait soupçonné; chaque observation est devenue une nouvelle démonstration, et l'ordre systématique de l'univers est à découvert aux yeux de tous ceux qui savent reconnaître la vérité.

Une seule chose arrête, et est en effet indépendante de cette théorie : c'est la force d'impulsion; l'on voit évidemment que celle d'attraction tirant toujours les planètes vers le soleil, elles tomberaient en ligne perpendiculaire sur cet astre, si elles n'en étaient éloignées par une autre force, qui ne peut être qu'une impulsion en ligne droite, dont l'effet s'exercerait dans la tangente de l'orbite, si la force d'attraction cessait un instant. Cette force d'impulsion a certainement été communiquée aux astres en général par la main de Dieu, lorsqu'elle donna le branle à l'univers; mais comme on doit, autant qu'on peut, en physique s'abstenir d'avoir recours aux causes qui sont hors de la nature, il me paraît que, dans le système solaire, on peut rendre raison de cette force d'impulsion d'une manière assez vraisemblable, et qu'on peut en trouver une cause dont l'effet s'accorde avec les règles de la mécanique, et qui d'ailleurs ne s'éloigne pas des idées qu'on doit avoir au sujet des changements et des révolutions qui peuvent et doivent arriver dans l'univers.

La vaste étendue du système solaire, ou, ce qui revient au même, la sphère de l'attraction du soleil ne se borne pas à l'orbe des planètes, même les plus éloignées, mais elle s'étend à une distance indéfinie, toujours en décroissant, dans la même raison que le carré de la distance augmente; il est démontré que les comètes, qui se perdent à nos yeux dans la profondeur du ciel, obéissent à cette force, et que leur mouvement, comme celui des planètes, dépend de l'attraction du soleil. Tous ces astres, dont les routes sont si différentes, décrivent autour du soleil des aires proportionnelles aux temps, les planètes dans des ellipses plus ou moins approchantes d'un cercle, et les comètes dans des ellipses fort allongées. Les comètes et les planètes se meuvent donc en vertu de deux forces : l'une d'attraction et l'autre d'impulsion, qui, agissant à la fois et à tout instant, les obligent à décrire ces courbes; mais il faut remarquer que les comètes parcourent le système solaire dans toute sorte de directions, et que les inclinaisons des plans de leurs orbites sont fort différentes entre elles, en sorte que quoique sujettes, comme les planètes, à la même force d'attraction, les comètes n'ont rien de commun dans leur mouvement d'impulsion; elles paraissent à cet égard absolument indépendantes les unes des autres. Les planètes, au contraire, tournent toutes dans le même sens autour du soleil, et presque dans le même plan, n'y ayant que sept degrés et demi d'inclinaison entre les plans les plus éloignés de leurs orbites : cette conformité de position et de direction dans le mouvement des planètes suppose nécessairement quelque chose de commun dans leur mouvement d'impulsion, et doit faire soupçonner qu'il leur a été communiqué par une seule et même cause.

Ne peut-on pas imaginer avec quelque sorte de vraisemblance qu'une comète, tombant sur la surface du soleil, aura déplacé cet astre, et qu'elle en aura séparé quelques petites parties auxquelles elle aura communiqué un mouvement d'impulsion dans le même sens et par un même choc, en sorte que les planètes auraient autrefois appartenu au corps du soleil, et qu'elles en auraient été détachées par une force impulsive commune à toutes, qu'elles conservent encore aujourd'hui?

Cela me paraît au moins aussi probable que l'opinion de M. Leibniz qui prétend que les planètes et la terre ont été des soleils, et je crois que son système, dont on trouvera le précis à l'article cinquième, aurait acquis un grand degré de généralité et un peu plus de probabilité, s'il se fût élevé à cette idée. C'est ici le cas de croire avec lui que la chose arriva dans le temps que Moïse dit que Dieu sépara la lumière des ténèbres; car, selon Leibniz, la lumière fut séparée des ténèbres lorsque les planètes s'éteignirent. Mais ici la séparation est physique et réelle, puisque la matière opaque qui compose les corps des planètes fut réellement séparée de la matière lumineuse qui compose le soleil.

Cette idée sur la cause du mouvement d'impulsion des planètes paraîtra moins hasardée lorsqu'on rassemblera toutes les analogies qui y ont rapport, et qu'on voudra se donner la peine d'en estimer les probabilités. La première est cette direction commune de leur mouvement d'impulsion, qui fait que les six planètes vont toutes d'occident en orient : il y a déjà 64 à parier contre un qu'elles n'auraient pas eu ce mouvement dans le même sens, si la même cause ne l'avait pas produit, ce qu'il est aisé de prouver par la doctrine des hasards.

Cette probabilité augmentera prodigieusement par la seconde analogie, qui est que l'inclinaison des orbites n'excède pas 7 degrés et demi ; car, en comparant les espaces, on trouve qu'il y a 24 contre un pour que deux planètes se trouvent dans des plans plus éloignés, et par conséquent 24^5 ou 7,692,624 à parier contre un, que ce n'est pas par hasard qu'elles se trouvent toutes six ainsi placées et renfermées dans l'espace de 7 degrés et demi, ou, ce qui revient au même, il y a cette probabilité qu'elles ont quelque chose de commun dans le mouvement qui leur a donné cette position. Mais que peut-il y avoir de commun dans l'impression d'un mouvement d'impulsion, si ce n'est la force et la direction des corps qui le communiquent ? On peut donc conclure avec une très grande vraisemblance que les planètes ont reçu leur mouvement d'impulsion par un seul coup. Cette probabilité, qui équivaut presque à une certitude, étant acquise, je cherche quel corps en mouvement a pu faire ce choc et produire cet effet, et je ne vois que les comètes capables de communiquer un aussi grand mouvement à d'aussi vastes corps.

Pour peu qu'on examine le cours des comètes, on se persuadera aisément qu'il est presque nécessaire qu'il en tombe quelquefois dans le soleil. Celle de 1680 en approcha de si près, qu'à son périhélie elle n'en était pas éloignée de la sixième partie du diamètre solaire ; et si elle revient, comme il y a apparence, en l'année 2255, elle pourrait bien tomber cette fois dans le soleil ; cela dépend des rencontres qu'elle aura faites sur sa route, et du retardement qu'elle a souffert en passant dans l'atmosphère du soleil. (Voyez Newton, troisième édit., page 525.)

Nous pouvons donc présumer, avec le philosophe que nous venons de citer, qu'il tombe quelquefois des comètes sur le soleil ; mais cette chute peut se faire de différentes façons : si elles y tombent à plomb, ou même dans une direction qui ne soit pas fort oblique, elles demeureront dans le soleil et serviront d'aliment au feu qui consume cet astre, et le mouvement d'impulsion qu'elles auront perdu et communiqué au soleil ne produira d'autre effet que celui de le déplacer plus ou moins, selon que la masse de la comète sera plus ou moins considérable ; mais si la chute de la comète se fait dans une direction fort oblique, ce qui doit arriver plus souvent de cette façon que de l'autre, alors la comète ne fera que raser la surface du soleil ou la sillonner à une petite profondeur, et dans ce cas elle pourra en sortir et en chasser quelques parties de matière, auxquelles elle communiquera un mouvement commun d'impulsion, et ces parties poussées hors du corps du soleil, et la comète elle-même, pourront devenir alors des planètes qui tourneront autour de cet astre dans le même sens et dans le même plan. On pourrait peut-être calculer quelle masse, quelle vitesse et quelle direction devrait avoir une comète pour faire sortir du soleil une quantité de matière égale à celle que contiennent les six planètes et leurs satellites ; mais cette recherche serait ici hors de sa place, il suffira d'observer que toutes les planètes avec les satellites ne font pas la 650e partie de la masse du soleil (voyez Newton, page 405), parce que la densité des grosses planètes, Saturne et Jupiter, est moindre que celle du soleil, et que, quoique la terre soit quatre fois, et la lune près de cinq fois plus dense que le soleil, elles ne sont cependant que comme des atomes en comparaison de la masse de cet astre.

J'avoue que, quelque peu considérable que soit une six-cent-cinquantième partie d'un tout, il paraît au premier coup d'œil qu'il faudrait, pour séparer cette partie du corps du soleil, une très puissante comète ; mais si on fait réflexion à la vitesse prodigieuse des comètes dans leur périhélie, vitesse d'autant plus grande que leur route est plus droite, et qu'elles approchent du soleil de plus près ; si d'ailleurs on fait attention à la densité, à la *fixité* et à la solidité de la matière dont elles doivent être composées, pour souffrir, sans être détruites, la chaleur inconcevable qu'elles éprouvent auprès du soleil, et si on se souvient en même temps qu'elles présentent aux yeux des observateurs un noyau vif et solide, qui réfléchit fortement la lumière du soleil à travers l'atmosphère immense de la comète qui enveloppe et doit obscurcir ce noyau, on ne pourra guère douter que les comètes ne soient composées d'une matière très solide et très dense, et qu'elles ne contiennent sous un petit volume un grande quantité de matière; que, par conséquent, une comète ne puisse avoir assez de masse et de vitesse pour déplacer le soleil et donner un mouvement de projectile à une quantité de matière aussi considérable que l'est la 650e partie de la masse de cet astre. Ceci s'accorde parfaitement avec ce que l'on sait au sujet de la densité des planètes; on croit qu'elle est d'autant moindre que les planètes sont plus éloignées du soleil et qu'elles ont moins de chaleur à supporter, en sorte que Saturne est moins dense que Jupiter, et Jupiter beaucoup moins dense que la terre : et en effet, si la densité des planètes était, comme le prétend Newton, proportionnelle à la quantité de chaleur qu'elles ont à supporter, Mercure serait sept fois plus dense que la terre, et vingt-huit fois plus dense que le soleil, la comète de 1680 serait 28,000 fois plus dense que la terre, ou 112,000 fois plus dense que le soleil, et, en la supposant grosse comme la terre, elle contiendrait sous ce volume une quantité de matière égale à peu près à la neuvième partie de la masse du soleil, ou, en ne lui donnant que la centième partie de la grosseur de la terre, sa masse serait encore égale à la 900e partie du soleil; d'où il est aisé de conclure qu'une telle masse, qui ne fait qu'une petite comète, pourrait séparer et pousser hors du soleil une 900e ou une 650e partie de sa masse, surtout si l'on fait attention à l'immense *vitesse acquise* avec laquelle les comètes se meuvent lorsqu'elles passent dans le voisinage de cet astre.

Une autre analogie, et qui mérite quelque attention, c'est la conformité entre la densité de la matière des planètes et la densité de la matière du soleil. Nous connaissons sur la surface de la terre des matières 14 ou 15,000 fois plus denses les unes que les autres, les densités de l'or et de l'air sont à peu près dans ce rapport; mais l'intérieur de la terre et le corps des planètes sont composés de parties plus similaires, et dont la densité comparée varie beaucoup moins, et la conformité de la densité de la matière des planètes et de la densité de la matière du soleil est telle, que sur 650 parties qui composent la totalité de la matière des planètes, il y en a plus de 640 qui sont presque de la même densité que la matière du soleil, et qu'il n'y a pas dix parties sur ces 650 qui soient d'une plus grande densité; car Saturne et Jupiter sont à peu près de la même densité que le soleil, et la quantité de matière que ces deux planètes contiennent est au moins 64 fois plus grande que la quantité de matière des quatre planètes inférieures, Mars, la terre, Vénus et Mercure. On doit donc dire que la matière dont sont composées les planètes en général est à peu près la même que celle du soleil, et que par conséquent cette matière peut en avoir été séparée.

Mais, dira-t-on, si la comète en tombant obliquement sur le soleil, en a sillonné la surface et en a fait sortir la matière qui compose les planètes, il paraît que toutes les planètes, au lieu de décrire des cercles dont le soleil est le centre, auraient au contraire à chaque révolution rasé la surface du soleil, et seraient revenues au même point d'où elles étaient parties, comme ferait tout projectile qu'on lancerait avec assez de force d'un point de la surface de la terre, pour l'obliger à tourner perpétuellement; car il est aisé de démontrer que ce corps reviendrait à chaque révolution au point d'où il aurait été lancé, et dès lors on ne peut pas attribuer à l'impulsion d'une comète la projection des planètes hors du soleil, puisque leur mouvement autour de cet astre est différent de ce qu'il serait dans cette hypothèse.

A cela je réponds que la matière qui compose les planètes n'est pas sortie de cet astre en globes tout formés, auxquels la comète aurait communiqué son mouvement d'impulsion, mais que cette matière est sortie sous la forme d'un torrent dont le mouvement des parties antérieures a dû être accéléré par celui des parties postérieures; que d'ailleurs l'attraction des parties antérieures a dû aussi accélérer le mouvement des parties postérieures, et que cette accélération de mouvement, produite par l'une ou l'autre de ces causes, et peut-être par toutes les deux, a pu être telle qu'elle aura changé la première direction du mouvement d'impulsion, et qu'il a pu en résulter un mouvement tel que nous l'observons aujourd'hui dans les planètes, surtout en supposant que le choc de la comète a déplacé le soleil; car, pour donner un exemple qui rendra ceci plus sensible, supposons qu'on tirât du haut d'une montagne une balle de mousquet, et que la force de la poudre fût assez grande pour la pousser au delà du demi-diamètre de la terre, il est certain que cette balle tournerait autour du globe et reviendrait à chaque révolution passer au point d'où elle aurait été tirée; mais si, au lieu d'une balle de mousquet, nous supposons qu'on ait tiré une fusée volante où l'action du feu serait durable et accélérerait beaucoup le mouvement d'impulsion, cette fusée, ou plutôt la cartouche qui la contient, ne reviendrait pas au même point, comme la balle de mousquet, mais décrirait un orbe dont le périgée serait d'autant plus éloigné de la terre que la force d'accélération aurait été plus grande et aurait changé davantage la première direction, toutes choses étant supposées égales d'ailleurs. Ainsi, pourvu qu'il y ait eu de l'accélération dans le mouvement d'impulsion communiqué au torrent de matière par la chute de la comète, il est très possible que les planètes, qui se sont formées dans ce torrent, aient acquis le mouvement que nous leur connaissons dans des cercles ou des ellipses dont le soleil est le centre ou le foyer.

La manière dont se font les grandes irruptions des volcans peut nous donner une idée de cette accélération de mouvement dans le torrent dont nous parlons : on a observé que, quand le Vésuve commence à mugir et à rejeter les matières dont il est embrasé, le premier tourbillon qu'il vomit n'a qu'un certain degré de vitesse; mais cette vitesse est bientôt accélérée par l'impulsion d'un second tourbillon qui succède au premier, puis par l'action d'un troisième, et ainsi de suite; les ondes pesantes de bitume, de soufre, de cendres, de métal fondu paraissent des nuages massifs, et, quoiqu'ils se succèdent toujours à peu près dans la même direction, ils ne laissent pas de changer beaucoup celle du premier tourbillon, et de le pousser ailleurs et plus loin qu'il ne serait parvenu tout seul.

D'ailleurs ne peut-on pas répondre à cette objection que, le soleil ayant été frappé par la comète, et ayant reçu une partie de son mouvement d'impulsion, il aura lui-même éprouvé un mouvement qui l'aura déplacé, et que, quoique ce mouvement du soleil soit maintenant trop peu sensible pour que dans de petits intervalles de temps les astronomes aient pu l'apercevoir, il se peut cependant que ce mouvement existe encore, et que le soleil se meuve lentement vers différentes parties de l'univers, en décrivant une courbe autour du centre de gravité de tout le système? et si cela est, comme je le présume, on voit bien que les planètes, au lieu de revenir auprès du soleil à chaque révolution, auront au contraire décrit des orbites dont les points des périhélies sont d'autant plus éloignés de cet astre, qu'il s'est plus éloigné lui-même du lieu qu'il occupait anciennement.

Je sens bien qu'on pourra me dire que, si l'accélération du mouvement se fait dans la même direction, cela ne change pas le point du périhélie qui sera toujours à la surface du soleil; mais doit-on croire que, dans un torrent dont les parties se sont succédé, il n'y a eu aucun changement de direction? Il est, au contraire, très probable qu'il y a eu un assez grand changement de direction, pour donner aux planètes le mouvement qu'elles ont.

On pourra me dire aussi que, si le soleil a été déplacé par le choc de la comète, il a dû se mouvoir uniformément, et que dès lors ce mouvement étant commun à tout le système, il n'a dû rien changer; mais le soleil ne pouvait-il pas avoir avant le choc un mouvement autour du centre de gravité du système cométaire, auquel mouvement primitif le choc de la comète aura ajouté une augmentation ou une diminution? Et cela suffirait encore pour rendre raison du mouvement actuel des planètes.

Enfin, si l'on ne veut admettre aucune de ces suppositions, ne peut-on pas présumer, sans choquer la vraisemblance, que dans le choc de la comète contre le soleil il y a eu une force élastique qui aura élevé le torrent au-dessus de la surface du soleil, au lieu de le pousser directement? ce qui seul peut suffire pour écarter le point du périhélie et donner aux planètes le mouvement qu'elles ont conservé; et cette supposition n'est pas dénuée de vraisemblance, car la matière du soleil peut bien être fort élastique, puisque la seule partie de cette matière que nous connaissions, qui est la lumière, semble par ses effets être parfaitement élastique. J'avoue que je ne puis pas dire si c'est par l'une ou par l'autre des raisons que je viens de rapporter que la direction du premier mouvement d'impulsion des planètes a changé; mais ces raisons suffisent au moins pour faire voir que ce changement est possible, et même probable, et cela suffit aussi à mon objet.

Mais, sans insister davantage sur les objections qu'on pourrait faire, non plus que sur les preuves que pourraient fournir les analogies en faveur de mon hypothèse, suivons-en l'objet et tirons des inductions; voyons donc ce qui a pu arriver lorsque les planètes, et surtout la terre, ont reçu ce mouvement d'impulsion, et dans quel état elles se sont trouvées après avoir été séparées de la masse du soleil. La comète ayant par un seul coup communiqué un mouvement de projectile à une quantité de matière égale à la 650e partie de la masse du soleil, les particules les moins denses se seront séparées des plus denses, et auront formé par leur attraction mutuelle des globes de différente densité : Saturne, composé des parties les plus grosses et les plus légères, se sera le plus éloigné du soleil, ensuite Jupiter, qui est plus dense que Saturne, se sera moins éloigné, et ainsi de suite. Les planètes les plus grosses et les moins denses sont les plus éloignées, parce qu'elles ont reçu un mouvement d'impulsion plus fort que les plus petites et les plus denses; car la force d'impulsion se communiquant par les surfaces, le même coup aura fait mouvoir les parties les plus grosses et les plus légères de la matière du soleil avec plus de vitesse que les parties les plus petites et les plus massives; il se sera donc fait une séparation des parties denses de différents degrés, en sorte que la densité de la matière du soleil étant égale à 100, celle de Saturne est égale à 67, celle de Jupiter $= 94\frac{1}{2}$, celle de Mars = 200, celle de la terre = 400, celle de Vénus = 800, celle de Mercure = 2,800. Mais la force d'attraction ne se communiquant pas, comme celle d'impulsion, par la surface et agissant au contraire sur toutes les parties de la masse, elle aura retenu les portions de matières les plus denses, et c'est pour cette raison que les planètes les plus denses sont les plus voisines du soleil, et qu'elles tournent autour de cet astre avec plus de rapidité que les planètes les moins denses, qui sont aussi les plus éloignées.

Les deux grosses planètes, Jupiter et Saturne, qui sont, comme l'on sait, les parties principales du système solaire, ont conservé ce rapport entre leur densité et leur mouvement d'impulsion, dans une proportion si juste qu'on doit en être frappé; la densité de Saturne est à celle de Jupiter comme 67 à $94\frac{1}{2}$, et leurs vitesses sont à peu près comme $88\frac{2}{3}$ à $120\frac{1}{72}$, ou comme 67 à $90\frac{11}{16}$; il est rare que, de pures conjectures, on puisse tirer des rapports aussi exacts. Il est vrai que, en suivant ce rapport entre la vitesse et la densité des planètes, la densité de la terre ne devrait être que comme $206\frac{7}{18}$, au lieu qu'elle est comme 400; de là on peut conjecturer que notre globe était d'abord une fois moins dense qu'il ne l'est aujourd'hui. A l'égard des autres planètes, Mars, Vénus et Mercure, comme leur densité n'est connue que par conjecture, nous ne pouvons savoir si cela détruirait ou confirmerait notre opinion sur le rapport de la vitesse et de la densité des planètes en général. Le sentiment de Newton est que la densité est d'autant plus grande que la chaleur à laquelle la planète est exposée est plus grande, et c'est sur cette idée que nous venons de dire que Mars est une fois moins dense que la terre, Vénus une fois plus dense, Mercure sept fois plus dense, et la comète de 1680, 28 mille fois plus dense que la terre; mais cette proportion entre la densité des planètes et la chaleur qu'elles ont à supporter ne peut pas subsister lorsqu'on fait attention à Saturne et à Jupiter, qui sont les principaux objets que nous ne devons jamais perdre de vue dans le système solaire; car, selon ce rapport entre la densité et la chaleur, il se trouve que la densité de Saturne serait environ comme 4 $\frac{7}{18}$, et celle de Jupiter comme 14 $\frac{17}{22}$ au lieu de 67 et de 94 $\frac{1}{2}$, différence trop grande pour que le rapport entre la densité et la chaleur que les planètes ont à supporter puisse être admis; ainsi, malgré la confiance que méritent les conjectures de Newton, je crois que la densité des planètes a plus de rapport avec leur vitesse qu'avec le degré de chaleur qu'elles ont à supporter. Ceci n'est qu'une cause finale, et l'autre est un rapport physique dont l'exactitude est singulière dans les deux grosses planètes : il est cependant vrai que la densité de la terre, au lieu d'être 206 $\frac{7}{8}$ se trouve être 400, et que par conséquent il faut que le globe terrestre se soit condensé dans cette raison de 206 $\frac{7}{8}$ à 400.

Mais la condensation ou la coction des planètes n'a-t-elle pas quelque rapport avec la quantité de la chaleur du soleil dans chaque planète? Et dès lors Saturne, qui est fort éloigné de cet astre, n'aura souffert que peu ou point de condensation, Jupiter se sera condensé de 90 $\frac{11}{16}$ à 94 $\frac{1}{2}$: or la chaleur du soleil dans Jupiter étant à celle du soleil sur la terre comme 14 $\frac{17}{22}$ sont à 400, les condensations ont dû se faire dans la même proportion, de sorte que Jupiter s'étant condensé de 90 $\frac{11}{16}$ à 94 $\frac{1}{2}$, la terre aurait dû se condenser en même proportion de 206 $\frac{7}{8}$ à 215 $\frac{900}{1451}$, si elle eût été placée dans l'orbite de Jupiter, où elle n'aurait dû recevoir du soleil qu'une chal ur égale à celle que reçoit cette planète; mais la terre se trouvant beaucoup plus près de cet astre, et recevant une chaleur dont le rapport à celle que reçoit Jupiter est de 400 à 14 $\frac{17}{22}$, il faut multiplier la quantité de la condensation qu'elle aurait eue dans l'orbe de Jupiter par le rapport de 400 à 14 $\frac{17}{22}$, ce qui donne à peu près 234 $\frac{1}{2}$ pour la quantité dont la terre a dû se condenser. Sa densité était 206 $\frac{7}{8}$; en y ajoutant la quantité de condensation, l'on trouve pour sa densité actuelle 440 $\frac{7}{8}$, ce qui approche assez de la densité 400, déterminée par la parallaxe de la lune : au reste, je ne prétends pas donner ici des rapports exacts, mais seulement des approximations, pour faire voir que les densités des planètes ont beaucoup de rapport avec leur vitesse dans leurs orbites.

La comète, ayant donc par sa chute oblique sillonné la surface du soleil, aura poussé hors du corps de cet astre une partie de matière égale à la 650e partie de sa masse totale; cette matière qu'on doit considérer dans un état de fluidité, ou plutôt de liquéfaction, aura d'abord formé un torrent; les parties les plus grosses et les moins denses auront été poussées au plus loin, et les parties les plus petites et les plus denses, n'ayant reçu que la même impulsion, ne se seront pas si fort éloignées; la force d'attraction du soleil les aura retenues; toutes les parties détachées par la comète et poussées les unes par les autres auront été contraintes de circuler autour de cet astre, et en même temps l'attraction mutuelle des parties de la matière en aura formé des globes à différentes distances, dont les plus voisins du soleil auront nécessairement conservé plus de rapidité pour tourner ensuite perpétuellement autour de cet astre.

Mais, dira-t-on une seconde fois, si la matière qui compose les planètes a été séparée du corps du soleil, les planètes devraient être, comme le soleil, brûlantes et lumineuses, et non pas froides et opaques comme elles le sont : rien ne ressemble moins à ce globe de feu qu'un globe de terre et d'eau; et, à en juger par comparaison, la matière de la terre et des planètes est tout à fait différente de celle du soleil.

A cela on peut répondre que, dans la séparation qui s'est faite des particules plus ou moins denses, la matière a changé de forme, et que la lumière ou le feu se sont éteints par cette séparation causée par le mouvement d'impulsion. D'ailleurs, ne peut-on pas soupçonner que, si le soleil ou une étoile brûlante et lumineuse par elle-même se mouvait avec autant de vitesse que se meuvent les planètes, le feu s'éteindrait peut-être, et que c'est par cette raison que toutes les étoiles lumineuses sont fixes et ne changent pas de lieu, et que ces étoiles que l'on appelle nouvelles, qui ont probablement changé de lieu, se sont éteintes aux yeux mêmes des observateurs ? Ceci se confirme par ce qu'on a observé sur les comètes : elles doivent brûler jusqu'au centre lorsqu'elles passent à leur périhélie ; cependant elles ne deviennent pas lumineuses par elles-mêmes : on voit seulement qu'elles exhalent des vapeurs brûlantes dont elles laissent en chemin une partie considérable.

J'avoue que, si le feu peut exister dans un milieu où il n'y a point ou très peu de résistance, il pourrait aussi souffrir un très grand mouvement sans s'éteindre; j'avoue aussi que ce que je viens de dire ne doit s'entendre que des étoiles qui disparaissent pour toujours, et que celles qui ont des retours périodiques, et qui se montrent et disparaissent alternativement, sans changer de lieu, sont fort différentes de celles dont je parle; les phénomènes de ces astres singuliers ont été expliqués d'une manière très satisfaisante par M. de Maupertuis dans son Discours sur la figure des astres, et je suis convaincu qu'en partant des faits qui nous sont connus, il n'est pas possible de mieux deviner qu'il l'a fait; mais les étoiles qui ont paru et ensuite disparu pour toujours se sont vraisemblablement éteintes, soit par la vitesse de leur mouvement, soit par quelque autre cause, et nous n'avons point d'exemple dans la nature qu'un astre lumineux tourne autour d'un autre astre; de vingt-huit ou trente comètes et de treize planètes qui composent notre système, et qui se meuvent autour du soleil avec plus ou moins de rapidité, il n'y en a pas une de lumineuse par elle-même.

On pourrait répondre encore que le feu ne peut pas subsister aussi longtemps dans les petites que dans les grandes masses, et qu'au sortir du soleil les planètes ont dû brûler pendant quelque temps, mais qu'elles se sont éteintes faute de matières combustibles, comme le soleil s'éteindra probablement par la même raison, mais dans des âges futurs et aussi éloignés des temps auxquels les planètes se sont éteintes, que sa grosseur l'est de celle des planètes : quoi qu'il en soit, la séparation des parties plus ou moins denses, qui s'est faite nécessairement dans le temps que la comète a poussé hors du soleil la matière des planètes me paraît suffisante pour rendre raison de cette extinction de leurs feux.

La terre et les planètes au sortir du soleil étaient donc brûlantes et dans un état de liquéfaction totale; cet état de liquéfaction n'a duré qu'autant que la violence de la chaleur qui l'avait produit; peu à peu, les planètes se sont refroidies, et c'est dans le temps de cet état de fluidité causée par le feu, qu'elles auront pris leur figure, et que leur mouvement de rotation aura fait élever les parties de l'équateur en abaissant les pôles. Cette figure, qui s'accorde si bien avec les lois de l'hydrostatique, suppose nécessairement que la terre et les planètes aient été dans un état de fluidité, et je suis de l'avis de M. Leibniz (*a*); cette fluidité était une liquéfaction causée par la violence de la chaleur; l'intérieur de la terre doit être une matière vitrifiée dont les sables, les grès, le roc vif, les granites, et peut-être les argiles, sont des fragments et des scories.

On peut donc croire, avec quelque vraisemblance, que les planètes ont appartenu au soleil; qu'elles en ont été séparées par un seul coup qui leur à donné un mouvement d'impulsion dans le même sens et dans le même plan, et que leur position à différentes densités. Il reste maintenant à expliquer par la même théorie le mouvement de rotation des planètes et la formation des satellites; mais ceci, loin d'ajouter des difficultés ou des impossibilités à notre hypothèse, semble au contraire la confirmer.

Car le mouvement de rotation dépend uniquement de l'obliquité du coup; et il est nécessaire qu'une impulsion, dès qu'elle est oblique à la surface d'un corps, donne à ce corps un mouvement de rotation; ce mouvement de rotation sera égal et toujours le même, si le corps qui le reçoit est homogène, et il sera inégal si le corps est composé de

(*a*) PROTOGÆA, *aut G. G. L. Act. Er. Lips., an.* 1692.

parties hétérogènes ou de différente densité, et de là on doit conclure que, dans chaque planète, la matière est homogène, puisque leur mouvement de rotation est égal ; autre preuve de la séparation des parties denses et moins denses lorsqu'elles se sont formées.

Mais l'obliquité du coup a pu être telle qu'il se sera séparé du corps de la planète principale de petites parties de matière qui auront conservé la même direction de mouvement que la planète même ; ces parties se seront réunies, suivant leurs densités, à différentes distances de la planète par la force de leur attraction mutuelle, et en même temps elles auront suivi nécessairement la planète dans son cours autour du soleil en tournant elles-mêmes autour de la planète, à peu près dans le plan de son orbite. On voit bien que ces petites parties, que la grande obliquité du coup aura séparées, sont les satellites; ainsi la formation, la position et la direction des mouvements des satellites s'accordent parfaitement avec la théorie, car ils ont tous la même direction de mouvement dans des cercles concentriques autour de leur planète principale; leur mouvement est dans le même plan, et ce plan est celui de l'orbite de la planète; tous ces effets, qui leur sont communs et qui dépendent de leur mouvement d'impulsion, ne peuvent venir que d'une cause commune, c'est-à-dire d'une impulsion commune de mouvement, qui leur a été communiquée par un seul et même coup donné sous une certaine obliquité.

Ce que nous venons de dire sur la cause du mouvement de rotation et de la formation des satellites, acquerra plus de vraisemblance, si nous faisons attention à toutes les circonstances des phénomènes. Les planètes, qui tournent le plus vite sur leur axe sont celles qui ont des satellites; la terre tourne plus vite que Mars dans le rapport d'environ 24 à 15, la terre a un satellite et Mars n'en a point; Jupiter surtout, dont la rapidité autour de son axe est 5 ou 600 fois plus grande que celle de la terre, a quatre satellites, et il y a grande apparence que Saturne, qui en a cinq et un anneau, tourne encore beaucoup plus vite que Jupiter.

On peut même conjecturer, avec quelque fondement, que l'anneau de Saturne est parallèle à l'équateur de cette planète, en sorte que le plan de l'équateur de l'anneau et celui de l'équateur de Saturne sont à peu près les mêmes ; car, en supposant, suivant la théorie précédente, que l'obliquité du coup par lequel Saturne a été mis en mouvement ait été fort grande, la vitesse autour de l'axe qui aura résulté de ce coup oblique aura pu d'abord être telle que la force centrifuge excédait celle de la gravité, et il se sera détaché de l'équateur de la planète une quantité considérable de matière, qui aura nécessairement pris la figure d'un anneau, dont le plan doit être à peu près le même que celui de l'équateur de la planète; et cette partie de matière qui forme l'anneau, ayant été détachée de la planète dans le voisinage de l'équateur, Saturne en a été abaissé d'autant sous l'équateur, ce qui fait que, malgré la grande rapidité que nous lui supposons autour de son axe, les diamètres de cette planète peuvent n'être pas aussi inégaux que ceux de Jupiter, qui diffèrent de plus d'une onzième partie.

Quelque grande que soit à mes yeux la vraisemblance de ce que j'ai dit jusqu'ici sur la formation des planètes et de leurs satellites, comme chacun a sa mesure, surtout pour estimer des probabilités de cette nature, et que cette mesure dépend de la puissance qu'a l'esprit pour combiner des rapports plus ou moins éloignés, je ne prétends pas contraindre ceux qui n'en voudront rien croire. J'ai cru seulement devoir semer ces idées, parce qu'elles m'ont paru raisonnables et propres à éclaircir une matière sur laquelle on n'a jamais rien écrit, quelque important qu'en soit le sujet, puisque le mouvement d'impulsion des planètes entre au moins pour moitié dans la composition du système de l'univers, que l'attraction seule ne peut expliquer. J'ajouterai seulement, pour ceux qui voudraient nier la possibilité de mon système, les questions suivantes :

1° N'est-il pas naturel d'imaginer qu'un corps qui est en mouvement ait reçu ce mouvement par le choc d'un autre corps?

2° N'est-il pas très probable que plusieurs corps qui ont la même direction dans leur mouvement ont reçu cette direction par un seul ou par plusieurs coups dirigés dans le même sens?

3° N'est-il pas tout à fait vraisemblable que plusieurs corps, ayant la même direction dans leur mouvement et leur position dans un même plan, n'ont pas reçu cette direction dans le même sens et cette position dans le même plan par plusieurs coups, mais par un seul et même coup?

4° N'est-il pas très probable qu'en même temps qu'un corps reçoit un mouvement d'impulsion, il le reçoive obliquement, et que par conséquent il soit obligé de tourner sur lui-même, d'autant plus vite que l'obliquité du coup aura été plus grande?

Si ces questions ne paraissent pas déraisonnables, le système, dont nous venons de donner une ébauche, cessera de paraître une absurdité.

Passons maintenant à quelque chose qui nous touche de plus près, et examinons la figure de la terre sur laquelle on a fait tant de recherches et de si grandes observations. La terre étant, comme il paraît par l'égalité de son mouvement diurne et la constance de l'inclinaison de son axe, composée de parties homogènes, et toutes ces parties s'attirant en raison de leurs masses, elle aurait pris nécessairement la figure d'un globe parfaitement sphérique, si le mouvement d'impulsion eût été donné dans une direction perpendiculaire à la surface; mais ce coup ayant été donné obliquement, la terre a tourné sur son axe dans le même temps qu'elle a pris sa forme, et, de la combinaison de ce mouvement de rotation et de celui de l'attraction des parties, il a résulté une figure sphéroïde plus élevée sous le grand cercle de rotation, et plus abaissée aux deux extrémités de l'axe, et cela parce que l'action de la force centrifuge, provenant du mouvement de rotation, diminue l'action de la gravité; ainsi la terre étant homogène, et ayant pris sa consistance en même temps qu'elle a reçu son mouvement de rotation, elle a dû prendre une figure sphéroïde dont les deux axes diffèrent d'une 230e partie. Ceci peut se démontrer à la rigueur et ne dépend point des hypothèses qu'on voudrait faire sur la direction de la pesanteur, car il n'est pas permis de faire des hypothèses contraires à des vérités établies, ou qu'on peut établir : or les lois de la pesanteur nous sont connues; nous ne pouvons douter que les corps ne pèsent les uns sur les autres en raison directe de leurs masses et inverse du carré de leurs distances; de même, nous ne pouvons pas douter que l'action générale d'une masse quelconque ne soit composée de toutes les actions particulières des parties de cette masse; ainsi, il n'y a point d'hypothèse à faire sur la direction de la pesanteur, chaque partie de matière s'attire mutuellement en raison directe de sa masse et inverse du carré de la distance, et de toutes ces attractions il résulte une sphère, lorsqu'il n'y a point de rotation, et il en résulte un sphéroïde lorsqu'il y a rotation. Ce sphéroïde est plus ou moins accourci aux deux extrémités de l'axe de rotation, à proportion de la vitesse de ce mouvement, et la terre a pris, en vertu de sa vitesse de rotation et de l'attraction mutuelle de toutes ses parties, la figure d'un sphéroïde dont les deux axes sont entre eux comme 229 à 230.

Ainsi, par sa constitution originaire, par son homogénéité, et indépendamment de toute hypothèse sur la direction de la pesanteur, la terre a pris cette figure dans le temps de sa formation, et elle est, en vertu des lois de la mécanique, élevée nécessairement d'environ six lieues et demie à chaque extrémité du diamètre de l'équateur de plus que sous les pôles.

Je vais insister sur cet article, parce qu'il y a des géomètres qui croient que la figure de la terre dépend, dans la théorie, du système de philosophie qu'on embrasse, et de la direction qu'on suppose à la pesanteur. La première chose que nous ayons à démontrer, c'est l'attraction mutuelle de toutes les parties de la matière, et la seconde l'homogénéité du globe terrestre. Si nous faisons voir clairement que ces deux faits ne peuvent pas être révoqués en doute, il n'y aura plus aucune hypothèse à faire sur la direction de la pesanteur; la terre aura eu nécessairement la figure déterminée par Newton, et toutes les autres figures qu'on voudrait lui donner en vertu des tourbillons ou des autres hypothèses ne pourront subsister.

On ne peut pas douter, à moins qu'on ne doute de tout, que ce ne soit la force de la gravité qui retient les planètes dans leurs orbites : les satellites de Saturne gravitent vers Saturne, ceux de Jupiter vers Jupiter, la lune vers la terre, et Saturne, Jupiter, Mars, la terre, Vénus et Mercure gravitent vers le soleil; de même, Saturne et Jupiter gravitent vers leurs satellites, la terre gravite vers la lune, et le soleil gravite vers les planètes : la gravité est donc générale et mutuelle dans toutes les planètes; car l'action d'une force ne peut pas s'exercer sans qu'il y ait réaction; toutes les planètes agissent donc mutuellenent les unes sur les autres : cette attraction mutuelle sert de fondement aux lois de leur mouvement, et elle est démontrée par les phénomènes. Lorsque Saturne et Jupiter sont en conjonction, ils agissent l'un sur l'autre, et cette attraction produit une irrégularité dans leur mouvement autour du soleil; il en est de même de la terre et de la lune, elles agissent mutuellement l'une sur l'autre, mais les irrégularités du mouvement de la lune viennent de l'attraction du soleil, en sorte que le soleil, la terre et la lune agissent mutuellement les unes sur les autres. Or cette attraction mutuelle, que les planètes exercent les unes sur les autres, est proportionnelle à leur quantité de matière, lorsque les distances sont égales, et la même force de gravité qui fait tomber les graves sur la surface de la terre, et qui s'étend jusqu'à la lune, est aussi proportionnelle à la quantité de matière; donc la gravité totale d'une planète est composée de la gravité de chacune des parties qui la composent; donc toutes les parties de la matière, soit dans la terre, soit dans les planètes, gravitent les unes sur les autres; donc toutes les parties de la matière s'attirent mutuellement : et cela étant une fois prouvé, la terre, par son mouvement de rotation, a dû nécessairement prendre la figure d'un sphéroïde dont les axes sont entre eux comme 229 à 230, et la direction de la pesanteur est nécessairement perpendiculaire à la surface de ce sphéroïde; par conséquent, il n'y a point d'hypothèse à faire sur la direction de la pesanteur, à moins qu'on ne nie l'attraction mutuelle et générale des parties de la matière : mais on vient de voir que l'attraction mutuelle est démontrée par les observations, et les expériences des pendules prouvent qu'elle est générale dans toutes les parties de la matière; donc on ne peut pas faire de nouvelles hypothèses sur la direction de la pesanteur, sans aller contre l'expérience et la raison.

Venons maintenant à l'homogénéité du globe terrestre; j'avoue que, si l'on suppose que le globe soit plus dense dans certaines parties que dans d'autres, la direction de la pesanteur doit être différente de celle que nous venons d'assigner; qu'elle sera différente suivant les différentes suppositions qu'on fera, et que la figure de la terre deviendra différente aussi en vertu des mêmes suppositions. Mais quelle raison a-t-on pour croire que cela soit ainsi? Pourquoi veut-on, par exemple, que les parties voisines du centre soient plus denses que celles qui en sont plus éloignées? toutes les particules qui composent le globe ne se sont-elles pas rassemblées par leur attraction mutuelle? Dès lors, chaque particule est un centre, et il n'y a pas de raison pour croire que les parties qui sont autour du centre de grandeur du globe soient plus denses que celles qui sont autour d'un autre point; mais, d'ailleurs, si une partie considérable du globe était plus dense qu'une autre partie, l'axe de rotation se trouverait plus près des parties denses, et il en résulterait une inégalité dans la révolution diurne, en sorte qu'à la surface de la terre nous remarquerions de l'inégalité dans le mouvement apparent des étoiles fixes; elles nous paraîtraient se mouvoir beaucoup plus vite ou beaucoup plus lentement au zénith qu'à l'horizon, selon que nous serions posés sur les parties denses ou légères du globe; cet axe de la terre, ne passant plus par le centre de grandeur du globe, changerait aussi très sensiblement de position; mais tout cela n'arrive pas : on sait, au contraire, que le mouvement diurne de la terre est égal et uniforme; on sait qu'à toutes les parties de la surface de la terre les étoiles paraissent se mouvoir avec la même vitesse à toutes les hauteurs, et, s'il y a une mutation dans l'axe, elle est assez insensible pour avoir échappé aux observateurs; on doit donc conclure que le globe est homogène ou presque homogène dans toutes ses parties.

Si la terre était un globe creux et vide, dont la croûte n'aurait, par exemple, que deux ou trois lieues d'épaisseur, il en résulterait : 1° que les montagnes seraient, dans ce cas, des parties si considérables de l'épaisseur totale de la croûte, qu'il y aurait une grande irrégularité dans les mouvements de la terre par l'attraction de la lune et du soleil; car, quand les parties les plus élevées du globe, comme les Cordillères, auraient la lune au méridien, l'attraction serait beaucoup plus forte sur le globe entier que quand les parties les plus basses auraient de même cet astre au méridien; 2° l'attraction des montagnes serait beaucoup plus considérable qu'elle ne l'est en comparaison de l'attraction totale du globe, et les expériences faites à la montagne de Chimboraço, au Pérou, donneraient dans ce cas plus de degrés qu'elles n'ont donné de secondes pour la déviation du fil à plomb; 3° la pesanteur des corps serait plus grande au-dessus d'une haute montagne, comme le pic de Ténériffe, qu'au niveau de la mer, en sorte qu'on se sentirait considérablement plus pesant et qu'on marcherait plus difficilement dans les lieux élevés que dans les lieux bas. Ces considérations, et quelques autres qu'on pourrait y ajouter, doivent nous faire croire que l'intérieur du globe n'est pas vide et qu'il est rempli d'une matière assez dense.

D'autre côté, si, au-dessous de deux ou trois lieues, la terre était remplie d'une matière beaucoup plus dense qu'aucune des matières que nous connaissons, il arriverait nécessairement que toutes les fois qu'on descendrait à des profondeurs même médiocres, on pèserait sensiblement beaucoup plus; les pendules s'accéléreraient beaucoup plus qu'ils ne s'accélèrent en effet lorsqu'on les transporte d'un lieu élevé dans un lieu bas; ainsi, nous pouvons présumer que l'intérieur de la terre est rempli d'une matière à peu près semblable à celle qui compose sa surface. Ce qui peut achever de nous déterminer en faveur de ce sentiment, c'est que, dans le temps de la première formation du globe, lorsqu'il a pris la forme d'un sphéroïde aplati sous les pôles, la matière qui le compose était en fusion, et par conséquent homogène, et à peu près également dense dans toutes ses parties, aussi bien à la surface qu'à l'intérieur. Depuis ce temps, la matière d'une surface, quoique la même, a été remuée et travaillée par les causes extérieures, ce qui a produit des matières de différentes densités; mais on doit remarquer que les matières qui, comme l'or et les métaux, sont les plus denses, sont aussi celles qu'on trouve le plus rarement, et qu'en conséquence de l'action des causes extérieures la plus grande partie de la matière qui compose le globe à la surface n'a pas subi de très grands changements par rapport à sa densité, et les matières les plus communes, comme le sable et la glaise, ne diffèrent pas beaucoup en densité, en sorte qu'il y a tout lieu de conjecturer avec grande vraisemblance que l'intérieur de la terre est rempli d'une matière vitrifiée dont la densité est à peu près la même que celle du sable, et que, par conséquent, le globe terrestre en général peut être regardé comme homogène.

Il reste une ressource à ceux qui veulent absolument faire des suppositions : c'est de dire que le globe est composé de couches concentriques de différentes densités; car, dans ce cas, le mouvement diurne sera égal, et l'inclinaison de l'axe constante comme dans le cas de l'homogénéité. Je l'avoue; mais je demande en même temps s'il y a aucune raison de croire que ces couches de différentes densités existent; si ce n'est pas vouloir que les ouvrages de la nature s'ajustent à nos idées abstraites, et si l'on doit admettre en physique une supposition qui n'est fondée sur aucune observation, aucune analogie, et qui ne s'accorde avec aucune des inductions que nous pouvons tirer d'ailleurs.

Il paraît donc que la terre a pris, en vertu de l'attraction mutuelle de ses parties et de son mouvement de rotation, la figure d'un sphéroïde dont les deux axes diffèrent d'une 230e partie; il paraît que c'est là sa figure primitive, qu'elle l'a prise nécessairement dans le temps de son état de fluidité ou de liquéfaction; il paraît qu'en vertu des lois de la gravité et de la force centrifuge, elle ne peut avoir d'autre figure; que du moment même de sa formation il y a eu cette différence, entre les deux diamètres, de six lieues et demie d'élévation de plus sous l'équateur que sous le pôle, et que, par conséquent, toutes les hypothèses par lesquelles on peut trouver plus ou moins de différence sont des fictions auxquelles il ne faut faire aucune attention.

Mais, dira-t-on, si la théorie est vraie, si le rapport de 229 à 230 est le vrai rapport des axes, pourquoi les mathématiciens envoyés en Laponie et au Pérou s'accordent-ils à donner le rapport de 174 à 175? D'où peut venir cette différence de la pratique à la théorie? Et, sans faire tort au raisonnement qu'on vient de faire pour démontrer la théorie, n'est-il pas plus raisonnable de donner la préférence à la pratique et aux mesures, surtout quand on ne peut pas douter qu'elles n'aient été prises par les plus habiles mathématiciens de l'Europe (M. de Maupertuis, *Figure de la Terre*), et avec toutes les précautions nécessaires pour en constater le résultat?

A cela je reponds que je n'ai garde de donner atteinte aux observations faites sous l'équateur et au cercle polaire, que je n'ai aucun doute sur leur exactitude, et que la terre peut bien être réellement élevée d'une 175e partie de plus sous l'équateur que sous les pôles; mais, en même temps, je maintiens la théorie, et je vois clairement que ces deux résultats peuvent se concilier. Cette différence des deux résultats de la théorie et des mesures est d'environ quatre lieues dans les deux axes, en sorte que les parties sous l'équateur sont élevées de deux lieues de plus qu'elles ne doivent l'être suivant la théorie: cette hauteur de deux lieues répond assez juste aux plus grandes inégalités de la surface du globe; elles proviennent du mouvement de la mer et de l'action des fluides à la surface de la terre. Je m'explique: il me paraît que, dans le temps que la terre s'est formée, elle a nécessairement dû prendre, en vertu de l'attraction mutuelle de ses parties et de l'action de la force centrifuge, la figure d'un sphéroïde dont les axes diffèrent d'une 230e partie; la terre ancienne et originaire a eu nécessairement cette figure, qu'elle a prise lorsqu'elle était fluide, ou plutôt liquéfiée par le feu; mais lorsque, après sa formation et son refroidissement, les vapeurs qui étaient étendues et raréfiées, comme nous voyons l'atmosphère et la queue d'une comète, se furent condensées, elles tombèrent sur la surface de la terre et formèrent l'air et l'eau, et lorsque ces eaux qui étaient à la surface furent agitées par le mouvement du flux et reflux, les matières furent entraînées peu à peu des pôles vers l'équateur, en sorte qu'il est possible que les parties des pôles se soient abaissées d'environ une lieue, et que les parties de l'équateur se soient élevées de la même quantité. Cela ne s'est pas fait tout à coup, mais peu à peu et dans la succession des temps; la terre étant à l'extérieur exposée aux vents, à l'action de l'air et du soleil, toutes ces causes irrégulières ont concouru avec le flux et reflux pour sillonner sa surface, y creuser des profondeurs, y élever des montagnes, ce qui a produit des inégalités, des irrégularités dans cette couche de terre remuée, dont cependant la plus grande épaisseur ne peut être que d'une lieue sous l'équateur; cette inégalité de deux lieues est peut-être la plus grande qui puisse être à la surface de la terre, car les plus hautes montagnes n'ont guère qu'une lieue de hauteur, et les plus grandes profondeurs de la mer n'ont peut-être pas une lieue. La théorie est donc vraie, et la pratique peut l'être aussi; la terre a dû d'abord n'être élevée sous l'équateur que d'environ six lieues et demie de plus qu'au pôle, et ensuite, par les changements qui sont arrivés à sa surface, elle a pu s'élever davantage. L'histoire naturelle confirme merveilleusement cette opinion, et nous avons prouvé, dans le Discours précédent, que c'est le flux et reflux et les autres mouvements des eaux qui ont produit les montagnes et toutes les inégalités de la surface du globe, que cette même surface a subi des changements très considérables, et qu'à de grandes profondeurs, comme sur les plus grandes hauteurs, on trouve des os, des coquilles et d'autres dépouilles d'animaux, habitants des mers ou de la surface de la terre.

On peut conjecturer, par ce qui vient d'être dit, que, pour trouver la terre ancienne et les matières qui n'ont jamais été remuées, il faudrait creuser dans les climats voisins des pôles, où la couche de terre remuée doit être plus mince que dans les climats méridionaux.

Au reste, si l'on examine de près les mesures par lesquelles on a déterminé la figure de la terre, on verra bien qu'il entre de l'hypothétique dans cette détermination ; car elle suppose que la terre a une figure courbe régulière, au lieu qu'on peut penser que la surface du globe ayant été altérée par une grande quantité de causes combinées à l'infini, elle n'a peut-être aucune figure régulière, et dès lors la terre pourrait bien n'être en effet aplatie que d'une 230e partie, comme le dit Newton, et comme la théorie le demande. D'ailleurs, on sait bien que, quoiqu'on ait exactement la longueur du degré au cercle polaire et à l'équateur, on n'a pas aussi exactement la longueur du degré en France, et que l'on n'a pas vérifié la mesure de M. Picard. Ajoutez à cela que la diminution et l'augmentation du pendule ne peuvent pas s'accorder avec le résultat des mesures, et qu'au contraire elles s'accordent à très peu près avec la théorie de Newton ; en voilà plus qu'il n'en faut pour qu'on puisse croire que la terre n'est réellement aplatie que d'une 230e partie, et que, s'il y a quelque différence, elle ne peut venir que des inégalités que les eaux et les autres causes extérieures ont produites à la surface ; et ces inégalités étant, selon toutes les apparences, plus irrégulières que régulières, on ne doit pas faire d'hypothèse sur cela, ni supposer, comme on l'a fait, que les méridiens sont des ellipses ou d'autres courbes régulières ; d'où l'on voit que, quand on mesurerait successivement plusieurs degrés de la terre dans tous les sens, on ne serait pas encore assuré par là de la quantité d'aplatissement qu'elle peut avoir de moins ou de plus que la 230e partie.

Ne doit-on pas conjecturer aussi que, si l'inclinaison de l'axe de la terre a changé, ce ne peut être qu'en vertu des changements arrivés à la surface, puisque tout le reste du globe est homogène, que par conséquent cette variation est trop peu sensible pour être aperçue par les astronomes, et qu'à moins que la terre ne soit rencontrée par quelque comète, ou dérangée par quelque autre cause extérieure, son axe demeurera perpétuellement incliné comme il l'est aujourd'hui, et comme il l'a toujours été ?

Et, afin de n'omettre aucune des conjectures qui me paraissent raisonnables, ne peut-on pas dire que, comme les montagnes et les inégalités qui sont à la surface de la terre ont été formées par l'action du flux et reflux, les montagnes et les inégalités que nous remarquons à la surface de la lune ont été produites par une cause semblable ; qu'elles sont beaucoup plus élevées que celles de la terre, parce que le flux et reflux y est beaucoup plus fort, puisqu'ici c'est la lune, et là c'est la terre qui le cause, dont la masse étant beaucoup plus considérable que celle de la lune devrait produire des effets beaucoup plus grands, si la lune avait, comme la terre, un mouvement de rotation rapide par lequel elle nous présenterait successivement toutes les parties de sa surface ; mais, comme la lune présente toujours la même face à la terre, le flux et le reflux ne peuvent s'exercer dans cette planète qu'en vertu de son mouvement de libration par lequel elle nous découvre alternativement un segment de sa surface, ce qui doit produire une espèce de flux et de reflux fort différent de celui de nos mers, et dont les effets doivent être beaucoup moins considérables qu'ils ne le seraient si ce mouvement avait pour cause une révolution de cette planète autour de son axe, aussi prompte que l'est la rotation du globe terrestre.

J'aurais pu faire un livre gros comme celui de Burnet ou de Whiston, si j'eusse voulu délayer les idées qui composent le système qu'on vient de voir, et, en leur donnant l'air géométrique, comme l'a fait ce dernier auteur, je leur eusse en même temps donné du poids; mais je pense que des hypothèses, quelque vraisemblables qu'elles soient, ne doivent point être traitées avec cet appareil qui tient un peu de la charlatanerie.

A Buffon, le 20 septembre 1745.

ARTICLE II

DU SYSTÈME DE M. WHISTON (a)

Cet auteur commence son traité de la théorie de la terre par une dissertation sur la création du monde; il prétend qu'on a toujours mal entendu le texte de la Genèse, qu'on s'est trop attaché à la lettre et au sens qui se présente à la première vue, sans faire attention à ce que la nature, la raison, la philosophie, et même la décence exigeaient de l'écrivain pour traiter dignement cette matière. Il dit que les notions qu'on a communément de l'ouvrage des six jours sont absolument fausses, et que la description de Moïse n'est pas une narration exacte et philosophique de la création de l'univers entier et de l'origine de toutes choses, mais une représentation historique de la formation du seul globe terrestre. La terre, selon lui, existait auparavant dans le chaos, et elle a reçu dans le temps mentionné par Moïse la forme, la situation et la consistance nécessaires pour pouvoir être habitée par le genre humain. Nous n'entrerons point dans le détail de ses preuves à cet égard, et nous n'entreprendrons pas d'en faire la réfutation; l'exposition que nous venons de faire suffit pour démontrer la contrariété de son opinion avec la foi, et par conséquent l'insuffisance de ses preuves : au reste, il traite cette matière en théologien controversiste plutôt qu'en philosophe éclairé.

Partant de ces faux principes, il passe à des suppositions ingénieuses, et qui, quoique extraordinaires, ne laissent pas d'avoir un degré de vraisemblance, lorsqu'on veut se livrer avec lui à l'enthousiasme du système; il dit que l'ancien chaos, l'origine de notre terre, a été l'atmosphère d'une comète, que le mouvement annuel de la terre a commencé dans le temps qu'elle a pris une nouvelle forme, mais que son mouvement diurne n'a commencé qu'au temps de la chute du premier homme; que le cercle de l'écliptique coupait alors le tropique du Cancer au point du paradis terrestre à la frontière d'Assyrie, du côté du nord-ouest; qu'avant le déluge l'année commençait à l'équinoxe d'automne; que les orbites originaires des planètes, et surtout l'orbite de la terre, étaient avant le déluge des cercles parfaits; que le déluge a commencé le 18e jour de novembre de l'année 2365 de la période Julienne, c'est-à-dire 2,349 ans avant l'ère chétienne : que l'année solaire et l'année lunaire étaient les mêmes avant le déluge, et qu'elles contenaient juste 360 jours; qu'une comète, descendant dans le plan de l'écliptique vers son périhélie, a passé tout auprès du globe de la terre le jour même que le déluge a commencé; qu'il y a une grande chaleur dans l'intérieur du globe terrestre, qui se répand constamment du centre à la circonférence; que la constitution intérieure et totale de la terre est comme celle d'un œuf, ancien emblème du globe; que les montagnes sont les parties les plus légères de la terre, etc. Ensuite il attribue au déluge universel toutes les

(a) *A New Theory of the Earth*, by Will. Whiston. London, 1708.

altérations et tous les changements arrivés à la surface et à l'intérieur du globe; il adopte aveuglément les hypothèses de Woodward, et se sert indistinctement de toutes les observations de cet auteur au sujet de l'état présent du globe; mais il y ajoute beaucoup lorsqu'il vient à traiter de l'état futur de la terre; selon lui, elle périra par le feu, et sa destruction sera précédée de tremblements épouvantables, de tonnerres et de météores effroyables; le soleil et la lune auront l'aspect hideux, les cieux paraîtront s'écrouler, l'incendie sera général sur la terre; mais, lorsque le feu aura dévoré tout ce qu'elle contient d'impur, lorsqu'elle sera vitrifiée et transparente comme le cristal, les saints et les bienheureux viendront en prendre possession pour l'habiter jusqu'au temps du jugement dernier.

Toutes ces hypothèses semblent, au premier coup d'œil, être autant d'assertions téméraires, pour ne pas dire extravagantes; cependant l'auteur les a maniées avec tant d'adresse, et les a réunies avec tant de force, qu'elles cessent de paraître absolument chimériques : il met dans son sujet autant d'esprit et de science qu'il peut en comporter, et on sera toujours étonné que, d'un mélange d'idées aussi bizarres et aussi peu faites pour aller ensemble, on ait pu tirer un système éblouissant; ce n'est pas même aux esprits vulgaires, c'est aux yeux des savants qu'il paraîtra tel, parce que les savants sont déconcertés plus aisément que le vulgaire par l'étalage de l'érudition, et par la force et la nouveauté des idées. Notre auteur était un astronome célèbre, accoutumé à voir le ciel en raccourci, à mesurer les mouvements des astres, à compasser les espaces des cieux; il n'a jamais pu se persuader que ce petit grain de sable, cette terre que nous habitons, ait attiré l'attention du Créateur au point de l'occuper plus longtemps que le ciel et l'univers entier, dont la vaste étendue contient des millions de millions de soleils et de terres. Il prétend donc que Moïse ne nous a pas donné l'histoire de la première création, mais seulement le détail de la nouvelle forme que la terre a prise, lorsque la main du Tout-Puissant l'a tirée du monde des comètes pour la faire planète, ou, ce qui revient au même, lorsque, d'un monde en désordre et d'un chaos informe, il en a fait une habitation tranquille et un séjour agréable; les comètes sont en effet sujettes à des vicissitudes terribles, à cause de l'excentricité de leurs orbites; tantôt, comme dans celle de 1680, il y fait mille fois plus chaud qu'au milieu d'un brasier ardent, tantôt il y fait mille fois plus froid que dans la glace, et elles ne peuvent guère être habitées que par d'étranges créatures, ou, pour trancher court, elles sont inhabitées.

Les planètes, au contraire, sont des lieux de repos où, la distance au soleil ne variant pas beaucoup, la température reste à peu près la même, et permet aux espèces de plantes et d'animaux de croître, de durer et de multiplier.

Au commencement, Dieu créa donc l'Univers; mais, selon notre auteur, la terre confondue avec les autres astres errants n'était alors qu'une comète inhabitable, souffrant alternativement l'excès du froid et du chaud, dans laquelle les matières se liquéfiant, se vitrifiant, se glaçant tour à tour, formaient un chaos, un abîme enveloppé d'épaisses ténèbres, *et tenebræ erant super faciem abyssi.* Ce chaos était l'atmosphère de la comète qu'il faut se représenter comme un corps composé de matières hétérogènes, dont le centre était occupé par un noyau sphérique, solide et chaud, d'environ deux mille lieues de diamètre, autour duquel s'étendait une très grande circonférence d'un fluide épais, mêlé d'une matière informe, confuse, telle qu'était l'ancien chaos, *rudis indigestaque moles.* Cette vaste atmosphère ne contenait que fort peu de parties sèches, solides ou terrestres, encore moins de particules aqueuses ou aériennes, mais une grande quantité de matières fluides, denses et pesantes, mêlées, agitées et confondues ensemble. Telle était la terre, la veille des six jours; mais dès le lendemain, c'est-à-dire dès le premier jour de la création, lorsque l'orbite excentrique de la comète eut été changée en une ellipse presque circulaire, chaque chose prit sa place, et les corps s'arrangèrent suivant la loi de leur gravité spécifique; les fluides pesants descendirent au plus bas, et abandonnèrent aux parties terrestres, aqueuses et aériennes la région supérieure : celles-ci descendirent aussi dans leur ordre de pesanteur, d'abord la terre, ensuite l'eau, et enfin l'air; et cette sphère d'un chaos immense se réduisit à un globe d'un volume médiocre, au centre duquel est le noyau solide qui conserve encore aujourd'hui la chaleur que le soleil lui a autrefois communiquée lorsqu'il était noyau de comète. Cette chaleur peut bien durer depuis six mille ans, puisqu'il en faudrait cinquante mille à la comète de 1680 pour se refroidir, et qu'elle a éprouvé en passant à son périhélie une chaleur deux mille fois plus grande que celle d'un fer rouge. Autour de ce noyau solide et brûlant qui occupe le centre de la terre, se trouve le fluide dense et pesant qui descendit le premier, et c'est ce fluide qui forme le grand abîme sur lequel la terre porterait comme le liége sur le vif-argent; mais comme les parties terrestres étaient mêlées de beaucoup d'eau, elles ont en descendant entraîné une partie de cette eau qui n'a pu remonter lorsque la terre a été consolidée, et cette eau forme une couche concentrique au fluide pesant qui enveloppe le noyau, de sorte que le grand abîme est composé de deux orbes concentriques, dont le plus intérieur est un fluide pesant, et le supérieur est de l'eau; c'est proprement cette couche d'eau qui sert de fondement à la terre, et c'est de cet arrangement admirable de l'atmosphère de la comète que dépendent la théorie de la terre et l'explication des phénomènes.

Car on sent bien que, quand l'atmosphère de la comète fut une fois débarrassée de toutes ces matières solides et terrestres, il ne resta plus que la matière légère de l'air, à travers laquelle les rayons du soleil passèrent librement, ce qui tout d'un coup reproduisit la lumière, *fiat lux*. On voit bien que les colonnes qui composent l'orbe de la terre, s'étant formées avec tant de précipitation, elles se sont trouvées de différentes densités, et que par conséquent les plus pesantes ont enfoncé davantage dans ce fluide souterrain, tandis que les plus légères ne se sont enfoncées qu'à une moindre profondeur, et c'est ce qui a produit sur la surface de la terre des vallées et des montagnes : ces inégalités étaient, avant le déluge, dispersées et situées autrement qu'elles ne le sont aujourd'hui; au lieu de la vaste vallée qui contient l'océan, il y avait sur toute la surface du globe plusieurs petites cavités séparées qui contenaient chacune une partie de cette eau, et faisaient autant de petites mers particulières; les montagnes étaient aussi plus divisées et ne formaient pas des chaînes comme elles en forment aujourd'hui. Cependant la terre était mille fois plus peuplée, et par conséquent mille fois plus fertile qu'elle ne l'est, la vie des hommes et des animaux était dix fois plus longue, et tout cela parce que la chaleur intérieure de la terre, qui provient du noyau central, était alors dans toute sa force, et que ce plus grand degré de chaleur faisait éclore et germer un plus grand nombre d'animaux et de plantes, et leur donnait le degré de vigueur nécessaire pour durer plus longtemps et se multiplier plus abondamment; mais cette même chaleur, en augmentant les forces du corps, porta malheureusement à la tête des hommes et des animaux : elle augmenta les passions, elle ôta la sagesse aux animaux et l'innocence à l'homme; tout, à l'exception des poissons qui habitent un élément froid, se ressentit des effets de cette chaleur du noyau; enfin tout devint criminel et mérita la mort : elle arriva, cette mort universelle un mercredi 28 novembre, par un déluge affreux de quarante jours et de quarante nuits, et ce déluge fut causé par la queue d'une autre comète qui rencontra la terre en revenant de son périhélie.

La queue d'une comète est la partie la plus légère de son atmosphère : c'est un brouillard transparent, une vapeur subtile que l'ardeur du soleil fait sortir du corps et de l'atmosphère de la comète; cette vapeur, composée de particules aqueuses et aériennes extrêmement raréfiées, suit la comète lorsqu'elle descend à son périhélie, et la précède lorsqu'elle remonte, en sorte qu'elle est toujours située du côté opposé au soleil, comme si elle cherchait à se mettre à l'ombre et à éviter la trop grande ardeur de cet astre. La colonne que forme cette vapeur est souvent d'une longueur immense, et plus une comète approche du soleil, plus la queue est longue et étendue, de sorte qu'elle occupe souvent des espaces très grands, et, comme plusieurs comètes descendent au-dessous de l'orbe annuel de la terre, il n'est pas surprenant que la terre se trouve quelquefois enveloppée de la vapeur de cette queue : c'est précisément ce qui est arrivé dans le temps du déluge; il n'a fallu que deux heures de séjour dans cette queue de comète pour faire tomber autant d'eau qu'il y en a dans la mer; enfin cette queue était les cataractes du ciel, *et cataractæ cœli aperti sunt*. En effet, le globe terrestre ayant une fois rencontré la queue de la comète, il doit, en y faisant sa route, s'approprier une partie de la matière qu'elle contient; tout ce qui se trouvera dans la sphère de l'attraction du globe doit tomber sur la terre, et tomber en forme de pluie, puisque cette queue est en partie composée de vapeurs aqueuses. Voilà donc une pluie du ciel qu'on peut faire aussi abondante qu'on voudra, et un déluge universel dont les eaux surpasseront aisément les plus hautes montagnes. Cependant notre auteur qui, dans cet endroit ne veut pas s'éloigner de la lettre du livre sacré, ne donne pas pour cause unique du déluge cette pluie tirée de si loin; il prend de l'eau partout où il y en a. Le grand abîme, comme nous avons vu, en contient une bonne quantité; la terre, à l'approche de la comète, aura sans doute éprouvé la force de son attraction, les liquides contenus dans le grand abîme auront été agités par un mouvement de flux et de reflux si violent que la croûte superficielle n'aura pu résister; elle se sera fendue en divers endroits, et les eaux de l'intérieur se seront répandues sur sa surface, *et rupti sunt fontes abyssi*.

Mais que faire de ces eaux que la queue de la comète et le grand abîme ont fournies si libéralement? Notre auteur n'en est point embarrassé. Dès que la terre, en continuant sa route, se fut éloignée de la comète, l'effet de son attraction, le mouvement de flux et de reflux cessa dans le grand abîme, et dès lors les eaux supérieures s'y précipitèrent avec violence par les mêmes voies qu'elles en étaient sorties; le grand abîme absorba toutes les eaux superflues, et se trouva d'une capacité assez grande pour recevoir non seulement les eaux qu'il avait déjà contenues, mais encore toutes celles que la queue de la comète avait laissées, parce que, dans le temps de son agitation et de la rupture de la croûte, il avait agrandi l'espace en poussant de tous côtés la terre qui l'environnait; ce fut aussi dans ce temps que la figure de la terre, qui jusque-là avait été sphérique, devint elliptique, tant par l'effet de la force centrifuge causée par son mouvement diurne que par l'action de la comète, et cela parce que la terre, en parcourant la queue de la comète, se trouva posée de façon qu'elle présentait les parties de l'équateur à cet astre, et que la force de l'attraction de la comète, concourant avec la force centrifuge de la terre, fit élever les parties de l'équateur avec d'autant plus de facilité que la croûte était rompue et divisée en une infinité d'endroits, et que l'action du flux et du reflux de l'abîme poussait plus violemment que partout ailleurs les parties sous l'équateur.

Voilà donc l'histoire de la création, les causes du déluge universel, celles de la longueur de la vie des premiers hommes, et celles de la figure de la terre; tout cela semble n'avoir rien coûté à notre auteur, mais l'arche de Noé paraît l'inquiéter beaucoup : comment imaginer, en effet, qu'au milieu d'un désordre aussi affreux, au milieu de la confusion de la queue d'une comète avec le grand abîme, au milieu des ruines de l'orbe terrestre, et dans ces terribles moments où non seulement les éléments de la terre étaient confondus, mais où il arrivait encore du ciel et du tartare de nouveaux éléments pour augmenter le chaos, comment imaginer que l'arche voguât tranquillement avec sa nombreuse cargaison sur la cime des flots? Ici, notre auteur rame et fait de grands efforts pour arriver et pour donner une raison physique de la conservation de l'arche; mais, comme il m'a paru qu'elle était insuffisante, mal imaginée et peu orthodoxe, je ne la rapporterai point; il me suffira de faire sentir combien il est dur, pour un homme qui a expliqué de si grandes choses sans avoir recours à une puissance surnaturelle ou au miracle, d'être arrêté par une circonstance particulière; aussi notre auteur aime mieux risquer de se noyer avec l'arche que d'attribuer, comme il le devait, à la bonté immédiate du Tout-Puissant la conservation de ce précieux vaisseau.

Je ne ferai qu'une remarque sur ce système dont je viens de faire une exposition fidèle; c'est que, toutes les fois qu'on sera assez téméraire pour vouloir expliquer par des raisons physiques les vérités théologiques, qu'on se permettra d'interpréter dans des vues purement humaines le texte divin des livres sacrés, et que l'on voudra raisonner sur les volontés du Très-Haut et sur l'exécution de ses décrets, on tombera nécessairement dans les ténèbres et dans le chaos où est tombé l'auteur de ce système, qui cependant a été reçu avec grand applaudissement : il ne doutait ni de la vérité du déluge, ni de l'authenticité des livres sacrés; mais, comme il s'en était beaucoup moins occupé que de physique et d'astronomie, il a pris les passages de l'Écriture sainte pour des faits de physique et pour des résultats d'observations astronomiques, et il a si étrangement mêlé la science divine avec nos sciences humaines, qu'il en a résulté la chose du monde la plus extraordinaire, qui est le système que nous venons d'exposer.

ARTICLE III

DU SYSTÈME DE M. BURNET (a)

Cet auteur est le premier qui ait traité cette matière généralement et d'une manière systématique; il avait beaucoup d'esprit et était homme de belles-lettres : son ouvrage a eu une grande réputation, et il a été critiqué par quelques savants, entre autres par M. Keill, qui, épluchant cette matière en géomètre, a démontré les erreurs de Burnet dans un traité qui a pour titre : *Examination of the Theory of the Eart* (London, 1734. 2e édit.). Ce même M. Keill a aussi réfuté le système de Whiston; mais il traite ce dernier auteur bien différemment du premier : il semble même qu'il est de son avis dans plusieurs cas, et il regarde comme une chose fort probable le déluge causé par la queue d'une comète. Mais, pour revenir à Burnet, son livre est élégamment écrit; il sait peindre et présenter avec force de grandes images, et mettre sous les yeux des scènes magnifiques. Son plan est vaste, mais l'exécution manque faute de moyens, son raisonnement est petit, ses preuves sont faibles, et sa confiance est si grande qu'il la fait perdre à son lecteur.

Il commence par nous dire qu'avant le déluge la terre avait une forme très différente de celle que nous lui voyons aujourd'hui. C'était d'abord une masse fluide, un chaos composé de matières de toutes espèces et de toutes sortes de figures; les plus pesantes descendirent vers le centre et formèrent au milieu du globe un corps dur et solide, autour duquel les eaux plus légères se rassemblèrent et enveloppèrent de tous côtés le globe intérieur; l'air et toutes les liqueurs plus légères que l'eau la surmontèrent et l'enveloppèrent aussi dans toute la circonférence : ainsi, entre l'orbe de l'air et celui de l'eau, il se forma un orbe d'huile et de liqueur grasse plus légères que l'eau; mais, comme l'air était encore fort impur et qu'il contenait une très grande quantité de petites particules de matière terrestre, peu à peu ces particules descendirent, tombèrent sur la couche d'huile et formèrent un orbe terrestre mêlé de limon et d'huile, et ce fut là la première

(a) Thomas Burnet. *Telluris Theoria sacra, orbis nostri originem et mutationes generales quas aut jam subiit, aut olim subiturus est, complectens.* Londini, 1681.

terre habitable et le premier séjour de l'homme. C'était un excellent terrain, une terre légère, grasse, et faite exprès pour se prêter à la faiblesse des premiers germes. La surface du globe terrestre était donc dans ces premiers temps égale, uniforme, continue, sans montagnes, sans mers et sans inégalités; mais la terre ne demeura qu'environ seize siècles dans cet état, car la chaleur du soleil, desséchant peu à peu cette croûte limoneuse, la fit fendre d'abord à la surface; bientôt ces fentes pénétrèrent plus avant et s'augmentèrent si considérablement avec le temps, qu'enfin elles s'ouvrirent en entier; dans un instant toute la terre s'écroula et tomba par morceaux dans l'abîme d'eau qu'elle contenait : voilà comme se fit le déluge universel.

Mais toutes ces masses de terre en tombant dans l'abîme entraînèrent une grande quantité d'air, et elles se heurtèrent, se choquèrent, se divisèrent, s'accumulèrent si irrégulièrement, qu'elles laissèrent entre elles de grandes cavités remplies d'air; les eaux s'ouvrirent peu à peu les chemins de ces cavités, et, à mesure qu'elles les remplissaient, la surface de la terre se découvrait dans les parties les plus élevées; enfin il ne resta de l'eau que dans les parties les plus basses, c'est-à-dire dans les vastes vallées qui contiennent la mer; ainsi notre océan est une partie de l'ancien abîme, le reste est entré dans les cavités intérieures avec lesquelles communique l'océan. Les îles et les écueils sont les petits fragments, les continents sont les grandes masses de l'ancienne croûte; et, comme la rupture et la chute de cette croûte se sont faites avec confusion, il n'est pas étonnant de trouver sur la terre des éminences, des profondeurs, des plaines et des inégalités de toute espèce.

Cet échantillon du système de Burnet suffit pour en donner une idée; c'est un roman bien écrit, et un livre qu'on peut lire pour s'amuser, mais qu'on ne doit pas consulter pour s'instruire. L'auteur ignorait les principaux phénomènes de la terre et n'était nullement informé des observations ; il a tout tiré de son imagination qui, comme l'on sait, sert volontiers aux dépens de la vérité.

ARTICLE IV

DU SYSTÈME DE M. WOODWARD (a)

On peut dire de cet auteur qu'il a voulu élever un monument immense sur une base moins solide que le sable mouvant, et bâtir l'édifice du monde avec de la poussière ; car il prétend que, dans le temps du déluge, il s'est fait une dissolution totale de la terre; la première idée qui se présente après avoir lu son livre, c'est que cette dissolution s'est faite par les eaux du grand abîme, qui se sont répandues sur la surface de la terre, et qui ont délayé et réduit en pâte les pierres, les rochers, les marbres, les métaux, etc. Il prétend que l'abîme, où cette eau était renfermée, s'ouvrit tout d'un coup à la voix de Dieu, et répandit sur la surface de la terre la quantité énorme d'eau qui était nécessaire pour la couvrir et surmonter de beaucoup les plus hautes montagnes, et que Dieu suspendit la cause de la cohésion des corps, ce qui réduisit tout en poussière, etc. Il ne fait pas attention que, par ses suppositions, il ajoute au miracle du déluge universel d'autres miracles, ou tout au moins des impossibilités physiques qui ne s'accordent ni avec la lettre de la sainte Écriture, ni avec les principes mathématiques de la philosophie naturelle. Mais comme cet auteur a le mérite d'avoir rassemblé plusieurs observations impor-

(a) Jean Woodward. *An Essay towards the Natural History of the Earth*, etc.

tantes, et qu'il connaissait mieux que ceux qui ont écrit avant lui les matières dont le globe est composé, son système, quoique mal conçu et mal digéré, n'a pas laissé d'éblouir les gens séduits par la vérité de quelques faits particuliers, et peu difficiles sur la vraisemblance des conséquences générales. Nous avons donc cru devoir présenter un extrait de cet ouvrage, dans lequel, en rendant justice au mérite de l'auteur et à l'exactitude de ses observations, nous mettrons le lecteur en état de juger de l'insuffisance de son système et de la fausseté de quelques-unes de ses remarques. M. Woodward dit avoir reconnu par ses yeux que toutes les matières qui composent la terre en Angleterre, depuis sa surface jusqu'aux endroits les plus profonds où il est descendu, étaient disposées par couches, et que, dans un grand nombre de ces couches, il y a des coquilles et d'autres productions marines; ensuite il ajoute que par ses correspondants et par ses amis il s'est assuré que dans les autres pays la terre est composée de même, et qu'on y trouve des coquilles, non seulement dans les plaines et en quelques endroits, mais encore sur les plus hautes montagnes, dans les carrières les plus profondes et en une infinité d'endroits; il a vu que ces couches étaient horizontales et posées les unes sur les autres, comme le seraient des matières transportées par les eaux et déposées en forme de sédiments. Ces remarques générales, qui sont très vraies, sont suivies d'observations particulières par lesquelles il fait voir évidemment que les fossiles qu'on trouve incorporés dans les couches sont de vraies coquilles et de vraies productions marines, et non pas des minéraux, des corps singuliers, des jeux de la nature, etc. A ces observations, quoique en partie faites avant lui, qu'il a rassemblées et prouvées, il en ajoute d'autres qui sont moins exactes; il assure que toutes les matières des différentes couches sont posées les unes sur les autres dans l'ordre de leur pesanteur spécifique, en sorte que les plus pesantes sont au-dessous, et les plus légères au-dessus. Ce fait général n'est point vrai; on doit arrêter ici l'auteur, et lui montrer les rochers que nous voyons tous les jours au-dessus des glaises, des sables, des charbons de terre, des bitumes, et qui certainement sont plus pesants spécifiquement que toutes ces matières; car, en effet, si par toute la terre on trouvait d'abord les couches de bitume, ensuite celles de craie, puis celles de marne, ensuite celles de glaise, celles de sable, celles de pierre, celles de marbre, et enfin les métaux, en sorte que la composition de la terre suivît exactement et partout la loi de la pesanteur, et que les matières fussent toutes placées dans l'ordre de la gravité spécifique, il y aurait apparence qu'elles se seraient toutes précipitées en même temps, et voilà ce que notre auteur assure avec confiance, malgré l'évidence du contraire; car, sans être observateur, il ne faut qu'avoir des yeux pour être assuré que l'on trouve des matières pesantes très souvent posées sur des matières légères, et que par conséquent ces sédiments ne se sont pas précipités tous en même temps, mais qu'au contraire ils ont été amenés et déposés successivement par les eaux. Comme c'est là le fondement de son système et qu'il porte manifestement à faux, nous ne le suivrons plus loin que pour faire voir combien un principe erroné peut produire de fausses combinaisons et de mauvaises conséquences. Toutes les matières, dit notre auteur, qui composent la terre, depuis les sommets des plus hautes montagnes jusqu'aux plus grandes profondeurs des mines et des carrières, sont disposées par couches, suivant leur pesanteur spécifique; donc, conclut-il, toute la matière qui compose le globe a été dissoute et s'est précipitée en même temps. Mais dans quelle matière et en quel temps a-t-elle été dissoute? dans l'eau et dans le temps du déluge. Mais il n'y a pas assez d'eau sur le globe pour que cela se puisse, puisqu'il y a plus de terre que d'eau, et que le fond de la mer est de terre : eh bien, nous dit-il, il y a de l'eau plus qu'il n'en faut au centre de la terre; il ne s'agit que de la faire monter, de lui donner tout ensemble la vertu d'un dissolvant universel et la qualité d'un remède préservatif pour les coquilles qui seules n'ont pas été dissoutes, tandis que les marbres et les rochers l'ont été; de trouver ensuite le moyen de faire rentrer cette eau dans l'abime, et de faire cadrer tout cela avec l'histoire du déluge. Voilà le système, de la vérité duquel l'auteur ne trouve pas le moyen de pouvoir douter; car, quand on lui oppose que l'eau ne peut point dissoudre les marbres, les pierres, les métaux, surtout en quarante jours qu'a duré le déluge, il répond simplement que cependant cela est arrivé; quand on lui demande quelle était donc la vertu de cette eau de l'abîme, pour dissoudre toute la terre et conserver en même temps les coquilles, il dit qu'il n'a jamais prétendu que cette eau fût un dissolvant, mais qu'il est clair par les faits que la terre a été dissoute et que les coquilles ont été préservées; enfin lorsqu'on le presse et qu'on lui fait voir évidemment que, s'il n'a aucune raison à donner de ces phénomènes, son système n'explique rien, il dit qu'il n'y a qu'à imaginer que, dans le temps du déluge, la force de la gravité et de la cohérence de la matière a cessé tout à coup, et qu'au moyen de cette supposition, dont l'effet est fort aisé à concevoir, on explique d'une manière satisfaisante la dissolution de l'ancien monde. Mais, lui dit-on, si la force qui tient unies les parties de la matière a cessé, pourquoi les coquilles n'ont-elles pas été dissoutes comme tout le reste? Ici, il fait un discours sur l'organisation des coquilles et des os des animaux, par lequel il prétend prouver que, leur texture étant fibreuse et différente de celle des minéraux, leur force de cohésion est aussi d'un autre genre; après tout, il n'y a, dit-il, qu'à supposer que la force de la gravité et de la cohérence n'a pas cessé entièrement, mais seulement qu'elle a été diminuée assez pour désunir toutes les parties des minéraux, mais pas assez pour désunir celles des animaux. A tout ceci on ne peut s'empêcher de reconnaître que notre auteur n'était pas aussi bon physicien qu'il était bon observateur, et je ne crois pas qu'il soit nécessaire que nous réfutions sérieusement des opinions sans fondement, surtout lorsqu'elles ont été imaginées contre les règles de la vraisemblance, et qu'on n'en a tiré que des conséquences contraires aux lois de la mécanique.

ARTICLE V

EXPOSITION DE QUELQUES AUTRES SYSTÈMES

On voit bien que les trois hypothèses dont nous venons de parler ont beaucoup de choses communes; elles s'accordent toutes en ce point, que dans le temps du déluge la terre a changé de forme, tant à l'extérieur qu'à l'intérieur : ainsi tous ces spéculatifs n'ont pas fait attention que la terre avant le déluge, étant habitée par les mêmes espèces d'hommes et d'animaux, devait être nécessairement telle, à très peu près, qu'elle est aujourd'hui; et qu'en effet les livres saints nous apprennent qu'avant le déluge il y avait sur la terre des fleuves, des mers, des montagnes, des forêts et des plantes; que ces fleuves et ces montagnes étaient, pour la plupart, les mêmes, puisque le Tigre et l'Euphrate étaient les fleuves du paradis terrestre; que la montagne d'Arménie sur laquelle l'arche s'arrêta était une des plus hautes montagnes du monde au temps du déluge, comme elle l'est encore aujourd'hui; que les mêmes plantes et les mêmes animaux qui existent existaient alors, puisqu'il y est parlé du serpent, du corbeau, et que la colombe rapporta une branche d'olivier; car, quoique M. de Tournefort prétende qu'il n'y a point d'olivier à plus de 400 lieues du mont Ararath, et qu'il fasse sur cela d'assez mauvaises plaisanteries (*Voyage du Levant*, vol. II, p. 336), il est cependant certain qu'il y en avait en ce lieu dans le temps du déluge, puisque le livre sacré nous en assure, et il n'est pas étonnant que dans un espace de 4,000 ans les oliviers aient été détruits dans ces cantons et se soient multipliés dans d'autres; c'est donc à tort et contre la lettre de la Sainte

Écriture que ces auteurs ont supposé que la terre était avant le déluge totalement différente de ce qu'elle est aujourd'hui, et cette contradiction de leurs hypothèses avec le texte sacré, aussi bien que leur opposition avec les vérités physiques, doit faire rejeter leurs systèmes, quand même ils seraient d'accord avec quelques phénomènes; mais il s'en faut bien que cela soit ainsi. Burnet, qui a écrit le premier, n'avait pour fonder son système ni observations ni faits. Woodward n'a donné qu'un essai, où il promet beaucoup plus qu'il ne peut tenir : son livre est un projet dont n'a pas vu l'exécution. On voit seulement qu'il emploie deux observations générales : la première, que la terre est partout composée de matières qui autrefois ont été dans un état de mollesse et de fluidité, qui ont été transportées par les eaux, et qui se sont déposées par couches horizontales; la seconde, qu'il y a des productions marines dans l'intérieur de la terre en une infinité d'endroits. Pour rendre raison de ces faits, il a recours au déluge universel, ou plutôt il paraît ne les donner que comme preuves du déluge, mais il tombe, aussi bien que Burnet, dans des contradictions évidentes; car il n'est pas permis de supposer avec eux qu'avant le deluge il n'y avait point de montagnes, puisqu'il est dit précisément et très clairement que les eaux surpassèrent de 15 coudées les plus hautes montagnes; d'autre côté, il n'est pas dit que ces eaux aient détruit et dissous ces montagnes; au contraire, ces montagnes sont restées en place, et l'arche s'est arrêtée sur celle que les eaux ont laissée la première à découvert. D'ailleurs, comment peut-on s'imaginer que, pendant le peu de temps qu'a duré le déluge, les eaux aient pu dissoudre les montagnes et toute la terre? N'est-ce pas une absurdité de dire qu'en quarante jours l'eau a dissous tous les marbres, tous les rochers, toutes les pierres, tous les minéraux? N'est-ce pas une contradiction manifeste que d'admettre cette dissolution totale, et en même temps de dire que les coquilles et les productions marines ont été préservées, et que, tout ayant été détruit et dissous, elles seules ont été conservées, de sorte qu'on les retrouve aujourd'hui entières et les mêmes qu'elles étaient avant le déluge? Je ne craindrai donc pas de dire qu'avec d'excellentes observations Woodward n'a fait qu'un fort mauvais système. Whiston, qui est venu le dernier, a beaucoup enchéri sur les deux autres; mais, en donnant une vaste carrière à son imagination, au moins n'est-il pas tombé en contradiction; il dit des choses fort peu croyables, mais du moins elles ne sont ni absolument ni évidemment impossibles. Comme on ignore ce qu'il y a au centre et dans l'intérieur de la terre, il a cru pouvoir supposer que cet intérieur était occupé par un noyau solide, environné d'un fluide pesant et ensuite d'eau sur laquelle la croûte extérieure du globe était soutenue, et dans laquelle les différentes parties de cette croûte se sont enfoncées plus ou moins, à proportion de leur pesanteur ou de leur légèreté relative; ce qui a produit les montagnes et les inégalités de la surface de la terre. Il faut avouer que cet astronome a fait ici une faute de mécanique; il n'a pas songé que la terre, dans cette hypothèse, doit faire voûte de tous côtés, que par conséquent elle ne peut être portée sur l'eau qu'elle contient, et encore moins y enfoncer : à cela près, je ne sache pas qu'il y ait d'autres erreurs de physique dans ce système. Il y en a un grand nombre quant à la métaphysique et à la théologie; mais enfin on ne peut pas nier absolument que la terre, rencontrant la queue d'une comète, lorsque celle-ci s'approche de son périhélie, ne puisse être inondée, surtout lorsqu'on aura accordé à l'auteur que la queue d'une comète peut contenir des vapeurs aqueuses. On ne peut nier non plus, comme une impossibilité absolue, que la queue d'une comète en revenant du périhélie ne puisse brûler la terre, si on suppose, avec l'auteur, que la comète ait passé fort près du soleil, et qu'elle ait été prodigieusement échauffée pendant son passage : il en est de même du reste de ce système; mais, quoiqu'il n'y ait pas d'impossibilité absolue, il y a si peu de probabilité à chaque chose prise séparément, qu'il en résulte une impossibilité pour le tout pris ensemble.

Les trois systèmes dont nous venons de parler ne sont pas les seuls ouvrages qui aient été faits sur la théorie de la terre. Il a paru, en 1729, un mémoire de M. Bourguet, imprimé à Amsterdam avec ses *Lettres philosophiques sur la formation des sels*, etc., dans lequel il donne un échantillon du système qu'il méditait, mais qu'il n'a pas proposé, ayant été prévenu par la mort. Il faut rendre justice à cet auteur : personne n'a mieux rassemblé les phénomènes et les faits; on lui doit même cette belle et grande observation qui est une des clefs de la théorie de la terre, je veux parler de la correspondance des angles des montagnes. Il présente tout ce qui a rapport à ces matières dans un grand ordre; mais, avec tous ces avantages, il paraît qu'il n'aurait pas mieux réussi que les autres à faire une histoire physique et raisonnée des changements arrivés au globe, et qu'il était bien éloigné d'avoir trouvé les vraies causes des effets qu'il rapporte; pour s'en convaincre, il ne faut que jeter les yeux sur les propositions qu'il déduit des phénomènes, et qui doivent servir de fondement à sa théorie (Voyez p. 211). Il dit que le globe a pris sa forme dans un même temps, et non pas successivement; que la forme et la disposition du globe supposent nécessairement qu'il a été dans un état de fluidité; que l'état présent de la terre est très différent de celui dans lequel elle a été pendant plusieurs siècles après sa première formation; que la matière du globe était dès le commencement moins dense qu'elle ne l'a été depuis qu'il a changé de face; que la condensation des parties solides du globe diminua sensiblement avec la vélocité du globe même, de sorte qu'après avoir fait un certain nombre de révolutions sur son axe et autour du soleil, il se trouva tout à coup dans un état de dissolution qui détruisit sa première structure; que cela arriva vers l'équinoxe du printemps; que, dans le temps de cette dissolution, les coquilles s'introduisirent dans les matières dissoutes; qu'après cette dissolution la terre a pris la forme que nous lui voyons, et qu'aussitôt le feu s'y est mis; qu'il la consume peu à peu et va toujours en augmentant, de sorte qu'elle sera détruite un jour par une explosion terrible, accompagnée d'un incendie général, qui augmentera l'atmosphère du globe et en diminuera le diamètre, et qu'alors la terre, au lieu de couches de sable ou de terre, n'aura que des couches de métal et de minéral calciné, et des montagnes composées d'amalgames de différents métaux. En voilà assez pour faire voir quel était le système que l'auteur méditait. Deviner de cette façon le passé, vouloir prédire l'avenir, et encore deviner et prédire à peu près comme les autres ont prédit et deviné, ne me paraît pas être un effort; aussi cet auteur avait beaucoup plus de connaissances et d'érudition que de vues saines et générales, et il m'a paru manquer de cette partie si nécessaire aux physiciens, de cette métaphysique qui rassemble les idées particulières, qui les rend plus générales, et qui élève l'esprit au point où il doit être pour voir l'enchaînement des causes et des effets.

Le fameux Leibniz donna, en 1683, dans les *Actes* de Leipzig (p. 40), un projet de système bien différent, sous le titre de *Protogæa*. La terre, selon Bourguet et tous les autres, doit finir par le feu; selon Leibniz, elle a commencé par là, et a souffert beaucoup plus de changements et de révolutions qu'on ne l'imagine. La plus grande partie de la matière terrestre a été embrasée par un feu violent dans le temps que Moïse dit que la lumière fut séparée par des ténèbres. Les planètes, aussi bien que la terre, étaient autrefois des étoiles fixes et lumineuses par elles-mêmes. Après avoir brûlé longtemps, il prétend qu'elles se sont éteintes faute de matière combustible, et qu'elles sont devenues des corps opaques. Le feu a produit par la fonte des matières une croûte vitrifiée, et la base de toute la matière qui compose le globe terrestre est du verre, dont les sables ne sont que des fragments; les autres espèces de terre se sont formées du mélange de ce sable avec des sels fixes et de l'eau, et, quand la croûte fut refroidie, les parties humides, qui s'étaient élevées en forme de vapeurs, retombèrent et formèrent les mers. Elles enveloppèrent d'abord toute la surface du globe, et surmontèrent même les endroits les plus élevés qui forment aujourd'hui les continents et les îles. Selon cet auteur, les coquilles et les autres débris de la mer qu'on trouve partout prouvent que la mer a couvert toute la terre; et la grande quantité de sels fixes, de sables et d'autres matières fondues et calcinées, qui sont renfermées dans les entrailles de la terre, prouvent que l'incendie a été général et qu'il a précédé l'existence des mers. Quoique ces pensées soient dénuées de preuves, elles sont élevées, et on sent bien qu'elles sont le produit des méditations d'un grand génie. Les idées ont de la liaison, les hypothèses ne sont pas absolument impossibles, et les conséquences qu'on en peut tirer ne sont pas contradictoires; mais le grand défaut de cette théorie, c'est qu'elle ne s'applique point à l'état présent de la terre, c'est le passé qu'elle explique, et ce passé est si ancien et nous a laissé si peu de vestiges qu'on peut en dire tout ce qu'on voudra, et qu'à proportion qu'un homme aura plus d'esprit, il en pourra dire des choses qui auront l'air plus vraisemblable. Assurer, comme l'assure Whiston, que la terre a été comète, ou prétendre avec Leibniz qu'elle a été soleil, c'est dire des choses également possibles ou impossibles, et auxquelles il serait superflu d'appliquer les règles des probabilités ; dire que la mer a autrefois couvert toute la terre, qu'elle a enveloppé le globe tout entier, et que c'est par cette raison qu'on trouve des coquilles partout, c'est ne pas faire attention à une chose très essentielle, qui est l'unité du temps de la création; car, si cela était, il faudrait nécessairement dire que les coquillages et les autres animaux, habitants des mers, dont on trouve les dépouilles dans l'intérieur de la terre, ont existé les premiers, et longtemps avant l'homme et les animaux terrestres : or, indépendamment du témoignage des livres sacrés, n'a-t-on pas raison de croire que toutes les espèces d'animaux et de végétaux sont à peu près aussi anciennes les unes que les autres ?

M. Scheuchzer, dans une Dissertation qu'il a adressée à l'Académie des sciences en 1708, attribue, comme Woodward, le changement ou plutôt la seconde formation de la surface du globe au déluge universel; et, pour expliquer celle des montagnes, il dit qu'après le déluge Dieu, voulant faire rentrer les eaux dans les réservoirs souterrains, avait brisé et déplacé de sa main toute-puissante un grand nombre de lits auparavant horizontaux, et les avait élevés sur la surface du globe; toute la Dissertation a été faite pour appuyer cette opinion. Comme il fallait que ces hauteurs ou éminences fussent d'une consistance fort solide, M. Scheuchzer remarque que Dieu ne les tira que des lieux où il y avait beaucoup de pierres; de là vient, dit-il, que les pays, comme la Suisse, où il y en a une grande quantité, sont montagneux, et qu'au contraire ceux qui, comme la Flandre, l'Allemagne, la Hongrie, la Pologne, n'ont que du sable ou de l'argile, même à une assez grande profondeur, sont presque entièrement sans montagnes. (Voyez l'*Hist. de l'Acad.*, 1708, p. 32.)

Cet auteur a eu plus qu'aucun autre le défaut de vouloir mêler la physique avec la théologie, et, quoiqu'il nous ait donné quelques bonnes observations, la partie systématique de ses ouvrages est encore plus mauvaise que celle de tous ceux qui l'ont précédé; il a même fait sur ce sujet des déclamations et des plaisanteries ridicules. Voyez la plainte des poissons, *Piscium querelæ*, etc., sans parler de son gros livre en plusieurs volumes in-folio, intitulé : *Physica sacra*, ouvrage puéril, et qui paraît fait moins pour occuper les hommes que pour amuser les enfants par les gravures et les images qu'on y a entassées à dessein et sans nécessité.

Stenon et quelques autres après lui ont attribué la cause des inégalités de la surface de la terre à des inondations particulières, à des tremblements de terre, à des secousses, des éboulements, etc.; mais les effets de ces causes secondaires n'ont pu produire que quelques légers changements. Nous admettons ces mêmes causes après la cause première qui est le mouvement du flux et reflux, et le mouvement de la mer d'orient en occident; au reste, Stenon ni les autres n'ont pas donné de théorie, ni même de faits généraux sur cette matière. (Voyez la *Diss. de Solido intra solidum*, etc.)

Ray prétend que toutes les montagnes ont été produites par des tremblements de terre, et il a fait un traité pour le prouver; nous ferons voir à l'article des volcans combien peu cette opinion est fondée.

Nous ne pouvons nous dispenser d'observer que la plupart des auteurs dont nous venons de parler, comme Burnet, Whiston et Woodward, ont fait une faute qui nous paraît mériter d'être relevée : c'est d'avoir regardé le déluge comme possible par l'action des causes naturelles, au lieu que l'Écriture sainte nous le présente comme produit par la volonté immédiate de Dieu; il n'y a aucune cause naturelle qui puisse produire sur la surface entière de la terre la quantité d'eau qu'il a fallu pour les plus hautes montagnes; et, quand même on pourrait imaginer une cause proportionnée à cet effet, il serait encore impossible de trouver quelque autre cause capable de faire disparaître les eaux; car, en accordant à Whiston que ces eaux sont venues de la queue d'une comète, on doit lui nier qu'il en soit venu du grand abîme et qu'elles y soient toutes rentrées, puisque le grand abîme étant, selon lui, environné et pressé de tous côtés par la croûte ou l'orbe terrestre, il est impossible que l'attraction de la comète ait pu causer aux fluides contenus dans l'intérieur de cet orbe le moindre mouvement; par conséquent, le grand abîme n'aura pas éprouvé, comme il le dit, un flux et reflux violent; dès lors il n'en sera pas sorti et il n'y sera pas entré une seule goutte d'eau; et, à moins de supposer que l'eau tombée de la comète a été détruite par miracle, elle serait encore aujourd'hui sur la surface de la terre, couvrant les sommets des plus hautes montagnes. Rien ne caractérise mieux un miracle que l'impossibilité d'en expliquer l'effet par les causes naturelles; nos auteurs ont fait de vains efforts pour rendre raison du déluge; leurs erreurs de physique, au sujet des causes secondes qu'ils emploient, prouvent la vérité du fait tel qu'il est rapporté dans l'Écriture sainte, et démontrent qu'il n'a pu être opéré que par la cause première, par la volonté de Dieu.

D'ailleurs, il est aisé de se convaincre que ce n'est ni dans un seul et même temps, ni par l'effet du déluge que la mer a laissé à découvert les continents que nous habitons; car il est certain, par le témoignage des livres sacrés, que le paradis terrestre était en Asie, et que l'Asie était un continent habité avant le déluge; par conséquent ce n'est pas dans ce temps que les mers ont couvert cette partie considérable du globe. La terre était donc, avant le déluge, telle à peu près qu'elle est aujourd'hui; et cette énorme quantité d'eau, que la justice divine fit tomber sur la terre pour punir l'homme coupable, donna en effet la mort à toutes les créatures, mais elle ne produisit aucun changement à la surface de la terre, elle ne détruisit pas même les plantes, puisque la colombe rapporta une branche d'olivier.

Pourquoi donc imaginer, comme l'ont fait la plupart de nos naturalistes, que cette eau changea totalement la surface du globe jusqu'à mille et deux mille pieds de profondeur? Pourquoi veulent-ils que ce soit le déluge qui ait apporté sur la terre les coquilles qu'on trouve à sept ou huit cents pieds dans les rochers et dans les marbres? Pourquoi dire que c'est dans ce temps que se sont formées les montagnes et les collines? Et comment peut-on se figurer qu'il soit possible que ces eaux aient amené des masses et des bancs de coquilles de cent lieues de longueur? Je ne crois pas qu'on puisse persister dans cette opinion, à moins qu'on n'admette dans le déluge un double miracle, le premier pour l'augmentation des eaux, et le second pour le transport des coquilles; mais, comme il n'y a que le premier qui soit rapporté dans l'Écriture sainte, je ne vois pas qu'il soit nécessaire de faire un article de foi du second.

D'un autre côté, si les eaux du déluge, après avoir séjourné au-dessus des plus hautes montagnes, se fussent ensuite retirées tout à coup, elles auraient amené une si grande quantité de limon et d'immondices, que les terres n'auraient point été labourables ni propres à recevoir des arbres et des vignes que plusieurs siècles après cette inondation comme l'on sait que dans le déluge qui arriva en Grèce le pays submergé fut totalement abandonné et ne put recevoir aucune culture que plus de trois siècles après cette inondation (Voyez *Acta erud. Lips.*, *anno* 1691, p. 100). Aussi doit-on regarder le déluge universel comme un moyen surnaturel dont s'est servi la Toute-Puissance divine pour le châtiment des hommes, et non comme un effet naturel dans lequel tout se serait passé selon les lois de la physique. Le déluge universel est donc un miracle dans sa cause et dans ses effets; on voit clairement, par le texte de l'Écriture sainte, qu'il a servi uniquement pour détruire l'homme et les animaux, et qu'il n'a changé en aucune façon la terre, puisque, après la retraite des eaux, les montagnes, et même les arbres, étaient à leur place, et que la surface de la terre était propre à recevoir la culture et à produire des vignes et des fruits. Comment toute la race des poissons, qui n'entra pas dans l'arche, aurait-elle pu être conservée si la terre eût été dissoute dans l'eau, ou seulement si les eaux eussent été assez agitées pour transporter les coquilles des Indes en Europe, etc. ?

Cependant cette supposition, que c'est le déluge universel qui a transporté les coquilles de la mer dans tous les climats de la terre, est devenue l'opinion ou plutôt la superstition du commun des naturalistes. Woodward, Scheuchzer et quelques autres appellent ces coquilles pétrifiées les restes du déluge; ils les regardent comme les médailles et les monuments que Dieu nous a laissés de ce terrible événement, afin qu'il ne s'effaçât jamais de la mémoire du genre humain; enfin ils ont adopté cette hypothèse avec tant de respect, pour ne pas dire d'aveuglement, qu'ils ne paraissent s'être occupés qu'à chercher les moyens de concilier l'Écriture sainte avec leur opinion, et qu'au lieu de se servir de leurs observations et d'en tirer des lumières, ils se sont enveloppés dans les nuages d'une théologie physique, dont l'obscurité et la petitesse dérogent à la clarté et à la dignité de la religion et ne laissent apercevoir aux incrédules qu'un mélange ridicule d'idées humaines et de faits divins. Prétendre, en effet, expliquer le déluge universel et ses causes physiques, vouloir nous apprendre le détail de ce qui s'est passé dans le temps de cette grande révolution, deviner quels en ont été les effets, ajouter des faits à ceux du livre sacré, tirer des conséquences de ces faits, n'est-ce pas vouloir mesurer la puissance du Très-Haut? Les merveilles, que sa main bienfaisante opère dans la nature d'une manière uniforme et régulière sont incompréhensibles; à plus forte raison les coups d'éclat, les miracles doivent nous tenir dans le saisissement et dans le silence.

Mais, diront-ils, le déluge universel étant un fait certain, n'est-il pas permis de raisonner sur les conséquences de ce fait? A la bonne heure; mais il faut que vous commenciez par convenir que le déluge universel n'a pu s'opérer par les puissances physiques; il faut que vous le reconnaissiez comme un effet immédiat de la volonté du Tout-Puissant; il faut que vous vous borniez à en savoir seulement ce que les livres sacrés nous en apprennent, avouer en même temps qu'il ne vous est pas permis d'en savoir davantage, et surtout ne pas mêler une mauvaise physique avec la pureté du Livre saint. Ces précautions qu'exige le respect que nous devons aux décrets de Dieu étant prises, que reste-t-il à examiner au sujet du déluge? Est-il dit dans l'Écriture sainte que le déluge ait formé les montagnes? Il est dit le contraire; est-il dit que les eaux fussent dans une agitation assez grande pour enlever du fond des mers les coquilles et les transporter par toute la terre? Non, l'arche voguait tranquillement sur les flots; est-il dit que la terre souffrit une dissolution totale? Point du tout; le récit de l'historien sacré est simple et vrai, celui de ces naturalistes est composé et fabuleux.

ARTICLE VI

GÉOGRAPHIE.

La surface de la terre n'est pas, comme celle de Jupiter, divisée par bandes alternatives et parallèles à l'équateur; au contraire, elle est divisée d'un pôle à l'autre par deux bandes de terre et deux bandes de mer; la première est principale bande et l'ancien continent dont la plus grande longueur se trouve être en diagonale avec l'équateur, et qu'on doit mesurer en commençant au nord de la Tartarie la plus orientale, de là à la terre qui avoisine le golfe de Linchidolin, où les Moscovites vont pêcher des baleines, de là à Tobolsk, de Tobolsk à la mer Caspienne, de la mer Caspienne à La Mecque, de La Mecque à la partie occidentale du pays habité par le peuple de Galles en Afrique, ensuite au Monoemugi, au Monomotapa, et enfin au cap de Bonne-Espérance. Cette ligne, qui est la plus grande longueur de l'ancien continent, est d'envion 3,600 lieues; elle n'est interrompue que par la mer Caspienne et par la mer Rouge, dont les largeurs ne sont pas considérables, et on ne doit pas avoir égard à ces petites interruptions lorsque l'on considère, comme nous le faisons, la surface du globe divisée seulement en quatre parties.

Cette plus grande longueur se trouve en mesurant le continent en diagonale; car, si on le mesure au contraire suivant les méridiens, on verra qu'il n'y a que 2,580 lieues depuis le cap Nord de Laponie jusqu'au cap de Bonne-Espérance, et qu'on traverse la mer Baltique dans sa longueur et la mer Méditerranée dans toute sa largeur, ce qui fait une bien moindre longueur et de plus grandes interruptions que par la première route; à l'égard de toutes les autres distances qu'on pourrait mesurer dans l'ancien continent sous les mêmes méridiens, on les trouvera encore beaucoup plus petites que celle-ci, n'y ayant, par exemple, que 1,800 lieues depuis la pointe méridionale de l'île de Ceylan jusqu'à la côte septentrionale de la Nouvelle-Zemble. De même, si on mesure le continent parallèlement à l'équateur, on trouvera que la plus grande longueur sans interruption se trouve depuis la côte occidentale de l'Afrique à Trefana, jusqu'à Ningpo sur la côte orientale de la Chine, et qu'elle est environ de 2,800 lieues; qu'une autre longueur sans interruption peut se mesurer depuis la pointe de la Bretagne à Brest jusqu'à la côte de la Tartarie chinoise, et qu'elle est environ de 2,300 lieues; qu'en mesurant depuis Bergen en Norvège jusqu'à la côte de Kamtschatka, il n'y a plus que 1,800 lieues. Toutes ces lignes ont, comme l'on voit, beaucoup moins de longueur que la première. Ainsi la plus grande étendue de l'ancien continent est en effet depuis le cap oriental de la Tartarie la plus septentrionale jusqu'au cap de Bonne-Espérance, c'est-à-dire de 3,600 lieues. (Voyez *la première carte de Géographie.*)

Cette ligne peut être regardée comme le milieu de la bande de terre qui compose l'ancien continent; car, en mesurant l'étendue de la surface du terrain des deux côtés de cette ligne, je trouve qu'il y a dans la partie qui est à gauche 2,471,092 $\frac{3}{4}$ lieues carrées, et que, dans la partie qui est à droite de cette ligne, il y a 2,469,687 lieues carrées, ce qui est une égalité singulière, et qui doit faire présumer, avec une très grande vraisemblance, que cette ligne est le vrai milieu de l'ancien continent, en même temps qu'elle en est la plus grande longueur.

L'ancien continent a donc en tout environ 4,940,780 lieues carrées, ce qui ne fait pas une cinquième partie de la surface totale du globe; et on peut regarder ce continent comme une large bande de terre inclinée à l'équateur d'environ 30 degrés.

A l'égard du nouveau continent, on peut le regarder aussi comme une bande de terre, dont la plus grande longueur doit être prise depuis l'embouchure du fleuve de la Plata jusqu'à cette contrée marécageuse qui s'étend au delà du lac des Assiniboïls ; cette route va de l'embouchure du fleuve de la Plata au lac Caracares, de là elle passe chez les Mataguais, chez les Chiriguanes, ensuite à Pocona, à Zongo, de Zongo chez les Zamas, les Marianas, les Moruas, de là à Santa-Fé et à Carthagène, puis par le golfe du Mexique à la Jamaïque, à Cuba, tout le long de la péninsule de la Floride, chez les Apalaches, les Chicachas, de là au fort Saint-Louis ou Crève-Cœur, au fort Le Sueur, et enfin chez les peuples qui habitent au delà du lac des Assiniboïls, où l'étendue des terres n'a pas encore été reconnue. (Voyez *la seconde carte de Géographie.*)

Cette ligne, qui n'est interrompue que par le golfe du Mexique, qu'on doit regarder comme une mer méditerranée, peut avoir environ deux mille cinq cents lieues de longueur, et elle partage le nouveau continent en deux parties égales, dont celle qui est à gauche a 1,069,286 $\frac{5}{6}$ lieues carrées de surface, et celle qui est à droite en a 1,070,926 $\frac{1}{12}$; cette ligne, qui fait le milieu de la bande du nouveau continent, est aussi inclinée à l'équateur d'environ 30 degrés, mais en sens opposé, en sorte que celle de l'ancien continent s'étendant du nord-est au sud-ouest, celle du nouveau s'étend du nord-ouest au sud-est ; et toutes ces terres ensemble, tant de l'ancien que du nouveau continent, font environ 7,080,993 lieues carrées, ce qui n'est pas, à beaucoup près, le tiers de la surface totale du globe qui en contient vingt-cinq millions.

On doit remarquer que ces deux lignes qui traversent les continents dans leurs plus grandes longueurs, et qui les partagent chacun en deux parties égales, aboutissent toutes les deux au même degré de latitude septentrionale et australe. On peut aussi observer que les deux continents font des avances opposées et qui se regardent, savoir, les côtes de l'Afrique depuis les îles Canaries jusqu'aux côtes de la Guinée, et celles de l'Amérique depuis la Guyane jusqu'à l'embouchure de Rio-Janeiro.

Il paraît donc que les terres les plus anciennes du globe sont les pays qui sont aux deux côtés de ces lignes à une distance médiocre, par exemple à 200 ou à 250 lieues de chaque côté ; et, en suivant cette idée qui est fondée sur les observations que nous venons de rapporter, nous trouverons dans l'ancien continent que les terres les plus anciennes de l'Afrique sont celles qui s'étendent depuis le cap de Bonne-Espérance jusqu'à la mer Rouge et jusqu'à l'Égypte, sur une largeur d'environ 500 lieues, et que par conséquent toutes les côtes occidentales de l'Afrique, depuis la Guinée jusqu'au détroit de Gibraltar, sont des terres plus nouvelles. De même nous reconnaîtrons qu'en Asie, si on suit la ligne sur la même largeur, les terres les plus anciennes sont l'Arabie Heureuse et Déserte, la Perse et la Géorgie, la Turcomanie et une partie de la Tartarie indépendante, la Circassie et une partie de la Moscovie, etc., que par conséquent l'Europe est plus nouvelle, et peut-être aussi la Chine et la partie orientale de la Tartarie ; dans le nouveau continent, nous trouverons que la terre Magellanique, la partie orientale du Brésil, du pays des Amazones, de la Guyane et du Canada sont des pays nouveaux en comparaison du Tucuman, du Pérou, de la terre ferme et des îles du golfe du Mexique, de la Floride, du Mississipi et du Mexique. On peut encore ajouter à ces observations deux faits qui sont assez remarquables ; le vieux et le nouveau continent sont presque opposés l'un à l'autre ; l'ancien est plus étendu au nord de l'équateur qu'au sud, au contraire le nouveau l'est plus au sud qu'au nord de l'équateur ; le centre de l'ancien continent est à 16 ou 18 degrés de latitude nord, et le centre du nouveau est à 16 ou 18 degrés de latitude sud, en sorte qu'ils semblent faits pour se contre-balancer. Il y a encore un rapport singulier entre les deux continents, quoiqu'il me paraisse plus accidentel que ceux dont je viens de parler ; c'est que les deux continents seraient chacun partagés en deux parties qui seraient toutes quatre environnées de la mer de tous côtés sans deux petits isthmes, celui de Suez et celui de Panama.

Voilà ce que l'inspection attentive du globe peut nous fournir de plus général sur la division de la terre. Nous nous abstiendrons de faire sur cela des hypothèses et de hasarder des raisonnements qui pourraient nous conduire à de fausses conséquences; mais, comme personne n'avait considéré sous ce point de vue la division du globe, j'ai cru devoir communiquer ces remarques. Il est assez singulier que la ligne qui fait la plus grande longueur des continents terrestres les partage en deux parties égales; il ne l'est pas moins que ces deux lignes commencent et finissent aux mêmes degrés de latitude, et qu'elles soient toutes deux inclinées de même à l'équateur. Ces rapports peuvent tenir à quelque chose de général que l'on découvrira peut-être, et que nous ignorons. Nous verrons, dans la suite, à examiner plus en détail les inégalités de la figure des continents; il nous suffit d'observer ici que les pays les plus anciens doivent être les plus voisins de ces lignes, et en même temps les plus élevés, et que les terres plus nouvelles en doivent être les plus éloignées, et en même temps les plus basses. Ainsi, en Amérique, la terre des Amazones, la Guyane et le Canada seront les parties les plus nouvelles : en jetant les yeux sur la carte de ces pays, on voit que les eaux y sont répandues de tous côtés; qu'il y a un grand nombre de lacs et de très grands fleuves, ce qui indique encore que ces terres sont nouvelles; au contraire, le Tucuman, le Pérou et le Mexique sont des pays très élevés, fort montueux, et voisins de la ligne qui partage le continent, ce qui semble prouver qu'ils sont plus anciens que ceux dont nous venons de parler. De même, toute l'Afrique est très montueuse, et cette partie du monde est fort ancienne; il n'y a guère que l'Égypte, la Barbarie et les côtes occidentales de l'Afrique jusqu'au Sénégal, qu'on puisse regarder comme de nouvelles terres. L'Asie est aussi une terre ancienne, et peut-être la plus ancienne de toutes, surtout l'Arabie, la Perse et la Tartarie; mais les inégalités de cette vaste partie du monde demandent, aussi bien que celles de l'Europe, un détail que nous renvoyons à un autre article. On pourrait dire, en général, que l'Europe est un pays nouveau : la tradition sur la migration des peuples et sur l'origine des arts et des sciences paraît l'indiquer; il n'y a pas longtemps qu'elle était encore remplie de marais et couverte de forêts, au lieu que, dans les pays très anciennement habités, il y a peu de bois, peu d'eau, point de marais, beaucoup de landes et de bruyères; une grande quantité de montagnes dont les sommets sont secs et stériles, car les hommes détruisent les bois, contraignent les eaux, resserrent les fleuves, dessèchent les marais, et avec le temps ils donnent à la terre une face toute différente de celle des pays inhabités ou nouvellement peuplés.

Les anciens ne connaissaient qu'une très petite partie du globe; l'Amérique entière, les terres arctiques, la terre australe et Magellanique, une grande partie de l'intérieur de l'Afrique leur étaient entièrement inconnues; ils ne savaient pas que la zone torride était habitée, quoiqu'ils eussent navigué tout autour de l'Afrique, car il y a 2,200 ans que Néco, roi d'Égypte, donna des vaisseaux à des Phéniciens qui partirent de la mer Rouge, côtoyèrent l'Afrique, doublèrent le cap de Bonne-Espérance, et, ayant employé deux ans à faire ce voyage, ils entrèrent la troisième année dans le détroit de Gibraltar. (Voyez *Hérodote*, lib. IV.) Cependant les anciens ne connaissaient pas la propriété qu'a l'aimant de se diriger vers les pôles du monde, quoiqu'ils connussent celle qu'il a d'attirer le fer; ils ignoraient la cause générale du flux et du reflux de la mer; ils n'étaient pas sûrs que l'océan environnât le globe sans interruption : quelques-uns, à la vérité, l'ont soupçonné, mais avec si peu de fondement qu'aucun n'a osé dire ni même conjecturer qu'il était possible de faire le tour du monde. Magellan a été le premier qui l'ait fait, en l'année 1519, dans l'espace de 1,124 jours. François Drake a été le second, en 1577, et il l'a fait en 1,056 jours. Ensuite Thomas Cavendish a fait ce grand voyage en 777 jours, dans l'année 1586; ces fameux voyageurs ont été les premiers qui aient démontré physiquement la sphéricité et l'étendue de la circonférence de la terre; car les anciens étaient aussi fort éloignés d'avoir une juste mesure de cette circonférence du globe, quoiqu'ils y eussent beaucoup travaillé. Les vents généraux et réglés, et l'usage qu'on en peut faire pour les voyages de long cours, leur étaient aussi absolument inconnus; ainsi, on ne doit pas être surpris du peu de progrès qu'ils ont fait dans la géographie, puisque aujourd'hui, malgré toutes les connaissances que l'on a acquises par le secours des sciences mathématiques et par les découvertes des navigateurs, il reste encore bien des choses à trouver et de vastes contrées à découvrir. Presque toutes les terres qui sont du côté du pôle antarctique nous sont inconnues : on sait seulement qu'il y en a, et qu'elles sont séparées de tous les autres continents par l'océan; il reste aussi beaucoup de pays à découvrir du côté du pôle arctique, et l'on est obligé d'avouer, avec quelque espèce de regret, que depuis plus d'un siècle l'ardeur pour découvrir de nouvelles terres s'est extrêmement ralentie; on a préféré, et peut-être avec raison, l'utilité qu'on a trouvée à faire valoir celles qu'on connaissait à la gloire d'en conquérir de nouvelles.

Cependant la découverte de ces terres australes serait un grand objet de curiosité, et pourrait être utile; on n'a reconnu de ce côté-là que quelques côtes, et il est fâcheux que les navigateurs qui ont voulu tenter cette découverte en différents temps aient presque toujours été arrêtés par des glaces qui les ont empêchés de prendre terre. La brume, qui est fort considérable dans ces parages, est encore un obstacle : cependant, malgré ces inconvénients, il est à croire qu'en partant du cap de Bonne-Espérance en différentes saisons, on pourrait enfin reconnaître une partie de ces terres, lesquelles jusqu'ici font un monde à part.

Il y aurait encore un autre moyen qui peut-être réussirait mieux; comme les glaces et les brumes paraissent avoir arrêté tous les navigateurs qui ont entrepris la découverte des terres australes par l'océan Atlantique, et que les glaces se sont présentées dans l'été de ces climats aussi bien que dans les autres saisons, ne pourrait-on pas se promettre un meilleur succès en changeant de route? Il me semble qu'on pourrait tenter d'arriver à ces terres par la mer Pacifique, en partant de Baldivia ou d'un autre port de la côte du Chili, et traversant cette mer sous le 50e degré de latitude sud. Il n'y a aucune apparence que cette navigation, qui n'a jamais été faite, fût périlleuse, et il est probable qu'on trouverait dans cette traversée de nouvelles terres; car ce qui nous reste à connaître du côté du pôle austral est si considérable, qu'on peut, sans se tromper, l'évaluer à plus du quart de la superficie du globe, en sorte qu'il peut y avoir dans ces climats un continent terrestre aussi grand que l'Europe, l'Asie et l'Afrique prises toutes trois ensemble.

Comme nous ne connaissons point du tout cette partie du globe, nous ne pouvons pas savoir au juste la proportion qui est entre la surface de la terre et celle de la mer; seulement, autant qu'on en peut juger par l'inspection de ce qui est connu, il paraît qu'il y a plus de mer que de terre.

Si l'on veut avoir une idée de la quantité énorme d'eau que contiennent les mers, on peut supposer une profondeur commune et générale à l'océan, et, en ne la faisant que de deux cents toises ou de la dixième partie d'une lieue, on verra qu'il y a assez d'eau pour couvrir le globe entier d'une hauteur de six cents pieds d'eau; et si on veut réduire cette eau dans une seule masse, on trouvera qu'elle fait un globe de plus de soixante lieues de diamètre.

Les navigateurs prétendent que le continent des terres australes est beaucoup plus froid que celui du pôle arctique; mais il n'y a aucune apparence que cette opinion soit fondée, et probablement elle n'a été adoptée des voyageurs, que parce qu'ils ont trouvé des glaces à une latitude où l'on n'en trouve presque jamais dans nos mers septentrionales, mais cela peut venir de quelques causes particulières. On ne trouve plus de glaces dès le mois d'avril en deçà des 67e et 68e degrés de latitude septentrionale, et les sauvages de l'Acadie et du Canada disent que, quand elles ne sont pas toutes fondues dans ce mois-là, c'est une marque que le reste de l'année sera froid et pluvieux. En 1725, il n'y eut, pour ainsi dire, point d'été, et il plut presque continuellement; aussi non-seulement les glaces des mers septentrionales n'étaient pas fondues au mois d'avril au 67e degré, mais même on en trouva au 15 juin vers le 41e ou 42e degré. (Voyez l'*Hist. de l'Acad.*, année 1725.)

On trouve une grande quantité de ces glaces flottantes dans la mer du Nord, surtout à quelque distance des terres; elles viennent de la mer de Tartarie dans celle de la Nouvelle-Zélande et dans les autres endroits de la mer Glaciale. J'ai été assuré, par des gens dignes de foi, qu'un capitaine anglais, nommé Monson, au lieu de chercher un passage entre les terres du nord pour aller à la Chine, avait dirigé sa route droit au pôle et en avait approché jusqu'à deux degrés; que, dans cette route, il avait trouvé une haute mer sans aucune glace, ce qui prouve que les glaces se forment auprès des terres et jamais en pleine mer; car quand même on voudrait supposer, contre toute apparence, qu'il pourrait faire assez froid au pôle pour que la superficie de la mer fût glacée, on ne concevrait pas mieux comment ces énormes glaces qui flottent pourraient se former, si elles ne trouvaient pas un point d'appui contre les terres, d'où ensuite elles se détachent par la chaleur du soleil. Les deux vaisseaux que la Compagnie des Indes envoya en 1739 à la découverte des terres australes trouvèrent des glaces à une latitude de 47 ou 48 degrés; mais ces glaces n'étaient pas fort éloignées des terres, puisqu'ils les reconnurent, sans cependant pouvoir y aborder. (Voyez, sur cela, la *Carte de M. Buache*, 1739.) Ces glaces doivent venir des terres intérieures et voisines du pôle austral, et on peut conjecturer qu'elles suivent le cours de plusieurs grands fleuves dont ces terres inconnues sont arrosées, de même que le fleuve Oby, le Jenisca et les autres grandes rivières qui tombent dans les mers du Nord, entraînent les glaces qui bouchent pendant la plus grande partie de l'année le détroit de Waigats, et rendent inabordable la mer de Tartarie par cette route, tandis qu'au delà de la Nouvelle-Zemble et plus près des pôles où il y a peu de fleuves et de terres, les glaces sont moins communes et la mer est plus navigable; en sorte que, si on voulait encore tenter le voyage de la Chine et du Japon par les mers du Nord, il faudrait peut-être, pour s'éloigner le plus des terres et des glaces, diriger sa route droit au pôle, et chercher les plus hautes mers, où certainement il n'y a que peu ou point de glaces; car on sait que l'eau salée peut sans se geler devenir beaucoup plus froide que l'eau douce glacée, et par conséquent le froid excessif du pôle peut bien rendre l'eau de la mer plus froide que la glace, sans que pour cela la surface de la mer se gèle, d'autant plus qu'à 80 ou 82 degrés, la surface de la mer, quoique mêlée de beaucoup de neige et d'eau douce, n'est glacée qu'auprès des côtes. En recueillant les témoignages des voyageurs sur le passage de l'Europe à la Chine par la mer du Nord, il paraît qu'il existe, et que, s'il a été si souvent tenté inutilement, c'est parce qu'on a toujours craint de s'éloigner des terres et de s'approcher du pôle; les voyageurs l'ont peut-être regardé comme un écueil.

Cependant Guillaume Barents qui avait échoué, comme d'autres, dans son voyage du Nord, ne doutait pas qu'il n'y eût un passage, et que, s'il se fût plus éloigné des terres, il n'eût trouvé une mer libre et sans glaces. Des voyageurs moscovites, envoyés par le czar pour reconnaître les mers du Nord, rapportèrent que la Nouvelle-Zemble n'est point une île, mais une terre ferme du continent de la Tartarie, et qu'au nord de la Nouvelle-Zemble c'est une mer libre et ouverte. Un voyageur hollandais nous assure que la mer jette de temps en temps, sur la côte de Corée et du Japon, des baleines qui ont sur le dos des harpons anglais et hollandais. Un autre Hollandais avait prétendu avoir été jusque sous le pôle, et il assurait qu'il y faisait aussi chaud qu'il fait à Amsterdam en été. Un Anglais nommé Goulden, qui avait fait plus de trente voyages en Groenland, rapporta au roi Charles II que deux vaisseaux hollandais avec lesquels il faisait voile, n'ayant point trouvé de baleines à la côte de l'île d'Edges, résolurent d'aller plus au nord, et qu'étant de retour au bout de quinze jours, ces Hollandais lui dirent qu'ils avaient été jusqu'au 89e degré de latitude, c'est-à-dire à un degré du pôle, et que là ils n'avaient point trouvé de glaces, mais une mer libre et ouverte, fort profonde et semblable à celle de la baie de Biscaye, et qu'ils lui montrèrent quatre journaux des deux vaisseaux, qui attestaient la même chose et s'accordaient à fort peu de chose près. Enfin il est rapporté, dans les *Transactions philosophiques*, que deux navigateurs, qui avaient entrepris de découvrir ce passage, firent une route de 300 lieues à l'orient de la Nouvelle-Zemble, mais qu'étant de retour la Compagnie des Indes, qui avait intérêt que ce passage ne fût pas découvert, empêcha ces navigateurs de retourner. (Voyez le *Recueil des voyages du Nord,* page 200.) Mais la Compagnie des Indes de Hollande crut, au contraire, qu'il était de son intérêt de trouver ce passage; l'ayant tenté inutilement du côté de l'Europe, elle le fit chercher du côté du Japon, et elle aurait apparemment réussi, si l'empereur du Japon n'eût pas interdit aux étrangers tout navigation du côté des terres de Jesso. Ce passage ne peut donc se trouver qu'en allant droit au pôle au delà du Spitzberg, ou bien en suivant le milieu de la haute mer, entre la Nouvelle-Zemble et le Spitzberg, sous le 79e degré de latitude : si cette mer a une largeur considérable, on ne doit pas craindre de la trouver glacée à cette latitude, et pas même sous le pôle, par les raisons que nous avons alléguées; en effet, il n'y a pas d'exemple qu'on ait trouvé la surface de la mer glacée au large et à une distance considérable des côtes; le seul exemple d'une mer totatalement glacée est celui de la mer Noire; elle est étroite et peu salée, et elle reçoit une très grande quantité de fleuves qui viennent des terres septentrionales et qui y apportent des glaces; aussi elle gèle quelquefois au point que sa surface est entièrement glacée, même à une profondeur considérable, et, si on en croit les historiens, elle gela, du temps de l'empereur Copronyme, de trente coudées d'épaisseur, sans compter vingt coudées de neige qu'il y avait par-dessus la glace : ce fait me paraît exagéré, mais il est sûr qu'elle gèle presque tous les hivers, tandis que les hautes mers, qui sont de mille lieues plus près du pôle, ne gèlent pas; ce qui ne peut venir que de la différence de la salure et du peu de glaces qu'elles reçoivent par les fleuves, en comparaison de la quantité énorme de glaçons qu'ils transportent dans la mer Noire.

Ces glaces, que l'on regarde comme des barrières qui s'opposent à la navigation vers les pôles et à la découverte des terres australes, prouvent seulement qu'il y a de très grands fleuves dans le voisinage des climats où on les a rencontrées; par conséquent, elles nous indiquent aussi qu'il y a de vastes continents d'où ces fleuves tirent leur origine, et on ne doit pas se décourager à la vue de ces obstacles; car, si l'on y fait attention, l'on reconnaîtra aisément que ces glaces ne doivent être que dans de certains endroits particuliers; qu'il est presque impossible que dans le cercle entier, que nous pouvons imaginer terminer les terres australes du côté de l'équateur, il y ait partout de grands fleuves qui charrient des glaces, et que par conséquent il y a grande apparence qu'on réussirait en dirigeant sa route vers quelque autre point de ce cercle. D'ailleurs, la description que nous ont donnée Dampier et quelques autres voyageurs du terrain de la Nouvelle-Hollande nous peut faire soupçonner que cette partie du globe qui avoisine les terres australes, et qui peut-être en fait partie, est un pays moins ancien que le reste de ce continent inconnu. La Nouvelle-Hollande est une terre basse, sans eaux, sans montagnes, peu habitée, dont les naturels sont sauvages et sans industrie; tout cela concourt à nous faire penser qu'ils pourraient être dans ce continent à peu près ce que les sauvages des Amazones ou du Paraguay sont en Amérique. On a trouvé des hommes policés, des empires et des rois au Pérou, au Mexique, c'est-à-dire dans les contrées de l'Amérique les plus élevées, et par conséquent les plus anciennes; les sauvages, au contraire, se sont trouvés dans les contrées les plus basses et les plus nouvelles : ainsi on peut présumer que, dans l'intérieur des terres australes, on trouverait aussi des hommes réunis en société dans les contrées élevées, d'où ces grands fleuves qui amènent à la mer ces glaces prodigieuses tirent leur source.

L'intérieur de l'Afrique nous est inconnu, presque autant qu'il l'était aux anciens; ils avaient, comme nous, fait le tour de cette presqu'île par mer; mais, à la vérité, ils ne nous avaient laissé ni cartes ni description de ces côtes. Pline nous dit qu'on avait, dès le temps d'Alexandre, fait le tour de l'Afrique, qu'on avait reconnu dans la mer d'Arabie des débris de vaisseaux espagnols, et que Hannon, général carthaginois, avait fait le voyage depuis Gadès jusqu'à la mer d'Arabie, qu'il avait même donné par écrit la relation de ce voyage. Outre cela, dit-il, Cornelius Nepos nous apprend que de son temps un certain Eudoxe, persécuté par le roi Lathurus, fut obligé de s'enfuir; qu'étant parti du golfe Arabique, il était arrivé à Gadès, et qu'avant ce temps on commerçait d'Espagne en Éthiopie par la mer. (Voyez Pline, *Hist. nat.*, tom. I, lib. 2.) Cependant, malgré ces témoignages des anciens, on s'était persuadé qu'ils n'avaient jamais doublé le cap de Bonne-Espérance, et l'on a regardé comme une découverte nouvelle cette route que les Portugais ont prise les premiers pour aller aux grandes Indes : on ne sera peut-être pas fâché de voir ce qu'on en croyait dans le IXe siècle.

« On a découvert de notre temps une chose toute nouvelle, et qui était inconnue » autrefois à ceux qui ont vécu avant nous. Personne ne croyait que la mer qui s'étend » depuis les Indes jusqu'à la Chine eût communication avec la mer de Syrie, et on ne » pouvait se mettre cela dans l'esprit. Voici ce qui est arrivé de notre temps, selon ce » que nous en avons appris : On a trouvé dans la mer de *Roum* ou Méditerranée les » débris d'un vaisseau arabe que la tempête avait brisé, et tous ceux qui le montaient » étant péris, les flots l'ayant mis en pièces, elles furent portées par le vent et par la » vague jusque dans la mer des Cozars, et de là au canal de la mer Méditerranée, d'où » elles furent enfin jetées sur la côte de Syrie. Cela fait voir que la mer environne tout » le pays de la Chine et de Cila, l'extrémité du Turquestan et le pays des Cozars; » qu'ensuite elle coule par le détroit jusqu'à ce qu'elle baigne la côte de Syrie. La preuve » est tirée de la construction du vaisseau dont nous venons de parler; car il n'y a que » les vaisseaux de Siraf, dont la fabrique est telle que les bordages ne sont point cloués, » mais joints ensemble d'une manière particulière, de même que s'ils étaient cousus; au » lieu que ceux de tous les vaisseaux de la mer Méditerranée et de la côte de Syrie sont » cloués, et ne sont pas joints de cette manière. » (Voyez les *Anciennes relations des Voyages faits par terre à la Chine*, p. 53 et 54.)

Voici ce qu'ajoute le traducteur de cette ancienne relation.

« Abuziel remarque comme une chose nouvelle et fort extraordinaire, qu'un vaisseau » fut porté de la mer des Indes sur les côtes de Syrie. Pour trouver le passage dans la » mer Méditerranée, il suppose qu'il y a une grande étendue de mer au-dessus de la » Chine, qui a communication avec la mer des Cozars, c'est-à-dire de Moscovie. La mer » qui est au delà du cap des Courants était entièrement inconnue aux Arabes à cause du » péril extrême de la navigation, et le continent était habité par des peuples si babarres, » qu'il n'était pas facile de les soumettre ni même de les civiliser par le commerce. Les » Portugais ne trouvèrent depuis le cap de Bonne-Espérance jusqu'à Soffala aucuns » Maures établis, comme ils en trouvèrent depuis dans toutes les villes maritimes jusqu'à » la Chine. Cette ville était la dernière que connaissaient les géographes; mais ils ne » pouvaient dire si la mer avait communication par l'extrémité de l'Afrique avec la mer » de Barbarie, et ils se contentaient de la décrire jusqu'à la côte de *Zinge*, qui est celle de » la Cafrerie; c'est pourquoi nous ne pouvons douter que la première découverte du » passage de cette mer par le cap de Bonne-Espérance n'ait été faite par les Européens » sous la conduite de Vasco de Gama, ou au moins quelques années avant qu'il doublât

» le cap, s'il est vrai qu'il se soit trouvé des cartes marines plus anciennes que cette » navigation, où le cap était marqué sous le nom de *Fronteira da Afriqua*. Antoine » Galvan témoigne, sur le rapport de Francisco de Sousa Tavares, qu'en 1528 l'infant » dom Fernand lui fit voir une semblable carte qui se trouvait dans le monastère d'Aco- » boca, et qui était faite il y avait 120 ans, peut-être sur celle qu'on dit être à Venise » dans le trésor de Saint-Marc, et qu'on croit avoir été copiée sur celle de Marc Paolo, » qui marque aussi la pointe de l'Afrique, selon le témoignage de Ramusio, etc. » L'ignorance de ces siècles au sujet de la navigation autour de l'Afrique paraîtra peut-être moins singulière que le silence de l'éditeur de cette ancienne relation au sujet des passages d'Hérodote, de Pline, etc., que nous avons cités, et qui prouvent que les anciens avaient fait le tour de l'Afrique.

Quoi qu'il en soit, les côtes de l'Afrique nous sont actuellement bien connues; mais, quelques tentatives qu'on ait faites pour pénétrer dans l'intérieur du pays, on n'a pu parvenir à le connaître assez pour en donner des relations exactes. Il serait cependant fort à souhaiter que, par le Sénégal ou par quelque autre fleuve, on pût remonter bien avant dans les terres et s'y établir; on y trouverait, selon toutes les apparences, un pays aussi riche en mines précieuses que l'est le Pérou ou le Brésil, car on sait que les fleuves de l'Afrique charrient beaucoup d'or; et comme ce continent est un pays de montagnes très élevées, et que d'ailleurs il est situé sous l'équateur, il n'est pas douteux qu'il ne contienne, aussi bien que l'Amérique, les mines des métaux les plus pesants, et les pierres les plus compactes et les plus dures.

La vaste étendue de la Tartarie septentrionale et orientale n'a été reconnue que dans ces derniers temps. Si les cartes des Moscovites sont justes, on connaît à présent les côtes de toute cette partie de l'Asie, et il paraît que, depuis la pointe de la Tartarie orientale jusqu'à l'Amérique septentrionale, il n'y a guère qu'un espace de quatre ou cinq cents lieues; on a même prétendu tout nouvellement que ce trajet était bien plus court, car, dans la *Gazette d'Amsterdam* du 24 janvier 1747, il est dit à l'article de Pétersbourg que M. Stoller avait découvert au delà de Kamtschatka une des îles de l'Amérique septentrionale, et qu'il avait démontré qu'on pouvait y aller des terres de l'empire de Russie par un petit trajet. Des jésuites et d'autres missionnaires ont aussi prétendu avoir reconnu en Tartarie des sauvages qu'ils avaient catéchisés en Amérique, ce qui supposerait en effet que le trajet serait encore bien plus court. (Voyez l'*Histoire de la Nouvelle-France*, par le Père Charlevoix, t. III, p. 30 et 31.) Cet auteur prétend même que les deux continents de l'ancien et du nouveau monde se joignent par le nord, et il dit que les dernières navigations des Japonais donnent lieu de juger que le trajet dont nous avons parlé n'est qu'une baie, au-dessus de laquelle on peut passer par terre d'Asie en Amérique; mais cela demande confirmation, car jusqu'à présent on a cru, avec quelque sorte de vraisemblance, que le continent du pôle arctique est séparé en entier des autres continents, aussi bien que celui du pôle antarctique.

L'astronomie et l'art de la navigation sont portés à un si haut point de perfection, qu'on peut raisonnablement espérer d'avoir un jour une connaissance exacte de la surface entière du globe. Les anciens n'en connaissaient qu'une assez petite partie, parce que, n'ayant pas la boussole, ils n'osaient se hasarder dans les hautes mers. Je sais bien que quelques gens ont prétendu que les Arabes avaient inventé la boussole, et s'en étaient servis longtemps avant nous pour voyager sur la mer des Indes et commercer jusqu'à la Chine (Voy. l'*Abrégé de l'Hist. des Sarrasins* de Bergeron, p. 119); mais cette opinion m'a toujours paru dénuée de toute vraisemblance, car il n'y a aucun mot dans les langues arabe, turque ou persane qui puisse signifier la boussole; ils se servent du mot italien *bossola;* ils ne savent pas même encore aujourd'hui faire des boussoles ni aimanter les aiguilles, et ils achètent des Européens celles dont ils se servent. Ce que dit le Père Martini au sujet de cette invention ne me paraît guère mieux fondé; il prétend que les Chinois connaissaient la boussole depuis plus de trois mille ans (Voyez *Hist. Sinica*, p. 106); mais, si cela est, comment est-il arrivé qu'ils en aient fait si peu d'usage? Pourquoi prenaient-ils dans leurs voyages à la Cochinchine une route beaucoup plus longue qu'il n'était nécessaire? Pourquoi se bornaient-ils à faire toujours les mêmes voyages dont les plus grands étaient à Java et à Sumatra? Et pourquoi n'auraient-ils pas découvert avant les Européens une infinité d'îles abondantes et de terres fertiles dont ils sont voisins, s'ils avaient eu l'art de naviguer en pleine mer? car, peu d'années après la découverte de cette merveilleuse propriété de l'aimant, les Portugais firent de très grands voyages : ils doublèrent le cap de Bonne-Espérance, ils traversèrent les mers de l'Afrique et des Indes, et, tandis qu'ils dirigeaient toutes leurs vues du côté de l'orient et du midi, Christophe Colomb tourna les siennes vers l'occident.

Pour peu qu'on y fît attention, il était fort aisé de deviner qu'il y avait des espaces immenses vers l'occident; car, en comparant la partie connue du globe, par exemple, la distance de l'Espagne à la Chine, et faisant attention au mouvement de révolution ou de la terre ou du ciel, il était aisé de voir qu'il restait à découvrir une bien plus grande étendue vers l'occident que celle qu'on connaissait vers l'orient. Ce n'est donc pas par le défaut des connaissances astronomiques que les anciens n'ont pas trouvé le nouveau monde, mais uniquement par le défaut de la boussole; les passages de Platon et d'Aristote, où ils parlent de terres fort éloignées au delà des colonnes d'Hercule, semblent indiquer que quelques navigateurs avait été poussés par la tempête jusqu'en Amérique, d'où ils n'étaient revenus qu'avec des peines infinies; et on peut conjecturer que, quand même les anciens auraient été persuadés de l'existence de ce continent par la relation de ces navigateurs, ils n'auraient pas même pensé qu'il fût possible de s'y frayer des routes, n'ayant aucun guide, aucune connaissance de la boussole.

J'avoue qu'il n'est pas absolument impossible de voyager dans les hautes mers sans boussole, et que des gens bien déterminés auraient pu entreprendre d'aller chercher le nouveau monde en se conduisant seulement par les étoiles voisines du pôle. L'astrolabe surtout étant connu des anciens, il pouvait leur venir dans l'esprit de partir de France ou d'Espagne et de faire route vers l'occident, en laissant toujours l'étoile polaire à droite, et en prenant souvent hauteur pour se conduire à peu près sous le même parallèle; c'est sans doute de cette façon que les Carthaginois, dont parle Aristote, trouvèrent le moyen de revenir de ces terres éloignées, en laissant l'étoile polaire à gauche; mais on doit convenir qu'un pareil voyage ne pouvait être regardé que comme une entreprise téméraire, et que, par conséquent, nous ne devons pas être étonnés que les anciens n'en aient pas même conçu le projet.

On avait déjà découvert du temps de Christophe Colomb les Açores, les Canaries, Madère : on avait remarqué que, lorsque les vents d'ouest avaient régné longtemps, la mer amenait sur les côtes de ces îles des morceaux de bois étrangers, des cannes d'une espèce inconnue, et même des corps morts qu'on reconnaissait à plusieurs signes n'être ni Européens ni Africains. (Voyez l'*Histoire de Saint-Domingue* par le Père Charlevoix, t. Ier, p. 66 et suivantes.) Colomb lui-même remarqua que, du côté de l'ouest, il venait certains vents qui ne duraient que quelques jours, et qu'il se persuada être des vents de terre : cependant, quoiqu'il eût sur les anciens tous ces avantages, et la boussole, les difficultés qui restaient à vaincre étaient encore si grandes, qu'il n'y avait que le succès qui pût justifier l'entreprise; car supposons pour un instant que le continent du nouveau monde eût été plus éloigné, par exemple à 1,000, à 1,500 lieues plus loin qu'il n'est en effet, chose que Colomb ne pouvait ni savoir ni prévoir, il n'y serait pas arrivé, et peut-être ce grand pays serait-il encore inconnu. Cette conjecture est d'autant mieux fondée que Colomb, quoique le plus habile navigateur de son siècle, fut saisi de frayeur et d'étonnement dans son second voyage au nouveau monde; car, comme la première fois il n'avait trouvé que des îles, il dirigea sa route plus au midi pour tâcher de découvrir une terre ferme, et il fut arrêté par les courants, dont l'étendue considérable et la direction toujours opposée à sa route, l'obligèrent à retourner pour chercher terre à l'occident; il s'imaginait que ce qui l'avait empêché d'avancer du côté du midi n'était pas des courants, mais que la mer allait en s'élevant vers le ciel, et que peut-être l'un et l'autre se touchaient du côté du midi : tant il est vrai que, dans les trop grandes entreprises, la plus petite circonstance malheureuse peut tourner la tête et abattre le courage.

ARTICLE VII

SUR LA PRODUCTION DES COUCHES OU LITS DE TERRE

Nous avons fait voir, dans l'article premier, qu'en vertu de l'attraction démontrée mutuelle entre les parties de la matière, et en vertu de la force centrifuge qui résulte du mouvement de rotation sur son axe, la terre a nécessairement pris la forme d'un sphéroïde dont les diamètres diffèrent d'une 230e partie; et que ce ne peut être que par les changements arrivés à la surface et causés par les mouvements de l'air et des eaux, que cette différence a pu devenir plus grande, comme on prétend le conclure par les mesures prises à l'équateur et au cercle polaire. Cette figure de la terre, qui s'accorde si bien avec les lois de l'hydrostatique et avec notre théorie, suppose que le globe a été dans un état de liquéfaction dans le temps qu'il a pris sa forme, et nous avons prouvé que le mouvement de projection et celui de rotation ont été imprimés en même temps par une même impulsion. On se persuadera facilement que la terre a été dans un état de liquéfaction produite par le feu, lorsqu'on fera attention à la nature des matières que renferme le globe, dont la plus grande partie, comme les sables et les glaises, sont des matières vitrifiées ou vitrifiables, et lorsque, d'un autre côté, on réfléchira sur l'impossibilité qu'il y a que la terre ait jamais pu se trouver dans un état de fluidité produite par les eaux, puisqu'il y a infiniment plus de terre que d'eau, et que d'ailleurs l'eau n'a pas la puissance de dissoudre les sables, les pierres et les autres matières dont la terre est composée.

Je vois donc que la terre n'a pu prendre sa figure que dans le temps où elle a été liquéfiée par le feu, et, en suivant notre hypothèse, je conçois qu'au sortir du soleil la terre n'avait d'autre forme que celle d'un torrent de matières fondues et de vapeurs enflammées, que ce torrent se rassembla par l'attraction mutuelle des parties, et devint un globe auquel le mouvement de rotation donna la figure d'une sphéroïde, et lorsque la terre fut refroidie les vapeurs qui s'étaient d'abord étendues, comme nous voyons s'étendre les queues des comètes, se condensèrent peu à peu, tombèrent en eau sur la surface du globe, et déposèrent en même temps un limon mêlé de matières sulfureuses et salines dont une partie s'est glissée par le mouvement des eaux dans les fentes perpendiculaires où elle a produit les métaux et les minéraux, et le reste est demeuré à la surface de la terre et a produit cette terre rougeâtre qui forme la première couche de la terre et qui, suivant les différents lieux, est plus ou moins mêlée de particules animales ou végétales réduites en petites molécules dans lesquelles l'organisation n'est plus sensible.

Ainsi, dans le premier état de la terre, le globe était, à l'intérieur, composé d'une matière vitrifiée, comme je crois qu'il l'est encore aujourd'hui; au-dessus de cette matière vitrifiée se sont trouvées les parties que le feu aura le plus divisées, comme les sables, qui ne sont que des fragments de verre; et au-dessus de ces sables les parties les plus légères, les pierres ponces, les écumes et les scories de la matière vitrifiée ont surnagé et ont formé les glaises et les argiles : le tout était recouvert d'une couche d'eau *(a)* de 5 ou 600 pieds d'épaisseur, qui fut produite par la condensation des vapeurs lorsque le globe commença à se refroidir; cette eau déposa partout une couche limoneuse mêlée de toutes les matières qui peuvent se sublimer et s'exhaler par la violence du feu, et l'air fut formé des vapeurs les plus subtiles qui se dégagèrent des eaux par leur légèreté, et les surmontèrent.

Tel était l'état du globe lorsque l'action du flux et reflux, celle des vents et de la chaleur du soleil commencèrent à altérer la surface de la terre. Le mouvement diurne et celui du flux et reflux élevèrent d'abord les eaux sous les climats méridionaux; ces eaux entraînèrent et portèrent vers l'équateur le limon, les glaises, les sables, et, en élevant les parties de l'équateur, elles abaissèrent peut-être peu à peu celles des pôles de cette différence d'environ deux lieues dont nous avons parlé; car les eaux brisèrent bientôt et réduisirent en poussière les pierres ponces et les autres parties spongieuses de la matière vitrifiée, qui étaient à la surface : elles creusèrent des profondeurs et élevèrent des hauteurs qui dans la suite sont devenues des continents, et elles produisirent toutes les inégalités que nous remarquons à la surface de la terre, et qui sont plus considérables vers l'équateur que partout ailleurs; car les plus hautes montagnes sont entre les tropiques et dans le milieu des zones tempérées, et les plus basses sont au cercle polaire et au delà; puisque l'on a, entre les tropiques, les Cordillères et presque toutes les montagnes du Mexique et du Brésil, les montagnes de l'Afrique, savoir le grand et le petit Atlas, les monts de la Lune, etc., et que d'ailleurs les terres qui sont entre les tropiques sont les plus inégales de tout le globe, aussi bien que les mers, puisqu'il se trouve entre les tropiques beaucoup plus d'îles que partout ailleurs; ce qui fait voir évidemment que les plus grandes inégalités de la terre se trouvent en effet dans le voisinage de l'équateur.

Quelque indépendante que soit ma théorie de cette hypothèse sur ce qui s'est passé dans le temps de ce premier état du globe, j'ai été bien aise d'y remonter dans cet article, afin de faire voir la liaison et la possibilité du système que j'ai proposé et dont j'ai donné le précis dans l'article premier; on doit seulement remarquer que ma théorie, qui fait le texte de cet ouvrage, ne part pas de si loin; que je prends la terre dans un état à peu près semblable à celui où nous la voyons, et que je ne me sers d'aucune des suppositions qu'on est obligé d'employer lorsqu'on veut raisonner sur l'état passé du globe terrestre; mais, comme je donne ici une nouvelle idée au sujet du limon des eaux qui, selon moi, a formé la première couche de terre qui environne le globe, il me paraît nécessaire de donner aussi les raisons sur lesquelles je fonde cette opinion.

Les vapeurs qui s'élèvent dans l'air produisent les pluies, les rosées, les feux aériens, les tonnerres et les autres météores; ces vapeurs sont donc mêlées de particules aqueuses, aériennes, sulfureuses, terrestres, etc., et ce sont ces particules solides et terrestres qui forment le limon dont nous voulons parler. Lorsqu'on laisse déposer de l'eau de pluie, il

(a) Cette opinion, que la terre a été entièrement couverte d'eau, est celle de quelques philosophes anciens, et même de la plupart des Pères de l'Église : *In mundi primordio aqua in omnem terram stagnabat*, dit saint Jean Damascène, liv. II, chap. IX. *Terra erat invisibilis, quia exundabat aqua et operiebat terram,* dit saint Ambroise, liv. I, Hexam. chap. VIII. *Submersa tellus cùm esset, faciem ejus inundante aquâ, non erat adspectabilis,* dit saint Basile, Homélie 2. Voyez aussi saint Augustin, liv. Ier de la Genèse, chap. XII.

se forme un sédiment au fond; lorsque, après avoir ramassé une assez grande quantité de rosée, on la laisse déposer et se corrompre, elle produit une espèce de limon qui tombe au fond du vase; ce limon est même fort abondant et la rosée en produit beaucoup plus que l'eau de pluie, il est gras, onctueux et rougeâtre.

La première couche qui enveloppe le globe de la terre est composée de ce limon mêlé avec des parties de végétaux ou d'animaux détruits, ou bien avec des particules pierreuses ou sablonneuses : on peut remarquer presque partout que la terre labourable est rougeâtre et mêlée plus ou moins de ces différentes matières; les particules de sable ou de pierre qu'on y trouve sont de deux espèces, les unes grossières et massives, les autres plus fines et quelquefois impalpables; les plus grosses viennent de la couche inférieure dont on les détache en labourant et en travaillant la terre, ou bien le limon supérieur, en se glissant et en pénétrant dans la couche inférieure qui est de sable ou d'autres matières divisées, forme ces terres qu'on appelle des sables gras; les autres parties pierreuses qui sont plus fines viennent de l'air, tombent comme les rosées et les pluies, et se mêlent intimement au limon; c'est proprement le résidu de la poussière que l'air transporte, que les vents enlèvent continuellement de la surface de la terre, et qui retombe ensuite après s'être imbibée de l'humidité de l'air. Lorsque le limon domine, qu'il se trouve en grande quantité, et qu'au contraire les parties pierreuses et sablonneuses sont en petit nombre, la terre est rougeâtre, pétrissable et très fertile; si elle est en même temps mêlée d'une quantité considérable de végétaux ou d'animaux détruits, la terre est noirâtre, et souvent elle est encore plus fertile que la première; mais si le limon n'est qu'en petite quantité, aussi bien que les parties végétales ou animales, alors la terre est blanche et stérile, et lorsque les parties sablonneuses, pierreuses ou crétacées, qui composent ces terres stériles et dénuées de limon, sont mêlées d'une assez grande quantité de parties de végétaux ou d'animaux détruits, elles forment les terres noires et légères qui n'ont aucune liaison et peu de fertilité; en sorte que, suivant les différentes combinaisons de ces trois différentes matières, du limon, des parties d'animaux et de végétaux, et des particules de sable et de pierre, les terres sont plus ou moins fécondes et différemment colorées. Nous expliquerons en détail, dans notre discours sur les végétaux, tout ce qui a rapport à la nature et à la qualité des différentes terres; mais ici nous n'avons d'autre but que celui de faire entendre comment s'est formée cette première couche qui enveloppe le globe et qui provient du limon des eaux.

Pour fixer les idées, prenons le premier terrain qui se présente, et dans lequel on a creusé assez profondément, par exemple le terrain de Marly-la-Ville, où les puits sont très profonds; c'est un pays élevé, mais plat et fertile, dont les couches de terre sont arrangées horizontalement. J'ai fait venir des échantillons de toutes ces couches que M. Dalibard, habile botaniste et versé d'ailleurs dans toutes les parties des sciences, a bien voulu faire prendre sous ses yeux, et, après avoir éprouvé toutes ces matières à l'eau-forte, j'en ai dressé la table suivante.

ÉTAT DES DIFFÉRENTS LITS DE TERRE QUI SE TROUVENT A MARLY-LA-VILLE, JUSQU'A CENT PIEDS DE PROFONDEUR (*a*)

	Pieds.	Pouces.
I		
Terre franche rougeâtre, mêlée de beaucoup de limon, d'une très petite quantité de sable vitrifiable, et d'une quantité un peu plus considérable de sable calcinable, que j'appelle *gravier*........	13	»
II		
Terre franche ou limon mêlé de plus de gravier et d'un peu plus de sable vitrifiable........	2	6
III		
Limon mêlé de sable vitrifiable en assez grande quantité, et qui ne faisait que très peu d'effervescence avec l'eau-forte........	3	»
IV		
Marne dure qui faisait une grande effervescence avec l'eau-forte........	2	»
V		
Pierre marneuse assez dure........	4	»
VI		
Marne en poudre, mêlée de sable vitrifiable........	5	»
VII		
Sable très fin vitrifiable........	1	6
VIII		
Marne en terre, mêlée d'un peu de sable vitrifiable........	3	6
IX		
Marne dure, dans laquelle on trouve du vrai caillou qui est de la pierre à fusil parfaite........	3	6
X		
Gravier ou poussière de marne........	1	»
XI		
Églantine, pierre de la dureté et du grain du marbre, et qui est sonnante.	1	6
XII		
Gravier marneux........	1	6
XIII		
Marne en pierre dure, dont le grain est fort fin........	1	6
Profondeur........	43	6

(*a*) La fouille a été faite pour un puits dans un terrain qui appartient actuellement à M. de Pommery.

	Pieds.	Pouces
De l'autre part	43	6
XIV		
Marne en pierre, dont le grain n'est pas si fin	1	6
XV		
Marne encore plus grenue et plus grossière	2	6
XVI		
Sable vitrifiable très fin, mêlé de coquilles de mer fossiles, qui n'ont aucune adhérence avec le sable, et qui ont encore leurs couleurs et leurs vernis naturels	1	6
XVII		
Gravier très menu ou poussière fine de marne	2	»
XVIII		
Marne en pierre dure	3	6
XIX		
Marne en poudre assez grossière	1	6
XX		
Pierre dure et calcinable comme le marbre	1	»
XXI		
Sable gris vitrifiable, mêlé de coquilles fossiles, et surtout de beaucoup d'huitres et de spondiles, qui n'ont aucune adhérence avec le sable, et qui ne sont nullement pétrifiées	3	»
XXII		
Sable blanc vitrifiable, mêlé des mêmes coquilles	2	»
XXIII		
Sable rayé de rouge et de blanc, vitrifiable, et mêlé des mêmes coquilles.	1	»
XXIV		
Sable plus gros, mais toujours vitrifiable et mêlé des mêmes coquilles...	1	»
XXV		
Sable gris, fin, vitrifiable et mêlé des mêmes coquilles	8	6
XXVI		
Sable gras, très fin, où il n'y a plus que quelques coquilles	3	»
XXVII		
Grès	3	»
Profondeur	78	6

	Pieds.	Pouces.
De l'autre part..................	78	6
XXVIII		
Sable vitrifiable, rayé de rouge et de blanc..........................	4	»
XXIX		
Sable blanc, vitrifiable..	3	6
XXX		
Sable vitrifiable, rougeâtre....................	15	»
Profondeur où l'on a cessé de creuser...........	101	»

J'ai dit que j'avais éprouvé toutes ces matières à l'eau-forte, parce que, quand l'inspection et la comparaison des matières avec d'autres qu'on connaît ne suffisent pas pour qu'on soit en état de les dénommer et de les ranger dans la classe à laquelle elles appartiennent, et qu'on a peine à se décider par la simple observation, il n'y a pas de moyen plus prompt, et peut-être plus sûr, que d'éprouver avec l'eau-forte les matières terreuses ou lapidifiques; celles que les esprits acides dissolvent sur-le-champ avec chaleur et ébullition sont ordinairement calcinables; celles, au contraire, qui résistent à ces esprits et sur lesquelles ils ne font aucune impression sont vitrifiables.

On voit, par cette énumération, que le terrain de Marly-la-Ville a été autrefois un fond de mer qui s'est élevé au moins de 75 pieds, puisqu'on trouve des coquilles à cette profondeur de 75 pieds. Ces coquilles ont été transportées par le mouvement des eaux en même temps que le sable où on les trouve, et le tout est tombé en forme de sédiments qui se sont arrangés de niveau et qui ont produit les différentes couches de sable gris, blanc, rayé de blanc et de rouge, etc., dont l'épaisseur totale est de 15 ou 18 pieds; toutes les autres couches supérieures jusqu'à la première ont été de même transportées par le mouvement des eaux de la mer, et déposées en forme de sédiment, comme on ne peut en douter, tant à cause de la situation horizontale des couches, qu'à cause des différents lits de sable mêlé de coquilles, et de ceux de marne, qui ne sont que des débris, ou plutôt des détriments de coquilles; la dernière couche elle-même a été formée presque en entier par le limon dont nous avons parlé, qui s'est mêlé avec une partie de la marne qui était à la surface.

J'ai choisi cet exemple comme le plus désavantageux à notre explication, parce qu'il paraît d'abord fort difficile de concevoir que le limon de l'air et celui des pluies et des rosées aient pu produire une couche de terre franche épaisse de 13 pieds; mais on doit observer d'abord qu'il est très rare de trouver, surtout dans les pays un peu élevés, une épaisseur de terre labourable aussi considérable; ordinairement, les terres ont trois ou quatre pieds, et souvent elles n'ont pas un pied d'épaisseur. Dans les plaines environnées de collines, cette épaisseur de bonne terre est plus grande, parce que les pluies détachent les terres de ces collines et les entraînent dans les vallées; mais, en ne supposant ici rien de tout cela, je vois que les dernières couches formées par les eaux de la mer sont des lits de marne fort épais; il est naturel d'imaginer que cette marne avait au commencement une épaisseur encore plus grande, et que, des 13 pieds qui composent l'épaisseur de la couche supérieure, il y en avait plusieurs de marne lorsque la mer a abandonné ce pays et a laissé le terrain à découvert. Cette marne exposée à l'air se sera fondue par les pluies, l'action de l'air et de la chaleur du soleil y aura produit des gerçures, de petites fentes, et elle aura été altérée par toutes ces causes extérieures au point de devenir une matière divisée et réduite en poussière à la surface, comme nous voyons la marne que nous tirons de la carrière tomber en poudre lorsqu'on la laisse exposée aux injures de l'air : la mer n'aura pas quitté ce terrain si brusquement qu'elle ne l'ait encore recouvert quelquefois, soit par les alternatives du mouvement des marais, soit par l'élévation extraordinaire des eaux dans les gros temps, et elle aura mêlé avec cette couche de marne, de la vase, de la boue et d'autres matières limoneuses; lorsque le terrain se sera enfin trouvé tout à fait élevé au-dessus des eaux, les plantes auront commencé à y croître, et c'est alors que le limon des pluies et des rosées aura peu à peu coloré et pénétré cette terre, et lui aura donné un premier degré de fertilité que les hommes auront bientôt augmentée par la culture, en travaillant et divisant la surface, et donnant ainsi au limon des rosées et des pluies la facilité de pénétrer plus avant, ce qui à la fin aura produit cette couche de terre franche de 13 pieds d'épaisseur.

Je n'examinerai point ici si la couleur rougeâtre des terres végétales, qui est aussi celle du limon de la rosée et des pluies, ne vient pas du fer qui y est contenu; ce point, qui ne laisse pas que d'être important, sera discuté dans notre discours sur les minéraux : il nous suffit d'avoir exposé notre façon de concevoir la formation de la couche superficielle de la terre, et nous allons prouver par d'autres exemples que la formation des couches intérieures ne peut être que l'ouvrage des eaux.

La surface du globe, dit Woodward, cette couche extérieure sur laquelle les hommes et les animaux marchent, qui sert de magasin pour la formation des végétaux et des animaux, est, pour la plus grande partie, composée de matière végétale ou animale qui est dans un mouvement et dans un changement continuel. Tous les animaux et les végétaux qui ont existé depuis la création du monde ont toujours tiré successivement de cette couche la matière qui a composé leur corps, et ils lui ont rendu à leur mort cette matière empruntée; elle y reste, toujours prête à être reprise de nouveau et à servir pour former d'autres corps de la même espèce successivement sans jamais discontinuer; car la matière qui compose un corps est propre et naturellement disposée pour en former un autre de cette espèce. (Voy. *Essai sur l'Histoire naturelle de la terre*, page 136.) Dans les pays inhabités, dans les lieux où on ne coupe pas les bois, où les animaux ne broutent pas les plantes, cette couche de terre végétale s'augmente assez considérablement avec le temps; dans tous les bois, et même dans ceux qu'on coupe, il y a une couche de terreau de 6 ou 8 pouces d'épaisseur, qui n'a été formée que par les feuilles, les petites branches et les écorces qui se sont pourries; j'ai souvent observé sur un ancien grand chemin fait, dit-on, du temps des Romains, qui traverse la Bourgogne dans une longue étendue de terrain, qu'il s'est formé, sur les pierres dont ce grand chemin est construit, une couche de terre noire de plus d'un pied d'épaisseur, qui nourrit actuellement des arbres d'une hauteur considérable, et cette couche n'est composée que d'un terreau noir formé par les feuilles, les écorces et les bois pourris. Comme les végétaux tirent pour leur nourriture beaucoup plus de substance de l'air et de l'eau qu'ils n'en tirent de la terre, il arrive qu'en pourrissant ils rendent à la terre plus qu'ils n'en ont tiré; d'ailleurs, une forêt détermine les eaux de la pluie en arrêtant les vapeurs; ainsi, dans un bois qu'on conserverait bien longtemps sans y toucher, la couche de terre qui sert à la végétation augmenterait considérablement; mais les animaux rendant moins à la terre qu'ils n'en tirent, et les hommes faisant des consommations énormes de bois et de plantes pour le feu et pour d'autres usages, il s'ensuit que la couche de terre végétale d'un pays habité doit toujours diminuer et devenir enfin comme le terrain de l'Arabie Pétrée, et comme celui de tant d'autres provinces de l'Orient, qui est en effet le climat le plus anciennement habité, où l'on ne trouve que du sel et des sables; car le sel fixe des plantes et des animaux reste, tandis que toutes les autres parties se volatilisent.

Après avoir parlé de cette couche de terre extérieure que nous cultivons, il faut examiner la position et la formation des couches intérieures. La terre, dit Woodward, paraît, en quelque endroit qu'on la creuse, composée de couches placées l'une sur l'autre comme autant de sédiments qui seraient tombés successivement au fond de l'eau; les couches qui sont les plus enfoncées sont ordinairement les plus épaisses, et celles qui sont sur celles-ci sont les plus minces par degrés jusqu'à la surface. On trouve des coquilles de mer, des dents et des os de poissons dans ces différentes couches; il s'en trouve non seulement dans les couches molles, comme dans la craie, l'argile et la marne, mais même dans les couches les plus solides et les plus dures, comme dans celles de pierre, de marbre, etc. Ces productions marines sont incorporées avec la pierre, et, lorsqu'on la rompt et qu'on en sépare la coquille, on observe toujours que la pierre a reçu l'empreinte ou la forme de la surface avec tant d'exactitude, qu'on voit que toutes les parties étaient exactement contiguës et appliquées à la coquille. « Je me suis assuré, dit » cet auteur, qu'en France, en Flandre, en Hollande, en Espagne, en Italie, en Allemagne, » en Danemark, en Norvége et en Suède, la pierre et les autres substances terrestres sont » disposées par couches de même qu'en Angleterre; que ces couches sont divisées par » des fentes parallèles; qu'il y a, au dedans des pierres et des autres substances ter- » restres et compactes, une grande quantité de coquillages, et d'autres productions de la » mer disposées de la même manière que dans cette île (a). J'ai appris que ces couches » se trouvaient de même en Barbarie, en Égypte, en Guinée et dans les autres parties de » l'Afrique, dans l'Arabie, la Syrie, la Perse, le Malabar, la Chine et les autres provinces » de l'Asie, à la Jamaïque, aux Barbades, en Virginie, dans la Nouvelle-Angleterre, au » Brésil, au Pérou et dans les autres parties de l'Amérique. » (*Essai sur l'Histoire natu- » relle de la terre,* pages 4, 41, 42, etc.)

Cet auteur ne dit pas comment et par qui il a appris que les couches de la terre au Pérou contenaient des coquilles; cependant, comme en général ses observations sont exactes, je ne doute pas qu'il n'ait été bien informé, et c'est ce qui me persuade qu'on doit trouver des coquilles au Pérou dans les couches de terre, comme on en trouve partout ailleurs; je fais cette remarque à l'occasion d'un doute qu'on a formé depuis peu sur cela, et dont je parlerai tout à l'heure.

Dans une fouille que l'on fit à Amsterdam pour faire un puits, on creusa jusqu'à 232 pieds de profondeur, et on trouva les couches de terre suivantes : 7 pieds de terre végétale ou terre de jardin, 9 pieds de tourbes, 9 pieds de glaise molle, 8 pieds d'arène, 4 de terre, 10 d'argile, 4 de terre, 10 pieds d'arène, sur laquelle on a coutume d'appuyer les pilotis qui soutiennent les maisons d'Amsterdam, ensuite 2 pieds d'argile, 4 de sablon blanc, 5 de terre sèche, 1 de terre molle, 14 d'arène, 8 d'argile mêlée d'arène, 4 d'arène mêlée de coquilles, ensuite une épaisseur de 100 et 2 pieds de glaise, et enfin 31 pieds de sable, où l'on cessa de creuser. (Voyez *Varenii Geograph. general.*, pag. 46.)

Il est rare qu'on fouille aussi profondément sans trouver de l'eau, et ce fait est remarquable en plusieurs choses : 1° il fait voir que l'eau de la mer ne communique pas dans l'intérieur de la terre par voie de filtration ou de stillation, comme on le croit vulgairement; 2° nous voyons qu'on trouve des coquilles à 100 pieds au-dessous de la surface de la terre dans un pays extrêmement bas, et que, par conséquent, le terrain de la Hollande a été élevé de 100 pieds par les sédiments de la mer; 3° on peut en tirer une induction que cette couche de glaise épaisse de 102 pieds, et la couche de sable qui est au-dessous dans laquelle on a fouillé à 31 pieds et dont l'épaisseur entière est inconnue, ne sont peut-être pas fort éloignées de la première couche de la vraie terre ancienne et originaire, telle qu'elle était dans le temps de sa première formation et avant que le mouvement des eaux eût changé sa surface. Nous avons dit dans l'article premier que, si l'on voulait trouver la terre ancienne, il faudrait creuser dans les pays du Nord plutôt que vers l'équateur, dans les plaines basses plutôt que dans les montagnes ou dans les terres élevées. Ces conditions se trouvent à peu près rassemblées ici; seulement il aurait été à

(a) En Angleterre.

souhaiter qu'on eût continué cette fouille à une plus grande profondeur, et que l'auteur nous eût appris s'il n'y avait pas de coquilles ou d'autres productions marines dans cette couche de glaise de 102 pieds d'épaisseur et dans celle du sable qui était au-dessous. Cet exemple confirme ce que nous avons dit, savoir, que plus on fouille dans l'intérieur de la terre, plus on trouve les couches épaisses, ce qui s'explique fort naturellement dans notre théorie.

Non seulement la terre est composée de couches parallèles et horizontales dans les plaines et dans les collines; mais les montagnes même sont, en général, composées de la même façon; on peut dire que ces couches y sont plus apparentes que dans les plaines, parce que les plaines sont ordinairement recouvertes d'une quantité assez considérable de sable et de terre que les eaux ont amenés, et, pour trouver les anciennes couches, il faut creuser plus profondément dans les plaines que dans les montagnes.

J'ai souvent observé que lorsqu'une montagne est égale et que son sommet est de niveau, les couches ou lits de pierre qui la composent sont aussi de niveau; mais si le sommet de la montagne n'est pas posé horizontalement, et s'il penche vers l'orient ou vers tout autre côté, les couches de pierre penchent aussi du même côté. J'avais ouï dire à plusieurs personnes que, pour l'ordinaire, les bancs ou lits des carrières penchent un peu du côté du levant; mais, ayant observé moi-même toutes les carrières et toutes les chaînes de rochers qui se sont présentées à mes yeux, j'ai reconnu que cette opinion est fausse, et que les couches ou bancs de pierre ne penchent du côté du levant que lorsque le sommet de la colline penche de ce même côté, et qu'au contraire si le sommet s'abaisse du côté du nord, du midi, du couchant ou de tout autre côté, les lits de pierre penchent aussi du côté du nord, du midi, du couchant, etc. Lorsqu'on tire les pierres et les marbres des carrières, on a grand soin de les séparer suivant leur position naturelle, et on ne pourrait pas même les avoir en grand volume si on voulait les couper dans un autre sens; lorsqu'on les emploie, il faut, pour que la maçonnerie soit bonne et pour que les pierres durent longtemps, les poser sur leur *lit de carrière*, c'est ainsi que les ouvriers appellent la couche horizontale; si, dans la maçonnerie, les pierres étaient posées sur un autre sens, elles se fendraient et ne résisteraient pas aussi longtemps au poids dont elles sont chargées : on voit bien que ceci confirme que les pierres se sont formées par couches parallèles et horizontales, qui se sont successivement accumulées les unes sur les autres, et que ces couches ont composé des masses dont la résistance est plus grande dans ce sens que dans tout autre.

Au reste, chaque couche, soit qu'elle soit horizontale ou inclinée, a dans toute son étendue une épaisseur égale, c'est-à-dire chaque lit d'une matière quelconque, pris à part, a une épaisseur égale dans toute son étendue; par exemple, lorsque, dans une carrière, le lit de pierre dure a 3 pieds d'épaisseur en un endroit, il a ces 3 pieds d'épaisseur partout; s'il a 6 pieds d'épaisseur en un endroit, il en a 6 partout. Dans les carrières autour de Paris, le lit de bonne pierre n'est pas épais, et il n'a guère que 18 à 20 pouces d'épaisseur partout; dans d'autres carrières, comme en Bourgogne, la pierre a beaucoup plus d'épaisseur; il en est de même des marbres : ceux dont le lit est le plus épais sont les marbres blancs et noirs; ceux de couleur sont ordinairement plus minces, et je connais des lits d'une pierre fort dure, et dont les paysans se servent en Bourgogne pour couvrir leurs maisons, qui n'ont qu'un pouce d'épaisseur; les épaisseurs des différents lits sont donc différentes, mais chaque lit conserve la même épaisseur dans toute son étendue : en général, on peut dire que l'épaisseur des couches horizontales est tellement variée, qu'elle va, depuis une ligne et moins encore, jusqu'à 1, 10, 20, 30 et 100 pieds d'épaisseur; les carrières anciennes et nouvelles qui sont creusées horizontalement, les boyaux des mines, et les coupes à plomb, en long et en travers, de plusieurs montagnes, prouvent qu'il y a des couches qui ont beaucoup d'étendue en tout sens. « Il est bien prouvé

Guillemin del. — *Rapine sc.*

CONSTELLATIONS CÉLESTES

Étoiles circompolaires Boréales pour la latitude boréale de 45°

A. L. Vasseur Éditeur — Imp. L. [illegible]

» dit l'historien de l'Académie, que toutes les pierres ont été une pâte molle, et, comme » il y a des carrières presque partout, la surface de la terre a donc été dans tous ces » lieux, du moins jusqu'à une certaine profondeur, une vase et une bourbe; les coquil- » lages, qui se trouvent dans presque toutes les carrières, prouvent que cette vase était » une terre détrempée par l'eau de la mer, et par conséquent la mer a couvert tous ces » lieux-là, et elle n'a pu les couvrir sans couvrir aussi tout ce qui était de niveau ou » plus bas, et elle n'a pu couvrir tous les lieux où il y a des carrières et tous ceux qui » sont de niveau ou plus bas, sans couvrir toute la surface du globe terrestre. Ici l'on ne » considère point encore les montagnes que la mer aurait dû couvrir aussi, puisqu'il s'y » trouve toujours des carrières et souvent des coquillages : si on les supposait formées, » le raisonnement que nous faisons en deviendrait beaucoup plus fort. »

« La mer, continue-t-il, couvrait donc toute la terre, et de là vient que tous les bancs » ou lits de pierre qui sont dans les plaines sont horizontaux et parallèles entre eux; » les poissons auront été les plus anciens habitants du globe, qui ne pouvait encore » avoir ni animaux terrestres ni oiseaux. Mais comment la mer s'est-elle retirée dans » les grands creux, dans les vastes bassins qu'elle occupe présentement? Ce qui se » présente le plus naturellement à l'esprit, c'est que le globe de la terre, du moins jusqu'à » une certaine profondeur, n'était pas solide partout, mais entremêlé de quelques grands » creux dont les voûtes se sont soutenues pendant un temps, mais enfin sont venues à » fondre subitement; alors les eaux seront tombées dans ces creux, les auront remplis, » et auront laissé à découvert une partie de la surface de la terre qui sera devenue une » habitation convenable aux animaux terrestres et aux oiseaux. Les coquillages des » carrières s'accordent fort avec cette idée; car, outre qu'il n'a pu se conserver jusqu'à » présent dans les terres que des parties pierreuses des poissons, on sait qu'ordinairement » les coquillages s'amassent en grand nombre dans certains endroits de la mer, où ils » sont comme immobiles et forment des espèces de rochers, et ils n'auront pu suivre les » eaux qui les auront subitement abandonnés; c'est par cette dernière raison que l'on » trouve infiniment plus de coquillages que d'arêtes ou d'empreintes d'autres poissons, » et cela même prouve une chute soudaine de la mer dans ses bassins. Dans le même » temps que les voûtes que nous supposons ont fondu, il est fort possible que d'autres » parties de la surface du globe se soient élevées, et par la même cause : ce seront là » les montagnes qui se seront placées sur cette surface avec des carrières déjà toutes » formées; mais les lits de ces carrières n'ont pas pu conserver la direction horizontale » qu'ils avaient auparavant, à moins que les masses des montagnes ne se fussent élevées » précisément selon un axe perpendiculaire à la surface de la terre, ce qui n'a pu être » que très rare : aussi, comme nous l'avons déjà observé en 1708 (*pag.* 30 *et suiv.*), les » lits des carrières des montanges sont toujours inclinés à l'horizon, mais parallèles entre » eux, car ils n'ont pas changé de position les uns à l'égard des autres, mais seulement » à l'égard de la surface de la terre. » (Voyez les *Mémoires de l'Académie*, année 1716, p. 14 et suiv. de *l'Histoire*.)

Ces couches parallèles, ces lits de terre ou de pierre, qui ont été formés par les sédiments des eaux de la mer, s'étendent souvent à des distances très considérables, et même on trouve dans les collines séparées par un vallon les mêmes lits, les mêmes matières, au même niveau. Cette observation, que j'ai faite, s'accorde parfaitement avec celle de l'égalité de la hauteur des collines opposées dont je parlerai tout à l'heure; on pourra s'assurer aisément de la vérité de ces faits, car, dans tous les vallons étroits, où l'on découvre des rochers, on verra que les mêmes lits de pierre ou de marbre se trouvent des deux côtés à la même hauteur. Dans une campagne que j'habite souvent et où j'ai beaucoup examiné les rochers et les carrières, j'ai trouvé une carrière de marbre qui s'étend à plus de 12 lieues en longueur et dont la largeur est fort considérable, quoique je n'aie pas pu m'assurer précisément de cette étendue en largeur. J'ai souvent observé que ce lit de marbre a la même épaisseur partout; et dans des collines, séparées de cette carrière par un vallon de 100 pieds de profondeur et d'un quart de lieue de largeur, j'ai trouvé le même lit de marbre à la même hauteur; je suis persuadé qu'il en est de même de toutes les carrières de pierre ou de marbre où l'on trouve des coquilles, car cette observation n'a pas lieu dans les carrières de grès. Nous donnerons, dans la suite, les raisons de cette différence, et nous dirons pourquoi le grès n'est pas disposé, comme les autres matières, par lits horizontaux, et qu'il est en blocs irréguliers pour la forme et pour la position.

On a de même observé que les lits de terre sont les mêmes des deux côtés des détroits de la mer, et cette observation, qui est importante, peut nous conduire à reconnaître les terres et les îles qui ont été séparées du continent; elle prouve, par exemple, que l'Angleterre a été séparée de la France, l'Espagne de l'Afrique, la Sicile de l'Italie, et il serait à souhaiter qu'on eût fait la même observation dans tous les détroits; je suis persuadé qu'on la trouverait vraie presque partout, et pour commencer par le plus long détroit que nous connaissions, qui est celui de Magellan, nous ne savons pas si les mêmes lits de pierre se trouvent à la même hauteur des deux côtés, mais nous voyons, à l'inspection des cartes particulières de ce détroit, que les deux côtes élevées qui le bornent, forment à peu près, comme les montagnes de la terre, des angles correspondants, et que les angles saillants sont opposés aux angles rentrants dans les détours de ce détroit, ce qui prouve que la Terre-de-Feu doit être regardée comme une partie du continent de l'Amérique; il en est de même du détroit de Forbisher, l'île de Frisland paraît avoir été séparée du continent de Groenland.

Les îles Maldives ne sont séparées les unes des autres que par de petits trajets de mer, de chaque côté desquels se trouvent des bancs et des rochers composés de la même matière; toutes ces îles qui, prises ensemble, ont près de 200 lieues de longueur, ne formaient autrefois qu'une même terre : elles sont divisées en treize provinces que l'on appelle *atollons*. Chaque atollon contient un grand nombre de petites îles dont la plupart sont tantôt submergées et tantôt à découvert; mais, ce qu'il y a de remarquable, c'est que ces treize atollons sont chacun environnés d'une chaîne de rochers de même nature de pierre, et qu'il n'y a que trois ou quatre ouvertures dangereuses par où on peut entrer dans chaque atollon; ils sont tous posés de suite et bout à bout, et il paraît évidemment que ces îles étaient autrefois une longue montagne couronnée de rochers. (Voyez *Voyages de Franç. Pyrard,* vol. Ier, Paris, 1719, p. 107, etc.)

Plusieurs auteurs, comme Verstegan, Twine, Sommer, et surtout Campbell dans sa description de l'Angleterre, au chapitre de la province de Kent, donnent des raisons très fortes pour prouver que l'Angleterre était autrefois jointe à la France, et qu'elle en a été séparée par un coup de mer qui, s'étant ouvert cette porte, a laissé à découvert une grande quantité de terres basses et marécageuses tout le long des côtes méridionales de l'Angleterre. Le docteur Wallis fait valoir, comme une preuve de ce fait, la conformité de l'ancien langage des Gallois et des Bretons, et il ajoute plusieurs observations que nous rapporterons dans les articles suivants.

Si l'on considère, en voyageant, la forme des terrains, la position des montagnes et les sinuosités des rivières, on s'apercevra qu'ordinairement les collines opposées sont non seulement composées des mêmes matières, au même niveau, mais même qu'elles sont à peu près également élevées : j'ai observé cette égalité de hauteur dans les endroits où j'ai voyagé, et je l'ai toujours trouvée la même à très peu près, des deux côtés, surtout dans les vallons serrés et qui n'ont tout au plus qu'un quart ou un tiers de lieue de largeur; car, dans les grandes vallées qui ont beaucoup plus de largeur, il est assez difficile de juger exactement de la hauteur des collines et de leur égalité, parce qu'il y a erreur d'optique et erreur de jugement; en regardant une plaine ou tout autre terrain de niveau, qui s'étend fort au loin, il paraît s'élever, et, au contraire, en voyant de loin des collines elles paraissent s'abaisser : ce n'est pas ici le lieu de donner la raison mathématique de cette différence. D'autre côté, il est fort difficile de juger par le simple coup d'œil où se trouve le milieu d'une grande vallée, à moins qu'il n'y ait une rivière ; au lieu que, dans les vallons serrés, le rapport des yeux est moins équivoque et le jugement plus certain. Cette partie de la Bourgogne qui est comprise entre Auxerre, Dijon, Autun et Bar-sur-Seine, et dont une étendue considérable s'appelle le *bailliage de la Montagne*, est un des endroits les plus élevés de la France; d'un côté de la plupart de ces montagnes qui ne sont que du second ordre, et qu'on ne doit regarder que comme des collines élevées, les eaux coulent vers l'Océan, et de l'autre vers la Méditerranée; il y a des points de partage, comme à Sombernon, Pouilly-en-Auxois, etc., où on peut tourner les eaux indifféremment vers l'Océan ou vers la Méditerranée : ce pays élevé est entrecoupé de plusieurs petits vallons assez serrés et presque tous arrosés de gros ruisseaux ou de petites rivières. J'ai mille et mille fois observé la correspondance des angles de ces collines et leur égalité de hauteur, et je puis assurer que j'ai trouvé partout les angles saillants opposés aux angles rentrants, et les hauteurs à peu près égales des deux côtés. Plus on avance dans le pays élevé où sont les points de partage dont nous venons de parler, plus les montagnes ont de hauteur; mais cette hauteur est toujours la même des deux côtés des vallons, et les collines s'élèvent ou s'abaissent également : en se plaçant à l'extrémité des vallons dans le milieu de la largeur, j'ai toujours vu que le bassin du vallon était environné et surmonté de collines dont la hauteur était égale; j'ai fait la même observation dans plusieurs autres provinces de France. C'est cette égalité de hauteur dans les collines qui fait les plaines en montagnes; ces plaines forment, pour ainsi dire, des pays élevés au-dessus d'autres pays; mais les hautes montagnes ne paraissent pas être si égales en hauteur; elles se terminent la plupart en pointes et en pics irréguliers, et j'ai vu, en traversant plusieurs fois les Alpes et l'Apennin, que les angles sont en effet correspondants, mais qu'il est presque impossible de juger à l'œil de l'égalité ou de l'inégalité de hauteur des montagnes opposées, parce que leur sommet se perd dans les brouillards et dans les nues.

Les différentes couches dont la terre est composée ne sont pas disposées suivant l'ordre de leur pesanteur spécifique : souvent on trouve des couches de matières pesantes posées sur des couches de matières plus légères; pour s'en assurer, il ne faut qu'examiner la nature des terres sur lesquelles portent les rochers, et on verra que c'est ordinairement sur des glaises ou sur des sables qui sont spécifiquement moins pesants que la matière du rocher : dans les collines et dans les autres petites élévations, on reconnait facilement la base sur laquelle portent les rochers; mais il n'en est pas de même des grandes montagnes; non seulement le sommet est de rocher, mais ces rochers portent sur d'autres rochers : il y a montagnes sur montagnes et rochers sur rochers, à des hauteurs si considérables et dans une si grande étendue de terrain, qu'on ne peut guère s'assurer s'il y a de la terre dessous et de quelle nature est cette terre. On voit des rochers coupés à pic qui ont plusieurs centaines de pieds de hauteur; ces rochers portent sur d'autres, qui peut-être n'en ont pas moins; cependant ne peut-on pas conclure du petit au grand? Et puisque les rochers des petites montagnes dont on voit la base portent sur des terres moins pesantes et moins solides que la pierre, ne peut-on pas croire que la base des hautes montagnes est aussi de terre? Au reste, tout ce que j'ai à prouver ici, c'est qu'il a pu arriver naturellement, par le mouvement des eaux, qu'il se soit accumulé des matières plus pesantes au-dessus des plus légères, et que, si cela se trouve en effet dans la plupart des collines, il est probable que cela est arrivé comme je l'explique dans le texte; mais quand même on voudrait se refuser à mes raisons, en m'objectant que je ne suis pas bien fondé à supposer qu'avant la formation des montagnes les matières les plus pesantes étaient au-dessous des moins pesantes, je répondrai que je n'assure rien de général à cet égard, parce qu'il y a plusieurs manières dont cet effet a pu se produire, soit que les matières pesantes fussent au-dessous ou au-dessus, ou placées indifféremment, comme nous les voyons aujourd'hui ; car, pour concevoir comment la mer, ayant d'abord formé une montagne de glaise, l'a ensuite couronnée de rochers, il suffit de faire attention que les sédiments peuvent venir successivement de différents endroits, et qu'ils peuvent être des matières différentes, en sorte que dans un endroit de la mer où les eaux auront déposé d'abord plusieurs sédiments de glaise, il peut très bien arriver que tout d'un coup, au lieu de glaise, les eaux apportent des sédiments pierreux, et cela, parce qu'elles auront enlevé du fond ou détaché des côtes toute la glaise, et qu'ensuite elles auront attaqué les rochers, ou bien parce que les premiers sédiments venaient d'un endroit, et les seconds d'un autre. Au reste, cela s'accorde parfaitement avec les observations, par lesquelles on reconnait que les lits de terre, de pierre, de gravier, de sable, etc., ne suivent aucune règle dans leur arrangement, ou du moins se trouvent placés indifféremment et comme au hasard les uns au-dessus des autres.

Cependant ce hasard même doit avoir des règles, qu'on ne peut connaître qu'en estimant la valeur des probabilités et la vraisemblance des conjectures. Nous avons vu qu'en suivant notre hypothèse sur la formation du globe, l'intérieur de la terre doit être d'une matière vitrifiée, semblable à nos sables vitrifiables, qui ne sont que des fragments de verre, et dont les glaises sont peut-être les scories ou les parties décomposées ; dans cette supposition, la terre doit être composée dans le centre, et presque jusqu'à la circonférence extérieure, de verre ou d'une matière vitrifiée qui en occupe presque tout l'intérieur, et au-dessus de cette matière on doit trouver les sables, les glaises et les autres scories de cette matière vitrifiée. Ainsi en considérant la terre dans son premier état, c'était d'abord un noyau de verre ou de matière vitrifiée, qui est ou massive comme le verre, ou divisée comme le sable, parce que cela dépend du degré de l'activité du feu qu'elle aura éprouvé ; au-dessus de cette matière étaient les sables, et enfin les glaises ; le limon des eaux et de l'air a produit l'enveloppe extérieure qui est plus ou moins épaisse suivant la situation du terrain, plus ou moins colorée suivant les différents mélanges du limon, des sables et des parties d'animaux ou de végétaux détruits, et plus ou moins féconde suivant l'abondance ou la disette de ces mêmes parties. Pour faire voir que cette supposition, au sujet de la formation des sables et des glaises, n'est pas aussi gratuite qu'on pourrait l'imaginer, nous avons cru devoir ajouter à ce que nous venons de dire quelques remarques particulières.

Je conçois donc que la terre dans le premier état était un globe, ou plutôt un sphéroïde de matière vitrifiée, de verre, si l'on veut, très compact, couvert d'une croûte légère et friable, formée par les scories de la matière en fusion, d'une véritable pierre ponce : le mouvement et l'agitation des eaux et de l'air brisèrent bientôt et réduisirent en poussière cette croûte de verre spongieuse, cette pierre ponce qui était à la surface ; de là les sables qui, en s'unissant, produisirent ensuite les grès et le roc vif, ou, ce qui est la même chose, les cailloux en grande masse, qui doivent, aussi bien que les cailloux en petite masse, leur dureté, leur couleur ou leur transparence et la variété de leurs accidents, aux différents degrés de pureté et à la finesse du grain des sables qui sont entrés dans leur composition.

Les mêmes sables, dont les parties constituantes s'unissent par le moyen du feu, s'assimilent et deviennent un corps dur très dense, et d'autant plus transparent que le sable est plus homogène ; exposés, au contraire, longtemps à l'air, se décomposant par la désunion et l'exfoliation des petites lames dont ils sont formés, ils commencent à devenir terre, et c'est ainsi qu'ils ont pu former les glaises et les argiles. Cette poussière, tantôt d'un jaune brillant, tantôt semblable à des paillettes d'argent dont on se sert pour sécher l'écriture, n'est autre chose qu'un sable très pur, en quelque façon pourri, presque réduit en ses principes, et qui tend à une décomposition parfaite ; avec le temps, ces paillettes se seraient atténuées et divisées au point qu'elles n'auraient plus eu assez d'épaisseur et de surface pour réfléchir la lumière, et elles auraient acquis toutes les propriétés des glaises : qu'on regarde au grand jour un morceau d'argile, on y apercevra une grande quantité de ces paillettes talqueuses, qui n'ont pas encore entièrement perdu leur forme. Le sable peut donc avec le temps produire l'argile, et celle-ci en se divisant acquiert de même les propriétés d'un véritable limon, matière vitrifiable comme l'argile et qui est du même genre.

Cette théorie est conforme à ce qui se passe tous les jours sous nos yeux : qu'on lave du sable sortant de sa minière, l'eau se chargera d'une assez grande quantité de terre noire, ductile, grasse, de véritable argile. Dans les villes, où les rues sont pavées de grès, les boues sont toujours noires et très grasses, et desséchées elles forment une terre de la même nature que l'argile. Qu'on détrempe et qu'on lave de même de l'argile prise dans un terrain où il n'y a ni grès ni cailloux, il se précipitera toujours au fond de l'eau une assez grande quantité de sable vitrifiable.

Mais ce qui prouve parfaitement que le sable, et même le caillou et le verre, existent dans l'argile et n'y sont que déguisés, c'est que le feu en réunissant les parties de celle-ci, que l'action de l'air et des autres éléments avaient peut-être divisées, lui rend sa première forme. Qu'on mette de l'argile dans un fourneau de réverbère échauffé au degré de la calcination, elle se couvrira au dehors d'un émail très dur ; si, à l'intérieur, elle n'est pas encore vitrifiée, elle aura cependant acquis une très grande dureté, elle résistera à la lime et au burin, elle étincellera sous le marteau, elle aura enfin toutes les propriétés du caillou ; un degré de chaleur de plus la fera couler et la convertira en un véritable verre.

L'argile et le sable sont donc des matières parfaitement analogues et du même genre ; si l'argile en se condensant peut devenir du caillou, du verre, pourquoi le sable en se divisant ne pourrait-il pas devenir de l'argile ? Le verre paraît être la véritable terre élémentaire, et tous les mixtes un verre déguisé ; les métaux, les minéraux, les sels, etc., ne sont qu'une terre vitrescible ; la pierre ordinaire, les autres matières qui lui sont analogues, et les coquilles des testacés, des crustacés, etc., sont les seules substances qu'aucun agent connu n'a pu jusqu'à présent vitrifier, et les seules qui semblent faire une classe à part. Le feu, en réunissant les parties divisées des premières, en fait une matière homogène, dure et transparente à un certain degré, sans aucune diminution de pesanteur, et à laquelle il n'est plus capable de causer aucune altération ; celles-ci, au contraire, dans lesquelles il entre une plus grande quantité de principes actifs et volatils, et qui se calcinent, perdent au feu plus du tiers de leur poids, et reprennent simplement la forme de terre, sans autre altération que la désunion de leurs principes : ces matières exceptées, qui ne sont pas en grand nombre, et dont les combinaisons ne produisent pas de grandes variétés dans la nature, toutes les autres substances, et particulièrement l'argile, peuvent être converties en verre, et ne sont essentiellement, par conséquent, qu'un verre décomposé. Si le feu fait changer promptement de forme à ces substances, en les vitrifiant, le verre lui-même, soit qu'il ait sa nature de verre, ou bien celle de sable ou de caillou, se change naturellement en argile, mais par un progrès lent et insensible.

Dans les terrains où le caillou ordinaire est la pierre dominante, les campagnes en sont ordinairement jonchées ; et si le lieu est inculte et que ces cailloux aient été longtemps exposés à l'air sans avoir été remués, leur superficie supérieure est toujours très blanche, tandis que le côté opposé, qui touche immédiatement à la terre, est très brun et conserve sa couleur naturelle : si on casse plusieurs de ces cailloux, on reconnaîtra que la blancheur n'est pas seulement au dehors, mais qu'elle pénètre dans l'intérieur plus ou moins profondément, et y forme une espèce de bande, qui n'a dans de certains cailloux que très peu d'épaisseur, mais qui dans d'autres occupe presque toute celle du caillou; cette partie blanche est un peu grenue, entièrement opaque, aussi tendre que la pierre, et elle s'attache à la langue comme les bols, tandis que le reste du caillou est lisse et poli, qu'il n'a ni fil ni grain, et qu'il a conservé sa couleur naturelle, sa transparence et sa même dureté; si on met dans un fourneau ce même caillou à moitié décomposé, sa partie blanche deviendra d'un rouge couleur de tuile, et sa partie brune d'un très beau blanc. Qu'on ne dise point, avec un de nos plus célèbres naturalistes, que ces pierres sont des cailloux imparfaits de différents âges, qui n'ont pas encore acquis leur perfection; car pourquoi seraient-ils tous imparfaits? pourquoi le seraient-ils tous du même côté, et du côté qui est exposé à l'air? Il me semble qu'il est aisé de se convaincre que ce sont, au contraire, des cailloux altérés, décomposés, qui tendent à reprendre la forme et les propriétés de l'argile et du bol dont ils ont été formés. Si c'est conjecturer que de raisonner ainsi, qu'on expose en plein air le caillou le plus caillou (comme parle ce fameux naturaliste), le plus dur et le plus noir, en moins d'une année il changera de couleur à la surface; et, si on a la patience de suivre cette expérience, on lui verra perdre insensiblement et par degré sa dureté, sa transparence et ses autres caractères spécifiques, et approcher de plus en plus chaque jour de la nature de l'argile.

Ce qui arrive au caillou arrive au sable; chaque grain de sable peut être considéré comme un petit caillou, et chaque caillou comme un amas de grains de sable extrêmement fins et exactement engrenés. L'exemple du premier degré de décomposition du sable se trouve dans cette poudre brillante, mais opaque, *mica,* dont nous venons de parler, et dont l'argile et l'ardoise sont toujours parsemées; les cailloux entièrement transparents, les *quartz,* produisent en se décomposant des talcs gras et doux au toucher, aussi pétrissables et ductiles que la glaise, et vitrifiables comme elle, tels que ceux de Venise et de Moscovie; et il me paraît que le talc est un terme moyen entre le verre ou le caillou transparent et l'argile, au lieu que le caillou grossier et impur, en se décomposant, passe à l'argile sans intermède.

Notre verre factice éprouve aussi la même altération : il se décompose à l'air et se pourrit en quelque façon en séjournant dans les terres; d'abord sa superficie s'*irise,* s'écaille, s'exfolie, et en le maniant on s'aperçoit qu'il s'en détache des paillettes brillantes; mais, lorsque sa décomposition est plus avancée, il s'écrase entre les doigts et se réduit en poudre talqueuse très blanche et très fine; l'art a même imité la nature pour la décomposition du verre et du caillou. *Est etiam certa methodus solius aquæ communis ope silices et arenam in liquorem viscosum, eumdemque in sal viride convertendi, et hoc in oleum rubicundum, etc. Solius ignis et aquæ ope speciali experimento durissimos quosque lapides in mucorem resolvo, qui distillatus subtilem spiritum exhibet et oleum nullis laudibus prædicabile.* (Voy. Becher, *Phys. subter.*)

Nous traiterons ces matières encore plus à fond dans notre discours sur les minéraux, et nous nous contenterons d'ajouter ici que les différentes couches qui couvrent le globe terrestre, étant encore actuellement ou de matières que nous pouvons considérer comme vitrifiées, ou de matières analogues au verre, qui en ont les propriétés les plus essentielles, et qui toutes sont vitrescibles, et que d'ailleurs comme il est évident que de la décomposition du caillou et du verre, qui se fait chaque jour sous nos yeux, il résulte une véritable terre argileuse, ce n'est donc pas une supposition précaire ou gratuite, que d'avancer, comme je l'ai fait, que les glaises, les argiles et les sables ont été formés par les scories et les écumes vitrifiées du globe terrestre, surtout lorsqu'on y joint les preuves *à priori*, que nous avons données pour faire voir qu'il a été dans un état de liquéfaction causée par le feu.

ARTICLE VIII

SUR LES COQUILLES ET LES AUTRES PRODUCTIONS DE LA MER, QU'ON TROUVE DANS L'INTÉRIEUR DE LA TERRE

J'ai souvent examiné des carrières du haut en bas, dont les bancs étaient remplis de coquilles; j'ai vu des collines entières qui en sont composées, des chaînes de rochers qui en contiennent une grande quantité dans toute leur étendue. Le volume de ces productions de la mer est étonnant, et le nombre de ces dépouilles d'animaux marins est si prodigieux, qu'il n'est guère possible d'imaginer qu'il puisse y en avoir davantage dans la mer; c'est en considérant cette multitude innombrable de coquilles et d'autres productions marines, qu'on ne peut pas douter que notre terre n'ait été pendant un très long temps un fond de mer peuplé d'autant de coquillages que l'est actuellement l'océan : la quantité en est immense, et naturellement on n'imaginerait pas qu'il y eût dans la mer une multitude aussi grande de ces animaux; ce n'est que par celle des coquilles fossiles et pétrifiées qu'on trouve sur la terre, que nous pouvons en avoir une idée. En effet, il ne faut pas croire, comme se l'imaginent tous les gens qui veulent raisonner sur cela sans avoir rien vu, qu'on ne trouve ces coquilles que par hasard, qu'elles sont dispersées çà et là, ou tout au plus par petits tas, comme des coquilles d'huîtres jetées à la porte; c'est par montagnes qu'on les trouve, c'est par bancs de 100 et de 200 lieues de longueur; c'est par collines et par provinces qu'il faut les toiser, souvent dans une épaisseur de 50 ou 60 pieds, et c'est d'après ces faits qu'il faut raisonner.

Nous ne pouvons donner sur ce sujet un exemple plus frappant que celui des coquilles de Touraine : voici ce qu'en dit l'historien de l'Académie (année 1720, pages 5 et suiv.) : « Dans tous les siècles assez peu éclairés et assez dépourvus du génie d'observation et de » recherche, pour croire que tout ce qu'on appelle aujourd'hui pierres figurées, et les » coquillages mêmes trouvés dans la terre, étaient des jeux de la nature, ou quelques » accidents particuliers, le hasard a dû mettre au jour une infinité de ces sortes de curio- » sités que les philosophes mêmes, si c'étaient des philosophes, ne regardaient qu'avec » une surprise ignorante ou une légère attention, et tout cela périssait sans aucun fruit » pour le progrès des connaissances. Un potier de terre, qui ne savait ni latin ni grec, » fut le premier (*a*), vers la fin du XVIe siècle, qui osa dire dans Paris, et à la face de tous » les docteurs, que les coquilles fossiles étaient de véritables coquilles déposées autre- » fois par la mer dans les lieux où elles se trouvaient alors; que des animaux, et surtout » des poissons, avaient donné aux pierres figurées toutes leurs différentes figures, etc., » et il défia hardiment toute l'école d'Aristote d'attaquer ses preuves; c'est Bernard » Palissy, Saintongeois, aussi grand physicien que la nature seule en puisse former un : » cependant son système a dormi près de cent ans, et le nom même de l'auteur est » presque mort. Enfin les idées de Palissy se sont réveillées dans l'esprit de plusieurs » savants; elles ont fait la fortune qu'elles méritaient, on a profité de toutes les coquilles, » de toutes les pierres figurées que la terre a fournies; peut-être seulement sont-elles deve-

(*a*) Je ne puis m'empêcher d'observer que le sentiment de Palissy avait été celui des anciens : *Conchulas, arenas, buccinas, calculos variè infectos frequenti solo, quibusdam etiam in montibus reperiri, certum signum maris alluvione eos coopertos locos volunt Herodotus, Plato, Strabo, Seneca, Tertullianus, Plutarchus, Ovidius. et alii.* (Vide Dausqui, *Terra et aqua*, p. 7.)

» nues aujourd'hui trop communes, et les conséquences qu'on en tire sont en danger » d'être bientôt trop incontestables.

» Malgré cela, ce doit être encore une chose étonnante que le sujet des observations » présentes de M. Réaumur : une masse de 130,680,000 toises cubiques, enfouie sous terre, » qui n'est qu'un amas de coquilles ou de fragments de coquilles sans nul mélange de » matière étrangère, ni pierre, ni terre, ni sable; jamais jusqu'à présent les coquilles » fossiles n'ont paru en cette énorme quantité, et jamais, quoique en une quantité beau- » coup moindre, elles n'ont paru sans mélange. C'est en Touraine que se trouve ce pro- » digieux amas à plus de 36 lieues de la mer : on l'y connaît, parce que les paysans de » ce canton se servent de ces coquilles qu'ils tirent de terre, comme de marne, pour ferti- » liser leurs campagnes, qui sans cela seraient absolument stériles. Nous laissons expli- » quer à M. de Réaumur comment ce moyen assez particulier, et en apparence assez » bizarre, leur réussit; nous nous renfermons dans la singularité de ce grand tas de » coquilles.

» Ce qu'on tire de terre, et qui ordinairement n'y est pas à plus de 8 ou 9 pieds de » profondeur, ce ne sont que de petits fragments de coquilles, très reconnaissables pour » en être des fragments; car ils ont les cannelures très bien marquées, seulement ont-ils » perdu leur luisant et leur vernis, comme presque tous les coquillages qu'on trouve en » terre, qui doivent y avoir été longtemps enfouis. Les plus petits fragments, qui ne » sont que de la poussière, sont encore reconnaissables pour être des fragments de » coquilles, parce qu'ils sont parfaitement de la même matière que les autres, quelquefois » il se trouve des coquilles entières. On reconnaît les espèces, tant des coquilles entières » que des fragments un peu gros : quelques-unes de ces espèces sont connues sur les côtes » de Poitou, d'autres appartiennent à des côtes éloignées. Il y a jusqu'à des fragments » de plantes marines pierreuses, telles que des madrépores, des champignons de » mer, etc. : toute cette matière s'appelle dans le pays du *falun*.

» Le canton qui, en quelque endroit qu'on le fouille, fournit du *falun*, a bien neuf » lieues carrées de surface. On ne perce jamais la minière de falun ou *falunière* au delà » de vingt pieds; M. de Réaumur en rapporte les raisons, qui ne sont prises que de la » commodité des laboureurs et de l'épargne des frais; ainsi les falunières peuvent avoir » une profondeur beaucoup plus grande que celle qu'on leur connaît : cependant nous » n'avons fait le calcul des 130,680,000 toises cubiques, que sur le pied de 18 pieds de » profondeur et non pas de vingt, et nous n'avons mis la lieue qu'à 2,200 toises; tout a » donc été évalué fort bas, et peut-être l'amas de coquilles est-il de beaucoup plus grand » que nous ne l'avons posé; qu'il soit seulement double, combien la merveille augmente- » t-elle !

» Dans les faits de physique, de petites circonstances que la plupart des gens ne s'avi » seraient pas de remarquer, tirent quelquefois à conséquence et donnent des lumières. » M. de Réaumur a observé que tous les fragments de coquilles sont dans leur tas posés » sur le plat et horizontalement; de là il a conclu que cette infinité de fragments ne » sont pas venus de ce que dans le tas, formé d'abord de coquilles entières, les supé- » rieures auraient par leur poids brisé les inférieures, car de cette manière il se serait » fait des écroulements qui auraient donné aux fragments une infinité de positions diffé- » rentes. Il faut que la mer ait apporté dans ce lieu-là toutes ces coquilles, soit entières, » soit quelques-unes déjà brisées, et, comme elle les apportait flottantes, elles étaient » posées sur le plat et horizontalement; après qu'elles ont été toutes déposées au rendez- » vous commun, l'extrême longueur du temps en aura brisé et presque calciné la plus » grande partie sans déranger leur position.

» Il paraît assez par là qu'elles n'ont pu être apportées que successivement, et, en effet, » comment la mer voiturerait-elle tout à la fois une si prodigieuse quantité de coquilles,

» et toutes dans une position horizontale ? Elles ont dû s'assembler dans un même lieu, » et par conséquent ce lieu a été le fond d'un golfe ou une espèce de bassin.

» Toutes ces réflexions prouvent que, quoiqu'il ait dû rester et qu'il reste effectivement » sur la terre beaucoup de vestiges du déluge universel rapporté par l'Écriture sainte, ce » n'est point ce déluge qui a produit l'amas des coquilles de Touraine, peut-être n'y en » a-t-il d'aussi grands amas dans aucun endroit du fond de la mer ; mais enfin le déluge » ne les en aurait pas arrachées, et s'il l'avait fait, ç'aurait été avec une impétuosité et » une violence qui n'aurait pas permis à toutes ces coquilles d'avoir une même position ; » elles ont dû être apportées doucement, lentement, et par conséquent en un temps beau- » coup plus long qu'une année.

» Il faut donc, ou qu'avant, ou qu'après le déluge la surface de la terre ait été, du » moins en quelques endroits, bien différemment disposée de ce qu'elle est aujourd'hui ; » que les mers et les continents y aient eu un autre arrangement, et qu'enfin il y ait eu » un grand golfe au milieu de la Touraine. Les changements qui nous sont connus depuis » le temps des histoires ou des fables qui ont quelque chose d'historique sont, à la vérité, » peu considérables, mais ils nous donnent lieu d'imaginer aisément ceux que des temps » plus longs pourraient amener. M. de Réaumur imagine comment le golfe de Touraine » tenait à l'océan, et quel était le courant qui y charriait les coquilles ; mais ce n'est » qu'une simple conjecture donnée pour tenir lieu du véritable fait inconnu, qui sera » toujours quelque chose d'approchant. Pour parler sûrement sur cette matière, il faudrait » avoir des espèces de cartes géographiques dressées selon toutes les minières de coquil- » lages enfouis en terre : quelle quantité d'observations ne faudrait-il pas, et quel temps » pour les avoir ! Qui sait cependant si les sciences n'iront pas un jour jusque-là, du moins » en partie ? »

Cette quantité si considérable de coquilles nous étonnera moins, si nous faisons attention à quelques circonstances qu'il est bon de ne pas omettre : la première est que les coquillages se multiplient prodigieusement et qu'ils croissent en fort peu de temps, l'abondance d'individus dans chaque espèce prouve leur fécondité ; on a un exemple de cette grande multiplication dans les huîtres : on enlève quelquefois dans un seul jour un volume de ces coquillages de plusieurs toises de grosseur, on diminue considérablement en assez peu de temps les rochers dont on les sépare, et il semble qu'on épuise les autres endroits où on les pêche ; cependant l'année suivante on en retrouve autant qu'il y en avait auparavant, on ne s'aperçoit pas que la quantité d'huîtres soit diminuée, et je ne sache pas qu'on ait jamais épuisé les endroits où elles viennent naturellement. Une seconde attention qu'il faut faire, c'est que les coquilles sont d'une substance analogue à la pierre, qu'elles se conservent très longtemps dans les matières molles, qu'elles se pétrifient aisément dans les matières dures, et que ces productions marines et ces coquilles que nous trouvons sur la terre, étant les dépouilles de plusieurs siècles, elles ont dû former un volume fort considérable.

Il y a, comme on voit, une prodigieuse quantité de coquilles bien conservées dans les marbres, dans les pierres à chaux, dans les craies, dans les marnes, etc.; on les trouve, comme je viens de le dire, par collines et par montagnes; elles font souvent plus de la moitié du volume des matières où elles sont contenues ; elles paraissent la plupart bien conservées, d'autres sont en fragments, mais assez gros pour qu'on puisse reconnaître à l'œil l'espèce de coquille à laquelle ces fragments appartiennent, et c'est là où se bornent les observations et les connaissances que l'inspection peut nous donner. Mais je vais plus loin, je prétends que les coquilles sont l'intermède que la nature emploie pour former la plupart des pierres ; je prétends que les craies, les marnes et les pierres à chaux ne sont composées que de poussière et de détriments de coquilles ; que, par conséquent, la quantité des coquilles détruites est encore infiniment plus considérable que celle des coquilles conservées : on verra dans le discours sur les minéraux les preuves que j'en donnerai ; je me contenterai d'indiquer ici le point de vue sous lequel il faut considérer les couches dont le globe est composé. La première couche extérieure est formée du limon de l'air, du sédiment des pluies, des rosées, et des parties végétales ou animales, réduites en particules dans lesquelles l'ancienne organisation n'est pas sensible ; les couches intérieures de craie, de marne, de pierre à chaux, de marbre, sont composées de détriments de coquilles et d'autres productions marines, mêlées avec des fragments de coquilles ou avec des coquilles entières ; mais les sables vitrifiables et l'argile sont les matières dont l'intérieur du globe est composé ; elles ont été vitrifiées dans le temps que le globe a pris sa forme, laquelle suppose nécessairement que la matière a été toute en fusion. Le granit, le roc vif, les cailloux et les grès en grande masse, les ardoises, les charbons de terre (*) doivent leur origine au sable et à l'argile, et ils sont aussi disposés par couches ; mais les tufs, les grès et les cailloux qui ne sont pas en grande masse, les cristaux, les métaux, les pyrites, la plupart des minéraux, les soufres, etc., sont des matières dont la formation est nouvelle en comparaison des marbres, des pierres calcinables, des craies, des marnes, et de toutes les autres matières qui sont disposées par couches horizontales, et qui contiennent des coquilles et d'autres débris des productions de la mer.

Comme les dénominations dont je viens de me servir pourraient paraître obscures ou équivoques, je crois qu'il est nécessaire de les expliquer. J'entends par le mot d'*argile*, non seulement les argiles blanches, jaunes, mais aussi les glaises bleues, molles, dures feuilletées, etc., que je regarde comme des scories de verre, ou comme du verre décomposé. Par le mot de *sable*, j'entends toujours le sable vitrifiable, et non seulement je comprends sous cette dénomination le sable fin qui produit les grès, et que je regarde comme de la poussière de verre, ou plutôt de pierre ponce, mais aussi le sable qui provient du grès usé et détruit par le frottement, et encore le sable gros comme du menu gravier, qui provient du granit et du roc vif, qui est aigre, anguleux, rougeâtre, et qu'on trouve assez communément dans le lit des ruisseaux et des rivières qui tirent immédiatement leurs eaux des hautes montagnes, ou de collines qui sont composées de roc vif ou de granit. La rivière d'Armanson qui passe à Semur en Auxois, où toutes les pierres sont du roc vif, charrie une grande quantité de ce sable, qui est gros et fort aigre ; il est de la même nature que le roc vif, et il n'en est en effet que le débris, comme le gravier calcinable n'est que le débris de la pierre de taille ou du moellon. Au reste, le roc vif et le granit sont une seule et même substance ; mais j'ai cru devoir employer les deux dénominations, parce qu'il y a bien des gens qui en font deux matières différentes. Il en est de même des cailloux et des grès en grande masse : je les regarde comme des espèces de rocs vifs ou de granits, et je les appelle cailloux en grande masse, parce qu'ils sont disposés, comme la pierre calcinable, par couches, et pour les distinguer des cailloux et des grès que j'appelle en petites masses, qui sont les cailloux ronds et les grès que l'on trouve *à la chasse*, comme disent les ouvriers, c'est-à-dire les grès dont les bancs n'ont pas de suite et ne forment pas de carrières continues et qui aient une certaine étendue ; ces grès et ces cailloux sont d'une formation plus nouvelle, et n'ont pas la même origine que les cailloux et les grès en grande masse, qui sont disposés par couches. J'entends par la dénomination d'*ardoise*, non seulement l'ardoise bleue que tout le monde connaît, mais les ardoises blanches, grises, rougeâtres et tous les schistes ; ces matières se trouvent ordinairement au-dessous de l'argile feuilletée et semblent n'être en

(*) Le charbon de terre ne doit pas le moins du monde son origine « au sable et à l'argile. » Il est formé de végétaux qui ont pourri lentement et se sont transformés dans le sol.

effet que de l'argile, dont les différentes petites couches ont pris corps en se desséchant, ce qui a produit les délits qui s'y trouvent. Le charbon de terre, la houille, le jais sont des matières qui appartiennent aussi à l'argile, et qu'on trouve sous l'argile feuilletée ou sous l'ardoise. Par le mot de *tuf*, j'entends non seulement le tuf ordinaire qui paraît troué, et, pour ainsi dire, organisé, mais encore toutes les couches de pierres qui se sont faites par le dépôt des eaux courantes, toutes les stalactites, toutes les incrustations, toutes les espèces de pierres fondantes ; il n'est pas douteux que ces matières ne soient nouvelles et qu'elles ne prennent tous les jours de l'accroissement. Le tuf n'est qu'un amas de matières lapidifiques, dans lesquelles on n'aperçoit aucune couche distincte ; cette matière est disposée ordinairement en petits cylindres creux, irrégulièrement groupés et formés par des eaux gouttières au pied des montagnes ou sur la pente des collines, qui contiennent des lits de marne ou de pierre tendre et calcinable ; la masse totale de ces cylindres, qui font un des caractères spécifiques de cette espèce de tuf, est toujours ou oblique, ou verticale, selon la direction des filets d'eau qui les forment ; ces sortes de carrières parasites n'ont aucune suite, leur étendue est très bornée en comparaison des carrières ordinaires, et elle est proportionnée à la hauteur des montagnes qui leur fournissent la matière de leur accroissement. Le tuf recevant chaque jour de nouveaux sucs lapidifiques, ces petites colonnes cylindriques qui laissaient entre elles beaucoup d'intervalle se confondent à la fin, et avec le temps le tout devient compact ; mais cette matière n'acquiert jamais la dureté de la pierre, c'est alors ce qu'Agricola nomme *marga tofacea fistulosa*. On trouve ordinairement dans ce tuf quantité d'impressions de feuilles d'arbres et de plantes de l'espèce de celles que le terrain des environs produit ; on y trouve aussi assez souvent des coquilles terrestres très bien conservées, mais jamais de coquilles de mer. Le tuf est donc certainement une matière nouvelle, qui doit être mise dans la classe des stalactites, des pierres fondantes, des incrustations, etc. ; toutes ces matières nouvelles sont des espèces de pierres parasites qui se forment aux dépens des autres, mais qui n'arrivent jamais à la vraie pétrification.

Le cristal, toutes les pierres précieuses, toutes celles qui ont une figure régulière, même les cailloux en petites masses qui sont formés par couches concentriques, soit que ces sortes de pierre se trouvent dans les fentes perpendiculaires des rochers, ou partout ailleurs, ne sont que des exsudations, des cailloux en grande masse, des sucs concrets de ces mêmes matières, des pierres parasites nouvelles, de vraies stalactites de caillou ou de roc vif.

On ne trouve jamais de coquilles ni dans le roc vif ou granit, ni dans le grès ; au moins, je n'y en ai jamais vu, quoiqu'on en trouve, et même assez souvent, dans le sable vitrifiable duquel ces matières tirent leur origine ; ce qui semble prouver que le sable ne peut s'unir pour former du grès ou du roc vif que quand il est pur, et que, s'il est mêlé de substances d'un autre genre, comme sont les coquilles, ce mélange de parties, qui lui sont hétérogènes, en empêche la réunion. J'ai observé, dans le dessein de m'en assurer, ces petites pelotes qui se forment souvent dans les couches de sable mêlé de coquilles, et je n'y ai jamais trouvé aucune coquille ; ces pelotes sont un véritable grès : ce sont des concrétions qui se forment dans le sable aux endroits où il n'est pas mêlé de matières hétérogènes, qui s'opposent à la formation des bancs ou d'autres masses plus grandes que ces pelotes.

Nous avons dit qu'on a trouvé à Amsterdam, qui est un pays dont le terrain est fort bas, des coquilles de mer à 100 pieds de profondeur sous terre, et à Marly-la-Ville à 6 lieues de Paris, à 75 pieds : on en trouve de même au fond des mines et dans des bancs de rochers au-dessous d'une hauteur de pierre de 50, 100, 200 et jusqu'à 1,000 pieds d'épaisseur, comme il est aisé de le remarquer dans les Alpes et dans les Pyrénées ; il n'y a qu'à examiner de près les rochers coupés à plomb, et on voit que, dans les lits inférieurs, il y a des coquilles et d'autres productions marines : mais, pour aller par ordre, on en trouve sur les montagnes d'Espagne, sur les Pyrénées, sur les montagnes de France, sur celles d'Angleterre, dans toutes les carrières de marbres en Flandre, dans les montagnes de Gueldre, dans toutes les collines autour de Paris, dans toutes celles de Bourgogne et de Champagne, en un mot dans tous les endroits où le fond du terrain n'est pas de grès ou de tuf; et, dans la plupart des lieux dont nous venons de parler, il y a presque dans toutes les pierres plus de coquilles que d'autres matières. J'entends ici par coquilles, non seulement les dépouilles des coquillages, mais celles des crustacés, comme têts et pointes d'oursin, et aussi toutes les productions des insectes de mer, comme les madrépores, les coraux, les astroïtes, etc. Je puis assurer, et on s'en convaincra par ses yeux quand on le voudra, que, dans la plupart des pierres calcinables et des marbres, il y a une si grande quantité de ces productions marines, qu'elles paraissent surpasser en volume la matière qui les réunit.

Mais suivons : on trouve ces productions marines dans les Alpes, même au-dessus des plus hautes montagnes, par exemple au-dessus du mont Cenis; on en trouve dans les montagnes de Gênes, dans les Apennins et dans la plupart des carrières de pierre ou de marbre en Italie. On en voit dans les pierres dont sont bâtis les plus anciens édifices des Romains; il y en a dans les montagnes du Tyrol et dans le centre de l'Italie, au sommet du mont Paterne, près de Boulogne, dans les mêmes endroits qui produisent cette pierre lumineuse qu'on appelle la pierre de Boulogne; on en trouve dans les collines de la Pouille, dans celles de la Calabre, en plusieurs endroits de l'Allemagne et de la Hongrie, et généralement dans tous les lieux élevés de l'Europe. (Voyez, sur cela, Stenon, Ray, Woodward, etc.)

En Asie et en Afrique, les voyageurs en ont remarqué en plusieurs endroits; par exemple, sur la montagne de Castravan, au-dessus de Barut, il y a un lit de pierre blanche, mince comme de l'ardoise, dont chaque feuille contient un grand nombre et une grande diversité de poissons; ils sont la plupart fort plats et fort comprimés, comme la fougère fossile, et ils sont cependant si bien conservés qu'on y remarque parfaitement jusqu'aux moindres traits des nageoires, des écailles et de toutes les parties qui distinguent chaque espèce de poisson. On trouve de même beaucoup d'oursins de mer et de coquilles pétrifiées entre Suez et Le Caire, et sur toutes les collines et les hauteurs de la Barbarie; la plupart sont exactement conformes aux espèces qu'on prend actuellement dans la mer Rouge. (Voyez les *Voyages de Shaw*, vol. II, p. 70 et 84.) Dans notre Europe, on trouve des poissons pétrifiés en Suisse, en Allemagne, dans la carrière d'Oningen, etc.

La longue chaîne de montagnes, dit M. Bourguet, qui s'étend d'occident en orient, depuis le fond du Portugal jusqu'aux parties les plus orientales de la Chine, celles qui s'étendent collatéralement du côté du nord et du midi, les montagnes d'Afrique et d'Amérique qui nous sont connues, les vallées et les plaines de l'Europe, renferment toutes des couches de terre et de pierres qui sont remplies de coquillages, et de là on peut conclure pour les autres parties du monde qui nous sont inconnues.

Les îles de l'Europe, celles de l'Asie et de l'Amérique où les Européens ont eu occasion de creuser, soit dans les montagnes, soit dans les plaines, fournissent aussi des coquilles, ce qui fait voir qu'elles ont cela de commun avec les continents qui les avoisinent. (Voyez *Lett. phil. sur la form. des sels*, p. 205.)

En voilà assez pour prouver qu'en effet on trouve des coquilles de mer, des poissons pétrifiés et d'autres productions marines presque dans tous les lieux où on a voulu les chercher, et qu'elles y sont en prodigieuse quantité. « Il est vrai, dit un auteur anglais » (*Tancred Robinson*), qu'il y a eu quelques coquilles de mer dispersées çà et là sur la terre » par les armées, par les habitants des villes et villages, et que La Loubère rapporte, » dans son voyage de Siam, que les singes au Cap de Bonne-Espérance s'amusent conti-

» nuellement à transporter des coquilles du rivage de la mer au-dessus des montagnes ; » mais cela ne peut pas résoudre la question pourquoi ces coquilles sont dispersées dans » tous les climats de la terre, et jusque dans l'intérieur des hautes montagnes, où elles » sont posées par lits, comme elles le sont dans le fond de la mer. »

En lisant une lettre italienne sur les changements arrivés au globe terrestre, imprimée à Paris cette année (1746), je m'attendais à y trouver ce fait rapporté par La Loubère; il s'accorde parfaitement avec les idées de l'auteur : les poissons pétrifiés ne sont, à son avis, que des poissons rares rejetés de la table des Romains, parce qu'ils n'étaient pas frais; et à l'égard des coquilles ce sont, dit-il, les pèlerins de Syrie qui ont rapporté dans le temps des croisades celles des mers du Levant qu'on trouve actuellement pétrifiées en France, en Italie et dans les autres États de la chrétienté; pourquoi n'a-t-il pas ajouté que ce sont les singes qui ont transporté les coquilles au sommet des hautes montagnes et dans tous les lieux où les hommes ne peuvent habiter? Cela n'eût rien gâté et eût rendu son explication encore plus vraisemblable. Comment se peut-il que des personnes éclairées, et qui se piquent même de philosophie, aient encore des idées aussi fausses sur ce sujet? Nous ne nous contenterons donc pas d'avoir dit qu'on trouve des coquilles pétrifiées dans presque tous les endroits de la terre où l'on a fouillé, et d'avoir rapporté les témoignages des auteurs d'histoire naturelle : comme on pourrait les soupçonner d'apercevoir, en vue de quelques systèmes, des coquilles où il n'y en a point, nous croyons devoir encore citer les voyageurs qui en ont remarqué par hasard, et dont les yeux moins exercés n'ont pu reconnaître que les coquilles entières et bien conservées; leur témoignage sera peut-être d'une plus grande autorité auprès des gens qui ne sont pas à portée de s'assurer par eux-mêmes de la vérité des faits, et de ceux qui ne connaissent ni les coquilles ni les pétrifications, et qui, n'étant pas en état d'en faire la comparaison, pourraient douter que les pétrifications fussent en effet de vraies coquilles, et que ces coquilles se trouvassent entassées par millions dans tous les climats de la terre.

Tout le monde peut voir par ses yeux les bancs de coquilles qui sont dans les collines des environs de Paris, surtout dans les carrières de pierre, comme à la Chaussée près de Sèvres, à Issy, à Passy et ailleurs. On trouve à Villers-Cotterets une grande quantité de pierres lenticulaires; les rochers en sont même entièrement formés, et elles y sont mêlées sans aucun ordre avec une espèce de mortier pierreux qui les tient toutes liées ensemble. A Chaumont, on trouve une si grande quantité de coquilles pétrifiées, que toutes les collines, qui ne laissent pas d'être assez élevées, ne paraissent être composées d'autre chose; il en est de même à Courtagnon, près de Reims, où le banc de coquilles a près de quatre lieues de largeur sur plusieurs de longueur. Je cite ces endroits, parce qu'ils sont fameux, et que les coquilles y frappent les yeux de tout le monde.

A l'égard des pays étrangers, voici ce que les voyageurs ont observé.

« En Syrie, en Phénicie, la pierre vive, qui sert de base aux rochers du voisinage de » Latikea, est surmontée d'une espèce de craie molle, et c'est peut-être de là que la ville » a pris son nom de *Promontoire-Blanc*. La Nakoura, nommée anciennement *Scala Tyriorum* ou l'*Echelle des Tyriens*, est à peu près de la même nature, et l'on y trouve » encore, en y creusant, quantité de toutes sortes de coraux, de coquilles. » (Voyez les *Voyages de Shaw*.)

« On ne trouve sur le mont Sinaï que peu de coquilles fossiles et d'autres semblables » marques du déluge, à moins qu'on ne veuille mettre de ce nombre le tamarin fossile » des montagnes voisines de Sinaï : peut-être que la matière première dont leurs marbres » se sont formés avait une vertu corrosive et peu propre à les conserver; mais, à » Corondel, où le roc approche davantage de la nature de nos pierres de taille, je trouvai » plusieurs coquilles de moules et quelques pétoncles, comme aussi un hérisson de mer

» fort singulier, de l'espèce de ceux qu'on appelle *spatagi*, mais plus rond et plus uni ; les » ruines du village d'Aïn-el-Mousa, et plusieurs canaux, qui servaient à y conduire de » l'eau, fourmillent de coquillages fossiles. Les vieux murs de Suez et ce qui nous reste » encore de son ancien port ont été construits des mêmes matériaux qui semblent tous » avoir été tirés d'un même endroit. Entre Suez et Le Caire, ainsi que sur toutes les mon- » tagnes, hauteurs et collines de la Libye qui ne sont pas couvertes de sable, on trouve » grande quantité de hérissons de mer, comme aussi des coquilles bivalves et de celles » qui se terminent en pointe, dont la plupart sont exactement conformes aux espèces qu'on » prend encore aujourd'hui dans la mer Rouge. (*Idem*. t. II, p. 84.) Les sables mouvants, » qui sont dans le voisinage de Ras-Sem, dans le royaume de Barca, couvrent beau- » coup de hérissons de mer et d'autres pétrifications que l'on y trouve communément » sans cela. Ras-Sem signifie la « tête du poisson » et est ce qu'on appelle le village » pétrifié, où l'on prétend qu'on trouve des hommes, des femmes et des enfants en » diverses postures et attitudes, qui avec leur bétail, leurs aliments et leurs meubles ont » été convertis en pierre ; mais, à la réserve de ces sortes de monuments du déluge, dont » il est ici question, et qui ne sont pas particuliers à cet endroit, tout ce qu'on en dit, » sont de vains contes et fable toute pure, ainsi que je l'ai appris non seulement par » M. Le Maire, qui, dans le temps qu'il était consul à Tripoli, y envoya plusieurs per- » sonnes pour en prendre connaissance, mais aussi par des gens graves et de beaucoup » d'esprit qui ont été eux-mêmes sur les lieux.

« On trouve devant les Pyramides certains morceaux de pierres taillées par le ciseau » de l'ouvrier, et parmi ces pierres on voit des rognures qui ont la figure et la grosseur » de lentilles, quelques-unes même ressemblent à des grains d'orge à moitié pelés : or, on » prétend que ce sont des restes de ce que les ouvriers mangeaient qui se sont pétrifiés, » ce qui ne me paraît pas vraisemblable, etc. » (*Idem*.) Ces lentilles et ces grains d'orge sont des pétrifications de coquilles connues par tous les naturalistes sous le nom de pierre lenticulaire.

« On trouve diverses sortes de ces coquillages dont nous avons parlé aux environs » de Maëstricht, surtout vers le village de Zichen ou Tichen, et à la petite montagne » appelée des Huns. » (Voyez le *Voyage de Misson*, t. III, p. 109.)

« Aux environs de Sienne, je n'ai pas manqué de trouver auprès de Certaldo, selon » l'avis que vous m'en avez donné, plusieurs montagnes de sable toutes farcies de di- » verses coquilles. Le Monte-Mario, à un mille de Rome, en est tout rempli ; j'en ai » remarqué dans les Alpes, j'en ai vu en France et ailleurs. Olearius, Stenon, Cambden, » Speed et quantité d'autres auteurs, tant anciens que modernes, nous rapportent le même » phénomène. » (*Idem*, t. II, p. 312.)

« L'île de Cérigo était anciennement appelée *Porphyris* à cause de la quantité de por- » phyre qui s'en tirait. » (*Voyage de Thévenot*, t. Ier, p. 25.) Or on sait que le porphyre est composé de pointes d'oursins réunies par un ciment pierreux et très dur.

« Vis-à-vis le village d'Inchené et sur le bord oriental du Nil, je trouvai des plantes » pétrifiées qui croissent naturellement dans un espace de terre qui a environ deux lieues » de longueur sur une largeur très médiocre ; c'est une production des plus singulières de » la nature ; ces plantes ressemblent assez au corail blanc qu'on trouve dans la mer » Rouge. » (*Voyage de Paul Lucas*, t. II, p. 380 et 381.)

« On trouve sur le mont Liban des pétrifications de plusieurs espèces, et entre autres » des pierres plates où l'on trouve des squelettes de poissons bien conservés et bien » entiers, et aussi des châtaignes de la mer Rouge avec des petits buissons de corail de » la même mer. » (*Idem*, t. III, p. 326.)

« Sur le mont Carmel, nous trouvâmes grande quantité de pierres qui, à ce qu'on » prétend, ont la figure d'olives, de melons, de pêches et d'autres fruits que l'on vend

» d'ordinaire aux pèlerins, non seulement comme de simples curiosités, mais aussi » comme des remèdes contre divers maux. Les olives, qui sont les *lapides judaïci* qu'on » trouve dans les boutiques des droguistes, ont toujours été regardées comme un spé- » cifique pour la pierre et la gravelle. » (*Voyages de Shaw*, t. II, p. 70.) Ces *lapides judaïci* sont des pointes d'oursin.

« M. La Roche, médecin, me donna de ces olives pétrifiées, dites *lapis judaïcus*, qui » croissent en quantité dans ces montagnes, où l'on trouve, à ce qu'on m'a dit, d'autres » pierres qui représentent parfaitement au dedans des natures d'hommes et de femmes. » (*Voyage de Monconys*, première partie, p. 334.) Ceci est l'*hysterolithes*.

« En allant de Smyrne à Tauris, lorsque nous fûmes à Tocat, les chaleurs étant fort » grandes, nous laissâmes le chemin ordinaire du côté du nord, pour prendre par les » montagnes où il y a toujours de l'ombrage et de la fraîcheur. En bien des endroits, » nous trouvâmes de la neige et quantité de très belle oseille, et sur le haut de quel- » ques-unes de ces montagnes on trouve des coquilles comme sur le bord de la mer, ce » qui est assez extraordinaire. » (*Tavernier*.)

Voici ce que dit Olearius au sujet des coquilles pétrifiées qu'il a remarquées en Perse et dans les rochers des montagnes où sont taillés les sépulcres, près du village de Pyrmaraüs.

« Nous fûmes trois qui montâmes jusque sur le haut du roc par des précipices ef- » froyables, nous entr'aidant les uns les autres; nous y trouvâmes quatre grandes » chambres et au dedans plusieurs niches taillées dans le roc pour servir de lit; mais ce » qui nous surprit le plus, ce fut que nous trouvâmes dans cette voûte, sur le haut de la » montagne, des coquilles de moules, et en quelques endroits en si grande quantité, qu'il » semblait que toute cette roche ne fût composée que de sable et de coquilles. En revenant » de Perse, nous vîmes le long de la mer Caspie plusieurs de ces montagnes de coquilles. »

Je pourrais joindre à ce qui vient d'être rapporté beaucoup d'autres citations que je supprime, pour ne pas ennuyer ceux qui n'ont pas besoin de preuves surabondantes, et qui se sont assurés, comme moi, par leurs yeux, de l'existence de ces coquilles dans tous les lieux où on a voulu les chercher.

On trouve en France non seulement les coquilles de nos côtes, mais encore des coquilles qu'on n'a jamais vues dans nos mers. Il y a même des naturalistes qui prétendent que la quantité de ces coquilles étrangères pétrifiées est beaucoup plus grande que celle des coquilles de notre climat; mais je crois cette opinion mal fondée; car, indépendamment des coquillages qui habitent le fond de la mer et de ceux qui sont difficiles à pêcher, et que par conséquent on peut regarder comme inconnus ou même étrangers, quoiqu'ils puissent être nés dans nos mers, je vois en gros qu'en comparant les pétrifications avec les analogues vivants, il y en a plus de nos côtes que d'autres : par exemple, tous les peignes, la plupart des pétoncles, les moules, les huîtres, les glands de mer, la plupart des buccins, les oreilles de mer, les patelles, le cœur-de-bœuf, les nautiles, les oursins à gros tubercules et à grosses pointes, les oursins châtaignes de mer, les étoiles, les dentales, les tubulites, les astroïtes, les cerveaux, les coraux, les madrépores, etc., qu'on trouve pétrifiés en tant d'endroits, sont certainement des productions de nos mers; et, quoiqu'on trouve en grande quantité les cornes d'ammon, les pierres lenticulaires, les pierres judaïques, les columnites, les vertèbres de grandes étoiles, et plusieurs autres pétrifications, comme les grosses vis, le buccin appelé abajour, les sabots, etc., dont l'analogue vivant est étranger ou inconnu, je suis convaincu, par mes observations, que le nombre de ces espèces est petit en comparaison de celui des coquilles pétrifiées de nos côtes : d'ailleurs, ce qui fait le fond de nos marbres et de presque toutes nos pierres à chaux et à bâtir, sont des madrépores, des astroïtes, et toutes ces autres productions formées par les insectes de la mer et qu'on appelait autrefois plantes marines; les coquilles, quelque abondantes qu'elles soient, ne font qu'un petit volume en comparaison de ces productions, qui toutes sont originaires de nos mers et surtout de la Méditerranée.

La mer Rouge est de toutes les mers celle qui produit le plus abondamment des coraux, des madrépores et des plantes marines; il n'y a peut-être point d'endroit qui en fournisse une plus grande variété que le port de Tor : dans un temps calme, il se présente aux yeux une si grande quantité de ces plantes, que le fond de la mer ressemble à une forêt; il y a des madrépores branchus qui ont jusqu'à huit et dix pieds de hauteur : on en trouve beaucoup dans la mer Méditerranée, à Marseille, près des côtes d'Italie et de Sicile; il y en a aussi en quantité dans la plupart des golfes de l'océan, autour des îles, sur les bancs, dans tous les climats tempérés où la mer n'a qu'une profondeur médiocre.

M. Peyssonel avait observé et reconnu le premier que les coraux, les madrépores, etc., devaient leur origine à des animaux, et n'étaient pas des plantes, comme on le croyait et comme leur forme et leur accroissement paraissaient l'indiquer : on a voulu longtemps douter de la vérité de l'observation de M. Peyssonel; quelques naturalistes, trop prévenus de leurs propres opinions, l'ont même rejetée d'abord avec une espèce de dédain; cependant ils ont été obligés de reconnaître depuis peu la découverte de M. Peyssonel, et tout le monde est enfin convenu que ces prétendues plantes marines ne sont autre chose que des ruches, ou plutôt des loges de petits animaux qui ressemblent aux poissons des coquilles en ce qu'ils forment, comme eux, une grande quantité de substance pierreuse dans laquelle ils habitent, comme les poissons dans leurs coquilles; ainsi les plantes marines, que d'abord l'on avait mises au rang des minéraux, ont ensuite passé dans la classe des végétaux, et sont enfin demeurées pour toujours dans celle des animaux.

Il y a des coquillages qui habitent le fond des hautes mers, et qui ne sont jamais jetés sur les rivages; les auteurs les appellent *Pelagiæ*, pour les distinguer des autres qu'ils appellent *Littorales*. Il est à croire que les cornes d'ammon et quelques autres espèces qu'on trouve pétrifiées, et dont on n'a pas encore trouvé les analogues vivants, demeurent toujours dans le fond des hautes mers, et qu'ils ont été remplis du sédiment pierreux dans le lieu même où ils étaient; il peut se faire aussi qu'il y ait eu de certains animaux dont l'espèce a péri; ces coquillages pourraient être du nombre : les os fossiles extraordinaires, qu'on trouve en Sibérie, au Canada, en Irlande et dans plusieurs autres endroits, semblent confirmer cette conjecture, car jusqu'ici on ne connaît pas d'animal à qui on puisse attribuer ces os qui, pour la plupart, sont d'une grandeur et d'une grosseur demesurées.

On trouve ces coquilles depuis le haut jusqu'au fond des carrières; on les voit aussi dans des puits beaucoup plus profonds; il y en a au fond des mines de Hongrie. (Voyez Woodward.)

On en trouve à 200 brasses, c'est-à-dire à 1,000 pieds de profondeur dans des rochers qui bordent l'île de Caldé et dans la province de Pembroke en Angleterre. (Voyez *Ray's Discourses*, p. 178.)

Non seulement on trouve à de grandes profondeurs et au-dessus des plus hautes montagnes des coquilles pétrifiées, mais on en trouve aussi qui n'ont point changé de nature, qui ont encore le luisant, les couleurs et la légèreté des coquilles de la mer; on trouve des glossopètres et d'autres dents de poissons dans leurs mâchoires, et il ne faut, pour se convaincre entièrement sur ce sujet, que regarder la coquille de mer et celle de terre, et les comparer : il n'y a personne qui, après un examen, même léger, puisse douter un instant que ces coquilles fossiles et pétrifiées ne soient pas les mêmes que celles de la mer; on y remarque les plus petites articulations, et même les perles que l'animal vivant produit; on remarque que les dents de poisson sont polies et usées à l'extrémité, et qu'elles ont servi pendant le temps que l'animal était vivant.

On trouve aussi presque partout, dans la terre, des coquillages de la même espèce, dont les uns sont petits, les autres gros, les uns jeunes, les autres vieux, quelques-uns imparfaits, d'autres entièrement parfaits; on en voit même de petits et de jeunes attachés aux gros.

Le poisson à coquille appelé *Purpura* a une langue fort longue, dont l'extrémité est osseuse et pointue; elle lui sert comme de tarière pour percer les coquilles des autres poissons et pour se nourrir de leur chair; on trouve communément dans les terres des coquilles qui sont percées de cette façon, ce qui est une preuve incontestable qu'elles renfermaient autrefois des poissons vivants, et que ces poissons habitaient dans des endroits où il y avait aussi des coquillages de pourpre qui s'en étaient nourris. (Voyez Woodward, p. 296 et 300.)

Les obélisques de Saint-Pierre de Rome, de Saint-Jean-de-Latran, de la place Navone, viennent, à ce qu'on prétend, des pyramides d'Égypte; elles sont de granit rouge, lequel est une espèce de roc vif ou de grès fort dur : cette matière, comme je l'ai dit, ne contient point de coquilles; mais les anciens marbres africains et égyptiens, et les porphyres que l'on a tirés, dit-on, du temple de Salomon et des palais des rois d'Égypte et que l'on a employés à Rome en différents endroits, sont remplis de coquilles. Le porphyre rouge est composé d'un nombre infini de pointes de l'espèce d'oursin que nous appelons châtaigne de mer; elles sont posées assez près les unes des autres et forment tous les petits points blancs qui sont dans ce porphyre : chacun de ces points blancs laisse voir encore dans son milieu un petit point noir, qui est la section du conduit longitudinal de la pointe de l'oursin. Il y a en Bourgogne, dans un lieu appelé Ficin, à trois lieues de Dijon, une pierre rouge tout à fait semblable au porphyre par sa composition, et qui n'en diffère que par la dureté, n'ayant que celle du marbre, qui n'est pas à beaucoup près si grande que celle du porphyre; elle est de même entièrement composée de pointes d'oursins, et elle est très considérable par l'étendue de son lit de carrière et par son épaisseur; on en a fait de très beaux ouvrages dans cette province, et notamment les gradins du piédestal de la figure équestre de Louis le Grand, qu'on a élevée au milieu de la place Royale à Dijon; cette pierre n'est pas la seule de cette espèce que je connaisse; il y a dans la même province de Bourgogne, près de la ville de Montbard, une carrière considérable de pierre composée comme le porphyre, mais dont la dureté est encore moindre que celle du marbre; ce porphyre tendre est composé comme le porphyre dur, et il contient même une plus grande quantité de pointes d'oursins et beaucoup moins de matière rouge. Voilà donc les mêmes pointes d'oursins que l'on trouve dans le porphyre ancien d'Égypte et dans les nouveaux porphyres de Bourgogne, qui ne diffèrent des anciens que par le degré de dureté et par le nombre plus ou moins grand des pointes d'oursins qu'ils contiennent.

A l'égard de ce que les curieux appellent du porphyre vert, je crois que c'est plutôt un granit qu'un porphyre; il n'est pas composé de pointes d'oursins, comme le porphyre rouge, et sa substance me paraît semblable à celle du granit commun. En Toscane, dans les pierres dont étaient bâtis les anciens murs de la ville de Volaterra, il y a une grande quantité de coquillages, et cette muraille était faite il y a deux mille cinq cents ans. (Voyez Stenon, *in Prodromo diss. de solido intra solidum*, page 63.) La plupart des marbres antiques, les porphyres et les autres pierres des plus anciens monuments contiennent donc des coquilles, des pointes d'oursins, et d'autres débris des productions marines, comme les marbres que nous tirons aujourd'hui de nos carrières; ainsi, on ne peut pas douter, indépendamment même du témoignage sacré de l'Écriture sainte, qu'avant le déluge la terre n'ait été composée des mêmes matières dont elle l'est aujourd'hui.

Par tout ce que nous venons de dire, on peut être assuré qu'on trouve des coquilles pétrifiées en Europe, en Asie et en Afrique, dans tous les lieux où le hasard a conduit les observateurs; on en trouve aussi en Amérique, au Brésil, dans le Tucuman, dans les terres Magellaniques, et en si grande quantité dans les îles Antilles, que, au-dessous de la terre labourable, le fond, que les habitants appellent la chaux, n'est autre chose qu'un composé de coquilles, de madrépores, d'astroïtes et d'autres productions de la mer. Ces observations, qui sont certaines, m'auraient fait penser qu'il y a de même des coquilles et d'autres productions marines pétrifiées dans la plus grande partie du continent de l'Amérique, et surtout dans les montagnes, comme l'affirme Woodward; cependant, M. de La Condamine, qui a demeuré pendant plusieurs années au Pérou, m'a assuré qu'il n'en avait pas vu dans les Cordillères, qu'il en avait cherché inutilement, et qu'il ne croyait pas qu'il y en eût. Cette exception serait singulière, et les conséquences qu'on en pourrait tirer le seraient encore plus; mais j'avoue que, malgré le témoignage de ce célèbre observateur, je doute encore à cet égard, et que je suis très porté à croire qu'il y a dans les montagnes du Pérou, comme partout ailleurs, des coquilles et d'autres pétrifications marines, mais qu'elles ne se sont pas offertes à ses yeux. On sait qu'en matière de témoignages, deux témoins positifs, qui assurent avoir vu, suffisent pour faire preuve complète, tandis que mille et dix mille témoins négatifs, et qui assurent seulement n'avoir pas vu, ne peuvent que faire naître un doute léger; c'est par cette raison, et parce que la force de l'analogie m'y contraint, que je persiste à croire qu'on trouvera des coquilles sur les montagnes du Pérou, comme on en trouve presque partout ailleurs, surtout si on les cherche sur la croupe de la montagne et non au sommet.

Les montagnes les plus élevées sont ordinairement composées, au sommet, de roc vif, de granit, de grès et d'autres matières vitrifiables, qui ne contiennent que peu ou point de coquilles. Toutes ces matières se sont formées dans les couches du sable de la mer qui recouvraient le dessus de ces montagnes; lorsque la mer a laissé à découvert ces sommets de montagnes, les sables ont coulé dans les plaines, où ils ont été entraînés par la chute des eaux des pluies, etc., de sorte qu'il n'est demeuré au-dessus des montagnes que les rochers qui s'étaient formés dans l'intérieur de ces couches de sable. A 200, 300 ou 400 toises plus bas que le sommet de ces montagnes, on trouve souvent des matières toutes différentes de celles du sommet, c'est-à-dire des pierres, des marbres et d'autres matières calcinables, lesquelles sont disposées par couches parallèles, et contiennent toutes des coquilles et d'autres productions marines; ainsi il n'est pas étonnant que M. de La Condamine n'ait pas trouvé de coquilles sur ces montagnes, surtout s'il les a cherchées dans les lieux les plus élevés et dans les parties de ces montagnes qui sont composées de roc vif, de grès ou de sable vitrifiable; mais, au-dessous de ces couches de sable et de ces rochers qui font le sommet, il doit y avoir dans les Cordillères, comme dans toutes les autres montagnes, des couches horizontales de pierre, de marbre, de terre, etc., où il se trouvera des coquilles; car, dans tous les pays du monde où l'on a fait des observations, on en a toujours trouvé dans ces couches.

Mais supposons un instant que ce fait soit vrai, et qu'en effet il n'y ait aucune production marine dans les montagnes du Pérou, tout ce qu'on en conclura ne sera nullement contraire à notre théorie, et il pourrait bien se faire, absolument parlant, qu'il y ait sur le globe des parties qui n'aient jamais été sous les eaux de la mer, et surtout des parties aussi élevées que le sont les Cordillères; mais, en ce cas, il y aurait de belles observations à faire sur ces montagnes; car elles ne seraient pas composées de couches parallèles entre elles, comme toutes les autres le sont : les matières seraient aussi fort différentes de celles que nous connaissons; il n'y aurait point de fentes perpendiculaires, la composition des rochers et des pierres ne ressemblerait point du tout à la composition des rochers et des pierres des autres pays, et enfin nous trouverions dans ces montagnes l'ancienne structure de la terre telle qu'elle était originairement et avant que d'être changée et altérée par le mouvement des eaux; nous verrions dans ces climats le premier état du globe, les matières anciennes dont il était composé, la forme, la liaison et l'arrangement naturel de la terre, etc.; mais c'est trop espérer, et sur des fondements trop légers, et je pense qu'il faut nous borner à croire qu'on y trouvera des coquilles, comme on en trouve partout ailleurs.

A l'égard de la manière dont ces coquilles sont disposées et placées dans les couches de terre ou de pierre, voici ce qu'en dit Woodward. « Tous les coquillages qui se trouvent » dans une infinité de couches de terres et de bancs de rochers, sur les plus hautes mon- » tagnes et dans les carrières et les mines les plus profondes, dans les cailloux de » cornaline, de calcédoine, etc., et dans les masses de soufre, de marcassites et d'autres » matières minérales et métalliques, sont remplis de la matière même qui forme les bancs » ou les couches, ou les masses qui les renferment, et jamais d'aucune matière hétéro- » gène. » (Page 206 et ailleurs.) « La pesanteur spécifique des différentes espèces de » sables ne diffère que très peu, étant généralement, par rapport à l'eau, comme $2\frac{4}{9}$ ou » $2\frac{9}{16}$ à 1, et les coquilles de pétoncle, qui sont à peu près de la même pesanteur, s'y » trouvent ordinairement renfermées en grand nombre, tandis qu'on a de la peine à y » trouver des écailles d'huîtres, dont la pesanteur spécifique n'est environ que comme $2\frac{1}{3}$ » à 1, de hérissons de mer dont la pesanteur n'est que comme 2 ou $2\frac{1}{8}$ à 1, ou d'autres » espèces de coquilles plus légères; mais, au contraire, dans la craie qui est plus légère » que la pierre, n'étant à la pesanteur de l'eau que comme environ $2\frac{1}{10}$ à 1, on ne trouve » que des coquilles de hérissons de mer et d'autres espèces de coquilles plus légères. » (Voyez p. 17 et 18.)

Il faut observer que ce que dit ici Woodward ne doit pas être regardé comme règle générale; car on trouve des coquilles plus légères et plus pesantes dans les mêmes matières, par exemple des pétoncles, des huîtres et des oursins dans les mêmes pierres et dans les mêmes terres, et même on peut voir au cabinet du Roi un pétoncle pétrifié en cornaline et des oursins pétrifiés en agate; ainsi, la différence de la pesanteur spécifique des coquilles n'a pas influé, autant que le prétend Woodward, sur le lieu de leur position dans les couches de terre; et la vraie raison pourquoi les coquilles d'oursins et d'autres aussi légères se trouvent plus abondamment dans les craies, c'est que la craie n'est qu'un détriment de coquilles, et que celles des oursins étant plus légères, moins épaisses et plus friables que les autres, elles auront été aisément réduites en poussière et en craie, en sorte qu'il ne se trouve des couches de craie que dans les endroits où il y avait anciennement sous les eaux de la mer une grande abondance de ces coquilles légères, dont les débris ont formé la craie dans laquelle nous trouvons celles qui, ayant résisté au choc et aux frottements, se sont conservées tout entières, ou du moins en parties assez grandes pour que nous puissions les reconnaître.

Nous traiterons ceci plus à fond dans notre discours sur les minéraux; contentons-nous seulement d'avertir ici qu'il faut encore donner une modification aux expressions de Woodward : il paraît dire qu'on trouve des coquilles dans les cailloux, dans les cornalines, dans les calcédoines, dans les masses de soufre, aussi souvent et en aussi grand nombre que dans les autres matières, au lieu que la vérité est qu'elles sont très rares dans toutes les matières vitrifiables ou purement inflammables, et qu'au contraire elles sont en prodigieuse abondance dans les craies, dans les marnes, dans les marbres et dans les pierres, en sorte que nous ne prétendons pas dire ici qu'absolument les coquilles les plus légères sont dans les matières légères, et les plus pesantes dans celles qui sont aussi les plus pesantes, mais seulement qu'en général cela se trouve plus souvent ainsi qu'autrement. A la vérité, elles sont toutes également remplies de la substance même qui les environne, aussi bien celles qu'on trouve dans les couches horizontales que celles qu'on trouve en plus petit nombre dans les matières qui occupent les fentes perpendiculaires, parce qu'en effet les unes et les autres ont été également formées par les eaux; quoique en différents temps et de différentes façons, les couches horizontales de pierre, de marbre, etc., ayant été formées par les grands mouvements des ondes de la mer, et les cailloux, les cornalines, les calcédoines et toutes les matières qui sont dans les fentes perpendiculaires ayant été produites par le mouvement particulier d'une petite quantité d'eau chargée de différents sucs lapidifiques, métalliques, etc.; et, dans les deux cas, les matières étaient réduites en poudre fine et impalpable qui a rempli l'intérieur des coquilles si pleinement et si absolument, qu'elle n'y a pas laissé le moindre vide, et qu'elle s'en est fait autant de moules, à peu près comme on voit un cachet se mouler sur le tripoli.

Il y a donc, dans les pierres, dans les marbres, etc., une multitude très grande de coquilles qui sont entières, belles et si peu altérées, qu'on peut aisément les comparer avec les coquilles qu'on conserve dans les cabinets ou qu'on trouve sur les rivages de la mer; elles ont précisément la même figure et la même grandeur; elles sont de la même substance et leur tissu est le même; la matière particulière qui les compose est la même, elle est disposée et arrangée de la même manière, la direction de leurs fibres et des lignes spirales est la même, la composition des petites lames formées par les fibres est la même dans les unes et les autres; on voit dans le même endroit les vestiges ou insertions des tendons par le moyen desquels l'animal était attaché et joint à sa coquille, on y voit les mêmes *stries*, les mêmes cannelures; enfin, tout est semblable, soit au dedans, soit au dehors de la coquille, dans sa cavité ou sur sa convexité, dans sa substance ou sur sa superficie : d'ailleurs, ces coquillages fossiles sont sujets aux mêmes accidents ordinaires que les coquillages de la mer; par exemple, ils sont attachés les plus petits aux plus gros, ils ont des conduits vermiculaires, on y trouve des perles et d'autres choses semblables qui ont été produites par l'animal lorsqu'il habitait sa coquille, leur gravité spécifique est exactement la même que celle de leur espèce qu'on trouve actuellement dans la mer, et par la chimie on y trouve les mêmes choses; en un mot, ils ressemblent exactement à ceux de la mer. (Voyez Woodward, page 13.)

J'ai souvent observé moi-même avec une espèce d'étonnement, comme je l'ai déjà dit, des montagnes entières, des chaînes de rochers, des bancs énormes de carrières tout composés de coquilles et d'autres débris de productions marines qui y sont en si grande quantité, qu'il n'y a pas à beaucoup près autant de volume dans la matière qui les lie.

J'ai vu des champs labourés dans lesquels toutes les pierres étaient des pétoncles pétrifiés, en sorte qu'en fermant les yeux et ramassant au hasard on pouvait parier de ramasser un pétoncle; j'en ai vu d'entièrement couverts de cornes d'ammon, d'autres dont toutes les pierres étaient des cœurs-de-bœuf pétrifiés; et plus on examinera la terre, plus on sera convaincu que le nombre de ces pétrifications est infini, et on en conclura qu'il est impossible que tous les animaux qui habitaient ces coquilles aient existé dans le même temps.

J'ai même fait une observation en cherchant ces coquilles, qui peut être de quelque utilité, c'est que, dans tous les pays où l'on trouve dans les champs et dans les terres labourables un très grand nombre de ces coquilles pétrifiées, comme pétoncles, cœurs-de-bœuf, etc., entières, bien conservées et totalement séparées, on peut être assuré que la pierre de ces pays est *gélisse*. Ces coquilles ne s'en sont séparées en si grand nombre que par l'action de la gelée, qui détruit la pierre et laisse subsister plus longtemps la coquille pétrifiée.

Cette immense quantité de fossiles marins, que l'on trouve en tant d'endroits, prouve qu'ils n'ont pas été transportés par un déluge; car on observe plusieurs milliers de gros rochers et des carrières dans tous les pays où il y a des marbres et de la pierre à chaux, qui sont toutes remplies de vertèbres d'étoiles de mer, de pointes d'oursins, de coquillages et d'autres débris de productions marines. Or si ces coquilles, qu'on trouve partout, eussent été amenées sur la terre sèche par un déluge ou par une inondation, la plus grande partie serait demeurée sur la surface de la terre, ou du moins elles ne seraient pas enterrées à une grande profondeur, et on ne les trouverait pas dans les marbres les plus solides à sept ou huit cents pieds de profondeur.

Dans toutes les carrières, ces coquilles font partie de la pierre à l'intérieur, et on en voit quelquefois à l'extérieur qui sont recouvertes de stalactites qui, comme l'on sait, ne sont pas des matières aussi anciennes que la pierre qui contient les coquilles : une seconde preuve que cela n'est point arrivé par un déluge, c'est que les os, les cornes, les ergots, les ongles, etc., etc., ne se trouvent que très rarement, et peut-être point du tout, renfermés dans les marbres et dans les autres pierres dures, tandis que, si c'était l'effet d'un déluge où tout aurait péri, on y devrait trouver les restes des animaux de la terre aussi bien que ceux des mers. (Voyez Ray's *Discourses,* pages 178 et suiv.)

C'est, comme nous l'avons dit, une supposition bien gratuite, que de prétendre que toute la terre a été dissoute dans l'eau au temps du déluge; et on ne peut donner quelque fondement à cette idée, qu'en supposant un second miracle qui aurait donné à l'eau la propriété d'un dissolvant universel, miracle dont il n'est fait aucune mention dans l'Écriture sainte; d'ailleurs, ce qui anéantit la supposition et la rend même contradictoire, c'est que toutes les matières, ayant été dissoutes dans l'eau, les coquilles ne l'ont pas été, puisque nous les trouvons entières et bien conservées dans toutes les masses qu'on prétend avoir été dissoutes; cela prouve évidemment qu'il n'y a jamais eu de telle dissolution, et que l'arrangement des couches horizontales et parallèles ne s'est pas fait en un instant, mais par les sédiments qui se sont amoncelés peu à peu, et qui ont enfin produit des hauteurs considérables par la succession des temps; car il est évident, pour tous les gens qui se donneront la peine d'observer, que l'arrangement de toutes les matières qui composent le globe est l'ouvrage des eaux; il n'est donc question que de savoir si cet arrangement a été fait dans le même temps : or nous avons prouvé qu'il n'a pas pu se faire dans le même temps, puisque les matières ne gardent pas l'ordre de la pesanteur spécifique et qu'il n'y a pas eu de dissolution générale de toutes les matières; donc cet arrangement a été produit par les eaux ou plutôt par les sédiments qu'elles ont déposés dans la succession des temps; toute autre révolution, tout autre mouvement, toute autre cause aurait produit un arrangement très différent; d'ailleurs, un accident particulier, une révolution ou un bouleversement, n'aurait pas produit un pareil effet dans le globe tout entier, et, si l'arrangement des terres et des couches avait pour cause des révolutions particulières et accidentelles, on trouverait les pierres et les terres disposées différemment en différents pays, au lieu qu'on les trouve partout disposées de même par couches parallèles, horizontales, ou également inclinées.

Voici ce que dit à ce sujet l'historien de l'Académie (année 1718, pages 3 et suiv.) :

« Des vestiges, très anciens et en très grand nombre, d'inondations qui ont dû être » très étendues (*a*), et la manière dont on est obligé de concevoir que les montagnes se » sont formées (*b*), prouvent assez qu'il est arrivé autrefois à la surface de la terre de » grandes révolutions. Autant qu'on en a pu creuser, on n'a presque vu que des ruines, » des débris, de vastes décombres entassés pêle-mêle, et qui par une longue suite de » siècles se sont incorporés ensemble et unis en une seule masse, le plus qu'il a été pos- » sible. S'il y a dans le globe de la terre quelque espèce d'organisation régulière, elle est » plus profonde et par conséquent nous sera toujours inconnue, et toutes nos recher- » ches se termineront à fouiller dans les ruines de la croûte extérieure. Elles donneront » encore assez d'occupation aux philosophes.

» M. de Jussieu a trouvé aux environs de Saint-Chaumont, dans le Lyonnais, une » grande quantité de pierres écailleuses ou feuilletées, dont presque tous les feuillets

(*a*) Voyez les *Mémoires,* p. 287.
(*b*) Voyez l'*Hist. de* 1703, p. 22, de 1706, p. 9, de 1708, p. 34, et de 1716, p. 8, etc.

» portaient sur leur superficie l'empreinte, ou d'un bout de tige, ou d'une feuille, ou d'un » fragment de feuille de quelque plante. Les représentations de feuilles étaient toujours » exactement étendues, comme si on avait collé les feuilles sur les pierres avec la main, » ce qui prouve qu'elles avaient été apportées par de l'eau qui les avait tenues en cet » état ; elles étaient en différentes situations, et quelquefois deux ou trois se croisaient.

» On imagine bien qu'une feuille déposée par l'eau sur une vase molle, et couverte » ensuite d'une autre vase pareille, imprime sur l'une l'image de l'une de ces deux sur- » faces et sur l'autre l'image de l'autre surface, de sorte que ces deux lames de vase, » étant durcies et pétrifiées, elles porteront chacune l'empreinte d'une face différente. » Mais ce qu'on aurait cru devoir être n'est pas. Les deux lames ont l'empreinte de la » même face de la feuille, l'une en relief, l'autre en creux. M. de Jussieu a observé dans » toutes ces pierres figurées de Saint-Chaumont ce phénomène qui est assez bizarre. Nous » lui en laissons l'explication pour passer à ce que ces sortes d'observations ont de plus » général et de plus intéressant.

» Toutes les plantes gravées dans les pierres de Saint-Chaumont sont des plantes » étrangères. Non seulement elles ne se retrouvent ni dans le Lyonnais ni dans le reste » de la France, mais elles ne sont que dans les Indes orientales et dans les climats » chauds de l'Amérique. Ce sont la plupart des plantes capillaires, et souvent en parti- » culier des fougères. Leur tissu dur et serré les a rendues plus propres à se graver et à » se conserver dans les moules autant de temps qu'il a fallu. Quelques feuilles de » plantes des Indes, imprimées dans des pierres d'Allemagne, ont paru étonnantes à feu » M. Leibniz (*a*) ; voici la merveille infiniment multipliée. Il semble même qu'il y ait à » cela une certaine affectation de la nature : dans toutes les pierres de Saint-Chaumont, » on ne trouve pas une seule plante du pays.

» Il est certain, par les coquillages des carrières et des montagnes, que ce pays, ainsi » que beaucoup d'autres, a dû autrefois être couvert par l'eau de la mer ; mais comment » la mer d'Amérique ou celle des Indes orientales y est-elle venue ?

» On peut, pour satisfaire à plusieurs phénomènes, supposer avec assez de vraisem- » blance que la mer a couvert tout le globe de la terre ; mais alors il n'y avait point de » plantes terrestres, et ce n'est qu'après ce temps-là, et lorsqu'une partie du globe a été » découverte, qu'il s'est pu faire les grandes inondations qui ont transporté des plantes » d'un pays dans d'autres fort éloignés.

» M. de Jussieu croit que, comme le lit de la mer hausse toujours par les terres, le » limon, les sables que les rivières y charrient incessamment, les mers, renfermées » d'abord entre certaines digues naturelles, sont venues à les surmonter et se sont répan- » dues au loin. Que les digues aient elles-mêmes été minées par les eaux et s'y soient » renversées, ce sera encore le même effet, pourvu qu'on les suppose d'une grandeur » énorme. Dans les premiers temps de la formation de la terre, rien n'avait encore pris » une forme réglée et arrêtée ; il a pu se faire alors des révolutions prodigieuses et subites » dont nous ne voyons plus d'exemples, parce que tout est venu à peu près à un état de » consistance qui n'est pourtant pas tel que les changements lents et peu considérables » qui arrivent ne nous donnent lieu d'en imaginer comme possibles d'autres de même » espèce, mais plus grands et plus prompts.

» Par quelqu'une de ces grandes révolutions, la mer des Indes, soit orientales, soit » occidentales, aura été poussée jusqu'en Europe et y aura apporté des plantes étran- » gères flottantes sur ses eaux. Elle les avait arrachées en chemin, et les allait déposer » doucement dans les lieux où l'eau n'était qu'en petite quantité et pouvait s'éva- » porer. »

(*a*) Voyez l'*Histoire de* 1706, p. 9 et suiv.

ARTICLE IX

SUR LES INÉGALITÉS DE LA SURFACE DE LA TERRE

Les inégalités qui sont à la surface de la terre, qu'on pourrait regarder comme une imperfection à la figure du globe, sont en même temps une disposition favorable et qui était nécessaire pour conserver la végétation et la vie sur le globe terrestre : il ne faut, pour s'en assurer, que se prêter un instant à concevoir ce que serait la terre si elle était égale et régulière à sa surface; on verra qu'au lieu de ces collines agréables d'où coulent des eaux pures qui entretiennent la verdure de la terre, au lieu de ces campagnes riches et fleuries où les plantes et les animaux trouvent aisément leur subsistance, une triste mer couvrirait le globe entier, et qu'il ne resterait à la terre, de tous ses attributs, que celui d'être une planète obscure, abandonnée, et destinée tout au plus à l'habitation des poissons.

Mais, indépendamment de la nécessité morale, laquelle ne doit que rarement faire preuve en philosophie, il y a une nécessité physique pour que la terre soit irrégulière à sa surface, et cela, parce qu'en la supposant même parfaitement régulière dans son origine, le mouvement des eaux, les feux souterrains, les vents et les autres causes extérieures auraient nécessairement produit à la longue des irrégularités semblales à celles que nous voyons.

Les plus grandes inégalités sont les profondeurs de l'océan, comparées à l'élévation des montagnes : cette profondeur de l'océan est fort différente, même à de grandes distances des terres; on prétend qu'il y a des endroits qui ont jusqu'à une lieue de profondeur, mais cela est rare, et les profondeurs les plus ordinaires sont depuis 60 jusqu'à 150 brasses. Les golfes et les parages voisins des côtes sont bien moins profonds, et les détroits sont ordinairement les endroits de la mer où l'eau a le moins de profondeur.

Pour sonder les profondeurs de la mer, on se sert ordinairement d'un morceau de plomb de 30 ou 40 livres qu'on attache à une petite corde. Cette manière est fort bonne pour les profondeurs ordinaires; mais, lorsqu'on veut sonder de grandes profondeurs, on peut tomber dans l'erreur et ne pas trouver le fond où cependant il y en a, parce que la corde, étant spécifiquement moins pesante que l'eau, il arrive, après qu'on en a beaucoup dévidé, que le volume de la sonde et celui de la corde ne pèsent plus qu'autant ou moins qu'un pareil volume d'eau; dès lors la sonde ne descend plus, et elle s'éloigne en ligne oblique en se tenant toujours à la même hauteur; ainsi, pour sonder de grandes profondeurs, il faudrait une chaîne de fer ou d'autre matière plus pesante que l'eau : il est assez probable que c'est faute d'avoir fait cette attention, que les navigateurs nous disent que la mer n'a pas de fond dans une si grande quantité d'endroits.

En général, les profondeurs dans les hautes mers augmentent ou diminuent d'une manière assez uniforme, et ordinairement plus on s'éloigne des côtes, plus la profondeur est grande; cependant cela n'est pas sans exception, et il y a des endroits au milieu de la mer où l'on trouve des écueils, comme aux Abrolhos dans la mer Atlantique, d'autres où il y a des bancs d'une étendue très considérable, comme le grand banc, le banc appelé *le Borneur* dans notre océan, les bancs et les bas-fonds de l'océan Indien, etc.

De même, le long des côtes, les profondeurs sont fort inégales; cependant on peut donner comme une règle certaine, que la profondeur de la mer à la côte est toujours proportionnée à la hauteur de cette même côte; en sorte que, si la côte est fort élevée, la profondeur sera fort grande, et, au contraire, si la plage est basse et le terrain plat, la profondeur est fort petite, comme dans les fleuves, où les rivages élevés annoncent toujours beaucoup de profondeur, et où les grèves et les bords de niveau montrent ordinairement un gué, ou du moins une profondeur médiocre.

Il est encore plus aisé de mesurer la hauteur des montagnes que de sonder les profondeurs des mers, soit au moyen de la géométrie pratique, soit par le baromètre; cet instrument peut donner la hauteur d'une montagne fort exactement, surtout dans les pays où sa variation n'est pas considérable, comme au Pérou et sous les autres climats de l'équateur : on a mesuré par l'un ou l'autre de ces moyens la hauteur de la plupart des éminences qui sont à la surface du globe; par exemple, on a trouvé que les plus hautes montagnes de Suisse sont élevées d'environ seize cents toises au-dessus du niveau de la mer plus que le Canigou, qui est une des plus hautes des Pyrénées. (Voyez l'*Hist. de l'Acad.*, 1708, page 24.) Il paraît que ce sont les plus hautes de toute l'Europe, puisqu'il en sort une grande quantité de fleuves qui portent leurs eaux dans différentes mers fort éloignées, comme le Pô qui se rend dans la mer Adriatique, le Rhin qui se perd dans les sables en Hollande, le Rhône qui tombe dans la Méditerranée, et le Danube, qui va jusqu'à la mer Noire. Ces quatre fleuves, dont les embouchures sont si éloignées les unes des autres, tirent tous une partie de leurs eaux du mont Saint-Gothard et des montagnes voisines, ce qui prouve que ce point est le plus élevé de l'Europe.

Les plus hautes montagnes de l'Asie sont le mont Taurus, le mont Imaüs, le Caucase et les montagnes du Japon : toutes ces montagnes sont plus élevées que celles de l'Europe; celles d'Afrique, le grand Atlas et les monts de la Lune, sont au moins aussi hautes que celles de l'Asie, et les plus élevées de toutes sont celles de l'Amérique méridionale, surtout celles du Pérou, qui ont jusqu'à 3,000 toises de hauteur au-dessus du niveau de la mer. En général, les montagnes, entre les tropiques, sont plus élevées que celles des zones tempérées, et celles-ci plus que celles des zones froides, de sorte que plus on approche de l'équateur, et plus les inégalités de la surface de la terre sont grandes; ces inégalités, quoique fort considérables par rapport à nous, ne sont rien quand on les considère par rapport au globe terrestre. Trois mille toises de différence sur trois mille lieues de diamètre, c'est une toise sur une lieue, ou un pied sur deux mille deux cents pieds, ce qui, sur un globe de deux pieds et demi de diamètre, ne fait pas la sixième partie d'une ligne; ainsi la terre, dont la surface nous paraît traversée et coupée par la hauteur énorme des montagnes et par la profondeur affreuse des mers, n'est cependant, relativement à son volume, que très légèrement sillonnée d'inégalités si peu sensibles, qu'elles ne peuvent causer aucune différence à la figure du globe.

Dans les continents, les montagnes sont continues et forment des chaînes; dans les îles, elles paraissent être plus interrompues et plus isolées, et elles s'élèvent ordinairement au-dessus de la mer en forme de cône ou de pyramide, et on les appelle des pics : le pic de Ténériffe, dans l'île de Fer, est une des plus hautes montagnes de la terre, elle a près d'une lieue et demie de hauteur perpendiculaire au-dessus du niveau de la mer; le pic de Saint-Georges, dans l'une des Açores, le pic d'Adam dans l'île de Ceylan sont aussi fort élevés. Tous ces pics sont composés de rochers entassés les uns sur les autres, et ils vomissent, à leur sommet, du feu, des cendres, du bitume, des minéraux et des pierres; il y a même des îles qui ne sont précisément que des pointes de montagnes, comme l'île Sainte-Hélène, l'île de l'Ascension, la plupart des Canaries et des Açores, et il faut remarquer que, dans la plupart des îles, des promontoires et des autres terres avancées dans la mer, la partie du milieu est toujours la plus élevée, et qu'elles sont ordinairement séparées en deux par des chaînes de montagnes qui les partagent dans leur plus grande longueur, comme en Écosse le mont Grans-Bain qui s'étend d'orient en occident et partage l'île de la Grande-Bretagne en deux parties; il en est de même des îles de Sumatra, de Luçon, de Bornéo, de Célèbes, de Cuba et de Saint-Domingue, et aussi de l'Italie, qui est traversée dans toute sa longueur par l'Apennin, de la presqu'île de Corée, de celle de Malaye, etc.

Les montagnes, comme l'on voit, diffèrent beaucoup en hauteur : les collines sont les plus basses de toutes, ensuite viennent les montagnes médiocrement élevées, qui sont suivies d'un troisième rang de montagnes encore plus hautes, lesquelles, comme les précédentes, sont ordinairement chargées d'arbres et de plantes, mais qui, ni les unes ni les autres, ne fournissent aucune source, excepté au bas ; enfin les plus hautes de toutes les montagnes sont celles sur lesquelles on ne trouve que du sable, des pierres, des cailloux et des rochers dont les pointes s'élèvent souvent jusqu'au-dessus des nues ; c'est précisément au pied de ces rochers qu'il y a de petits espaces, de petites plaines, des enfoncements, des espèces de vallons où l'eau de la pluie, la neige et la glace s'arrêtent, et où elles forment des étangs, des marais, des fontaines d'où les fleuves tirent leur origine. (Voyez *Lett. phil. sur la form. des sels*, etc., page 198.)

La forme des montagnes est aussi fort différente : les unes forment des chaînes dont la hauteur est assez égale dans une très longue étendue de terrain ; d'autres sont coupées par des vallons très profonds ; les unes ont des contours assez réguliers, d'autres paraissent au premier coup d'œil irrégulières, autant qu'il est possible de l'être ; quelquefois on trouve au milieu d'un vallon ou d'une plaine un monticule isolé ; et, de même qu'il y a des montagnes de différentes espèces, il y a aussi de deux sortes de plaines, les unes en pays bas, les autres en montagne : les premières sont ordinairement partagées par le cours de quelque grosse rivière ; les autres, quoique d'une étendue considérable, sont sèches, et n'ont tout au plus que quelque petit ruisseau. Ces plaines en montagnes sont souvent fort élevées, et toujours de difficile accès, elles forment des pays au-dessus des autres pays, comme en Auvergne, en Savoie et dans plusieurs autres pays élevés ; le terrain en est ferme et produit beaucoup d'herbes et de plantes odoriférantes, ce qui rend ces dessus de montagnes les meilleurs pâturages du monde.

Le sommet des hautes montagnes est composé de rochers plus ou moins élevés, qui ressemblent, surtout vus de loin, aux ondes de la mer. (Voyez *Lett. phil. sur la form. des se's*, page 196.) Ce n'est pas sur cette observation seule que l'on pourrait assurer, comme nous l'avons fait, que les montagnes ont été formées par les ondes de la mer, et je ne la rapporte que parce qu'elle s'accorde avec toutes les autres ; ce qui prouve évidemment que la mer a couvert et formé les montagnes, ce sont les coquilles et les autres productions marines qu'on trouve partout en si grande quantité, qu'il n'est pas possible qu'elles aient été transportées de la mer actuelle dans des continents aussi éloignés et à des profondeurs aussi considérables : ce qui le prouve, ce sont les couches horizontales et parallèles qu'on trouve partout, et qui ne peuvent avoir été formées que par les eaux ; c'est la composition des matières, même les plus dures, comme de la pierre et du marbre, à laquelle on reconnaît clairement que les matières étaient réduites en poussière avant la formation de ces pierres et de ces marbres, et qu'elles se sont précipitées au fond de l'eau en forme de sédiment ; c'est encore l'exactitude avec laquelle les coquilles sont moulées dans ces matières, c'est l'intérieur de ces mêmes coquilles, qui est absolument rempli des matières dans lesquelles elles sont renfermées ; et enfin ce qui le démontre incontestablement, ce sont les angles correspondants des montagnes et des collines qu'aucune autre cause que les courants de la mer n'aurait pu former ; c'est l'égalité de la hauteur des collines opposées et les lits des différentes matières qu'on y trouve à la même hauteur ; c'est la direction des montagnes, dont les chaînes s'étendent en longueur dans le même sens, comme l'on voit s'étendre les ondes de la mer.

A l'égard des profondeurs qui sont à la surface de la terre, les plus grandes sont, sans contredit, les profondeurs de la mer ; mais, comme elles ne se présentent point à l'œil, et qu'on n'en peut juger que par la sonde, nous n'entendons parler ici que des profondeurs de terre ferme, telles que les profondes vallées que l'on voit entre les montagnes, les précipices qu'on trouve entre les rochers, les abîmes qu'on aperçoit du haut des montagnes, comme l'abîme du mont Ararat, les précipices des Alpes, les vallées des Pyrénées : ces profondeurs sont une suite naturelle de l'élévation des montagnes; elles reçoivent les eaux et les terres qui coulent de la montagne, le terrain en est ordinairement très fertile et fort habité. Pour les précipices qui sont entre les rochers, ils se forment par l'affaissement des rochers, dont la base cède quelquefois plus d'un côté que, de l'autre, par l'action de l'air et de la gelée qui les fait fendre et les sépare, et par la chute impétueuse des torrents qui s'ouvrent des routes et entraînent tout ce qui s'oppose à leur violence; mais ces abîmes, c'est-à-dire ces énormes et vastes précipices qu'on trouve au sommet des montagnes, et au fond desquels il n'est quelquefois pas possible de descendre, quoiqu'ils aient une demi-lieue de tour, ont été formés par le feu; ces abîmes étaient autrefois les foyers des volcans, et toute la matière qui y manque en a été rejetée par l'action et l'explosion de ces feux, qui depuis se sont éteints faute de matière combustible. L'abîme du mont Ararat, dont M. de Tournefort donne la description dans son *Voyage du Levant*, est environné de rochers noirs et brûlés, comme seront quelque jour les abîmes de l'Etna, du Vésuve et de tous les autres volcans, lorsqu'ils auront consumé toutes les matières combustibles qu'ils renferment.

Dans l'histoire naturelle de la province de Stafford, en Angleterre, par Plot, il est parlé d'une espèce de gouffre qu'on a sondé jusqu'à la profondeur de deux mille six cents pieds perpendiculaires, sans qu'on y ait trouvé d'eau; on n'a pu même en trouver le fond, parce que la corde n'était pas assez longue. (Voyez le *Journal des Savants*, année 1680, page 12.)

Les grandes cavités et les mines profondes sont ordinairement dans les montagnes, et elles ne descendent jamais, à beaucoup près, au niveau des plaines; ainsi, nous ne connaissons par ces cavités que l'intérieur de la montagne et point du tout celui du globe.

D'ailleurs, ces profondeurs ne sont pas en effet fort considérables; Ray assure que les mines les plus profondes n'ont pas un demi-mille de profondeur. La mine de Cotteberg, qui du temps d'Agricola passait pour la plus profonde de toutes les mines connues, n'avait que 2,500 pieds de profondeur perpendiculaire. Il est vrai qu'il y a des trous dans certains endroits, comme celui dont nous venons de parler dans la province de Stafford, ou le Poolshole, dans la province de Darby, en Angleterre, dont la profondeur est peut-être plus grande; mais tout cela n'est rien en comparaison de l'épaisseur du globe.

Si les rois d'Égypte, au lieu d'avoir fait des pyramides et élevé d'aussi fastueux monuments de leurs richesses et de leur vanité, eussent fait la même dépense pour sonder la terre et y faire une profonde excavation, comme d'une lieue de profondeur, on aurait peut-être trouvé des matières qui auraient dédommagé de la peine et de la dépense, ou tout au moins on aurait des connaissances qu'on n'a pas sur les matières dont le globe est composé à l'intérieur, ce qui serait peut-être fort utile.

Mais revenons aux montagnes : les plus élevées sont dans les pays méridionaux, et plus on approche de l'équateur, plus on trouve d'inégalités sur la surface du globe; ceci est aisé à prouver par une courte énumération des montagnes et des îles.

En Amérique, la chaîne des Cordillères, les plus hautes montagnes de la terre, est précisément sous l'équateur, et elle s'étend des deux côtés bien loin au delà des cercles qui renferment la zone torride.

En Afrique, les hautes montagnes de la Lune et du Monomotapa, le grand et le petit Atlas, sont sous l'équateur ou n'en sont pas éloignés.

En Asie, le mont Caucase, dont la chaîne s'étend sous différents noms jusqu'aux montagnes de la Chine, est dans toute cette étendue plus voisin de l'équateur que des pôles.

En Europe, les Pyrénées, les Alpes et les montagnes de la Grèce, qui ne sont que la même chaîne, sont encore moins éloignées de l'équateur que des pôles.

Or ces montagnes, dont nous venons de faire l'énumération, sont toutes plus élevées, plus considérables et plus étendues en longueur et en largeur que les montagnes des pays septentrionaux.

A l'égard de la direction de ces chaînes de montagnes, on verra que les Alpes, prises dans toute leur étendue, forment une chaîne qui traverse le continent entier depuis l'Espagne jusqu'à la Chine; ces montagnes commencent aux bords de la mer en Galice, arrivent aux Pyrénées, traversent la France par le Vivarais et l'Auvergne, séparent l'Italie, s'étendent en Allemagne et au-dessus de la Dalmatie jusqu'en Macédoine, et de là se joignent avec les montagnes d'Arménie, le Caucase, le Taurus, l'Imaüs, et s'étendent jusqu'à la mer de Tartarie : de même, le mont Atlas traverse le continent entier de l'Afrique d'occident en orient, depuis le royaume de Fez jusqu'au détroit de la mer Rouge; les monts de la Lune ont aussi la même direction.

Mais, en Amérique, la direction est toute contraire, et les chaînes des Cordillères et des autres montagnes s'étendent du nord au sud plus que d'orient en occident.

Ce que nous observons ici, sur les plus grandes éminences du globe, peut s'observer aussi sur les plus grandes profondeurs de la mer. Les plus vastes et les plus hautes mers sont plus voisines de l'équateur que des pôles, et il résulte de cette observation que les plus grandes inégalités du globe se trouvent dans les climats méridionaux. Ces irrégularités, qui se trouvent à la surface du globe, sont la cause d'une infinité d'effets ordinaires et extraordinaires; par exemple, entre les rivières de l'Inde et du Gange, il y a une large chersonèse qui est divisée dans son milieu par une chaîne de hautes montagnes que l'on appelle *le Gate*, qui s'étend du nord au sud depuis les extrémités du mont Caucase jusqu'au cap de Comorin; de l'un des côtés est Malabar, et de l'autre Coromandel; du côté de Malabar, entre cette chaîne de montagnes et la mer, la saison de l'été est depuis le mois de septembre jusqu'au mois d'avril, et, pendant tout ce temps, le ciel est serein et sans aucune pluie; de l'autre côté de la montagne, sur la côte de Coromandel, cette même saison est leur hiver, et il y pleut tous les jours en abondance; et, du mois d'avril au mois de septembre, c'est la saison de l'été, tandis que c'est celle de l'hiver en Malabar; en sorte qu'en plusieurs endroits, qui ne sont guère éloignés que de vingt lieues de chemin, on peut, en croisant la montagne, changer de saison. On dit que la même chose se trouve au cap Razalgat, en Arabie, et de même à la Jamaïque, qui est séparée dans son milieu par une chaîne de montagnes dont la direction est de l'est à l'ouest, et que les plantations qui sont au midi de ces montagnes éprouvent la chaleur de l'été, tandis que celles qui sont au nord souffrent la rigueur de l'hiver dans ce même temps. Le Pérou, qui est situé sous la ligne et qui s'étend à environ mille lieues vers le midi, est divisé en trois parties longues et étroites que les habitants du Pérou appellent *Llanos, Sierras* et *Andes;* les Llanos, qui sont les plaines, s'étendent tout le long de la côte de la mer du Sud; les Sierras sont des collines avec quelques vallées, et les Andes sont ces fameuses Cordillères, les plus hautes montagnes que l'on connaisse; les llanos ont dix lieues plus ou moins de largeur; dans plusieurs endroits, les sierras ont vingt lieues de largeur et les Andes autant, quelquefois plus, quelquefois moins; la largeur est de l'est à l'ouest, et la longueur, du nord au sud. Cette partie du monde a ceci de remarquable : 1° dans les llanos, le long de toute cette côte le vent du sud-ouest souffle constamment, ce qui est contraire à ce qui arrive ordinairement dans la zone torride; 2° il ne pleut ni ne tonne jamais dans les llanos, quoiqu'il y tombe quelquefois un peu de rosée; 3° il pleut presque continuellement sur les Andes; 4° dans les sierras, qui sont entre les llanos et les Andes, il pleut depuis le mois de septembre jusqu'au mois d'avril.

On s'est aperçu, depuis longtemps, que les chaînes des plus hautes montagnes allaient d'occident en orient; ensuite, après la découverte du nouveau monde, on a vu qu'il y en avait de fort considérables qui tournaient du nord au sud; mais personne n'avait découvert, avant M. Bourguet, la surprenante régularité de la structure de ces grandes masses : il a trouvé, après avoir passé trente fois les Alpes en quatorze endroits différents, deux fois l'Apennin, et fait plusieurs tours dans les environs de ces montagnes et dans le mont Jura, que toutes les montagnes sont formées dans leurs contours à peu près comme les ouvrages de fortification. Lorsque le corps d'une montagne va d'occident en orient, elle forme des avances qui regardent, autant qu'il est possible, le nord et le midi : cette régularité admirable est si sensible dans les vallons, qu'il semble qu'on y marche dans un chemin couvert fort régulier; car si, par exemple, on voyage dans un vallon du nord au sud, on remarque que la montagne qui est à droite forme des avances, ou des angles qui regardent l'orient, et ceux de la montagne du côté gauche regardent l'occident, de sorte que néanmoins les angles saillants de chaque côté répondent réciproquement aux angles rentrants qui leur sont toujours alternativement opposés. Les angles que les montagnes forment dans les grandes vallées sont moins aigus, parce que la pente est moins raide et qu'ils sont plus éloignés les uns des autres; et, dans les plaines, ils ne sont sensibles que dans le cours des rivières, qui en occupent ordinairement le milieu; leurs coudes naturels répondent aux avances les plus marquées, ou aux angles les plus avancés des montagnes auxquelles le terrain, où les rivières coulent, va aboutir. Il est étonnant qu'on n'ait pas aperçu une chose si visible; et lorsque, dans une vallée, la pente de l'une des montagnes qui la bordent est moins rapide que celle de l'autre, la rivière prend son cours beaucoup plus près de la montagne la plus rapide, et elle ne coule que dans le milieu. (Voyez *Lett. phil. sur la form. des sels*, p. 181 et 200.)

On peut joindre à ces observations d'autres observations particulières qui les confirment; par exemple, les montagnes de Suisse sont bien plus rapides, et leur pente est bien plus grande du côté du midi que du côté du nord, et plus grande du côté du couchant que du côté du levant; on peut le voir dans la montagne Gemmi, dans le mont Brisé, et dans presque toutes les autres montagnes. Les plus hautes de ce pays sont celles qui séparent la Vallésie et les Grisons de la Savoie, du Piémont et du Tyrol; ces pays sont eux-mêmes une continuation de ces montagnes, dont la chaîne s'étend jusqu'à la Méditerranée et continue même assez loin sous les eaux de cette mer; les montagnes des Pyrénées ne sont aussi qu'une continuation de cette vaste montagne qui commence dans la Vallésie supérieure, et dont les branches s'étendent fort loin au couchant et au midi, en se soutenant toujours à une grande hauteur, tandis qu'au contraire du côté du nord et de l'est ces montagnes s'abaissent par degrés jusqu'à devenir des plaines, comme on le voit par les vastes pays que le Rhin, par exemple, et le Danube arrosent avant que d'arriver à leurs embouchures, au lieu que le Rhône descend avec rapidité vers le midi dans la mer Méditerranée. La même observation, sur le penchant plus rapide des montagnes du côté du midi et du couchant que du côté du nord ou du levant, se trouve vraie dans les montagnes d'Angleterre et dans celles de Norvège; mais la partie du monde où cela se voit le plus évidemment, c'est au Pérou et au Chili; la longue chaîne des Cordillères est coupée très rapidement du côté du couchant, le long de la mer Pacifique, au lieu que du côté du levant elle s'abaisse par degrés dans de vastes plaines arrosées par les plus grandes rivières du monde. (Voyez *Transact. philosoph. Abr.*, vol. VI, part. II, p. 158.)

M. Bourguet, à qui on doit cette belle observation de la correspondance des angles des montagnes, l'appelle avec raison la clef de la théorie de la terre; cependant, il me paraît que, s'il en eût senti toute l'importance, il l'aurait employée plus heureusement en la liant avec des faits convenables, et qu'il aurait donné une théorie de la terre plus vraisemblable, au lieu que dans son mémoire, dont on a vu l'exposé, il ne présente que le projet d'un système hypothétique dont la plupart des conséquences sont fausses ou précaires. La théorie, que nous avons donnée, roule sur quatre faits principaux, desquels on ne peut pas douter après avoir examiné les preuves qui les constatent : le premier est, que la terre est partout, et jusqu'à des profondeurs considérables, composée de couches parallèles et de matières qui ont été autrefois dans un état de mollesse; le second, que la mer a couvert pendant quelque temps la terre que nous habitons; le troisième, que les marées et les autres mouvements des eaux produisent des inégalités dans le fond de la mer; et le quatrième, que ce sont les courants de la mer qui ont donné aux montagnes la forme de leurs contours et la direction correspondante dont il est question.

On jugera, après avoir lu les preuves que contiennent les articles suivants, si j'ai eu tort d'assurer que ces faits, solidement établis, établissent aussi la vraie théorie de la terre. Ce que j'ai dit dans le texte, au sujet de la formation des montagnes, n'a pas besoin d'une plus ample explication; mais, comme on pourrait m'objecter que je ne rends pas raison de la formation des pics ou pointes de montagnes, non plus que de quelques autres faits particuliers, j'ai cru devoir ajouter ici les observations et les réflexions que j'ai faites sur ce sujet.

J'ai tâché de me faire une idée nette et générale de la manière dont sont arrangées les différentes matières qui composent le globe, et il m'a paru qu'on pouvait les considérer d'un manière différente de celle dont on les a vues jusqu'ici; j'en fais deux classes générales auxquelles je les réduis toutes : la première est celle des matières que nous trouvons posées par couches, par lits, par bancs horizontaux ou régulièrement inclinés; et la seconde comprend toutes les matières qu'on trouve par amas, par filons, par veines perpendiculaires et irrégulièrement inclinées. Dans la première classe sont compris les sables, les argiles, les granits ou le roc vif, les cailloux et les grès en grande masse, les charbons de terre, les ardoises, les schistes, etc., et aussi les marnes, les craies, les pierres calcinables, les marbres, etc. Dans la seconde, je mets les métaux, les minéraux, les cristaux, les pierres fines et les cailloux en petites masses; ces deux classes comprennent généralement toutes les matières que nous connaissons : les premières doivent leur origine aux sédiments transportés et déposés par les eaux de la mer, et on doit distinguer celles qui, étant mises à l'épreuve du feu, se calcinent et se réduisent en chaux, de celles qui se fondent et se réduisent en verre; pour les secondes, elles se réduisent toutes en verre, à l'exception de celles que le feu consume entièrement par l'inflammation.

Dans la première classe, nous distinguerons d'abord deux espèces de sable : l'une que je regarde comme la matière la plus abondante du globe, qui est vitrifiable, ou plutôt qui n'est qu'un composé de fragments de verre; l'autre, dont la quantité est beaucoup moindre, qui est calcinable et qu'on doit regarder comme du débris ou de la poussière de pierre, et qui ne diffère du gravier que par la grosseur des grains. Le sable vitrifiable est, en général, posé par couches comme toutes les autres matières; mais ces couches sont souvent interrompues par des masses de rochers de grès, de roc vif, de caillou, et quelquefois ces matières font aussi des bancs et des lits d'une grande étendue.

En examinant ce sable et ces matières vitrifiables, on n'y trouve que peu de coquilles de mer, et celles qu'on y trouve ne sont pas placées par lits : elles n'y sont que parsemées et comme jetées au hasard; par exemple, je n'en ai jamais vu dans les grès; cette pierre, qui est fort abondante en certains endroits, n'est qu'un composé de parties sablonneuses qui sont réunies; on ne la trouve que dans les pays où le sable vitrifiable domine, et ordinairement les carrières de grès sont dans des collines pointues, dans des terres sablonneuses et dans des éminences entrecoupées; on peut attaquer ces carrières dans tous les sens, et, s'il y a des lits, ils sont beaucoup plus éloignés les uns des autres que dans les carrières de pierres calcinables, ou de marbres; on coupe dans le massif de la carrière de grès des blocs de toutes sortes de dimensions et dans tous les sens, selon le besoin et la plus grande commodité, et, quoique le grès soit difficile à travailler, il n'a cependant qu'un genre de dureté, c'est de résister à des coups violents sans s'éclater; car le frottement l'use peu à peu et le réduit aisément en sable, à l'exception de certains clous noirâtres qu'on y trouve et qui sont d'une matière si dure que les meilleures limes ne peuvent y mordre; le roc vif est vitrifiable comme le grès et il est de la même nature, seulement il est plus dur et les parties en sont mieux liées; il y a aussi plusieurs clous semblables à ceux dont nous venons de parler, comme on peut le remarquer aisément sur les sommets des hautes montagnes, qui sont pour la plupart de cette espèce de rocher, et sur lesquels on ne peut pas marcher un peu de temps sans s'apercevoir que ces clous coupent et déchirent le cuir des souliers. Ce roc vif qu'on trouve au-dessus des hautes montagnes, et que je regarde comme une espèce de granit, contient une grande quantité de paillettes talqueuses, et il a tous les genres de dureté, au point de ne pouvoir être travaillé qu'avec une peine infinie.

J'ai examiné de près la nature de ces clous qu'on trouve dans le grès et dans le roc vif, et j'ai reconnu que c'est une matière métallique fondue et calcinée à un feu très violent, et qui ressemble parfaitement à de certaines matières rejetées par les volcans, dont j'ai vu une grande quantité étant en Italie, où l'on me dit que les gens du pays les appelaient *schiarri*. Ce sont des masses noirâtres fort pesantes sur lesquelles le feu, l'eau ni la lime ne peuvent faire aucune impression, dont la matière est différente de celle de la lave; car celle-ci est une espèce de verre, au lieu que l'autre paraît plus métallique que vitrée. Les clous du grès et du roc vif ressemblent beaucoup à cette première matière, ce qui semble prouver encore que toutes ces matières ont été autrefois liquéfiées par le feu.

On voit quelquefois en certains endroits, au plus haut des montagnes, une prodigieuse quantité de blocs d'une grandeur considérable de ce roc vif, mêlé de paillettes talqueuses; leur position est si irrégulière, qu'ils paraissent avoir été lancés et jetés au hasard, et on croirait qu'ils sont tombés de quelque hauteur voisine, si les lieux où on les trouve n'étaient pas élevés au-dessus de tous les autres lieux; mais leur substance vitrifiable et leur figure anguleuse et carrée, comme celle des rochers de grès, nous découvre une origine commune entre ces matières; ainsi, dans les grandes couches de sable vitrifiable, il se forme des blocs de grès et de roc vif, dont la figure et la situation ne suivent pas exactement la position horizontale de ces couches; peu à peu les pluies ont entraîné, du sommet des collines et des montagnes, le sable qui les couvrait d'abord, et elles ont commencé par sillonner et découper ces collines dans les intervalles qui se sont trouvés entre les noyaux de grès, comme on voit que sont découpées les collines de Fontainebleau. Chaque pointe de colline répond à un noyau qui fait une carrière de grès, et chaque intervalle a été creusé et abaissé par les eaux, qui ont fait couler le sable dans la plaine : de même les plus hautes montagnes, dont les sommets sont composés de roc vif et terminés par ces blocs anguleux dont nous venons de parler, auront autrefois été recouvertes de plusieurs couches de sable vitrifiable dans lequel ces blocs se seront formés, et, les pluies ayant entraîné tout le sable qui les environnait, ils seront demeurés au sommet des montagnes dans la position où ils auront été formés. Ces blocs présentent ordinairement des pointes au-dessus et à l'intérieur; ils vont en augmentant de grosseur à mesure qu'on descend et qu'on fouille plus profondément, souvent même un bloc en rejoint un autre par la base, ce second un troisième, et ainsi de suite en laissant entre eux des intervalles irréguliers; et comme, par la succession des temps, les pluies ont enlevé et entraîné tout le sable qui couvrait ces différents noyaux, il ne reste au-dessus des hautes montagnes que les noyaux mêmes qui forment des pointes plus ou moins élevées, et c'est là l'origine des pics ou des cornes de montagnes.

Car supposons, comme il est facile de le prouver par les productions marines qu'on y trouve, que la chaîne des montagnes des Alpes ait été autrefois couverte des eaux de la mer, et qu'au-dessus de cette chaîne de montagnes il y eût une grande épaisseur de sable vitrifiable que l'eau de la mer y avait transporté et déposé, de la même façon et par les mêmes causes qu'elle a déposé et transporté dans les lieux un peu plus bas de ces montagnes une grande quantité de coquillages, et considérons cette couche extérieure de sable vitrifiable comme posée d'abord de niveau et formant un plat pays de sable au-dessus des montagnes des Alpes, lorsqu'elles étaient encore couvertes des eaux de la mer; il se sera formé dans cette épaisseur de sable des noyaux de roc, de grès, de caillou et de toutes les matières qui prennent leur origine et leur figure dans les sables par une mécanique à peu près semblable à celle de la cristallisation des sels. Ces noyaux une fois formés auront soutenu les parties où ils se sont trouvés, et les pluies auront détaché peu à peu tout le sable intermédiaire, aussi bien que celui qui les environnait immédiatement; les torrents, les ruisseaux, en se précipitant du haut de ces montagnes, auront entraîné ces sables dans les vallons, dans les plaines, et en auront conduit une partie jusqu'à la mer; de cette façon, le sommet des montagnes se sera trouvé à découvert, et les noyaux déchaussés auront paru dans toute leur hauteur : c'est ce que nous appelons aujourd'hui des pics ou des cornes de montagnes, et ce qui a formé toutes ces éminences pointues qu'on voit en tant d'endroits; c'est aussi là l'origine de ces roches élevées et isolées qu'on trouve à la Chine et dans d'autres endroits, comme en Irlande, où on leur a donné le nom de *Devil's stones* ou *pierres du Diable*, et dont la formation, aussi bien que celle des pics des montagnes, avait toujours paru une chose difficile à expliquer : cependant l'explication que j'en donne est si naturelle qu'elle s'est présentée d'abord à l'esprit de ceux qui ont vu ces roches, et je dois citer ici ce qu'en dit le père Du Tartre dans les *Lettres édifiantes :* « De Yan-chuin-yen nous vînmes à Ho-tcheou; nous rencontrâmes en chemin une chose assez particulière : ce sont des roches d'une hauteur » extraordinaire et de la figure d'une grosse tour carrée qu'on voit plantées au milieu des » plus vastes plaines; on ne sait comment elles se trouvent là, si ce n'est que ce furent » autrefois des montagnes, et que les eaux du ciel, ayant peu à peu fait ébouler la terre » qui environnait ces masses de pierre, les aient ainsi à la longue escarpées de toutes » parts : ce qui fortifie la conjecture, c'est que nous en vîmes quelques-unes qui, vers le » bas, sont encore environnées de terre jusqu'à une certaine hauteur. » (Voyez *Lettr. édif.* rec. 2, t. Ier, p. 135, etc.)

Le sommet des plus hautes montagnes est donc ordinairement composé de rochers et de plusieurs espèces de granit, de roc vif, de grès et d'autres matières dures et vitrifiables, et cela souvent jusqu'à deux ou trois cents toises en descendant; ensuite, on y trouve souvent des carrières de marbre ou de pierre dure qui sont remplies de coquilles, et dont la matière est calcinable, comme on peut le remarquer à la grande Chartreuse en Dauphiné et sur le mont Cenis, où les pierres et les marbres, qui contiennent des coquilles, sont à quelques centaines de toises au-dessous des sommets, des pointes et des pics des plus hautes montagnes, quoique ces pierres remplies de coquilles soient elles-mêmes à plus de mille toises au-dessus du niveau de la mer. Ainsi les montagnes où l'on voit des pointes ou des pics sont ordinairement de roc vitrifiable, et celles dont les sommets sont plats contiennent pour la plupart des marbres et des pierres dures remplies de productions marines. Il en est de même des collines lorsqu'elles sont de grès ou de roc vif; elles sont pour la plupart entrecoupées de pointes, d'éminences, de tertres et de cavités, de profondeurs et de petits vallons intermédiaires; au contraire, celles qui sont composées de pierres calcinables sont à peu près égales dans toute leur hauteur, et elles ne sont interrompues que par des gorges et des vallons plus grands, plus réguliers et dont les angles sont correspondants; enfin elles sont couronnées de rochers dont la position est régulière et de niveau.

Quelque différence qui nous paraisse d'abord entre ces deux formes de montagnes, elles viennent cependant toutes deux de la même cause, comme nous venons de le faire voir; seulement on doit observer que ces pierres calcinables n'ont éprouvé aucune altération, aucun changement depuis la formation des couches horizontales, au lieu que celles de sable vitrifiable ont pu être altérées et interrompues par la production postérieure des rochers et des blocs anguleux qui se sont formés dans l'intérieur de ce sable. Ces deux espèces de montagnes ont des fentes qui sont presque toujours perpendiculaires dans celles de pierres calcinables, et qui paraissent être un peu plus irrégulières dans celles de roc vif et de grès; c'est dans ces fentes qu'on trouve les métaux, les minéraux, les cristaux, les soufres et toutes les matières de la seconde classe, et c'est au-dessous de ces fentes que les eaux se rassemblent pour pénétrer ensuite plus avant et former les veines d'eau qu'on trouve au-dessous de la surface de la terre.

ARTICLE X

DES FLEUVES

Nous avons dit que, généralement parlant, les plus grandes montagnes occupent le milieu des continents; que les autres occupent le milieu des îles, des presqu'îles et des terres avancées dans la mer; que, dans l'ancien continent, les plus grandes chaînes de montagnes sont dirigées d'occident en orient, et que celles qui tournent vers le nord ou vers le sud ne sont que des branches de ces chaînes principales; on verra de même que les plus grands fleuves sont dirigés comme les plus grandes montagnes, et qu'il y en a peu qui suivent la direction des branches de ces montagnes : pour s'en assurer et le voir en détail, il n'y a qu'à jeter les yeux sur un globe, et parcourir l'ancien continent depuis l'Espagne jusqu'à la Chine; on trouvera qu'à commencer par l'Espagne, le Vigo, le Douro, le Tage et le Guadiana vont d'orient en occident, et l'Èbre d'occident en orient, et qu'il n'y a pas une rivière remarquable dont le cours soit dirigé du sud au nord, ou du nord au sud, quoique l'Espagne soit environnée de la mer en entier du côté du midi, et presque en entier du côté du nord. Cette observation, sur la direction des fleuves en Espagne, prouve non seulement que les montagnes de ce pays sont dirigées d'occident en orient, mais encore que le terrain méridional et qui avoisine le détroit, et celui du détroit même, est une terre plus élevée que les côtes de Portugal; et de même, du côté du nord, que les montagnes de Galice, des Asturies, etc., ne sont qu'une continuation des Pyrénées, et que c'est cette élévation des terres, tant au nord qu'au sud, qui ne permet pas aux fleuves d'arriver par là jusqu'à la mer.

On verra aussi, en jetant les yeux sur la carte de la France, qu'il n'y a que le Rhône qui soit dirigé du nord au midi, et encore dans près de la moitié de son cours, depuis les montagnes jusqu'à Lyon, est-il dirigé de l'orient vers l'occident; mais qu'au contraire tous les autres grands fleuves, comme la Loire, la Charente, la Garonne et même la Seine, ont leur direction d'orient en occident.

On verra de même qu'en Allemagne il n'y a que le Rhin qui, comme le Rhône, a la plus grande partie de son cours du midi au nord, mais que les autres grands fleuves, comme le Danube, la Drave et toutes les grandes rivières qui tombent dans ces fleuves vont d'occident en orient se rendre dans la mer Noire.

On reconnaîtra que cette mer Noire, que l'on doit plutôt considérer comme un grand lac que comme une mer, a presque trois fois plus d'étendue d'orient en occident que du midi au nord, et que, par conséquent, sa position est semblable à la direction des fleuves en général; qu'il en est de même de la mer Méditerranée, dont la longueur d'orient en occident est environ six fois plus grande que sa largeur moyenne, prise du nord au midi.

A la vérité, la mer Caspienne, suivant la carte qui en a été levée par ordre du czar Pierre Ier, a plus d'étendue du midi au nord que d'orient en occident, au lieu que dans les anciennes cartes elle était presque ronde, ou plus large d'orient en occident que du midi au nord; mais, si l'on fait attention que le lac Aral peut être regardé comme ayant fait partie de la mer Caspienne, dont il n'est séparé que par des plaines de sable, on trouvera encore que la longueur, depuis le bord occidental de la mer Caspienne jusqu'au bord oriental du lac Aral, est plus grande que la longueur depuis le bord méridional jusqu'au bord septentrional de la même mer.

On trouvera de même que l'Euphrate et le golfe Persique sont dirigés d'occident en orient, et que presque tous les fleuves de la Chine vont d'occident en orient; il en est de même de tous les fleuves de l'intérieur de l'Afrique au delà de la Barbarie; ils coulent tous d'orient en occident, et d'occident en orient; il n'y a que les rivières de Barbarie et le Nil qui coulent du midi au nord. A la vérité, il y a de grandes rivières en Asie qui coulent en partie du nord au midi, comme le Don, le Volga, etc.; mais, en prenant la longueur entière de leur cours, on verra qu'ils ne se tournent du côté du midi que pour se rendre dans la mer Noire et dans la mer Caspienne, qui sont des lacs dans l'intérieur des terres.

On peut donc dire, en général, que dans l'Europe, l'Asie et l'Afrique, les fleuves et les autres eaux méditerranées s'étendent plus d'orient en occident que du nord au sud; ce qui vient de ce que les chaînes des montagnes sont dirigées pour la plupart dans ce sens, et que d'ailleurs le continent entier de l'Europe et de l'Asie est plus large dans ce sens que dans l'autre; car il y a deux manières de concevoir cette direction des fleuves : dans un continent long et étroit, comme est celui de l'Amérique méridionale, et dans lequel il n'y a qu'une chaîne principale de montagnes qui s'étend du nord au sud, les fleuves, n'étant retenus par aucune autre chaîne de montagnes, doivent couler dans le sens perpendiculaire à celui de la direction des montagnes, c'est-à-dire d'orient en occident, ou d'occident en orient; c'est, en effet, dans ce sens que coulent toutes les grandes rivières de l'Amérique, parce que, à l'exception des Cordillères, il n'y a pas de chaînes de montagnes fort étendues, et qu'il n'y en a point dont les directions soient parallèles aux Cordillères. Dans l'ancien continent, comme dans le nouveau, la plus grande partie des eaux ont leur plus grande étendue d'occident en orient, et le plus grand nombre des fleuves coulent dans cette direction; mais c'est par une autre raison : c'est qu'il y a plusieurs longues chaînes de montagnes parallèles les unes aux autres, dont la direction est d'occident en orient, et que les fleuves et les autres eaux sont obligés de suivre les intervalles qui séparent ces chaînes de montagnes; par conséquent, une seule chaîne de montagnes, dirigée du nord au sud, produira des fleuves dont la direction sera la même que celle des fleuves qui sortiraient de plusieurs chaînes de montagnes dont la direction commune serait d'orient en occident, et c'est par cette raison particulière que les fleuves d'Amérique ont cette direction comme ceux de l'Europe, de l'Afrique et de l'Asie.

Pour l'ordinaire, les rivières occupent le milieu des vallées, ou plutôt la partie la plus basse du terrain compris entre les deux collines ou montagnes opposées : si les deux collines qui sont de chaque côté de la rivière ont chacune une pente à peu près égale, la rivière occupe à peu près le milieu du vallon ou de la vallée intermédiaire : que cette vallée soit large ou étroite, si la pente des collines ou des terres élevées qui sont de chaque côté de la rivière est égale, la rivière occupera le milieu de la vallée; au contraire, si l'une des collines a une pente plus rapide que n'est la pente de la colline opposée, la rivière ne sera plus dans le milieu de la vallée, mais elle sera d'autant plus voisine de la colline la plus rapide, que cette rapidité de pente sera plus grande que celle de la pente de l'autre colline; l'endroit le plus bas du terrain, dans ce cas, n'est plus le milieu de la vallée, il est beaucoup plus près de la colline dont la pente est la plus grande, et c'est par cette raison que la rivière en est aussi plus près. Dans tous les endroits où il y a d'un côté de la rivière des montagnes ou des collines fort rapides, et de l'autre côté des terres élevées en pente douce, on trouvera toujours que la rivière coule au pied de ces collines rapides, et qu'elle les suit dans toutes leurs directions, sans s'écarter de ces collines, jusqu'à ce que, de l'autre côté, il se trouve d'autres collines dont la pente soit assez considérable pour que le point le plus bas du terrain se trouve plus éloigné qu'il ne l'était de la colline rapide. Il arrive ordinairement que, par la succession des temps, la pente de la colline la plus rapide diminue et vient à s'adoucir, parce que les pluies entraînent les terres en plus grande quantité, et les enlèvent avec plus de violence sur une pente rapide que sur une pente douce; la rivière est alors contrainte de changer de lit pour retrouver l'endroit le plus bas du vallon : ajoutez à cela que, comme toutes les rivières grossissent et débordent de temps en temps, elles transportent et déposent des limons en différents endroits, et que souvent il s'accumule des sables dans leur lit, ce qui fait refluer les eaux et en change la direction; il est assez ordinaire de trouver dans les plaines un grand nombre d'anciens lits de la rivière, surtout si elle est impétueuse et sujette à de fréquentes inondations, et si elle entraîne beaucoup de sable et de limon.

Dans les plaines et dans les larges vallées où coulent les grands fleuves, le fond du lit du fleuve est ordinairement l'endroit le plus bas de la vallée; mais souvent la surface de l'eau du fleuve est plus élevée que les terres qui sont adjacentes à celles des bords du fleuve. Supposons, par exemple, qu'un fleuve soit à plein bord, c'est-à-dire que les bords et l'eau du fleuve soient de niveau, et que l'eau peu après commence à déborder des deux côtés, la plaine sera bientôt inondée jusqu'à une largeur considérable, et l'on observera que des deux côtés du fleuve les bords seront inondés les derniers, ce qui prouve qu'ils sont plus élevés que le reste du terrain, en sorte que de chaque côté du fleuve, depuis les bords jusqu'à un certain point de la plaine, il y a une pente insensible, une espèce de talus qui fait que la surface de l'eau du fleuve est plus élevée que le terrain de la plaine, surtout lorsque le fleuve est à plein bord. Cette élévation du terrain aux bords des fleuves provient du dépôt du limon dans les inondations : l'eau est communément très bourbeuse dans les grandes crues des rivières; lorsqu'elle commence à déborder, elle coule très lentement par-dessus les bords, elle dépose le limon qu'elle contient, et s'épure, pour ainsi dire, à mesure qu'elle s'éloigne davantage au large dans la plaine; de même, toutes les parties de limon que le courant de la rivière n'entraîne pas sont déposées sur les bords, ce qui les élève peu à peu au-dessus du reste de la plaine.

Les fleuves sont, comme l'on sait, toujours plus larges à leur embouchure; à mesure qu'on avance dans les terres et qu'on s'éloigne de la mer, ils diminuent de largeur; mais, ce qui est plus remarquable et peut-être moins connu, c'est que dans l'intérieur des terres, à une distance considérable de la mer, ils vont droit et suivent la même direction dans de grandes longueurs, et, à mesure qu'ils approchent de leur embouchure, les sinuosités de leur cours se multiplient. J'ai ouï dire à un voyageur, homme d'esprit et bon observateur (*a*), qui a fait plusieurs grands voyages par terre dans la partie de l'ouest de l'Amérique septentrionale, que les voyageurs et même les sauvages ne se trompaient guère sur la distance où ils se trouvaient de la mer; que, pour reconnaître s'ils étaient

(*a*) M. Fabry.

bien avant dans l'intérieur des terres, ou s'ils étaient dans un pays voisin de la mer, ils suivaient le bord d'une grande rivière, et que, quand la direction de la rivière était droite dans une longueur de quinze ou vingt lieues, ils jugeaient qu'ils étaient fort loin de la mer; qu'au contraire si la rivière avait des sinuosités et changeait souvent de direction dans son cours, ils étaient assurés de n'être pas fort éloignés de la mer. M. Fabry a vérifié lui-même cette remarque, qui lui a été fort utile dans ses voyages, lorqu'il parcourait des pays inconnus et presque inhabités. Il y a encore une remarque qui peut être utile en pareil cas : c'est que, dans les grands fleuves, il y a le long des bords un remous considérable, et d'autant plus considérable qu'on est moins éloigné de la mer et que le lit du fleuve est plus large, ce qui peut encore servir d'indice pour juger si l'on est à de grandes ou à de petites distances de l'embouchure; et, comme les sinuosités des fleuves se multiplient à mesure qu'ils approchent de la mer, il n'est pas étonnant que quelques-unes de ces sinuosités, venant à s'ouvrir, forment des bouches par où une partie des eaux du fleuve arrive à la mer, et c'est une des raisons pourquoi les grands fleuves se divisent ordinairement en plusieurs bras pour arriver à la mer.

Le mouvement des eaux dans le cours des fleuves se fait d'une manière fort différente de celle qu'ont supposée les auteurs qui ont voulu donner des théories mathématiques sur cette matière : non seulement la surface d'une rivière en mouvement n'est pas de niveau en la prenant d'un bord à l'autre, mais même, selon les circonstances, le courant qui est dans le milieu est considérablement plus élevé ou plus bas que l'eau qui est près des bords; lorsqu'une rivière grossit subitement par la fonte des neiges, ou lorsque par quelque autre cause sa rapidité augmente, si la direction de la rivière est droite, le milieu de l'eau, où est le courant, s'élève et la rivière forme une espèce de courbe convexe ou d'élévation très sensible, dont le plus haut point est dans le milieu du courant; cette élévation est quelquefois fort considérable, et M. Hupeau, habile ingénieur des ponts et chaussées, m'a dit avoir un jour mesuré cette différence de niveau de l'eau du bord de l'Aveyron et de celle du courant, ou du milieu de ce fleuve, et avoir trouvé trois pieds de différence, en sorte que le milieu de l'Aveyron était de trois pieds plus élevé que l'eau du bord. Cela doit, en effet, arriver toutes les fois que l'eau aura une très grande rapidité; la vitesse avec laquelle elle est emportée, diminuant l'action de sa pesanteur, l'eau qui forme le courant ne se met pas en équilibre par tout son poids avec l'eau qui est près des bords, et c'est ce qui fait qu'elle demeure plus élevée que celle-ci. D'autre côté, lorsque les fleuves approchent de leur embouchure, il arrive assez ordinairement que l'eau qui est près des bords est plus élevée que celle du milieu, quoique le courant soit rapide; la rivière paraît alors former une courbe concave dont le point le plus bas est dans le plus fort du courant; ceci arrive toutes les fois que l'action des marées se fait sentir dans un fleuve. On sait que, dans les grandes rivières, le mouvement des eaux occasionné par les marées est sensible à cent ou deux cents lieues de la mer; on sait aussi que le courant du fleuve conserve son mouvement au milieu des eaux de la mer jusqu'à des distances considérables : il y a donc dans ce cas deux mouvements contraires dans l'eau du fleuve : le milieu, qui forme le courant, se précipite vers la mer, et l'action de la marée forme un contre-courant, un remous qui fait remonter l'eau qui est voisine des bords, tandis que celle du milieu descend; et comme alors toute l'eau du fleuve doit passer par le courant qui est au milieu, celle des bords descend continuellement vers le milieu, et descend d'autant plus qu'elle est plus élevée et refoulée avec plus de force par l'action des marées.

Il y a deux espèces de remous dans les fleuves : le premier, qui est celui dont nous venons de parler, est produit par une force vive, telle qu'est celle de l'eau de la mer dans les marées, qui non seulement s'oppose comme obstacle au mouvement de l'eau du fleuve, mais comme corps en mouvement, et en mouvement contraire et opposé à celui du courant de l'eau du fleuve; ce remous fait un contre-courant d'autant plus sensible que la marée est plus forte; l'autre espèce de remous n'a pour cause qu'une force morte, comme est celle d'un obstacle, d'une avance de terre, d'une île dans la rivière, etc.; quoique ce remous n'occasionne pas ordinairement un contre-courant bien sensible, il l'est cependant assez pour être reconnu, et même pour fatiguer les conducteurs de bateaux sur les rivières; si cette espèce de remous ne fait pas toujours un contre-courant, il produit nécessairement ce que les gens de rivière appellent une *morte,* c'est-à-dire des eaux mortes qui ne coulent pas comme le reste de la rivière, mais qui tournoient de façon que, quand les bateaux y sont entraînés, il faut employer beaucoup de force pour les en faire sortir. Ces eaux mortes sont fort sensibles, dans toutes les rivières rapides, au passage des ponts : la vitesse de l'eau augmente, comme l'on sait, à proportion que le diamètre des canaux par où elle passe diminue, la force qui la pousse étant supposée la même; la vitesse d'une rivière augmente donc, au passage d'un pont, dans la raison inverse de la somme de la largeur des arches à la largeur totale de la rivière, et encore faut-il augmenter cette raison de celle de la longueur des arches, ou, ce qui est le même, de la largeur du pont; l'augmentation de la vitesse de l'eau étant donc très considérable en sortant de l'arche du pont, celle qui est à côté du courant est poussée latéralement et de côté contre les bords de la rivière, et par cette réaction il se forme un mouvement de tournoiement quelquefois très fort. Lorsqu'on passe sous le pont Saint-Esprit, les conducteurs sont forcés d'avoir une grande attention à ne pas perdre le fil du courant de l'eau, même après avoir passé le pont; car, s'ils laissaient écarter le bateau à droite ou à gauche, on serait porté contre le rivage avec danger de périr, ou tout au moins on serait entraîné dans le tournoiement des eaux mortes, d'où l'on ne pourrait sortir qu'avec beaucoup de peine. Lorsque ce tournoiement, causé par le mouvement du courant et par le mouvement opposé du remous, est fort considérable, cela forme une espèce de petit gouffre; et l'on voit souvent, dans les rivières rapides, à la chute de l'eau, au delà des arrière-becs des piles d'un pont, qu'il se forme de ces petits gouffres ou tournoiements d'eau, dont le milieu paraît être vide et former une espèce de cavité cylindrique autour de laquelle l'eau tournoie avec rapidité : cette apparence de cavité cylindrique est produite par l'action de la force centrifuge, qui fait que l'eau tâche de s'éloigner et s'éloigne en effet du centre du tourbillon causé par le tournoiement.

Lorsqu'il doit arriver une grande crue d'eau, les gens de rivière s'en aperçoivent par un mouvement particulier qu'ils remarquent dans l'eau; ils disent que la rivière *mouve de fond*, c'est-à-dire que l'eau du fond de la rivière coule plus vite qu'elle ne coule ordinairement : cette augmentation de vitesse dans l'eau du fond de la rivière annonce toujours, selon eux, un prompt et subit accroissement des eaux. Le mouvement et le poids des eaux supérieures, qui ne sont point encore arrivées, ne laissent pas que d'agir sur les eaux de la partie inférieure de la rivière et leur communiquent ce mouvement; car il faut, à certains égards, considérer un fleuve qui est contenu et qui coule dans son lit, comme une colonne d'eau contenue dans un tuyau, et le fleuve entier comme un très long canal où tous les mouvements doivent se communiquer d'un bout à l'autre. Or, indépendamment du mouvement des eaux supérieures, leur poids seul pourrait faire augmenter la vitesse de la rivière, et peut-être la faire mouvoir de fond; car on sait qu'en mettant à l'eau plusieurs bateaux à la fois, on augmente dans ce moment la vitesse de la partie inférieure de la rivière, en même temps qu'on retarde la vitesse de la partie supérieure.

La vitesse des eaux courantes ne suit pas exactement, ni même à beaucoup près, la proportion de la pente : un fleuve dont la pente serait uniforme et double de la pente d'un autre fleuve ne devrait, à ce qu'il paraît, couler qu'une fois plus rapidement que celui-ci, mais il coule en effet beaucoup plus vite encore; sa vitesse, au lieu d'être double, est ou triple, ou quadruple, etc. : cette vitesse dépend beaucoup plus de la quantité d'eau et du poids des eaux supérieures que de la pente ; et, lorsqu'on veut creuser le lit d'un fleuve ou celui d'un égout, etc., il ne faut pas distribuer la pente également sur toute la longueur ; il est nécessaire, pour donner plus de vitesse à l'eau, de faire la pente beaucoup plus forte au commencement qu'à l'embouchure, où elle doit être presque insensible, comme nous le voyons dans les fleuves : lorsqu'ils approchent de leur embouchure, la pente est presque nulle, et cependant ils ne laissent pas de conserver une rapidité d'autant plus grande que le fleuve a plus d'eau, en sorte que, dans les grandes rivières, quand même le terrain serait de niveau, l'eau ne laisserait pas de couler, et même de couler rapidement, non seulement par la vitesse acquise (*a*), mais encore par l'action et le poids des eaux supérieures. Pour mieux faire sentir la vérité de ce que je viens de dire, supposons que la partie de la Seine qui est entre le Pont-Neuf et le pont Royal fût parfaitement de niveau, et que partout elle eût dix pieds de profondeur ; imaginons pour un instant que tout d'un coup on pût mettre à sec le lit de la rivière au-dessous du pont Royal et au-dessus du Pont-Neuf ; alors l'eau qui serait entre ces deux ponts, quoique nous l'ayons supposée parfaitement de niveau, coulera des deux côtés en haut et en bas, et continuera de couler jusqu'à ce qu'elle se soit épuisée ; car quoiqu'elle soit de niveau, comme elle est chargée d'un poids de dix pieds d'épaisseur d'eau, elle coulera des deux côtés avec une vitesse proportionnelle à ce poids, et cette vitesse diminuant toujours à mesure que la quantité d'eau diminuera, elle ne cessera de couler que quand elle aura baissé jusqu'au niveau du fond : le poids de l'eau contribue donc beaucoup à la vitesse de l'eau, et c'est pour cette raison que la plus grande vitesse du courant n'est ni à la surface de l'eau, ni au fond, mais à peu près dans le milieu de la hauteur de l'eau, parce qu'elle est produite par l'action du poids de l'eau qui est à la surface, et par la réaction du fond. Il y a même quelque chose de plus, c'est que, si un fleuve avait acquis une très grande vitesse, il pourrait non seulement la conserver en traversant un terrain de niveau, mais même il serait en état de surmonter une éminence sans se répandre beaucoup des deux côtés, ou du moins sans causer une grande inondation.

On serait porté à croire que les ponts, les levées et les autres obstacles qu'on établit sur les rivières diminuent considérablement la vitesse totale du cours de l'eau ; cependant cela n'y fait qu'une très petite différence. L'eau s'élève à la rencontre de l'avant-bec d'un pont ; cette élévation fait qu'elle agit davantage par son poids, ce qui augmente la vitesse du courant entre les piles, d'autant plus que les piles sont plus larges et les arches plus étroites, en sorte que le retardement que ces obstacles causent à la vitesse totale du cours de l'eau est presque insensible. Les coudes, les sinuosités, les terres avancées, les îles ne diminuent aussi que très peu la vitesse totale du cours de l'eau : ce qui produit une diminution très considérable dans cette vitesse, c'est l'abaissement des eaux, comme au contraire l'augmentation du volume d'eau augmente cette vitesse plus qu'aucune autre cause.

Si les fleuves étaient toujours à peu près également pleins, le meilleur moyen de diminuer la vitesse de l'eau et de les contenir serait d'en élargir le canal ; mais, comme presque tous les fleuves sont sujets à grossir et à diminuer beaucoup, il faut, au contraire, pour les contenir, rétrécir leur canal, parce que, dans les basses eaux, si le canal est fort

(*a*) C'est faute d'avoir fait ces réflexions que M. Kuhn dit que la source du Danube est au moins de deux milles d'Allemagne plus élevée que son embouchure ; que la mer Méditerranée est de 6 $\frac{3}{4}$ milles d'Allemagne plus basse que les sources du Nil ; que la mer Atlantique est plus basse d'un demi-mille que la Méditerranée, etc., ce qui est absolument contraire à la vérité ; au reste le principe faux dont M. Kuhn tire toutes ces conséquences n'est pas la seule erreur qui se trouve dans cette pièce sur l'origine des fontaines, qui a remporté le prix de l'Académie de Bordeaux en 1741.

large, l'eau qui passe dans le milieu y creuse un lit particulier, y forme des sinuosités, et, lorsqu'elle vient à grossir, elle suit cette direction qu'elle a prise dans ce lit particulier; elle vient frapper avec force contre les bords du canal, ce qui détruit les levées et cause de grands dommages. On pourrait prévenir en partie ces effets de la fureur de l'eau, en faisant de distance en distance de petits golfes dans les terres, c'est-à-dire en enlevant le terrain de l'un des bords jusqu'à une certaine distance dans les terres, et, pour que ces petits golfes soient avantageusement placés, il faut les faire dans l'angle obtus des sinuosités du fleuve; car alors le courant de l'eau se détourne et tournoie dans ces petits golfes, ce qui en diminue la vitesse. Ce moyen serait peut-être fort bon pour prévenir la chute des ponts dans les endroits où il n'est pas possible de faire des barres auprès du pont; ces barres soutiennent l'action du poids de l'eau, les golfes dont nous venons de parler en diminuent le courant; ainsi tous deux produiraient à peu près le même effet, c'est-dire la diminution de la vitesse.

La manière dont se font les inondations mérite une attention particulière : lorsqu'une rivière grossit, la vitesse de l'eau augmente toujours de plus en plus jusqu'à ce que le fleuve commence à déborder; dans cet instant, la vitesse de l'eau diminue, ce qui fait que le débordement une fois commencé, il s'ensuit toujours une inondation qui dure plusieurs jours; car, quand même il arriverait une moindre quantité d'eau après le débordement qu'il n'en arrivait auparavant, l'inondation ne laisserait pas de se faire, parce qu'elle dépend beaucoup plus de la diminution de la vitesse de l'eau que de la quantité de l'eau qui arrive : si cela n'était pas ainsi, on verrait souvent les fleuves déborder pour une heure ou deux, et rentrer ensuite dans leur lit, ce qui n'arrive jamais; l'inondation dure, au contraire, toujours pendant quelques jours, soit que la pluie cesse ou qu'il arrive une moindre quantité d'eau, parce que le débordement a diminué la vitesse, et que par conséquent la même quantité d'eau n'étant plus emportée dans le même temps qu'elle l'était auparavant, c'est comme s'il en arrivait une plus grande quantité. L'on peut remarquer, à l'occasion de cette diminution, que, s'il arrive qu'un vent constant souffle contre le courant de la rivière, l'inondation sera beaucoup plus grande qu'elle n'aurait été sans cette cause accidentelle, qui diminue la vitesse de l'eau; comme au contraire, si le vent souffle dans la même direction que suit le courant de la rivière, l'inondation sera bien moindre et diminuera plus promptement. Voici ce que dit M. Granger du débordement du Nil.

« La crue du Nil et son inondation ont longtepms occupé les savants; la plupart n'ont » trouvé que du merveilleux dans la chose du monde la plus naturelle, et qu'on voit » dans tous les pays du monde. Ce sont les pluies qui tombent dans l'Abyssinie et dans » l'Éthiopie qui font la croissance et l'inondation de ce fleuve; mais on doit regarder le » vent du nord comme cause primitive : 1° parce qu'il chasse les nuages qui portent cette » pluie du côté de l'Abyssinie; 2° parce qu'étant le traversier des deux embouchures du Nil, » il en fait refouler les eaux à contre-mont, et empêche par là qu'elles ne se jettent en trop » grande quantité dans la mer : on s'assure tous les ans de ce fait lorsque le vent étant » au nord et changeant tout à coup au sud, le Nil perd dans un jour ce dont il était crû » dans quatre. » (*Voyage de Granger*. Paris, 1745, p. 13 et 14.)

Les inondations sont ordinairement plus grandes dans les parties supérieures des fleuves que dans les parties inférieures et voisines de leur embouchure, parce que, toutes choses étant égales d'ailleurs, la vitesse d'un fleuve va toujours en augmentant jusqu'à la mer; et, quoique ordinairement la pente diminue d'autant plus qu'il est plus près de son embouchure, la vitesse cependant est souvent plus grande par les raisons que nous avons rapportées. Le Père Castelli, qui a écrit fort sensément sur cette matière, remarque très bien que la hauteur des levées qu'on a faites pour contenir le Pô va toujours en diminuant jusqu'à la mer, en sorte qu'à Ferrare, qui est à cinquante ou soixante milles de distance de la mer, les levées ont près de vingt pieds de hauteur au-dessus de la surface ordinaire du Pô, au lieu que plus bas, à dix ou douze milles de distance de la mer, les levées n'ont pas douze pieds, quoique le canal du fleuve y soit aussi étroit qu'à Ferrare. (Voyez *Racolta d'autori che trattano del moto dell' acque*, vol. 1er, p. 123.)

Au reste, la théorie du mouvement des eaux courantes est encore sujette à beaucoup de difficultés et d'obscurités, et il est très difficile de donner des règles générales qui puissent s'appliquer à tous les cas particuliers : l'expérience est ici plus nécessaire que la spéculation; il faut non seulement connaître par expérience les effets ordinaires des fleuves en général, mais il faut encore connaître en particulier la rivière à laquelle on a affaire, si l'on veut en raisonner juste et y faire des travaux utiles et durables. Les remarques que j'ai données ci-dessus sont nouvelles pour la plupart; il serait à désirer qu'on rassemblât beaucoup d'observations semblables : on parviendrait peut-être à éclaircir cette matière et à donner des règles certaines pour contenir et diriger les fleuves, et prévenir la ruine des ponts, des levées et les autres dommages que cause la violente impétuosité des eaux.

Les plus grands fleuves de l'Europe sont le Volga, qui a environ 650 lieues de cours depuis Reschow jusqu'à Astrakhan sur la mer Caspienne; le Danube, dont le cours est d'environ 450 lieues depuis les montagnes de Suisse jusqu'à la mer Noire; le Don, qui a 400 lieues de cours depuis la source du Sosna qu'il reçoit, jusqu'à son embouchure dans la mer Noire; le Niéper, dont le cours est d'environ 350 lieues, qui se jette aussi dans la mer Noire; la Duine, qui a environ 300 lieues de cours, et qui va se jeter dans la mer Blanche, etc.

Les plus grands fleuves de l'Asie sont le Hoanho de la Chine, qui a 850 lieues de cours en prenant sa source à Raja-Ribron, et qui tombe dans la mer de la Chine, au midi du golfe de Changi; le Jenisca de la Tartarie, qui a 800 lieues environ d'étendue, depuis le lac Selinga jusqu'à la mer septentrionale de la Tartarie; le fleuve Oby, qui en a environ 600, depuis le lac Kila jusque dans la mer du Nord, au delà du détroit de Waigats; le fleuve Amour de la Tartarie orientale, qui a environ 575 lieues de cours, en comptant depuis la source du fleuve Kerlon qui s'y jette, jusqu'à la mer de Kamtschatka où il a son embouchure; le fleuve Menamcon, qui a son embouchure à Poulo-Condor, et qu'on peut mesurer depuis la source du Longmu qui s'y jette; le fleuve Kian, dont le cours est environ de 550 lieues, en le mesurant depuis la source de la rivière Kinxa qu'il reçoit, jusqu'à son embouchure dans la mer de la Chine; le Gange, qui a aussi environ 550 lieues de cours; l'Euphrate, qui en a 500, en le prenant depuis la source de la rivière Irma qu'il reçoit; l'Indus, qui a environ 400 lieues de cours, et qui tombe dans la mer d'Arabie à la partie occidentale de Guzerat; le fleuve Sirderoias, qui a une étendue de 400 lieues environ, et qui se jette dans le lac Aral.

Les plus grands fleuves de l'Afrique sont le Sénégal, qui a 1,125 lieues environ de cours, en y comprenant le Niger qui n'en est en effet qu'une continuation (*), et en remontant le Niger jusqu'à la source du Gombarou, qui se jette dans le Niger; le Nil, dont la longueur est de 970 lieues, et qui prend sa source dans la haute Éthiopie où il fait plusieurs contours : il y a aussi le Zaïré et le Coanza, desquels on connaît environ 400 lieues, mais qui s'étendent bien plus loin dans les terres de Monoemugi; le Couama, dont on ne connaît aussi qu'environ 400 lieues, et qui vient de plus loin, des terres de la Cafrerie; le Quilmanci, dont le cours entier est de 400 lieues, et qui prend sa source dans le royaume de Gingiro.

Enfin les plus grands fleuves de l'Amérique, qui sont aussi les plus larges fleuves du monde, sont la rivière des Amazones, dont le cours est de plus de 1,200 lieues, si l'on

(*) C'est une erreur; le Niger est tout à fait indépendant du Sénégal.

remonte jusqu'au lac qui est près de Guanuco, à 30 lieues de Lima, où le Maragnon prend sa source; et si l'on remonte jusqu'à la source de la rivière Napo, à quelque distance de Quito, le cours de la rivière des Amazones est de plus de 1,000 lieues. (Voyez le *Voyage de M. de La Condamine*, p. 15 et 16.)

On pourrait dire que le cours du fleuve Saint-Laurent en Canada est de plus de 900 lieues depuis son embouchure en remontant le lac Ontario et le lac Érié, de là au lac Huron, ensuite au lac Supérieur, de là au lac Alemipigo, au lac Cristinaux, et enfin au lac des Assiniboils, les eaux de tous ces lacs tombant des uns dans les autres, et enfin dans le fleuve Saint-Laurent.

Le fleuve du Mississipi a plus de 700 lieues d'étendue depuis son embouchure jusqu'à quelques-unes de ses sources, qui ne sont pas éloignées du lac des Assiniboils dont nous venons de parler.

Le fleuve de la Plata a plus de 800 lieues de cours, en le remontant depuis son embouchure jusqu'à la source de la rivière Parana qu'il reçoit.

Le fleuve Orénoque a plus de 575 lieues de cours, en comptant depuis la source de la rivière Caketa, près de Pasto, qui se jette en partie dans l'Orénoque, et coule aussi en partie vers la rivière des Amazones. (Voyez la *Carte de M. de La Condamine*.)

La rivière Madera, qui se jette dans celle des Amazones, a plus de 660 ou 670 lieues.

Pour savoir à peu près la quantité d'eau que la mer reçoit par tous les fleuves qui y arrivent, supposons que la moitié du globe soit couverte par la mer, et que l'autre moitié soit terre sèche, ce qui est assez juste; supposons aussi que la moyenne profondeur de la mer, en la prenant dans toute son éeendue, soit d'un quart de mille d'Italie, c'est-à-dire d'environ 230 toises, la surface de toute la terre étant de 170,981,012 milles, la surface de la mer est de 85,490,506 milles carrés, qui, étant multipliés par $\frac{1}{4}$, profondeur de la mer, donnent 21,372,626 milles cubiques pour la quantité d'eau contenue dans l'océan tout entier. Maintenant, pour calculer la quantité d'eau que l'océan reçoit des rivières, prenons quelque grand fleuve dont la vitesse et la quantité d'eau nous soient connues, le Pô, par exemple, qui passe en Lombardie et qui arrose un pays de 380 milles de longueur, suivant Riccioli; sa largeur, avant qu'il se divise en plusieurs bouches pour tomber dans la mer, est de 100 perches de Bologne, ou de 1,000 pieds, et sa profondeur de 10 pieds; sa vitesse est telle, qu'il parcourt quatre milles dans une heure, ainsi le Pô fournit à la mer 200,000 perches cubiques d'eau en une heure, ou 4,800,000 dans un jour; mais un mille cubique contient 125,000,000 perches cubiques, ainsi il faut vingt-six jours pour qu'il porte à la mer un mille cubique d'eau; reste maintenant à déterminer la proportion qu'il y a entre la rivière du Pô et toutes les rivières de la terre prises ensemble, ce qu'il est impossible de faire exactement; mais, pour le savoir à peu près, supposons que la quantité d'eau que la mer reçoit par les grandes rivières dans tous les pays soit proportionnelle à l'étendue et à la surface de ces pays, et que, par conséquent, le pays arrosé par le Pô et par les rivières qui y tombent soit à la surface de toute la terre sèche en même proportion que le Pô est à toutes les rivières de la terre. Or, par les cartes les plus exactes le Pô, depuis sa source jusqu'à son embouchure, traverse un pays de 380 milles de longueur, et les rivières qui y tombent de chaque côté viennent de sources et de rivières qui sont à environ 60 milles de distance du Pô; ainsi ce fleuve, et les rivières qu'il reçoit, arrosent un pays de 380 milles de long et de 120 milles de large, ce qui fait 45,600 milles carrés : mais la surface de toute la terre sèche est est de 85,490,506 milles carrés; par conséquent, la quantité d'eau que toutes les rivières portent à la mer sera 1,874 fois plus grande que la quantité que le Pô lui fournit; mais comme vingt-six rivières comme le Pô fournissent un mille cubique d'eau à la mer par jour, il s'ensuit que dans l'espace d'un an 1,874 rivières comme le Pô fourniront à la mer 26,308 milles cubiques d'eau, et que, dans l'espace de 812 ans, toutes ces rivières fourniraient à la mer 21,372,626 milles cubiques d'eau, c'est-à-dire autant qu'il y en a dans l'océan, et que par conséquent il ne faudrait que 812 ans pour le remplir. (Voyez J. Keill, *Examinat. of Burnet's Theory*. London, 1734, p. 126 et suiv.)

Il résulte de ce calcul que la quantité d'eau que l'évaporation enlève de la surface de la mer, que les vents transportent sur la terre, et qui produit tous les ruisseaux et tous les fleuves, est d'environ 245 lignes, ou de 20 à 21 pouces par an, ou d'environ les deux tiers d'une ligne par jour; ceci est une très petite évaporation, quand même on la doublerait ou triplerait, afin de tenir compte de l'eau qui retombe sur la mer et qui n'est pas transportée sur la terre. (Voyez, sur ce sujet, l'écrit de Halley dans les *Trans. philos.*, nº 192, où il fait voir évidemment et par le calcul que les vapeurs qui s'élèvent au-dessus de la mer et que les vents transportent sur la terre sont suffisantes pour former toutes les rivières et entretenir toutes les eaux qui sont à la surface de la terre.)

Après le Nil, le Jourdain est le fleuve le plus considérable qui soit dans le Levant, et même dans la Barbarie; il fournit à la mer Morte environ six millions de tonnes d'eau par jour : toute cette eau, et au delà, est enlevée par l'évaporation; car, en comptant, suivant le calcul de Halley, 6,914 tonnes d'eau qui se réduit en vapeurs sur chaque mille superficiel, on trouve que la mer Morte, qui a 72 milles de long sur 18 milles de large, doit perdre tous les jours par l'évaporation près de neuf millions de tonnes d'eau, c'est-à-dire non seulement toute l'eau qu'elle reçoit du Jourdain, mais encore celle des petites rivières qui y arrivent des montagnes de Moab et d'ailleurs; par conséquent, elle ne communique avec aucune autre mer par des canaux souterrains. (Voyez les *Voyages de Shaw*, vol. II, p. 71.)

Les fleuves les plus rapides de tous sont le Tigre, l'Indus, le Danube, l'Yrtisch en Sibérie, le Malmistra en Cilicie, etc. (Voyez *Varenii Geograph.*, p. 178); mais, comme nous l'avons dit au commencement de cet article, la mesure de la vitesse des eaux d'un fleuve dépend de deux causes : la première est la pente, et la seconde le poids et la quantité d'eau; en examinant sur le globe quels sont les fleuves qui ont le plus de pente, on trouvera que le Danube en a beaucoup moins que le Pô, le Rhin et le Rhône, puisque, tirant quelques-unes de ses sources des mêmes montagnes, le Danube a un cours beaucoup plus long qu'aucun de ces trois autres fleuves, et qu'il tombe dans la mer Noire, qui est plus élevée que la Méditerranée, et peut-être plus que l'Océan.

Tous les grands fleuves reçoivent beaucoup d'autres rivières dans toute l'étendue de leur cours : on a compté, par exemple, que le Danube reçoit plus de deux cents, tant ruisseaux que rivières; mais, en ne comptant que les rivières assez considérables que les fleuves reçoivent, on trouvera que le Danube en reçoit trente ou trente et une, le Volga en reçoit trente-deux ou trente-trois, le Don cinq ou six, le Niéper dix-neuf ou vingt, la Duine onze ou douze; et de même, en Asie, le Hoanho reçoit trente-quatre ou trente-cinq rivières, le Jénisca en reçoit plus de soixante, l'Oby tout autant, le fleuve Amour environ quarante, le Kian ou fleuve de Nankin en reçoit environ trente, le Gange plus de vingt, l'Euphrate dix ou onze, etc. En Afrique, le Sénégal reçoit plus de vingt rivières; le Nil ne reçoit aucune rivière qu'à plus de cinq cents lieues de son embouchure; la dernière qui y tombe est le Moraba, et de cet endroit jusqu'à sa source il reçoit environ douze ou treize rivières; en Amérique, le fleuve des Amazones en reçoit plus de soixante, et toutes fort considérables; le fleuve Saint-Laurent environ quarante, en comptant celles qui tombent dans les lacs; le fleuve Mississipi plus de quarante, le fleuve de la Plata plus de cinquante, etc.

Il y a sur la surface de la terre des contrées élevées qui paraissent être des points de partage marqués par la nature pour la distribution des eaux. Les environs du mont Saint-Gothard sont un de ces points en Europe; un autre point est le pays situé entre les provinces de Belozera et de Vologda en Moscovie, d'où descendent des rivières dont les unes vont à la mer Blanche, d'autres à la mer Noire, et d'autres à la mer Caspienne; en Asie, le pays des Tartares Mogols, d'où il coule des rivières dont les unes vont se rendre dans la mer Tranquille ou mer de la Nouvelle-Zemble, d'autres au golfe Linchidolin, d'autres à la mer de Corée, d'autres à celle de la Chine, et de même le Petit-Thibet, dont les eaux coulent vers la mer de la Chine, vers le golfe de Bengale, vers le golfe de Cambaïe et vers le lac Aral; en Amérique, la province de Quito, qui fournit des eaux à la mer du Sud, à la mer du Nord et au golfe du Mexique.

Il y a dans l'ancien continent environ quatre cent trente fleuves qui tombent immédiatement dans l'Océan ou dans la Méditerranée et la mer Noire, et dans le nouveau continent on ne connaît guère que cent quatre-vingts fleuves qui tombent immédiatement dans la mer; au reste, je n'ai compris dans ce nombre que des rivières grandes au moins comme l'est la Somme en Picardie.

Toutes ces rivières transportent à la mer avec leurs eaux une grande quantité de parties minérales et salines qu'elles ont enlevées des différents terrains par où elles ont passé. Les particules de sel qui, comme l'on sait, se dissolvent aisément, arrivent à la mer avec les eaux des fleuves. Quelques physiciens, et entre autres Halley, ont prétendu que la salure de la mer ne provenait que des sels de la terre que les fleuves y transportent; d'autres ont dit que la salure de la mer était aussi ancienne que la mer même, et que ce sel n'avait été créé que pour l'empêcher de se corrompre; mais on peut croire que l'eau de la mer est préservée de la corruption par l'agitation des vents et par celle du flux et reflux, autant que par le sel qu'elle contient; car, quand on la garde dans un tonneau, elle se corrompt au bout de quelques jours, et Boyle rapporte qu'un navigateur, pris par un calme qui dura treize jours, trouva la mer si infectée au bout de ce temps que, si le calme n'eût cessé, la plus grande partie de son équipage aurait péri. (Vol. III, p. 222.) L'eau de la mer est aussi mêlée d'une huile bitumineuse, qui lui donne un goût désagréable et qui la rend très malsaine. La quantité de sel que l'eau de la mer contient est d'environ une quarantième partie, et la mer est à peu près également salée partout, au-dessus comme au fond, également sous la ligne et au cap de Bonne-Espérance, quoiqu'il y ait quelques endroits, comme à la côte de Mozambique, où elle est plus salée qu'ailleurs. (Voyez *Boyle*, vol. III, p. 217.) On prétend aussi qu'elle est moins salée dans la zone arctique; cela peut venir de la grande quantité de neige et des grands fleuves qui tombent dans ces mers, et de ce que la chaleur du soleil n'y produit que peu d'évaporation, en comparaison de l'évaporation qui se fait dans les climats chauds.

Quoi qu'il en soit, je crois que les vraies causes de la salure de la mer sont non seulement les bancs de sel qui ont pu se trouver au fond de la mer et le long des côtes, mais encore les sels mêmes de la terre que les fleuves y transportent continuellement, et que Halley a eu quelque raison de présumer qu'au commencement du monde la mer n'était que peu ou point salée, qu'elle l'est devenue par degrés et à mesure que les fleuves y ont amené des sels; que cette salure augmente peut-être tous les jours et augmentera toujours de plus en plus, et par conséquent il a pu conclure qu'en faisant des expériences pour reconnaître la quantité de sel dont l'eau d'un fleuve est chargée lorsqu'elle arrive à la mer, et qu'en supputant la quantité d'eau que tous les fleuves y portent, on viendrait à connaître l'ancienneté du monde par le degré de la salure de la mer.

Les plongeurs et les pêcheurs de perles assurent, au rapport de Boyle, que plus on descend dans la mer, plus l'eau est froide; que le froid est même si grand à une profondeur considérable, qu'ils ne peuvent le souffrir, et que c'est par cette raison qu'ils ne demeurent pas aussi longtemps sous l'eau, lorsqu'ils descendent à une profondeur un peu grande, que quand ils ne descendent qu'à une petite profondeur. Il me paraît que le poids de l'eau pourrait en être la cause aussi bien que le froid, si on descendait à une grande profondeur, comme trois ou quatre cents brasses ; mais, à la vérité, les plongeurs ne descendent jamais à plus de cent pieds ou environ. Le même auteur rapporte que dans un voyage aux Indes orientales, au delà de la ligne, à environ 35 degrés de latitude sud, on laissa tomber une sonde à quatre cents brasses de profondeur, et qu'ayant retiré cette sonde, qui était de plomb et qui pesait environ 30 à 35 livres, elle était devenue si froide, qu'il semblait toucher un morceau de glace. On sait aussi que les voyageurs, pour rafraîchir leur vin, descendent les bouteilles à plusieurs brasses de profondeur dans la mer, et plus on les descend, plus le vin est frais.

Tous ces faits pourraient faire présumer que l'eau de la mer est plus salée au fond qu'à la surface ; cependant on a des témoignages contraires, fondés sur des expériences qu'on a faites pour tirer dans des vases, qu'on ne débouchait qu'à une certaine profondeur, de l'eau de la mer, laquelle ne s'est pas trouvée plus salée que celle de la surface ; il y a même des endroits où l'eau de la surface étant salée, l'eau du fond se trouve douce, et cela doit arriver dans tous les lieux où il y a des fontaines et des sources qui sortent au fond de la mer, comme auprès de Goa, à Ormuz, et même dans la mer de Naples, où il y a des sources chaudes dans le fond.

Il y a d'autres endroits où l'on a remarqué des sources bitumineuses et des couches de bitume au fond de la mer, et sur la terre il y a une grande quantité de ces sources qui portent le bitume mêlé avec l'eau dans la mer. A la Barbade, il y a une source de bitume pur qui coule des rochers jusqu'à la mer ; le sel et le bitume sont donc les matières dominantes dans l'eau de la mer ; mais elle est encore mêlée de beaucoup d'autres matières, car le goût de l'eau n'est pas le même dans toutes les parties de l'océan ; d'ailleurs l'agitation et la chaleur du soleil altèrent le goût naturel que devrait avoir l'eau de la mer, et les couleurs différentes des différentes mers, et des mêmes mers en différents temps, prouvent que l'eau de la mer contient des matières de bien des espèces, soit qu'elle les détache de son propre fond, soit qu'elles y soient amenées par les fleuves.

Presque tous les pays arrosés par de grands fleuves sont sujets à des inondations périodiques, surtout les pays bas et voisins de leur embouchure, et les fleuves qui tirent leurs sources de fort loin sont ceux qui débordent le plus régulièrement. Tout le monde a entendu parler des inondations du Nil : il conserve dans un grand espace, et fort loin dans la mer, la douceur et la blancheur de ses eaux. Strabon et les autres anciens auteurs ont écrit qu'il avait sept embouchures, mais aujourd'hui il n'en reste que deux qui soient navigables ; il y a un troisième canal qui descend à Alexandrie pour remplir les citernes, et un quatrième canal qui est encore plus petit ; comme on a négligé depuis fort longtemps de nettoyer les canaux, ils se sont comblés : les anciens employaient à ce travail un grand nombre d'ouvriers et de soldats ; et tous les ans, après l'inondation, l'on enlevait le limon et le sable qui étaient dans les canaux ; ce fleuve en charrie une très grande quantité. La cause du débordement du Nil vient des pluies qui tombent en Éthiopie : elles commencent au mois d'avril, et ne finissent qu'au mois de septembre ; pendant les trois premiers mois, les jours sont sereins et beaux ; mais, dès que le soleil se couche, il pleut jusqu'à ce qu'il se lève, ce qui est accompagné ordinairement de tonnerres et d'éclairs. L'inondation ne commence en Égypte que vers le 17 juin ; elle augmente ordinairement pendant quarante jours, et diminue pendant tout autant de temps ; tout le plat pays de l'Égypte est inondé. Mais ce débordement est bien moins considérable aujourd'hui qu'il ne l'était autrefois, car Hérodote nous dit que le Nil était cent jours à croître et autant à décroître ; si le fait est vrai, on ne peut guère en attribuer la cause qu'à l'élévation du terrain que le limon des eaux a haussé peu à peu, et à la diminution de la hauteur des montagnes de l'intérieur de l'Afrique dont il tire sa source : il est assez naturel d'imaginer que ces montagnes ont diminué, parce que les pluies abondantes, qui tombent dans ces climats pendant la moitié de l'année, entraînent les sables et les terres du dessus des montagnes dans les vallons, d'où les torrents les charrient dans le canal du Nil, qui en emporte une bonne partie en Égypte, où il les dépose dans ses débordements.

Le Nil n'est pas le seul fleuve dont les inondations soient périodiques et annuelles : on a appelé la rivière de Pégu le Nil indien, parce que ses débordements se font tous les ans régulièrement; il inonde ce pays à plus de trente lieues de ses bords, et il laisse, comme le Nil, un limon qui fertilise si fort la terre, que les pâturages y deviennent excellents pour le bétail, et que le riz y vient en si grande abondance qu'on en charge tous les ans un grand nombre de vaisseaux, sans que le pays en manque. (Voyez *Voyages d'Ovington*, t. II, p. 290.) Le Niger, ou, ce qui revient au même, la partie supérieure du Sénégal, déborde aussi comme le Nil, et l'inondation, qui couvre tout le plat pays de la Nigritie, commence a peu près dans le même temps que celle du Nil, vers le 15 juin; elle augmente aussi pendant quarante jours. Le fleuve de la Plata au Brésil déborde aussi tous les ans, et dans le même temps que le Nil; le Gange, l'Indus, l'Euphrate et quelques autres débordent aussi tous les ans; mais tous les autres fleuves n'ont pas des débordements périodiques, et, quand il arrive des inondations, c'est un effet de plusieurs causes qui se combinent pour fournir une plus grande quantité d'eau qu'à l'ordinaire et pour retarder en même temps la vitesse du fleuve.

Nous avons dit que, dans presque tous les fleuves, la pente de leur lit va toujours en diminuant jusqu'à leur embouchure d'une manière assez insensible; mais il y en a dont la pente est très brusque dans certains endroits, ce qui forme ce qu'on appelle une cataracte, qui n'est autre chose qu'une chute d'eau plus vive que le courant ordinaire du fleuve. Le Rhin, par exemple, a deux cataractes, l'une à Bilefeld et l'autre auprès de Schaffhouse; le Nil en a plusieurs, et entre autres deux qui sont très violentes et qui tombent de fort haut entre deux montagnes; la rivière Vologda en Moscovie a aussi deux cataractes auprès de Ladoga; le Zaïré, fleuve de Congo, commence par une forte cataracte qui tombe du haut d'une montagne; mais la plus fameuse cataracte est celle de la rivière Niagara en Canada; elle tombe de cent cinquante-six pieds de hauteur perpendiculaire comme un torrent prodigieux, et elle a plus d'un quart de lieue de largeur; la brume ou le brouillard que l'eau fait en tombant se voit de cinq lieues et s'élève jusqu'aux nues; il s'y forme un très bel arc-en-ciel lorsque le soleil donne dessus. Au-dessous de cette cataracte, il y a des tournoiements d'eau si terribles, qu'on ne peut y naviguer jusqu'à six milles de distance, et au-dessus de la cataracte la rivière est beaucoup plus étroite qu'elle ne l'est dans les terres supérieures. (Voyez *Transact. philosoph. abr.*, vol. VI, part. 2, pag. 119.)Voici la description qu'en donne le Père Charlevoix :

« Mon premier soin fut de visiter la plus belle cascade qui soit peut-être dans la » nature; mais je reconnus d'abord que le baron de La Hontan s'était trompé sur sa hauteur » et sur sa figure, de manière à faire juger qu'il ne l'avait point vue.

» Il est certain que si on mesure sa hauteur par les trois montagnes qu'il faut franchir » d'abord, il n'y a pas beaucoup à rabattre des six cents pieds que lui donne la carte de » M. Delisle, qui, sans doute, n'a avancé ce paradoxe que sur la foi du baron de La Hontan » et du P. Hennepin. Mais, après que je fus arrivé au sommet de la troisième montagne, » j'observai que dans l'espace de trois lieues que je fis ensuite jusqu'à cette chute d'eau, » quoiqu'il faille quelquefois monter, il faut encore plus descendre, et c'est à quoi ces » voyageurs paraissent n'avoir pas fait assez d'attention. Comme on ne peut approcher » la cascade que de côté, ni la voir que de profil, il n'est pas aisé d'en mesurer la hauteur » avec les instruments : on a voulu le faire avec une longue corde attachée à une longue » perche, et, après avoir souvent réitéré cette manière, on n'a trouvé que cent quinze ou » cent vingt pieds de profondeur; mais il n'est pas possible de s'assurer si la perche n'a

» pas été arrêtée par quelque rocher qui avançait; car, quoiqu'on l'eût toujours retirée » mouillée aussi bien qu'un bout de la corde à quoi elle était attachée, cela ne prouve » rien, puisque l'eau qui se précipite de la montagne rejaillit fort haut en écumant; pour » moi, après l'avoir considérée de tous les endroits d'où on peut l'examiner à son aise, » j'estime qu'on ne saurait lui donner moins de cent quarante ou cent cinquante pieds.

» Quant à sa figure, elle est en fer à cheval, et elle a environ quatre cents pas de » circonférence; mais précisément dans son milieu elle est partagée en deux par une île » fort étroite et d'un demi-quart de lieue de long, qui y aboutit. Il est vrai que ces deux » parties ne tardent pas à se rejoindre; celle qui était de mon côté, et qu'on ne voyait » que de profil, a plusieurs pointes qui avancent; mais celle que je découvrais en face » me parut fort unie. Le baron de La Hontan y ajoute un torrent qui vient de l'ouest; » il faut que dans la fonte des neiges les eaux sauvages viennent se décharger là par » quelque ravine, etc. » (Tome III, page 332, etc.)

Il y a une autre cataracte à trois lieues d'Albanie, dans la province de la Nouvelle-York, qui a environ cinquante pieds de hauteur perpendiculaire, et de cette chute d'eau il s'élève aussi un brouillard dans lequel on aperçoit un léger arc-en-ciel qui change de place à mesure qu'on s'en éloigne ou qu'on s'en approche. (Voyez *Trans. phil, abr.*, vol. VI, part. 2, page 119.)

En général, dans tous les pays où le nombre d'hommes n'est pas assez considérable pour former des sociétés policées, les terrains sont plus irréguliers et le lit des fleuves plus étendu, moins égal et rempli de cataractes. Il a fallu des siècles pour rendre le Rhône et la Loire navigables; c'est en contenant les eaux, en les dirigeant et en nettoyant le fond des fleuves, qu'on leur donne un cours assuré; dans toutes les terres où il y a peu d'habitants, la nature est brute et quelquefois difforme.

Il y a des fleuves qui se perdent dans les sables, d'autres qui semblent se précipiter dans les entrailles de la terre; le Guadalquivir en Espagne, la rivière de Gottemburg en Suède, et le Rhin même, se perdent dans la terre. On assure que, dans la partie occidentale de l'île Saint-Domingue, il y a une montagne d'une hauteur considérable, au pied de laquelle sont plusieurs cavernes où les rivières et les ruisseaux se précipitent avec tant de bruit qu'on l'entend de sept ou huit lieues. (Voyez *Varenii Geograph. general.*, page 43.)

Au reste, le nombre de ces fleuves qui se perdent dans le sein de la terre est fort petit, et il n'y a pas d'apparence que ces eaux descendent bien bas dans l'intérieur du globe; il est plus vraisemblable qu'elles se perdent, comme celles du Rhin, en se divisant dans les sables, ce qui est fort ordinaire aux petites rivières qui arrosent les terrains secs et sablonneux; on en a plusieurs exemples en Afrique, en Perse, en Arabie, etc.

Les fleuves du Nord transportent dans les mers une prodigieuse quantité de glaçons qui, venant à s'accumuler, forment ces masses énormes de glace si funestes aux voyageurs; un des endroits de la mer Glaciale où elles sont le plus abondantes est le détroit de Waigats, qui est gelé en entier pendant la plus grande partie de l'année; ces glaces sont formées des glaçons que le fleuve Oby transporte presque continuellement; elles s'attachent le long des côtes et s'élèvent à une hauteur considérable des deux côtés du détroit; le milieu du détroit est l'endroit qui gèle le dernier, et où la glace est le moins élevée; lorsque le vent cesse de venir du nord et qu'il souffle dans la direction du détroit, la glace commence à fondre et à se rompre dans le milieu; ensuite il s'en détache des côtes de grandes masses qui voyagent dans la haute mer. Le vent, qui pendant tout l'hiver vient du nord et passe sur les terres gelées de la Nouvelle-Zemble, rend le pays arrosé par l'Oby et toute la Sibérie si froids, qu'à Tobolsk même, qui est au 57e degré, il n'y a point d'arbres fruitiers, tandis qu'en Suède, à Stockholm, et même à de plus hautes latitudes, on a des arbres fruitiers et des légumes; cette différence ne vient pas, comme on l'a cru, de ce que la mer de Laponie est moins froide que celle du détroit, ou de ce que la terre de la Nouvelle-Zemble l'est plus que celle de la Laponie, mais uniquement de ce que la mer Baltique et le golfe de Bothnie adoucissent un peu la rigueur des vents du nord, au lieu qu'en Sibérie il n'y a rien qui puisse tempérer l'activité du froid. Ce que je dis ici est fondé sur de bonnes observations ; il ne fait jamais aussi froid sur les côtes de la mer que dans l'intérieur des terres ; il y a des plantes qui passent l'hiver en plein air à Londres, et qu'on ne peut conserver à Paris ; et la Sibérie, qui fait un vaste continent où la mer n'entre pas, est par cette raison plus froide que la Suède, qui est environnée de la mer presque de tous côtés.

Le pays du monde le plus froid est le Spitzberg ; c'est une terre au 78e degré de latitude, toute formée de petites montagnes aiguës ; ces montagnes sont composées de gravier et de certaines pierres plates, semblables à de petites pierres d'ardoises grises, entassées les unes sur les autres. Ces collines se forment, disent les voyageurs, de ces petites pierres et de ces graviers que les vents amoncellent ; elles croissent à vue d'œil, et les matelots en découvrent tous les ans de nouvelles : on ne trouve dans ce pays que des rennes, qui paissent une petite herbe fort courte et de la mousse. Au-dessus de ces petites montagnes, et à plus d'une lieue de la mer, on a trouvé un mât qui avait une poulie attachée à un de ses bouts, ce qui a fait penser que la mer passait autrefois sur ces montagnes, et que ce pays est formé nouvellement ; il est inhabité et inhabitable ; le terrain qui forme ces petites montagnes n'a aucune liaison, et il en sort une vapeur si froide et si pénétrante, qu'on est gelé pour peu qu'on y demeure.

Les vaisseaux qui vont au Spitzberg pour la pêche de la baleine y arrivent au mois de juillet et en partent vers le 15 d'août, les glaces empêcheraient d'entrer dans cette mer avant ce temps, et d'en sortir après ; on y trouve des morceaux prodigieux de glaces épaisses de 60, 70 et 80 brasses. Il y a des endroits où il semble que la mer soit glacée jusqu'au fond ; ces glaces, qui sont si élevées au-dessus du niveau de la mer, sont claires et luisantes comme du verre. (Voyez le *Recueil des voyages du Nord,* t. Ier, p. 154.)

Il y a aussi beaucoup de glaces dans les mers du nord de l'Amérique, comme dans la baie de l'Ascension, dans les détroits de Hudson, de Cumberland, de Davis, de Frobisher, etc. Robert Lade nous assure que les montagnes de Frisland sont entièrement couvertes de neige, et toutes les côtes de glace, comme d'un boulevard qui ne permet pas d'en approcher : « Il est, dit-il, fort remarquable que dans cette mer on trouve des îles » de glace de plus d'une demi-lieue de tour, extrêmement élevées, et qui ont 70 ou » 80 brasses de profondeur dans la mer ; cette glace, qui est douce, est peut-être formée » dans les détroits des terres voisines, etc. Ces îles, ou montagnes de glace, sont si » mobiles, que dans des temps orageux elles suivent la course d'un vaisseau comme si » elles étaient entraînées dans le même sillon ; il y en a de si grosses, que leur superficie » au-dessus de l'eau surpasse l'extrémité des mâts des plus gros navires, etc. » Voyez la traduction des *Voyages de Lade,* par M. l'abbé Prévot, t. II, p. 305 et suiv.)

On trouve, dans le *Recueil des voyages* qui ont servi à l'établissement de la Compagnie des Indes de Hollande, un petit journal historique au sujet des glaces de la Nouvelle-Zemble dont voici l'extrait : « Au cap de Troost, le temps fut si embrumé qu'il fallut » amarrer le vaisseau à un banc de glace qui avait 36 brasses de profondeur dans l'eau, » et environ 16 brasses au-dessus, si bien qu'il y avait 52 brasses d'épaisseur.....

» Le 10 d'août, les glaces s'étant séparées, les glaçons commencèrent à flotter, et alors » on remarqua que le gros banc de glace auquel le vaisseau avait été amarré touchait » au fond, parce que tous les autres passaient au long et le heurtaient sans l'ébranler ; » on craignit donc de demeurer pris dans les glaces, et on tâcha de sortir de ce parage, » quoiqu'en passant on trouvât déjà l'eau prise, le vaisseau faisant craquer la glace bien » loin autour de lui ; enfin on aborda un autre banc, où l'on porta vite l'ancre de touée, » et l'on s'y amarra jusqu'au soir.

» Après le repas, pendant le premier quart, les glaces commencèrent à se rompre avec » un bruit si terrible qu'il n'est pas possible de l'exprimer. Le vaisseau avait le cap au » courant qui charriait les glaçons, si bien qu'il fallut filer du câble pour se retirer; on » compta plus de quatre cents gros bancs de glace, qui enfonçaient de dix brasses dans » l'eau et paraissaient de la hauteur de deux brasses au-dessus.

» Ensuite on amarra le vaisseau à un autre banc qui enfonçait de six grandes brasses, » et l'on y mouilla en croupière. Dès qu'on y fut établi, on vit encore un autre banc peu » éloigné de cet endroit-là, dont le haut s'élevait en pointe, tout de même que la pointe » d'un clocher, et il touchait le fond de la mer; on s'avança vers ce banc, et l'on trouva » qu'il avait vingt brasses de haut dans l'eau, et à peu près douze brasses au-dessus.

» Le 11 août, on nagea encore vers un autre banc qui avait dix-huit brasses de pro- » fondeur et dix brasses au-dessus de l'eau.....

» Le 21, les Hollandais entrèrent assez avant dans le port des glaces, et y demeurèrent » à l'ancre pendant la nuit; le lendemain matin, ils se retirèrent et allèrent amarrer leur » bâtiment à un banc de glace sur lequel ils montèrent et dont ils admirèrent la figure » comme une chose très singulière; ce banc était couvert de terre sur le haut, et on y » trouva près de quarante œufs; la couleur n'en était pas non plus comme celle de la » glace, elle était d'un bleu céleste. Ceux qui étaient là raisonnèrent beaucoup sur cet » objet : les uns disaient que c'était un effet de la glace, et les autres soutenaient que » c'était une terre gelée. Quoi qu'il en fût, ce banc était extrêmement haut : il avait en- » viron dix-huit brasses sous l'eau et dix brasses au-dessus. » (*Troisième voyage des Hollandais par le Nord*, t. Ier, p. 46, etc.)

Wafer rapporte que près de la Terre-de-Feu il a rencontré plusieurs glaces flottantes très élevées, qu'il prit d'abord pour des îles. Quelques-unes, dit-il, paraissaient avoir une lieue ou deux de long, et la plus grosse de toutes lui parut avoir quatre ou cinq cents pieds de haut. (Voyez le *Voyage de Wafer*, imprimé à la suite de ceux de *Dampier*, t. IV, p. 304.)

Toutes ces glaces, comme je l'ai dit dans l'article VI, viennent des fleuves qui les transportent dans la mer; celles de la mer de la Nouvelle-Zemble et du détroit de Waigats viennent de l'Oby, et peut-être du Jénisca et des autres grands fleuves de la Sibérie et de la Tartarie; celles du détroit de Hudson viennent de la baie de l'Ascension, où tombent plusieurs fleuves du nord de l'Amérique; celles de la Terre-de-Feu viennent du continent austral, et, s'il y en a moins sur les côtes de la Laponie septentrionale que sur celles de la Sibérie et au détroit de Waigats, quoique la Laponie septentrionale soit plus près du pôle, c'est que toutes les rivières de la Laponie tombent dans le golfe de Bothnie et qu'aucune ne va dans la mer du Nord : elles peuvent aussi se former dans les détroits où les marées s'élèvent beaucoup plus haut qu'en pleine mer, et où par conséquent les glaçons qui sont à la surface peuvent s'amonceler et former ces bancs de glace qui ont quelques brasses de hauteur; mais, pour celles qui ont quatre ou cinq cents pieds de hauteur, il me paraît qu'elles ne peuvent se former ailleurs que contre des côtes élevées, et j'imagine que, dans le temps de la fonte des neiges qui couvrent le dessus de ces côtes, il en découle des eaux qui, tombant sur des glaces, se glacent elles-mêmes de nouveau, et augmentent ainsi le volume des premières jusqu'à cette hauteur de quatre ou cinq cents pieds; qu'ensuite, dans un été plus chaud, par l'action des vents et par l'agitation de la mer, et peut-être même par leur propre poids, ces glaces collées contre les côtes se détachent et voyagent ensuite dans la mer au gré du vent, et qu'elles peuvent arriver jusque dans les climats tempérés avant que d'être entièrement fondues.

ARTICLE XI

DES MERS ET DES LACS

L'océan environne de tous côtés les continents; il pénètre en plusieurs endroits dans l'intérieur des terres, tantôt par des ouvertures assez larges, tantôt par de petits détroits, et il forme des mers méditerranées, dont les unes participent immédiatement à ses mouvements de flux et de reflux, et dont les autres semblent n'avoir rien de commun que la continuité des eaux. Nous allons suivre l'océan dans tous ses contours, et faire en même temps l'énumération de toutes les mers méditerranées; nous tâcherons de les distinguer de celles qu'on doit appeler golfes, et aussi de celles qu'on devrait regarder comme des lacs.

La mer qui baigne les côtes occidentales de la France fait un golfe entre les terres de l'Espagne et celles de la Bretagne; ce golfe, que les navigateurs appellent le golfe de Biscaye, est fort ouvert, et la pointe de ce golfe la plus avancée dans les terres est entre Bayonne et Saint-Sébastien; une autre partie du golfe, qui est aussi fort avancée, c'est celle qui baigne les côtes du pays d'Aunis à La Rochelle et à Rochefort; ce golfe commence au cap d'Ortegal et finit à Brest, où commence un détroit entre la pointe de la Bretagne et le cap Lézard; ce détroit, qui d'abord est assez large, fait un petit golfe dans le terrain de la Normandie, dont la pointe la plus avancée dans les terres est à Avranches; le détroit continue sur une assez grande largeur jusqu'au Pas-de-Calais où il est fort étroit; ensuite il s'élargit tout à coup fort considérablement, et finit entre le Texel et la côte d'Angleterre à Norwich; au Texel, il forme une petite mer méditerranée qu'on appelle Zuyderzée, et plusieurs autres grandes lagunes dont les eaux ont peu de profondeur, aussi bien que celles de Zuyderzée.

Après cela, l'océan forme un grand golfe qu'on appelle la mer d'Allemagne, et ce golfe, pris dans toute son étendue, commence à la pointe septentrionale de l'Écosse, en descendant tout le long des côtes orientales de l'Écosse et de l'Angleterre jusqu'à Norwich, de là au Texel tout le long des côtes de Hollande et d'Allemagne, de Jutland et de la Norvège jusqu'au-dessus de Bergen; on pourrait même prendre ce grand golfe pour une mer méditerranée, parce que les îles Orcades ferment en partie son ouverture et semblent être dirigées comme si elles étaient une continuation des montagnes de Norvège. Ce grand golfe forme un large détroit qui commence à la pointe méridionale de la Norvège, et qui continue sur une grande largeur jusqu'à l'île de Séeland, où il se rétrécit tout à coup, et forme, entre les côtes de la Suède, les îles du Danemark et de Jutland, quatre petits détroits, après quoi il s'élargit comme un petit golfe, dont la pointe la plus avancée est à Lubeck; de là, il continue sur une assez grande largeur jusqu'à l'extrémité méridionale de la Suède; ensuite il s'élargit toujours de plus en plus, et forme la mer Baltique, qui est une mer méditerranée qui s'étend du midi au nord dans une étendue de près de trois cents lieues, en y comprenant le golfe de Bothnie, qui n'est en effet que la continuation de la mer Baltique; cette mer a de plus deux autres golfes, celui de Livonie, dont la pointe la plus avancée dans les terres est auprès de Mittau et de Riga, et celui de Finlande, qui est un bras de la mer Baltique, qui s'étend entre la Livonie et la Finlande jusqu'à Pétersbourg, et communique au lac Ladoga, et même au lac Onéga, qui communique par le fleuve Onéga à la mer Blanche. Toute cette étendue d'eau qui forme la mer Baltique, le golfe de Bothnie, celui de Finlande et celui de Livonie, doit être regardée comme un grand lac qui est entretenu par les eaux des fleuves qu'il reçoit en très grand nombre, comme l'Oder, la

E. Guillemin del.

Rapine sc.

CONSTELLATIONS CÉLESTES

A. Le Vasseur Éditeur

Vistule, le Niémen, le Droine en Allemagne et en Pologne, plusieurs autres rivières en Livonie et en Finlande, d'autres plus grandes encore qui viennent des terres de la Laponie, comme le fleuve de Tornea, les rivières Calis, Lula, Pitha, Uma, et plusieurs autres encore qui viennent de la Suède; ces fleuves, qui sont assez considérables, sont au nombre de plus de quarante, y compris les rivières qu'ils reçoivent, ce qui ne peut manquer de produire une très grande quantité d'eau, qui est probablement plus que suffisante pour entretenir la mer Baltique; d'ailleurs, cette mer n'a aucun mouvement de flux et de reflux, quoiqu'elle soit étroite; elle est aussi fort peu salée, et, si l'on considère le gisement des terres et le nombre des lacs et des marais de la Finlande et de la Suède, qui sont presque contigus à cette mer, on sera très porté à la regarder, non pas comme une mer, mais comme un grand lac formé dans l'intérieur des terres par l'abondance des eaux, qui ont forcé les passages auprès du Danemark pour s'écouler dans l'océan, comme elles y coulent en effet, au rapport de tous les navigateurs.

Au sortir du grand golfe qui forme la mer d'Allemagne et qui finit au-dessus de Bergen, l'océan suit les côtes de Norvège, de la Laponie suédoise, de la Laponie septentrionale et de la Laponie moscovite, à la partie orientale de laquelle il forme un assez large détroit qui aboutit à une mer méditerranée, qu'on appelle la mer Blanche. Cette mer peut encore être regardée comme un grand lac; car elle reçoit douze ou treize rivières, toutes assez considérables, et qui sont plus que suffisantes pour l'entretenir, et elle n'est que peu salée : d'ailleurs, il ne s'en faut presque rien qu'elle n'ait communication avec la mer Baltique en plusieurs endroits; elle en a même une effective avec le golfe de Filande, car, en remontant le fleuve Onéga, on arrive au lac de même nom; de ce lac Onéga il y a deux rivières de communication avec le lac Ladoga; ce dernier lac communique par un large bras avec le golfe de Finlande, et il y a dans la Laponie suédoise plusieurs endroits dont les eaux coulent presque indifféremment, les unes vers la mer Blanche, les autres vers le golfe de Bothnie, et les autres vers celui de Finlande; et tout ce pays étant rempli de lacs et de marais, il semble que la mer Baltique et la mer Blanche soient les réceptacles de toutes ces eaux, qui se déchargent ensuite dans la mer Glaciale et dans la mer d'Allemagne.

En sortant de la mer Blanche et en côtoyant l'île de Candenos et les côtes septentrionales de la Russie, on trouve que l'océan fait un petit bras dans les terres à l'embouchure du fleuve Petzora; ce petit bras, qui a environ quarante lieues de longueur sur huit ou dix de largeur, est plutôt un amas d'eau formé par le fleuve qu'un golfe de la mer, et l'eau y est aussi fort peu salée. Là, les terres font un cap avancé et terminé par les petites îles Maurice et d'Orange; et, entre ces terres et celles qui avoisinent le détroit de Waigats au midi, il y a un petit golfe d'environ trente lieues dans sa plus grande profondeur au dedans des terres; ce golfe appartient immédiatement à l'océan et n'est pas formé des eaux de la terre : on trouve ensuite le détroit de Waigats, qui est à très peu près sous le 70e degré de latitude nord; ce détroit n'a pas plus de huit ou dix lieues de longueur, et communique à une mer qui baigne les côtes septentrionales de la Sibérie : comme ce détroit est fermé par les glaces pendant la plus grande partie de l'année, il est assez difficile d'arriver dans la mer qui est au delà. Le passage de ce détroit a été tenté inutilement par un grand nombre de navigateurs, et ceux qui l'ont passé heureusement ne nous ont pas laissé de cartes exactes de cette mer, qu'ils ont appelée mer Tranquille; il paraît seulement par les cartes les plus récentes, et par le dernier globe de Senex, fait en 1739 ou 1740, que cette mer Tranquille pourrait bien être entièrement méditerranée, et ne pas communiquer avec la grande mer de Tartarie, car elle paraît renfermée et bornée au midi par les terres des Samoyèdes, qui sont aujourd'hui bien connues, et ces terres, qui la bornent au midi, s'étendent depuis le détroit de Waigats jusqu'à l'embouchure du fleuve Jénisca; au levant, elle est bornée par la terre de Jelmorland; au couchant, par celle de la Nouvelle-Zemble; et, quoiqu'on ne connaisse pas l'étendue de cette mer méditerranée du côté du nord et du nord-est, comme on y connaît des terres non interrompues, il est très probable que cette mer Tranquille est une mer méditerranée, une espèce de cul-de-sac fort difficile à aborder et qui ne mène à rien; ce qui le prouve, c'est qu'en partant du détroit de Waigats on a côtoyé la Nouvelle-Zemble dans la mer Glaciale tout le long de ses côtes occidentales et septentrionales jusqu'au cap Désiré; qu'après ce cap on a suivi les côtes à l'est de la Nouvelle-Zemble jusqu'à un petit golfe qui est environ à 75 degrés, où les Hollandais passèrent un hiver mortel en 1596; qu'au delà de ce petit golfe on a découvert la terre de Jelmorland en 1664, laquelle n'est éloignée que de quelques lieues des terres de la Nouvelle-Zemble, en sorte que le seul petit endroit qui n'ait pas été reconnu est auprès du petit golfe dont nous venons de parler, et cet endroit n'a peut-être pas trente lieues de longueur; de sorte que, si la mer Tranquille communique à l'océan, il faut que ce soit à l'endroit de ce petit golfe, qui est le seul par où cette mer méditerranée peut se joindre à la grande mer; et comme ce petit golfe est à 75 degrés nord, et que, quand même la communication existerait, il faudrait toujours s'élever de cinq degrés vers le nord pour gagner la grande mer, il est clair que, si l'on veut tenter la route du nord pour aller à la Chine, il vaut beaucoup mieux passer au nord de la Nouvelle-Zemble à 77 ou 78 degrés, où d'ailleurs la mer est plus libre et moins glacée, que de tenter encore le chemin du détroit glacé de Waigats, avec l'incertitude de ne pouvoir sortir de mer méditerranée.

En suivant donc l'océan tout le long des côtes de la Nouvelle-Zemble et du Jelmorland, on a reconnu ces terres jusqu'à l'embouchure du Chotanga, qui est environ au 73e degré; après quoi l'on trouve un espace d'environ deux cents lieues, dont les côtes ne sont pas encore connues; on a su seulement, par le rapport des Moscovites qui ont voyagé par terre dans ces climats, que les terres ne sont point interrompues, et leurs cartes y marquent des fleuves et des peuples qu'ils ont appelés *Populi Patati*. Cet intervalle de côtes encore inconnues est depuis l'embouchure du Chotanga jusqu'à celle du Kauvoina, au 66e degré de latitude : là, l'océan fait un golfe dont le point le plus avancé dans les terres est à l'embouchure du Len, qui est un fleuve très considérable; ce golfe est formé par les eaux de l'océan; il est fort ouvert et il appartient à la mer de Tartarie : on l'appelle le golfe Linchidolin, et les Moscovites y pêchent la baleine.

De l'embouchure du fleuve Len, on peut suivre les côtes septentrionales de la Tartarie dans un espace de plus de 500 lieues vers l'orient, jusqu'à une grande péninsule ou terre avancée où habitent les peuples Schelates; cette pointe est l'extrémité la plus septentrionale de la Tartarie la plus orientale, et est elle située sous le 72e degré environ de latitude nord : dans cette longueur de plus de 500 lieues, l'océan ne fait aucune irruption dans les terres, aucun golfe, aucun bras, il forme seulement un coude considérable à l'endroit de la naissance de cette péninsule des peuples Schelates, à l'embouchure du fleuve Korvinea; cette pointe de terre fait aussi l'extrémité orientale de la côte septentrionale du continent de l'ancien monde, dont l'extrémité occidentale est au cap Nord en Laponie, en sorte que l'ancien continent a environ 1,700 lieues de côtes septentrionales, en y comprenant les sinuosités des golfes, en comptant depuis le cap Nord de Laponie jusqu'à la pointe de la terre des Schelates, et il y a environ 1,100 lieues en naviguant sous le même parallèle.

Suivons maintenant les côtes orientales de l'ancien continent, en commençant à cette pointe de la terre des peuples Schelates, et en descendant vers l'équateur : l'océan fait d'abord un coude entre la terre des peuples Schelates et celle des peuples Tschutschi, qui avance considérablement dans la mer; au midi de cette terre, il forme un petit golfe fort ouvert, qu'on appelle le golfe Suctoikret, et ensuite un autre plus petit golfe qui avance même comme un bras à 40 ou 50 lieues dans la terre de Kamtchatka; après quoi l'océan entre dans les terres par un large détroit rempli de plusieurs petites îles, entre la pointe méridionale de la terre de Kamtchatka et la pointe septentrionale de la terre d'Yeço, et il forme une grande mer méditerranée dont il est bon que nous suivions toutes les parties. La première est la mer de Kamtchatka, dans laquelle se trouve une île très considérable qu'on appelle l'île d'Amour; cette mer de Kamtchatka pousse un bras dans les terres au nord-est, mais ce petit bras et la mer de Kamtchatka elle-même pourraient bien être, au moins en partie, formés par l'eau des fleuves qui y arrivent, tant des terres de Kamtchatka que de celles de la Tartarie. Quoi qu'il en soit, cette mer de Kamtchatka communique par un très large détroit avec la mer de Corée, qui fait la seconde partie de cette mer méditerranée; et toute cette mer, qui a plus de 600 lieues de longueur, est bornée à l'occident et au nord par les terres de Corée et de Tartarie, à l'orient et au midi par celles de Kamtchatka, d'Yeço et du Japon, sans qu'il y ait d'autre communication avec l'océan que celle du détroit dont nous avons parlé, entre Kamtchatka et Yeço, car on n'est pas assuré si celui que quelques cartes ont marqué entre le Japon et la terre d'Yeço existe réellement, et quand même ce détroit existerait, la mer de Kamtchatka et celle de Corée ne laisseraient pas d'être toujours regardées comme formant ensemble une grande mer méditerranée, séparée de l'océan de tous côtés, et qui ne doit pas être prise pour un golfe, car elle ne communique pas directement avec le grand océan par son détroit méridional qui est entre le Japon et la Corée; la mer de la Chine, à laquelle elle communique par ce détroit, est plutôt encore une mer méditerranée qu'un golfe de l'océan.

Nous avons dit dans le Discours précédent que la mer avait un mouvement constant d'orient en occident, et que par conséquent la grande mer Pacifique fait des efforts continuels contre les terres orientales : l'inspection attentive du globe confirmera les conséquences que nous avons tirées de cette observation, car si l'on examine le gisement des terres, à commencer de Kamtchatka jusqu'à la Nouvelle-Bretagne, découverte en 1700 par Dampier, et qui est à 4 ou 5 degrés de l'équateur latitude sud, on sera très porté à croire que l'océan a rongé toutes les terres de ces climats dans une profondeur de quatre ou cinq cents lieues, que par conséquent les bornes orientales de l'ancien continent ont été reculées, et qu'il s'étendait autrefois beaucoup plus vers l'orient; car on remarquera que la Nouvelle-Bretagne et Kamtchatka, qui sont les terres les plus avancées vers l'orient, sont sous le même méridien; on observera que toutes les terres sont dirigées du nord au midi : Kamtchatka fait une pointe d'environ 160 lieues du nord au midi, et cette pointe, qui du côté de l'orient est baignée par la mer Pacifique, et de l'autre par la mer méditerranée dont nous venons de parler, est partagée dans cette direction du nord au midi par une chaîne de montagnes. Ensuite Yeço et le Japon forment une terre dont la direction est aussi du nord au midi dans une étendue de plus de 400 lieues entre la grande mer et celle de Corée, et les chaînes des montagne d'Yeço et de cette partie du Japon ne peuvent pas manquer d'être dirigées du nord au midi, puisque ces terres, qui ont quatre cents lieues de longueur dans cette direction, n'en ont pas plus de cinquante, soixante ou cent de largeur dans l'autre direction de l'est à l'ouest; ainsi Kamtchatka, Yeço et la partie orientale du Japon sont des terres qu'on doit regarder comme contiguës et dirigées du nord au sud; et suivant toujours la même direction l'on trouve, après la pointe du cap Ava au Japon, l'île de Barnevelt et trois autres îles qui sont posées les unes au-dessus des autres exactement dans la direction du nord au sud, et qui occupent en tout un espace d'environ cent lieues : on trouve ensuite dans la même direction trois autres îles appelées les îles des Callanos, qui sont encore toutes trois posées les unes au-dessus des autres dans la même direction du nord au sud; après quoi on trouve les îles des Larrons au nombre de quatorze ou quinze, qui sont toutes posées les unes au-dessus des autres dans la même direction du nord au sud, et qui occupent toutes ensemble, y compris les îles des Callanos, un espace de plus de trois cents lieues de longueur dans cette direction du nord au sud, sur une largeur si petite que dans l'endroit où elle est la plus grande, ces îles n'ont pas sept à huit lieues : il me paraît donc que Kamtchatka, Yeço, le Japon oriental, les îles Barnevelt, du Prince, des Callanos et des Larrons, ne sont que la même chaîne de montagnes et les restes de l'ancien pays que l'océan a rongé et couvert peu à peu. Toutes ces contrées ne sont en effet que des montagnes, et ces îles des pointes de montagnes; les terrains moins élevés ont été submergés par l'océan, et, si ce qui est rapporté dans les *Lettres édifiantes* est vrai, et qu'en effet on ait découvert une quantité d'îles qu'on a appelées les Nouvelles-Philippines, et que leur position soit réellement telle qu'elle est donnée par le P. Gobien, on ne pourra guère douter que les îles les plus orientales de ces nouvelles Philippines ne soient une continuation de la chaîne de montagnes qui forme les îles des Larrons; car ces îles orientales, au nombre de onze, sont toutes placées les unes au-dessus des autres dans la même direction du nord au sud; elles occupent en longueur un espace de plus de deux cents lieues, et la plus large n'a pas sept ou huit lieues de largeur dans la direction de l'est à l'ouest.

Mais si l'on trouve ces conjectures trop hasardées, et qu'on m'oppose les grands intervalles qui sont entre les îles voisines du cap Ava, du Japon et celles des Callanos, et entre ces îles et celles des Larrons, et encore entre celles des Larrons et les Nouvelles-Philippines, dont en effet le premier est d'environ cent soixante lieues, le second de cinquante ou soixante, et le troisième de près de cent vingt, je répondrai que les chaînes des montagnes s'étendent souvent beaucoup plus loin sous les eaux de la mer, et que ces intervalles sont petits en comparaison de l'étendue de terre que présentent ces montagnes dans cette direction, qui est de plus de onze cents lieues, en les prenant depuis l'intérieur de la presqu'île de Kamtchatka. Enfin si l'on se refuse totalement à cette idée que je viens de proposer au sujet des cinq cents lieues que l'océan doit avoir gagnées sur les côtes orientales du continent, et de cette suite de montagnes que je fais passer par les îles des Larrons, on ne pourra pas s'empêcher de m'accorder au moins que Kamtchatka, Yeço, le Japon, les îles Bongo, Tanaxima, celles de Lequeogrande, l'île des Rois, celle de Formosa, celle de Vaif, de Bashe, de Babuyanes, la grande île de Luçon, les autres Philippines, Mindanao, Gilolo, etc.; enfin la Nouvelle-Guinée, qui s'étend jusqu'à la Nouvelle-Bretagne, située sous le même méridien que Kamtchatka, ne fassent une continuité de terre de plus de deux mille deux cents lieues, qui n'est interrompue que par de petits intervalles, dont le plus grand n'a peut-être pas vingt lieues, en sorte que l'océan forme dans l'intérieur des terres du continent oriental un très grand golfe, qui commence à Kamtchatka et finit à la Nouvelle-Bretagne; que ce golfe est semé d'îles, qu'il est figuré comme le serait tout autre enfoncement que les eaux pourraient faire à la longue en agissant continuellement contre des rivages et des côtes, et que par conséquent on peut conjecturer avec quelque vraisemblance que l'océan, par son mouvement constant d'orient en occident, a gagné peu à peu cette étendue sur le continent oriental et qu'il a de plus formé les mers méditerranées de Kamtchatka, de Corée, de la Chine, et peut-être tout l'archipel des Indes, car la terre et la mer y sont mêlées de façon qu'il paraît évidemment que c'est un pays inondé, duquel on ne voit plus que les éminences et les terres élevées, et dont les terres plus basses sont cachées par les eaux; aussi cette mer n'est-elle pas profonde comme les autres; et les îles innombrables qu'on y trouve ne sont presque toutes que des montagnes.

Si l'on examine maintenant toutes ces mers en particulier, à commencer au détroit de la mer de Corée vers celle de la Chine, où nous en étions demeurés, on trouvera que cette mer de Chine forme dans sa partie septentrionale un golfe fort profond, qui commence à l'île Fungma, et se termine à la frontière de la province de Pékin, à une distance d'environ quarante-cinq ou cinquante lieues de cette capitale de l'empire chinois; ce golfe, dans sa partie la plus intérieure et la plus étroite, s'appelle le golfe de Changi : il est très probable que ce golfe de Changi et une partie de cette mer de la Chine ont été formés par l'océan, qui a inondé tout le plat pays de ce continent, dont il ne reste que les terres les plus élevées, qui sont les îles dont nous avons parlé ; dans cette partie méridionale sont les golfes de Tonquin et de Siam, auprès duquel est la presqu'île de Malaye formée par une longue chaîne de montagnes, dont la direction est du nord au sud, et les îles Andaman, qui sont une autre chaîne de montagnes dans la même direction, et qui ne paraissent être qu'une suite des montagnes de Sumatra.

L'océan fait ensuite un grand golfe qu'on appelle le golfe de Bengale, dans lequel on peut remarquer que les terres de la presqu'île de l'Inde font une courbe concave vers l'orient, à peu près comme le grand golfe du continent oriental, ce qui semble aussi avoir été produit par le même mouvement de l'océan d'orient en occident : c'est dans cette presqu'île que sont les montagnes de Gates, qui ont une direction du nord au sud jusqu'au cap de Comorin, et il semble que l'île de Ceylan en ait été séparée et qu'elle ait fait autrefois partie de ce continent. Les Maldives ne sont qu'une autre chaîne de montagnes, dont la direction est encore la même, c'est-à-dire du nord au sud; après cela est la mer d'Arabie qui est un très grand golfe, duquel partent quatre bras qui s'étendent dans les terres, les deux plus grands du côté de l'occident, et les deux plus petits du côté de l'orient; le premier de ces bras du côté de l'orient est le petit golfe de Cambaie, qui n'a guère que 50 à 60 lieues de profondeur, et qui reçoit deux rivières assez considérables, savoir le fleuve Tapty et la rivière de Baroche, que Pietro della Valle appelle le Mehi; le second bras vers l'orient est cet endroit fameux par la vitesse et la hauteur des marées, qui y sont plus grandes qu'en aucun lieu du monde, en sorte que ce bras, ou ce petit golfe tout entier, n'est qu'une terre, tantôt couverte par le flux, et tantôt découverte par le reflux, qui s'étend à plus de 50 lieues : il tombe dans cet endroit plusieurs grands fleuves, tels que l'Indus, le Padar, etc., qui ont amené une grande quantité de terre et de limon à leurs embouchures, ce qui a peu à peu élevé le terrain du golfe, dont la pente est si douce, que la marée s'étend à une distance extrêmement grande. Le premier bras du golfe Arabique vers l'occident est le golfe Persique, qui a plus de 250 lieues d'étendue dans les terres, et le second est la mer Rouge, qui en a plus de 680 en comptant depuis l'île de Socotora : on doit regarder ces deux bras comme deux mers méditerranées, en les prenant au delà des détroits d'Ormuz et de Bab-el-Mandel, et quoiqu'elles soient toutes deux sujettes à un grand flux et reflux, et qu'elles participent par conséquent au mouvement de l'océan, c'est parce qu'elles ne sont pas éloignées de l'équateur où le mouvement des marées est beaucoup plus grand que dans les autres climats, et que d'ailleurs elles sont toutes deux fort longues et fort étroites : le mouvement des marées est beaucoup plus violent dans la mer Rouge que dans le golfe Persique, parce que la mer Rouge, qui est près de trois fois plus longue et presque aussi étroite que le golfe Persique, ne reçoit aucun fleuve dont le mouvement puisse s'opposer à celui du flux, au lieu que le golfe Persique en reçoit de très considérables à son extrémité la plus avancée dans les terres. Il paraît ici assez visiblement que la mer Rouge a été formée par une irruption de l'océan dans les terres; car, si on examine le gisement des terres au-dessus et au-dessous de l'ouverture qui lui sert de passage, on verra que ce passage n'est qu'une coupure, et que de l'un et de l'autre côté de ce passage les côtes suivent une direction droite et sur la même ligne, la côte d'Arabie depuis le cap Rozalgate jusqu'au cap Fartaque étant dans la même direction que la côte d'Afrique depuis le cap de Guardafui jusqu'au cap de Sands.

A l'extrémité de la mer Rouge est cette fameuse langue de terre qu'on appelle l'isthme de Suez, qui fait une barrière aux eaux de la mer Rouge et empêche la communication des mers. On a vu, dans le Discours précédent, les raisons qui peuvent faire croire que la mer Rouge est plus élevée que la Méditerranée, et que, si l'on coupait l'isthme de Suez, il pourrait s'ensuivre une inondation et une augmentation de la Méditerranée; nous ajouterons à ce que nous avons dit que, quand même on ne voudrait pas convenir que la mer Rouge fût plus élevée que la Méditerranée, on ne pourra pas nier qu'il n'y ait aucun flux et reflux dans cette partie de la Méditerranée voisine des bouches de Nil, et qu'au contraire il y a dans la mer Rouge un flux et reflux très considérable et qui élève les eaux de plusieurs pieds, ce qui seul suffirait pour faire passer une grande quantité d'eau dans la Méditerranée, si l'isthme était rompu. D'ailleurs nous avons un exemple cité à ce sujet par Varenius, qui prouve que les mers ne sont pas également élevées dans toutes leurs parties; voici ce qu'il en dit page 100 de sa Géographie : *Oceanus Germanicus, qui est Atlantici pars, inter Frisiam et Hollandiam se effundens, efficit sinum qui, etsi parvus sit respectu celebrium sinuum maris, tamen et ipse dicitur mare, alluitque Hollandiæ emporium celeberrimum, Amstelodamum. Non procul indè abest lacus Harlemensis, qui etiam mare Harlemense dicitur. Hujus altitudo non est minor altitudine sinûs illius Belgici, quem diximus, et mittit ramum ad urbem Leidam, ubi in varias fossas divaricatur. Quoniam itaque nec lacus hic, neque sinus ille. Hollandici maris inundant adjacentes agros (de naturali constitutione loquor, non ubi tempestatibus urgentur, propter quas aggeres facti sunt) patet indè quod non sint altiores quàm agri Hollandiæ. At vero Oceanum Germanicum esse altiorem quàm terras hasce experti sunt Leidenses, cum suscepissent fossam seu alveum ex urbe sua ad Oceani Germanici littora, prope Cattarum vicum perducere (distantia est duorum milliarium) ut, recepto par alveum hunc mari, possent navigationem instituere in Oceanum Germanicum, et hinc in varias terræ regiones. Verum enimvero cùm magnam jam alvei partem perfecissent, desistere coacti sunt, quoniam tum demum per observationem cognitum est Oceani Germanici aquam esse altiorem quàm agrum inter Leidam et littus Oceani illius; undè locus ille, ubi fodere desierunt, dicitur* Het malle Gat. *Oceanus itaque Germanicus est aliquantùm altior quam sinus ille Hollandicus*, etc. Ainsi, on peut croire que la mer Rouge est plus haute que la Méditerranée, comme la mer d'Allemagne est plus haute que la mer de Hollande. Quelques anciens auteurs, comme Hérodote et Diodore de Sicile, parlent d'un canal de communication du Nil et de la Méditerranée avec la mer Rouge, et en dernier lieu M. Delisle a donné une carte en 1704, dans laquelle il a marqué un bout de canal qui sort du bras le plus oriental du Nil et qu'il juge devoir être une partie de celui qui faisait autrefois cette communication du Nil avec la mer Rouge (Voyez les *Mém. de l'Acad. des Sc.*, an. 1704.) Dans la troisième partie du livre qui a pour titre, *Connaissance de l'ancien monde*, imprimé en 1707, on trouve le même sentiment, et il y est dit, d'après Diodore de Sicile, que ce fut Néco, roi d Égypte, qui commença ce canal, que Darius, roi de Perse, le continua, et que Ptolomée II l'acheva et le conduisit jusqu'à la ville d'Arsinoé; qu'il le faisait ouvrir et fermer selon qu'il en avait besoin. Sans que je prétende vouloir nier ces faits, je suis obligé d'avouer qu'ils me paraissent douteux, et je ne sais pas si la violence et la hauteur des marées dans la mer Rouge ne se seraient pas nécessairement communiquées aux eaux de ce canal; il me semble qu'au moins il aurait fallu de grandes précautions pour contenir les eaux, éviter les inondations, et beaucoup de soin pour entretenir ce canal en bon état : aussi les historiens qui nous disent que ce canal a été entrepris et achevé ne nous disent pas s'il a duré, et les vestiges qu'on prétend en reconnaître aujourd'hui sont peut-être tout ce qui en a jamais été fait. On a donné à ce bras de l'océan le nom de mer Rouge, parce qu'elle a en effet cette couleur dans tous les endroits où il se trouve des madrépores sur son fond : voici ce qui est rapporté dans l'*Histoire générale des Voyages*, tome Ier, pages 198 et 199. « Avant que de quitter la mer » Rouge Dom Jean examina quelles peuvent avoir été les raisons qui ont fait donner ce » nom au golfe Arabique par les anciens, et si cette mer est en effet différente des autres » par la couleur; il observa que Pline rapporte plusieurs sentiments sur l'origine de ce » nom; les uns le font venir d'un roi nommé Érythros qui régna dans ces cantons, et dont

» le nom en grec signifie *rouge;* d'autres se sont imaginé que la réflexion du soleil produit » une couleur rougeâtre sur la surface de l'eau, et d'autres que l'eau du golfe a naturel- » lement cette couleur. Les Portugais, qui avaient déjà fait plusieurs voyages à l'entrée » des détroits, assuraient que toute la côte d'Arabie étant fort rouge, le sable et la pous- » sière qui s'en détachaient, et que le vent poussait dans la mer, teignaient les eaux de » la même couleur.

» Dom Jean qui, pour vérifier ces opinions, ne cessa point jour et nuit, depuis son » départ de Socotora, d'observer la nature de l'eau et les qualités des côtes jusqu'à Suez, » assure que, loin d'être naturellement rouge, l'eau est de la couleur des autres mers, et » que le sable ou la poussière, n'ayant rien de rouge non plus, ne donnent point cette » teinte à l'eau du golfe. La terre sur les deux côtes est généralement brune, et noire » même en quelques endroits; dans d'autres lieux, elle est blanche : ce n'est qu'au delà » de Suaquen, c'est-à-dire sur des côtes où les Portugais n'avaient point encore pénétré, » qu'il vit en effet trois montagnes rayées de rouge, encore étaient-elles d'un roc fort dur, » et le pays voisin était de la couleur ordinaire.

» La vérité donc est que cette mer, depuis l'entrée jusqu'au fond du golfe, est partout » de la même couleur, ce qu'il est facile de se démontrer à soi-même en puisant de l'eau » à chaque lieu; mais il faut avouer aussi que, dans quelques endroits, elle paraît rouge par » accident, et dans d'autres verte et blanche; voici l'explication de ce phénomène. Depuis » Suaquen jusqu'à Kossir, c'est-à-dire pendant l'espace de 136 lieues, la mer est remplie » de bancs et de rochers de corail; on leur donne ce nom, parce que leur forme et leur » couleur les rendent si sembables au corail qu'il faut une certaine habileté pour ne pas » s'y tromper; ils croissent comme des arbres, et leurs branches prennent la forme de » celles du corail; on en distingue deux sortes, l'une blanche et l'autre fort rouge; ils sont » couverts en plusieurs endroits d'une espèce de gomme ou de glu verte, et dans d'autres » lieux, orange foncé. Or l'eau de cette mer étant plus claire et plus transparente » qu'aucune autre eau du monde, de sorte qu'à 20 brasses de profondeur l'œil pénètre » jusqu'au fond, surtout depuis Suaquen jusqu'à l'extrémité du golfe, il arrive qu'elle » paraît prendre la couleur des choses qu'elle couvre : par exemple, lorsque les rocs sont » comme enduits de glu verte, l'eau qui passe par-dessus paraît d'un vert plus foncé que » les rocs mêmes, et lorsque le fond est uniquement de sable, l'eau paraît blanche; de » même, lorsque les rocs sont de corail, dans le sens que j'ai donné à ce terme, et que la » glu qui les environne est rouge ou rougeâtre, l'eau se teint ou plutôt semble se teindre » en rouge; ainsi comme les rocs de cette couleur sont plus fréquents que les blancs et les » verts, Dom Jean conclut qu'on a dû donner au golfe Arabique le nom de mer Rouge » plutôt que celui de mer verte ou blanche; il s'applaudit de cette découverte avec d'autant » plus de raison, que la méthode par laquelle il s'en était assuré ne pouvait lui laisser » aucun doute. Il faisait amarrer une flûte contre les rocs dans les lieux qui n'avaient » point assez de profondeur pour permettre aux vaisseaux d'approcher, et souvent les » matelots pouvaient exécuter ses ordres à leur aise, sans avoir la mer plus haut que » l'estomac à plus d'une demi-lieue des rocs; la plus grande partie des pierres ou des » cailloux qu'ils en tiraient, dans les lieux où l'eau paraissait rouge, avaient aussi cette » couleur; dans l'eau qui paraissait verte, les pierres étaient vertes, et si l'eau paraissait » blanche, le fond était d'un sable blanc, où l'on n'apercevait point d'autre mélange. »

Depuis l'entrée de la mer Rouge au cap Gardafui jusqu'à la pointe de l'Afrique au cap de Bonne-Espérance, l'océan a une direction assez égale; il ne forme aucun golfe considérable dans l'intérieur des terres; il y a seulement une espèce d'enfoncement à la côte de Mélinde, qu'on pourrait regarder comme faisant partie d'un grand golfe, si l'île de Madagascar était réunie à la terre ferme : il est vrai que cette île, quoique séparée par le large détroit de Mozambique, paraît avoir appartenu autrefois au continent, car il y a des sables fort hauts et d'une vaste étendue dans ce détroit, surtout du côté de Madagascar; ce qui reste de passage absolument libre dans ce détroit n'est pas fort considérable.

En remontant la côte occidentale de l'Afrique depuis le cap de Bonne-Espérance jusqu'au cap Negro, les terres sont droites et dans la même direction, et il semble que toute cette longue côte ne soit qu'une suite de montagnes; c'est au moins un pays élevé qui ne produit, dans une étendue de plus de 500 lieues, aucune rivière considérable, à l'exception d'une ou de deux dont on n'a reconnu que l'embouchure; mais au delà du cap Negro la côte fait une courbe dans les terres qui, dans toute l'étendue de cette courbe, paraissent être un pays plus bas que le reste de l'Afrique, et qui est arrosé de plusieurs fleuves dont les plus grands sont le Coanza et le Zaïré. On compte depuis le cap Negro jusqu'au cap Gonzalvez vingt-quatre embouchures de rivières toutes considérables, et l'espace contenu entre ces deux caps est d'environ 420 lieues en suivant les côtes. On peut croire que l'océan a un peu gagné sur ces terres basses de l'Afrique, non pas par son mouvement naturel d'orient en occident, qui est dans une direction contraire à celle qu'exigerait l'effet dont il est question, mais seulement parce que ces terres étant plus basses que toutes les autres, il les aura surmontées et minées presque sans effort. Du cap Gonsalvez au cap des Trois-Pointes l'océan forme un golfe fort ouvert qui n'a rien de remarquable, sinon un cap fort avancé et situé à peu près dans le milieu de l'étendue des côtes qui forment ce golfe : on l'appelle le cap Formosa : il y a aussi trois îles dans la partie la plus méridionale de ce golfe, qui sont les îles Fernando-Po, du Prince et de Saint-Thomas; ces îles paraissent être la continuation d'une chaîne de montagnes située entre Rio-del-Rey et le fleuve Jamoer. Du cap des Trois-Pointes au cap Palmas, l'océan rentre un peu dans les terres, et du cap Palmas au cap Tagrin il n'y a rien de remarquable dans le gisement des terres; mais auprès du cap Tagrin l'océan fait un très petit golfe dans les terres de Sierra-Leona, et plus haut un autre encore plus petit où sont les îles Bisagas; ensuite on trouve le cap Vert qui est fort avancé dans la mer, et dont il paraît que les îles du même nom ne sont que la continuation, ou, si l'on veut, celle du cap Blanc, qui est une terre élevée, encore plus considérable et plus avancée que celle du cap Vert. On trouve ensuite la côte montagneuse et sèche qui commence au cap Blanc et finit au cap Bajador; les îles Canaries paraissent être une continuation de ces montagnes; enfin, entre les terres du Portugal et de l'Afrique, l'océan fait un golfe fort ouvert, au milieu duquel est le fameux détroit de Gibraltar, par lequel l'océan coule dans la Méditerranée avec une grande rapidité. Cette mer s'étend à près de 900 lieues dans l'intérieur des terres, et elle a plusieurs choses remarquables : premièrement, elle ne participe pas d'une manière sensible au mouvement de flux et de reflux, et il n'y a que dans le golfe de Venise, où elle se rétrécit beaucoup, que ce mouvement se fait sentir; on prétend aussi s'être aperçu de quelque petit mouvement à Marseille et à la côte de Tripoli; en second lieu, elle contient de grandes îles : celle de Sicile, celle de Sardaigne, de Corse, de Chypre, de Majorque, etc., et l'une des plus grandes presqu'îles du monde, qui est l'Italie : elle a aussi un archipel, ou plutôt c'est de cet archipel de notre mer Méditerranée que les autres amas d'îles ont emprunté ce nom; mais cet archipel de la Méditerranée me paraît appartenir plutôt à la mer Noire, et il semble que ce pays de la Grèce ait été en partie noyé par les eaux surabondantes de la mer Noire, qui coulent dans la mer de Marmara, et de là dans la mer Méditerranée.

Je sais bien que quelques gens ont prétendu qu'il y avait dans le détroit de Gibraltar un double courant : l'un supérieur, qui portait l'eau de l'océan dans la Méditerranée, et l'autre inférieur, dont l'effet, disent-ils, est contraire; mais cette opinion est évidemment fausse et contraire aux lois de l'hydrostatique : on a dit de même que, dans plusieurs autres endroits, il y avait de ces courants inférieurs, dont la direction était opposée à celle du courant supérieur, comme dans le Bosphore, dans le détroit du Sund, etc., et Marsilli rapporte même des expériences qui ont été faites dans le Bosphore et qui prouvent ce fait; mais il y a grande apparence que les expériences ont été mal faites, puisque la chose est impossible et qu'elle répugne à toutes les notions que l'on a sur le mouvement des eaux : d'ailleurs, Greaves, dans sa *Pyramidographie*, pages 101 et 102, prouve par des expériences bien faites qu'il n'y a dans le Bosphore aucun courant inférieur dont la direction soit opposée au courant supérieur : ce qui a pu tromper Marsilli et les autres, c'est que dans le Bosphore, comme dans le détroit de Gibraltar et dans tous les fleuves qui coulent avec quelque rapidité, il y a un remous considérable le long des rivages, dont la direction est ordinairement différente, et quelquefois contraire à celle du courant principal des eaux.

Parcourons maintenant toutes les côtes du nouveau continent, et commençons par le point du cap Holdwith-Hope, situé au 73° degré latitude nord : c'est la terre la plus septentrionale que l'on connaisse dans le nouveau Groenland; elle n'est éloignée du cap Nord de Laponie que d'environ 160 ou 180 lieues; de ce cap on peut suivre la côte du Groenland jusqu'au cercle polaire; là, l'océan forme un large détroit entre l'Islande et les terres du Groenland. On prétend que ce pays voisin de l'Islande n'est pas l'ancien Groenland que les Danois possédaient autrefois comme province dépendante de leur royaume; il y avait dans cet ancien Groenland des peuples policés et chrétiens, des évêques, des églises, des villes considérables par leur commerce; les Danois y allaient aussi souvent et aussi aisément que les Espagnols pourraient aller aux Canaries : il existe encore, à ce qu'on assure, des titres et des ordonnances pour les affaires de ce pays, et tout cela n'est pas bien ancien; cependant, sans qu'on puisse deviner comment ni pourquoi, ce pays est absolument perdu, et l'on n'a trouvé dans le nouveau Groenland aucun indice de tout ce que nous venons de rapporter : les peuples y sont sauvages; il n'y a aucun vestige d'édifice, pas un mot de leur langue qui ressemble à la langue danoise, enfin rien qui puisse faire juger que c'est le même pays; il est même presque désert et bordé de glaces pendant la plus grande partie de l'année; mais, comme ces terres sont d'une très vaste étendue et que les côtes ont été très peu fréquentées par les navigateurs modernes, ces navigateurs ont pu manquer le lieu où habitent les descendants de ces peuples policés, ou bien il se peut que les glaces étant devenues plus abondantes dans cette mer, elles empêchent aujourd'hui d'aborder en cet endroit : tout ce pays cependant, à en juger par les cartes, a été côtoyé et reconnu en entier, il forme une grande presqu'île à l'extrémité de laquelle sont les deux détroits de Frobisher et l'île de Frisland, où il fait un froid extrême, quoiqu'ils ne soient qu'à la hauteur des Orcades, c'est-à-dire à 60 degrés.

Entre la côte occidentale du Groenland et celle de la terre de Labrador, l'océan fait un golfe, et ensuite une grande mer méditerranée, la plus froide de toutes les mers, et dont les côtes ne sont pas encore bien reconnues; en suivant ce golfe droit au nord on trouve le large détroit de Davis qui conduit à la mer Christiane, terminée par la mer de Baffin, qui fait un cul-de-sac dont il paraît qu'on ne peut sortir que pour tomber dans un autre cul-de-sac qui est la baie de Hudson. Le détroit de Cumberland qui peut, aussi bien que celui de Davis, conduire à la mer Christiane, est plus étroit et plus sujet à être glacé; celui de Hudson, quoique beaucoup plus méridional, est aussi glacé pendant une partie de l'année, et on a remarqué dans ces détroits et dans ces mers méditerranées un mouvement de flux et reflux très fort, tout au contraire de ce qui arrive dans les mers méditerranées de l'Europe, soit dans la Méditerranée, soit dans la mer Baltique, où il n'y a point de flux et reflux, ce qui ne peut venir que de la différence du mouvement de la mer, qui, se faisant toujours d'orient en occident, occasionne de grandes marées dans les détroits qui sont opposés à cette direction de mouvement, c'est-à-dire dans les détroits dont les ouvertures sont tournées vers l'orient, au lieu que dans ceux de l'Europe, qui présentent leur ouverture à l'occident, il n'y a aucun mouvement : l'océan, par son mouvement général, entre dans les premiers et fuit les derniers, et c'est par cette même raison qu'il y a de violentes marées dans les mers de la Chine, de Corée et de Kamtchatka.

En descendant du détroit de Hudson vers la terre de Labrador, on voit une ouverture étroite, dans laquelle Davis, en 1586, remonta jusqu'à trente lieues, et fit quelque petit commerce avec les habitants; mais personne, que je sache, n'a depuis tenté la découverte de ce bras de mer, et on ne connait de la terre voisine que le pays des Esquimaux : le fort Pontchartrain est la seule habitation et la plus septentrionale de tout ce pays, qui n'est séparé de l'île de Terre-Neuve que par le petit détroit de Bellisle, qui n'est pas trop fréquenté; et comme la côte orientale de Terre-Neuve est dans la même direction que la côte de Labrador, on doit regarder l'île de Terre-Neuve comme une partie du continent, de même que l'île Royale paraît être une partie du continent de l'Acadie. Le grand banc et les autres bancs sur lesquels on pêche la morue ne sont pas des hauts-fonds, comme on pourrait le croire; ils sont à une profondeur considérable sous l'eau, et produisent dans cet endroit des courants très violents. Entre le cap Breton et Terre-Neuve est un détroit assez large par lequel on entre dans une petite mer méditerranée qu'on appelle le golfe de Saint-Laurent; cette petite mer a un bras qui s'étend assez considérablement dans les terres, et qui semble n'être que l'embouchure du fleuve Saint-Laurent; le mouvement du flux et reflux est extrêmement sensible dans ce bras de mer, et à Québec même, qui est plus avancé dans les terres, les eaux s'élèvent de plusieurs pieds. Au sortir du golfe de Canada et en suivant la côte de l'Acadie, on trouve un petit golfe qu'on appelle la baie de Boston, qui fait un petit enfoncement carré dans les terres; mais, avant que de suivre cette côte plus loin, il est bon d'observer que depuis l'île de Terre-Neuve jusqu'aux îles Antilles les plus avancées, comme la Barbade et Antigoa, et même jusqu'à celles de la Guyane, l'océan fait un très grand golfe qui a plus de 500 lieues d'enfoncement jusqu'à la Floride; ce golfe du nouveau continent est semblable à celui de l'ancien continent dont nous avons parlé, et, tout de même que dans le continent oriental, l'océan, après avoir fait un golfe entre les terres de Kamtchatka et de la Nouvelle-Bretagne, forme ensuite une vaste mer méditerranée, qui comprend la mer de Kamtchatka, celle de Corée, celle de la Chine, etc., dans le nouveau continent, l'océan, après avoir fait un grand golfe entre les terres de Terre-Neuve et celles de la Guyane, forme une très grande mer méditerranée qui s'étend depuis les Antilles jusqu'au Mexique; ce qui confirme ce que nous avons dit au sujet des effets du mouvement de l'océan d'orient en occident, car il semble que l'océan ait gagné tout autant de terrain sur les côtes orientales de l'Amérique qu'il en a gagné sur les côtes orientales de l'Asie; et ces deux grands golfes ou enfoncements que l'océan a formés dans ces deux continents sont sous le même degré de latitude et à peu près de la même étendue, ce qui fait des rapports ou des convenances singulières, et qui paraissent venir de la même cause.

Si l'on examine la position des îles Antilles, à commencer par celle de la Trinité, qui est la plus méridionale, on ne pourra guère douter que les îles de la Trinité, de Tabago, de la Grenade, les îles des Grenadilles, celles de Saint-Vincent, de la Martinique, de Marie-Galante, de la Désirade, d'Antigoa, de la Barbade, avec toutes les autres îles qui les accompagnent, ne fassent une chaîne de montagnes dont la direction est du sud au nord, comme est celle de l'île de Terre-Neuve et de la terre des Esquimaux. Ensuite la direction de ces îles Antilles est de l'est à l'ouest, en commençant à l'île de la Barbade, passant par Saint-Barthélemy, Porto-Rico, Saint-Domingue et l'île de Cuba, à peu près comme les terres du cap Breton, de l'Acadie, de la Nouvelle-Angleterre; toutes ces îles sont si voisines les unes des autres, qu'on peut les regarder comme une bande de terre non interrompue et comme les parties les plus élevées d'un terrain submergé : la plupart de ces îles ne sont, en effet, que des pointes de montagnes, et la mer qui est au delà est une vraie mer méditerranée, où le mouvement du flux et reflux n'est guère plus sensible que dans notre mer Méditerranée, quoique les ouvertures qu'elles présentent à l'océan soient directement opposées au mouvement des eaux d'orient en occident, ce qui devrait contribuer à rendre ce mouvement sensible dans le golfe du Mexique; mais, comme cette mer méditerranée est fort large, le mouvement du flux et reflux qui lui est communiqué par l'océan, se répandant sur un aussi grand espace, perd une grande partie de sa vitesse et devient presque insensible à la côte de la Louisiane et dans plusieurs autres endroits.

L'ancien et le nouveau continent paraissent donc tous les deux avoir été rongés par l'océan à la même hauteur et à la même profondeur dans les terres; tous deux ont ensuite une vaste mer méditerranée et une grande quantité d'îles qui sont encore situées à peu près à la même hauteur : la seule différence est que l'ancien continent étant beaucoup plus large que le nouveau, il y a dans la partie occidentale de cet ancien continent une mer méditerranée occidentale qui ne peut pas se trouver dans le nouveau continent; mais il paraît que tout ce qui est arrivé aux terres orientales de l'ancien monde est aussi arrivé de même aux terres orientales du nouveau monde, et que c'est à peu près dans leur milieu et à la même hauteur que s'est faite la plus grande destruction des terres, parce qu'en effet c'est dans ce milieu et près de l'équateur qu'est le plus grand mouvement de l'océan.

Les côtes de la Guyane, comprises entre l'embouchure du fleuve Orénoque et celle de la rivière des Amazones, n'offrent rien de remarquable; mais cette rivière, la plus large de l'univers, forme une étendue d'eau considérable auprès de Coropa, avant que d'arriver à la mer par deux bouches différentes qui forment l'île de Caviana. De l'embouchure de la rivière des Amazones jusqu'au cap Saint-Roch, la côte va presque droit de l'ouest à l'est; du cap Saint-Roch au cap Saint-Augustin, elle va du nord au sud, et du cap Saint-Augustin à la baie de Tous-les-Saints elle retourne vers l'ouest; en sorte que cette partie du Brésil fait une avance considérable dans la mer, qui regarde directement une pareille avance de terre que fait l'Afrique en sens opposé. La baie de Tous-les-Saints est un petit bras de l'océan qui a environ cinquante lieues de profondeur dans les terres, et qui est fort fréquenté des navigateurs. De cette baie jusqu'au cap de Saint-Thomas, la côte va droit du nord au midi, et ensuite dans une direction sud-ouest jusqu'à l'embouchure du fleuve de la Plata, où la mer fait un petit bras qui remonte à près de cent lieues dans les terres. De là à l'extrémité de l'Amérique, l'océan paraît faire un grand golfe terminé par les terres voisines de la Terre-de-Feu, comme l'île Falkland, les terres du cap de l'Assomption, l'île Beauchêne et les terres qui forment le détroit de la Roche, découvert en 1671; on trouve au fond de ce golfe le détroit de Magellan, qui est le plus long de tous les détroits, et où le flux et reflux est extrêmement sensible; au delà est celui de Le Maire, qui est plus court et plus commode, et enfin le cap Horn, qui est la pointe du continent de l'Amérique méridionale.

On doit remarquer, au sujet de ces pointes formées par les continents, qu'elles sont toutes posées de la même façon; elles regardent toutes le midi, et la plupart sont coupées par des détroits qui vont de l'orient à l'occident : la première est celle de l'Amérique méridionale, qui regarde le midi ou le pôle austral, et qui est coupée par le détroit de Magellan; la seconde est celle du Groenland, qui regarde aussi directement le midi, et qui est coupée de même de l'est à l'ouest par les détroits de Frobisher; la troisième est celle de l'Afrique, qui regarde aussi le midi, et qui a au delà du cap de Bonne-Espérance des bancs et des hauts-fonds qui paraissent en avoir été séparés; la quatrième est la pointe de la presqu'île de l'Inde, qui est coupée par un détroit qui forme l'île de Ceylan, et qui regarde le midi, comme toutes les autres. Jusqu'ici nous ne voyons pas qu'on puisse donner la raison de cette singularité, et dire pourquoi les pointes de toutes les grandes presqu'îles sont toutes tournées vers le midi, et presque toutes coupées à leurs extrémités par des détroits.

En remontant de la Terre-de-Feu tout le long des côtes occidentales de l'Amérique méridionale, l'océan rentre assez considérablement dans les terres, et cette côte semble suivre exactement la direction des hautes montagnes qui traversent du midi au nord toute l'Amérique méridionale depuis l'équateur jusqu'à la Terre-de-Feu. Près de l'équateur, l'océan fait un golfe assez considérable, qui commence au cap Saint-François et s'étend jusqu'à Panama où est le fameux isthme qui, comme celui de Suez, empêche la communication des deux mers, et sans lesquels il y aurait une séparation entière de l'ancien et du nouveau continent en deux parties; de là, il n'y a rien de remarquable jusqu'à la Californie, qui est une presqu'île fort longue entre les terres de laquelle et celles du Nouveau-Mexique l'océan fait un bras qu'on appelle la mer Vermeille, qui a plus de 200 lieues d'étendue en longueur. Enfin on a suivi les côtes occidentales de la Californie jusqu'au 43e degré; et, à cette latitude, Drake, qui le premier a fait la découverte de la terre qui est au nord de la Californie, et qui l'a appelée Nouvelle-Albion, fut obligé, à cause de la rigueur du froid, de changer sa route et de s'arrêter dans une petite baie qui porte son nom, de sorte qu'au delà du 43e ou du 44e degré les mers de ces climats n'ont pas été reconnues, non plus que les terres de l'Amérique septentrionale, dont les derniers peuples qui sont connus sont les Moozemlekis, sous le 48e degré, et les Assiniboïls, sous le 51e, et les premiers sont beaucoup plus reculés vers l'ouest que les seconds. Tout ce qui est au delà, soit terre, soit mer, dans une étendue de plus de 1,000 lieues en longueur et d'autant en largeur, est inconnu, à moins que les Moscovites, dans leurs dernières navigations, n'aient, comme ils l'ont annoncé, reconnu une partie de ces climats en partant de Kamtchatka, qui est la terre la plus voisine du côté de l'orient.

L'océan environne donc toute la terre sans interruption de continuité, et on peut faire le tour du globe en passant à la pointe de l'Amérique méridionale; mais on ne sait pas encore si l'océan environne de même la partie septentrionale du globe, et tous les navigateurs qui ont tenté d'aller d'Europe à la Chine par le nord-est ou par le nord-ouest, ont également échoué dans leurs entreprises.

Les lacs diffèrent des mers méditerranées en ce qu'ils ne tirent aucune eau de l'océan, et qu'au contraire, s'ils ont communication avec les mers, ils leur fournissent des eaux : ainsi la mer Noire, que quelques géographes ont regardée comme une suite de la mer Méditerranée, et par conséquent comme un appendice de l'océan, n'est qu'un lac, parce qu'au lieu de tirer des eaux de la Méditerranée elle lui en fournit, et coule avec rapidité par le Bosphore dans le lac appelé mer de Marmara, et de là par le détroit des Dardanelles dans la mer de Grèce. La mer Noire a environ 250 lieues de longueur sur 100 de largeur, et elle reçoit un grand nombre de fleuves dont les plus considérables sont le Danube, le Niéper, le Don, le Boh, le Donjec, etc. Le Don, qui se réunit avec le Donjec, forme, avant que d'arriver à la mer Noire, un lac ou un marais fort considérable qu'on appelle le Palus-Méotide, dont l'étendue est de plus de 100 lieues en longueur, sur 20 ou 25 de largeur. La mer de Marmara, qui est au-dessous de la mer Noire, est un lac plus petit que le Palus-Méotide, et il n'a qu'environ 50 lieues de longueur sur 8 ou 9 de largeur.

Quelques anciens, et entre autres Diodore de Sicile, ont écrit que le Pont-Euxin ou la mer Noire n'était autrefois que comme une grande rivière ou un grand lac qui n'avait aucune communication avec la mer de Grèce, mais que ce grand lac s'étant augmenté considérablement avec le temps par les eaux des fleuves qui y arrivent, il s'était enfin ouvert un passage, d'abord du côté des îles Cyanées, et ensuite du côté de l'Hellespont. Cette opinion me paraît assez vraisemblable, et même il est facile d'expliquer le fait; car, en supposant que le fond de la mer Noire fût autrefois plus bas qu'il ne l'est aujourd'hui, on voit bien que les fleuves qui y arrivent auront élevé le fond de cette mer par le limon et les sables qu'ils entraînent, et que, par conséquent, il a pu arriver que la surface de cette mer se soit élevée assez pour que l'eau ait pu se faire une issue; et comme les fleuves continuent toujours à amener du sable et des terres, et qu'en même temps la quantité d'eau diminue dans les fleuves à proportion que les montagnes dont ils tirent leurs sources s'abaissent, il peut arriver par une longue suite de siècles que le Bosphore se remplisse; mais, comme ces effets dépendent de plusieurs causes, il n'est guère possible de donner sur cela quelque chose de plus que de simples conjectures. C'est sur ce témoignage des anciens que M. de Tournefort dit, dans son *Voyage du Levant,* que la mer Noire, recevant les eaux d'une grande partie de l'Europe et de l'Asie, après avoir augmenté considérablement, s'ouvrit un chemin par le Bosphore, et ensuite forma la Méditerranée, ou l'augmenta si considérablement que, d'un lac qu'elle était autrefois, elle devint une grande mer, qui s'ouvrit ensuite elle-même un chemin par le détroit de Gibraltar, et que c'est probablement dans ce temps que l'île Atlantide, dont parle Platon, a été submergée. Cette opinion ne peut se soutenir, dès qu'on est assuré que c'est l'Océan qui coule dans la Méditerranée, et non pas la Méditerranée dans l'Océan; d'ailleurs M. de Tournefort n'a pas combiné deux faits essentiels, et qu'il rapporte cependant tous deux : le premier, c'est que la mer Noire reçoit neuf ou dix fleuves, dont il n'y en a pas un qui ne lui fournisse plus d'eau que le Bosphore n'en laisse sortir; le second, c'est que la mer Méditerranée ne reçoit pas plus d'eau par les fleuves que la mer Noire; cependant elle est sept ou huit fois plus grande, et ce que le Bosphore lui fournit ne fait pas la dixième partie de ce qui tombe dans la mer Noire : comment veut-il que cette dixième partie de ce qui tombe dans une petite mer ait formé non seulement une grande mer, mais encore ait si fort augmenté la quantité des eaux, qu'elles aient renversé les terres à l'endroit du détroit pour aller ensuite submerger une île plus grande que l'Europe? Il est aisé de voir que cet endroit de M. de Tournefort n'est pas assez réfléchi. La mer Méditerranée tire, au contraire, au moins dix fois plus d'eau de l'Océan qu'elle n'en tire de la mer Noire, parce que le Bosphore n'a que 800 pas de largeur dans l'endroit le plus étroit, au lieu que le détroit de Gibraltar en a plus de 5,000 dans l'endroit le plus serré, et qu'en supposant les vitesses égales dans l'un et dans l'autre détroit, celui de Gibraltar a bien plus de profondeur.

M. de Tournefort, qui plaisante sur Polybe au sujet de l'opinion que le Bosphore se remplira, et qui la traite de fausse prédiction, n'a pas fait assez d'attention aux circonstances pour prononcer, comme il le fait, sur l'impossibilité de cet événement. Cette mer, qui reçoit huit ou dix grands fleuves, dont la plupart entraînent beaucoup de terre, de sable et de limon, ne se remplit-elle pas peu à peu? Les vents et le courant naturel des eaux vers le Bosphore ne doivent-ils pas y transporter une partie de ces terres amenées par ces fleuves? Il est donc, au contraire, très probable que par la succession des temps le Bosphore se trouvera rempli, lorsque les fleuves qui arrivent dans la mer Noire auront beaucoup diminué : or tous les fleuves diminuent de jour en jour, parce que tous les jours les montagnes s'abaissent; les vapeurs qui s'arrêtent autour des montagnes étant les premières sources des rivières, leur grosseur et leur quantité d'eau dépend de la quantité de ces vapeurs, qui ne peut manquer de diminuer à mesure que les montagnes diminuent de hauteur.

Cette mer reçoit à la vérité plus d'eau par les fleuves que la Méditerranée, et voici ce qu'en dit le même auteur : « Tout le monde sait que les plus grandes eaux de l'Europe » tombent dans la mer Noire par le moyen du Danube, dans lequel se dégorgent les » rivières de Souabe, de Franconie, de Bavière, d'Autriche, de Hongrie, de Moravie, de » Carinthie, de Croatie, de Bothnie, de Servie, de Transylvanie, de Valachie; celles de » la Russie noire et de la Podolie se rendent dans la même mer par le moyen du Niester; » celles des parties méridionales et orientales de la Pologne, de la Moscovie septentrio» nale et du pays des Cosaques y entrent par le Niéper ou Boristhène; le Tanaïs et le

» Copa arrivent aussi dans la mer Noire par le Bosphore cimmérien; les rivières de la » Mingrélie, dont le Phase est la principale, se vident aussi dans la mer Noire, de même » que le Casalmac, le Sangaris et les autres fleuves de l'Asie Mineure qui ont leur cours » vers le nord; néanmois le Bosphore de Thrace n'est comparable à aucune de ces » grandes rivières. » (Voyez *Voyages du Levant de Tournefort*, vol. II, p. 123.)

Tout cela prouve que l'évaporation suffit pour enlever une quantité d'eau très considérable, et c'est à cause de cette grande évaporation qui se fait sur la Méditerranée, que l'eau de l'Océan coule continuellement pour y arriver par le détroit de Gibraltar. Il est assez difficile de juger de la quantité d'eau que reçoit une mer : il faudrait connaître la largeur, la profondeur et la vitesse de tous les fleuves qui y arrivent, savoir de combien ils augmentent et diminuent dans les différentes saisons de l'année; et quand même tous ces faits seraient acquis, le plus important et le plus difficile reste encore, c'est de savoir combien cette mer perd par l'évaporation; car, en la supposant même proportionnelle aux surfaces, on voit bien que dans un climat chaud elle doit être plus considérable que dans un pays froid; d'ailleurs, l'eau mêlée de sel et de bitume s'évapore plus lentement que l'eau douce, une mer agitée, plus promptement qu'une mer tranquille; la différence de profondeur y fait aussi quelque chose : en sorte qu'il entre tant d'éléments dans cette théorie de l'évaporation, qu'il n'est guère possible de faire sur cela des estimations qui soient exactes.

L'eau de la mer Noire paraît être moins claire, et elle est beaucoup moins salée que celle de l'Océan. On ne trouve aucune île dans toute l'étendue de cette mer; les tempêtes y sont très violentes et plus dangereuses que sur l'Océan, parce que toutes les eaux étant contenues dans un bassin qui n'a, pour ainsi dire, aucune issue, elles ont une espèce de mouvement de tourbillon, lorsqu'elles sont agitées, qui bat les vaisseaux de tous les côtés avec une violence insupportable. (Voyez *Voyages de Chardin*, p. 142.)

Après la mer Noire, le plus grand lac de l'univers est la mer Caspienne, qui s'étend du midi au nord sur une longueur d'environ 300 lieues, et qui n'a guère que 50 lieues de largeur en prenant une mesure moyenne. Ce lac reçoit l'un des plus grands fleuves du monde, qui est le Volga, et quelques autres rivières considérables, comme celles de Kur, de Faie, de Gempo; mais, ce qu'il y a de singulier, c'est qu'elle n'en reçoit aucune dans toute cette longueur de 300 lieues du côté de l'orient : le pays qui l'avoisine de ce côté est un désert de sable que personne n'avait reconnu jusqu'à ces derniers temps; le czar Pierre Ier y ayant envoyé des ingénieurs pour lever la carte de la mer Caspienne, il s'est trouvé que cette mer avait une figure tout à fait différente de celle qu'on lui donnait dans les cartes géographiques; on la représentait ronde, elle est fort longue et assez étroite; on ne connaissait donc point du tout les côtes orientales de cette mer, non plus que le pays voisin; on ignorait jusqu'à l'existence du lac Aral, qui en est éloigné vers l'orient d'environ 100 lieues, où, si on connaissait quelques-unes des côtes de ce lac Aral, on croyait que c'était une partie de la mer Caspienne, en sorte qu'avant les découvertes du czar il y avait dans ce climat un terrain de plus de 300 lieues de longueur sur 100 et 150 de largeur, qui n'était pas encore connu. Le lac Aral est à peu près de figure oblongue, et peut avoir 90 ou 100 lieues dans sa plus grande longueur, sur 50 ou 60 de largeur; il reçoit deux fleuves très considérables qui sont le Sirderoias et l'Oxus, et les eaux de ce lac n'ont aucune issue non plus que celles de la mer Caspienne; et, de même que la mer Caspienne ne reçoit aucun fleuve du côté de l'orient, le lac Aral n'en reçoit aucun du côté de l'occident, ce qui doit faire présumer qu'autrefois ces deux lacs n'en formaient qu'un seul, et que les fleuves ayant diminué peu à peu et ayant amené une très grande quantité de sable et de limon, tout le pays qui les sépare aura été formé de ces sables. Il y a quelques petites îles dans la mer Caspienne, et ses eaux sont beaucoup moins salées que celles de l'Océan, les tempêtes y sont aussi fort dangereuses, et les grands bâtiments n'y sont pas d'usage pour la navigation, parce qu'elle est peu profonde et semée de bancs et d'écueils au-dessous de la surface de l'eau : voici ce qu'en dit Pietro della Valle, tome III, page 235 : « Les plus grands vaisseaux que l'on voit sur la » mer Caspienne le long des côtes de la province de Mazande en Perse, où est bâtie la » ville de Ferhabad, quoiqu'ils les appellent navires, me paraissent plus petits que nos » tartanes; ils sont fort hauts de bord, enfoncent peu dans l'eau, et ont le fond plat; ils » donnent aussi cette forme à leurs vaisseaux, non seulement à cause que la mer Cas- » pienne n'est pas profonde à la rade et sur les côtes, mais encore parce qu'elle est rem- » plie de bancs de sables, et que les eaux sont basses en plusieurs endroits; tellement » que si les vaisseaux n'étaient fabriqués de cette façon, on ne pourrait pas s'en servir » sur cette mer. Certainement je m'étonnais, et avec quelque fondement, ce me semble, » pourquoi ils ne pêchaient à Ferhabad que des saumons qui se trouvent à l'embouchure » du fleuve, et de certains esturgeons très mal conditionnés, de même que de plusieurs » autres sortes de poissons qui se rendent à l'eau douce et qui ne valent rien; et comme » j'en attribuais la cause à l'insuffisance qu'ils ont en l'art de naviguer et de pêcher, ou » à la crainte qu'ils avaient de se perdre s'ils pêchaient en haute mer, parce que je sais » d'ailleurs que les Persans ne sont pas d'habiles gens sur cet élément, et qu'ils n'entendent » presque pas la navigation, le cham d'Esterabad qui fait sa résidence sur le port de » mer, et à qui par conséquent les raisons n'en sont pas inconnues, par l'expérience qu'il » en a, m'en débita une, savoir, que les eaux sont si basses à 20 et 30 milles dans la mer, » qu'il est impossible d'y jeter des filets qui aillent au fond, et d'y faire aucune pêche » qui soit de la conséquence de celle de nos tartanes; de sorte que c'est par cette raison » qu'ils donnent à leurs vaisseaux la forme que je vous ai marquée ci-dessus, et qu'ils ne » les montent d'aucune pièce de canon, parce qu'il se trouve fort peu de corsaires et de » pirates qui courent cette mer. »

Struys, le P. Avril et d'autres voyageurs ont prétendu qu'il y avait dans le voisinage de Kilan deux gouffres où les eaux de la mer Caspienne étaient englouties, pour se rendre ensuite par des canaux souterrains dans le golfe Persique; De Fer et d'autres géographes ont même marqué ces gouffres sur leurs cartes; cependant ces gouffres n'existent pas, les gens envoyés par le czar s'en sont assurés. (Voyez les *Mém. de l'Acad. des Sciences*, année 1721.) Le fait des feuilles de saule qu'on voit en quantité sur le golfe Persique, et qu'on prétendait venir de la mer Caspienne, parce qu'il n'y a pas de saule sur le gole Persique, étant avancé par les mêmes auteurs, est apparemment aussi peu vrai que celui des prétendus gouffres, et Gemelli-Carcri, aussi bien que les Moscovites, assure que ces gouffres sont absolument imaginaires : en effet, si l'on compare l'étendue de la mer Caspienne avec celle de la mer Noire, on trouvera que la première est de près d'un tiers plus petite que la seconde, que la mer Noire reçoit beaucoup plus d'eau que la mer Caspienne, que par conséquent l'évaporation suffit dans l'une et dans l'autre pour enlever toute l'eau qui arrive dans ces deux lacs, et qu'il n'est pas nécessaire d'imaginer des gouffres dans la mer Caspienne plutôt que dans la mer Noire.

Il y a des lacs qui sont comme des mares qui ne reçoivent aucune rivière, et desquels il n'en sort aucune; il y en a d'autres qui reçoivent des fleuves, et desquels il sort d'autres fleuves, et enfin d'autres qui seulement reçoivent des fleuves. La mer Caspienne et le lac Aral sont de cette dernière espèce; ils reçoivent les eaux de plusieurs fleuves et les contiennent; la mer Morte reçoit de même le Jourdain, et il n'en sort aucun fleuve. Dans l'Asie Mineure, il y a un petit lac de la même espèce qui reçoit les eaux d'une rivière dont la source est auprès de Cogni, et qui n'a, comme les précédents, d'autre voie que l'évaporation pour rendre les eaux qu'il reçoit : il y en a un beaucoup plus grand en Perse, sur lequel est située la ville de Marago; il est de figure ovale et il a environ 10 ou 12 lieues de longueur sur 6 ou 7 de largeur : il reçoit la rivière de Tauris qui n'est pas considérable. Il y a aussi un pareil petit lac en Grèce, à 12 ou 15 lieues de Lépante; ce sont là les seuls lacs de cette espèce qu'on connaisse en Asie; en Europe, il n'y en a pas un seul qui soit un peu considérable. En Afrique, il y en a plusieurs, mais qui sont tous assez petits, comme le lac qui reçoit le fleuve Ghir, celui dans lequel tombe le fleuve Zez, celui qui reçoit la rivière de Touguedout, et celui auquel aboutit le fleuve Tafilet. Ces quatre lacs sont assez près les uns des autres, et ils sont situés vers les frontières de Barbarie près des déserts de Zaara; il y en a un autre situé dans la contrée de Kovar qui reçoit la rivière du pays de Berdoa. Dans l'Amérique septentrionale, où il y a plus de lacs qu'en aucun pays du monde, on n'en connaît pas un de cette espèce, à moins qu'on ne veuille regarder comme tels deux petits amas d'eau formés par des ruisseaux, l'un auprès de Guatimapo et l'autre à quelques lieues de Réalnuevo, tous deux dans le Mexique; mais dans l'Amérique méridionale, au Pérou, il y a deux lacs consécutifs, dont l'un, qui est le lac Titicaca, est fort grand, qui reçoivent une rivière dont la source n'est pas éloignée de Cusco, et desquels il ne sort aucune autre rivière; il y en a un plus petit dans le Tucuman; qui reçoit la rivière Salta, et un autre un peu plus grand dans le même pays, qui reçoit la rivière de Santiago, et encore trois ou quatre autres entre le Tucuman et le Chili.

Les lacs dont il ne sort aucun fleuve et qui n'en reçoivent aucun sont en plus grand nombre que ceux dont je viens de parler; ces lacs ne sont que des espèces de mares où se rassemblent les eaux pluviales, ou bien ce sont des eaux souterraines qui sortent en forme de fontaines dans les lieux bas où elles ne peuvent ensuite trouver d'écoulement; les fleuves qui débordent peuvent aussi laisser dans les terres des eaux stagnantes, qui se conservent ensuite pendant longtemps, et qui ne se renouvellent que dans le temps des inondations; la mer, par de violentes agitations, a pu inonder quelquefois de certaines terres et y former des lacs salés, comme celui de Harlem et plusieurs autres de la Hollande, auxquels il ne paraît pas qu'on puisse attribuer une autre origine, ou bien la mer, en abandonnant par son mouvement naturel de certaines terres, y aura laissé des eaux dans les lieux les plus bas, qui y ont formé des lacs que l'eau des pluies entretient. Il y a en Europe plusieurs petits lacs de cette espèce, comme en Irlande, en Jutland, en Italie, dans le pays des Grisons, en Pologne, en Moscovie, en Finlande, en Grèce; mais tous ces lacs sont très peu considérables. En Asie, il y en a un près de l'Euphrate, dans le désert d'Irac, qui a plus de 15 lieues de longueur, un autre aussi en Perse, qui est à peu près de la même étendue que le premier, et sur lequel sont situées les villes de Kélat, de Tetuan, de Vastan et de Van, un autre petit dans le Khorassan auprès de Ferrior, un autre petit dans la Tartarie indépendante, qu'on appelle le lac Lévi, deux autres dans la Tartarie moscovite, un autre à la Cochinchine et enfin un à la Chine, qui est assez grand, et qui n'est pas fort éloigné de Nankin; ce lac cependant communique à la mer voisine par un canal de quelques lieues. En Afrique, il y a un petit lac de cette espèce dans le royaume de Maroc, un autre près d'Alexandrie, qui paraît avoir été laissé par la mer, un autre assez considérable, formé par les eaux pluviales dans le désert d'Azarad, environ sous le 30e degré de latitude, ce lac a 8 ou 10 lieues de longueur; un autre encore plus grand, sur lequel est située la ville de Gaoga, sous le 27e degré; un autre, mais beaucoup plus petit, près de la ville de Kanum, sous le 30e degré; un près de l'embouchure de la rivière de Gambia, plusieurs autres dans le Congo, à 2 ou 3 degrés de latitude sud, deux autres dans le pays des Cafres, l'un appelé le lac Rufumbo, qui est médiocre, et l'autre dans la province d'Arbuta, qui est peut-être le plus grand lac de cette espèce, ayant 25 lieues environ de longueur sur 7 ou 8 de largeur; il y a aussi un de ces lacs à Madagascar, près de la côte orientale, environ sous le 29e degré de latitude sud.

En Amérique, dans le milieu de la péninsule de la Floride, il y a un de ces lacs, au milieu duquel est une île appelée Serrope; le lac de la ville de Mexico est aussi de cette espèce, et ce lac, qui est à peu près rond, a environ 10 lieues de diamètre; il y en a un autre encore plus grand dans la Nouvelle-Espagne, à 25 lieues de distance ou environ de la côte de la baie de Campêche, et un autre plus petit dans la même contrée près des côtes de la mer du Sud : quelques voyageurs ont prétendu qu'il y avait dans l'intérieur des terres de la Guyane un très grand lac de cette espèce; ils l'ont appelé le lac d'Or ou le lac Parime, et ils ont raconté des merveilles de la richesse des pays voisins et de l'abondance des paillettes d'or qu'on trouvait dans l'eau de ce lac; ils donnent à ce lac une étendue de plus de 400 lieues de longueur, et de plus de 125 de largeur; il n'en sort, disent-ils, aucun fleuve et il n'y en entre aucun : quoique plusieurs géographes aient marqué ce grand lac sur leurs cartes, il n'est pas certain qu'il existe, et il l'est encore bien moins qu'il existe tel qu'ils nous le représentent.

Mais les lacs les plus ordinaires et les plus communément grands sont ceux qui, après avoir reçu un autre fleuve, ou plusieurs petites rivières, donnent naissance à d'autres grands fleuves : comme le nombre de ces lacs est fort grand, je ne parlerai que des plus considérables, ou de ceux qui auront quelque singularité. En commençant par l'Europe, nous avons en Suisse le lac de Genève, celui de Constance, etc.; en Hongrie, celui de Balaton; en Livonie, un lac qui est assez grand et qui sépare les terres de cette province de celles de la Moscovie; en Finlande, le lac Lapwert qui est fort long et qui se divise en plusieurs bras, le lac Oula qui est de figure ronde; en Moscovie le lac Ladoga qui a plus de 25 lieues de longueur sur plus de 12 de largeur, le lac Onéga qui est aussi long, mais moins large, le lac Ilmen, celui de Bélozéro d'où sort l'une des sources du Volga, l'Iwan-Osero duquel sort l'une des sources du Don; deux autres lacs dont le Vitzogada tire son origine; en Laponie le lac dont sort le fleuve de Kimi, un autre beaucoup plus grand qui n'est pas éloigné de la côte de Wardhus, plusieurs autres desquels sortent les fleuves de Lula, de Pitha, d'Uma qui tous ne sont pas fort considérables; en Norvège deux autres à peu près de même grandeur que ceux de Laponie; en Suède le lac Véner, qui est grand, aussi bien que le lac Méler sur lequel est situé Stockholm, deux autres lacs moins considérables, dont l'un est près d'Elvédal et l'autre de Lincopin.

Dans la Sibérie et dans la Tartarie moscovite et indépendante, il y a un grand nombre de ces lacs, dont les principaux sont le grand lac Baraba qui a plus de 100 lieues de longueur, et dont les eaux tombent dans l'Irtis; le grand lac Estraguel à la source du même fleuve Irtis; plusieurs autres moins grands à la source du Jénisca; le grand lac Kita à la source de l'Oby; un autre grand lac à la source de l'Angara; le lac Baïcal qui a plus de 70 lieues de longueur, et qui est formé par le même fleuve Angara; le lac Péhu d'où sort le fleuve Urack, etc.; à la Chine et dans la Tartarie chinoise le lac Dalai d'où sort la grosse rivière d'Argus qui tombe dans le fleuve Amour; le lac des Trois-Montagnes d'où sort la rivière Hélum qui tombe dans le même fleuve Amour; les lacs de Cinhal, de Cokmor et de Sorama, desquels sortent les sources du fleuve Hoanho; deux autres grands lacs voisins du fleuve de Nankin, etc.; dans le Tonquin le lac de Guadag qui est considérable; dans l'Inde le lac Chiamat d'où sort le fleuve Laquia et qui est voisin des sources du fleuve Ava, du Longenu, etc.: ce lac a plus de 40 lieues de largeur sur 50 de longueur; un autre lac à l'origine du Gange, un autre près de Cachemire à l'une des sources du fleuve Indus, etc.

En Afrique, on a le lac Cayar et deux ou trois autres qui sont voisins de l'embouchure du Sénégal, le lac de Guarde et celui de Sigismes, qui tous deux ne font qu'un même lac de forme presque triangulaire, qui a plus de 100 lieues de longueur sur 75 de largeur, et qui contient une île considérable : c'est dans ce lac que le Niger perd son nom, et au sortir de ce lac qu'il traverse, on l'appelle *Sénégal;* dans le cours du même fleuve, en remontant vers la source, on trouve un autre lac considérable qu'on appelle le lac Bournou, où le Niger quitte encore son nom, car la rivière qui y arrive s'appelle Gambaru ou Gombarow. En Éthiopie, aux sources du Nil, est le grand lac Gambéa qui a plus de 50 lieues de longueur : il y a aussi plusieurs lacs sur la côte de Guinée, qui paraissent avoir été formés par la mer, et il n'y a que peu d'autres lacs d'une grandeur un peu considérable dans le reste de l'Afrique.

L'Amérique septentrionale est le pays des lacs : les plus grands sont le lac Supérieur, qui a plus de 125 lieues de longueur sur 50 de largeur; le lac Huron qui a près de 100 lieues de longueur sur environ 40 de largeur; le lac des Illinois qui, en y comprenant la baie des Puants, est tout aussi étendu que le lac Huron; le lac Érié et le lac Ontario, qui ont tous deux plus de 80 lieues de longueur sur 20 ou 25 de largeur; le lac Mistasin au nord de Québec, qui a environ 50 lieues de longueur; le lac Champlain au midi de Québec, qui est à peu près de la même étendue que le lac Mistasin; le lac Alemipigon et le lac des Christinaux, tous deux au nord du lac Supérieur, sont aussi fort considérables; le lac des Assiniboïls, qui contient plusieurs îles et dont l'étendue en longueur est de plus de 75 lieues; il y en a aussi deux de médiocre grandeur dans le Mexique, indépendamment de celui de Mexico; un autre beaucoup plus grand, appelé le lac Nicaragua, dans la province du même nom : ce lac a plus de 60 ou 70 lieues d'étendue en longueur.

Enfin dans l'Amérique méridionale il y en a un petit à la source du Maragnon, un autre plus grand à la source de la rivière du Paraguai, le lac Titicares dont les eaux tombent dans le fleuve de la Plata, deux autres plus petits dont les eaux coulent aussi vers ce même fleuve, et quelques autres, qui ne sont pas considérables, dans l'intérieur des terres du Chili.

Tous les lacs dont les fleuves tirent leur origine, tous ceux qui se trouvent dans le cours des fleuves ou qui en sont voisins et qui y versent leurs eaux, ne sont point salés; presque tous ceux au contraire qui reçoivent des fleuves sans qu'il en sorte d'autres fleuves, sont salés, ce qui semble favoriser l'opinion que nous avons exposée au sujet de la salure de la mer, qui pourrait bien avoir pour cause les sels que les fleuves détachent des terres, et qu'ils transportent continuellement à la mer; car l'évaporation ne peut pas enlever les sels fixes, et par conséquent ceux que les fleuves portent dans la mer y restent; et, quoique l'eau des fleuves paraisse douce, on sait que cette eau douce ne laisse pas de contenir une petite quantité de sel, et par la succession des temps la mer a dû acquérir un degré de salure considérable, qui doit toujours aller en augmentant. C'est ainsi, à ce que j'imagine, que la mer Noire, la mer Caspienne, le lac Aral, la mer Morte, etc., sont devenus salés; les fleuves qui se jettent dans ces lacs, y ont amené successivement tous les sels qu'ils ont détachés des terres, et l'évaporation n'a pu les enlever. A l'égard des lacs qui sont comme des mares, qui ne reçoivent aucun fleuve et desquels ils n'en sort aucun, ils sont ou doux ou salés, suivant leur différente origine : ceux qui sont voisins de la mer sont ordinairement salés, et ceux qui en sont éloignés sont doux, et cela parce que les uns ont été formés par des inondations de la mer, et que les autres ne sont que des fontaines d'eau douce, qui, n'ayant pas d'écoulement, forment une grande étendue d'eau. On voit aux Indes plusieurs étangs et réservoirs faits par l'industrie des habitants, qui ont jusqu'à deux ou trois lieues de superficie, dont les bords sont revêtus d'une muraille de pierre; ces réservoirs se remplissent pendant la saison des pluies, et servent aux habitants pendant l'été, lorsque l'eau leur manque absolument à cause du grand éloignement où ils sont des fleuves et des fontaines.

Les lacs qui ont quelque chose de particulier, sont la mer Morte, dont les eaux contiennent beaucoup plus de bitume que de sel; ce bitume, qu'on appelle bitume de Judée, n'est autre chose que de l'asphalte, et aussi quelques auteurs ont appelé la mer Morte lac Asphaltite. Les terres aux environs du lac contiennent une grande quantité de ce bitume : bien des gens se sont persuadé, au sujet de ce lac, des choses semblables à celles que les poëtes ont écrites du lac d'Averne, que le poisson ne pouvait y vivre, que les oiseaux qui passaient par-dessus étaient suffoqués, mais ni l'un ni l'autre de ces lacs ne produit ces funestes effets, ils nourrissent tous deux du poisson, les oiseaux volent par-dessus, et les hommes s'y baignent sans aucun danger.

Il y a, dit-on, en Bohême, dans la campagne de Boleslaw, un lac où il y a des trous d'une profondeur si grande qu'on n'a pu la sonder, et il s'élève de ces trous des vents impétueux qui parcourent toute la Bohême et qui, pendant l'hiver, élèvent souvent en l'air des morceaux de glace de plus de 100 livres de pesanteur. (Voyez *Act. Lips.*, an. 1682, pag. 246.) On parle d'un lac en Islande qui pétrifie; le lac Néagh en Irlande a aussi la même propriété; mais ces pétrifications, produites par l'eau de ces lacs, ne sont sans doute autre chose que des incrustations comme celles que fait l'eau d'Arcueil.

ARTICLE XII

DU FLUX ET DU REFLUX

L'eau n'a qu'un mouvement naturel qui lui vient de sa fluidité; elle descend toujours des lieux les plus élevés dans les lieux les plus bas, lorsqu'il n'y a point de digues ou d'obstacles qui la retiennent ou qui s'opposent à son mouvement, et lorsqu'elle est arrivée au lieu le plus bas, elle y reste tranquille et sans mouvement, à moins que quelque cause étrangère et violente ne l'agite et ne l'en fasse sortir. Toutes les eaux de l'océan sont rassemblées dans les lieux les plus bas de la superficie de la terre : ainsi les mouvements de la mer viennent de causes extérieures. Le principal mouvement est celui du flux et du reflux qui se fait alternativement en sens contraire, et duquel il résulte un mouvement continuel et général de toutes les mers d'orient en occident; ces deux mouvements ont un rapport constant et régulier avec les mouvements de la lune : dans les pleines et dans les nouvelles lunes, ce mouvement des eaux d'orient en occident est plus sensible, aussi bien que celui du flux et du reflux; celui-ci se fait sentir dans l'intervalle de six heures et demie sur la plupart des rivages, en sorte que le flux arrive toutes les fois que la lune est au-dessus ou au-dessous du méridien, et le reflux succède toutes les fois que la lune est dans son plus grand éloignement du méridien, c'est-à-dire toutes les fois qu'elle est à l'horizon, soit à son coucher, soit à son lever. Le mouvement de la mer d'orient en occident est continuel et constant, parce que tout l'océan dans le flux se meut d'orient en occident, et pousse vers l'occident une très grande quantité d'eau, et que le reflux ne paraît se faire en sens contraire qu'à cause de la moindre quantité d'eau qui est alors poussée vers l'occident; car le flux doit plutôt être regardé comme une intumescence, et le reflux comme une détumescence des eaux, laquelle, au lieu de troubler le mouvement d'orient en occident, le produit et le rend continuel, quoique à la vérité il soit plus fort pendant l'intumescence, et plus faible pendant la détumescence par la raison que nous venons d'exposer.

Les principales circonstances de ce mouvement sont : 1° qu'il est plus sensible dans les nouvelles et pleines lunes que dans les quadratures; dans le printemps et l'automne il est aussi plus violent que dans les autres temps de l'année, et il est le plus faible dans le temps des solstices, ce qui s'explique fort naturellement par la combinaison des forces de l'attraction de la lune et du soleil. (Voyez, sur cela, les *Démonstrations de Newton.*) 2° Les vents changent souvent la direction et la quantité de ce mouvement, surtout les vents qui soufflent constamment du même côté; il en est de même des grands fleuves qui portent leurs eaux dans la mer, et qui y produisent un mouvement de courant qui s'étend souvent à plusieurs lieues, et lorsque la direction du vent s'accorde avec le mouvement général, comme est celui d'orient en occident, il en devient plus sensible; on en a un exemple dans la mer Pacifique, où le mouvement d'orient en occident est constant et très sensible. 3° On doit remarquer que, lorsqu'une partie d'un fluide se meut, toute la masse du fluide se meut aussi : or, dans le mouvement des marées, il y a une très grande partie de l'océan qui se meut sensiblement; toute la masse des mers se meut donc en même temps, et les mers sont agitées par ce mouvement dans toute leur étendue et dans toute leur profondeur.

Pour bien entendre ceci, il faut faire attention à la nature de la force qui produit le flux et le reflux, et réfléchir sur son action et sur ses effets. Nous avons dit que la lune agit sur la terre par une force que les uns appellent attraction, et les autres pesanteur ; cette force d'attraction ou de pesanteur pénètre le globe de la terre dans toutes les parties de sa masse, elle est exactement proportionnelle à la quantité de matière, et en même temps elle décroît comme le carré de la distance augmente : cela posé, examinons ce qui doit arriver en supposant la lune au méridien d'une plage de la mer. La surface des eaux, étant immédiatement sous la lune, est alors plus près de cet astre que toutes les autres parties du globe, soit de la terre, soit de la mer : dès lors cette partie de la mer doit s'élever vers la lune, en formant une éminence dont le sommet correspond au centre de cet astre. Pour que cette éminence puisse se former, il est nécessaire que les eaux, tant de la surface environnante que du fond de cette partie de la mer, y contribuent, ce qu'elles font en effet, à proportion de la proximité où elles sont de l'astre qui exerce cette action dans la raison inverse du carré de la distance : ainsi la surface de cette partie de la mer s'élevant la première, les eaux de la surface des parties voisines s'élèveront aussi, mais à une moindre hauteur, et les eaux du fond de toutes ces parties éprouveront le même effet et s'élèveront par la même cause; en sorte que toute cette partie de la mer devenant plus haute, et formant une éminence, il est nécessaire que les eaux de la surface et du fond des parties éloignées, et sur lesquelles cette force d'attraction n'agit pas, viennent avec précipitation pour remplacer les eaux qui se sont élevées; c'est là ce qui produit le flux, qui est plus ou moins sensible sur les différentes côtes, et qui, comme l'on voit, agite la mer non seulement à sa surface, mais jusqu'aux plus grandes profondeurs. Le reflux arrive ensuite par la pente naturelle des eaux; lorsque l'astre a passé et qu'il n'exerce plus sa force, l'eau, qui s'était élevée par l'action de cette puissance étrangère, reprend son niveau et regagne les rivages et les lieux qu'elle avait été forcée d'abandonner; ensuite lorsque la lune passe au méridien de l'antipode du lieu où nous avons supposé qu'elle a d'abord élevé les eaux, le même effet arrive; les eaux, dans cet instant où la lune est absente et la plus éloignée, s'élèvent sensiblement, autant que dans le temps où elle est présente et la plus voisine de cette partie de la mer : dans le premier cas les eaux s'élèvent, parce qu'elles sont plus près de l'astre que toutes les autres parties du globe; et dans le second cas c'est par la raison contraire, elles ne s'élèvent que parce qu'elles en sont plus éloignées que toutes les autres parties du globe, et l'on voit bien que cela doit produire le même effet; car alors les eaux de cette partie, étant moins attirées que tout le reste du globe, elles s'éloigneront nécessairement du reste du globe et formeront une éminence dont le sommet répondra au point de la moindre action, c'est-à-dire au point du ciel directement opposé à celui où se trouve la lune, ou, ce qui revient au même, au point où elle était treize heures auparavant, lorsqu'elle avait élevé les eaux la première fois; car lorsqu'elle est parvenue à l'horizon, le reflux étant arrivé, la mer est alors dans son état naturel, et les eaux sont en équilibre et de niveau; mais quand la lune est au méridien opposé, cet équilibre ne peut plus subsister, puisque les eaux de la partie opposée à la lune étant à la plus grande distance où elles puissent être de cet astre, elles sont moins attirées que le reste du globe, qui, étant intermédiaire, se trouve être plus voisin de la lune, et, dès lors, leur pesanteur relative, qui les tient toujours en équilibre et de niveau, les pousse vers le point opposé à la lune pour que cet équilibre se conserve. Ainsi, dans les deux cas, lorsque la lune est au méridien d'un lieu ou au méridien opposé, les eaux doivent s'élever à très peu près de la même quantité, et par conséquent s'abaisser et refluer aussi de la même quantité, lorsque la lune est à l'horizon, à son coucher ou à son lever. On voit bien qu'un mouvement, dont la cause et l'effet sont tels que nous venons de l'expliquer, ébranle nécessairement la masse entière des mers, et la remue dans toute son étendue et dans toute sa profondeur; et, si ce mouvement paraît insensible dans les hautes mers et lorsqu'on est éloigné des terres, il n'en est cependant pas moins réel; le fond et la surface sont remués à peu près également, et même les eaux du fond, que les vents ne peuvent agiter comme celles de la surface, éprouvent bien plus régulièrement que celles de la surface cette action, et elles ont un mouvement plus réglé et qui est toujours alternativement dirigé de la même façon.

De ce mouvement alternatif de flux et de reflux il résulte, comme nous l'avons dit, un mouvement continuel de la mer de l'orient vers l'occident, parce que l'astre, qui produit l'intumescence des eaux, va lui-même d'orient en occident, et qu'agissant successivement dans cette direction, les eaux suivent le mouvement de l'astre dans la même direction. Ce mouvement de la mer d'orient en occident est très sensible dans tous les détroits : par exemple, au détroit de Magellan, le flux élève les eaux à près de 20 pieds de hauteur, et cette intumescence dure six heures, au lieu que le reflux ou la détumescence ne dure que deux heures (voyez le *Voyage de Narbrough*), et l'eau coule vers l'occident; ce qui prouve évidemment que le reflux n'est pas égal au flux, et que de tous deux il résulte un mouvement vers l'occident, mais beaucoup plus fort dans le temps du flux que dans celui du reflux; et c'est pour cette raison que dans les hautes mers éloignées de toute terre, les marées ne sont sensibles que par le mouvement général qui en résulte, c'est-à-dire par ce mouvement d'orient en occident.

Les marées sont plus fortes et elles font hausser et baisser les eaux bien plus considérablement dans la zone torride entre les tropiques, que dans le reste de l'océan; elles sont aussi beaucoup plus sensibles dans les lieux qui s'étendent d'orient en occident, dans les golfes qui sont longs et étroits, et sur les côtes où il y a des îles et des promontoires; le plus grand flux qu'on connaisse est, comme nous l'avons dit dans l'article précédent, à l'une des embouchures du fleuve Indus, où les eaux s'élèvent de 30 pieds; il est aussi fort remarquable auprès de Malaye, dans le détroit de la Sonde, dans la mer Rouge, dans la baie de Nelson, à 55 degrés de latitude septentrionale, où il s'élève à 15 pieds, à l'embouchure du fleuve Saint-Laurent, sur les côtes de la Chine, sur celles du Japon, à Panama, dans le golfe de Bengale, etc.

Le mouvement de la mer d'orient en occident est très sensible dans de certains endroits; les navigateurs l'ont souvent observé en allant de l'Inde à Madagascar et en Afrique; il se fait sentir aussi avec beaucoup de force dans la mer Pacifique, et entre les Moluques et le Brésil; mais les endroits où ce mouvement est le plus violent sont les détroits qui joignent l'océan à l'océan; par exemple, les eaux de la mer sont portées avec une si grande force d'orient en occident par le détroit de Magellan, que ce mouvement est sensible même à une grande distance dans l'Océan Atlantique, et on prétend que c'est ce qui a fait conjecturer à Magellan qu'il y avait un détroit par lequel les deux mers avaient une communication. Dans le détroit des Manilles et dans tous les canaux qui séparent les îles Maldives, la mer coule d'orient en occident, comme aussi dans le golfe du Mexique entre Cuba et Jucatan; dans le golfe de Paria ce mouvement est si violent, qu'on appelle le détroit la Gueule du Dragon; dans la mer de Canada ce mouvement est aussi très violent, aussi bien que dans la mer de Tartarie et dans le détroit de Waigats, par lequel l'océan, en coulant avec rapidité d'orient en occident, charrie des masses énormes de glace de la mer de Tartarie dans la mer du nord de l'Europe. La mer Pacifique coule de même d'orient en occident par les détroits du Japon ; la mer du Japon coule vers la Chine ; l'Océan Indien coule vers l'occident dans le détroit de Java et par les détroits des autres îles de l'Inde. On ne peut donc pas douter que la mer n'ait un mouvement constant et général d'orient en occident, et l'on est assuré que l'Océan Atlantique coule vers l'Amérique, et que la mer Pacifique s'en éloigne, comme on le voit évidemment au cap des Courants entre Lima et Panama. (Voyez *Varenii Geogr. general.*, p. 119.)

Au reste, les alternatives du flux et du reflux sont régulières et se font de six heures et demie en six heures et demie sur la plupart des côtes de la mer, quoique à différentes heures, suivant le climat et la position des côtes ; ainsi les côtes de la mer sont battues continuellement des vagues, qui enlèvent à chaque fois de petites parties de matières qu'elles transportent au loin, et qui se déposent au fond ; et de même les vagues portent sur les plages basses des coquilles, des sables qui restent sur les bords, et qui, s'accumulant peu à peu par couches horizontales, forment, à la fin, des dunes et des hauteurs aussi élevées que des collines, et qui sont en effet des collines tout à fait semblables aux autres collines, tant par leur forme que par leur composition intérieure : ainsi la mer apporte beaucoup de productions marines sur les plages basses, et elle emporte au loin toutes les matières qu'elle peut enlever des côtes élevées contre lesquelles elle agit, soit dans le temps du flux, soit dans le temps des orages et des grands vents.

Pour donner une idée de l'effort que fait la mer agitée contre les hautes côtes, je crois devoir rapporter un fait qui m'a été assuré par une personne très digne de foi, et que j'ai cru d'autant plus facilement que j'ai vu moi-même quelque chose d'approchant. Dans la principale des îles Orcades, il y a des côtes composées de rochers coupés à plomb et perpendiculaires à la surface de la mer, en sorte qu'en se plaçant au-dessus de ces rochers, on peut laisser tomber un plomb jusqu'à la surface de l'eau, en mettant la corde au bout d'une perche de 9 pieds. Cette opération, que l'on peut faire dans le temps que la mer est tranquille, a donné la mesure de la hauteur de la côte, qui est de 200 pieds. La marée dans cet endroit est fort considérable, comme elle l'est ordinairement dans tous les endroits où il y a des terres avancées et des îles ; mais lorsque le vent est fort, ce qui est très ordinaire en Écosse, et qu'en même temps la marée monte, le mouvement est si grand et l'agitation si violente, que l'eau s'élève jusqu'au sommet des rochers qui bordent la côte, c'est-à-dire à 200 pieds de hauteur, et qu'elle y tombe en forme de pluie ; elle jette même à cette hauteur des graviers et des pierres qu'elle détache du pied des rochers, et quelques-unes de ces pierres, au rapport du témoin oculaire que je cite ici, sont plus larges que la main.

J'ai vu moi-même dans le port de Livourne, où la mer est beaucoup plus tranquille, et où il n'y a point de marée, une tempête, au mois de décembre 1731, où l'on fut obligé de couper les mâts de quelques vaisseaux qui étaient à la rade, dont les ancres avaient quitté ; j'ai vu, dis-je, l'eau de la mer s'élever au-dessus des fortifications, qui me parurent avoir une élévation très considérable au-dessus des eaux, et comme j'étais sur celles qui sont les plus avancées, je ne pus regagner la ville sans être mouillé de l'eau de la mer beaucoup plus qu'on ne peut l'être par la pluie la plus abondante.

Ces exemples suffisent pour faire entendre avec quelle violence la mer agit contre les côtes ; cette violente agitation détruit, use (*a*), ronge et diminue peu à peu le terrain des côtes ; la mer emporte toutes ces matières et les laisse tomber dès que le calme a succédé

(*a*) Une chose assez remarquable sur les côtes de Syrie et de Phénicie, c'est qu'il paraît que les rochers, qui sont le long de cette côte, ont été anciennement taillés en beaucoup d'endroits en forme d'auges de deux ou trois aunes de longueur, et larges à proportion, pour y recevoir l'eau de la mer et en faire du sel par l'évaporation, mais, nonobstant la dureté de la pierre, ces auges sont, à l'heure qu'il est, presque entièrement usées et aplanies par le battement continuel des vagues. (Voyez les *Voyages de Shaw*, vol. II, p. 69.)

à l'agitation. Dans ces temps d'orages l'eau de la mer, qui est ordinairement la plus claire de toutes les eaux, est trouble et mêlée de différentes matières que le mouvement des eaux détache des côtes et du fond ; et la mer rejette alors sur les rivages une infinité de choses qu'elle apporte de loin, et qu'on ne trouve jamais qu'après les grandes tempêtes, comme de l'ambre gris sur les côtes occidentales de l'Irlande, de l'ambre jaune sur celles de Poméranie, des cocos sur les côtes des Indes, etc., et quelquefois des pierres ponces et d'autres pierres singulières. Nous pouvons citer à cette occasion un fait rapporté dans les *Nouveaux Voyages aux îles de l'Amérique* : « Étant à Saint-Domingue, dit » l'auteur, on me donna entre autres choses quelques pierres légères que la mer amène à » la côte quand il a fait de grands vents de sud ; il y en avait une de 2 pieds et demi de » long sur 18 pouces de large et environ 1 pied d'épaisseur, qui ne pesait pas tout à fait » 5 livres ; elle était blanche comme la neige, bien plus dure que les pierres ponces, d'un » grain fin, ne paraissant point du tout poreuse, et cependant, quand on la jetait dans » l'eau, elle bondissait comme un ballon qu'on jette contre terre ; à peine enfonçait-elle » un demi-travers de doigt ; j'y fis faire quatre trous de tarière pour y planter quatre » bâtons et soutenir deux petites planches légères qui renfermaient les pierres dont je la » chargeais ; j'ai eu le plaisir de lui en faire porter une fois 160 livres, et une autre fois » trois poids de fer de 50 livres pièce ; elle servait de chaloupe à mon nègre qui se met» tait dessus et allait se promener autour de la caye. » (Tome V, p. 260.) Cette pierre devait être une pierre ponce d'un grain très fin et serré, qui venait de quelque volcan, et que la mer avait transportée, comme elle transporte l'ambre gris, les cocos, la pierre ponce ordinaire, les graines des plantes, les roseaux, etc. ; on peut voir sur cela les *Discours* de Ray : c'est principalement sur les côtes d'Irlande et d'Écosse qu'on a fait des observations de cette espèce. La mer par son mouvement général d'orient en occident doit porter sur les côtes de l'Amérique les productions de nos côtes ; et ce n'est peut-être que par des mouvements irréguliers, et que nous ne connaissons pas, qu'elle apporte sur nos rivages les productions des Indes orientales et occidentales ; elle apporte aussi des productions du nord : il y a grande apparence que les vents entrent pour beaucoup dans les causes de ces effets. On a vu souvent, dans les hautes mers et dans un très grand éloignement des côtes, des plages entières couvertes de pierres ponces ; on ne peut guère soupçonner qu'elles puissent venir d'ailleurs que des volcans des îles ou de la terre ferme, et ce sont apparemment les courants qui les transportent au milieu des mers. Avant qu'on connût la partie méridionale de l'Afrique, et dans le temps où on croyait que la mer des Indes n'avait aucune communication avec notre Océan, on commença à la soupçonner par un indice de cette nature.

Le mouvement alternatif du flux et du reflux, et le mouvement constant de la mer d'orient en occident, offrent différents phénomènes dans les différents climats ; ces mouvements se modifient différemment suivant le gisement des terres et la hauteur des côtes : il y a des endroits où le mouvement général d'orient en occident n'est pas sensible ; il y en a d'autres où la mer a même un mouvement contraire, comme sur la côte de Guinée, mais ces mouvements contraires au mouvement général sont occasionnés par les vents, par la position des terres, par les eaux des grands fleuves et par la disposition du fond de la mer ; toutes ces causes produisent des courants qui altèrent et changent souvent tout à fait la direction du mouvement général dans plusieurs endroits de la mer ; mais comme ce mouvement des mers d'orient en occident est le plus grand, le plus général et le plus constant ; il doit aussi produire les plus grands effets, et, tout pris ensemble, la mer doit avec le temps gagner du terrain vers l'occident et en laisser vers l'orient, quoiqu'il puisse arriver que sur les côtes où le vent d'ouest souffle pendant la plus grande partie de l'année, comme en France, en Angleterre, la mer gagne du terrain vers l'orient. Mais encore une fois, ces exceptions particulières ne détruisent pas l'effet de la cause générale.

ARTICLE XIII

DES INÉGALITÉS DU FOND DE LA MER ET DES COURANTS

On peut distinguer les côtes de la mer en trois espèces : 1° les côtes élevées qui sont de rochers et de pierres dures, coupées ordinairement à plomb à une hauteur considérable, et qui s'élèvent quelquefois à 7 ou 800 pieds ; 2° les basses côtes, dont les unes sont unies et presque de niveau avec la surface de la mer, et dont les autres ont une élévation médiocre et sont souvent bordées de rochers à fleur d'eau, qui forment des brisants et rendent l'approche des terres fort difficile ; 3° les dunes, qui sont des côtes formées par les sables que la mer accumule, ou que les fleuves déposent : ces dunes forment des collines plus ou moins élevées.

Les côtes d'Italie sont bordées de marbres et de pierres de plusieurs espèces, dont on distingue de loin les différentes carrières ; les rochers qui forment la côte, paraissent à une très grande distance comme autant de piliers de marbre qui sont coupés à plomb. Les côtes de France depuis Brest jusqu'à Bordeaux sont presque partout environnées de rochers à fleur d'eau qui forment des brisants ; il en est de même de celles d'Angleterre, d'Espagne et de plusieurs autres côtes de l'Océan et de la Méditerranée, qui sont bordées de rochers et de pierres dures, à l'exception de quelques endroits dont on a profité pour faire les baies, les ports et les havres.

La profondeur de l'eau le long des côtes est ordinairement d'autant plus grande que ces côtes sont plus élevées, et d'autant moindres qu'elles sont plus basses ; l'inégalité du fond de la mer le long des côtes correspond aussi ordinairement à l'inégalité de la surface du terrain des côtes : je dois citer ici ce qu'en dit un célèbre navigateur.

« J'ai toujours remarqué que dans les endroits où la côte est défendue par des rochers » escarpés, la mer y est très profonde, et qu'il est rare d'y pouvoir ancrer, et au con- » traire dans les lieux où la terre penche du côté de la mer, quelque élevée qu'elle soit plus » avant dans le pays, le fond y est bon, et par conséquent l'ancrage : à proportion que la » côte penche ou est escarpée près de la mer, à proportion trouvons-nous aussi communé- » ment que le fond pour ancrer est plus ou moins profond ou escarpé ; aussi mouillons-nous » plus près ou plus loin de la terre, comme nous jugeons à propos, car il n'y a point, » que je sache, de côte au monde, ou dont j'aie entendu parler, qui soit d'une hauteur » égale et qui n'ait des hauts et des bas. Ce sont ces hauts et ces bas, ces montagnes et » ces vallées qui font les inégalités des côtes et des bras de mer, des petites baies et des » havres, etc., où l'on peut ancrer sûrement, parce que telle est la surface de la terre, tel » est ordinairement le fond qui est couvert d'eau ; ainsi l'on trouve plusieurs bons havres » sur les côtes où la terre borne la mer par des rochers escarpés, et cela parce qu'il y a » des pentes spacieuses entre ces rochers ; mais dans les lieux où la pente d'une monta- » gne ou d'un rocher n'est pas à quelque distance en terre d'une montagne à l'autre, et » que, comme sur la côte de Chili et du Pérou, le penchant va du côté de la mer ou est » dedans, que la côte est perpendiculaire ou fort escarpée depuis les montagnes voisines, » comme elle est en ces pays-là depuis les montagnes d'Andes, qui règnent le long de la » côte, la mer y est profonde, et pour des havres ou bras de mer il n'y en a que peu ou » point : toute cette côte est trop escarpée pour y ancrer, et je ne connais point de côtes » où il y ait si peu de rades commodes aux vaisseaux. Les côtes de Galice, de Portugal, » de Norvége, de Terre-Neuve, etc., sont comme la côte du Pérou et des hautes îles de » l'Archipelague, mais moins dépourvues de bons havres. Là où il y a de petits espaces

» de terre, il y a de bonnes baies aux extrémités de ces espaces, dans les lieux où ils » s'avancent dans la mer, comme sur la côte de Caracos, etc.; les îles de Jean Fernando, » de Sainte-Hélène, etc., sont des terres hautes dont la côte est profonde. Généralement » parlant, tel est le fond qui paraît au-dessus de l'eau, tel est celui que l'eau couvre, et » pour mouiller sûrement, il faut ou que le fond soit au niveau, ou que sa pente soit bien » peu sensible; car s'il est escarpé l'ancre glisse et le vaisseau est emporté. De là vient » que nous ne nous mettons jamais en devoir de mouiller dans les lieux où nous voyons » les terres hautes et des montagnes escarpées qui bornent la mer : aussi, étant à vue » des îles des États, proche de la terre Del Fuego, avant que d'entrer dans les mers du » sud, nous ne songeâmes seulement pas à mouiller après que nous eûmes vu la côte, » parce qu'il nous parut près de la mer des rochers escarpés; cependant il peut y avoir » de petits havres où des barques ou autres petits bâtiments peuvent mouiller, mais nous » ne nous mîmes pas en peine de les chercher.

» Comme les côtes hautes et escarpées ont ceci d'incommode qu'on n'y mouille que » rarement, elles ont aussi ceci de commode qu'on les découvre de loin et qu'on en peut » approcher sans danger : aussi est-ce pour cela que nous les appelons côtes hardies, ou, » pour parler plus naturellement, côtes exhaussées; mais pour les terres basses on ne les » voit que de fort près, et il y a plusieurs lieux dont on n'ose approcher de peur d'échouer » avant que de les apercevoir; d'ailleurs il y en a plusieurs des bancs qui forment par le » concours des grosses rivières, qui des terres basses se jettent dans la mer.

» Ce que je viens de dire, qu'on mouille d'ordinaire sûrement près des terres basses, » peut se confirmer par plusieurs exemples. Au midi de la baie de Campêche les terres » sont basses pour la plupart, aussi peut-on ancrer tout le long de la côte, et il y a des » endroits à l'orient de la ville de Campêche où vous avez autant de brasses d'eau que » vous êtes éloigné de la terre, c'est-à-dire, depuis 9 à 10 lieues de distance, jusqu'à ce » que vous en soyez à 4 lieues, et de là jusqu'à la côte la profondeur va toujours en » diminuant. La baie de Honduras est encore un pays bas, et continue de même tout le » long de là aux côtes de Porto-Bello et de Carthagène, jusqu'à ce qu'on soit à la hauteur » de Sainte-Marthe; de là le pays est encore bas jusque vers la côte de Caracos, qui est » haute. Les terres des environs de Surinam sur la même côte sont basses, et l'ancrage y » est bon; il en est de même de là à la côte de Guinée. Telle est aussi la baie de Panama, et » les livres de pilotage ordonnent aux pilotes d'avoir toujours la sonde à la main et de ne » pas approcher d'une telle profondeur, soit de nuit, soit de jour. Sur les mêmes mers, » depuis les hautes terres de Guatimala en Mexique jusqu'à Californie, la plus grande partie » de la côte est basse, aussi y peut-on mouiller sûrement. En Asie la côte de la Chine, les » baies de Siam et de Bengale, toute la côte de Coromandel et la côte des environs de » Malaga, et près de là l'île de Sumatra du même côté, la plupart de ces côtes sont basses » et bonnes pour ancrer, mais à côté de l'occident de Sumatra les côtes sont escarpées et » hardies : telles sont aussi la plupart des îles situées à l'orient de Sumatra, comme les îles de » Bornéo, de Célèbes, de Gilolo, et quantité d'autres îles de moindre considération, qui sont » dispersées par-ci par-là sur ces mers, et qui ont de bonnes rades avec plusieurs fonds bas; » mais les îles de l'océan de l'Inde orientale, surtout l'ouest de ces îles, sont des terres » hautes et escarpées, principalement les parties occidentales, non seulement de Sumatra, » mais aussi de Java, de Timor, etc. On n'aurait jamais fait si l'on voulait produire tous » les exemples qu'on pourrait trouver; on dira seulement en général qu'il est rare que les » côtes hautes soient sans eaux profondes, et au contraire les terres basses et les mers » peu creuses se trouvent presque toujours ensemble. » (*Voyage de Dampier autour du monde*, t. II, p. 476 et suiv.)

On est donc assuré qu'il y a des inégalités dans le fond de la mer, et des montagnes très considérables, par les observations que les navigateurs ont faites avec la sonde. Les plongeurs assurent aussi qu'il y a d'autres petites inégalités formées par des rochers, et qu'il fait fort froid dans les vallées de la mer. En général, dans les grandes mers les profondeurs augmentent, comme nous l'avons dit, d'une manière assez uniforme, en s'éloignant ou en s'approchant des côtes. Par la carte que M. Buache a dressée de la partie de l'océan comprise entre les côtes d'Afrique et d'Amérique, et par les coupes qu'il donne de la mer depuis le cap Tagrin jusqu'à la côte de Rio-Grande, il paraît qu'il y a des inégalités dans tout l'océan comme sur la terre; que les Abrolhos, où il y a des vigies et où l'on voit quelques rochers à fleur d'eau, ne sont que des sommets de très grosses et de très grandes montagnes, dont l'île Dauphine est une des plus hautes pointes; que les îles du cap Vert ne sont de même que des sommets de montagnes; qu'il y a un grand nombre d'écueils dans cette mer, où l'on est obligé de mettre des vigies; qu'ensuite le terrain, tout autour de ces Abrolhos, descend jusqu'à des profondeurs inconnues, et aussi autour des îles.

A l'égard de la qualité des différents terrains qui forment le fond de la mer, comme il est impossible de l'examiner de près, et qu'il faut s'en rapporter aux plongeurs et à la sonde, nous ne pouvons rien dire de bien précis; nous savons seulement qu'il y a des endroits couverts de bourbe et de vase à une grande épaisseur, et sur lesquels les ancres n'ont point de tenue : c'est probablement dans ces endroits que se dépose le limon des fleuves; dans d'autres endroits ce sont des sables semblables aux sables que nous connaissons, et qui se trouvent de même de différente couleur et de différente grosseur, comme nos sables terrestres; dans d'autres ce sont des coquillages amoncelés, des madrépores, des coraux et d'autres productions animales, lesquelles commencent à s'unir, à prendre corps et à former des pierres; dans d'autres ce sont des fragments de pierre, des graviers, et même souvent des pierres toutes formées et des marbres; par exemple, dans les îles Maldives on ne bâtit qu'avec de la pierre dure que l'on tire sous les eaux à quelques brasses de profondeur. A Marseille on tire de très beau marbre du fond de la mer; j'en ai vu plusieurs échantillons; et bien loin que la mer altère et gâte les pierres et les marbres, nous prouverons, dans notre *Discours* sur les minéraux, que c'est dans la mer qu'ils se forment et qu'ils se conservent, au lieu que le soleil, la terre, l'air et l'eau des pluies les corrompent et les détruisent.

Nous ne pouvons donc pas douter que le fond de la mer ne soit composé comme la terre que nous habitons, puisqu'en effet on y trouve les mêmes matières, et qu'on tire de la surface du fond de la mer les mêmes choses que nous tirons de la surface de la terre; et de même qu'on trouve au fond de la mer de vastes endroits couverts de coquillages, de madrépores et d'autres ouvrages des insectes de la mer, on trouve aussi sur la terre une infinité de carrières et de bancs de craie et d'autres matières remplies de ces mêmes coquillages, de ces madrépores, etc. : en sorte qu'à tous égards les parties découvertes du globe ressemblent à celles qui sont couvertes par les eaux, soit pour la composition et pour le mélange des matières, soit par les inégalités de la superfice.

C'est à ces inégalités du fond de la mer qu'on doit attribuer l'origine des courants; car on sent bien que, si le fond de l'océan était égal et de niveau, il n'y aurait dans la mer d'autre courant que le mouvement général d'orient en occident, et quelques autres mouvements qui auraient pour cause l'action des vents et qui en suivraient la direction; mais une preuve certaine que la plupart des courants sont produits par le flux et le reflux, et dirigés par les inégalités du fond de la mer, c'est qu'ils suivent régulièrement les marées et qu'ils changent de direction à chaque flux et à chaque reflux. Voyez, sur cet article, ce que dit Pietro-della-Valle, au sujet des courants du golfe de Cambaie (vol. VI, pag. 363), et le rapport de tous les navigateurs, qui assurent unanimement que dans les endroits où le flux et le reflux de la mer est le plus violent et le plus impétueux, les courants y sont aussi plus rapides.

Ainsi on ne peut pas douter que le flux et le reflux ne produisent des courants dont la direction suit toujours celle des collines ou des montagnes opposées entre lesquelles ils coulent. Les courants qui sont produits par les vents, suivent aussi la direction de ces mêmes collines qui sont cachées sous l'eau, car ils ne sont presque jamais opposés directement au vent qui les produit, non plus que ceux qui ont le flux et le reflux pour cause, ne suivent pas pour cela la même direction.

Pour donner une idée nette de la production des courants, nous observerons d'abord qu'il y en a dans toutes les mers, que les uns sont plus rapides et les autres plus lents, qu'il y en a de fort étendus, tant en longueur qu'en largeur, et d'autres qui sont plus courts et plus étroits; que la même cause, soit le vent, soit le flux et le reflux, qui produit ces courants, leur donne à chacun une vitesse et une direction souvent très différente; qu'un vent de nord, par exemple, qui devrait donner aux eaux un mouvement général vers le sud, dans toute l'étendue de la mer où il exerce son action, produit au contraire un grand nombre de courants séparés les uns des autres et bien différents en étendue et en direction; quelques-uns vont droit au sud, d'autres au sud-est, d'autres au sud-ouest; les uns sont fort rapides, d'autres sont lents, il y en a de plus et moins forts, de plus et moins larges, de plus et moins étendus, et cela dans une variété de combinaisons si grande, qu'on ne peut leur trouver rien de commun que la cause qui les produit; et lorsqu'un vent contraire succède, comme cela arrive souvent dans toutes les mers, et régulièrement dans l'Océan Indien, tous ces courants prennent une direction opposée à la première, et suivent en sens contraire les mêmes routes et le même cours, en sorte que ceux qui allaient au sud vont au nord, ceux qui coulaient vers le sud-est vont au nord-ouest, etc., et ils ont la même étendue en longueur et en largeur, la même vitesse, etc., et leur cours au milieu des autres eaux de la mer se fait précisément de la même façon qu'il se ferait sur la terre entre deux rivages opposés et voisins, comme on le voit aux Maldives et entre toutes les îles de la mer des Indes, où les courants vont comme les vents pendant six mois dans une direction, et pendant six autres mois dans la direction opposée : on a fait la même remarque sur les courants qui sont entre les bancs de sable et entre les hauts fonds; et en général tous les courants, soit qu'ils aient pour cause le mouvement du flux et du reflux, ou l'action des vents, ont chacun constamment la même étendue, la même largeur et la même direction dans tout leur cours, et ils sont très différents les uns des autres en longueur, en largeur, en rapidité et en direction, ce qui ne peut venir que des inégalités des collines, des montagnes et des vallées qui sont au fond de la mer, comme l'on voit qu'entre deux îles le courant suit la direction des côtes aussi bien qu'entre les bancs de sable, les écueils et les hauts-fonds. On doit donc regarder les collines et les montagnes du fond de la mer comme les bords qui contiennent et qui dirigent les courants, et dès lors un courant est un fleuve dont la largeur est déterminée par celle de la vallée dans laquelle il coule, dont la rapidité dépend de la force qui le produit, combinée avec le plus ou le moins de largeur de l'intervalle par où il doit passer, et enfin dont la direction est tracée par la position des collines et des inégalités entre lesquelles il doit prendre son cours.

Ceci étant entendu, nous allons donner une raison palpable de ce fait singulier dont nous avons parlé, de cette correspondance des angles des montagnes et des collines, qui se trouve partout, et qu'on peut observer dans tous les pays du monde. On voit, en jetant les yeux sur les ruisseaux, les rivières et toutes les eaux courantes, que les bords qui les contiennent forment toujours des angles alternativement opposés; de sorte que, quand un fleuve fait un coude, l'un des bords du fleuve forme d'un côté une avance ou un angle rentrant dans les terres, et l'autre bord forme au contraire une pointe ou un angle saillant hors des terres, et que dans toutes les sinuosités de leur cours cette correspondance des angles alternativement opposés se trouve toujours; elle est en effet fondée sur les lois du mouvement des eaux et l'égalité de l'action des fluides, et il nous serait facile de démontrer la cause de cet effet, mais il nous suffit ici qu'il soit général et universellement reconnu, et que tout le monde puisse s'assurer par ses yeux que toutes les fois que le bord d'une rivière fait une avance dans les terres, que je suppose à main gauche, l'autre bord fait au contraire une avance hors des terres à main droite.

Dès lors les courants de la mer, qu'on doit regarder comme de grands fleuves ou des eaux courantes, sujettes aux mêmes lois que les fleuves de la terre, formeront de même dans l'étendue de leur cours plusieurs sinuosités dont les avances ou les angles seront rentrants d'un côté et saillants de l'autre côté; et, comme les bords de ces courants sont les collines et les montagnes qui se trouvent au-dessous ou au-dessus de la surface des eaux, ils auront donné à ces éminences cette même forme qu'on remarque aux bords des fleuves : ainsi on ne doit pas s'étonner que nos collines et nos montagnes, qui ont été autrefois couvertes des eaux de la mer et qui ont été formées par le sédiment des eaux, aient pris par le mouvement des courants cette figure régulière, et que tous les angles en soient alternativement opposés; elles ont été les bords des courants ou des fleuves de la mer, elles ont donc nécessairement pris une figure et des directions semblables à celles des bords des fleuves de la terre, et par conséquent toutes les fois que le bord à main gauche aura formé un angle rentrant, le bord à main droite aura formé un angle saillant, comme nous l'observons dans toutes les collines opposées.

Cela seul, indépendamment des autres preuves que nous avons données, suffirait pour faire voir que la terre de nos continents a été autrefois sous les eaux de la mer; et l'usage que je fais de cette observation de la correspondance des angles des montagnes et la cause que j'en assigne me paraissent être des sources de lumière et de démonstration dans le sujet dont il est question; car ce n'était point assez que d'avoir prouvé que les couches extérieures de la terre ont été formées par les sédiments de la mer, que les montagnes se sont élevées par l'entassement successif de ces mêmes sédiments, qu'elles sont composées de coquilles et d'autres productions marines, il fallait encore rendre raison de cette régularité de figure des collines dont les angles sont correspondants, et en trouver la vraie cause, que personne jusqu'à présent n'avait même soupçonnée, et qui cependant, étant réunie avec les autres, forme un corps de preuves aussi complet qu'on puisse en avoir en physique, et fournit une théorie appuyée sur des faits et indépendante de toute hypothèse sur un sujet qu'on n'avait jamais tenté par cette voie, et sur lequel il paraissait avoué qu'il était permis, et même nécessaire, de s'aider d'une infinité de suppositions et d'hypothèses gratuites, pour pouvoir dire quelque chose de conséquent et de systématique.

Les principaux courants de l'océan sont ceux qu'on a observés dans la mer Atlantique près de la Guinée; ils s'étendent depuis le cap Vert jusqu'à la baie de Fernandopo; leur mouvement est d'occident en orient, et il est contraire au mouvement général de la mer qui se fait d'orient en occident : ces courants sont fort violents, en sorte que les vaisseaux peuvent venir en deux jours de Moura à Rio-de-Bénin, c'est-à-dire faire une route de plus de 150 lieues, et il leur faut six ou sept semaines pour y retourner; ils ne peuvent même sortir de ces parages qu'en profitant des vents orageux qui s'élèvent tout à coup dans ces climats; mais il y a des saisons entières pendant lesquelles ils sont obligés de rester, la mer étant continuellement calme, à l'exception du mouvement des courants qui est toujours dirigé vers les côtes dans cet endroit : ces courants ne s'étendent guère qu'à 20 lieues de distance des côtes. Auprès de Sumatra il y a des courants rapides qui coulent du midi vers le nord, et qui probablement ont formé le golfe qui est entre Malaye et l'Inde : on trouve des courants semblables entre l'île de Java et la terre de Magellan; il y a aussi de très grands courants entre le cap de Bonne-Espérance et l'île de Madagascar, et surtout sur la côte d'Afrique, entre la terre de Natal et le Cap; dans la mer Pacifique, sur les côtes du Pérou et du reste de l'Amérique, la mer se meut du midi au nord, et il y règne constamment un vent de midi qui semble être la cause de ces courants; on observe le même mouvement du midi au nord sur les côtes du Brésil, depuis le cap Saint-Augustin jusqu'aux îles Antilles, à l'embouchure du détroit des Manilles, aux Philippines et au Japon dans le port de Kibuxia. (Voyez *Varen. Geogr. gener.*, p. 140.)

Il y a des courants très violents dans la mer voisine des îles Maldives, et entre ces îles ces courants coulent, comme je l'ai dit, constamment pendant six mois d'orient en occident, et rétrogradent pendant les six autres mois d'occident en orient; ils suivent la direction des vents moussons, et il est probable qu'ils sont produits par ces vents qui, comme l'on sait, soufflent dans cette mer six mois de l'est à l'ouest, et six mois en sens contraire.

Au reste, nous ne faisons ici mention que des courants dont l'étendue et la rapidité sont fort considérables; car il y a dans toutes les mers une infinité de courants que les navigateurs ne reconnaissent qu'en comparant la route qu'ils ont faite avec celle qu'ils auraient dû faire, et ils sont souvent obligés d'attribuer à l'action de ces courants la dérive de leur vaisseau. Le flux et le reflux, les vents et toutes les autres causes qui peuvent donner de l'agitation aux eaux de la mer, doivent produire des courants, lesquels seront plus ou moins sensibles dans les différents endroits. Nous avons vu que le fond de la mer est, comme la surface de la terre, hérissé de montagnes, semé d'inégalités et coupé par des bancs de sable : dans tous ces endroits montueux et entrecoupés les courants seront violents; dans les lieux plats où le fond de la mer se trouvera de niveau, ils seront presque insensibles; la rapidité du courant augmentera à proportion des obstacles que les eaux trouveront, ou plutôt du rétrécissement des espaces par lesquels elles tendent à passer. Entre deux chaînes de montagnes qui seront dans la mer, il se formera nécessairement un courant qui sera d'autant plus violent que ces deux montagnes seront plus voisines : il en sera de même entre deux bancs de sable ou entre deux îles voisines; aussi remarque-t-on dans l'Océan Indien, qui est entrecoupé d'une infinité d'îles et de bancs, qu'il y a partout des courants très rapides qui rendent la navigation de cette mer fort périlleuse; ces courants ont, en général, des directions semblables à celles des vents ou du flux et du reflux qui les produisent.

Non seulement toutes les inégalités du fond de la mer doivent former des courants, mais les côtes mêmes doivent faire un effet en partie semblable. Toutes les côtes font refouler les eaux à des distances plus ou moins considérables, ce refoulement des eaux est une espèce de courant que les circonstances peuvent rendre continuel et violent; la position oblique d'une côte, le voisinage d'un golfe ou de quelque grand fleuve, un promontoire, en un mot tout obstacle particulier qui s'oppose au mouvement général produira toujours un courant : or, comme rien n'est plus irrégulier que le fond et les bords de la mer, on doit donc cesser d'être surpris du grand nombre de courants qu'on y trouve presque partout.

Au reste, tous ces courants ont une largeur déterminée et qui ne varie point : cette largeur du courant dépend de celle de l'intervalle qui est entre les deux éminences qui lui servent de lit. Les courants coulent dans la mer comme les fleuves coulent sur la terre, et ils y produisent des effets semblables; ils forment leur lit, ils donnent aux éminences, entre lesquelles ils coulent, une figure régulière et dont les angles sont correspondants : ce sont en un mot ces courants qui ont creusé nos vallées, figuré nos montagnes, et donné à la surface de notre terre, lorsqu'elle était sous l'eau de la mer, la forme qu'elle conserve encore aujourd'hui.

Si quelqu'un doutait de cette correspondance des angles des montagnes, j'oserais en appeler aux yeux de tous les hommes, surtout lorsqu'ils auront lu ce qui vient d'être dit : je demande seulement qu'on examine, en voyageant, la position des collines opposées et les avances qu'elles font dans les vallons, on se convaincra par ses yeux que le vallon était le lit, et les collines les bords des courants, car les côtés opposés des collines se correspondent exactement, comme les deux bords d'un fleuve. Dès que les collines à droite du vallon font une avance, les collines à gauche du vallon font une gorge; ces collines ont aussi, à très peu près, la même élévation, et il est très rare de voir une grande inégalité de hauteur dans deux collines opposées et séparées par un vallon : je puis assurer que plus j'ai regardé les contours et les hauteurs des collines, plus j'ai été convaincu de la correspondance des angles, et de cette ressemblance qu'elles ont avec les lits et les bords des rivières, et c'est par des observations réitérées sur cette régularité surprenante et sur cette ressemblance frappante, que mes premières idées sur la théorie de la terre me sont venues : qu'on ajoute à cette orservation celle des couches parallèles et horizontales et celle des coquillages répandus dans toute la terre et incorporés dans toutes les différentes matières, et on verra s'il peut y avoir plus de probabilité dans un sujet de cette espèce.

ARTICLE XIV

DES VENTS RÉGLÉS

Rien ne paraît plus irrégulier et plus variable que la force et la direction des vents dans nos climats; mais il y a des pays où cette irrégularité n'est pas si grande, et d'autres où le vent souffle constamment dans la même direction et presque avec la même force.

Quoique les mouvements de l'air dépendent d'un grand nombre de causes, il y en a cependant de principales dont on peut estimer les effets, mais il est difficile de juger des modifications que d'autres causes secondaires peuvent y apporter. La plus puissante de toutes ces causes est la chaleur du soleil, laquelle produit successivement une raréfaction considérable dans les différentes parties de l'atmosphère, ce qui fait le vent d'est, qui souffle constamment entre les tropiques, où la raréfaction est la plus grande.

La force d'attraction du soleil, et même celle de la lune sur l'atmosphère, sont des causes dont l'effet est insensible en comparaison de celle dont nous venons de parler; il est vrai que cette force produit dans l'air un mouvement semblable à celui du flux et du reflux dans la mer, mais ce mouvement n'est rien en comparaison des agitations de l'air qui sont produites par la raréfaction, car il ne faut pas croire que l'air, parce qu'il a du ressort et qu'il est huit cents fois plus léger que l'eau, doive recevoir par l'action de la lune un mouvement de flux fort considérable : pour peu qu'on y réfléchisse, on verra que ce mouvement n'est guère plus considérable que celui du flux et du reflux des eaux de la mer; car la distance à la lune étant supposée la même, une mer d'eau ou d'air, ou de telle autre matière fluide qu'on voudra imaginer, aura à peu près le même mouvement, parce que la force qui produit ce mouvement pénètre la matière et est proportionnelle à sa quantité; ainsi une mer d'eau, d'air ou de vif-argent s'élèverait à peu près à la même hauteur par l'action du soleil et de la lune, et dès lors on voit que le mouvement que l'attraction des astres peut causer dans l'atmosphère n'est pas assez considérable pour produire une grande agitation (*a*); et, quoiqu'elle doive causer un léger mouvement de

(*a*) L'effet de cette cause a été déterminé géométriquement dans différentes hypothèses et calculé par M. d'Alembert. (Voyez *Réflexions sur la cause générale des vents.* Paris, 1747.)

l'air d'orient en occident, ce mouvement est tout à fait insensible en comparaison de celui que la chaleur du soleil doit produire en raréfiant l'air; et, comme la raréfaction sera toujours plus grande dans les endroits où le soleil est au zénith, il est clair que le courant d'air doit suivre le soleil et former un vent constant et général d'orient en occident : ce vent souffle continuellement sur la mer dans la zone torride et dans la plupart des endroits de la terre entre les tropiques; c'est le même vent que nous sentons au lever du soleil, et en général les vents d'est sont bien plus fréquents et bien plus impétueux que les vents d'ouest; ce vent général d'orient en occident s'étend même au delà des tropiques, et il souffle si constamment dans la mer Pacifique, que les navires qui vont d'Acapulco aux Philippines font cette route, qui est de plus de 2,700 lieues, sans aucun risque, et, pour ainsi dire, sans avoir besoin d'être dirigés : il en est de même de la mer Atlantique entre l'Afrique et le Brésil, ce vent général y souffle constamment; il se fait sentir aussi entre les Philippines et l'Afrique, mais d'une manière moins constante, à cause des îles et des différents obstacles qu'on rencontre dans cette mer, car il souffle pendant les mois de janvier, février, mars et avril, entre la côte de Mozambique et l'Inde; mais pendant les autres mois il cède à d'autres vents; et quoique ce vent d'est soit moins sensible sur les côtes qu'en pleine mer, et encore moins dans le milieu des continents que sur les côtes de la mer, cependant il y a des lieux où il souffle presque continuellement, comme sur les côtes orientales du Brésil, sur les côtes de Loango en Afrique, etc.

Ce vent d'est, qui souffle continuellement sous la ligne, fait que, lorsqu'on part d'Europe pour aller en Amérique, on dirige le cours du vaisseau du nord au sud dans la direction des côtes d'Espagne et d'Afrique jusqu'à 20 degrés en deçà de la ligne, où l'on trouve ce vent d'est qui vous porte directement sur les côtes d'Amérique; et de même dans la mer Pacifique l'on fait en deux mois le voyage de Callao ou d'Acapulco aux Philippines à la faveur de ce vent d'est, qui est continuel; mais le retour des Philippines à Acapulco est plus long et plus difficile. A 28 ou 30 degrés de ce côté-ci de la ligne, on trouve des vents d'ouest assez constants, et c'est pour cela que les vaisseaux qui reviennent des Indes occidentales en Europe ne prennent pas la même route pour aller et pour revenir; ceux qui viennent de la Nouvelle-Espagne font voile le long des côtes et vers le nord jusqu'à ce qu'ils arrivent à la Havane dans l'île de Cuba, et de là ils gagnent du côté du nord pour trouver les vents d'ouest qui les amènent aux Açores et ensuite en Espagne; de même, dans la mer du Sud, ceux qui reviennent des Philippines ou de la Chine au Pérou ou au Mexique gagnent le nord jusqu'à la hauteur du Japon, et naviguent sous ce parallèle jusqu'à une certaine distance de Californie, d'où, en suivant la côte de la Nouvelle-Espagne, ils arrivent à Acapulco. Au reste ces vents d'est ne soufflent pas toujours du même point, mais en général ils sont au sud-est depuis le mois d'avril jusqu'au mois de novembre, et ils sont au nord-est depuis novembre jusqu'en avril.

Le vent d'est contribue par son action à augmenter le mouvement général de la mer d'orient en occident; il produit aussi des courants qui sont constants et qui ont leur direction, les uns de l'est à l'ouest, les autres de l'est au sud-ouest ou au nord-ouest, suivant la direction des éminences et des chaînes de montagnes qui sont au fond de la mer, dont les vallées ou les intervalles qui les séparent servent de canaux à ces courants; de même les vents alternatifs, qui soufflent tantôt de l'est et tantôt de l'ouest, produisent aussi des courants qui changent de direction en même temps que ces vents en changent aussi.

Les vents qui soufflent constamment pendant quelques mois sont ordinairement suivis de vents contraires, et les navigateurs sont obligés d'attendre celui qui leur est favorable; lorsque ces vents viennent à changer, il y a plusieurs jours, et quelquefois un mois ou deux de calme ou de tempêtes dangereuses.

Ces vents généraux, causés par la raréfaction de l'atmosphère, se combinent différemment par différentes causes dans différents climats : dans la partie de la mer Atlantique, qui est sous la zone tempérée, le vent du nord souffle presque constamment pendant les mois d'octobre, novembre, décembre et janvier; c'est pour cela que ces mois sont les plus favorables pour s'embarquer lorsqu'on veut aller de l'Europe aux Indes, afin de passer la ligne à la faveur de ces vents, et l'on sait par expérience que les vaisseaux qui partent au mois de mars d'Europe n'arrivent quelquefois pas plus tôt au Brésil que ceux qui partent au mois d'octobre suivant. Le vent de nord règne presque continuellement pendant l'hiver dans la Nouvelle-Zemble et dans les autres côtes septentrionales : le vent de midi souffle pendant le mois de juillet au cap Vert, c'est alors le temps des pluies, ou l'hiver de ces climats; au cap de Bonne-Espérance le vent de nord-ouest souffle pendant le mois de septembre; à Patna dans l'Inde, ce même vent de nord-ouest souffle pendant les mois de novembre, décembre et janvier, et il produit de grandes pluies; mais les vents d'est soufflent pendant les neuf autres mois. Dans l'Océan Indien, entre l'Afrique et l'Inde, et jusqu'aux îles Moluques, les vents moussons règnent d'orient en occident depuis janvier jusqu'au commencement de juin, et les vents d'occident commencent aux mois d'août et de septembre, et pendant l'intervalle de juin et de juillet il y a de très grandes tempêtes, ordinairement par des vents de nord; mais sur les côtes ces vents varient davantage qu'en pleine mer.

Dans le royaume de Guzarate et sur les côtes de la mer voisine, les vents de nord soufflent depuis le mois de mars jusqu'au mois de septembre, et pendant les autres mois de l'année il règne presque toujours des vents de midi. Les Hollandais, pour revenir de Java, partent ordinairement au mois de janvier et de février par un vent d'est qui se fait sentir jusqu'à 18 degrés de latitude australe, et ensuite ils trouvent des vents de midi qui les portent jusqu'à Sainte-Hélène. (Voyez *Varen.*, *Geogr. gener.*, cap. XX.)

Il y a des vents réglés qui sont produits par la fonte des neiges; les anciens Grecs les ont observés. Pendant l'été les vents de nord-ouest, et pendant l'hiver ceux de sud-est se font sentir en Grèce, dans la Thrace, dans la Macédoine, dans la mer Égée et jusqu'en Égypte et en Afrique; on remarque des vents de même espèce dans le Congo, à Guzarate, à l'extrémité de l'Afrique, qui sont tous produits par la fonte des neiges. Le flux et le reflux de la mer produisent aussi des vents réglés qui ne durent que quelques heures; et dans plusieurs endroits on remarque des vents qui viennent de terre pendant la nuit et de la mer pendant le jour, comme sur les côtes de la Nouvelle-Espagne, sur celles de Congo, à la Havane, etc.

Les vents de nord sont assez réglés dans les climats des cercles polaires; mais plus on approche de l'équateur, plus ces vents de nord sont faibles, ce qui est commun aux deux pôles.

Dans l'Océan Atlantique et Éthiopique, il y a un vent d'est général entre les tropiques, qui dure toute l'année sans aucune variation considérable, à l'exception de quelques petits endroits où il change suivant les circonstances et la position des côtes : 1° auprès de la côte d'Afrique, aussitôt que vous avez passé les îles Canaries, vous êtes sûr de trouver un vent frais de nord-est à environ 28 degrés de latitude nord; ce vent passe rarement le nord-est ou le nord-nord-est, et il vous accompagne jusqu'à 10 degrés latitude nord, à environ 100 lieues de la côte de Guinée, où l'on trouve au 4e degré latitude nord les calmes et tornados; 2° ceux qui vont aux îles Caribes trouvent, en approchant de l'Amérique, que ce même vent de nord-est tourne de plus en plus à l'est, à mesure qu'on approche davantage; 3° les limites de ces vents variables dans cet Océan sont plus grandes sur les côtes d'Amérique que sur celles d'Afrique. Il y a dans cet Océan un endroit où les vents de sud et de sud-ouest sont continuels, savoir, tout le long de la côte de Guinée dans un espace d'environ 500 lieues, depuis Sierra-Leona jusqu'à l'île de Saint-Thomas : l'endroit le plus étroit de cette mer est depuis la Guinée jusqu'au Brésil, où il n'y a qu'environ 500 lieues; cependant les vaisseaux qui partent de la Guinée ne dirigent pas leur cours droit au Brésil, mais ils descendent du côté du sud, surtout lorsqu'ils partent aux mois de juillet et d'août, à cause des vents de sud-est qui règnent dans ce temps. (Voyez *Trans. phil. Abr.*, t. II, p. 129.)

Dans la mer Méditerranée, le vent souffle de la terre vers la mer au coucher du soleil, et au contraire de la mer vers la terre au lever, en sorte que le matin c'est un vent du levant, et le soir un vent du couchant; le vent du midi qui est pluvieux, et qui souffle ordinairement à Paris, en Bourgogne et en Champagne au commencement de novembre, et qui cède à une bise douce et tempérée, produit le beau temps qu'on appelle vulgairement l'été de la Saint-Martin. (Voyez le *Traité des Eaux* de M. Mariotte.)

Le docteur Lister, d'ailleurs bon observateur, prétend que le vent d'est général qui se fait sentir entre les tropiques pendant toute l'année n'est produit que par la respiration de la plante appelée lentille de mer, qui est extrêmement abondante dans ces climats, et que la différence des vents sur la terre ne vient que de la différente disposition des arbres et des forêts, et il donne très sérieusement cette ridicule imagination pour cause des vents, en disant qu'à l'heure de midi le vent est plus fort, parce que les plantes ont plus chaud et respirent l'air plus souvent, et qu'il souffle d'orient en occident, parce que toutes les plantes font un peu le tournesol, et respirent toujours du côté du soleil. (Voyez *Trans. philos.*, n° 156.)

D'autres auteurs, dont les vues étaient plus saines, ont donné pour cause de ce vent constant le mouvement de la terre sur son axe; mais cette opinion n'est que spécieuse, et il est facile de faire comprendre aux gens, même les moins initiés en mécanique, que tout fluide qui environnerait la terre ne pourrait avoir aucun mouvement particulier en vertu de la rotation du globe, que l'atmosphère ne peut avoir d'autre mouvement que celui de cette même rotation, et que, tout tournant ensemble et à la fois, ce mouvement de rotation est aussi insensible dans l'atmosphère qu'il l'est à la surface de la terre.

La principale cause de ce mouvement constant est, comme nous l'avons dit, la chaleur du soleil : on peut voir sur cela le *Traité* de Halley dans les *Trans. philos.*; et, en général, toutes les causes qui produiront dans l'air une raréfaction, ou une condensation considérable, produiront des vents dont les directions seront toujours directes ou opposées aux lieux où sera la plus grande raréfaction ou la plus grande condensation.

La pression des nuages, les exhalaisons de la terre, l'inflammation des météores, la résolution des vapeurs en pluies, etc., sont aussi des causes qui toutes produisent des agitations considérables dans l'atmosphère : chacune de ces causes, se combinant de différentes façons, produit des effets différents; il me paraît donc qu'on tenterait vainement de donner une théorie des vents, et qu'il faut se borner à travailler à en faire l'histoire : c'est dans cette vue que j'ai rassemblé des faits qui pourront y servir.

Si nous avions une suite d'observations sur la direction, la force et la variation des vents dans les différents climats, si cette suite d'observations était exacte et assez étendue pour qu'on pût voir d'un coup d'œil le résultat de ces vicissitudes de l'air dans chaque pays, je ne doute pas qu'on n'arrivât à ce degré de connaissance dont nous sommes encore si fort éloignés, à une méthode par laquelle nous pourrions prévoir et prédire les différents états du ciel et la différence des saisons; mais il n'y a pas assez longtemps qu'on fait des observations météorologiques; il y en a beaucoup moins qu'on les fait avec soin, et il s'en écoulera peut-être beaucoup avant qu'on sache en employer les résultats, qui sont cependant les seuls moyens que nous ayons pour arriver à quelque connaissance positive sur ce sujet.

Sur la mer les vents sont plus réguliers que sur la terre, parce que la mer est un espace libre, et dans lequel rien ne s'oppose à la direction du vent; sur la terre, au contraire, les montagnes, les forêts, les villes, etc., forment des obstacles qui font changer la direction des vents, et qui souvent produisent des vents contraires aux premiers. Ces vents réfléchis par les montagnes se font sentir dans toutes les provinces qui en sont voisines, avec une impétuosité souvent aussi grande que celle du vent direct qui les produit; ils sont aussi très irréguliers, parce que leur direction dépend du contour, de la hauteur et de la situation des montagnes qui les réfléchissent. Les vents de mer soufflent avec plus de force et plus de continuité que les vents de terre; ils sont aussi beaucoup moins variables et durent plus longtemps : dans les vents de terre, quelque violents qu'ils soient, il y a des moments de rémission et quelquefois des instants de repos; dans ceux de mer, le courant d'air est constant et continuel sans aucune interruption : la différence de ces effets dépend de la cause que nous venons d'indiquer.

En général, sur la mer, les vents d'est et ceux qui viennent des pôles sont plus forts que les vents d'ouest et que ceux qui viennent de l'équateur; dans les terres, au contraire, les vents d'ouest et de sud sont plus ou moins violents que les vents d'est et de nord, suivant la situation des climats. Au printemps et en automne, les vents sont plus violents qu'en été ou en hiver, tant sur mer que sur terre; on peut en donner plusieurs raisons : 1° le printemps et l'automne sont les saisons des plus grandes marées, et par conséquent, les vents que ces marées produisent, sont plus violents dans ces deux saisons; 2° le mouvement que l'action du soleil et de la lune produit dans l'air, c'est-à-dire le flux et le reflux de l'atmosphère, est aussi plus grand dans la saison des équinoxes; 3° la fonte des neiges au printemps, et la résolution des vapeurs que le soleil a élevées pendant l'été, qui retombent en pluies abondantes pendant l'automne, produisent, ou du moins augmentent les vents; 4° le passage du chaud au froid, ou du froid au chaud, ne peut se faire sans augmenter et diminuer considérablement le volume de l'air, ce qui seul doit produire de très grands vents.

On remarque souvent dans l'air des courants contraires : on voit des nuages qui se meuvent dans une direction, et d'autres nuages, plus élevés ou plus bas que les premiers, qui se meuvent dans une direction contraire; mais cette contrariété de mouvement ne dure pas longtemps, et n'est ordinairement produite que par la résistance de quelque nuage à l'action du vent et par la répulsion du vent direct, qui règne seul dès que l'obstacle est dissipé.

Les vents sont plus violents dans les lieux élevés que dans les plaines; et plus on monte dans les hautes montagnes, plus la force du vent augmente jusqu'à ce qu'on soit arrivé à la hauteur ordinaire des nuages, c'est-à-dire à environ un quart ou un tiers de lieue de hauteur perpendiculaire; au delà de cette hauteur, le ciel est ordinairement serein, au moins pendant l'été, et le vent diminue : on prétend même qu'il est tout à fait insensible au sommet des plus hautes montagnes; cependant la plupart de ces sommets, et même les plus élevés, étant couverts de glace et de neige, il est naturel de penser que cette région de l'air est agitée par les vents dans le temps de la chute de ces neiges; ainsi ce ne peut être que pendant l'été que les vents ne s'y font pas sentir : ne pourrait-on pas dire qu'en été les vapeurs légères qui s'élèvent au sommet de ces montagnes retombent en rosée, au lieu qu'en hiver elles se condensent, se gèlent et retombent en neige ou en glace, ce qui peut produire en hiver des vents au-dessus de ces montagnes, quoiqu'il n'y en ait point en été?

Un courant d'air augmente de vitesse comme un courant d'eau lorsque l'espace de son passage se rétrécit; le même vent, qui ne se fait sentir que médiocrement dans une plaine large et découverte devient violent en passant par une gorge de montagne, ou seulement entre deux bâtiments élevés, et le point de la plus violente action du vent est au-dessus de ces mêmes bâtiments ou de la gorge de la montagne; l'air, étant comprimé par la résistance de ces obstacles, a plus de masse, plus de densité, et, la même vitesse subsistant, l'effort ou le coup de vent, le *momentum* en devient beaucoup plus fort. C'est ce qui fait qu'auprès d'une église ou d'une tour, les vents semblent être beaucoup plus violents qu'ils ne le sont à une certaine distance de ces édifices. J'ai souvent remarqué que le vent réfléchi par un bâtiment isolé, ne laissait pas d'être bien plus violent que le vent direct qui produisait ce vent réfléchi, et, lorsque j'en ai cherché la raison, je n'en ai pas trouvé d'autre que celle que je viens de rapporter : l'air chassé se comprime contre le bâtiment et se réfléchit, non seulement avec la vitesse qu'il avait auparavant, mais encore avec plus de masse, ce qui rend en effet son action beaucoup plus violente.

A ne considérer que la densité de l'air, qui est plus grande à la surface de la terre que dans tout autre point de l'atmosphère, on serait porté à croire que la plus grande action du vent devrait être aussi à la surface de la terre, et je crois que cela est en effet ainsi toutes les fois que le ciel est serein; mais lorsqu'il est chargé de nuages, la plus violente action du vent est à la hauteur de ces nuages, qui sont plus denses que l'air, puisqu'ils tombent en forme de pluie ou de grêle. On doit donc dire que la force du vent doit s'estimer, non seulement par sa vitesse, mais aussi par la densité de l'air, de quelque cause que puisse provenir cette densité, et qu'il doit arriver souvent qu'un vent qui n'aura pas plus de vitesse qu'un autre vent, ne laissera pas de renverser des arbres et des édifices, uniquement parce que l'air poussé par ce vent sera plus dense. Ceci fait voir l'imperfection des machines qu'on a imaginées pour mesurer la vitesse du vent.

Les vents particuliers, soit qu'ils soient directs ou réfléchis, sont plus violents que les vents généraux. L'action interrompue des vents de terre dépend de cette compression de l'air, qui rend chaque bouffée beaucoup plus violente qu'elle ne le serait si le vent soufflait uniformément; quelque fort que soit un vent continu, il ne causera jamais les désastres que produit la fureur de ces vents qui soufflent, pour ainsi dire, par accès : nous en donnerons des exemples dans l'article qui suit.

On pourrait considérer les vents et leurs différentes directions sous des points de vue généraux, dont on tirerait peut-être des inductions utiles : par exemple, il me paraît qu'on pourrait diviser les vents par zones, que le vent d'est, qui s'étend à environ 25 ou 30 degrés de chaque côté de l'équateur, doit être regardé comme exerçant son action tout autour du globe dans la zone torride; le vent de nord souffle presque aussi constamment dans la zone froide que le vent d'est dans la zone torride, et on a reconnu qu'à la Terre-de-Feu et dans les endroits les moins éloignés du pôle austral où l'on est parvenu, le vent vient aussi du pôle; ainsi l'on peut dire que, le vent d'est occupant la zone torride, les vents de nord occupent les zones froides; et à l'égard des zones tempérées, les vents qui y règnent ne sont, pour ainsi dire, que des courants d'air, dont le mouvement est composé de ceux de ces deux vents principaux qui doivent produire tous les vents dont la direction tend à l'occident; et à l'égard des vents d'ouest, dont la direction tend à l'orient, et qui règnent souvent dans la zone tempérée, soit dans la mer Pacifique, soit dans l'Océan Atlantique, on peut les regarder comme des vents réfléchis par les terres de l'Asie et de l'Amérique, mais dont la première origine est due aux vents d'est et de nord.

Quoique nous ayons dit que, généralement parlant, le vent d'est règne tout autour du globe à environ 25 ou 30 degrés de chaque côté de l'équateur, il est cependant vrai que dans quelques endroits il s'étend à une bien moindre distance, et que sa direction n'est pas partout de l'est à l'ouest; car en deçà de l'équateur, il est un peu est-nord-est, et au-delà de l'équateur il est sud-sud-est, et plus on s'éloigne de l'équateur, soit au nord, soit au sud, plus la direction du vent est oblique : l'équateur est la ligne sous laquelle la direction du vent de l'est à l'ouest est le plus exacte; par exemple, dans l'Océan Indien, le vent général d'orient en occident ne s'étend guère au delà de 15 degrés : en allant de Goa au cap de Bonne-Espérance, on ne trouve ce vent d'est qu'au delà de l'équateur, environ au 12e degré de latitude sud, et il ne se fait pas sentir en deçà de l'équateur; mais lorsqu'on est arrivé à ce 12e degré de latitude sud, on a ce vent jusqu'au 28e degré latitude sud. Dans la mer qui sépare l'Afrique de l'Amérique, il y a un intervalle qui est depuis le 4e degré de latitude nord jusqu'au 10e ou 11e degré de latitude nord, où ce vent général n'est pas sensible; mais au delà de ce 10e ou 11e degré, ce vent règne et s'étend jusqu'au 30e degré.

Il y a aussi beaucoup d'exceptions à faire au sujet des vents moussons dont le mouvement est alternatif : les uns durent plus ou moins longtemps, les autres s'étendent à de plus grandes ou à de moindres distances, les autres sont plus ou moins réguliers, plus ou moins violents. Nous rapporterons ici, d'après Varénius, les principaux phénomènes de ces vents. « Dans l'Océan Indien, entre l'Afrique et l'Inde jusqu'aux Moluques, les vents » d'est commencent à régner au mois de janvier, et durent jusqu'au commencement de » juin; au mois d'août ou de septembre commence le mouvement contraire, et les vents » d'ouest règnent pendant trois ou quatre mois; dans l'intervalle de ces moussons, c'est- » à-dire à la fin de juin, au mois de juillet ou au commencement d'août, il n'y a sur » cette mer aucun vent fait, et on éprouve de violentes tempêtes qui viennent du sep- » tentrion.

» Ces vents sont sujets à de plus grandes variations en approchant des terres, car les » vaisseaux ne peuvent partir de la côte de Malabar, non plus que des autres ports de la » côte occidentale de la presqu'île de l'Inde, pour aller en Afrique, en Arabie, en » Perse, etc., que depuis le mois de janvier jusqu'au mois d'avril ou de mai; car dès la » fin de mai et pendant les mois de juin, de juillet et d'août, il se fait de si violentes » tempêtes par les vents de nord ou de nord-est, que les vaisseaux ne peuvent tenir à la » mer; au contraire, de l'autre côté de cette presqu'île, c'est-à-dire, sur la mer qui baigne » la côte de Coromandel, on ne connait point ces tempêtes.

» On part de Java, de Ceylan et de plusieurs endroits au mois de septembre pour aller » aux îles Moluques, parce que le vent d'occident commence alors à souffler dans ces » parages; cependant lorsqu'on s'éloigne de l'équateur à 15 degrés de latitude australe, on » perd ce vent d'ouest et on retrouve le vent général, qui est dans cet endroit un vent de » sud-est. On part de même de Cochin, pour aller à Malaca, au mois de mars, parce que » les vents d'ouest commencent à souffler dans ce temps : ainsi ces vents d'occident se » font sentir en différents temps dans la mer des Indes; on part, comme l'on voit, dans » un temps pour aller de Java aux Moluques, dans un autre temps pour aller de Cochin à » Malaca, dans un autre pour aller de Malaca à la Chine, et encore dans un autre pour » aller de la Chine au Japon.

» A Banda, les vents d'occident finissent à la fin de mars, il règne des vents variables » et des calmes pendant le mois d'avril, au mois de mai les vents d'orient recommencent » avec une grande violence; à Ceylan, les vents d'occident commencent vers le milieu » du mois de mars et durent jusqu'au commencement d'octobre que reviennent les vents » d'est, ou plutôt d'est-nord-est; à Madagascar, depuis le milieu d'avril jusqu'à la fin de » mai, on a des vents de nord et de nord-ouest, mais aux mois de février et de mars, ce » sont des vents d'orient et de midi; de Madagascar au cap de Bonne-Espérance, le vent » du nord et les vents collatéraux soufflent pendant les mois de mars et d'avril; dans le » golfe de Bengale, le vent de midi se fait sentir avec violence après le 20 d'avril, aupa- » ravant il règne dans cette mer des vents de sud-ouest ou de nord-ouest; les vents » d'ouest sont aussi très violents dans la mer de la Chine pendant les mois de juin et de » juillet, c'est aussi la saison la plus convenable pour aller de la Chine au Japon; mais, » pour revenir du Japon à la Chine, ce sont les mois de février et de mars qu'on préfère, » parce que les vents d'est ou de nord-est règnent alors dans cette mer.

» Il y a des vents qu'on peut regarder comme particuliers à de certaines côtes : par » exemple, le vent du sud est presque continuel sur les côtes du Chili et du Pérou; il » commence au 46e degré ou environ de latitude sud, et il s'étend jusqu'au delà de

» Panama, ce qui rend le voyage de Lima à Panama beaucoup plus aisé à faire et plus » court que le retour. Les vents d'occident soufflent presque continuellement, ou du » moins très fréquemment, sur les côtes de la terre Magellanique, aux environs du détroit » de Le Maire; sur la côte de Malabar, les vents de nord et de nord-ouest règnent presque » continuellement; sur la côte de Guinée, le vent de nord-ouest est aussi fort fréquent, et » à une certaine distance de cette côte en pleine mer on retrouve le vent de nord-est; les » vents d'occident règnent sur les côtes du Japon aux mois de novembre et de décembre. »

Les vents alternatifs ou périodiques dont nous venons de parler sont des vents de mer; mais il y a aussi des vents de terre qui sont périodiques et qui reviennent, ou dans une certaine saison, où à de certains jours, ou même à de certaines heures; par exemple, sur la côte de Malabar, depuis le mois de septembre jusqu'au mois d'avril, il souffle un vent de terre qui vient du côté de l'orient; ce vent commence ordinairement à minuit et finit à midi, et il n'est plus sensible dès qu'on s'éloigne à 12 ou 15 lieues de la côte, et depuis midi jusqu'à minuit il règne un vent de mer qui est fort faible et qui vient de l'occident : sur la côte de la Nouvelle-Espagne en Amérique, et sur celle du Congo en Afrique, il règne des vents de terre pendant la nuit et des vents de mer pendant le jour; à la Jamaïque, les vents soufflent de tous côtés a la fois pendant la nuit, et les vaisseaux ne peuvent alors y arriver sûrement, ni en sortir avant le jour.

En hiver, le port de Cochin est inabordable, et il ne peut en sortir aucun vaisseau, parce que les vents y soufflent avec une telle impétuosité, que les bâtiments ne peuvent pas tenir à la mer, et que d'ailleurs le vent d'ouest, qui y souffle avec fureur, amène à l'embouchure du fleuve de Cochin une si grande quantité de sable, qu'il est impossible aux navires, et même aux barques, d'y entrer pendant six mois de l'année; mais les vents d'est qui soufflent pendant les six autres mois repoussent ces sables dans la mer et rendent libre l'entrée de la rivière. Au détroit de Babel-Mandel, il y a des vents du sud-est qui y règnent tous les ans dans la même saison, et qui sont toujours suivis de vents de nord-ouest. A Saint-Domingue, il y a deux vents différents qui s'élèvent régulièrement presque chaque jour : l'un, qui est un vent de mer, vient du côté de l'orient et il commence à 10 heures du matin; l'autre, qui est un vent de terre et qui vient de l'occident, s'élève à six ou sept heures du soir et dure toute la nuit. Il y aurait plusieurs autres faits de cette espèce à tirer des voyageurs, dont la connaissance pourrait peut-être nous conduire à donner une histoire des vents, qui serait un ouvrage très utile pour la navigation et pour la physique.

ARTICLE XV

DES VENTS IRRÉGULIERS, DES OURAGANS, DES TROMBES, ET DE QUELQUES AUTRES PHÉNOMÈNES CAUSÉS PAR L'AGITATION DE LA MER ET DE L'AIR

Les vents sont plus irréguliers sur terre que sur mer, et plus irréguliers dans les pays élevés que dans les pays de plaines. Les montagnes, non seulement changent la direction des vents, mais même elles en produisent qui sont ou constants ou variables suivant les différentes causes : la fonte des neiges qui sont au-dessus des montagnes produit ordinairement des vents constants qui durent quelquefois assez longtemps; les vapeurs qui s'arrêtent contre les montagnes et qui s'y accumulent produisent des vents variables qui sont très fréquents dans tous les climats, et il y a autant de variations dans ces mouvements de l'air, qu'il y a d'inégalités sur la surface de la terre. Nous ne pouvons donc donner sur cela que des exemples, et rapporter les faits qui sont avérés ; et comme nous manquons d'observations suivies sur la variation des vents, et même sur celle des saisons dans les différents pays, nous ne prétendons pas expliquer toutes les causes de ces différences, et nous nous bornerons à indiquer celles qui nous paraîtront les plus naturelles et les plus probables.

Dans les détroits, sur toutes les côtes avancées, à l'extrémité et aux environs de tous les promontoires, des presqu'îles et des caps, et dans tous les golfes étroits, les orages sont fréquents ; mais il y a outre cela des mers beaucoup plus orageuses que d'autres. L'Océan Indien, la mer du Japon, la mer Magellanique, celle de la côte d'Afrique au delà des Canaries, et de l'autre côté vers la terre de Natal, la mer Rouge, la mer Vermeille, sont toutes fort sujettes aux tempêtes ; l'Océan Atlantique est aussi plus orageux que le Grand Océan, qu'on a appelé, à cause de sa tranquillité, *mer Pacifique;* cependant cette mer Pacifique n'est absolument tranquille qu'entre les tropiques et jusqu'au quart environ des zones tempérées ; et plus on approche des pôles, plus elle est sujette à des vents variables dont le changement subit cause souvent des tempêtes.

Tous les continents terrestres sont sujets à des vents variables qui produisent souvent des effets singuliers : dans le royaume de Cachemire, qui est environné des montagnes du Caucase, on éprouve à la montagne Pire-Penjale des changements soudains ; on passe, pour ainsi dire, de l'été à l'hiver en moins d'une heure ; il y règne deux vents directement opposés, l'un de nord et l'autre de midi, que, selon Bernier, on sent successivement en moins de deux cents pas de distance. La position de cette montagne doit être singulière et mériterait d'être observée. Dans la presqu'île de l'Inde, qui est traversée du nord au sud par les montagnes de Gate, on a l'hiver d'un côté de la montagne, et l'été de l'autre côté dans le même temps, en sorte que sur la côte de Coromandel l'air est serein, et tranquille et fort chaud, tandis qu'à celle de Malabar, quoique sous la même latitude, les pluies, les orages, les tempêtes, rendent l'air aussi froid qu'il peut l'être dans ce climat, et au contraire, lorsqu'on a l'été à Malabar, on a l'hiver à Coromandel. Cette même différence se trouve des deux côtés du cap de Rosalgate en Arabie : dans la partie de la mer qui est au nord du cap, il règne une grande tranquillité, tandis que dans la partie qui est au sud on éprouve de violentes tempêtes. Il en est encore de même dans l'île de Ceylan : l'hiver et les grands vents se font sentir dans la partie septentrionale de l'île, tandis que dans les parties méridionales il fait un très beau temps d'été ; et au contraire, quand la partie septentrionale jouit de la douceur de l'été, la partie méridionale à son tour est plongée dans un air sombre, orageux et pluvieux : cela arrive, non seulement dans plusieurs endroits du continent des Indes, mais aussi dans plusieurs îles : par exemple, a Céram, qui est une longue île dans le voisinage d'Amboine, on a l'hiver dans la partie septentrionale de l'île, et l'été en même temps dans la partie méridionale, et l'intervalle qui sépare les deux saisons n'est pas de trois ou quatre lieues.

En Égypte, il règne souvent pendant l'été des vents du midi qui sont si chauds qu'ils empêchent la respiration ; ils élèvent une si grande quantité de sable, qu'il semble que le ciel est couvert de nuages épais ; ce sable est si fin et il est chassé avec tant de violence, qu'il pénètre partout, et même dans les coffres les mieux fermés : lorsque ces vents durent plusieurs jours ils causent des maladies épidémiques, et souvent elles sont suivies d'une grande mortalité. Il pleut très rarement en Égypte ; cependant tous les ans il y a quelques jours de pluie pendant les mois de décembre, janvier et février ; il s'y forme aussi des brouillards épais qui y sont plus fréquents que les pluies, surtout aux environs du Caire ; ces brouillards commencent au mois de novembre et continuent pendant l'hiver ; ils s'élèvent avant le lever du soleil : pendant toute l'année il tombe une rosée si abondante, lorsque le ciel est serein, qu'on pourrait la prendre pour une petite pluie.

Dans la Perse, l'hiver commence en novembre et dure jusqu'en mars; le froid y est assez fort pour y former de la glace, et il tombe beaucoup de neige dans les montagnes et souvent un peu dans les plaines : depuis le mois de mars jusqu'au mois de mai il s'élève des vents qui soufflent avec force et qui ramènent la chaleur; du mois de mai au mois de septembre le ciel est serein, et la chaleur de la saison est modérée pendant la nuit par des vents frais qui s'élèvent tous les soirs et qui durent jusqu'au lendemain matin, et en automne il se fait des vents qui, comme ceux du printemps, soufflent avec force; cependant quoique ces vents soient assez violents, il est rare qu'ils produisent des ouragans et des tempêtes; mais il s'élève souvent pendant l'été, le long du golfe Persique, un vent très dangereux que les habitants appellent Samyel, et qui est encore plus chaud et plus terrible que celui d'Égypte dont nous venons de parler; ce vent est suffocant et mortel; son action est presque semblable à celle d'un tourbillon de vapeur enflammée, et on ne peut en éviter les effets lorsqu'on s'y trouve malheureusement enveloppé. Il s'élève aussi sur la mer rouge, en été, et sur les terres de l'Arabie, un vent de même espèce qui suffoque les hommes et les animaux et qui transporte une si grande quantité de sable, que bien des gens prétendent que cette mer se trouvera comblée avec le temps par l'entassement successif des sables qui y tombent. Il y a souvent de ces nuées de sable, en Arabie, qui obscurcissent l'air et qui forment des tourbillons dangereux. A la Vera-Cruz, lorsque le vent de nord souffle, les maisons de la ville sont presque enterrées sous le sable qu'un vent pareil amène : il s'élève aussi des vents chauds en été à Négapatam dans la presqu'île de l'Inde, aussi bien qu'à Pétapouli et à Mazulipatam; ces vents brûlants, qui font périr les hommes, ne sont heureusement pas de longue durée, mais ils sont violents, et plus ils ont de vitesse et plus ils sont brûlants, au lieu que tous les autres vents rafraîchissent d'autant plus qu'ils ont plus de vitesse; cette différence ne vient que du degré de chaleur de l'air : tant que la chaleur de l'air est moindre que celle du corps des animaux, le mouvement de l'air est rafraîchissant; mais, si la chaleur de l'air est plus grande que celle du corps, alors le mouvement de l'air ne peut qu'échauffer et brûler. A Goa, l'hiver, ou plutôt le temps des pluies et des tempêtes, est aux mois de mai, de juin et de juillet : sans cela les chaleurs y seraient insupportables.

Le cap de Bonne-Espérance est fameux par ses tempêtes et par le nuage singulier qui les produit : ce nuage ne paraît d'abord que comme une petite tache ronde dans le ciel, et les matelots l'ont appelé Œil-de-bœuf; j'imagine que c'est parce qu'il se soutient à une très grande hauteur qu'il paraît si petit. De tous les voyageurs qui ont parlé de ce nuage, Kolbe me paraît être celui qui l'a examiné avec le plus d'attention; voici ce qu'il en dit (t. Ier, p. 224 et suiv.) : « Le nuage qu'on voit sur les montagnes de la Table, » ou du Diable, ou du Vent, est composé, si je ne me trompe, d'une infinité de petites » particules poussées, premièrement contre les montagnes du cap, qui sont à l'est, par les » vents d'est qui règnent pendant presque toute l'année dans la zone torride; ces particules ainsi poussées sont arrêtées dans leur cours par ces hautes montagnes et se » ramassent sur leur côté oriental; alors elles deviennent visibles et y forment de petits » monceaux ou assemblages de nuages, qui, étant incessamment poussés par le vent d'est, » s'élèvent au sommet de ces montagnes; ils n'y restent pas longtemps tranquilles et » arrêtés; contraints d'avancer, ils s'engouffrent entre les collines qui sont devant eux, » où ils sont serrés et pressés comme dans une manière de canal; le vent les presse » au-dessous, et les côtés opposés de deux montagnes les retiennent à droite et à gauche; » lorsqu'en avançant toujours ils parviennent au pied de quelque montagne où la cam- » pagne est un peu plus ouverte, ils s'étendent, se déploient et deviennent de nouveau » invisibles; mais bientôt ils sont chassés sur les montagnes par les nouveaux nuages » qui sont poussés derrière eux, et parviennent ainsi, avec beaucoup d'impétuosité, sur » les montagnes les plus hautes du cap, qui sont celles du Vent et de la Table, où règne

» alors un vent tout contraire; là il se fait un conflit affreux, ils sont poussés par derrière et repoussés par devant, ce qui produit des tourbillons horribles, soit sur les » hautes montagnes dont je parle, soit dans la vallée de la Table, où ces nuages vou- » draient se précipiter. Lorsque le vent de nord-ouest a cédé le champ de bataille, celui » de sud-est augmente et continue de souffler avec plus ou moins de violence pendant » son semestre; il se renforce pendant que le nuage de l'Œil-de-bœuf est épais, parce que » les particules qui viennent s'y amasser par derrière s'efforcent d'avancer; il diminue » lorsqu'il est moins épais, parce qu'alors moins de particules pressent par derrière; il » baisse entièrement lorsque le nuage ne paraît plus, parce qu'il n'y vient plus de l'est » de nouvelles particules, ou qu'il n'en arrive pas assez; le nuage enfin ne se dissipe » point, ou plutôt paraît toujours à peu près de même grosseur, parce que de nouvelles » matières remplacent par derrière celles qui se dissipent par devant.

» Toutes ces circonstances du phénomène conduisent à une hypothèse qui en explique » bien toutes les parties : 1° Derrière la montagne de la Table on remarque une espèce » de sentier ou une traînée de légers brouillards blancs, qui, commençant sur la descente » orientale de cette montagne, aboutit à la mer et occupe dans son étendue les montagnes » de Pierre. Je me suis très souvent occupé à contempler cette traînée qui, suivant moi, » était causée par le passage rapide des particules dont je parle, depuis les montagnes de » Pierre jusqu'à celle de la Table.

» Ces particules, que je suppose, doivent être extrêmement embarrassées dans leur » marche par les fréquents chocs et contre-chocs causés non seulement par les montagnes, » mais encore par les vents de sud et d'est qui règnent aux lieux circonvoisins du cap; » c'est ici ma seconde observation : j'ai déjà parlé des deux montagnes qui sont situées » sur les pointes de la baie Falzo ou fausse baie : l'une s'appelle la Lèvre-Pendante et » l'autre Norvège. Lorsque les particules que je conçois sont poussées sur ces montagnes » par les vents d'est, elles en sont repoussées par les vents de sud, ce qui les porte sur » les montagnes voisines; elles y sont arrêtées pendant quelque temps et y paraissent en » nuages, comme elles le faisaient sur les deux montagnes de la baie Falzo et même un » peu davantage. Ces nuages sont souvent fort épais sur la Hollande hottentote, sur les » montagnes de Stellenbosch, de Drakenstein et de Pierre; mais surtout sur la montagne » de la Table et sur celle du Diable.

» Enfin, ce qui confirme mon opinion est que constamment deux ou trois jours avant » que les vents de sud-est soufflent, on aperçoit sur la Tête-du-Lion de petits nuages noirs » qui la couvrent; ces nuages sont, suivant moi, composés des particules dont j'ai parlé; » si le vent de nord-ouest règne encore lorsqu'elles arrivent, elles sont arrêtées dans leur » course, mais elles ne sont jamais chassées fort loin jusqu'à ce que le vent de sud-est » commence. »

Les premiers navigateurs qui ont approché du cap de Bonne-Espérance ignoraient les effets de ces nuages funestes, qui semblent se former lentement, tranquillement et sans aucun mouvement sensible dans l'air, et qui tout d'un coup lancent la tempête et causent un orage qui précipite les vaisseaux dans le fond de la mer, surtout lorsque les voiles sont déployées. Dans la terre de Natal, il se forme aussi un petit nuage semblable à l'Œil-de-bœuf du cap de Bonne-Espérance, et de ce nuage il sort un vent terrible et qui produit les mêmes effets; dans la mer qui est entre l'Afrique et l'Amérique, surtout sous l'équateur et dans les parties voisines de l'équateur, il s'élève très souvent de ces espèces de tempêtes; près de la côte de Guinée, il se fait quelquefois trois ou quatre de ces orages en un jour; ils sont causés et annoncés, comme ceux du cap de Bonne-Espérance, par de petits nuages noirs; le reste du ciel est serein et la mer tranquille. Le premier coup de vent qui sort de ces nuages est furieux, et ferait périr les vaisseaux en pleine mer, si l'on ne prenait pas auparavant la précaution de caler les voiles; c'est principalement aux mois d'avril, de mai et de juin qu'on éprouve ces tempêtes sur la mer de Guinée, parce qu'il n'y règne aucun vent réglé dans cette saison; et plus bas, en descendant à Loango, la saison de ces orages sur la mer voisine des côtes de Loango est celle des mois de janvier, février, mars et avril. De l'autre côté de l'Afrique, au cap de Gardafu, il s'élève de ces espèces de tempêtes au mois de mai, et les nuages qui les produisent sont ordinairement au nord, comme ceux du cap de Bonne-Espérance.

Toutes ces tempêtes sont donc produites par des vents qui sortent d'un nuage et qui ont une direction, soit du nord au sud, soit du nord-est au sud-ouest, etc.; mais il y a d'autres espèces de tempêtes que l'on appelle des ouragans, qui sont encore plus violentes que celles-ci, et dans lesquelles les vents semblent venir de tous les côtés; ils ont un mouvement de tourbillon et de tournoiement auquel rien ne peut résister. Le calme précède ordinairement ces horribles tempêtes, et la mer paraît alors aussi unie qu'une glace; mais dans un instant la fureur des vents élève les vagues jusqu'aux nues. Il y a des endroits dans la mer où l'on ne peut pas aborder, parce que alternativement il y a toujours ou des calmes ou des ouragans de cette espèce; les Espagnols ont appelé ces endroits calmes et tornados : les plus considérables sont auprès de la Guinée à 2 ou 3 degrés latitude nord; ils ont environ 300 ou 350 lieues de longueur sur autant de largeur, ce qui fait un espace de plus de 100,000 lieues carrées; le calme ou les orages sont presque continuels sur cette côte de Guinée, et il y a des vaisseaux qui y ont été retenus trois mois sans pouvoir en sortir.

Lorsque les vents contraires arrivent à la fois dans le même endroit, comme à un centre, ils produisent ces tourbillons et ces tournoiements d'air par la contrariété de leur mouvement, comme les courants contraires produisent dans l'eau des gouffres ou des tournoiements; mais lorsque ces vents trouvent en opposition d'autres vents qui contre-balancent de loin leur action, alors ils tournent autour d'un grand espace dans lequel il règne un calme perpétuel, et c'est ce qui forme les calmes dont nous parlons, et desquels il est souvent impossible de sortir. Ces endroits de la mer sont marqués sur les globes de Sénex, aussi bien que les directions des différents vents qui règnent ordinairement dans toutes les mers. A la vérité, je serais porté à croire que la contrariété seule des vents ne pourrait pas produire cet effet, si la direction des côtes et la forme particulière du fond de la mer dans ces endroits n'y contribuaient pas; j'imagine donc que les courants causés en effet par les vents, mais dirigés par la forme des côtes et des inégalités du fond de la mer, viennent tous aboutir dans ces endroits, et que leurs directions opposées et contraires forment les tornados en question dans une plaine environnée de tous côtés d'une chaîne de montagnes.

Les gouffres ne paraissent être autre chose que des tournoiements d'eau causés par l'action de deux ou de plusieurs courants opposés; l'Euripe, si fameux par la mort d'Aristote, absorbe et rejette alternativement les eaux sept fois en vingt-quatre heures : ce gouffre est près des côtes de la Grèce. Le Carybde, qui est près du détroit de Sicile, rejette et absorbe les eaux trois fois en vingt-quatre heures : au reste, on n'est pas trop sûr du nombre de ces alternatives de mouvement dans ces gouffres. Le docteur Placentia, dans son Traité qui a pour titre l'*Egeo redivivo*, dit que l'Euripe a des mouvements irréguliers pendant dix-huit ou dix-neuf jours de chaque mois, et des mouvements réguliers pendant onze jours; qu'ordinairement il ne grossit que d'un pied et rarement de deux pieds; il dit aussi que les auteurs ne s'accordent pas sur le flux et le reflux de l'Euripe; que les uns disent qu'il se fait deux fois, d'autres sept, d'autres onze, d'autres douze, d'autres quatorze fois en vingt-quatre heures, mais que Loirius, l'ayant examiné de suite pendant un jour entier, il l'avait observé à chaque six heures d'une manière évidente et avec un mouvement si violent, qu'à chaque fois il pouvait faire tourner alternativement les roues d'un moulin.

Le plus grand gouffre que l'on connaisse est celui de la mer de Norvège; on assure qu'il a plus de vingt lieues de circuit; il absorbe pendant six heures tout ce qui est dans son voisinage, l'eau, les baleines, les vaisseaux, et rend ensuite pendant autant de temps tout ce qu'il a absorbé.

Il n'est pas nécessaire de supposer dans le fond de la mer des trous et des abîmes qui engloutissent continuellement les eaux, pour rendre raison de ces gouffres; on sait que, quand l'eau a deux directions contraires, la composition de ces mouvements produit un tournoiement circulaire et semble former un vide dans le centre de ce mouvement, comme on peut l'observer dans plusieurs endroits auprès des piles qui soutiennent les arches des ponts, surtout dans les rivières rapides; il en est de même des gouffres de la mer, ils sont produits par le mouvement de deux ou de plusieurs courants contraires; et comme le flux et le reflux sont la principale cause des courants, en sorte que pendant le flux ils sont dirigés d'un côté et que pendant le reflux ils vont en sens contraire, il n'est pas étonnant que les gouffres qui résultent de ces courants attirent et engloutissent pendant quelques heures tout ce qui les environne, et qu'ils rejettent ensuite pendant tout autant de temps tout ce qu'ils ont absorbé.

Les gouffres ne sont donc que des tournoiements d'eau qui sont produits par des courants opposés, et les ouragans ne sont que des tourbillons ou tournoiements d'air produits par des vents contraires; ces ouragans sont communs dans la mer de la Chine et du Japon, dans celle des îles Antilles et en plusieurs autres endroits de la mer, surtout auprès des terres avancées et des côtes élevées, mais ils sont encore plus fréquents sur la terre, et les effets en sont quelquefois prodigieux. « J'ai vu, dit Bellarmin, je ne le » croirais pas si je ne l'eusse pas vu, une fosse énorme creusée par le vent, et toute la » terre de cette fosse emportée sur un village, en sorte que l'endroit d'où la terre avait » été enlevée paraissait un trou épouvantable, et que le village fut entièrement enterré » par cette terre transportée. » (Bellarminus, *De ascensu mentis in Deum.*) On peut voir, dans l'*Histoire de l'Académie des sciences* et dans les *Transactions philosophiques*, le détail des effets de plusieurs ouragans qui paraissent inconcevables, et qu'on aurait de la peine à croire, si les faits n'étaient attestés par un grand nombre de témoins oculaires, véridiques et intelligents.

Il en est de même des trombes, que les navigateurs ne voient jamais sans crainte et sans admiration : ces trombes sont fort fréquentes auprès de certaines côtes de la Méditerranée, surtout lorsque le ciel est fort couvert et que le vent souffle en même temps de plusieurs côtés; elles sont plus communes près les caps de Laodicée, de Grecgo et de Carmel que dans les autres parties de la Méditerranée. La plupart de ces trombes sont autant de cylindres d'eau qui tombent des nues, quoiqu'il semble quelquefois, surtout quand on est à quelque distance, que l'eau de la mer s'élève en haut. (Voyez les *Voyages de Shaw*, vol. II, p. 56.)

Mais il faut distinguer deux espèces de trombes : la première, qui est la trombe dont nous venons de parler, n'est autre chose qu'une nuée épaisse, comprimée, resserrée et réduite en un petit espace par des vents opposés et contraires, lesquels, soufflant en même temps de plusieurs côtés, donnent à la nuée la forme d'un tourbillon cylindrique, et font que l'eau tombe tout à la fois sous cette forme cylindrique; la quantité d'eau est si grande et la chute en est si précipitée, que, si malheureusement une de ces trombes tombait sur un vaisseau, elle le briserait et le submergerait dans un instant. On prétend, et cela pourrait être fondé, qu'en tirant sur la trombe plusieurs coups de canons chargés à boulet, on la rompt, et que cette commotion de l'air la fait cesser assez promptement; cela revient à l'effet des cloches qu'on sonne pour écarter les nuages qui portent le tonnerre et la grêle.

L'autre espèce de trombe s'appelle typhon; et plusieurs auteurs ont confondu le typhon avec l'ouragan, surtout en parlant des tempêtes de la mer de la Chine, qui est en effet sujette à tous deux; cependant ils ont des causes bien différentes. Le typhon ne descend pas des nuages comme la première espèce de trombe, il n'est pas uniquement produit par le tournoiement des vents comme l'ouragan, il s'élève de la mer vers le ciel avec une grande violence, et, quoique ces typhons ressemblent aux tourbillons qui s'élèvent sur la terre en tournoyant, ils ont une autre origine. On voit souvent, lorsque les vents sont violents et contraires, les ouragans élever des tourbillons de sable, de terre, et souvent ils enlèvent et transportent dans ce tourbillon les maisons, les arbres, les animaux. Les typhons de mer, au contraire, restent dans la même place, et ils n'ont pas d'autre cause que celle des feux souterrains, car la mer est alors dans une grande ébullition et l'air est si fort rempli d'exhalaisons sulfureuses, que le ciel paraît caché d'une croûte couleur de cuivre, quoiqu'il n'y ait aucun nuage et qu'on puisse voir à travers ces vapeurs le soleil et les étoiles : c'est à ces feux souterrains qu'on peut attribuer la tiédeur de la mer de la Chine en hiver, où ces typhons sont très fréquents. (Voyez *Acta erud. Lips. Suppl.*, t. Ier, p. 405.)

Nous allons donner quelques exemples de la manière dont ils se produisent : Voici ce que dit Thévenot dans son *Voyage du Levant* : « Nous vîmes des trombes dans le golfe » Persique entre les îles Quésomo, Laréca et Ormus. Je crois que peu de personnes ont » considéré les trombes avec toute l'attention que j'ai faite dans la rencontre dont je » viens de parler, et peut-être qu'on n'a jamais fait les remarques que le hazard m'a » donné lieu de faire; je les exposerai avec toute la simplicité dont je fais profession dans » tout le récit de mon voyage, afin de rendre les choses plus sensibles et plus aisées à » comprendre.

» La première qui parut à nos yeux était du côté du nord ou tramontane, entre nous » et l'île Quésomo, à la portée d'un fusil du vaisseau; nous avions alors la proue à grec- » levant ou nord-est. Nous aperçûmes d'abord en cet endroit l'eau qui bouillonnait et » était élevée de la surface de la mer d'environ un pied; elle était blanchâtre, et au-dessus » paraissait comme une fumée noire un peu épaisse, de manière que cela ressemblait pro- » prement à un tas de paille où l'on aurait mis le feu, mais qui ne ferait encore que fu- » mer; cela faisait un bruit sourd semblable à celui d'un torrent qui court, avec beaucoup » de violence, dans un profond vallon; mais ce bruit était mêlé d'un autre un peu plus » clair, semblable à un fort sifflement de serpents ou d'oies; un peu après nous vîmes » comme un canal obscur qui avait assez de ressemblance à une fumée qui va montant » aux nues en tournant avec beaucoup de vitesse, et ce canal paraissait gros comme le » doigt, et le même bruit continuait toujours. Ensuite la lumière nous en ôta la vue, et » nous connûmes que cette trombe était finie, parce que nous vîmes que cette trombe ne » s'élevait plus, et ainsi la durée n'avait pas été de plus d'un demi-quart d'heure. Celle-là » finie, nous en vîmes une autre du côté du midi, qui commença de la même manière » qu'avait fait la précédente; presque aussitôt il s'en fit une semblable à côté de celle-ci » vers le couchant, et incontinent après une troisième à côté de cette seconde; la plus » éloignée des trois pouvait être à portée du mousquet; loin de nous, elles paraissaient » toutes trois comme trois tas de paille hauts d'un pied et demi ou de deux, qui fumaient » beaucoup et faisaient même bruit que la première. Ensuite nous vîmes tout autant de » canaux qui venaient depuis les nues sur ces endroits où l'eau était élevée, et chacun » de ces canaux était large par le bout qui tenait à la nue, comme le large bout d'une » trompette, et faisait la même figure (pour l'expliquer intelligiblement) que peut faire la » mamelle ou la tette d'un animal tirée perpendiculairement par quelques poids. Ces ca- » naux paraissaient blancs d'une blancheur blafarde, et je crois que c'était l'eau qui était » dans ces canaux transparents qui les faisait paraître blancs; car apparemment ils » étaient déjà formés avant que de tirer de l'eau, selon qu'on peut juger par ce qui suit, » et lorsqu'ils étaient vides, ils ne paraissaient pas, de même qu'un canal de verre fort

» clair, exposé au jour devant nos yeux à quelque distance, ne paraît pas s'il n'est rempli de quelque liqueur teinte. Ces canaux n'étaient pas droits, mais courbés en quelques » endroits, même ils n'étaient pas perpendiculaires ; au contraire, depuis les nues où ils » paraissaient entés jusqu'aux endroits où ils tiraient l'eau, ils étaient fort inclinés : et » ce qui est de plus particulier, c'est que la nue où était attachée la seconde de ces trois, » ayant été chassée du vent, ce canal la suivit sans se rompre et sans quitter le lieu où » il tirait l'eau, et passant derrière le canal de la première, ils furent quelque temps » croisés comme en sautoir ou en croix de Saint-André. Au commencement ils étaient » tous trois gros comme le doigt, si ce n'est auprès de la nue qu'ils étaient plus gros, » comme j'ai déjà remarqué; mais dans la suite celui de la première de ces trois se grossit considérablement : pour ce qui est des deux autres, je n'en ai autre chose à dire, » car la dernière formée ne dura guère davantage qu'avait duré celle que nous avions vu » du côté du nord. La seconde du côté du midi dura environ un quart d'heure, mais la » première de ce même côté dura un peu davantage, et ce fut celle qui nous donna le » plus de crainte ; et c'est de celle-là qu'il me reste encore quelque chose à dire. D'abord « son canal était gros comme le doigt, ensuite il se fit gros comme le bras, et après » comme la jambe, et enfin comme un gros tronc d'arbre, autant qu'un homme pourrait » embrasser. Nous voyions distinctement au travers de ce corps transparent l'eau qui » montait en serpentant un peu, et quelquefois il diminuait un peu de grosseur, tantôt » par le haut et tantôt par le bas : pour lors il ressemblait justement à un boyau rempli » de quelque matière fluide que l'on presserait avec les doigts, ou par haut pour faire » descendre cette liqueur, ou par bas pour la faire monter, et je me persuadai que c'était » la violence du vent qui faisait ces changements, faisant monter l'eau fort vite lorsqu'il » pressait le canal par le bas, et la faisant descendre lorsqu'il le pressait par le haut. » Après cela il diminua tellement de grosseur qu'il était plus menu que le bras, comme » un boyau qu'on allonge en le tirant perpendiculairement, ensuite il retourna gros » comme la cuisse, après il redevint fort menu, enfin je vis que l'eau élevée sur la superficie de la mer commençait à s'abaisser, et le bout du canal, qui lui touchait, s'en » sépara et s'étrécit, comme si on l'eût lié, et alors la lumière, qui nous parut par le » moyen d'un nuage qui se détourna, m'en ôta la vue ; je ne laissai pas de regarder encore quelque temps si je ne le reverrais point, parce que j'avais remarqué que par trois » ou quatre fois le canal de la seconde de ce même côté du midi nous avait paru se rompre » par le milieu, et incontinent après nous le revoyions entier, et ce n'était que la lumière » qui nous en cachait la moitié ; mais j'eus beau regarder avec toute l'attention possible, » je ne revis plus celui-ci, et il ne se fit plus de trombe, etc.

» Ces trombes sont fort dangereuses sur mer ; car si elles viennent sur un vaisseau, » elles se mêlent dans les voiles : en sorte que quelquefois elles l'enlèvent, et le laissant » ensuite retomber, elles le coulent à fond, et cela arrive particulièrement quand c'est un » petit vaisseau ou une barque ; tout au moins si elles n'enlèvent pas un vaisseau, elles » rompent toutes les voiles ou bien laissent tomber dedans toute l'eau qu'elles tiennent, » ce qui le fait souvent couler à fond. Je ne doute point que ce ne soit par de semblables » accidents que plusieurs des vaisseaux dont on n'a jamais eu de nouvelles ont été perdus, puisqu'il n'y a que trop d'exemples de ceux que l'on a su de certitude avoir péri » de cette manière. »

Je soupçonne qu'il y a plusieurs illusions d'optique dans les phénomènes que ce voyageur nous raconte ; mais j'ai été bien aise de rapporter les faits tels qu'il a cru les voir, afin qu'on puisse ou les vérifier, ou du moins les comparer avec ceux que rapportent les autres voyageurs. Voici la description qu'en donne Le Gentil dans son *Voyage autour du monde* : « A onze heures du matin, l'air étant chargé de nuages, nous vîmes autour de » notre vaisseau, à un quart de lieue environ de distance, six trombes de mer qui se

» formèrent avec un bruit sourd, semblable à celui que fait l'eau en coulant dans des ca-
» naux souterrains; ce bruit s'accrut peu à peu, et ressemblait au sifflement que font les
» cordages d'un vaisseau lorsqu'un vent impétueux s'y mêle. Nous remarquâmes d'abord
» l'eau qui bouillonnait et qui s'élevait au-dessus de la surface de la mer d'environ un
» pied et demi; il paraissait au-dessus de ce bouillonnement un brouillard, ou plutôt une
» fumée épaisse d'une couleur pâle, et cette fumée formait une espèce de canal qui montait
» à la nue.

» Les canaux ou manches de ces trombes se pliaient selon que le vent emportait les
» nues auxquelles ils étaient attachés, et malgré l'impulsion du vent, non seulement ils
» ne se détachaient pas, mais encore il semblait qu'ils allongeassent pour les suivre, en
» s'étrécissant et se grossissant à mesure que le nuage s'élevait ou se baissait.

» Ces phénomènes nous causèrent beaucoup de frayeur, et nos matelots, au lieu de
» s'enhardir, fomentaient leur peur par les contes qu'ils débitaient. Si ces trombes, di-
» saient-ils, viennent à tomber sur notre vaisseau elles l'enlèveront, et le laissant ensuite
» retomber, elles le submergeront; d'autres (et ceux-ci étaient les officiers) répondaient
» d'un ton décisif qu'elles n'enlèveraient pas le vaisseau, mais que venant à le rencon-
» trer sur leur route, cet obstacle romprait la communication qu'elles avaient avec l'eau
» de la mer, et qu'étant pleines d'eau, toute l'eau qu'elles renfermaient tomberait per-
» pendiculairement sur le tillac du vaisseau et le briserait.

» Pour prévenir ce malheur on amena les voiles et on chargea le canon, les gens de
» mer prétendant que le bruit du canon agitant l'air, fait crever les trombes et les dis-
» sipe; mais nous n'eûmes pas besoin de recourir à ce remède; quand elles eurent couru
» pendant dix minutes autour du vaisseau, les unes à un quart de lieue, les autres à une
» moindre distance, nous vîmes que les canaux s'étrécissaient peu à peu, qu'ils se déta-
» chèrent de la superficie de la mer, et qu'enfin ils se dissipèrent. » (T. Ier, p. 191.)

Il paraît, par la description que ces deux voyageurs donnent des trombes, qu'elles sont produites, au moins en partie, par l'action d'un feu ou d'une fumée qui s'élève du fond de la mer avec une grande violence, et qu'elles sont fort différentes de l'autre espèce de trombe qui est produite par l'action des vents contraires, et par la compression forcée et la résolution subite d'un ou de plusieurs nuages, comme le décrit M. Shaw (t. II. p. 56) : « Les trombes, dit-il, que j'ai eu occasion de voir m'ont paru autant de cylindres
» d'eau qui tombaient des nuées, quoique par la réflexion des colonnes qui descendent
» ou par les gouttes qui se détachent de l'eau qu'elles contiennent et qui tombent, il sem-
» ble quelquefois, surtout quand on en est à quelque distance, que l'eau s'élève de la mer
» en haut. Pour rendre raison de ce phénomène on peut supposer que les nuées étant as-
» semblées dans un même endroit par des vents opposés, ils les obligent, en les pressant
» avec violence, de se condenser et de descendre en tourbillons. »

Il reste beaucoup de faits à acquérir avant qu'on puisse donner une explication complète de ces phénomènes; il me paraît seulement que, s'il y a sous les eaux de la mer des terrains mêlés de soufre, de bitume et de minéraux, comme l'on n'en peut guère douter, on peut concevoir que, ces matières venant à s'enflammer, produisent une grande quantité d'air (a), comme en produit la poudre à canon; que cette quantité d'air, nouvellement généré et prodigieusement raréfié, s'échappe et monte avec rapidité, ce qui doit élever l'eau et peut produire ces trombes qui s'élèvent de la mer vers le ciel; et de même, si, par l'inflammation des matières sulfureuses que contient un nuage, il se forme un courant d'air qui descende perpendiculairement du nuage vers la mer, toutes les parties aqueuses que contient le nuage peuvent suivre le courant d'air et former une trombe qui tombe du ciel sur la mer; mais il faut avouer que l'explication de cette espèce de trombe

(a) Voyez l'*Analyse de l'air* de M. Hales, et le *Traité de l'artillerie* de M. Robins.

non plus que celle que nous avons donnée par le tournoiement des vents et la compression des nuages, ne satisfait pas encore à tout, car on aura raison de nous demander pourquoi l'on ne voit pas plus souvent sur la terre, comme sur la mer, de ces espèces de trombes qui tombent perpendiculairement des nuages.

L'*Histoire de l'Académie*, année 1727, fait mention d'une trombe de terre qui parut à Capestang près de Béziers : c'était une colonne assez noire qui descendait d'une nue jusqu'à terre, et diminuait toujours de largeur en approchant de la terre, où elle se terminait en pointe; elle obéissait au vent qui soufflait de l'ouest au sud-ouest; elle était accompagnée d'une espèce de fumée fort épaisse et d'un bruit pareil à celui d'une mer fort agitée, arrachant quantité de rejetons d'olivier, déracinant des arbres et jusqu'à un gros noyer, qu'elle transporta jusqu'à quarante ou cinquante pas, et marquant son chemin par une large trace bien battue où trois carrosses de front auraient passé; il parut une autre colonne de la même figure, mais qui se joignit bientôt à la première, et, après que le tout eut disparu, il tomba une grande quantité de grêle.

Cette espèce de trombe paraît être encore différente des deux autres; il n'est pas dit qu'elle contient de l'eau, et il semble, tant par ce que je viens d'en rapporter, que par l'explication qu'en a donnée M. Andoque lorsqu'il a fait part de l'observation de ce phénomène à l'Académie, que cette trombe n'était qu'un tourbillon de vent épaissi et rendu visible par la poussière et les vapeurs condensées qu'il contenait. (Voyez l'*Hist. de l'Acad.*, an. 1727, p. 4 et suiv.) Dans la même histoire, année 1741, il est parlé d'une trombe vue sur le lac de Genève : c'était une colonne dont la partie supérieure aboutissait à un nuage assez noir, et dont la partie inférieure, qui était plus étroite, se terminait un peu au-dessus de l'eau. Ce météore ne dura que quelques minutes, et dans le moment qu'il se dissipa on aperçut une vapeur épaisse qui montait de l'endroit où il avait paru, et là même les eaux du lac bouillonnaient et semblaient faire effort pour s'élever. L'air était fort calme pendant le temps que parut cette trombe, et lorsqu'elle se dissipa il ne ne s'ensuivit ni vent ni pluie. « Avec tout ce que nous savons déjà, dit l'historien de l'Académie, sur les trombes marines, ne serait-ce pas une preuve de plus qu'elles ne se forment point par le seul conflit des vents, et qu'elles sont presque toujours produites par quelque éruption de vapeurs souterraines, ou même de volcans, dont on sait d'ailleurs que le fond de la mer n'est pas exempt? Les tourbillons d'air et les ouragans, qu'on croit communément être la cause de ces sortes de phénomènes, pourraient donc bien n'en être que l'effet ou une suite accidentelle. » (Voyez l'*Hist. de l'Acad.*, an. 1741, p. 20.)

ARTICLE XVI

DES VOLCANS ET DES TREMBLEMENTS DE TERRE

Les montagnes ardentes, qu'on appelle volcans, renferment dans leur sein le soufre, le bitume et les matières qui servent d'aliment à un feu souterrain, dont l'effet, plus violent que celui de la poudre ou du tonnerre, a de tout temps étonné, effrayé les hommes, et désolé la terre : un volcan est un canon d'un volume immense, dont l'ouverture a souvent plus d'une demi-lieue; cette large bouche à feu vomit des torrents de fumée et de flammes, des fleuves de bitume, de soufre et de métal fondu, des nuées de cendres et de pierres, et quelquefois elle lance à plusieurs lieues de distance des masses de rochers énormes, et que toutes les forces humaines réunies ne pourraient pas mettre en mouvement; l'embrasement est si terrible, et la quantité des matières ardentes, fondues, calcinées, vitrifiées, que la montagne rejette est si abondante qu'elles enterrent les villes, les forêts, couvrent les campagnes de cent et de deux cents pieds d'épaisseur, et forment quelquefois des collines et des montagnes qui ne sont que des monceaux de ces matières entassées. L'action de ce feu est si grande, la force de l'explosion est si violente qu'elle produit par sa réaction des secousses assez fortes pour ébranler et faire trembler la terre, agiter la mer, renverser les montagnes, détruire les villes et les édifices les plus solides à des distances même très considérables.

Ces effets, quoique naturels, ont été regardés comme des prodiges, et quoiqu'on voie en petit des effets du feu assez semblables à ceux des volcans, le grand, de quelque nature qu'il soit, a si fort le droit de nous étonner que je ne suis pas surpris que quelques auteurs aient pris ces montagnes pour les soupiraux d'un feu central, et le peuple pour les bouches de l'enfer. L'étonnement produit la crainte, et la crainte fait naître la superstition : les habitants de l'île d'Islande croient que les mugissements de leur volcan sont les cris des damnés, et que ses éruptions sont les effets de la fureur et du désespoir de ces malheureux.

Tout cela n'est cependant que du bruit, du feu et de la fumée : il se trouve dans une montagne des veines de soufre, de bitume et d'autres matières inflammables; il s'y trouve en même temps des minéraux, des pyrites qui peuvent fermenter, et qui fermentent en effet toutes les fois qu'elles sont exposées à l'air ou à l'humidité; il s'en trouve ensemble une très grande quantité, le feu s'y met et cause une explosion proportionnée à la quantité des matières enflammées, et dont les effets sont aussi plus ou moins grands dans la même proportion; voilà ce que c'est qu'un volcan pour un physicien, et il lui est facile d'imiter l'action de ces feux souterrains, en mêlant ensemble une certaine quantité de soufre et de limaille de fer qu'on enterre à une certaine profondeur, et de faire ainsi un petit volcan dont les effets sont les mêmes, proportion gardée, que ceux des grands, car il s'enflamme par la seule fermentation, il jette la terre et les pierres dont il est couvert, et il fait de la fumée, de la flamme et des explosions.

Il y a en Europe trois fameux volcans, le mont Etna en Sicile, le mont Hécla en Islande, et le mont Vésuve en Italie près de Naples. Le mont Etna brûle depuis un temps immémorial, ses éruptions sont très violentes, et les matières qu'il rejette si abondantes qu'on peut y creuser jusqu'à 68 pieds de profondeur, où l'on a trouvé des pavés de marbre et des vestiges d'une ancienne ville qui a été couverte et enterrée sous cette épaisseur de terre rejetée, de la même façon que la ville d'Héraclée a été couverte par les matières rejetées du Vésuve. Il s'est formé de nouvelles bouches de feu dans l'Etna en 1650, 1669 et en d'autres temps : on voit les flammes et les fumées de ce volcan depuis Malte, qui en est à 60 lieues; il s'en élève continuellement de la fumée, et il y a des temps où cette montagne ardente vomit avec impétuosité des flammes et des matières de toute espèce. En 1537, il y eut une éruption de ce volcan qui causa un tremblement de terre dans toute la Sicile pendant douze jours, et qui renversa un très grand nombre de maisons et d'édifices; il ne cessa que par l'ouverture d'une nouvelle bouche à feu qui brûla tout à cinq lieues aux environs de la montagne; les cendres rejetées par le volcan étaient si abondantes et lancées avec tant de force, qu'elles furent portées jusqu'en Italie, et des vaisseaux qui étaient éloignés de la Sicile en furent incommodés. Farelli décrit fort au long les embrasements de cette montagne, dont il dit que le pied a 100 lieues de circuit.

Ce volcan a maintenant deux bouches principales : l'une est plus étroite que l'autre; ces deux ouvertures fument toujours, mais on n'y voit jamais de feu que dans le temps des éruptions; on prétend qu'on a trouvé des pierres qu'il a lancées jusqu'à soixante mille pas.

En 1683, il arriva un terrible tremblement en Sicile, causé par une violente éruption de ce volcan; il détruisit entièrement la ville de Catanéa et fit périr plus de 60,000 personnes dans cette ville seule, sans compter ceux qui périrent dans les autres villes et villages voisins.

L'Hécla lance ses feux à travers les glaces et les neiges d'une terre gelée; ses éruptions sont cependant aussi violentes que celles de l'Etna et des autres volcans des pays méridionaux. Il jette beaucoup de cendres, des pierres ponces, et quelquefois, dit-on, de l'eau bouillante; on ne peut pas habiter à six lieues de distance de ce volcan, et toute l'île d'Islande est fort abondante en soufre. On peut voir l'histoire des violentes éruptions de l'Hécla dans Dithmar Bleffken.

Le mont Vésuve, à ce que disent les historiens, n'a pas toujours brûlé, et il n'a commencé que du temps du septième consulat de Tite Vespasien et de Flavius Domitien : le sommet s'étant ouvert, ce volcan rejeta d'abord des pierres et des rochers, et ensuite du feu et des flammes en si grande abondance, qu'elles brûlèrent deux villes voisines, et des fumées si épaisses qu'elles obscurcissaient la lumière du soleil. Pline, voulant considérer cet incendie de trop près, fut étouffé par la fumée. (Voyez l'*Épître* de Pline le jeune à Tacite.) Dion Cassius rapporte que cette éruption du Vésuve fut si violente, qu'il jeta des cendres et des fumées sulfureuses en si grande quantité et avec tant de force, qu'elles furent portées jusqu'à Rome, et même, au delà de la mer Méditerranée, en Afrique et en Égypte. L'une des deux villes, qui fut couverte des matières rejetées par ce premier incendie du Vésuve, est celle d'Héraclée, qu'on a retrouvée dans ces derniers temps à plus de 60 pieds de profondeur sous ces matières, dont la surface était devenue, par la succession du temps, une terre labourable et cultivée. La relation de la découverte d'Héraclée est entre les mains de tout le monde : il serait seulement à désirer que quelqu'un, versé dans l'histoire naturelle et la physique, prît la peine d'examiner les différentes matières qui composent cette épaisseur de terrain de 60 pieds, qu'il fît en même temps attention à la disposition et à la situation de ces mêmes matières, aux altérations qu'elles ont produites ou souffertes elles-mêmes, à la direction qu'elles ont suivie, à la dureté qu'elles ont acquise, etc.

Il y a apparence que Naples est situé sur un terrain creux et rempli de minéraux brûlants, puisque le Vésuve et la Solfatare semblent avoir des communications intérieures; car, quand le Vésuve brûle, la Solfatare jette des flammes, et lorsqu'il cesse la Solfatare cesse aussi. La ville de Naples est à peu près à égale distance entre les deux.

Une des dernières et des plus violentes éruptions du Vésuve a été celle de l'année 1737; la montagne vomissait par plusieurs bouches de gros torrents de matières métalliques fondues et ardentes qui se répandaient dans la campagne et s'allaient jeter dans la mer. M. de Montealègre, qui communiqua cette relation à l'Académie des sciences, observa avec horreur un de ces fleuves de feu, et vit que son cours était de 6 ou 7 milles depuis sa source jusqu'à la mer, sa largeur de 50 ou 60 pas, sa profondeur de 25 ou 30 palmes, et dans certains fonds ou vallées de 120; la matière qu'il roulait était semblable à l'écume qui sort du fourneau d'une forge, etc. (Voyez l'*Hist. de l'Acad.*, an. 1737, p. 7 et 8.)

En Asie, surtout dans les îles de l'Océan Indien, il y a un grand nombre de volcans : l'un des plus fameux est le mont Albours auprès du mont Taurus à 8 lieues de Hérat; son sommet fume continuellement, et il jette fréquemment des flammes et d'autres matières en si grande abondance que toute la campagne aux environs est couverte de cendres. Dans l'île de Ternate, il y a un volcan qui rejette beaucoup de matière semblable à la pierre ponce. Quelques voyageurs prétendent que ce volcan est plus enflammé et plus furieux dans le temps des équinoxes que dans les autres saisons de l'année, parce qu'il règne alors de certains vents qui contribuent à embraser la matière qui nourrit ce feu depuis tant d'années. (Voyez les *Voyages d'Argensola*, t. Ier, p. 21.) L'île de Ternate n'a que sept lieues de tour et n'est qu'un sommet de montagne; on monte toujours depuis le rivage jusqu'au milieu de l'île, où le volcan s'élève à une hauteur très considérable et à

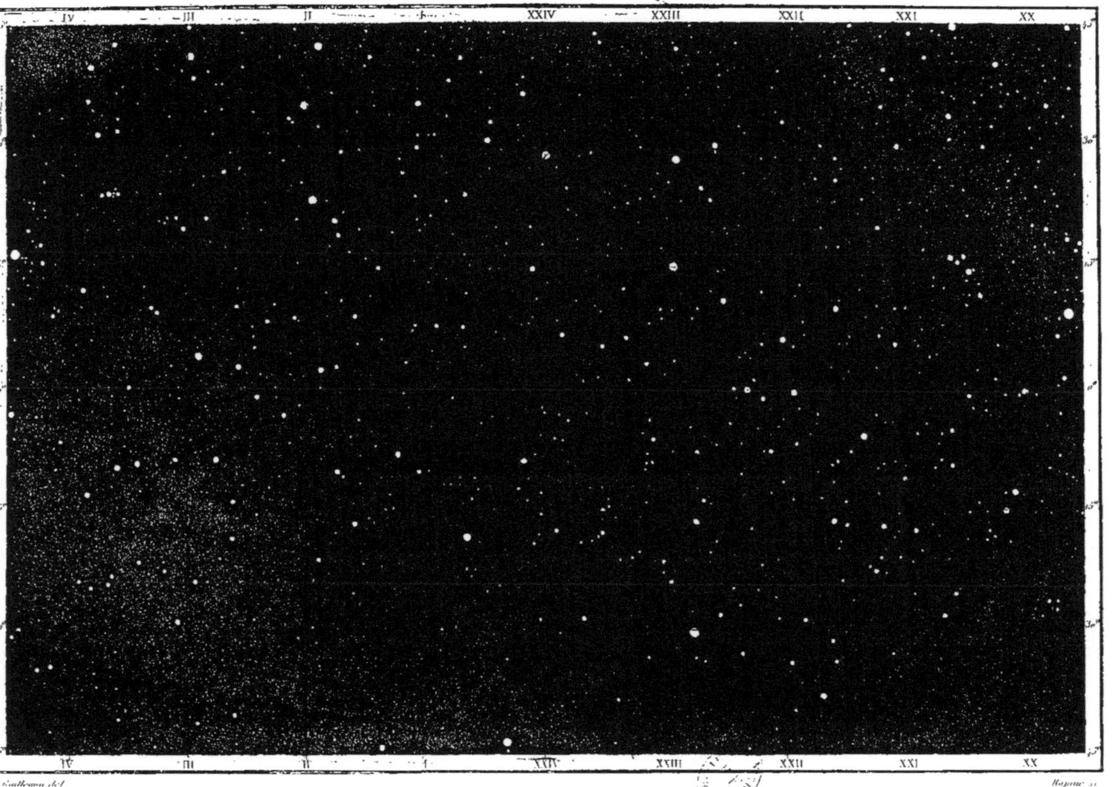

F. Guillemin del. — Rapine sc.

CONSTELLATIONS CÉLESTES

Étoiles de la Zône Équatoriale

Équinoxe d'Automne (Minuit)

A. Le Vasseur, Editeur — Imp. R. Taneur

laquelle il est très difficile de parvenir. Il coule plusieurs ruisseaux d'eau douce qui descendent sur la croupe de cette même montagne, et, lorsque l'air est calme et que la saison est douce, ce gouffre embrasé est dans une moindre agitation que quand il fait des grands vents et des orages. (Voyez le *Voyage* de Schouten.) Ceci confirme ce que j'ai dit dans le *Discours* précédent, et semble prouver évidemment que le feu qui consume les volcans ne vient pas de la profondeur de la montagne, mais du sommet, ou du moins d'une profondeur assez petite, et que le foyer de l'embrasement n'est pas éloigné du sommet du volcan; car, si cela n'était pas ainsi, les grands vents ne pourraient pas contribuer à leur embrasement. Il y a quelques autres volcans dans les Moluques. Dans l'une des îles Maurice, à 70 lieues des Moluques, il y a un volcan dont les effets sont aussi violents que ceux de la montagne de Ternate. L'île de Sorca, l'une des Moluques, était autrefois habitée; il y avait au milieu de cette île un volcan, qui était une montagne très élevée. En 1693, ce volcan vomit du bitume et des matières enflammées en si grande quantité qu'il se forma un lac ardent qui s'étendit peu à peu, et toute l'île fut abîmée et disparut. (Voyez *Trans. Phil. Abr.*, v. II, p. 391.) Au Japon, il y a aussi plusieurs volcans, et dans les îles voisines du Japon les navigateurs ont remarqué plusieurs montagnes dont les sommets jettent des flammes pendant la nuit et de la fumée pendant le jour. Aux îles Philippines, il y a aussi plusieurs montagnes ardentes. Un des plus fameux volcans des îles de l'Océan Indien, et en même temps un des plus nouveaux, est celui qui est près de la ville de Panarucan, dans l'île de Java; il s'est ouvert en 1586; on n'avait pas mémoire qu'il eût brûlé auparavant, et à la première éruption il poussa une énorme quantité de soufre, de bitume et de pierres. La même année, le mont Gounapi, dans l'île de Banda, qui brûlait seulement depuis dix-sept ans, s'ouvrit et vomit avec un bruit affreux des rochers et des matières de toute espèce. Il y a encore quelques autres volcans dans les Indes, comme à Sumatra et dans le nord de l'Asie au delà du fleuve Jéniscéa et de la rivière de Pésida; mais ces deux derniers volcans ne sont pas bien reconnus.

En Afrique, il y a une montagne, ou plutôt une caverne appelée Beni-Guazeval, auprès de Fez, qui jette toujours de la fumée et quelquefois des flammes. L'une des îles du cap Vert, appelée l'île de Fuogue, n'est qu'une grosse montagne qui brûle continuellement; ce volcan rejette, comme les autres, beaucoup de cendres et de pierres; et les Portugais, qui ont plusieurs fois tenté de faire des habitations dans cette île, ont été contraints d'abandonner leur projet par la crainte des effets du volcan. Aux Canaries, le pic de Ténériffe, autrement appelé la montagne de Teyde, qui passe pour être l'une des plus hautes montagnes de la terre, jette du feu, des cendres et de grosses pierres; du sommet coulent des ruisseaux de soufre fondu, du côté du sud, à travers les neiges; ce soufre se coagule bientôt et forme des veines dans la neige, qu'on peut distinguer de fort loin.

En Amérique, il y a un grand nombre de volcans, et surtout dans les montagnes du Pérou et du Mexique : celui d'Aréquipa est un des plus fameux; il cause souvent des tremblements de terre, plus communs dans le Pérou que dans aucun autre pays du monde. Le volcan de Carrapa et celui de Malahallo sont, au rapport des voyageurs, les plus considérables après celui d'Aréquipa; mais il y en a beaucoup d'autres dont on n'a pas une connaissance exacte. M. Bouguer, dans la relation qu'il a donnée de son voyage au Pérou dans le volume des *Mémoires* de l'Académie de l'année 1744, fait mention de deux volcans, l'un appelé Cotopaxi, et l'autre Pichincha; le premier est à quelque distance, et l'autre est très voisin de la ville de Quito : il a même été témoin d'un incendie du Cotopaxi, en 1742, et de l'ouverture qui se fit dans cette montagne d'une nouvelle bouche à feu. Cette éruption ne fit cependant d'autre mal que celui de fondre les neiges de la montagne et de produire ainsi des torrents d'eau si abondants, qu'en moins de trois heures ils inondèrent un pays de 18 lieues d'étendue, et renversèrent tout ce qui se trouva sur leur passage.

Au Mexique, il y a plusieurs volcans dont les plus considérables sont Popochampèche et Popocatepec : ce fut auprès de ce dernier volcan que Cortès passa pour aller au Mexique, et il y eut des Espagnols qui montèrent jusqu'au sommet, où ils virent la bouche du volcan, qui a environ une demi-lieue de tour. On trouve aussi de ces montagnes de soufre à la Guadeloupe, à Tercère et dans les autres îles des Açores; et, si on voulait mettre au nombre des volcans toutes les montagnes qui fument ou desquelles il s'élève même des flammes, on pourrait en compter plus de soixante; mais nous n'avons parlé que de ces volcans redoutables auprès desquels on n'ose habiter, et qui rejettent des pierres et des matières minérales à une grande distance.

Ces volcans, qui sont en si grand nombre dans les Cordillères, causent, comme je l'ai dit, des tremblements de terre presque continuels, ce qui empêche qu'on y bâtisse avec de la pierre au-dessus du premier étage; et, pour ne pas risquer d'être écrasés, les habitants de ces parties du Pérou ne construisent les étages supérieurs de leurs maisons qu'avec des roseaux et du bois léger. Il y a aussi dans ces montagnes plusieurs précipices et de larges ouvertures dont les parois sont noires et brûlées, comme dans le précipice du mont Ararat en Arménie, qu'on appelle l'Abîme : ces abîmes sont les bouches des anciens volcans qui se sont éteints.

Il y a eu dernièrement un tremblement de terre à Lima, dont les effets ont été terribles : la ville de Lima et le port de Callao ont été presque entièrement abîmés, mais le mal a encore été plus considérable au Callao. La mer a couvert de ses eaux tous les édifices, et par conséquent noyé tous les habitants, il n'est resté qu'une tour; de vingt-cinq vaisseaux qu'il y avait dans ce port, il y en a eu quatre qui ont été portés à une lieue dans les terres, et le reste a été englouti par la mer. A Lima, qui est une très grande ville, il n'est resté que vingt-sept maisons sur pied; il y a eu un grand nombre de personnes qui ont été écrasées, surtout des moines et des religieuses, parce que leurs édifices sont plus exhaussés, et qu'ils sont construits de matières plus solides que les autres maisons : ce malheur est arrivé dans le mois d'octobre 1746, pendant la nuit; la secousse a duré quinze minutes.

Il y avait autrefois, près du port de Pisco au Pérou, une ville célèbre située sur le rivage de la mer; mais elle fut presque entièrement ruinée et désolée par le tremblement de terre qui arriva le 19 octobre 1682; car la mer, ayant quitté ses bornes ordinaires, engloutit cette ville malheureuse, qu'on a tâché de rétablir un peu plus loin à un bon quart de lieue de la mer.

Si l'on consulte les historiens et les voyageurs, on y trouvera des relations de plusieurs tremblements de terre et d'éruptions de volcans, dont les effets ont été aussi terribles que ceux que nous venons de rapporter. Posidonius, cité par Strabon dans son premier livre, rapporte qu'il y avait une ville en Phénicie située auprès de Sidon, qui fut engloutie par un tremblement de terre, et avec elle le territoire voisin et les deux tiers même de la ville de Sidon, et que cet effet ne se fit pas subitement, de sorte qu'il donna le temps à la plupart des habitants de fuir; que ce tremblement s'étendit presque par toute la Syrie et jusqu'aux îles Cyclades, et en Eubée où les fontaines d'Aréthuse tarirent tout à coup et ne reparurent que plusieurs jours après par de nouvelles sources éloignées des anciennes, et ce tremblement ne cessa pas d'agiter l'île tantôt dans un endroit, tantôt dans un autre, jusqu'à ce que la terre se fût ouverte dans la campagne de Lépante et et qu'elle eût rejeté une grande quantité de terre et de matières enflammées. Pline, dans son premier livre, ch. LXXXIV, rapporte que, sous le règne de Tibère, il arriva un tremblement de terre qui renversa douze villes d'Asie; et, dans son second livre, ch. LXXXIII, il fait mention dans les termes suivants d'un prodige causé par un tremblement de terre : *Factum est semel (quod equidem in Etruscæ disciplinæ voluminibus inveni) ingens terrarum portentum Lucio Marco, Sex. Julio Coss. in agro Mutinensi. Namque montes duo in-*

ter se concurrerunt crepitu maxima adsultantes, recedentesque inter eos flamma, fumoque in cœlum exeunte interdiu, spectante e via Æmilia magna equitum Romanorum, familiarumque et viatorum multitudine. Eo concursu villæ omnes elisæ, animalia permulta, quæ intra fuerant, exanimata sunt, etc. Saint Augustin, lib. II, *de Miraculis*, cap. III, dit que, par un très grand tremblement de terre, il y eut cent villes renversées dans la Libye. Du temps de Trajan, la ville d'Antioche et une grande partie du pays adjacent furent abîmées par un tremblement de terre; et du temps de Justinien, en 528, cette ville fut une seconde fois détruite par la même cause avec plus de 40,000 de ses habitants; et 60 ans après, du temps de saint Grégoire, elle essuya un troisième tremblement avec perte de 60,000 de ses habitants. Du temps de Saladin, en 1182, la plupart des villes de Syrie et du royaume de Jérusalem furent détruites par la même cause. Dans la Pouille et dans la Calabre, il est arrivé plus de tremblements de terre qu'en aucune autre partie de l'Europe. Du temps du pape Pie II, toutes les églises et les palais de Naples furent renversés, et il y eut près de 30,000 personnes de tuées, et tous les habitants qui restèrent furent obligés de demeurer sous des tentes jusqu'à ce qu'ils eussent rétabli leurs maisons. En 1629, il y eut des tremblements de terre dans la Pouille qui firent périr 7,000 personnes; et, en 1638, la ville de Sainte-Euphémie fut engloutie, et il n'est resté en sa place qu'un lac de fort mauvaise odeur. Raguse et Smyrne furent aussi presque entièrement détruites. Il y eut, en 1692, un tremblement de terre qui s'étendit en Angleterre, en Hollande, en Flandre, en Allemagne, en France, et qui se fit sentir principalement sur les côtes de la mer et auprès des grandes rivières; il ébranla au moins 2,600 lieues carrées; il ne dura que deux minutes : le mouvement était plus considérable dans les montagnes que dans les vallées. (Voyez *Ray's Discourses*, p. 272.) En 1688, le 10e de juillet, il y eut un tremblement de terre à Smyrne qui commença par un mouvement d'occident en orient; le château fut renversé d'abord, ses quatre murs s'étant entr'ouverts et enfoncés de six pieds dans la mer; ce château, qui était un isthme, est à présent une véritable île éloignée de la terre d'environ 100 pas, dans l'endroit où la langue de terre a manqué; les murs qui étaient du couchant au levant sont tombés, ceux qui allaient du nord au sud sont restés sur pied; la ville, qui est à dix milles du château, fut renversée presque aussitôt; on vit en plusieurs endroits des ouvertures à la terre, on entendit divers bruits souterrains, il y eut de cette manière cinq ou six secousses jusqu'à la nuit, la première dura environ une demi-minute; les vaisseaux qui étaient à la rade furent agités, le terrain de la ville a baissé de deux pieds; il n'est resté qu'environ le quart de la ville, et principalement les maisons qui étaient sur des rochers; on a compté 15 ou 20 mille personnes accablées par ce tremblement de terre. (Voyez l'*Hist. de l'Acad. des Sciences*, an. 1688.) En 1695, dans un tremblement de terre qui se fit sentir à Bologne en Italie, on remarqua comme une chose particulière que les eaux devinrent troubles un jour auparavant. (Voyez l'*Hist. de l'Acad.*, an. 1696.)

« Il se fit un si grand tremblement de terre à Tercère, le 4 mai 1614, qu'il renversa en » la ville d'Angra onze églises et neuf chapelles sans les maisons particulières, et, en la » ville de Praya, il fut si effroyable, qu'il n'y demeura presque pas une maison de» bout; et, le 16 juin 1628, il y eut un si horrible tremblement dans l'île de Saint» Michel, que proche de là la mer s'ouvrit et fit sortir de son sein, en un lieu où il y » avait plus de 150 toises d'eau, une île qui avait plus d'une lieue et demie de long et » plus de 60 toises de haut. » (Voyez les *Voyages* de Mandelslo.) « Il s'en était fait un autre » en 1591, qui commença le 26 de juillet et dura dans l'île de Saint-Michel jusqu'au 12 du » mois suivant; Tercère et Fayal furent agitées le lendemain avec tant de violence qu'elles » paraissaient tourner; mais ces affreuses secousses n'y recommencèrent que quatre fois, » tandis qu'à Saint-Michel elles ne cessèrent point un moment pendant plus de quinze » jours; les insulaires, ayant abandonné leurs maisons qui tombaient d'elles-mêmes à

» leurs yeux, passèrent tout ce temps exposés aux injures de l'air. Une ville entière, nommée » *Villa-Franca*, fut renversée jusqu'aux fondements, et la plupart de ses habitants » écrasés sous les ruines. Dans plusieurs endroits, les plaines s'élevèrent en collines, et » dans d'autres quelques montagnes s'aplanirent ou changèrent de situation ; il sortit de » de la terre une source d'eau vive qui coula pendant quatre jours et qui parut ensuite » sécher tout d'un coup ; l'air et la mer, encore plus agités, retentissaient d'un bruit » qu'on aurait pris pour le mugissement de quantité de bêtes féroces ; plusieurs personnes » mouraient d'effroi ; il n'y eut point de vaisseaux dans les ports mêmes qui ne souffrissent » des atteintes dangereuses, et ceux qui étaient à l'ancre ou à la voile, à 20 lieues aux envi- » rons des îles, furent encore plus maltraités. Les tremblements de terre sont fréquents aux » Açores : vingt ans auparavant, il en était arrivé un dans l'île de Saint-Michel, qui avait » renversé une montagne fort haute. » (Voyez *Hist. génér. des voyag.*, t. Ier, p. 325.) » Il » s'en fit un à Manille au mois de septembre 1627, qui aplanit une des deux montagnes » qu'on appelle *Carvallos*, dans la province de Cagayan : en 1645, la troisième partie de » la ville fut ruinée par un pareil accident, et trois cents personnes y périrent ; l'année » suivante, elle en souffrit encore un autre ; les vieux Indiens disent qu'ils étaient autre- » fois plus terribles, et qu'à cause de cela on ne bâtissait les maisons que de bois, ce » que font aussi les Espagnols, depuis le premier étage.

» La quantité de volcans qui se trouvent dans l'île confirme ce qu'on a dit jusqu'à » présent, parce qu'en certains temps ils vomissent des flammes, ébranlent la terre et font » tous ces effets que Pline attribue à ceux d'Italie, c'est-à-dire de faire changer de lit aux » rivières et retirer les mers voisines, de remplir de cendres tous les environs, et d'envoyer » des pierres fort loin avec un bruit semblable à celui du canon. » (Voyez le *Voyage* de Gemelli Careri, p. 129.)

« L'an 1646, la montagne de l'île de Machian se fendit avec des bruits et un fracas » épouvantables, par un terrible tremblement de terre, accident qui est fort ordinaire en » ces pays-là ; il sortit tant de feux par cette fente qu'ils consumèrent plusieurs négreries » avec les habitants et tout ce qui y était ; on voyait encore, l'an 1685, cette prodigieuse » fente, et apparemment elle subsiste toujours ; on la nommait l'ornière de Machian, parce » qu'elle descendait du haut au bas de la montagne comme un chemin qui y aurait été » creusé, mais qui de loin ne paraissait être qu'une ornière. » (Voyez l'*Histoire de la Conquête des Moluques*, t. III, p. 318.)

L'*Histoire de l'Académie* fait mention, dans les termes suivants, des tremblements de terre qui se sont faits en Italie en 1702 et 1703 : « Les tremblements commencèrent en » Italie au mois d'octobre 1702, et continuèrent jusqu'au mois de juillet 1703 ; les pays » qui en ont le plus souffert, et qui sont aussi ceux par où ils commencèrent, sont la ville » de Norcia avec ses dépendances, dans l'État ecclésiastique et la province de l'Abruzze : » ces pays sont contigus et situés au pied de l'Apennin du côté du midi.

» Souvent les tremblements ont été accompagnés de bruits épouvantables dans l'air, » et souvent aussi on a entendu ces bruits sans qu'il y ait eu de tremblements, le ciel » étant même fort serein. Le tremblement du 2 février 1703, qui fut le plus violent de » tous, fut accompagné, du moins à Rome, d'une grande sérénité du ciel et un grand » calme dans l'air ; il dura à Rome une demi-minute, et à Aquila, capitale de l'Abruzze, » trois heures. Il ruina toute la ville d'Aquila, ensevelit 5,000 personnes sous les ruines, » et fit un grand ravage dans les environs.

» Communément les balancements de la terre ont été du nord au sud, ou à peu près, » ce qui a été remarqué par le mouvement des lampes des églises.

» Il s'est fait dans un champ deux ouvertures, d'où il est sorti avec violence une grande » quantité de pierres qui l'ont entièrement couvert et rendu stérile ; après les pierres, il » s'élança de ces ouvertures deux jets d'eau qui surpassaient beaucoup en hauteur les

» arbres de cette campagne, qui durèrent un quart d'heure et inondèrent jusqu'aux campagnes voisines : cette eau est blanchâtre, semblable à l'eau de savon, et n'a aucun » goût.

» Une montagne qui est près de Sigillo, bourg éloigné d'Aquila de vingt-deux milles, » avait sur son sommet une plaine assez grande environnée de rochers qui lui servaient » comme de murailles. Depuis le tremblement du 2 février, il s'est fait à la place de cette » plaine un gouffre de largeur inégale, dont le plus grand diamètre est de 25 toises, et le » moindre de 20 : on n'a pu en trouver le fond, quoiqu'on ait été jusqu'à 300 toises. Dans » le temps que se fit cette ouverture, on en vit sortir des flammes, et ensuite une très » grosse fumée qui dura trois jours avec quelques interruptions.

» A Gênes, le 1er et le 2 juillet 1703, il y eut deux petits tremblements; le dernier ne » fut senti que par des gens qui travaillaient sur le môle; en même temps, la mer dans le » port s'abaissa de six pieds, en sorte que les galères touchèrent le fond, et cette basse » mer dura près d'un quart d'heure.

» L'eau soufrée, qui est dans le chemin de Rome à Tivoli, s'est diminuée de deux pieds » et demi de hauteur, tant dans le bassin que dans le fossé. En plusieurs endroits de la » plaine appelée le Testine, il y avait des sources et des ruisseaux d'eau qui formaient » des marais impraticables; tout s'est séché. L'eau du lac appelé l'Enfer a diminué aussi » de trois pieds en hauteur; à la place des anciennes sources qui ont tari, il en est sorti » de nouvelles environ à une lieue des premières, en sorte qu'il y a apparence que ce sont » les mêmes eaux qui ont changé de route. » (Page 10, année 1704.)

Le même tremblement de terre, qui en 1538 forma le Monte di Cenere auprès de Pouzzoles, remplit en même temps le lac Lucrin de pierres, de terres et de cendres; de sorte qu'actuellement ce lac est un terrain marécageux. (Voyez *Ray's Discourses*, p. 12.)

Il y a des tremblements de terre qui se font sentir au loin dans la mer. M. Shaw rapporte qu'en 1724, étant à bord de *la Gazelle*, vaisseau algérien de 50 canons, on sentit trois violentes secousses l'une après l'autre, comme si à chaque fois on avait jeté d'un endroit fort élevé un poids de 20 ou 30 tonneaux sur le lest; cela arriva dans un endroit de la Méditerranée où il y avait plus de 200 brasses d'eau; il rapporte aussi que d'autres avaient senti des tremblements de terre bien plus considérables en d'autres endroits et un entre autres à 40 lieues ouest de Lisbonne. (Voyez les *Voyages* de Shaw, v. 1er, p. 303.)

Schouten, en parlant d'un tremblement de terre qui se fit aux îles Moluques, dit que les montagnes furent ébranlées, et que les vaisseaux qui étaient à l'ancre sur 30 et 40 brasses se tourmentèrent comme s'ils se fussent donné des culées sur le rivage, sur des rochers ou sur des bancs. « L'expérience, continue-t-il, nous apprend tous les jours que » la même chose arrive en pleine mer où l'on ne trouve point de fond, et que, quand la » terre tremble, les vaisseaux viennent tout d'un coup à se tourmenter jusque dans les » endroits où la mer était tranquille. » (Voyez t. VI, p. 103.) Le Gentil, dans son *Voyage autour du Monde*, parle des tremblements de terre dont il a été témoin, dans les termes suivants : « J'ai, dit-il, fait quelques remarques sur ces tremblements de terre; la première est qu'une demi-heure avant que la terre s'agite, tous les animaux paraissent » saisis de frayeur : les chevaux hennissent, rompent leurs licols et fuient de l'écurie; les » chiens aboient, les oiseaux épouvantés et presque étourdis entrent dans les maisons, » les rats et les souris sortent de leurs trous, etc.; la seconde est que les vaisseaux qui » sont à l'ancre sont agités si violemment qu'il semble que toutes les parties dont ils sont » composés vont se désunir, les canons sautent sur leurs affûts, et les mâts par cette agitation rompent leurs haubans : c'est ce que j'aurais eu de la peine à croire si plusieurs » témoignages unanimes ne m'en avaient convaincu. Je conçois bien que le fond de la mer » est une continuation de la terre, que si cette terre est agitée elle communique son agitation aux eaux qu'elle porte; mais ce que je ne conçois pas, c'est ce mouvement irrégu-

» lier du vaisseau dont tous les membres et les parties prises séparément participent à » cette agitation, comme si tout le vaisseau faisait partie de la terre et qu'il ne nageât » pas dans une matière fluide; son mouvement devrait être tout au plus semblable à celui » qu'il éprouverait dans une tempête; d'ailleurs, dans l'occasion où je parle, la surface de » la mer était unie et ses flots n'étaient point élevés; toute l'agitation était intérieure, » parce que le vent ne se mêla point au tremblement de terre. La troisième remarque est » que si la caverne de la terre où le feu souterrain est renfermé va du septentrion au » midi, et si la ville est pareillement située dans sa longueur du septentrion au midi, » toutes les maisons sont renversées, au lieu que si cette veine ou caverne fait son effet » en prenant la ville par sa largeur, le tremblement de terre fait moins de ravages, etc. » (Voyez le *Nouveau Voyage autour du Monde* de M. Le Gentil, t. Ier, p. 172 et suiv.)

Il arrive que dans les pays sujets au tremblement de terre, lorsqu'il se fait un nouveau volcan, les tremblements de terre finissent et ne se font sentir que dans les éruptions violentes du volcan, comme on l'a observé dans l'île Saint-Christophe. (Voyez *Phil. Trans. Abr.*, v. II, p. 392.)

Ces énormes ravages, produits par les tremblements de terre, ont fait croire à quelques naturalistes que les montagnes et les inégalités de la surface du globe n'étaient que le résultat des effets de l'action des feux souterrains, et que toutes les irrégularités que nous remarquons sur la terre devaient être attribuées à ces secousses violentes et aux bouleversements qu'elles ont produits; c'est, par exemple, le sentiment de Ray : il croit que toutes les montagnes ont été formées par des tremblements de terre ou par l'explosion des volcans, comme le mont di Cenere, l'Ile Nouvelle, près de Santorin, etc.; mais il n'a pas pris garde que ces petites élévations, formées par l'éruption d'un volcan ou par l'action d'un tremblement de terre, ne sont pas intérieurement composées de couches horizontales, comme le sont toutes les autres montagnes; car, en fouillant dans le mont di Cenere, on trouve les pierres calcinées, les cendres, les terres brûlées, le mâchefer, les pierres ponces, tous mêlés et confondus comme dans un monceau de décombres. D'ailleurs, si les tremblements de terre et les feux souterrains eussent produit les grandes montagnes de la terre, comme les Cordillères, le mont Taurus, les Alpes, etc., la force prodigieuse qui aurait élevé ces masses énormes aurait en même temps détruit une grande partie de la surface du globe, et l'effet du tremblement aurait été d'une violence inconcevable, puisque les plus fameux tremblements de terre dont l'histoire fasse mention n'ont pas eu assez de force pour élever des montagnes : par exemple, il y eut du temps de Valentinien Ier un tremblement de terre qui se fit sentir dans tout le monde connu, comme le rapporte Ammien Marcellin (lib. XXVI, cap. XIV), et cependant il n'y eut aucune montagne élevée par ce grand tremblement.

Il est cependant vrai qu'en calculant on pourrait trouver qu'un tremblement de terre assez violent pour élever les plus hautes montagnes ne le serait pas assez pour déplacer le reste du globe.

Car supposons pour un instant que la chaîne des hautes montagnes qui traverse l'Amérique méridionale, depuis la pointe des terres Magellaniques jusqu'aux montagnes de la Nouvelle-Grenade et au golfe de Darien, ait été élevée tout à la fois et produite par un tremblement de terre, et voyons par le calcul l'effet de cette explosion. Cette chaîne de montagnes a environ 1,700 lieues de longueur et communément 40 lieues de largeur, y compris les Sierras, qui sont des montagnes moins élevées que les Andes; la surface de ce terrain est donc de 68,000 lieues carrées; je suppose que l'épaisseur de la matière déplacée par le tremblement est d'une lieue, c'est-à-dire que la hauteur moyenne de ces montagnes, prise du sommet jusqu'au pied, ou plutôt jusqu'aux cavernes qui dans cette hypothèse doivent les supporter, n'est que d'une lieue, ce qu'on m'accordera facilement, alors je dis que la force de l'explosion ou du tremblement de terre aura élevé, à une lieue de hauteur, une quantité de terre égale à 68,000 lieues cubiques : or, l'action étant égale à la réaction, cette explosion aura communiqué au reste du globe la même quantité de mouvement; mais le globe entier est de 12,310,523,801 lieues cubiques, dont, ôtant 68,000, il reste 12,310,455,801 lieues cubiques dont la quantité de mouvement aura été égale à celle de 68,000 lieues cubiques élevées à une lieue; d'où l'on voit que la force, qui aura été assez grande pour déplacer 68,000 lieues cubiques et les pousser à une lieue, n'aura pas déplacé d'un pouce le reste du globe.

Il n'y aurait donc pas d'impossibilité absolue à supposer que les montagnes ont été élevées par des tremblements de terre, si leur composition intérieure aussi bien que leur forme extérieure n'étaient pas évidemment l'ouvrage des eaux de la mer. L'intérieur est composé de couches régulières et parallèles remplies de coquilles; l'extérieur a une figure dont les angles sont partout correspondants : est-il croyable que cette composition uniforme et cette forme régulière aient été produites par des secousses irrégulières et des explosions subites?

Mais, comme cette opinion a prévalu chez quelques physiciens, et qu'il nous paraît que la nature et les effets des tremblements de terre ne sont pas bien entendus, nous croyons qu'il est nécessaire de donner sur cela quelques idées qui pourront servir à éclaircir cette matière.

La terre ayant subi de grands changements à sa surface, on trouve, même à des profondeurs considérables, des trous, des cavernes, des ruisseaux souterrains et des endroits vides qui se communiquent quelquefois par des fentes et des boyaux. Il y a de deux espèces de cavernes : les premières sont celles qui sont produites par l'action des feux souterrains et des volcans; l'action du feu soulève, ébranle et jette au loin les matières supérieures, et en même temps elle divise, fend et dérange celles qui sont à côté, et produit ainsi des cavernes, des grottes, des trous et des anfractuosités; mais cela ne se trouve ordinairement qu'aux environs des hautes montagnes où sont les volcans; et ces espèces de cavernes, produites par l'action du feu, sont plus rares que les cavernes de la seconde espèce, qui sont produites par les eaux. Nous avons vu que les différentes couches qui composent le globe terrestre à sa surface sont toutes interrompues par des fentes perpendiculaires dont nous expliquerons l'origine dans la suite. Les eaux des pluies et des vapeurs, en descendant par ces fentes perpendiculaires, se rassemblent sur la glaise et forment des sources et des ruisseaux; elles cherchent par leur mouvement naturel toutes les petites cavités et les petits vides, et elles tendent toujours à couler et à s'ouvrir des routes, jusqu'à ce qu'elles trouvent une issue; elles entraînent en même temps les sables, les terres, les graviers et les autres matières qu'elles peuvent diviser, et peu à peu elles se font des chemins; elles forment dans l'intérieur de la terre des espèces de petites tranchées ou de canaux qui leur servent de lit; elles sortent enfin soit à la surface de la terre, soit dans la mer, en forme de fontaines : les matières qu'elles entraînent laissent des vides dont l'étendue peut être fort considérable, et ces vides forment des grottes et des cavernes dont l'origine est, comme l'on voit, bien différente de celle des cavernes produites par les tremblements de terre.

Il y a deux espèces de tremblements de terre, les uns causés par l'action des feux souterrains et par l'explosion des volcans, qui ne se font sentir qu'à de petites distances et dans les temps que les volcans agissent, ou avant qu'ils s'ouvrent : lorsque les matières qui forment les feux souterrains viennent à fermenter, à s'échauffer et à s'enflammer, le feu fait effort de tous côtés, et, s'il ne trouve pas naturellement des issues, il soulève la terre et se fait un passage en la rejetant, ce qui produit un volcan dont les effets se répètent et durent à proportion de la quantité des matières inflammables. Si la quantité des matières qui s'enflamment est peu considérable, il peut arriver un soulèvement et une commotion, un tremblement de terre, sans que pour cela il se forme un volcan; l'air produit et raréfié par le feu souterrain peut aussi trouver de petites issues par où il s'échappera, et, dans ce cas, il n'y aura encore qu'un tremblement sans éruption et sans volcan; mais lorsque la matière enflammée est en grande quantité et qu'elle est resserrée par des matières solides et compactes, alors il y a commotion et volcan; mais toutes ces commotions ne font que la première espèce des tremblements de terre, et elles ne peuvent ébranler qu'un petit espace. Une éruption très violente de l'Etna causera, par exemple, un tremblement de terre dans toute l'île de Sicile, mais il ne s'étendra jamais à des distances de 3 ou 400 lieues. Lorsque, dans le mont Vésuve, il s'est formé quelques nouvelles bouches à feu, il s'est fait en même temps des tremblements de terre à Naples et dans le voisinage du volcan; mais ces tremblements n'ont jamais ébranlé les Alpes, et ne se sont pas communiqués en France ou aux autres pays éloignés du Vésuve. Ainsi les tremblements de terre produits par l'action des volcans sont bornés à un petit espace : c'est proprement l'effet de la réaction du feu, et ils ébranlent la terre comme l'explosion d'un magasin à poudre produit une secousse et un tremblement sensible à plusieurs lieues de distance.

Mais il y a une autre espèce de tremblements de terre bien différente pour les effets et peut-être pour les causes; ce sont les tremblements qui se font sentir à de grandes distances, et qui ébranlent une longue suite de terrain sans qu'il paraisse aucun nouveau volcan ni aucune éruption. On a des exemples de tremblements qui se sont fait sentir en même temps en Angleterre, en France, en Allemagne, jusqu'en Hongrie; ces tremblements s'étendent toujours beaucoup plus en longueur qu'en largeur : ils ébranlent une bande ou une zone de terrain avec plus ou moins de violence en différents endroits, et ils sont presque toujours accompagnés d'un bruit sourd, semblable à celui d'une grosse voiture qui roulerait avec rapidité.

Pour bien entendre quelles peuvent être les causes de cette espèce de tremblement, il faut se souvenir que toutes les matières inflammables et capables d'explosion produisent, comme la poudre, par l'inflammation, une grande quantité d'air; que cet air, produit par le feu, est dans l'état d'une très grande raréfaction, et que, par l'état de compression où il se trouve dans le sein de la terre, il doit produire des effets très violents. Supposons donc qu'à une profondeur très considérable, comme à 100 ou 200 toises, il se trouve des pyrites et d'autres matières sulfureuses, et que, par la fermentation produite par la filtration des eaux ou par d'autres causes, elles viennent à s'enflammer, et voyons ce qui doit arriver : d'abord ces matières ne sont pas disposées régulièrement par couches horizontales, comme le sont les matières anciennes qui ont été formées par le sédiment des eaux; elles ont, au contraire, dans les fentes perpendiculaires, dans les cavernes au pied de ces fentes et dans les autres endroits où les eaux peuvent agir et pénétrer. Ces matières, venant à s'enflammer, produiront une grande quantité d'air dont le ressort comprimé dans un petit espace, comme celui d'une caverne, non seulement ébranlera le terrain supérieur, mais cherchera des routes pour s'échapper et se mettre en liberté. Les routes qui se présentent sont les cavernes et les tranchées formées par les eaux et par les ruisseaux souterrains; l'air raréfié se précipitera avec violence dans tous ces passages qui lui sont ouverts, et il formera un vent furieux dans ces routes souterraines, dont le bruit se fera entendre à la surface de la terre et en accompagnera l'ébranlement et les secousses. Ce vent souterrain, produit par le feu, s'étendra tout aussi loin que les cavités ou tranchées souterraines, et causera un tremblement plus ou moins violent à mesure qu'il s'éloignera du foyer et qu'il trouvera des passages plus ou moins étroits; ce mouvement se faisant en longueur, l'ébranlement se fera de même, et le tremblement se fera sentir dans une longue zone de terrain; cet air ne produira aucune éruption, aucun volcan, parce qu'il aura trouvé des issues et qu'il sera sorti en forme de vent et de vapeur. Et quand même on ne voudrait pas convenir qu'il existe en effet des routes souterraines par lesquelles cet air et ces vapeurs souterraines peuvent passer, on conçoit bien que, dans le lieu même où se fait la première explosion, le terrain étant soulevé à une hauteur considérable, il est nécessaire que celui qui avoisine ce lieu se divise et se fende horizontalement pour suivre le mouvement du premier, ce qui suffit pour faire des routes qui, de proche en proche, peuvent communiquer le mouvement à une très grande distance : cette explication s'accorde avec tous les phénomènes. Ce n'est pas dans le même instant ni à la même heure qu'un tremblement de terre se fait sentir en deux endroits distants, par exemple, de 100 ou de 200 lieues; il n'y a point de feu ni d'éruption au dehors par ces tremblements qui s'étendent au loin, et le bruit qui les accompagne presque toujours marque le mouvement progressif de ce vent souterrain. On peut encore confirmer ce que nous venons de dire en le liant avec d'autres faits; on sait que les mines exhalent des vapeurs : indépendamment des vents produits par le courant des eaux, on y remarque souvent des courants d'un air malsain et de vapeurs suffocantes; on sait aussi qu'il y a sur la terre des trous, des abîmes, des lacs profonds qui produisent des vents, comme le lac de Boleslaw en Bohême, dont nous avons parlé.

Tout ceci bien entendu, je ne vois pas trop comment on peut croire que les tremblements de terre ont pu produire des montagnes, puisque la cause même de ces tremblements sont des matières minérales et sulfureuses qui ne se trouvent ordinairement que dans les fentes perpendiculaires des montagnes et dans les autres cavités de la terre, dont le plus grand nombre a été produit par les eaux; que ces matières, en s'enflammant, ne produisent qu'une explosion momentanée et des vents violents qui suivent les routes souterraines des eaux; que la durée des tremblements n'est en effet que momentanée à la surface de la terre, et que par conséquent leur cause n'est qu'une explosion et non pas un incendie durable, et qu'enfin ces tremblements qui ébranlent un grand espace, et qui s'étendent à des distances très considérables, bien loin d'élever des chaînes de montagnes, ne soulèvent pas la terre d'une quantité sensible et ne produisent pas la plus petite colline dans toute la longueur de leur cours.

Les tremblements de terre sont, à la vérité, bien plus fréquents dans les endroits où sont les volcans qu'ailleurs, comme en Sicile et à Naples. On sait, par les observations faites en différents temps, que les plus violents tremblements de terre arrivent dans le temps des grandes éruptions des volcans; mais ces tremblements ne sont pas ceux qui s'étendent le plus loin, et ils ne pourraient jamais produire une chaîne de montagnes.

On a quelquefois observé que les matières rejetées de l'Etna, après avoir été refroidies pendant plusieurs années, et ensuite humectées par l'eau des pluies, se sont rallumées et ont jeté des flammes avec une explosion assez violente, qui produisait même une espèce de petit tremblement.

En 1669, dans une furieuse éruption de l'Etna, qui commença le 11 mars, le sommet de la montagne baissa considérablement, comme tous ceux qui avaient vu cette montagne avant cette éruption s'en aperçurent (voyez *Trans. Phil. Abr.*, vol. II, p. 387), ce qui prouve que le feu du volcan vient plutôt du sommet que de la profondeur intérieure de la montagne. Borelli est du même sentiment, et il dit précisément « que le feu des » volcans ne vient pas du centre ni du pied de la montagne, mais qu'au contraire il sort » du sommet et ne s'allume qu'à une très petite profondeur. » (Voyez Borelli, *De incendiis montis Ætnæ.*)

Le mont Vésuve a souvent rejeté dans ses éruptions une grande quantité d'eau bouillante. M. Ray, dont le sentiment est que le feu des volcans vient d'une très grande profondeur, dit que c'est de l'eau de la mer qui communique aux cavernes intérieures du pied de cette montagne; il en donne pour preuve la sécheresse et l'aridité du sommet du Vésuve, et le mouvement de la mer qui, dans le temps de ces violentes éruptions, s'éloigne des côtes, et diminue au point d'avoir laissé quelquefois à sec le port de Naples; mais, quand ces faits seraient bien certains, ils ne prouveraient pas d'une manière solide que le feu des volcans vient d'une grande profondeur, car l'eau qu'ils rejettent est certainement l'eau des pluies qui pénètre par les fentes et qui se ramasse dans les cavités de la montagne : on voit découler des eaux vives et des ruisseaux du sommet des volcans, comme il en découle des autres montagnes élevées; et, comme elles sont creuses et qu'elles ont été plus ébranlées que les autres montagnes, il n'est pas étonnant que les eaux se ramassent dans les cavernes qu'elles contiennent dans leur intérieur, et que ces eaux soient rejetées dans le temps des éruptions avec les autres matières; à l'égard du mouvement de la mer, il provient uniquement de la secousse communiquée aux eaux par l'explosion, ce qui doit les faire affluer ou refluer, suivant les différentes circonstances.

Les matières que rejettent les volcans sortent le plus souvent sous la forme d'un torrent de minéraux fondus, qui inonde tous les environs de ces montagnes; ces fleuves de matières liquéfiées s'étendent même à des distances considérables, et, en se refroidissant, ces matières, qui sont en fusion, forment des couches horizontales ou inclinées qui, pour la position, sont semblables aux couches formées par les sédiments des eaux; mais il est fort aisé de distinguer ces couches produites par l'expansion des matières rejetées des volcans, de celles qui ont pour origine les sédiments de la mer : 1° parce que ces couches ne sont pas d'égale épaisseur partout; 2° parce qu'elles ne contiennent que des matières qu'on reconnait évidemment avoir été calcinées, vitrifiées ou fondues; 3° parce qu'elles ne s'étendent pas à une grande distance. Comme il y a au Pérou un grand nombre de volcans, et que le pied de la plupart des montagnes des Cordillères est recouvert de ces matières rejetées par ces volcans, il n'est pas étonnant qu'on ne trouve pas de coquilles marines dans ces couches de terre; elles ont été calcinées et détruites par l'action du feu, mais je suis persuadé que si l'on creusait dans la terre argileuse qui, selon M. Bouguer, est la terre ordinaire de la vallée de Quito, on y trouverait des coquilles, comme l'on en trouve partout ailleurs, en supposant que cette terre soit vraiment de l'argile, et qu'elle ne soit pas, comme celle qui est au pied des montagnes, un terrain formé par les matières rejetées des volcans.

On a souvent demandé pourquoi les volcans se trouvent tous dans les hautes montagnes : je crois avoir satisfait en partie à cette question dans le *Discours* précédent; mais, comme je ne suis pas entré dans un assez grand détail, j'ai cru que je ne devais pas finir cet article sans développer davantage ce que j'ai dit sur ce sujet.

Les pics ou les pointes des montagnes étaient autrefois recouverts et environnés de sables et de terres que les eaux pluviales ont entraînés dans les vallées; il n'est resté que les rochers et les pierres qui formaient le noyau de la montagne; ce noyau, se trouvant à découvert et déchaussé jusqu'au pied, aura encore été dégradé par les injures de l'air; la gelée en aura détaché de grosses et de petites parties qui auront roulé au bas; en même temps, elle aura fait fendre plusieurs rochers au sommet de la montagne; ceux qui forment la base de ce sommet se trouvant découverts, et n'étant plus appuyés par les terres qui les environnaient, auront un peu cédé, et, en s'écartant les uns des autres, ils auront formé de petits intervalles : cet ébranlement des rochers inférieurs n'aura pu se faire sans communiquer aux rochers supérieurs un mouvement plus grand : ils se seront fendus ou écartés les uns des autres. Il se sera donc formé dans ce noyau de montagne une infinité de petites et de grandes fentes perpendiculaires, depuis le sommet jusqu'à la base des rochers inférieurs; les pluies auront pénétré dans toutes ces fentes, et elles auront détaché dans l'intérieur de la montagne toutes les parties minérales et toutes les autres matières qu'elles auront pu enlever ou dissoudre; elles auront formé des pyrites, des soufres et d'autres matières combustibles, et lorsque, par la succession des temps, ces matières se seront accumulées en grande quantité, elles auront fermenté, et en s'enflammant elles auront produit les explosions et les autres effets des volcans. Peut-être aussi y avait-il dans l'intérieur de la montagne des amas de ces matières minérales déjà formées avant que les pluies pussent y pénétrer; dès qu'il se sera fait des ouvertures et des fentes qui auront donné passage à l'eau et à l'air, ces matières se seront enflammées et auront formé un volcan : aucun de ces mouvements ne pouvant se faire dans les plaines, puisque tout est en repos et que rien ne peut se déplacer, il n'est pas surprenant qu'il n'y ait aucun volcan dans les plaines, et qu'ils se trouvent en effet dans les hautes montagnes.

Lorsqu'on a ouvert des minières de charbon de terre, que l'on trouve ordinairement dans l'argile à une profondeur considérable, il est arrivé quelquefois que le feu s'est mis à ces matières; il y a même des mines de charbon en Écosse, en Flandre, etc., qui brûlent continuellement depuis plusieurs années : la communication de l'air suffit pour produire cet effet; mais ces feux qui se sont allumés dans ces mines ne produisent que de légères explosions, et ils ne forment pas des volcans, parce que, tout étant solide et plein dans ces endroits, le feu ne peut pas être excité, comme celui des volcans dans lesquels il y a des cavités et des vides où l'air pénètre, ce qui doit nécessairement étendre l'embrasement et peut augmenter l'action du feu au point où nous la voyons lorsqu'elle produit les terribles effets dont nous avons parlé.

ARTICLE XVII

DES ILES NOUVELLES, DES CAVERNES, DES FENTES PERPENDICULAIRES, ETC.

Les îles nouvelles se forment de deux façons, ou subitement par l'action des feux souterrains, ou lentement par le dépôt du limon des eaux. Nous parlerons d'abord de celles qui doivent leur origine à la première de ces deux causes. Les anciens historiens et les voyageurs modernes rapportent à ce sujet des faits, de la vérité desquels on ne peut guère douter. Sénèque assure que, de son temps, l'île de Thérasie (*a*) parut tout à coup à la vue des mariniers. Pline rapporte qu'autrefois il y eut treize îles dans la mer Méditerranée qui sortirent en même temps du fond des eaux, et que Rhodes et Délos sont les principales de ces treize îles nouvelles ; mais il paraît, par ce qu'il en dit et par ce qu'en disent aussi Ammien Marcellin, Philon, etc., que ces treize îles n'ont pas été produites par un tremblement de terre, ni par une explosion souterraine : elles étaient auparavant cachées sous les eaux, et la mer en s'abaissant a laissé, disent-ils, ces îles à découvert ; Délos avait même le nom de Pelagia, comme ayant autrefois appartenu à la mer. Nous ne savons donc pas si l'on doit attribuer l'origine de ces treize îles nouvelles à l'action des feux souterrains ou à quelque autre cause qui aurait produit un abaissement et une diminution des eaux dans la mer Méditerranée; mais Pline rapporte que l'île d'Hiéra, près de Thérasie, a été formée de masses ferrugineuses et de terres lancées du fond de la mer ; et, dans le chapitre LXXXIX, il parle de plusieurs autres îles formées de la même façon ; nous avons sur tout cela des faits plus certains et plus nouveaux.

Le 23 mai 1707, au lever du soleil, on vit de cette même île de Thérasie ou de Santorin, à deux ou trois milles en mer, comme un rocher flottant; quelques gens curieux y allèrent et trouvèrent que cet écueil, qui était sorti du fond de la mer, augmentait sous leurs pieds, et ils en rapportèrent de la pierre ponce et des huîtres que le rocher, qui s'était élevé du fond de la mer, tenait encore attachées à sa surface. Il y avait eu un petit tremblement de terre à Santorin deux jours auparavant la naissance de cet écueil : cette

(*a*) Aujourd'hui Santorin.

nouvelle île augmenta considérablement jusqu'au 14 juin sans accident, et elle avait alors une demi-mille de tour et 20 à 30 pieds de hauteur ; la terre était blanche et tenait un peu de l'argile ; mais après cela la mer se troubla de plus en plus, il s'en éleva des vapeurs qui infectaient l'île de Santorin, et le 16 juillet on vit 17 ou 18 rochers sortir à la fois du fond de la mer ; ils se réunirent. Tout cela se fit avec un bruit affreux qui continua plus de deux mois, et des flammes qui s'élevaient de la nouvelle île ; elle augmentait toujours en circuit et en hauteur, et les explosions lançaient toujours des rochers et des pierres à plus de sept milles de distance. L'île de Santorin elle-même a passé chez les anciens pour une production nouvelle, et, en 726, 1427 et 1573, elle a reçu des accroissements, et il s'est formé de petites îles auprès de Santorin. (Voyez l'*Hist. de l'Acad.*, 1708, p. 23 et suiv.) Le même volcan qui du temps de Sénèque a formé l'île de Santorin a produit, du temps de Pline, celle d'Hiéra ou de Volcanelle, et de nos jours a formé l'écueil dont nous venons de parler.

Le 10 octobre 1720, on vit auprès de l'île de Tercère un feu assez considérable s'élever de la mer : des navigateurs s'en étant approchés par ordre du gouverneur, ils aperçurent le 19 du même mois une île qui n'était que feu et fumée, avec une prodigieuse quantité de cendres jetées au loin, comme par la force d'un volcan, avec un bruit pareil à celui du tonnerre. Il se fit en même temps un tremblement de terre qui se fit sentir dans les lieux circonvoisins, et on remarqua sur la mer une grande quantité de pierres ponces, surtout autour de la nouvelle île : ces pierres ponces voyagent, et on en a quelquefois trouvé une grande quantité dans le milieu même des grandes mers. (Voyez *Trans. Phil. Abr.*, v. VI, part. II, p. 154.) L'*Histoire de l'Académie*, année 1721, dit, à l'occasion de cet événement, qu'après un tremblement de terre dans l'île de Saint-Michel, l'une des Açores, il a paru à 28 lieues au large, entre cette île et la Tercère, un torrent de feu qui a donné naissance à deux nouveaux écueils. (Page 26.) Dans le volume de l'année suivante, 1722, on trouve le détail qui suit.

« M. de L'Isle a fait savoir à l'Académie plusieurs particularités de la nouvelle île entre » les Açores, dont nous n'avions dit qu'un mot en 1721, p. 26 : il les avait tirées d'une » lettre de M. de Montagnac, consul à Lisbonne.

» Un vaisseau où il était mouilla, le 18 septembre 1721, devant la forteresse de la ville » de Saint-Michel, qui est dans l'île du même nom, et voici ce qu'on apprit d'un pilote du » port.

» La nuit du 7 au 8 décembre 1720, il y eut un grand tremblement de terre dans la » Tercère et dans Saint-Michel, distantes l'une de l'autre de 28 lieues, et l'île neuve sortit : » on remarqua en même temps que la pointe de l'île de Pic, qui en était à 30 lieues, et qui » auparavant jetait du feu, s'était affaissée et n'en jetait plus ; mais l'île neuve jetait con» tinuellement une grosse fumée, et effectivement elle fut vue du vaisseau où était M. de » Montagnac, tant qu'il en fut à portée. Le pilote assura qu'il avait fait dans une chaloupe » le tour de l'île en l'approchant le plus qu'il avait pu. Du côté du sud il jeta la sonde et » fila 60 brasses sans trouver fond ; du côté de l'ouest, il trouva les eaux fort changées : elles » étaient d'un blanc bleu et vert, qui semblait du bas-fond, et qui s'étendait à deux tiers » de lieue ; elle paraissait vouloir bouillir ; au nord-ouest, qui était l'endroit d'où sortait » la fumée, il trouva 15 brasses d'eau fond de gros sable ; il jeta une pierre à la mer et » il vit, à l'endroit où elle était tombée, l'eau bouillir et sauter en l'air avec impétuosité ; » le fond était si chaud, qu'il fondit deux fois de suite le suif qui était au bout du plomb ; » le pilote observa encore de ce côté-là que la fumée sortait d'un petit lac borné d'une » dune de sable ; l'île est à peu près ronde et assez haute pour être aperçue de 7 à 8 lieues » dans un temps clair.

» On a appris depuis, par une lettre de M. Adrien, consul de la nation française dans » l'île de Saint-Michel, en date du mois de mars 1722, que l'île neuve avait considérable-

» ment diminué, et qu'elle était presque à fleur d'eau ; de sorte qu'il n'y avait pas d'appa- » rence qu'elle subsistât encore longtemps. » (Page 12.)

On est donc assuré par ces faits et un grand nombre d'autres semblables à ceux-ci, qu'au-dessous même des eaux de la mer les matières inflammables renfermées dans le sein de la terre agissent et font des explosions violentes. Les lieux où cela arrive sont des espèces de volcans qu'on pourrait appeler sous-marins, lesquels ne diffèrent des volcans ordinaires que par le peu de durée de leur action et le peu de fréquence de leurs effets ; car on conçoit bien que le feu s'étant une fois ouvert un passage, l'eau doit y pénétrer et l'éteindre : l'île nouvelle laisse nécessairement un vide que l'eau doit remplir, et cette nouvelle terre, qui n'est composée que des matières rejetées par le volcan marin, doit ressembler en tout au Monte-di-Cenere et aux autres éminences que les volcans terrestres ont formées en plusieurs endroits ; or, dans le temps du déplacement causé par la violence de l'explosion, et pendant ce mouvement, l'eau aura pénétré dans la plupart des endroits vides, et elle aura éteint pour un temps ce feu souterrain. C'est apparemment par cette raison que ces volcans sous-marins agissent plus rarement que les volcans ordinaires, quoique les causes de tous les deux soient les mêmes, et que les matières qui produisent et nourrissent ces feux souterrains puissent se trouver sous les terres couvertes par la mer en aussi grande quantité que sous les terres qui sont à découvert.

Ce sont ces mêmes feux souterrains ou sous-marins qui sont la cause de toutes ces ébullitions des eaux de la mer, que les voyageurs ont remarquées en plusieurs endroits, et des trombes dont nous avons parlé ; ils produisent aussi des orages et des tremblements qui ne sont pas moins sensibles sur la mer que sur la terre. Ces îles, qui ont été formées par ces volcans sous-marins, sont ordinairement composées de pierres ponces et de rochers calcinés, et ces volcans produisent, comme ceux de la terre, des tremblements et des commotions très violentes.

On a aussi vu souvent des feux s'élever de la surface des eaux ; Pline nous dit que le lac Trasimène a paru enflammé sur toute sa surface. Agricola rapporte que, lorsqu'on jette une pierre dans le lac de Denstat en Thuringe, il semble, lorsqu'elle descend dans l'eau, que ce soit un trait de feu.

Enfin, la quantité de pierres ponces que les voyageurs nous assurent avoir rencontrées dans plusieurs endroits de l'Océan et de la Méditerranée prouve qu'il y a au fond de la mer des volcans semblables à ceux que nous connaissons, et qui ne diffèrent ni par les matières qu'ils rejettent ni par la violence des explosions, mais seulement par la rareté et par le peu de continuité de leurs effets : tout, jusqu'aux volcans, se trouve au fond des mers comme à la surface de la terre.

Si même on y fait attention, l'on trouvera plusieurs rapports entre les volcans de terre et les volcans de mer : les uns et les autres ne se trouvent que dans les sommets des montagnes. Les îles des Açores et celles de l'Archipel ne sont que des pointes de montagnes dont les unes s'élèvent au-dessus de l'eau, et les autres sont au-dessous. On voit, par la relation de la nouvelle île des Açores, que l'endroit d'où sortait la fumée n'était qu'à 15 brasses de profondeur sous l'eau, ce qui, étant comparé avec les profondeurs ordinaires de l'océan, prouve que cet endroit même est un sommet de montagne. On en peut dire tout autant du terrain de la nouvelle île auprès de Santorin : il n'était pas à une grande profondeur sous les eaux, puisqu'il y avait des huîtres attachées aux rochers qui s'élevèrent. Il paraît aussi que ces volcans de mer ont quelquefois, comme ceux de terre, des communications souterraines, puisque le sommet du volcan du pic de Saint-Georges, dans l'île de Pic, s'abaissa lorsque la nouvelle île des Açores s'éleva. On doit encore observer que ces nouvelles îles ne paraissent jamais qu'auprès des anciennes, et qu'on n'a point d'exemple qu'il s'en soit élevé de nouvelles dans les hautes mers : on doit donc regarder le terrain où elles sont comme une continuation de celui des îles voisines ; et, lorsque ces îles ont des volcans, il n'est pas étonnant que le terrain qui en est voisin contienne des matières propres à en former, et que ces matières viennent à s'enflammer, soit par la seule fermentation, soit par l'action des vents souterrains.

Au reste, les îles produites par l'action du feu et des tremblements de terre sont en petit nombre, et ces événements sont rares; mais il y a un nombre infini d'îles nouvelles produites par les limons, les sables et les terres que les eaux des fleuves ou de la mer entraînent et transportent en différents endroits. A l'embouchure de toutes les rivières, il se forme des amas de terre et des bancs de sable dont l'étendue devient souvent assez considérable pour former des îles d'une grandeur médiocre. La mer, en se retirant et en s'éloignant de certaines côtes, laisse à découvert les parties les plus élevées du fond, ce qui forme autant d'îles nouvelles; et de même, en s'étendant sur certaines plages, elle en couvre les parties les plus basses, et laisse paraître les plus élevées qu'elle n'a pu surmonter, ce qui fait encore autant d'îles; et on remarque en conséquence qu'il y a fort peu d'îles dans le milieu des mers, et qu'elles sont presque toutes dans le voisinage des continents où la mer les a formées, soit en s'éloignant, soit en s'approchant de ces différentes contrées.

L'eau et le feu, dont la nature est si différente et même si contraire, produisent donc des effets semblables, ou du moins qui nous paraissent être tels, indépendamment des productions particulières de ces deux éléments, dont quelques-unes se ressemblent au point de s'y méprendre, comme le cristal et le verre, l'antimoine naturel et l'antimoine fondu, les pépites naturelles des mines et celles qu'on fait artificiellement par la fusion, etc. Il y a dans la nature une infinité de grands effets que l'eau et le feu produisent, qui sont assez semblables pour qu'on ait de la peine à les distinguer. L'eau, comme on l'a vu, a produit les montagnes et formé la plupart des îles; le feu a élevé quelques collines et quelques îles; il en est de même des cavernes, des fentes, des ouvertures, des gouffres, etc. : les unes ont pour origine les feux souterrains, et les autres les eaux, tant souterraines que superficielles.

Les cavernes se trouvent dans les montagnes, et peu ou point du tout dans les plaines; il y en a beaucoup dans les îles de l'Archipel et dans plusieurs autres îles, et cela parce que les îles ne sont, en général, que des dessus de montagnes. Les cavernes se forment, comme les précipices, par l'affaissement des rochers, ou, comme les abîmes, par l'action du feu; car, pour faire d'un précipice ou d'un abîme une caverne, il ne faut qu'imaginer des rochers contre-butés et faisant voûte par-dessus, ce qui doit arriver très souvent lorsqu'ils viennent à être ébranlés et déracinés. Les cavernes peuvent être produites par les mêmes causes qui produisent les ouvertures, les ébranlements et les affaissements des terres, et ces causes sont les explosions des volcans, l'action des vapeurs souterraines et les tremblements de terre; car ils font des bouleversements et des éboulements qui doivent nécessairement former des cavernes, des trous, des ouvertures et des anfractuosités de toute espèce.

La caverne de Saint-Patrice, en Irlande, n'est pas aussi considérable qu'elle est fameuse; il en est de même de la grotte du Chien en Italie, et de celle qui jette du feu dans la montagne de Beni-Guazeval, au royaume de Fez. Dans la province de Darby, en Angleterre, il y a une grande caverne fort considérable et beaucoup plus grande que la fameuse caverne de Bauman, auprès de la forêt Noire, dans le pays de Brunswick. J'ai appris, par une personne aussi respectable par son mérite que par son nom (milord comte de Morton), que cette grande caverne, appelée Devel's-Hole, présente d'abord une ouverture fort considérable, comme celle d'une très grande porte d'église; que par cette ouverture il coule un gros ruisseau; qu'en avançant, la voûte de la caverne se rabaisse si fort qu'en un certain endroit on est obligé pour continuer sa route de se mettre sur l'eau du ruissseau dans des baquets fort plats, où on se couche pour passer sous la voûte de la caverne, qui est abaissée dans cet endroit au point que l'eau touche presque à la voûte; mais, après avoir passé cet endroit, la voûte se relève et on voyage encore sur la rivière jusqu'à ce que la voûte se rabaisse de nouveau et touche à la superficie de l'eau, et c'est là le fond de la caverne et la source du ruisseau qui en sort; il grossit considérablement dans de certains temps, et il amène et amoncelle beaucoup de sable dans un endroit de la caverne qui forme comme un cul-de-sac dont la direction est différente de celle de la caverne principale.

Dans la Carniole, il y a une caverne auprès de Potpéchio, qui est fort spacieuse et dans laquelle on trouve un grand lac souterrain. Près d'Adelsperg, il y a une caverne dans laquelle on peut faire deux milles d'Allemagne de chemin, et où on trouve des précipices très profonds. (Voyez *Act. crud. Lips.*, an. 1689, p. 558.) Il y a aussi de grandes cavernes et de belles grottes sous les montagnes de Mendipp en Galles; on trouve des mines de plomb auprès de ces cavernes, et des chênes enterrés à quinze brasses de profondeur. Dans la province de Glocester, il y a une très grande caverne qu'on appelle Pen-park-hole, au fond de laquelle on trouve de l'eau à trente-deux brasses de profondeur; on y trouve aussi des filons de mine de plomb.

On voit bien que la caverne de Devel's-Hole et les autres, dont il sort de grosses fontaines ou des ruisseaux, ont été creusées et formées par les eaux, qui ont emporté les sables et les matières divisées qu'on trouve entre les rochers et les pierres, et on aurait tort de rapporter l'origine de ces cavernes aux éboulements et aux tremblements de terre.

Une des plus singulières et des plus grandes cavernes que l'on connaisse est celle d'Antiparos, dont M. de Tournefort nous a donné une ample description : on trouve d'abord une caverne rustique d'environ trente pas de largeur, partagée par quelques piliers naturels; entre les deux piliers qui sont sur la droite il y a un terrain en pente douce, et ensuite jusqu'au fond de la même caverne une pente plus rude d'environ vingt pas de longueur; c'est le passage pour aller à la grotte ou caverne intérieure, et ce passage n'est qu'un trou fort obscur par lequel on ne saurait entrer qu'en se baissant, et au secours des flambeaux. On descend d'abord dans un précipice horrible à l'aide d'un câble que l'on prend la précaution d'attacher tout à l'entrée; on se coule dans un autre bien plus effroyable dont les bords sont fort glissants, et qui répondent sur la gauche à des abîmes profonds. On place sur les bords de ces gouffres une échelle au moyen de laquelle on franchit, en tremblant, un rocher tout à fait coupé à plomb; on continue à glisser par des endroits un peu moins dangereux; mais dans le temps qu'on se croit en pays praticable, le pas le plus affreux vous arrête tout court, et on s'y casserait la tête, si on n'était averti ou arrêté par ses guides; pour le franchir, il faut se couler sur le dos le long d'un gros rocher, et descendre une échelle qu'il faut y porter exprès; quand on est arrivé au bas de l'échelle, on se roule quelque temps encore sur des rochers, et enfin on arrive dans la grotte. On compte trois cents brasses de profondeur depuis la surface de la terre; la grotte paraît avoir quarante brasses de hauteur sur cinquante de large : elle est remplie de belles et grandes stalactites de différentes formes, tant au-dessus de la voûte que sur le terrain d'en bas. (Voyez le *Voyage du Levant*, pages 188 et suiv.)

Dans la partie de la Grèce appelée Livadie (*Achaia* des anciens), il y a une grande caverne dans une montagne, qui était autrefois fort fameuse par les oracles de Trophonius, entre le lac de Livadia et la mer voisine, qui, dans l'endroit le plus près, en est à quatre milles : il y a quarante passages souterrains à travers le rocher, sous une haute montagne, par où les eaux du lac s'écoulent. (Voyez *Géographie* de Gordon, édit. de Londres, 1733, page 179.)

Dans tous les volcans, dans tous les pays qui produisent du soufre, dans toutes les contrées qui sont sujettes aux tremblements de terre, il y a des cavernes : le terrain de la plupart des îles de l'Archipel est caverneux presque partout; celui des îles de l'Océan

Indien, principalement celui des îles Moluques, ne paraît être soutenu que sur des voûtes et des concavités. Celui des îles Açores, celui des îles Canaries, celui des îles du cap Vert, et en général le terrain de presque toutes les petites îles, est à l'intérieur creux et caverneux en plusieurs endroits, parce que ces îles ne sont, comme nous l'avons dit, que des pointes de montagnes où il s'est fait des éboulements considérables, soit par l'action des volcans, soit par celle des eaux, des gelées et des autres injures de l'air. Dans les Cordillères, où il y a plusieurs volcans et où les tremblements de terre sont fréquents, il y a aussi un grand nombre de cavernes, de même que dans le volcan de l'île de Banda, dans le mont Ararat, qui est un ancien volcan, etc.

Le fameux labyrinthe de l'île de Candie n'est pas l'ouvrage de la nature toute seule : M. de Tournefort assure que les hommes y ont beaucoup travaillé, et on doit croire que cette caverne n'est pas la seule que les hommes aient augmentée; ils en forment même tous les jours de nouvelles en fouillant les mines et les carrières, et, lorsqu'elles sont abandonnées pendant un très long espace de temps, il n'est pas fort aisé de reconnaître si ces excavations ont été produites par la nature ou faites de la main des hommes. On connaît des carrières qui sont d'une étendue très considérable, celle de Maëstricht, par exemple, où l'on dit que 50,000 personnes peuvent se réfugier, et qui est soutenue par plus de mille piliers qui ont vingt ou vingt-quatre pieds de hauteur; l'épaisseur de terre et de rocher qui est au-dessus est de plus de vingt-cinq brasses : il y a dans plusieurs endroits de cette carrière de l'eau et de petits étangs où on peut abreuver du bétail, etc. (Voyez *Trans. Phil. Abr.*, vol. II, p. 463.) Les mines de sel de Pologne forment des excavations encore plus grandes que celle-ci; il y a ordinairement de vastes carrières auprès de toutes les grandes villes, mais nous n'en parlerons pas ici en détail; d'ailleurs, les ouvrages des hommes, quelque grands qu'ils puissent être, ne tiendront jamais qu'une bien petite place dans l'histoire de la nature.

Les volcans et les eaux, qui produisent les cavernes à l'intérieur, forment aussi à l'extérieur des fentes, des précipices et des abîmes. A Cajéta, en Italie, il y a une montagne qui autrefois a été séparée par un tremblement de terre, de façon qu'il semble que la division en a été faite par la main des hommes. Nous avons déjà parlé de l'ornière de l'île de Machian, de l'abîme du mont Ararat, de la porte des Cordillères et de celle des Thermopyles, etc.; nous pouvons y ajouter la porte de la montagne des Troglodytes, en Arabie, celle des Échelles en Savoie, que la nature n'avait fait qu'ébaucher, et que Victor-Amédée a fait achever; les eaux produisent, aussi bien que les feux souterrains, des affaissements de terre considérables, des éboulements, des chutes de rochers, des renversements de montagnes dont nous pouvons donner plusieurs exemples.

« Au mois de juin 1714, une partie de la montagne de Diablerets, en Valais, tomba » subitement et tout à la fois entre deux et trois heures après midi, le ciel étant fort se» rein; elle était de figure conique; elle renversa cinquante-cinq cabanes de paysans, écrasa » quinze personnes et plus de cent bœufs et vaches, et beaucoup plus de menu bétail, et » couvrit de ses débris une bonne lieue carrée; il y eut une profonde obscurité causée par » la poussière; les tas de pierres amassés en bas sont hauts de plus de trente perches, » qui sont apparemment des perches du Rhin de dix pieds; ces amas ont arrêté des eaux » qui forment de nouveaux lacs fort profonds; il n'y a dans tout cela nul vestige de ma» tière bitumeuse, ni de soufre, ni de chaux cuite, ni par conséquent de feu souterrain : » apparemment, la base de ce grand rocher s'était pourrie d'elle-même et réduite en pous» sière. » (*Hist. de l'Acad. des Scienc.*, p. 4, an. 1715.)

On a un exemple remarquable de ces affaissements dans la province de Kent, auprès de Folkstone; les collines des environs ont baissé de distance en distance par un mouvement insensible et sans aucun tremblement de terre. Ces collines sont à l'intérieur de rochers de pierre et de craie; par cet affaissement, elles ont jeté dans la mer des rochers et des terres qui en étaient voisines : on peut voir la relation de ce fait bien attesté dans les *Transactions philosoph. abr.*, vol. IV, p. 250.

En 1618, la ville de Pleurs en Valteline fut enterrée sous les rochers, au pied desquels elle était située. En 1678, il y eut une grande inondation en Gascogne, causée par l'affaissement de quelques morceaux de montagnes dans les Pyrénées, qui firent sortir les eaux qui étaient contenues dans les cavernes souterraines de ces montagnes. En 1680, il en arriva encore une plus grande en Irlande, qui avait aussi pour cause l'affaissement d'une montagne dans des cavernes remplies d'eau. On peut concevoir aisément la cause de tous ces effets ; on sait qu'il y a des eaux souterraines en une infinité d'endroits ; ces eaux entraînent peu à peu les sables et les terres à travers lesquelles elles passent, et par conséquent elles peuvent détruire peu à peu la couche de terre sur laquelle porte une montagne, et cette couche de terre qui lui sert de base, venant à manquer plutôt d'un côté que de l'autre, il faut que la montagne se renverse, ou si cette base manque à peu près également partout, la montagne s'abaisse sans se renverser.

Après avoir parlé des affaissements, des éboulements et de tout ce qui n'arrive, pour ainsi dire, que par accident dans la nature, nous ne devons pas passer sous silence une chose qui est plus générale, plus ordinaire et plus ancienne : ce sont les fentes perpendiculaires que l'on trouve dans toutes les couches de terre. Ces fentes sont sensibles et aisées à reconnaître non seulement dans les rochers, dans les carrières de marbre et de pierre, mais encore dans les argiles et dans les terres de toute espèce qui n'ont pas été remuées, et on peut les observer dans toutes les coupes un peu profondes des terrains, et dans toutes les cavernes et les excavations ; je les appelle fentes perpendiculaires, parce que ce n'est jamais que par accident lorsqu'elles sont obliques, comme les couches horizontales ne sont inclinées que par accident. Woodward et Ray parlent de ces fentes, mais d'une manière confuse, et ils ne les appellent pas fentes perpendiculaires, parce qu'ils croient qu'elles peuvent être indifféremment obliques ou perpendiculaires, et aucun auteur n'en a expliqué l'origine ; cependant il est visible que ces fentes ont été produites, comme nous l'avons dit dans le *Discours* précédent, par le dessèchement des matières qui composent les couches horizontales ; de quelque manière que ce dessèchement soit arrivé, il a dû produire des fentes perpendiculaires ; les matières qui composent les couches n'ont pas pu diminuer de volume sans se fendre de distance en distance dans une direction perpendiculaire à ces mêmes couches. Je comprends cependant, sous ce nom de fentes perpendiculaires, toutes les séparations naturelles des rochers, soit qu'ils se trouvent dans leur position originaire, soit qu'ils aient un peu glissé sur leur base, et que par conséquent ils se soient un peu éloignés les uns des autres ; lorsqu'il est arrivé quelque mouvement considérable à des masses de rochers, ces fentes se trouvent quelquefois posées obliquement, mais c'est parce que la masse est elle-même oblique, et avec un peu d'attention il est toujours fort aisé de reconnaître que ces fentes sont, en général, perpendiculaires aux couches horizontales, surtout dans les carrières de marbre, de pierre à chaux, et dans toutes les grandes chaînes de rocher.

L'intérieur des montagnes est principalement composé de pierres et de rochers dont les différents lits sont parallèles ; on trouve souvent entre les lits horizontaux de petites couches d'une matière moins dure que la pierre, et les fentes perpendiculaires sont remplies de sable, de cristaux, de minéraux, de métaux, etc. Ces dernières matières sont d'une formation plus nouvelle que celle des lits horizontaux dans lesquels on trouve des coquilles marines. Les pluies ont peu à peu détaché les sables et les terres du dessus des montagnes, et elles ont laissé à découvert les pierres et les autres matières solides, dans lesquelles on distingue aisément les couches horizontales et les fentes perpendiculaires ; dans les plaines, au contraire, les eaux des pluies et les fleuves ayant amené une quantité considérable de terre, de sable, de gravier et d'autres matières divisées, il s'en est formé des couches de tuf, de pierre molle et fondante, de sable et de gravier arrondi, de terre mêlée de végétaux; ces couches ne contiennent point de coquilles marines, ou du moins n'en contiennent que des fragments qui ont été détachés des montagnes avec les graviers et les terres : il faut distinguer avec soin ces nouvelles couches des anciennes, où l'on trouve presque toujours un grand nombre de coquilles entières et posées dans leur situation naturelle.

Si l'on veut observer l'ordre et la distribution intérieure des matières dans une montagne composée, par exemple, de pierres ordinaires ou de matières lapidifiques calcinables, on trouve ordinairement sous la terre végétale une couche de gravier : ce gravier est de la nature et de la couleur de la pierre qui domine dans ce terrain, et sous le gravier on trouve de la pierre; lorsque la montagne est coupée par quelque tranchée ou par quelque ravine profonde, on distingue aisément tous les bancs, toutes les couches dont elle est composée; chaque couche horizontale est séparée par une espèce de joint qui est aussi horizontal, et l'épaisseur de ces bancs ou de ces couches horizontales augmente ordinairement à proportion qu'elles sont plus basses, c'est-à-dire plus éloignées du sommet de la montagne; on reconnaît aussi que des fentes à peu près perpendiculaires divisent toutes ces couches et les coupent verticalement. Pour l'ordinaire, la première couche, le premier lit qui se trouve sous le gravier, et même le second, sont non seulement plus minces que les lits qui forment la base de la montagne, mais ils sont aussi divisés par des fentes perpendiculaires, si fréquentes qu'ils ne peuvent fournir aucun morceau de longueur, mais seulement du moellon; ces fentes perpendiculaires qui sont en si grand nombre à la superficie, et qui ressemblent parfaitement aux gerçures d'une terre qui se serait desséchée, ne parviennent pas toutes, à beaucoup près, jusqu'au pied de la montagne; la plupart disparaissent insensiblement à mesure qu'elles descendent, et au bas il ne reste qu'un certain nombre de ces fentes perpendiculaires qui coupent encore plus à plomb qu'à la superficie les bancs inférieurs, qui ont aussi plus d'épaisseur que les bancs supérieurs.

Ces lits de pierre ont souvent, comme je l'ai dit, plusieurs lieues d'étendue sans interruption; on retrouve aussi presque toujours la même nature de pierre dans la montagne opposée, quoiqu'elle en soit séparée par une gorge ou par un vallon, et les lits de pierre ne disparaissent entièrement que dans les lieux où la montagne s'abaisse et se met au niveau de quelque grande plaine. Quelquefois entre la première couche de terre végétale et celle de gravier on en trouve une de marne, qui communique sa couleur et ses autres caractères aux deux autres : alors les fentes perpendiculaires des carrières qui sont au-dessous sont remplies de cette marne, qui y acquiert une dureté presque égale en apparence à celle de la pierre; mais en l'exposant à l'air, elle se gerce, elle s'amollit, et elle devient grasse et ductile.

Dans la plupart des carrières, les lits qui forment le dessus ou le sommet de la montagne sont de pierre tendre, et ceux qui forment la base de la montagne sont de pierre dure : la première est ordinairement blanche, d'un grain si fin qu'à peine il peut être aperçu; la pierre devient plus grenue et plus dure à mesure qu'on descend, et la pierre des bancs les plus bas est non seulement plus dure que celle des lits supérieurs, mais elle est aussi plus serrée, plus compacte et plus pesante; son grain est fin et brillant, et souvent elle est aigre et se casse presque aussi net que le caillou.

Le noyau d'une montagne est donc composé de différents lits de pierre, dont les supérieurs sont de pierre tendre et les inférieurs de pierre dure, le noyau pierreux est toujours plus large à la base et plus pointu ou plus étroit au sommet; on peut en attribuer la cause à ces différents degrés de dureté que l'on trouve dans les lits de pierre; car, comme ils deviennent d'autant plus durs qu'ils s'éloignent davantage du sommet de la montagne, on peut croire que les courants et les autres mouvements des eaux, qui ont creusé les vallées et donné la figure aux contours des montagnes, auront usé latéralement les matières dont la montagne est composée, et les auront dégradées d'autant plus qu'elles auront été plus molles ; en sorte que les couches supérieures étant les plus tendres, auront souffert la plus grande diminution sur leur largeur, et auront été usées latéralement plus que les autres ; les couches suivantes auront résisté un peu davantage, et celles de la base étant plus anciennes, plus solides, et formées d'une matière plus compacte et plus dure, auront été plus en état que toutes les autres de se défendre contre l'action des causes extérieures, et elles n'auront souffert que peu ou point de diminution latérale par le frottement des eaux : c'est là l'une des causes auxquelles on peut attribuer l'origine de la pente des montagnes ; cette pente sera devenue encore plus douce à mesure que les terres du sommet et les graviers auront coulé et auront été entraînés par les eaux des pluies, et c'est par ces deux raisons que toutes les collines et les montagnes, qui ne sont composées que de pierres calcinables ou d'autres matières lapidifiques calcinables, ont une pente qui n'est jamais aussi rapide que celle des montagnes composées de roc vif et de caillou en grande masse, qui sont ordinairement coupées à plomb à des hauteurs très considérables, parce que dans ces masses de matières vitrifiables les lits supérieurs, aussi bien que les lits inférieurs, sont d'une très grande dureté, et qu'ils ont tous également résisté à l'action des eaux qui n'a pu les user qu'également du haut en bas, et leur donner par conséquent une pente perpendiculaire ou presque perpendiculaire.

Lorsque au-dessus de certaines collines dont le sommet est plat et d'une assez grande étendue, on trouve d'abord de la pierre dure sous la couche de terre végétale, on remarquera, si l'on observe les environs de ces collines, que ce qui paraît en être le sommet ne l'est pas en effet, et que ce dessus de colline n'est que la continuation de la pente insensible de quelque colline plus élevée ; car, après avoir traversé cet espace de terrain, on trouve d'autres éminences qui s'élèvent plus haut, et dont les couches supérieures sont de pierre tendre et les inférieures de pierre dure ; c'est le prolongement de ces dernières couches qu'on retrouve au-dessus de la première colline.

Lorsqu'au contraire on ouvre une carrière à peu près au sommet d'une montagne et dans un terrain qui n'est surmonté d'aucune hauteur considérable, on n'en tire ordinairement que de la pierre tendre, et il faut fouiller très profondément pour trouver la pierre dure ; ce n'est jamais qu'entre ces lits de pierre dure que l'on trouve des bancs de marbres ; ces marbres sont diversement colorés par les terres métalliques que les eaux pluviales introduisent dans les couches par infiltration, après les avoir détachées des autres couches supérieures ; et on peut croire que dans tous les pays où il y a de la pierre on trouverait des marbres si l'on fouillait assez profondément pour arriver aux bancs de pierre dure ; *quoto enim loco non suum marmor invenitur ?* dit Pline ; c'est en effet une pierre bien plus commune qu'on ne le croit, et qui ne diffère des autres pierres que par la finesse du grain, qui la rend plus compacte et susceptible d'un poli brillant, qualité qui lui est essentielle et de laquelle elle a tiré sa dénomination chez les anciens.

Les fentes perpendiculaires des carrières et les joints des lits de pierre sont souvent remplis et incrustés de certaines concrétions, qui sont tantôt transparentes, comme le cristal, et d'une figure régulière, et tantôt opaques et terreuses ; l'eau coule par les fentes perpendiculaires et elle pénètre même le tissu serré de la pierre ; les pierres qui sont poreuses s'imbibent d'une si grande quantité d'eau que la gelée les fait fendre et éclater. Les eaux pluviales en criblant à travers les lits d'une carrière et pendant le séjour qu'elles font dans les couches de marne, de pierre, de marbre, en détachent les molécules les moins adhérentes et les plus fines, et se chargent de toutes les matières qu'elles peuvent enlever ou dissoudre. Ces eaux coulent d'abord le long des fentes perpendiculaires, elles pénètrent ensuite entre les lits de pierre, elles déposent entre les joints horizontaux aussi bien que dans les fentes perpendiculaires les matières qu'elles ont entraînées, et elles y forment des congélations différentes, suivant les différentes matières qu'elles déposent : par exemple, lorsque ces eaux gouttières criblent à travers la marne, la craie ou la pierre tendre, la matière qu'elles déposent n'est aussi qu'une marne très pure et très fine qui se pelotonne ordinairement dans les fentes perpendiculaires des rochers sous la forme d'une substance poreuse, molle, ordinairement fort blanche et très légère, que les naturalistes ont appelé *Lac lunæ* ou *Medulla saxi*.

Lorsque ces filets d'eau chargée de matière lapidifique s'écoulent par les points horizontaux des lits de pierre tendre ou de craie, cette matière s'attache à la superficie des blocs de pierre et elle y forme une croûte écailleuse, blanche, légère et spongieuse ; c'est cette espèce de matière que quelques auteurs ont nommée Agaric minéral, par sa ressemblance avec l'Agaric végétal. Mais si la matière des couches a un certain degré de dureté, c'est-à-dire si les lits de la carrière sont de pierre dure ordinaire, de pierre propre à faire de la bonne chaux, le filtre étant alors plus serré, l'eau en sortira chargée d'une matière lapidifique plus pure, plus homogène, et dont les molécules pourront s'engrainer plus exactement, s'unir plus intimement, et alors il s'en formera des congélations qui auront à peu près la dureté de la pierre et un peu de transparence, et l'on trouvera dans ces carrières, sur la superficie des blocs, des incrustations pierreuses disposées en ondes, qui remplissent entièrement les joints horizontaux.

Dans les grottes et dans les cavités des rochers, qu'on doit regarder comme les bassins et les égouts des fentes perpendiculaires, la direction diverse des filets d'eau qui charrient la matière lapidifique donne aux concrétions qui en résultent des formes différentes : ce sont ordinairement des culs-de-lampe et des cônes renversés qui sont attachés à la voûte, ou bien ce sont des cylindres creux et très blancs formés par des couches presque concentriques à l'axe du cylindre, et ces congélations descendent quelquefois jusqu'à terre et forment dans ces lieux souterrains des colonnes et mille autres figures aussi bizarres que les noms qu'il a plu aux naturalistes de leur donner : tels sont ceux de stalactites, stélegmites, ostéocolles, etc.

Enfin, lorsque ces sucs concrets sortent immédiatement d'une matière très dure, comme des marbres et des pierres dures, la matière lapidifique que l'eau charrie étant aussi homogène qu'elle peut l'être, et l'eau en ayant, pour ainsi dire, plutôt dissous que détaché les petites parties constituantes, elle prend en s'unissant une figure constante et régulière, elle forme des colonnes à pans, terminées par une pointe triangulaire, qui sont transparentes et composées de couches obliques : c'est ce qu'on appelle Sparr ou Spalt. Ordinairement cette matière est transparente et sans couleur, mais quelquefois aussi elle est colorée lorsque la pierre dure ou le marbre dont elle sort contient des parties métalliques. Ce sparr a le degré de dureté de la pierre, il se dissout, comme la pierre, par les esprits acides, il se calcine au même degré de chaleur : ainsi on ne peut pas douter que ce ne soit de la vraie pierre, mais qui est devenue parfaitement homogène ; on pourrait même dire que c'est de la pierre pure et élémentaire, de la pierre qui est sous sa forme propre et spécifique.

Cependant la plupart des naturalistes regardent cette matière comme une substance distincte et existante indépendamment de la pierre, c'est leur suc lapidifique ou cristallin qui, selon eux, lie non seulement les parties de la pierre ordinaire, mais même celles du caillou. Ce suc, disent-ils, augmente la densité des pierres par des infiltrations réitérées, il les rend chaque jour plus pierres qu'elles n'étaient, et il les convertit enfin en véritable caillou ; et lorsque ce suc s'est fixé en sparr, il reçoit par des infiltrations réitérées de semblables sucs encore plus épurés qui en augmentent la densité et la dureté ; en sorte que cette matière ayant été successivement sparr, verre, ensuite cristal, elle devient diamant : ainsi toutes les pierres, selon eux, tendent à devenir caillou, et toutes les matières transparentes à devenir diamant.

Mais si cela est, pourquoi voyons-nous que dans de très grands cantons, dans des provinces entières, ce suc cristallin ne forme que de la pierre, et que dans d'autres provinces il ne forme que du caillou ? Dira-t-on que ces deux terrains ne sont pas aussi anciens l'un que l'autre, que ce suc n'a pas eu le temps de circuler et d'agir aussi longtemps dans l'un que dans l'autre ? cela n'est pas probable. D'ailleurs, d'où ce suc peut-il venir ? S'il produit les pierres et les cailloux, qu'est-ce qui peut le produire lui-même ? Il est aisé de voir qu'il n'existe pas indépendamment de ces matières, qui seules peuvent donner à l'eau qui les pénètre cette qualité pétrifiante, toujours relativement à leur nature et à leur caractère spécifique : en sorte que dans les pierres elle forme du sparr, et dans les cailloux du cristal; et il y a autant de différentes espèces de ce suc qu'il y a de matières différentes qui peuvent le produire et desquelles il peut sortir. L'expérience est parfaitement d'accord avec ce que nous disons; on trouvera toujours que les eaux *gouttières* des carrières de pierres ordinaires forment des concrétions tendres et calcinables comme ces pierres le sont; qu'au contraire celles qui sortent du roc vif et du caillou forment des congélations dures et vitrifiables, et qui ont toutes les autres propriétés du caillou, comme les premières ont toutes celles de la pierre; et les eaux qui ont pénétré des lits de matières minérales et métalliques donnent lieu à la production des pyrites, des marcassites et des grains métalliques.

Nous avons dit qu'on pouvait diviser toutes les matières en deux grandes classes et par deux caractères généraux : les unes sont vitrifiables, les autres sont calcinables; l'argile et le caillou, la marne et la pierre, peuvent être regardés comme les deux extrêmes de chacune de ces classes, dont les intervalles sont remplis par la variété presque infinie des mixtes, qui ont toujours pour base l'une ou l'autre de ces matières.

Les matières de la première classe ne peuvent jamais acquérir la nature et les propriétés de celles de l'autre : la pierre, quelque ancienne qu'on la suppose, sera toujours aussi éloignée de la nature du caillou, que l'argile l'est de la marne : aucun agent connu ne sera jamais capable de les faire sortir du cercle de combinaisons propres à leur nature; les pays où il n'y a que des marbres et de la pierre, n'auront jamais que des marbres et de la pierre, aussi certainement que ceux où il n'y a que du grès, du caillou, du roc vif, n'auront jamais de la pierre ou du marbre.

Si l'on veut observer l'ordre et la distribution des matières dans une colline composée de matières vitrifiables, comme nous l'avons fait tout à l'heure dans une colline composée de matières calcinables, on trouvera ordinairement sous la première couche de terre végétale un lit de glaise ou d'argile, matière vitrifiable et analogue au caillou, et qui n'est, comme je l'ai dit, que du sable vitrifiable décomposé; ou bien on trouve sous la terre végétale une couche de sable vitrifiable : ce lit d'argile ou de sable répond au lit de gravier qu'on trouve dans les collines composées de matières calcinables; après cette couche d'argile ou de sable on trouve quelques lits de grès qui, le plus souvent, n'ont pas plus d'un demi-pied d'épaisseur, et qui sont divisés en petits morceaux par une infinité de fentes perpendiculaires, comme le moellon du 3e lit de la colline composée de matières calcinables. Sous ce lit de grès on en trouve plusieurs autres de la même matière, et aussi des couches de sable vitrifiable, et le grès devient plus dur et se trouve en plus gros blocs à mesure que l'on descend. Au-dessous de ces lits de grès on trouve une matière très dure que j'ai appelée du roc vif, ou du caillou en grande masse : c'est une matière très dure, très dense, qui résiste à la lime, au burin, à tous les esprits acides, beaucoup plus que n'y résiste le sable vitrifiable et même le verre en poudre, sur lesquels l'eau-forte paraît avoir quelque prise. Cette matière frappée avec un autre corps dur, jette des étincelles, et elle exhale une odeur de soufre très pénétrante : j'ai cru devoir appeler cette matière du caillou en grande masse; il est ordinairement stratifié sur d'autres lits d'argile, d'ardoise, de charbon de terre et de sable vitrifiable d'une très grande épaisseur, et ces lits de cail loux en grande masse répondent encore aux couches de matières dures et aux marbres qui servent de base aux collines composées de matières calcinables.

L'eau, en coulant par les fentes perpendiculaires et en pénétrant les couches de ces sables vitrifiables, de ces grès, de ces argiles, de ces ardoises, se charge des parties les plus fines et les plus homogènes de ces matières, et elle en forme plusieurs concrétions différentes, telles que les talcs, les amiantes et plusieurs autres matières qui ne sont que des productions de ces stillations de matières vitrifiables, comme nous l'expliquerons dans notre *Discours* sur les minéraux.

Le caillou, malgré son extrême dureté et sa grande densité, a aussi, comme le marbre ordinaire et comme la pierre dure, ses exsudations, d'où résultent des stalactites de différentes espèces, dont les variétés dans la transparence, les couleurs et la configuration, sont relatives à la différente nature du caillou qui les produit, et participent aussi des différentes matières métalliques ou hétérogènes qu'il contient : le cristal de roche, toutes les pierres précieuses, blanches ou coloriées, et même le diamant, peuvent être regardés comme des stalactites de cette espèce. Les cailloux en petite masse, dont les couches sont ordinairement concentriques, sont aussi des stalactites et des pierres parasites du caillou en grande masse, et la plupart des pierres fines opaques ne sont que des espèces de caillou; les matières du genre vitrifiable produisent, comme l'on voit, une aussi grande variété de concrétions que celles du genre calcinable; et ces concrétions produites par les cailloux sont presque toutes des pierres dures et précieuses, au lieu que celles de la pierre calcinable ne sont que des matières tendres et qui n'ont aucune valeur.

On trouve les fentes perpendiculaires dans le roc et dans les lits de caillou en grande masse, aussi bien que dans les lits de marbre et de pierre dure : souvent même elles y sont plus larges, ce qui prouve que cette matière, en prenant corps, s'est encore plus desséchée que la pierre : l'une et l'autre de ces collines dont nous avons observé les couches, celle de matières calcinables et celle de matières vitrifiables, sont soutenues tout au-dessous sur l'argile ou sur le sable vitrifiable, qui sont les matières communes et générales dont le globe est composé, et que je regarde comme les parties les plus légères, comme les scories de la matière vitrifiée dont il est rempli à l'intérieur; ainsi toutes les montagnes et toutes les plaines ont pour base commune l'argile ou le sable. On voit par l'exemple du puits d'Amsterdam, par celui de Marly-la-Ville, qu'on trouve toujours, au plus profond, du sable vitrifiable : j'en rapporterai d'autres exemples dans mon *Discours* sur les minéraux.

On peut observer dans la plupart des rochers découverts que les parois des fentes perpendiculaires se correspondent aussi exactement que celles d'un morceau de bois fendu, et cette correspondance se trouve aussi bien dans les fentes étroites que dans les plus larges. Dans les grandes carrières de l'Arabie, qui sont presque toutes de granit, ces fentes ou séparations perpendiculaires sont très sensibles et très fréquentes, et quoiqu'il y en ait qui aient jusqu'à vingt et trente aunes de large, cependant les côtés se rapportent exactement et laissent une profonde cavité entre les deux. (Voyez *Voyage* de Shaw, vol. II, page 83.) Il est assez ordinaire de trouver dans les fentes perpendiculaires des coquilles rompues en deux, de manière que chaque morceau demeure attaché à la pierre de chaque côté de la fente : ce qui fait voir que ces coquilles étaient placées dans le solide de la couche horizontale lorsqu'elle était continue, et avant que la fente s'y fût faite. (Voyez Voodward, page 298.)

Il y a de certaines matières dans lesquelles les fentes perpendiculaires sont fort larges, comme dans les carrières que cite M. Shaw ; c'est peut-être ce qui fait qu'elles y sont moins fréquentes; dans les carrières de roc vif et de granit les pierres peuvent se tirer en très grandes masses : nous en connaissons des morceaux, comme les grandes obélisques et les colonnes qu'on voit à Rome en tant d'endroits, qui ont plus de 60, 80, 100 et 150 pieds de longueur sans aucune interruption; ces énormes blocs sont tous d'une seule pierre continue. Il paraît que ces masses de granit ont été travaillées dans la carrière même, et qu'on leur donnait telle épaisseur que l'on voulait, à peu près comme nous voyons que dans les carrières de grès qui sont un peu profondes on tire des blocs de telle épaisseur que l'on veut. Il y a d'autres matières où ces fentes perpendiculaires sont fort étroites; par exemple, elles sont fort étroites dans l'argile, dans la marne, dans la craie; elles sont au contraire plus larges dans les marbres et dans la plupart des pierres dures. Il y en a qui sont imperceptibles et qui sont remplies d'une matière à peu près semblable à celle de la masse où elles se trouvent, et qui cependant interrompent la continuité des pierres, c'est ce que les ouvriers appellent des *poils;* lorsqu'ils débitent un grand morceau de pierre et qu'ils le réduisent à une petite épaisseur, comme à un demi-pied, la pierre se casse dans la direction de ce poil : j'ai souvent remarqué, dans le marbre et dans la pierre, que ces poils traversent le bloc tout entier; ainsi ils ne diffèrent des fentes perpendiculaires que parce qu'il n'y a pas solution totale de continuité. Ces espèces de fentes sont remplies d'une matière transparente, et qui est du vrai sparr. Il y a un grand nombre de fentes considérables entre les différents rochers qui composent les carrières de grès; cela vient de ce que ces rochers portent souvent sur des bases moins solides que celles des marbres ou des pierres calcinables, qui portent ordinairement sur des glaises, au lieu que les grès ne sont le plus souvent appuyés que sur du sable extrêmement fin : aussi y a-t-il beaucoup d'endroits où l'on ne trouve pas les grès en grande masse; et dans la plupart des carrières où l'on tire le bon grès, on peut remarquer qu'il est en cubes et en parallélipipèdes posés les uns sur les autres d'une manière assez irrégulière, comme dans les collines de Fontainebleau, qui de loin paraissent être des ruines de bâtiments. Cette disposition irrégulière vient de ce que la base de ces collines est de sable, et que les masses de grès se sont éboulées, renversées et affaissées les unes sur les autres, surtout dans les endroits où on a travaillé autrefois pour tirer du grès, ce qui a formé un grand nombre de fentes et d'intervalles entre les blocs; et si on y veut faire attention, on remarquera dans tous les pays de sable et de grès qu'il y a des morceaux de rochers et de grosses pierres dans le milieu des vallons et des plaines en très grande quantité, au lieu que dans les pays de marbre et de pierre dure, ces morceaux dispersés et qui ont roulé du dessus des collines et du haut des montagnes sont fort rares, ce qui ne vient que de la différente solidité de la base sur laquelle portent ces pierres, et de l'étendue des bancs de marbre et des pierres calcinables, qui est plus considérable que celle des grès.

ARTICLE XVIII

DE L'EFFET DES PLUIES, DES MARÉCAGES, DES BOIS SOUTERRAINS, DES EAUX SOUTERRAINES.

Nous avons dit que les pluies, et les eaux courantes qu'elles produisent, détachent continuellement du sommet et de la croupe des montagnes les sables, les terres, les graviers, etc., et qu'elles les entraînent dans les plaines, d'où les rivières et les fleuves en charrient une partie dans les plaines plus basses, et souvent jusqu'à la mer; les plaines se remplissent donc successivement et s'élèvent peu à peu, et les montagnes diminuent tous les jours et s'abaissent continuellement, et dans plusieurs endroits on s'est aperçu de cet abaissement. Joseph Blancanus rapporte sur cela des faits qui étaient de notoriété publique dans son temps, et qui prouvent que les montagnes s'étaient abaissées au point que l'on voyait des villages et des châteaux de plusieurs endroits d'où on ne pouvait pas les voir autrefois. Dans la province de Darby, en Angleterre, le clocher du village Craih n'était pas visible en 1572 depuis une certaine montagne, à cause de la hauteur d'une autre montagne interposée, laquelle s'étend en Hopton et Wirksworth, et 80 ou 100 ans après on voyait ce clocher et même une partie de l'église. Le docteur Plot donne un exemple pareil d'une montagne entre Sibbertoft et Ashby, dans la province de Northampton. Les eaux entraînent non seulement les parties les plus légères des montagnes, comme la terre, le sable, le gravier et les petites pierres, mais elles roulent même de très gros rochers, ce qui en diminue considérablement la hauteur; en général, plus les montagnes sont hautes et plus leur pente est raide, plus les rochers y sont coupés à pic. Les plus hautes montagnes du pays de Galles ont des rochers extrêmement droits et fort nus; on voit les copeaux de ces rochers (si on peut se servir de ce nom) en gros monceaux à leurs pieds; ce sont les gelées et les eaux qui les séparent et les entraînent. Ainsi ce ne sont pas seulement les montagnes de sable et de terre que les pluies rabaissent, mais, comme l'on voit, elles attaquent les rochers les plus durs, et en entraînent les fragments jusque dans les vallées. Il arriva dans la vallée de Nant-Phrancon, en 1685, qu'une partie d'un gros rocher qui ne portait que sur une base étroite, ayant été minée par les eaux, tomba et se rompit en plusieurs morceaux avec plus d'un millier d'autres pierres, dont la plus grosse fit en descendant une tranchée considérable jusque dans la plaine, où elle continua à cheminer dans une petite prairie, et traversa une petite rivière de l'autre côté de laquelle elle s'arrêta. C'est à de pareils accidents qu'on doit attribuer l'origine de toutes les grosses pierres que l'on trouve ordinairement çà et là dans les vallées voisines des montagnes. On doit se souvenir, à l'occasion de cette observation, de ce que nous avons dit dans l'article précédent, savoir, que ces rochers et ces grosses pierres dispersées sont bien plus communes dans les pays dont les montagnes sont de sable et de grès que dans ceux où elles sont de marbre et de glaise, parce que le sable qui sert de base au rocher est un fondement moins solide que la glaise.

Pour donner une idée de la quantité de terre que les pluies détachent des montagnes et qu'elles entraînent dans les vallées, nous pouvons citer un fait rapporté par le docteur Plot : il dit, dans son *Histoire naturelle de Staffort*, qu'on a trouvé dans la terre, à 18 pieds de profondeur, un grand nombre de pièces de monnaie frappées du temps d'Édouard IV, c'est-à-dire 200 ans auparavant, en sorte que ce terrain, qui est marécageux, s'est augmenté d'environ un pied en onze ans, ou d'un pouce et un douzième par an. On peut encore faire une observation semblable sur des arbres enterrés à 17 pieds de profondeur, au-dessous desquels on a trouvé des médailles de Jules César : ainsi les terres, amenées du dessus des montagnes dans les plaines par les eaux courantes, ne laissent pas d'augmenter très considérablement l'élévation du terrain des plaines.

Ces graviers, ces sables et ces terres que les eaux détachent des montagnes et qu'elles entraînent dans les plaines, y forment des couches qu'il ne faut pas confondre avec les couches anciennes et originaires de la terre. On doit mettre dans la classe de ces nouvelles couches, celles de tuf, de pierre molle, de gravier et de sable dont les grains sont lavés et arrondis; on doit y rapporter aussi les couches de pierre qui se sont faites par une espèce de dépôt et d'incrustation : toutes ces couches ne doivent pas leur origine au mouvement et aux sédiments des eaux de la mer. On trouve dans ces tufs et dans ces pierres molles et imparfaites une infinité de végétaux, de feuilles d'arbres, de coquilles terrestres ou fluviatiles, de petits os d'animaux terrestres, et jamais de coquilles ni d'autres productions marines, ce qui prouve évidemment, aussi bien que leur peu de solidité, que ces couches se sont formées sur la surface de la terre sèche, et qu'elles sont bien plus nouvelles que les marbres et les autres pierres qui contiennent des coquilles, et qui se sont formées autrefois dans la mer. Les tufs et toutes ces pierres nouvelles paraissent avoir de la dureté et de la solidité lorsqu'on les tire; mais, si on veut les employer, on trouve que l'air et les pluies les dissolvent bientôt; leur substance est même si différente de la vraie pierre que, lorsqu'on les réduit en petites parties et qu'on en veut faire du sable, elles se convertissent bientôt en une espèce de terre et de boue; les stalactites et les autres concrétions pierreuses, que M. de Tournefort prenait pour des marbres qui avaient végété, ne sont pas de vraies pierres, non plus que celles qui sont formées par des incrustations. Nous avons déjà fait voir que les tufs ne sont pas de l'ancienne formation, et qu'on ne doit pas les ranger dans la classe des pierres. Le tuf est une matière imparfaite, différente de la pierre et de la terre, et qui tire son origine de toutes deux par le moyen de l'eau des pluies, comme les incrustations pierreuses tirent la leur du dépôt des eaux de certaines fontaines : ainsi les couches de ces matières ne sont pas anciennes et n'ont pas été formées, comme les autres, par le sédiment des eaux de la mer; les couches de tourbe doivent être aussi regardées comme des couches nouvelles qui ont été produites par l'entassement successif des arbres et des autres végétaux à demi pourris, et qui ne se sont conservés que parce qu'ils se sont trouvés dans des terres bitumineuses qui les ont empêchés de se corrompre en entier. On ne trouve dans toutes ces nouvelles couches de tuf, ou de pierre molle, ou de pierre formée par des dépôts, ou de tourbes, aucune production marine, mais on y trouve au contraire beaucoup de végétaux, d'os d'animaux terrestres, de coquilles fluviatiles et terrestres, comme on peut le voir dans les prairies de la province de Northampton, auprès d'Ashby, où l'on a trouvé un grand nombre de coquilles d'escargots, avec des plantes, des herbes et plusieurs coquilles fluviatiles, bien conservées à quelques pieds de profondeur sous terre, sans aucunes coquilles marines. (Voyez *Trans. Phil. Abr.*, vol. IV, p. 271.) Les eaux qui roulent sur la surface de la terre, ont formé toutes ces nouvelles couches en changeant souvent de lit et en se répandant de tous côtés; une partie de ces eaux pénètre à l'intérieur et coule à travers les fentes des rochers et des pierres; et ce qui fait qu'on ne trouve point d'eau dans les pays élevés, non plus qu'au-dessus des collines, c'est parce que toutes les hauteurs de la terre sont ordinairement composées de pierres et de rochers, surtout vers le sommet. Il faut, pour trouver de l'eau, creuser dans la pierre et dans le rocher jusqu'à ce qu'on parvienne à la base, c'est-à-dire à la glaise ou à la terre ferme sur laquelle portent ces rochers, et on ne trouve point d'eau tant que l'épaisseur de pierre n'est pas percée jusqu'au-dessous, comme je l'ai observé dans plusieurs puits creusés dans les lieux élevés; et lorsque la hauteur des rochers, c'est-à-dire l'épaisseur de la pierre qu'il faut percer est fort considérable, comme dans les hautes montagnes, où les rochers ont souvent plus de mille pieds d'élévation, il est impossible d'y faire des puits, et par conséquent d'avoir de l'eau. Il y a même de grandes étendues de terre où l'eau manque absolument, comme dans l'Arabie-Pétrée, qui est un désert où il ne pleut jamais, où des sables brûlants couvrent toute la surface de la terre, où il n'y a presque point de terre végétale, où le peu de plantes qui s'y trouvent languissent; les sources et les puits y sont si rares, que l'on n'en compte que cinq depuis le Caire jusqu'au mont Sinaï, encore l'eau en est-elle amère et saumâtre.

Lorsque les eaux qui sont à la surface de la terre ne peuvent trouver d'écoulement, elles forment des marais et des marécages. Les plus fameux marais de l'Europe sont ceux de Moscovie à la source du Tanaïs, ceux de Finlande, où sont les grands marais Savolax et Énasak; il y en a aussi en Hollande, en Westphalie et dans plusieurs autres pays bas : en Asie, on a les marais de l'Euphrate, ceux de la Tartarie, le Palus Méotide; cependant, en général, il y en a moins en Asie et en Afrique qu'en Europe, mais l'Amérique n'est, pour ainsi dire, qu'un marais continu dans toutes ses plaines. Cette grande quantité de marais est une preuve de la nouveauté du pays et du petit nombre des habitants, encore plus que du peu d'industrie.

Il y a de très grands marécages en Angleterre dans la province de Lincoln près de la mer, qui a perdu beaucoup de terrain d'un côté et en a gagné de l'autre. On trouve dans l'ancien terrain une grande quantité d'arbres qui y sont enterrés au-dessous du nouveau terrain amené par les eaux ; on en trouve de même en grande quantité en Ecosse, à l'embouchure de la rivière Ness. Auprès de Bruges en Flandre, en fouillant à 40 ou 50 pieds de profondeur, on trouve une très grande quantité d'arbres aussi près les uns des autres que dans une forêt; les troncs, les rameaux et les feuilles sont si bien conservés qu'on distingue aisément les différentes espèces d'arbres. Il y a 500 ans que cette terre, où l'on trouve des arbres, était une mer, et avant ce temps-là on n'a point de mémoire ni de tradition que jamais cette terre eût existé : cependant il est nécessaire que cela ait été ainsi dans le temps que ces arbres ont crû et végété; ainsi le terrain, qui dans les temps les plus reculés était une terre ferme couverte de bois, a été ensuite couvert par les eaux de la mer, qui y ont amené 40 ou 50 pieds d'épaisseur de terre, et ensuite ces eaux se sont retirées. On a de même trouvé une grande quantité d'arbres souterrains à Youle dans la province d'York, à douze milles au-dessous de la ville, sur la rivière Humbert; il y en a qui sont si gros qu'on s'en sert pour bâtir, et on assure, peut-être mal à propos, que ce bois est aussi durable et d'aussi bon service que le chêne; on en coupe en petites baguettes et en longs copeaux que l'on envoie vendre dans les villes voisines, et les gens s'en servent pour allumer leur pipe. Tous ces arbres paraissent rompus, et les troncs sont séparés de leurs racines, comme des arbres que la violence d'un ouragan ou d'une inondation aurait cassés et emportés; ce bois ressemble beaucoup au sapin, il a la même odeur lorsqu'on le brûle, et fait des charbons de la même espèce. (Voyez *Trans. phil.* nº 228.) Dans l'île de Man, on trouve dans un marais qui a six milles de long et trois milles de large, appelé Curragh, des arbres souterrains qui sont des sapins, et, quoiqu'ils soient à 18 ou 20 pieds de profondeur, ils sont cependant fermes sur leurs racines. (Voyez *Ray's Disc.*, page 232.) On en trouve ordinairement dans tous les grands marais, dans les fondrières et dans la plupart des endroits marécageux, dans les provinces de Sommerset, de Chester, de Lancastre, de Stafford. Il y a de certains endroits où l'on trouve des arbres sous terre qui ont été coupés, sciés, équarris et travaillés par les hommes : on y a même trouvé des cognées et des serpes, et entre Birmingham et Brumley, dans la province de Lincoln, il y a des collines élevées de sable fin et léger que les pluies et les vents emportent et transportent en laissant à sec et à découvert des racines de grands sapins, où l'impression de la cognée paraît encore aussi fraîche que si elle venait d'être faite. Ces collines se seront sans doute formées, comme les dunes, par des amas de sable que la mer a apporté et accumulé, et sur lesquels ces sapins auront pu croître; ensuite ils auront été recouverts par d'autres sables qui y auront été amenés, comme les premiers, par des inondations ou par des vents violents. On trouve aussi une grande quantité de ces arbres souterrains dans les terres marécageuses de Hollande, dans la Frise et auprès de Groningue, et c'est de là que viennent les tourbes qu'on brûle dans tout le pays.

On trouve dans la terre une infinité d'arbres grands et petits de toute espèce, comme sapins, chênes, bouleaux, hêtres, ifs, aubépins, saules, frênes; dans les marais de Lincoln, le long de la rivière d'Ouse, et dans la province d'York en Hatfield-Chace, ces arbres sont droits et plantés comme on les voit dans une forêt. Les chênes sont fort durs, et on en emploie dans les bâtiments, où ils durent fort longtemps (*a*); les frênes sont tendres et tombent en poussière, aussi bien que les saules; on en trouve qui ont été équarris, d'autres sciés, d'autres percés, avec des cognées rompues, et des haches dont la

(*a*) Je doute beaucoup de la vérité de ce fait : tous les arbres qu'on tire de la terre, au moins tous ceux que j'ai vus, soit chênes, soit autres, perdent, en se desséchant, toute la solidité qu'ils paraissent avoir d'abord, et ne doivent jamais être employés dans les bâtiments.

forme ressemble à celle des couteaux de sacrifice, On y trouve aussi des noisettes, des glands et des cônes de sapins en grande quantité. Plusieurs autres endroits marécageux de l'Angleterre et de l'Irlande sont remplis de troncs d'arbres, aussi bien que les marais de France et de Suisse, de Savoie et d'Italie. (Voyez *Trans. Phil. Abr.*, vol. IV, p. 218, etc.)

Dans la ville de Modène et à quatre milles aux environs, en quelque endroit qu'on fouille, lorsqu'on est parvenu à la profondeur de 63 pieds et qu'on a percé la terre à 5 pieds de profondeur de plus avec une tarière, l'eau jaillit avec une si grande force, que le puits se remplit en fort peu de temps presque jusqu'au-dessus; cette eau coule continuellement et ne diminue ni n'augmente par la pluie ou par la sécheresse. Ce qu'il y a de remarquable dans ce terrain, c'est que lorsqu'on est parvenu à 14 pieds de profondeur, on trouve les décombrements et les ruines d'une ancienne ville, des rues pavées, des planchers, des maisons, différentes pièces de mosaïque; après quoi on trouve une terre assez solide et qu'on croirait n'avoir jamais été remuée; cependant au-dessous on trouve une terre humide et mêlée de végétaux, et à 26 pieds des arbres tout entiers, comme des noisetiers avec les noisettes dessus, et une grande quantité de branches et de feuilles d'arbres; à 28 pieds on trouve une craie tendre mêlée de beaucoup de coquillages, et ce lit a 11 pieds d'épaisseur; après quoi on retrouve encore des végétaux, des feuilles et des branches, et ainsi alternativement de la craie et une terre mêlée de végétaux jusqu'à la profondeur de 63 pieds, à laquelle profondeur est un lit de sable mêlé de petit gravier et de coquilles semblables à celles qu'on trouve sur les côtes de la mer d'Italie : ces lits successifs de terre marécageuse et de craie se trouvent toujours dans le même ordre, en quelque endroit qu'on fouille, et quelquefois la tarière trouve de gros troncs d'arbres qu'il faut percer, ce qui donne beaucoup de peine aux ouvriers; on y trouve aussi des os, du charbon de terre, des cailloux et des morceaux de fer. Ramazzini, qui rapporte ces faits, croit que le golfe de Venise s'étendait autrefois jusqu'à Modène et au delà, et que, par la succession des temps, les rivières, et peut-être les inondations de la mer, ont formé successivement ce terrain.

Je ne m'étendrais pas davantage ici sur les variétés que présentent ces couches de nouvelle formation; il suffit d'avoir montré qu'elles n'ont pas d'autres causes que les eaux courantes ou stagnantes qui sont à la surface de la terre, et qu'elles ne sont jamais aussi dures ni aussi solides que les couches anciennes qui se sont formées sous les eaux de la mer.

ARTICLE XIX

DES CHANGEMENTS DE TERRES EN MERS, ET DE MERS EN TERRES.

Il paraît, par ce que nous avons dit dans les articles I, VII, VIII et IX, qu'il est arrivé au globe terrestre de grands changements qu'on peut regarder comme généraux, et il est certain, par ce que nous avons rapporté dans les autres articles, que la surface de la terre a souffert des altérations particulières : quoique l'ordre, ou plutôt la succession de ces altérations ou de ces changements particuliers ne nous soit pas bien connue, nous en connaissons cependant les causes principales, nous sommes même en état d'en distinguer les différents effets; et, si nous pouvions rassembler tous les indices et tous les faits que l'histoire naturelle et l'histoire civile nous fournissent au sujet des révolutions arrivées à la surface de la terre, nous ne doutons pas que la théorie que nous avons donnée n'en devînt bien plus plausible.

L'une des principales causes des changements qui arrivent sur la terre, c'est le mouvement de la mer, mouvement qu'elle a éprouvé de tout temps; car, dès la création, il y a eu le soleil, la lune, la terre, les eaux, l'air, etc., dès lors le flux et le reflux, le mouvement d'orient en occident, celui des vents et des courants se sont fait sentir, les eaux ont eu dès lors les mêmes mouvements que nous remarquons aujourd'hui dans la mer; et quand même on supposerait que l'axe du globe aurait eu une autre inclinaison et que les continents terrestres aussi bien que les mers auraient eu une autre disposition, cela ne détruit point le mouvement du flux et du reflux, non plus que la cause et l'effet des vents; il suffit que l'immense quantité d'eau qui remplit le vaste espace des mers se soit trouvée rassemblée quelque part sur le globe de la terre, pour que le flux et le reflux, et les autres mouvements de la mer, aient été produits.

Lorsqu'une fois on a commencé à soupçonner qu'il se pouvait bien que notre continent eût autrefois été le fond d'une mer, on se le persuade bientôt à n'en pouvoir douter; d'un côté ces débris de la mer qu'on trouve partout, de l'autre la situation horizontale des couches de la terre, et enfin cette disposition des collines et des montagnes qui se correspondent, me paraissent autant de preuves convaincantes; car, en considérant les plaines, les vallées, les collines, on voit clairement que la surface de la terre a été figurée par les eaux; en examinant l'intérieur des coquilles qui sont renfermées dans les pierres, on reconnaît évidemment que ces pierres se sont formées par le sédiment des eaux, puisque les coquilles sont remplies de la matière même de la pierre qui les environne; et enfin en réfléchissant sur la forme des collines dont les angles saillants répondent toujours aux angles rentrants des collines opposées, on ne peut pas douter que cette direction ne soit l'ouvrage des courants de la mer : à la vérité, depuis que notre continent est découvert, la forme de la surface a un peu changé, les montagnes ont diminué de hauteur, les plaines se sont élevées, les angles des collines sont devenus plus obtus, plusieurs matières entraînées par les fleuves se sont arrondies, il s'est formé des couches de tuf, de pierre molle, de gravier, etc.; mais l'essentiel est demeuré, la forme ancienne se reconnaît encore, et je suis persuadé que tout le monde peut se convaincre par ses yeux de tout ce que nous avons dit à ce sujet, et que quiconque aura bien voulu suivre nos observations et nos preuves, ne doutera pas que la terre n'ait été autrefois sous les eaux de la mer, et que ce ne soient les courants de la mer qui aient donné à la surface de la terre la forme que nous voyons.

Le mouvement principal des eaux de la mer est, comme nous l'avons dit, d'orient en occident : aussi il nous paraît que la mer a gagné sur les côtes orientales, tant de l'ancien que du nouveau continent, un espace d'environ 500 lieues. On doit se souvenir des preuves que nous en avons données dans l'article XI, et nous pouvons y ajouter que tous les détroits qui joignent les mers sont dirigés d'orient en occident : le détroit de Magellan, les deux détroits de Frobisher, celui de Hudson, le détroit de l'île de Ceylan, ceux de la mer de Corée et de Kamtschatka ont tous cette direction et paraissent avoir été formés par l'irruption des eaux qui, étant poussées d'orient en occident, se sont ouvert ces passages dans la même direction dans laquelle elles éprouvent aussi un mouvement plus considérable que dans toutes les autres directions; car il y a dans tous ces détroits des marées très violentes, au lieu que dans ceux qui sont situés sur les côtes occidentales, comme l'est celui de Gibraltar, celui du Sund, etc., le mouvement des marées est presque insensible.

Les inégalités du fond de la mer changent la direction du mouvement des eaux; elles ont été produites successivement par les sédiments de l'eau et par les matières qu'elle a transportées, soit par son mouvement de flux et de reflux, soit par d'autres mouvements; car nous ne donnons pas pour cause unique de ces inégalités le mouvement du flux et du reflux, nous avons seulement donné cette cause comme la principale et la première, parce qu'elle est la plus constante et qu'elle agit sans interruption; mais on doit aussi admettre comme cause l'action des vents; ils agissent même à la surface de l'eau avec une tout autre violence que les marées, et l'agitation qu'ils communiquent à la mer est bien plus considérable pour les effets extérieurs; elle s'étend même à des profondeurs considérables, comme on le voit par les matières qui se détachent, par la tempête, du fond des mers, et qui ne sont presque jamais rejetées sur les rivages que dans les temps d'orages.

Nous avons dit qu'entre les tropiques, et même à quelques degrés au delà, il règne continuellement un vent d'est : ce vent, qui contribue au mouvement général de la mer d'orient en occident, est aussi ancien que le flux et le reflux, puisqu'il dépend du cours du soleil et de la raréfaction de l'air, produite par la chaleur de cet astre. Voilà donc deux causes de mouvement réunies, et plus grandes sous l'équateur que partout ailleurs : la première, le flux et le reflux, qui, comme l'on sait, est plus sensible dans les climats méridionaux; et la seconde, le vent d'est qui souffle continuellement dans ces mêmes climats. Ces deux causes ont concouru, depuis la formation du globe, à produire les mêmes effets, c'est-à-dire à faire mouvoir les eaux d'orient en occident, et à les agiter avec plus de force dans cette partie du monde que dans toutes les autres; c'est pour cela que les plus grandes inégalités de la surface du globe se trouvent entre les tropiques. La partie de l'Afrique comprise entre ces deux cercles n'est, pour ainsi dire, qu'un groupe de montagnes dont les différentes chaînes s'étendent, pour la plupart, d'orient en occident, comme on peut s'en assurer en considérant la direction des grands fleuves de cette partie de l'Afrique : il en est de même de la partie de l'Asie et de celle de l'Amérique qui sont comprises entre les tropiques, et l'on doit juger de l'inégalité de la surface de ces climats par la quantité de hautes montagnes et d'îles qu'on y trouve.

De la combinaison du mouvement général de la mer d'orient en occident, de celui du flux et du reflux, de celui que produisent les courants, et encore de celui que forment les vents, il a résulté une infinité de différents effets, tant sur le fond de la mer que sur les côtes et les continents. Varénius dit qu'il est très probable que les golfes et les détroits ont été formés par l'effort réitéré de l'océan contre les terres; que la mer Méditerranée, les golfes d'Arabie, de Bengale et de Cambaye, ont été formés par l'irruption des eaux, aussi bien que les détroits entre la Sicile et l'Italie, entre Ceylan et l'Inde, entre la Grèce et l'Eubée, et qu'il en est de même du détroit des Manilles, de celui de Magellan et de celui de Danemark; qu'une preuve des irruptions de l'océan sur les continents, qu'une preuve qu'il a abandonné différents terrains, c'est qu'on ne trouve que très peu d'îles dans le milieu des grandes mers, et jamais un grand nombre d'îles voisines les unes des autres; que dans l'espace immense qu'occupe la mer Pacifique à peine trouve-t-on deux ou trois petites îles vers le milieu; que dans le vaste Océan Atlantique, entre l'Afrique et le Brésil, on ne trouve que les petites îles de Sainte-Hélène et de l'Ascension, mais que toutes les îles sont auprès des grands continents, comme les îles de l'Archipel auprès du continent de l'Europe et de l'Asie, les Canaries auprès de l'Afrique, toutes les îles de la mer des Indes auprès du continent oriental, les îles Antilles auprès de celui de l'Amérique, et qu'il n'y a que les Açores qui soient fort avancées dans la mer entre l'Europe et l'Amérique.

Les habitants de Ceylan disent que leur île a été séparée de la presqu'île de l'Inde par une irruption de l'océan, et cette tradition populaire est assez vraisemblable; on croit aussi que l'île de Sumatra a été séparée de Malaye : le grand nombre d'écueils et de bancs de sable qu'on trouve entre deux semble le prouver. Les Malabares assurent que les îles Maldives faisaient partie du continent de l'Inde, et en général on peut croire que toutes les îles orientales ont été séparées des continents par une irruption de l'océan. (Voyez *Varen. Géogr.*, p. 203, 217 et 220.)

Il paraît qu'autrefois l'île de la Grande-Bretagne faisait partie du continent, et que l'Angleterre tenait à la France : les lits de terre et de pierre, qui sont les mêmes des deux côtés du Pas-de-Calais, le peu de profondeur de ce détroit, semblent l'indiquer. En supposant, dit le docteur Wallis, comme tout paraît l'indiquer, que l'Angleterre communiquait autrefois à la France par un isthme au-dessous de Douvres et de Calais, les grandes mers des deux côtés battaient les côtes de cet isthme, par un flux impétueux deux fois en 24 heures; la mer d'Allemagne, qui est entre l'Angleterre et la Hollande, frappait cet isthme du côté de l'est, et la mer de France du côté de l'ouest : cela suffit avec le temps pour user et détruire une langue de terre étroite, telle que nous supposons qu'était autrefois cette isthme : le flux de la mer de France agissant avec une grande violence, non seulement contre l'isthme, mais aussi contre les côtes de France et d'Angleterre, doit nécessairement, par le mouvement des eaux, avoir enlevé une grande quantité de sable, de terre, de vase, de tous les endroits contre lesquels la mer agissait; mais étant arrêtée dans son courant par cet isthme, elle ne doit pas avoir déposé, comme on pourrait le croire, des sédiments contre l'isthme, mais elle les aura transportés dans la grande plaine qui forme actuellement le marécage de Romne, qui a quatorze milles de long sur huit de large; car quiconque a vu cette plaine ne peut pas douter qu'elle n'ait été autrefois sous les eaux de la mer, puisque dans les hautes marées elle serait encore en partie inondée sans les digues de Dimchurch.

La mer d'Allemagne doit avoir agi de même contre l'isthme et contre les côtes d'Angleterre et de Flandre, et elle aura emporté les sédiments en Hollande et en Zélande, dont le terrain, qui était autrefois sous les eaux, s'est élevé de plus de 40 pieds; de l'autre côté, sur la côte d'Angleterre, la mer d'Allemagne devait occuper cette large vallée où coule actuellement la rivière de Sture, à plus de vingt milles de distance, à commencer par Sandwich, Cantorbéry, Chattam, Chilham, jusqu'à Ahsford, et peut-être plus loin; le terrain est actuellement beaucoup plus élevé qu'il ne l'était autrefois, puisqu'à Chattam on a trouvé les os d'un hippopotame enterrés à 17 pieds de profondeur, des ancres de vaisseaux et des coquilles marines.

Or, il est très vraisemblable que la mer peut former de nouveaux terrains en y apportant les sables, la terre, la vase, etc.; car nous voyons sous nos yeux que dans l'île d'Okney, qui est adjacente à la côte marécageuse de Romne, il y avait un terrain bas toujours en danger d'être inondé par la rivière Rother, mais en moins de 60 ans la mer a élevé ce terrain considérablement en y amenant à chaque flux et reflux une quantité considérable de terre et de vase; et en même temps elle a creusé si fort le canal par où elle entre, qu'en moins de 50 ans la profondeur de ce canal est devenue assez grande pour recevoir de gros vaisseaux, au lieu qu'auparavant c'était un gué où les hommes pouvaient passer.

La même chose est arrivée auprès de la côte de Norfolk, et c'est de cette façon que s'est formé le banc de sable qui s'étend obliquement depuis la côte de Norfolk vers la côte de Zélande; ce banc est l'endroit où les marées de la mer d'Allemagne et de la mer de France se rencontrent depuis que l'isthme a été rompu, et c'est là où se déposent les terres et les sables entraînés des côtes : on ne peut pas dire si avec le temps ce banc de sable ne formera pas un nouvel isthme, etc. (Voyez *Trans. Phil. Abr.*, vol. IV, p. 227.)

Il y a grande apparence, dit Ray, que l'île de la Grande-Bretagne était autrefois jointe à la France et faisait partie du continent; on ne sait point si c'est par un tremblement de terre, ou par une irruption de l'océan, ou par le travail des hommes, à cause de l'utilité et de la commodité du passage, ou par d'autres raisons; mais ce qui prouve que cette île faisait partie du continent, c'est que les rochers et les côtes des deux côtés sont de même nature et composés des mêmes matières, à la même hauteur, en sorte que l'on trouve le long des côtes de Douvres les mêmes lits de pierre et de craie que l'on trouve entre Calais et Boulogne; la longueur de ces rochers le long de ces côtes est à très peu près la même de chaque côté, c'est-à-dire d'environ six milles; le peu de largeur du canal, qui dans cet endroit n'a pas plus de vingt-quatre milles anglais de largeur, et le peu de profondeur, eu égard à la mer voisine, font croire que l'Angleterre a été séparée de la France par accident; on peut ajouter à ces preuves qu'il y avait autrefois des loups et même des ours dans cette île, et il n'est pas à présumer qu'ils y soient venus à la nage, ni que les hommes aient transporté ces animaux nuisibles; car, en général, on trouve les animaux nuisibles des continents dans toutes les îles qui en sont fort voisines, et jamais dans celles qui en sont éloignées, comme les Espagnols l'ont observé lorsqu'ils sont arrivés en Amérique. (Voyez *Ray's Disc.*, p. 208.)

Du temps de Henri Ier, roi d'Angleterre, il arriva une grande inondation dans une partie de la Flandre par une irruption de la mer; en 1446, une pareille irruption fit périr plus de 10,000 personnes sur le territoire de Dordrecht, et plus de 100,000 autour de Dullart, en Frise et en Zélande, et il y eut dans ces deux provinces plus de deux ou trois cents villages de submergés; on voit encore les sommets de leurs tours et les pointes de leurs clochers qui s'élèvent un peu au-dessus des eaux.

Sur les côtes de France, d'Angleterre, de Hollande, d'Allemagne, de Prusse, la mer s'est éloignée en beaucoup d'endroits. Hubert Thomas dit, dans sa description du pays de Liége, que la mer environnait autrefois les murailles de la ville de Tongres, qui maintenant en est éloignée de 35 lieues, ce qu'il prouve par plusieurs bonnes raisons, et, entre autres, il dit qu'on voyait encore de son temps les anneaux de fer dans les murailles auxquelles on attachait les vaisseaux qui y arrivaient. On peut encore regarder comme des terres abandonnées par la mer, en Angleterre, les grands marais de Lincoln et l'île d'Ély, en France la Crau de la Provence; et même la mer s'est éloignée assez considérablement à l'embouchure du Rhône depuis l'année 1665. En Italie il s'est formé de même un terrain considérable à l'embouchure de l'Arne, et Ravenne, qui autrefois était un port de mer des Exarques, n'est plus une ville maritime; toute la Hollande paraît être un terrain nouveau, où la surface de la terre est presque de niveau avec le fond de la mer, quoique le pays se soit considérablement élevé et s'élève tous les jours par les limons et les terres que le Rhin, la Meuse, etc., y amènent; car autrefois on comptait que le terrain de la Hollande était en plusieurs endroits de 50 pieds plus bas que le fond de la mer.

On prétend qu'en l'année 860 la mer, dans une tempête furieuse, amena vers la côte une si grande quantité de sables qu'ils fermèrent l'embouchure du Rhin auprès de Catt, et que ce fleuve inonda tout le pays, renversa les arbres et les maisons, et se jeta dans le lit de la Meuse. En 1421, il y eut une autre inondation qui sépara la ville de Dordrecht de la terre ferme, submergea soixante-douze villages, plusieurs châteaux, noya 100,000 âmes, et fit périr une infinité de bestiaux. La digue de l'Yssel se rompit, en 1638, par quantité de glaces que le Rhin entraînait, qui, ayant bouché le passage de l'eau, firent une ouverture de quelques toises à la digue, et une partie de la province fut inondée avant qu'on eût pu réparer la brèche; en 1682, il y eut une pareille inondation dans la province de Zélande, qui submergea plus de trente villages et causa la perte d'une infinité de monde et de bestiaux qui furent surpris la nuit par les eaux. Ce fut un bonheur pour la Hollande que le vent de sud-est gagna sur celui qui lui était opposé; car la mer était si enflée que les eaux étaient de 18 pieds plus hautes que les terres les plus élevées de la province, à la réserve des dunes. (Voyez les *Voyages hist. de l'Europe*, t. V, p. 70.)

Dans la province de Kent, en Angleterre, il y avait à Hythe un port qui s'est comblé malgré tous les soins que l'on a pris pour l'empêcher, et malgré la dépense qu'on a faite plusieurs fois pour le vider : on y trouve une multitude étonnante de galets et de coquillages apportés par la mer dans l'étendue de plusieurs milles, qui s'y sont amoncelés autrefois, et qui de nos jours ont été recouverts par de la vase et de la terre sur laquelle sont actuellement des pâturages; d'autre côté, il y a des terres fermes que la mer avec le temps vient à gagner et à couvrir, comme les terres de Goodwin, qui appartenaient à un seigneur de ce nom, et qui à présent ne sont plus que des sables couverts par les eaux de la mer; ainsi la mer gagne en plusieurs endroits du terrain, et en perd dans d'autres; cela dépend de la différente situation des côtes et des endroits où le mouvement des marées s'arrête, où les eaux transportent d'un endroit à l'autre les terres, les sables, les coquilles, etc. (Voyez *Trans. Phil. Abr.*, vol. IV, p. 234.)

Sur la montagne de Stella, en Portugal, il y a un lac dans lequel on a trouvé des débris de vaisseaux, quoique cette montagne soit éloignée de la mer de plus de 12 lieues. (Voyez la *Géographie* de Gordon, édition de Londres, 1733, p. 149.) Sabinus, dans ses *Commentaires sur les Métamorphoses d'Ovide,* dit qu'il paraît, par les monuments de l'histoire, qu'en l'année 1460 on trouva dans une mine des Alpes un vaisseau avec ses ancres.

Ce n'est pas seulement en Europe que nous trouverons des exemples de ces changements de mer en terre, et de terre en mer; les autres parties du monde nous en fourniraient peut-être de plus remarquables et en plus grand nombre si on les avait bien observées.

Calicut a été autrefois une ville célèbre et la capitale d'un royaume de même nom; ce n'est aujourd'hui qu'une grande bourgade mal bâtie et assez déserte; la mer, qui depuis un siècle a beaucoup gagné sur cette côte, a submergé la meilleure partie de l'ancienne ville avec une belle forteresse de pierre de taille qui y était; les barques mouillent aujourd'hui sur leurs ruines, et le port est rempli d'un grand nombre d'écueils qui paraissent dans les basses marées et sur lesquels les vaisseaux font assez souvent naufrage. (Voyez *Lett. édif.*, Recueil II, p. 187.)

La province de Jucatan, péninsule dans le golfe du Mexique, a fait autrefois partie de la mer; cette pièce de terre s'étend dans la mer à 100 lieues en longueur depuis le continent, et n'a pas plus de 25 lieues dans sa plus grande largeur; la qualité de l'air y est tout à fait chaude et humide : quoiqu'il n'y ait ni ruisseaux ni rivières dans un si long espace, l'eau est partout si proche, et l'on trouve, en ouvrant la terre, un si grand nombre de coquillages, qu'on est porté à regarder cette vaste étendue comme un lieu qui a fait autrefois partie de la mer.

Les habitants de Malabar prétendent qu'autrefois les îles Maldives étaient attachées au continent des Indes, et que la violence de la mer les en a séparées; le nombre de ces îles est si grand, et quelques-uns des canaux qui les séparent sont si étroits, que les beauprés des vaisseaux qui y passent font tomber les feuilles des arbres de l'un et de l'autre côté; et en quelques endroits un homme vigoureux se tenant à une branche d'arbre peut sauter dans une autre île. (Voyez les *Voyages des Hollandais aux Indes orientales*, p. 274.) Une preuve que le continent des Maldives était autrefois une terre sèche, ce sont les cocotiers qui sont au fond de la mer : il s'en détache souvent des cocos qui sont rejetés sur le rivage par la tempête; les Indiens en font grand cas et leur attribuent les mêmes vertus qu'au bézoard.

On croit qu'autrefois l'île de Ceylan était unie au continent et en faisait partie, mais que les courants, qui sont extrêmement rapides en beaucoup d'endroits des Indes, l'ont séparée et en ont fait une île; on croit la même chose à l'égard des îles de Rammanakoiel et de plusieurs autres. (Voyez *Voyages des Hollandais aux Indes orientales*, t. VI, p. 485.) Ce qu'il y a de certain, c'est que l'île de Ceylan a perdu 30 ou 40 lieues de terrain du côté du nord-ouest, que la mer a gagnées successivement.

Il paraît que la mer a abandonné depuis peu une grande partie des terres avancées et des îles de l'Amérique; on vient de voir que le terrain de Jucatan n'est composé que de coquilles; il en est de même des basses terres de la Martinique et des autres îles Antilles. Les habitants ont appelé le fond de leur terrain la *chaux*, parce qu'ils font de la chaux avec ces coquilles, dont on trouve les bancs immédiatement au-dessous de la terre végétale; nous pouvons rapporter ici ce qui est dit dans les *Nouveaux Voyages aux îles de l'Amérique.* « La chaux que l'on trouve par toute la grande terre de la Guadeloupe, quand » on fouille dans la terre, est de même espèce que celle que l'on pêche à la mer; il est » difficile d'en rendre raison. Serait-il possible que toute l'étendue du terrain qui compose » cette île ne fût, dans les siècles passés, qu'un haut-fond rempli de plantes de chaux, » qui, ayant beaucoup crû et rempli les vides qui étaient entre elles occupés par l'eau, » ont enfin haussé le terrain et obligé l'eau à se retirer et à laisser à sec toute la super- » ficie? Cette conjecture, tout extraordinaire qu'elle paraît d'abord, n'a pourtant rien d'im- » possible, et deviendra même assez vraisemblable à ceux qui l'examineront sans préven- » tion; car enfin, en suivant le commencement de ma supposition, ces plantes ayant crû » et rempli tout l'espace que l'eau occupait se sont enfin étouffées l'une l'autre; les parties » supérieures se sont réduites en poussière et en terre, les oiseaux y ont laissé tomber les » graines de quelques arbres qui ont germé et produit ceux que nous y voyons, et la nature » y en fait germer d'autres qui ne sont pas d'une espèce commune aux autres endroits, » comme les bois marbrés et violets, et il ne serait pas indigne de la curiosité des gens » qui y demeurent de faire fouiller en différents endroits pour connaître quel en est le » sol, jusqu'à quelle profondeur on trouve cette pierre à chaux, en quelle situation elle » est répandue sous l'épaisseur de la terre, et autres circonstances qui pourraient ruiner » ou fortifier ma conjecture. »

Il y a quelques terrains qui tantôt sont couverts d'eau, et tantôt sont découverts, comme plusieurs îles en Norvège, en Écosse, aux Maldives, au golfe de Cambaye, etc. La mer Baltique a gagné peu à peu une grande partie de la Poméranie, elle a couvert et ruiné le fameux port de Vineta : de même, la mer de Norvège a formé plusieurs petites îles, et s'est avancée dans le continent; la mer d'Allemagne s'est avancée en Hollande auprès de Catt, en sorte que les ruines d'une ancienne citadelle des Romains, qui était autrefois sur la côte, sont actuellement fort avant dans la mer. Les marais de l'île d'Ély en Angleterre, la Crau en Provence, sont au contraire, comme nous l'avons dit, des terrains que la mer a abandonnés. Les dunes ont été formées par des vents de mer qui ont jeté sur le rivage et accumulé des terres, des sables, des coquillages, etc. Par exemple, sur les côtes occidentales de France, d'Espagne et d'Afrique, il règne des vents d'ouest durables et violents, qui poussent avec impétuosité les eaux vers le rivage, sur lequel il s'est formé des dunes dans quelques endroits; de même les vents de l'est, lorsqu'ils durent longtemps, chassent si fort les eaux des côtes de la Syrie et de la Phénicie, que les chaînes de rochers qui sont couvertes d'eau pendant les vents d'ouest, demeurent alors à sec : au reste, les dunes ne sont pas composées de pierres et de marbres, comme les montagnes qui se sont formées dans le fond de la mer, parce qu'elles n'ont pas été assez longtemps dans l'eau. Nous ferons voir dans le *Discours* sur les minéraux que la pétrification s'opère au fond de la mer, et que les pierres qui se forment dans la terre sont bien différentes de celles qui se sont formées dans la mer.

Comme je mettais la dernière main à ce *Traité de la théorie de la terre*, que j'ai composé en 1744, j'ai reçu, de la part de M. Barrère, sa *Dissertation sur l'origine des pierres figurées*, et j'ai été charmé de me trouver d'accord avec cet habile naturaliste au sujet de la formation des dunes et du séjour que la mer a fait autrefois sur la terre que nous habitons; il rapporte plusieurs changements arrivés aux côtes de la mer. Aigues-Mortes, qui est actuellement à plus d'une lieue et demie de la mer, était un port du temps de saint Louis; Psalmodi était une île en 815, et aujourd'hui il est dans la terre ferme à plus de deux lieues de la mer; il en est de même de Maguelone : la plus grande partie du vignoble d'Agde était, il y a quarante ans, couverte par les eaux de la mer; et, en Espagne, la mer s'est retirée considérablement depuis peu de Blanes, de Badalona, vers l'embouchure de la rivière Volbregat, vers le cap de Tortosa, le long des côtes de Valence, etc.

La mer peut former des collines et élever des montagnes de plusieurs façons différentes, d'abord par des transports de terre, de vase, de coquilles d'un lieu à un autre, soit par son mouvement naturel de flux et de reflux, soit par l'agitation des eaux causée par les vents; en second lieu, par des sédiments des parties impalpables qu'elle aura détachées des côtes et de son fond, et qu'elle pourra transporter et déposer à des distances considérables, et enfin par des sables, des coquilles, de la vase et des terres que les vents de mer poussent souvent contre les côtes, ce qui produit des dunes et des collines que les eaux abandonnent peu à peu, et qui deviennent des parties du continent. Nous en avons un exemple dans nos dunes de Flandre et dans celles de Hollande, qui ne sont que des collines composées de sable et de coquilles que des vents de mer ont poussées vers la terre. M. Barrère en cite un autre exemple qui m'a paru mériter de trouver place ici : « L'eau de la mer, par son mouvement, détache de son sein une infinité de plantes, de » coquillages, de vase, de sable, que les vagues poussent continuellement vers les bords, » et que les vents impétueux de mer aident à pousser encore; or tous ces différents corps » ajoutés au premier atterrissement y forment plusieurs nouvelles couches ou monceaux » qui ne peuvent servir qu'à accroître le lit de la terre, à l'élever, à former des dunes, des » collines, par des sables, des terres, des pierres amoncelées, en un mot à éloigner davan» tage le bassin de la mer et à former un nouveau continent.

» Il est visible que des alluvions ou des atterrissements successifs ont été faits par le » même mécanisme depuis plusieurs siècles, c'est-à-dire par des dépositions réitérées de » différentes matières, atterrissements qui ne sont pas de pure convenance; j'en trouve les » preuves dans la nature même, c'est-à-dire dans différents lits de coquilles fossiles et d'au» tres productions marines qu'on remarque dans le Roussillon, auprès du village de Naffiac, » éloigné de la mer d'environ sept ou huit lieues : ces lits de coquilles, qui sont inclinés » de l'ouest à l'est sous différents angles, sont séparés les uns des autres par des bancs de » sable et de terre, tantôt d'un pied et demi, tantôt de deux à trois pieds d'épaisseur; ils » sont comme saupoudrés de sel lorsque le temps est sec, et forment ensemble des coteaux » de la hauteur de plus de vingt-cinq à trente toises; or une longue chaîne de coteaux si » élevés n'a pu se former qu'à la longue, à différentes reprises et par la succession des » temps, ce qui pourrait être aussi un effet du déluge ou du bouleversement universel, » qui a dû tout confondre, mais qui cependant n'aura pas donné une forme réglée à ces » différentes couches de coquilles fossiles qui auraient dû être assemblées sans aucun » ordre. »

Je pense sur cela comme M. Barrère; seulement je ne regarde pas les atterrissements comme la seule manière dont les montagnes ont été formées, et je crois pouvoir assurer au contraire que la plupart des éminences que nous voyons à la surface de la terre ont été formées dans la mer même, et cela pour plusieurs raisons qui m'ont toujours paru convaincantes : premièrement, parce qu'elles ont entre elles cette correspondance d'angles saillants et rentrants, qui suppose nécessairement la cause que nous avons assignée, c'est-à-dire le mouvement des courants de la mer; en second lieu, parce que les dunes et les collines qui se forment des matières que la mer amène sur ses bords ne sont pas composées de marbres et de pierres dures, comme les collines ordinaires; les coquilles n'y sont ordinairement que fossiles, au lieu que dans les autres montagnes la pétrification est entière; d'ailleurs les bancs de coquilles, les couches de terre ne sont pas aussi horizontales dans les dunes que dans les collines composées de marbre et de pierre dure; ces bancs y sont plus ou moins inclinés, comme dans les collines de Naffiac, au lieu que dans les collines et dans les montagnes qui se sont formées sous les eaux par les sédiments de la mer, les couches sont toujours parallèles et très souvent horizontales; les matières y sont pétrifiées aussi bien que les coquilles. J'espère faire voir que les marbres et les autres matières calcinables, qui presque toutes sont composées de madrépores, d'astroïtes et de coquilles, ont acquis au fond de la mer le degré de dureté et de perfection que nous leur connaissons; au contraire, les tufs, les pierres molles et toutes les matières pierreuses, comme les incrustations, les stalactites, etc., qui sont aussi calcinables et qui se sont formées dans la terre depuis que notre continent est découvert, ne peuvent acquérir ce degré de dureté et de pétrification des marbres ou des pierres dures.

On peut voir dans l'*Histoire de l'Académie*, année 1707, les observations de M. Saulmon au sujet des galets qu'on trouve dans plusieurs endroits : ces galets sont des cailloux ronds et plats et toujours fort polis, que la mer pousse sur les côtes. A Bayeux et à Brutel, qui est à une lieue de la mer, on trouve du galet en creusant des caves ou des puits; les montagnes de Bonneuil, de Broye et du Quesnoy, qui sont à environ dix-huit lieues de la mer, sont toutes couvertes de galets; il y en a aussi dans la vallée de Clermont en Beauvoisis. M. Saulmon rapporte encore qu'un trou de seize pieds de profondeur, percé directement et horizontalement dans la falaise du Tréport, qui est toute de moellon, a disparu en 30 ans, c'est-à-dire que la mer a miné dans la falaise cette épaisseur de seize pieds; en supposant qu'elle avance toujours également, elle minerait mille toises ou une petite demi-lieue de moellon en douze mille ans.

Les mouvements de la mer sont donc les principales causes des changements qui sont arrivés et qui arrivent sur la surface du globe; mais cette cause n'est pas unique; il y en a beaucoup d'autres moins considérables qui contribuent à ces changements : les eaux courantes, les fleuves, les ruisseaux, la fonte des neiges, les torrents, les gelées, etc., ont changé considérablement la surface de la terre; les pluies ont diminué la hauteur des montagnes, les rivières et les ruisseaux ont élevé les plaines, les fleuves ont rempli la mer à leur embouchure, la fonte des neiges et les torrents ont creusé des ravines dans les gorges et dans les vallons, les gelées ont fait fendre les rochers et les ont détachés des montagnes. Nous pourrions citer une infinité d'exemples des différents changements que toutes ces causes ont occasionnés. Varénius dit que les fleuves transportent dans la mer une grande quantité de terre qu'ils déposent à plus ou moins de distance des côtes, en raison de leur rapidité; ces terres tombent au fond de la mer et y forment d'abord de petits bancs, qui, s'augmentant tous les jours, font des écueils, et enfin forment des îles qui deviennent fertiles et habitées : c'est ainsi que se sont formées les îles du Nil, celles du fleuve Saint-Laurent, l'île de Landa, située à la côte d'Afrique près de l'embouchure du fleuve Coanza, les îles de Norvège, etc. (Voyez *Varenii Geogr. gen.*, p. 214.) On peut y ajouter l'île de Trong-Ming à la Chine, qui s'est formée peu à peu des terres que le fleuve de Nankin entraîne et dépose à son embouchure : cette île est fort considérable, elle a plus de vingt lieues de longueur sur cinq ou six de largeur. (Voyez *Lettres édif.*, Recueil XI, page 234.)

Le Pô, le Trento, l'Athésis et les autres rivières de l'Italie amènent une grande quantité de terres dans les lagunes de Venise, surtout dans le temps des inondations, en sorte que peu à peu elles se remplissent; elles sont déjà sèches en plusieurs endroits dans le temps du reflux, et il n'y a plus que les canaux, que l'on entretient avec une grande dépense, qui aient un peu de profondeur.

A l'embouchure du Nil, à celle du Gange et de l'Inde, à celle de la rivière de la Plata au Brésil, à celle de la rivière de Nankin à la Chine, et à l'embouchure de plusieurs autres fleuves, on trouve des terres et des sables accumulés. La Loubère, dans son *Voyage de Siam*, dit que les bancs de sable et de terre augmentent tous les jours à l'embouchure des grandes rivières de l'Asie, par les limons et les sédiments qu'elles y apportent, en sorte que la navigation de ces rivières devient tous les jours plus difficile, et deviendra un jour impossible : on peut dire la même chose des grandes rivières de l'Europe, et surtout du Volga, qui a plus de 70 embouchures dans la mer Caspienne, du Danube, qui en a 7 dans la mer Noire, etc.

Comme il pleut très rarement en Égypte, l'inondation régulière du Nil vient des torrents qui y tombent, dans l'Éthiopie ; il charrie une très grande quantité de limon, et ce fleuve a non seulement apporté sur le terrain de l'Égypte plusieurs milliers de couches annuelles, mais même il a jeté bien avant dans la mer les fondements d'une alluvion qui pourra former avec le temps un nouveau pays car on trouve avec la sonde, à plus de vingt lieues de distance de la côte, le limon du Nil au fond de la mer, qui augmente tous les ans. La Basse-Égypte, où est maintenant le Delta, n'était autrefois qu'un golfe de la mer. (Voyez Diodore de Sicile, lib. III. Aristote, liv. 1er *des Météores*, chap. XIV. Hérodote, §§ 4, 5, etc.) Homère nous dit que l'île de Pharos était éloignée de l'Égypte d'un jour et d'une nuit de chemin, et l'on sait qu'aujourd'hui elle est presque contiguë. Le sol, en Égypte, n'a pas la même profondeur de bon terrain partout ; plus on approche de la mer et moins il y a de profondeur ; près des bords du Nil il y a quelquefois trente pieds et davantage de profondeur de bonne terre, tandis qu'à l'extrémité de l'inondation il n'y a pas sept pouces. Toutes les villes de la Basse-Égypte ont été bâties sur des levées et sur des éminences faites à la main. (Voyez le *Voyage* de M. Shaw, vol. II, p. 185 et 186.) La ville de Damiette est aujourd'hui éloignée de la mer de plus de dix milles ; et du temps de saint Louis, en 1243, c'était un port de mer. La ville de Fooah, qui était il y a trois cents ans à l'embouchure de la branche Canopique du Nil, en est présentement à plus de sept milles de distance : depuis quarante ans, la mer s'est retirée d'une demi-lieue de devant Rosette, etc. (*Idem*, p. 173 et 188.)

Il est aussi arrivé des changements à l'embouchure de tous les grands fleuves de l'Amérique, et même de ceux qui ont été découverts nouvellement. Le P. Charlevoix, en parlant du fleuve Mississipi, dit qu'à l'embouchure de ce fleuve, au-dessous de la Nouvelle-Orléans, le terrain forme une pointe de terre qui ne paraît pas fort ancienne, car, pour peu qu'on y creuse, on trouve de l'eau, et que la quantité de petites îles qu'on a vues se former nouvellement à toutes les embouchures de ce fleuve ne laissent aucun doute que cette langue de terre ne se soit formée de la même manière. Il paraît certain, dit-il, que quand M. de La Salle descendit (*a*) le Mississipi jusqu'à la mer, l'embouchure de ce fleuve n'était pas telle qu'on la voit aujourd'hui.

Plus on approche de la mer, ajoute-t-il, plus cela devient sensible ; la barre n'a presque point d'eau dans la plupart des petites issues que le fleuve s'est ouvertes, et qui ne se sont si fort multipliées, que par le moyen des arbres qui y sont entraînés par le courant, et dont un seul arrêté par ses branches ou par ses racines dans un endroit où il y a un peu de profondeur, en arrête mille, j'en ai vu, dit-il, à 200 lieues d'ici (*b*), des amas dont un seul aurait rempli tous les chantiers de Paris ; rien alors n'est capable de les détacher ; le limon que charrie le fleuve leur sert de ciment et les couvre peu à peu ; chaque inondation en laisse une nouvelle couche, et après dix ans au plus les lianes et les arbrisseaux commencent à y croître : c'est ainsi que se sont formées la plupart des pointes et des îles qui font si souvent changer de cours au fleuve. (Voyez les *Voyages* du P. Charlevoix, t. III, p. 440.)

Cependant tous les changements que les fleuves occasionnent sont assez lents, et ne peuvent devenir considérables qu'au bout d'une longue suite d'années ; mais il est arrivé des changements brusques et subits par les inondations et les tremblements de terre. Les anciens prêtres égyptiens, 600 ans avant la naissance de Jésus-Christ, assuraient, au rap-

(*a*) Il y a des géographes qui prétendent que M. de la Salle n'a jamais descendu le Mississipi.

(*b*) De la Nouvelle-Orléans.

port de Platon dans le *Timée*, qu'autrefois il y avait une grande île auprès des colonnes d'Hercule, plus grande que l'Asie et la Libye prises ensemble, qu'on appelait *Atlantide*, que cette grande île fut inondée et abîmée sous les eaux de la mer après un grand tremblement de terre. *Traditur Atheniensis civitas restitisse olim innumeris hostium copiis quæ ex Atlantico mari profectæ, propè cunctam Europam Asiamque obsederunt; tunc enim fretum illud navigabile, habens in ore et quasi vestibulo ejus insulam quas Herculis Columnas cognominant : fertur que insula illa Libyâ simul et Asiâ major fuisse, per quam ad alias proximas insulas patebat aditus, atque ex insulis ad omnem continentem è conspectu jacentem vero mari vicinam; sed intrà os ipsum portus angusto sinu traditur, pelagus illud verum mare, terra quoque illa verè erat continens, etc. Post hæc ingenti terræ motu jugique diei unius et noctis illuvione factum est, ut terra dehiscens omnes illos bellicosos absorbere, et Atlantis insula sub vasto gurgite mergeretur.* (*Plato in Timæo.*) Cette ancienne tradition n'est pas absolument contre toute vraisemblance : les terres qui ont été absorbées par les eaux sont peut-être celles qui joignaient l'Irlande aux Açores, et celles-ci au continent de l'Amérique; car on trouve en Irlande les mêmes fossiles, les mêmes coquillages et les mêmes productions marines que l'on trouve en Amérique, dont quelques-unes sont différentes de celles qu'on trouve dans le reste de l'Europe.

Eusèbe rapporte deux témoignages au sujet des déluges, dont l'un est de Melon, qui dit que la Syrie avait été autrefois inondée dans toutes les plaines; l'autre est d'Abidenus, qui dit que du temps du roi Sisithrus il y eut un grand déluge qui avait été prédit par Saturne. Plutarque (*de Solertia animalium*), Ovide et les autres mythologistes parlent du déluge de Deucalion, qui s'est fait, dit-on, en Thessalie, environ 700 ans après le déluge universel. On prétend aussi qu'il y en a eu un plus ancien dans l'Attique, du temps d'Ogygès, environ 230 ans avant celui de Deucalion. Dans l'année 1095 il y eut un déluge en Syrie qui noya une infinité d'hommes. (Voyez Alsted. *Chron.*, chap. XXV.) En 1164, il y en eut un si considérable dans la Frise que toutes les côtes maritimes furent submergées avec plusieurs milliers d'hommes. (Voyez Krank, lib. V, cap. IV.) En 1218, il y eut une autre inondation qui fit périr près de 100,000 hommes, aussi bien qu'en 1530. Il y a plusieurs autres exemples de ces grandes inondations, comme celle de 1604 en Angleterre, etc.

Une troisième cause de changement sur la surface du globe sont les vents impétueux : non seulement ils forment des dunes et des collines sur les bords de la mer et dans le milieu des continents, mais souvent ils arrêtent et font rebrousser les rivières, ils changent la direction des fleuves, ils enlèvent les terres cultivées, les arbres, ils renversent les maisons, ils inondent, pour ainsi dire, des pays tout entiers. Nous avons un exemple de ces inondations de sable en France sur les côtes de Bretagne : l'*Histoire de l'Académie*, année 1722, en fait mention dans les termes suivants :

« Aux environs de Saint-Paul de Léon, en basse Bretagne, il y a sur la mer un canton » qui avant l'an 1666 était habité et ne l'est plus à cause d'un sable qui le couvre jusqu'à » une hauteur de plus de 20 pieds, et qui d'année en année s'avance et gagne du terrain. » A compter de l'époque marquée, il a gagné plus de six lieues, et il n'est plus qu'à une » demi-lieue de Saint-Paul; de sorte que, selon les apparences, il faudra abandonner cette » ville. Dans le pays submergé, on voit encore quelques pointes de clochers et quelques » cheminées qui sortent de cette mer de sable : les habitants des villages enterrés ont eu » du moins le loisir de quitter leurs maisons pour aller mendier. (Page 7.)

» C'est le vent d'est ou de nord qui avance cette calamité; il élève ce sable, qui est » très fin, et le porte en si grande quantité et avec tant de vitesse que M. Deslandes, à qui » l'Académie doit cette observation, dit qu'en se promenant dans ce pays-là pendant que » le vent charriait, il était obligé de secouer de temps en temps son chapeau et son » habit, parce qu'il les sentait appesantis : de plus, quand ce vent est violent, il jette ce

» sable par-dessus un petit bras de mer jusque dans Roscof, petit port assez fréquenté » par les vaisseaux étrangers ; le sable s'élève dans les rues de cette bourgade jusqu'à » deux pieds, et on l'enlève par charretées. On peut remarquer, en passant, qu'il y a dans » ce sable beaucoup de parties ferrugineuses qui se reconnaissent au couteau aimanté.

» L'endroit de la côte qui fournit tout ce sable est une plage qui s'étend depuis Saint-» Paul jusque vers Plouescat, c'est-à-dire un peu plus de quatre lieues, et qui est presque » au niveau de la mer lorsqu'elle est pleine. La disposition des lieux est telle qu'il n'y a » que le vent d'est ou de nord-est qui ait la direction nécessaire pour porter le sable dans » les terres. Il est aisé de concevoir comment le sable porté et accumulé par le vent en un » endroit est repris ensuite par le même vent et porté plus loin, et qu'ainsi le sable peut » avancer en submergeant le pays, tant que la minière qui le fournit en fournira de nou-» veau ; car sans cela le sable, en avançant, diminuerait toujours de hauteur et cesserait » de faire du ravage. Or, il n'est que trop possible que la mer jette ou dépose longtemps » de nouveau sable dans cette plage d'où le vent l'enlève ; il est vrai qu'il faut qu'il soit » toujours aussi fin pour être aisément enlevé.

» Le désastre est nouveau, parce que la plage qui fournit le sable n'en avait pas encore » une assez grande quantité pour s'élever au-dessus de la surface de la mer, ou peut-être » parce que la mer n'a abandonné cet endroit et ne l'a laissé découvert que depuis un » temps : elle a eu quelque mouvement sur cette côte ; elle vient présentement dans le » flux une demi-lieue en deçà de certaines roches qu'elle ne passait pas autrefois.

» Ce malheureux canton, inondé d'une façon si singulière, justifie ce que les anciens » et les modernes rapportent des tempêtes de sable excitées en Afrique, qui ont fait périr » des villes et même des armées. »

M. Shaw nous dit que les ports de Laodicée et de Jébilée, de Tortose, de Rowadse, de Tripoli, de Tyr, d'Acre, de Jaffa, sont tous remplis et comblés des sables qui y ont été charriés par les grandes vagues qu'on a sur cette côte de la Méditerranée lorsque le vent d'ouest souffle avec violence. (Voyez *Voyages* de Shaw, vol. II.)

Il est inutile de donner un plus grand nombre d'exemples des altérations qui arrivent sur la terre ; le feu, l'air et l'eau y produisent des changements continuels, et qui deviennent très considérables avec le temps : non seulement il y a des causes générales dont les effets sont périodiques et réglés, par lesquels la mer prend successivement la place de la terre et abandonne la sienne, mais il y a une grande quantité de causes particulières qui contribuent à ces changements et qui produisent des bouleversements, des inondations, des affaissements, et la surface de la terre, qui est ce que nous connaissons de plus solide, est sujette, comme tout le reste de la nature, à des vicissitudes perpétuelles.

CONCLUSION

Il paraît certain, par les preuves que nous avons données (art. VII et VIII), que les continents terrestres ont été autrefois couverts par les eaux de la mer; il paraît tout aussi certain (art. XII) que le flux et le reflux, et les autres mouvements des eaux, détachent continuellement des côtes et du fond de la mer des matières de toute espèce, et des coquilles qui se déposent ensuite quelque part et tombent au fond de l'eau comme des sédiments, et que c'est là l'origine des couches parallèles et horizontales qu'on trouve partout. Il paraît (art. IX) que les inégalités du globe n'ont pas d'autre cause (*) que celle du mouvement des eaux de la mer, et que les montagnes ont été produites par l'amas successif et l'entassement des sédiments dont nous parlons, qui ont formé les différents lits dont elles sont composées. Il est évident que les courants qui ont suivi d'abord la direction de ces inégalités leur ont donné ensuite à toutes la figure qu'elles conservent encore aujourd'hui (art. XIII), c'est-à-dire cette correspondance alternative des angles saillants toujours opposés aux angles rentrants. Il paraît de même (art. VIII et XVIII) que la plus grande partie des matières que la mer a détachées de son fond et de ses côtes étaient en poussière lorsqu'elles se sont précipitées en forme de sédiments, et que cette poussière impalpable a rempli l'intérieur des coquilles absolument et parfaitement, lorsque ces matières se sont trouvées ou de la nature même des coquilles, ou d'une autre nature analogue. Il est certain (art. XVII) que les couches horizontales qui ont été produites successivement par le sédiment des eaux, et qui étaient d'abord dans un état de mollesse, ont acquis de la dureté à mesure qu'elles se sont desséchées, et que ce dessèchement a produit des fentes perpendiculaires qui traversent les couches horizontales.

Il n'est pas possible de douter, après avoir vu les faits qui sont rapportés dans les art. X, XI, XIV, XV, XVI, XVII, XVIII et XIX, qu'il ne soit arrivé une infinité de révolutions, de bouleversements, de changements particuliers et d'altérations sur la surface de la terre, tant par le mouvement naturel des eaux de la mer que par l'action des pluies, des gelées, des eaux courantes, des vents, des feux souterrains, des tremblements de terre, des inondations, etc., et que par conséquent la mer n'ait pu prendre successivement la place de la terre, surtout dans les premiers temps après la création où les matières terrestres étaient beaucoup plus molles qu'elles ne le sont aujourd'hui. Il faut cependant avouer que nous ne pouvons juger que très imparfaitement de la succession des révolutions naturelles; que nous jugeons encore moins de la suite des accidents, des changements et des altérations; que le défaut des monuments historiques nous prive de la connaissance des faits : il nous manque de l'expérience et du temps; nous ne faisons pas réflexion que ce temps qui nous manque ne manque point à la nature; nous voulons rapporter à l'instant de notre existence les siècles passés et les âges à venir, sans considérer que cet instant, la vie humaine, étendue même autant qu'elle peut l'être par l'histoire, n'est qu'un point dans la durée, un seul fait dans l'histoire des faits de Dieu.

(*) Nous avons déjà dit que ces inégalités sont encore déterminées par des abaissements et des soulèvements localisés de la surface de notre globe, mais il est indéniable que l'action de l'eau a joué un très grand rôle dans la formation des dépôts dont la géologie et la paléontologie étudient la disposition, la composition minéralogique et l'histoire biologique.

ADDITIONS ET CORRECTIONS

AUX ARTICLES QUI CONTIENNENT LES

PREUVES DE LA THÉORIE DE LA TERRE

ADDITIONS

A L'ARTICLE QUI A POUR TITRE : DE LA FORMATION DES PLANÈTES.

I. — *Sur la distance de la terre au soleil.*

J'ai dit « que la terre est située à trente millions de lieues du soleil, » et c'était en effet l'opinion commune des astronomes en 1745, lorsque j'ai écrit ce Traité de la *formation des planètes;* mais de nouvelles observations, et surtout la dernière, faite en 1769, du passage de Vénus sur le disque du soleil, nous ont démontré que cette distance de trente millions doit être augmentée de trois ou quatre millions de lieues; et c'est par cette raison que, dans les deux mémoires de la partie hypothétique de cet ouvrage, j'ai toujours compté trente-trois millions de lieues et non pas trente, pour la distance moyenne de la terre au soleil. Je suis obligé de faire cette remarque, afin qu'on ne me mette pas en opposition avec moi-même.

Je dois encore remarquer que, non seulement on a reconnu par les nouvelles observations que le soleil était à quatre millions de lieues de plus de distance de la terre, mais aussi qu'il était plus volumineux d'un sixième, et que par conséquent le volume entier des planètes n'est guère que la huit centième partie de celui du soleil, et non pas la six cent cinquantième partie, comme je l'ai avancé, d'après les connaissances que nous avions en 1745 sur ce sujet; cette différence en moins rend d'autant plus plausible la possibilité de cette projection de la matière des planètes hors du soleil.

II. — *Sur la matière du soleil et des planètes.*

J'ai dit « que la matière opaque qui compose le corps des planètes fut réellement séparée de la matière lumineuse qui compose le soleil. »

Cela pourrait induire en erreur : car la matière des planètes, au sortir du soleil, était aussi lumineuse que la matière même de cet astre; et les planètes ne sont devenues opaques, ou pour mieux dire obscures, que quand leur état d'incandescence a cessé. J'ai déterminé la durée de cet état d'incandescence dans plusieurs matières que j'ai soumises à l'expérience, et j'en ai conclu, par analogie, la durée de l'incandescence de chaque planète dans le premier mémoire de la partie hypothétique.

Au reste, comme le torrent de la matière projetée par la comète hors du corps du soleil a traversé l'immense atmosphère de cet astre, il en a entraîné les parties volatiles, aériennes et aqueuses qui forment aujourd'hui les atmosphères et les mers des planètes. Ainsi l'on peut dire qu'à tous égards la matière dont sont composées les planètes est la même que celle du soleil, et qu'il n'y a d'autre différence que par le degré de chaleur. extrême dans le soleil, et plus ou moins attiédie dans les planètes, suivant le rapport composé de leur épaisseur et de leur densité.

III. — *Sur le rapport de la densité des planètes avec leur vitesse.*

J'ai dit « qu'en suivant la proportion de ces rapports, la densité du globe de la terre ne devrait être que comme 206 $\frac{7}{18}$ au lieu d'être de 400. »

Cette densité de la terre, qui se trouve ici trop grande relativement à la vitesse de son mouvement autour du soleil, doit être un peu diminuée par une raison qui m'avait échappé; c'est que la lune, qu'on doit regarder ici comme faisant corps avec la terre, est moins dense dans la raison de 702 à 1000, et que le globe lunaire faisant $\frac{1}{49}$ du volume du globe terrestre, il faut par conséquent diminuer la densité 400 de la terre, d'abord dans la raison de 1,000 à 702, ce qui nous donnerait 281, c'est-à-dire, 119 de diminution sur la densité 400, si la lune était aussi grosse que la terre; mais, comme elle n'en fait ici que la 49e partie, cela ne produit qu'une diminution de $\frac{119}{49}$ ou 2 $\frac{3}{7}$; et par conséquent la densité de notre globe relativement à sa vitesse, au lieu de 206 $\frac{7}{18}$, doit être estimée 206 $\frac{7}{18}$ + 2 $\frac{3}{7}$, c'est-à-dire, à peu près 209. D'ailleurs l'on doit présumer que notre globe était moins dense au commencement qu'il ne l'est aujourd'hui, et qu'il l'est devenu beaucoup plus, d'abord par le refroidissement, et ensuite par l'affaissement des vastes cavernes dont son intérieur était rempli : cette opinion s'accorde avec la connaissance que nous avons des bouleversements qui sont arrivés, et qui arrivent encore tous les jours à la surface du globe, et jusqu'à d'assez grandes profondeurs. Ce fait aide même à expliquer comment il est possible que les eaux de la mer aient autrefois été supérieures de deux mille toises aux parties de la terre actuellement habitée; car ces eaux la couvriraient encore si, par de grands affaissements, la surface de la terre ne s'était abaissée en différents endroits pour former les bassins de la mer et les autres réceptacles des eaux, tels qu'ils sont aujourd'hui.

Si nous supposons le diamètre du globe terrestre de 2,863 lieues, il en avait deux de plus lorsque les eaux le couvraient à 2,000 toises de hauteur. Cette différence du volume de la terre donne $\frac{1}{477}$ d'augmentation pour sa densité, par le seul abaissement des eaux : on peut même doubler et peut-être tripler cette augmentation de densité ou cette diminution de volume du globe, par l'affaissement et les éboulements des montagnes, et par le remblai des vallées; en sorte que depuis la chute des eaux sur la terre, on peut raisonnablement présumer qu'elle a augmenté de plus d'un centième de densité.

IV. — *Sur le rapport donné par Newton entre la densité des planètes et le degré de chaleur qu'elles ont à supporter.*

J'ai dit « que malgré la confiance que méritent les conjectures de Newton, la densité des planètes a plus de rapport avec leur vitesse qu'avec le degré de chaleur qu'elles ont à supporter. »

Par l'estimation que nous avons faite, dans les mémoires précédents, de l'action de la chaleur solaire sur chaque planète, on a dû remarquer que cette chaleur solaire est en général si peu considérable qu'elle n'a jamais pu produire qu'une très légère différence sur la densité de chaque planète; car l'action de cette chaleur solaire, qui est faible en elle-même, n'influe sur la densité des matières planétaires qu'à la surface même des planètes; et elle ne peut agir sur la matière qui est dans l'intérieur des globes planétaires, puisque cette chaleur solaire ne peut pénétrer qu'à une très petite profondeur. Ainsi la densité totale de la masse entière de la planète n'a aucun rapport avec cette chaleur qui lui est envoyée du soleil.

Dès lors il me paraît certain que la densité des planètes ne dépend en aucune façon du degré de chaleur qui leur est envoyée du soleil, et qu'au contraire cette densité des planètes doit avoir un rapport nécessaire avec leur vitesse, laquelle dépend d'un autre rapport, qui me paraît immédiat, c'est celui de leur distance au soleil. Nous avons vu que les parties les plus denses se sont moins éloignées que les parties les moins denses, dans le temps de la projection générale. Mercure, qui est composé des parties les plus denses de la matière projetée hors du soleil, est resté dans le voisinage de cet astre ; tandis que Saturne, qui est composé des parties les plus légères de cette même matière projetée, s'en est le plus éloigné. Et comme les planètes les plus distantes du soleil circulent autour de cet astre avec plus de vitesse que les planètes les plus voisines, il s'ensuit que leur densité a un rapport médiat avec leur vitesse, et plus immédiat avec leur distance au soleil. Les distances des six planètes au soleil, sont comme

4, 7, 10, 15, 52, 95.

Leurs densités comme 2,040, 1,270, 1,000, 730, 292, 184.

Et si l'on suppose les densités en raison inverse des distances, elles seront 2,040, 1,160, $889\frac{1}{2}$, 660, 210, 159 ; ce dernier rapport entre leurs densités respectives est peut-être plus réel que le premier, parce qu'il me paraît fondé sur la cause physique qui a dû produire la différence de densité dans chaque planète.

ADDITIONS ET CORRECTIONS

A L'ARTICLE QUI A POUR TITRE : GÉOGRAPHIE.

I. — *Sur l'étendue des continents terrestres.*

J'ai dit que la ligne « que l'on peut tirer dans la plus grande longueur de l'ancien continent, est d'environ 3,600 lieues. » J'ai entendu des lieues comme on les compte aux environs de Paris, de 2,000 ou 2,100 toises chacune, et qui sont d'environ 27 au degré.

Au reste, dans cet article de géographie générale, j'ai tâché d'apporter l'exactitude que demandent des sujets de cette espèce ; néanmoins il s'y est glissé quelques petites erreurs et quelques négligences. Par exemple : 1° je n'ai pas donné les noms adoptés ou imposés par les Français à plusieurs contrées de l'Amérique ; j'ai suivi en tout les globes anglais faits par Senex, de deux pieds de diamètre, sur lesquels les cartes que j'ai données ont été copiées exactement. Les Anglais sont plus justes que nous à l'égard des nations qui leur sont indifférentes ; ils conservent à chaque pays le nom originaire ou celui que leur a donné le premier qui les a découverts. Au contraire, nous donnons souvent nos noms français à tous les pays où nous abordons, et c'est de là que vient l'obscurité de la nomenclature géographique dans notre langue. Mais comme les lignes qui traversent les deux continents dans leur plus grande longueur sont bien indiquées dans mes cartes par les deux points extrêmes et par plusieurs autres points intermédiaires, dont les noms sont généralement adoptés, il ne peut y avoir sur cela aucune équivoque essentielle.

2° J'ai aussi négligé de donner le détail du calcul de la superficie des deux continents, parce qu'il est aisé de le vérifier sur un grand globe. Mais comme on a paru désirer ce calcul, le voici (*a*) tel que M. Robert de Vaugondi me l'a remis dans le temps. On verra qu'il en résulte, en effet, que dans la partie qui est à gauche de la ligne de partage, il y

(*a*) *Calcul de notre continent par lieues géométriques carrées, le degré d'un grand cercle, étant de vingt-cinq lieues.*

14^d	14^d	14^d	14^d	14^d	
5 *E* 78,750	8 *D* 80,937	$10\frac{1}{2}$ *C* 100,625	$12\frac{1}{2}$ *B* 113,750	$13\frac{1}{2}$ *A* $120,312\frac{1}{2}$	14^d

CALCUL DE LA MOITIÉ A GAUCHE.		CALCUL DE LA MOITIÉ A DROITE.	
$A \times 3 =$	$360,937\frac{1}{2}$	$A \times 3 =$	$360,937\frac{1}{2}$
$A \times 3\frac{1}{4} =$	$421,093\frac{3}{4}$	$A \times 1 =$	$120,312\frac{1}{2}$
$B \times 3\frac{1}{2} =$	398,125	$B \times 1 =$	113,750
$B \times 4 =$	455,000	$B \times 4\frac{1}{3} =$	$492,916\frac{2}{3}$
$C \times 2 =$	201,250	$C \times 1 =$	100,625
$C \times 3 =$	301,875	$C \times 4\frac{1}{3} =$	$436,041\frac{1}{3}$
$D \times 1 =$	$80,937\frac{1}{2}$	$D \times 1 =$	$80,937\frac{1}{2}$
$D \times 2 =$	161,874	$D \times 4\frac{1}{3} =$	350,729
$E \times 1 =$	78,750	$E \times 1 =$	78,750
$E \times {''}\frac{1}{7} =$	11,250	$E \times 4\frac{1}{4} =$	$334,678\frac{1}{2}$
	$2,471,092\frac{3}{4}$		2,469,687

De........................ $2,471,092\frac{3}{4}$

Otez........................ 2,469,687

Différence................ $1,405\frac{3}{4}$ } qui ne fait presque qu'un degré et demi en carré.

Calcul du continent de l'Amérique, suivant les mêmes mesures que les présentes.

CALCUL DE LA MOITIÉ A GAUCHE.		CALCUL DE LA MOITIÉ A DROITE.	
$D \times 2 =$	161,965	$D \times 2\frac{2}{3} =$	$215,833\frac{1}{3}$
$C \times 2 =$	201,250	$C \times 2\frac{1}{4} =$	$225,406\frac{1}{4}$
$B \times 2 =$	227,500	$A \times {''}\frac{1}{5} =$	$24,062\frac{1}{2}$
$A \times {''}\frac{1}{2} =$	$60,156\frac{1}{4}$	$A \times 1\frac{1}{5} =$	144,375
$A \times {''}\frac{2}{3} =$	$80,208\frac{1}{3}$	$B \times 2 =$	227,500
$B \times {''}\frac{4}{5} =$	91,000	$C \times 2\frac{1}{6} =$	218,020
$C \times 1\frac{1}{4} =$	$125,801\frac{1}{4}$	$D \times {''}\frac{1}{5} =$	15,750
$D \times 2 =$	121,406		
	$1,069,286\frac{5}{6}$		$1,070,926\frac{1}{12}$

De........................ $1,070,926\frac{1}{12}$

Otez........................ $1,069,286\frac{5}{6}$

Différence.............. $1,639\frac{1}{4}$ qui ne fait que la valeur de $1^d\frac{3}{5}$ carré.

Superficie du nouveau continent......... 2,140,213

Superficie de l'ancien eoutinent......... 4,940,780

Total........... 7,080,993 heures carrées.

a 2,471,092 $\frac{3}{4}$ lieues carrées, et 2,469,687 lieues carrées dans la partie qui est à droite de la même ligne, et que par conséquent l'ancien continent contient en tout environ 4,940,780 lieues carrées, ce qui ne fait pas une cinquième partie de la surface entière du globe.

Et de même, la partie à gauche de la ligne de partage dans le nouveau continent contient 1,069,286 $\frac{5}{6}$ lieues carrées, et celle qui est à droite de la même ligne en contient 1,070,926 $\frac{1}{12}$, en tout 2,140,213 lieues environ : ce qui ne fait pas la moitié de la surface de l'ancien continent. Et les deux continents ensemble ne contenant que 7,080,993 lieues carrées, leur superficie ne fait pas à beaucoup près le tiers de la surface totale du globe, qui est environ de 26 millions de lieues carrées.

3° J'aurais dû donner la petite différence d'inclinaison qui se trouve entre les deux lignes qui partagent les deux continents; je me suis contenté de dire qu'elles étaient l'une et l'autre inclinées à l'équateur d'environ 30 degrés et en sens opposés : ceci n'est en effet qu'un environ, celle de l'ancien continent l'étant d'un peu plus de 30 degrés, et celle du nouveau l'étant un peu moins. Si je me fusse expliqué comme je viens de le faire, j'aurais évité l'imputation qu'on m'a faite d'avoir tiré deux lignes d'inégale longueur sous le même angle entre deux parallèles; ce qui prouverait, comme l'a dit un critique anonyme (*a*), que je ne sais pas les éléments de la géométrie.

4° J'ai négligé de distinguer la Haute et la Basse-Égypte ; en sorte que dans les pages 108 et 109, il y a une apparence de contradiction : il semble que dans le premier de ces endroits l'Égypte soit mise au rang des terres les plus anciennes, tandis que dans le second je la mets au rang des plus nouvelles. J'ai eu tort de n'avoir pas, dans ce passage, distingué, comme je l'ai fait ailleurs, la Haute-Égypte, qui est en effet une terre très ancienne, de la Basse-Égypte, qui est au contraire une terre très nouvelle.

II. — *Sur la forme des continents.*

Voici ce que dit sur la figure des continents l'ingénieux auteur de l'*Histoire philosophique et politique des deux Indes* :

« On croit être sûr aujourd'hui que le nouveau continent n'a pas la moitié de la surface du nôtre ; leur figure, d'ailleurs, offre des ressemblances singulières... Ils paraissent » former comme deux bandes de terre qui partent du pôle arctique, et vont se terminer » au midi, séparées à l'est et à l'ouest par l'océan qui les environne. Quels que soient et » la structure de ces deux bandes, et le balancement ou la symétrie qui règne dans leur » figure, on voit bien que leur équilibre ne dépend pas de leur position : c'est l'inconstance » de la mer qui fait la solidité de la terre. Pour fixer le globe sur sa base, il fallait, ce » me semble, un élément qui, flottant sans cesse autour de notre planète, pût contre-balancer par sa pesanteur toutes les autres substances, et par sa fluidité ramener cet équilibre que le combat et le choc des autres éléments auraient pu renverser. L'eau, par la » mobilité de sa nature et par sa gravité tout ensemble, est infiniment propre à entretenir » cette harmonie et ce balancement des parties du globe autour de son centre...

» Si les eaux qui baignent encore les entrailles du nouvel hémisphère n'en avaient pas » inondé la surface, l'homme y aurait de bonne heure coupé les bois, desséché les marais, » consolidé un sol pâteux..., ouvert une issue aux vents et donné des digues aux fleuves ; » le climat y eût déjà changé. Mais un hémisphère en friche et dépeuplé ne peut annoncer » qu'un monde récent, lorsque la mer voisine de ces côtes serpente encore sourdement » dans ses veines (*b*). »

Nous observons à ce sujet que, quoiqu'il y ait plus d'eau sur la surface de l'Amérique

(*a*) Lettres à un Américain.

(*b*) *Histoire politique et philosophique*. Amsterdam, 1772, t. VI, p. 282 et suiv.

que sur celle des autres parties du monde, on ne doit pas en conclure qu'une mer intérieure soit contenue dans les entrailles de cette nouvelle terre. On doit se borner à inférer de cette grande quantité de lacs, de marais, de larges fleuves, que l'Amérique n'a été peuplée qu'après l'Asie, l'Afrique et l'Europe, où les eaux stagnantes sont en bien moins grande quantité : d'ailleurs, il y a mille autres indices qui démontrent qu'en général on doit regarder le continent de l'Amérique comme une terre nouvelle dans laquelle la nature n'a pas eu le temps d'acquérir toutes ses forces, ni celui de les manifester par une très nombreuse population.

III. — *Sur les terres australes.*

J'ajouterai à ce que j'ai dit des terres australes, que depuis quelques années on a fait de nouvelles tentatives pour y aborder et qu'on en a même découvert quelques points après être parti, soit du cap de Bonne-Espérance, soit de l'Ile de France, mais que ces nouveaux voyageurs ont également trouvé des brumes, de la neige et des glaces dès le 46e ou le 47e degré. Après avoir conféré avec quelques-uns d'entre eux et ayant pris d'ailleurs toutes les informations que j'ai pu recueillir, j'ai vu qu'ils s'accordent sur ce fait, et que tous ont également trouvé des glaces à des latitudes beaucoup moins élevées qu'on n'en trouve dans l'hémisphère boréal ; ils ont aussi tous également trouvé des brumes à ces mêmes latitudes où ils ont rencontré des glaces, et cela dans la saison même de l'été de ces climats : il est donc très probable qu'au delà du 50e degré on chercherait en vain des terres tempérées dans cet hémisphère austral, où le refroidissement glacial s'est étendu beaucoup plus loin que dans l'hémisphère boréal. La brume est un effet produit par la présence ou par le voisinage des glaces ; c'est un brouillard épais, une espèce de neige très fine, suspendue dans l'air et qui le rend obscur : elle accompagne souvent les grandes glaces flottantes, et elle est perpétuelle sur les plages glacées.

Au reste, les Anglais ont fait tout nouvellement le tour de la Nouvelle-Hollande et de la Nouvelle-Zélande. Ces terres australes sont d'une étendue plus grande que l'Europe entière : celles de la Zélande sont divisées en plusieurs îles, mais celles de la Nouvelle-Hollande doivent plutôt être regardées comme une partie du continent de l'Asie, que comme une île du continent austral ; car la Nouvelle-Hollande n'est séparée que par un petit détroit de la terre des Papous ou Nouvelle-Guinée, et tout l'archipel, qui s'étend depuis les Philippines vers le sud jusqu'à la terre d'Arnheim dans la Nouvelle-Hollande, et jusqu'à Sumatra et Java, vers l'occident et le midi, paraît autant appartenir à ce continent de la Nouvelle-Hollande, qu'au continent de l'Asie méridionale.

M. le capitaine Cook, qu'on doit regarder comme le plus grand navigateur de ce siècle, et auquel l'on est redevable d'un nombre infini de nouvelles découvertes, a non seulement donné la carte des côtes de la Zélande et de la Nouvelle-Hollande, mais il a encore reconnu une grande étendue de mer dans la partie australe voisine de l'Amérique : il est parti de la pointe même de l'Amérique le 30 janvier 1769, et il a parcouru un grand espace sous le 60e degré, sans avoir trouvé des terres. On peut voir, dans la carte qu'il en a donnée, l'étendue de mer qu'il a reconnue, et sa route démontre que, s'il existe des terres dans cette partie du globe, elles sont fort éloignées du continent de l'Amérique, puisque la Nouvelle-Zélande, située entre le 35e et le 45e degré de latitude, en est elle-même très éloignée ; mais il faut espérer que quelques autres navigateurs, marchant sur les traces du capitaine Cook, chercheront à parcourir ces mers australes sous le 50e degré, et qu'on ne tardera pas à savoir si ces parages immenses, qui ont plus de deux mille lieues d'étendue, sont des terres ou des mers ; néanmoins je ne présume pas qu'au delà du 50e degré, les régions australes soient assez tempérées pour que leur découverte pût nous être utile.

IV. — *Sur l'invention de la boussole.*

Au sujet de l'invention de la boussole, je dois ajouter que, par le témoignage des auteurs chinois dont MM. Le Roux et de Guignes ont fait l'extrait, il paraît certain que la propriété qu'a le fer aimanté de se diriger vers les pôles a été très anciennement connue des Chinois. La forme de ces premières boussoles était une figure d'homme qui tournait sur un pivot et dont le bras droit montrait toujours le midi. Le temps de cette invention, suivant certaines chroniques de la Chine, est 1,115 ans avant l'ère chrétienne, et 2,700 ans selon d'autres. (Voyez l'*Extrait des Annales de la Chine*, par MM. Le Roux et de Guignes.) Mais malgré l'ancienneté de cette découverte, il ne paraît pas que les Chinois en aient jamais tiré l'avantage de faire de longs voyages.

Homère, dans l'*Odyssée*, dit que les Grecs se servirent de l'aimant pour diriger leur navigation lors du siége de Troie; et cette époque est à peu près la même que celle des chroniques chinoises. Ainsi l'on ne peut guère douter que la direction de l'aimant vers le pôle, et même l'usage de la boussole pour la navigation, ne soient des connaissances anciennes, et qui datent de trois mille ans au moins.

V. — *Sur la découverte de l'Amérique.*

Sur ce que j'ai dit de la découverte de l'Amérique, un critique, plus judicieux que l'auteur des *Lettres à un Américain*, m'a reproché l'espèce de tort que je fais à la mémoire d'un aussi grand homme que Christophe Colomb: *c'est*, dit-il, *le confondre avec ses matelots, que de penser qu'il a pu croire que la mer s'élevait vers le ciel, et que peut-être l'un et l'autre se touchaient du côté du midi.* Je souscris de bonne grâce à cette critique, qui me paraît juste; j'aurais dû atténuer ce fait que j'ai tiré de quelque relation; car il est à présumer que ce grand navigateur devait avoir une notion très distincte de la figure du globe, tant par ses propres voyages que par ceux des Portugais au cap de Bonne-Espérance et aux Indes orientales. Cependant on sait que Colomb, lorsqu'il fut arrivé aux terres du nouveau continent, se croyait peu éloigné de celles de l'orient de l'Asie : comme l'on n'avait pas encore fait le tour du monde, il ne pouvait en connaître la circonférence et ne jugeait pas la terre aussi étendue qu'elle l'est en effet. D'ailleurs, il faut avouer que ce premier navigateur vers l'occident ne pouvait qu'être étonné de voir qu'au-dessous des Antilles il ne lui était pas possible de gagner les plages du midi, et qu'il était continuellement repoussé: cet obstacle subsiste encore aujourd'hui; on ne peut aller des Antilles à la Guyane dans aucune saison, tant les courants sont rapides et constamment dirigés de la Guyane à ces îles. Il faut deux mois pour le retour, tandis qu'il ne faut que cinq ou six jours pour venir de la Guyane aux Antilles; pour retourner, on est obligé de prendre le large à une très grande distance du côté de notre continent, d'où l'on dirige sa navigation vers la terre ferme de l'Amérique méridionale. Ces courants rapides et constants de la Guyane aux Antilles sont si violents qu'on ne peut les surmonter à l'aide du vent; et, comme cela est sans exemple dans la mer Atlantique, il n'est pas suprenant que Colomb qui cherchait à vaincre ce nouvel obstacle, et qui, malgré toutes les ressources de son génie et de ses connaissances dans l'art de la navigation, ne pouvait avancer vers ces plages du midi, n'ait pensé qu'il y avait quelque chose de très extraordinaire et peut-être une élévation plus grande dans cette partie de la mer que dans aucune autre; car ces courants de la Guyane aux Antilles coulent réellement avec autant de rapidité que s'ils descendaient d'un lieu plus élevé pour arriver à un endroit plus bas.

Les rivières, dont le mouvement peut causer les courants de Cayenne aux Antilles, sont:

1° Le fleuve des Amazones, dont l'impétuosité est très grande, l'embouchure large de soixante-dix lieues, et la direction plus au nord qu'au sud.

2° La rivière Ouassa, rapide et dirigée de même, et d'à peu près une lieue d'embouchure.

3° L'Oyapok, encore plus rapide que l'Ouassa et venant de plus loin, avec une embouchure à peu près égale.

4° L'Aprouak, à peu près de même étendue de cours et d'embouchure que l'Ouessa.

5° La rivière Kaw, qui est plus petite, tant de cours que d'embouchure, mais très rapide, quoiqu'elle ne vienne que d'une savane noyée à vingt-cinq ou trente lieues de la mer.

6° L'Oyak, qui est une rivière très considérable, qui se sépare en deux branches à son embouchure, pour former l'île de Cayenne : cette rivière Oyak en reçoit une autre à vingt ou vingt-cinq lieues de distance, qu'on appelle l'Oraput, laquelle est très impétueuse et qui prend sa source dans une montagne de rochers, d'où elle descend par des torrents très rapides.

7° L'un des bras de l'Oyak se réunit près de son embouchure avec la rivière de Cayenne, et ces deux rivières réunies ont plus d'une lieue de largeur ; l'autre bras de l'Oyak n'a guère qu'une demi-lieue.

8° La rivière de Kourou qui est très rapide et qui a plus d'une demi-lieue de largeur vers son embouchure, sans compter le Macousia, qui ne vient pas de loin, mais qui ne laisse pas de fournir beaucoup d'eau.

9° Le Sinamari, dont le lit est assez serré, mais qui est d'une grande impétuosité et qui vient de fort loin.

10° Le fleuve Marioni, dans lequel on a remonté très haut, quoiqu'il soit de la plus grande rapidité : il a plus d'une lieue d'embouchure, et c'est après l'Amazone le fleuve qui fournit la plus grande quantité d'eau ; son embouchure est nette, au lieu que les embouchures de l'Amazone et de l'Orénoque sont semées d'une grande quantité d'îles.

11° Les rivières de Surinam, de Berbiché et d'Essequebé, et quelques autres jusqu'à l'Orénoque, qui, comme l'on sait, est un fleuve très grand. Il paraît que c'est de leurs limons accumulés et des terres que ces rivières ont entraînées des montagnes que sont formées toutes les parties basses de ce vaste continent, dans le milieu duquel on ne trouve que quelques montagnes, dont la plupart ont été des volcans, et qui sont trop peu élevées pour que les neiges et les glaces puissent couvrir leurs sommets.

Il paraît donc que c'est par le concours de tous les courants de ce grand nombre de fleuves que s'est formé le courant général de la mer depuis Cayenne aux Antilles, ou plutôt depuis l'Amazone ; et ce courant général dans ces parages s'étend peut-être à plus de soixante lieues de distance de la côte orientale de la Guyane.

ADDITIONS

A L'ARTICLE QUI A POUR TITRE : DE LA PRODUCTION DES COUCHES OU LITS DE TERRE.

I. — *Sur les couches ou lits de terre en différents endroits.*

Nous avons quelques exemples des fouilles et des puits, dans lesquels on a observé les différentes natures des couches ou lits de terre jusqu'à de certaines profondeurs ; celle du puits d'Amsterdam, qui descendait à 232 pieds, celle du puits de Marly-la-Ville jusqu'à 100 pieds ; et nous pourrions en citer plusieurs autres exemples, si les observateurs étaient d'accord dans leur nomenclature : mais les uns appellent marne ce qui n'est en effet que de l'argile blanche ; les autres nomment cailloux des pierres calcaires arrondies ; ils donnent le nom de sable à du gravier calcaire ; au moyen de quoi l'on ne peut tirer aucun fruit de leurs recherches, ni de leurs longs Mémoires sur ces matières, parce qu'il y a partout incertitude sur la nature des substances dont ils parlent : nous nous bornerons donc aux exemples suivants :

Un bon observateur a écrit à un de mes amis, dans les termes suivants, sur les couches de terre dans le voisinage de Toulon : « Il existe ici, dit-il, un immense dépôt pierreux » qui occupe toute la pente de la chaîne de montagnes que nous avons au nord de la ville » de Toulon, qui s'étend dans la vallée au levant et au couchant, dont une partie forme le » sol de la vallée et va se perdre dans la mer : cette matière lapidifique est appelée vulgai- » rement saffre, et c'est proprement ce tuf que les naturalistes appellent *marga toffacea* » *fistulosa*. M. Guettard m'a demandé des éclaircissements sur ce saffre pour en faire usage » dans ses mémoires, et quelques morceaux de cette matière pour la connaître ; je lui ai » envoyé les uns et les autres, et je crois qu'il en a été content, car il m'en a remercié : » il vient même de me marquer qu'il reviendra en Provence et à Toulon au commencement » de mai.......... Quoi qu'il en soit, M. Guettard n'aura rien de nouveau à dire sur ce dépôt, » car M. de Buffon a tout dit à ce sujet dans son premier volume de l'*Histoire naturelle*, » à l'article des *Preuves de la Théorie de la terre*, et il semble qu'en faisant cet article il » avait sous les yeux les montagnes de Toulon et leur croupe.

» A la naissance de cette croupe, qui est d'un tuf plus ou moins dur, on trouve dans » de petites cavités du noyau de la montagne quelques mines de très beau sable, qui sont » probablement ces pelotes dont parle M. de Buffon. En cassant en d'autres endroits la » superficie du noyau, nous trouvons en abondance des coquilles de mer incorporées avec » la pierre........ J'ai plusieurs de ces coquilles dont l'émail est assez bien conservé ; je les » enverrai quelque jour à M. de Buffon (*a*). »

M. Guettard, qui a fait par lui-même plus d'observations en ce genre qu'aucun autre naturaliste, s'exprime dans les termes suivants, en parlant des Montagnes qui environnent Paris :

« Après la terre labourable, qui n'est tout au plus que de deux ou trois pieds, est placé » un banc de sable, qui a depuis quatre et six pieds jusqu'à vingt pieds, et souvent même » jusqu'à trente de hauteur ; ce banc est communément rempli de pierres de la nature de » la pierre meulière........ Il y a des cantons où l'on rencontre dans ce banc sableux des » masses de grès isolées.

» Au-dessous de ce sable, on trouve un tuf qui peut avoir depuis dix ou douze jusqu'à » trente, quarante et même cinquante pieds ; ce tuf n'est cependant pas communément » d'une seule épaisseur, et il est assez souvent coupé par différents lits de fausse marne, » de marne glaiseuse, de cos, que les ouvriers appellent tripoli, ou de bonne marne, et » même de petits bancs de pierres assez dures....... Sous ce banc de tuf commencent ceux » qui donnent la pierre à bâtir : ces bancs varient par la hauteur ; ils n'ont guère d'abord » qu'un pied ; il s'en trouve dans des cantons trois ou quatre au-dessus l'un de l'autre ; ils » en précèdent un qui peut être d'environ dix pieds, et dont les surfaces et l'intérieur sont » parsemés de noyaux ou d'empreintes de coquilles ; il est suivi d'un autre qui peut avoir » quatre pieds ; il porte sur un de sept à huit, ou plutôt sur deux de trois ou quatre. Après » ces bancs il y en a plusieurs autres qui sont petits, et qui peuvent former en tout un » massif de trois toises au moins ; ce massif est suivi des glaises, avant lesquelles cepen- » dant on perce un lit de sable.

» Ce sable est rougeâtre et terreux ; il a d'épaisseur deux, deux et demi et trois pieds ;

(*a*) Lettre de M. Bossy à M. Guenaud de Montbeillard. Toulon, 16 avril 1775.

CONSTELLATIONS CÉLESTES

Étoiles de la Zône Equatoriale

Solstice d'Hiver (Minuit)

A. Le Vasseur, Éditeur.

Imp. R. Taneur

» il est noyé d'eau; il a après lui un banc de fausse glaise bleuâtre, c'est-à-dire d'une terre » glaiseuse mêlée de sable; l'épaisseur de ce banc peut avoir deux pieds; celui qui le suit » est au moins de cinq, et d'une glaise noire, lisse, dont les cassures sont brillantes presque » comme du jayet; et enfin cette glaise noire est suivie de la glaise bleue, qui forme un » banc de cinq à six pieds d'épaisseur. Dans ces différentes glaises on trouve des pyrites » blanchâtres d'un jaune pâle et de différentes figures...... L'eau qui se trouve au-dessous » de toutes ces glaises, empêche de pénétrer plus avant....

» Le terrain des carrières du canton de Moxouris, au haut du faubourg Saint-Marceau, » est disposé de la manière suivante:

	Pieds.	Pouces.
» 1° La terre labourable, d'un pied d'épaisseur..............................	1	»
» 2° Le tuf, deux toises..	12	»
» 3° Le sable, deux à trois toises..	18	»
» 4° Des terres jaunâtres, de deux toises..................................	12	»
» 5° Le tripoli, c'est-à-dire des terres blanches, grasses, fermes, qui se durcis- » sent au soleil et qui marquent, comme la craie, de quatre à cinq toises.	30	»
» 6° Du cailloutage ou mélange de sable gras, de deux toises...............	12	»
» 7° De la roche ou rochette, depuis un pied jusqu'à deux....................	2	»
» 8° Une espèce de bas-appareil ou qui a peu de hauteur, d'un pied jusqu'à » deux..	2	»
» 9° Deux moies de banc blanc, de chacun six, sept à huit pouces..........	1	»
» 10° Le souchet, de dix-huit pouces jusqu'à vingt, en y comprenant son bousin.	1	6
» 11° Le banc franc, depuis quinze, dix-huit, jusqu'à trente pouces..........	1	6
» 12° Le Liais férault, de dix à douze pouces...............................	1	»
» 13° Le banc vert, d'un pied jusqu'à vingt pouces..........................	1	6
» 14° Les lambourdes, qui forment deux bancs, un de dix-huit pouces et l'autre » de deux pieds...	3	6
» 15° Plusieurs petits bancs de lambourdes bâtardes ou moins bonnes que les » lambourdes ci-dessus; ils précèdent la nappe d'eau ordinaire des » puits : cette nappe est celle que ceux qui fouillent la terre à pots » sont obligés de passer pour tirer cette terre ou glaise à poterie, » laquelle est entre deux eaux, c'est-à-dire entre cette nappe dont je » viens de parler....., et une autre beaucoup plus considérable, qui est » au-dessous.		
En tout...........	99	» (a)

Au reste, je ne rapporte cet exemple que faute d'autres, car on voit combien il laisse d'incertitudes sur la nature des différentes terres. On ne peut donc trop exhorter les observateurs à désigner plus exactement la nature des matières dont ils parlent, et à distinguer au moins celles qui sont vitrescibles ou calcaires, comme dans l'exemple suivant.

Le sol de la Lorraine est partagé en deux grandes zones toutes différentes et bien distinctes : l'orientale, que couvre la chaîne des Vosges, montagnes primitives, toutes composées de matières vitrifiables et cristallisées, granits, porphyres, jaspes et quartz, jetés par blocs et par groupes, et non par lits et par couches. Dans toute cette chaîne on ne trouve pas le moindre vestige de productions marines, et les collines qui en dérivent sont de sable vitrifiable. Quand elles finissent, et sur une lisière suivie dans toute la ligne de leur chute, commence l'autre zone toute calcaire, toute en couches horizontales, toute remplie ou plutôt formée de corps marins. (*Note communiquée à M. de Buffon par M. l'abbé Bexon*, le 15 mars 1777.)

Les bancs et les lits de terre du Pérou sont parfaitement horizontaux, et se répondent

(a) *Mémoires de l'Académie des sciences*, année 1756.

quelquefois de fort loin dans les différentes montagnes : la plupart de ces montagnes ont deux ou trois cents toises de hauteur, et elles sont presque toujours inaccessibles ; elles sont souvent escarpées comme des murailles, et c'est ce qui permet de voir leurs lits horizontaux dont ces escarpements présentent l'extrémité. Lorsque le hasard a voulu que quelqu'une fût ronde et qu'elle se trouve absolument détachée des autres, chacun de ces lits est devenu comme un cylindre très plat et comme un cône tronqué qui n'a que très peu de hauteur, et ces différents lits, placés les uns au-dessous des autres et distingués par leur couleur et par les divers talus de leur contour, ont souvent donné au tout la forme d'un ouvrage artificiel et fait avec la plus grande régularité. On voit dans ces pays-là les montagnes y prendre continuellement l'aspect d'anciens et somptueux édifices, de chapelles, de châteaux, de dômes. Ce sont quelquefois des fortifications formées de longues courtines, munies de boulevards. Il est difficile, en distinguant tous ces objets et la manière dont leurs couches se répondent, de douter que le terrain ne se soit abaissé tout autour ; il paraît que ces montagnes, dont la base était plus solidement appuyée, sont restées comme des espèces de témoins et de monuments qui indiquent la hauteur qu'avait anciennement le sol de ces contrées (a).

La montagne des Oiseaux, appelée en Arabe *Gebelteir*, est si égale du haut en bas, l'espace d'une demi-lieue, qu'elle semble plutôt un mur régulier bâti par la main des hommes que non pas un rocher fait ainsi par la nature. Le Nil la touche par un très long espace, et elle est éloignée de quatre journées et demie du Caire dans l'Egypte supérieure (b).

Je puis ajouter à ces observations une remarque faite par la plupart des voyageurs, c'est que dans les Arabies le terrain est d'une nature très différente ; la partie la plus voisine du mont Liban n'offre que des rochers tranchés et culbutés, et c'est ce qu'on appelle l'Arabie-Pétrée ; c'est de cette contrée, dont les sables ont été enlevés par le mouvement des eaux, que s'est formé le terrain stérile de l'Arabie-Déserte ; tandis que les limons plus légers et toutes les bonnes terres ont été portées plus loin dans la partie que l'on appelle l'Arabie-Heureuse. Au reste, les revers dans l'Arabie-Heureuse sont, comme partout ailleurs, plus escarpés vers la mer d'Afrique, c'est-à-dire vers l'occident, que vers la mer Rouge, qui est à l'orient.

II. — *Sur la roche intérieure du globe.*

J'ai dit que « dans les collines et dans les autres élévations, on reconnaît facilement la base sur laquelle portent les rochers ; mais qu'il n'en est pas de même des grandes montagnes, que non seulement leur sommet est de roc vif, de granit, etc., mais que ces rochers portent sur d'autres rochers, à des profondeurs si considérables et dans une si grande étendue de terrain, qu'on ne peut guère s'assurer s'il y a de la terre dessous, et de quelle nature est cette terre ; on voit des rochers coupés à pic qui ont plusieurs centaines de pieds de hauteur, ces rochers portent sur d'autres, qui peut-être n'en ont pas moins ; cependant ne peut-on pas conclure du petit au grand ? et puisque les rochers des petites montagnes dont on voit la base portent sur des terres moins pesantes et moins solides que la pierre, ne peut-on pas croire que la base des hautes montagnes est aussi de terre ? »

J'avoue que cette conjecture, tirée de l'analogie, n'était pas assez fondée : depuis trente-quatre ans que cela est écrit, j'ai acquis des connaissances et recueilli des faits qui m'ont démontré que les grandes montagnes, composées de matières vitrescibles et produites par l'action du feu primitif, tiennent immédiatement à la roche intérieure du globe, laquelle

(a) Bouguer. *Figure de la Terre*, p. 89 et suiv.
(b) Voyage du P. Vansleb.

est elle-même un roc vitreux de la même nature : ces grandes montagnes en font partie et ne sont que les prolongements ou éminences qui se sont formées à la surface du globe dans le temps de sa consolidation ; on doit donc les regarder comme des parties constitutives de la première masse de la terre, au lieu que les collines et les petites montagnes, qui portent sur des argiles ou des sables vitrescibles, ont été formées par un autre élément, c'est-à-dire par le mouvement et le sédiment des eaux dans un temps bien postérieur à celui de la formation des grandes montagnes produites par le feu primitif (*a*). C'est dans ces pointes ou parties saillantes qui forment le noyau des moutagnes que se trouvent les filons des métaux. Et ces montagnes ne sont pas les plus hautes de toutes, quoiqu'il y en ait de fort élevées qui contiennent des mines ; mais la plupart de celles où on les trouve sont d'une hauteur moyenne et toutes sont arrangées uniformément, c'est-à-dire par des élévations insensibles qui tiennent à une chaîne de montagnes considérable, et qui sont coupées de temps en temps par des vallées.

III. — *Sur la vitrification des matières calcaires.*

J'ai dit « que les matières calcaires sont les seules qu'aucun feu connu n'a pu jusqu'à présent vitrifier, et les seules qui semblent à cet égard faire une classe à part, toutes les autres matières du globe pouvant être réduites en verre.

Je n'avais pas fait alors les expériences par lesquelles je me suis assuré depuis que les matières calcaires peuvent, comme toutes les autres, être réduites en verre ; il ne faut, en effet, pour cela qu'un feu plus violent que celui de nos fourneaux ordinaires. On réduit la pierre calcaire en verre au foyer d'un bon miroir ardent ; d'ailleurs M. Darcet, savant chimiste, a fondu du spath calcaire, sans addition d'aucune autre matière, aux fourneaux à faire de la porcelaine de M. le comte de Lauragais, mais ces opérations n'ont été faites que plusieurs années après la publication de ma *Théorie de la Terre*. On savait seulement que dans les hauts-fourneaux qui servent à fondre la mine de fer, le laitier spumeux, blanc et léger, semblable à de la pierre ponce, qui sort de ces fourneaux lorsqu'ils sont trop échauffés, n'est qu'une matière vitrée qui provient de la castine ou matière calcaire qu'on jette au fourneau pour aider à la fusion de la mine de fer : la seule différence qu'il y ait à l'égard de la vitrification entre les matières calcaires et les matières vitrescibles, c'est que celles-ci sont immédiatement vitrifiées par la violente action du feu au lieu que les matières calcaires passent par l'état de calcination et forment de la chaux avant de se vitrifier ; mais elles se vitrifient comme les autres, même au feu de nos fourneaux, dès qu'on les mêle avec des matières vitrescibles, surtout avec celles qui, comme l'aubue ou terre limoneuse, coulent le plus aisément au feu. On peut donc assurer, sans craindre de se tromper, que généralement toutes les matières du globe peuvent retourner à leur première origine en se réduisant ultérieurement en verre, pourvu qu'on leur administre le degré de feu nécessaire à leur vitrification.

(*a*) L'intérieur des différentes montagnes primitives, que j'ai pénétrées par les puits et galeries des mines, à des profondeurs considérables de douze et quinze cents pieds, est partout composé de roc vif vitreux, dans lequel il se trouve de légères anfractuosités irrégulières, d'où il sort de l'eau, des dissolutions vitrioliques et métalliques ; en sorte que l'on peut conclure que tout le noyau de ces montagnes est un roc vif, adhérant à la masse primitive du globe, quoique l'on voie sur leur flanc, du côté des vallées, des masses de terre argileuse, des bancs de pierres calcaires, à des hauteurs assez considérables ; mais ces masses d'argile et ces bancs calcaires sont des résidus du remblai des concavités de la terre, dans lesquelles les eaux ont creusé les vallées, et qui sont de la seconde époque de la nature. Note communiquée par M. de Grignon, à M. de Buffon, le 6 août 1777.

ADDITIONS ET CORRECTIONS

A L'ARTICLE QUI A POUR TITRE : SUR LES COQUILLAGES ET AUTRES PRODUCTIONS MARINES QU'ON TROUVE DANS L'INTÉRIEUR DE LA TERRE.

I. — *Des coquilles fossiles et pétrifiées.*

Sur ce que j'ai écrit au sujet de la Lettre italienne, dans laquelle il est dit que « ce sont les pèlerins et autres qui, dans le temps des croisades, ont rapporté de Syrie les coquilles que nous trouvons dans le sein de la terre en France, etc. », on a pu trouver, comme je le trouve moi-même, que je n'ai pas traité M. de Voltaire assez sérieusement : j'avoue que j'aurais mieux fait de laisser tomber cette opinion que de la relever par une plaisanterie, d'autant que ce n'est pas mon ton, et que c'est peut-être la seule qui soit dans mes écrits. M. de Voltaire est un homme qui, par la supériorité de ses talents, mérite les plus grands égards. On m'apporta cette lettre italienne dans le temps même que je corrigeais la feuille de mon livre où il en est question ; je ne lus cette lettre qu'en partie, imaginant que c'était l'ouvrage de quelque érudit d'Italie qui, d'après ses connaissances historiques, n'avait suivi que son préjugé, sans consulter la nature ; et ce ne fut qu'après l'impression de mon volume sur la *Théorie de la Terre*, qu'on m'assura que la lettre était de M. de Voltaire : j'eus regret alors de mes expressions. Voilà la vérité ; je la déclare autant pour M. de Voltaire que pour moi-même et pour la postérité, à laquelle je ne voudrais pas laisser douter de la haute estime que j'ai toujours eue pour un homme aussi rare et qui fait tant d'honneur à son siècle.

L'autorité de M. de Voltaire ayant fait impression sur quelques personnes, il s'en est trouvé qui ont voulu vérifier par elles-mêmes si les objections contre les coquilles avaient quelque fondement, et je crois devoir donner ici l'extrait d'un mémoire qui m'a été envoyé et qui me paraît n'avoir été fait que dans cette vue.

En parcourant différentes provinces du royaume et même de l'Italie, « j'ai vu, dit le P. » Chabenat, des pierres figurées de toutes parts, et dans certains endroits en si grande » quantité, et arrangées de façon qu'on ne peut s'empêcher de croire que ces parties de » la terre n'aient autrefois été le lit de la mer. J'ai vu des coquillages de toute espèce, » et qui sont parfaitement semblables à leurs analogues vivants. J'en ai vu de la même » figure et de la même grandeur : cette observation m'a paru suffisante pour me per- » suader que tous ces individus étaient de différents âges, mais qu'ils étaient de la même » espèce. J'ai vu des cornes d'ammon depuis un demi-pouce jusqu'à près de trois pieds » de diamètre. J'ai vu des pétoncles de toutes grandeurs, d'autres bivalves et des univalves » également. J'ai vu outre cela des bélemnites, des champignons de mer, etc.

» La forme et la quantité de toutes ces pierres figurées nous prouvent presque invin- » ciblement qu'elles étaient autrefois des animaux qui vivaient dans la mer. La coquille » surtout dont elles sont couvertes semble ne laisser aucun doute, parce que, dans cer- » taines, elle se trouve aussi luisante, aussi fraîche et aussi naturelle que dans les vivants ; » si elle était séparée du noyau, on ne croirait pas qu'elle fût pétrifiée. Il n'en est pas de » même de plusieurs autres pierres figurées que l'on trouve dans cette vaste et belle plaine » qui s'étend depuis Montauban jusqu'à Toulouse, depuis Toulouse jusqu'à Alby et dans les » endroits circonvoisins : toute cette vaste plaine est couverte de terre végétale depuis l'épais- » seur d'un demi-pied jusqu'à deux ; ensuite on trouve un lit de gros gravier, de la pro- » fondeur d'environ deux pieds ; au-dessous du lit de gros gravier est un lit de sable

» fin, à peu près de la même profondeur ; et au-dessous du sable fin, on trouve le roc. J'ai » examiné attentivement le gros gravier ; je l'examine tous les jours, j'y trouve une infinité » de pierres figurées de la même forme et de différentes grandeurs. J'y ai vu beaucoup » d'holothuries et d'autres pierres de forme régulière, et parfaitement ressemblantes. Tout » ceci semblait me dire fort intelligiblement que ce pays-ci avait été anciennement le lit de » la mer, qui, par quelque révolution soudaine, s'en est retirée et y a laissé ses productions » comme dans beaucoup d'autres endroits. Cependant je suspendais mon jugement à cause » des objections de M. de Voltaire. Pour y répondre, j'ai voulu joindre l'expérience à » l'observation. »

Le P. Chabenat rapporte ensuite plusieurs expériences pour prouver que les coquilles qui se trouvent dans le sein de la terre sont de la même nature que celles de la mer. Je ne les rapporte pas ici, parce qu'elles n'aprennent rien de nouveau, et que personne ne doute de cette identité de nature entre les coquilles fossiles et les coquilles marines. Enfin le P. Chabenat conclut et termine son mémoire en disant : « On ne peut donc pas » douter que toutes ces coquilles, qui se trouvent dans le sein de la terre, ne soient de » vrais coquilles et des dépouilles des animaux de la mer qui couvrait autrefois toutes ces » contrées, et que par conséquent les objections de M. de Voltaire ne soient mal fondées (*a*). »

II. — *Sur les lieux où l'on a trouvé des coquilles.*

Il me serait facile d'ajouter à l'énumération des amas de coquilles qui se trouvent dans toutes les parties du monde un très grand nombre d'observations particulières qui m'ont été communiquées depuis trente-quatre ans. J'ai reçu des lettres des îles de l'Amérique, par lesquelles on m'assure que presque dans toutes on trouve des coquilles dans leur état de nature ou pétrifiées dans l'intérieur de la terre, et souvent sous la première couche de la terre végétale. M. de Bougainville a trouvé aux îles Malouines des pierres qui se divisent par feuillets, sur lesquelles on remarquait des empreintes de coquilles fossiles d'une espèce inconnue dans ces mers (*b*). J'ai reçu des lettres de plusieurs endroits des grandes Indes et de l'Afrique, où l'on me marque les mêmes choses. Don Ulloa nous apprend (tome III, p. 314 de son *Voyage*) qu'au Chili, dans le terrain qui s'étend depuis Talca Guano jusqu'à la Conception, l'on trouve des coquilles de différentes espèces en très grande quantité et sans aucun mélange de terre, et que c'est avec ces coquilles que l'on fait de la chaux. Il ajoute que cette particularité ne serait pas si remarquable, si l'on ne trouvait ces coquilles que dans les lieux bas et dans d'autres parages sur lesquels la mer aurait pu les couvrir ; mais ce qu'il y a de singulier, dit-il, c'est que les mêmes tas de coquilles se trouvent dans les collines à 50 toises de hauteur au-dessus du niveau de la mer. Je ne rapporte pas ce fait comme singulier, mais seulement comme s'accordant avec tous les autres, et comme étant le seul qui me soit connu sur les coquilles fossiles de cette partie du monde, où je suis très persuadé qu'on trouverait, comme partout ailleurs, des pétrifications marines, à des hauteurs bien plus grandes que 50 toises au-dessus du niveau de la mer ; car le même Don Ulloa a trouvé depuis des coquilles pétrifiées dans les montagnes du Pérou, à plus de 2,000 toises de hauteur ; et, selon M. Kalm, on voit des coquillages, dans l'Amérique septentrionale, sur les sommets de plusieurs montagnes ; il dit en avoir vu lui-même sur le sommet de la montagne Bleue. On en trouve aussi dans les craies des environs de Montréal, dans quelques pierres qui se tirent près du lac Champlain en Canada (*c*), et encore dans les parties les plus septentrionales de ce nouveau con-

(*a*) Mémoire manuscrit *sur les pierres figurées*, par le P. Chabenat. Montauban, ce 8 octobre 1773.

(*b*) *Voyage autour du monde*, t. Ier, p. 100.

(*c*) *Mémoires de l'Académie des sciences*, année 1752, p. 194.

tinent, puisque les Groenlandais croient que le monde a été noyé par un déluge et qu'ils citent, pour garants de cet événement, les coquilles et les os de baleine qui couvrent les montagnes les plus élevées de leur pays (*a*).

Si de là on passe en Sibérie, on trouvera également des preuves de l'ancien séjour des eaux de la mer sur tous nos continents. Près de la montagne de Jéniseïk on voit d'autres montagnes moins élevées sur le sommet desquelles on trouve des amas de coquilles bien conservées dans leur forme et leur couleur naturelles : ces coquilles sont toutes vides, et quelques-unes tombent en poudre dès qu'on les touche ; « la mer de cette contrée n'en fournit plus de semblables » ; les plus grandes ont un pouce de large d'autres sont très-petites (*b*).

Mais je puis encore citer des faits qu'on sera bien plus à portée de vérifier : chacun dans sa province n'a qu'à ouvrir les yeux ; il verra des coquilles dans tous les terrains d'où l'on tire de la pierre pour faire de la chaux ; il en trouvera aussi dans la plupart des glaises, quoiqu'en général ces productions marines y soient en bien plus petite quantité que dans les matières calcaires.

Dans le territoire de Dunkerque, au haut de la montagne des Récollets, près celle de Cassel, à 400 pieds du niveau de la basse mer, on trouve un lit de coquillages horizontalement placés et si fortement entassés que la plus grande partie en sont brisés, et par-dessus ce lit, une couche de 7 ou 8 pieds de terre et plus ; c'est à six lieues de distance de la mer, et ces coquilles sont de la même espèce que celles qu'on trouve actuellement dans la mer (*c*).

Au mont Gannelon près d'Anet, à quelque distance de Compiègne, il y a plusieurs carrières de très belles pierres calcaires, entre les différents lits desquelles ils se trouve du gravier, mêlé d'une infinité de coquilles ou de portions de coquilles marines très légères et fort friables : on y trouve aussi des lits d'huîtres ordinaires de la plus belle conservation, dont l'étendue est de plus de cinq quarts de lieue en longueur. Dans l'une de ces carrières, il se trouve trois lits de coquilles dans différents états : dans deux de ces lits, elles sont réduites en parcelles, et on ne peut en reconnaître les espèces, tandis que, dans le troisième lit, ce sont des huîtres qui n'ont souffert d'autre altération qu'une sécheresse excessive : la nature de la coquille, l'émail et la figure, sont les mêmes que dans l'analogue vivant ; mais ces coquilles ont acquis de la légèreté et se détachent par feuillets ; ces carrières sont au pied de la montagne et un peu en pente. En descendant dans la plaine, on trouve beaucoup d'huîtres, qui ne sont ni changées, ni dénaturées, ni desséchées comme les premières ; elles ont le même poids et le même émail que celles que l'on tire tous les jours de la mer (*d*).

Aux environs de Paris, les coquilles marines ne sont pas moins communes que dans les endroits qu'on vient de nommer. Les carrières de Bougival, où l'on tire de la marne, fournissent une espèce d'huître d'une moyenne grandeur : on pourrait les appeler huîtres tronquées, ailées et lisses, parce qu'elle ont le talon aplati et qu'elles sont comme tronquées en devant. Près Belleville, où l'on tire du grès, on trouve une masse de sable dans la terre qui contient des corps branchus, qui pourraient bien être du corail ou des madrépores devenus grès : ces corps marins ne sont pas dans le sable même, mais dans les pierres qui contiennent aussi des coquilles de différents genres, telles que des vis, des univalves et des bibalves (*e*).

(*a*) Voyage de M. Krantz. *Histoire générale des Voyages*, t. XIX, p. 105.
(*b*) Relation de MM. Gmelin et Muller. *Histoire générale des Voyages*, t. XVIII, p. 342.
(*c*) Mémoire pour la subdélégation de Dunkerque, relativement à l'histoire naturelle de ce canton.
(*d*) Extrait d'une lettre de M. Leschevin à M. de Buffon. Compiègne, le 8 octobre 1772.
(*e*) Mémoire de M. Guettard. *Académie des sciences*, année 1764, p. 492.

La Suisse n'est pas moins abondante en corps marins fossiles que la France et les autres contrées dont on vient de parler; on trouve au mont Pilate, dans le canton de Lucerne, des coquillages de mer pétrifiés, des arêtes et des carcasses de poissons. C'est au-dessous de la Corne du Dôme où l'on en rencontre le plus; on y a aussi trouvé du corail, des pierres d'ardoise qui se lèvent aisément par feuillets, dans lesquelles on trouve presque toujours un poisson. Depuis quelques années on a même trouvé des crânes entiers et des mâchoires de poissons garnies de leurs dents (*a*).

M. Altman observe que dans une des parties les plus élevées des Alpes, aux environs de Grindelwald, où se forment les fameux Gletchers, il y a de très belles carrières de marbre, qu'il a fait graver sur une des planches qui représentent ces montagnes. Ces carrières de marbre ne sont qu'à quelques pas de distance du Gletcher; ces marbres sont de différentes couleurs: il y en a du jaspé, du blanc, du jaune, du rouge, du vert; on transporte l'hiver ces marbres sur des traîneaux, par-dessus les neiges, jusqu'à Underseen, où on les embarque pour les mener à Berne par le lac de Thoune, et ensuite par la rivière d'Aar (*b*); ainsi les marbres et les pierres calcaires se trouvent, comme l'on voit, à une très grande hauteur dans cette partie des Alpes.

M. Cappeler en faisant des recherches sur le mont Grimsel (dans les Alpes), a observé que les collines et monts peu élevés qui confinent aux vallées sont en bonne partie composés de pierre de taille ou pierre mollasse, d'un grain plus ou moins fin et plus ou moins serré. Les sommités des monts sont composées, pour la plupart, de pierres à chaux de différentes couleurs et dureté: les montagnes plus élevées que ces rochers calcaires, sont composées de granits et d'autres pierres qui paraissent tenir de la nature du granit et de celle de l'éméri. C'est dans ces pierres graniteuses que se fait la première génération du cristal de roche, au lieu que, dans les bancs de pierre à chaux qui sont au-dessous, l'on ne trouve que des concrétions calcaires et des spaths. En général, on a remarqué sur toutes les coquilles, soit fossiles, soit pétrifiées, qu'il y a certaines espèces qui se rencontrent constamment ensemble, tandis que d'autres ne se trouvent jamais dans ces mêmes endroits. Il en est de même dans la mer, où certaines espèces de ces animaux testacés se tiennent constamment ensemble, de même que certaines plantes croissent toujours ensemble à la surface de la terre (*c*).

On a prétendu trop généralement qu'il n'y avait point de coquilles ni d'autres productions de la mer sur les plus hautes montagnes. Il est vrai qu'il y a plusieurs sommets et un grand nombre de pics qui ne sont composés que de granits et de roches vitrescibles dans lesquels on n'aperçoit aucun mélange, aucune empreinte de coquilles ni d'aucun autre débris de productions marines; mais il y a un bien plus grand nombre de montagnes, et même quelques-unes fort élevées, où l'on trouve de ces débris marins. M. Costa, professeur d'anatomie et de botanique en l'Université de Perpignan, a trouvé, en 1774, sur la montagne de Nas, située au midi de la Cerdagne espagnole, l'une des plus hautes parties des Pyrénées, à quelques toises au-dessous du sommet de cette montagne, une très grande quantité de pierres lenticulées, c'est-à-dire des blocs composés de pierres lenticulaires, et ces blocs étaient de différentes formes et de différents volumes; les plus gros pouvaient peser quarante ou cinquante livres. Il a observé que la partie de la montagne où ces pierres lenticulaires se trouvent, semblait s'être affaissée; il vit en effet dans cet endroit une dépression irrégulière, oblique, très inclinée à l'horizon, dont une des extrémités regarde le haut de la montagne, et l'autre le bas. Il ne put apercevoir distinctement les di-

(*a*) Promenade au mont Pilate. *Journal étranger*, mois de mars 1756.

(*b*) *Essai de la description des Alpes glaciales*, par M. Altman.

(*c*) *Lettres philosophiques* de M. Bourguet. *Bibliothèque raisonnée*, mois d'avril, mai et juin 1730.

mensions de cet affaissement à cause de la neige qui le recouvrait presque partout, quoique ce fût au mois d'août. Les bancs de pierres qui environnent ces pierres lenticulées, ainsi que ceux qui sont immédiatement au-dessous, sont calcaires jusqu'à plus de cent toises toujours en descendant : cette montagne de Nas, à en juger par le coup d'œil, semble aussi élevée que le Canigou; elle ne présente nulle part aucune trace de volcan.

Je pourrais citer cent et cent autres exemples de coquilles marines trouvées dans une infinité d'endroits, tant en France que dans les différentes provinces de l'Europe ; mais ce serait grossir inutilement cet ouvrage de faits particuliers déjà trop multipliés, et dont on ne peut s'empêcher de tirer la conséquence très évidente, que nos terres actuellement habitées ont autrefois été, et pendant fort longtemps, couvertes par les mers.

Je dois seulement observer, et on vient de le voir, qu'on trouve ces coquilles marines dans des états différents : les unes pétrifiées, c'est-à-dire moulées sur une matière pierreuse, et les autres dans leur état naturel, c'est-à-dire telles qu'elles existent dans la mer. La quantité de coquilles pétrifiées, qui ne sont proprement que des pierres figurées par les coquilles, est infiniment plus grande que celle des coquilles fossiles, et ordinairement on ne trouve pas les unes et les autres ensemble ni même dans les lieux contigus. Ce n'est guère que dans le voisinage et à quelques lieues de distance de la mer que l'on trouve des lits de coquilles dans leur état de nature, et ces coquilles sont communément les mêmes que dans les mers voisines; c'est au contraire dans les terres plus éloignées de la mer et sur les plus hautes collines que l'on trouve presque partout des coquilles pétrifiées, dont un grand nombre d'espèces n'appartiennent point à nos mers, et dont plusieurs même n'ont aucun analogue vivant : ce sont ces espèces anciennes dont nous avons parlé, qui n'out existé que dans les temps de la grande chaleur du globe. De plus de cent espèces de cornes d'ammon que l'on pourrait compter, dit un de nos savants académiciens, et qui se trouvent en France aux environs de Paris, de Rouen, de Dive, de Langres et de Lyon, dans les Cévennes, en Provence et en Poitou, en Angleterre, en Allemagne et dans d'autres contrées de l'Europe, il n'y en a qu'une seule espèce nommée *nautilus papyraceus* qui se trouve dans nos mers, et cinq à six espèces qui naissent dans les mers étrangères (*a*).

III. — *Sur les grandes volutes appelées cornes d'ammon, et sur quelques grands ossements d'animaux terrestres.*

J'ai dit « qu'il est à croire que les cornes d'ammon et quelques autres espèces qu'on trouve pétrifiées, et dont on n'a pas encore trouvé les analogues vivants, demeurent toujours dans le fond des hautes mers, et qu'elles ont été remplies du sédiment pierreux dans le lieu même où elles étaient; qu'il peut se faire aussi qu'il y ait eu de certains animaux dont l'espèce a péri, et que ces coquillages pourraient être du nombre; que les os fossiles extraordinaires qu'on trouve en Sibérie, au Canada, en Irlande et dans plusieurs autres endroits, semblent confirmer cette conjecture; car, jusqu'ici on ne connait pas d'animal à qui on puisse attribuer ces os qui, pour la plupart, sont d'une grandeur et d'une grosseur démesurée. »

J'ai deux observations essentielles à faire sur ce passage : la première, c'est que ces cornes d'ammon, qui paraissent faire un genre plutôt qu'une espèce dans la classe des animaux à coquilles, tant elles sont différentes les unes des autres par la forme et la grandeur, sont réellement les dépouilles d'autant d'espèces qui ont péri et ne subsistent plus; j'en ai vu de si petites qu'elles n'avaient pas une ligne, et d'autres si grandes

(*a*) *Mémoires de l'Académie des sciences*, année 1722, p. 242.

qu'elles avaient plus de trois pieds de diamètre : des observateurs dignes de foi m'ont assuré en avoir vu de beaucoup plus grandes encore, et, entre autres, une de huit pieds de diamètre sur un pied d'épaisseur. Ces différentes cornes d'ammon paraissent former des espèces distinctement séparées; les unes sont plus, les autres moins aplaties; il y en a de plus ou de moins cannelées, toutes spirales, mais différemment terminées tant à leur centre qu'à leurs extrémités; et ces animaux, si nombreux autrefois, ne se trouvent plus dans aucune de nos mers; ils ne nous sont connus que par leurs dépouilles, dont je ne puis mieux représenter le nombre immense que par un exemple que j'ai tous les jours sous les yeux. C'est dans une minière de fer en grain près d'Étivey, à trois lieues de mes forges de Buffon, minière qui est ouverte il y a plus de cent cinquante ans, et dont on a tiré depuis ce temps tout le minerai qui s'est consommé à la forge d'Aisy; c'est là, dis-je, que l'on voit une si grande quantité de ces cornes d'ammon entières et en fragments, qu'il semble que la plus grande partie de la minière a été modelée dans ces coquilles. La mine de Conflans, en Lorraine, qui se traite au fourneau de Saint-Loup, en Franche-Comté, n'est de même composée que de bélemnites et de cornes d'ammon : ces dernières coquilles ferrugineuses sont de grandeurs si différentes qu'il y en a du poids, depuis un gros jusqu'à deux cents livres (*a*). Je pourrais citer d'autres endroits où elles sont également abondantes. Il en est de même des bélemnites, des pierres lenticulaires et de quantité d'autres coquillages dont on ne retrouve point aujourd'hui les analogues vivants dans aucune région de la mer, quoiqu'elles soient presque universellement répandues sur la surface entière de la terre. Je suis persuadé que toutes ces espèces, qui n'existent plus, ont autrefois subsisté pendant tout le temps que la température du globe et des eaux de la mer était plus chaude qu'elle ne l'est aujourd'hui, et qu'il pourra de même arriver, à mesure que le globe se refroidira, que d'autres espèces actuellement vivantes cesseront de se multiplier et périront, comme ces premières ont péri, par le refroidissement.

La seconde observation, c'est que quelques-uns de ces ossements énormes, que je croyais appartenir à des animaux inconnus, et dont je supposais les espèces perdues, nous ont paru néanmoins, après les avoir scrupuleusement examinés, appartenir à l'espèce de l'éléphant et à celle de l'hippopotame; mais, à la vérité, à des éléphants et des hippopotames plus grands que ceux du temps présent. Je ne connais dans les animaux terrestres qu'une seule espèce perdue, c'est celle de l'animal dont j'ai fait dessiner les dents molaires avec leurs dimensions; les autres grosses dents et grands ossements que j'ai pu recueillir ont appartenu à des éléphants et à des hippopotames.

ADDITIONS

A L'ARTICLE QUI A POUR TITRE : DES INÉGALITÉS DE LA SURFACE DE LA TERRE.

I. — *Sur la hauteur des montagnes.*

Nous avons dit que « les plus hautes montagnes du globe sont les Cordillères, en Amérique, surtout dans la partie de ces montagnes qui est située sous l'équateur et entre les tropiques. » Nos mathématiciens envoyés au Pérou et quelques autres observateurs en ont mesuré les hauteurs au-dessus du niveau de la mer du Sud, les uns géométrique-

(*a*) *Mémoires de physique* de M. de Grignon, p. 378.

ment, les autres par le moyen du baromètre, qui, n'étant pas sujet à de grandes variations dans ce climat, donne une mesure presque aussi exacte que celle de la trigonométrie. Voici le résultat de leurs observations.

HAUTEUR DES MONTAGNES LES PLUS ÉLEVÉES DE LA PROVINCE DE QUITO AU PÉROU.

	Toises.
Cota-catché, au nord de Quito	2,570
Cayambé-orcou, sous l'équateur	3,030
Pitchincha, volcan en 1539, 1577 et 1660	2,430
Antisana, volcan en 1590	3,020
Sinchoulogoa, volcan en 1660	2,570
Illinica, présumé volcan	2,717
Coto-Paxi, volcan en 1533, 1742 et 1744	2,950
Chimboraço, volcan : on ignore l'époque de son éruption	3,220
Cargavi-Raso, volcan écroulé en 1698	2,450
Tongouragoa, volcan en 1641	2,620
El-altan, l'une des montagnes appelées *Coillanes*	2,730
Sanguaï, volcan actuellement enflammé depuis 1728	2,680

En comparant ces mesures des montagnes de l'Amérique méridionale avec celles de notre continent, on verra qu'elles sont, en général, élevées d'un quart de plus que celles de l'Europe, et que presque toutes ont été ou sont encore des volcans embrasés, tandis que celles de l'intérieur de l'Europe, de l'Asie et de l'Afrique, même celles qui sont les plus élevées, sont tranquilles depuis un temps immémorial. Il est vrai que dans plusieurs de ces dernières montagnes on reconnait assez évidemment l'ancienne existence des volcans, tant par les précipices dont les parois sont noires et brûlées que par la nature des matières qui environnent ces précipices, et qui s'étendent sur la croupe de ces montagnes; mais comme elles sont situées dans l'intérieur des continents, et maintenant très éloignées des mers, l'action de ces feux souterrains, qui ne peut produire de grands effets que par le choc de l'eau, a cessé lorsque les mers se sont éloignées; et c'est par cette raison que dans les Cordillères, dont les racines bordent pour ainsi dire la mer du Sud, la plupart des pics sont des volcans actuellement agissants, tandis que depuis très longtemps les volcans d'Auvergne, du Vivarais, du Languedoc et ceux d'Allemagne, de la Suisse, etc., en Europe, ceux du mont Ararat, en Asie, et ceux du mont Atlas, en Afrique, sont absolument éteints.

La hauteur à laquelle les vapeurs se glacent est d'environ 2,400 toises sous la zone torride, et, en France, de 1,500 toises de hauteur; les cimes des hautes montagnes surpassent quelquefois cette ligne de 8 à 900 toises, et toute cette hauteur est couverte de neiges qui ne fondent jamais : les nuages (qui s'élèvent le plus haut) ne les surpassent ensuite que de 3 à 400 toises, et n'excèdent par conséquent le niveau des mers que d'environ 3,600 toises; ainsi, s'il y avait des montagnes plus hautes encore, on leur verrait, sous la zone torride, une ceinture de neige à 2,400 toises au-dessus de la mer, qui finirait à 3,500 ou 3,600 toises, non par la cessation du froid, qui devient toujours plus vif à mesure qu'on s'élève, mais parce que les vapeurs n'iraient pas plus haut (*a*).

M. de Keralio, savant physicien, a recueilli toutes les mesures prises par différentes personnes sur la hauteur des montagnes dans plusieurs contrées.

En Grèce, M. Bernoulli a déterminé la hauteur de l'Olympe à 1,017 toises; ainsi la neige n'y est pas constante, non plus que sur le Pélion en Thessalie, le Cathalylium et le Cyllenou; la hauteur de ces monts n'atteint pas le degré de la glace. M. Bouguer donne

(*a*) *Mémoires de l'Académie des sciences*, année 1744.

2,500 toises de hauteur au pic de Ténériffe, dont le sommet est toujours couvert de neige. L'Etna, les monts norvégiens, l'Hémus, l'Athos, l'Atlas, le Caucase, et plusieurs autres, tels que le mont Ararat, le Taurus, le Libanon, sont en tout temps couverts de neige à leurs sommets.

	Toises.
Selon Pontoppidan, les plus hauts monts de Norvége ont...	3,000

Nota. Cette mesure, ainsi que la suivante, me paraissent exagérées.

Selon M. Brovallius, les plus hauts monts de Suède ont.....	2,333

SELON LES MÉMOIRES DE L'ACADÉMIE ROYALE DES SCIENCES (ANNÉE 1718) LES PLUS HAUTES MONTAGNES DE FRANCE SONT LES SUIVANTES :

Le Cantal	984
Le mont Ventoux	1,036
Le Canigou des Pyrénées	1,441
Le Moussec	1,253
Le Saint-Barthélemy	1,184
Le mont d'Or en Auvergne, volcan éteint	1,048

SELON M. NEEDHAM, LES MONTAGNES DE SAVOIE ONT EN HAUTEUR :

Le couvent du grand Saint-Bernard	1,241
Le Roc au sud-ouest de ce mont	1,274
Le mont Serène	1,282
L'Allée Blanche	1,249
Le mont Tourné	1,683
Selon M. Facio de Duiller, le Mont-Blanc ou la Montagne maudite a	2,213

Il est certain que les principales montagnes de Suisse sont plus hautes que celles de France, d'Espagne, d'Italie et d'Allemagne : plusieurs savants ont déterminé comme il suit la hauteur de ces montagnes.

Suivant M. Mikhéli, la plupart de ces montagnes, comme le Grimselberg, le Wetterhorn, le Schrekhorn, l'Eighess-schnéeberg, le Ficherhorn, le Stroubel, le Fourke, le Loukmanier, le Crispalt, le Mougle, la cime du Baduts et du Gothard, ont de 2,400 à 2,750 toises de hauteur au-dessus du niveau de la mer; mais je soupçonne que ces mesures données par M. Mikhéli sont trop fortes, d'autant qu'elles excèdent de moitié celles qu'ont données MM. Cassini, Scheuchzer et Mariotte, qui pourraient bien être trop faibles, mais non pas à cet excès : et ce qui fonde mon doute, c'est que, dans les régions froides et tempérées où l'air est toujours orageux, le baromètre est sujet à trop de variations, même inconnues des physiciens, pour qu'ils puissent compter sur les résultats qu'il présente.

II. — *Sur la direction des montagnes.*

J'ai dit que « la direction des grandes montagnes est du nord au sud en Amérique, et d'occident en orient dans l'ancien continent. » Cette dernière assertion doit être modifiée, car, quoiqu'il paraisse au premier coup d'œil qu'on puisse suivre les montagnes de l'Espagne jusqu'à la Chine en passant des Pyrénées en Auvergne, aux Alpes, en Allemagne, en Macédoine, au Caucase, et aux autres montagnes de l'Asie, jusqu'à la mer de Tartarie, et quoiqu'il semble de même que le mont Atlas partage d'occident en orient le continent de l'Afrique, cela n'empêche pas que le milieu de cette grande presqu'île ne soit une chaîne continue de hautes montagnes qui s'étend depuis le mont Atlas aux monts de la Lune, et des monts de la Lune jusqu'aux terres du cap de Bonne-Espérance; en sorte que l'Afrique doit être considérée comme composée de montagnes qui en occupent le milieu dans toute sa longueur, et qui sont disposées du nord au sud et dans la même direction que celles de l'Amérique. Les parties de l'Atlas qui s'étendent depuis le milieu et des deux côtés vers l'occident et vers l'orient, ne doivent être considérées que comme des branches de la chaîne principale; il en sera de même de la partie des monts de la Lune qui s'étend vers l'occident et vers l'orient : ce sont des montagnes collatérales de la branche principale qui occupe l'intérieur, c'est-à-dire le milieu de l'Afrique, et, s'il n'y a point de volcans dans cette prodigieuse étendue de montagnes, c'est parce que la mer est des deux côtés fort éloignée du milieu de cette vaste presqu'île, tandis qu'en Amérique la mer est très voisine du pied des hautes montagnes, et qu'au lieu de former le milieu de la presqu'île de l'Amérique méridionale, elles sont au contraire toutes situées à l'occident, et que l'étendue des basses terres est en entier du côté de l'orient.

La grande chaîne des Cordillères n'est pas la seule, dans le nouveau continent, qui soit dirigée du nord au sud ; car dans le terrain de la Guyane, à environ cent cinquante lieues de Cayenne, il y a aussi une chaîne d'assez hautes montagnes qui court également du nord au sud; cette montagne est si escarpée du côté qui regarde Cayenne, qu'elle est pour ainsi dire inaccessible; ce revers à-plomb de la chaîne de montagnes semble indiquer qu'il y a de l'autre côté une pente douce et une bonne terre : aussi la tradition du pays, ou plutôt le témoignage des Espagnols, est qu'il y a au delà de cette montagne des nations de sauvages réunis en assez grand nombre; on a dit aussi qu'il y avait une mine d'or dans ces montagnes et un lac où l'on trouvait des paillettes d'or, mais ce fait ne s'est pas confirmé.

En Europe, la chaîne de montagnes, qui commence en Espagne, passe en France, en Allemagne et en Hongrie, se partage en deux grandes branches, dont l'une s'étend en Asie par les montagnes de la Macédoine, du Caucase, etc., et l'autre branche passe de la Hongrie dans la Pologne, la Russie, et s'étend jusqu'aux sources du Volga et du Borysthène; et, se prolongeant encore plus loin, elle gagne une autre chaîne de montagnes en Sibérie qui aboutit enfin à la mer du Nord à l'occident du fleuve Oby. Ces chaînes de montagnes doivent être regardées comme un sommet presque continu, dans lequel plusieurs grands fleuves prennent leurs sources : les uns, comme le Tage, la Doure en Espagne, la Garonne, la Loire en France, le Rhin en Allemagne, se jettent dans l'Océan ; les autres, comme l'Oder, la Vistule, le Niémen, se jettent dans la mer Baltique; enfin d'autres fleuves, comme la Doine, tombent dans la mer Blanche, et le fleuve Petzora dans la mer Glaciale. Du côté de l'orient, cette même chaîne de montagnes donne naissance à l'Yeucar et l'Èbre en Espagne, au Rhône en France, au Pô en Italie qui tombent dans la mer Méditerranée; au Danube et au Don qui se perdent dans la mer Noire, et enfin au Volga qui tombe dans la mer Caspienne.

Le sol de la Norvége est plein de rochers et de groupes de montagnes. Il y a cependant des plaines fort unies de six, huit et dix milles d'étendue. La direction des montagnes n'est point à l'ouest ou l'est, comme celle des autres montagnes de l'Europe; elles vont au contraire, comme les Cordillères, du sud au nord (*a*).

Dans l'Asie méridionale, depuis l'île de Ceylan et le cap Comorin, il s'étend une chaîne de montagnes qui sépare le Malabar de Coromandel, traverse le Mogol, regagne le mont Caucase, se prolonge dans le pays des Kalmouks et s'étend jusqu'à la mer du Nord à l'occident du fleuve Irtis. On en trouve une autre qui s'étend de même du nord au sud jusqu'au cap Razalgat en Arabie, et qu'on peut suivre à quelque distance de la mer Rouge jusqu'à Jérusalem : elle environne l'extrémité de la mer Méditerranée et la pointe de la mer Noire, et de là s'étend par la Russie jusqu'au même point de la mer du Nord.

(*a*) Histoire naturelle de Norvège, par Pontoppidan. *Journal étranger*, mois d'août 1755.

On peut aussi observer que les montagnes de l'Indostan et celles de Siam courent du sud au nord, et vont également se réunir aux rochers du Thibet et de la Tartarie. Ces montagnes offrent de chaque côté des saisons différentes : à l'ouest on a six mois de pluie, tandis qu'on jouit à l'est du plus beau soleil (*a*).

Toutes les montagnes de Suisse, c'est-à-dire celles de la Vallésie et des Grisons, celles de la Savoie, du Piémont et du Tyrol, forment une chaîne qui s'étend du nord au sud jusqu'à la Méditerranée. Le mont Pilate, situé dans le canton de Lucerne, à peu près dans le centre de la Suisse, forme une chaîne d'environ quatorze lieues qui s'étend du nord au sud jusque dans le canton de Berne.

On peut donc dire qu'en général les plus grandes éminences du globe sont disposées du nord au sud, et que celles qui courent dans d'autres directions ne doivent être regardées que comme des branches collatérales de ces premières montagnes; et c'est en partie par cette disposition des montagnes primitives, que toutes les pointes des continents se présentent dans la direction du nord au sud, comme on le voit à la pointe de l'Afrique, à celle de l'Amérique, à celle de Californie, à celle du Groenland, au cap Comorin, à Sumatra, à la Nouvelle-Hollande, etc., ce qui paraît indiquer, comme nous l'avons déjà dit, que toutes les eaux sont venues en plus grande quantité du pôle austral que du pôle boréal.

Si l'on consulte une nouvelle mappemonde dans laquelle on a représenté autour du pôle arctique toutes les terres des quatre parties du monde, à l'exception d'une pointe de l'Amérique, et autour du pôle antarctique, toutes les mers et le peu de terres qui composent l'hémisphère pris dans ce sens, on reconnaîtra évidemment qu'il y a eu beaucoup plus de bouleversements dans ce second hémisphère que dans le premier, et que la quantité des eaux y a toujours été et y est encore bien plus considérable que dans notre hémisphère. Tout concourt donc à prouver que les plus grandes inégalités du globe se trouvent dans les parties méridionales, et que la direction la plus générale des montagnes primitives est du nord au sud plutôt que d'orient en occident dans toute l'étendue de la surface du globe.

III. — *Sur la formation des montagnes.*

Toutes les vallées et tous les vallons de la surface de la terre, ainsi que toutes les montagnes et collines, ont eu deux causes primitives : la première est le feu, et la seconde l'eau. Lorsque la terre a pris sa consistance, il s'est élevé à sa surface un grand nombre d'aspérités, il s'est fait des boursouflures comme dans un bloc de verre ou de métal fondu : cette première cause a donc produit les premières et les plus hautes montagnes qui tiennent par leur base à la roche intérieure du globe, et sous lesquelles, comme partout ailleurs, il a dû se trouver des cavernes qui se sont affaissées en différents temps; mais sans considérer ce second événement de l'affaissement des cavernes, il est certain que, dans le premier temps où la surface de la terre s'est consolidée, elle était sillonnée partout de profondeurs et d'éminences uniquement produites par l'action du premier refroidissement. Ensuite lorsque les eaux se sont dégagées de l'atmosphère, ce qui est arrivé dès que la terre a cessé d'être brûlante au point de les rejeter en vapeurs, ces mêmes eaux ont couvert toute la surface de la terre actuellement habitée jusqu'à la hauteur de deux mille toises; et pendant leur long séjour sur nos continents, le mouvement du flux et du reflux et celui des courants ont changé la disposition et la forme des montagnes et des vallées primitives. Ces mouvements auront formé des collines dans les vallées; ils auront recouvert et environné de nouvelles couches de terre le pied et les croupes des montagnes, et les courants auront creusé des sillons, des vallons dont

(*a*) *Histoire philosophique et politique*, t. II, p. 46.

tous les angles se correspondent : c'est à ces deux causes, dont l'une est bien plus ancienne que l'autre, qu'il faut rapporter la forme extérieure que nous présente la surface de la terre. Ensuite, lorsque les mers se sont abaissées, elles ont produit des escarpements du côté de l'occident où elles s'écoulaient le plus rapidement et ont laissé des pentes douces du côté de l'orient.

Les éminences qui ont été formées par le sédiment et les dépôts de la mer ont une structure bien différente de celles qui doivent leur origine au feu primitif : les premières sont toutes disposées par couches horizontales et contiennent une infinité de productions marines; les autres, au contraire, ont une structure moins régulière et ne renferment aucun indice de productions de la mer; ces montagnes de première et de seconde formation n'ont rien de commun que les fentes perpendiculaires qui se trouvent dans les unes comme dans les autres, mais ces fentes sont un effet commun de deux causes bien différentes. Les matières vitrescibles, en se refroidissant, ont diminué de volume et se sont par conséquent fendues de distance en distance ; celles qui sont composées de matières calcaires amenées par les eaux se sont fendues par le dessèchement.

J'ai observé plusieurs fois, sur les collines isolées, que le premier effet des pluies est de dépouiller peu à peu leur sommet et d'en entraîner les terres qui forment au pied de la colline une zone uniforme et très épaisse de bonne terre, tandis que le sommet est devenu chauve et dépouillé dans son contour : voilà l'effet que produisent et doivent produire les pluies, mais une preuve qu'il y a eu une autre cause qui avait précédemment disposé les matières autour de la colline, c'est que dans toutes, et même dans celles qui sont isolées, il y a toujours un côté où le terrain est meilleur; elles sont escarpées d'une part et en pente douce de l'autre, ce qui prouve l'action et la direction du mouvement des eaux d'un côté plus que de l'autre.

IV. — *Sur la dureté que certaines matières acquièrent par le feu aussi bien que par l'eau.*

J'ai dit « qu'on trouve dans les grès des espèces de clous d'une matière métallique, noirâtre, qui paraît avoir été fondue à un feu très violent. » Cela semble indiquer que les grandes masses de grès doivent leur origine à l'action du feu primitif. J'avais d'abord pensé que cette matière ne devait sa dureté et la réunion de ses parties qu'à l'intermède de l'eau; mais je me suis assuré depuis que l'action du feu produit le même effet, et je puis citer sur cela des expériences qui d'abord m'ont surpris et que j'ai répétées assez souvent pour n'en pouvoir douter.

Expériences.

J'ai fait broyer des grès de différents degrés de dureté, et je les ai fait tamiser en poudre plus ou moins fine pour m'en servir à couvrir les cémentations dont je me sers pour convertir le fer en acier : cette poudre de grès répandue sur le cément, et amoncelée en forme de dôme de trois ou quatre pouces d'épaisseur, sur une caisse de trois pieds de longueur et deux pieds de largeur, ayant subi l'action d'un feu violent dans mes fourneaux d'aspiration pendant plusieurs jours et nuits de suite sans interruption, n'était plus de la poussière de grès, mais une masse solide que l'on était obligé de casser pour découvrir la caisse qui contenait le fer converti en acier boursouflé; en sorte que l'action du feu sur cette poudre de grès en a fait des masses aussi solides que le grès de médiocre qualité qui ne sonne point sous le marteau. Cela m'a démontré que le feu peût tout aussi bien que l'eau avoir agglutiné les sables vitrescibles, et avoir par conséquent formé les grandes masses de grès qui composent le noyau de quelques-unes de nos montagnes.

Je suis donc très persuadé que toute la matière vitrescible dont est composée la roche intérieure du globe, et les noyaux de ses grandes éminences extérieures, ont été produits par l'action du feu primitif, et que les eaux n'ont formé que les couches inférieures et accessoires qui enveloppent ces noyaux, et qui sont tous posés par couches parallèles, horizontales ou également inclinées, et dans lesquelles on trouve des débris de coquilles et d'autres productions de la mer.

Ce n'est pas que je prétende exclure l'intermède de l'eau pour la formation des grès et de plusieurs autres matières vitrescibles; je suis, au contraire, porté à croire que le sable vitrescible peut acquérir de la consistance et se réunir en masses plus ou moins dures par le moyen de l'eau, peut-être encore plus aisément que par l'action du feu; et c'est seulement pour prévenir les objections qu'on ne manquerait pas de faire, si l'on imaginait que j'attribue uniquement à l'intermède de l'eau la solidité et la consistance du grès et des autres matières composées de sable vitrescible. Je dois même observer que les grès qui se trouvent à la superficie ou à peu de profondeur dans la terre ont tous été formés par l'intermède de l'eau; car l'on remarque des ondulations et des tournoiements à la surface supérieure des masses de ces grès, et l'on y voit quelquefois des impressions de plantes et de coquilles. Mais on peut distinguer les grès formés par le sédiment des eaux de ceux qui ont été produits par le feu; ceux-ci sont d'un plus gros grain et s'égrainent plus facilement que les grès dont l'agrégation des parties est due à l'intermède de l'eau. Ils sont plus serrés, plus compactes, les grains qui les composent ont des angles plus vifs, et, en général, ils sont plus solides et plus durs que les grès coagulés par le feu.

Les matières ferrugineuses prennent un très grand degré de dureté par le feu, puisque rien n'est si dur que la fonte de fer, mais elles peuvent aussi acquérir une dureté considérable par l'intermède de l'eau : je m'en suis assuré en mettant une bonne quantité de limaille de fer dans des vases exposés à la pluie; cette limaille a formé des masses si dures qu'on ne pouvait les casser qu'au marteau.

La roche vitreuse qui compose la masse de l'intérieur du globe est plus dure que le verre ordinaire, mais elle ne l'est pas plus que certaines laves de volcans et beaucoup moins que la fonte de fer, qui n'est cependant que du verre mêlé de parties ferrugineuses. Cette grande dureté de la roche du globe indique assez que ce sont les parties les plus fixes de toute la matière qui se sont réunies, et que, dès le temps de leur consolidation, elles ont pris la consistance et la dureté qu'elles ont encore aujourd'hui. L'on ne peut donc pas argumenter contre mon hypothèse de la vitrification générale, en disant que les matières réduites en verre par le feu de nos fourneaux sont moins dures que la roche du globe, puisque la fonte de fer, quelques laves ou basaltes, et même certaines porcelaines, sont plus dures que cette roche, et néanmoins ne doivent, comme elle, leur dureté qu'à l'action du feu. D'ailleurs, les éléments du fer et des autres minéraux qui donnent de la dureté aux matières liquéfiées par le feu ou atténuées par l'eau existaient, ainsi que les terres fixes, dès le temps de la consolidation du globe; et j'ai déjà dit qu'on ne devait pas regarder la roche de son intérieur comme du verre pur, semblable à celui que nous faisons avec du sable et du salin, mais comme un produit vitreux mêlé des matières les plus fixes et les plus capables de soutenir la grande et longue action du feu primitif, dont nous ne pouvons comparer les grands effets que de loin avec le petit effet de nos feux de fourneaux; et néanmoins cette comparaison, quoique désavantageuse, nous laisse apercevoir clairement ce qu'il peut y avoir de commun dans les effets du feu primitif et dans les produits de nos feux, et nous démontre en même temps que le degré de dureté dépend moins de celui du feu que de la combinaison des matières soumises à son action.

V. — *Sur l'inclinaison des couches de la terre dans les montagnes.*

J'ai dit que « dans les plaines les couches de la terre sont exactement horizontales, et qu'il n'y a que dans les montagnes où elles soient inclinées, comme ayant été formées par des sédiments déposés sur une base inclinée, c'est-à-dire sur un terrain penchant. »

Non seulement les couches de matières calcaires sont horizontales dans les plaines, mais elles le sont aussi dans toutes les montagnes où il n'y a point eu de bouleversement par les tremblements de terre ou par d'autres causes accidentelles; et, lorsque ces couches sont inclinées, c'est que la montagne elle-même s'est inclinée tout en bloc et qu'elle a été contrainte de pencher d'un côté par la force d'une explosion souterraine, ou par l'affaissement d'une partie du terrain qui lui servait de base. L'on peut donc dire qu'en général toutes les couches formées par le dépôt et le sédiment des eaux sont horizontales, comme l'eau l'est toujours elle-même, à l'exception de celles qui ont été formées sur une base inclinée, c'est-à-dire sur un terrain penchant, comme se trouvent la plupart des mines de charbon de terre.

La couche la plus extérieure et superficielle de la terre, soit en plaine, soit en montagne, n'est composée que de terre végétale, dont l'origine est due aux sédiments de l'air, aux dépôts des vapeurs et des rosées, et aux détriments successifs des herbes, des feuilles et des autres parties des végétaux décomposés. Cette première couche ne doit point être ici considérée; elle suit partout les pentes et les courbures du terrain, et présente une épaisseur plus ou moids grande, suivant les différentes circonstances locales (*a*). Cette couche de terre végétale est ordinairement bien plus épaisse dans les vallons que sur les collines; et sa formation est postérieure aux couches primitives du globe, dont les plus anciennes et les plus intérieures ont été formées par le feu, et les plus nouvelles et les plus extérieures ont été formées par les matières transportées et déposées en forme de sédiments par le mouvement des eaux. Celles-ci sont, en général, toutes horizontales, et ce n'est que par des causes particulières qu'elles paraissent quelquefois inclinées. Les bancs de pierres calcaires sont ordinairement horizontaux ou légèrement inclinés; et, de toutes les substances calcaires, la craie est celle dont les bancs conservent le plus exactement la position horizontale. Comme la craie n'est qu'une poussière des détriments calcaires, elle a été déposée par les eaux dont le mouvement était tranquille et les oscillations réglées; tandis que les matières qui n'étaient que brisées et en plus gros volume ont été transportées par les courants et déposées par le remous des eaux; en sorte que leurs bancs ne sont pas parfaitement horizontaux comme ceux de la craie. Les falaises de la mer en Normandie sont composées de couches horizontales de craie si singulièrement coupées à plomb qu'on les prendrait de loin pour des murs de fortification. L'on voit entre les couches de craie des petits lits de pierre à fusil noire, qui tranchent sur le blanc de la craie : c'est là l'origine des veines noires dans les marbres blancs.

Indépendamment des collines calcaires, dont les bancs sont légèrement inclinés et dont la position n'a point varié, il y en a grand nombre d'autres qui ont penché par différents

(*a*) Il y a quelques montagnes dont la surface à la cime est absolument nue, et ne présente que le roc vif ou le granit, sans aucune végétation que dans les petites fentes, où le vent a porté et accumulé les particules de terre qui flottent dans l'air. On assure qu'à quelque distance de la rive gauche du Nil, en remontant ce fleuve, la montagne composée de granit, de porphyre et de jaspe, s'étend à plus de vingt lieues en longueur, sur une largeur peut-être aussi grande, et que la surface entière de la cime de cette énorme carrière est absolument dénuée de végétaux, ce qui forme un vaste désert, que ni les animaux ni les oiseaux, ni même les insectes, ne peuvent fréquenter. Mais ces exceptions particulières et locales ne doivent point être ici considérées.

accidents et dont toutes les couches sont fort inclinées. On en a de grands exemples dans plusieurs endroits des Pyrénées où l'on en voit qui sont inclinées de 45, 50 et même 60 degrés au-dessous de la ligne horizontale, ce qui semble prouver qu'il s'est fait de grands changements dans ces montagnes par l'affaissement des cavernes souterraines sur lesquelles leur masse était autrefois appuyée.

VI. — *Sur les pics des montagnes.*

J'ai tâché d'expliquer comment les pics des montagnes ont été dépouillés des sables vitrescibles qui les environnaient au commencement, et mon explication ne pèche qu'en ce que j'ai attribué la première formation des rochers qui forment le noyau de ces pics à l'intermède de l'eau, au lieu qu'on doit l'attribuer à l'action du feu : ces pics ou cornes de montagnes ne sont que des prolongements et des pointes de la roche intérieure du globe, lesquelles étaient environnées d'une grande quantité de scories et de poussière de verre; ces matières divisées auront été entraînées dans les lieux inférieurs par les mouvements de la mer dans le temps qu'elle a fait retraite, et ensuite les pluies et les torrents des eaux courantes auront encore sillonné du haut en bas les montagnes, et auront par conséquent achevé de dépouiller les masses de roc vif qui formaient les éminences du globe, et qui par ce dépouillement sont demeurées nues et telles que nous les voyons encore aujourd'hui. Je puis dire, en général, qu'il n'y a aucun autre changement à faire dans toute ma *Théorie de la Terre* que celui de la composition des premières montagnes qui doivent leur origine au feu primitif, et non pas à l'intermède de l'eau, comme je l'avais conjecturé, parce que j'étais alors persuadé, par l'autorité de Woodward et de quelques autres naturalistes, que l'on avait trouvé des coquilles au-dessus des sommets de toutes les montagnes; au lieu que, par des observations plus récentes, il paraît qu'il n'y a pas de coquilles sur les plus hauts sommets, mais seulement jusqu'à la hauteur de deux mille toises au-dessus du niveau des mers; d'où il résulte qu'elle n'a peut-être pas surmonté ces hauts sommets ou du moins qu'elle ne les a baignés que pendant un petit temps, en sorte qu'elle n'a formé que les collines et les montagnes calcaires qui sont toutes au-dessous de cette hauteur de deux mille toises.

ADDITIONS

A L'ARTICLE QUI A POUR TITRE : DES FLEUVES.

I. — *Observations qu'il faut ajouter à celles que j'ai données sur la théorie des eaux courantes.*

Au sujet de la théorie des eaux courantes, je vais ajouter une observation nouvelle, que j'ai faite depuis que j'ai établi des usines, où la différente vitesse de l'eau peut se reconnaître assez exactement. Sur neuf roues qui composent le mouvement de ces usines, dont les unes reçoivent leur impulsion par une colonne d'eau de deux ou trois pieds, et les autres de cinq à six pieds de hauteur, j'ai été assez surpris d'abord de voir que toutes ces roues tournaient plus vite la nuit que le jour, et que la différence était d'autant plus grande que la colonne d'eau était plus haute et plus large. Par exemple, si l'eau a six pieds de chute, c'est-à-dire si le bief près de la vanne a six pieds de hauteur d'eau et que l'ouverture de la vanne ait deux pieds de hauteur, la roue tournera, pendant la nuit, d'un dixième et quelquefois d'un neuvième plus vite que pendant le jour; et s'il y a moins de hauteur d'eau, la différence entre la vitesse pendant la nuit et pendant le jour sera moindre, mais toujours assez sensible pour être reconnue. Je me suis assuré de ce fait en mettant des marques blanches sur les roues, et en comptant avec une montre à secondes le nombre de leurs révolutions dans un même temps, soit la nuit, soit le jour, et j'ai constamment trouvé, par un très grand nombre d'observations, que le temps de la plus grande vitesse des roues était l'heure la plus froide de la nuit, et qu'au contraire celui de la moindre vitesse était le moment de la plus grande chaleur du jour : ensuite, j'ai de même reconnu que la vitesse de toutes les roues est généralement plus grande en hiver qu'en été. Ces faits, qui n'ont été remarqués par aucun physicien, sont importants dans la pratique. La théorie en est bien simple : cette augmentation de vitesse dépend uniquement de la densité de l'eau, laquelle augmente par le froid et diminue par le chaud; et comme il ne peut passer que le même volume par la vanne, il se trouve que ce volume d'eau, plus dense pendant la nuit et en hiver qu'il ne l'est pendant le jour ou en été, agit avec plus de masse sur la roue, et lui communique par conséquent une plus grande quantité de mouvement. Ainsi, toutes choses étant égales d'ailleurs, on aura moins de perte à faire chômer ces usines à l'eau pendant la chaleur du jour, et à les faire travailler pendant la nuit. J'ai vu, dans mes forges, que cela ne laissait pas d'influer d'un douzième sur le produit de la fabrication du fer.

Une seconde observation, c'est que de deux roues, l'une plus voisine que l'autre du bief, mais du reste parfaitement égales, et toutes deux mues par une égale quantité d'eau qui passe par des vannes égales, celle des roues qui est la plus voisine du bief tourne toujours plus vite que l'autre, qui en est plus éloignée, et à laquelle l'eau ne peut arriver qu'après avoir parcouru un certain espace dans le courant particulier qui aboutit à cette roue. On sent bien que le frottement de l'eau contre les parois de ce canal doit en diminuer la vitesse, mais cela seul ne suffit pas pour rendre raison de la différence considérable qui se trouve entre le mouvement de ces deux roues : elle provient, en premier lieu, de ce que l'eau contenue dans ce canal cesse d'être pressée latéralement, comme elle l'est en effet lorsqu'elle entre par la vanne du bief et qu'elle frappe immédiatement les aubes de la roue; secondement, cette inégalité de vitesse, qui se mesure sur la distance du bief à ces roues, vient encore de ce que l'eau qui sort d'une vanne n'est pas une colonne qui ait les dimensions de la vanne; car l'eau forme dans son passage un cône irrégulier, d'autant plus déprimé sur les côtés, que la masse d'eau dans le bief a plus de largeur. Si les aubes de la roue sont très près de la vanne, l'eau s'y applique presque à la hauteur de l'ouverture de la vanne; mais si la roue est plus éloignée du bief, l'eau s'abaisse dans le coursier et ne frappe plus les aubes de la roue à la même hauteur ni avec autant de vitesse que dans le premier cas; et ces deux causes réunies produisent cette diminution de vitesse dans les roues qui sont éloignées du bief.

II. — *Sur la salure de la mer.*

Au sujet de la salure de la mer, il y a deux opinions, qui toutes deux sont fondées et en partie vraies : Halley attribue la salure de la mer uniquement aux sels de la terre que les fleuves y transportent, et pense même qu'on peut reconnaître l'ancienneté du monde par le degré de cette salure des eaux de la mer. Leibniz croit, au contraire, que le globe de la terre ayant été liquéfié par le feu, les sels et les autres parties empyreumatiques ont produit avec les vapeurs aqueuses une eau lixivielle et salée, et que par conséquent la mer avait son degré de salure dès le commencement. Les opinions de ces deux grands physiciens, quoique opposées, doivent être réunies, et peuvent même s'accorder avec la mienne. Il est en effet très probable que l'action du feu, combinée avec celle de l'eau, a fait la dissolution de toutes les matières salines qui se sont trouvées à la surface de la terre dès le commencement, et que par conséquent le premier degré de salure de la mer provient de la cause indiquée par Leibniz ; mais cela n'empêche pas que la seconde cause, désignée par Halley, n'ait aussi très considérablement influé sur le degré de la salure actuelle de la mer, qui ne peut manquer d'aller toujours en augmentant, parce qu'en effet les fleuves ne cessent de transporter à la mer une grande quantité de sels fixes, que l'évaporation ne peut enlever : ils restent donc mêlés avec la masse des eaux qui, dans la mer, se trouvent généralement d'autant plus salées, qu'elles sont plus éloignées de l'embouchure des fleuves, et que la chaleur du climat y produit une plus grande évaporation. La preuve que cette seconde cause y fait peut-être autant et plus que la première, c'est que tous les lacs dont il sort des fleuves ne sont point salés, tandis que presque tous ceux qui reçoivent des fleuves, sans qu'ils en sortent, sont imprégnés de sel. La mer Caspienne, le lac Aral, la mer Morte, etc., ne doivent leur salure qu'aux sels que les fleuves y transportent, et que l'évaporation ne peut enlever.

III. — *Sur les cataractes perpendiculaires.*

J'ai dit que la cataracte de la rivière de Niagara au Canada était la plus fameuse, et qu'elle tombait de 156 pieds de hauteur perpendiculaire. J'ai depuis été informé (*a*) qu'il se trouve en Europe une cataracte qui tombe de 300 pieds de hauteur : c'est celle de Terni, petite ville sur la route de Rome à Bologne. Elle est formée par la rivière de Vélino, qui prend sa source dans les montagnes de l'Abruzze. Après avoir passé par Riette, ville frontière du royaume de Naples, elle se jette dans le lac de Luco, qui paraît entretenu par des sources abondantes, car elle en sort plus forte qu'elle n'y est entrée, et va jusqu'au pied de la montagne del-Marmore, d'où elle se précipite par un saut perpendiculaire de 300 pieds ; elle tombe comme dans un abîme, d'où elle s'échappe avec une espèce de fureur. La rapidité de sa chute brise ses eaux avec tant d'effort contre les rochers et sur le fond de cet abîme qu'il s'en élève une vapeur humide, sur laquelle les rayons du soleil forment des arcs-en-ciel qui sont très variés ; et lorsque le vent du midi souffle et rassemble ce brouillard contre la montagne, au lieu de plusieurs petits arcs-en-ciel, on n'en voit plus qu'un seul qui couronne toute la cascade.

ADDITIONS ET CORRECTIONS

A L'ARTICLE QUI A POUR TITRE : DES MERS ET DES LACS.

I. — *Sur les limites de la mer du Sud.*

La mer du Sud, qui, comme l'on sait, a beaucoup plus d'étendue en largeur que la mer Atlantique, paraît être bornée par deux chaînes de montagnes qui se correspondent jusqu'au delà de l'équateur. La première de ces chaînes est celle des montagnes de Californie, du Nouveau Mexique, de l'isthme de Panama et des Cordillères du Pérou, du Chili, etc. ; l'autre est la chaîne de montagnes qui s'étend depuis le Kamtschatka, et passe par Yeço, par le Japon, et s'étend jusqu'aux îles des Larrons et même aux Nouvelles-Philippines. La direction de ces chaînes de montagnes, qui paraissent être les anciennes limites de la mer

(*a*) Note communiquée à M. de Buffon par M. Fresnaye, conseiller au conseil supérieur de Saint-Domingue.

Pacifique, est précisément du nord au sud; en sorte que l'ancien continent était borné à l'orient par l'une de ces chaînes, et le nouveau continent par l'autre. Léur séparation s'est faite dans le temps où les eaux, arrivant du pôle austral, ont commencé à couler entre ces deux chaînes de montagnes qui semblent se réunir, ou du moins se rapprocher de très près vers les contrées septentrionales; et ce n'est pas le seul indice qui nous démontre l'ancienne réunion des deux continents vers le nord : d'ailleurs, cette continuité des deux continents entre le Kamtschatka et les terres les plus occidentales de l'Amérique paraît maintenant prouvée par les nouvelles découvertes des navigateurs qui ont trouvé sous ce même parallèle une grande quantité d'îles voisines les unes des autres; en sorte qu'il ne reste que peu ou point d'espaces de mer entre cette partie orientale de l'Asie et la partie occidentale de l'Amérique sous le cercle polaire.

II. — *Sur le double courant des eaux dans quelques endroits de l'océan.*

J'ai dit trop généralement et assuré trop positivement « qu'il ne se trouvait pas dans la mer des endroits où les eaux eussent un courant inférieur opposé et dans une direction contraire au mouvement du courant supérieur. » J'ai reçu depuis des informations qui semblent prouver que cet effet existe et peut même se démontrer dans de certaines plages de la mer; les plus précises sont celles que M. Deslandes, habile navigateur, a eu la bonté de me communiquer par ses lettres des 6 décembre 1770 et 5 novembre 1773, dont voici l'extrait :

« Dans votre *Théorie de la Terre*, art. XI, *Des mers et des lacs*, vous dites que quelques » personnes ont prétendu qu'il y avait dans le détroit de Gibraltar un double courant, » supérieur et inférieur, dont l'effet est contraire; mais que ceux qui ont eu de pareilles » opinions auront sans doute pris des remous, qui se forment au rivage par la rapidité » de l'eau, pour un courant véritable, et que c'est une hypothèse mal fondée. C'est d'après » la lecture de ce passage que je me détermine à vous envoyer mes observations à ce » sujet.

» Deux mois après mon départ de France, je pris connaissance de terre entre les caps » Gonzalvès et de Sainte-Catherine; la force des courants dont la direction est au » nord-nord-ouest, suivant exactement le gisement des terres qui sont ainsi situées, » m'obligea de mouiller. Les vents généraux dans cette partie sont du sud-sud-est, sud- » sud-ouest et sud-ouest; je fus deux mois et demi dans l'attente inutile de quelque chan- » gement, faisant presque tous les jours de vains efforts pour gagner du côté de Loango » où j'avais affaire. Pendant ce temps j'ai observé que la mer descendait dans la direction » ci-dessus avec sa force, depuis une demie jusqu'à une lieue à l'heure, et qu'à de cer- » taines profondeurs les courants remontaient en dessous avec au moins autant de vitesse » qu'ils descendaient en dessus.

» Voici comme je me suis assuré de la hauteur de ces différents courants. Étant mouillé » par huit brasses d'eau, la mer extrêmement claire, j'ai attaché un plomb de trente livres » au bout d'une ligne; à environ deux brasses de ce plomb j'ai mis une serviette liée à » la ligne par un de ses coins, laissant tomber le plomb dans l'eau. Aussitôt que la ser- » viette y entrait, elle prenait la direction du premier courant; continuant à l'observer, » je la faisais descendre. D'abord que je m'apercevais que le courant n'agissait plus, j'ar- » rêtais; pour lors elle flottait indifféremment autour de la ligne. Il y avait donc dans » cet endroit interruption de cours. Ensuite baissant ma serviette à un pied plus bas, elle » prenait une direction contraire à celle qu'elle avait auparavant. Marquant la ligne à la » surface de l'eau, il y avait trois brasses de distance à la serviette : d'où j'ai conclu, » après différents examens, que, sur les huit brasses d'eau, il y en avait trois qui cou- » raient sur le nord-nord-ouest; et cinq en sens contraire sur le sud-sud-est.

» Réitérant l'expérience le même jour, jusqu'à cinquante brasses, étant à la distance » de six à sept lieues de terre, j'ai été surpris de trouver la colonne d'eau courant sur la » mer, plus profonde à raison de la hauteur du fond. Sur cinquante brasses, j'en ai » estimé de douze à quinze dans la première direction : ce phénomène n'a pas eu lieu » pendant deux mois et demi que j'ai été sur cette côte, mais bien à peu près un mois en » différents temps. Dans les interruptions, la marée descendait en total dans le golfe de » Guinée.

» Cette division des courants me fit naître l'idée d'une machine qui, coulée jusqu'au » courant inférieur, présentant une grande surface, aurait entraîné mon navire contre les » courants supérieurs; j'en fis l'épreuve en petit sur un canot, et je parvins à faire équi- » libre entre l'effet de la marée supérieure joint à l'effet du vent sur le canot, et l'effet de » la marée inférieure sur la machine. Les moyens me manquèrent pour faire de plus » grandes tentatives. Voilà, Monsieur, un fait évidemment vrai, et que tous les naviga- » teurs qui ont été dans ces climats peuvent vous confirmer.

» Je pense que les vents sont pour beaucoup dans les causes générales de ces effets, » ainsi que les fleuves qui se déchargent dans la mer le long de cette côte, charroyant » une grande quantité de terre dans le golfe de Guinée : enfin le fond de cette partie, qui » oblige par sa pente la marée de rétrograder lorsque l'eau étant parvenue à un certain » niveau se trouve pressée par la quantité nouvelle qui la charge sans cesse, pendant que » les vents agissent en sens contraire sur la surface, la contraint en partie de conserver » son cours ordinaire. Cela me paraît d'autant plus probable que la mer entre de tous » côtés dans ce golfe, et n'en sort que par des révolutions qui sont fort rares. La lune » n'a aucune part apparente dans ceci, cela arrivant indifféremment dans tous ses » quartiers.

» J'ai eu occasion de me convaincre de plus en plus que la seule pression de l'eau » parvenue à son niveau, jointe à l'inclinaison nécessaire du fond, sont les seules et » uniques causes qui produisent ce phénomène. J'ai éprouvé que ces courants n'ont lieu » qu'à raison de la pente plus ou moins rapide du rivage, et j'ai tout lieu de croire qu'ils » ne se font sentir qu'à douze ou quinze lieues au large, qui est l'éloignement le plus » grand le long de la côte d'Angole, où l'on puisse se promettre avoir fond..... Quoique » sans moyens certains de pouvoir m'assurer que les courants du large n'éprouvent pas » un pareil changement, voici la raison qui me semble l'assurer. Je prends pour exemple » une de mes expériences faite par une hauteur de fond moyenne, telle que trente-cinq » brasses d'eau; j'éprouvais, jusqu'à la hauteur de cinq à six brasses, le cours dirigé dans » le nord-nord-ouest. En faisant couler davantage, comme de deux à trois brasses, ma » ligne tendait à l'ouest-nord-ouest; ensuite trois ou quatre brasses de profondeur de plus » me l'amenaient à l'ouest-sud-ouest, puis au sud-ouest et au sud; enfin, à ving-cinq et » vingt-six brasses au sud-sud-est, et, jusqu'au fond, au sud-est et à l'est-sud-est, d'où » j'ai tiré les conséquences suivantes, que je pouvais comparer l'océan entre l'Afrique et » l'Amérique à un grand fleuve dont le cours est presque continuellement dirigé dans le » nord-ouest; que, dans son cours, il transporte un sable ou limon qu'il dépose sur ses » bords, lesquels, se trouvant rehaussés, augmentent le volume d'eau, ou, ce qui est la » même chose, élèvent son niveau et l'obligent de rétrograder selon la pente du rivage. » Mais il y a un premier effort qui le dirigeait d'abord; il ne retourne donc pas directe- » ment, mais obéissant encore au premier mouvement, ou cédant avec peine à ce dernier » obstacle, il doit nécessairement décrire une courbe plus ou moins allongée, jusqu'à ce » qu'il rencontre ce courant du milieu avec lequel il peut se réunir en partie, ou qui lui » sert de point d'appui pour suivre la direction contraire que lui impose le fond. Comme » il faut considérer la masse d'eau en mouvement continuel, le fond subira toujours les » premiers changements comme étant plus près de la cause et plus pressé, et il ira en sens

» contraire du courant supérieur, pendant qu'à des hauteurs différentes il n'y sera pas » encore parvenu. Voilà, Monsieur, quelles sont mes idées. Au reste, j'ai tiré parti plu- » sieurs fois de ces courants inférieurs, et moyennant une machine que j'ai coulée à dif- » férentes profondeurs, selon la hauteur du fond où je me trouvais, j'ai remonté contre le » courant supérieur. J'ai éprouvé que dans un temps calme, avec une surface trois fois » plus grande que la proue noyée du vaisseau, on peut faire d'un tiers à une demi-lieue » par heure. Je me suis assuré de cela plusieurs fois, tant par ma hauteur en latitude que » par des bateaux que je mouillais, dont je me trouvais fort éloigné dans une heure, et » enfin par la distance des pointes le long de la terre. »

Ces observations de M. Deslandes me paraissent décisives, et j'y souscris avec plaisir : je ne puis même assez le remercier de nous avoir démontré que mes idées sur ce sujet n'étaient justes que pour le général, mais que dans quelques circonstances elles souffraient des exceptions. Cependant il n'en est pas moins certain que l'Océan s'est ouvert la porte du détroit de Gibraltar, et que par conséquent l'on ne peut douter que la mer Méditerranée n'ait en même temps pris une grande augmentation par l'éruption de l'Océan. J'ai appuyé cette opinion, non seulement sur le courant des eaux de l'Océan dans la Méditerranée, mais encore sur la nature du terrain et la correspondance des mêmes couches de terre des deux côtés du détroit, ce qui a été remarqué par plusieurs navigateurs instruits. « L'irruption qui a formé la Méditerranée est visible et évidente, ainsi que celle de la mer » noire par le détroit des Dardanelles, où le courant est toujours très violent, et les angles » saillants et rentrants des deux bords, très marqués, ainsi que la ressemblance des cou- » ches de matières, qui sont les mêmes des deux côtés (*a*). »

Au reste, l'idée de M. Deslandes, qui considère la mer entre l'Afrique et l'Amérique comme un grand fleuve dont le cours est dirigé vers le nord-ouest, s'accorde parfaitement avec ce que j'ai établi sur le mouvement des eaux venant du pôle austral, en plus grande quantité que du pôle boréal.

III. — *Sur les parties septentrionales de la mer Atlantique.*

A la vue des îles et des golfes qui se multiplient ou s'agrandissent autour du Groenland, il est difficile, disent les navigateurs, de ne pas soupçonner que la mer ne refoule, pour ainsi dire, des pôles vers l'équateur. Ce qui peut autoriser cette conjecture, c'est que le flux, qui monte jusqu'à 18 pieds au cap des États, ne s'élève que de 8 pieds à la baie de Disko, c'est-à-dire à 10 degrés plus haut de latitude nord (*b*).

Cette observation des navigateurs, jointe à celle de l'article précédent, semble confirmer encore ce mouvement des mers depuis les régions australes aux septentrionales où elles sont contraintes, par l'obstacle des terres, de refouler ou refluer vers les plages du midi.

Dans la baie d'Hudson, les vaisseaux ont à se préserver des montagnes de glace auxquelles des navigateurs ont donné quinze à dix-huit cents pieds d'épaisseur, et qui, étant formées par un hiver permanent de cinq à six ans dans de petits golfes éternellement remplis de neige, en ont été détachées par les vents de nord-ouest ou par quelque cause extraordinaire.

Le vent du nord-ouest, qui règne presque continuellement durant l'hiver et très souvent en été, excite dans la baie même des tempêtes effroyables. Elles sont d'autant plus à craindre que les bas-fonds y sont très communs. Dans les contrées qui bordent cette baie, le soleil ne se lève, ne se couche jamais sans un grand cône de lumière : lorsque ce

(*a*) Fragment d'une lettre écrite à M. de Buffon, en 1772.

(*b*) *Histoire générale des Voyages*, t. XIX, p. 2.

phénomène a disparu, l'aurore boréale en prend la place. Le ciel y est rarement serein; et dans le printemps et dans l'automne, l'air est habituellement rempli de brouillards épais, et, durant l'hiver, d'une infinité de petites flèches glaciales sensibles à l'œil. Quoique les chaleurs de l'été soient assez vives durant deux mois ou six semaines, le tonnerre et les éclairs sont rares (a).

La mer, le long des côtes de Norvège, qui sont bordées par des rochers, a ordinairement depuis cent jusqu'à quatre cents brasses de profondeur, et les eaux sont moins salées que dans les climats plus chauds. La quantité de poissons huileux dont cette mer est remplie la rend grasse, au point d'en être presque inflammable. Le flux n'y est point considérable; et la plus haute marée n'y est que de huit pieds (b).

On a fait, dans ces dernières années, quelques observations sur la température des terres et des eaux dans les climats les plus voisins du pôle boréal.

« Le froid commence dans le Groenland à la nouvelle année, et devient si perçant aux » mois de février et de mars que les pierres se fendent en deux, et que la mer fume comme » un four, surtout dans les baies. Cependant le froid n'est pas aussi sensible au milieu » de ce brouillard épais que sous un ciel sans nuages : car dès qu'on passe des terres à » cette atmosphère de fumée qui couvre la surface et le bord des eaux, on sent un air » plus doux et le froid moins vif, quoique les habits et les cheveux y soient bientôt hé- » rissés de bruine et de glaçons. Mais aussi cette fumée cause plutôt des engelures qu'un » froid sec; et dès qu'elle passe de la mer dans une atmosphère plus froide, elle se » change en une espèce de verglas, que le vent disperse dans l'horizon, et qui cause un » froid si piquant qu'on ne peut sortir au grand air, sans risquer d'avoir les pieds et les » mains entièrement gelés. C'est dans cette saison que l'on voit glacer l'eau sur le feu » avant de bouillir; c'est alors que l'hiver pave un chemin de glace sur la mer, entre les » îles voisines, et dans les baies et les détroits...

» La plus belle saison du Groenland est l'automne; mais sa durée est courte, et sou- » vent interrompue par des nuits de gelée très froides. C'est à peu près dans ces temps-là » que, sous une atmosphère noircie de vapeurs, on voit les brouillards, qui se gèlent » quelquefois jusqu'au verglas, former sur la mer comme un tissu glacé de toile d'arai- » gnées, et dans les campagnes charger l'air d'atomes luisants, ou le hérisser de glaçons » pointus, semblables à de fines aiguilles.

» On a remarqué plus d'une fois que le temps et la saison prennent dans le Groenland » une température opposée à celle qui règne dans toute l'Europe; en sorte que, si l'hiver » est très rigoureux dans les climats tempérés, il est doux au Groenland, et très vif en » cette partie du nord, quand il est modéré dans nos contrées. A la fin de 1739, l'hiver » fut si doux à là baie de Disko, que les oies passèrent, au mois de janvier suivant, de » la zone tempérée dans la glaciale, pour y chercher un air plus chaud; et qu'en 1740, » on ne vit point de glace à Disko jusqu'au mois de mars, tandis qu'en Europe elle régna » constamment depuis octobre jusqu'au mois de mai...

» De même, l'hiver de 1763, qui fut extrêmement froid dans toute l'Europe, se fit si » peu sentir au Groenland, qu'on y a vu quelquefois des étés moins doux (c). »

Les voyageurs nous assurent que, dans ces mers voisines du Groenland, il y a des montagnes de glaces flottantes très hautes, et d'autres glaces flottantes comme des radeaux, qui ont plus de 200 toises de longueur sur 60 ou 80 de largeur; mais ces glaces, qui forment des plaines immenses sur la mer, n'ont communément que 9 à 12 pieds d'épaisseur. Il paraît qu'elles se forment immédiatement sur la surface de la mer dans la

(a) *Histoire philosophique et politique*, t. VI, p. 308 et 309.
(b) Histoire naturelle de Norvège, par Pontoppidan. *Journal étranger*, août 1755.
(c) *Histoire générale des Voyages*, t. XIX, p. 20 et suiv.

saison la plus froide, au lieu que les autres glaces flottantes et très élevées viennent de la terre, c'est-à-dire des environs des montagnes et des côtes, d'où elles ont été détachées et roulées dans la mer par les fleuves. Ces dernières glaces entraînent beaucoup de bois, qui sont ensuite jetés par la mer sur les côtes orientales du Groenland : il paraît que ces bois ne peuvent venir que de la terre de Labrador, et non pas de la Norvège, parce que les vents du nord-est, qui sont très violents dans ces contrées, repousseraient ces bois, comme les courants qui portent du sud au détroit de Davis et à la baie d'Hudson arrêteraient tout ce qui peut venir de l'Amérique aux côtes du Groenland.

La mer commence à charroyer des glaces au Spitzberg dans les mois d'avril et de mai; elles viennent au détroit de Davis en très grande quantité, partie de la Nouvelle-Zemble, et la plupart le long de la côte orientale du Groenland, portées de l'est à l'ouest, suivant le mouvement général de la mer (*a*).

L'on trouve, dans le voyage du capitaine Phipps, les indices et les faits suivants :

» Dès 1527, Robert Thorne, marchand de Bristol, fit naître l'idée d'aller aux Indes » orientales par le pôle boréal... Cependant on ne voit pas qu'on ait formé aucune expé- » dition pour les mers du cercle polaire avant 1607, lorsque Henri Hudson fut envoyé par » plusieurs marchands de Londres à la découverte du passage à la Chine et au Japon par » le pôle boréal... Il pénétra jusqu'au 80° 23', et il ne put aller plus loin...

» En 1609, sir Thomas Smith fut sur la côte méridionale de Spitzberg, et il apprit, par » des gens qu'il avait envoyés à terre, que les lacs et les mares d'eau n'étaient pas tous » gelés (c'était le 26 mai), et que l'eau en était douce. Il dit aussi qu'on arriverait aussitôt » au pôle de ce côté que par tout autre chemin qu'on pourrait trouver, parce que le soleil » produit une grande chaleur dans ce climat, et parce que les glaces ne sont pas d'une » grosseur aussi énorme que celles qu'il avait vues vers le 73e degré. Plusieurs autres » voyageurs ont tenté des voyages au pôle pour y découvrir ce passage, mais aucun n'a » réussi... »

Le 5 juillet, M. Phipps vit des glaces en quantité vers le 79° 34' de latitude; le temps était brumeux; et le 6 juillet, il continua sa route jusqu'au 79° 59' 39", entre la terre du Spitzberg et les glaces : le 7 il continua de naviguer entre des glaces flottantes, en cherchant une ouverture au nord par où il aurait pu entrer dans une mer libre; mais la glace ne formait qu'une seule masse au nord-nord-ouest, et au 80° 36' la mer était entièrement glacée; en sorte que toutes les tentatives de M. Phipps pour trouver un passage ont été infructueuses.

« Pendant que nous essuyions, dit ce navigateur, une violente rafale, le 12 sep- » tembre, le docteur Irving mesura la température de la mer dans cet état d'agitation, et » il trouva qu'elle était beaucoup plus chaude que celle de l'atmosphère : cette observa- » tion est d'autant plus intéressante qu'elle est conforme à un passage des *Questions na-* » *turelles* de Plutarque, où il dit que la mer devient chaude, lorsqu'elle est agitée par les » flots...

» Ces rafales sont aussi ordinaires au printemps qu'en automne; il est donc probable que » si nous avions mis à la voile plus tôt, nous aurions eu en allant le temps aussi mau- » vais qu'il l'a été à notre retour. » Et comme M. Phipps est parti d'Angleterre à la fin de mai, il croit qu'il a profité de la saison la plus favorable pour son expédition.

« Enfin, continue-t-il, si la navigation au pôle était praticable, il y avait la plus » grande probabilité de trouver, après le solstice, la mer ouverte au nord, parce qu'alors » la chaleur des rayons du soleil a produit tout son effet, et qu'il reste d'ailleurs une assez » grande portion d'été pour visiter les mers qui sont au nord et à l'ouest du Spitzberg (*b*). »

(*a*) *Histoire générale des Voyages*, t. XIX, p. 14 et suiv.
(*b*) *Voyage au Pôle boréal en* 1773, traduit de l'anglais. Paris, 1775, p. 1 et suiv.

Je suis entièrement du même avis que cet habile navigateur, et je ne crois pas que l'expédition au pôle puisse se renouveler avec succès, ni qu'on arrive jamais au delà du 82 ou 83e degré. On assure qu'un vaisseau du port de Whilby, vers la fin du mois d'avril 1774, a pénétré jusqu'au 80e degré sans trouver de glaces assez fortes pour gêner la navigation. On cite aussi un capitaine Robinson, dont le journal fait foi qu'en 1773 il a atteint le 81° 30'. Et enfin on cite un vaisseau de guerre hollandais, qui protégeait les pêcheurs de cette nation, et qui s'est avancé, dit-on, il y a cinquante ans, jusqu'au 88e degré. Le docteur Campbell, ajoute-t-on, tenait ce fait d'un certain docteur Daillie, qui était à bord du vaisseau et qui professait la médecine à Londres en 1745 (*a*). C'est probablement le même navigateur que j'ai cité moi-même sous le nom du capitaine Mouton ; mais je doute beaucoup de la réalité de ce fait, et je suis maintenant très persuadé qu'on tenterait vainement d'aller au delà du 82 ou 83e degré, et que, si le passage par le nord est possible, ce ne peut être qu'en prenant la route de la baie d'Hudson.

Voici ce que dit à ce sujet le savant et ingénieux auteur de l'*Histoire des deux Indes :* « La baie d'Hudson a été longtemps regardée, et on la regarde encore comme la route » la plus courte de l'Europe aux Indes orientales et aux contrées les plus riches de » l'Asie.

» Ce fut Cabot qui, le premier, eut l'idée d'un passage par le nord-ouest à la mer du » Sud. Ses succès se terminèrent à la découverte de l'île de Terre-Neuve. On vit entrer » dans la carrière après lui un grand nombre de navigateurs anglais... Ces mémorables » et hardies expéditions eurent plus d'éclat que d'utilité. La plus heureuse ne donna pas » la moindre conjecture sur le but qu'on se proposait... On croyait enfin que c'était courir » après des chimères, lorsque la découverte de la baie d'Hudson ranima les espérances » prêtes à s'éteindre.

» A cette époque une ardeur nouvelle fait recommencer les travaux, et enfin arrive la » fameuse expédition de 1746, d'où l'on voit sortir quelques clartés après des ténèbres » profondes qui duraient depuis deux siècles. Sur quoi les derniers navigateurs fondent-ils » de meilleures espérances ? D'après quelles expériences osent-ils former leurs conjec» tures ? C'est ce qui mérite une discussion.

» Trois vérités dans l'histoire de la nature doivent passer désormais pour démontrées. » La première est que les marées viennent de l'Océan, et qu'elles entrent plus ou moins » avant dans les autres mers, à proportion que ces divers canaux communiquent avec » le grand réservoir par des ouvertures plus ou moins considérables : d'où il s'ensuit que » ce mouvement périodique n'existe point ou ne se fait presque pas sentir dans la Médi» terranée, dans la Baltique et dans les autres golfes qui leur ressemblent. La seconde » vérité de fait est que les marées arrivent plus tard et plus faibles dans les lieux éloi» gnés de l'Océan que dans les endroits qui le sont moins. La troisième est que les » vents violents qui soufflent avec la marée la font remonter au delà de ses bornes » ordinaires, et qu'ils la retardent en la diminuant, lorsqu'ils soufflent dans un sens con» traire.

» D'après ces principes, il est constant que si la baie d'Hudson était un golfe enclavé » dans des terres, et qu'il ne fût ouvert qu'à la mer Atlantique, la marée y devrait être » peu marquée, qu'elle devrait s'affaiblir en s'éloignant de sa source, et qu'elle devrait » perdre de sa force lorsqu'elle aurait à lutter contre les vents. Or il est prouvé par des » observations faites avec la plus grande intelligence, avec la plus grande précision, que » la marée s'élève à une plus grande hauteur dans toute l'étendue de la baie. Il est prouvé » qu'elle s'élève à une plus grande hauteur au fond de la baie que dans le détroit même » ou au voisinage. Il est prouvé que cette hauteur augmente encore lorsque les vents

(*a*) *Gazette de Littérature*, etc., du 9 août 1774, n° 61.

» opposés au détroit se font sentir. Il doit donc être prouvé que la baie d'Hudson a d'au-
» tres communications avec l'océan que celle qu'on a déjà trouvée.

» Ceux qui ont cherché à expliquer des faits si frappants, en supposant une com-
» munication de la baie d'Hudson avec celle de Baffin, avec le détroit de Davis, se sont
» manifestement égarés. Ils ne balanceraient pas à abandonner leur conjecture, qui n'a
» d'ailleurs aucun fondement, s'ils voulaient faire attention que la marée est beaucoup
» plus basse dans le détroit de Davis, dans la baie de Baffin, que dans celle d'Hudson.

» Si les marées qui se font sentir dans le golfe dont il s'agit ne peuvent venir ni de
» l'Océan Atlantique, ni d'aucune autre mer septentrionale où elles sont toujours beau-
» coup plus faibles, on ne pourra s'empêcher de penser qu'elles doivent avoir leur source
» dans la mer du Sud. Ce système doit tirer un grand appui d'une vérité incontestable :
» c'est que les plus hautes marées qui se fassent remarquer sur ces côtes sont toujours
» causées par les vents du nord-ouest qui soufflent directement contre ce détroit.

» Après avoir constaté, autant que la nature le permet, l'existence d'un passage si
» longtemps et si inutilement désiré, il reste à déterminer dans quelle partie de la baie il
» doit se trouver. Tout invite à croire que le Welcombe, à la côte occidentale, doit fixer
» les efforts dirigés jusqu'ici de toutes parts sans choix et sans méthode. On y voit le fond
» de la mer à la profondeur de onze brasses : c'est un indice que l'eau y vient de quelque
» océan, parce qu'une semblable transparence est incompatible avec des décharges de
» rivières, de neiges fondues et de pluies. Des courants, dont on ne saurait expliquer la
» violence qu'en les faisant partir de quelque mer occidentale, tiennent ce lieu débarrassé
» de glaces, tandis que le reste du golfe en est entièrement couvert. Enfin les baleines,
» qui cherchent constamment dans l'arrière-saison à se retirer dans les climats plus
» chauds, s'y trouvent en fort grand nombre à la fin de l'été, ce qui paraît indiquer un
» chemin pour se rendre, non à l'ouest septentrional, mais à la mer du Sud.

» Il est raisonnable de conjecturer que le passage est court. Toutes les rivières, qui se
» perdent dans la côte occidentale de la baie d'Hudson, sont faibles et petites, ce qui pa-
» raît prouver qu'elles ne viennent pas de loin, et que par conséquent les terres qui sé-
» parent les deux mers ont peu d'étendue : cet argument est fortifié par la force et la
» régularité des marées. Partout où le flux et le reflux observent des temps à peu près
» égaux, avec la seule différence qui est occasionnée par le retardement de la lune dans
» son retour au méridien, on est assuré de la proximité de l'océan d'où viennent ces
» marées. Si le passage est court, et qu'il ne soit pas avancé dans le nord, comme tout
» l'indique, on doit présumer qu'il n'est pas difficile ; la rapidité des courants qu'on ob-
» serve dans ces parages, et qui ne permettent pas aux glaces de s'y arrêter, ne peut que
» donner du poids à cette conjecture (*a*). »

Je crois, avec cet excellent écrivain, que, s'il existe en effet un passage praticable, ce ne peut être que dans le fond de la baie d'Hudson, et qu'on le tenterait vainement par la baie de Baffin dont le climat est trop froid et dont les côtes sont glacées, surtout vers le nord ; mais ce qui doit faire douter encore beaucoup de l'existence de ce passage par le fond de la baie d'Hudson, ce sont les terres que Béring et Tschirikow ont découvertes en 1741 sous la même latitude que la baie d'Hudson, car ces terres semblent faire partie du grand continent de l'Amérique, qui paraît continu sous cette même latitude jusqu'au cercle polaire ; ainsi ce ne serait qu'au-dessous du 55e degré que ce passage pourrait aboutir à la mer du Sud.

(*a*) *Histoire philosophique et politique*, t. VI, p. 121 et suiv.

IV. — *Sur la mer Caspienne.*

A tout ce que j'ai dit pour prouver que la mer Caspienne n'est qu'un lac qui n'a point de communication avec l'Océan et qui n'en a jamais fait partie, je puis ajouter une réponse que j'ai reçue de l'Académie de Pétersbourg à quelques questions que j'avais faites au sujet de cette mer.

« Augusto 1748, octobr. 5, etc. Cancellaria Academiæ Scientiarum mandavit, ut Astra- » chanensis Gubernii Cancellaria responderet ad sequentia. 1. Sunt ne vortices in mari » Caspico, nec ne? 2. Quæ genera piscium illud inhabitant? Quomodo appellantur? Et an » marini tantùm aut et fluviatiles ibidem reperiantur? 3. Qualia genera concharum? Quæ » species ostrearum et cancrorum occurunt? 4. Quæ genera marinarum avium in ipso mari » aut circa illud versantur? ad quæ Astrachensis Cancellaria d. 13 mart., 1749, sequentibus » respondit.

» Ad 1, in mari Caspico vortices occurunt nusquam : hinc est, quod nec in mappis » marinis extant, nec ab ullo officialium rei navalis visi esse perhibentur;

» Ad 2, pisces Caspium mare inhabitant : Acipenseres, Sturioli (Gmelin), Siruli, Cy- » prini clavati, Bramæ Percæ, Cyprini ventre acuto, ignoti alibi pisces, Tincæ, Salmones, » qui, ut è mari fluvios intrare, ita et in mare è fluviis remeare solent;

» Ad 3, Conchæ in littoribus maris obviæ quidem sunt, sed parvæ, candidæ, aut ex unâ » parte rubræ. Cancri ad littora observantur magnitudine fluviatilibus similes; Ostreæ » autem et Capita Medusæ visa sunt nusquam ;

» Ad 4, aves marinæ quæ circa mare Caspium versantur sunt Anseres vulgares et rubri, » Pelicani, Cygni, Anates rubræ et nigricantes Aquilæ, Corvi aquatici, Grues, Plateæ, Ar- » deæ albæ, cinereæ et nigricantes, Ciconiæ albæ gruibus similes, Karawaiki (ignotum avis » nomen), Larorum variæ species, Sturni nigri et lateribus albis instar picarum, Pha- » siani, Anseres parvi nigricantes, Tudaki (ignotum avis nomen) albo color præditi. »

Ces faits, qui sont précis et authentiques, confirment pleinement ce que j'ai avancé, savoir, que la mer Caspienne n'a aucune communication souterraine avec l'Océan, et ils prouvent de plus qu'elle n'en a jamais fait partie, puisqu'on n'y trouve point d'huîtres ni d'autres coquillages de mer, mais seulement les espèces de ceux qui sont dans les rivières. On ne doit donc regarder cette mer que comme un grand lac formé dans le milieu des terres par les eaux des fleuves, puisqu'on n'y trouve que les mêmes poissons et les mêmes coquillages qui habitent les fleuves, et point du tout ceux qui peuplent l'Océan ou la Méditerranée.

V. — *Sur les lacs salés de l'Asie.*

Dans la contrée des Tartares Ufiens, ainsi appelés parce qu'ils habitent les bords de la rivière d'Uf, il se trouve, dit M. Pallas, des lacs dont l'eau est aujourd'hui salée et qui ne l'était pas autrefois. Il dit la même chose d'un lac près de Miacs, dont l'eau était ci-devant douce et qui est actuellement salée.

L'un des lacs les plus fameux, par la quantité de sel qu'on en tire, est celui qui se trouve vers les bords de la rivière Isel, et que l'on nomme Soratschya. Le sel en est en général amer; la médecine l'emploie comme un bon purgatif : deux onces de ce sel forment une dose très forte. Vers Kurtenegsch, les bas-fonds se couvrent d'un sel amer qui s'élève comme un tapis de neige à deux pouces de hauteur ; le lac salé de Korjackof fournit annuellement trois cent mille pieds cubiques de sel (*a*) : le lac de Jennu en donne aussi en abondance.

Dans les voyages de MM. de l'Académie de Pétersbourg, il est fait mention du lac salé

(*a*) Le pied cubique pèse trente-cinq livres, de seize onces chacune.

de Jamuscha, en Sibérie ; ce lac, qui est à peu près rond, n'a qu'environ neuf lieues de circonférence. Ses bords sont couverts de sel, et le fond est revêtu de cristaux de sel. L'eau est salée au suprême degré ; et quand le soleil y donne, le lac paraît rouge comme une belle aurore. Le sel est blanc comme neige et se forme en cristaux cubiques. Il y en a une quantité si prodigieuse, qu'en peu de temps on pourrait en charger un grand nombre de vaisseaux, et dans les endroits où l'on en prend, on en retrouve d'autre cinq à six jours après. Il suffit de dire que les provinces de Tobolsk et Jéniseïk en sont approvisionnées, et que ce lac suffirait pour fournir cinquante provinces semblables. La couronne s'en est réservé le commerce, de même que celui de toutes les autres salines. Ce sel est d'une bonté parfaite; il surpasse tous les autres en blancheur, et on n'en trouve nulle part d'aussi propre pour saler la viande. Dans le midi de l'Asie, on trouve aussi des lacs salés : un près de l'Euphrate, un autre près de Barra. Il y en a encore, à ce qu'on dit, près d'Haleb et dans l'île de Chypre à Larneca : ce dernier est voisin de la mer. La vallée de sel de Barra, n'étant pas loin de l'Euphrate, pourrait être labourée, si l'on en faisait couler les eaux dans ce fleuve, et que le terrain fût bon ; mais à présent cette terre rend un bon sel pour la cuisine, et même en si grande quantité que les vaisseaux de Bengale le chargent en retour pour lest (*a*).

ADDITIONS ET CORRECTIONS

A L'ARTICLE QUI A POUR TITRE : DES INÉGALITÉS DU FOND DE LA MER ET DES COURANTS.

I. — *Sur la nature et la qualité des terrains du fond de la mer.*

M. l'abbé Dicquemare, savant physicien, a fait sur ce sujet des réflexions et quelques observations particulières qui me paraissent s'accorder parfaitement avec ce que j'en ai dit dans ma *Théorie de la Terre.*

« Les entretiens avec des pilotes de toutes langues, la discussion des cartes et des » sondes écrites, anciennes et récentes, l'examen des corps qui s'attachent à la sonde, » l'inspection des rivages, des bancs, celle des couches qui forment l'intérieur de la terre, » jusqu'à une profondeur à peu pres semblable à la longueur des lignes des sondes les » plus ordinaires, quelques réflexions sur ce que la physique, la cosmographie et l'his- » toire naturelle ont de plus analogue avec cet objet, nous ont fait soupçonner, nous ont » même persuadé, dit M. l'abbé Dicquemare, *qu'il doit exister, dans bien des parages,* » *deux fonds différents, dont l'un recouvre souvent l'autre par intervalles. Le fond ancien* » *ou permanent, qu'on peut nommer fond général, et le fond accidentel ou particulier.* Le » premier, qui doit faire la base d'un tableau général, est le sol même du bassin de la » mer. Il est composé des mêmes couches que nous trouvons partout dans le sein de la » terre, telles que la marne, la pierre, la glaise, le sable, les coquillages, que nous voyons » disposés horizontalement, d'une épaisseur égale, sur une fort grande étendue... Ici, ce » sera un fond de marne ; là, un de glaise, de sable, de roches. Enfin, le nombre des fonds » généraux qu'on peut discerner par la sonde, ne va guère qu'à six ou sept espèces. Les » plus étendues et les plus épaisses de ces couches, se trouvant découvertes ou coupées en » biseau, forment dans la mer de grands espaces, où l'on doit reconnaître le fond géné-

(*a*) *Description de l'Arabie,* par M. Niebuhr, p. 2.

» ral, indépendamment de ce que les courants et autres circonstances peuvent y déposer » d'étranger à sa nature. Il est encore des fonds permanents, dont nous n'avons point » parlé : ce sont ces étendues immenses de madrépores, de coraux, qui recouvrent sou- » vent un fond de rochers, et ces bancs d'une énorme étendue de coquillages, que la » prompte multiplication ou d'autres causes y a accumulés ; ils y sont comme par peu- » plades. Une espèce paraît occuper une certaine étendue ; l'espace suivant est occupé par » une autre, comme on le remarque à l'égard des coquilles fossiles, dans une grande partie » de l'Europe, et peut-être partout. Ce sont même ces remarques sur l'intérieur de la » terre, et des lieux où la mer découvre beaucoup, où l'on voit toujours une espèce do- » miner comme par cantons, qui nous ont mis à portée de conclure sur la prodigieuse » quantité des individus, et sur l'épaisseur des bancs du fond de la mer, dont nous ne » pouvons guère connaître par la sonde que la superficie.

» Le fond accidentel ou particulier..... est composé d'une quantité prodigieuse de » pointes d'oursins de toutes espèces, que les marins nomment *pointes d'aleines ;* de frag- » ments de coquilles, quelquefois pourries ; de crustacés, de madrépores, de plantes ma- » rines, de pyrites, de granites arrondis par le frottement, de particules de nacre, de mica, » peut-être même de talc, auxquels ils donnent des noms conformes à l'apparence ; quel- » ques coquilles entières, mais en petite quantité, et comme semées dans des étendues » médiocres ; de petits cailloux, quelques cristaux, des sables colorés, un léger limon, etc. » Tous ces corps, disséminés par les courants, l'agitation de la mer, etc., provenant en » partie des fleuves, des éboulements de falaises, et autres causes accidentelles, ne recou- » vrent souvent qu'imparfaitement le fond général qui se représente à chaque instant, » quand on sonde fréquemment dans les mêmes parages... J'ai remarqué que, *depuis » près d'un siècle, une grande partie des fonds généraux du golfe de Gascogne et de la » Manche n'ont presque pas cüangé*, ce qui fonde encore mon opinion sur les deux » fonds (*a*). »

II. — *Sur les courants de la mer.*

On doit ajouter, à l'énumération des courants de la mer, le fameux courant de *Mosckœ*, *Mosche* ou *Male*, sur les côtes de Norvège, dont un savant suédois nous a donné la description dans les termes suivants :

« Ce courant, qui a pris son nom du rocher de Moschensicle, situé entre les deux îles » de Lofœde et de Woerœn, s'étend à quatre milles vers le sud et vers le nord.

» Il est extrêmement rapide, surtout entre le rocher de Mosche et la pointe de Lofœde ; » mais plus il s'approche des deux îles de Woerœn et de Roest, moins il a de rapidité. Il » achève son cours du nord au sud en six heures, puis du sud au nord en autant de temps.

» Ce courant est si rapide qu'il fait un grand nombre de petits tournants, que les ha- » bitants du pays ou les Norvégiens appellent *Gargamer*.

» Son cours ne suit point celui des eaux de la mer dans leur flux et dans leur reflux : » il y est plutôt tout contraire. Lorsque les eaux de l'océan montent, elles vont du sud » au nord, et alors le courant va du nord au sud ; lorsque la mer se retire, elle va du » nord au sud, et pour lors le courant va du sud au nord.

» Ce qu'il y a de plus remarquable, c'est que, tant en allant qu'en revenant, il ne dé- » crit pas une ligne droite, ainsi que les autres courants qu'on trouve dans quelques dé- » troits, où les eaux de la mer montent et descendent ; mais il va en ligne circulaire.

» Quand les eaux de la mer ont monté à moitié, celles du courant vont au sud-sud- » est. Plus la mer s'élève, plus il se tourne vers le sud ; de là il se tourne vers le sud- » ouest, et du sud-ouest vers l'ouest.

(*a*) *Journal de physique*, par M. l'abbé Rozier. Mois de décembre 1775, p. 438 et suiv.

» Lorsque les eaux de la mer ont entièrement monté, le courant va vers le nord-» ouest, et ensuite vers le nord : vers le milieu du reflux, il recommence son cours, après » l'avoir suspendu pendant quelques moments...

» Le principal phénomène qu'on y observe est son retour par l'ouest du sud-sud-est » vers le nord, ainsi que du nord vers le sud-est. S'il ne revenait pas par le même che-» min, il serait fort difficile et presque impossible de passer de la pointe de Lofœde aux » deux grandes îles de Woerœn et de Roest. Il y a cependant aujourd'hui deux paroisses » qui seraient nécessairement sans habitants, si le courant ne prenait pas le chemin que » je viens de dire; mais, comme il le prend en effet, ceux qui veulent passer de la pointe » de Lofœde à ces deux îles attendent que la mer ait monté à moitié, parce qu'alors le » courant se dirige vers l'ouest : lorsqu'ils veulent revenir de ces îles vers la pointe de » Lofœde, ils attendent le mi-reflux, parce qu'alors le courant est dirigé vers le conti-» nent; ce qui fait qu'on passe avec beaucoup de facilité..... Or, il n'y a point de courant » sans pente; et ici l'eau monte d'un côté et descend de l'autre.....

» Pour se convaincre de cette vérité, il suffit de considérer qu'il y a une petite langue » de terre qui s'étend à seize milles de Norvège dans la mer, depuis la pointe de Lofœde, » qui est le plus à l'ouest, jusqu'à celle de Loddinge, qui est la plus orientale. Cette petite » langue de terre est environnée par la mer; et, soit pendant le flux, soit pendant le re-» flux, les eaux y sont toujours arrêtées, parce qu'elles ne peuvent avoir d'issue que par » six petits détroits ou passages qui divisent cette langue de terre en autant de parties. » Quelques-uns de ces détroits ne sont larges que d'un demi-quart de mille, et quelquefois » moitié moins; ils ne peuvent donc contenir qu'une petite quantité d'eau. Ainsi, lorsque » la mer monte, les eaux qui vont vers le nord s'arrêtent en grande partie au sud de » cette langue de terre : elles sont donc bien plus élevées vers le sud que vers le nord. » Lorsque la mer se retire et va vers le sud, il arrive pareillement que les eaux s'arrêtent » en grande partie au nord de cette langue de terre, et sont par conséquent bien plus » hautes vers le nord que vers le sud.

» Les eaux arrêtées de cette manière, tantôt au nord, tantôt au sud, ne peuvent trou-» ver d'issue qu'entre la pointe de Lofœde et de l'île de Woerœn, et qu'entre cette île et » celle de Roest.

» La pente qu'elles ont, lorsqu'elles descendent, cause la rapidité du courant; et, par » la même raison, cette rapidité est plus grande vers la pointe de Lofœde que partout » ailleurs. Comme cette pointe est plus près de l'endroit où les eaux s'arrêtent, la pente » y est aussi plus forte; et plus les eaux du courant s'étendent vers les îles de Woerœn » et de Roest, plus il perd de sa vitesse.....

» Après cela, il est aisé de concevoir pourquoi ce courant est toujours diamétralement » opposé à celui des eaux de la mer. Rien ne s'oppose à celles-ci, soit qu'elles montent, » soit qu'elles descendent; au lieu que celles qui sont arrêtées au-dessus de la pointe de » Lofœde ne peuvent se mouvoir ni en ligne droite, ni au-dessus de cette même pointe » tant que la mer n'est point descendue plus bas et n'a pas, en se retirant, emmené les » eaux que celles qui sont arrêtées au-dessus de Lofœde doivent remplacer.....

» Au commencement du flux et du reflux, les eaux de la mer ne peuvent pas détourner » celles du courant; mais, lorsqu'elles ont monté ou descendu à moitié, elles ont assez » de force pour changer sa direction. Comme il ne peut alors se tourner vers l'est, parce » que l'eau est toujours stable près de la pointe de Lofœde, ainsi que je l'ai déjà dit, il » faut nécessairement qu'il aille vers l'ouest où l'eau est plus basse (a). » Cette expli-cation me paraît bonne et conforme aux vrais principes de la théorie des eaux courantes.

Nous devons encore ajouter ici la description du fameux courant de Carybde et Scylla,

(a) Description du courant de Moscko e, etc. *Journal étranger,* février 1758, p. 25.

près de la Sicile, sur lequel M. Bridone a fait nouvellement des observations qui semblent prouver que sa rapidité et la violence de tous ses mouvements est fort diminuée.

« Le fameux rocher de Scylla est sur la côte de la Calabre, le cap Pelore sur celle de » Sicile, et le célèbre détroit du Phare court entre les deux. L'on entend, à quelques » milles de distance de l'entrée du détroit, le mugissement du courant; il augmente à » mesure qu'on s'approche, et en plusieurs endroits l'eau forme de grands tournants, » lors même que tout le reste de la mer est uni comme une glace. Les vaisseaux sont » attirés par ces tournants d'eau; cependant on court peu de danger quand le temps est » calme; mais, si les vagues rencontrent ces tournants violents, elles forment une mer » terrible. Le courant porte directement vers le rocher de Scylla : il est à environ un » mille de l'entrée du Phare. Il faut convenir que réellement ce fameux Scylla n'approche » pas de la description formidable qu'Homère en a faite; le passage n'est pas aussi pro- » digieusement étroit ni aussi difficile qu'il le représente : il est probable que, depuis ce » temps, il s'est fort élargi, et que la violence du courant a diminué en même propor- » tion. Le rocher a près de 200 pieds d'élévation; on y trouve plusieurs cavernes et une » espèce de fort bâti au sommet. Le fanal est à présent sur le cap Pelore. L'entrée du » détroit entre ce cap et la Coda-di-Volpe, en Calabre, paraît avoir à peine un mille de » largeur; son canal s'élargit, et il a quatre milles auprès de Messine, qui est éloignée de » douze milles de l'entrée du détroit. Le célèbre gouffre ou tournant de Carybde est près » de l'entrée du havre de Messine; il occasionne souvent dans l'eau un mouvement si » irrégulier que les vaisseaux ont beaucoup de peine à y entrer. Aristote fait une longue » et terrible description de ce passage difficile (*a*). Homère, Lucrèce, Virgile, et plusieurs » autres poètes, l'ont décrit comme un objet qui inspirait la plus grande terreur. Il n'est » certainement pas si formidable aujourd'hui, et il est très probable que le mouvement » des eaux, depuis ce temps, a émoussé les pointes escarpées des rochers, et détruit les » obstacles qui resserraient les flots. Le détroit s'est élargi considérablement dans cet endroit. » Les vaisseaux sont néanmoins obligés de ranger la côte de Calabre de très près, afin » d'éviter l'attraction violente occasionnée par le tournoiement des eaux; et, lorsqu'ils » sont arrivés à la partie la plus étroite et la plus rapide du détroit, entre le cap Pelore » et Scylla, ils sont en grand danger d'être jetés directement contre ce rocher. De là vient » le proverbe : *incidit in Scyllam cupiens vitare Carybdin*. On a placé un autre fanal pour » avertir les marins qu'ils approchent de Carybde, comme le fanal du cap Pelore les » avertit qu'ils approchent de Scylla (*b*). »

ADDITIONS

A L'ARTICLE QUI A POUR TITRE : DES VENTS RÉGLÉS.

I. — *Sur le vent réfléchi.*

Je dois rapporter ici une observation qui me paraît avoir échappé à l'attention des physiciens, quoique tout le monde soit en état de la vérifier : c'est que le vent réfléchi est plus violent que le vent direct, et d'autant plus qu'on est plus près de l'obstacle qui le renvoie. J'en ai fait nombre de fois l'expérience, en approchant d'une tour qui a près

(*a*) Aristote. *De admirandis*, cap. 125.
(*b*) *Voyage en Sicile*, par M. Bridone, t. Ier, p. 46 et suiv.

de cent pieds de hauteur et qui se trouve située au nord, à l'extrémité de mon jardin, à Montbard. Lorsqu'il souffle un grand vent de midi, on se sent fortement poussé jusqu'à trente pas de la tour; après quoi il y a un intervalle de cinq ou six pas où l'on cesse d'être poussé et où le vent, qui est réfléchi par la tour, fait pour ainsi dire équilibre avec le vent direct. Après cela, plus on approche de la tour et plus le vent qui en est réfléchi est violent; il vous repousse en arrière avec beaucoup plus de force que le vent direct ne vous poussait en avant. La cause de cet effet, qui est général, et dont on peut faire l'épreuve contre tous les grands bâtiments, contre les collines coupées à plomb, etc., n'est pas difficile à trouver. L'air, dans le vent direct, n'agit que par sa vitesse et sa masse ordinaire; dans le vent réfléchi, la vitesse est un peu diminuée, mais la masse est considérablement augmentée par la compression que l'air souffre contre l'obstacle qui le réfléchit; et, comme la quantité de tout mouvement est composée de la vitesse multipliée par la masse, cette quantité est bien plus grande après la compression qu'auparavant. C'est une masse d'air ordinaire qui vous pousse dans le premier cas, et c'est une masse d'air une ou deux fois plus dense qui vous repousse dans le second cas.

II. — *Sur l'état de l'air au-dessus des hautes montagnes.*

Il est prouvé, par des observations constantes et mille fois réitérées, que plus on s'élève au-dessus du niveau de la mer ou des plaines, plus la colonne du mercure des baromètres descend, et que par conséquent le poids de la colonne d'air diminue d'autant plus qu'on s'élève plus haut; et comme l'air est un fluide élastique et compressible, tous les physiciens ont conclu de ces expériences du baromètre que l'air est beaucoup plus comprimé et plus dense dans les plaines qu'il ne l'est au-dessus des montagnes. Par exemple, si le baromètre, étant à 27 pouces dans la plaine, tombe à 18 pouces au haut de la montagne, ce qui fait un tiers de différence dans le poids de la colonne d'air, on a dit que la compression de cet élément, étant toujours proportionnelle au poids incombant, l'air du haut de la montagne est en conséquence d'un tiers moins dense que celui de la plaine, puisqu'il est comprimé par un poids moindre d'un tiers. Mais de fortes raisons me font douter de la vérité de cette conséquence, qu'on a regardée comme légitime et même naturelle.

Faisons pour un moment abstraction de cette compressibilité de l'air que plusieurs causes peuvent augmenter, diminuer, détruire ou compenser : supposons que l'atmosphère soit également dense partout; si son épaisseur n'était que de trois lieues, il est sûr qu'en s'élevant à une lieue, c'est-à-dire de la plaine au haut de la montagne, le baromètre, étant chargé d'un tiers de moins, descendrait de 27 pouces à 18. Or l'air, quoique compressible, me paraît être également dense à toutes les hauteurs (*), et voici les faits et les réflexions sur lesquels je fonde cette opinion :

1° Les vents sont aussi puissants, aussi violents au-dessus des plus hautes montagnes que dans les plaines les plus basses; tous les observateurs sont d'accord sur ce fait. Or si l'air y était d'un tiers moins dense, leur action serait d'un tiers plus faible, et tous les vents ne seraient que des zéphyrs à une lieue de hauteur, ce qui est absolument contraire à l'expérience.

2° Les aigles et plusieurs autres oiseaux, non seulement volent au sommet des plus hautes montagnes, mais même ils s'élèvent encore au-dessus à de grandes hauteurs. Or je demande s'ils pourraient exécuter leur vol ni même se soutenir dans un fluide qui serait une fois moins dense, et si le poids de leur corps, malgré tous leurs efforts, ne les ramènerait pas en bas?

(*) Buffon commet une erreur. La densité de l'air diminue de plus en plus à mesure qu'on s'élève dans l'atmosphère.

3° Tous les observateurs qui ont grimpé au sommet des plus hautes montagnes conviennent qu'on y respire aussi facilement que partout ailleurs, et que la seule incommodité qu'on y ressent est celle du froid, qui augmente à mesure qu'on s'élève plus haut. Or si l'air était d'un tiers moins dense au sommet des montagnes, la respiration de l'homme et des oiseaux, qui s'élèvent encore plus haut, serait non seulement gênée, mais arrêtée, comme nous le voyons dans la machine pneumatique dès qu'on en a pompé le quart ou le tiers de la masse de l'air contenu dans le récipient.

4° Comme le froid condense l'air autant que la chaleur le raréfie, et qu'à mesure qu'on s'élève sur les hautes montagnes, le froid augmente d'une manière très sensible, n'est-il pas nécessaire que les degrés de la condensation de l'air suivent le rapport du degré du froid? et cette condensation peut égaler et même surpasser celle de l'air des plaines où la chaleur qui émane de l'intérieur de la terre est bien plus grande qu'au sommet des montagnes, qui sont les pointes les plus avancées et les plus refroidies de la masse du globe. Cette condensation de l'air par le froid dans les hautes régions de l'atmosphère doit donc compenser la diminution de densité produite par la diminution de la charge ou poids incombant, et par conséquent l'air doit être aussi dense sur les sommets froids des montagnes que dans les plaines. Je serais même porté à croire que l'air y est plus dense, puisqu'il semble que les vents y soient plus violents et que les oiseaux qui volent au-dessus de ces sommets de montagnes semblent se soutenir dans les airs d'autant plus aisément qu'ils s'élèvent plus haut.

De là je pense qu'on peut conclure que l'air libre est à peu près également dense à toutes les hauteurs, et que l'atmosphère aérienne ne s'étend pas à beaucoup près aussi haut qu'on l'a déterminé, en ne considérant l'air que comme une masse élastique, comprimée par le poids incombant : ainsi l'épaisseur totale de notre atmosphère pourrait bien n'être que de trois lieues (*) au lieu de quinze ou vingt comme l'ont dit les physiciens (*a*).

Nous concevons alentour de la terre une première couche de l'atmosphère, qui est remplie de vapeurs qu'exhale ce globe, tant par sa chaleur propre que par celle du soleil. Dans cette couche, qui s'étend à la hauteur des nuages, la chaleur que répandent les exhalaisons du globe produit et soutient une raréfaction qui fait équilibre à la pression de la masse d'air supérieur, de manière que la couche basse de l'atmosphère n'est point aussi dense qu'elle le devrait être à proportion de la pression qu'elle éprouve; mais à la hauteur où cette raréfaction cesse, l'air subit toute la condensation que lui donne le froid de cette région où la chaleur émanée du globe est fort atténuée, et cette condensation paraît même être plus grande que celle que peut imprimer sur les régions inférieures, soutenues par la raréfaction, le poids des couches supérieures : c'est du moins ce que semble prouver un autre phénomène qui est la condensation et la suspension des nuages dans la couche élevée où nous les voyons se tenir. Au-dessous de cette moyenne région, dans laquelle le froid et la condensation commencent, les vapeurs s'élèvent sans être

(*a*) Alhazen, par la durée des crépuscules, a prétendu que la hauteur de l'atmosphère est de 44,331 toises. Képler, par cette même durée, lui donne 41,110 toises.

M. de la Hire, en parlant de la réfraction horizontale de 32 minutes, établit le terme moyen de la hauteur de l'atmosphère à 34,585 toises.

M. Mariotte, par ses expériences sur la compressibilité de l'air, donne à l'atmosphère plus de 30 mille toises.

Cependant, en ne prenant pour l'atmosphère que la partie de l'air où s'opère la réfraction ou du moins presque la totalité de la réfraction, M. Bouguer ne trouve que 5,158 toises, c'est-à-dire deux lieues et demie ou trois lieues; et, je crois ce résultat plus certain et mieux fondé que tous les autres.

(*) On admet que aujourd'hui l'atmosphère terrestre a 64 kilomètres environ d'épaisseur.

visibles, si ce n'est dans quelques circonstances où une partie de cette couche froide paraît se rabattre jusqu'à la surface de la terre, et où la chaleur émanée de la terre, éteinte pendant quelques moments par des pluies, se ranimant avec plus de force, les vapeurs s'épaississent alentour de nous en brumes et en brouillards; sans cela elles ne deviennent visibles que lorsqu'elles arrivent à cette région où le froid les condense en flocons, en nuages, et par là même arrête leur ascension : leur gravité, augmentée à proportion qu'elles sont devenues plus denses, les établissant dans un équilibre qu'elles ne peuvent plus franchir. On voit que les nuages sont généralement plus élevés en été et constamment encore plus élevés dans les climats chauds : c'est que dans cette saison et dans ces climats la couche de l'évaporation de la terre a plus de hauteur; au contraire, dans les plages glaciales des pôles, où cette évaporation de la chaleur du globe est beaucoup moindre, la couche dense de l'air paraît toucher à la surface de la terre et y retenir les nuages qui ne s'élèvent plus, et enveloppent ces parages d'une brume perpétuelle.

III. — *Sur quelques vents qui varient régulièrement.*

Il y a de certains climats et de certaines contrées particulières où les vents varient, mais constamment et régulièrement, les uns au bout de six mois, les autres après quelques semaines, et enfin d'autres du jour à la nuit, ou du soir au matin. J'ai dit, p. 255, « qu'à Saint-Domingue il y a deux vents différents qui s'élèvent régulièrement presque chaque jour, que l'un est un vent de mer qui vient de l'orient, et que l'autre est un vent de terre qui vient de l'occident. » M. Fresnaye m'a écrit que je n'avais pas été exactement informé. « Les deux vents réguliers, dit-il, qui soufflent à Saint-Domingue, sont » tous deux des vents de mer, et soufflent l'un de l'est le matin et l'autre de l'ouest le » soir, qui n'est que le même vent renvoyé. Comme il est évident que c'est le soleil qui » le cause, il y a un moment de bourrasque que tout le monde remarque entre une heure » et deux de l'après-midi. Lorsque le soleil a décliné, raréfiant l'air de l'ouest, il chasse » dans l'est les nuages que le vent du matin avait confinés dans la partie opposée. Ce » sont ces nuages renvoyés qui, depuis avril et mai jusque vers l'automne, donnent » dans la partie du Port-au-Prince les pluies réglées qui viennent constamment de » l'est. Il n'y a pas d'habitant qui ne prédise la pluie du soir entre six et neuf heures, » lorsque, suivant leur expression, la brise a été renvoyée. Le vent d'ouest ne dure pas » toute la nuit, il tombe régulièrement vers le soir, et c'est lorsqu'il a cessé que les » nuages poussés à l'orient ont la liberté de tomber, dès que leur poids excède un pareil » volume d'air : le vent que l'on sent la nuit est exactement un vent de terre qui n'est » ni de l'est ni de l'ouest, mais dépend de la projection de la côte. Au Port-au-Prince, » ce vent du midi est d'un froid intolérable dans les mois de janvier et de février : » comme il traverse la ravine de la rivière froide, il y est modifié (*a*). »

IV. — *Sur les lavanges.*

Dans les hautes montagnes il y a des vents accidentels qui sont produits par des causes particulières, et notamment par les lavanges. Dans les Alpes, aux environs des glacières, on distingue plusieurs espèces de lavanges : les unes sont appelées lavanges venteuses, parce qu'elles produisent un grand vent; elles se forment lorsqu'une neige nouvellement tombée vient à être mise en mouvement, soit par l'agitation de l'air, soit en fondant par-dessous au moyen de la chaleur intérieure de la terre : alors la neige

(*a*) Note communiquée à M. de Buffon par M. Fresnaye, conseiller au conseil de Saint-Domingue, en date du 10 mars 1777.

se pelotonne, s'accumule et tombe en coulant en grosses masses vers le vallon, ce qui cause une grande agitation dans l'air, parce qu'elle coule avec rapidité et en très grand volume; et les vents que ces masses produisent sont si impétueux, qu'ils renversent tout ce qui s'oppose à leur passage, jusqu'à rompre de gros sapins. Ces lavanges couvrent d'une neige très fine tout le terrain auquel elles peuvent atteindre, et cette poudre de neige voltige dans l'air au caprice des vents, c'est-à-dire sans direction fixe, ce qui rend ces neiges dangereuses pour les gens qui se trouvent alors en campagne, parce qu'on ne sait pas trop de quel côté tourner pour les éviter, car en peu de moments on se trouve enveloppé et même entièrement enfoui dans la neige.

Une autre espèce de lavanges, encore plus dangereuses que la première, sont celles que les gens du pays appellent schlaglauwen, c'est-à-dire lavanges frappantes; elles ne surviennent pas aussi rapidement que les premières et néanmoins elles renversent tout ce qui se trouve sur leur passage, parce qu'elles entraînent avec elles une grande quantité de terres, de pierres, de cailloux, et même des arbres tout entiers, en sorte qu'en passant et en arrivant dans le vallon, elles tracent un chemin de destruction en écrasant tout ce qui s'oppose à leur passage. Comme elles marchent moins rapidement que les lavanges qui ne sont que de neige, on les évite plus aisément : elles s'annoncent de loin, car elles ébranlent pour ainsi dire les montagnes et les vallons par leur poids et leur mouvement qui causent un bruit égal à celui du tonnerre.

Au reste, il ne faut qu'une très petite cause pour produire ces terribles effets; il suffit de quelques flocons de neige tombés d'un arbre ou d'un rocher, ou même du son des cloches, du bruit d'une arme à feu, pour que quelques portions de neige se détachent du sommet, se pelotonnent et grossissent en descendant jusqu'à devenir une masse aussi grosse qu'une petite montagne.

Les habitants des contrées sujettes aux lavanges ont imaginé des précautions pour se garantir de leurs effets; ils placent leurs bâtiments contre quelques petites éminences qui puissent rompre la force de la lavange; ils plantent aussi des bois derrière leurs habitations. On peut voir au mont Saint-Gothard une forêt de forme triangulaire, dont l'angle aigu est tourné vers le mont, et qui semble plantée exprès pour détourner les lavanges et les éloigner du village d'Urseren et des bâtiments situés au pied de la montagne; et il est défendu sous de grosses peines de toucher à cette forêt, qui est, pour ainsi dire, la sauvegarde du village. On voit de même, dans plusieurs autres endroits, des murs de précaution dont l'angle aigu est opposé à la montagne, afin de rompre et détourner les lavanges. Il y a une muraille de cette espèce à Davis, au pays des Grisons, au-dessus de l'église du milieu, comme aussi vers les bains de Leuk ou Louèche en Valais. On voit dans ce même pays des Grisons, et dans quelques autres endroits, dans les gorges de montagne, des voûtes de distance en distance, placées à côté du chemin et taillées dans le roc, qui servent aux passagers de refuge contre les lavanges (a).

(a) *Histoire naturelle Helvétique*, par Scheuchzer, t. Ier, p 155 et suiv.

ADDITIONS

A L'ARTICLE QUI A POUR TITRE : DES VENTS IRRÉGULIERS, DES TROMBES, ETC.

I. — *Sur la violence des vents du midi dans quelques contrées septentrionales.*

Les voyageurs russes ont observé, qu'à l'entrée du territoire de Milim, il y a sur le bord de la Lena, à gauche, une grande plaine entièrement couverte d'arbres renversés, et que tous ces arbres sont couchés du sud au nord en ligne droite, sur une étendue de plusieurs lieues; en sorte que tout ce district, autrefois couvert d'une épaisse forêt, est aujourd'hui jonché d'arbres dans cette même direction du sud au nord : cet effet des vents méridionaux dans le Nord a aussi été remarqué ailleurs.

Dans le Groenland, principalement en automne, il règne des vents si impétueux, que les maisons s'en ébranlent et se fendent; les tentes et les bateaux en sont emportés dans les airs. Les Groenlandais assurent même que, quand ils veulent sortir pour mettre leurs canots à l'abri, ils sont obligés de ramper sur le ventre, de peur d'être le jouet des vents. En été, on voit s'élever de semblables tourbillons qui boulversent les flots de la mer et font pirouetter les bateaux. Les plus fières tempêtes viennent du sud, tournent au nord et s'y calment : c'est alors que la glace des baies est enlevée de son lit, et se disperse sur la mer en monceaux (*a*).

II. — *Sur les trombes.*

M. de la Nux, que j'ai déjà eu occasion de citer plusieurs fois dans mon ouvrage, et qui a demeuré plus de quarante ans dans l'île Bourbon, s'est trouvé à portée de voir un grand nombre de trombes, sur lesquelles il a bien voulu me communiquer ses observations, que je crois devoir donner ici par extrait.

Les trombes que cet observateur a vues se sont formées : 1° dans des jours calmes et des intervalles de passage du vent de la partie du nord à celle du sud, quoiqu'il en ait vu une qui s'est formée avant ce passage du vent à l'autre, et dans le courant même d'un vent de nord, c'est-à-dire assez longtemps avant que ce vent eût cessé; le nuage duquel cette trombe dépendait, et auquel elle tenait, était encore violemment poussé; le soleil se montrait en même temps derrière lui, eu égard à la direction du vent : c'était le 6 janvier, vers les onze heures du matin.

2° Ces trombes se sont formées pendant le jour dans des nuées détachées, fort épaisses en apparence, bien plus étendues que profondes, et bien terminées par-dessous parallèlement à l'horizon, le dessous de ces nuées paraissant toujours fort noir.

3° Toutes ces trombes se sont montrées d'abord sous la forme de cônes renversés, dont les bases étaient plus ou moins larges.

4° De ces differentes trombes, qui s'annonçaient par ces cônes renversés, et qui quelquefois tenaient au même nuage, quelques-unes n'ont pas eu leur entier effet : les unes se sont dissipées à une petite distance du nuage, les autres sont descendues vers la surface de la mer, et en apparence fort près, sous la forme d'un long cône aplati, très étroit et pointu par le bas. Dans le centre de ce cône, et sur toute sa longueur, régnait un canal blanchâtre, transparent, et d'un tiers environ du diamètre du cône, dont les deux côtés étaient fort noirs, surtout dans le commencement de leur apparence.

(*a*) *Histoire générale des voyages*, t. XVIII, p. 22.

Elles ont été observées d'un point de l'île de Bourbon, élevé de 150 toises au-dessus du niveau de la mer, et elles étaient pour la plupart à trois, quatre ou cinq lieues de distance de l'endroit de l'observation, qui était la maison même de l'observateur.

Voici la description détaillée de ces trombes.

Quand le bout de la *manche*, qui pour lors est fort pointu, est descendu environ au quart de la distance du nuage à la mer, on commence à voir sur l'eau, qui d'ordinaire est calme et d'un blanc transparent, une petite noirceur circulaire, effet du frémissement (ou tournoiement) de l'eau : à mesure que la pointe de cette manche descend, l'eau bouillonne, et d'autant plus que cette pointe approche de plus près la surface de la mer, et l'eau de la mer s'élève successivement en tourbillon, à plus ou moins de hauteur, et d'environ 20 pieds dans les plus grosses trombes. Le bout de la manche est toujours au-dessus du tourbillon, dont la grosseur est proportionnée à celle de la trombe qui le fait mouvoir. Il ne paraît pas que le bout de la manche atteigne jusqu'à la surface de la mer, autrement qu'en se joignant au tourbillon qui s'élève.

On voit quelquefois sortir du même nuage de gros et de petits cônes de trombes ; il y en a qui ne paraissent que comme des filets, d'autres un peu plus forts. Du même nuage, on voit sortir assez souvent dix ou douze petites trombes toutes complètes, dont la plupart se dissipent très près de leur sortie, et remontent visiblement à leur nuage : dans ce dernier cas, la manche s'élargit tout à coup jusqu'à l'extrémité inférieure, et ne paraît plus qu'un cylindre suspendu au nuage, déchiré par en bas, et de peu de longueur.

Les trombes à large base, c'est-à-dire les grosses trombes, s'élargissent insensiblement dans toute leur longueur, et par le bas, qui paraît s'éloigner de la mer et se rapprocher de la nuée. Le tourbillon qu'elles excitent sur l'eau diminue peu à peu, et bientôt la manche de cette trombe s'élargit dans sa partie inférieure et prend une forme presque cylindrique : c'est dans cet état que, des deux côtés élargis du canal, on voit comme de l'eau entrer en tournoyant vivement et abondamment dans le nuage ; et c'est enfin par le raccourcissement successif de cette espèce de cylindre que finit l'apparence de la trombe.

Les plus grosses trombes se dissipent le moins vite ; quelques-unes des plus grosses durent plus d'une demi-heure.

On voit assez ordinairement tomber de fortes ondées, qui sortent du même endroit du nuage d'où sont sorties et auxquelles tiennent encore quelquefois les trombes : ces ondées cachent souvent aux yeux celles qui ne sont pas encore dissipées. Jen ai vu, dit M. de la Nux, deux le 26 octobre 1755, très distinctement, au milieu d'une ondée qui devint si forte, qu'elle m'en déroba la vue.

Le vent, ou l'agitation de l'air inférieur sous la nuée, ne rompt ni les grosses ni les petites trombes ; seulement cette impulsion les détourne de la perpendiculaire : les plus petites forment des courbes très remarquables, et quelquefois des sinuosités, en sorte que leur extrémité, qui aboutissait à l'eau de la mer, était fort éloignée de l'aplomb de l'autre extrémité, qui était dans le nuage.

On ne voit plus de nouvelles trombes se former lorsqu'il est tombée de la pluie des nuagés d'où elles partent.

« Le 14 juin de l'année 1756, sur les quatre heures après-midi, j'étais, dit M. de la » Nux, au bord de la mer, élevé de vingt à vingt-cinq pieds au-dessus de son niveau. Je » vis sortir d'un même nuage douze à quatorze trombes complètes, dont trois seulement » considérables, et surtout la dernière. Le canal du milieu de la manche était si transpa- » rent, qu'à travers je voyais les nuages que derrière elle, à mon égard, le soleil éclairait. » Le nuage, magasin de tant de trombes, s'étendait à peu près du sud-est au nord-ouest, » et cette grosse trombe, dont il s'agit uniquement ici, me restait vers le sud-sud-ouest ; » le soleil était déjà fort bas, puisque nous étions dans les jours les plus courts. Je ne

» vis point d'ondées tomber du nuage : son élévation pouvait être de cinq ou six cents » toises au plus. »

Plus le ciel est chargé de nuages, et plus il est aisé d'observer les trombes et toutes les apparences qui les accompagnent.

M. de la Nux pense, peut-être avec raison, que ces trombes ne sont que des portions visqueuses du nuage, qui sont entraînées par différents tourbillons, c'est-à-dire par des tournoiements de l'air supérieur engouffré dans les masses des nuées dont le nuage total est composé.

Ce qui paraît prouver que ces trombes sont composées de parties visqueuses, c'est leur ténacité, et pour ainsi dire leur cohérence; car elles font des inflexions et des courbures, même en sens contraire, sans se rompre. Si cette matière des trombes n'était pas visqueuse, pourrait-on concevoir comment elles se courbent et obéissent aux vents sans se rompre? Si toutes les parties n'étaient pas fortement adhérentes entre elles, le vent les dissiperait, ou, tout au moins, les ferait changer de forme; mais, comme cette forme est constante dans les trombes grandes et petites, c'est un indice presque certain de la ténacité visqueuse de la matière qui les compose.

Ainsi le fond de la matière des trombes est une substance visqueuse contenue dans les nuages, et chaque trombe est formée par un tourbillon d'air qui s'engouffre entre les nuages, et, boursouflant le nuage inférieur, le perce et descend avec son enveloppe de matière visqueuse. Et comme les trombes qui sont complètes descendent depuis le nuage jusque sur la surface de la mer, l'eau frémira, bouillonnera, tourbillonnera à l'endroit vers lequel le bout de la trombe sera dirigé, par l'effet de l'air qui sort de l'extrémité de la trombe comme du tuyau d'un soufflet : les effets de ce soufflet sur la mer augmenteront à mesure qu'il s'en approchera et que l'orifice de cette espèce de tuyau, s'il vient à s'élargir, laissera sortir plus d'air.

On a cru, mal à propos, que les trombes enlevaient l'eau de la mer et qu'elles en renfermaient une grande quantité; ce qui a fortifié ce préjugé, ce sont les pluies, ou plutôt les averses, qui tombent souvent aux environs des trombes. Le canal du milieu de toutes les trombes est toujours transparent, de quelque côté qu'on les regarde : si l'eau de la mer paraît monter, ce n'est pas dans ce canal, mais seulement dans ses côtés; presque toutes les trombes souffrent des inflexions, et ces inflexions se font souvent en sens contraire, en forme d'S, dont la tête est au nuage et la queue à la mer. Les espèces de trombes dont nous venons de parler ne peuvent donc contenir de l'eau, ni pour la verser à la mer, ni pour la monter au nuage : ainsi ces trombes ne sont à craindre que par l'impétuosité de l'air qui sort de leur orifice inférieur; car il paraîtra certain à tous ceux qui auront occasion d'observer ces trombes qu'elles ne sont composées que d'un air engouffré dans un nuage visqueux, et déterminé par son tournoiement vers la surface de la mer.

M. de la Nux a vu des trombes autour de l'île de Bourbon dans les mois de janvier, mai, juin, octobre, c'est-à-dire en toutes saisons; il en a vu dans des temps calmes et pendant de grands vents; mais néanmoins on peut dire que ces phénomènes ne se montrent que rarement, et ne se montrent guère que sur la mer, parce que la viscosité des nuages ne peut provenir que des parties bitumineuses et grasses que la chaleur du soleil et les vents enlèvent à la surface des eaux de la mer, et qui se trouvent rassemblées dans des nuages assez voisins de sa surface; c'est par cette raison qu'on ne voit pas de pareilles trombes sur la terre, où il n'y a pas, comme sur la surface de la mer, une abondante quantité de parties bitumineuses et huileuses que l'action de la chaleur pourrait en détacher. On en voit cependant quelquefois sur la terre, et même à de grandes distances de la mer, ce qui peut arriver lorsque les nuages visqueux sont poussés rapidement par un vent violent de la mer vers les terres. M. de Grignon a vu, au mois de juin 1768, en Lorraine, près de Vauvillier dans les coteaux qui sont une suite de l'empiètement des

Vosges, une trombe très bien formée; elle avait environ 50 toises de hauteur; sa forme était celle d'une colonne, et elle communiquait à un gros nuage fort épais et poussé par un ou plusieurs vents violents qui faisaient tourner rapidement la trombe et produisaient des éclairs et des coups de tonnerre. Cette trombe ne dura que sept ou huit minutes et vint se briser sur la base du coteau, qui est élevé de cinq ou six cents pieds (a).

Plusieurs voyageurs ont parlé des trombes de mer, mais personne ne les a si bien observées que M. de la Nux. Par exemple, ces voyageurs disent qu'il s'élève au-dessus de la mer une fumée noire lorsqu'il se forme quelques trombes; nous pouvons assurer que cette apparence est trompeuse et ne dépend que de la situation de l'observateur : s'il est placé dans un lieu assez élevé pour que le tourbillon qu'une trombe excite sur l'eau ne surpasse pas à ses yeux l'horizon sensible, il ne verra que de l'eau s'élever et retomber en pluie, sans aucun mélange de fumée; et on le reconnaîtra avec la dernière évidence, si le soleil éclaire le lieu du phénomène.

Les trombes, dont nous venons de parler, n'ont rien de commun avec les bouillonnements et les fumées que les feux sous-marins excitent quelquefois, et dont nous avons fait mention ailleurs; ces trombes ne renferment ni n'excitent aucune fumée; elles sont assez rares partout : seulement les lieux de la mer où l'on en voit le plus souvent sont les plages des climats chauds, et en même temps celles où les calmes sont ordinaires et où les vents sont les plus inconstants; elles sont peut-être aussi plus fréquentes près les îles et vers les côtes que dans la pleine mer.

ADDITIONS

A L'ARTICLE QUI A POUR TITRE : DES TREMBLEMENTS DE TERRE ET DES VOLCANS.

I. — *Sur les tremblements de terre.*

Il y a deux causes qui produisent les tremblements de terre : la première est l'affaissement subit des cavités de la terre, et la seconde, encore plus fréquente et plus violente que la première, est l'action des feux souterrains.

Lorsqu'une caverne s'affaisse dans le milieu des continents, elle produit par sa chute une commotion qui s'étend à une plus ou moins grande distance, selon la quantité du mouvement donné par la chute de cette masse à la terre, et à moins que le volume n'en soit fort grand et ne tombe de très-haut, sa chute ne produira pas une secousse assez violente pour qu'elle se fasse ressentir à de grandes distances; l'effet en est borné aux environs de la caverne affaissée; et, si le mouvement se propage plus loin, ce n'est que par de petits trémoussements et de légères trépidations.

Comme la plupart des montagnes primitives reposent sur des cavernes, parce que dans le moment de la consolidation ces éminences ne se sont formées que des boursouflures; il s'est fait, et il se fait encore de nos jours des affaissements dans ces montagnes toutes les fois que les voûtes des cavernes minées par les eaux ou ébranlées par quelque tremblement viennent à s'écrouler; une portion de la montagne s'affaisse en bloc, tantôt perpendiculairement, mais plus souvent en s'inclinant beaucoup, et quelquefois même en culbutant : on en a des exemples frappants dans plusieurs parties des Pyrénées où les

(a) Note communiquée par M. de Grignon à M. de Buffon, le 6 août 1777.

couches de la terre, jadis horizontales, sont souvent inclinées de plus de 45 degrés; ce qui démontre que la masse entière de chaque portion de montagne, dont les bancs sont parallèles entre eux, a penché tout en bloc, et s'est assise dans le moment de l'affaissement sur une base inclinée de 45 degrés; c'est la cause la plus générale de l'inclinaison des couches dans les montagnes. C'est par la même raison que l'on trouve souvent, entre deux éminences voisines, des couches qui descendent de la première et remonte à la seconde, après avoir traversé le vallon; ces couches sont horizontales et gisent à la même hauteur dans les deux collines opposées, entre lesquelles la caverne s'étant écroulée, la terre s'est affaissée, et le vallon s'est formé sans autre dérangement dans les couches de la terre que le plus ou moins d'inclinaison, suivant la profondeur du vallon et la pente des deux coteaux correspondants.

C'est là le seul effet sensible de l'affaissement des cavernes dans les montagnes et dans les autres parties des continents terrestres; mais toutes les fois que cet effet arrive dans le sein de la mer, où les affaissements doivent être plus fréquents que sur la terre, puisque l'eau mine continuellement les voûtes dans tous les endroits où elles soutiennent le fond de la mer, alors ces affaissements, non seulement dérangent et font pencher les couches de la terre, mais ils produisent encore un autre effet sensible en faisant baisser le niveau des mers; sa hauteur s'est déjà déprimée de deux mille toises par ces affaissements successifs depuis la première occupation des eaux; et comme toutes les cavernes sous-marines ne sont pas encore, à beaucoup près, entièrement écroulées, il est plus que probable que l'espace des mers, s'approfondissant de plus en plus, se rétrécira par la surface, et que par conséquent l'étendue de tous les continents terrestres continuera toujours d'augmenter par la retraite et l'abaissement des eaux.

Une seconde cause, plus puissante que la première, concourt avec elle pour produire le même effet; c'est la rupture et l'affaissement des cavernes par l'effort des feux sous-marins. Il est certain qu'il ne se fait aucun mouvement, aucun affaissement dans le fond de la mer que sa surface ne baisse; et si nous considérons, en général, les effets des feux souterrains, nous reconnaîtrons que dès qu'il y a du feu la commotion de la terre ne se borne point à de simples trépidations; mais que l'effort du feu soulève, entr'ouvre la mer et la terre par des secousses violentes et réitérées, qui non seulement renversent et détruisent les terres voisines, mais encore ébranlent celles qui sont éloignées, et ravagent ou bouleversent tout ce qui se trouve sur la route de leur direction.

Ces tremblements de terre, causés par les feux souterrains, précèdent ordinairement les éruptions des volcans et cessent avec elles, et quelquefois même au moment où ce feu renfermé s'ouvre un passage dans les flancs de la terre et porte sa flamme dans les airs. Souvent aussi ces tremblements épouvantables continuent tant que les éruptions durent; ces deux effets sont intimement liés ensemble, et jamais il ne se fait une grande éruption dans un volcan, sans qu'elle ait été précédée, ou du moins accompagnée d'un tremblement de terre; au lieu que très souvent on ressent des secousses même assez violentes sans éruption de feu : ces mouvements, où le feu n'a point de part, proviennent non seulement de la première cause que nous avons indiquée, c'est-à-dire de l'écroulement des cavernes, mais aussi de l'action des vents et des orages souterrains. On a nombre d'exemples de terres soulevées ou affaissées par la force de ces vents intérieurs. M. le chevalier Hamilton, homme aussi respectable par son caractère qu'admirable par l'étendue de ses connaissances et de ses recherches en ce genre, m'a dit avoir vu entre Trente et Vérone, près du village de Roveredo, plusieurs monticules composés de grosses masses de pierres calcaires qui ont été évidemment soulevées par diverses explosions causées par des vents souterrains; il n'y a pas le moindre indice de l'action du feu sur ces rochers ni sur leurs fragments; tout le pays des deux côtés du grand chemin, dans une longueur de près d'une lieue, a été bouleversé de place en place par ces prodigieux efforts des vents souterrains. Les habitants disent que cela est arrivé tout à coup par l'effet d'un tremblement de terre.

Mais la force du vent, quelque violent qu'on puisse le supposer, ne me paraît pas une cause suffisante pour produire d'aussi grands effets; et, quoiqu'il n'y ait aucune apparence de feu dans ces monticules soulevés par la commotion de la terre, je suis persuadé que ces soulèvements se sont faits par des explosions électriques de la foudre souterraine, et que les vents intérieurs n'y ont contribué qu'en produisant ces orages électriques dans les cavités de la terre. Nous réduirons donc à trois causes tous les mouvements convulsifs de la terre : la première et la plus simple est l'affaissement subit des cavernes; la seconde, les orages et les coups de foudre souterraine; et la troisième, l'action et les efforts des feux allumés dans l'intérieur du globe : il me paraît qu'il est aisé de rapporter à l'une de ces trois causes tous les phénomènes qui accompagnent ou suivent les tremblements de terre.

Si les mouvements de la terre produisent quelquefois des éminences, ils forment encore plus souvent des gouffres. Le 15 octobre 1773, il s'est ouvert un gouffre sur le territoire du bourg Induno, dans les États de Modène, dont la cavité a plus de quatre cents brasses de largeur sur deux cents de profondeur (*a*). En 1726, dans la partie septentrionale de l'Islande, une montagne d'une hauteur considérable s'enfonça en une nuit par un tremblement de terre, et un lac très profond prit sa place : dans la même nuit, à une lieue et demie de distance, un ancien lac dont on ignorait la profondeur fut entièrement desséché, et son fond s'éleva de manière à former un monticule assez haut que l'on voit encore aujourd'hui (*b*). Dans les mers voisines de la Nouvelle-Bretagne, les tremblements de terre, dit M. de Bougainville, ont de terribles conséquences pour la navigation. Les 7 juin, 12 et 27 juillet 1768, il y en a eu trois à Boéro, et le 22 de ce même mois un à la Nouvelle-Bretagne. Quelquefois ces tremblements anéantissent des îles et des bancs de sable connus; quelquefois aussi ils en créent où il n'y en avait pas (*c*).

Il y a des tremblements de terre qui s'étendent très loin, et toujours plus en longueur qu'en largeur : l'un des plus considérables est celui qui se fit sentir au Canada en 1663; il s'étendit sur plus de deux cents lieues de longueur et cent lieues de largeur, c'est-à-dire sur plus de vingt mille lieues superficielles. Les effets du dernier tremblement de terre du Portugal se sont fait, de nos jours, ressentir encore plus loin. M. le chevalier de Saint-Sauveur, commandant pour le roi à Mérucis, a dit à M. de Gensanne qu'en se promenant à la rive gauche de la Jouante, en Languedoc, le ciel devint tout à coup fort noir, et qu'un moment après il aperçut, au bas du coteau qui est à la rive droite de cette rivière, un globe de feu qui éclata d'une manière terrible; il sortit de l'intérieur de la terre un tas de rochers considérable, et toute cette chaîne de montagnes se fendit depuis Mérucis jusqu'à Florac, sur près de six lieues de longueur. Cette fente a dans certains endroits plus de deux pieds de largeur, et elle est en partie comblée (*d*). Il y a d'autres tremblements de terre qui semblent se faire sans secousses et sans grande émotion. Kolbe rapporte que, le 24 septembre 1707, depuis huit heures du matin jusqu'à dix heures, la mer monta sur la contrée du cap de Bonne-Espérance et en descendit sept fois de suite et avec une telle vitesse que d'un moment à l'autre la plage était alternativement couverte et découverte par les eaux (*e*).

Je puis ajouter au sujet des effets des tremblements de terre et de l'éboulement des

(*a*) *Journal historique et politique*, 10 décembre 1773, art. Milan.
(*b*) *Mélanges intéressants*, t. Ier, p. 153.
(*c*) *Voyage autour du Monde*, t. II, p. 278.
(*d*) *Histoire naturelle du Languedoc*, par M. de Gensanne, t. Ier, p. 231.
(*e*) *Description du cap de Bonne-Espérance*, t. II, p. 237.

montagnes par l'affaissement des cavernes, quelques faits assez récents et qui sont bien constatés. En Norvège, un promontoire appelé Hammers-Fields, tomba tout à coup en entier (a). Une montagne fort élevée et presque adjacente à celle de Chimboraço, l'une des plus hautes des Cordillères dans la province de Quito, s'écroula tout à coup. Le fait avec ses circonstances est rapporté dans les mémoires de MM. de la Condamine et Bouguer. Il arrive souvent de pareils éboulements et de grands affaissements dans les îles des Indes méridionales. A Gamma-Canore, où les Hollandais ont un établissement, une haute montagne s'écroula tout à coup en 1673 par un temps calme et fort beau, ce qui fut suivi d'un tremblement de terre qui renversa les villages d'alentour où plusieurs milliers de personnes périrent (b). Le 11 août 1772, dans l'île de Java, province de Chéribou, l'une des plus riches possessions des Hollandais, une montagne d'environ trois lieues de circonférence s'abîma tout à coup, s'enfonçant et se relevant alternativement comme les flots de la mer agitée; en même temps elle laissait échapper une quantité prodigieuse de globes de feu qu'on apercevait de très loin, et qui jetaient une lumière aussi vive que celle du jour. Toutes les plantations et trente-neuf négreries ont été englouties avec deux mille cent quarante habitants, sans compter les étrangers (c). Nous pourrions recueillir plusieurs autres exemples de l'affaissement des terres et de l'écroulement des montagnes par la rupture des cavernes, par les secousses des tremblements de terre et par l'action des volcans; mais nous en avons dit assez pour qu'on ne puisse contester les inductions et les conséquences générales que nous avons tirées de ces faits particuliers.

II. — *Des volcans.*

Les anciens nous ont laissé quelques notices des volcans qui leur étaient connus, et particulièrement de l'Etna et du Vésuve. Plusieurs observateurs savants et curieux ont de nos jours examiné de plus près la forme et les effets de ces volcans; mais la première chose qui frappe en comparant ces descriptions, c'est qu'on doit renoncer à transmettre à la postérité la topographie exacte et constante de ces montagnes ardentes; leur forme s'altère et change, pour ainsi dire, chaque jour; leur surface s'élève ou s'abaisse en différents endroits; chaque éruption produit de nouveaux gouffres ou des éminences nouvelles : s'attacher à décrire tous ces changements, c'est vouloir suivre et représenter les ruines d'un bâtiment incendié; le Vésuve de Pline et l'Etna d'Empédocle présentaient une face et des aspect différents de ceux qui nous sont aujourd'hui si bien représentés par MM. Hamilton et Brydone; et, dans quelques siècles, ces descriptions récentes ne ressembleront plus à leur objet. Après la surface des mers, rien sur le globe n'est plus mobile et plus inconstant que la surface des volcans; mais de cette inconstance même et de cette variation de mouvements et de formes, on peut tirer quelques conséquences générales en réunissant les observations particulières.

Exemple des changements arrivés dans les volcans.

La base de l'Etna peut avoir soixante lieues de circonférence, et sa hauteur perpendiculaire est d'environ deux mille toises au-dessus du niveau de la mer Méditerranée. On peut donc regarder cette énorme montagne comme un cône obtus, dont la superficie n'a guère moins de trois cents lieues carrées : cette superficie conique est partagée en quatre zones placées concentriquement les unes au-dessus des autres. La première et la

(a) Histoire naturelle de Norvège, par Pontoppidan. *Journal étranger*, mois d'août 1755.
(b) *Histoire générale des Voyages*, t. XVII, p. 54.
(c) Voyez la *Gazette de France*, 21 mai 1773, article de la Haye.

plus large s'étend à plus de six lieues, toujours en montant doucement, depuis le point le plus éloigné de la base de la montagne, et cette zone de six lieues de largeur est peuplée et cultivée presque partout. La ville de Catane et plusieurs villages se trouvent dans cette première enceinte, dont la superficie est de plus de deux cent vingt lieues carrées ; tout le fond de ce vaste terrain n'est que de la lave ancienne et moderne qui a coulé des différents endroits de la montagne où se sont faites les explosions des feux souterrains, et la surface de cette lave, mêlée avec les cendres rejetées par ces différentes bouches à feu, s'est convertie en une bonne terre, actuellement semée de grains et plantée de vignobles, à l'exception de quelques endroits où la lave, encore trop récente, ne fait que commencer à changer de nature et présente quelques espaces dénués de terre. Vers le haut de cette zone, on voit déjà plusieurs *cratères* ou coupes plus ou moins larges et profondes, d'où sont sorties les matières qui ont formé les terrains au-dessous.

La seconde zone commence au-dessous de six lieues (depuis le point le plus éloigné dans la circonférence de la montagne) ; cette seconde zone a environ deux lieues de largeur en montant, la pente en est plus rapide partout que celle de la première zone, et cette rapidité augmente à mesure qu'on s'élève et qu'on s'approche du sommet ; cette seconde zone, de deux lieues de largeur peut avoir en superficie quarante ou quarante-cinq lieues carrées : de magnifiques forêts couvrent toute cette étendue et semblent former un beau collier de verdure à la tête blanche et chenue de ce respectable mont. Le fond du terrain de ces belles forêts n'est néanmoins que de la lave et des cendres converties par le temps en terres excellentes, et ce qui est encore plus remarquable, c'est l'inégalité de la surface de cette zone : elle ne présente partout que des collines, ou plutôt des montagnes, toutes produites par les différentes éruptions du sommet de l'Etna et des autres bouches à feu qui sont au-dessous de ce sommet, et dont plusieurs ont autrefois agi dans cette zone, actuellement couverte de forêts.

Avant d'arriver au sommet, et après avoir passé les belles forêts qui recouvrent la croupe de cette montagne, on traverse une troisième zone où il ne croît que de petits végétaux ; cette région est couverte de neige en hiver, qui fond pendant l'été ; mais ensuite on trouve la ligne de neige permanente, qui marque le commencement de la quatrième zone et s'étend jusqu'au sommet de l'Etna ; ces neiges et ces glaces occupent environ deux lieues en hauteur, depuis la région des petits végétaux jusqu'au sommet, lequel est également couvert de neige et de glace : il est exactement d'une figure conique, et l'on voit dans son intérieur le grand cratère du volcan, duquel il sort continuellement des tourbillons de fumée. L'intérieur de ce cratère est en forme de cône renversé, s'élevant également de tous côtés ; il n'est composé que de cendres et d'autres matières brûlées, sorties de la bouche du volcan, qui est au centre du cratère. L'extérieur de ce sommet est fort escarpé ; la neige y est couverte de cendres, et il y fait un très grand froid. Sur le côté septentrional de cette région de neige, il y a plusieurs petits lacs qui ne dégèlent jamais. En général, le terrain de cette dernière zone est assez égal et d'une même pente, excepté dans quelques endroits, et ce n'est qu'au-dessous de cette région de neige qu'il se trouve un grand nombre d'inégalités, d'éminences et de profondeurs produites par les éruptions, et que l'on voit les collines et les montagnes plus ou moins nouvellement formées et composées de matières rejetées par ces différentes bouches à feu.

Le cratère du sommet de l'Etna, en 1770, avait, selon M. Brydone, plus d'une lieue de circonférence, et les auteurs anciens et modernes lui ont donné des dimensions très différentes ; néanmoins tous ces auteurs ont raison, parce que toutes les dimensions de cette bouche à feu ont changé, et tout ce que l'on doit inférer de la comparaison des différentes descriptions qu'on en a faites, c'est que le cratère, avec ses bords, s'est éboulé quatre fois depuis six ou sept cents ans. Les matériaux dont il est formé retombent dans les entrailles de la montagne, d'où ils sont ensuite rejetés par de nouvelles éruptions qui forment un autre cratère, lequel s'augmente et s'élève par degrés jusqu'à ce qu'il retombe de nouveau dans le même gouffre du volcan.

Ce haut sommet de la montagne n'est pas le seul endroit où le feu souterrain ait fait éruption ; on voit dans tout le terrain qui forme les flancs et la croupe de l'Etna, et jusqu'à de très grandes distances du sommet, plusieurs autres cratères qui ont donné passage au feu et qui sont environnés de morceaux de rochers qui en sont sortis dans différentes éruptions. On peut même compter plusieurs collines, toutes formées par l'éruption de ces petits volcans qui environnent le grand ; chacune de ces collines offre à son sommet une coupe ou cratère, au milieu duquel on voit la bouche ou plutôt le gouffre profond de chacun de ces volcans particuliers. Chaque éruption de l'Etna a produit une nouvelle montagne ; et peut-être, dit M. Brydone, que leur nombre servirait mieux que toute autre méthode à déterminer celui des éruptions de ce fameux volcan.

La ville de Catane, qui est au bas de la montagne, a souvent été ruinée par le torrent des laves qui sont sorties du pied de ces nouvelles montagnes, lorsqu'elles se sont formées. En montant de Catane à Nicolosi, on parcourt douze milles de chemin dans un terrain formé d'anciennes laves et dans lequel on voit des bouches de volcans éteints, qui sont à présent des terres couvertes de blé, de vignobles et de vergers. Les laves qui forment cette région proviennent de l'éruption de ces petites montagnes qui sont répandues partout sur les flancs de l'Etna ; elles sont toutes, sans exception, d'une figure régulière, soit hémisphérique, soit conique ; chaque éruption crée ordinairement une de ces montagnes : ainsi l'action des feux souterrains ne s'élève pas toujours jusqu'au sommet de l'Etna ; souvent ils ont éclaté sur la croupe, et pour ainsi dire jusqu'au pied de cette montagne ardente. Ordinairement chacune de ces éruptions du flanc de l'Etna produit une montagne nouvelle composée des rochers, des pierres et des cendres lancées par la force du feu ; et le volume de ces montagnes nouvelles est plus ou moins énorme, à proportion du temps qu'a duré l'éruption : si elle se fait en peu de jours, elle ne produit qu'une colline d'environ une lieue de circonférence à la base sur trois ou quatre cents pieds de hauteur perpendiculaire ; mais si l'éruption a duré quelques mois, comme celle de 1669, elle produit alors une montagne considérable de deux ou trois lieues de circonférence sur neuf cents ou mille pieds d'élévation, et toutes ces collines enfantées par l'Etna, qui a douze mille pieds de hauteur, ne paraissent être que de petites éminences faites pour accompagner la majesté de la mère montagne.

Dans le Vésuve, qui n'est qu'un très petit volcan en comparaison de l'Etna, les éruptions des flancs de la montagne sont rares et les laves sortent ordinairement du cratère qui est au sommet, au lieu que dans l'Etna les éruptions se sont faites bien plus souvent par les flancs de la montagne que par son sommet, et les laves sont sorties de chacune de ces montagnes formées par des éruptions sur les côtés de l'Etna. M. Brydone dit, d'après M. Recupero, que les masses de pierres lancées par l'Etna s'élèvent si haut qu'elles emploient 21 secondes de temps à descendre et retomber à terre, tandis que celles du Vésuve tombent en 9 secondes, ce qui donne 1,215 pieds pour la hauteur à laquelle s'élèvent les pierres lancées par le Vésuve, et 6,615 pieds pour la hauteur à laquelle montent celles qui sont lancées par l'Etna ; d'où l'on pourrait conclure, si les observations sont justes, que la force de l'Etna est à celle du Vésuve comme 441 sont à 81, c'est-à-dire cinq à six fois plus grande. Et ce qui prouve d'une manière démonstrative que le Vésuve n'est qu'un très faible volcan en comparaison de l'Etna, c'est que celui-ci paraît avoir enfanté d'autres volcans plus grands que le Vésuve : « Assez près de la *Caverne des » Chèvres*, dit M. Brydone, on voit deux des plus belles montagnes qu'ait enfantées » l'Etna ; chacun des cratères de ces deux montagnes est beaucoup plus large que celui du » Vésuve ; ils sont à présent remplis par des forêts de chênes et revêtus jusqu'à une grande » profondeur d'un sol très fertile ; le fond du sol est composé de laves dans cette région

» comme dans toutes les autres, depuis le pied de la montagne jusqu'au sommet. La » montagne conique, qui forme le sommet de l'Etna et contient son cratère, a plus de » trois lieues de circonférence; elle est extrêmement rapide, et couverte de neige et de glace » en tout temps. Ce grand cratère a plus d'une lieue de circonférence en dedans, et il forme » une excavation qui ressemble à un vaste amphithéâtre; il en sort des nuages de fumée » qui ne s'élèvent point en l'air, mais roulent vers le bas de la montagne : le cratère est si » chaud, qu'il est très dangereux d'y descendre. La grande bouche du volcan est près du » centre du cratère; quelques-uns des rochers lancés par le volcan hors de son cratère sont » d'une grandeur incroyable ; le plus gros qu'ait vomi le Vésuve est de forme ronde et » a environ 12 pieds de diamètre; ceux de l'Etna sont bien plus considérables et propor- » tionnés à la différence qui se trouve entre les deux volcans. »

Comme toute la partie qui environne le sommet de l'Etna présente un terrain égal. sans collines ni vallées jusqu'à plus de deux lieues de distance en descendant, et qu'on y voit encore aujourd'hui les ruines de la tour du philosophe Empédocle, qui vivait quatre cents ans avant l'ère chrétienne, il y a toute apparence que, depuis ce temps, le grand cratère du sommet de l'Etna n'a fait que peu ou point d'éruptions; la force du feu a donc diminué, puisqu'il n'agit plus avec violence au sommet, et que toutes les éruptions modernes se sont faites dans les régions plus basses de la montagne : cependant depuis quelques siècles, les dimensions de ce grand cratère du sommet de l'Etna ont souvent changé : on le voit par les mesures qu'en ont données les auteurs siciliens en différents temps ; quelquefois il s'est écroulé, ensuite il s'est reformé en s'élevant peu à peu jusqu'à ce qu'il s'écroulât de nouveau. Le premier de ces écroulements bien constatés est arrivé en 1157, un second en 1329, un troisième en 1444, et le dernier en 1669. Mais je ne crois pas qu'on doive en conclure, avec M. Brydone, que dans peu le cratère s'écroulera de nouveau; l'opinion que cet effet doit arriver tous les cent ans ne me paraît pas assez fondée, et je serais au contraire très porté à présumer que, le feu n'agissant plus avec la même violence au sommet de ce volcan, ses forces ont diminué et continueront à s'affaiblir à mesure que la mer s'éloignera davantage; il l'a déjà fait reculer de plusieurs milles par ses propres forces; il en a construit les digues et les côtes par ses torrents de laves; et d'ailleurs on sait, par la diminution de la rapidité du Carybde et du Scylla et par plusieutrs autres indices, que la mer de Sicile a considérablement baissé depuis deux mille cinq cents ans; ainsi l'on ne peut guère douter qu'elle ne continue à s'abaisser, et que par conséquent l'action des volcans voisins ne se ralentisse, en sorte que le cratère de l'Etna pourra rester très longtemps dans son état actuel, et que, s'il vient à retomber dans ce gouffre, ce sera peut-être pour la dernière fois. Je crois encore pouvoir présumer que, quoique l'Etna doive être regardé comme une des montagnes primitives du globe à cause de sa hauteur et de son immense volume, et que très anciennement il ait commencé d'agir dans le temps de la retraite générale des eaux, son action a néanmoins cessé après cette retraite, et qu'elle ne s'est renouveiée que dans des temps assez modernes, c'est-à-dire lorsque la mer Méditerranée, s'étant élevée par la rupture du Bosphore et de Gibraltar. a inondé les terres entre la Sicile et l'Italie, et s'est approchée de la base de l'Etna. Peut-être la première des éruptions nouvelles de ce fameux volcan est-elle encore postérieure à cette époque de la nature. « Il me paraît évident, dit M. Brydone, que l'Etna ne brûlait » pas au siècle d'Homère ni même longtemps auparavant; autrement il serait impossible » que ce poète eût tant parlé de la Sicile sans faire mention d'un objet si remarquable. » Cette réflexion de M. Brydone est très juste; ainsi ce n'est qu'après le siècle d'Homère qu'on doit dater les nouvelles éruptions de l'Etna; mais on peut voir par les tableaux poétiques de Pindare, de Virgile, et par les descriptions des autres auteurs anciens et modernes, combien en dix-huit ou dix-neuf cents ans la face entière de cette montagne et des contrées adjacentes a subi de changements et d'altérations par les tremblements de terre, par les éruptions, par les torrents de laves, et enfin par la formation de la plupart des collines et des gouffres produits par tous ces mouvements. Au reste, j'ai tiré les faits que je viens de rapporter de l'excellent ouvrage de M. Brydone, et j'estime assez l'auteur pour croire qu'il ne trouvera pas mauvais que je ne sois pas de son avis sur la puissance de l'aspiration des volcans et sur quelques autres conséquences qu'il a cru devoir tirer des faits; personne, avant M. Brydone, ne les avait si bien observés et si clairement présentés, et tous les savants doivent se réunir pour donner à son ouvrage les éloges qu'il mérite.

Les torrents de verre en fusion, auxquels on a donné le nom de *laves*, ne sont pas, comme on pourrait le croire, le premier produit de l'éruption d'un volcan : ces éruptions s'annoncent ordinairement par un tremblement de terre plus ou moins violent, premier effet de l'effort du feu qui cherche à sortir et à s'échapper au dehors; bientôt il s'échappe en effet et s'ouvre une route dont il élargit l'issue en projetant au dehors les rochers et toutes les terres qui s'opposaient à son passage; ces matériaux, lancés à une grande distance, retombent les uns sur les autres et forment une éminence plus ou moins considérable, à proportion de la durée et de la violence de l'éruption. Comme toutes les terres rejetées sont pénétrées de feu, et la plupart converties en cendres ardentes, l'éminence qui en est composée est une montagne de feu solide dans laquelle s'achève la vitrification d'une grande partie de la matière par le fondant des cendres; dès lors cette matière fondue fait effort pour s'écouler, et la lave éclate et jaillit ordinairement au pied de la nouvelle montagne qui vient de la produire; mais dans les petits volcans, qui n'ont pas assez de force pour lancer au loin les matières qu'ils rejettent, la lave sort du haut de la montagne. On voit cet effet dans les éruptions du Vésuve; la lave semble s'élever jusque dans le cratère; le volcan vomit auparavant des pierres et des cendres qui, retombant à plomb sur l'ancien cratère, ne font que l'augmenter; et c'est à travers cette matière additionnelle nouvellement tombée que la lave s'ouvre une issue : ces deux effets, quoique différents en apparence, sont néanmoins les mêmes; car dans un petit volcan qui, comme le Vésuve, n'a pas assez de puissance pour enfanter de nouvelles montagnes en projetant au loin les matières qu'il rejette, toutes retombent sur le sommet; elles en augmentent la hauteur, et c'est au pied de cette nouvelle couronne de matière que la lave s'ouvre un passage pour s'écouler. Ce dernier effort est ordinairement suivi du calme du volcan; les secousses de la terre au dedans, les projections au dehors cessent dès que la lave coule; mais les torrents de ce verre en fusion produisent des effets encore plus étendus, plus désastreux que ceux du mouvement de la montagne dans son éruption; ces fleuves de feu ravagent détruisent et même dénaturent la surface de la terre; il est comme impossible de leur opposer une digue; les malheureux habitants de Catane en ont fait la triste expérience. Comme leur ville avait souvent été détruite en totalité ou en partie par les torrents de lave, ils ont construit de très fortes murailles de 58 pieds de hauteur : environnés de ces remparts ils se croyaient en sûreté; les murailles résistèrent en effet au feu et au poids du torrent, mais cette résistance ne servit qu'à le gonfler, il s'éleva jusqu'au-dessus de ces remparts, retomba sur la ville et détruisit tout ce qui se trouva sur son passage.

Ces torrents de lave ont souvent une demi-lieue et quelquefois jusqu'à deux lieues de largeur : « La dernière lave que nous avons traversée, dit M. Brydone, avant d'arriver à » Catane, est d'une si vaste étendue que je croyais qu'elle ne finirait jamais; elle n'a certainement pas moins de six ou sept mille de large, et elle paraît être en plusieurs endroits » d'une profondeur énorme; elle a chassé en arrière les eaux de la mer à plus d'un mille » et a formé un large promontoire élevé et noir, devant lequel il y a beaucoup d'eau; » cette lave est stérile et n'est couverte que de très peu de terreau : cependant elle est » ancienne, car, au rapport de Diodore de Sicile, cette même lave a été vomie par l'Etna

» au temps de la seconde guerre punique. Lorsque Syracuse était assiégée par les Romains, » les habitants de Taurominum envoyèrent un détachement secourir les assiégés; les sol- » dats furent arrêtés dans leur marche par ce torrent de lave qui avait déjà gagné la mer » avant leur arrivée au pied de la montagne, il leur coupa entièrement le passage........ » Ce fait, confirmé par d'autres auteurs et même par des inscriptions et des monuments, » s'est passé il y a deux mille ans, et cependant cette lave n'est encore couverte que de » quelques végétaux parsemés, et elle est absolument incapable de produire du blé et des » vins; il y a seulement quelques gros arbres dans les crevasses qui sont remplies d'un » bon terreau. La surface des laves devient avec le temps un sol très fertile.

» En allant en Piémont, continue M. Brydone, nous passâmes sur un large pont con- » struit entièrement de lave; près de là, la rivière se prolonge à travers une autre lave » qui est très remarquable, et probablement une des plus anciennes qui soit sortie de » l'Etna; le courant, qui est extrêmement rapide, l'a rongée en plusieurs endroits jusqu'à » la profondeur de 50 ou 60 pieds; et, selon M. Recupero, son cours occupe une longueur » d'environ 40 milles : elle est sortie d'une éminence très considérable sur le côté septen- » trional de l'Etna; et, comme elle a trouvé quelques vallées qui sont à l'est, elle a pris » son cours de ce côté, elle interrompt la rivière d'Alcantara à diverses reprises, et enfin » elle arrive à la mer près de l'embouchure de cette rivière. La ville de Jaci et toutes » celles de cette côte sont fondées sur des rochers immenses de laves, entassés les uns » sur les autres, et qui sont en quelques endroits d'une hauteur surprenante; car il paraît » que ces torrents enflammés se durcissent en rochers dès qu'ils sont arrivés à la mer... » De Jaci à Catane on ne marche que sur la lave; elle a formé toute cette côte, et, en » beaucoup d'endroits, les torrents de lave ont repoussé la mer à plusieurs milles en » arrière de ses anciennes limites..... A Catane, près d'une voûte qui est à présent à » 30 pieds de profondeur, on voit un endroit escarpé où l'on distingue plusieurs couches » de lave avec une de terre très épaisse sur la surface de chacune. S'il faut deux mille » ans pour former sur la lave une légère couche de terre, il a dû s'écouler un temps plus » considérable entre chacune des éruptions qui ont donné naissance à ces couches. On a » percé à travers sept laves séparées, placées les unes sur les autres, et dont la plupart » sont couvertes d'un lit épais de bon terreau; ainsi la plus basse de ces couches paraît » s'être formée il y a quatorze mille ans... En 1669, la lave forma un promontoire à » Catane, dans un endroit où il y avait plus de 50 pieds de profondeur d'eau, et ce pro- » montoire est élevé de 50 autres pieds au-dessus du niveau actuel de la mer. Ce torrent » de lave sortit au-dessus de Montpelieri, vint frapper contre cette montagne, se partagea » ensuite en deux branches, et ravagea tout le pays qui est entre Montpelieri et Catane, » dont elle escalada les murailles avant de se verser dans la mer; elle forma plusieurs » collines où il y avait autrefois des vallées, et combla un lac étendu et profond, dont » on n'aperçoit pas aujourd'hui le moindre vestige..... La côte de Catane à Syracuse est » partout éloignée de 30 milles au moins du sommet de l'Etna, et néanmoins cette côte, » dans une longueur de près de 10 lieues, est formée des laves de ce volcan; la mer a été » repoussée fort loin, en laissant des rochers élevés et des promontoires de laves, qui » défient la fureur des flots et leur présentent des limites qu'ils ne peuvent franchir. Il y » avait dans le siècle de Virgile un beau port au pied de l'Etna; il n'en reste aucun ves- » tige aujourd'hui; c'est probablement celui qu'on a appelé mal à propos le port d'Ulysse : » on montre aujourd'hui le lieu de ce port à 3 ou 4 milles dans l'intérieur du pays; ainsi » la lave a gagné toute cette étendue sur la mer et a formé tous ces nouveaux terrains... » L'étendue de cette contrée, couverte de laves et d'autres matières brûlées, est, selon » M. Recupero, de 183 milles en circonférences, et ce cercle augmente encore à chaque » grande éruption. »

Voilà donc une terre d'environ 300 lieues superficielles, toute couverte ou formée par les projections des volcans, dans laquelle, indépendamment du pic de l'Etna, l'on trouve d'autres montagnes en grand nombre, qui toutes ont leurs cratères propres, et nous démontrent autant de volcans particuliers : il ne faut donc pas regarder l'Etna comme un seul volcan, mais comme un assemblage, une gerbe de volcans, dont la plupart sont éteints ou brûlent d'un feu tranquille, et quelques autres, en petit nombre, agissent encore avec violence. Le haut sommet de l'Etna ne jette maintenant que des fumées, et depuis très long temps il n'a fait aucune projection au loin, puisqu'il est partout environné d'un terrain sans inégalités à plus de 2 lieues de distance, et qu'au-dessous de cette haute région couverte de neige, on voit une large zone de grandes forêts, dont le sol est une bonne terre de plusieurs pieds d'épaisseur : cette zone inférieure est, à la vérité, semée d'inégalités, et présente des éminences, des vallons, des collines et même d'assez grosses montagnes; mais comme presque toutes ces inégalités sont couvertes d'une grande épaisseur de terre, et qu'il faut une longue succession de temps pour que les matières volcanisées se convertissent en terre végétale, il me paraît qu'on peut regarder le sommet de l'Etna et les autres bouches à feu qui l'environnaient, jusqu'à 4 ou 5 lieues au-dessous, comme des volcans presque éteints, ou du moins assoupis depuis nombre de siècles; car les éruptions dont on peut citer les dates depuis deux mille cinq cents ans, se sont faites dans la région plus basse, c'est-à-dire à 5, 6 et 7 lieues de distance du sommet. Il me paraît donc qu'il y a eu deux âges différents pour les volcans de la Sicile : le premier, très ancien, où le sommet de l'Etna a commencé d'agir, lorsque la mer universelle a laissé ce sommet à découvert et s'est abaissée à quelques centaines de toises au-dessous; c'est dès lors que se sont faites les premières éruptions qui ont produit les laves du sommet et formé les collines qui se trouvent au-dessous dans la région des forêts; mais ensuite, les eaux, ayant continué de baisser, ont totalement abandonné cette montagne, ainsi que toutes les terres de la Sicile et des continents adjacents; et, après cette entière retraite des eaux, la Méditerranée n'était qu'un lac d'assez médiocre étendue, et ses eaux étaient très éloignées de la Sicile et de toutes les contrées dont elle baigne aujourd'hui les côtes. Pendant tout ce temps, qui a duré plusieurs milliers d'années, la Sicile a été tranquille, l'Etna et les autres anciens volcans qui environnent son sommet ont cessé d'agir, et ce n'est qu'après l'augmentation de la Méditerranée par les eaux de l'Océan et de la mer Noire, c'est-à-dire, après la rupture de Gibraltar et du Bosphore, que les eaux sont venues attaquer de nouveau les montagnes de l'Etna par leur base, et qu'elles ont produit les éruptions modernes et récentes, depuis le siècle de *Pindare* jusqu'à ce jour, car ce poète est le premier qui ait parlé des éruptions des volcans de la Sicile. Il en est de même du Vésuve : il a fait longtemps partie des volcans éteints de l'Italie, qui sont en très grand nombre, et ce n'est qu'après l'augmentation de la mer Méditerranée que, les eaux s'en étant rapprochées, ses éruptions se sont renouvelées. La mémoire des premières, et même de toutes celles qui avaient précédé le siècle de Pline, était entièrement oblitérée; et l'on ne doit pas en être surpris, puisqu'il s'est passé peut-être plus de dix mille ans depuis la retraite entière des mers jusqu'à l'augmentation de la Méditerranée, et qu'il y a ce même intervalle de temps entre la première action du Vésuve et son renouvellement. Toutes ces considérations semblent prouver que les feux souterrains ne peuvent agir avec violence que quand ils sont assez voisins des mers pour éprouver un choc contre un grand volume d'eau : quelques autres phénomènes particuliers paraissent encore démontrer cette vérité. On a vu quelquefois les volcans rejeter une grande quantité d'eau et aussi des torrents de bitume. Le P. de la Torré, très habile physicien, rapporte que, le 10 mars 1755, il sortit du pied de la montagne de l'Etna un large torrent d'eau qui inonda les campagnes d'alentour. Ce torrent roulait une quantité de sable si considérable qu'elle remplit une plaine très étendue. Ces eaux étaient fort chaudes. Les pierres et les sables, laissés dans la campagne, ne différaient en rien des pierres et du sable qu'on trouve dans la mer. Ce

Guillemin del. Rapine sc.

CONSTELLATIONS CÉLESTES

Etoiles de la Zône Equatoriale

Equinoxe de Printemps (Minuit)

A. Le Vasseur Editeur. Imp. R. Taneur

torrent d'eau fut immédiatement suivi d'un torrent de matière enflammée qui sortit de la même ouverture (a).

Cette même éruption de 1755 s'annonça, dit M. d'Arthenay, par un si grand embrasement qu'il éclairait plus de 24 milles de pays du côté de Catane; les explosions furent bientôt si fréquentes que dès le 3 mars on apercevait une nouvelle montagne au-dessus du sommet de l'ancienne, de la même manière que nous l'avons vu au Vésuve dans ces derniers temps. Enfin les jurats de Mascali ont mandé le 12 que le 9 du même mois les explosions devinrent terribles; que la fumée augmenta à tel point que tout le ciel en fut obscurci; qu'à l'entrée de la nuit il commença à pleuvoir un déluge de petites pierres, pesant jusqu'à trois onces, dont tout le pays et les cantons circonvoisins furent inondés; qu'à cette pluie affreuse, qui dura plus de cinq quarts d'heure, en succéda une autre de cendres noires qui continua toute la nuit; que le lendemain, sur les huit heures du matin, le sommet de l'Etna vomit un fleuve d'eau comparable au Nil; que les anciennes laves les plus impraticables par leurs montuosités, leurs coupures et leurs pointes, furent en un clin d'œil converties par ce torrent en une vaste plaine de sable; que l'eau, qui heureusement n'avait coulé que pendant un demi-quart d'heure, était très-chaude; que les pierres et les sables qu'elle avait charriés avec elle ne différaient en rien des pierres et du sable de la mer; qu'après l'inondation, il était sorti de la même bouche un petit ruisseau de feu qui coula pendant vingt-quatre heures; que le 11, à un mille environ au-dessous de cette bouche, il se fit une crevasse par où déboucha une lave qui pouvait avoir 100 toises de largeur et 2,000 d'étendue, et qu'elle continuait son cours au travers de la campagne le jour même que M. d'Arthenay écrivait cette relation (b).

Voici ce que dit M. Brydone au sujet de cette éruption : « Une partie des belles forêts » qui composent la seconde région de l'Etna fut détruite, en 1755, par un très singulier » phénomène. Pendant une éruption du volcan, un immense torrent d'eau bouillante » sortit, *à ce qu'on imagine*, du grand cratère de la montagne en se répandant en un » instant sur sa base, en renversant et détruisant tout ce qu'il rencontra dans sa course: » les traces de ce torrent étaient encore visibles (en 1770); le terrain commençait à recou» vrer sa verdure et sa végétation, qui ont paru quelque temps avoir été anéanties; le » sillon que ce torrent d'eau a laissé semble avoir environ un mille et demi de largeur, » et davantage en quelques endroits. Les gens éclairés du pays croient communément que » le volcan a quelque communication avec la mer, et qu'il éleva cette eau par une force » de succion; mais, dit M. Brydone, l'absurdité de cette opinion est trop évidente pour » avoir besoin d'être réfutée; la force de succion seule, même en supposant un vide par» fait, ne pourrait jamais élever l'eau à plus de 33 ou 34 pieds, ce qui est égal au poids » d'une colonne d'air dans toute la hauteur de l'atmosphère. » Je dois observer que M. Brydone me paraît se tromper ici, puisqu'il confond la force du poids de l'atmosphère avec la force de succion produite par l'action du feu : celle de l'air, lorsqu'on fait le vide, est en effet limitée à moins de 34 pieds, mais la force de succion ou d'aspiration du feu n'a point de bornes; elle est dans tous les cas proportionnelle à l'activité et à la quantité de la chaleur qui l'a produite, comme on le voit dans les fourneaux où l'on adapte des tuyaux aspiratoires. Ainsi l'opinion *des gens éclairés du pays*, loin d'être absurde, me paraît bien fondée; il est nécessaire que les cavités des volcans communiquent avec la mer; sans cela ils ne pourraient vomir ces immenses torrents d'eau ni même faire aucune éruption, puisque aucune puissance, à l'exception de l'eau choquée contre le feu, ne peut produire d'aussi violents effets.

(a) Histoire du mont Vésuve, par le P. J. M. de la Torré. *Journal étranger*, mois de janvier 1756, p. 203 et suiv.

(b) Mémoires des savants étrangers, imprimés comme suite des *Mémoires de l'Académie des sciences*, t. IV, p. 147 et suiv.

Le volcan Pacayita, nommé *volcan de l'eau* par les Espagnols, jette des torrents d'eau dans toutes ses éruptions; la dernière détruisit, en 1773, la ville de Guatimala, et les torrents d'eau et de laves descendirent jusqu'à la mer du Sud.

On a observé sur le Vésuve qu'il vient de la mer un vent qui pénètre dans la montagne; le bruit qui se fait entendre dans certaines cavités, comme s'il passait quelque torrent par-dessous, cesse aussitôt que les vents de terre soufflent; et on s'aperçoit en même temps que les exhalaisons de la bouche du Vésuve deviennent beaucoup moins considérables, au lieu que lorsque le vent vient de la mer ce bruit semblable à un torrent recommence, ainsi que les exhalaisons de flammes et de fumée, les eaux de la mer s'insinuant aussi dans la montagne, tantôt en grande, tantôt en petite quantité; et il est arrivé plusieurs fois à ce volcan de rendre en même temps de la cendre et de l'eau (*a*).

Un savant, qui a comparé l'état moderne du Vésuve avec son état actuel, rapporte que, pendant l'intervalle qui précéda l'éruption de 1631, l'espèce d'entonnoir que forme l'intérieur du Vésuve s'était revêtu d'arbres et de verdure; que la petite plaine qui le terminait était abondante en excellents pâturages; qu'en partant du bord supérieur du gouffre, on avait un mille à descendre pour arriver à cette plaine, et qu'elle avait vers son milieu un autre gouffre dans lequel on descendait, également pendant un mille, par des chemins étroits et tortueux qui conduisaient dans un espace plus vaste, entouré de cavernes, d'où il sortait des *vents si impétueux et si froids qu'il était impossible d'y résister*. Suivant le même observateur, la sommité du Vésuve avait alors 5 milles de circonférence. Après cela, on ne doit point être étonné que quelques physiciens aient avancé que ce qui semble former aujourd'hui deux montagnes n'en était qu'une autrefois; que le volcan était au centre, mais que le côté méridional, s'étant éboulé par l'effet de quelque éruption, il avait formé ce vallon qui sépare le Vésuve du mont *Somma* (*b*).

M. Steller observe que les volcans de l'Asie septentrionale sont presque toujours isolés, qu'ils ont à peu près la même croûte ou surface, et qu'on trouve toujours des lacs sur le sommet et des eaux chaudes au pied des montagnes où les volcans se sont éteints : « C'est, dit-il, une nouvelle preuve de la correspondance que la nature a mise entre la » mer, les montagnes, les volcans et les eaux chaudes; on trouve nombre de sources de » ces eaux chaudes dans différents endroits du Kamtschatka (*c*). » L'île de Sjanw, a 40 lieues de Ternate, a un volcan dont on voit souvent sortir de l'eau, des cendres, etc. (*d*). Mais il est inutile d'accumuler ici des faits en plus grand nombre pour prouver la communication des volcans avec la mer; la violence de leurs éruptions serait seule suffisante pour le faire présumer, et le fait général de la situation près de la mer de tous les volcans actuellement agissants achève de le démontrer. Cependant, comme quelques physiciens ont nié la réalité et même la possibilité de cette communication des volcans à la mer, je ne dois pas laisser échapper un fait que nous devons à feu M. de La Condamine, homme aussi véridique qu'éclairé. Il dit « qu'étant monté au sommet du Vésuve le » 4 juin 1755, et même sur les bords de l'entonnoir qui s'est formé autour de la bouche » du volcan depuis sa dernière explosion, il aperçut dans le gouffre, à environ 40 toises » de profondeur, une grande cavité en voûte vers le nord de la montagne; il fit jeter de » grosses pierres dans cette cavité, et il compta à sa montre 12 secondes avant qu'on » cessât de les entendre rouler : à la fin de leur chute, on crut entendre un bruit sem-

(*a*) Description historique et philosophique du Vésuve, par M. l'abbé Mecati. *Journal étranger*, mois d'octobre 1754.

(*b*) Observations sur le Vésuve, par M. d'Arthenay. *Savants étrangers*, t. IV, p. 147 et suiv.

(*c*) *Histoire générale des Voyages*, t. XIX, p. 238.

(*d*) *Histoire générale des Voyages*, t. XVII, p. 54.

» blable à celui que ferait une pierre en tombant dans un bourbier; et, quand on n'y je- » tait rien, on entendait un bruit semblable à celui des flots agités (a). » Si la chute de ces pierres jetées dans le gouffre s'était faite perpendiculairement et sans obstacle, on pourrait conclure des 12 secondes de temps une profondeur de 2,160 pieds, ce qui donnerait au gouffre du Vésuve plus de profondeur que le niveau de la mer; car, selon le P. de la Torré, cette montagne n'avait en 1753 que 1,677 pieds d'élévation au-dessus de la surface de la mer; et cette élévation est encore diminuée depuis ce temps : il paraît donc hors de doute que les cavernes de ce volcan descendent au-dessous du niveau de la mer, et que par conséquent il peut avoir communication avec elle.

J'ai reçu, d'un témoin oculaire et bon observateur, une note bien faite et détaillée sur l'état du Vésuve, le 15 juillet de cette même année 1753 : je vais la rapporter, comme pouvant servir à fixer les idées sur ce que l'on doit présumer et craindre des effets de ce volcan, dont la puissance me paraît être bien affaiblie.

« Rendu au pied du Vésuve, distant de Naples de deux lieues, on monte pendant une » heure et demie sur des ânes, et l'on en emploie autant pour faire le reste du chemin à » pied; c'en est la partie la plus escarpée et la plus fatigante : on se tient à la ceinture » de deux hommes qui précèdent, et l'on marche dans les cendres et dans les pierres » anciennement élancées.

» Chemin faisant, on voit les laves des différentes éruptions : la plus ancienne qu'on » trouve, dont l'âge est incertain, mais à qui la tradition donne deux cents ans, est de » couleur de gris de fer et a toutes les apparences d'une pierre; elle s'emploie actuelle- » ment pour le pavé de Naples et pour certains ouvrages de maçonnerie. On en trouve » d'autres qu'on dit être de soixante, de quarante et de vingt ans; la dernière est de l'an- » née 1752..... Ces différentes laves, à l'exception de la plus ancienne, ont de loin l'appa- » rence d'une terre brune, noirâtre, raboteuse, plus ou moins fraîchement labourée. Vue » de près, c'est une matière absolument semblable à celle qui reste du fer épuré dans les » fonderies; elle est plus ou moins composée de terre et de minéral ferrugineux, et ap- » proche plus ou moins de la pierre.

» Arrivé à la cime qui, avant les éruptions, était solide, on trouve un premier bassin » dont la circonférence, dit-on, a 2 milles d'Italie, et dont la profondeur paraît avoir » 40 pieds, entouré d'une croûte de terre de cette même hauteur, qui va en s'épaississant » vers sa base et dont le bord supérieur a 2 pieds de largeur. Le fond de ce premier bas- » sin est couvert d'une matière jaune, verdâtre, sulfureuse, durcie et chaude, sans être » ardente, qui par différentes crevasses laisse sortir de la fumée.

» Dans le milieu de ce premier bassin, on en voit un second qui a environ moitié de » la circonférence du premier, et pareillement la moitié de sa profondeur; son fond est » couvert d'une matière brune, noirâtre, telle que les laves les plus fraîches qui se trou- » vent sur la route.

» Dans ce second bassin, s'élève un monticule, creux dans son intérieur, ouvert dans » sa cime, et pareillement ouvert depuis sa cime jusqu'à sa base vers le côté de la mon- » tagne où l'on monte. Cette ouverture latérale peut avoir à la cime 20 pieds, et à la » base 4 pieds de largeur : la hauteur du monticule est environ de 40 pieds; le diamètre » de sa base peut en avoir autant, et celui de l'ouverture de sa cime la moitié.

» Cette base, élevée au-dessus du second bassin d'environ 20 pieds, forme un troi- » sième bassin actuellement rempli d'une matière liquide et ardente, dont le coup d'œil » est entièrement semblable au métal fondu qu'on voit dans les fourneaux d'une fonderie : » cette matière bouillonne continuellement avec violence; son mouvement a l'appa-

(a) Voyage en Italie, par M. de La Condamine. *Mémoires de l'Académie des sciences*, an. 1757. p. 371 et suiv.

» rence d'un lac médiocrement agité, et le bruit qu'il produit est semblable à celui des » vagues.

» De minute en minute, il se fait de cette matière des élans, comme ceux d'un gros jet » d'eau ou de plusieurs jets d'eau réunis ensemble; ces élans produisent une gerbe ar- » dente qui s'élève à la hauteur de 30 à 40 pieds, et retombe en différents arcs, partie » dans son propre bassin, partie dans le fond du second bassin couvert de la matière » noire : c'est la lueur réfléchie de ces jets ardents, quelquefois peut-être l'extrémité » supérieure de ces jets même, qu'on voit depuis Naples pendant la nuit. Le bruit, que » font ces élans dans leur élévation et dans leur chute, paraît composé de celui que fait » un feu d'artifice en partant, et de celui que produisent les vagues de la mer poussées » par un vent violent contre un rocher.

» Ces bouillonnements entremêlés de ces élans produisent un transvasement continuel » de cette matière. Par l'ouverture de 4 pieds, qui se trouve à la base du monticule, on » voit couler sans discontinuer un ruisseau ardent de la largeur de l'ouverture, qui dans » un canal incliné et avec un mouvement moyen descend dans le second bassin, couvert » de matière noire, s'y divise en plusieurs ruisselets encore ardents, s'y arrête et s'y » éteint.

» Ce ruisseau ardent est actuellement une nouvelle lave, qui ne coule que depuis huit » jours; et, si elle continue et augmente, elle produira avec le temps un nouveau dégor- » gement dans la plaine, semblable à celui qui se fit il y a deux ans : le tout est accom- » pagné d'une épaisse fumée qui n'a point l'odeur du soufre, mais celle précisément que » répand un fourneau où l'on cuit des tuiles.

» On peut sans aucun danger faire le tour de la cime sur le bord de la croûte, parce » que le monticule creusé, d'où partent les jets ardents, est assez distant des bords pour » ne laisser rien à craindre : on peut pareillement, sans danger, descendre dans le pre- » mier bassin; on pourrait même se tenir sur les bords du second, si la réverbération de » de la matière ardente ne l'empêchait.

» Voilà l'état actuel du Vésuve, ce 15 juillet 1753 : il change sans cesse de forme et » d'aspect; il ne jette actuellement point de pierres, et l'on n'en voit sortir aucune » flamme (*a*). »

Cette observation semble prouver évidemment que le siège de l'embrasement de ce volcan, et peut-être de tous les autres volcans, n'est pas à une grande profondeur dans l'intérieur de la montagne, et qu'il n'est pas nécessaire de supposer leur foyer au niveau de la mer ou plus bas, et de faire partir de là l'explosion dans le temps des éruptions : il suffit d'admettre des cavernes et des fentes perpendiculaires au-dessous, ou plutôt à côté du foyer, lesquelles servent de tuyaux d'aspiration et de ventilateurs au fourneau du volcan.

M. de La Condamine, qui a eu plus qu'aucun autre physicien les occasions d'observer un grand nombre de volcans dans les Cordillères, a aussi examiné le mont Vésuve et toutes les terres adjacentes.

« Au mois de juin 1755, le sommet du Vésuve formait, dit-il, un entonnoir ouvert » dans un amas de cendres, de pierres calcaires et de soufre, qui brûlait encore de dis- » tance en distance, qui teignait le sol de sa couleur, et qui s'exhalait par diverses cre- » vasses, dans lesquelles la chaleur était assez grande pour enflammer en peu de temps un » bâton enfoncé à quelques pieds dans ces fentes.

» Les éruptions de ce volcan sont fréquentes depuis plusieurs années; et chaque fois » qu'il lance des flammes et vomit des matières liquides, la forme extérieure da la mon- » tagne et sa hauteur reçoivent des changements considérables... Dans une petite plaine

(*a*) Note communiquée à M. de Buffon, et envoyée de Naples, au mois de septembre 1753.

» à mi-côte, entre la montagne de cendres et de pierres sorties du volcan, est une enceinte » demi-circulaire de rochers escarpés de 200 pieds de haut, qui bordent cette petite plaine » du côté du nord. On peut voir, d'après les soupiraux récemment ouverts dans les flancs » de la montagnee les endroits par où se sont échappés, dans le temps de sa dernière » éruption, les torrents de lave dont tout ce vallon est rempli.

» Ce spectacle présente l'apparence de flots métalliques refroidis et congelés; on peut » s'en former une idée imparfaite, en imaginant une mer d'une matière épaisse et tenace » dont les vagues commenceraient à se calmer. Cette mer avait ses îles : ce sont des » masses isolées, semblables à des rochers creux et spongieux, ouverts en arcades et en » grottes bizarrement percées, sous lesquelles la matière ardente et liquide s'était fait des » dépôts ou des réservoirs qui ressemblaient à des fourneaux. Ces grottes, leurs voûtes et » leurs piliers..... étaient chargés de scories suspendues en forme de grappes irrégulières » de toutes les couleurs et de toutes les nuances.....

» Tautes les montagnes ou coteaux des environs de Naples seront visiblement reconnus » à l'examen pour des amas de matières vomies par des volcans qui n'existent plus, et » dont les éruptions antérieures aux histoires ont vraisemblablement formé les ports de » Naples et de Pouzzol. Ces mêmes matières se reconnaissent sur toute la route de » Naples à Rome, et aux portes de Rome même.....

» Tout l'intérieur de la montagne de Frascati,......... la chaîne de collines qui s'étend » de cet eudroit à Grotta-Ferrata, à Castelgandolfo, jusqu'au lac d'Albano, la montagne » de Tivoli en grande partie, celle de Caprarola, de Viterbe, etc., sont composées de di- » vers lits de pierres calcinées, de cendres pures, de scories, de matières semblables au » mâchefer, à la terre cuite, à la lave proprement dite, enfin toutes pareilles à celles dont » est composé le sol de Portici et à celles qui sont sorties des flancs du Vésuve sous tant » de formes différentes..... Il faut donc nécessairement que toute cette partie de l'Italie ait » été bouleversée par des volcans.....

» Le lac d'Albano, dont les bords sont semés de matières calcinées, n'est que la » bouche d'un ancien volcan, etc..... La chaîne des volcans de l'Italie s'étend jusqu'en » Sicile, et offre encore un assez grand nombre de foyers visibles sous différentes » formes; en Toscane, les exhalaisons de Firenzuola, les eaux thermales de Pise; dans » l'État ecclésiastique, celles de Viterbe, de Norcia, de Nocera, etc.; dans le royaume de » Naples, celles d'Ischia, la Solfatara, le Vésuve; en Sicile et dans les îles voisines, » l'Etna, les volcans de Lipari, Stromboli, etc. : d'autres volcans de la même chaîne » éteints ou épuisés de temps immémorial, n'ont laissé que des résidus, qui, bien qu'ils » ne frappent pas toujours au premier aspect, n'en sont pas moins reconnaissables aux » yeux attentifs (*a*)..... »

« Il est vraisemblable, dit M. l'abbé Mecati, que dans les siècles passés le royaume » de Naples avait, outre le Vésuve, plusieurs autres volcans.....

» Le mont Vésuve, dit le P. de la Torré, semble une partie détachée de cette chaîne » de montagnes qui, sous le nom d'Apennins, divise toute l'Italie dans sa longueur..... » Ce volcan est composé de trois monts différents, l'un est le Vésuve proprement dit; » les deux autres sont les monts Somma et d'Ottajano. Ces deux derniers, placés plus » occidentalement, forment une espèce de demi-cercle autour du Vésuve, avec lequel ils » ont des racines communes.

» Cette montagne était autrefois entourée de campagnes fertiles, et couverte elle-même » d'arbres et de verdure, excepté sa cime qui était plate et stérile, et où l'on voyait plu- » sieurs cavernes entr'ouvertes. Elle était environnée de quantité de rochers qui en ren-

(*a*) Voyage en Italie, par M. de La Condamine. *Académie des sciences*, année 1757, p. 371 jusqu'à 379.

» daient l'accès difficile, et dont les pointes, qui étaient fort hautes, cachaient le vallon » élevé qui se trouve entre le Vésuve et les monts Somma et d'Ottajano. La cime du Vé» suve, qui s'est abaissée depuis considérablement, se faisant alors beaucoup plus remar» quer, il n'est pas étonnant que les anciens aient cru qu'il n'avait qu'un sommet.....

» La largeur du vallon est, dans toute son étendue, de 2,220 pieds de Paris, et sa lon» gueur équivaut à peu près à sa largeur..... ; il entoure la moitié du Vésuve....., et il est, » ainsi que tous les côtés du Vésuve, rempli de sable brûlé et de petites pierres ponces. » Les rochers, qui s'étendent des monts Somma et Ottajano, offrent tout au plus quelques » brins d'herbes, tandis que ces monts sont extérieurement couverts d'arbres et de ver» dure. Ces rochers paraissent au premier coup d'œil des pierres brûlées; mais en les » observant attentivement, on voit qu'ils sont, ainsi que les rochers de ces autres mon» tagnes, composés de lits de pierres naturelles, de terre couleur de châtaigne, de craie » et de pierres blanches qui ne paraissent nullement avoir été liquéfiées par le feu.....

» On voit, tout autour du Vésuve, les ouvertures qui s'y sont faites en différents temps, » et par lesquelles sortent les laves : ces torrents de matières, qui sortent quelquefois des » flancs, et qui tantôt courent sur la croupe de la montagne, se répandent dans les cam» pagnes et quelquefois jusqu'à la mer, et s'endurcissent comme une pierre, lorsque la » matière vient à se refroidir.....

» A la cime du Vésuve, on ne voit qu'une espèce d'ourlet ou de rebord de 4 à 5 palmes » de large qui, prolongé autour de la cime, décrit une circonférence de 5,624 pieds de » Paris. On peut marcher commodément sur ce rebord. Il est tout couvert d'un sable » brûlé qui est rouge en quelques endroits, et sous lequel on trouve des pierres partie » naturelles, partie calcinées..... On remarque, dans deux élévations de ce rebord, des lits » de pierres naturelles, arrangées comme dans toutes les montagnes; ce qui détruit le » sentiment de ceux qui regardent le Vésuve comme une montagne qui s'est élevée peu à » peu au-dessus du plan du vallon.....

» La profondeur du gouffre où la matière bouillonne est de 543 pieds : pour la hauteur » de la montagne, depuis sa cime jusqu'au niveau de la mer, elle est de 1,677 pieds, qui » font le tiers d'un mille d'Italie.

» Cette hauteur a vraisemblablement été plus considérable. Les éruptions, qui ont » changé la forme extérieure de la montagne, en ont aussi diminué l'élévation par les » parties qu'elles ont détachées du sommet et qui ont roulé dans le gouffre (*a*). »

D'après tous ces exemples, si nous considérons la forme extérieure que nous présente la Sicile et les autres terres ravagées par le feu, nous reconnaîtrons évidemment qu'il n'existe aucun volcan simple et purement isolé. La surface de ces contrées offre partout une suite et quelquefois une gerbe de volcans. On vient de le voir au sujet de l'Etna, et nous pouvons en donner un second exemple dans l'Hécla : l'Islande, comme la Sicile, n'est en grande partie qu'un groupe de volcans, et nous allons le prouver par les observations.

L'Islande entière ne doit être regardée que comme une vaste montagne parsemée de cavités profondes, cachant dans son sein des amas de minéraux, de matières vitrifiées et bitumineuses, et s'élevant de tous côtés, du milieu de la mer qui la baigne, en forme d'un cône court et écrasé. Sa surface ne présente à l'œil que des sommets de montagnes blanchis par des neiges et des glaces, et plus bas l'image de la confusion et du bouleversement. C'est un énorme monceau de pierres et de rochers brisés, quelquefois poreux et à demi calcinés, effrayants par la noirceur et les traces de feu qui y sont empreintes. Les fentes et les creux de ces rochers ne sont remplis que d'un sable rouge et quelquefois noir

(*a*) Histoire du mont Vésuve, par le P. de la Torré. *Journal étranger*, janvier 1756, p. 182 jusqu'à 208.

ou blanc; mais, dans les vallées que les montagnes forment entre elles, on trouve des plaines agréables (a).

La plupart des jokuts, qui sont des montagnes de médiocre hauteur, quoique couvertes de glaces, et qui sont dominées par d'autres montagnes plus élevées, sont des volcans qui de temps à autre jettent des flammes et causent des tremblements de terre; on en compte une vingtaine dans toute l'île. Les habitants des environs de ces montagnes ont appris par leurs observations que, lorsque les glaces et la neige s'élèvent à une hauteur considérable, et qu'elles ont bouché les cavités par lesquelles il est anciennement sorti des flammes, on doit s'attendre à des tremblements de terre, qui sont suivis immanquablement d'éruptions de feu. C'est par cette raison qu'à présent les Islandais craignent que les jokuts, qui jetèrent des flammes en 1728 dans le canton de Skaftfield, ne s'enflamment bientôt, la glace et la neige s'étant accumulées sur leur sommet, et paraissant fermer les soupiraux qui favorisent les exhalaisons de ces feux souterrains.

En 1721, le jokut appelé *Koëtlegan*, à 5 ou 6 lieues à l'ouest de la mer, auprès de la baie de Portland, s'enflamma après plusieurs secousses de tremblement de terre. Cet incendie fondit des morceaux de glace d'une grosseur énorme, d'où se formèrent des torrents impétueux qui portèrent fort loin l'inondation avec la terreur, et entraînèrent jusqu'à la mer des quantités prodigieuses de terre, de sable et de pierres. Les masses solides de glace, et l'immense quantité de terre, de pierres et de sable qu'emporta cette inondation, comblèrent tellement la mer qu'à un demi-mille des côtes il s'en forma une petite montagne qui paraissait encore au-dessus de l'eau en 1750. On peut juger combien cette inondation amena de matières à la mer, puisqu'elle la fit remonter ou plutôt reculer à 12 milles au delà de ses anciennes côtes.

La durée entière de cette inondation fut de trois jours, et ce ne fut qu'après ce temps qu'on put passer au pied des montagnes comme auparavant.....

L'Hécla, que l'on a toujours regardé comme un des plus fameux volcans de l'univers à cause de ses éruptions terribles, est aujourd'hui un des moins dangereux de l'Islande. Les monts de Koëtlegan, dont on vient de parler, et le mont Krafle, ont fait récemment autant de ravages que l'Hécla en faisait autrefois. On remarque que ce dernier volcan n'a jeté des flammes que dix fois dans l'espace de huit cents ans, savoir, dans les années 1104, 1157, 1222, 1300, 1341, 1362, 1389, 1558, 1636, et pour la dernière fois en 1693. Cette éruption commença le 13 février et continua jusqu'au mois d'août suivant. Tous les autres incendies n'ont de même duré que quelques mois. Il faut donc observer que l'Hécla ayant fait les plus grands ravages au XIVe siècle, à quatre reprises différentes, a été tout à fait tranquille pendant le XVe, et a cessé de jeter du feu pendant cent soixante ans. Depuis cette époque, il n'a fait qu'une seule éruption au XVIe siècle et deux au XVIIe. Actuellement on n'aperçoit sur ce volcan ni feu ni fumée, ni exhalaisons. On y trouve seulement dans quelques petits creux, ainsi que dans beaucoup d'autres endroits de l'île, de l'eau bouillante, des pierres, du sable et des cendres.

En 1726, après quelques secousses de tremblement de terre, qui ne furent sensibles que dans les cantons du nord, le mont Krafle commença à vomir, avec un fracas épouvantable, de la fumée, du feu, des cendres et des pierres : cette éruption continua pendant deux ou trois ans sans faire aucun dommage, parce que tout retombait sur ce volcan ou autour de sa base.

En 1728, le feu s'étant communiqué à quelques montagnes situées près du Krafle, elles brûlèrent pendant plusieurs semaines; lorsque les matières minérales qu'elles renfermaient furent fondues, il s'en forma un ruisseau de feu qui coula fort doucement vers le sud, dans les terrains qui sont au-dessous de ces montagnes : ce ruisseau brûlant s'alla

(a) *Introduction à l'Histoire du Danemarck.*

jeter dans un lac, à trois lieues du mont Krafle, avec un grand bruit, et en formant un bouillonnement et un tourbillon d'écume horrible. La lave ne cessa de couler qu'en 1729, parce qu'alors vraisemblablement la matière qui la formait était épuisée. Ce lac fut rempli d'une grande quantité de pierres calcinées qui firent considérablement élever ses eaux; il a environ vingt lieues de circuit, et il est situé à une pareille distance de la mer. On ne parlera pas des autres volcans d'Islande; il suffit d'avoir fait remarquer les plus considérables (*a*).

On voit, par cette description, que rien ne ressemble plus aux volcans secondaires de l'Etna que les jokuts de l'Hécla; que, dans tous deux, le haut sommet est tranquille; que celui du Vésuve s'est prodigieusement abaissé, et que probablement ceux de l'Etna et de l'Hécla étaient autrefois beaucoup plus élevés qu'ils ne le sont aujourd'hui.

Quoique la topographie des volcans dans les autres parties du monde ne nous soit pas aussi bien connue que celle des volcans d'Europe, nous pouvons néanmoins juger, par analogie et par la conformité de leurs effets, qu'ils se ressemblent à tous égards : tous sont situés dans les îles ou sur le bord des continents; presque tous sont environnés de volcans secondaires; les uns sont agissants, les autres éteints ou assoupis; et ceux-ci sont en bien plus grand nombre, même dans les Cordillères, qui paraissent être le domaine le plus ancien des volcans. Dans l'Asie méridionale, les îles de la Sonde, les Moluques et les Philippines, ne retracent que destruction par le feu et sont encore pleines de volcans; les îles du Japon en contiennent de même un assez grand nombre, c'est le pays de l'univers qui est aussi le plus sujet aux tremblements de terre; il y a des fontaines chaudes en beaucoup d'endroits; la plupart des îles de l'Océan Indien et de toutes les mers de ces régions orientales ne nous présentent que des pics et des sommets isolés qui vomissent le feu, que des côtes et des rivages tranchés, restes d'anciens continents qui ne sont plus : il arrive même encore souvent aux navigateurs d'y rencontrer des parties qui s'affaissent journellement; et l'on y a vu des îles entières disparaître ou s'engloutir avec leurs volcans sous les eaux. Les mers de la Chine sont chaudes, preuve de la forte effervescence des bassins maritimes en cette partie; les ouragans y sont affreux; on y remarque souvent des trombes; les tempêtes sont toujours annoncées par un bouillonnement général et sensible des eaux, et par divers météores et autres exhalaisons dont l'atmosphère se charge et se remplit.

Le volcan de Ténériffe a été observé par le docteur Thomas Héberden, qui a résidé plusieurs années au bourg d'Oratava, situé au pied du pic : il trouva en y allant quelques grosses pierres, dispersées de tous côtés à plusieurs lieues du sommet de cette montagne; les unes paraissaient entières; d'autres semblaient avoir été brûlées et jetées à cette distance par le volcan; en montant la montagne, il vit encore des rochers brûlés qui étaient dispersés en assez grosses masses.

« En avançant, dit-il, nous arrivâmes à la fameuse grotte de Zegds, qui est environnée » de tous côtés par des masses énormes de rochers brûlés.....

» A un quart de lieue plus haut, nous trouvâmes une plaine sablonneuse, du milieu » de laquelle s'élève une pyramide de sable ou de cendres jaunâtres, que l'on appelle *le* » *pain de sucre*. Autour de sa base, on voit sans cesse transpirer des vapeurs fuligineuses : » de là jusqu'au sommet, il peut y avoir un demi-quart de lieue; mais la montée en est » très difficile, par sa hauteur escarpée et le peu d'assiette qu'on trouve dans tout ce » terrain.....

» Cependant nous parvînmes à ce qu'on appelle *la chaudière :* cette ouverture a 12 ou » 15 pieds de profondeur; ses côtés, se rétrécissant toujours jusqu'au fond, forment une » concavité qui ressemble à un cône tronqué dont la base serait renversée...; la terre en

(*a*) *Histoire générale des voyages*, t. XVIII, p. 9, 10 et 11.

» est fort chaude; et d'environ vingt soupiraux, comme d'autant de cheminées, s'exhale » une fumée ou vapeur épaisse dont l'odeur est très sulfureuse : il semble que tout le sol » soit mêlé ou poudré de soufre, ce qui lui donne une surface brillante et colorée.....

» On aperçoit une couleur verdâtre, mêlée d'un jaune brillant comme de l'or, presque » sur toutes les pierres qu'on trouve aux environs : une autre partie peu étendue de ce » pain de sucre est blanche comme la chaux; et une autre plus basse ressemble à de » l'argile rouge qui serait couverte de sel.

» Au milieu d'un autre rocher, nous découvrîmes un trou qui n'avait pas plus de » 2 pouces de diamètre, d'où procédait un bruit pareil à celui d'un volume considérable » d'eau qui bouillirait sur un grand feu (a). »

Les Açores, les Canaries, les îles du cap Vert, l'île de l'Ascension, les Antilles, qui paraissent être les restes des anciens continents qui réunissaient nos contrées à l'Amérique, ne nous offrent presque toutes que des pays brûlés ou qui brûlent encore. Les volcans, anciennement submergés avec les contrées qui les portaient, excitent sous les eaux des tempêtes si terribles que, dans une de ces tourmentes, arrivée aux Açores, le suif des sondes se fondait par la chaleur du fond de la mer.

III. — *Des volcans éteints.*

Le nombre des volcans éteints est sans comparaison beaucoup plus grand que celui des volcans actuellement agissants. On peut même assurer qu'il s'en trouve en très grande quantité dans presque toutes les parties de la terre. Je pourrais citer ceux que M. de La Condamine a remarqués dans les Cordillères, ceux que M. Fresnaye a observés à Saint-Domingue (b), dans le voisinage du Port-au-Prince, ceux du Japon et des autres îles orientales et méridionales de l'Asie, dont presque toutes les contrées habitées ont autrefois été ravagées par le feu; mais je me bornerai à donner pour exemple ceux de l'île de France et de l'île de Bourbon, que quelques voyageurs instruits ont reconnus d'une manière évidente.

« Le terrain de l'île de France est recouvert, dit M. l'abbé de La Caille, d'une quantité » prodigieuse de pierres de toutes sortes de grosseur, dont la couleur est cendré noir; » une grande partie est criblée de trous; elles contiennent la plupart beaucoup de fer, et » la surface de la terre est couverte de mines de ce métal : on y trouve aussi beaucoup de » pierres ponces, surtout sur la côte nord de l'île, des laves ou espèces de laitier de fer, » des grottes profondes et d'autres vestiges manifestes de volcans éteints.....

» L'île de Bourbon, continue M. l'abbé de La Caille, quoique plus grande que l'île de » France, n'est cependant qu'une grosse montagne qui est comme fendue dans toute sa » hauteur en trois endroits différents. Son sommet est couvert de bois et inhabité, et sa » pente, qui s'étend jusqu'à la mer, est défrichée et cultivée dans les deux tiers de son » contour : le reste est recouvert de laves d'un volcan qui brûle lentement et sans bruit; » il ne paraît même un peu ardent que dans la saison des pluies.....

» L'île de l'Ascension est visiblement formée et brûlée par un volcan : elle est couverte » d'une terre rouge, semblable à de la brique pilée ou à de la glaise brûlée..... L'île est » composée de plusieurs montagnes d'élévation moyenne, comme de 100 à 150 toises : il » y en a une plus grosse qui est au sud-est de l'île, haute d'environ 400 toises.....; son » sommet est double et allongé, mais toutes les autres sont terminées en cône assez » parfait et couvertes de terre rouge; la terre et une partie des montagnes sont jonchées

(a) Observation faite au pic de Ténériffe, par le docteur Heberden. *Journal étranger*, mois de novembre 1754, p. 136 jusqu'à 142.

(b) Note envoyée à M. de Buffon par M. Fresnaye, 10 mars 1777.

» d'une quantité prodigieuse de roches criblées d'une infinité de trous, de pierres cal-
» caires et fort légères, dont un grand nombre ressemble à du laitier; quelques-unes
» sont recouvertes d'un vernis blanc sale, tirant sur le vert; il y a aussi beaucoup de
» pierres ponces (a). »

Le célèbre Cook dit que, dans une excursion que l'on fit dans l'intérieur de l'île d'Otahiti, on trouva que les rochers avaient été brûlés comme ceux de Madère, et que toutes les pierres portaient des marques incontestables du feu; qu'on aperçoit aussi des traces de feu dans l'argile qui est sur les collines; et que l'on peut supposer qu'Otahiti et nombre d'îles voisines sont les débris d'un continent qui a été englouti par l'explosion d'un feu souterrain (b). Philippe Carteret dit qu'une des îles de la Reine-Charlotte, située vers le 11° 10' de latitude sud, est d'une hauteur prodigieuse et d'une figure conique, que son sommet a la forme d'un entonnoir, dont on voit sortir de la fumée, mais point de flammes, et que sur le côté le plus méridional de la terre de la Nouvelle-Bretagne se trouvent trois montagnes, de l'une desquelles il sort une grosse colonne de fumée (c).

L'on trouve des basaltes à l'île de Bourbon, où le volcan, quoique affaibli, est encore agissant; à l'île de France, où tous les feux sont éteints; à Madagascar, où il y a des volcans agissants et d'autres éteints. Mais, pour ne parler que des basaltes qui se trouvent en Europe, on sait, à n'en pouvoir douter, qu'il y en a des masses considérables en Irlande, en Angleterre, en Auvergne, en Saxe sur les bords de l'Elbe, en Misnie sur la montagne de Cottener, à Marienbourg, à Weilbourg, dans le comté de Nassau, à Lauterbach, à Bitlstein, dans plusieurs endroits de la Hesse, dans la Lusace, dans la Bohême, etc. Ces basaltes sont les plus belles laves qu'aient produites les volcans qui sont actuellement éteints dans toutes ces contrées; mais nous nous contenterons de donner ici l'extrait des descriptions détaillées des volcans éteints qui se trouvent en France.

« Les montagnes d'Auvergne, dit M. Guettard, qui ont été, à ce que je crois, autrefois
» des volcans....., sont celles de Volvic à deux lieues de Riom, du Puy-de-Dôme proche
» Clermont, et du mont d'Or. Le volcan de Volvic a formé par ses laves différents lits
» posés les uns sur les autres, qui composent ainsi des masses énormes, dans lesquelles
» on a pratiqué des carrières qui fournissent de la pierre à plusieurs endroits assez éloi-
» gnés de Volvic..... Ce fut à Moulins que je vis les laves pour la première fois.....; et,
» étant à Volvic, je reconnus que la montagne n'était presque qu'un composé de diffé-
» rentes matières qui sont jetées dans les éruptions des volcans.....

» La figure de cette montagne est conique; sa base est formée par des rochers de gra-
» nite gris-blanc ou d'une couleur de rose pâle.....; le reste de la montagne n'est qu'un
» amas de pierres ponces, noirâtres ou rougeâtres, entassées les unes sur les autres, sans
» ordre ni liaison.....; aux deux tiers de la montagne, on rencontre des espèces de rochers
» irréguliers, hérissés de pointes informes contournées en tout sens, de couleur rouge
» obscur, ou d'un noir sale et mat, et d'une substance dure et solide, sans avoir de trous
» comme les pierres ponces.....; avant d'arriver au sommet, on trouve un trou large de
» quelques toises, d'une forme conique, et qui approche d'un entonnoir..... La partie de
» la montagne qui est au nord et à l'est m'a paru n'être que de pierres ponces.....; les
» bancs de pierres de Volvic suivent l'inclinaison de la montagne, et semblent se conti-
» nuer sur cette montagne et avoir communication avec ceux que les ravins mettent à
» découvert un peu au-dessous du sommet..... : ces pierres sont d'un gris de fer qui semble
» se charger d'une fleur blanche, qu'on dirait en sortir comme une efflorescence; elles
» sont dures, quoique spongieuses et remplies de petits trous irréguliers.

(a) *Mémoires de l'Académie des sciences*, année 1754, p. 111, 121 et 126.
(b) *Voyage autour du monde*, par le capitaine Cook, t. II, p. 431.
(c) *Voyage autour du monde*, par Philippe Carteret, t. Ier, p. 250 et 275.

» La montagne du Puy-de-Dôme n'est qu'une masse de matière qui annonce les effets » les plus terribles du feu le plus violent..... ; dans les endroits qui ne sont point couverts » de plantes et d'arbres, on ne marche que parmi des pierres ponces, sur des quartiers » de laves, et dans une espèce de gravier ou de sable, formé par une sorte de mâchefer, » et par de très petites pierres ponces mêlées de cendres.....

» Ces montagnes présentent plusieurs pics, qui ont tous une cavité moins large au » fond qu'à l'ouverture..... : un de ces pics, le chemin qui y conduit et tout l'espace qui » se trouve de là jusqu'au Puy-de-Dôme, ne sont qu'un amas de pierres ponces; et il en » est de même pour ce qui est des autres pics, qui sont au nombre de quinze ou seize, » placés sur la même ligne du sud au nord, et qui ont tous des entonnoirs.....

» Le sommet du pic du mont d'Or est un rocher d'une pierre d'un blanc cendré » tendre, semblable à celle du sommet des montagnes de cette terre volcanisée; elle » est seulement un peu moins légère que celle du Puy-de-Dôme. Si je n'ai pas trouvé » sur cette montagne des vestiges de volcan en aussi grande quantité qu'aux deux » autres, cela vient en grande partie de ce que le mont d'Or est plus couvert, dans » toute son étendue, de plantes et de bois que la montagne de Volvic et le Puy-de » Dôme.....; cependant la partie sud-ouest est presque entièrement découverte et n'est » remplie que de pierres et de rochers qui me paraissent avoir été exempts des effets » du feu.....

» Mais la pointe du mont d'Or est un cône pareil à ceux de Volvic et du Puy-de- » Dôme : à l'est de cette pointe est le pic *du Capucin*, qui affecte également la figure » conique, mais la sienne n'est pas aussi régulière que celle des précédents; il semble » même que ce pic ait plus souffert dans sa composition; tout y paraît plus irrégulier, » plus rompu, plus brisé..... Il y a encore plusieurs pics, dont la base est appuyée sur le » dos de la montagne; ils sont tous dominés par le mont d'Or, dont la hauteur est de » 509 toises.....; le pic du mont d'Or est très raide; il finit en une pointe de 15 ou 20 pieds » de large en tout sens.....

» Plusieurs montagnes entre Thiers et Saint-Chaumont ont une figure conique, ce qui » me fit penser, dit M. Guettard, qu'elles pouvaient avoir brûlé..... Quoique je n'aie pas » été à Pontgibault, j'ai des preuves que les montagnes de ce canton sont des volcans » éteints; j'en ai reçu des morceaux de laves qu'il était facile de reconnaître pour tels par » les points jaunes et noirâtres d'une matière vitrifiée, qui est le caractère le plus certain » d'une pierre de volcan (*a*). »

Le même M. Guettard et M. Faujas ont trouvé sur la rive gauche du Rhône, et assez avant dans le pays, de très gros fragments de basaltes en colonnes..... En remontant dans le Vivarais, ils ont trouvé, dans un torrent, un amas prodigieux de matières de volcan, qu'ils ont suivi jusqu'à sa source : il ne leur a pas été difficile de reconnaître le volcan; c'est une montagne fort élevée, sur le sommet de laquelle ils ont trouvé la bouche, d'environ 80 pieds de diamètre; la lave est partie visiblement du dessous de cette bouche; elle a coulé en grandes masses par les ravins l'espace de sept ou huit mille toises, la matière s'est amoncelée toute brûlante en certains endroits : venant ensuite à s'y figer, elle s'est gercée et fendue dans toute sa hauteur, et a laissé toute la plaine couverte d'une quantité innombrable de colonnes, depuis 15 jusqu'à 30 pieds de hauteur, sur environ 7 pouces de diamètre (*b*).

« Ayant été me promener à Montferrier, dit M. Montet, village éloigné de Montpellier » d'une lieue....., je trouvai quantité de pierres noires détachées les unes des autres, de » différentes figures et grosseurs.....; et, les ayant comparées avec d'autres qui sont cer-

(*a*) *Mémoires de l'Académie des sciences*, année 1752, p. 27 jusqu'à 58.
(*b*) *Journal de physique*, par M. l'abbé Rozier. Mois de décembre 1775, p. 516.

» tainement l'ouvrage des volcans....., je les trouvai de même nature que ces dernières ; » ainsi je ne doutai point que ces pierres de Montferrier ne fussent elles-mêmes une lave » très dure ou une matière fondue par un volcan, éteint depuis un temps immémorial. » Toute la montagne de Montferrier est parsemée de ces pierres ou laves; le village en » est bâti en partie, et les rues en sont pavées..... Ces pierres présentent pour la plupart, » à leur surface, de petits trous ou de petites porosités qui annoncent bien qu'elles sont » formées d'une matière fondue par un volcan; on trouve cette lave répandue dans toutes » les terres qui avoisinent Montferrier.....

» Du côté de Pézenas, les volcans éteints sont en grand nombre.....; toute la contrée » en est remplie, principalement depuis le cap d'Agde, qui est lui-même un volcan éteint, » jusqu'au pied de la masse des montagnes qui commencent à 5 lieues au nord de cette » côte, et sur le penchant ou à peu de distance desquelles sont situés les villages de » Livran, Peret, Fontès, Néflez, Gabian, Faugères. On trouve, en allant du midi au nord, » une espèce de cordon ou de chapelet fort remarquable, qui commence au cap d'Agde, et » qui comprend les monts de Saint-Thibéry et le Causse (montagnes situées au milieu » des plaines de Bressan), le pic de la tour de Valros, dans le territoire de ce village, le » pic de Montredon au territoire de Tourbes, et celui de Sainte-Marthe, auprès du » prieuré royal de Cassan, dans le territoire de Gabian; il part encore du pied de la » montagne, à la hauteur du village de Fontès, une longue et large masse qui finit au » midi auprès de la grange de Prés..... et qui est terminée, dans la direction du levant » au couchant, entre le village de Caus et celui de Nizas..... Ce canton a cela de remar- » quable qu'il n'est presque qu'une masse de lave, et qu'on observe au milieu une bouche » ronde d'environ 200 toises de diamètre, aussi reconnaissable qu'il soit possible, qui a » formé un étang qu'on a depuis desséché, au moyen d'une profonde saignée faite entiè- » rement dans une lave dure et formée par couches, ou plutôt par ondes immédiatement » contiguës.....

» On trouve, dans tous ces endroits, de la lave et des pierres ponces; presque toute la » ville de Pézenas est pavée de lave; le rocher d'Agde n'est que de la lave très dure, et » toute cette ville est bâtie et pavée de cette lave, qui est très noire..... Presque tout le » territoire de Gabian, où l'on voit la fameuse fontaine de pétrole, est parsemé de laves » et de pierres ponces.

» On trouve aussi au Causse de Basan et de Saint-Thibéry une quantité considérable » de basaltes....., qui sont ordinairement des prismes à six faces, de 10 à 14 pieds de » long..... Ces basaltes se trouvent dans un endroit où les vestiges d'un ancien volcan sont » on ne peut pas plus reconnaissables.

» Les bains de Balaruc..... nous offrent partout des débris d'un volcan éteint; les pierres » qu'on y rencontre ne sont que des pierres ponces de différentes grosseurs.....

» Dans tous les volcans que j'ai examinés, j'ai remarqué que la matière ou les pierres » qu'ils ont vomies sont sous différentes formes : les unes sont en masse contiguë, très » dures et pesantes, comme le rocher d'Agde; d'autres, comme celles de Montferrier et la » lave de Tourbes, ne sont point en masses, ce sont des pierres détachées, d'une pesan- » teur et d'une dureté considérables (a). »

M. Villet, de l'Académie de Marseille, m'a envoyé, pour le Cabinet du Roi, quelques échantillons de laves et d'autres matières trouvées dans les volcans éteints de Provence, et il m'écrit qu'à une lieue de Toulon on voit évidemment les vestiges d'un ancien volcan, et qu'étant descendu dans une ravine au pied de cet ancien volcan de la montagne d'Ollioules, il fut frappé, à l'aspect d'un rocher détaché du haut, de voir qu'il était calciné; qu'après en avoir brisé quelques morceaux, il trouva dans l'intérieur des parties

(a) *Mémoires de l'Académie des sciences*, année 1760, p. 466 jusqu'à 473.

sulfureuses si bien caractérisées, qu'il ne douta plus de l'ancienne existence de ces volcans éteints aujourd'hui (*a*).

M. Valmont de Bomare a observé, dans le territoire de Cologne, les vestiges de plusieurs volcans éteints.

Je pourrais citer un très grand nombre d'autres exemples qui tous concourent à prouver que le nombre des volcans éteints est peut-être cent fois plus grand que celui des volcans actuellement agissants, et l'on doit observer qu'entre ces deux états, il y a, comme dans tous les autres effets de la nature, des états mitoyens, des degrés et des nuances dont on ne peut saisir que les principaux points. Par exemple, les solfatares ne sont ni des volcans agissants ni des volcans éteints, et semblent participer des deux. Personne ne les a mieux décrites qu'un de nos savants académiciens, M. Fougeroux de Bondaroy, et je vais rapporter ici ses principales observations.

« La solfatare située à quatre milles de Naples, à l'ouest, et à deux milles de la mer, est » fermée par des montagnes qui l'entourent de tous côtés. Il faut monter pendant environ » une demi-heure avant que d'y arriver. L'espace compris entre les montagnes forme un » bassin d'environ 1,200 pieds de longueur sur 800 pieds de largeur. Il est dans un fond » par rapport à ces montagnes, sans cependant être aussi bas que le terrain qu'on a été » obligé de traverser pour y arriver. La terre, qui forme le fond de ce bassin, est un sable » très fin, uni et battu; le terrain est sec et aride, les plantes n'y croissent point; la cou- » leur du sable est jaunâtre..... Le soufre qui s'y trouve en grande quantité, réuni avec » ce sable, sert sans doute à le colorer.

» Les montagnes qui terminent la plus grande partie du bassin, n'offrent que des rochers » dépouillés de terre et de plantes; les uns fendus, dont les parties sont brûlées et calci- » nées, et qui tous n'offrent aucun arrangement et n'ont aucun ordre dans leur position..... » Ils sont recouverts d'une plus ou moins grande quantité de soufre qui se sublime dans » cette partie de la montagne, et dans celle du bassin qui en est proche.

» Le côté opposé... offre un meilleur terrain... aussi n'y voit-on pas de fourneaux pareils » à ceux dont nous allons parler, et qui se trouvent communément dans la partie que » l'on vient de décrire.

» Dans plusieurs endroits du fond du bassin, on voit des ouvertures, des fenêtres ou » des bouches d'où il sort de la fumée, accompagnée d'une chaleur qui brûlerait vivement » les mains, mais qui n'est pas assez grande pour allumer du papier...

» Les endroits voisins donnent une chaleur qui se fait sentir à travers les souliers, et » il s'en exhale une odeur de soufre désagréable...; si l'on fait entrer dans le terrain un » morceau de bois pointu, il sort aussitôt une vapeur, une fumée pareille à celle qu'ex- » halent les fentes naturelles...

» Il se sublime, par les ouvertures, du soufre en petite quantité, et un sel connu sous » le nom de sel *ammoniac*, et qui en a les caractères...

» On trouve, sur plusieurs des pierres qui environnent la solfatare, des filets d'alun » qui y a fleuri naturellement... Enfin on retire encore du soufre de la solfatare... : cette » substance est contenue dans des pierres de couleur grisâtre, parsemées de parties bril- » lantes, qui dénotent celles du soufre cristallisées entre celles de la pierre...; et ces pierres » sont aussi quelquefois chargées d'alun...

» En frappant du pied dans le milieu du bassin, on reconnaît aisément que le terrain » en est creux en dessous.

» Si l'on traverse le côté de la montagne le plus garni de fourneaux et qu'on la des- » cende, on trouve des laves, des pierres ponces, des écumes de volcan, etc.; enfin, tout

(*a*) Lettre de M. Villet à M. de Buffon. Marseille, le 8 mai 1775.

» ce qui, par comparaison avec les matières que donne aujourd'hui le Vésuve, peut dé» montrer que la solfatare a formé la bouche d'un volcan.....

» Le bassin de la solfatare a souvent changé de forme; on peut conjecturer qu'il en » prendra encore d'autres, différentes de celle qu'il offre aujourd'hui : ce terrain se mine » et se creuse tous les jours; il forme maintenant une voûte qui couvre un abîme...; » si cette voûte venait à s'affaisser, il est probable que, se remplissant d'eau, elle pro» duirait un lac (*a*). »

M. Fougeroux de Bondaroy a aussi fait plusieurs observations sur les solfatares de quelques autres endroits de l'Italie.

« J'ai été, dit-il, jusqu'à la source d'un ruisseau que l'on passe entre Rome et Tivoli, » et dont l'eau a une forte odeur de foie de soufre...; elle forme deux petits lacs d'environ » 40 toises dans leur plus grande étendue.....

» L'un de ces lacs, suivant la corde que nous avons été obligé de filer, a, en certains » endroits, jusqu'à 60, 70 ou 80 brasses...... On voit sur ces eaux plusieurs petites îles » flottantes qui changent quelquefois de place...; elles sont produites par des plantes » réduites en une espèce de tourbe, sur lesquelles les eaux, quoique corrosives, n'ont plus » de prise.....

» J'ai trouvé la chaleur de ces eaux de 20 degrés, tandis que le thermomètre à l'air » libre était à 18 degrés; ainsi les observations que nous avons faites n'indiquent qu'une » très faible chaleur dans ces eaux...; elles exhalent une odeur fort désagréable...; et » cette vapeur change la couleur des végétaux et celle du cuivre (*b*). »

« La solfatare de Viterbe, dit M. l'abbé Mazéas, n'a une embouchure que de trois à » quatre pieds; ses eaux bouillonnent et exhalent une odeur de foie de soufre et pétri» fient aussi leurs canaux, comme celles de Tivoli...; leur chaleur est au degré de l'eau » bouillante, quelquefois au-dessous...; des tourbillons de fumée qui s'en élèvent quel» quefois annoncent une chaleur plus grande; et néanmoins le fond du bassin est tapissé » des mêmes plantes qui croissent au fond des lacs et des marais; ces eaux produisent » du vitriol dans les terrains ferrugineux, etc. (*c*).

» Dans plusieurs montagnes de l'Apennin, et principalement dans celles qui sont sur » le chemin de Bologne à Florence, on trouve des feux, ou simplement des vapeurs, qui » n'ont besoin que de l'approche d'une flamme pour brûler elles-mêmes....

» Les feux de la montagne Cénida, proche Pietramala, sont placés à différentes hau» teurs de la montagne, sur laquelle on compte quatre bouches à feu qui jettent des » flammes... : un de ces feux est dans un espace circulaire entouré de buttes...; la terre » y paraît brûlée, et les pierres sont plus noires que celles des environs; il en sort çà et » là une flamme bleue, vive, ardente, claire, qui s'élève à 3 ou 4 pieds de hauteur...; mais, » au delà de l'espace circulaire, on ne voit aucun feu, quoique à plus de 60 pieds du centre » des flammes, on s'aperçoive encore de la chaleur que conserve le terrain.....

» Le long d'une fente ou crevasse voisine du feu, on entend un bruit sourd comme » serait celui d'un vent qui traverserait un souterrain...; près de ce lieu, on trouve deux » sources d'eaux chaudes... Ce terrain, dans lequel le feu existe depuis du temps, n'est ni » enfoncé ni relevé...; on ne voit près du foyer aucune pierre de volcan, ni rien qui » puisse annoncer que ce feu ait jeté; cependant des monticules près de cet endroit ras» semblent tout ce qui peut prouver qu'ils ont été anciennement formés ou au moins » changés par les volcans... En 1767, on ressentit même des secousses de tremblement de terre » dans les environs, sans que le feu changeât, ni qu'il donnât plus ou moins de fumée.....

(*a*) *Mémoires de l'Académie des sciences*, année 1765, p. 267 jusqu'à 283.
(*b*) *Mémoires de l'Académie des sciences*, année 1770, p. 1 jusqu'à 7.
(*c*) *Mémoires des Savants étrangers*, t. V, p. 325.

» Environ à dix lieues de Modène, dans un endroit appelé Barigazzo, il y a encore » cinq ou six bouches où paraissent des flammes dans certains temps qui s'éteignent par » un vent violent : il y a aussi des vapeurs qui demandent l'approche d'un corps enflammé » pour prendre feu..... Mais, malgré les restes non équivoques d'anciens volcans éteints, » qui subsistent dans la plupart de ces montagnes, les feux qui s'y voient aujourd'hui » ne sont point de nouveaux volcans qui s'y forment, puisque ces feux ne jettent aucune » substance de volcans (*a*). »

Les eaux thermales, ainsi que les fontaines de pétrole et des autres bitumes et huiles terrestres, doivent être regardées comme une autre nuance entre les volcans éteints et les volcans en action : lorsque les feux souterrains se trouvent voisins d'une mine de charbon, ils la mettent en distillation, et c'est là l'origine de la plupart des sources de bitume; ils causent de même la chaleur des eaux thermales qui coulent dans leur voisinage; mais ces feux souterrains brûlent tranquillement aujourd'hui; on ne reconnaît leurs anciennes explosions que par les matières qu'ils ont autrefois rejetées : ils ont cessé d'agir lorsque les mers s'en sont éloignées; et je ne crois pas, comme je l'ai dit, qu'on ait jamais à craindre le retour de ces funestes explosions, puisqu'il y a toute raison de penser que la mer se retirera toujours de plus en plus.

IV. — *Des laves et basaltes.*

A tout ce que nous venons d'exposer au sujet des volcans, nous ajouterons quelques considérations sur le mouvement des laves, sur le temps nécessaire à leur refroidissement et sur celui qu'exige leur conversion en terre végétale.

La lave qui s'écoule ou jaillit du pied des éminences formées par les matières que le volcan vient de rejeter, est un verre impur en liquéfaction, et dont la matière tenace et visqueuse n'a qu'une demi-fluidité : ainsi les torrents de cette matière vitrifiée coulent lentement en comparaison des torrents d'eau, et néanmoins ils arrivent souvent à d'assez grandes distances; mais il y a dans ces torrents de feu un mouvement de plus que dans les torrents d'eau; ce mouvement tend à soulever toute la masse qui coule, et il est produit par la force expansive de la chaleur dans l'intérieur du torrent embrasé; la surface extérieure se refroidissant la première, le feu liquide continue à couler au-dessous, et comme l'action de la chaleur se fait en tous sens, ce feu, qui cherche à s'échapper, soulève les parties supérieures déjà consolidées et souvent les force à s'élever perpendiculairement; c'est de là que proviennent ces grosses masses de lave en forme de rochers qui se trouvent dans le cours de presque tous les torrents où la pente n'est pas rapide. Par l'effort de cette chaleur intérieure, la lave fait souvent des explosions, sa surface s'entr'ouvre, et la matière liquide jaillit de l'intérieur et forme ces masses élevées au-dessus du niveau du torrent. Le P. de la Torré est, je crois, le premier qui ait remarqué ce mouvement intérieur dans les laves ardentes, et ce mouvement est d'autant plus violent qu'elles ont plus d'épaisseur et que la pente est plus douce; c'est un effet général et commun dans toutes les matières liquéfiées par le feu, et dont on peut donner des exemples que tout le monde est à portée de vérifier dans les forges (*b*). Si l'on observe les gros lingots de fonte de fer

(*a*) Mémoire sur le pétrole, par M. Fougeroux de Bondaroy, dans ceux de *l'Académie des sciences*, année 1770, p. 45 et suiv.

(*b*) La lave des fourneaux à fondre le fer subit les mêmes effets : lorsque cette matière vitreuse coule lentement sur la *dame*, et qu'elle s'accumule à sa base, on voit se former des éminences, qui sont des bulles de verre concaves, sous une forme hémisphérique. Ces bulles crèvent, lorsque la force expansive est très active, et que la matière a moins de fluidité; alors il en sort avec bruit un jet rapide de flamme ; lorsque cette matière vitreuse est assez adhérente pour souffrir une grande dilatation, ces bulles, qui se forment à sa surface, pren-

qu'on appelle *gueuses*, qui coulent dans un moule ou canal dont la pente est presque horizontale, on s'apercevra aisément qu'elles tendent à se courber en effet d'autant plus qu'elles ont plus d'épaisseur (*a*). Nous avons démontré par les expériences rapportées dans les mémoires sur la *durée de l'incandescence*, que les temps de la consolidation sont à très peu près proportionnels aux épaisseurs, et que la surface de ces lingots étant déjà consolidée, l'intérieur en est encore liquide : c'est cette chaleur intérieure qui soulève et fait tomber le lingot; et, si son épaisseur était plus grande, il y aurait, comme dans les torrents de lave, des explosions, des ruptures à la surface et des jets perpendiculaires de matière métallique poussée au dehors par l'action du feu renfermé dans l'intérieur du lingot. Cette explication, tirée de la nature même de la chose, ne laisse aucun doute sur l'origine de ces éminences qu'on trouve fréquemment dans les vallées et les plaines que les laves ont parcourues et couvertes.

Mais lorsque, après avoir coulé de la montagne et traversé les campagnes, la lave toujours ardente arrive aux rivages de la mer, son cours se trouve tout à coup arrêté, le torrent de feu se jette comme un ennemi puissant et fait d'abord reculer les flots; mais l'eau, par son immensité, par sa froide résistance et par la puissance de saisir et d'éteindre le feu, consolide en peu d'instants la matière du torrent, qui dès lors ne peut aller plus loin, mais s'élève, se charge de nouvelles couches, et forme un mur à-plomb, de la hauteur duquel le torrent de lave tombe alors perpendiculairement, et s'applique contre le mur à-plomb qu'il vient de former : c'est par cette chute et par le saisissement de la matière ardente, que se forment les prismes de basalte (*b*) et leurs colonnes articulées. Ces prismes sont ordinairement à cinq, six ou sept faces, et quelquefois à quatre ou à trois, comme aussi à huit ou neuf faces; leurs colonnes sont formées par la chute perpendiculaire de la lave dans les flots de la mer, soit qu'elle tombe du haut des rochers de la côte, soit qu'elle forme elle-même le mur à-plomb qui produit sa chute perpendiculaire : dans tous les cas, le froid et l'humidité de l'eau qui saisissent cette matière toute pénétrée de feu, consolidant les surfaces au moment même de sa chute, les faisceaux qui tombent du torrent de lave dans la mer s'appliquent les uns contre les autres; et, comme la chaleur intérieure des faisceaux tend à les dilater, ils se font une résistance réciproque, et il arrive le même effet que dans le renflement des pois, ou plutôt des graines cylindriques, qui seraient pressées dans un vaisseau clos rempli d'eau qu'on ferait bouillir; chacune de ces graines deviendrait hexagone par la compression réciproque; et, de même, chaque faisceau de lave devient à plusieurs faces par la dilatation et la résistance réciproques; et lorsque la résistance des faisceaux environnants est plus forte que la dilatation du faisceau environné, au lieu de devenir hexagone, il n'est que de trois, quatre ou cinq faces : au

nent un volume de 8 à 10 pouces de diamètre, sans se crever; lorsque la vitrification en est moins achevée, et qu'elle a une consistance visqueuse et tenace, ces bulles occupent peu de volume, et la matière, en s'affaissant sur elle-même, forme des éminences concaves, que l'on nomme *yeux-de-crapaud*. Ce qui se passe ici en petit dans le *laitier* des fourneaux de forge, arrive en grand dans les laves des volcans.

(*a*) Je ne parle pas ici des autres causes particulières qui souvent occasionnent la courbure des lingots de fonte : par exemple, lorsque la fonte n'est pas bien fluide, lorsque le moule est trop humide, ils se courbent beaucoup plus, parce que ces causes concourent à augmenter l'effet de la première; ainsi l'humidité de la terre, sur laquelle coulent les torrents de la lave, aide encore à la chaleur intérieure à en soulever la masse, et à la faire éclater en plusieurs endroits par des explosions suivies de ces jets de matière dont nous avons parlé.

(*b*) Je n'examinerai point ici l'origine de ce nom *basalte*, que M. Desmarets, savant naturaliste, de l'Académie des sciences, croit avoir été donné par les anciens à deux pierres de nature différente; et je ne parle ici que du *basalte lave* qui est en forme de colonnes prismatiques.

contraire, si la dilatation du faisceau environné est plus forte que la résistance de la matière environnante, il prend sept, huit ou neuf faces, toujours sur sa longueur, ou plutôt sur sa hauteur perpendiculaire.

Les articulations transversales de ces colonnes prismatiques sont produites par une cause encore plus simple : les faisceaux de lave ne tombent pas comme une gouttière régulière et continue, ni par masses égales; pour peu donc qu'il y ait d'intervalle dans la chute de la matière, la colonne, à demi consolidée à sa surface supérieure, s'affaisse en creux par le poids de la masse qui survient, et qui dès lors se moule en convexe dans la concavité de la première; et c'est ce qui forme les espèces d'articulations qui se trouvent dans la plupart de ces colonnes prismatiques; mais, lorsque la lave tombe dans l'eau par une chute égale et continue, alors la colonne de basalte est aussi continue dans toute sa hauteur, et l'on n'y voit point d'articulations. De même, lorsque, par une explosion, il s'élance du torrent de lave quelques masses isolées, ces masses prennent alors une figure globuleuse ou elliptique, ou même tortillée en forme de câbles; et l'on peut rappeler à cette explication simple toutes les formes sous lesquelles se présentent les basaltes et les laves figurées.

C'est à la rencontre du torrent de lave avec les flots et à sa prompte consolidation, qu'on doit attribuer l'origine de ces côtes hardies qu'on voit dans toutes les mers qui sont au pied des volcans. Les anciens remparts de basalte, qu'on trouve aussi dans l'intérieur des continents, démontrent la présence de la mer et son voisinage des volcans dans le temps que leurs laves ont coulé. Nouvelle preuve qu'on peut ajouter à toutes celles que nous avons données de l'ancien séjour des eaux sur toutes les terres actuellement habitées.

Les torrents de lave ont depuis cent jusqu'à deux et trois mille toises de largeur, et quelquefois cent cinquante et même deux cents pieds d'épaisseur; et comme nous avons trouvé, par nos expériences, que le temps du refroidissement du verre est à celui du refroidissement du fer comme 132 sont à 236, et que les temps respectifs de leur consolidation sont à peu près dans ce même rapport, il est aisé d'en conclure que, pour consolider une épaisseur de dix pieds de verre ou de lave, il faut 201 $\frac{21}{59}$ minutes, puisqu'il faut 360 minutes pour la consolidation de dix pieds d'épaisseur de fer; par conséquent, il faut 4028 minutes ou 67 heures 8 minutes pour la consolidation de deux cents pieds d'épaisseur de lave; et, par la même règle, on trouvera qu'il faut environ onze fois plus de temps, c'est-à-dire 30 jours $\frac{17}{24}$, ou un mois, pour que la surface de cette lave de deux cents pieds d'épaisseur soit assez froide pour qu'on puisse la toucher; d'où il résulte qu'il faut un an pour refroidir une lave de deux cents pieds d'épaisseur assez pour qu'on puisse la toucher sans se brûler à un pied de profondeur, et qu'à dix pieds de profondeur elle sera encore assez chaude au bout de dix ans pour qu'on ne puisse la toucher, et cent ans pour être refroidie au même point jusqu'au milieu de son épaisseur. M. Brydone rapporte qu'après plus de quatre ans, la lave qui avait coulé en 1766, au pied de l'Etna, n'était pas encore refroidie; il dit aussi « avoir vu une couche de lave de quelques pieds, produite par l'éruption du Vésuve, qui resta rouge de chaleur au centre, longtemps après » que la surface fut refroidie, et qu'en plongeant un bâton dans ses crevasses, il prenait » feu à l'instant, quoiqu'il n'y eût au dehors aucune apparence de chaleur. » Massa, auteur sicilien, digne de foi, dit « qu'étant à Catane, huit ans après la grande éruption » de 1669, il trouva qu'en plusieurs endroits la lave n'était pas encore froide » (*a*).

M. le chevalier Hamilton laissa tomber des morceaux de bois sec dans une fente de lave du Vésuve, vers la fin d'avril 1771; ils furent enflammés dans l'instant, quoique cette lave fût sortie du volcan le 19 octobre 1767 : elle n'avait point de communication avec le foyer du volcan, et l'endroit où il fit cette expérience était éloigné au moins de

(*a*) *Voyage en Sicile*, t. Ier, p. 213.

quatre milles de la bouche d'où cette lave avait jailli. Il est très persuadé qu'il faut bien des années avant qu'une lave de l'épaisseur de celle-ci (d'environ deux cents pieds) se refroidisse.

Je n'ai pu faire des expériences sur la consolidation et le refroidissement qu'avec des boulets de quelques pouces de diamètre; le seul moyen de faire ces expériences plus en grand serait d'observer les laves et de comparer les temps employés à leur consolidation et refroidissement selon leurs différentes épaisseurs; je suis persuadé que ces observations confirmeraient la loi que j'ai établie pour le refroidissement depuis l'état de fusion jusqu'à la température actuelle, et quoiqu'à la rigueur ces nouvelles observations ne soient pas nécessaires pour confirmer ma théorie, elles serviraient à remplir le grand intervalle qui se trouve entre un boulet de canon et une planète.

Il nous reste à examiner la nature des laves et à démontrer qu'elles se convertissent, avec le temps, en une terre fertile, ce qui nous rappelle l'idée de la première conversion des scories du verre primitif qui couvraient la surface entière du globe après sa consolidation.

« On ne comprend pas sous le nom de laves, dit M. de La Condamine, toutes les » matières sorties de la bouche d'un volcan, telles que les cendres, les pierres ponces, le » gravier, le sable, mais seulement celles qui, réduites par l'action du feu dans un état » de limpidité, forment en se refroidissant des masses solides dont la dureté surpasse » celle du marbre. Malgré cette restriction, on conçoit qu'il y aura encore bien des espèces » de laves, selon le différent degré de fusion du mélange, selon qu'il participera plus ou » moins du métal, et qu'il sera plus ou moins intimement uni avec diverses matières. » J'en distingue surtout trois espèces, et il y en a bien d'intermédiaires. La lave la plus » pure ressemble, quand elle est polie, à une pierre d'un gris sale et obscur; elle est lisse, » dure, pesante, parsemée de petits fragments semblables à du marbre noir et de points » blanchâtres; elle paraît contenir des parties métalliques; elle ressemble au premier » coup d'œil à la serpentine, lorsque la couleur de la lave ne tire point sur le vert; elle » reçoit un assez beau poli, plus ou moins vif dans ses différentes parties; on en fait des » tables, des chambranles de cheminée, etc.

» La lave la plus grossière est inégale et raboteuse; elle ressemble fort à des scories » de forge ou écumes de fer. La lave la plus ordinaire tient un milieu entre ces deux » extrêmes; c'est celle que l'on voit répandue en grosses masses sur les flancs du Vésuve » et dans les campagnes voisines. Elle y a coulé par torrents; elle a formé en se refroi» dissant des masses semblables à des rochers ferrugineux et rouillés, et souvent épais » de plusieurs pieds. Ces masses sont interrompues et souvent recouvertes par des amas » de cendres et de matières calcinées... C'est sous plusieurs lits alternatifs de laves, de » cendres et de terre, dont le total fait une croûte de 60 à 80 pieds d'épaisseur, qu'on a » trouvé des temples, des portiques, des statues, un théâtre, une ville entière, etc. (*a*). »

» Presque toujours, dit M. Fougeroux de Pondaroy, immédiatement après l'éruption » d'une terre brûlée ou d'une espèce de cendre..., le Vésuve jette la lave...; elle coule par » les fentes qui sont faites à la montagne...

» La matière minérale enflammée, fondue et coulante, ou la lave proprement dite, sort » par les fentes ou crevasses avec plus ou moins d'impétuosité, et en plus ou moins » grande quantité, suivant la force de l'éruption; elle se répand à une distance plus ou » moins grande, suivant son degré de fluidité, et suivant la pente de la montagne qu'elle » suit, qui retarde plus ou moins son refroidissement...

» Celle qui garnit maintenant une partie du terrain dans le bas de la montagne, et » qui descend quelquefois jusqu'au pied de Portici..., forme de grandes masses dures,

(*a*) *Mémoires de l'Académie des sciences*, année 1757, p. 374 et suiv.

» pesantes et hérissées de pointes sur leur surface supérieure ; la surface qui porte sur le » terrain est plus plate : comme ces morceaux sont les uns sur les autres, ils ressemblent » un peu aux flots de la mer ; quand les morceaux sont plus grands et plus amoncelés, » ils prennent la figure des rochers.....

» En se refroidissant, la lave affecte différentes formes..... La plus commune est en » tables plus ou moins grandes ; quelques morceaux ont jusqu'à six, sept et huit pieds » de dimension ; elle s'est ainsi cassée et rompue en cessant d'être liquide et en se refroi- » dissant ; c'est cette espèce de laves dont la superficie est hérissée de pointes.....

» La seconde espèce ressemble à de gros cordages ; elle se trouve toujours proche » l'ouverture, paraît s'être figée promptement et avoir roulé avant de s'être durcie ; elle » est moins pesante que celle de la première espèce ; elle est aussi plus fragile, moins » dure et plus bitumineuse ; en la cassant, on voit que sa substance est moins serrée que » dans la première.....

» On trouve au haut de la montagne une troisième espèce de lave, qui est brillante, » disposée en filets qui quelquefois se croisent ; elle est lourde et d'un rouge violet... Il » y a des morceaux qui sont sonores et qui ont la figure des stalactites... Enfin on trouve » à certaines parties de la montagne des laves qui affectent une forme sphérique, et qui » paraissent avoir roulé : on conçoit aisément comment la forme de ces laves peut varier » suivant une infinité de circonstances, etc. (*a*). »

Il entre des matières de toute espèce dans la composition des laves ; on a tiré du fer et un peu de cuivre de celles du sommet du Vésuve ; il y en a même quelques-unes d'assez métalliques pour conserver la flexibilité du métal ; j'ai vu de grandes tables de laves de deux pouces d'épaisseur, travaillées et polies comme des tables de marbre, se courber par leur propre poids ; j'en ai vu d'autres qui pliaient sous une forte charge, mais qui reprenaient le plan horizontal par leur élasticité.

Toutes les laves étant réduites en poudre sont, comme le verre, susceptibles d'être converties par l'intermède de l'eau, d'abord en argile, et peuvent devenir ensuite, par le mélange des poussières et des détriments de végétaux, d'excellents terrains. Ces faits sont démontrés par les belles et grandes forêts qui environnent l'Etna, qui toutes sont sur un fond de lave recouvert d'une bonne terre de plusieurs pieds d'épaisseur : les cendres se convertissent encore plus vite en terre que les poudres de verre et de lave ; on voit, dans la cavité des cratères des anciens volcans actuellement éteints, des terrains fertiles ; on en trouve de même sur le cours de tous les anciens torrents de lave. Les dévastations causées par les volcans sont donc limitées par le temps ; et, comme la nature tend toujours plus à produire qu'à détruire, elle répare dans l'espace de quelques siècles les dévastations du feu sur la terre, et lui rend sa fécondité en se servant même de matériaux lancés pour la destruction.

(*a*) *Mémoires de l'Académie des sciences*, année 1766, p. 75 et suiv.

ADDITIONS

A L'ARTICLE QUI A POUR TITRE : DES CAVERNES.

Sur les cavernes formées par le feu primitif.

Je n'ai parlé, dans ma *Théorie de la Terre*, que de deux sortes de cavernes, les unes produites par le feu des volcans et les autres par le mouvement des eaux souterraines : ces deux espèces de cavernes ne sont pas situées à de grandes profondeurs; elles sont même nouvelles, en comparaison des autres cavernes bien plus vastes et bien plus anciennes qui ont dû se former dans le temps de la consolidation du globe; car c'est dès lors que se sont faites les éminences et les profondeurs de sa superficie, et toutes les boursouflures et cavités de son intérieur, surtout dans les parties voisines de la surface. Plusieurs de ces cavernes produites par le feu primitif, après s'être soutenues pendant quelque temps, se sont ensuite fendues par le refroidissement successif qui diminue le volume de toute matière; bientôt elles se seront écroulées, et, par leur affaissement, elles ont formé les bassins actuels de la mer, où les eaux, qui étaient autrefois très élevées au-dessus de ce niveau, se sont écoulées et ont abandonné les terres qu'elles couvraient dans le commencement : il est plus que probable qu'il subsiste encore aujourd'hui dans l'intérieur du globe un certain nombre de ces anciennes cavernes, dont l'affaissement pourra produire de semblables effets, en abaissant quelques espaces du globe, qui deviendront dès lors de nouveaux réceptacles pour les eaux; et, dans ce cas, elles abandonneront en partie le bassin qu'elles occupent aujourd'hui pour couler par leur pente naturelle dans ces endroits plus bas. Par exemple, on trouve des bancs de coquilles marines sur les Pyrénées jusqu'à 1,500 toises de hauteur au-dessus du niveau de la mer actuelle. Il est donc bien certain que les eaux, dans le temps de la formation de ces coquilles, étaient de 1,500 toises plus élevées qu'elles ne le sont aujourd'hui; mais, lorsqu'au bout d'un temps les cavernes qui soutenaient les terres de l'espace où gît actuellement l'Océan Atlantique se sont affaissées, les eaux qui couvraient les Pyrénées et l'Europe entière auront coulé avec rapidité pour remplir ces bassins, et auront par conséquent laissé à découvert toutes les terres de cette partie du monde. La même chose doit s'entendre de tous les autres pays : il paraît qu'il n'y a que les sommets des plus hautes montagnes auxquels les eaux de la mer n'aient jamais atteint, parce qu'ils ne présentent aucun débris des productions marines et ne donnent pas des indices aussi évidents du séjour des mers; néanmoins comme quelques-unes des matières dont ils sont composés, quoique toutes du genre vitrescible, semblent n'avoir pris leur solidité, leur consistance et leur dureté que par l'intermède et le gluten de l'eau, et qu'elles paraissent s'être formées, comme nous l'avons dit, dans les masses de sable ou de poussière de verre qui étaient autrefois aussi élevées que ces pics de montagnes, et que les eaux des pluies ont, par succession de temps, entraînées à leur pied, on ne doit pas prononcer affirmativement que les eaux de la mer ne se soient jamais trouvées qu'au niveau où l'on trouve des coquilles; elles ont pu être encore plus élevées, même avant le temps où leur température a permis aux coquilles d'exister. La plus grande hauteur à laquelle s'est trouvée la mer universelle ne nous est pas connue; mais c'est en savoir assez que de pouvoir assurer que les eaux étaient élevées de 1,500 ou 2,000 toises au-dessus de leur niveau actuel, puisque les coquilles se trouvent à 1,500 toises dans les Pyrénées, et à 2,000 toises dans les Cordillères.

Si tous les pics des montagnes étaient formés de verre solide ou d'autres matières produites immédiatement par le feu, il ne serait pas nécessaire de recourir à l'autre cause, c'est-à-dire au séjour des eaux, pour concevoir comment elles ont pris leur consistance; mais la plupart de ces pics ou pointes de montagnes paraissent être composés de matières qui, quoique vitrescibles, ont pris leur solidité et acquis leur nature par l'intermède de l'eau. On ne peut donc guère décider si le feu primitif seul a produit leur consistance actuelle, ou si l'intermède et le gluten de l'eau de la mer n'ont pas été nécessaires pour achever l'ouvrage du feu et donner à ces masses vitrescibles la nature qu'elles nous présentent aujourd'hui. Au reste, cela n'empêche pas que le feu primitif, qui d'abord a produit les plus grandes inégalités sur la surface du globe, n'ait eu la plus grande part à l'établissement des chaînes de montagnes qui en traversent la surface, et que les noyaux de ces grandes montagnes ne soient tous des produits de l'action du feu, tandis que les contours de ces mêmes montagnes n'ont été disposés et travaillés par les eaux que dans des temps subséquents; en sorte que c'est sur ces mêmes contours, et à de certaines hauteurs, que l'on trouve des dépôts de coquilles et d'autres productions de la mer.

Si l'on veut se former une idée nette des plus anciennes cavernes, c'est-à-dire de celles qui ont été formées par le feu primitif, il faut se représenter le globe terrestre dépouillé de toutes ses eaux et de toutes les matières qui en recouvrent la surface jusqu'à la profondeur de 1,000 ou 1,200 pieds. En séparant par la pensée cette couche extérieure de terre et d'eau, le globe nous présentera la forme qu'il avait à peu près dans les premiers temps de sa consolidation. La roche vitrescible, ou, si l'on veut, le verre fondu, en compose la masse entière; et cette matière, en se consolidant et se refroidissant, a formé, comme toutes les autres matières fondues, des éminences, des profondeurs, des cavités, des boursouflures dans toute l'étendue de la surface du globe. Ces cavités intérieures formées par le feu sont les cavernes primitives, et se trouvent en bien plus grand nombre vers les contrées du Midi que dans celles du Nord, parce que le mouvement de rotation qui a élevé ces parties de l'équateur avant la consolidation y a produit un plus grand déplacement de la matière, et, en retardant cette même consolidation, aura concouru avec l'action du feu pour produire un plus grand nombre de boursouflures et d'inégalités dans cette partie du globe que dans toute autre. Les eaux venant des pôles n'ont pu gagner ces contrées méridionales, encore brûlantes, que quand elles ont été refroidies; les cavernes qui les soutenaient s'étant successivement écroulées, la surface s'est abaissée et rompue en mille et mille endroits. Les plus grandes inégalités du globe se trouvent par cette raison dans les climats méridionaux : les cavernes primitives y sont encore en plus grand nombre que partout ailleurs; elles y sont aussi situées plus profondément, c'est-à-dire peut-être jusqu'à cinq et six lieues de profondeur, parce que la matière du globe a été remuée jusqu'à cette profondeur par le mouvement de rotation dans le temps de sa liquéfaction. Mais les cavernes qui se trouvent dans les hautes montagnes ne doivent pas toutes leur origine à cette même cause du feu primitif : celles qui gisent le plus profondément au-dessous de ces montagnes sont les seules qu'on puisse attribuer à l'action de ce premier feu; les autres, plus extérieures et plus élevées dans la montagne, ont été formées par des causes secondaires, comme nous l'avons exposé. Le globe, dépouillé des eaux et des matières qu'elles ont transportées, offre donc à sa surface un sphéroïde bien plus irrégulier qu'il ne nous paraît l'être avec cette enveloppe. Les grandes chaînes de montagnes, leurs pics, leurs cornes ne nous présentent peut-être pss aujourd'hui la moitié de leur hauteur réelle; toutes sont attachées par leur base à la roche vitrescible qui fait le fond du globe et sont de la même nature. Ainsi, l'on doit compter trois espèces de cavernes produites par la nature : les premières, en vertu de la puissance du feu primitif; les secondes, par l'action des eaux; et les troisièmes, par la force des feux souterrains; et chacune de ces cavernes, différentes par leur origine, peuvent être distinguées et reconnues à l'inspection des matières qu'elles contiennent ou qui les environnent.

ADDITIONS

A L'ARTICLE QUI A POUR TITRE : DE L'EFFET DES PLUIES — DES MARÉCAGES — DES BOIS SOUTERRAINS — DES EAUX SOUTERRAINES.

I. — *Sur l'éboulement et l'emplacement de quelques terrains.*

La rupture des cavernes et l'action des feux souterrains sont les principales causes des grands éboulements de la terre, mais souvent il s'en fait aussi par de plus petites causes; la filtration des eaux, en délayant les argiles sur lesquelles portent les rochers de presque toutes les montagnes calcaires, a souvent fait pencher ces montagnes et causé des éboulements assez remarquables pour que nous devions en donner ici quelques exemples.

« En 1757, dit M. Perronet, une partie du terrain qui se trouve situé à mi-côte avant » d'arriver au château de Croix-Fontaine, s'entr'ouvrit en nombre d'endroits et s'éboula » successivement par parties; le mur de terrasse qui retenait le pied de ces terres fut » renversé, et on fut obligé de transporter plus loin le chemin qui était établi le long du » mur..... Ce terrain était porté sur une base de terre inclinée. » Ce savant et premier ingénieur de nos ponts et chaussées cite un autre accident de même espèce arrivé en 1733 à Pardines, près d'Issoire en Auvergne : le terrain, sur environ 400 toises de longueur et 300 toises de largeur, descendit sur une prairie assez éloignée, avec les maisons, les arbres et ce qui était dessus. Il ajoute que l'on voit quelquefois des parties considérables de terrains emportées, soit par des réservoirs supérieurs d'eau dont les digues viennent à se rompre, ou par une fonte subite de neiges. En 1757, au village de Guet, à dix lieues de Grenoble, sur la route de Briançon, tout le terrain, lequel est en pente, glissa et descendit en un instant vers le Drac, qui en est éloigné d'environ un tiers de lieue; la terre se fendit dans le village, et la partie qui a glissé se trouve de 6, 8 et 9 pieds plus basse qu'elle n'était; ce terrain était posé sur un rocher assez uni, et incliné à l'horizon d'environ 40 degrés (*a*).

Je puis ajouter à ces exemples un autre fait, dont j'ai eu tout le temps d'être témoin, et qui m'a même occasionné une dépense assez considérable. Le tertre isolé sur lequel sont situés la ville et le vieux château de Montbard est élevé de 140 pieds au-dessus de la rivière, et la côte la plus rapide est celle du nord-est : ce tertre est couronné de rochers calcaires dont les bancs pris ensemble ont 54 pieds d'épaisseur; partout ils portent sur un massif de glaise, qui par conséquent a jusqu'à la rivière 66 pieds d'épaisseur; mon jardin, environné de plusieurs terrasses, est situé sur le sommet de ce tertre; une partie du mur, longue de 25 à 26 toises, de la dernière terrasse du côté du nord-est, où la pente est la plus rapide, a glissé tout d'une pièce en faisant refouler le terrain inférieur; et il serait descendu jusqu'au niveau du terrain voisin de la rivière, si l'on n'eût pas prévenu son mouvement progressif en le démolissant : ce mur avait 7 pieds d'épaisseur, et il était fondé sur la glaise. Ce mouvement se fit très lentement; je reconnus évidemment qu'il n'était occasionné que par le suintement des eaux; toutes celles qui tombent sur la plate-forme du sommet de ce tertre pénètrent par les fentes des rochers jusqu'à 54 pieds sur le massif de glaise qui leur sert de base : on en est assuré par les deux puits qui sont sur la plate-forme et qui ont en effet 54 pieds de profondeur; ils sont pratiqués du haut en

(*a*) *Histoire de l'Académie des sciences,* année 1769, p. 233 et suiv.

bas dans les bancs calcaires. Toutes les eaux pluviales qui tombent sur cette plate-forme et sur les terrasses adjacentes se rassemblent donc sur le massif d'argile ou glaise auquel aboutissent les fentes perpendiculaires de ces rochers; elles forment de petites sources en différents endroits, qui sont encore clairement indiquées par plusieurs puits, tous abondants et creusés au-dessous de la couronne des rochers : et dans tous les endroits où l'on tranche ce massif d'argile par des fossés, on voit l'eau suinter et venir d'en haut : il n'est donc pas étonnant que des murs, quelque solides qu'ils soient, glissent sur le premier banc de cette argile humide, s'ils ne sont pas fondés à plusieurs pieds au-dessous, comme je l'ai fait faire en les reconstruisant. Néanmoins la même chose est encore arrivée du côté du nord-ouest de ce tertre, où la pente est plus douce et sans sources apparentes : on avait tiré de l'argile à 12 ou 15 pieds de distance d'un gros mur épais de 11 pieds sur 35 de hauteur et 12 toises de longueur; ce mur est construit de très bons matériaux, et il subsiste depuis plus de neuf cents ans; cette tranchée où l'on tirait de l'argile, et qui ne descendait pas à plus de 4 à 5 pieds, a néanmoins fait faire un mouvement à cet énorme mur; il penche d'environ 15 pouces sur sa hauteur perpendiculaire, et je n'ai pu le retenir et prévenir sa chute que par des piliers buttants de 7 à 8 pieds de saillie sur autant d'épaisseur, fondés à 14 pieds de profondeur.

De ces faits particuliers, j'ai tiré une conséquence générale dont aujourd'hui on ne fera pas autant de cas que l'on en aurait fait dans les siècles passés : c'est qu'il n'y a pas un château ou forteresse située sur des hauteurs, qu'on ne puisse aisément faire couler dans la plaine ou vallée, au moyen d'une simple tranchée de 10 ou 12 pieds de profondeur sur quelques toises de largeur, en pratiquant cette tranchée à une petite distance des derniers murs, et choisissant pour l'établir le côté où la pente est la plus rapide. Cette manière, dont les anciens ne se sont pas doutés, leur aurait épargné bien des béliers et d'autres machines de guerre, et aujourd'hui même on pourrait s'en servir avantageusement dans plusieurs cas; je me suis convaincu par mes yeux, lorsque ces murs ont glissé, que si la tranchée qu'on a faite pour les reconstruire n'eût pas été promptement remplie de forte maçonnerie, les murs anciens et les deux tours qui subsistent encore en bon état depuis neuf cents ans, et dont l'une a 125 pieds de hauteur, auraient coulé dans le vallon avec les rochers sur lesquels ces tours et ces murs sont fondés; et comme toutes nos collines composées de pierres calcaires portent généralement sur un fond d'argile, dont les premiers lits sont toujours plus ou moins humectés par les eaux qui filtrent dans les fentes des rochers et descendent jusqu'à ce premier lit d'argile, il me paraît certain qu'en éventant cette argile, c'est-à-dire en exposant à l'air par une tranchée ces premiers lits imbibés des eaux, la masse entière des rochers et du terrain qui porte sur ce massif d'argile coulerait en glissant sur le premier lit et descendrait jusque dans la tranchée en peu de jours, surtout dans un temps de pluie. Cette manière de démanteler une forteresse est bien plus simple que tout ce qu'on a pratiqué jusqu'ici, et l'expérience m'a démontré que le succès en est certain.

II. — *Sur la tourbe.*

On peut ajouter à ce que j'ai dit sur les tourbes les faits suivants :

Dans les châtellenies et subdélégations de Bergues-Saint-Winock, Furnes et Bouhourg, on trouve de la tourbe à trois ou quatre pieds sous terre; ordinairement ces lits de tourbes ont deux pieds d'épaisseur et sont composés de bois pourris, d'arbres même entiers, avec leurs branches et leurs feuilles dont on connait l'espèce et particulièrement de coudriers, qu'on reconnaît à leurs noisettes encore existantes, entremêlés de différentes espèces de roseaux faisant corps ensemble.

D'où viennent ces lits de tourbes qui s'étendent depuis Bruges par tout le plat pays de la Flandre jusqu'à la rivière d'Aa, entre les dunes et les terres élevées des environs de Bergues, etc.? Il faut que, dans les siècles reculés, lorsque la Flandre n'était qu'une vaste forêt, une inondation subite de la mer ait submergé tout le pays, et en se retirant ait déposé tous les arbres, bois et roseaux qu'elle avait déracinés et détruit dans cet espace de terrain, qui est le plus bas de la Flandre, et que cet événement soit arrivé vers le mois d'août ou septembre, puisqu'on trouve encore les feuilles aux arbres, ainsi que les noisettes aux coudriers. Cette inondation doit avoir été bien longtemps avant la conquête que fit Jules César de cette province, puisque les écrits des Romains, depuis cette époque, n'en ont pas fait mention (*a*).

Quelquefois on trouve des végétaux dans le sein de la terre, qui sont dans un état différent de celui de la tourbe ordinaire : par exemple au mont Ganelon, près de Compiègne, on voit d'un côté de la montagne les carrières de belles pierres et les huîtres fossiles dont nous avons parlé, et de l'autre côté de la montagne on trouve à mi-côte un lit de feuilles de toutes sortes d'arbres, et aussi des roseaux, des goëmons, le tout mêlé ensemble et renfermé dans la vase; lorsqu'on remue ces feuilles, on retrouve la même odeur de marécage qu'on respire sur le bord de la mer, et ces feuilles conservent cette odeur pendant plusieurs années. Au reste, elles ne sont point détruites; on peut en reconnaître aisément les espèces : elles n'ont que de la sécheresse et sont liées faiblement les unes aux autres par la vase (*b*).

« On reconnaît, dit M. Guettard, deux espèces de tourbes : les unes sont composées » de plantes marines, les autres de plantes terrestres ou qui viennent dans les prairies. » On suppose que les premières ont été formées dans le temps que la mer recouvrait » la partie de la terre qui est maintenant habitée; on veut que les secondes se soient » accumulées sur celles-ci. On imagine, suivant ce système, que les courants portaient » dans des bas-fonds, formés par les montagnes qui étaient élevées dans la mer, les » plantes marines qui se détachaient des rochers, et qui, ayant été ballottées par les » flots, se déposaient dans des lieux profonds.

» Cette production de tourbes n'est certainement pas impossible; la grande quantité » de plantes qui croissent dans la mer paraît bien suffisante pour former ainsi des » tourbes : les Hollandais même prétendent que la bonté des leurs ne vient que de ce » qu'elles sont ainsi produites, et qu'elles sont pénétrées du bitume dont les eaux de la » mer sont chargées.....

» Les tourbières de Villeroy sont placées dans la vallée où coule la rivière d'Essonne; » la partie de cette vallée peut s'étendre depuis Roissy jusqu'à Escharcon..... C'est même » vers Roissy qu'on a commencé à tirer des tourbes;... mais celles que l'on fouille auprès » d'Escharcon sont les meilleures.....

» Les prairies où les tourbières sont ouvertes sont assez mauvaises; elles sont rem- » plies de joncs, de roseaux, des prêles et autres plantes qui croissent dans les mauvais » prés; on fouille ces prés jusqu'à la profondeur de 8 à 10 pieds... Après la couche qui » forme actuellement le sol de la prairie est placé un lit de tourbe d'environ un pied; il » est rempli de plusieurs espèces de coquilles fluviatiles et terrestres.

» Ce banc de tourbe qui renferme les coquilles est communément terreux; ceux qui » le suivent sont à peu près de la même épaisseur, et d'autant meilleurs qu'ils sont plus

(*a*) Mémoire pour la subdélégation de Dunkerque, relativement à l'histoire naturelle de ce canton.

(*b*) Lettre de M. Leschevin à M. de Buffon : Compiègne, 8 août 1772. C'est la seconde fois, et ce ne sera pas la dernière, que j'aurai occasion de citer M. Leschevin, chef des bureaux de la Maison du Roi, qui, par son goût pour l'histoire naturelle et par amitié pour moi, m'a facilité des correspondances et procuré des observations et des morceaux rares pour l'augmentation du Cabinet du Roi.

» profonds; les tourbes qu'ils fournissent sont d'un brun noir, lardées de roseaux, de » joncs, de cypéroïdes et autres plantes qui viennent dans les prés; on ne voit point de » coquilles dans ces bancs.....

» On a quelquefois rencontré dans la masse des tourbes des souches de saules et de » peupliers, et quelques racines de ces arbres ou de quelques autres semblables; on a » découvert du côté d'Escharcon un chêne enseveli à neuf pieds de profondeur; il était » noir et presque pourri; il s'est consommé à l'air; un autre a été rencontré du côté » de Roissy à la profondeur de deux pieds entre la terre et la tourbe. On a encore vu, » près d'Escharcon, des bois de cerfs; ils étaient enfouis jusqu'à trois ou quatre pieds.....

» Il y a aussi des tourbes dans les environs d'Étampes, et peut-être aussi abondam- » ment qu'auprès de Villeroy; ces tourbes ne sont point mousseuses, ou le sont très peu; » leur couleur est d'un beau noir, elles ont de la pesanteur, elles brûlent bien au feu » ordinaire, et il n'y a guère lieu de douter qu'on n'en pût faire de très bon charbon.....

» Les tourbières des environs d'Étampes ne sont, pour ainsi dire, qu'une continuité de » celles de Villeroy; en un mot, toutes les prairies qui sont renfermées entre les gorges » où la rivière d'Étampes coule sont probablement remplies de tourbe. On en doit, à ce » que je crois, dire autant de celles qui sont arrosées par la rivière d'Essonne; celles de » ces prairies que j'ai parcourues m'ont fait voir les mêmes plantes que celles d'Étampes » et de Villeroy » (*a*).

Au reste, selon l'auteur, il y a en France encore nombre d'endroits où l'on pourrait tirer de la tourbe comme à Bourneuille, à Croué, auprès de Beauvais, à Bruneval, aux environs de Péronne, dans le diocèse de Troyes en Champagne, etc.; et cette matière combustible serait d'un grand secours, si l'on en faisait usage dans les endroits qui manquent de bois.

Il y a aussi des tourbes près de Vitry-le-François, dans des marais le long de la Marne; ces tourbes sont bonnes et contiennent une grande quantité de cupules de gland : le marais de Saint-Gon, aux environs de Châlons, n'est aussi qu'une tourbière considérable que l'on sera obligé d'exploiter dans la suite, par la disette des bois (*b*).

III. — *Sur les bois souterrains pétrifiés et charbonnifiés.*

« Dans les terres du duc de Saxe-Cobourg, qui sont sur les frontières de la Franconie » et de la Saxe, à quelques lieues de la ville de Cobourg même, on a trouvé à une petite » profondeur des arbres entiers pétrifiés à un tel point de perfection, qu'en les travail- » lant on trouve que cela fait une pierre aussi belle et aussi dure que l'agate. Les princes » de Saxe en ont donné quelques morceaux à M. Schœpflin, qui en a envoyé deux à » M. de Buffon pour le Cabinet du Roi : on a fait de ces bois pétrifiés des vases et autres » beaux ouvrages » (*c*).

On trouve aussi du bois qui n'a point changé de nature, à d'assez grandes profondeurs dans la terre. M. du Verny, officier d'artillerie, m'en a envoyé des échantillons, avec le détail suivant : « La ville de La Fère, où je suis actuellement en garnison, fait » travailler, depuis le 15 du mois d'août de cette année 1753, à chercher de l'eau par le » moyen de la tarière : lorsqu'on fut parvenu à 39 pieds au-dessous du sol, on trouva un » lit de marne, que l'on a continué de percer jusqu'à 121 pieds; ainsi, à 160 pieds de pro- » fondeur, on a trouvé, deux fois consécutives, la tarière remplie d'une marne mêlée » d'une très grande quantité de fragments de bois, que tout le monde a reconnus pour » être du chêne. Je vous en envoie deux échantillons : les jours suivants, on a trouvé

(*a*) *Mémoires de l'Académie des sciences*, année 1761, p. 380 jusqu'à 397.
(*b*) Note communiquée à M. de Buffon par M. Grignon, le 6 août 1777.
(*c*) Lettre de M. Schœpflin, Strasbourg, 24 septembre 1746.

» toujours la même marne, mais moins mêlée de bois, et on en a trouvé jusqu'à la pro- » fondeur de 210 pieds, où l'on a cessé le travail » (*a*).

« On trouve, dit M. Justi, des morceaux de bois pétrifiés d'une prodigieuse grandeur, » dans le pays de Cobourg, qui appartient à une branche de la maison de Saxe; et dans » les montagnes de Misnie, on a tiré de la terre des arbres entiers, qui étaient entièrement » changés en une très belle agate. Le Cabinet impérial de Vienne renferme un grand » nombre de pétrifications en ce genre. Un morceau destiné pour ce même Cabinet était » d'une circonférence qui égalait celle d'un gros billot de boucherie : la partie qui avait été » bois était changée en une très belle agate d'un gris noir; et, au lieu de l'écorce, on » voyait régner tout autour du tronc une bande d'une très belle agate blanche.....

» L'empereur aujourd'hui régnant..... a souhaité qu'on découvrît quelque moyen pour » fixer l'âge des pétrifications..... Il donna ordre à son ambassadeur à Constantinople de » demander la permission de faire retirer du Danube un des piliers du pont de Trajan, » qui est à quelques milles au-dessous de Belgrade : cette permission ayant été accordée, » on retira un de ces piliers, que l'on présumait devoir être pétrifié par les eaux du » Danube; mais on reconnut que la pétrification était très peu avancée pour un espace » de temps si considérable. Quoiqu'il se fût passé plus de seize siècles depuis que le » pilier en question était dans le Danube, elle n'y avait pénétré tout au plus qu'à l'épais- » seur de trois quarts de pouce, et même à quelque chose de moins : le reste du bois, peu » différent de l'ordinaire, ne commençait qu'à se calciner.

» Si de ce fait seul on pouvait tirer une juste conséquence pour toutes les autres pétri- » fications, on en conclurait que la nature a eu besoin peut-être de cinquante mille ans » pour changer en pierre des arbres de la grosseur de ceux qu'on a trouvés pétrifiés en » différents endroits; mais il peut fort bien arriver qu'en d'autres lieux le concours de » plusieurs causes opère la pétrification plus promptement.

» On a vu à Vienne une bûche pétrifiée, qui était venue des montagnes Carpathes en » Hongrie, sur laquelle paraissaient distinctement les hachures qui y avaient été faites » avant sa pétrification; et ces mêmes hachures étaient si peu altérées par le change- » ment arrivé au bois, qu'on y remarquait qu'elles avaient été faites avec un tranchant » qui avait une petite brèche.....

» Au reste, il paraît que le bois pétrifié est beaucoup moins rare dans la nature qu'on » ne le pense communément, et qu'en bien des endroits, il ne manque, pour le décou- » vrir, que l'œil d'un naturaliste curieux. J'ai vu auprès de Mansfeld une grande quantité » de bois de chêne pétrifié, dans un endroit où beaucoup de gens passent tous les jours, » sans apercevoir ce phénomène. Il y avait des bûches entièrement pétrifiées, dans les- » quelles on reconnaissait très distinctement les anneaux formés par la croissance annuelle » du bois, l'écorce, l'endroit de la coupe, et toutes les marques du bois de chêne (*b*). »

M. Clozier, qui a trouvé différentes pièces de bois pétrifié, sur les collines aux environs d'Étampes, et particulièrement sur celle de Saint-Symphorien, a jugé que ces différents morceaux de bois pouvaient provenir de quelques souches pétrifiées qui étaient dans ces montagnes : en conséquence, il a fait faire des fouilles sur la montagne de Saint-Symphorien, dans un endroit qu'on lui avait indiqué; et, après avoir creusé la terre de plusieurs pieds, il vit d'abord une racine de bois pétrifiée, qui le conduisit à la souche d'un arbre de même nature.

Cette racine, depuis son commencement jusqu'au tronc où elle était attachée, avait au moins, dit-il, cinq pieds de longueur : il y en avait cinq autres qui y tenaient aussi, mais moins longues...

(*a*) Lettre de M. Bresse du Verny. La Fère, 14 novembre 1753.
(*b*) *Journal étranger*, mois d'octobre 1756, p. 160 et suiv.

Les moyennes et petites racines n'ont pas été bien pétrifiées, ou du moins leur pétrification était si friable qu'elles sont restées dans le sable où était la souche, en une espèce de poussière ou de cendre. Il y a lieu de croire que, lorsque la pétrification s'est communiquée à ces racines, elles étaient presque pourries, et que les parties ligneuses qui les composaient, étant trop désunies par la pourriture, n'ont pu acquérir la solidité requise pour une vraie pétrification...

La souche porte, dans son plus gros, près de 6 pieds de circonférence; à l'égard de sa hauteur, elle porte, dans sa partie la plus élevée, 2 pieds 8 à 10 pouces; son poids est au moins de cinq à six cents livres. La souche, ainsi que les racines, ont conservé toutes les apparences du bois, comme écorce, aubier, bois dur, pourriture, trous de petits et gros vers, excréments de ces mêmes vers : toutes ces différentes parties pétrifiées, mais d'une pétrification moins dure et moins solide que le corps ligneux, qui était bien sain lorsqu'il a été saisi par les parties pétrifiantes. Ce corps ligneux est changé en un vrai caillou de différentes couleurs, rendant beaucoup de feu étant frappé avec le fer trempé, et sentant, après qu'il a été frappé ou frotté, une très forte odeur de soufre...

Ce tronc d'arbre pétrifié était couché presque horizontalement... Il était couvert de plus de quatre pieds de terre, et la grande racine était en dessus et n'était enfoncée que de deux pieds dans la terre (*a*).

M. l'abbé Mazéas, qui a découvert à un demi-mille de Rome, au delà de la porte du Peuple, une carrière de bois pétrifié, s'exprime dans les termes suivants :

« Cette carrière de bois pétrifié, dit-il, forme une suite de collines en face de Monte-» Mario, située de l'autre côté du Tibre...: parmi ces morceaux de bois entassés les » uns sur les autres d'une manière irrégulière, les uns sont simplement sous la forme » d'une terre durcie, et ce sont ceux qui se trouvent dans un terrain léger, sec, et qui » ne paraît nullement propre à la pourriture des végétaux; les autres sont pétrifiés et » ont la couleur, le brillant et la dureté de l'espèce de résine cuite, connue dans nos » boutiques sous le nom de colophane; ces bois pétrifiés se trouvent dans un terrain » de même espèce que le précédent, mais plus humide; les uns et les autres sont parfai-» tement bien conservés: tous se réduisent par la calcination en une véritable terre, » aucun ne donnant de l'alun, soit en les traitant au feu, soit en les combinant avec » l'acide vitriolique (*b*). »

M. Dumonchau, docteur en médecine et très habile physicien à Douai, a bien voulu m'envoyer, pour le Cabinet du Roi, un morceau d'un arbre pétrifié, avec le détail historique suivant :

« La pièce de bois pétrifié que j'ai l'honneur de vous envoyer a été cassée à un tronc » d'arbre trouvé à plus de 150 pieds de profondeur en terre... En creusant, l'année der-» nière (1754), un puits pour sonder du charbon, à Notre-Dame-au-bois, village situé » entre Condé, Saint-Amand. Mortagne et Valenciennes, on a trouvé à environ 600 toises » de l'Escaut, après avoir passé trois niveaux d'eau, d'abord 7 pieds de rochers ou de » pierre dure que les charbonniers nomment en leur langage *tourtia;* ensuite, étant par-» venu à une terre marécageuse, on a rencontré, comme je viens de le dire, à 150 pieds » de profondeur, un tronc d'arbre de deux pieds de diamètre, qui traversait le puits que » l'on creusait, ce qui fit qu'on ne put pas en mesurer la longueur; il était appuyé sur un » gros grès, et bien des curieux voulant avoir de ce bois on en détacha plusieurs mor-» ceaux du tronc. La petite pièce que j'ai l'honneur de vous envoyer fut coupée d'un » morceau qu'on donna à M. Laurent, savant mécanicien...

(*a*) *Mémoires des Savants étrangers*, t. II, p. 598 jusqu'à 604.
(*b*) *Mémoires des Savants étrangers*, t. V, p. 388.

» Ce bois paraît plutôt charbonnifié que pétrifié; comment un arbre se trouve-t-il si » avant dans la terre? est-ce que le terrain où on l'a trouvé a été jadis aussi bas? Si cela » est, comment ce terrain aurait-il pu augmenter ainsi de 150 pides? d'où serait venue » toute cette terre?

» Les sept pieds de *tourtia* que M. Laurent a observés, se trouvant répandus de même » dans tous les autres puits à charbon de dix lieues à la ronde, sont donc une production » postérieure à ce grand amas supposé de terre.

» Je vous laisse, Monsieur, la chose à décider; vous vous êtes assez familiarisé avec la » nature pour en comprendre les mystères les plus cachés : ainsi je ne doute pas que vous » n'expliquiez ceci aisément (*a*). »

M. Fougeroux de Bondaroy, de l'Académie royale des sciences, rapporte plusieurs faits sur les bois pétrifiés, dans un mémoire qui mérite des éloges, et dont voici l'extrait :

» Toutes les pierres fibreuses et qui ont quelque ressemblance avec le bois ne sont » pas du bois pétrifié, mais il y en a beaucoup d'autres qu'on aurait tort de ne pas » regarder comme telles, surtout si l'on y remarque l'organisation propre aux végé- » taux.....

» On ne manque pas d'observations qui prouvent que le bois peut se convertir en pierre, » au moins aussi aisément que plusieurs autres substances qui éprouvent incontestable- » ment cette transmutation ; mais il n'est pas aisé d'expliquer comment elle se fait; j'es- » père qu'on me permettra de hasarder sur cela quelques conjectures que je tâcherai d'ap- » puyer sur des observations.

» On trouve des bois qui, étant, pour ainsi dire, à demi pétrifiés, s'éloignent peu de la » pesanteur du bois; ils se divisent aisément par feuillets ou même par filaments, comme » certains bois pourris; d'autres, plus pétrifiés, ont le poids, la dureté et l'opacité de la » pierre de taille; d'autres, dont la pétrification est encore plus parfaite, prennent le » même poli que le marbre, pendant que d'autres acquièrent celui des belles agates orien- » tales. J'ai un très beau morceau qui a été envoyé de la Martinique à M. Duhamel, qui » est changé en une très belle sardoine; enfin on en trouve de converti en ardoise. Dans » ces morceaux, on en trouve qui ont tellement conservé l'organisation du bois qu'on y » découvre avec la loupe tout ce qu'on pourrait voir dans un morceau de bois non pé- » trifié.

» Nous en avons trouvé qui sont encroûtés par une mine de fer sableuse, et d'autres » sont pénétrés d'une substance qui, étant plus chargée de soufre et de vitriol, les rap- » proche de l'état de pyrites; quelques-uns sont, pour ainsi dire, lardés par une mine de » fer très pure, d'autres sont traversés par des veines d'agate très noire.

» On trouve des morceaux de bois dont une partie est convertie en pierre et l'autre » en agate; la partie qui n'est convertie qu'en pierre est tendre, tandis que l'autre a la » dureté des pierres précieuses.

» Mais comment certains morceaux, quoique convertis en agate très dure, conservent- » ils des caractères d'organisation très sensibles, les cercles concentriques, les insertions, » l'extrémité des tuyaux destinés à porter la sève, la distinction de l'écorce, de l'aubier » et du bois? Si l'on imaginait que la substance végétale fût entièrement détruite, ils ne » devraient représenter qu'une agate sans les caractères d'organisation dont nous par- » lons; si, pour conserver cette apparence d'organisation, on voulait que le bois subsistât » et qu'il n'y eût que les pores qui fussent remplis par le suc pétrifiant, il semble que » l'on pourrait extraire de l'agate les parties végétales : cependant je n'ai pu y parvenir » en aucune manière. Je pense donc que les morceaux dont il s'agit ne contiennent au- » cune partie qui ait conservé la nature du bois ; et, pour rendre sensible mon idée, je

(*a*) Lettre de M. Dumonchau à M. de Buffon. Douai, 29 janvier 1755.

» prie qu'on se rappelle que, si on distille à la cornue un morceau de bois, le charbon » qui restera après la distillation ne pèsera pas un sixième du poids du morceau de bois; » si on brûle le charbon, on n'en obtiendra qu'une très petite quantité de cendre, qui di- » minuera encore quand on en aura retiré les sels lixiviels.

» Cette petite quantité de cendre étant la partie vraiment fixe, l'analyse chimique dont » je viens de tracer l'idée prouve assez bien que les parties fixes d'un morceau de bois » sont réellement très peu de chose, et que la plus grande portion de matière qui consti » tue un morceau de bois est destructible et peut être enlevée peu à peu par l'eau, à me- » sure que le bois se pourrit.....

» Maintenant, si l'on conçoit que la plus grande partie du bois est détruite, que le » squelette ligneux qui reste est formé par une terre légère et perméable au suc pétrifiant, » sa conversion en pierre, en agate, en sardoine, ne sera pas plus difficile à concevoir » que celle d'une terre bolaire, crétacée, ou de toute autre nature : toute la différence » consistera en ce que cette terre végétale ayant conservé une apparence d'organisation, » le suc pétrifiant se moulera dans ses pores, s'introduira dans ses molécules terreuses, » en conservant néanmoins le même caractère..... (a) »

Voici encore quelques faits et quelques observations qu'on doit ajouter aux précédentes. En août 1773, à Montigni-sur-Braine, bailliage de Châlons, vicomté d'Auxonne, en creusant le puits de la cure, on a trouvé, à 33 pieds de profondeur, un arbre couché sur son flanc, dont on n'a pu découvrir l'espèce. Les terres supérieures ne paraissent pas avoir été touchées de main d'homme, d'autant que les lits semblent être intacts, car on trouve au-dessous du terrain un lit de terre glaise de 8 pieds, ensuite un lit de sable de 10 pieds, après cela un lit de terre grasse d'environ 6 à 7 pieds, ensuite un autre lit de terre grasse pierreuse de 4 à 5 pieds, ensuite un lit de sable noir de 3 pieds; enfin l'arbre était dans la terre grasse. La rivière de Braine est au levant de cet endroit et n'en est éloignée que d'une portée de fusil : elle coule dans une prairie de 80 pieds plus basse que l'emplacement de la cure (b).

M. de Grignon m'a informé que, sur les bords de la Marne, près Saint-Dizier, l'on trouve un lit de bois pyriteux, dont on reconnaît l'organisation : ce lit de bois est situé sous un banc de grès qui est recouvert d'une couche de pyrites en gâteaux, surmontée d'un banc de pierre calcaire, et le lit de bois pyriteux porte sur une glaise noirâtre.

Il a aussi trouvé, dans les fouilles qu'il a faites pour la découverte de la ville souterraine de Châtelet, des instruments de fer qui avaient eu des manches de bois, et il a observé que ce bois était devenu une véritable mine de fer du genre des hématites : l'organisation du bois n'était pas détruite, mais il était cassant et d'un tissu aussi serré que celui de l'hématite dans toute son épaisseur. Ces instruments de fer à manche de bois avaient été enfouis dans la terre pendant seize ou dix-sept cents ans, et la conversion du bois en hématite s'est faite par la décomposition du fer, qui peu à peu a rempli tous les pores du bois.

IV. — *Sur les ossements que l'on trouve quelquefois dans l'intérieur de la terre.*

« Dans la paroisse de Haux, pays d'entre deux mers, à demi-lieue du port de Lan- » goiran, une pointe de rocher haute de 11 pieds se détacha d'un coteau, qui avait aupa- » ravant 30 pieds de hauteur; et par sa chute elle répandit dans le vallon une grande » quantité d'ossements ou de fragments d'ossements d'animaux, quelques-uns pétrifiés. » Il est indubitable qu'ils en sont, mais il est très difficile de déterminer à quels animaux » ils appartiennent : le plus grand nombre sont des dents, quelques-unes peut-être de

(a) *Mémoires de l'Académie des sciences*, année 1759, p. 431 jusqu'à 452.
(b) Lettre de Mme la comtesse de Clermont-Montoison à M. de Buffon.

» bœuf ou de cheval, mais la plupart trop grandes ou trop grosses pour en être, sans » compter la différence de figure : il y a des os de cuisses ou de jambes et même un » fragment de bois de cerf ou d'élan ; le tout était enveloppé de terre commune et » enfermé entre deux lits de roche. Il faut nécessairement concevoir que des cadavres » d'animaux ayant été jetés dans une roche creuse, et leurs chairs s'étant pourries, il » s'est formé par-dessus cet amas une roche de 11 pieds de haut, ce qui a demandé une » longue suite de siècles.....

» MM. de l'Académie de Bordeaux, qui ont examiné toute cette matière en habiles » physiciens..., ont trouvé qu'un grand nombre de fragments mis à un feu très vif sont » devenus d'un beau bleu de turquoise ; que quelques petites parties en ont pris la con- » sistance, et que, taillées par un lapidaire, elles en ont le poli... Il ne faut pas oublier » que des os qui appartenaient visiblement à différents animaux ont également bien réussi » à devenir turquoises (*a*).

» Le 28 janvier 1760, on trouva auprès de la ville d'Aix, en Provence, dit M. Guet- » tard, à 160 toises au-dessus des bains des eaux minérales, des ossements renfermés » dans un rocher de pierre grise à sa superficie ; cette pierre ne formait point de lits et » n'était point feuilletée, c'était une masse continue et entière.....

» Après avoir, par le moyen de la poudre, pénétré à 5 pieds de profondeur dans l'in- » térieur de cette pierre, on y trouva une grande quantité d'ossements humains de toutes » les parties du corps, savoir, des mâchoires et leurs dents, des os du bras, de la cuisse, » des jambes, des côtes, des rotules, et plusieurs autres mêlés confusément et dans le » plus grand désordre. Les crânes entiers ou divisés en petites parties semblent y dominer.

» Outre ces ossements humains, on en a rencontré plusieurs autres par morceaux » qu'on ne peut attribuer à l'homme ; ils sont dans certains endroits ramassés par pelo- » tons ; ils sont épars dans d'autres.....

» Lorsqu'on a creusé jusqu'à la profondeur de quatre pieds et demi, on a rencontré six » têtes humaines dans une situation inclinée. De cinq de ces têtes, on a conservé l'occiput » avec ses adhérences, à l'exception des os de la face : cet occiput était en partie incrusté » dans la pierre, son intérieur en était rempli, et cette pierre en avait pris la forme. La » sixième tête est dans son entier du côté de la face, qui n'a reçu aucune altération ; » elle est large à proportion de sa longueur : on y distingue la forme des joues charnues ; » les yeux sont fermés, assez longs, mais étroits ; le front est un peu large, le nez fort » aplati, mais bien formé ; la ligne du milieu un peu marquée, la bouche bien faite et » fermée, ayant la lèvre supérieure un peu forte, relativement à l'inférieure ; le menton » est bien proportionné, et les muscles du total sont très articulés ; la couleur de cette » tête est rougeâtre et ressemble assez bien aux têtes de tritons, imaginées par les peintres ; » sa substance est semblable à celle de la pierre où elle a été trouvée ; elle n'est, à pro- » prement parler, que le masque de la tête naturelle..... »

La relation ci-dessus a été envoyée par M. le baron de Gaillard-Longjumeau à Mme de Boisjourdain, qui l'a fait ensuite parvenir à M. Guettard, avec quelques morceaux des ossements en question. On peut douter avec raison que ces prétendues têtes humaines soient réellement des têtes d'hommes. « Car tout ce qu'on voit dans cette carrière, dit » M. de Longjumeau, annonce qu'elle s'est formée de débris de corps qui ont été brisés, » et qui ont dû être ballottés et roulés dans les flots de la mer, dans le temps que ces os » se sont amoncelés ; ces amas ne se faisant qu'à la longue, et n'étant surtout recouverts » de matière pierreuse que successivement, on ne conçoit pas aisément comment il pour- » rait s'être formé un masque sur la face de ces têtes, les chairs n'étant pas longtemps à » se corrompre, lors surtout que les corps sont ensevelis sous les eaux : on peut donc

(*a*) *Histoire de l'Académie des sciences*, année 1719, p. 24.

» très raisonnablement croire que ces prétendues têtes humaines n'en sont réellement » point...; il y a même tout lieu de penser que les os qu'on croit appartenir à l'homme » sont ceux des squelettes de poissons dont on a trouvé les dents, et dont quelques-unes » étaient enclavées dans les mêmes quartiers de pierre qui renfermaient les os qu'on dit » être humains.

» Il paraît que les amas d'os des environs d'Aix sont semblables à ceux que M. Borda » a fait connaître depuis quelques années, et qu'il a trouvés près de Dax, en Gascogne. » Les dents qu'on a découvertes à Aix paraissent, par la description qu'on en donne, être » semblables à celles qui ont été trouvées à Dax, et dont une mâchoire inférieure était » encore garnie : on ne peut douter que cette mâchoire ne soit celle d'un gros poisson.... » Je pense donc que les os de la carrière d'Aix sont semblables à ceux qui ont été décou- » verts à Dax..., et que ces ossements, quels qu'ils soient, doivent être rapportés à des » squelettes de poissons plutôt qu'à des squelettes humains.....

» Une des têtes en question avait environ sept pouces et demi de longueur, sur trois » de largeur et quelques lignes de plus ; sa forme est celle d'un globe allongé, aplati à » sa base, plus gros à l'extrémité postérieure qu'à l'extrémité antérieure, divisé suivant » sa largeur, et de haut en bas, par sept ou huit bandes larges, depuis sept jusqu'à » douze lignes : chaque bande est elle-même divisée en deux parties égales par un léger » sillon ; elles s'étendent depuis la base jusqu'au sommet : dans cet endroit, celles » d'un côté sont séparées de celles du côté opposé, par un autre sillon plus profond, » et qui s'élargit insensiblement depuis la partie antérieure jusqu'à la partie postérieure.

» A cette description, on ne peut reconnaître le noyau d'une tête humaine ; les os de » la tête de l'homme ne sont pas divisés en bandes, comme l'est le corps dont il s'agit : » une tête humaine est composée de quatre os principaux, dont on ne retrouve pas la » forme dans le noyau dont on a donné la description ; elle n'a pas intérieurement une » crête qui s'étende longitudinalement depuis sa partie antérieure jusqu'à sa partie pos- » térieure, qui la divise en deux parties égales, et qui ait pu former le sillon sur la par- » tie supérieure du noyau pierreux.

» Ces considérations me font penser que ce corps est plutôt celui d'une nautile que » celui d'une tête humaine. En effet, il y a des nautiles qui sont séparés en bandes ou » boucliers, comme ce noyau : ils ont un canal ou siphon qui règne dans la longueur de » leur courbure, qui les sépare en deux et qui en aura formé le sillon pierreux, etc. (*a*) »

Je suis très persuadé, ainsi que M. le baron de Longjumeau, que ces prétendues têtes n'ont jamais appartenu à des hommes, mais à des animaux du genre des phoques, des loutres marines et des grands lions marins et ours marins. Ce n'est pas seulement à Aix ou à Dax que l'on trouve sur les rochers et dans les cavernes des têtes et des ossements de ces animaux : S. A. le prince Margrave d'Anspach, actuellement régnant, et qui joint au goût des belles connaissances la plus grande affabilité, a eu la bonté de me donner, pour le Cabinet du Roi, une collection d'ossements tirés des cavernes de Gaillenrente, dans son margraviat de Bareith. M. Daubenton a comparé ces os avec ceux de l'ours commun : ils en diffèrent en ce qu'ils sont beaucoup plus grands ; la tête et les dents sont plus longues et plus grosses, et le museau plus allongé et plus renflé que dans nos plus grands ours. Il y a aussi dans cette collection, dont ce noble prince a bien voulu me gratifier, une petite tête que ses naturalistes avaient désignée sous le nom de *tête du petit phoca de M. de Buffon* ; mais comme l'on ne connaît pas assez la forme et la structure des têtes de lions marins, d'ours marins et de tous les grands et petits phoques, nous croyons devoir encore suspendre notre jugement sur les animaux auxquels ces ossements fossiles ont appartenu.

(*a*) *Mémoires de l'Académie des sciences,* année 1760, p. 209 jusqu'à 218.

ADDITIONS

A L'ARTICLE QUI A POUR TITRE : DES CHANGEMENTS DE MER EN TERRE.

Au sujet des changements de mer en terre, on verra, en parcourant les côtes de France, qu'une partie de la Bretagne, de la Picardie, de la Flandre et de la basse Normandie, ont été abandonnées par la mer assez récemment, puisqu'on y trouve des amas d'huîtres et d'autres coquilles fossiles dans le même état qu'on les tire aujourd'hui de la mer voisine. Il est très certain que la mer perd sur les côtes de Dunkerque : on en a l'expérience depuis un siècle. Lorsqu'on construisit les jetées de ce port en 1670, le fort de Bonne-Espérance, qui terminait une de ces jetées, fut bâti sur pilotis, bien au delà de la laisse de la basse mer; actuellement la plage s'est avancée au delà de ce fort de près de 300 toises. En 1714, lorsqu'on creusa le nouveau port de Mardik, on avait également porté les jetées jusqu'au delà de la laisse de la basse mer; présentement, il se trouve au delà une plage de plus de 500 toises à sec à marée basse. Si la mer continue à perdre, insensiblement Dunkerque, comme Aiguemortes, ne sera plus un port de mer; et cela pourra arriver dans quelques siècles. La mer ayant perdu si considérablement de notre connaissance, combien n'a-t-elle pas dû perdre depuis que le monde existe (*a*) ?

Il suffit de jeter les yeux sur la Saintonge maritime, pour être persuadé qu'elle a été ensevelie sous les eaux. L'océan qui la couvrait ayant abandonné ces terres, la Charente le suivit à mesure qu'il faisait retraite et forma dès lors une rivière dans les lieux même où elle n'était auparavant qu'un grand lac ou un marais. Le pays d'Aunis a été autrefois submergé par la mer et par les eaux stagnantes des marais; c'est une des terres les plus nouvelles de la France; il y a lieu de croire que ce terrain n'était encore qu'un marais, vers la fin du XIVe siècle (*b*).

Il paraît donc que l'Océan a baissé de plusieurs pieds depuis quelques siècles sur toutes nos côtes, et si l'on examine celles de la Méditerranée depuis le Roussillon jusqu'en Provence, on reconnaîtra que cette mer a fait aussi retraite à peu près dans la même proportion; ce qui semble prouver que toutes les côtes d'Espagne et de Portugal se sont, comme celles de France, étendues en circonférence. On a fait la même remarque en Suède, où quelques physiciens ont prétendu, d'après leurs observations, que, dans quatre mille ans, à dater de ce jour, la Baltique, dont la profondeur n'est guère que de trente brasses, sera une terre découverte et abandonnée par les eaux.

Si l'on faisait de semblables observations dans tous les pays du monde, je suis persuadé qu'on trouverait généralement que la mer se retire de toutes parts. Les mêmes causes, qui ont produit sa première retraite et son abaissement successif, ne sont pas absolument anéanties; la mer était dans le commencement élevée de plus de deux mille toises au-dessus de son niveau actuel; les grandes boursouflures de la surface du globe qui se sont écroulées les premières, ont fait baisser les eaux, d'abord rapidement; ensuite, à mesure que d'autres cavernes moins considérables se sont affaissées, la mer se sera proportionnellement déprimée, et, comme il existe encore un assez grand nombre de cavités qui ne sont pas écroulées, et que de temps en temps cet effet doit arriver, soit par l'action des volcans, soit par la seule force de l'eau, soit par l'effort des tremblements de terre, il me semble qu'on peut prédire, sans craindre de se tromper, que les mers se retireront de plus en plus avec le temps, en s'abaissant encore au-dessous de leur niveau actuel, et que par conséquent l'étendue des continents terrestres ne fera qu'augmenter avec les siècles.

(*a*) Mémoire pour la subdélégation de Dunkerque, relativement à l'histoire naturelle de ce canton.

(*b*) Extrait de l'*Histoire de la Rochelle*, art. 2 et 3.

CONSTELLATIONS CÉLESTES

Étoiles de la Zône Équatoriale

Solstice d'Été (Minuit)

A. Le Vasseur, Éditeur

Imp. R. Taneur

SUPPLÉMENT

A LA THÉORIE DE LA TERRE

PARTIE HYPOTHÉTIQUE

PREMIER MÉMOIRE

RECHERCHES SUR LE REFROIDISSEMENT DE LA TERRE ET DES PLANÈTES.

En supposant, comme tous les phénomènes paraissent l'indiquer, que la terre ait autrefois été dans un état de liquéfaction causée par le feu, il est démontré, par nos expériences, que si le globe était entièrement composé de fer ou de matière ferrugineuse (a), il ne se serait consolidé jusqu'au centre qu'en 4,026 ans, refroidi au point de pouvoir le toucher sans se brûler en 46,991 ans; et qu'il ne se serait refroidi au point de la température actuelle qu'en 100,696 ans; mais comme la terre, dans tout ce qui nous est connu, nous paraît être composée de matières vitrescibles et calcaires qui se refroidissent en moins de temps que les matières ferrugineuses, il faut pour approcher de la vérité autant qu'il est possible, prendre les temps respectifs du refroidissement de ces différentes matières tels que nous les avons trouvés par les expériences du second mémoire, et en établir le rapport avec celui du refroidissement du fer. En n'employant dans cette somme que le verre, le grès, la pierre calcaire dure, les marbres et les matières ferrugineuses, on trouvera que le globe terrestre s'est consolidé jusqu'au centre en 2,905 ans environ, qu'il s'est refroidi au point de pouvoir le toucher en 33,911 ans environ, et à la température actuelle en 74,047 ans environ.

J'ai cru ne devoir pas faire entrer dans cette somme des rapports du refroidissement des matières qui composent le globe, ceux de l'or, de l'argent, du plomb, de l'étain, du zinc, de l'antimoine et du bismuth, parce que ces matières ne font, pour ainsi dire, qu'une partie infiniment petite du globe.

De même je n'ai point fait entrer les rapports du refroidissement des glaises, des ocres, des craies et des gypses, parce que ces matières n'ayant que peu ou point de dureté, et n'étant que des détriments des premières, ne doivent pas être mises au rang de celles dont le globe est principalement composé, qui, prises généralement, sont concrètes, dures et très solides, et que j'ai cru devoir réduire aux matières vitrescibles, calcaires et ferrugineuses, dont le refroidissement, mis en somme d'après la table que j'en ai donnée (b), est à celui du fer : : 50,516 : 70,000 pour pouvoir les toucher, et : : 51,475 : 70,000 pour le point de la température actuelle. Ainsi, en partant de l'état de la liquéfaction, il a dû s'écouler 2,905 ans avant que le globe de la terre fût consolidé jusqu'au centre; de même il s'est écoulé 33,911 ans avant que sa surface fût assez refroidie pour pouvoir la toucher,

(a) Premier et huitième Mémoires.
(b) Second Mémoire.

et 74,047 ans avant que sa chaleur propre ait diminué au point de la température actuelle; et comme la diminution du feu ou de la très grande chaleur se fait toujours à très peu près en raison de l'épaisseur des corps ou du diamètre des globes de même densité, il s'ensuit que la lune, dont le diamètre n'est que de $\frac{3}{11}$ de celui de la terre, aurait dû se consolider jusqu'au centre en 792 ans $\frac{3}{11}$ environ, se refroidir au point de pouvoir la toucher en 9,248 ans $\frac{5}{11}$ environ, et perdre assez de sa chaleur propre pour arriver au point de la température actuelle en 20,194 ans environ, en supposant que la lune est composée des mêmes matières que le globe terrestre: néanmoins, comme la densité de la terre est à celle de la lune : : 1,000 : 702, et qu'à l'exception des métaux toutes les autres matières vitrescibles ou calcaires suivent dans leur refroidissement le rapport de la densité assez exactement, nous diminuerons les temps du refroidissement de la lune dans ce même rapport de 1,000 à 702, en sorte qu'au lieu de s'être consolidée jusqu'au centre en 792 ans, on doit dire 556 ans environ pour le temps réel de sa consolidation jusqu'au centre, et 6,492 ans pour son refroidissement, au point de pouvoir la toucher, et enfin 14,176 ans pour son refroidissement à la température actuelle de la terre: en sorte qu'il y a 59,871 ans entre le temps de son refroidissement et celui du refroidissement de la terre, abstraction faite de la compensation qu'a dû produire sur l'une et sur l'autre la chaleur du soleil, et la chaleur réciproque qu'elles se sont envoyée.

De même, le globe de Mercure, dont le diamètre n'est que $\frac{1}{3}$ de celui de notre globe, aurait dû se consolider jusqu'au centre en 968 ans $\frac{1}{3}$; se refroidir au point de pouvoir le toucher en 11,301 ans environ, et arriver à celui de la température actuelle de la terre en 24,682 ans environ, s'il était composé d'une matière semblable à celle de la terre; mais sa densité étant à celle de la terre : : 2,040 : 1,000, il faut prolonger dans la même raison les temps de son refroidissement. Ainsi Mercure s'est consolidé jusqu'au centre en 1,976 ans $\frac{3}{10}$, refroidi au point de pouvoir le toucher en 23,054 ans, et enfin à la température actuelle de la terre en 50,351 ans; en sorte qu'il y a 23,696 ans entre le temps de son refroidissement et celui du refroidissement de la terre, abstraction faite de même de la compensation qu'a dû faire à la perte de sa chaleur propre la chaleur du soleil, duquel il est plus voisin qu'aucune autre planète.

De même le diamètre du globe de Mars n'étant que $\frac{13}{25}$ de celui de la terre, il aurait dû se consolider jusqu'au centre en 1,510 ans $\frac{3}{5}$ environ, se refroidir au point de pouvoir le toucher en 17,634 ans environ, et arriver à celui de la température actuelle de la terre en 38,504 ans environ, s'il était composé d'une matière semblable à celle de la terre; mais sa densité étant à celle du globe terrestre : : 730 : 1,000, il faut diminuer dans la même raison les temps de son refroidissement. Ainsi Mars se sera consolidé jusqu'au centre en 1,102 ans $\frac{18}{25}$ environ, refroidi au point de pouvoir le toucher en 12,873 ans, et enfin, à la température actuelle de la terre, en 28,108 ans; en sorte qu'il y a 45,839 ans entre les temps de son refroidissement et celui de la terre, abstraction faite de la différence qu'a dû produire la chaleur du soleil sur ces deux planètes.

De même, le diamètre du globe de Vénus étant $\frac{1}{18}$ du diamètre de notre globe, il aurait dû se consolider jusqu'au centre en 2,744 ans environ, se refroidir au point de pouvoir le toucher en 32,027 ans environ, et arriver à celui de la température actuelle de la terre en 69,933 ans, s'il était composé d'une matière semblable à celle de la terre; mais sa densité étant à celle du globe terrestre : : 1,270 : 1,000, il faut augmenter dans la même raison les temps de son refroidissement. Ainsi Vénus ne se sera consolidée jusqu'au centre qu'en 3,484 ans $\frac{22}{25}$ environ, refroidie au point de pouvoir la toucher en 40,674 ans, et enfin, à la température actuelle de la terre, en 88,815 ans environ, en sorte que ce ne sera que dans 14,768 ans que Vénus sera au même point de température qu'est actuellement la terre, toujours abstraction faite de la différente compensation qu'a dû faire la chaleur du soleil sur l'une et sur l'autre.

Le diamètre du globe de Saturne étant à celui de la terre : : 9 $\frac{1}{2}$: 1 il s'ensuit que malgré son grand éloignement du soleil il est encore bien plus chaud que la terre, car abstraction faite de cette légère différence, causée par la moindre chaleur qu'il reçoit du soleil, il se trouve qu'il aurait dû se consolider jusqu'au centre en 27,597 ans $\frac{1}{2}$, se refroidir au point de pouvoir le toucher en 322,154 ans $\frac{1}{2}$, et arriver à celui de la température actuelle en 703, 446 $\frac{1}{2}$, s'il était composé d'une matière semblable à celle du globe terrestre ; mais sa densité n'étant à celle de la terre que : : 184 : 1,000, il faut diminuer dans la même raison les temps de son refroidissement. Ainsi Saturne se sera consolidé jusqu'au centre en 5,078 ans environ, refroidi au point de pouvoir le toucher en 59,276 ans environ, et enfin, à la température actuelle, en 129,434 ans ; en sorte que ce ne sera que dans 55,387 ans que Saturne sera refroidi au même point de température qu'est actuellement la terre, abstraction faite non seulement de la chaleur du soleil, mais encore de celle qu'il a dû recevoir de ses satellites et de son anneau.

De même, le diamètre de Jupiter étant onze fois plus grand que celui de la terre, il s'ensuit qu'il est encore bien plus chaud que Saturne, parce que d'une part il est plus gros, et que d'autre part il est moins éloigné du soleil ; mais en ne considérant que sa chaleur propre, on voit qu'il n'aurait dû se consolider jusqu'au centre qu'en 31,955 ans, ne se refroidir au point de pouvoir le toucher qu'en 373,021 ans, et n'arriver à celui de la température de la terre qu'en 814,514 ans, s'il était composé d'une matière semblable à celle du globe terrestre; mais sa densité n'étant à celle de la terre que : : 492 : 1,000, il faut diminuer dans la même raison les temps de son refroidissement. Ainsi Jupiter se sera consolidé jusqu'au centre en 9,331 ans $\frac{1}{2}$ environ, refroidi au point de pouvoir le toucher en 108,922 ans, et enfin, à la température actuelle, en 237,838 ans ; en sorte que ce ne sera que dans 163,791 ans que Jupiter sera refroidi au même point de température qu'est actuellement la terre, abstraction faite de la compensation, tant par la chaleur du soleil, que par la chaleur de ses satellites.

Ces deux planètes, Jupiter et Saturne, quoique les plus éloignées du soleil, doivent donc être beaucoup plus chaudes que la terre, qui néanmoins, à l'exception de Vénus, est de toutes les autres planètes celle qui est actuellement la moins froide. Mais les satellites de ces deux grosses planètes auront, comme la lune, perdu leur chaleur propre en beaucoup moins de temps, et dans la proportion de leur diamètre et de leur densité : il y a seulement une double compensation à faire sur cette perte de la chaleur intérieure des satellites, d'abord par celle du soleil, et ensuite par la chaleur de la planète principale, qui a dû, surtout dans le commencement et encore aujourd'hui, se porter sur ces satellites, et les réchauffer à l'extérieur beaucoup plus que celle du soleil.

Dans la supposition que toutes les planètes aient été formées de la matière du soleil, et projetées hors de cet astre dans le même temps, on peut prononcer sur l'époque de leur formation par le temps qui s'est écoulé pour leur refroidissement. Ainsi la terre existe, comme les autres planètes, sous une forme solide et consistante à la surface, au moins depuis 74,047 ans, puisque nous avons démontré qu'il faut ce même temps pour refroidir, au point de la température actuelle, un globe en incandescence qui serait de la même grosseur que le globe terrestre (*a*), et composé des mêmes matières. Et comme la déperdition de la chaleur, de quelque degré qu'elle soit, se fait en même raison que l'écoulement du temps, on ne peut guère douter que cette chaleur de la terre ne fût double, il y a 37,023 ans $\frac{1}{2}$, de ce qu'elle est aujourd'hui, et qu'elle n'ait été triple, quadruple, centuple, etc., dans des temps plus reculés, à mesure qu'on se rapproche de la date de l'état primitif de l'incandescence générale. Sur les 74,047 ans, il s'est, comme nous l'avons dit, écoulé 2,905 ans avant que la masse entière de notre globe fût consolidée jusqu'au centre;

(*a*) Voyez le huitième Mémoire de la Partie expérimentale.

l'état d'incandescence d'abord avec flamme, et ensuite avec lumière rouge à la surface, a duré, tout ce temps, après lequel la chaleur, quoique obscure, ne laissait pas d'être assez forte pour enflammer les matières combustibles, pour rejeter l'eau et la dissiper en vapeurs, pour sublimer les substances volatiles, etc. Cet état de grande chaleur sans incandescence a duré 33,911 ans, car nous avons démontré, par les expériences du premier Mémoire, qu'il faudrait 42,964 ans à un globe de fer gros comme la terre et chauffé jusqu'au rouge, pour se refroidir au point de pouvoir le toucher sans se brûler; et par les expériences du second Mémoire, on peut conclure que le rapport du refroidissement à ce point des principales matières qui composent le globe terrestre est à celui du refroidissement du fer : : 50,516 : 70,000; or, 70,000 : 50,516 : : 42,964 : 33,911 à très peu près. Ainsi le globe terrestre, très opaque aujourd'hui, a d'abord été brillant de sa propre lumière pendant 2,905 ans, et ensuite sa surface n'a cessé d'être assez chaude pour brûler qu'au bout de 33,911 autres années. Déduisant donc ce temps sur 74,047 ans qu'à duré le refroidissement de la terre au point de la température actuelle, il reste 40,136 ans; c'est de quelques siècles après cette époque que l'on peut, dans cette hypothèse, dater la naissance de la nature organisée sur le globe de la terre, car il est évident qu'aucun être vivant ou organisé n'a pu exister, et encore moins subsister dans un monde où la chaleur était encore si grande, qu'on ne pouvait sans se brûler en toucher la surface, et que par conséquent ce n'a été qu'après la dissipation de cette chaleur trop forte que la terre a pu nourrir des animaux et des plantes.

La lune, qui n'a que $\frac{3}{11}$ du diamètre de notre globe, et que nous supposons composée d'une matière dont la densité n'est à celle de la terre que : : 702 : 1,000, a dû parvenir à ce premier moment de chaleur bénigne et productive bien plus tôt que la terre, c'est-à-dire quelque temps après les 6,492 ans qui se sont écoulés avant son refroidissement, au point de pouvoir sans se brûler en toucher la surface.

Le globe terrestre se serait donc refroidi, du point d'incandescence au point de la température actuelle, en 74,047 ans, supposé que rien n'eût compensé la perte de sa chaleur propre; mais, d'une part, le soleil envoyant constamment à la terre une certaine quantité de chaleur, l'accession ou le gain de cette chaleur extérieure a dû compenser en partie la perte de sa chaleur intérieure; et d'autre part, la lune, dont la surface, à cause de sa proximité, nous paraît aussi grande que celle du soleil, étant aussi chaude que cet astre dans le temps de l'incandescence générale, envoyait à ce moment à la terre autant de chaleur que le soleil même, ce qui fait une seconde compensation qu'on doit ajouter à la première, sans compter la chaleur envoyée dans le même temps par les cinq autres planètes, qui semble devoir ajouter encore quelque chose à cette quantité de chaleur extérieure que reçoit et qu'a reçue la terre dans les temps précédents : abstraction faite de toute compensation par la chaleur extérieure à la perte de la chaleur propre de chaque planète, elles se seraient donc refroidies dans l'ordre suivant.

A POUVOIR EN TOUCHER LA SURFACE SANS SE BRULER.			A LA TEMPÉRATURE ACTUELLE DE LA TERRE.	
Le Globe terrestre.........	en	33911 ans.	En..................	74047 ans.
La Lune	en	6492 ans.	En..................	14176 ans.
Mercure..................	en	23054 ans.	En..................	50351 ans.
Vénus....................	en	40674 ans.	En..................	88815 ans.
Mars.....................	en	12873 ans.	En..................	28108 ans.
Jupiter..................	en	108922 ans.	En..................	237838 ans.
Saturne..................	en	59276 ans.	En..................	129434 ans.

Mais on verra que ces rapports varieront par la compensation que la chaleur du soleil a faite à la perte de la chaleur propre de toutes les planètes.

Pour estimer la compensation que fait l'accession de cette chaleur extérieure envoyée par le soleil et les planètes à la perte de la chaleur intérieure de chaque planète en particulier, il faut commencer par évaluer la compensation que la chaleur du soleil seul a faite à la perte de la chaleur propre du globe terrestre. On a fait une estimation assez précise de la chaleur qui émane actuellement de la terre et de celle qui lui vient du soleil : on a trouvé, par des observations très exactes et suivies pendant plusieurs années, que cette chaleur qui émane du globe terrestre est en tout temps et en toutes saisons bien plus grande que celle qu'il reçoit du soleil. Dans nos climats, et particulièrement sous le parallèle de Paris, elle paraît être en été vingt-neuf fois, et en hiver quatre cent quatre-vingt-onze fois plus grande que la chaleur qui nous vient du soleil (*a*). Mais on tomberait dans l'erreur si l'on voulait tirer de l'un ou de l'autre de ces rapports, ou même des deux pris ensemble, le rapport réel de la chaleur propre du globe terrestre à celle qui lui vient du soleil, parce que ces rapports ne donnent que les points de la plus grande chaleur de l'été et de la plus petite chaleur, ou ce qui est la même chose, du plus grand froid en hiver, et qu'on ignore tous les rapports intermédiaires des autres saisons de l'année. Néanmoins ce ne serait que de la somme de tous ces rapports, soigneusement observés chaque jour, et ensuite réunis, qu'on pourrait tirer la proportion réelle de la chaleur du globe terrestre à celle qui lui vient du soleil. Mais nous pouvons arriver plus aisément à ce même but en prenant le climat de l'équateur, qui n'est pas sujet aux mêmes inconvénients, parce que les étés, les hivers et toutes les saisons y étant à peu près égales, le rapport de la chaleur solaire à la chaleur terrestre y est constant, et toujours de $\frac{1}{50}$, non seulement sous la ligne équatoriale, mais à cinq degrés des deux côtés de cette ligne (*b*). On peut donc croire, d'après ces observations, qu'en général la chaleur de la terre est encore aujourd'hui cinquante fois plus grande que la chaleur qui lui vient du soleil. Cette addition ou compensation de $\frac{1}{50}$ à la perte de la chaleur propre du globe n'est pas si considérable qu'on aurait été porté à l'imaginer. Mais, à mesure que le globe se refroidira davantage, cette même chaleur du soleil fera une plus forte compensation et deviendra de plus en plus nécessaire au maintien de la nature vivante, comme elle a été de moins en moins utile à mesure qu'on remonte vers les premiers temps; car, en prenant 74,047 ans pour date de la formation de la terre et des planètes, il s'est écoulé peut-être plus de 35,000 ans où la chaleur du soleil était de trop pour nous, puisque la surface de notre globe était encore si chaude, au bout de 33,911 ans, qu'on n'aurait pu la toucher.

Pour évaluer l'effet total de cette compensation qui est $\frac{1}{50}$ aujourd'hui, il faut chercher ce qu'elle a été précédemment, à commencer du premier moment lorsque la terre était en incandescence; ce que nous trouverons en comparant la chaleur actuelle du globe terrestre avec celle qu'il avait dans ce temps. Or nous savons par les expériences de Newton, corrigées dans notre premier Mémoire (*c*), que la chaleur du fer rouge, qui est à très peu près égale à celle du verre en incandescence, et huit fois plus grande que la chaleur de l'eau bouillante, est vingt-quatre fois plus grande que celle du soleil en été. Or, cette chaleur du soleil en été, à laquelle Newton a comparé les autres chaleurs, est composée de la chaleur propre de la terre et de celle qui lui vient du soleil en été dans nos climats; et comme cette dernière chaleur n'est que $\frac{1}{29}$ de la première il s'ensuit que de $\frac{30}{30}$ ou 1 qui représentent ici l'unité de la chaleur en été, il n'en appartient au soleil que $\frac{1}{30}$, et qu'il

(*a*) Voyez la table dressée par M. de Mairan, *Mémoires de l'Académie des sciences*, année 1765, p. 143.

(*b*) Voyez la table citée ci-dessus.

(*c*) Premier Mémoire sur les progrès de la chaleur, Partie expérimentale.

en appartient $\frac{29}{30}$ à la terre. Ainsi la chaleur du fer rouge, qui a été trouvée vingt-quatre fois plus grande que ces deux chaleurs prises ensemble, doit être augmentée de $\frac{1}{30}$ dans la même raison qu'elle est aussi diminuée, et cette augmentation est par conséquent de $\frac{24}{30}$ ou de $\frac{4}{5}$. Nous devons donc estimer à très peu près 25 la chaleur du fer rouge, relativement à la chaleur propre et actuelle du globe terrestre qui nous sert d'unité. On peut donc dire que, dans le temps de l'incandescence, il était vingt-cinq fois plus chaud qu'il ne l'est aujourd'hui ; car nous devons regarder la chaleur du soleil comme une quantité constante, ou qui n'a que très peu varié depuis la formation des planètes. Ainsi la chaleur actuelle du globe étant à celle de son état d'incandescence : : 1 : 25, et la diminution de cette chaleur s'étant faite en même raison que la succession du temps, dont l'écoulement total depuis l'incandescence est de 74,047 ans, nous trouverons, en divisant 74,047 par 25, que tous les 2,962 ans environ, cette première chaleur du globe a diminué de $\frac{1}{25}$; et qu'elle continuera de diminuer de même jusqu'à ce qu'elle soit entièrement dissipée ; en sorte qu'ayant été 25 il y a 74,047 ans, et se trouvant aujourd'hui $\frac{25}{25}$ ou 1, elle sera dans 74,047 autres années $\frac{1}{25}$ de ce qu'elle est actuellement.

Mais cette compensation par la chaleur du soleil étant $\frac{1}{50}$ aujourd'hui, était vingt-cinq fois plus petite dans le temps que la chaleur du globe était vingt-cinq fois plus grande : multipliant donc $\frac{1}{50}$ par $\frac{1}{25}$, la compensation dans l'état d'incandescence n'était que de $\frac{1}{1250}$. Et comme la chaleur primitive du globe a diminué de $\frac{1}{25}$ tous les 2,962 ans, on doit en conclure que, dans les derniers 2,962 ans, la compensation étant $\frac{1}{50}$, et dans les premiers 2,962 ans étant $\frac{1}{1250}$, dont la somme est $\frac{26}{1250}$, la compensation des temps suivants et antécédents, c'est-à-dire pendant les 2,962 ans précédant les derniers, et pendant les 2,962 suivant les premiers, a toujours été égale à $\frac{26}{1250}$. D'où il résulte que la compensation totale pendant les 74,047 ans, est $\frac{26}{1250}$ multipliés par 12 $\frac{1}{2}$, moitié de la somme de tous les termes de 2,962 ans, ce qui donne $\frac{325}{1250}$ ou $\frac{13}{50}$. C'est là toute la compensation que la chaleur du soleil a faite à la perte de la chaleur propre du globe terrestre ; cette perte depuis le commencement jusqu'à la fin des 74,047 ans étant 25, elle est à la compensation totale, comme le temps total de la période est au temps du prolongement du refroidissement pendant cette période de 74,047. On aura donc 25 : $\frac{13}{50}$: : 74,047 : 770 ans environ. Ainsi au lieu de 74,047 ans, on doit dire qu'il y a 74,817 ans que la terre a commencé de recevoir la chaleur du soleil et de perdre la sienne.

Le feu du soleil, qui nous paraît si considérable, n'ayant compensé la perte de la chaleur propre de notre globe que de $\frac{13}{50}$ sur 25, depuis le premier temps de sa formation, l'on voit évidemment que la compensation qu'a pu produire la chaleur envoyée par la lune et par les autres planètes à la terre est si petite, qu'on pourrait la négliger sans craindre de se tromper de plus de dix ans sur le prolongement des 74,817 ans qui se sont écoulés pour le refroidissement de la terre à la température actuelle. Mais comme dans un sujet de cette espèce on peut désirer que tout soit démontré, nous ferons la recherche de la compensation qu'a pu produire la chaleur de la lune à la perte de la chaleur du globe de la terre.

La lune se serait refroidie au point de pouvoir en toucher la surface en 6,492 ans, et au point de la température actuelle de la terre en 14,176 ans, en supposant que la terre se fût elle-même refroidie à ce point en 74,047 ans ; mais comme elle ne s'est réellement refroidie à la température actuelle qu'en 74,817 ans environ, la lune n'a pu se refroidir de même qu'en 14,323 ans environ, en supposant encore que rien n'eût compensé la perte de sa chaleur propre. Ainsi sa chaleur était, à la fin de cette période de 14,323 ans, vingt-cinq fois plus petite que dans le temps de l'incandescence, et l'on aura, en divisant 14,323 par 25, 533 ans environ ; en sorte que tous les 533 ans, cette première chaleur de la lune a diminué de $\frac{1}{25}$, et qu'étant d'abord 25, elle s'est trouvée $\frac{25}{25}$ ou 1 au bout de 14,323 ans, et de $\frac{1}{25}$ au bout de 14,323 autres années ; d'où l'on peut conclure que la lune, après 28,646 ans, aurait été aussi refroidie que la terre le sera dans 74,817 ans, si rien n'eût compensé la perte de la chaleur propre de cette planète.

Mais la lune n'a pu envoyer à la terre une chaleur un peu considérable que pendant le temps qu'a duré son incandescence et son état de chaleur jusqu'au degré de la température actuelle de la terre, et elle serait en effet arrivée à ce point de refroidissement en 14,323 ans, si rien n'eût compensé la perte de sa chaleur propre; mais nous démontrerons tout à l'heure que, pendant cette période de 14,323 ans, la chaleur du soleil a compensé la perte de la chaleur de la lune assez pour prolonger le temps de son refroidissement de 149 ans, et nous démontrerons de même que la chaleur envoyée par la terre à la lune, pendant cette même période de 14,323 ans, a prolongé son refroidissement de 1,937 ans. Ainsi, la période réelle du temps du refroidissement de la lune, depuis l'incandescence jusqu'à la température actuelle de la terre, doit être augmentée de 2,086 ans, et se trouve être de 16,409 ans, au lieu de 14,323 ans.

Supposant donc la chaleur qu'elle nous envoyait dans le temps de son incandescence égale à celle qui nous vient du soleil, parce que ces deux astres nous présentent chacun une surface à peu près égale, on verra que cette chaleur envoyée par la lune, étant comme celle du soleil $\frac{1}{50}$ de la chaleur actuelle du globe terrestre, ne faisait compensation, dans le temps de l'incandescence, que de $\frac{1}{1250}$ à la perte de la chaleur intérieure de notre globe, parce qu'il était lui-même en incandescence, et qu'alors sa chaleur propre était vingt-cinq fois plus grande qu'elle ne l'est aujourd'hui. Or, au bout de 16,409 ans la lune étant refroidie au même point de température que l'est actuellement la terre, la chaleur que cette planète lui envoyait dans ce temps n'aurait pu faire qu'une compensation vingt-cinq fois plus petite que la première, c'est-à-dire $\frac{1}{31250}$, si le globe terrestre eût conservé son état d'incandescence; mais sa première chaleur ayant diminué de $\frac{1}{25}$ tous les 2,962 ans, elle n'était plus que de $19\frac{1}{2}$ environ au bout de 16,409 ans. Ainsi, la compensation que faisait alors la chaleur de la lune, au lieu de n'être que de $\frac{1}{31250}$, était de $\frac{\frac{19\frac{1}{2}}{25}}{31250}$. En ajoutant ces deux termes de compensation du premier et du dernier temps, c'est-à-dire $\frac{1}{1250}$ avec $\frac{\frac{19\frac{1}{2}}{25}}{31250}$, on aura $\frac{25\frac{19\frac{1}{2}}{25}}{31250}$ pour la somme de ces deux compensations, qui, étant multipliées par $12\frac{1}{2}$, moitié de la somme de tous les termes, donne $\frac{309\frac{3}{4}}{31250}$ pour la compensation totale qu'a faite la chaleur envoyée par la lune à la terre pendant les 16,409 ans. Et comme la perte de la chaleur propre est à la compensation en même raison que le temps total de la période est au prolongement du refroidissement, on aura $25 : \frac{309\frac{3}{4}}{31250} :: 16409 : 6\frac{62}{125}$ environ. Ainsi, la chaleur que la lune a envoyée sur le globe terrestre pendant 16,409 ans, c'est-à-dire depuis l'état de son incandescence jusqu'à celui où elle avait une chaleur égale à la température actuelle de la terre, n'a prolongé le refroidissement de notre globe que de 6 ans $\frac{1}{2}$ environ, qui, étant ajoutés aux 74,817 ans que nous avons trouvés précédemment, font en tout 74,823 ans $\frac{1}{2}$ environ, qu'on doit encore augmenter de 8 ans, parce que nous n'avons compté que 74,047 ans, au lieu de 74,817 pour le temps du refroidissement de la terre, et que 74,047 ans : 770 : : 770 : 8 ans environ, et par conséquent on peut réellement assigner 74,831 $\frac{1}{2}$ ou 77,832 ans à très peu près pour le temps précis qui s'est écoulé depuis l'incandescence de la terre jusqu'à son refroidissement à la température actuelle.

On voit, par cette évaluation de la chaleur que la lune a envoyée sur la terre, combien est encore plus petite la compensation que la chaleur des cinq autres planètes a pu faire à la perte de la chaleur intérieure de notre globe; ces cinq planètes prises ensemble ne présentent pas à nos yeux une étendue de surface à beaucoup près aussi grande que celle de la lune seule, et quoique l'incandescence des deux grosses planètes ait duré bien plus longtemps que celle de la lune, et que leur chaleur subsiste encore aujourd'hui à un très haut degré, leur éloignement de nous est si grand, qu'elles n'ont pu prolonger le refroidissement de notre globe que d'une si petite quantité de temps, qu'on peut la regarder comme nulle, et qu'on doit s'en tenir aux 74,832 ans que nous avons déterminés pour le temps réel du refroidissement de la terre à la température actuelle.

Maintenant il faut évaluer, comme nous l'avons fait pour la terre, la compensation que la chaleur du soleil a faite à la perte de la chaleur propre de la lune, et aussi la compensation que la chaleur du globe terrestre a pu faire à la perte de cette même chaleur de la lune, et démontrer, comme nous l'avons avancé, qu'on doit ajouter 2,086 à la période de 14,323 ans, pendant laquelle elle aurait perdu sa chaleur propre jusqu'au point de la température actuelle de la terre, si rien n'eût compensé cette perte.

En faisant donc sur la chaleur du soleil le même raisonnement pour la lune que nous avons fait pour la terre, on verra qu'au bout de 14,323 ans, la chaleur du soleil sur la lune n'était, que comme sur la terre, $\frac{1}{50}$ de la chaleur propre de cette planète, parce que sa distance au soleil et celle de la terre au même astre sont à très peu près les mêmes : dès lors sa chaleur dans le temps de l'incandescence ayant été vingt-cinq fois plus grande, il s'ensuit que, tous les 533 ans, cette première chaleur a diminué de $\frac{1}{25}$; en sorte qu'étant d'abord 25, elle n'était au bout de 14,323 ans que $\frac{25}{25}$ ou 1. Or, la compensation que faisait la chaleur du soleil à la perte de la chaleur propre de la lune étant $\frac{1}{50}$ au bout de 14,323 ans, et $\frac{1}{1250}$ dans le temps de son incandescence, on aura, en ajoutant ces deux termes, $\frac{26}{1250}$, lesquels, multipliés par 12 $\frac{1}{2}$, moitié de la somme de tous les termes, donnent $\frac{13}{50}$ pour la compensation totale pendant cette première période de 14,323 ans. Et comme la perte de la chaleur propre est à la compensation en même raison que le temps de la période est au prolongement du refroidissement, on aura 25 : $\frac{13}{59}$: : 14,313 : 149 ans environ. D'où l'on voit que le prolongement du temps pour le refroidissement de la lune par la chaleur du soleil a été de 149 ans pendant cette première période de 14,323 ans, ce qui fait en tout 14,472 ans pour le temps du refroidissement, y compris le prolongement qu'a produit la chaleur du soleil.

Mais on doit en effet prolonger encore le temps du refroidissement de cette planète, parce que l'on est assuré, même par les phénomènes actuels, que la terre lui envoie une grande quantité de lumière, et en même temps quelque chaleur. Cette couleur terne qui se voit sur la surface de la lune quand elle n'est pas éclairée du soleil, et à laquelle les astronomes ont donné le nom de *lumière cendrée*, n'est à la vérité que la réflexion de la lumière solaire que la terre lui envoie; mais il faut que la quantité en soit bien considérable pour qu'après une double réflexion elle soit encore sensible à nos yeux d'une distance aussi grande. En effet, cette lumière est près de seize fois plus grande que la quantité de lumière qui nous est envoyée par la pleine lune, puisque la surface de la terre est pour la lune près de seize fois plus étendue que la surface de cette planète ne l'est pour nous.

Pour me donner l'idée nette d'une lumière seize fois plus forte que celle de la lune, j'ai fait tomber dans un lieu obscur, au moyen des miroirs d'Archimède, trente-deux images de la pleine lune, réunies sur les mêmes objets; la lumière de ces trente-deux images était seize fois plus forte que la lumière simple de la lune; car nous avons démontré par les expériences du sixième Mémoire que la lumière, en général, ne perd qu'environ moitié par la réflexion sur une surface bien polie. Or cette lumière des trente-deux images de la lune m'a paru éclairer les objets autant et plus que celle du jour lorsque le ciel est couvert de nuages; il n'y a donc point de nuit pour la face de la lune qui nous regarde, tant que le soleil éclaire la face de la terre qui la regarde elle-même.

Mais cette lumière n'est pas la seule émanation bénigne que la lune ait reçue et reçoive de la terre. Dans le commencement des temps, le globe terrestre était pour cette planète un second soleil plus ardent que le premier : comme sa distance à la terre n'est que de quatre-vingt-cinq mille lieues, et que la distance du soleil est d'environ trente-trois millions, la terre faisait alors sur la lune un feu bien supérieur à celui du soleil ; nous ferons aisément l'estimation de cet effet, en considérant que la terre présente à la lune une surface environ seize fois plus grande que le soleil, et par conséquent le globe terrestre, dans son état d'incandescence, était pour la lune un astre seize fois plus grand que le soleil (*a*). Or nous avons vu que la compensation faite par la chaleur du soleil à la perte de la chaleur propre de la lune pendant 14,323 ans a été de $\frac{13}{50}$, et le prolongement du refroidissement de 149 ans ; mais la chaleur envoyée par la terre en incandescence étant seize fois plus grande que celle du soleil, la compensation qu'elle a faite alors était donc $\frac{16}{1250}$, parce que la lune était elle-même en incandescence, et que sa chaleur propre était vingt-cinq fois plus grande qu'elle n'était au bout des 14,323 ans ; néanmoins, la chaleur de notre globe ayant diminué de 25 à $20\frac{1}{7}$ environ, depuis son incandescence jusqu'à ce même terme de 14,323 ans, il s'ensuit que la chaleur envoyée par la terre à la lune dans ce temps n'aurait fait compensation que de $\frac{12\frac{22}{25}}{1250}$ si la lune eût conservé son état d'incandescence ; mais sa première chaleur ayant diminué pendant les 14,323 ans de 25, la compensation que faisait alors la chaleur de la terre, au lieu de n'être que de $\frac{12\frac{22}{25}}{1250}$, a été de $\frac{12\frac{22}{25}}{1250}$ multipliés par 25, c'est-à-dire de $\frac{322}{1250}$; en ajoutant ces deux termes de compensation du premier et du dernier temps de cette période de 14,323 ans, savoir, $\frac{16}{1250}$ et $\frac{322}{1250}$ pour la somme de ces deux termes de compensation, qui étant multipliée par $12\frac{1}{2}$, moitié de la somme de tous les termes, donne $\frac{4225}{1250}$ ou $3\frac{19}{50}$ pour la compensation totale qu'a faite la chaleur envoyée par la terre à la lune pendant les 14,323 ans ; et comme la perte de la chaleur propre est à la compensation en même raison que le temps de la période est à celui du prolongement du refroidissement, on aura $25 : 3\frac{19}{50} :: 14,323 : 1,937$ ans environ. Ainsi la chaleur de la terre a prolongé de 1,937 ans le refroidissement de la lune pendant la première période de 14,323 ans, et la chaleur du soleil l'ayant aussi prolongé de 149 ans, la période du temps réel qui s'est écoulé depuis l'incandescence jusqu'au refroidissement de la lune à la température actuelle de la terre est de 16,409 ans environ.

(*a*) On peut encore présenter d'une autre manière, qui paraîtra peut-être plus claire, les raisonnements et les calculs ci-dessus. On sait que le diamètre du soleil est à celui de la terre : : 107 : 1, leurs surfaces : : 11,449 : 1, et leurs volumes : : 1,225,043 : 1.

Le soleil qui est à peu près éloigné de la terre et de la lune également, leur envoie à chacune une certaine quantité de chaleur, laquelle, comme celle de tous les corps chauds, est en raison de la surface et non pas du volume. Supposant donc le soleil divisé en 1,225,043 petits globes, chacun gros comme la terre, la chaleur que chacun de ces petits globes enverrait à la lune serait à celle que le soleil lui envoie, comme la surface d'un de ces petits globes est à la surface du soleil, c'est-à-dire : : 1 : 11,449. Mais en mettant ce petit globe de feu à la place de la terre, il est évident que la chaleur sera augmentée dans la même raison que l'espace aura diminué. Or la distance du soleil et celle de la terre à la lune sont entre elles : : 7,200 : 17, dont les carrés sont : : 51,840,000 : 289. Donc la chaleur que le petit globe de feu placé à quatre-vingt-cinq mille lieues de distance de la lune lui enverrait serait à celle qu'il lui envoyait auparavant : : 179,377 : 1. Mais nous avons vu que la surface de ce petit globe n'était à celle du soleil que : : 1 : 11,449, ainsi la quantité de chaleur que sa surface enverrait vers la lune est onze mille quatre cent quarante-neuf fois plus petite que celle du soleil. Divisant donc 179,377 par 11,449, il se trouve que cette chaleur envoyée par la terre en incandescence à la lune était $15\frac{2}{3}$, c'est-à-dire environ seize fois plus forte que celle du soleil.

Voyons maintenant combien la chaleur du soleil et celle de la terre ont compensé la perte de la chaleur propre de la lune dans la période suivante, c'est-à-dire pendant les 14,323 ans qui se sont écoulés depuis la fin de la première période, où sa chaleur aurait été égale à la température actuelle de la terre si rien n'eût compensé la perte de sa chaleur propre.

La compensation par la chaleur du soleil à la perte de la chaleur propre de la lune, était $\frac{1}{50}$ au commencement et $\frac{25}{50}$ à la fin de cette seconde période. La somme de ces deux termes est $\frac{26}{50}$, qui étant multipliée par $12\frac{1}{2}$, moitié de la somme de tous les termes, donne $\frac{325}{50}$ ou $6\frac{1}{2}$ pour la compensation totale par la chaleur du soleil pendant la seconde période de 14,323 ans. Mais la lune ayant perdu pendant ce temps 25 de sa chaleur propre, et la perte de la chaleur propre étant à la compensation en même raison que le temps de la période est au prolongement du refroidissement, on aura $25 : 6\frac{1}{2} :: 14,323 : 3,724$ ans. Ainsi le prolongement du temps pour le refroidissement de la lune, par la chaleur du soleil, ayant été de 149 ans dans la première période, a été de 3,728 pour la seconde période de 14,323 ans.

Et à l'égard de la compensation produite par la chaleur de la terre, pendant cette même seconde période de 14,323 ans, nous avons vu qu'au commencement de cette seconde période, la chaleur propre du globe terrestre étant de $20\frac{1}{7}$, la compensation qu'elle a faite alors a été de $\frac{322\frac{2}{7}}{1250}$. Or la chaleur de la terre ayant diminué pendant cette seconde période de $20\frac{1}{7}$ à $15\frac{2}{7}$, la compensation n'eût été que de $\frac{244\frac{13}{28}}{1250}$ environ, à la fin de cette période, si la lune eût conservé le degré de chaleur qu'elle avait au commencement de cette même période; mais comme sa chaleur propre a diminué de $\frac{25}{25}$ à $\frac{1}{25}$ pendant cette seconde période, la compensation produite par la chaleur de la terre, au lieu de n'être que $\frac{244\frac{13}{28}}{1250}$, a été de $\frac{6111\frac{17}{28}}{1250}$ à la fin de cette seconde période; ajoutant les deux termes de compensation du premier et du dernier temps de cette seconde période, c'est-à-dire $\frac{322\frac{2}{7}}{1250}$ et $\frac{6111\frac{17}{28}}{1250}$, on aura $\frac{6433\frac{6}{7}}{1250}$ qui étant multipliés par $12\frac{1}{2}$, moitié de la somme de tous les termes, donnent $\frac{80423}{1250}$ ou $64\frac{1}{3}$ environ, pour la compensation totale qu'a faite la chaleur envoyée par la terre à la lune dans cette seconde période. Et comme la perte de la chaleur propre est à la compensation en même raison que le temps de la période est au prolongement du refroidissement, on aura $25 : 64\frac{1}{3} :: 14,323 : 38,057$ ans environ. Ainsi le prolongement du refroidissement de la lune par la chaleur de la terre, qui a été de 1,937 ans pendant la première période, se trouve de 38,057 ans environ pour la seconde période de 14,323 ans.

A l'égard du moment où la chaleur envoyée par le soleil à la lune a été égale à sa chaleur propre, il ne s'est trouvé ni dans la première ni dans la seconde période de 14,323 ans, mais dans la troisième précisément, au second terme de cette troisième période, qui multiplié par $572\frac{23}{25}$, donne $1,145\frac{21}{25}$, lesquels ajoutés aux 28,646 années des deux périodes, font 29,791 ans $\frac{21}{25}$. Ainsi c'est dans l'année 29,792 de la formation des planètes que l'accession de la chaleur du soleil a commencé à égaler et ensuite surpasser la déperdition de la chaleur propre de la lune.

Le refroidissement de cette planète a donc été prolongé pendant la première période : 1° de 149 ans par la chaleur du soleil; 2° de 1,937 ans par la chaleur de la terre; et, dans la seconde période, le refroidissement de la lune a été prolongé, 3° de 3,724 ans par la chaleur du soleil, et 4° de 38,057 ans par la chaleur de la terre. En ajoutant ces quatre termes on aura 43,867 ans, qui étant joints aux 28,646 ans des deux périodes, font en tout

72,513 ans. D'où l'on voit que ç'a été dans l'année 72,513, c'est-à-dire il y a 2,318 ans que la lune a été refroidie au point de $\frac{1}{25}$ de la température actuelle du globe de la terre.

La plus grande chaleur que nous ayons comparée à celle du soleil ou de la terre, est la chaleur du fer rouge ; et nous avons trouvé que cette chaleur extrême n'est néanmoins que vingt-cinq fois plus grande que la chaleur actuelle du globe de la terre, en sorte que notre globe, lorsqu'il était en incandescence, ayant 25 de chaleur, n'en a plus que la vingt-cinquième partie, c'est-à-dire $\frac{25}{25}$ ou 1 ; et en supposant la première période de 74,047 ans, on doit conclure que dans une seconde période semblable de 74,047 ans, cette chaleur ne sera plus que $\frac{1}{25}$ de ce qu'elle était à la fin de la première période, c'est-à-dire il y a 785 ans. Nous regardons le terme $\frac{1}{25}$ comme celui de la plus petite chaleur, de la même façon que nous avons pris 25 comme celui de la plus forte chaleur dont un corps solide puisse être pénétré. Cependant ceci ne doit s'entendre que relativement à notre propre nature, et à celle des êtres organisés, car cette chaleur $\frac{1}{25}$ de la température actuelle de la terre est encore double de celle qui nous vient du soleil, ce qui fait une chaleur considérable, et qui ne peut être regardée, comme très petite, que relativement à celle qui est nécessaire au maintien de la nature vivante ; car il est démontré même par ce que nous venons d'exposer, que si la chaleur actuelle de la terre était vingt-cinq fois plus petite qu'elle ne l'est, toutes les matières fluides du globe seraient gelées, et que ni l'eau, ni la sève, ni le sang ne pourraient circuler; et c'est par cette raison que j'ai regardé le terme $\frac{1}{25}$ de la chaleur actuelle du globe, comme le point de la plus petite chaleur, relativement à la nature organisée, puisque de la même manière qu'elle ne peut naître dans le feu, ni exister dans la très grande chaleur, elle ne peut de même subsister sans chaleur ou dans une trop petite chaleur. Nous tâcherons d'indiquer plus précisément les termes de froid et de chaud, où les êtres vivants cesseraient d'exister, mais il faut voir auparavant comment se fera le progrès du refroidissement du globe terrestre jusqu'à ce point $\frac{1}{25}$ de sa chaleur actuelle.

Nous avons deux périodes de temps, chacune de 74,047 ans, dont la première est écoulée, et a été prolongée de 785 ans par l'accession de la chaleur du soleil et de celle de la lune. Dans cette première période, la chaleur propre de la terre s'est réduite de 25 à 1, et dans la seconde période, elle se réduira de 1 à $\frac{1}{25}$. Or, nous n'avons à considérer dans cette seconde période que la compensation de la chaleur du soleil, car on voit que la chaleur de la lune est depuis longtemps si faible, qu'elle ne peut envoyer à la terre qu'une si petite quantité, qu'on doit la regarder comme nulle. Or, la compensation par la chaleur du soleil étant $\frac{1}{50}$ à la fin de la première période de la chaleur propre de la terre, sera par conséquent $\frac{25}{50}$ à la fin de la seconde période de 74,047 ans. D'où il résulte que la compensation totale que produira la chaleur du soleil pendant cette seconde période, sera $\frac{325}{50}$ ou 6 $\frac{1}{2}$. Et comme la perte totale de la chaleur propre est à la compensation totale en même raison que le temps de la période est au prolongement du refroidissement, on aura 25 : 6 $\frac{1}{2}$: : 74,047 : 19,252 environ. Ainsi la chaleur du soleil qui a prolongé le refroidissement de la terre de 770 ans pour la première période, le prolongera pour la seconde de 19,252 ans.

Et le moment où la chaleur du soleil sera égale à la chaleur propre de la terre, ne se trouvera pas encore dans cette seconde période, mais au second terme d'une troisième période de 74,047 ans; et comme chaque terme de ces périodes est de 2,962 ans, en les multipliant par 2, on a 5,924 ans, lesquels ajoutés aux 148,094 ans des deux premières périodes, il se trouve que ce ne sera que dans l'année 154,018 de la formation des planètes que la chaleur envoyée du soleil à la terre sera égale à sa chaleur propre.

Le refroidissement du globe terrestre a donc été prolongé de 776 ans $\frac{1}{2}$ pour la première période, tant par la chaleur du soleil que par celle de la lune; et il sera encore prolongé de 19,252 ans par la chaleur du soleil pour la seconde période de 74,047 ans.

Ajoutant ces deux termes aux 148,094 ans des deux périodes, on voit que ce ne sera que dans l'année 168,123 de la formation des planètes, c'est-à-dire dans 93,291 ans que la terre sera refroidie au point de $\frac{1}{25}$ de la température actuelle, tandis que la lune l'a été dans l'année 72,514, c'est-à-dire il y a 2,318 ans, et l'aurait été bien plus tôt si elle ne tirait, comme la terre, des secours de chaleur que du soleil, et si celle que lui a envoyée la terre n'avait pas retardé son refroidissement beaucoup plus que celle du soleil.

Recherchons maintenant quelle a été la compensation qu'a faite la chaleur du soleil à la perte de la chaleur propre des cinq autres planètes.

Nous avons vu que Mercure, dont le diamètre n'est que $\frac{1}{3}$ de celui du globe terrestre, se serait refroidi au point de notre température actuelle en 50,351 ans, dans la supposition que la terre se fût refroidie à ce même point en 74,047 ans ; mais comme elle ne s'est réellement refroidie à ce point qu'en 74,832 ans, Mercure n'a pu se refroidir de même qu'en 50,884 ans $\frac{5}{7}$ environ, et cela en supposant encore que rien n'eût compensé la perte de sa chaleur propre : mais sa distance au soleil étant à celle de la terre au même astre : : 4 : 10, il s'ensuit que la chaleur qu'il reçoit du soleil, en comparaison de celle que reçoit la terre, est : : 100 : 16, ou : : 6 $\frac{1}{4}$: 1. Dès lors la compensation qu'a faite la chaleur du soleil lorsque cette planète était à la température actuelle de la terre, au lieu de n'être que $\frac{1}{50}$, etait $\frac{6\frac{1}{4}}{50}$, et dans le temps de son incandescence, c'est-à-dire 50,884 ans $\frac{5}{7}$ auparavant, cette compensation n'était que $\frac{6\frac{1}{4}}{1250}$. Ajoutant ces deux termes de compensation $\frac{6\frac{1}{4}}{50}$ et $\frac{6\frac{1}{4}}{1250}$ du premier et du dernier temps de cette période, on aura $\frac{162\frac{1}{2}}{1250}$, qui étant multipliés par 12 $\frac{1}{2}$, moitié de la somme de tous les termes, donnent $\frac{2031\frac{1}{4}}{1250}$ ou 1 $\frac{781\frac{1}{4}}{1250}$ pour la compensation totale qu'a faite la chaleur du soleil pendant cette première période de 50,884 ans $\frac{5}{7}$. Et comme la perte de la chaleur propre est à la compensation en même raison que le temps de la période est au prolongement du refroidissement, on aura 25 : 1 $\frac{781\frac{1}{4}}{1250}$: : 50,884 $\frac{5}{7}$: 3,307 ans $\frac{1}{2}$ environ. Ainsi le temps dont la chaleur du soleil a prolongé le refroidissement de Mercure, a été de 3,307 ans $\frac{1}{2}$ pour la première période de 50,884 ans $\frac{5}{7}$. D'où l'on voit que ç'a été dans l'année 54,192 de la formation des planètes, c'est-à-dire il y a 20,640 ans que Mercure jouissait de la même température dont jouit aujourd'hui la terre.

Mais dans la seconde période, la compensation étant au commencement $\frac{6\frac{1}{4}}{50}$, et à la fin $\frac{156\frac{1}{4}}{50}$, on aura, en ajoutant ces temps, $\frac{162\frac{1}{2}}{50}$, qui étant multipliés par 12 $\frac{1}{2}$, moitié de la somme de tous les termes, donnent $\frac{2031\frac{1}{4}}{50}$ ou 40 $\frac{5}{8}$ pour la compensation totale par la chaleur du soleil dans cette seconde période. Et comme la perte de la chaleur propre est à la compensation en même raison que le temps de la période est à celui du prolongement du refroidissement, on aura 25 : 40 $\frac{5}{8}$: : 50,884 $\frac{5}{7}$: 82,688 ans environ. Ainsi le temps dont la chaleur du soleil a prolongé et prolongera celui du refroidissement de Mercure, ayant été de 3,307 ans $\frac{1}{2}$ dans la première période, sera pour la seconde de 82,688 ans.

Le moment où la chaleur du soleil s'est trouvée égale à la chaleur propre de cette planète, est au huitième terme de cette seconde période, qui multiplié par 2,035 $\frac{2}{51}$ environ, nombre des années de chaque terme de cette période, donne 16,283 ans environ, lesquels étant ajoutés aux 50,884 ans $\frac{5}{7}$ de la période, on voit que ça été dans l'année 67,167 de la formation des planètes que la chaleur du soleil a commencé de surpasser la chaleur propre de Mercure.

Le refroidissement de cette planète a donc été prolongé de 3,307 ans $\frac{1}{2}$ pendant la première période de 50,884 ans $\frac{1}{2}$, et sera prolongé de même par la chaleur du soleil de 82,688 ans pour la seconde période. Ajoutant ces deux nombres d'années à celui des deux périodes, on aura 187,765 ans environ. D'où l'on voit que ce ne sera que dans l'année 187,765 de la formation des planètes que Mercure sera refroidi à $\frac{1}{25}$ de la température actuelle de la terre.

Vénus, dont le diamètre est $\frac{17}{18}$ de celui de la terre, se serait refroidie au point de notre température actuelle en 88,815 ans, dans la supposition que la terre se fût refroidie à ce même point en 74,047 ans; mais comme elle ne s'est réellement refroidie à la température actuelle qu'en 74,832 ans, Vénus n'a pu se refroidir de même qu'en 89,767 ans environ, en supposant encore que rien n'eût compensé la perte de sa chaleur propre. Mais sa distance au soleil étant à celle de la terre au même astre, comme 7 sont à 10; il s'ensuit que la chaleur que Vénus reçoit du soleil, en comparaison de celle que reçoit la terre, est : : 100 : 49. Dès lors la compensation que fera la chaleur du soleil lorsque cette planète sera à la température actuelle de la terre, au lieu de n'être que $\frac{1}{50}$, sera $\frac{2\frac{1}{50}}{50}$; et dans le temps de son incandescence, cette compensation n'a été que $\frac{2\frac{1}{50}}{1250}$. Ajoutant ces deux termes de compensation du premier et du dernier temps de cette première période de 89,757 ans, on aura $\frac{52\frac{26}{50}}{1250}$, qui étant multipliés par $12\frac{1}{2}$, moitié de la somme de tous les termes, donnent $\frac{656\frac{1}{2}}{5250}$ pour la compensation totale qu'a faite et que fera la chaleur du soleil pendant cette première période de 89,757 ans. Et comme la perte totale de la chaleur propre est à la compensation totale en même raison que le temps de la période est au prolongement du refroidissement, on aura $25 : \frac{626\frac{1}{2}}{1250} : : 89,757 : 1,885$ ans $\frac{1}{2}$ environ. Ainsi le prolongement du refroidissement de cette planète, par la chaleur du soleil, sera de 1,885 ans $\frac{1}{2}$ environ, pendant cette première période de 89,757 ans. D'où l'on voit que ce sera dans l'année 91,643 de la formation des planètes, c'est-à-dire dans 16,811 ans que cette planète jouira de la même température dont jouit aujourd'hui la terre.

Dans la seconde période, la compensation étant au commencement $\frac{2\frac{1}{50}}{50}$, et à la fin $\frac{50\frac{1}{2}}{50}$, on aura, en ajoutant ces termes, $\frac{52\frac{13}{25}}{50}$, qui multipliés par $12\frac{1}{2}$, moitié de la somme de tous les termes, donnent $\frac{656\frac{1}{2}}{50}$ ou $13\frac{13}{100}$ pour la compensation totale par la chaleur du soleil pendant cette seconde période. Et comme la perte de la chaleur propre est à la compensation en même raison que le temps de la période est au prolongement du refroidissement, on aura $25 : 13\frac{13}{100} : : 89,757 : 47,140$ ans $\frac{9}{25}$ environ. Ainsi le temps dont la chaleur du soleil a prolongé le refroidissement de Vénus, étant pour la première période de 1,885 ans $\frac{1}{2}$, sera pour la seconde de 47,140 ans $\frac{9}{25}$ environ.

Le moment où la chaleur du soleil sera égale à la chaleur propre de cette planète, se trouve au $24\frac{76}{101}$, terme de l'écoulement du temps de cette seconde période, qui multiplie par 3,590 $\frac{7}{25}$ environ, nombre des années de chaque terme de ces périodes de 89,757 ans, donne 86,167 ans $\frac{7}{25}$ environ, lesquels étant ajoutés aux 89,757 ans de la période, on voit que ce ne sera que dans l'année 175,924 de la formation des planètes que la chaleur du soleil sera égale à la chaleur propre de Vénus.

Le refroidissement de cette planète sera donc prolongé de 1,885 ans $\frac{1}{2}$, pendant la première période de 89,757 ans, et sera prolongé de même de 47,140 ans $\frac{9}{25}$ dans la seconde période; en ajoutant ces deux nombres d'années à celui des deux périodes, qui est de 179,514 ans, on voit que ce ne sera que dans l'année 228,540 de la formation des planètes que Vénus sera refroidie à $\frac{1}{25}$ de la température actuelle de la terre.

Mars, dont le diamètre est $\frac{13}{25}$ de celui de la terre, se serait refroidi au point de notre température actuelle en 28,108 ans, dans la supposition que la terre se fût refroidie à ce même point en 74,047 ans; mais comme elle ne s'est réellement refroidie à ce point qu'en 74,832 ans, Mars n'a pu se refroidir qu'en 28,406 ans environ, en supposant encore que rien n'eût compensé la perte de sa chaleur propre. Mais sa distance au soleil étant à celle de la terre au même astre : : 15 : 10, il s'ensuit que la chaleur qu'il reçoit du soleil, en comparaison de celle que reçoit la terre, est : : 100 : 225 ou : : 4 : 9. Dès lors la compensation qu'a faite la chaleur du soleil lorsque cette planète était à la température actuelle de la terre, au lieu d'être $\frac{1}{50}$ n'était que $\frac{\frac{4}{9}}{50}$; et dans le temps de l'incandescence cette compensation n'était que $\frac{\frac{4}{9}}{1250}$. Ajoutant ces deux termes de compensation du premier et du dernier temps de cette première période de 28,406 ans, on aura $\frac{\frac{104}{9}}{1250}$, qui, étant multiplié par 12 $\frac{1}{2}$, moitié de la somme de tous les termes, donne $\frac{\frac{1300}{9}}{1250}$ ou $\frac{144\frac{4}{9}}{1250}$ pour la compensation totale qu'a faite la chaleur du soleil pendant cette première période. Et comme la perte de la chaleur propre est à la compensation en même raison que le temps de la période est au prolongement du refroidissement, on aura 25 : $\frac{144\frac{4}{9}}{1250}$: : 28,406 : 131 ans $\frac{3}{10}$ environ. Ainsi le temps dont la chaleur du soleil a prolongé le refroidissement de Mars, a été d'environ 131 ans $\frac{3}{10}$, pour la première période de 28,406 ans. D'où l'on voit que ç'a été dans l'année 28,538 de la formation des planètes, c'est-à-dire il y a 46,294 ans, que Mars était à la température actuelle de la terre.

Mais dans la seconde période, la compensation étant au commencement $\frac{\frac{4}{9}}{50}$, et à la fin $\frac{\frac{100}{9}}{50}$, on aura en ajoutant ces termes $\frac{\frac{104}{9}}{50}$, qui multipliés par 12 $\frac{1}{2}$, moitié de la somme de tous les termes, donnent $\frac{\frac{1300}{9}}{50}$ ou $\frac{144\frac{4}{9}}{50}$ pour la compensation totale par la chaleur du soleil pendant cette seconde période. Et comme la perte de la chaleur propre est à la compensation en même raison que le temps de la période est au prolongement du refroidissement, on aura 25 : $\frac{144\frac{4}{9}}{50}$: : 28,406 : 3,382 ans $\frac{59}{125}$ environ. Ainsi le temps dont la chaleur du soleil a prolongé le refroidissement de Mars dans la première période ayant été de 131 ans $\frac{3}{10}$, sera dans la seconde de 3,382 ans $\frac{59}{125}$.

Le moment où la chaleur du soleil s'est trouvée égale à la chaleur propre de cette planète, est au 12 $\frac{1}{2}$, terme de l'écoulement du temps dans cette seconde période, qui multiplié par 1,136 $\frac{6}{25}$, nombre des années de chaque terme de ces périodes, donne 14,203 ans, lesquels étant ajoutés aux 28,406 ans de la première période, on voit que ç'a été dans l'année 42,609 de la formation des planètes que la chaleur du soleil a été égale à la chaleur propre de cette planète; et que depuis ce temps elle l'a toujours surpassée.

Le refroidissement de Mars a donc été prolongé, par la chaleur du soleil, de 131 ans $\frac{3}{10}$ pendant la première période, et l'a été dans la seconde période de 3,382 ans $\frac{59}{125}$. Ajoutant ces deux termes à la somme des deux périodes, on aura 60,325 ans $\frac{19}{390}$ environ. D'où l'on voit que ç'a été dans l'année 60,326 de la formation des planètes, c'est-à-dire il y a 14,505 ans, que Mars a été refroidi à $\frac{1}{25}$ de la chaleur actuelle de la terre.

Jupiter, dont le diamètre est onze fois plus grand que celui de la terre, et sa distance au soleil : : 52 : 10, ne se refroidira au point de la terre qu'en 237,838 ans, abstraction faite de toute compensation que la chaleur du soleil et celle de ses satellites ont pu et pourront faire à la perte de sa chaleur propre, et surtout en supposant que la terre se fût refroidie au point de la température actuelle en 74,047 ans; mais comme elle ne s'est réellement refroidie à ce point qu'en 74,832 ans, Jupiter ne pourra se refroidir au même point qu'en 240,358 ans. Et en ne considérant d'abord que la compensation faite par la chaleur du soleil sur cette grosse planète, nous verrons que la chaleur qu'elle reçoit du soleil est à celle qu'en reçoit la terre : : 100 : 2704 ou : : 25 : 676. Dès lors la compensation que fera la chaleur du soleil lorsque Jupiter sera refroidi à la température actuelle de la terre, au lieu d'être $\frac{1}{50}$, ne sera que $\frac{\frac{25}{676}}{50}$, et dans le temps de l'incandescence cette compensation n'a été que $\frac{\frac{25}{676}}{1250}$: ajoutant ces deux termes de compensation du premier et du dernier temps de cette première période de 240,358 ans, on a $\frac{\frac{650}{676}}{1250}$, qui multipliés par $12\frac{1}{2}$, moitié de la somme de tous les termes, donnent $\frac{\frac{8123}{676}}{1260}$ ou $\frac{12\frac{11}{676}}{1250}$ pour la compensation totale que fera la chaleur du soleil pendant cette première période de 240,358 ans. Et comme la perte de la chaleur propre est à la compensation en même raison que le temps de la période est au prolongement du refroidissement, on aura 25 : $\frac{12\frac{13}{676}}{1250}$: : 240,358 : 93 ans environ. Ainsi le temps dont la chaleur du soleil prolongera le refroidissement de Jupiter, ne sera que de 93 ans pour la première période de 240,358 ans; d'où l'on voit que ce ne sera que dans l'année 240,451 de la formation des planètes, c'est-à-dire dans 165,619 ans, que le globe de Jupiter sera refroidi au point de la température actuelle du globe de la terre.

Dans la seconde période la compensation étant au commencement $\frac{\frac{25}{676}}{50}$, sera à la fin $\frac{\frac{625}{676}}{50}$; en ajoutant ces deux termes, on aura $\frac{\frac{650}{676}}{50}$, qui multipliés par $12\frac{1}{2}$, moitié de la somme de tous les termes, donnent $\frac{\frac{8125}{676}}{50}$ ou $\frac{12\frac{11}{676}}{50}$ pour la compensation totale par la chaleur du soleil pendant cette seconde période. Et comme la perte de la chaleur propre est à la compensation en même raison que le temps de la période est au prolongement du refroidissement, on aura 25 : $\frac{12\frac{11}{676}}{50}$: : 240,350 : 2,311 ans environ. Ainsi le temps dont la chaleur du soleil prolongera le refroidissement de Jupiter, n'étant que de 93 ans dans la première période, sera de 2311 ans, pour la seconde période de 240,358 ans.

Le moment où la chaleur du soleil se trouvera égale à la chaleur propre de cette planète est si éloigné, qu'il n'arrivera pas dans cette seconde période, ni même dans la troisième, quoiqu'elles soient chacune de 240,358 ans; en sorte qu'au bout de 721,074 ans, la chaleur propre de Jupiter sera encore plus grande que celle qu'il reçoit du soleil.

Car dans la troisième période, la compensation étant au commmencement $\frac{\frac{625}{676}}{50}$, elle sera à la fin de cette même troisième période $\frac{25\frac{77}{676}}{50}$, ce qui démontre qu'à la fin de cette troisième période où la chaleur de Jupiter ne sera que $\frac{1}{625}$ de la chaleur actuelle de la terre, elle sera néanmoins de près de moitié plus forte que celle du soleil; en sorte que ce ne sera que dans la quatrième période où le moment entre l'égalité de la chaleur du soleil et celle de la chaleur propre de Jupiter, se trouvera au $2\frac{102}{625}$, terme de l'écoulement du temps dans cette quatrième période, qui, multiplié par $9{,}614\frac{8}{25}$, nombre des années de chaque terme de ces périodes de 240,358 ans, donne $19{,}228$ ans $\frac{4}{5}$ environ, lesquels ajoutés aux 721,074 ans des trois périodes précédentes, font en tout 740,302 ans $\frac{4}{5}$; d'où l'on voit que ce ne sera que dans ce temps prodigieusement éloigné, que la chaleur du soleil sur Jupiter se trouvera égale à sa chaleur propre.

Le refroidissement de cette grosse planète sera donc prolongé, par la chaleur du soleil, de 93 ans pour la première période, et de 2,311 ans pour la seconde. Ajoutant ces deux nombres d'années aux 480,716 des deux premières périodes, on aura 483,120 ans; d'où il résulte que ce ne sera que dans l'année 483,121 de la formation des planètes que Jupiter pourra être refroidi à $\frac{1}{25}$ de la température actuelle de la terre.

Saturne, dont le diamètre est à celui du globe terrestre : : 9 $\frac{1}{2}$: 1, et dont la distance au soleil est à celle de la terre au même astre aussi : : 9 $\frac{1}{2}$: 1, perdrait de sa chaleur propre, au point de la température actuelle de la terre, en 129,434 ans, dans la supposition que la terre se fût refroidie à ce même point en 74,047 ans. Mais comme elle ne s'est réellement refroidie à la température actuelle qu'en 74,832 ans, Saturne ne se refroidira qu'en 130,806 ans, en supposant encore que rien ne compenserait la perte de sa chaleur propre; mais la chaleur du soleil, quoique très faible à cause de son grand éloignement, la chaleur de ses satellites, celle de son anneau, et même celle de Jupiter, duquel il n'est qu'à une distance médiocre en comparaison de son éloignement du soleil, ont dû faire quelque compensation à la perte de sa chaleur propre, et par conséquent prolonger un peu le temps de son refroidissement.

Nous ne considérons d'abord que la compensation qu'a dû faire la chaleur du soleil : cette chaleur que reçoit Saturne est à celle que reçoit la terre : : 100 : 9,025, ou 4 : 361. Dès lors la compensation que fera la chaleur du soleil, lorsque cette planète sera refroidie à la température actuelle de la terre, au lieu d'être $\frac{1}{50}$, ne sera que $\frac{\frac{4}{361}}{50}$, et dans le temps de l'incandescence, cette compensation n'a été que $\frac{\frac{4}{361}}{1250}$; ajoutant ces deux termes, on aura $\frac{\frac{104}{361}}{1250}$, qui, multipliés par 12 $\frac{1}{2}$, moitié de la somme de tous les termes, donnent $\frac{\frac{1300}{361}}{1250}$ ou $\frac{3\,\frac{217}{361}}{1250}$ pour la compensation totale que fera la chaleur du soleil dans les 130,806 ans de la première période. Et comme la perte de la chaleur propre est à la compensation en même raison que le temps de la période est au prolongement du refroidissement, on aura 25 : $\frac{3\,\frac{217}{361}}{1250}$: : 130,806 : 15 ans environ. Ainsi, la chaleur du soleil ne prolongera le refroidissement de Saturne que de 15 ans pendant cette première période de 130,806 ans; d'où l'on voit que ce ne sera que dans l'année 130,821 de la formation des planètes, c'est-à-dire dans 55,989 ans, que cette planète pourra être refroidie au point de la température actuelle de la terre.

Dans la seconde période, la compensation par la chaleur envoyée du soleil étant, au commencement $\frac{\frac{4}{50}}{361}$, sera à la fin de cette même période $\frac{\frac{100}{361}}{50}$. Ajoutant ces deux termes de compensation du premier et du dernier temps par la chaleur du soleil dans cette seconde période, on aura $\frac{\frac{104}{361}}{50}$, qui, multiplié par 12 $\frac{1}{2}$, moitié de la somme de tous les termes, donne $\frac{\frac{1300}{361}}{50}$ ou $\frac{3\,\frac{217}{361}}{50}$ pour la compensation totale que fera la chaleur du soleil pendant cette seconde période. Et comme la perte totale de la chaleur propre est à la compensation totale en même raison que le temps total de la période est au prolongement du refroidissement, on aura 25 : $\frac{3\,\frac{217}{361}}{50}$: : 130,806 : 377 ans environ. Ainsi, le temps dont la chaleur du soleil prolongera le refroidissement de Saturne, étant de 15 ans pour la première période, sera de 377 ans pour la seconde. Ajoutant ensemble les 15 ans et les 377 ans dont la chaleur du soleil prolongera le refroidissement de Saturne pendant les deux périodes de 130,806 ans, on verra que ce ne sera que dans l'année 262,020 de la formation des planètes, c'est-à-dire dans 187,188 ans, que cette planète pourra être refroidie à $\frac{1}{25}$ de la chaleur actuelle de la terre.

Dans la troisième période, le premier terme de la compensation, par la chaleur du soleil, étant $\frac{\frac{100}{361}}{50}$ au commencement, et à la fin $\frac{\frac{2500}{361}}{50}$ ou $\frac{6\,\frac{334}{361}}{50}$, on voit que ce ne sera pas encore dans cette troisième période qu'arrivera le moment où la chaleur du soleil sera égale à la chaleur propre de cette planète, quoique à la fin de cette troisième période elle aura perdu de sa chaleur propre, au point d'être refroidie à $\frac{1}{625}$ de la température actuelle de la terre. Mais ce moment se trouvera au septième terme $\frac{11}{50}$ de la quatrième période, qui, multiplié par 5,232 ans $\frac{6}{25}$, nombre des années de chaque terme de ces périodes de 131,806 ans, donne 37,776 ans $\frac{19}{25}$, lesquels étant ajoutés aux trois premières périodes, dont la somme est 392,418 ans, font 430,194 ans $\frac{19}{25}$. D'où l'on voit que ce ne sera que dans l'année 430,195 de la formation des planètes que la chaleur du soleil se trouvera égale à la chaleur propre de Saturne.

Les périodes des temps du refroidissement de la terre et des planètes sont donc dans l'ordre suivant :

REFROIDIES A LA TEMPÉRATURE ACTUELLE.		REFROIDIES A $\frac{1}{25}$ DE LA TEMPÉRATURE ACTUELLE.
La Terre	en 74832 ans.	En 168123 ans.
La Lune	en 16409 ans.	En 72513 ans.
Mercure	en 54192 ans.	En 187765 ans.
Vénus	en 91643 ans.	En 228540 ans.
Mars	en 28538 ans.	En 60326 ans.
Jupiter	en 240451 ans.	En 483121 ans.
Saturne	en 130821 ans.	En 262020 ans.

On voit, en jetant un coup d'œil sur ces rapports, que, dans notre hypothèse, la lune et Mars sont actuellement les planètes les plus froides ; que Saturne, et surtout Jupiter, sont les plus chaudes ; que Vénus est encore bien plus chaude que la terre, et que Mercure, qui a commencé depuis longtemps à jouir d'une température égale à celle dont jouit aujourd'hui la terre, est encore actuellement et sera pour longtemps au degré de chaleur qui est nécessaire pour le maintien de la nature vivante, tandis que la lune et Mars sont gelés depuis longtemps, et par conséquent impropres depuis ce même temps à l'existence des êtres organisés.

Je ne peux quitter ces grands objets sans rechercher encore ce qui s'est passé et se passera dans les satellites de Jupiter et de Saturne, relativement au temps du refroidissement de chacun en particulier. Les astronomes ne sont pas absolument d'accord sur la grandeur relative de ces satellites ; et, pour ne parler d'abord que de ceux de Jupiter, Whiston a prétendu que le troisième de ses satellites était le plus grand de tous, et il l'a estimé de la même grosseur à peu près que le globe terrestre ; ensuite il dit que le premier est un peu plus gros que Mars, le second un peu plus grand que Mercure, et que le quatrième n'est guère plus grand que la lune. Mais notre plus illustre astronome (Dominique Cassini) a jugé au contraire que le quatrième satellite était le plus grand de tous (*a*). Plusieurs causes concourent à cette incertitude sur la grandeur des satellites de Jupiter et de Saturne : j'en indiquerai quelques-unes dans la suite, mais je me dispenserai d'en faire ici l'énumération et la discussion, ce qui m'éloignerait trop de mon sujet ; je me contenterai de dire qu'il me paraît plus que probable que les satellites les plus éloignés de leur planète principale sont réellement les plus grands, de la même manière que les planètes les plus éloignées du soleil sont aussi les plus grosses. Or, les distances des quatre satellites de Jupiter, à commencer par le plus voisin, qu'on appelle le premier, sont à très peu près

(*a*) Voyez l'*Astronomie* de M. de Lalande, art. 2381.

comme $5\frac{2}{3}$, 9, $14\frac{1}{3}$, $25\frac{1}{4}$, et leur grandeur n'étant pas encore bien déterminée, nous supposerons, d'après l'analogie dont nous venons de parler, que le plus voisin ou le premier n'est que de la grandeur de la lune, le second de celle de Mercure, le troisième de la grandeur de Mars, et le quatrième de celle du globe de la terre, et nous allons rechercher combien le bénéfice de la chaleur de Jupiter a compensé la perte de leur chaleur propre.

Pour cela nous regarderons comme égale la chaleur envoyée par le soleil à Jupiter et à ses satellites, parce qu'en effet leurs distances à cet astre de feu sont à très peu près les mêmes. Nous supposerons aussi comme chose très plausible que la densité des satellites de Jupiter est égale à celle de Jupiter même (*a*).

Cela posé, nous verrons que le premier satellite grand comme la lune, c'est-à-dire qui n'a que $\frac{3}{11}$ du diamètre de la terre, se serait consolidé jusqu'au centre en 792 ans $\frac{3}{11}$, refroidi au point de pouvoir le toucher en 9,248 ans $\frac{5}{11}$, et au point de la température actuelle de la terre en 20,194 ans $\frac{7}{11}$, si la densité de ce satellite n'était pas différente de celle de la terre, mais comme la densité du globe terrestre est à celle de Jupiter ou de ses satellites : : 1,000 : 292, il s'ensuit que le temps employé à la consolidation jusqu'au centre et au refroidissement doit être diminué dans la même raison ; en sorte que ce satellite se sera consolidé en 231 ans $\frac{43}{125}$, refroidi au point d'en pouvoir toucher la surface en 2,690 ans $\frac{2}{5}$, et qu'enfin il aurait perdu assez de sa chaleur propre pour être refroidi à la température actuelle de la terre, en 5,897 ans, si rien n'eût compensé cette perte de sa chaleur propre. Il est vrai qu'à cause du grand éloignement du soleil, la chaleur envoyée par cet astre sur les satellites ne pourrait faire qu'une très légère compensation, telle que nous l'avons vu sur Jupiter même. Mais la chaleur que Jupiter envoyait à ses satellites était prodigieusement grande, surtout dans les premiers temps, et il est très nécessaire d'en faire ici l'évaluation.

Commençant par celle du soleil, nous verrons que cette chaleur envoyée du soleil étant en raison inverse du carré des distances, la compensation qu'elle a faite dans le temps de l'incandescence n'était que $\frac{\frac{25}{676}}{1250}$, et qu'à la fin de la première période de 5,897 ans, cette compensation n'était que $\frac{\frac{25}{676}}{50}$. Ajoutant ces deux termes $\frac{\frac{25}{676}}{1250}$ et $\frac{\frac{25}{676}}{50}$ du premier et du dernier temps de cette première période de 5,897 ans, on aura $\frac{\frac{650}{676}}{1250}$, qui, multipliés par $12\frac{1}{2}$, moitié de la somme de tous les termes, donnent $\frac{\frac{8125}{676}}{1250}$ ou $\frac{12\frac{11}{676}}{1250}$ pour la compensation totale qu'a faite la chaleur du soleil pendant cette première période. Et comme la perte totale de la chaleur propre est à la compensation totale en même raison que le temps de la période est à celui du prolongement du refroidissement, on aura $25 : \frac{12\frac{13}{676}}{1250}$: : 5,897 : 2 ans $\frac{4}{15}$. Ainsi, le prolongement du refroidissement de ce satellite par la chaleur du soleil, pendant cette première période de 5,897 ans, n'a été que de deux ans quatre-vingt-dix-sept jours.

Mais la chaleur de Jupiter, qui était 25 dans le temps de l'incandescence, n'avait diminué, au bout de la période de 5,897 ans, que de $\frac{14}{23}$ environ, et elle était encore alors $24\frac{9}{23}$; et comme ce satellite n'est éloigné de sa planète principale que de $5\frac{2}{3}$ demi-diamètres de Jupiter, ou de $62\frac{1}{2}$ demi-diamètres terrestres, c'est-à-dire de 89,292 lieues, tandis que sa distance au soleil est de 171 millions 600 mille lieues, la chaleur envoyée par le soleil à ce même satellite, comme le carré de 171,609,000 est au carré de 89,292, si la

(*a*) Quand même on se refuserait à cette supposition de l'égalité de densité dans Jupiter et de ses satellites, cela ne changerait rien à ma théorie, et les résultats du calcul seraient seulement un peu différents, mais le calcul lui-même ne serait pas plus difficile à faire.

surface que Jupiter présente à ce satellite était égale à la surface que lui présente le soleil; mais la surface de Jupiter, qui n'est dans le réel que $\frac{121}{11449}$ de celle du soleil, paraît néanmoins à ce satellite plus grande que ne lui paraît celle de cet astre dans le rapport inverse du carré des distances. On aura donc $(89,292)^2 : (171,000,000)^2 :: \frac{121}{11449} : 39,032 \frac{1}{2}$ environ. Donc, la surface que présente Jupiter à ce satellite étant 39,032 fois $\frac{1}{2}$ plus grande que celle que lui présente le soleil, cette grosse planète, dans le temps de l'incandescence, était pour son premier satellite un astre de feu 39,032 fois $\frac{1}{2}$ plus grand que le soleil. Mais nous avons vu que la compensation faite par la chaleur du soleil à la perte de la chaleur propre de ce satellite n'était que $\frac{\frac{25}{676}}{50}$, lorsqu'au bout de 5,897 ans il se serait refroidi à la température actuelle de la terre par la déperdition de sa chaleur propre; et que, dans le temps de l'incandescence, cette compensation, par la chaleur du soleil, n'a été que de $\frac{\frac{25}{676}}{1250}$; il faut donc multiplier ces deux termes de compensation par 39,032 $\frac{1}{2}$, et l'on aura $\frac{1443 \frac{1}{2}}{1250}$ pour la compensation qu'a faite la chaleur de Jupiter dès le commencement de cette période dans le temps de l'incandescence, et $\frac{1443 \frac{1}{2}}{50}$ pour la compensation que Jupiter aurait faite à la fin de cette même période de 5,897 ans, s'il eût conservé son état d'incandescence. Mais comme sa chaleur propre a diminué de 25 à 24 $\frac{9}{25}$ pendant cette même période, la compensation à la fin de la période, au lieu d'être $\frac{1443 \frac{1}{2}}{50}$, n'a été que $\frac{1408 \frac{203}{578}}{50}$. Ajoutant ces deux termes $\frac{1408 \frac{203}{565}}{50}$ et $\frac{1443 \frac{1}{2}}{1256}$ de la compensation dans le premier et le dernier temps de la période, on a $\frac{36652 \frac{3}{19}}{1250}$, lesquels, multipliés par 12 $\frac{1}{2}$, moitié de la somme de tous les termes, donnent $\frac{458153 \frac{3}{4}}{1250}$ ou 366 $\frac{1}{2}$ environ, pour la compensation totale qu'a faite la chaleur de Jupiter à la perte de la chaleur propre de son premier satellite pendant cette première période de 5,897 ans. Et comme la perte totale de la chaleur propre est à la compensation totale en même raison que le temps de la période est au prolongement du refroidissement, on aura $25 : 366 \frac{1}{2} :: 5,897 : 86,450$ ans $\frac{1}{50}$. Ainsi, le temps dont la chaleur envoyée par Jupiter à son premier satellite a prolongé son refroidissement pendant cette première période est de 86.450 ans $\frac{1}{50}$, et le temps dont la chaleur du soleil a aussi prolongé le refroidissement de ce satellite, pendant cette même période de 5,897 ans, n'ayant été que de deux ans quatre-vingt-dix-sept jours, il se trouve que le temps du refroidissement de ce satellite a été prolongé d'environ 86,452 $\frac{1}{2}$ au delà des 5,897 ans de la période; d'où l'on voit que ce ne sera que dans l'année 92,350 de la formation des planètes, c'est-à-dire dans 17,618 ans, que le premier satellite de Jupiter pourra être refroidi au point de la température actuelle de la terre.

Le moment où la chaleur envoyée par Jupiter à ce satellite était égale à sa chaleur propre, s'est trouvé dans le temps de l'incandescence, et même auparavant, si la chose eût été possible; car cette masse énorme de feu, qui était 39,032 fois $\frac{1}{2}$ plus grande que le soleil pour ce satellite, lui envoyait, dès le temps de l'incandescence de tous deux, une chaleur plus forte que la sienne propre, puisqu'elle était 1,443 $\frac{1}{2}$, tandis que celle du satellite n'était que 1,250. Ainsi ç'a été de tout temps que la chaleur de Jupiter, sur son premier satellite, a surpassé la perte de sa chaleur propre.

Dès lors on voit que la chaleur propre de ce satellite, ayant toujours été fort au-dessous de la chaleur envoyée par Jupiter, on doit évaluer autrement la température du satellite; en sorte que l'estimation que nous venons de faire du prolongement du refroidissement, et que nous avons trouvée être de 86,452 ans $\frac{1}{2}$, doit être encore augmentée de beaucoup, car dès le temps de l'incandescence, la chaleur extérieure envoyée par Jupiter était plus grande que la chaleur propre du satellite dans la raison de 1,443 $\frac{1}{2}$ à 1,250, et à la fin de la première période de 5,897 ans, cette chaleur envoyée par Jupiter étant plus grande que la chaleur propre du satellite, dans la raison de 1,408 à 50, ou de 140 à 5 à peu près. Et de même à la fin de la seconde période, la chaleur envoyée par Jupiter était à la chaleur propre du satellite : : 3,433 : 5 ; ainsi, la chaleur propre du satellite, dès la fin de la première période, peut être regardée comme si petite, en comparaison de la chaleur envoyée par Jupiter, qu'on doit tirer le temps du refroissement de ce satellite presque uniquement de celui du refroidissement de Jupiter.

Or, Jupiter ayant envoyé à ce satellite, dans le temps de l'incandescence, 39,032 fois $\frac{1}{2}$ plus de chaleur que le soleil, lui envoyait encore au bout de la première période de 5,897 ans, une chaleur 38,082 fois $\frac{3}{25}$ plus grande que celle du soleil, parce que la chaleur propre de Jupiter n'avait diminué que de 25 à 24 $\frac{9}{23}$; et au bout d'une seconde période de 5,897 ans, c'est-à-dire après la déperdition de la chaleur propre du satellite, au point extrême de $\frac{1}{25}$ de la chaleur actuelle de la terre, Jupiter envoyait encore à ce satellite une chaleur 37,131 fois $\frac{3}{4}$ plus grande que celle du soleil, parce que la chaleur propre de Jupiter n'avait encore diminué que de 24 $\frac{9}{23}$ à 23 $\frac{18}{23}$; ensuite après une troisième période de 5,897 ans où la chaleur propre du satellite doit être regardée comme absolument nulle, Jupiter lui envoyait encore une chaleur 36,182 fois plus grande que celle du soleil.

En suivant la même marche, on trouvera que la chaleur de Jupiter, qui d'abord était 25, et qui décroît constamment de $\frac{14}{23}$ par chaque période de 5,897 ans, diminue par conséquent sur ce satellite de 950 pendant chacune de ces périodes; de sorte qu'après 37 $\frac{2}{3}$ périodes, cette chaleur envoyée par Jupiter au satellite sera à très peu près encore 1,350 fois plus grande que la chaleur qu'il reçoit du soleil.

Mais comme la chaleur du soleil sur Jupiter et sur ses satellites est à peu près à celle du soleil sur la terre : : 1 : 27, et que la chaleur du globe terrestre est 50 fois plus grande que celle qu'il reçoit actuellement du soleil ; il s'ensuit qu'il faut diviser par 27 cette quantité 1,350 de chaleur ci-dessus pour avoir une chaleur égale à celle que le soleil envoie sur la terre; et cette dernière chaleur étant $\frac{1}{50}$ de la chaleur actuelle du globe terrestre, il en résulte qu'au bout de 37 $\frac{2}{3}$ périodes de 5,897 ans chacune, c'est-à-dire au bout de 222,120 ans $\frac{1}{3}$, la chaleur que Jupiter enverra à ce satellite sera égale à la chaleur actuelle de la terre, et que quoiqu'il ne lui restera rien alors de sa chaleur propre, il jouira néanmoins d'une température égale à celle dont jouit aujourd'hui la terre, dans cette année 222,120 $\frac{1}{3}$ de la formation des planètes.

Et de la même manière que cette chaleur envoyée par Jupiter prolongera prodigieusement le refroidissement de ce satellite à la température actuelle de la terre, elle le prolongera de même pendant trente-sept autres périodes $\frac{2}{3}$, pour arriver au point extrême de $\frac{1}{25}$ de la chaleur actuelle du globe de la terre; en sorte que ce ne sera que dans l'année 444,240 de la formation des planètes que ce satellite sera refroidi à $\frac{1}{25}$ de la température actuelle de la terre.

Il en est de même de l'estimation de la chaleur du soleil, relativement à la compensation qu'elle a faite à la diminution de la température du satellite dans les différents temps. Il est certain, qu'à ne considérer que la déperdition de la chaleur propre du satellite, cette chaleur du soleil n'aurait fait compensation dans le temps de l'incandescence que de $\frac{\frac{25}{676}}{1250}$; et qu'à la fin de la première période, qui est de 5,897 ans, cette même chaleur du soleil aurait fait une compensation de $\frac{\frac{25}{676}}{50}$, et que dès lors le prolongement du refroidissement par l'accession de cette chaleur du soleil, aurait en effet été de 2 ans $\frac{4}{15}$; mais la chaleur envoyée par Jupiter dès le temps de l'incandescence étant à la chaleur propre du satellite : : 1,443 $\frac{1}{2}$: 1,250, il s'ensuit que la compensation faite par la chaleur du soleil doit être diminuée dans la même raison; en sorte qu'au lieu d'être $\frac{\frac{25}{676}}{1250}$, elle n'a été que $\frac{\frac{25}{676}}{2793\frac{1}{2}}$ au commencement de cette période, et que cette compensation qui aurait été $\frac{\frac{25}{676}}{50}$ à la fin de cette première période, si l'on ne considérait que la déperdition de la chaleur propre du satellite, doit être diminuée dans la raison de 1,408 à 50, parce que la chaleur envoyée par Jupiter était encore plus grande que la chaleur propre du satellite dans cette même raison. Dès lors la compensation à la fin de cette première période, au lieu d'être $\frac{\frac{25}{676}}{50}$, n'a été que $\frac{\frac{25}{676}}{1458}$. En ajoutant ces deux termes de compensation $\frac{\frac{25}{676}}{2793\frac{1}{2}}$ et $\frac{\frac{25}{676}}{1458}$ du premier et du dernier temps de cette première période, on a $\frac{\frac{106085}{676}}{4038400}$ ou $\frac{156\frac{630}{676}}{4038400}$, qui multipliés par 12 $\frac{1}{2}$, moitié de la somme de tous les termes, donnent $\frac{1960\frac{439}{676}}{4038400}$ pour la compensation totale qu'a pu faire la chaleur du soleil pendant cette première période. Et comme la diminution totale de la chaleur est à la compensation totale en même raison que le temps de la période est au prolongement du refroidissement, on aura 25 : $\frac{1961\frac{2}{3}}{4038400}$: : 5,897 : $\frac{11547948\frac{1}{2}}{100960000}$ ou : : 5,897 ans 41 jours $\frac{7}{10}$. Ainsi le prolongement du refroidissement par la chaleur du soleil, au lieu d'avoir été de 2 ans 97 jours, n'a réellement été que de 41 jours $\frac{7}{10}$.

On trouverait de la même manière les temps du prolongement du refroidissement, par la chaleur du soleil, pendant la seconde période et pendant les périodes suivantes; mais il est plus facile et plus court de l'évaluer en totalité de la manière suivante.

La compensation par la chaleur du soleil dans le temps de l'incandescence, ayant été, comme nous venons de le dire, $\frac{\frac{25}{676}}{2793\frac{1}{2}}$, sera à la fin de 37 $\frac{2}{3}$ périodes $\frac{\frac{25}{676}}{50}$, puisque ce n'est qu'après ces 37 $\frac{2}{3}$ périodes, que la température du satellite sera égale à la température actuelle de la terre. Ajoutant donc ces deux termes de compensation $\frac{\frac{25}{676}}{2793\frac{1}{2}}$ et $\frac{\frac{25}{676}}{50}$ du premier et du dernier temps de ces 37 $\frac{2}{3}$ périodes, on a $\frac{\frac{71027}{676}}{139675}$ ou $\frac{105\frac{47}{676}}{139675}$, qui mulpliés par 12 $\frac{1}{2}$, moitié de la somme de tous les termes de la diminution de la chaleur, donnent $\frac{1313\frac{245}{676}}{139675}$ ou $\frac{13}{1396}$ environ pour la compensation totale, par la chaleur du soleil, pendant les 37 $\frac{2}{3}$ périodes de 5,897 ans chacune. Et comme la diminution totate de la chaleur est à la compensation totale en même raison que le temps total est au prolongement du refroidissement, on aura 25 : $\frac{13}{1396}$: : 222,120 $\frac{1}{3}$: 82 ans $\frac{37}{50}$ environ. Ainsi le prolongement total que fera la chaleur du soleil ne sera que de 82 ans $\frac{37}{50}$ qu'il faut ajouter aux 222,120 ans $\frac{1}{3}$. D'où l'on voit que ce ne sera que dans l'année 222,203 de la formation des planètes que ce satellite jouira de la même température dont jouit aujourd'hui la terre, et qu'il faudra le double du temps, c'est-à-dire, que ce ne sera que dans l'année 444,406 de la formation des planètes qu'il pourra être refroidi à $\frac{1}{25}$ de la chaleur actuelle de la terre.

Faisant le même calcul pour le second satellite, que nous avons supposé grand comme Mercure, nous verrons qu'il aurait dû se consolider jusqu'au centre en 1,342 ans, perdre de sa chaleur propre en 11,303 ans $\frac{1}{3}$ au point de pouvoir le toucher, et se refroidir par la même déperdition de sa chaleur propre, au point de la température actuelle de la terre en 24,682 ans $\frac{1}{3}$, si sa densité était égale à celle de la terre; mais comme la densité du globe terrestre est à celle de Jupiter et de ses satellites : : 1,000 : 292, il s'ensuit que ce second satellite dont le diamètre est $\frac{1}{3}$ de celui de la terre, se serait réellement consolidé jusqu'au centre en 282 ans environ, refroidi au point de pouvoir le toucher en 3,300 ans $\frac{17}{25}$, et à la température actuelle de la terre en 7,283 ans $\frac{16}{25}$, si la perte de sa chaleur propre n'eût pas été compensée par la chaleur que le soleil, et plus encore par celle que Jupiter ont envoyées à ce satellite. Or, l'action de la chaleur du soleil sur ce satellite étant en raison inverse du carré des distances, la compensation que cette chaleur du soleil a faite à la perte de la chaleur propre du satellite, était dans le temps de l'incandescence $\frac{\frac{25}{676}}{1250}$ et $\frac{\frac{25}{676}}{50}$ à la fin de cette première période de 7,283 ans $\frac{16}{25}$. Ajoutant ces deux termes $\frac{\frac{25}{676}}{1250}$ et $\frac{\frac{25}{676}}{50}$ de la compensation dans le premier et le dernier temps de cette période, on a $\frac{\frac{650}{676}}{1250}$, qui multipliés par 12 $\frac{1}{2}$, moitié de la somme de tous les termes, donnent $\frac{\frac{8125}{676}}{1250}$ ou $\frac{12\frac{13}{676}}{1250}$ pour la compensation totale qu'a faite la chaleur du soleil pendant cette première période de 7,283 ans $\frac{16}{25}$. Et comme la perte totale de la chaleur propre est à la compensation totale en même raison que le temps de la période est au prolongement du refroidissement, on aura 25 : $\frac{12\frac{13}{676}}{25}$: : 7,283 ans $\frac{16}{25}$: 2 ans 252 jours. Ainsi le prolongement du refroidissement de ce satellite, par la chaleur du soleil, pendant cette première période, n'a été que de 2 ans 252 jours.

Mais la chaleur de Jupiter, qui dans le temps de l'incandescence était 25, avait diminué, au bout de 7,183 ans $\frac{16}{25}$, de $\frac{10}{23}$ environ, et elle était encore alors 24 $\frac{4}{23}$. Et comme ce satellite n'est éloigné de Jupiter que de 9 demi-diamètres de Jupiter ou 99 demi-diamètres terrestres, c'est-à-dire de 141,817 lieues $\frac{1}{2}$, et qu'il est éloigné du soleil de 171 millions 600 mille lieues, il en résulte que la chaleur envoyée par Jupiter à ce satellite aurait été : : $(171,600,000)^2 : (141,817\frac{1}{2})^2$, si la surface que présente Jupiter à ce satellite était égale à la surface que lui présente le soleil ; mais la surface de Jupiter, qui dans le réel, n'est que $\frac{121}{11449}$ de celle du soleil, paraît néanmoins plus grande à ce satellite dans la raison inverse du carré des distances ; on aura donc $(141,817\frac{1}{2})^2 : (171,600,000)^2 : : \frac{121}{11449}$: 15,473 $\frac{1}{3}$ environ. Donc la surface que Jupiter présente à ce satellite est 15,473 fois $\frac{2}{3}$ plus grande que celle que lui présente le soleil. Ainsi, Jupiter, dans le temps de l'incandescence, était pour ce satellite un astre de feu 15,473 fois $\frac{2}{3}$ plus étendu que le soleil. Mais nous avons vu que la compensation faite par la chaleur du soleil à la perte de la chaleur propre de ce satellite, n'était que $\frac{\frac{25}{676}}{50}$ lorsqu'au bout de 7,283 ans $\frac{16}{25}$, il se serait refroidi à la température actuelle de la terre, et que, dans le temps de l'incandescence, cette compensation par la chaleur du soleil n'était que $\frac{\frac{25}{676}}{1250}$; on aura donc 15,473 $\frac{2}{3}$, multipliés par $\frac{\frac{25}{676}}{1250}$ ou $\frac{572\frac{170}{676}}{1250}$, pour la compensation qu'a faite la chaleur de Jupiter sur ce satellite dans le commencement de cette première période, et $\frac{572\frac{170}{676}}{50}$ pour la compensation qu'elle aurait faite à la fin de cette même période de 7,283 ans $\frac{16}{25}$, si Jupiter eût conservé son état d'incandescence. Mais comme sa chaleur propre a diminué pendant cette période de 25 à 24 $\frac{4}{23}$, la compensation à la fin de la période, au lieu d'être $\frac{572\frac{170}{676}}{50}$, n'a été que de $\frac{553\frac{1}{3}}{50}$ environ. Ajoutant ces deux termes $\frac{553\frac{1}{3}}{50}$ et $\frac{572\frac{170}{676}}{1250}$ de la compensation dans le premier et dans le dernier temps de cette première période, on a $\frac{14405\frac{1}{2}}{1250}$ environ, lesquels, multipliés par 12 $\frac{1}{2}$, moitié de la somme de tous les termes, donnent $\frac{180068\frac{3}{4}}{1250}$ ou 144 $\frac{7}{25}$ environ pour la compensation totale qu'a faite la chaleur de Jupiter pendant cette première période de 7,283 ans $\frac{16}{25}$. Et comme la perte totale de la chaleur propre est à la compensation totale en même raison que le temps de la période est au prolongement du refroidissement, on aura 25 : 144 $\frac{7}{25}$: : 7,283 $\frac{16}{25}$: 42,044 $\frac{18}{125}$. Ainsi, le temps dont la chaleur de Jupiter a prolongé le refroidissement de ce satellite a été de 42,044 ans 52 jours, tandis que la chaleur du soleil ne l'a prolongé que de 2 ans 252 jours; d'où l'on voit en ajoutant ces deux temps à celui de la période de 7,283 ans 233 jours, que ç'a été dans l'année 49,331 de la formation des planètes, c'est-à-dire il y a 25,501 ans que ce second satellite de Jupiter a pu être refroidi au point de la température actuelle de la terre.

Le moment où la chaleur envoyée par Jupiter a été égale à la chaleur propre de ce satellite s'est trouvé au 2 $\frac{4}{21}$ terme environ de l'écoulement du temps de cette première période de 7,283 ans 233 jours, qui, multipliés par 291 ans 126 jours, nombre des années de chaque terme de cette période, donnent 638 ans 67 jours. Ainsi, ça été dès l'année 639 de la formation des planètes que la chaleur envoyée par Jupiter à son second satellite s'est trouvée égale à sa chaleur propre.

Dès lors on voit que la chaleur propre de ce satellite a toujours été au-dessous de celle que lui envoyait Jupiter dès l'année 639 de la formation des planètes; on doit donc évaluer, comme nous l'avons fait pour le premier satellite, la température dont il a joui, et dont il jouira pour la suite.

Or, Jupiter ayant d'abord envoyé à ce satellite, dans le temps de l'incandescence, une chaleur 15,473 fois $\frac{2}{3}$ plus grande que celle du soleil, lui envoyait encore, à la fin de la première période de 7,283 ans $\frac{16}{25}$, une chaleur 14,960 fois $\frac{31}{50}$ plus grande que celle du soleil, parce que la chaleur propre de Jupiter n'avait encore diminué que de 25 à 24 $\frac{4}{23}$. Et au bout d'une seconde période de 7,283 ans $\frac{16}{25}$, c'est-à-dire après la déperdition de la chaleur propre du satellite jusqu'au point extrême de $\frac{1}{25}$ de la chaleur actuelle de la terre, Jupiter envoyait encore à ce satellite une chaleur 14,447 fois plus grande que celle du soleil, parce que la chaleur propre de Jupiter n'avait encore diminué que de 24 $\frac{4}{23}$ à 23 $\frac{8}{23}$.

En suivant la même marche, on voit que la chaleur de Jupiter, qui d'abord était 25, et qui décroît constamment de $\frac{19}{23}$ par chaque période de 7,283 ans $\frac{16}{25}$, diminue par conséquent sur ce satellite de 513 à peu près pendant chacune de ces périodes; en sorte qu'après 26 $\frac{1}{2}$ périodes environ, cette chaleur envoyée par Jupiter au satellite sera à très peu près encore 1,350 fois plus grande que la chaleur qu'il reçoit du soleil.

Mais comme la chaleur du soleil sur Jupiter et sur ses satellites est à celle du soleil sur la terre à peu près : : 1 : 27, et que la chaleur de la terre est 50 fois plus grande que celle qu'elle reçoit actuellement du soleil, il s'ensuit qu'il faut diviser par 27 cette quantité 1,350 pour avoir une chaleur égale à celle que le soleil envoie sur la terre; et cette dernière chaleur étant $\frac{1}{15}$ de la chaleur actuelle du globe terrestre, il en résulte qu'au bout de 26 $\frac{1}{2}$ périodes de 7,283 ans $\frac{16}{25}$ chacune, c'est-à-dire au bout de 193,016 ans $\frac{11}{25}$, la chaleur que Jupiter enverra à ce satellite sera égale à la chaleur actuelle de la terre, et que n'ayant plus de chaleur propre, il jouira néanmoins d'une température égale à celle dont jouit aujourd'hui la terre dans l'année 193,017 de la formation des planètes.

Et de même que cette chaleur envoyée par Jupiter prolongera de beaucoup le refroidissement de ce satellite au point de la température actuelle de la terre, elle le prolongera de même pendant 26 autres périodes $\frac{1}{2}$ pour arriver au point extrême de $\frac{1}{25}$ de la chaleur actuelle du globe de la terre; en sorte que ce ne sera que dans l'année 386,034 de la formation des planètes que ce satellite sera refroidi à $\frac{1}{25}$ de la température actuelle de la terre.

Il en est de même de l'estimation de la chaleur du soleil, relativement à la compensation qu'elle a faite et fera à la diminution de la température du satellite. Il est certain qu'à ne considérer que la déperdition de la chaleur propre du satellite, cette chaleur du soleil n'aurait fait compensation, dans le temps de l'incandescence, que de $\frac{25}{\frac{676}{1250}}$ et qu'à la fin de la première période de 7,283 ans $\frac{16}{25}$, cette même chaleur du soleil aurait fait une compensation de $\frac{\frac{25}{676}}{50}$, et que dès lors le prolongement du refroidissement, par l'accession de cette chaleur du soleil, aurait été de 2 ans $\frac{2}{3}$. Mais la chaleur envoyée par Jupiter, dès le temps de l'incandescence, étant à la chaleur propre du satellite : : 572 $\frac{170}{676}$: 1,250, il s'ensuit que la compensation faite par la chaleur du soleil doit être diminuée dans la même raison ; en sorte qu'au lieu d'être $\frac{\frac{25}{676}}{1250}$, elle n'a été que $\frac{\frac{25}{676}}{1822\frac{170}{676}}$ au commencement de cette période. Et de même que cette compensation, qui aurait été $\frac{\frac{25}{676}}{50}$ à la fin de cette première période, en ne considérant que la déperdition de la chaleur propre du satellite, doit être diminuée dans la même raison de 553 $\frac{1}{3}$ à 50, parce que la chaleur envoyée par Jupiter était encore plus grande que la chaleur propre du satellite dans cette même raison, dès lors la compensation à la fin de cette première période, au lieu d'être $\frac{\frac{25}{676}}{50}$, n'a été que $\frac{\frac{25}{676}}{603\frac{1}{3}}$. En ajoutant ces deux termes de compensation $\frac{\frac{25}{676}}{1822\frac{170}{676}}$ et $\frac{\frac{25}{676}}{603\frac{1}{3}}$ du premier et du dernier temps de cette première periode, on a $\frac{\frac{60630\frac{1}{2}}{676}}{1098625}$ ou $\frac{89\frac{2}{3}}{1098625}$, qui, multipliés par 12 $\frac{1}{2}$, moitié de la somme de tous les termes, donnent $\frac{1120\frac{5}{6}}{1098625}$ pour la compensation totale qu'a pu faire la chaleur du soleil pendant cette première période. Et comme la perte de la chaleur est à la compensation en même raison que le temps de la période est au prolongement du refroidissement, on aura 25 : $\frac{1120\frac{5}{6}}{1098625}$: : 7,283 $\frac{16}{25}$: $\frac{8163745\frac{29}{30}}{27465625}$ ou : : 7,283 ans $\frac{16}{25}$: 108 jours $\frac{1}{2}$ au lieu de 2 ans $\frac{2}{3}$ que nous avions trouvés par la première évaluation.

Et pour évaluer en totalité la compensation qu'a faite cette chaleur du soleil pendant toutes les périodes, on trouvera que la compensation dans le temps de l'incandescence ayant été $\frac{\frac{25}{676}}{1822\frac{170}{676}}$, sera à la fin de 26 $\frac{1}{2}$ périodes de $\frac{\frac{25}{676}}{50}$, puisque ce n'est qu'après ces 26 $\frac{1}{2}$ périodes que la température du satellite sera égale à la température actuelle de la terre. Ajoutant donc ces deux termes de compensation $\frac{\frac{25}{676}}{1822\frac{170}{676}}$ et $\frac{\frac{25}{676}}{50}$ du premier et du dernier temps de ces 26 $\frac{1}{2}$ périodes, on a $\frac{\frac{46806\frac{1}{4}}{676}}{91112\frac{1}{2}}$ ou $\frac{69\frac{41}{169}}{91112\frac{1}{2}}$, qui, multipliés par 12 $\frac{1}{2}$, moitié de la somme de tous les termes de la diminution de la chaleur, donnent $\frac{865\frac{1}{2}}{91112\frac{1}{2}}$ ou $\frac{43}{4555}$ environ pour la compensation totale, par la chaleur du soleil, pendant les 26 périodes, et $\frac{1}{2}$ de 7,283 ans $\frac{16}{25}$. Et comme la diminution totale de la chaleur est à la compensation totale en même raison que le temps total de sa période est au prolongement du temps du refroidissement, on aura 25 : $\frac{43}{4555}$: : 193,016 $\frac{11}{25}$: 72 $\frac{22}{25}$. Ainsi, le prolongement total que fera la chaleur du soleil ne sera que de 72 ans $\frac{22}{25}$, qu'il faut ajouter aux 193,016 ans $\frac{11}{25}$; d'où l'on voit que ce ne sera que dans l'année 193,090 de la formation des planètes que ce satellite jouira de la même température dont jouit aujourd'hui la terre, et qu'il faudra le double de ce temps, c'est-à-dire que ce ne sera que dans l'année 386,180 de la formation des planètes qu'il pourra être refroidi à $\frac{1}{25}$ de la température actuelle de la terre.

Faisant les mêmes raisonnements pour le troisième satellite de Jupiter, que nous avons supposé grand comme Mars, c'est-à-dire de $\frac{13}{25}$ du diamètre de la terre, et qui est a

$14\frac{1}{3}$ demi-diamètres de Jupiter, ou $157\frac{2}{3}$ demi-diamètres terrestres, c'est-à-dire à 225,857 lieues de distance de sa planète principale, nous verrons que ce satellite se serait consolidé jusqu'au centre en 1,490 ans $\frac{3}{5}$, refroidi au point de pouvoir le toucher en 17,633 ans $\frac{18}{25}$, et au point de la température actuelle de la terre en 38,504 ans $\frac{11}{25}$, si la densité de ce satellite était égale à celle de la terre; mais comme la densité du globe terrestre est à celle de Jupiter et de ses satellites : : 1,000 : 292, il faut diminuer en même raison les temps de la consolidation et du refroidissement. Ainsi, ce troisième satellite se sera consolidé jusqu'au centre en 435 ans $\frac{51}{200}$, refroidi au point de pouvoir le toucher en 5,149 ans $\frac{11}{200}$, et il aurait perdu assez de sa chaleur propre pour arriver au point de la température actuelle de la terre en 11,243 ans $\frac{7}{25}$ environ, si la perte de sa chaleur propre n'eût pas été compensée par l'accession de la chaleur du soleil, et surtout par celle de la chaleur envoyée par Jupiter à ce satellite. Or, la chaleur envoyée par le soleil étant en raison inverse du carré des distances, la compensation qu'elle faisait à la perte de la chaleur propre du satellite était, dans le temps de l'incandescence, $\frac{\frac{25}{676}}{1250}$ et $\frac{\frac{25}{676}}{50}$ à la fin de cette première période de 11,243 ans $\frac{7}{25}$. Ajoutant ces deux termes $\frac{\frac{25}{676}}{1250}$ et $\frac{\frac{25}{676}}{50}$ de la compensation dans le premier et dans le dernier temps de cette première période de 11,243 ans $\frac{7}{25}$, on a $\frac{\frac{650}{676}}{1250}$, qui, multipliés par $12\frac{1}{2}$, moitié de la somme de tous les termes, donnent $\frac{\frac{85}{676}}{1250}$ ou $\frac{12\frac{13}{676}}{1250}$ pour la compensation totale qu'a faite la chaleur du soleil pendant le temps de cette première période. Et comme la perte totale de la chaleur propre est à la compensation totale en même raison que le temps de la période est au prolongement du refroidissement, on aura $25 : \frac{12\frac{13}{676}}{1250} : : 11243\frac{7}{25} : 4\frac{1}{2}$ environ. Ainsi, le prolongement du refroidissement de ce satellite par la chaleur du soleil pendant cette première période de 12,243 ans $\frac{7}{25}$, aurait été de 4 ans 116 jours.

Mais la chaleur de Jupiter, qui, dans le temps de l'incandescence, était 25, avait diminué pendant cette première période de 25 à $23\frac{5}{6}$ environ; et comme ce satellite est éloigné de Jupiter de 225,857 lieues, et qu'il est éloigné du soleil de 171 millions 600 mille lieues, il en résulte que la chaleur envoyée par Jupiter à ce satellite aurait été, à la chaleur envoyée par le soleil, comme le carré de 171,600,000 est au carré de 225,857, si la surface que présente Jupiter à ce satellite était égale à la surface que lui présente le soleil; mais la surface de Jupiter, qui dans le réel n'est que de $\frac{121}{11449}$ de celle du soleil, paraît néanmoins plus grande à ce satellite dans le rapport inverse du carré des distances, on aura donc $(225857)^2 : (171,600,000)^2 : : \frac{121}{11449} : 6101$ environ. Donc, la surface que présente Jupiter à son troisième satellite étant 6,101 fois plus grande que la surface que lui présente le soleil, Jupiter, dans le temps de l'incandescence, était pour ce satellite un astre de feu 6,101 fois plus grand que le soleil. Mais nous avons vu que la compensation faite par la chaleur du soleil à la perte de la chaleur propre de ce satellite n'était que $\frac{\frac{25}{676}}{50}$, lorsqu'au bout de 12,243 ans $\frac{7}{25}$, il se serait refroidi à la température actuelle de la terre, et que, dans le temps de l'incandescence, cette compensation par la chaleur du soleil n'a été que $\frac{\frac{25}{676}}{1250}$. Il faut donc multiplier par 6,101 chacun de ces deux termes de compensation, et l'on aura pour le premier $\frac{225\frac{425}{676}}{1250}$ et pour le second $\frac{225\frac{425}{676}}{50}$, et cette dernière compensation de la fin de la période serait exacte, si Jupiter eût conservé son état d'incandescence pendant tout le temps de cette même période de 11,243 ans $\frac{7}{25}$. Mais comme sa chaleur propre a diminué de 25 à $23\frac{5}{6}$ pendant cette période, la compensation à la fin de la période, au lieu d'être $\frac{225\frac{425}{676}}{50}$ n'a été que de $\frac{218\frac{13}{75}}{50}$. Ajoutant ces deux termes $\frac{218\frac{13}{75}}{50}$ et $\frac{225\frac{425}{676}}{1250}$ de la compensation du premier et du dernier temps dans cette première période, on a $\frac{5679\frac{21}{25}}{1250}$ environ, lesquels, étant multipliés par les $12\frac{1}{2}$, moitié de la somme de tous les termes, donnent $\frac{70998}{1250}$ ou $56\frac{15}{19}$ environ pour la compensation totale qu'a faite la chaleur de Jupiter sur son troisième satellite pendant cette première période de 11,243 ans $\frac{7}{25}$. Et comme la perte totale de la chaleur propre est à la compensation totale en même raison que le temps de la période est à celui du prolongement du refroidissement, on aura 25 : $56\frac{15}{19}$: : $11,243\frac{7}{25}$: 25,340. Ainsi, le temps dont la chaleur de Jupiter a prolongé le refroidissement de ce satellite, pendant cette première période de 11,243 ans $\frac{7}{25}$, a été de 25,340 ans, et par conséquent, en y ajoutant le prolongement par la chaleur du soleil, qui est de 4 ans 116 jours, on a 25,344 ans 116 jours pour le prolongement total du refroidissement, ce qui, étant ajouté au temps de la période, donne 36,787 ans 218 jours; d'où l'on voit que ç'a été dans l'année 36588 de la formation des planètes, c'est-à-dire il y a 38,244 ans que ce satellite jouissait de la même température dont jouit aujourd'hui la terre.

Le moment où la chaleur envoyée par Jupiter à ce satellite était égale à sa chaleur propre, s'est trouvé au $5\frac{365}{677}$ terme de l'écoulement du temps de cette première période de 11,243 ans $\frac{7}{25}$, qui étant multiplié par $449\frac{3}{4}$, nombre des années de chaque terme de cette période, donne 2,490 ans environ. Ainsi ç'a été dès l'année 2,490 de la formation des planètes, que la chaleur envoyée par Jupiter à son troisième satellite s'est trouvée égale à la chaleur propre de ce satellite.

Dès lors on voit que cette chaleur propre du satellite a été au-dessous de celle que lui envoyait Jupiter, dès l'année 2,490 de la formation des planètes; et en évaluant comme nous avons fait pour les deux premiers satellites, la température dont celui-ci doit jouir, on trouve que Jupiter ayant envoyé à ce satellite, dans le cas de l'incandescence, une chaleur 6,101 fois plus grande que celle du soleil, il lui envoyait encore à la fin de la première période de 11,243 ans $\frac{7}{25}$ une chaleur $5,816\frac{43}{159}$ fois plus grande que celle du soleil, parce que la chaleur propre de Jupiter n'avait diminué que de 25 à $23\frac{5}{6}$; et au bout d'une seconde période de 11,243 ans $\frac{7}{25}$, c'est-à-dire, après la déperdition de la chaleur propre du satellite, jusqu'au point extrême de $\frac{1}{25}$ de la chaleur actuelle de la terre, Jupiter envoyait encore à ce satellite une chaleur $5,531\frac{86}{150}$ fois plus grande que celle du soleil, parce que la chaleur propre de Jupiter n'avait encore diminué que de $23\frac{5}{6}$ à $22\frac{4}{6}$.

En suivant la même marche, on voit que la chaleur de Jupiter qui d'abord était 25, et qui décroît constamment de $\frac{7}{6}$ par chaque période de 11,243 ans $\frac{7}{25}$, diminue par conséquent sur ce satellite de $284\frac{107}{150}$ pendant chacune de ces périodes, en sorte qu'après $15\frac{2}{3}$ périodes environ, cette chaleur envoyée par Jupiter au satellite sera à très peu près encore 1,350 fois plus grande que la chaleur qu'il reçoit du soleil.

Mais comme la chaleur du soleil sur Jupiter et sur ses satellites est à celle du soleil sur la terre, à peu près : : 1 : 27, et que la chaleur de la terre est 50 fois plus grande que celle qu'elle reçoit actuellement du soleil; il s'ensuit qu'il faut diviser par 27 cette quantité 1,350 pour avoir une chaleur égale à celle que le soleil envoie sur la terre; et cette dernière chaleur étant $\frac{1}{50}$ de la chaleur actuelle du globe terrestre, il en résulte qu'au bout de $15\frac{2}{3}$ périodes, chacune de 11,243 ans $\frac{7}{25}$, c'est-à-dire, au bout de $176,144\frac{11}{15}$, la chaleur que Jupiter enverra à ce satellite, sera égale à la chaleur actuelle de la terre, et que n'ayant plus de chaleur propre, il jouira néanmoins d'une température égale à celle dont jouit aujourd'hui la terre dans l'année 176,145 de la formation des planètes.

Et comme cette chaleur envoyée par Jupiter prolongera de beaucoup le refroidissement de ce satellite, au point de la température actuelle de la terre, elle le prolongera de même pendant $15\frac{2}{3}$ autres périodes, pour arriver au point extrême de $\frac{1}{25}$ de la chaleur actuelle du globe terrestre ; en sorte que ce ne sera que dans l'année 352,290 de la formation des planètes, que ce satellite sera refroidi à $\frac{1}{25}$ de la température actuelle de la terre.

Il en est de même de l'estimation de la chaleur du soleil, relativement à la compensation qu'elle a faite à la diminution de la température du satellite dans les différents temps ; il est certain qu'à ne considérer que la déperdition de la chaleur propre du satellite cette chaleur du soleil n'aurait fait compensation, dans le temps de l'incandescence, que $\frac{\frac{25}{676}}{1250}$; et qu'à la fin de la première période qui est de 11,243 ans $\frac{7}{25}$, cette même chaleur du soleil aurait fait une compensation de $\frac{\frac{25}{676}}{50}$, et que dès lors le prolongement du refroidissement, par l'accession de cette chaleur du soleil, aurait en effet été de 4 ans $\frac{1}{3}$. Mais la chaleur envoyée par Jupiter, dès le temps de l'incandescence, étant à la chaleur propre du satellite : : 225 $\frac{425}{676}$: 1,250, il s'ensuit que la compensation faite par la chaleur du soleil doit être diminuée dans la même raison, en sorte qu'au lieu d'être $\frac{\frac{25}{676}}{1250}$, elle n'a été que $\frac{\frac{25}{676}}{1475\frac{2}{3}}$ au commencement de cette période, et que cette compensation qui aurait été $\frac{\frac{25}{676}}{50}$ à la fin de cette première période, si l'on ne considérait que la déperdition de la chaleur propre du satellite, doit être diminuée dans la raison de 218 $\frac{13}{75}$ à 50, parce que la chaleur envoyée par Jupiter était encore plus grande que la chaleur propre du satellite dans cette même raison. Dès lors la compensation à la fin de cette première période, au lieu d'être $\frac{\frac{25}{676}}{50}$, n'a été que $\frac{\frac{25}{676}}{268\frac{13}{75}}$. En ajoutant ces deux termes de compensation $\frac{\frac{25}{676}}{1475\frac{2}{3}}$ et $\frac{\frac{25}{676}}{268\frac{13}{75}}$ du premier et du dernier temps de cette première période on a $\frac{\frac{43396}{676}}{395734\frac{4}{9}}$ ou $\frac{64\frac{1}{2}}{395734\frac{4}{9}}$ qui multipliés par 12 $\frac{1}{2}$, moitié de la somme de tous les termes, donnent $\frac{806\frac{1}{4}}{395734\frac{4}{9}}$ pour la compensation totale qu'a faite la chaleur du soleil pendant cette première période. Et comme la diminution totale de la chaleur est à la compensation totale en même raison que le temps de la période est au prolongement du refroidissement, on aura 25 : $\frac{806\frac{1}{4}}{395734\frac{4}{9}}$: : 11,243 $\frac{7}{25}$: $\frac{9064669\frac{1}{3}}{9893361}$ ou : : 11,243 ans $\frac{7}{25}$: 334 jours environ, au lieu de 4 ans $\frac{1}{3}$ que nous avions trouvés par la première évaluation.

Et pour évaluer en totalité la compensation qu'a faite cette chaleur du soleil pendant toutes les périodes, on trouvera que la compensation qu'a faite cette chaleur du soleil dans le temps de l'incandescence, ayant été $\frac{\frac{25}{676}}{1475\frac{2}{3}}$, sera à la fin de 15 $\frac{2}{3}$ périodes de $\frac{\frac{25}{676}}{50}$, puisque ce n'est qu'après ces 15 $\frac{2}{3}$ périodes que la température du satellite sera égale à la température actuelle de la terre. Ajoutant donc ces deux termes de compensation $\frac{\frac{25}{676}}{1475\frac{2}{3}}$ et $\frac{\frac{25}{676}}{50}$ du premier et du dernier temps de ces 15 $\frac{2}{3}$ périodes, on a $\frac{\frac{38141\frac{1}{3}}{676}}{73782\frac{2}{3}}$ ou $\frac{56\frac{3}{7}}{73782\frac{2}{3}}$ qui, multipliés par 12 $\frac{1}{2}$, moitié de la somme de tous les termes de la diminution de la chaleur, donnent $\frac{705\frac{17}{98}}{73782\frac{2}{3}}$ ou $\frac{35}{3689}$ environ pour la compensation totale, par la chaleur du soleil, pendant les 15 $\frac{2}{3}$ périodes de 11,243 ans $\frac{7}{25}$ chacune. Et comme la diminution totale de la chaleur est à la compensation totale en même raison que le temps total de la période est au prolongement du refroidissement, on aura 25 : $\frac{35}{3689}$: : 176,144 $\frac{11}{13}$: 66 $\frac{21}{25}$. Ainsi le prolongement total que fera la chaleur du soleil ne sera que de 66 ans $\frac{21}{25}$, qu'il faut ajouter aux 176,144 ans $\frac{11}{13}$; d'où l'on voit que ce ne sera que dans l'année 176,212 de la formation des planètes que ce satellite jouira en effet de la même température dont jouit aujourd'hui la terre, et qu'il faudra le double de ce temps, c'est-à-dire que ce ne sera que dans l'année 352,424 de la formation des planètes que sa température sera 25 fois plus froide que la température actuelle de la terre.

Faisant le même calcul sur le quatrième satellite de Jupiter, que nous avons supposé grand comme la terre, nous verrons qu'il aurait dû se consolider jusqu'au centre en 2,905 ans, se refroidir au point de pouvoir le toucher en 33,911 ans, et perdre assez de sa chaleur propre pour arriver au point de la température actuelle de la terre en 74,047 ans, si sa densité était la même que celle du globe terrestre; mais, comme la densité de Jupiter et de ses satellites est à celle de la terre : : 292 : 1,000, les temps de la consolidation et du refroidissement par la déperdition de la chaleur propre doivent être diminués dans la même raison. Ainsi, ce satellite ne s'est consolidé jusqu'au centre qu'en 848 ans $\frac{1}{4}$, refroidi au point de pouvoir le toucher en 9,902 ans, et enfin il aurait perdu assez de sa chaleur propre pour arriver au point de la température actuelle de la terre en 21,621 ans, si la perte de sa chaleur propre n'eût pas été compensée par la chaleur envoyée par le soleil et par Jupiter. Or, la chaleur envoyée par le soleil à ce satellite étant en raison inverse du carré des distances, la compensation produite par cette chaleur était, dans le temps de l'incandescence, $\frac{\frac{25}{676}}{1250}$ et $\frac{\frac{25}{676}}{50}$ à la fin de cette première période de 21,621 ans. Ajoutant ces deux termes $\frac{\frac{25}{676}}{1250}$ et $\frac{\frac{25}{676}}{50}$ de la compensation du premier et du dernier temps de cette période, on a $\frac{\frac{650}{676}}{1250}$, qui, multipliés par 12 $\frac{1}{2}$, moitié de la somme de tous les termes, donnent $\frac{\frac{8125}{676}}{1250}$ ou $\frac{12\,\frac{13}{676}}{1250}$ pour la compensation totale qu'a faite la chaleur du soleil pendant cette première période de 21,161 ans. Et comme la perte totale de la chaleur propre est à la compensation totale en même raison que le temps de la période est à celui du prolongement du refroidissement, on aura 25 : $\frac{12\,\frac{13}{676}}{1250}$: : 21,621 : 8 $\frac{3}{10}$. Ainsi le prolongement du refroidissement de ce satellite, par la chaleur du soleil, a été de 8 ans $\frac{3}{10}$ pour cette première période.

Mais la chaleur de Jupiter, qui, dans le temps de l'incandescence, était 25 fois plus grande que la chaleur actuelle de la terre, avait diminué au bout des 21,621 ans de 25 à 22 $\frac{3}{4}$; et comme ce satellite est éloigné de Jupiter de 227 $\frac{3}{4}$ demi-diamètres terrestres, ou de 397,877 lieues, tandis qu'il est éloigné du soleil de 171 millions 600 mille lieues, il en résulte que la chaleur envoyée par Jupiter à ce satellite aurait été à la chaleur envoyée par le soleil comme le carré de 171,600,000 est au carré de 397,877, si la surface que Jupiter présente à son quatrième satellite était égale à la surface que lui présente le soleil; mais la surface de Jupiter, qui dans le réel n'est que $\frac{121}{11449}$ de celle du soleil, paraît néanmoins à ce satellite bien plus grande que celle de cet astre dans le rapport inverse du carré des distances; on aura donc $(397,877)^2$: $(171,600,000)^2$: : $\frac{121}{11449}$: 1,909 environ. Ainsi Jupiter, dans le temps de l'incandescence, était pour son quatrième satellite un astre de feu 1,909 fois plus grand que le soleil. Mais nous avons vu que la compensation faite par la chaleur du soleil à la perte de la chaleur propre du satellite était $\frac{\frac{25}{676}}{50}$, lorsqu'au bout de 21,621 ans, il se serait refroidi à la température actuelle de la terre; et que, dans le temps de l'incandescence, cette compensation, par la chaleur du soleil, n'a été que $\frac{\frac{25}{676}}{1250}$, qui, multipliés par 1,909, donnent $\frac{70\frac{405}{676}}{1250}$ pour la compensation qu'a faite la chaleur de Jupiter au commencement de cette période, c'est-à-dire dans le temps de l'incandescence, et par conséquent $\frac{70\frac{405}{676}}{50}$ pour la compensation que Jupiter aurait faite à la fin de cette première période, s'il eut conservé son état d'incandescence; mais sa chaleur propre ayant diminué pendant cette première période de 25 à 22 $\frac{3}{4}$, la compensation, au lieu d'être $\frac{70\frac{405}{676}}{50}$, n'a étéque $\frac{64}{50}$ environ. Ajoutant ces deux termes $\frac{64}{50}$ et $\frac{70\frac{405}{676}}{1250}$ de la compensation dans le premier et dans le dernier temps de cette période, on a $\frac{1671}{1250}$ environ, lesquels, multipliés par 12 $\frac{1}{2}$, moitié de la somme de tous les termes, donnent $\frac{20887\frac{1}{2}}{1250}$ ou 16 $\frac{3}{4}$ environ pour la compensation totale qu'a faite la chaleur envoyée par Jupiter à la perte de la chaleur propre de son quatrième satellite. Et comme la perte totale de la chaleur propre est à la compensation totale en même raison que le temps de la période est à celui du prolongement du refroissement, on aura 25 : 16 $\frac{3}{4}$: : 21,621 : 14,486 $\frac{7}{100}$. Ainsi le temps dont la chaleur de Jupiter a prolongé le refroissement de ce satellite, pendant cette première période de 21,621 ans, étant de 14,486 ans $\frac{7}{100}$, et la chaleur du soleil l'ayant aussi prolongé de 8 ans $\frac{3}{10}$ pendant la même période, on trouve, en ajoutant ces deux nombres d'années aux 21,621 ans de la période, que ça été dans l'année 36,116 de la formation des planètes, c'est-à-dire il y a 38,716 ans, que ce quatrième satellite de Jupiter jouissait de la même température dont jouit actuellement la terre.

Le moment où la chaleur envoyée par Jupiter à son quatrième satellite a été égale à la chaleur propre de ce satellite, s'est trouvé au 17 $\frac{2}{3}$ terme environ de l'écoulement du temps de cette première période, qui, multiplié par 864 $\frac{21}{25}$, nombre des années de chaque terme de cette période de 21,621 ans, donne 15,278 $\frac{21}{25}$. Ainsi ç'a été dans l'année 15,279 de la formation des planètes que la chaleur envoyée par Jupiter à son quatrième satellite s'est trouvée égale à la chaleur propre de ce même satellite.

Dès lors on voit que la chaleur propre de ce satellite a été au-dessous de celle que lui envoyait Jupiter dans l'année 15,279 de la formation des planètes, et que Jupiter ayant envoyé à ce satellite, dans le temps de l'incandescence, une chaleur 1,909 fois plus grande que celle du soleil, il lui envoyait encore, à la fin de la première période de 21,621 ans, une chaleur 1,737 $\frac{19}{100}$ fois plus grande que celle du soleil, parce que la chaleur propre de Jupiter n'a diminué pendant ce temps que de 25 à 22 $\frac{3}{4}$; et au bout d'une seconde période de 21,621 ans, c'est-à-dire après la déperdition de la chaleur propre de ce satellite jusqu'au point extrême de $\frac{1}{25}$ de la chaleur actuelle de la terre, Jupiter envoyait encore à ce satellite une chaleur 1,567 $\frac{19}{100}$ fois plus grande que celle du soleil, parce que la chaleur propre de Jupiter n'avait encore diminué que de 22 $\frac{3}{4}$ à 20 $\frac{1}{4}$.

En suivant la même marche, on voit que la chaleur de Jupiter, qui d'abord était 25, et qui décroît constamment de 2 $\frac{1}{4}$ par chaque période de 21,621 ans, diminue par conséquent sur ce satellite de 171 $\frac{81}{100}$ pendant chacune de ces périodes; en sorte qu'après 3 $\frac{1}{4}$ périodes environ, cette chaleur envoyée par Jupiter au satellite sera à très peu près encore 1,350 fois plus grande que la chaleur qu'il reçoit du soleil.

Mais comme la chaleur du soleil sur Jupiter et sur ses satellites est à celle du soleil sur la terre à peu près : : 1 : 27, et que la chaleur de la terre est 50 fois plus grande que celle qu'elle reçoit du soleil, il s'ensuit qu'il faut diviser par 27 cette quantité 1,350 pour avoir une chaleur égale à celle que le soleil envoie sur la terre, et cette dernière chaleur étant $\frac{1}{50}$ de la chaleur actuelle du globe, il est évident qu'au bout de 3 $\frac{1}{4}$ périodes de 21,621 ans chacune, c'est-à-dire au bout de 70,268 $\frac{1}{4}$ ans, la chaleur que Jupiter a envoyée à ce satellite a été égale à la chaleur actuelle de la terre, et que, n'ayant plus de chaleur propre, il n'a pas laissé de jouir d'une température égale à celle dont jouit actuellement la terre dans l'année 70,269 de la formation des planètes, c'est-à-dire il y a 4,563 ans.

Et comme cette chaleur envoyée par Jupiter a prolongé le refroidissement de ce satellite au point de la température actuelle de la terre, elle le prolongera de même pendant $3\frac{1}{4}$ autres périodes pour arriver au point extrême de $\frac{1}{25}$ de la chaleur actuelle du globe de la terre; en sorte que ce ne sera que dans l'année 140,538 de la formation des planètes que ce satellite sera refroidi à $\frac{1}{25}$ de la température actuelle de la terre.

Il en est de même de l'estimation de la chaleur du soleil, relativement à la compensation qu'elle a faite à la diminution de la température du satellite dans les différents temps. Il est certain qu'à ne considérer que la déperdition de la chaleur propre du satellite, cette chaleur du soleil n'aurait fait compensation, dans le temps de l'incandescence, que de $\frac{\frac{25}{676}}{1250}$, et qu'à la fin de la première période de 21,621 ans, cette même chaleur du soleil aurait fait une compensation de $\frac{\frac{25}{676}}{50}$, et que dès lors le prolongement du refroidissement, par l'accession de cette chaleur du soleil, aurait en effet été de 8 ans $\frac{3}{10}$: mais la chaleur envoyée par Jupiter, dans le temps de l'incandescence, étant à la chaleur propre du satellite : : $70\frac{405}{676}$: 1,250, il s'ensuit que la compensation faite par la chaleur du soleil doit être diminuée dans la même raison; en sorte qu'au lieu d'être $\frac{\frac{25}{676}}{1250}$, elle n'a été que $\frac{\frac{25}{676}}{1320\frac{405}{676}}$ au commencement de cette période, et que cette compensation, qui aurait été $\frac{\frac{25}{676}}{50}$ à la fin de cette première période, si l'on ne considérait que la déperdition de la chaleur propre du satellite, doit être diminuée dans la même raison de 64 à 50, parce que la chaleur envoyée par Jupiter était encore plus grande que la chaleur propre de ce satellite dans cette même raison. Dès lors la compensation à la fin de cette première période, au lieu d'être $\frac{\frac{25}{676}}{50}$, n'a été que $\frac{\frac{25}{676}}{114}$. En ajoutant ces deux termes de compensation $\frac{\frac{25}{676}}{1320\frac{405}{676}}$ à $\frac{\frac{25}{676}}{114}$ du premier et du dernier temps de cette première période, on a $\frac{\frac{35865}{676}}{150348\frac{3}{10}}$ ou $\frac{53\frac{37}{676}}{150348\frac{3}{10}}$ environ, qui, multipliés par $12\frac{1}{2}$, moitié de la somme de tous les termes, donnent $\frac{763\frac{1}{6}}{150348\frac{3}{10}}$ pour la compensation totale qu'a pu faire la chaleur du soleil pendant cette première période. Et comme la diminution totale de la chaleur est à la compensation totale en même raison que le temps de la période est à celui du prolongement du refroidissement, on aura 25 : $\frac{763\frac{1}{6}}{150348\frac{3}{16}}$: : 21,621 ans : 4 ans 140 jours. Ainsi, le prolongement du refroidissement par la chaleur du soleil, au lieu d'avoir été de 8 ans $\frac{3}{10}$, n'a été que de 4 ans 140 jours.

Et pour évaluer en totalité la compensation qu'a faite cette chaleur du soleil pendant toutes les périodes, on trouvera que la compensation, dans le temps de l'incandescence ayant été de $\frac{\frac{25}{676}}{1320\frac{2}{3}}$, sera à la fin de $3\frac{1}{4}$ périodes de $\frac{\frac{25}{676}}{50}$, puisque ce n'est qu'après ces $3\frac{1}{4}$ périodes que la température de ce satellite sera égale à la température actuelle de la terre. Ajoutant donc ces deux termes de compensation $\frac{\frac{25}{676}}{1320\frac{2}{3}}$ et $\frac{\frac{25}{676}}{50}$ du premier et du dernier temps de ces $3\frac{1}{4}$ périodes, on a $\frac{\frac{34261}{676}}{66032}$ ou $\frac{50\frac{5}{6}}{66032}$, qui, multipliés par $12\frac{1}{2}$, moitié de la somme de tous les termes de la diminution de la chaleur, donnent $\frac{635}{66032}$ pour la compensation totale, par la chaleur du soleil, pendant les $3\frac{1}{4}$ périodes de 21,621 ans chacune. Et comme la diminution totale de la chaleur est à la compensation totale en même raison que le temps total des périodes est à celui du prolongement du refroidissement, on aura $25 : \frac{635}{66032} : : 70,268\frac{1}{4} : 27$. Ainsi le prolongement total qu'a fait la chaleur du soleil n'a été que de 27 ans, qu'il faut ajouter aux 70,268 ans $\frac{1}{4}$; d'où l'on voit que ç'a été dans l'année 70,296 de la formation des planètes, c'est-à-dire il y a 4,536 ans, que ce quatrième satellite de Jupiter jouissait de la même température dont jouit aujourd'hui la terre; et de même que ce ne sera que dans le double du temps, c'est-à-dire dans l'année 140,592 de la formation des planètes, que sa température sera refroidie au point extrême de $\frac{1}{25}$ de la température actuelle de la terre.

Faisons maintenant les mêmes recherches sur les temps respectifs du refroidissement des satellites de Saturne, et du refroidissement de son anneau. Ces satellites sont à la vérité si difficiles à voir, que leurs grandeurs relatives ne sont pas bien constatées; mais leurs distances à leur planète principale sont assez bien connues, et il paraît par les observations des meilleurs astronomes, que le satellite le plus voisin de Saturne est aussi le plus petit de tous; que le second n'est guère plus gros que le premier, le troisième un peu plus grand; que le quatrième paraît le plus grand de tous, et qu'enfin le cinquième paraît tantôt plus grand que le troisième, et tantôt plus petit; mais cette variation de grandeur dans ce dernier satellite n'est probablement qu'une apparence dépendante de quelques causes particulières qui ne changent pas sa grandeur réelle, qu'on peut regarder comme égale à celle du quatrième, puisqu'on l'a vu quelquefois surpasser le troisième.

Nous supposerons donc que le premier, et le plus petit de ces satellites, est gros comme la lune; le second, grand comme Mercure; le troisième grand comme Mars; le quatrième et le cinquième, grands comme la terre; et prenant les distances respectives de ces satellites à leur planète principale, nous verrons que le premier est environ à 66 mille 900 lieues de distance de Saturne; le second à 85 mille 430 lieues, ce qui est à peu près la distance de la lune à la terre; le troisième à 120 mille lieues; le quatrième à 278 mille lieues, et le cinquième à 808 mille lieues, tandis que le satellite le plus éloigné de Jupiter n'en est qu'à 398 mille lieues.

Saturne a donc une vitesse de rotation plus grande que celle de Jupiter, puisque dans l'état de liquéfaction, sa force centrifuge a projeté des parties de sa masse à plus du double de la distance à laquelle la force centrifuge de Jupiter a projeté celles qui forment son satellite le plus éloigné.

Et ce qui prouve encore que cette force centrifuge, provenant de la vitesse de rotation, est plus grande dans Saturne que dans Jupiter, c'est l'anneau dont il est environné, et qui, quoique fort mince, suppose une projection de matière encore bien plus considérable que celle des cinq satellites pris ensemble. Cet anneau concentrique à la surface de l'équateur de Saturne, n'en est éloigné que d'environ 55 mille lieues; sa forme est celle d'une zone assez large, un peu courbée sur le plan de sa largeur, qui est d'environ un tiers du diamètre de Saturne, c'est-à-dire de plus de 9 mille lieues; mais cette zone de 9 mille lieues de largeur, n'a peut-être pas 100 lieues d'épaisseur, car lorsque l'anneau ne nous présente exactement que sa tranche, il ne réfléchit pas assez de lumière pour qu'on puisse l'apercevoir avec les meilleures lunettes; au lieu qu'on l'aperçoit pour peu qu'il s'incline ou se redresse, et qu'il découvre en conséquence une petite partie de sa largeur : or cette largeur vue de face, étant de 9 mille lieues, ou plus exactement de 9 mille 110 lieues, serait d'environ 4 mille 555 lieues, vue sous l'angle de 45 degrés, et par conséquent d'environ 100 lieues, vue sous un angle d'un degré d'obliquité, car on ne peut guère présumer qu'il fût possible d'apercevoir cet anneau s'il n'avait pas au moins un degré d'obliquité, c'est-à-dire s'il ne nous présentait pas une tranche au moins égale à une 90e partie de sa largeur; d'où je conclus que son épaisseur doit être égale à cette 90e partie qui équivaut à peu près à 100 lieues.

Il est bon de supputer, avant d'aller plus loin, toutes les dimensions de cet anneau, et de voir quelle est la surface et le volume de la matière qu'il contient.

Sa largeur est de 9 mille 110 lieues.
Son épaisseur supposée de 100 lieues.
Son diamètre intérieur de 191 mille 296 lieues.
Son diamètre extérieur, c'est-à-dire y compris les épaisseurs, de 191 mille 496 lieues.
Sa circonférence intérieure de 444 mille 73 lieues.
Sa circonférence extérieure de 444 mille 701 lieues.
Sa surface concave de 4 milliards 455 millions 5 mille 30 lieues carrées.
Sa surface convexe de 4 milliards 512 millions 226 mille 110 lieues carrées.
La surface de l'épaisseur en dedans de 44 millions 407 mille 300 lieues carrées.
La surface de l'épaisseur en dehors de 44 millions 470 mille 100 lieues carrées.
Sa surface totale de 8 milliards 185 millions 608 mille 540 lieues carrées.
Sa solidité de 404 milliards 836 millions 557 mille lieues cubiques.

Ce qui fait environ trente fois autant de volume de matière qu'en contient le globe terrestre dont la solidité n'est que de 12 milliards 365 millions 103 mille 160 lieues cubiques. Et en comparant la surface de l'anneau à la surface de la terre, on verra que celle-ci n'étant que de 25 millions 772 mille 725 lieues carrées, celle de toutes les faces de l'anneau étant de 8 milliards 185 millions 608 mille 540 lieues; elle est par conséquent plus de 217 fois plus grande que celle de la terre; en sorte que cet anneau qui ne paraît être qu'un volume anomal, un assemblage de matière sous une forme bizarre, peut néanmoins être une terre, dont la surface est plus de 300 fois plus grande que celle de notre globe, et qui malgré son grand éloignement du soleil, peut cependant jouir de la même température que la terre.

Car si l'on veut rechercher l'effet de la chaleur de Saturne et de celle du soleil sur cet anneau, et reconnaître les temps de son refroidissement par la déperdition de sa chaleur propre, comme nous l'avons fait pour la lune et pour les satellites de Jupiter, on verra que n'ayant que 100 lieues d'épaisseur, il se serait consolidé jusqu'au milieu ou au centre de cette épaisseur en 101 ans $\frac{1}{2}$ environ, si sa densité était égale à celle de la terre; mais comme la densité de Saturne et celle de ses satellites et de son anneau, que nous supposons la même, n'est à la densité de la terre que : : 184 : 1,000; il s'ensuit que l'anneau au lieu de s'être consolidé jusqu'au centre de son épaisseur en 101 ans $\frac{1}{2}$, s'est réellement consolidé en 18 ans $\frac{17}{25}$. Et de même on verra que cet anneau aurait dû se refroidir au point de pouvoir le toucher en 1,183 ans $\frac{90}{143}$, si sa densité était égale à celle de la terre; mais comme elle n'est que 184 au lieu de 1,000, le temps du refroidissement au lieu d'être de 1,183 ans $\frac{90}{143}$, n'a été que de 217 ans $\frac{787}{1000}$, et celui du refroidissement à la température actuelle, au lieu d'être de 1,938 ans, n'a réellement été que de 360 ans $\frac{7}{25}$, abstraction faite de toute compensation, tant par la chaleur du soleil que par celle de Saturne dont il faut faire l'évaluation.

Pour trouver la compensation par la chaleur du soleil, nous considérerons que cette chaleur du soleil sur Saturne, sur ses satellites et sur son anneau, est à très peu près égale, parce que tous sont à très peu près également éloignés de cet astre; or cette chaleur du soleil que reçoit Saturne est à celle que reçoit la terre : : 100 : 9,025, ou : : 4 : 361. Dès lors la compensation qu'a faite la chaleur du soleil lorsque l'anneau a été refroidi à la température actuelle de la terre, au lieu d'être $\frac{1}{50}$, comme sur la terre, n'a été que $\frac{\frac{4}{361}}{50}$, et dans le temps de l'incandescence cette compensation n'était que $\frac{\frac{4}{361}}{1250}$. Ajoutant ces deux termes du premier et du dernier temps de cette période de 360 ans $\frac{7}{25}$, on aura $\frac{\frac{104}{361}}{1250}$, qui multipliés par $12\frac{1}{2}$, moitié de la somme de tous les termes, donnent $\frac{\frac{1300}{361}}{1250}$ ou $\frac{3\frac{217}{361}}{1250}$ pour la compensation totale qu'a faite la chaleur du soleil dans les 360 ans $\frac{7}{25}$ de la première période. Et comme la perte totale de la chaleur propre est à la compensation totale en même raison que le temps total de la période est à celui du prolongement du refroidissement, on aura $25 : \frac{3\frac{217}{361}}{1250} :: 360\frac{7}{25} : \frac{1\frac{19}{625}}{25}$ ans ou 15 jours environ, dont le refroidissement de l'anneau a été prolongé, par la chaleur du soleil, pendant cette première période de 360 ans $\frac{7}{25}$.

Mais la compensation, par la chaleur du soleil, n'est pour ainsi dire rien en comparaison de celle qu'a faite la chaleur de Saturne. Cette chaleur de Saturne dans le temps de l'incandescence, c'est-à-dire au commencement de la période, était 25 fois plus grande que la chaleur actuelle de la terre, et n'avait encore diminué au bout de 360 ans $\frac{7}{25}$, que de 25 à $24\frac{211}{215}$ environ. Or, cet anneau est à 4 demi-diamètres de Saturne, c'est-à-dire à 54 mille 656 lieues de distance de sa planète, tandis que sa distance au soleil est de 313 millions 500 mille lieues, en supposant 33 millions de lieues pour la distance de la terre au soleil. Dès lors Saturne, dans le temps de l'incandescence et même longtemps et très longtemps après, a fait sur son anneau une compensation infiniment plus grande que la chaleur du soleil.

Pour en faire la comparaison, il faut considérer que la chaleur croissant comme le carré de la distance diminue, la chaleur envoyée par Saturne à son anneau, aurait été à la chaleur envoyée par le soleil, comme le carré de 313,500,000 est au carré de 54,656, si la surface que Saturne présente à son anneau était égale à la surface que lui présente le soleil; mais la surface de Saturne, qui n'est dans le réel que $\frac{90\frac{1}{4}}{11449}$ de celle du soleil, paraît néanmoins à son anneau bien plus grande que celle de cet astre dans la raison inverse du carré des distances, on aura donc $(54,636)^2 : (313,500,000)^2 :: \frac{90\frac{1}{4}}{11449} : 259,392$ environ; donc la surface que Saturne présente à son anneau est de 259,332 fois plus grande que celle que lui présente le soleil; ainsi Saturne, dans le temps de l'incandescence, était pour son anneau un astre de feu 259,332 fois plus étendu que le soleil; mais nous avons vu que la compensation faite par la chaleur du soleil à la perte de la chaleur propre de l'anneau n'était que $\frac{\frac{4}{361}}{50}$, lorsqu'au bout de 360 ans $\frac{7}{25}$, il se serait refroidi à la température actuelle de la terre, et que dans le temps de l'incandescence, cette compensation, par la chaleur du soleil, n'était que $\frac{\frac{4}{361}}{1250}$; on aura donc 259,332 multipliés par $\frac{\frac{4}{361}}{1250}$ ou $\frac{2873\frac{1}{2}}{1250}$ environ pour la compensation qu'a faite la chaleur de Saturne au commencement de cette période, dans le temps l'incandescence, et $\frac{2873\frac{1}{2}}{50}$ pour la compensation que Saturne aurait faite à la fin de cette même période de 360 ans $\frac{7}{25}$ s'il eût conservé son état d'incandescence. Mais comme sa chaleur propre a diminué de 25 à $24\frac{211}{216}$ pendant cette période de 360 ans $\frac{7}{25}$, la compensation à la fin de cette période au lieu d'être $\frac{2873\frac{1}{2}}{50}$ n'a été que $\frac{2867\frac{1}{3}}{50}$. Ajoutant ces deux termes $\frac{2867\frac{1}{3}}{50}$ et $\frac{2873\frac{1}{4}}{1250}$ du premier et du dernier temps de cette première période de 360 ans $\frac{7}{25}$, on aura $\frac{74556\frac{5}{6}}{1250}$ qui multipliés par $12\frac{1}{2}$, moitié de la somme de tous les termes donnent $\frac{931960\frac{5}{6}}{1250}$, ou $745\frac{71}{125}$, environ pour la compensation totale qu'a faite la chaleur de Saturne sur son anneau pendant cette première période de 360 ans $\frac{7}{25}$. Et comme la perte totale de la chaleur propre est à la compensation totale en même raison que le temps de la période est au prolongement du refroidissement, on aura 25 : 743 $\frac{71}{125}$: : 360 $\frac{7}{25}$: 10,752 $\frac{13}{25}$ environ. Ainsi le temps dont la chaleur de Saturne a prolongé le refroidissement de son anneau pendant cette première période, a été d'environ 10,752 ans $\frac{13}{25}$, tandis que la chaleur du soleil ne l'a prolongé, pendant la même periode, que de 15 jours. Ajoutant ces deux nombres aux 360 ans $\frac{7}{25}$ de la période, on voit que c'est dans l'année 1,113 de la formation des planètes, c'est-à-dire il y a 63,719 ans, que l'anneau de Saturne aurait pu se trouver au même degré de température dont jouit aujourd'hui la terre, si la chaleur de Saturne surpassant toujours la chaleur propre de l'anneau, n'avait pas continué de le brûler pendant plusieurs autres périodes de temps.

Car le moment où la chaleur envoyée par Saturne à son anneau était égale à la chaleur propre de cet anneau, s'est trouvé dès le temps de l'incandescence où cette chaleur envoyée par Saturne était plus forte que la chaleur propre de l'anneau, dans le rapport de 2,873 $\frac{1}{2}$ à 1250.

Dès lors on voit que la chaleur propre de l'anneau a été au-dessous de celle que lui envoyait Saturne dès le temps de l'incandescence, et que dans ce même temps Saturne ayant envoyé à son anneau une chaleur 259,332 fois plus grande que celle du soleil, il lui envoyait encore à la fin de la première période de 360 ans $\frac{7}{25}$ une chaleur 258,608 $\frac{7}{25}$ fois plus grande que celle du soleil, parce que la chaleur propre de Saturne n'avait diminué que de 25 à 24 $\frac{40}{43}$; et au bout d'une seconde période de 360 ans $\frac{7}{25}$, c'est-à-dire après la déperdition de la chaleur propre de l'anneau, jusqu'au point extrême de $\frac{1}{25}$ de la chaleur actuelle de la terre, Saturne envoyait encore à son anneau une chaleur 257,984 $\frac{14}{25}$ fois plus grande que celle du soleil, parce què la chaleur propre de Saturne n'avait encore diminué que de 24 $\frac{40}{43}$ à 24 $\frac{37}{43}$.

En suivant la même marche, on voit que la chaleur de Saturne, qui d'abord était 25, et qui décroît constamment de $\frac{3}{43}$ par chaque période de 360 ans $\frac{7}{25}$, diminue par conséquent sur l'anneau, de 723 $\frac{18}{25}$ pendant chacune de ces périodes; en sorte qu'après 351 périodes environ, cette chaleur envoyée par Saturne à son anneau, sera encore à très peu près 4,500 fois plus grande que la chaleur qu'il reçoit du soleil.

Mais comme la chaleur du soleil, tant sur Saturne que sur ses satellites et sur son anneau, est à celle du soleil sur la terre à peu près : : 1 : 90, et que la chaleur de la terre est 50 fois plus grande que celle qu'elle reçoit du soleil; il s'ensuit qu'il faut diviser par 90 cette quantité 4,500 pour avoir une chaleur égale à celle que le soleil envoie sur la terre; et cette dernière chaleur étant $\frac{1}{50}$ de la chaleur actuelle du globe terrestre, il est évident qu'au bout de 351 périodes de 360 ans $\frac{7}{25}$ chacune, c'est-à-dire au bout de 126,458 ans, la chaleur que Saturne enverra encore à son anneau, sera égale à la chaleur actuelle de la terre, et que n'ayant plus aucune chaleur propre depuis très longtemps, cet anneau ne laissera pas de jouir encore alors d'une température égale à celle dont jouit aujourd'hui la terre.

Et comme cette chaleur envoyée par Saturne, aura prodigieusement prolongé le refroidissement de son anneau au point de la température actuelle de la terre, elle le prolongera de même pendant 351 autres périodes, pour arriver au point extrême de $\frac{1}{25}$ de la chaleur actuelle du globe terrestre, en sorte que ce ne sera que dans l'année 252,916 de la formation des planètes, que l'anneau de Saturne sera refroidi à $\frac{1}{25}$ de la température actuelle de la terre.

Il en est de même de l'estimation de la chaleur du soleil, relativement à la compensation qu'elle a dû faire à la diminution de la température de l'anneau dans les différents temps. Il est certain qu'à ne considérer que la déperdition de la chaleur propre de l'anneau, cette chaleur du soleil n'aurait fait compensation, dans le temps de l'incandescence, que de $\frac{\frac{4}{361}}{1250}$, et qu'à la fin de la première période qui est de 360 ans $\frac{7}{25}$, cette même chaleur du soleil aurait fait une compensation de $\frac{\frac{4}{361}}{50}$; et que dès lors le prolongement du refroidissement par l'accession de cette chaleur du soleil aurait en effet été de 15 jours; mais la chaleur envoyée par Saturne, dans le temps de l'incandescence, étant à la chaleur propre de l'anneau : : 2,873 $\frac{1}{2}$: 1,250; il s'ensuit que la compensation faite par la chaleur du soleil doit être diminuée dans la même raison, en sorte qu'au lieu d'être $\frac{\frac{4}{361}}{1250}$, elle n'a été que $\frac{\frac{4}{361}}{4123\frac{1}{2}}$ au commencement de cette période; et que cette compensation qui aurait été $\frac{\frac{4}{361}}{50}$ à la fin de cette première période, si l'on ne considérait que la déperdition de la chaleur propre de l'anneau, doit être diminuée dans la raison de 2,867 $\frac{1}{3}$ à 50, parce que la chaleur envoyée par Saturne était encore plus grande que la chaleur propre de l'anneau dans cette même raison. Dès lors la compensation à la fin de cette première période, au lieu d'être $\frac{\frac{4}{361}}{50}$ n'a été que $\frac{\frac{4}{361}}{2917\frac{1}{3}}$. En ajoutant ces deux termes de compensation $\frac{\frac{4}{361}}{4123\frac{1}{2}}$ et $\frac{\frac{4}{361}}{2917\frac{1}{3}}$ du premier et du dernier temps de cette première periode, on a $\frac{\frac{4}{361}}{12029624}$ ou $\frac{78\frac{5}{361}}{12029624}$, qui multipliés par 12 $\frac{1}{2}$, moitié de la somme de tous les termes de la diminution de la chaleur propre pendant cette première période de 360 ans $\frac{7}{25}$, donnent $\frac{975\frac{63}{361}}{12029624}$ pour la compensation totale qu'a pu faire la chaleur du soleil pendant cette première période. Et comme la diminution totale de la chaleur est à la compensation totale en même raison que le temps de la période est au prolongement du refroidissement, on aura 25 : $\frac{975\frac{63}{361}}{12029624}$: : 360 $\frac{7}{25}$: $\frac{351336}{300740000}$, ou : : 360 ans $\frac{7}{25}$: 10 heures 14 minutes. Ainsi le prolongement du refroidissement, par la chaleur du soleil sur l'anneau de Saturne pendant la première période, au lieu d'avoir été de 15 jours, n'a réellement été que de 10 heures 14 minutes.

Et pour évaluer en totalité la compensation qu'a faite cette chaleur du soleil pendant toutes les périodes, on trouvera que la compensation, dans le temps de l'incandescence, ayant été $\frac{\frac{4}{361}}{4123\frac{1}{2}}$, sera à la fin de 351 périodes, de $\frac{\frac{4}{361}}{50}$, puisque ce n'est qu'après ces 351 périodes, que la température de l'anneau sera égale à la température actuelle de la terre : ajoutant donc ces deux termes de compensation $\frac{\frac{4}{361}}{4123\frac{1}{2}}$ et $\frac{\frac{4}{361}}{50}$ du premier et du dernier temps de ces 351 périodes, on a $\frac{\frac{16514}{351}}{206175}$ ou $\frac{45\frac{2}{3}}{206175}$, qui multipliés par 12 $\frac{1}{2}$, moitié de la somme de tous les termes de la diminution de la chaleur pendant toutes ces périodes, donnent $\frac{517}{206175}$ environ pour la compensation totale, par la chaleur du soleil, pendant les 351 périodes de 360 ans $\frac{7}{25}$ chacune. Et comme la diminution totale de la chaleur est à la compensation totale en même raison que le temps total de la période est au prolongement du refroidissement, on aura 25 : $\frac{571}{206175}$: : 126,458 : 14 ans $\frac{1}{125}$. Ainsi le prolongement total qu'a fait et que fera la chaleur du soleil sur l'anneau de Saturne, n'est que de 14 ans $\frac{1}{125}$, qu'il faut ajouter aux 126,458 ans. D'où l'on voit que ce ne sera que dans l'année 126,473 de la formation des planètes, que cet anneau jouira de la même température dont jouit aujourd'hui la terre, et qu'il faudra le double du temps, c'est-à-dire que ce ne sera que dans l'année 232,916 de la formation des planètes, que la température de l'anneau de Saturne sera refroidie à $\frac{1}{25}$ de la température actuelle de la terre.

Pour faire sur les satellites de Saturne la même évaluation que nous venons de faire sur le refroidissement de son anneau, nous supposerons, comme nous l'avons dit, que le premier de ces satellites, c'est-à-dire le plus voisin de Saturne, est de la grandeur de la lune, le second de celle de Mercure, le troisième de la grandeur de Mars, le quatrième et le cinquième de la grandeur de la terre. Cette supposition qui ne pourrait être exacte que par un grand hasard, ne s'éloigne cependant pas assez de la vérité pour que, dans le réel, elle ne nous fournisse pas des résultats qui pourront achever de compléter nos idées sur les temps où la nature a pu naître et périr dans les différents globes qui composent l'univers solaire.

Partant donc de cette supposition, nous verrons que le premier satellite étant grand comme la lune, a dû se consolider jusqu'au centre en 145 ans $\frac{3}{4}$ environ, parce que n'étant que de $\frac{3}{11}$ du diamètre de la terre, il se serait consolidé jusqu'au centre en 792 ans $\frac{3}{4}$, s'il était de même densité ; mais la densité de la terre étant à celle de Saturne et de ses satellites : : 1,000 : 184, il s'ensuit qu'on doit diminuer le temps de la consolidation et du refroidissement dans la même raison, ce qui donne 145 ans $\frac{3}{4}$ pour le temps nécessaire à la consolidation. Il en est de même du temps du refroidissement au point de pouvoir toucher sans se brûler la surface de ce satellite ; on trouvera par les mêmes règles de proportion qu'il aura perdu assez de sa chaleur propre pour arriver à ce point en 1,701 ans $\frac{16}{25}$, et ensuite que, par la même déperdition de sa chaleur propre, il se serait refroidi au point de la température actuelle de la terre en 3,715 ans $\frac{87}{125}$. Or, l'action de la chaleur du soleil étant en raison inverse du carré de la distance, la compensation que cette chaleur envoyée par le soleil a faite au commencement de cette première période, dans le temps de l'incandescence, a été $\frac{\frac{4}{361}}{1250}$ et $\frac{\frac{4}{361}}{50}$ à la fin de cette même période de 3,715 ans $\frac{87}{125}$. Ajoutant ces deux termes $\frac{\frac{4}{361}}{1250}$ et $\frac{\frac{4}{361}}{50}$ de la compensation dans le premier et dans le dernier temps de cette période, on a $\frac{\frac{104}{361}}{1250}$, qui, multipliés par 12 $\frac{1}{2}$, moitié de la somme de tous les termes, donnent $\frac{\frac{1300}{361}}{1250}$ ou $\frac{3\frac{217}{361}}{1250}$ pour la compensation totale qu'a faite la chaleur du soleil pendant cette première période de 3,715 ans $\frac{87}{125}$. Et comme la perte totale de la chaleur propre est à la compensation totale en même raison que le temps de la période est à celui du prolongement du refroidissement, on aura 25 : $\frac{3\frac{217}{361}}{1250}$: : 3,715 ans $\frac{87}{125}$: 156 jours. Ainsi le prolongement du refroidissement de ce satellite, par la chaleur du soleil, n'a été que de 156 jours pendant cette première période.

Mais la chaleur de Saturne qui, dans le temps de l'incandescence, c'est-à-dire dans le commencement de cette première période, était 25, n'avait encore diminué au bout de 3,715 ans $\frac{87}{125}$ que de 25 à 24 $\frac{4}{13}$ environ ; et comme ce satellite n'est éloigné de Saturne que de 66,900 lieues, tandis qu'il est éloigné du soleil de 313 millions 500 mille lieues, la chaleur envoyée par Saturne à ce premier satellite aurait été à la chaleur envoyée par le soleil, comme le carré de 313,500,000 est au carré de 66,900, si la surface que Saturne présente à ce satellite était égale à la surface que lui présente le soleil ; mais la surface de Saturne, qui n'est dans le réel que $\frac{90\frac{1}{4}}{11449}$ de celle du soleil, paraît néanmoins à ce satellite plus grande que celle de cet astre dans le rapport inverse du carré des distances ; on aura donc $(66,900)^2$: $(313,500,000)^2$: : $\frac{90\frac{1}{4}}{11449}$: 17,302 environ ; donc la snrface que Saturne présente à son premier satellite étant 173 mille 102 fois plus grande que celle que lui présente le soleil, Saturne dans le temps de l'incandescence était pour ce satellite un astre de feu 173,102 fois plus grand que le soleil. Mais nous avons vu que la compensation faite par la chaleur du soleil à la perte de la chaleur propre de ce satellite, n'était que $\frac{\frac{4}{361}}{1250}$ dans le temps de l'incandescence, et $\frac{\frac{4}{361}}{50}$ lorsqu'au bout de 3,715 ans $\frac{2}{3}$ il se serait refroidi à la température actuelle de la terre; on aura donc 178,102 multipliés par $\frac{\frac{4}{361}}{1250}$ ou $\frac{1918\frac{1}{5}}{1250}$ environ pour la compensation qu'a faite la chaleur de Saturne au commencement de cette période, dans le temps de l'incandescence, et $\frac{1918\frac{1}{5}}{50}$ pour la compensation que Saturne aurait faite à la fin de cette même période, s'il eût conservé son état d'incandescence; mais comme la chaleur propre de Saturne a diminué de 25 à 24 $\frac{4}{13}$ environ pendant cette période de 3,715 ans $\frac{2}{3}$, la compensation à la fin de cette période, au lieu d'être $\frac{1918\frac{1}{5}}{50}$, n'a été que $\frac{1865}{50}$ environ. Ajoutant ces deux termes $\frac{1865}{50}$ et $\frac{1918\frac{1}{5}}{1250}$ de la compensation du premier et du dernier temps de cette période, on aura $\frac{48543\frac{1}{5}}{1250}$, lesquels multipliés par 12 $\frac{1}{2}$, moitié de la somme de tous les termes donnent $\frac{606790}{1250}$ ou 485 $\frac{6}{17}$ environ pour la compensation totale qu'a faite la chaleur de Saturne sur son premier satellite pendant cette première période de 3,715 ans $\frac{2}{3}$. Et comme la perte totale de la chaleur propre est à la compensation totale en même raison que le temps total de la période est au prolongement du refroidissement, on aura 25 : 485 $\frac{6}{17}$: : 3,715 $\frac{2}{3}$: 72,136 environ. Ainsi le temps dont la chaleur de Saturne a prolongé le refroidissement de son premier satellite pendant cette première période de 3,715 $\frac{2}{3}$, a été de 72,136 ans, tandis que la chaleur du soleil ne l'a prolongé pendant la même période, que de 156 jours. En ajoutant ces deux termes avec celui de la période qui est de 3,715 ans environ, on voit que ce sera dans l'année 75,853 de la formation des planètes, c'est-à-dire, dans 1,021 ans, que ce premier satellite de Saturne pourra jouir de la même température dont jouit aujourd'hui la terre.

Le moment où la chaleur envoyée par Saturne à ce satellite, a été égale à sa chaleur propre, s'est trouvé dès le premier moment de l'incandescence, ou plutôt ne s'est jamais trouvé; car dans le temps même de l'incandescence, la chaleur envoyée par Saturne à ce satellite était encore plus grande que la sienne propre, quoiqu'il fût lui-même en incandescence, puisque la compensation que faisait alors la chaleur de Saturne à la chaleur propre du satellite, était $\frac{1958\frac{1}{2}}{1250}$, et que pour qu'elle n'eût été qu'égale, il aurait fallu que la température n'eût été que $\frac{1250}{1250}$.

Dès lors on voit que la chaleur propre de ce satellite a été au-dessous de celle que lui envoyait Saturne dès le moment de l'incandescence, et que dans ce même temps Saturne ayant envoyé à ce satellite une chaleur 173,102 fois plus grande que celle du soleil, il lui envoyait encore à la fin de la première période de 3,715 ans $\frac{87}{125}$, une chaleur 168,308 $\frac{2}{5}$ fois plus grande que celle du soleil, parce que la chaleur propre de Saturne n'avait diminué que de 25 à 24 $\frac{1}{13}$; et au bout d'une seconde période de 3.715 ans $\frac{87}{125}$, après la déperdition de la chaleur propre de ce satellite, jusqu'au point extrême de $\frac{1}{25}$ de la chaleur actuelle de la terre, Saturne envoyait encore à ce satellite une chaleur 163,414 $\frac{4}{5}$ fois plus grande que celle du soleil, parce que la chaleur propre de Saturne n'avait encore diminé que de 24 $\frac{4}{13}$ à 23 $\frac{8}{13}$.

En suivant la même marche, on voit que la chaleur de Saturne, qui d'abord était 25, et qui décroît constamment de $\frac{9}{13}$ par chaque période de 3,715 ans $\frac{87}{125}$, diminue par conséquent sur ce satellite de 4,893 $\frac{3}{5}$ pendant chacune de ces périodes : en sorte qu'après 33 $\frac{1}{2}$ périodes environ, cette chaleur envoyée par Saturne à son premier satellite, sera encore à très peu près 4,500 fois plus grande que la chaleur qu'il reçoit du soleil.

Mais comme cette chaleur du soleil sur Saturne et sur ses satellites, est à celle du soleil sur la terre : : 1 : 90, à très peu près, et que la chaleur de la terre est 50 fois plus grande que celle qu'elle reçoit du soleil, il s'ensuit qu'il faut diviser par 90 cette quantité 4,500 pour avoir une chaleur égale à celle que le soleil envoie sur la terre; et cette dernière chaleur étant $\frac{1}{50}$ de la chaleur actuelle du globe terrestre, il est évident qu'au bout de 33 $\frac{1}{2}$ périodes de 3,715 ans $\frac{87}{125}$ chacune, c'est-à-dire au bout de 124,475 ans $\frac{5}{6}$, la chaleur que Saturne enverra encore à ce satellite, sera égale à la chaleur actuelle de la terre, et que ce satellite n'ayant plus aucune chaleur propre depuis très longtemps, ne laissera pas de jouir alors d'une température égale à celle dont jouit aujourd'hui la terre.

Et comme cette chaleur envoyée par Saturne a prodigieusement prolongé le refroidissement de ce satellite au point de la température actuelle de la terre, il le prolongera de même pendant 33 $\frac{1}{2}$ autres périodes, pour arriver au point extrême de $\frac{1}{25}$ de la chaleur actuelle du globe de la terre; en sorte que ce ne sera que dans l'année 248.951 de la formation des planètes, que ce premier satellite de Saturne sera refroidi à $\frac{1}{25}$ de la température actuelle de la terre.

Il en est de même de l'estimation de la chaleur du soleil, relativement à la compensation qu'elle a faite à la diminution de la température de ce satellite dans les différents temps. Il est certain qu'à ne considérer que la déperdition de la chaleur propre du satellite, cette chaleur du soleil n'aurait fait compensation, dans le temps de l'incandescence, que de $\frac{\frac{4}{361}}{1250}$, et qu'à la fin de la première période, qui est de 3,715 ans $\frac{87}{125}$, cette même chaleur du soleil aurait fait une compensation de $\frac{\frac{4}{361}}{50}$; et que dès lors le prolongement du refroidissement par l'accession de cette chaleur du soleil, aurait été en effet de 156 jours; mais la chaleur envoyée par Saturne dans le temps de l'incandescence, étant à la chaleur propre du satellite : : 1,918 $\frac{1}{5}$: 1,250, il s'ensuit que la compensation faite par la chaleur du soleil, doit être diminuée dans la même raison; en sorte qu'au lieu d'être $\frac{\frac{4}{361}}{1250}$, elle n'a été que $\frac{\frac{4}{361}}{3168\frac{1}{5}}$ au commencement de cette période, et que cette compensation qui aurait été $\frac{\frac{4}{361}}{50}$ à la fin de cette première période, si on ne considérait que la déperdition de la chaleur propre du satellite, doit être diminuée dans la raison de 1865 à 50, parce que la chaleur envoyée par Saturne, était encore plus grande que la chaleur propre du satellite dans cette même raison. Dès lors la compensation à la fin de cette première période, au lieu d'être $\frac{\frac{4}{361}}{50}$, n'a été que $\frac{\frac{4}{361}}{1915}$. En ajoutant ces deux termes de compensation $\frac{\frac{4}{360}}{3168\frac{1}{5}}$ et $\frac{\frac{4}{361}}{1915}$ du premier et du dernier temps de cette première période de 3,715 ans $\frac{87}{125}$, on a $\frac{\frac{20332}{361}}{6067103}$ ou $\frac{55\frac{116}{361}}{6067103}$, qui multipliés par 12 $\frac{1}{2}$, moitié de la somme de tous les termes de la diminution de la chaleur du satellite pendant cette première période, donnent $\frac{704\frac{8}{45}}{6067103}$ pour la compensation totale qu'a faite la chaleur du soleil pendant cette première période. Et comme la diminution totale de la chaleur est à la compensation totale en même raison que le temps de la période est au prolongement du refroidissement, on aura 25 : $\frac{704\frac{8}{47}}{6067103}$: : 3,715 $\frac{87}{125}$: $\frac{2616510\frac{1}{2}}{151677576}$, ou : : 3,715 ans $\frac{87}{125}$: 6 jours 7 heures environ. Ainsi le prolongement du refroidissement, par la chaleur du soleil, pendant cette première période, au lieu d'avoir été de 156 jours, n'a réellement été que de 6 jours 7 heures.

Et pour évaluer en totalité la compensation qu'a faite cette chaleur du soleil pendant toutes les périodes, on trouvera que la compensation, dans le temps de l'incandescence, ayant été, comme nous venons de le dire, $\frac{\frac{4}{361}}{3168\frac{1}{5}}$, sera, à la fin de 33 $\frac{1}{2}$ périodes de 3,715 ans $\frac{87}{125}$ chacune, de $\frac{\frac{4}{361}}{50}$, puisque ce n'est qu'après ces 33 $\frac{1}{2}$ périodes que la température de ce satellite sera égale à la température actuelle de la terre. Ajoutant donc ces deux termes de compensation $\frac{\frac{4}{361}}{3168\frac{1}{5}}$ et $\frac{\frac{4}{361}}{50}$ du premier et du dernier temps des 33 $\frac{1}{2}$ périodes, on a $\frac{\frac{12873}{361}}{158410}$ ou $\frac{35\frac{2}{3}}{158410}$, qui multipliés par 12 $\frac{1}{2}$, moitié de la somme de tous les termes de la diminution de la chaleur pendant toutes ces périodes, donnent $\frac{445\frac{5}{6}}{158410}$ pour la compensation totale, par la chaleur du soleil, pendant les 33 $\frac{1}{2}$ périodes de 3,715 ans $\frac{87}{125}$ chacune. Et comme la diminution totale de la chaleur est à la compensation totale en même raison que le temps total des périodes est au prolongement du refroidissement, on aura 25 : $\frac{445\frac{5}{6}}{158410}$: : 124,475 ans $\frac{5}{6}$: 14 ans 4 jours environ. Ainsi le prolongement total que fera la chaleur du soleil, ne sera que de 14 ans 4 jours, qu'il faut ajouter aux 124,475 ans $\frac{5}{6}$. D'où l'on voit que ce ne sera que sur la fin de l'année 124,490 de la formation des planètes, que ce satellite jouira de la même température dont jouit aujourd'hui la terre, et qu'il faudra le double de ce temps, c'est-à-dire 248,980 ans à dater de la formation des planètes, pour que ce premier satellite de Saturne puisse être refroidi à $\frac{1}{25}$ de la température actuelle de la terre.

Faisant le même calcul pour le second satellite de Saturne, que nous avons supposé grand comme Mercure, et qui est à 85 mille 450 lieues de distance de sa planète principale, nous verrons que ce satellite a dû se consolider jusqu'au centre en 178 ans $\frac{3}{25}$, parce que n'étant que de $\frac{1}{3}$ du diamètre de la terre, il se serait consolidé jusqu'au centre en 968 ans $\frac{1}{3}$, s'il était de même densité; mais comme la densité de la terre est à la densité de Saturne et de ses satellites : : 1,000 : 184, il s'ensuit qu'on doit diminuer les temps de la consolidation et du refroidissement dans la même raison, ce qui donne 178 ans $\frac{3}{25}$ pour le temps nécessaire à la consolidation. Il en est de même du temps du refroidissement au point de toucher sans se brûler la surface du satellite; on trouvera, par les mêmes règles de proportion, qu'il s'est refroidi à ce point en 2,079 ans $\frac{35}{62}$, et ensuite qu'il s'est refroidi à la température actuelle de la terre en 4,541 ans $\frac{1}{2}$ environ. Or, l'action de la chaleur du soleil étant en raison inverse du carré des distances, la compensation était au commencement de cette première période, dans le temps de l'incandescence, $\frac{\frac{4}{361}}{1250}$ et $\frac{\frac{4}{361}}{50}$ à la fin de cette même période de 4,541 ans $\frac{1}{2}$. Ajoutant ces deux termes $\frac{\frac{4}{361}}{1250}$ et $\frac{\frac{4}{361}}{50}$ du premier et du dernier temps de cette période, on a $\frac{\frac{104}{361}}{1250}$, qui multipliés par 12 $\frac{1}{2}$, moitié de la somme de tous les termes, donnent $\frac{\frac{1300}{361}}{1250}$ ou $\frac{3\frac{217}{361}}{1250}$ pour la compensation totale qu'a faite la chaleur du soleil pendant cette première période de 4,541 ans $\frac{1}{2}$. Et comme la perte totale de la chaleur propre est à la compensation totale en même raison que le temps de la période est au prolongement du refroidissement, on aura 25 : $\frac{3\frac{217}{361}}{1250}$: : 4,541 $\frac{1}{2}$: 191 jours. Ainsi le prolongement du refroidissement de ce satellite, par la chaleur du soleil, aurait été de 191 jours pendant cette première période de 4,541 ans $\frac{1}{2}$.

Mais la chaleur de Saturne qui, dans le temps de l'incandescence, était 25 fois plus grande que la chaleur actuelle de la terre, n'avait diminué au bout de 4,541 ans $\frac{1}{2}$, que de $\frac{57}{65}$ environ, et était encore 24 $\frac{8}{65}$ à la fin de cette même période. Et ce satellite n'étant éloigné que de 85 mille 450 lieues de sa planète principale, tandis qu'il est éloigné du soleil de 313 millions 500 mille lieues, il en résulte que la chaleur envoyée par Saturne à ce second satellite, aurait été comme le carré de 313,500,000 est au carré de 85,450, si la surface que présente Saturne à ce satellite, était égale à la surface que lui présente le soleil; mais la surface de Saturne qui, dans le réel, n'est que $\frac{90 \frac{1}{4}}{11449}$ de celle du soleil, paraît néanmoins plus grande à ce satellite dans le rapport inverse du carré des distances. On aura donc $(85,450)^2 : (313.500,000)^2 :: \frac{90 \frac{1}{4}}{11449} : 106,104$ environ. Ainsi la surface que présente Saturne à ce satellite, étant 106 mille 104 fois plus grande que la surface que lui présente le soleil, Saturne, dans le temps de l'incandescence, était pour son second satellite un astre de feu 106 mille 104 fois plus grand que le soleil. Mais nous avons vu que la compensation faite par la chaleur du soleil à la perte de la chaleur propre du satellite, dans le temps de l'incandescence, n'était que $\frac{\frac{4}{361}}{1250}$, et qu'à la fin de la première période de 4,541 ans $\frac{1}{2}$, lorsqu'il se serait refroidi par la déperdition de sa chaleur propre au point de la température actuelle de la terre, la compensation par la chaleur du soleil a été $\frac{\frac{4}{361}}{50}$. Il faut donc multiplier ces deux termes de compensation par 106,104, et l'on aura $\frac{1175 \frac{2}{3}}{1250}$ environ pour la compensation qu'a faite la chaleur de Saturne sur ce satellite au commencement de cette première période, dans le temps de l'incandescence, et $\frac{1175 \frac{2}{3}}{50}$ pour la compensation que la chaleur de Saturne aurait faite à la fin de cette même période, s'il eût conservé son état d'incandescence; mais comme la chaleur propre de Saturne a diminué de 25 à 24 $\frac{8}{65}$ pendant cette période de 4,541 ans $\frac{1}{2}$, la compensation à la fin de la période, au lieu d'être $\frac{1175 \frac{2}{3}}{50}$ n'a été que $\frac{1134 \frac{17}{40}}{50}$ environ. Ajoutant ces deux termes de compensation $\frac{1175 \frac{2}{3}}{1250}$ et $\frac{1134 \frac{17}{40}}{50}$ du premier et du dernier temps de la periode, on a $\frac{29386 \frac{11}{40}}{1250}$, lesquels multipliés par 12 $\frac{1}{2}$, moitié de la somme de tous les termes, donnent $\frac{369203}{1250}$ ou 295 $\frac{2}{9}$ environ pour la compensation totale qu'a faite la chaleur envoyée par Saturne à ce satellite pendant cette première période de 4,541 ans $\frac{1}{2}$. Et comme la perte totale de la chaleur propre est à la compensation totale en même raison que le temps de la période est au prolongement du refroidissement, on aura $25 : 295 \frac{2}{9} :: 4,541 \frac{1}{2} : 53,630$ environ. Ainsi le temps dont la chaleur de Saturne a prolongé le refroidissement de ce satellite, pour cette première période, a été de 53,630 ans, tandis que la chaleur du soleil, pendant le même temps, ne l'a prolongé que de 191 jours. D'où l'on voit, en ajoutant ces temps à celui de la période, qui est de 4,541 ans $\frac{1}{2}$, que ç'a été dans l'année 58,173 de la formation des planètes, c'est-à-dire il y a 16,639 ans, que ce second satellite de Saturne jouissait de la même température dont jouit aujourd'hui la terre.

Le moment où la chaleur envoyée par Saturne à ce satellite a été égale à sa chaleur propre, s'est trouvé presque immédiatement après l'incandescence, c'est-à-dire à $\frac{74}{1175 \frac{2}{3}}$ du premier terme de l'écoulement du temps de cette première période qui multipliés par 181 $\frac{33}{50}$, nombre des années de chaque terme de cette période de 4,541 ans $\frac{1}{2}$, donnent 7 ans $\frac{5}{6}$ environ. Ainsi ç'a été dès l'année 8 de la formation des planètes, que la chaleur envoyée par Saturne à son second satellite s'est trouvée égale à la chaleur propre de ce même satellite.

Dès lors on voit que la chaleur propre de ce satellite a été au-dessous de celle que lui envoyait Saturne, dès le temps le plus voisin de l'incandescence, et que dans le premier moment de l'incandescence, Saturne ayant envoyé à ce satellite une chaleur 106 mille 104 fois plus grande que celle du soleil, il lui envoyait encore à la fin de la première période de 4,541 ans $\frac{1}{2}$, une chaleur 102 mille 382 $\frac{1}{5}$ fois plus grande que celle du soleil, parce que la chaleur propre de Saturne n'avait diminué que de 25 à 24 $\frac{8}{65}$, et au bout d'une seconde période de 4,541 ans $\frac{1}{2}$, après la déperdition de la chaleur propre de ce satellite, jusqu'au point extrême de $\frac{1}{25}$ de la chaleur actuelle de la terre, Saturne envoyait encore à ce satellite une chaleur 98 mille 660 $\frac{2}{5}$ fois plus grande que celle du soleil, parce que la chaleur propre de Saturne n'avait encore diminué que de 24 $\frac{8}{65}$ à 23 $\frac{16}{65}$.

En suivant la même marche, on voit que la chaleur de Saturne, qui d'abord était 25, et qui décroît constamment de $\frac{57}{65}$ par chaque période de 4,541 ans $\frac{1}{2}$, diminue par conséquent sur ce satellite de 3,721 $\frac{4}{5}$ pendant chacune de ces périodes ; en sorte qu'après 26 $\frac{1}{3}$ périodes environ, cette chaleur envoyée par Saturne à son second satellite, sera encore à peu près 4,500 fois plus grande que la chaleur qu'il reçoit du soleil.

Mais comme cette chaleur du soleil sur Saturne et sur ses satellites est à celle du soleil sur la terre : : 1 : 90 à très peu près, et que la chaleur de la terre est 50 fois plus grande que celle qu'elle reçoit du soleil, il s'ensuit qu'il faut diviser par 90 cette quantité 4,500 pour avoir une chaleur égale à celle que le soleil envoie sur la terre ; et cette dernière chaleur étant $\frac{1}{50}$ de la chaleur actuelle du globe terrestre, il est évident qu'au bout de 26 $\frac{1}{3}$ périodes de 4,541 ans $\frac{1}{2}$, c'est-à-dire au bout de 119,592 ans $\frac{5}{6}$, la chaleur que Saturne enverra encore à ce satellite sera égale à la chaleur actuelle de la terre, et que ce satellite n'ayant plus aucune chaleur propre depuis très longtemps, ne laissera pas de jouir alors d'une température égale à celle dont jouit aujourd'hui la terre.

Et comme cette chaleur envoyée par Saturne a prodigieusement prolongé le refroidissement de ce satellite au point de la température actuelle de la terre, il le prolongera de même pendant 26 $\frac{1}{3}$ autres périodes, pour arriver au point extrême de $\frac{1}{25}$ de la chaleur actuelle du globe de la terre ; en sorte que ce ne sera que dans l'année 239,185 de la formation des planètes que ce second satellite de Saturne sera refroidi à $\frac{1}{25}$ de la température actuelle de la terre.

Il en est de même de l'estimation de la chaleur du soleil, relativement à la compensation qu'elle a faite à la diminution de la température du satellite dans les différents temps. Il est certain, qu'à ne considérer que la déperdition de la chaleur propre du satellite, cette chaleur du soleil n'aurait fait compensation dans le temps de l'incandescence que de $\frac{\frac{4}{361}}{1250}$; et qu'à la fin de la première période, qui est de 4,541 ans $\frac{1}{2}$, cette même chaleur du soleil aurait fait compensation de $\frac{\frac{4}{361}}{50}$, et que dès lors le prolongement du refroidissement par l'accession de cette chaleur du soleil, aurait en effet été de 191 jours ; mais la chaleur envoyée par Saturne dans le temps de l'incandescence étant à la chaleur propre du satellite : : 1,175 $\frac{2}{3}$: 1,250, il s'ensuit que la compensation faite par la chaleur du soleil doit être diminuée dans la même raison ; en sorte qu'au lieu d'être $\frac{\frac{4}{361}}{1250}$, elle n'a été que $\frac{\frac{4}{361}}{2425\frac{2}{3}}$ au commencement de cette période, et que cette compensation qui aurait été $\frac{\frac{4}{361}}{50}$ à la fin de cette première période, si l'on ne considérait que la déperdition de la chaleur propre du satellite, doit être diminuée dans la raison de 1,134 $\frac{17}{40}$ à 50, parce que la chaleur envoyée par Saturne était encore plus grande que la chaleur propre du satellite dans cette même raison. Dès lors la compensation à la fin de cette première période, au lieu d'être $\frac{\frac{4}{361}}{50}$, n'a été que $\frac{\frac{4}{361}}{1184\frac{17}{40}}$. En ajoutant ces deux termes de compensation $\frac{\frac{4}{361}}{2425\frac{2}{3}}$ et $\frac{\frac{4}{361}}{1184\frac{17}{40}}$ du premier et du dernier temps de cette première période, on a $\frac{\frac{14440\frac{11}{30}}{361}}{2873020\frac{1}{6}}$ ou $\frac{40}{2873020\frac{1}{6}}$ environ, qui multipliés par $12\frac{1}{2}$, moitié de la somme de tous les termes de la diminution de la chaleur, donnent $\frac{500}{2873020\frac{1}{6}}$ pour la compensation totale qu'a faite la chaleur du soleil pendant cette première période. Et comme la diminution totale de la chaleur est à la compensation totale en même raison que le temps de la période est au prolongement du refroidissement, on aura $25 : \frac{500}{2873020} :: 4{,}541\frac{1}{2} : \frac{227075}{4309530}$ ou $:: 4{,}541\frac{1}{2} : 19$ jours environ; ainsi le prolongement du refroidissement, par la chaleur du soleil, au lieu d'être de 191 jours, n'a réellement été que de 19 jours environ.

Et pour évaluer en totalité la compensation qu'a faite cette chaleur du soleil pendant toutes les périodes, on trouve que la compensation, par la chaleur du soleil, dans le temps de l'incandescence, ayant été, comme nous venons de le dire $\frac{\frac{4}{361}}{2425\frac{2}{3}}$, sera, à la fin de $26\frac{1}{3}$ périodes, de $4{,}541$ ans $\frac{1}{2}$ chacune, de $\frac{\frac{4}{361}}{50}$, puisque ce n'est qu'après ces $26\frac{1}{3}$ périodes que la température du satellite sera égale à la température actuelle de la terre. Ajoutant donc ces deux termes de compensation $\frac{\frac{4}{361}}{2425\frac{2}{3}}$ et $\frac{\frac{4}{361}}{50}$ du premier et du dernier temps de ces $26\frac{1}{3}$ périodes, on a $\frac{\frac{9902}{361}}{121282}$ ou $\frac{27\frac{155}{361}}{121282}$, qui multipliés par $12\frac{1}{2}$, moitié de la somme de tous les termes de la diminution de la chaleur pendant toutes ces périodes, donnent $\frac{342\frac{313}{613}}{121282}$ pour la compensation totale par la chaleur du soleil pendant les $26\frac{1}{3}$ périodes de $4{,}541$ ans $\frac{1}{2}$ chacune. Et comme la diminution totale de la chaleur est à la compensation totale en même raison que le temps de la période est à celui du prolongement du refroidissement on aura $25 : \frac{342\frac{313}{361}}{121282} :: 119{,}592\frac{5}{6} : 13\frac{13}{25}$ environ. Ainsi le prolongement total que fera la chaleur du soleil ne sera que de 13 ans $\frac{13}{25}$, qu'il faut ajouter aux 119,592 ans $\frac{5}{6}$; d'où l'on voit que ce ne sera que dans l'année 119,207 de la formation des planètes que ce satellite jouira de la même température dont jouit aujourd'hui la terre, et qu'il faudra le double du temps, c'est-à-dire que ce ne sera que dans l'année 239,214 de la formation des planètes que sa température sera refroidie à $\frac{1}{25}$ de la température actuelle de la terre.

Faisant les mêmes raisonnements pour le troisième satellite de Saturne, que nous avons supposé grand comme Mars, et qui est éloigné de Saturne de 120 mille lieues, nous verrons que ce satellite aurait dû se consolider jusqu'au centre en 277 ans $\frac{19}{20}$ parce que n'étant que $\frac{13}{25}$ du diamètre de la terre, il se serait refroidi jusqu'au centre en 1510 ans $\frac{3}{5}$ s'il était de même densité; mais la densité de la terre étant à celle de ce satellite :: 1000 : 184, il s'ensuit qu'on doit diminuer le temps de sa consolidation dans la même raison, ce qui donne 277 ans $\frac{19}{20}$ environ. Il en est de même du temps du refroidissement au point de pouvoir, sans se brûler, toucher la surface du satellite; on trouvera par les mêmes règles de proportion, qu'il s'est refroidi à ce point en $3{,}244\frac{20}{31}$, et ensuite qu'il s'est refroidi au point de la température actuelle de la terre en 7,083 ans $\frac{11}{15}$ environ. Or, l'action de la chaleur du soleil étant en raison inverse du carré de la distance, la compensation était au commencement de cette première période dans le temps de l'incandescence $\frac{\frac{4}{361}}{1250}$ et $\frac{\frac{4}{361}}{50}$ à la fin de cette même période de 7,083 ans $\frac{11}{15}$. Ajoutant ces deux termes de compensation du premier et du dernier temps de cette période, on a $\frac{\frac{104}{361}}{1250}$, qui multipliés par $12\frac{1}{2}$, moitié de la somme de tous les termes donnent $\frac{\frac{1300}{361}}{1250}$ ou $\frac{3\frac{217}{361}}{1250}$ pour la compensation totale qu'a faite la chaleur du soleil pendant cette première période de 7,083 ans $\frac{11}{15}$. Et comme la perte totale de la chaleur propre est à la compensation totale en même raison que le temps de la période est au prolongement du refroidissement, on aura 25 : : $\frac{3\frac{217}{361}}{1225}$: 7,083 ans $\frac{11}{15}$: 296 jours. Ainsi le prolongement du refroidissement du satellite, par la chaleur du soleil, n'a été que de 296 jours pendant cette première période de 7,083 ans $\frac{11}{15}$.

Mais la chaleur de Saturne, qui dans le temps de l'incandescence, était 25, avait diminué, au bout de la période de 7,083 ans $\frac{11}{15}$, de 25 à 23 $\frac{41}{65}$; et comme ce satellite est éloigné de Saturne de 120 mille lieues, et qu'il est distant du soleil de 313 millions 500 mille lieues, il en résulte que la chaleur envoyée par Saturne à ce satellite, aurait été comme le carré de 313,500,000 est au carré de 120,000, si la surface que présente Saturne à ce satellite était égale à la surface que lui présente le soleil; mais la surface de Saturne n'étant dans le réel que $\frac{90\frac{1}{4}}{11449}$ de celle du soleil, paraît néanmoins à ce satellite plus grande que celle de cet astre dans le rapport inverse du carré des distances; on aura donc $(120,000)^2$: $(313,500,000)^2$: : $\frac{90\frac{1}{4}}{11449}$: 53801 environ. Donc la surface que Saturne présente à ce satellite est 53,801 fois plus grande que celle que lui présente le soleil; ainsi Saturne dans le temps de l'incandescence était pour ce satellite un astre de feu 53,801 fois plus grand que le soleil. Mais nous avons vu que la compensation faite par la chaleur du soleil, à la perte de la chaleur propre de ce satellite, était $\frac{\frac{4}{361}}{50}$, lorsqu'au bout de 7,083 $\frac{2}{3}$ se serait, comme Mars, refroidi à la température actuelle de la terre, et que dans le temps de l'incandescence cette compensation, par la chaleur du soleil n'était que de $\frac{\frac{4}{361}}{1250}$; on aura donc 53,801, multipliés par $\frac{\frac{4}{361}}{1250}$ ou $\frac{596\frac{48}{361}}{1250}$ pour la compensation qu'a faite la chaleur de Saturne au commencement de cette période dans le temps de l'incandescence, et $\frac{596\frac{48}{361}}{50}$ pour la compensation à la fin de cette même période, si Saturne eût conservé son état d'incandescence; mais comme sa chaleur propre a diminué de 25 à 23 $\frac{41}{65}$ environ, pendant cette période de 7,083 ans $\frac{2}{3}$, la compensation à la fin de cette période, au lieu d'être $\frac{597\frac{48}{361}}{50}$, n'a été que de $\frac{562\frac{1}{2}}{50}$. Ajoutant ces deux termes $\frac{563\frac{1}{2}}{50}$ et $\frac{596\frac{48}{361}}{1250}$ du premier et du dernier temps de cette période, on aura $\frac{14085\frac{57}{80}}{1250}$ environ, lesquels multipliés par 12 $\frac{1}{2}$, moitié de la somme de tous les termes, donnent $\frac{183543}{50}$ environ, ou 146 $\frac{5}{6}$ pour la compensation totale qu'a faite la chaleur de Saturne sur ce troisième satellite pendant cette première période de 7,083 ans $\frac{11}{15}$. Et comme la perte totale de la chaleur propre est à la compensation totale en même raison que le temps de la période est à celui du prolongement du refroidissement, on aura 25 : 146 $\frac{5}{6}$: : 7,083 $\frac{2}{3}$: 41,557 $\frac{1}{2}$ environ. Ainsi le temps dont la chaleur de Saturne a prolongé le refroidissement de son troisième satellite pendant cette période de 7,083 ans $\frac{2}{3}$, a été de 41,557 ans $\frac{1}{3}$, tandis que la chaleur du soleil ne l'a prolongé pendant ce même temps que de 296 jours. Ajoutant ces deux temps à celui de la période de 7,083 ans $\frac{2}{3}$, on voit que ce serait dans l'année 48,643 de la formation des planètes, c'est-à-dire il y a 26,189 ans, que ce troisième satellite de Saturne aurait joui de la même température dont jouit aujourd'hui la terre.

Le moment où la chaleur envoyée par Saturne à ce satellite a été égale à sa chaleur propre, s'est trouvé au 2 $\frac{1}{11}$ terme environ de l'écoulement du temps de cette première période, lequel multiplié par 283 $\frac{1}{3}$, nombre des années de chaque terme de la période de 7,083 $\frac{2}{3}$, donne 630 ans $\frac{1}{3}$ environ; ainsi ça été dès l'année 631 de la formation des planètes, que la chaleur envoyée par Saturne à son troisième satellite s'est trouvée égale à la chaleur propre de ce même satellite.

Dès lors on voit que la chaleur propre de ce satellite a été au-dessous de celle que lui envoyait Saturne dès l'année 631 de la formation des planètes; et que Saturne ayant envoyé à ce satellite une chaleur 53,801 fois plus grande que celle du soleil, il lui envoyait encore à la fin de la première période de 7,083 ans $\frac{2}{3}$, une chaleur 50,854 $\frac{9}{25}$ fois plus grande que celle du soleil, parce que la chaleur propre de Saturne n'avait diminué que de 25 à 23 $\frac{41}{65}$ environ. Et au bout d'une seconde période de 7,083 ans $\frac{2}{3}$, après la déperdition de la chaleur propre de ce satellite, jusqu'au point extrême de $\frac{1}{25}$ de la chaleur actuelle de la terre, Saturne envoyait encore à ce satellite une chaleur 47,907 $\frac{19}{23}$ fois plus grande que celle du soleil, parce que la chaleur propre de Saturne n'avait encore diminué que de 23 $\frac{41}{65}$ à 22 $\frac{17}{65}$.

En suivant la même marche, on voit que la chaleur de Saturne qui d'abord était 25, et qui décroît constamment de 1 $\frac{24}{65}$ par chaque période de 7,083 ans $\frac{2}{3}$, diminue par conséquent sur ce satellite de 2,946 $\frac{3}{5}$ pendant chacune de ces périodes, en sorte qu'après 15 $\frac{3}{4}$ périodes environ, cette chaleur envoyée par Saturne à son troisième satellite, sera encore 4,500 fois plus grande que la chaleur qu'il reçoit du soleil.

Mais comme cette chaleur du soleil sur Saturne et sur ses satellites est à celle du soleil sur la terre : : 1 : 90 à très peu près, et que la chaleur de la terre est 50 fois plus grande que celle qu'elle reçoit du soleil, il s'ensuit qu'il faut diviser par 90 cette quantité de chaleur 4,500 pour avoir une chaleur égale à celle que le soleil envoie sur la terre; et cette dernière chaleur étant $\frac{1}{50}$ de la chaleur actuelle du globe terrestre, il est évident qu'au bout de 15 $\frac{3}{4}$ périodes de 7,083 ans $\frac{2}{3}$, c'est-à-dire au bout de 111,567 ans, la chaleur que Saturne enverra encore à ce satellite, sera égale à la chaleur actuelle de la terre, et que ce satellite n'ayant plus aucune chaleur propre depuis très longtemps, ne laissera pas de jouir alors d'une température égale à celle dont jouit aujourd'hui la terre.

Et comme cette chaleur envoyée par Saturne a très considérablement prolongé le refroidissement de ce satellite au point de la température actuelle de la terre, il le prolongera de même pendant 15 $\frac{3}{4}$ autres périodes, pour arriver au point extrême de $\frac{1}{25}$ de la chaleur actuelle du globe de la terre; en sorte que ce ne sera que dans l'année 223,134 de la formation des planètes que ce troisième satellite de Saturne sera refroidi à $\frac{1}{25}$ de la température actuelle de la terre.

Il en est de même de l'estimation de la chaleur du soleil, relativement à la compensation qu'elle a faite à la diminution de la température du satellite dans les différents temps. Il est certain qu'à ne considérer que la déperdition de la chaleur propre du satellite, cette chaleur du soleil n'aurait fait compensation dans le temps de l'incandescence que de $\frac{\frac{4}{361}}{1250}$, et qu'à la fin de la première période qui est de 7,083 ans $\frac{2}{3}$, cette même chaleur du soleil aurait fait une compensation de $\frac{\frac{4}{361}}{50}$; et que dès lors le prolongement du refroidissement, par l'accession de cette chaleur du soleil, aurait en effet été de 296 jours. Mais la chaleur envoyée par Saturne dans le temps de l'incandescence étant à la chaleur propre du satellite : : 596 $\frac{48}{361}$: 1,250, il s'ensuit que la compensation faite par la chaleur du soleil doit être diminuée dans la même raison; en sorte qu'au lieu d'être $\frac{\frac{4}{361}}{1250}$, elle n'a été que $\frac{\frac{4}{361}}{1846\frac{48}{361}}$ au commencement de cette période, et que cette compensation qui aurait été $\frac{\frac{4}{361}}{50}$ à la fin de cette période, si l'on ne considérait que la déperdition de la chaleur propre du satellite, doit être diminuée dans la raison de 563 $\frac{1}{2}$ à 50, parce que la chaleur envoyée par Saturne était encore plus grande que la chaleur propre de ce satellite dans cette même raison. Dès lors la compensation à la fin de cette première période, au lieu d'être $\frac{\frac{4}{361}}{50}$, n'a été que $\frac{\frac{4}{361}}{613\frac{1}{2}}$.

En ajoutant ces deux termes de compensation $\frac{\frac{4}{361}}{1846\,\frac{48}{361}}$ et $\frac{\frac{4}{361}}{618\,\frac{1}{2}}$ du premier et du dernier temps de cette première période, on a $\frac{\frac{9838}{361}}{1132602}$ ou $\frac{27\,\frac{1}{4}}{1132602}$, qui multipliés par 12 $\frac{1}{2}$, moitié de la somme de tous les termes, donnent $\frac{340\,\frac{5}{8}}{1132602}$ pour la compensation totale qu'a pu faire la chaleur du soleil pendant cette première période. Et comme la diminution totale de la chaleur est à la compensation totale en même raison que le temps de la période est au prolongement du refroidissement, on aura 25 : $\frac{340\,\frac{5}{8}}{1132602}$: : 7,083 $\frac{2}{3}$: $\frac{2412878\,\frac{3}{5}}{28315050}$, ou : : 7,083 $\frac{2}{3}$ ans : 31 jours environ. Ainsi le prolongement du refroidissement, par la chaleur du soleil, au lieu d'avoir été de 296 jours, n'a réellement été que de 31 jours.

Et pour évaluer en totalité la compensation qu'a faite cette chaleur du soleil pendant toutes ces périodes, on trouvera que la compensation, par la chaleur du soleil, dans le temps de l'incandescence, ayant été, comme nous venons de le dire, $\frac{\frac{4}{361}}{1846\,\frac{48}{361}}$, sera à la fin de 15 $\frac{3}{4}$ périodes de 7,083 ans $\frac{2}{3}$ chacune, de $\frac{\frac{4}{361}}{50}$, puisque ce n'est qu'après ces 15 $\frac{3}{4}$ périodes que la température du satellite sera égale à la température actuelle de la terre. Ajoutant donc ces deux termes de compensation $\frac{\frac{4}{361}}{1846\,\frac{48}{361}}$ et $\frac{\frac{4}{361}}{50}$ du premier et du dernier temps de de ces 15 $\frac{3}{4}$ périodes, on a $\frac{\frac{7584\,\frac{5}{9}}{361}}{92306\,\frac{3}{5}}$ ou $\frac{21\,\frac{3}{324}}{92306\,\frac{3}{5}}$, qui multipliés par 12 $\frac{1}{2}$, moitié de la somme de tous les termes de la diminution de la chaleur pendant les 15 $\frac{3}{4}$ périodes de 7,083 ans $\frac{2}{3}$ chacune, donnent $\frac{262\,\frac{5}{8}}{92306\,\frac{3}{5}}$ pour la compensation totale qu'a faite la chaleur du soleil. Et comme la diminution totale de la chaleur est à la compensation totale en même raison que le temps total des périodes est au prolongement du refroidissement, on aura 25 : $\frac{262\,\frac{5}{8}}{92306\,\frac{3}{5}}$: : 111,567 ans : 12 ans 254 jours. Ainsi le prolongement total que fera la chaleur du soleil pendant toutes ces périodes, ne sera que de 12 ans 254 jours qu'il faut ajouter aux 111,567 ans; d'où l'on voit que ce ne sera que dans l'année 111,580 de la formation des planètes que ce satellite jouira réellement de la même température dont jouit aujourd'hui la terre, et qu'il faudra le double de ce temps, c'est-à-dire que ce ne sera que dans l'année 223,160 de la formation des planètes que sa température pourra être refroidie à $\frac{1}{25}$ de la température actuelle de la terre.

Faisant les mêmes raisonnements pour le quatrième satellite de Saturne, que nous avons supposé grand comme la terre, on verra qu'il aurait dû se consolider jusqu'au centre en 534 ans $\frac{13}{25}$, parce que ce satellite étant égal au globe terrestre, il se serait consolidé jusqu'au centre en 2,905 ans, s'il était de même densité; mais la densité de la terre étant à celle de ce satellite : : 1,000 : 184, il s'ensuit qu'on doit diminuer le temps de la consolidation dans la même raison, ce qui donne 534 ans $\frac{13}{25}$. Il en est de même du temps du refroidissement au point de toucher, sans se brûler, la surface du satellite; on trouvera par les mêmes règles de proportion, qu'il s'est refroidi à ce point en 6,239 ans $\frac{9}{16}$, et ensuite qu'il s'est refroidi à la température actuelle de la terre en 13,624 $\frac{2}{3}$. Or l'action de la chaleur du soleil étant en raison inverse du carré des distances, la compensation était au commencement de cette première période, dans le temps de l'incandescence, $\frac{\frac{4}{361}}{1250}$ et $\frac{\frac{4}{361}}{50}$ à la fin de cette même période de 13,624 $\frac{2}{3}$. Ajoutant ces deux termes $\frac{\frac{4}{361}}{1250}$ et $\frac{\frac{4}{361}}{50}$ du premier et du dernier temps de cette période, on a $\frac{\frac{104}{361}}{1250}$, qui multipliés par 12 $\frac{1}{2}$, moitié de la somme de tous les termes, donnent $\frac{\frac{1300}{361}}{1250}$ ou $\frac{3\frac{217}{361}}{1250}$ pour la compensation totale qu'a faite la chaleur du soleil pendant cette période de 13,624 ans $\frac{2}{3}$. Et comme la perte totale de la chaleur propre est à la compensation totale en même raison que le temps de la période est au prolongement du refroidissement, on aura 25 : $\frac{3\frac{217}{361}}{1250}$: : 13,624 $\frac{2}{3}$: 1 $\frac{14}{25}$ environ. Ainsi le prolongement du refroidissement de ce satellite, par la chaleur du soleil, n'a été que de 1 an $\frac{14}{25}$ pendant cette première période de 13,624 ans $\frac{2}{3}$.

Mais la chaleur de Saturne, qui dans le temps de l'incandescence était vingt-cinq fois plus grande que la chaleur de la température actuelle de la terre, n'avait encore diminué au bout de cette période de 13,624 $\frac{2}{3}$ que de 25 à 22 $\frac{19}{65}$ environ. Et comme ce satellite est à 278 mille lieues de Saturne, et à 313 millions 500 mille lieues de distance du soleil, la chaleur envoyée par Saturne, dans le temps de l'incandescence, aurait été en raison du carré de 313,500,000 au carré de 278,000, si la surface que présente Saturne à son quatrième satellite était égale à la surface que lui présente le soleil; mais la surface de Saturne, n'étant dans le réel que $\frac{90\frac{1}{4}}{11449}$ de celle du soleil, paraît néanmoins à ce satellite plus grande que celle de cet astre, dans la raison inverse du carré des distances; ainsi l'on aura $(278,000)^2$: $(315,500,000)^2$: : $\frac{90\frac{4}{1}}{11449}$: 10,024 $\frac{1}{2}$ environ. Donc la surface que présente Saturne à ce satellite est 10,024 $\frac{1}{2}$ fois plus grande que celle que lui présente le soleil. Mais nous avons vu que la compensation faite par la chaleur du soleil à la perte de la chaleur propre de ce satellite, n'était que $\frac{\frac{4}{361}}{59}$, lorsqu'au bout de 13,624 ans $\frac{1}{2}$ il se serait refroidi comme la terre au point de la température actuelle, et que dans le temps de l'incandescence cette compensation, par la chaleur du soleil, n'a été que $\frac{\frac{4}{361}}{1250}$; on aura donc 10,024 $\frac{1}{2}$, multipliés par $\frac{\frac{4}{361}}{1250}$ ou $\frac{111\frac{27}{361}}{1250}$ pour la compensation qu'a faite la chaleur de Saturne au commencement de cette période, dans le temps de l'incandescence, et $\frac{111\frac{27}{361}}{50}$ pour la compensation que la chaleur de Saturne aurait faite à la fin de cette même période, s'il eût conservé son état d'incandescence; mais comme la chaleur propre de Saturne a diminué de 25 à 22 $\frac{19}{65}$ environ pendant cette période de 13,624 ans $\frac{2}{3}$, la compensation à la fin de cette période, au lieu d'être $\frac{111\frac{27}{361}}{1250}$, n'a été que de $\frac{99\frac{1}{25}}{50}$ environ. Ajoutant ces deux termes $\frac{99\frac{1}{25}}{50}$ et $\frac{111\frac{27}{361}}{1250}$ de la compensation du premier et du dernier temps de cette période, on aura $\frac{2587\frac{27}{361}}{1250}$ environ lesquels multipliés par 12 $\frac{1}{2}$, moitié de la somme de tous les termes, donnent $\frac{32381}{1250}$ ou 26 $\frac{1}{50}$ environ pour la compensation totale qu'a faite la chaleur de Saturne sur son quatrième satellite, pendant cette première période de 13,624 ans $\frac{2}{3}$. Et comme la perte totale de la chaleur propre est à la compensation totale en même raison que le temps de la période est au prolongement du refroidissement, on aura 25 : 26 $\frac{1}{50}$: : 13,624 $\frac{2}{3}$: 14,180 $\frac{19}{50}$. Ainsi le temps dont la chaleur de Saturne a prolongé le refroidissement de ce satellite, a été 14,180 ans $\frac{19}{50}$ environ pour cette première période, tandis que le prolongement de son refroidissement, par la chaleur du soleil, n'a été que de 1 an $\frac{14}{25}$. Ajoutant à ces deux temps celui de la période, on voit que ce serait dans l'année 27,807 de la formation des planètes, c'est-à-dire il y a 47,025 ans, que ce quatrième satellite aurait joui de la même température dont jouit aujourd'hui la terre.

Le moment où la chaleur envoyée par Saturne à ce quatrième satellite a été égale à sa chaleur propre, s'est trouvé au 11 $\frac{1}{4}$ terme environ de cette première période, qui multiplié par 545, nombre des années de chaque terme de cette période, donne 6,131 ans $\frac{1}{4}$; en sorte que ç'a été dans l'année 6,132 de la formation des planètes que la chaleur envoyée par Saturne à son quatrième satellite, s'est trouvée égale à la chaleur propre de ce satellite.

Dès lors on voit que la chaleur propre de ce satellite a été au-dessous de celle que lui envoyait Saturne dans l'année 6132 de la formation des planètes, et que Saturne ayant envoyé à ce satellite une chaleur 10,024 $\frac{1}{2}$ fois plus grande que celle du soleil, il lui envoyait encore à la fin de la première période de 13,624 ans $\frac{2}{3}$, une chaleur 8,938 $\frac{19}{25}$ fois plus grande que celle du soleil, parce que la chaleur de Saturne n'avait diminué que de 25 à 22 $\frac{39}{65}$ pendant cette première période. Et au bout d'une seconde période de 13,624 ans $\frac{2}{3}$, après la déperdition de la chaleur propre de ce satellite, jusqu'au point extrême de $\frac{1}{25}$ de la température actuelle de la terre, Saturne envoyait encore à ce satellite une chaleur 7,853 $\frac{1}{25}$ fois plus grande que celle du soleil, parce que la chaleur propre de Saturne n'avait encore diminué que de 22 $\frac{19}{65}$ à 20 $\frac{48}{65}$.

En suivant la même marche, on voit que la chaleur de Saturne, qui d'abord était 25, et qui décroît constamment de 2 $\frac{46}{65}$ par chaque période de 13,624 ans $\frac{2}{3}$, diminue par conséquent sur son satellite de 1,085 $\frac{18}{25}$ pendant chacune de ces périodes; en sorte qu'après quatre périodes environ, cette chaleur envoyée par Saturne à son quatrième satellite, sera encore 4,500 fois plus grande que la chaleur qu'il reçoit du soleil.

Mais comme cette chaleur du soleil sur Saturne et sur ses satellites, est à celle du soleil sur la terre : : 1 : 90 à très peu près, et que la chaleur de la terre est 50 fois plus grande que celle qu'elle reçoit du soleil, il s'ensuit qu'il faut diviser par 90 cette quantité de chaleur 4,500 pour avoir une chaleur égale à celle que le soleil envoie sur la terre. Et cette dernière chaleur étant $\frac{1}{50}$ de la chaleur actuelle du globe terrestre, il est évident qu'au bout de quatre périodes de 13,624 ans $\frac{2}{3}$ chacune, c'est-à-dire au bout de 54,498 ans $\frac{2}{3}$, la chaleur que Saturne a envoyée à son quatrième satellite était égale à la chaleur actuelle de la terre; et que ce satellite n'ayant plus aucune chaleur propre depuis longtemps, n'a pas laissé de jouir alors d'une température égale à celle dont jouit aujourd'hui la terre.

Et comme cette chaleur envoyée par Saturne, a considérablement prolongé le refroidissement de ce satellite au point de la température actuelle de la terre, il le prolongera de même pendant quatre autres périodes, pour arriver au point extrême de $\frac{1}{25}$ de la chaleur actuelle du globe terrestre; en sorte que ce ne sera que dans l'année 108,997 de la formation des planètes, que ce quatrième satellite de Saturne sera refroidi à $\frac{1}{25}$ de la température actuelle de la terre.

Il en est de même de l'estimation de la chaleur du soleil, relativement à la compensation qu'elle a faite à la diminution de la température du satellite dans les différents temps; il est certain qu'à ne considérer que la déperdition de la chaleur propre du satellite, cette chaleur du soleil n'aurait fait compensation, dans le temps de l'incandescence, que de $\frac{\frac{4}{361}}{1250}$, et qu'à la fin de la première période, qui est de 13,624 ans $\frac{2}{3}$, cette même chaleur du soleil aurait fait une compensation de $\frac{\frac{4}{361}}{50}$; et que dès lors le prolongement du refroidissement, par l'accession de cette chaleur du soleil, aurait en effet été de 1 an 204 jours; mais la chaleur envoyée par Saturne, dans le temps de l'incandescence, étant à la chaleur propre du satellite : : 111 $\frac{27}{361}$: 1250, il s'ensuit que la compensation faite par la chaleur du soleil doit être diminuée dans la même raison, en sorte qu'au lieu d'être $\frac{\frac{4}{361}}{1250}$, elle n'a été que $\frac{\frac{4}{361}}{1361\frac{27}{361}}$ au commencement de cette même période; et que cette compensation qui aurait été $\frac{\frac{4}{361}}{50}$ à la fin de cette première période, si l'on ne considérait que la déperdition de la chaleur propre du satellite, doit être diminuée dans la raison de 99 $\frac{1}{5}$ à 50, parce que la chaleur envoyée par Saturne était encore plus grande que la chaleur propre du satellite dans cette même raison. Dès lors la compensation à la fin de cette première période, au lieu d'être $\frac{\frac{4}{361}}{50}$, n'a été que $\frac{\frac{4}{361}}{149\frac{1}{5}}$. En ajoutant ces deux termes de compensation $\frac{\frac{4}{361}}{1361\frac{27}{361}}$ et $\frac{\frac{4}{361}}{149\frac{1}{5}}$ du premier et du dernier temps de cette première période, on a $\frac{\frac{6014\frac{1}{14}}{361}}{203072\frac{4}{11}}$ ou $\frac{16\frac{238}{361}}{203072\frac{4}{11}}$, qui multipliés par $12\frac{1}{2}$, moitié de la somme de tous les termes, donnent $\frac{208\frac{7}{30}}{203072\frac{4}{11}}$ pour la compensation totale qu'a pu faire la chaleur du soleil pendant cette première période; et comme la diminution totale de la chaleur est à la compensation totale en même raison que le temps de la période est au prolongement du refroidissement, on aura $25 : \frac{203072\frac{4}{11}}{208\frac{7}{30}}$: : 13,624 $\frac{2}{3}$: $\frac{2837109\frac{5}{6}}{5076809}$, ou : : 13,624 ans $\frac{2}{3}$: 204 jours environ. Ainsi le prolongement du refroidissement de ce satellite, par la chaleur du soleil, au lieu d'avoir été de 1 an 204 jours, n'a réellement été que de 204 jours.

Et pour évaluer en totalité la compensation qu'a faite la chaleur du soleil pendant toutes ces périodes, on trouvera que la compensation, dans le temps de l'incandescence, ayant été $\frac{\frac{4}{361}}{1361\frac{27}{361}}$, sera à la fin de quatre périodes $\frac{\frac{4}{361}}{50}$, puisque ce n'est qu'après ces quatre périodes que la température de ce satellite sera égale à la température actuelle de la terre. Ajoutant ces deux termes $\frac{\frac{4}{361}}{1361\frac{27}{361}}$ et $\frac{\frac{4}{361}}{50}$ du premier et du dernier temps de ces quatre périodes, on a $\frac{\frac{5644\frac{3}{11}}{361}}{68053\frac{4}{9}}$ ou $\frac{15\frac{229}{361}}{68053\frac{4}{9}}$, qui multipliés par $12\frac{1}{2}$, moitié de la somme de tous les termes, donnent $\frac{195\frac{5}{6}}{68053\frac{4}{9}}$ pour la compensation totale qu'a faite la chaleur du soleil pendant les quatre périodes de 13,624 ans $\frac{3}{2}$ chacune. Et comme la diminution totale de la chaleur est à la compensation en même raison que le temps total de ces périodes est à celui du prolongement du refroidissement, on aura $25 : \frac{195\frac{5}{6}}{68053\frac{4}{9}}$: : 54,498 ans $\frac{2}{3}$: 6 ans 87 jours. Ainsi le prolongement total que fera la chaleur du soleil sur ce satellite ne sera que de 6 ans 87 jours, qu'il faut ajouter aux 54,498 ans $\frac{2}{3}$: d'où l'on voit que ç'a été dans l'année 54,505 de la formation des planètes, que ce satellite a joui de la même température dont jouit aujourd'hui la terre, et qu'il faudra le double de ce temps, c'est-à-dire que ce ne sera que dans l'année 109,010 de la formation des planètes que sa température sera refroidie à $\frac{1}{25}$ de la température actuelle de la terre.

En faisant le même raisonnement pour le cinquième satellite de Saturne, que nous supposerons encore grand comme la terre, on verra qu'il aurait dû se consolider jusqu'au centre en 534 ans $\frac{13}{25}$, se refroidir au point d'en toucher la surface, sans se brûler, en 6,239 ans $\frac{9}{16}$, et au point de la température actuelle de la terre en 13,624 ans $\frac{2}{3}$; et l'on trouvera de même que le prolongement du refroissement de ce satellite, par la chaleur du soleil, n'a été que de 1 an 204 jours pour la première période de 13,624 ans $\frac{2}{3}$.

R. H. Digeon del. — Imp. R. Taneur — R. H. Digeon sculp.

COMÈTE DE DONATI (1858)

Détails de la tête et du noyau, enveloppes nucléales

[illegible] observations de G. P. Bond,

[illegible] l'Observatoire d'Harvard Collège

A. Le Vasseur Éditeur

Mais la chaleur de Saturne qui, dans le temps de l'incandescence, était 25 fois plus grande que la chaleur actuelle de la terre, n'avait encore diminué, au bout de cette période de 13,624 $\frac{2}{3}$, que de 25 à 22 $\frac{19}{65}$. Et comme ce satellite est à 808 mille lieues de Saturne, et à 313 millions 500 mille lieues de distance du soleil, la chaleur envoyée par Saturne, dans le temps de l'incandescence, à ce satellite, aurait été en raison du carré de 313,500,000 au carré de 808,000, si la surface que présente Saturne à son cinquième satellite était égale à la surface que lui présente le soleil; mais la surface de Saturne n'étant dans le réel que $\frac{90\frac{1}{4}}{11449}$ de celle du soleil, parait néanmoins plus grande à ce satellite que celle de cet astre dans la raison inverse du carré des distances. Ainsi, l'on aura $(808{,}000)^2 : (313{,}500{,}000)^2 :: \frac{90\frac{1}{4}}{11449} : 1{,}186\frac{2}{3}$. Donc la surface que Saturne présente à ce satellite est 1,186 $\frac{2}{3}$ fois plus grande que celle que lui présente le soleil. Mais nous avons vu que la compensation faite par la chaleur du soleil à la perte de la chaleur propre de ce satellite, n'était que $\frac{\frac{4}{361}}{50}$, lorsqu'au bout de 13,624 ans $\frac{2}{3}$ il se serait refroidi comme la terre, au point de la température actuelle, et que dans le temps de l'incandescence, la compensation, par la chaleur du soleil, n'a été que $\frac{\frac{4}{361}}{1250}$; on aura donc 1,186 $\frac{2}{3}$, multipliés par $\frac{\frac{4}{361}}{1250}$ ou $\frac{13\frac{53}{61}}{1250}$ pour la compensation dans le temps de l'incandescence, et $\frac{13\frac{53}{361}}{50}$ pour la compensation à la fin de cette première période, si Saturne eût conservé son état d'incandescence; mais comme sa chaleur propre a diminué de 25 à 23 $\frac{19}{65}$ pendant cette période de 13,624 $\frac{2}{3}$, la compensation à la fin de la période, au lieu d'être $\frac{13\frac{53}{301}}{50}$, n'a été que de $\frac{11\frac{37}{50}}{50}$ environ. Ajoutant ces deux termes $\frac{11\frac{37}{50}}{50}$ et $\frac{13\frac{53}{361}}{1250}$ du premier et du dernier temps de cette période, on aura $\frac{306\frac{417}{722}}{1250}$, lesquels étant multipliés par 12 $\frac{1}{2}$, moitié de la somme de tous les termes, donnent $\frac{3832\frac{16}{[illegible]}}{1250}$ ou $3\frac{82\frac{1}{3}}{1250}$ pour la compensation totale qu'a faite la chaleur de Saturne pendant cette première période. Et comme la perte de la chaleur propre est à la compensation en même raison que le temps de la période est au prolongement du refroidissement, on aura $25 : 3\frac{82\frac{1}{3}}{1250} :: 13{,}624\frac{2}{3} : 1{,}670\frac{43}{50}$. Ainsi le temps dont la chaleur de Saturne a prolongé le refroidissement de ce satellite pendant cette première période de 13,624 $\frac{2}{3}$, a été de 1,670 $\frac{43}{50}$, tandis que le prolongement du refroidissement, par la chaleur du soleil, n'a été que de 1 an 204 jours. Ajoutant ces deux temps du prolongement du refroidissement au temps de la période, qui est de 13,624 ans $\frac{2}{3}$, on aura 15,297 ans 30 jours environ ; d'où l'on voit que ce serait dans l'année 15,298 de la formation des planètes, c'est-à-dire il y a 59,534 ans, què ce cinquième satellite de Saturne aurait joui de la même température dont jouit aujourd'hui la terre.

Dans le commencement de la seconde période de 13,624 ans $\frac{2}{3}$, la chaleur de Saturne a fait compensation de $\frac{11\frac{37}{50}}{50}$, et aurait fait à la fin de cette même période une compensation de $\frac{293\frac{1}{2}}{50}$, si Saturne eût conservé son même état de chaleur ; mais comme sa chaleur propre a diminué pendant cette seconde période de 22 $\frac{19}{65}$ à 20 $\frac{48}{65}$, cette compensation, au lieu d'être $\frac{293\frac{1}{2}}{50}$, n'est que de $\frac{273\frac{3}{89}}{50}$ environ. Ajoutant ces deux termes $\frac{11\frac{37}{50}}{50}$ et $\frac{273\frac{3}{89}}{50}$ du premier et du dernier temps de cette seconde période, on aura $\frac{284\frac{3}{4}}{50}$ à très peu près, qui multipliés par 12 $\frac{1}{2}$, moitié de la somme de tous les termes, donnent $\frac{3559}{50}$ ou 71 $\frac{9}{50}$ pour la compensation totale qu'a faite la chaleur de Saturne pendant cette seconde période. Et comme la perte totale de la chaleur propre est à la compensation totale en même raison que le temps de la période est au prolongement du refroidissement, on aura 25 : 71 $\frac{9}{50}$: : 13,624 $\frac{2}{3}$: 38,792 $\frac{19}{100}$. Ainsi le prolongement du temps pour le refroidissement de ce satellite, par la chaleur de Saturne, ayant été de 1670 ans $\frac{43}{50}$ pour la première période, a été de 38,792 ans $\frac{19}{100}$ pour la seconde.

Le moment où la chaleur envoyée par Saturne s'est trouvée égale à la chaleur propre de ce satellite, est au 4 $\frac{15}{58}$ terme à très peu près de l'écoulement du temps dans cette seconde période, qui, multipliée par 545, nombre des années de chaque terme de ces périodes, donnent 2,320 ans 346 jours, lesquels étant ajoutés aux 13,624 ans 243 jours de la première période, donnent 15,945 ans 224 jours. Ainsi ça été dans l'année 15,946 de la formation des planètes que la chaleur envoyée par Saturne à ce satellite s'est trouvée égale à sa chaleur propre.

Dès lors on voit que la chaleur propre de ce satellite a été au-dessous de celle que lui envoyait Saturne dans l'année 15,946 de la formation des planètes, et que Saturne ayant envoyé à ce satellite, dans le temps de l'incandescence, une chaleur 1,186 $\frac{2}{3}$ fois plus grande que celle du soleil, il lui envoyait encore à la fin de la première période de 13,624 ans $\frac{2}{3}$, une chaleur 1,058 $\frac{21}{75}$ fois plus grande que celle du soleil, parce que la chaleur de Saturne n'avait diminué que de 25 à 22 $\frac{19}{65}$ pendant cette première période; et au bout d'une seconde période de 13,624 ans $\frac{2}{3}$, après la déperdition de la chaleur propre de ce satellite, jusqu'à $\frac{1}{25}$ de la température actuelle de la terre, Saturne envoyait encore à ce satellite une chaleur 929 $\frac{13}{15}$ fois plus grande que celle du soleil, parce que la chaleur propre de Saturne n'avait encore diminué que de 22 $\frac{19}{65}$ à 20 $\frac{48}{65}$.

En suivant la même marche, on voit que la chaleur de Saturne, qui d'abord était 25, et qui décroît constamment de 2 $\frac{46}{65}$ par chaque période de 13,624 ans $\frac{2}{3}$, diminue par conséquent sur ce satellite de 128 $\frac{29}{75}$ pendant chacune de ces périodes.

Mais comme cette chaleur du soleil sur Saturne et sur ses satellites est à celle du soleil sur la terre : : 1 : 90 à très peu près, et que la chaleur de la terre est 50 fois plus grande que celle qu'elle reçoit du soleil, il s'ensuit que jamais Saturne n'a envoyé à ce satellite une chaleur égale à celle du globe de la terre, puisque dans le temps même de l'incandescence, cette chaleur envoyée par Saturne n'était que 1,186 $\frac{2}{3}$ fois plus grande que celle du soleil sur Saturne, c'est-à-dire $\frac{1186\frac{2}{3}}{90}$ ou 13 $\frac{17}{90}$ fois plus grande que celle de la chaleur du soleil sur la terre, ce qui ne fait que $\frac{13\frac{17}{90}}{50}$ de la chaleur actuelle du globe de la terre; et c'est par cette raison qu'on doit s'en tenir à l'évaluation telle que nous l'avons faite ci-dessus dans la première et la seconde période du refroidissement de ce satellite.

Mais l'évaluation de la compensation faite par la chaleur du soleil doit être faite comme celle des autres satellites, parce qu'elle dépend encore beaucoup de celle que la chaleur de Saturne a faite sur ce même satellite dans les différents temps. Il est certain qu'à ne considérer que la déperdition de la chaleur propre du satellite, cette chaleur du soleil n'aurait fait compensation, dans le temps de l'incandescence, que de $\frac{\frac{4}{361}}{1250}$, et qu'à la fin de cette même période de 13,624 ans $\frac{2}{3}$, cette même chaleur du soleil aurait fait une compensation de $\frac{\frac{4}{361}}{50}$; et que dès lors le prolongement du refroidissement, par l'accession de cette chaleur du soleil, aurait en effet été de 1 an 204 jours; mais la chaleur envoyée par Saturne dans le temps de l'incandescence, étant à la chaleur propre du satellite : : 13 $\frac{53}{361}$: 1,250, il s'ensuit que la compensation faite par la chaleur du soleil doit être diminuée dans la même raison; en sorte qu'au lieu d'être $\frac{\frac{4}{361}}{1250}$, elle n'a été que de $\frac{\frac{4}{361}}{1263\,\frac{53}{361}}$ au commencement de cette période, et que cette compensation qui aurait été $\frac{\frac{4}{361}}{50}$ à la fin de cette première période, si l'on ne considérait que la déperdition de la chaleur propre du satellite, doit être diminuée dans la même raison de $11\,\frac{37}{50}$ à 50, parce que la chaleur envoyée par Saturne était encore plus grande que la chaleur propre du satellite dans cette même raison. Dès lors la compensation à la fin de cette première période, au lieu lieu d'être $\frac{\frac{4}{361}}{80}$, n'a été que $\frac{\frac{4}{361}}{67\,\frac{37}{50}}$; en ajoutant ces deux termes de compensation $\frac{\frac{4}{361}}{1263\,\frac{53}{361}}$ et $\frac{\frac{4}{361}}{61\,\frac{37}{50}}$ du premier et du dernier temps de cette première période, on a $\frac{\frac{5299\,\frac{6}{11}}{361}}{77987}$ ou $\frac{14\,\frac{2}{3}}{77987}$, qui multipliés par $12\,\frac{1}{2}$, moitié de la somme de tous les termes, donnent $\frac{183\,\frac{1}{3}}{77987}$ pour la compensation totale qu'a faite la chaleur du soleil pendant cette première période. Et comme la diminution totale de la chaleur est à la compensation totale en même raison que le temps de la période est au prolongement du refroidissement, on aura $25 : \frac{183\,\frac{1}{3}}{77987} :: 13{,}024\,\frac{2}{3} : 1$ an 186 jours. Ainsi le prolongement du refroidissement de ce satellite, par la chaleur du soleil, au lieu d'avoir été de 1 an 204 jours, n'a réellement été que de 1 an 186 jours pendant la première période.

Dans la seconde période, la compensation étant au commencement $\frac{\frac{4}{361}}{61\,\frac{37}{50}}$, sera à la fin de cette même période $\frac{\frac{100}{361}}{60\,\frac{1}{3}}$, parce que la chaleur envoyée par Saturne pendant cette seconde période a diminué dans cette même raison. Ajoutant ces deux termes $\frac{\frac{4}{361}}{61\,\frac{37}{50}}$ et $\frac{\frac{100}{361}}{60\,\frac{1}{3}}$, on a $\frac{\frac{6445\,\frac{2}{3}}{361}}{3715}$, qui multipliés par $12\,\frac{1}{2}$, moitié de la somme de tous les termes, donnent $\frac{\frac{80196}{361}}{3715}$ ou $\frac{222\,\frac{54}{361}}{3715}$ pour la compensation totale qu'a pu faire la chaleur du soleil pendant cette seconde période. Et comme la diminution totale de la chaleur est à la compensation totale en même raison que le temps de la période est au prolongement du refroidissement, on aura $25 : \frac{222\,\frac{54}{361}}{3615} :: 13{,}024\,\frac{2}{3} : 32$ ans 214 jours. Ainsi le prolongement total que fera la chaleur du soleil, sera de 32 ans 214 jours pendant cette seconde période; ajoutant donc ces deux temps, 1 an 186 jours et 32 ans 214 jours du prolongement du refroidissement, par la chaleur du soleil, pendant la première et la seconde période, aux 1,670 ans 313 jours du prolongement, par la chaleur de Saturne, pendant la première période, et aux 38,792 ans 69 jours du prolongement, par cette même chaleur de Saturne pour la seconde période, on a pour le prolongement total 40,497 ans 52 jours, qui étant joints aux 27,249 ans 121 jours des deux périodes, font en tout 67,746 ans 173 jours; d'où l'on voit que ç'a été dans l'année 67,747 de la formation des planètes, c'est-à-dire il y a 7,085 ans, que ce cinquième satellite de Saturne a été refroidi au point de $\frac{1}{25}$ de la température actuelle de la terre.

Voici donc, d'après nos hypothèses, l'ordre dans lequel la terre, les planètes et leurs satellites se sont refroidis ou se refroidiront au point de la chaleur actuelle du globe terrestre, et ensuite au point d'une chaleur vingt-cinq fois plus petite que cette chaleur actuelle de la terre :

		REFROIDIES A LA TEMPÉRATURE ACTUELLE.	REFROIDIES A $\frac{1}{25}$ DE LA TEMPÉRATURE ACTUELLE.
La Terre		en 74832 ans.	En 168123 ans.
La Lune		en 16409 ans.	En 72514 ans.
Mercure		en 54192 ans.	En 187765 ans.
Vénus		en 91643 ans.	En 228540 ans.
Mars		en 28538 ans.	En 60326 ans.
Jupiter		en 240451 ans.	En 483121 ans.
Satellites de Jupiter.	Le 1er	en 222203 ans.	En 444406 ans.
	Le 2e	en 193090 ans.	En 386180 ans.
	Le 3e	en 176212 ans.	En 352424 ans.
	Le 4e	en 70296 ans.	En 140542 ans.
Saturne		en 130821 ans.	En 262020 ans.
Anneau de Saturne		en 126473 ans.	En 252196 ans.
Satellites de Saturne.	Le 1er	en 124490 ans.	En 248980 ans.
	Le 2e	en 119607 ans	En 239214 ans.
	Le 3e	en 111580 ans.	En 223160 ans.
	Le 4e	en 54505 ans.	En 109010 ans.
	Le 5e	en 15298 ans.	En 67747 ans.

Et à l'égard de la consolidation de la terre, des planètes et de leurs satellites, et de leur refroidissement respectif, jusqu'au moment où leur chaleur propre aurait permis de les toucher sans se brûler, c'est-à-dire sans ressentir de la douleur : nous avons trouvé qu'abstraction faite de toute compensation, et ne faisant attention qu'à la déperdition de leur chaleur propre, les rapports de leur consolidation jusqu'au centre, et de leur refroidissement au point de pouvoir les toucher sans se brûler sont dans l'ordre suivant :

		CONSOLIDÉES JUSQU'AU CENTRE.	REFROIDIES A POUVOIR LES TOUCHER.
La Terre		en 2905 ans.	En 33911 ans.
La Lune		en 556 ans.	En 6492 ans.
Mercure		en 1976 $\frac{3}{10}$ ans.	En 23054 ans.
Véus		en 3484 $\frac{22}{25}$ ans.	En 40674 ans.
Mars		en 1102 $\frac{18}{25}$ ans.	En 12873 ans.
Jupiter		en 9331 ans.	En 108922 ans.
Satellites de Jupiter.	Le 1er	en 231 $\frac{43}{125}$ ans.	En 2690 $\frac{2}{5}$ ans.
	Le 2e	en 282 $\frac{753}{1000}$ ans.	En 3300 $\frac{67}{100}$ ans.
	Le 3e	en 435 $\frac{51}{200}$ ans.	En 5149 $\frac{11}{100}$ ans.
	Le 4e	en 848 $\frac{1}{4}$ ans.	En 9902 ans.
Saturne		en 5078 ans.	En 59276 ans.
Anneau de Saturne		en 18 $\frac{17}{25}$ ans.	En 217 $\frac{787}{1000}$ ans.
Satellites de Saturne.	Le 1er	en 145 $\frac{3}{4}$ ans.	En 1701 $\frac{79}{125}$ ans.
	Le 2e	en 178 $\frac{3}{25}$ ans.	En 2079 $\frac{35}{62}$ ans.
	Le 3e	en 277 $\frac{19}{20}$ ans.	En 3244 $\frac{20}{31}$ ans.
	Le 4e	en 534 $\frac{3}{25}$ ans.	En 6239 $\frac{9}{16}$ ans.
	Le 5e	en 534 $\frac{13}{25}$ ans.	En 6239 $\frac{9}{16}$ ans.

Ces rapports, quoique moins précis que ceux du refroidissement à la température actuelle, le sont néanmoins assez pour notre objet, et c'est par cette raison que je n'ai pas cru devoir prendre la même peine pour faire l'évaluation de toutes les compensations que la chaleur du soleil, aussi bien que celle de la lune et celle des satellites de Jupiter et de Saturne, ont pu faire à la perte de la chaleur propre de chaque planète pour le temps nécessaire à leur consolidation jusqu'au centre. Comme ces temps ont précédé celui de l'établissement de la nature vivante, et que les prolongements produits par les compensations dont nous venons de parler ne sont pas d'un très grand nombre d'années, cela devient indifférent aux vues que je me propose, et je me contenterai d'établir, par une simple règle de proportion, les rapports de ces prolongements pour les temps nécessaires à la consolidation des planètes, et à leur refroidissement jusqu'au point de pouvoir les toucher; par exemple, on trouvera le temps de la consolidation de la terre jusqu'au centre, en disant, la période de 74,047 ans du temps nécessaire pour son refroidissement à la température actuelle (abstraction faite de toute la compensation) *est à la période* de 2,905, temps nécessaire à la consolidation jusqu'au centre (abstraction faite aussi de toute compensation) *comme la période* 74,832 de son refroidissement à la température actuelle, toute compensation évaluée, *est à* 2,936 ans, temps réel de sa consolidation, toute compensation aussi comprise : et de même on dira, la période 74,047 du temps nécessaire pour le refroidissement de la terre à la température actuelle (abstraction faite de toute compensation) *est à la période* de 33,911 ans, temps nécessaire à son refroidissement au point de pouvoir la toucher (abstraction faite aussi de toute compensation), *comme la période* 74,832 de son refroidissement à la température actuelle, toute compensation évaluée, *est à* 34,270 ans $\frac{1}{2}$, temps réel de son refroidissement jusqu'au point de pouvoir la toucher, toute compensation évaluée.

On aura donc dans la table suivante l'ordre de ces rapports, que je joins à ceux indiqués ci-devant pour le refroidissement à la température actuelle, et à $\frac{1}{25}$ de cette température.

CONSOLIDÉES JUSQU'AU CENTRE.	REFROIDIES A POUVOIR LES TOUCHER.	REFROIDIES A LA TEMPÉRATURE ACTUELLE.	REFROIDIES A $\frac{1}{25}$ DE LA TEMPÉRATURE ACTUELLE.
	LA TERRE.		
En 2936 ans.	En 34270 $\frac{1}{2}$ ans.	En 74832 ans.	En 168123 ans.
	LA LUNE.		
En 644 ans.	En 7515 ans.	En 16409 ans.	En 72514 ans.
	MERCURE.		
En 2127 ans.	En 24813 ans.	En 54192 ans.	En 187765 ans.
	VÉNUS.		
En 3596 ans.	En 41969 ans.	En 91643 ans.	En 228540 ans.
	MARS.		
En 1130 ans.	En 13034 ans.	En 28538 ans.	En 60326 ans.
	JUPITER.		
En 9433 ans.	En 110118 ans.	En 240451 ans.	En 483121 ans.
	1er SATELLITE.		
En 8886 ans.	En 101376 ans.	En 222203 ans.	En 444406 ans.
	2e SATELLITE.		
En 7496 ans.	En 87500 ans.	En 193090 ans.	En 386180 ans.
	3e SATELLITE.		
En 6821 ans.	En 80700 ans.	En 176212 ans.	En 352424 ans.
	4e SATELLITE.		
En 2758 ans.	En 32194 ans.	En 70296 ans.	En 140542 ans.
	SATURNE.		
En 5140 ans.	En 59911 ans.	En 130821 ans.	En 262020 ans.
	ANNEAU DE SATURNE.		
En 6558 ans.	En 76512 ans.	En 126473 ans.	En 252946 ans.
	1er SATELLITE.		
En 4891 ans.	En 57011 ans.	En 124490 ans.	En 248980 ans.
	2e SATELLITE.		
En 4688 ans.	En 54774 ans.	En 119607 ans.	En 239214 ans.
	3e SATELLITE.		
En 4533 ans.	En 51108 ans.	En 111580 ans.	En 223160 ans.
	4e SATELLITE.		
En 2138 ans.	En 24962 ans.	En 54505 ans.	En 109010 ans.
	5e SATELLITE.		
En 600 ans.	En 7003 ans.	En 15298 ans.	En 61747 ans.

Il ne manque à cette table, pour lui donner toute l'exactitude qu'elle peut comporter, que le rapport des densités des satellites à la densité de leur planète principale, que nous n'y avons pas fait entrer, à l'exception de la lune, où cet élément est employé. Or ne connaissant pas le rapport réel de la densité des satellites de Jupiter et des satellites de Saturne à leurs planètes principales, et ne connaissant que le rapport de la densité de la lune à la terre, nous nous fonderons sur cette analogie, et nous supposerons en conséquence que le rapport de la densité de Jupiter, ainsi que le rapport de la densité de Saturne, sont les mêmes que celui de la densité de la terre à la densité de la lune, qui est son satellite, c'est-à-dire : : 1,000 : 702; car il est très naturel d'imaginer, d'après cet exemple que la lune nous offre, que cette différence entre la densité de la terre et de la lune vient de ce que ce sont les parties les plus légères du globe terrestre qui s'en sont séparées dans le temps de la liquéfaction pour former la lune ; la vitesse de la rotation de la terre étant de 9 mille lieues en 23 heures 56 minutes, ou de 6 $\frac{1}{4}$ lieues par minute, était suffisante pour projeter un torrent de la matière liquide la moins dense, qui s'est rassemblé par l'attraction mutuelle de ses parties à 85 mille lieues de distance, et y a formé le globe de la lune, dans un plan parallèle à celui de l'équateur de la terre. Les satellites de Jupiter et de Saturne, ainsi que son anneau, sont aussi dans un plan parallèle à leur équateur, et ont été formés de même par la force centrifuge, encore plus grande dans ces grosses planètes que dans le globe terrestre, puisque leur vitesse de rotation est beaucoup plus grande. Et de la même manière que la lune est moins dense que la terre dans la raison de 702 à 1,000, on peut présumer que les satellites de Jupiter et ceux de Saturne sont moins denses que ces planètes dans cette même raison de 702 à 1,000. Il faut donc corriger dans la table précédente tous les articles des satellites d'après ce rapport, et alors elle se présentera dans l'ordre suivant :

TABLE PLUS EXACTE DES TEMPS DU REFROIDISSEMENT DES PLANÈTES ET DE LEURS SATELLITES.

CONSOLIDÉES JUSQU'AU CENTRE.	REFROIDIES A POUVOIR LES TOUCHER.	REFROIDIES A LA TEMPÉRATURE ACTUELLE.	REFROIDIES A $\frac{1}{25}$ DE LA TEMPÉRATURE ACTUELLE.
	LA TERRE.		
En 2936 ans.	En 34270 $\frac{1}{2}$ ans.	En 74832 ans.	En 168123 ans.
	LA LUNE.		
En 644 ans.	En 7515 ans.	En 16409 ans.	En 72514 ans.
	MERCURE.		
En 2127 ans.	En 24813 ans.	En 54192 ans.	En 187765 ans.
	VÉNUS.		
En 3595 ans.	En 41969 ans.	En 91643 ans.	En 228540 ans.
	MARS.		
En 1130 ans.	En 13034 ans.	En 28538 ans.	En 70326 ans.
	JUPITER.		
En 9433 ans.	En 110118 ans.	En 240451 ans.	En 483121 ans.
	SATELLITES DE JUPITER.		
1er en 6238 ans.	En 71166 ans.	En 155986 ans.	En 311973 ans.
2e en 5262 ans.	En 61425 ans.	En 135549 ans.	En 271098 ans.
3e en 4788 ans.	En 56631 $\frac{2}{3}$ ans.	En 123700 $\frac{5}{6}$ ans.	En 247401 $\frac{1}{6}$ ans.
4e en 1936 ans.	En 22600 $\frac{1}{3}$ ans.	En 49348 ans.	En 98696 ans.
	SATURNE.		
En 5140 ans.	En 59911 ans.	En 130821 ans.	En 262020 ans.
	ANNEAU DE SATURNE.		
En 4604 ans.	En 53711 ans.	En 88784 ans.	En 177568 ans.
	SATELLITES DE SATURNE.		
1er en 3433 ans.	En 40021 $\frac{9}{25}$ ans.	En 87392 ans.	En 174784 uns.
2e en 3291 ans.	En 38451 $\frac{1}{3}$ ans.	En 83964 ans.	En 167928 ans.
3e en 3182 ans.	En 35878 ans.	En 78329 ans.	En 156658 ans.
4e en 1502 ans.	En 17523 $\frac{1}{3}$ ans.	En 38262 $\frac{1}{2}$ ans,	En 76525 ans.
5e en 421 $\frac{1}{5}$ ans.	En 4916 ans.	En 10739 ans.	En 47558 ans.

En jetant un coup d'œil de comparaison sur cette table, qui contient le résultat de nos recherches et de nos hypothèses, on voit :

1° Que le cinquième satellite de Saturne a été la première terre habitable, et que la nature vivante n'y a duré que depuis l'année 4,916 jusqu'à l'année 47,558 de la formation des planètes : en sorte qu'il y a longtemps que cette planète secondaire est trop froide pour qu'il puisse y subsister des êtres organisés semblables à ceux que nous connaissons ;

2° Que la lune a été la seconde terre habitable, puisque son refroidissement, au point de pouvoir en toucher la surface, s'est fait en 7,515 ans, et son refroidissement à la température actuelle s'étant fait en 16,409 ans, il s'ensuit qu'elle a joui d'une chaleur convenable à la nature vivante, peu d'années après les 7,515 ans depuis la formation des planètes, et que par conséquent la nature organisée a pu y être établie dès ce temps, et que depuis cette année 7,515 jusqu'à l'année 72,514, la température de la lune s'est refroidie jusqu'à $\frac{1}{52}$ de la chaleur actuelle de la terre, en sorte que les êtres organisés n'ont pu y subsister que pendant 60 mille ans tout au plus ; et enfin qu'aujourd'hui, c'est-à-dire depuis 2,318 ans environ, cette planète est trop froide pour être peuplée de plantes et d'animaux ;

3° Que Mars a été la troisième terre habitable, puisque son refroidissement, au point de pouvoir en toucher la surface, s'est fait en 13,034 ans, et son refroidissement à la température actuelle s'étant fait en 28,538 ans, il s'ensuit qu'il a joui d'une chaleur convenable à la nature vivante peu d'années après les 13,034, et que par conséquent la nature organisée a pu y être établie dès ce temps de la formation des planètes ; et que depuis cette année 13,034 jusqu'à l'année 60,326, la température s'est trouvée convenable à la nature des êtres organisés, qui par conséquent ont pu y subsister pendant 47,292 ans, mais qu'aujourd'hui cette planète est trop refroidie pour être peuplée depuis plus de 14 mille ans ;

4° Que le quatrième satellite de Saturne a été la quatrième terre habitable, et que la nature vivante y a duré depuis l'année 17,523, et durera tout au plus jusqu'à l'année 76,526, de la formation des planètes : en sorte que cette planète secondaire étant actuellement (c'est-à-dire en 74,832) beaucoup plus froide que la terre, les êtres organisés ne peuvent y subsister que dans un état de langueur, ou même n'y subsistent plus ;

5° Que le quatrième satellite de Jupiter a été la cinquième terre habitable, et que la nature vivante y a duré depuis l'année 22,600, et y durera jusqu'à l'année 98,696 de la formation des planètes ; en sorte que cette planète secondaire est actuellement plus froide que la terre, mais pas assez, néanmoins, pour que les êtres organisés ne puissent encore y subsister ;

6° Que Mercure a été la sixième terre habitable, puisque son refroidissement, au point de pouvoir le toucher, s'est fait en 24 mille 813 ans, et son refroidissement à la température actuelle en 54 mille 192 ans ; il s'ensuit donc qu'il a joui d'une chaleur convenable à la nature vivante peu d'années après les 24 mille 813 ans, et que par conséquent la nature organisée a pu y être établie dès ce temps, et que depuis cette année 24,813 de la formation des planètes jusqu'à l'année 187,765, sa température s'est trouvée et se trouvera convenable à la nature des êtres organisés, qui par conséquent ont pu et pourront encore y subsiter pendant 162 mille 952 ans : en sorte qu'aujourd'hui cette planète peut être peuplée de tous les animaux et de toutes les plantes qui couvrent la surface de la terre ;

7° Que le globe terrestre a été la septième terre habitable, puisque son refroidissement, au point de pouvoir le toucher, s'est fait en 34 mille 770 ans $\frac{1}{2}$, et son refroidissement à la température actuelle s'étant fait en 74 mille 832 ans, il s'ensuit qu'il a joui d'une chaleur convenable à la nature vivante peu d'années après les 34 mille 770 ans $\frac{1}{2}$, et que par conséquent la nature, telle que nous la connaissons, a pu y être établie dès ce temps, c'est-à-dire il y a 40 mille 62 ans, et pourra encore y subsister jusqu'en l'année 168,123, c'est-à-dire pendant 93 mille 291 ans, à dater de ce jour ;

8° Que le troisième satellite de Saturne a été la huitième terre habitable, et que la nature vivante y a duré depuis l'année 35,878, et y durera jusqu'à l'année 156,658 de la formation des planètes ; en sorte que cette planète secondaire étant actuellement un peu plus chaude que la terre, la nature organisée y est dans sa vigueur et telle qu'elle était sur la terre il y a trois ou quatre mille ans ;

9° Que le second satellite de Saturne a été la neuvième terre habitable, et que la nature vivante y a duré depuis l'année 38,431, et y durera jusqu'à l'année 167,928 de la formation des planètes : en sorte que cette planète secondaire étant actuellement plus chaude que la terre, la nature organisée y est dans sa pleine vigueur et telle qu'elle était sur le globe terrestre il y a huit ou neuf mille ans ;

10° Que le premier satellite de Saturne a été la dixième terre habitable, et que la nature vivante y a duré depuis l'année 40,020, et y durera jusqu'à l'année 174,784 de la formation des planètes : en sorte que cette planète secondaire étant actuellement considérablement plus chaude que le globe terrestre, la nature organisée y est dans sa première vigueur, et telle qu'elle était sur la terre il y a douze à treize mille ans ;

11° Que vénus a été la onzième terre habitable, puisque son refroidissement, au point de pouvoir la toucher, s'est fait en 41 mille 969 ans, et son refroissement à la température actuelle s'étant fait en 91 mille 643 ans, il s'ensuit qu'elle jouit actuellement d'une chaleur plus grande que celle dont nous jouissons, et à peu près semblable à celle dont jouissaient nos ancêtres il y a six ou sept mille ans, et que depuis cette année 41,969, ou quelque temps après, la nature organisée a pu y être établie, et que jusqu'à l'année 228,540 elle pourra y subsister : en sorte que la durée de la nature vivante dans cette planète a été et sera de 186 mille 571 ans ;

12° Que l'anneau de Saturne a été la douzième terre habitable, et que la nature vivante y est établie depuis l'année 53,711, et y durera jusqu'à l'année 177,568 de la formation des planètes ; en sorte que cet anneau étant beaucoup plus chaud que le globe terrestre, la nature organisée y est dans sa première vigueur, telle qu'elle était sur la terre il y a treize à quatorze mille ans ;

13° Que le troisième satellite de Jupiter a été la treizième terre habitable, et que la nature vivante y est établie depuis l'année 56,631, et y durera jusqu'en l'année 247,401 de la formation des planètes ; en sorte que cette planète secondaire étant de beaucoup plus chaude que la terre, la nature organisée ne fait que commencer de s'y établir ;

14° Que Saturne a été la quatorzième terre habitable, puisque son refroidissement, au point de pouvoir le toucher, s'est fait en 59 mille 911 ans, et son refroidissement à la température actuelle devant se faire en 130 mille 821 ans, il s'ensuit que la nature vivante a pu y être établie peu de temps après cette année 59,911 de la formation des planètes, et que par conséquent elle y a subsisté et pourra y subsister encore jusqu'en l'année 262,020 ; en sorte que la nature vivante y est actuellement dans sa première vigueur, et pourra durer dans cette grosse planète pendant 262 mille 20 ans ;

15° Que le second satellite de Jupiter a été la quinzième terre habitable, et que la nature vivante y est établie depuis l'année 61,425, c'est-à-dire depuis 13,407 ans, et qu'elle y durera jusqu'à l'année 271,098 de la formation des planètes ;

16° Que le premier satellite de Jupiter a été la seizième terre habitable, et que la nature vivante y est établie depuis l'année 71,166, c'est-à-dire depuis 3 mille 666 ans, et qu'elle y durera jusqu'en l'année 311,973 de la formation des planètes ;

17° Enfin, que Jupiter est le dernier des globes planétaires sur lequel la nature vivante pourra s'établir. Nous devons donc conclure, d'après ce résultat général de nos recherches, que des dix-sept corps planétaires il y en a en effet trois, savoir : le cinquième satellite de Saturne, la lune et Mars où notre nature serait gelée ; un seul, savoir, Jupiter, où la nature vivante n'a pu s'établir jusqu'à ce jour, par la raison de la trop grande chaleur encore subsistante dans cette grosse planète; mais que dans les treize autres, savoir : le quatrième satellite de Saturne, le quatrième satellite de Jupiter, Mercure, le globe terrestre, le troisième, le second et le premier satellite de Saturne, Vénus, l'anneau de Saturne, le troisième satellite de Jupiter, Saturne, le second et le premier satellite de Jupiter, la chaleur, quoique de degrés très différents, peut néanmoins convenir actuellement à l'existence des êtres organisés, et on peut croire que tous ces vastes corps sont, comme le globe terrestre, couverts de plantes et même peuplés d'êtres sensibles à peu près semblables aux animaux de la terre. Nous démontrerons ailleurs, par un grand nombre d'observations rapprochées, que dans tous les lieux où la température est la même on trouve non seulement les mêmes espèces de plantes, les mêmes espèces d'insectes, les mêmes espèces de reptiles sans les y avoir portées, mais aussi les mêmes espèces de poissons, les mêmes espèces de quadrupèdes, les mêmes espèces d'oiseaux sans qu'ils y soient allés; et je remarquerai en passant qu'on s'est souvent trompé en attribuant à la migration et au long voyage des oiseaux les espèces de l'Europe qu'on trouve en Amérique ou dans l'orient de l'Asie, tandis que ces oiseaux d'Amérique et d'Asie, tout à fait semblables à ceux de l'Europe, sont nés dans leur pays, et ne viennent pas plus chez nous que les nôtres ne vont chez eux. La même température nourrit, produit partout les mêmes êtres, mais cette vérité générale sera démontrée plus en détail dans quelques-uns des articles suivants.

On pourra remarquer : 1° que l'anneau de Saturne a été presque aussi longtemps à se refroidir aux points de la consolidation et du refroidissement à pouvoir le toucher, que Saturne même, ce qui ne paraît pas vrai ni vraisemblable, puisque cet anneau est fort mince, et que Saturne est d'une épaisseur prodigieuse en comparaison; mais il faut faire attention d'abord à l'immense quantité de chaleur que cette grosse planète envoyait dans les commencements à son anneau, et qui dans le temps de l'incandescence était plus grande que celle de cet anneau, quoiqu'il fût aussi lui-même dans cet état d'incandescence, et que par conséquent le temps nécessaire à sa consolidation a dû être prolongé de beaucoup par cette première cause;

2° Que, quoique Saturne fût lui-même consolidé jusqu'au centre en 5 mille 140 ans, il n'a cessé d'être rouge et très brûlant que plusieurs siècles après, et que par conséquent il a encore envoyé dans les siècles postérieurs à sa consolidation, une quantité prodigieuse de chaleur à son anneau, ce qui a dû prolonger son refroidissement dans la proportion que nous avons établie : seulement il faut convenir que les périodes du refroidissement de Saturne, au point de la consolidation et du refroidissement à pouvoir le toucher, sont trop courtes, parce que nous n'avons pas fait l'estimation de la chaleur que son anneau et ses satellites lui ont envoyée, et que cette quantité de chaleur, que nous n'avons pas estimée, ne laisse pas d'être considérable, car l'anneau, comme très grand et très voisin, envoyait à Saturne dans le commencement, non seulement une partie de sa chaleur propre, mais encore il lui réfléchissait une grande portion de celle qu'il en recevait, en sorte que je crois qu'on pourrait, sans se tromper, augmenter d'un quart le temps de la consolidation de Saturne, c'est-à-dire assigner 6 mille 857 ans pour sa consolidation jusqu'au centre; et de même augmenter d'un quart les 59 mille 911 ans que nous avons indiqués pour son refroidissement au point de le toucher, ce qui donne 79 mille 881 ans; en sorte que ces deux termes peuvent être substitués dans la table générale aux deux premiers.

Il est de même très certain que le temps du refroidissement de Saturne, au point de la température actuelle de la terre, qui est de 130 mille 821 ans, doit par les mêmes raisons être augmenté non pas d'un quart, mais peut-être d'un huitième, et que cette période au lieu d'être de 130 mille 821 ans, pourrait être de 147 mille 173 ans.

On doit aussi augmenter un peu les périodes du refroidissement de Jupiter, parce que ses satellites lui ont envoyé une portion de leur chaleur propre, et en même temps une partie de celle que Jupiter leur envoyait; en estimant un dixième le prolongement que cette addition de chaleur a pu faire aux trois premières périodes du refroidissement de Jupiter, il ne se sera consolidé jusqu'au centre qu'en 10 mille 376 ans, et ne se refroidira au point de pouvoir le toucher qu'en 121 mille 129 ans, et au point de la température actuelle de la terre, en 264 mille 506 ans.

Je n'admets qu'un assez petit nombre d'années entre le point où l'on peut commencer à toucher, sans se brûler, les différents globes, et celui où la chaleur cesse d'être offensante pour les êtres sensibles ; car j'ai fait cette estimation d'après les expériences très souvent réitérées dans mon second Mémoire, par lesquelles j'ai reconnu qu'entre le point auquel on peut, pendant une demi-seconde, tenir un globe sans se brûler, et le point où on peut le manier longtemps et où sa chaleur nous affecte d'une manière douce et convenable à notre nature, il n'y a qu'un intervalle assez court ; en sorte, par exemple, que s'il faut 20 minutes pour refroidir un globe au point de pouvoir le toucher sans se brûler, il ne faut qu'une minute de plus pour qu'on puisse le manier avec plaisir. Dès lors en augmentant d'un vingtième les temps nécessaires au refroidissement des globes planétaires, au point de pouvoir les toucher, on aura plus précisément les temps de la naissance de la nature dans chacun, et ces temps seront dans l'ordre suivant :

Date de la formation des planètes....... 74,832 ans.

COMMENCEMENT, FIN ET DURÉE DE L'EXISTENCE DE LA NATURE ORGANISÉE DANS CHAQUE PLANÈTE.

	COMMENCEMENT DE LA FORMATION DES PLANÈTES	FIN DE LA FORMATION DES PLANÈTES	DURÉE ABSOLUE	DURÉE A DATER DE CE JOUR
			ans.	ans.
Ve Satellite de Saturne	5161	47558	42389	0
La Lune	7890	72514	64624	0
Mars	13685	60326	56641	0
IVe Satellite de Saturne	18399	76525	58126	1693
IVe Satellite de Jupiter	23730	98696	74966	23864
Mercure	26053	187765	161712	112933
La Terre	35983	168123	132140	93291
IIIe Satellite de Saturne	37672	156658	118986	81826
IIe Satellite de Saturne	40373	167928	127655	93096
Ier Satellite de Saturne	42021	174784	132763	99952
Vénus	44067	228540	184473	153708
Anneau de Saturne	56396	177568	121172	102736
IIIe Satellite de Jupiter	59483	247401	187918	172569
Saturne	62906	262020	199114	187188
IIe Satellite de Jupiter	64496	271098	206602	196266
Ier Satellite de Jupiter	74724	314973	237249	237141
Jupiter	115623	483121	367498	

D'après ce dernier tableau, qui approche le plus de la vérité, on voit :

1° Que la nature organisée telle que nous la connaissons n'est point encore née dans Jupiter, dont la chaleur est trop grande encore aujourd'hui pour pouvoir en toucher la surface, et que ce ne sera que dans 40 mille 791 ans que les êtres vivants pourraient y subsister, mais qu'ensuite, s'ils y étaient établis, ils dureraient 367 mille 498 ans dans cette grosse planète ;

2° Que la nature vivante, telle que nous la connaissons, est éteinte dans le cinquième satellite de Saturne depuis 27 mille 274 ans ; dans Mars, depuis 14 mille 506 ans, et dans la lune depuis 2,318 ans ;

3° Que la nature est prête à s'éteindre dans le quatrième satellite de Saturne, puisqu'il n'y a plus que 1,693 ans pour arriver au point extrême de la plus petite chaleur nécessaire au maintien des êtres organisés;

4° Que la nature vivante est faible dans le quatrième satellite de Jupiter, quoiqu'elle puisse y subsister encore pendant 23 mille 864 ans;

5° Que sur la planète de Mercure, sur la terre, sur le troisième, sur le second et sur le premier satellite de Saturne, sur la planète de Vénus, sur l'anneau de Saturne, sur le troisième satellite de Jupiter, sur la planète de Saturne, sur le second et sur le premier satellite de Jupiter, la nature vivante est actuellement en pleine existence, et que par conséquent tous ces corps planétaires peuvent être peuplés comme le globe terrestre.

Voilà mon résultat général et le but auquel je me proposais d'atteindre. On jugera, par la peine que m'ont donnée ces recherches (*a*), et par le grand nombre d'expériences préliminaires qu'elles exigeaient, combien je dois être persuadé de la probabilité de mon hypothèse sur la formation des planètes. Et pour qu'on ne me croie pas persuadé sans raison, et même sans de très fortes raisons, je vais exposer dans le Mémoire suivant les motifs de ma persuasion, en présentant les faits et les analogies sur lesquelles j'ai fondé mes opinions, établi l'ordre de mes raisonnements, suivi les inductions que l'on en doit déduire, et enfin tiré la conséquence générale de l'existence réelle des êtres organisés et sensibles dans tous les corps du système solaire, et l'existence plus que probable de ces mêmes êtres dans tous les autres corps qui composent les systèmes des autres soleils, ce qui augmente et multiplie presque à l'infini l'étendue de la nature vivante, et élève en même temps le plus grand de tous les monuments à la gloire du Créateur.

SECOND MÉMOIRE

FONDEMENTS DES RECHERCHES PRÉCÉDENTES SUR LA TEMPÉRATURE DES PLANÈTES.

L'homme nouveau n'a pu voir, et l'homme ignorant ne voit encore aujourd'hui la nature et l'étendue de l'univers que par le simple rapport de ses yeux : la terre est pour lui un solide d'un volume sans bornes, d'une étendue sans limites, dont il ne peut qu'avec peine parcourir de petits espaces superficiels, tandis que le soleil, les planètes et l'immensité des cieux ne lui présentent que des points lumineux dont le soleil et la lune lui paraissent être les seuls objets dignes de fixer ses regards. A cette fausse idée sur l'étendue de la nature et sur les proportions de l'univers s'est bientôt joint le sentiment encore plus disproportionné de la prétention. L'homme, en se comparant aux autres êtres terrestres, s'est trouvé le premier : dès lors il a cru que tous étaient faits pour lui,

(*a*) Les calculs que supposaient ces recherches sont plus longs que difficiles, mais assez délicats pour qu'on puisse se tromper. Je ne me suis pas piqué d'une exactitude rigoureuse, parce qu'elle n'aurait produit que de légères différences, et qu'elle m'aurait pris beaucoup de temps que je pouvais mieux employer. Il m'a suffi que la méthode que j'ai suivie fût exacte, et que mes raisonnements fussent clairs et conséquents, c'est là tout ce que j'ai prétendu. Mon hypothèse sur la liquéfaction de la terre et des planètes, m'a paru assez fondée pour prendre la peine d'en évaluer les effets, et j'ai cru devoir donner en détail ces évaluations comme je les ai trouvées, afin que s'il s'est glissé dans ce long travail quelques fautes de calcul ou d'inattention, mes lecteurs soient en état de les corriger eux-mêmes.

que la terre même n'avait été créée que pour lui servir de domicile et le ciel de spectacle; qu'enfin l'univers entier devait se rapporter à ses besoins et même à ses plaisirs. Mais à mesure qu'il a fait usage de cette lumière divine qui seule ennoblit son être, à mesure que l'homme s'est instruit, il a été forcé de rabattre de plus en plus de ces prétentions; il s'est vu rapetisser en même raison que l'univers s'agrandissait, et il lui est aujourd'hui bien évidemment démontré que cette terre qui fait tout son domaine, et sur laquelle il ne peut malheureusement subsister sans querelle et sans trouble, est à proportion tout aussi petite pour l'univers que lui-même l'est pour le Créateur. En effet, il n'est plus possible de douter que cette même terre, si grande et si vaste pour nous, ne soit une assez médiocre planète, une petite masse de matière qui circule avec les autres autour du soleil; que cet astre de lumière et de feu ne soit plus de douze cent mille fois plus gros que le globe de la terre, et que sa puissance ne s'étende à tous les corps qu'il fléchit autour de lui; en sorte que notre globe en étant éloigné de trente-trois millions de lieues au moins, la planète de Saturne se trouve à plus de trois cent treize millions des mêmes lieues; d'où l'on ne peut s'empêcher de conclure que l'étendue de l'empire du soleil, ce roi de la nature, ne soit une sphère dont le diamètre est de six cent vingt-sept millions de lieues, tandis que celui de la terre n'est que de deux mille huit cent soixante-cinq; et si l'on prend le cube de ces deux nombres, on se démontrera que la terre est plus petite, relativement à cet espace, qu'un grain de sable ne l'est relativement au volume entier du globe.

Néanmoins la planète de Saturne, quoique la plus éloignée du soleil, n'est pas encore à beaucoup près sur les confins de son empire. Les limites en sont beaucoup plus reculées, puisque les comètes parcourent, au delà de cette distance, des espaces encore plus grands que l'on peut estimer par la période du temps de leurs révolutions. Une comète qui, comme celle de l'année 1680, circule autour du soleil en 575 ans, s'éloigne de cet astre 15 fois plus que Saturne n'en est distant; car le grand axe de son orbite est 138 fois plus grand que la distance de la terre au soleil. Dès lors, on doit augmenter encore l'étendue de la puissance solaire de 15 fois la distance du soleil à Saturne, en sorte que tout l'espace dans lequel sont comprises les planètes n'est qu'une petite province du domaine de cet astre, dont les bornes doivent être posées au moins à 138 fois la distance du soleil à la terre, c'est-à-dire à 138 fois 33 ou 34 millions de lieues.

Quelle immensité d'espace! et quelle quantité de matière! car, indépendamment des planètes, il existe probablement quatre ou cinq cents comètes, peut-être plus grosses que la terre, qui parcourent en tous sens les différentes régions de cette vaste sphère dont le globe terrestre ne fait qu'un point, une unité sur 191, 201, 612, 985, 514, 272, 000, quantité que ces nombres représentent, mais que l'imagination ne peut atteindre ni saisir. N'en voila-t-il pas assez pour nous rendre, nous, les nôtres, et notre grand domicile, plus petits que des atomes?

Cependant cette énorme étendue, cette sphère si vaste n'est encore qu'un très petit espace dans l'immensité des cieux : chaque étoile fixe est un soleil, un centre d'une sphère tout aussi vaste; et comme on en compte plus de deux mille qu'on aperçoit à la vue simple, et qu'avec les lunettes on en découvre un nombre d'autant plus grand que ces instruments sont plus puissants, l'étendue de l'univers entier paraît être sans bornes, et le système solaire ne fait plus qu'une province de l'empire universel du Créateur, empire infini comme lui.

Sirius, étoile fixe la plus brillante, et que par cette raison nous pouvons regarder comme le soleil le plus voisin du nôtre, ne donnant à nos yeux qu'une seconde de parallaxe annuelle sur le diamètre entier de l'orbe de la terre, est à 6,771,770 millions de lieues de distance de nous, c'est-à-dire à 6,767,216 millions des limites du système solaire, telles que nous les avons assignées d'après la profondeur à laquelle s'enfoncent les comètes, dont la période est la plus longue. Supposant donc qu'il ait été départi à Sirius un espace égal à celui qui appartient à notre soleil, on voit qu'il faut encore reculer les limites de notre système solaire de 742 fois plus qu'il ne l'est déjà jusqu'à l'aphélie de la comète, dont l'énorme distance au soleil n'est néanmoins qu'une unité sur 742 du demi-diamètre total de la sphère entière du système solaire (*a*).

Ainsi, quand même il existerait des comètes dont la période de révolution serait double, triple et même décuple de la période de 575 ans, la plus longue qui nous soit connue, quand les comètes en conséquence pourraient s'enfoncer à une profondeur dix fois plus grande, il y aurait encore un espace 74 ou 75 fois plus profond pour arriver aux derniers confins, tant du système solaire que du système sirien; en sorte qu'en donnant à Sirius autant de grandeur et de puissance qu'en a notre soleil, et supposant dans son système autant ou plus de corps cométaires qu'il n'existe de comètes dans le système solaire, Sirius les régira comme le soleil régit les siens, et il restera de même un intervalle immense entre les confins des deux empires : intervalle qui ne paraît être qu'un désert dans

(*a*) Distance de la terre au soleil....................	33	millions	de lieues.
Distance de Saturne au soleil..................	313	—	—
Distance de l'aphélie de la comète au soleil......	4554	—	—
Distance de Sirius au soleil....................	6771770	—	—
Distance de Sirius au point de l'aphélie de la comète, en supposant qu'en remontant du soleil, la comète ait pointé directement vers Sirius (supposition qui diminue la distance autant qu'il est possible)....	6767216	—	—
Moitié de la distance de Sirius au soleil, ou profondeur du système solaire et du système Sirien....	3385885	—	—
Étendue au delà des limites de l'aphélie des comètes.	3381331	—	—
Ce qui étant divisé par la distance de l'aphélie de la comète, donne................................	742 $\frac{1}{2}$	environ	—

On peut encore d'une autre manière se former une idée de cette distance immense de Sirius à nous, en se rappelant que le disque du soleil forme à nos yeux un angle de 32 minutes, tandis que celui de Sirius n'en fait pas un d'une seconde; et Sirius étant un soleil comme le nôtre, que nous supposerons d'une égale grandeur, puisqu'il n'y a pas plus de raison de le supposer plus grand que plus petit, il nous paraîtrait aussi grand que le soleil s'il n'était qu'à la même distance. Prenant donc deux nombres proportionnels au carré de 32 minutes et au carré d'une seconde, on aura 3,686,400 pour la distance de la terre à Sirius, et 1 pour sa distance au soleil; et comme cette unité vaut 33 millions de lieues, on voit à combien de milliards de lieues Sirius est loin de nous, puisqu'il faut multiplier ces 33 millions par 3,686,400, et si nous divisons l'espace entre ces deux soleils voisins, quoique si fort éloignés, nous verrons que les comètes pourraient s'éloigner à une distance dix-huit cent mille fois plus grande que celle de la terre au soleil, sans sortir des limites de l'univers solaire, et sans subir par conséquent d'autres lois que celle de notre soleil; et de là on peut conclure que le système solaire a pour diamètre une étendue qui, quoique prodigieuse, ne fait néanmoins qu'une très petite portion des cieux, et l'on en doit inférer une vérité peu connue, c'est que de tous les points de l'univers planétaire, c'est-à-dire que du soleil, de la terre et de toutes les autres planètes, le ciel doit paraître le même.

Lorsque dans une belle nuit l'on considère tous ces feux dont brille la voûte céleste, on imaginerait qu'en se transportant dans une autre planète plus éloignée du soleil que ne l'est la terre, on verrait ces astres étincelants grandir et répandre une lumière plus vive, puisqu'on les verrait de plus près. Néanmoins l'espèce de calcul que nous venons de faire démontre que quand nous serions placés dans Saturne, c'est-à-dire neuf ou dix fois plus loin de notre soleil, et 300 millions de lieues plus près de Sirius, il ne nous paraîtrait plus gros que d'une 194,021e partie, augmentation qui serait absolument insensible; d'où l'on doit conclure que le ciel a pour toutes les planètes le même aspect que pour la terre.

l'espace, et qui doit faire soupçonner qu'il existe des corps cométaires dont les périodes sont plus longues, et qui parviennent à une beaucoup plus grande distance que nous ne pouvons le déterminer par nos connaissances actuelles. Il se pourrait aussi que Sirius fût un soleil beaucoup plus grand et plus puissant que le nôtre; et, si cela était, il faudrait reculer d'autant les bornes de son domaine en les rapprochant de nous, et rétrécir en même raison la circonférence de celui du soleil.

On ne peut s'empêcher de présumer en effet que dans ce très grand nombre d'étoiles fixes, qui toutes sont autant de soleils, il n'y en ait de plus grands et de plus petits que le nôtre, d'autres plus ou moins lumineux, quelques-uns plus voisins qui nous sont représentés par ces astres que les astronomes appellent *Étoiles de la première grandeur*, et beaucoup d'autres plus éloignés, qui par cette raison nous paraissent plus petits; les étoiles qu'ils appellent *nébuleuses* semblent manquer de lumière et de feu, et n'être, pour ainsi dire, allumées qu'à demi; celles qui paraissent et disparaissent alternativement sont peut-être d'une forme aplatie par la violence de la force centrifuge dans leur mouvement de rotation : on voit ces soleils lorsqu'ils montrent leur grande face, et ils disparaissent toutes les fois qu'ils se présentent de côté. Il y a dans ce grand ordre de choses, et dans la nature des astres, les mêmes variétés, les mêmes différences en nombre, grandeur, espace, mouvement, forme et durée, les mêmes rapports, les mêmes degrés, les mêmes nuances qui se trouvent dans tous les autres ordres de la création.

Chacun de ces soleils étant doué comme le nôtre, et comme toute matière l'est, d'une puissance attractive, qui s'étend à une distance indéfinie et décroît comme l'espace augmente, l'analogie nous conduit à croire qu'il existe dans la sphère de chacun de ces astres lumineux un grand nombre de corps opaques, planètes ou comètes, qui circulent autour d'eux, mais que nous n'apercevrons jamais que par l'œil de l'esprit, puisque étant obscurs et beaucoup plus petits que les soleils qui leur servent de foyer, ils sont hors de la portée de notre vue, et même de tous les arts qui peuvent l'étendre ou la perfectionner.

On pourrait donc imaginer qu'il passe quelquefois des comètes d'un système dans l'autre, et que s'il s'en trouve sur les confins des deux empires, elles seront saisies par la puissance prépondérante et forcées d'obéir aux lois d'un nouveau maître. Mais par l'immensité de l'espace qui se trouve au delà de l'aphélie de nos comètes, il paraît que le Souverain ordonnateur a séparé chaque système par des déserts mille et mille fois plus vastes que toute l'étendue des espaces fréquentés. Ces déserts, dont les nombres peuvent à peine sonder la profondeur, sont les barrières éternelles, invincibles, que toutes les forces de la nature créée ne peuvent franchir ni surmonter. Il faudrait, pour qu'il y eût communication d'un système à l'autre et pour que les sujets d'un empire pussent passer dans un autre, que le siège du trône ne fût pas immobile; car l'étoile fixe ou plutôt le soleil, le roi de ce système, changeant de lieu, entraînerait à sa suite tous les corps qui dépendent de lui, et pourrait dès lors s'approcher et même s'emparer du domaine d'un autre. Si sa marche se trouvait dirigée vers un astre plus faible, il commencerait par lui enlever les sujets de ses provinces les plus éloignées, ensuite ceux des provinces intérieures; il les forcerait tous à augmenter son cortège en circulant autour de lui, et son voisin, dès lors dénué de ses sujets, n'ayant plus ni planètes ni comètes, perdrait en même temps sa lumière et son feu, que leur mouvement seul peut exciter et entretenir; dès lors cet astre isolé, n'étant plus maintenu dans sa place par l'équilibre des forces, serait contraint de changer de lieu en changeant de nature, et, devenu corps obscur, obéirait comme les autres à la puissance du conquérant, dont le feu augmenterait à proportion du nombre de ses conquêtes.

Car que peut-on dire sur la nature du soleil, sinon que c'est un corps d'un prodigieux volume, une masse énorme de matière pénétrée de feu, qui paraît subsister sans aliment comme dans un métal fondu, ou dans un corps solide en incandescence? Et d'où peut venir cet état constant d'incandescence, cette production toujours renouvelée d'un feu dont la consommation ne paraît entretenue par aucun aliment, et dont la déperdition est nulle ou du moins insensible, quoique constante depuis un si grand nombre de siècles? Y a-t-il, peut-il même y avoir une autre cause de la production et du maintien de ce feu permanent, sinon le mouvement rapide de la forte pression de tous les corps qui circulent autour de ce foyer commun, qui l'échauffent et l'embrasent, comme une roue rapidement tournée embrase son essieu? La pression qu'ils exercent en vertu de leur pesanteur équivaut au frottement, et même est plus puissante, parce que cette pression est une force pénétrante, qui frotte non seulement la surface extérieure, mais toutes les parties intérieures de la masse : la rapidité de leur mouvement est si grande que le frottement acquiert une force presque infinie, et met nécessairement toute la masse de l'essieu dans un état d'incandescence, de lumière, de chaleur et de feu, qui dès lors n'a pas besoin d'aliment pour être entretenu, et qui, malgré la déperdition qui s'en fait chaque jour par l'émission de la lumière, peut durer des siècles de siècles sans atténuation sensible, les autres soleils rendant au nôtre autant de lumière qu'il leur en envoie, et le plus petit atome de feu ou d'une matière quelconque ne pouvant se perdre nulle part dans un système où tout s'attire.

Si de cette esquisse du grand tableau des cieux, que je n'ai tâché de tracer que pour me représenter la proportion des espaces et celle du mouvement des corps qui les parcourent; si de ce point de vue auquel je ne me suis élevé que pour voir plus clairement combien la nature doit être multipliée dans les différentes régions de l'univers, nous descendons à cette portion de l'espace qui nous est mieux connue, et dans laquelle le soleil exerce sa puissance, nous reconnaîtrons que, quoiqu'il régisse par sa force tous les corps qui s'y trouvent, il n'a pas néanmoins la puissance de les vivifier ni même celle d'y entretenir la végétation et la vie.

Mercure, qui de tous les corps circulants autour du soleil en est le plus voisin, n'en reçoit néanmoins qu'une chaleur $\frac{50}{8}$ fois plus grande que celle que la terre en reçoit, et cette chaleur $\frac{50}{8}$ fois plus grande que la chaleur envoyée du soleil à la terre, bien loin d'être brûlante comme on l'a toujours cru, ne serait pas assez grande pour maintenir la pleine vigueur de la nature vivante, car la chaleur actuelle du soleil sur la terre n'étant que $\frac{1}{50}$ de celle de la chaleur propre du globe terrestre, celle du soleil sur Mercure est par conséquent $\frac{50}{400}$ ou $\frac{1}{8}$ de la chaleur actuelle de la terre. Or si l'on diminuait des trois quarts et demi la chaleur qui fait aujourd'hui la température de la terre, il est sûr que la nature vivante serait au moins bien engourdie, supposé qu'elle ne fût pas éteinte. Et puisque le feu du soleil ne peut pas seul maintenir la nature organisée dans la planète la plus voisine, combien à plus forte raison ne s'en faut-il pas qu'il puisse vivifier celles qui en sont plus éloignées? Il n'envoie à Vénus qu'une chaleur $\frac{50}{2\frac{1}{50}}$ fois plus grande que celle qu'il envoie à la terre, et cette chaleur $\frac{50}{2\frac{1}{50}}$ fois plus grande que celle du soleil sur la terre, bien loin d'être assez forte pour maintenir la nature vivante, ne suffirait certainement pas pour entretenir la liquidité des eaux, ni peut-être même la fluidité de l'air, puisque notre température actuelle se trouverait refroidie à $\frac{2}{49}$ ou à $\frac{1}{24\frac{1}{2}}$, ce qui est tout près du terme $\frac{1}{25}$ que nous avons donné comme la limite extrême de la plus petite chaleur, relativement à la nature vivante. Et à l'égard de Mars, de Jupiter, de Saturne et de tous leurs satellites, la quantité de chaleur que le soleil leur envoie est si petite en comparaison de celle qui est nécessaire au maintien de la nature, qu'on pourrait la regarder comme de nul effet, surtout dans les deux plus grosses planètes, qui néanmoins paraissent être les objets essentiels du système solaire.

R. H. Digeon del. — R. H. Digeon sc.

COMÈTE DE DONATI VUE À L'ŒIL NU

le 4 Octobre 1858.

d'après les observations de G. P. Bond

Dr de l'Observatoire d'Harvard College

A. Le Vasseur Editeur

Toutes les planètes, sans même en excepter Mercure, seraient donc et auraient toujours été des volumes aussi grands qu'inutiles, d'une matière plus que brute, profondément gelée, et par conséquent des lieux inhabités de tous les temps, inhabitables à jamais si elles ne renfermaient pas au dedans d'elles-mêmes des trésors d'un feu bien supérieur à celui qu'elles reçoivent du soleil. Cette quantité de chaleur que notre globe possède en propre, et qui est 50 fois plus grande que la chaleur qui lui vient du soleil, est en effet le trésor de la nature, le vrai fonds du feu qui nous anime, ainsi que tous les êtres; c'est cette chaleur intérieure de la terre qui fait tout germer, tout éclore; c'est elle qui constitue l'élément du feu proprement dit, élément qui seul donne le mouvement aux autres éléments, et qui, s'il était réduit à $\frac{1}{50}$, ne pourrait vaincre leur résistance, et tomberait lui-même dans l'inertie; or cet élément, le seul actif, le seul qui puisse rendre l'air fluide, l'eau liquide, et la terre pénétrable, n'aurait-il été donné qu'au seul globe terrestre? L'analogie nous permet-elle de douter que les autres planètes ne contiennent de même une quantité de chaleur qui leur appartient en propre, et qui doit les rendre capables de recevoir et de maintenir la nature vivante? N'est-il pas plus grand, plus digne de l'idée que nous devons avoir du Créateur, de penser que partout il existe des êtres qui peuvent le connaître et célébrer sa gloire, que de dépeupler l'univers, à l'exception de la terre, et de le dépouiller de tous êtres sensibles, en le réduisant à une profonde solitude, où l'on ne trouverait que le désert de l'espace et les épouvantables masses d'une matière entièrement inanimée?

Il est donc nécessaire, puisque la chaleur du soleil est si petite sur la terre et sur les autres planètes, que toutes possèdent une chaleur qui leur appartient en propre, et nous devons rechercher d'où provient cette chaleur qui seule peut constituer l'élément du feu dans chacune des planètes. Or, où pourrons-nous puiser cette grande quantité de chaleur, si ce n'est dans la source même de toute chaleur, dans le soleil seul, de la matière duquel les planètes ayant été formées et projetées par une seule et même impulsion, auront toutes conservé leur mouvement dans le même sens, et leur chaleur à proportion de leur grosseur et de leur densité. Quiconque pèsera la valeur de ces analogies et sentira la force de leurs rapports, ne pourra guère douter que les planètes ne soient issues et sorties du soleil, par le choc d'une comète, parce qu'il n'y a dans le système solaire que les comètes qui soient des corps assez puissants et en assez grand mouvement, pour pouvoir communiquer une pareille impulsion aux masses de matière qui composent les planètes. Si l'on réunit à tous les faits sur lesquels j'ai fondé cette hypothèse (*a*), le nouveau fait de la chaleur propre de la terre et de l'insuffisance de celle du soleil pour maintenir la nature, on demeurera persuadé, comme je le suis, que, dans le temps de leur formation, les planètes et la terre étaient dans un état de liquéfaction, ensuite dans un état d'incandescence, et enfin dans un état successif de chaleur, toujours décroissante depuis l'incandescence jusqu'à la température actuelle.

Car y a-t-il moyen de concevoir autrement l'origine et la durée de cette chaleur propre de la terre? Comment imaginer que le feu, qu'on appelle *central*, pût subsister *en effet* au fond du globe sans air, c'est-à-dire sans son premier aliment, et d'où viendrait ce feu qu'on suppose renfermé dans le centre du globe, quelle source, quelle origine pourra-t-on lui trouver?

Descartes avait déjà pensé que la terre et les planètes n'étaient que de petits soleils *encroûtés*, c'est-à-dire éteints. Leibniz n'a pas hésité à prononcer que le globe terrestre devait sa forme et la consistance de ses matières à l'élément du feu; et néanmoins ces deux grands philosophes n'avaient pas, à beaucoup près, autant de faits, autant d'observations qu'on en a rassemblé et acquis de nos jours : ces faits sont actuellement en si

(*a*) Voyez ci-dessus l'article qui a pour titre : *De la formation des Planètes.*

grand nombre et si bien constatés, qu'il me paraît plus que probable que la terre, ainsi que les planètes, ont été projetées hors du soleil, et par conséquent composées de la même matière, qui d'abord étant en liquéfaction, a obéi à la force centrifuge en même temps qu'elle se rassemblait par celle de l'attraction ; ce qui a donné à toutes les planètes la forme renflée sous l'équateur, et aplatie sous les pôles, en raison de la vitesse de leur rotation; qu'ensuite ce grand feu s'étant peu à peu dissipé, l'état d'une température bénigne et convenable à la nature organisée a succédé ou plus tôt ou plus tard dans les différentes planètes, suivant la différence de leur épaisseur et de leur densité. Et quand même il y aurait pour la terre et pour les planètes d'autres causes particulières de chaleur qui se combineraient avec celles dont nous avons calculé les effets, nos résultats n'en sont pas moins curieux, et n'en seront que plus utiles à l'avancement des sciences. Nous parlerons ailleurs de ces causes particulières de chaleur : tout ce que nous en pouvons dire ici, pour ne pas compliquer les objets, c'est que ces causes particulières pourront prolonger encore le temps du refroidissement du globe et la durée de la nature vivante, au delà des termes que nous avons indiqués.

Mais, me dira-t-on, votre théorie est-elle également bien fondée dans tous les points qui lui servent de base ? Il est vrai, d'après vos expériences, qu'un globe, gros comme la terre et composé des mêmes matières, ne pourrait se refroidir, depuis l'incandescence à la température actuelle, qu'en 74 mille ans, et que, pour l'échauffer jusqu'à l'incandescence, il faudrait la quinzième partie de ce temps, c'est-à-dire environ cinq mille ans, et encore faudrait-il que ce globe fût environné pendant tout ce temps du feu le plus violent : dès lors il y a, comme vous le dites, de fortes présomptions que cette grande chaleur de la terre n'a pu lui être communiquée de loin, et que par conséquent la matière terrestre a fait autrefois partie de la masse du soleil; mais il ne paraît pas également prouvé que la chaleur de cet astre sur la terre ne soit aujourd'hui que $\frac{1}{50}$ de la chaleur propre du globe. Le témoignage de nos sens semble se refuser à cette opinion que vous donnez comme une vérité constante, et quoiqu'on ne puisse pas douter que la terre n'ait une chaleur propre qui nous est démontrée par sa température toujours égale dans tous les lieux profonds où le froid de l'air ne peut communiquer, en résulte-t-il que cette chaleur qui ne nous paraît être qu'une température médiocre soit néanmoins cinquante fois plus grande que la chaleur du soleil qui semble nous brûler ?

Je puis satisfaire pleinement à ces objections, mais il faut auparavant réfléchir avec moi sur la nature de nos sensations. Une différence très légère, et souvent imperceptible dans la réalité ou dans la mesure des causes qui nous affectent, en produit une prodigieuse dans leurs effets. Y a-t-il rien de plus voisin du très grand plaisir que la douleur, et qui peut assigner la distance entre le chatouillement vif qui nous remue délicieusement et le frottement qui nous blesse, entre le feu qui nous réchauffe et celui qui nous brûle, entre la lumière qui réjouit nos yeux et celle qui les offusque, entre la saveur qui flatte notre goût et celle qui nous déplaît, entre l'odeur dont une petite dose nous affecte agréablement d'abord et bientôt nous donne des nausées ? On doit donc cesser d'être étonné qu'une petite augmentation de chaleur telle que $\frac{1}{50}$ puisse nous paraître si sensible, et que les limites du plus grand chaud de l'été au plus grand froid de l'hiver soient entre 7 et 8, comme l'a dit M. Amontons, ou même entre 31 et 32, comme M. de Mairan l'a trouvé en prenant tous les résultats des observations faites sur cela pendant cinquante-six années consécutives.

Mais il faut avouer que si l'on voulait juger de la chaleur réelle du globe d'après les rapports que ce dernier auteur nous a donnés des émanations de la chaleur terrestre aux accessions de la chaleur solaire dans ce climat, il se trouverait que le rapport étant à peu près : : 29 : 1 en été, et : : 471 ou même : : 491 en hiver : 1, il se trouverait, dis-je, en joignant ces deux rapports, que la chaleur solaire ne serait à la chaleur terrestre que : : $\frac{1}{500}$

: 2, ou : : $\frac{1}{250}$: 1. Mais cette estimation serait fautive, et l'erreur deviendrait d'autant plus grande que les climats seraient plus froids. Il n'y a donc que celui de l'équateur jusqu'aux tropiques, où la chaleur étant en toutes saisons presque égale, on puisse établir avec fondement la proportion entre la chaleur des émanations de la terre et des accessions de la chaleur solaire. Or ce rapport dans tout ce vaste climat, où les étés et les hivers sont presque égaux, est à très peu près : : 50 : 1. C'est par cette raison que j'ai adopté cette proportion, et que j'en ai fait la base du calcul de mes recherches.

Néanmoins, je ne prétends pas assurer affirmativement que la chaleur propre de la terre soit réellement cinquante fois plus grande que celle qui lui vient du soleil : comme cette chaleur du globe appartient à toute la matière terrestre, dont nous faisons partie, nous n'avons point de mesure que nous puissions en séparer, ni par conséquent d'unité sensible et réelle à laquelle nous puissions en rapporter. Mais quand même on voudrait que la chaleur solaire fût plus grande ou plus petite que nous ne l'avons supposée, relativement à la chaleur terrestre, notre théorie ne changerait que par la proportion des résultats.

Par exemple, si nous renfermons toute l'étendue de nos sensations du plus grand chaud au plus grand froid dans les limites données par les observations de M. Amontons, c'est-à-dire entre 7 et 8 ou dans $\frac{1}{8}$, et qu'en même temps nous supposions que la chaleur du soleil peut produire seule cette différence de nos sensations, on aura dès lors la proportion de 8 à 1 de la chaleur propre du globe terrestre à celle qui lui vient du soleil, et par conséquent la compensation que fait actuellement sur la terre cette chaleur du soleil serait de $\frac{1}{8}$, et la compensation qu'elle a faite dans le temps de l'incandescence aura été $\frac{1}{200}$. Ajoutant ces deux termes, on a $\frac{26}{200}$ qui, multipliés par 12 $\frac{1}{2}$, moitié de la somme de tous les termes de la diminution de la chaleur, donnent $\frac{325}{200}$ ou $\frac{1}{5}$ pour la compensation totale qu'a faite la chaleur du soleil pendant la période de 74,047 ans du refroidissement de la terre à la température actuelle. Et comme la perte totale de la chaleur propre est à la compensation totale en même raison que le temps de la période est à celui du refroidissement, on aura 25 : 1 $\frac{5}{8}$: : 74,047 : 4,813 $\frac{1}{25}$, en sorte que le refroidissement du globe de la terre, au lieu de n'avoir été prolongé que de 770 ans, l'aurait été de 4,813 $\frac{1}{25}$ ans ; ce qui, joint au prolongement plus long que produirait aussi la chaleur de la lune dans cette supposition, donnerait plus de 5,000 ans, dont il faudrait encore reculer la date de la formation des planètes.

Si l'on adopte les limites données par M. de Mairan, qui sont de 31 à 32, et qu'on suppose que la chaleur solaire n'est que de $\frac{1}{32}$ de celle de la terre, on n'aura que le quart de ce prolongement, c'est-à-dire environ 1,250 ans, au lieu de 770 que donne la supposition de $\frac{1}{50}$ que nous avons adoptée.

Mais, au contraire, si l'on supposait que la chaleur du soleil n'est que $\frac{1}{250}$ de celle de la terre, comme cela paraît résulter des observations faites au climat de Paris, on aurait pour la compensation dans le temps de l'incandescence $\frac{1}{6250}$, et $\frac{1}{250}$ pour la compensation à la fin de la période de 74,047 ans du refroidissement du globe terrestre à la température actuelle, et l'on trouverait $\frac{13}{250}$ pour la compensation totale, faite par la chaleur du soleil pendant cette période, ce qui ne donnerait que 154 ans, c'est-à-dire le cinquième de 770 ans pour le temps du prolongement du refroidissement. Et de même si, au lieu de $\frac{1}{50}$, nous supposions que la chaleur solaire fût $\frac{1}{10}$ de la chaleur terrestre, nous trouverions que le temps du prolongement serait cinq fois plus long, c'est-à-dire de 3,850 ans ; en sorte que plus on voudra augmenter la chaleur qui nous vient du soleil, relativement à celle qui émane de la terre, et plus on étendra la durée de la nature, et l'on reculera le terme de l'antiquité du monde ; car en supposant que cette chaleur du soleil sur la terre fût égale à la chaleur propre du globe, on trouverait que le temps du prolongement serait de 38,504 ans, ce qui par conséquent donnerait à la terre 38 ou 39 mille ans d'ancienneté de plus.

Si l'on jette les yeux sur la table que M. de Mairan a dressée avec grande exactitude et dans laquelle il donne la proportion de la chaleur qui nous vient du soleil à celle qui émane de la terre dans tous les climats, on y reconnaîtra d'abord un fait bien avéré, c'est que dans tous les climats où l'on a fait des observations les étés sont égaux, tandis que les hivers sont prodigieusement inégaux ; ce savant physicien attribue cette égalité constante de l'intensité de la chaleur pendant l'été dans tous les climats à la compensation réciproque de la chaleur solaire et de la chaleur des émanations du feu central : « Ce n'est donc pas » ici, dit-il (page 253), une affaire de choix, de système ou de convenance, que cette marche » alternativement décroissante et croissante des émanations centrales en inverse des étés » solaires, c'est le fait même, etc. » En sorte que, selon lui, les émanations de la chaleur de la terre croissent ou décroissent précisément dans la même raison que l'action de la chaleur du soleil décroît et croît dans les différents climats ; et comme cette proportion d'accroissement et de décroissement entre la chaleur terrestre et la chaleur solaire lui paraît, avec raison, très étonnante suivant sa théorie, et qu'en même temps il ne peut pas douter du fait, il tâche de l'expliquer en disant : « que le globe terrestre étant d'abord une pâte » molle de terre et d'eau, venant à tourner sur son axe, et continuellement exposée aux » rayons du soleil, selon tous les aspects annuels des climats, s'y sera durcie vers la sur- » face, et d'autant plus profondément, que ces parties y seront plus exactement exposées. » Et si un terrain plus dur, plus compact, plus épais, et en général plus difficile à péné- » trer, devient dans ces mêmes rapports un obstacle d'autant plus grand aux émanations » du feu intérieur de la terre, *comme il est évident que cela doit arriver*, ne voilà-t-il pas » dès lors ces obstacles en raison directe des différentes chaleurs de l'été solaire, et les » émanations centrales en raison inverse de ces mêmes chaleurs ? Et qu'est-ce alors autre » chose que l'égalité universelle des étés ? Car, supposant ces obstacles ou ces retranchements » de chaleur faits à l'émanation constante et primitive exprimés par les valeurs mêmes » des étés solaires, c'est-à-dire dans la plus parfaite et la plus visible de toutes les propor- » tionnalités, l'égalité, il est clair qu'on ne retranche d'un côté à la même grandeur que ce » qu'on y ajoute de l'autre, et que par conséquent les sommes ou les étés en seront tou- » jours et partout les mêmes. Voilà donc (ajoute-t-il) cette égalité surprenante des étés, dans » tous les les climats de la terre ramenée à un principe intelligible, soit que la terre, » d'abord fluide, ait été durcie ensuite par l'action du soleil, du moins vers les dernières » couches qui la composent, soit que Dieu l'ait créée tout d'un coup dans l'état où les causes » physiques et les lois du mouvement l'auraient amenée. » Il me semble que l'auteur aurait mieux fait de s'en tenir bonnement à cette dernière cause qui dispense de toutes recherches et de toutes spéculations que de donner une explication qui pèche non seulement dans le principe, mais dans presque tous les points des conséquences qu'on en pourrait tirer.

Car y a-t-il rien de plus indépendant l'un de l'autre que la chaleur qui appartient en propre à la terre, et celle qui lui vient du dehors ? est-il naturel, est-il même raisonnable d'imaginer qu'il existe réellement dans la nature une loi de calcul, par laquelle les émanations de cette chaleur intérieure du globe suivraient exactement l'inverse des accessions de la chaleur du soleil sur la terre ? et cela dans une proportion si précise que l'augmentation des unes compenserait exactement la diminution des autres. Il ne faut qu'un peu de réflexion pour se convaincre que ce rapport purement idéal n'est nullement fondé, et que, par conséquent, le fait très réel de l'égalité des étés ou de l'égale intensité de chaleur en été dans tous les climats ne dérive pas de cette combinaison précaire dont ce physicien fait un principe, mais d'une cause toute différente que nous allons exposer.

Pourquoi dans tous les climats de la terre, où l'on a fait des observations suivies avec des thermomètres comparables, se trouve-t-il que les étés (c'est-à-dire l'intensité de la chaleur en été) sont égaux, tandis que les hivers (c'est-à-dire l'intensité de la chaleur en hiver) sont prodigieusement différents et d'autant plus inégaux qu'on s'avance plus vers les zones froides? voilà la question; le fait est vrai, mais l'explication qu'en donne l'habile physicien que je viens de citer me paraît plus que gratuite; elle nous renvoie directement aux causes finales qu'il croyait éviter, car n'est-ce pas nous dire, pour toute explication, que le soleil et la terre ont d'abord été dans un état tel que la chaleur de l'un pouvait cuire les couches extérieures de l'autre, et les durcir précisément à un tel degré que les émanations de la chaleur terrestre trouveraient toujours des obstacles à leur sortie, qui seraient exactement en proportion des facilités avec lesquelles la chaleur du soleil arrive à chaque climat; que de cette admirable contexture des couches de la terre qui permettent plus ou moins l'issue des émanations du feu central il résulte sur la surface de la terre une compensation exacte de la chaleur solaire et de la chaleur terrestre, ce qui néanmoins rendait les hivers égaux partout aussi bien que les étés; mais que, dans la réalité, comme il n'y a que les étés d'égaux dans tous les climats et que les hivers y sont, au contraire, prodigieusement inégaux, il faut bien que ces obstacles, mis à la liberté des émanations centrales, soient encore plus grands qu'on ne vient de les supposer, et qu'ils soient, en effet, et très réellement dans la proportion qu'exige l'inégalité des hivers des différents climats? Or qui ne voit que ces petites combinaisons ne sont point entrées dans le plan du souverain Être, mais seulement dans la tête du physicien, qui, ne pouvant expliquer cette égalité des étés et cette inégalité des hivers, a eu recours à deux suppositions qui n'ont aucun fondement, et à des combinaisons qui n'ont pu même à ses yeux avoir d'autre mérite que celui de s'accommoder à sa théorie, et de ramener, comme il le dit, cette *égalité surprenante* des étés à un *principe intelligible!* Mais ce principe une fois entendu n'est qu'une combinaison de deux suppositions, qui toutes deux sont de l'ordre de celles qui rendraient possible l'impossible, et dès lors présenteraient en effet l'absurde comme intelligible.

Tous les physiciens qui se sont occupés de cet objet conviennent avec moi que le globe terrestre possède en propre une chaleur indépendante de celle qui lui vient du soleil : dès lors, n'est-il pas évident que cette chaleur propre serait égale sur tous les points de la surface du globe, abstraction faite de celle du soleil, et qu'il n'y aurait d'autre différence à cet égard que celle qui doit résulter du renflement de la terre à l'équateur, et de son aplatissement sous les pôles, différence qui, étant en même raison à peu près que les deux diamètres, n'excède pas $\frac{1}{230}$; en sorte que la chaleur propre du sphéroïde terrestre doit être de $\frac{1}{230}$ plus grande sous l'équateur que sous les pôles. La déperdition qui s'en est faite et le temps du refroidissement doit donc avoir été plus prompt dans les climats septentrionaux ; l'épaisseur du globe est moins grande que dans les climats du midi, mais cette différence de $\frac{1}{230}$ ne peut pas produire celle de l'inégalité des émanations centrales, dont le rapport a la chaleur du soleil en hiver étant : : 50 : 1 dans les climats voisins de l'équateur, se trouve déjà double au 27° degré, triple au 35°, quadruple au 40°, décuple au 49° et 35 fois plus grand au 60° degré de latitude. Cette cause qui se présente la première contribue au froid des climats septentrionaux, mais elle est insuffisante pour le fait de l'inégalité des hivers, puisque cet effet serait 35 fois plus grand que sa cause au 60° degré, plus grand encore et même plus excessif dans les climats voisins du pôle, et qu'en même temps il ne serait nulle part proportionnel à cette même cause.

D'autre côté, ce serait sans aucun fondement qu'on voudrait soutenir que dans un globe qui a reçu ou qui possède un certain degré de chaleur, il pourrait y avoir des parties beaucoup moins chaudes les unes que les autres. Nous connaissons assez le progrès de la chaleur et les phénomènes de sa communication pour être assurés qu'elle se distribue toujours également, puisqu'en appliquant un corps, même froid, sur un corps chaud, celui-ci communiquera nécessairement à l'autre assez de chaleur pour que tous deux soient bientôt au même degré de température. L'on ne doit donc pas supposer qu'il y ait vers le climat des pôles des couches de matières moins chaudes, moins perméables à la chaleur que dans les autres climats, car, de quelque nature qu'on les voulût supposer, l'expérience nous démontre qu'en un très petit temps elles seraient devenues aussi chaudes que les autres.

Les grands froids du Nord ne viennent donc pas de ces prétendus obstacles qui s'opposeraient à la sortie de la chaleur, ni de la petite différence que doit produire celle des diamètres du sphéroïde terrestre, et il m'a paru, après y avoir réfléchi, qu'on devait attribuer l'égalité des étés et la grande inégalité des hivers à une cause bien plus simple, et qui néanmoins a échappé à tous les physiciens.

Il est certain que, comme la chaleur propre de la terre est beaucoup plus grande que celle qui lui vient du soleil, les étés doivent paraître à très peu près égaux partout, parce que cette même chaleur du soleil ne fait qu'une petite augmentation au fonds réel de la chaleur propre, et que, par conséquent, si cette chaleur envoyée du soleil n'est que $\frac{1}{50}$ de la chaleur propre du globle, le plus ou moins de séjour de cet astre sur l'horizon, sa plus grande ou sa moindre obliquité sur le climat, et même son absence totale ne produirait que $\frac{1}{50}$ de différence sur la température du climat, et que dès lors les étés doivent paraître, et sont en effet à très peu près égaux dans tous les climats de la terre. Mais ce qui fait que les hivers sont si fort inégaux, c'est que les émanations de cette chaleur intérieure du globe se trouvent en très grande partie supprimées dès que le froid et la gelée resserrent et consolident la surface de la terre et des eaux. Comme cette chaleur qui sort du globe décroît dans les airs à mesure et en même raison que l'espace augmente, elle a déjà beaucoup perdu à une demi-lieue ou une lieue de hauteur ; la seule condensation de l'air par cette cause suffit pour produire des vents froids qui, se rabattant sur la surface de la terre, la resserrent et la gèlent (*a*). Tant que dure ce resserrement de la couche extérieure de la terre, les émanations de la chaleur intérieure sont retenues et le froid paraît et est, en effet, très considérablement augmenté par cette suppression d'une partie de cette chaleur ; mais dès que l'air devient plus doux, et que la couche superficielle du globe perd sa régidité, la chaleur, retenue pendant tout le temps de la gelée, sort en plus grande abondance que dans les climats où il ne gèle pas ; en sorte que la somme des émanations de la chaleur devient égale et la même partout, et c'est par cette raison que les plantes végètent plus vite, et que les récoltes se font en beaucoup moins de temps dans les pays du nord ; c'est par la même raison qu'on y ressent souvent, au commencement de l'été, des chaleurs insoutenables, etc.

Si l'on voulait douter de la suppression des émanations de la chaleur intérieure par l'effet de la gelée, il ne faut, pour s'en convaincre, que se rappeler des faits connus de tout le monde. Qu'après une gelée il tombe de la neige, on la verra se fondre sur tous les puits, les aqueducs, les citernes, les ciels de carrière, les voûtes des fosses souterraines ou des galeries des mines, lors même que ces profondeurs, ces puits ou ces citernes ne contiennent point d'eau. Les émanations de la terre ayant leur libre issue par ces espèces de cheminées, le terrain qui en recouvre le sommet n'est jamais gelé au même degré que la terre pleine ; il permet aux émanations leur cours ordinaire, et leur chaleur suffit pour fondre la neige sur tous ces endroits creux, tandis qu'elle subsiste et demeure sur tout le reste de la surface où la terre n'est point excavée.

Cette suppression des émanations de la chaleur propre de la terre se fait non seulement par la gelée, mais encore par le simple resserrement de la terre, souvent occasionné par un moindre degré de froid que celui qui est nécessaire pour en geler la surface. Il y a très peu de pays où il gèle dans les plaines au delà du 35e degré de latitude, surtout dans l'hémisphère boréal ; il semble donc que depuis l'équateur jusqu'au 35e degré, les émanations de

(*a*) On s'aperçoit de ces vents rabattus toutes les fois qu'il doit geler ou tomber de la neige ; le vent, sans même être très violent, se rabat par les cheminées, et chasse dans la chambre les cendres du foyer ; cela ne manque jamais d'arriver, surtout pendant la nuit, lorsque le feu est éteint ou couvert.

la chaleur terrestre ayant toujours leur libre issue, il ne devrait y avoir presque aucune différence de l'hiver à l'été, puisque cette différence ne pourrait provenir que de deux causes, toutes deux trop petites pour produire un résultat sensible. La première de ces causes est la différence de l'action solaire; mais comme cette action elle-même est beaucoup plus petite que celle de la chaleur terrestre, leur différence devient dès lors si peu considérable, qu'on peut la regarder comme nulle. La seconde cause est l'épaisseur du globe, qui, vers le 35e degré, est à peu près de $\frac{1}{590}$ moindre qu'à l'équateur; mais cette différence ne peut encore produire qu'un très petit effet, qui n'est nullement proportionnel à celui que nous indiquent les observations, puisqu'à 35 degrés le rapport des émanations de la chaleur terrestre à la chaleur solaire est en été de 33 à 1, et en hiver de 153 à 1, ce qui donnerait 186 à 2, ou 93 à 1. Ce ne peut donc être qu'au resserrement de la terre, occasionné par le froid, ou même au froid produit par les pluies durables qui tombent dans ces climats, qu'on peut attribuer cette différence de l'hiver à l'été; le resserrement de la terre par le froid supprime une partie des émanations de la chaleur intérieure, et le froid, toujours renouvelé par la chute des pluies, diminue l'intensité de cette même chaleur; ces deux causes produisent donc ensemble la différence de l'hiver à l'été.

D'après cet exposé, il me semble que l'on est maintenant en état d'entendre pourquoi les hivers semblent être si différents. Ce point de physique générale n'avait jamais été discuté; personne, avant M. de Mairan, n'avait même cherché les moyens de l'expliquer, et nous avons démontré précédemment l'insuffisance de l'explication qu'il en donne : la mienne, au contraire, me paraît si simple et si bien fondée, que je ne doute pas qu'elle ne soit entendue pour tous les bons esprits.

Après avoir prouvé que la chaleur qui nous vient du soleil est fort inférieure à la chaleur propre de notre globle; après avoir exposé qu'en ne la supposant que de $\frac{1}{50}$, le refroidissement du globe à la température actuelle n'a pu se faire qu'en 74,832 ans; après avoir montré que le temps de ce refroidissement serait encore plus long, si la chaleur envoyée par le soleil à la terre était dans un rapport plus grand, c'est-à-dire de $\frac{1}{25}$ ou de $\frac{1}{10}$ au lieu de $\frac{1}{50}$; on ne pourra pas nous blâmer d'avoir adopté la proportion qui nous paraît la plus plausible par les raisons physiques, et en même temps la plus convenable, pour ne pas trop étendre et reculer trop loin les temps du commencement de la nature, que nous avons fixé à 37 ou 38 mille ans à dater en arrière de ce jour.

J'avoue néanmoins que ce temps, tout considérable qu'il est, ne me paraît pas encore assez grand, assez long pour certains changements, certaines altérations successives que l'histoire naturelle nous démontre, et qui semble avoir exigé une suite de siècles encore plus longue; je serais donc très porté à croire que dans le réel les temps ci-devant indiqués pour la durée de la nature doivent être augmentés peut-être du double si l'on veut se trouver à l'aise pour l'explication de tous les phénomènes. Mais, je le répète, je m'en suis tenu aux moindres termes, et j'ai restreint les limites du temps autant qu'il était possible de le faire sans contredire les faits et les expériences.

On pourra peut-être chicaner ma théorie par une autre objection qu'il est bon de prévenir. On me dira que j'ai supposé, d'après Newton, la chaleur de l'eau bouillante trois fois plus grande que celle du soleil d'été, et la chaleur du fer rouge huit fois plus grande que celle de l'eau bouillante, c'est-à-dire vingt-quatre ou vingt-cinq fois plus grande que celle de la température actuelle de la terre, et qu'il entre de l'hypothétique dans cette supposition, sur laquelle j'ai néanmoins fondé la seconde base de mes calculs, dont les résultats seraient sans doute fort différents si cette chaleur du fer rouge ou du verre en incandescence, au lieu d'être en effet vingt-cinq fois plus grande que la chaleur actuelle du globe, n'était par exemple que cinq ou six fois aussi grande.

Pour sentir la valeur de cette objection, faisons d'abord le calcul du refroidissement de la terre, dans cette supposition qu'elle n'était dans le temps de l'incandescence que cinq fois plus chaude qu'elle l'est aujourd'hui, en supposant, comme dans les autres calculs, que la chaleur solaire n'est que $\frac{1}{50}$ de la chaleur terrestre. Cette chaleur solaire, qui fait aujourd'hui compensation de $\frac{1}{50}$, n'aurait fait compensation que de $\frac{1}{250}$ dans le temps de l'incandescence. Ces deux termes ajoutés donnent $\frac{6}{250}$, qui multipliés par $2\frac{1}{2}$, moitié de la somme de tous les termes de la diminution de la chaleur, donnent $\frac{15}{250}$ pour la compensation totale qu'a faite la chaleur du soleil pendant la période entière de la déperdition de la chaleur propre du globe, qui est de 74,047 ans. Ainsi l'on aura $5 : \frac{15}{250} : : 74,047 : 888\frac{14}{25}$. D'où l'on voit que le prolongement du refroidissement qui, pour une chaleur vingt-cinq fois plus grande que la température actuelle, n'a été que de 770 ans, aurait été de $888\frac{14}{25}$, dans la supposition que cette première chaleur n'aurait été que cinq fois plus grande que cette même température actuelle. Cela seul nous fait voir que, quand même on voudrait supposer cette chaleur primitive fort au-dessous de vingt-cinq, il n'en résulterait qu'un prolongement plus long pour le refroidissement du globe, et cela seul me paraît suffire aussi pour satisfaire à l'objection.

Enfin, me dira-t-on, vous avez calculé la durée du refroidissement des planètes, non seulement par la raison inverse de leurs diamètres, mais encore par la raison inverse de leur densité ; cela serait fondé si l'on pouvait imaginer qu'il existe en effet des matières dont la densité serait aussi différente de celle de notre globe ; mais en existe-t-il ? Quelle sera, par exemple, la matière dont vous composerez Saturne, puisque sa densité est plus de cinq fois moindre que celle de la terre ?

A cela je réponds qu'il serait aisé de trouver dans le genre végétal des matières cinq ou six fois moins denses qu'une masse de fer, de marbre blanc, de grès, de marbre commun et de pierre calcaire dure, dont nous savons que la terre est principalement composée ; mais sans sortir du règne minéral, et considérant la densité de ces cinq matières, on a pour celle du fer $21\frac{10}{12}$, pour celle du marbre blanc $8\frac{25}{72}$, pour celle du grès $7\frac{24}{72}$, pour celles du marbre commun et de la pierre calcaire dure $7\frac{20}{72}$: prenant le terme moyen des densités de ces cinq matières, dont le globe terrestre est principalement composé, on trouve que sa densité est $10\frac{5}{18}$. Il s'agit donc de trouver une matière dont la densité soit $1\frac{891\frac{1}{9}}{1000}$, ce qui est le même rapport de 184, densité de Saturne, à 1,000, densité de la terre. Or, cette matière serait une espèce de pierre ponce un peu moins dense que la pierre ponce ordinaire, dont la densité relative est ici de $1\frac{69}{72}$; il paraît donc que Saturne est principalement composé d'une matière légère semblable à la pierre ponce.

De même, la densité de la terre étant à celle de Jupiter : : 1,000 : 292, ou : : $10\frac{5}{18} : 3\frac{1\frac{1}{9}}{1000}$, on doit croire que Jupiter est composé d'une matière plus dense que la pierre ponce, et moins dense que la craie.

La densité de la terre étant à celle de la lune : : 1,000 : 702, ou : : $10\frac{5}{18} : 7\frac{215}{1000}$, cette planète secondaire est composée d'une matière dont la densité n'est pas tout à fait si grande que celle de la pierre calcaire dure, mais plus grande que celle de la pierre calcaire tendre.

La densité de la terre étant à celle de Mars : : 1,000 : 730, ou : : $10\frac{5}{18} : 7\frac{502\frac{1}{9}}{1000}$, on doit croire que cette planète est composée d'une matière dont la densité est un peu plus grande que celle du grès, et moins grande que celle du marbre blanc.

Mais la densité de la terre étant à celle de Vénus : : 1,000 : 1,270, : ou : : $10\frac{5}{18} : 13\frac{52\frac{7}{9}}{1000}$, on peut croire que cette planète est principalement composée d'une matière plus dense que l'émeril, et moins dense que le zinc.

Enfin la densité de la terre étant à celle de Mercure : : 1,000 : 2,040, ou : : $10\frac{5}{18} : 20\frac{966\frac{2}{3}}{1000}$, on doit croire que cette planète est composée d'une matière un peu moins dense que le fer, mais plus dense que l'étain.

Eh! comment, dira-t-on, la nature vivante, que vous supposez établie partout, peut-elle exister sur des planètes de fer, d'émeril ou de pierre ponce? Par les mêmes causes, répondrai-je, et par les mêmes moyens qu'elle existe sur le globe terrestre, quoique composé de pierre, de grès, de marbre, de fer et de verre. Il en est des autres planètes comme de notre globe, leur fonds principal est une des matières que nous venons d'indiquer, mais les causes extérieures auront bientôt altéré la couche superficielle de cette matière, et selon les différents degrés de chaleur ou de froid, de sécheresse ou d'humidité, elles auront converti en assez peu de temps cette matière, de quelque nature qu'on la suppose, en une terre féconde et propre à recevoir les germes de la nature organisée, qui tous n'ont besoin que de chaleur et d'humidité pour se développer.

Après avoir satisfait aux objections qui paraissent se présenter les premières, il est nécessaire d'exposer les faits et les observations par lesquelles on s'est assuré que la chaleur du soleil n'est qu'un accessoire, un petit complément à la chaleur réelle qui émane continuellement du globe de la terre; et il sera bon de faire voir en même temps comment les thermomètres comparables nous ont appris d'une manière certaine que le chaud de l'été est égal dans tous les climats de la terre, à l'exception de quelques endroits, comme le Sénégal, et de quelques autres parties de l'Afrique, où la chaleur est plus grande qu'ailleurs, par des raisons particulières dont nous parlerons lorsqu'il s'agira d'examiner les exceptions à cette règle générale.

On peut démontrer, par des évaluations incontestables, que la lumière, et par conséquent la chaleur envoyée du soleil à la terre en été est très grande en comparaison de la chaleur envoyée par ce même astre en hiver, et que néanmoins, par des observations très exactes et très réitérées, la différence de la chaleur réelle de l'été à celle de l'hiver est fort petite. Cela seul serait suffisant pour prouver qu'il existe dans le globe terrestre une très grande chaleur, dont celle du soleil ne fait que le complément; car en recevant les rayons du soleil sur le même thermomètre en été et en hiver, M. Amontons a le premier observé que les plus grandes chaleurs de l'été dans notre climat ne diffèrent du froid de l'hiver, lorsque l'eau se congèle, que comme 7 diffère de 6, tandis qu'on peut démontrer que l'action du soleil en été est environ 66 fois plus grande que celle du soleil en hiver : on ne peut donc pas douter qu'il n'y ait un fonds de très grande chaleur dans le globe terrestre, sur lequel, comme base, s'élèvent les degrés de la chaleur qui nous vient du soleil, et que les émanations de ce fonds de chaleur à la surface du globe ne nous donnent une quantité de chaleur beaucoup plus grande que celle qui nous arrive du soleil.

Si l'on demande comment on a pu s'assurer que la chaleur envoyée par le soleil en été est 66 fois plus grande que la chaleur envoyée par ce même astre en hiver dans notre climat, je ne puis mieux répondre qu'en renvoyant aux Mémoires donnés par feu M. de Mairan en 1719, 1722 et 1765, et insérés dans ceux de l'Académie, où il examine avec une attention scrupuleuse les causes de la vicissitude des saisons dans les différents climats. Ces causes peuvent se réduire à quatre principales, savoir : 1° l'inclinaison sous laquelle tombe la lumière du soleil suivant les différentes hauteurs de cet astre sur l'horizon; 2° l'intensité de la lumière, plus ou moins grande, à mesure que son passage dans l'atmosphère est plus ou moins oblique; 3° la différente distance de la terre au soleil en été et en hiver; 4° l'inégalité de la longueur des jours dans les climats différents. Et en partant du principe que la quantité de la chaleur est proportionnelle à l'action de la lumière, on se démontrera aisément à soi-même que ces quatre causes réunies, combinées et comparées, diminuent pour notre climat cette action de la chaleur du soleil dans un rapport d'environ 66 à 1 du solstice d'été au solstice d'hiver. Et en supposant l'affaiblissement de l'action de la lumière par ces quatre causes, c'est-à-dire : 1° par la moindre ascension ou élévation du soleil a midi du solstice d'hiver, en comparaison de son ascension à midi du solstice d'été; 2° par la diminution de l'intensité de la lumière qui traverse plus obliquement l'atmosphère au solstice d'hiver qu'au solstice d'été; 3° par la plus grande proximité de la terre au soleil en hiver qu'en été; 4° par la diminution de la continuité de la chaleur produite par la moindre durée du jour ou par la plus longue absence du soleil au solstice d'hiver, qui, dans notre climat, est à peu près double de celle du solstice d'été, on ne pourra pas douter que la différence ne soit en effet très grande et environ de 66 à 1 dans notre climat, et cette vérité de théorie peut être regardée comme aussi certaine que la seconde vérité qui est d'expérience, et qui nous démontre, par les observations du thermomètre exposé immédiatement aux rayons du soleil en hiver et en été, que la différence de la chaleur réelle dans ces deux temps n'est néanmoins tout au plus que de 7 à 6 ; je dis tout au plus, car cette détermination donnée par M. Amontons n'est pas à beaucoup près aussi exacte que celle qui a été faite par M. de Mairan, d'après un grand nombre d'observations ultérieures, par lesquelles il prouve que ce rapport est : : 32 : 31. Que doit donc indiquer cette prodigieuse inégalité entre ces deux rapports de l'action de la chaleur solaire en été et en hiver, qui est de 66 à 1, et de celui de la chaleur réelle qui n'est que, de 32 à 31 de l'été à l'hiver ? N'est-il pas évident que la chaleur propre du globe de la terre est nombre de fois plus grande que celle qui lui vient du soleil ? Il paraît en effet que, dans le climat de Paris, cette chaleur de la terre est 29 fois plus grande en été, et 491 fois plus grande en hiver que celle du soleil, comme l'a déterminé M. de Mairan. Mais j'ai déjà averti qu'on ne devait pas conclure de ces deux rapports combinés le rapport réel de la chaleur du globe de la terre à celle qui lui vient du soleil, et j'ai donné les raisons qui m'ont décidé à supposer qu'on peut estimer cette chaleur du soleil cinquante fois moindre que la chaleur qui émane de la terre.

Il nous reste maintenant à rendre compte des observations faites avec les thermomètres. On a recueilli, depuis l'année 1701 jusqu'en 1756 inclusivement, le degré du plus grand chaud et celui du plus grand froid qui s'est fait à Paris chaque année; on en a fait une somme, et l'on a trouvé qu'année commune tous les thermomètres, réduits à la division de Réaumur, ont donné 1,026, pour la plus grande chaleur de l'été, c'est-à-dire 26 degrés au-dessus du point de la congélation de l'eau. On a trouvé de même que le degré commun du plus grand froid de l'hiver a été pendant ces cinquante-six années de 994, ou de 6 degrés au-dessous de la congélation de l'eau ; d'où l'on a conclu, avec raison, que le plus grand chaud de nos étés à Paris ne diffère du plus grand froid de nos hivers que de $\frac{1}{32}$, puisque 994 : 1,026 : : 31 : 32. C'est sur ce fondement que nous avons dit que le rapport du plus grand chaud au plus grand froid n'était que : : 32 : 31. Mais on peut objecter contre la précision de cette évaluation le défaut de construction du thermomètre, division de Réaumur, auquel on réduit ici l'échelle de tous les autres, et ce défaut est de ne partir que de 1,000 degrés au-dessous de la glace, comme si ce millième degré était en effet celui du froid absolu, tandis que le froid absolu n'existe point dans la nature, et que celui de la plus petite chaleur devrait être supposé de 10,000 au lieu de 1,000, ce qui changerait la graduation du thermomètre. On peut encore dire qu'à la vérité il n'est pas impossible que toutes nos sensations entre le plus grand chaud et le plus grand froid soient comprises dans un aussi petit intervalle que celui d'une unité sur 32 de chaleur, mais que la voix du sentiment semble s'élever contre cette opinion, et nous dire que cette limite est trop étroite, et que c'est bien assez réduire cet intervalle que de lui donner un huitième ou un septième au lieu d'un trente-deuxième.

Mais, quoi qu'il en soit de cette évaluation, qui se trouvera peut-être encore trop forte lorsqu'on aura des thermomètres mieux construits, on ne peut pas douter que la chaleur de la terre, qui sert de base à la chaleur réelle que nous éprouvons ne soit très considérablement plus grande que celle qui nous vient du soleil, et que cette dernière n'en soit qu'un petit complément. De même, quoique les thermomètres dont on s'est servi pèchent par le principe de leur construction et par quelques autres défauts dans leur graduation, on ne peut pas douter de la vérité des faits comparés que nous ont appris les observations faites en différents pays avec ces mêmes thermomètres, construits et gradués de la même façon, parce qu'il ne s'agit ici que de vérités relatives et de résultats comparés, et non pas de vérités absolues.

Or, de la même manière qu'on a trouvé, par l'observation de cinquante-six années successives, la chaleur de l'été à Paris, de 1,026 ou de 26 degrés au-dessus de la congélation, on a aussi trouvé avec les mêmes thermomètres que cette chaleur de l'été était 1,026 dans tous les autres climats de la terre, depuis l'équateur jusque vers le cercle polaire (*a*); à Madagascar, aux îles de France et de Bourbon, à l'île Rodrigue, à Siam, aux Indes orientales, à Alger, à Malte, à Cadix, à Montpellier, à Lyon, à Amsterdam, à Varsovie, à Upsal, à Pétersbourg et jusqu'en Laponie, près du cercle polaire; à Cayenne, au Pérou, à la Martinique, à Carthagène en Amérique et à Panama; enfin dans tous les climats des deux hémisphères et des deux continents où l'on a pu faire des observations, on a constamment trouvé que la liqueur du thermomètre s'élevait également à 25, 26 ou 27 degrés dans les jours les plus chauds de l'été; et de là résulte le fait incontestable de l'égalité de la chaleur en été dans tous les climats de la terre. Il n'y a sur cela d'autres exceptions que celles du Sénégal et de quelques autres endroits où le thermomètre s'élève 5 ou 6 degrés de plus, c'est-à-dire 31 ou 32 degrés; mais c'est par des causes accidentelles et locales qui n'altèrent point la vérité des observations ni la certitude de ce fait général, lequel seul pourrait encore nous démontrer qu'il existe réellement une très grande chaleur dans le globe terrestre, dont l'effet ou les émanations sont à peu près égales dans tous les points de sa surface, et que le soleil, bien loin d'être la sphère unique de la chaleur qui anime la nature, n'en est tout au plus que le régulateur.

Ce fait important, que nous consignons à la postérité, lui fera reconnaître la progression réelle de la diminution de la chaleur du globe terrestre, que nous n'avons pu déterminer que d'une manière hypothétique; on verra dans quelques siècles que la plus grande chaleur de l'été, au lieu d'élever la liqueur du thermomètre à 26, ne l'élèvera plus qu'à 25, à 24 ou au-dessous, et on jugera par cet effet, qui est le résultat de toutes les causes combinées, de la valeur de chacune des causes particulières qui produisent l'effet total de la chaleur à la surface du globe; car indépendamment de la chaleur qui appartient en propre à la terre, et qu'elle possède dès le temps de l'incandescence, chaleur dont la quantité est très considérablement diminuée, et continuera de diminuer dans la succession des temps, indépendamment de la chaleur qui nous vient du soleil, qu'on peut regarder comme constante, et qui par conséquent fera dans la suite une plus grande compensation qu'aujourd'hui à la perte de cette chaleur propre du globe, il y a encore deux autres causes particulières qui peuvent ajouter une quantité considérable de chaleur à l'effet des deux premières, qui sont les seules dont nous ayons fait jusqu'ici l'évaluation.

L'une de ces causes particulières provient en quelque façon de la première cause générale, et peut y ajouter quelque chose. Il est certain que dans le temps de l'incandescence et dans tous les siècles subséquents, jusqu'à celui du refroidissement de la terre au point de pouvoir la toucher, toutes les matières volatiles ne pouvaient résider à la surface ni même dans l'intérieur du globe; elles étaient élevées et répandues en forme de vapeurs, et n'ont pu se déposer que successivement à mesure qu'il se refroidissait. Ces matières ont pénétré par les fentes et les crevasses de la terre à d'assez grandes profondeurs en une infinité d'endroits; c'est là le fonds primitif des volcans, qui, comme l'on sait, se trouvent tous dans les hautes montagnes, où les fentes de la terre sont d'autant plus grandes que ces pointes du globe sont plus avancées, plus isolées : ce dépôt des

(*a*) Voyez sur cela les Mémoires de feu M. de Réaumur, dans ceux de l'Académie, ann. 1735 et 1741 ; et aussi les mémoires de feu M. de Mairan, dans ceux de l'année 1765, p. 213.

matières volatiles du premier âge aura été prodigieusement augmenté par l'addition de toutes les matières combustibles, dont la formation est des âges subséquents. Les pyrites, les soufres, les charbons de terre, les bitumes, etc., ont pénétré dans les cavités de la terre et ont produit presque partout de grands amas de matières inflammables, et souvent des incendies qui se manifestent par des tremblements de terre, par l'éruption des volcans, et par les sources chaudes qui découlent des montagnes, ou sourdissent à l'intérieur dans les cavités de la terre. On peut donc présumer que ces feux souterrains, dont les uns brûlent, pour ainsi dire, sourdement et sans explosion, et dont les autres éclatent avec tant de violence, augmentent un peu l'effet de la chaleur générale du globe. Néanmoins, cette addition de chaleur ne peut être que très petite, car on a observé qu'il fait à très peu près aussi froid au-dessus des volcans qu'au-dessus des autres montagnes à la même hauteur, à l'exception des temps où le volcan travaille et jette au dehors des vapeurs enflammées ou des matières brûlantes. Cette cause particulière de chaleur ne me paraît donc pas mériter autant de considération que lui en ont donné quelques physiciens.

Il n'en est pas de même d'une seconde cause à laquelle il semble qu'on n'a pas pensé : c'est le mouvement de la lune autour de la terre. Cette planète secondaire fait sa révolution autour de nous en 27 jours un tiers environ, et étant éloignée à 85.325 lieues, elle parcourt une circonférence de 536,329 lieues dans cet espace de temps, ce qui fait un mouvement de 817 lieues par heure, ou de 13 à 14 lieues par minute : quoique cette marche soit peut-être la plus lente de tous les corps célestes, elle ne laisse pas d'être assez rapide pour produire sur la terre, qui sert d'essieu ou de pivot à ce mouvement, une chaleur considérable par le frottement qui résulte de la charge et de la vitesse de cette planète. Mais il ne nous est pas possible d'évaluer cette quantité de chaleur produite par cette cause extérieure, parce que nous n'avons rien jusqu'ici qui puisse nous servir d'unité ou de terme de comparaison. Mais si l'on parvient jamais à connaître le nombre, la grandeur et la vitesse de toutes les comètes, comme nous connaissons le nombre, la grandeur et la vitesse de toutes les planètes qui circulent autour du soleil, on pourra juger alors de la quantité de chaleur que la lune peut donner à la terre par la quantité beaucoup plus grande de feu que tous ces vastes corps excitent dans le soleil. Et je serais fort porté à croire que la chaleur produite par cette cause dans le globe de la terre ne laisse pas de faire une partie assez considérable de sa chaleur propre; et qu'en conséquence il faut encore étendre les limites des temps pour la durée de la nature. Mais revenons à notre principal objet.

Nous avons vu que les étés sont à très peu près égaux dans tous les climats de la terre, et que cette vérité est appuyée sur des faits incontestables; mais il n'en est pas de même des hivers; ils sont très inégaux, et d'autant plus inégaux dans les différents climats qu'on s'éloigne plus de celui de l'équateur, où la chaleur en hiver et en été est à peu près la même. Je crois en avoir donné la raison dans le cours de ce Mémoire, et avoir expliqué d'une manière satisfaisante la cause de cette inégalité, par la suppression des émanations de la chaleur terrestre. Cette suppression est, comme je l'ai dit, occasionnée par les vents froids qui se rabattent du haut de l'air, resserrent les terres, glacent les eaux et renferment les émanations de la chaleur terrestre pendant tout le temps que dure la gelée, en sorte qu'il n'est pas étonnant que le froid des hivers soit en effet d'autant plus grand que l'on avance davantage vers les climats où la masse de l'air, recevant plus obliquement les rayons du soleil, est par cette raison la plus froide.

Mais il y a pour le froid comme pour le chaud quelques contrées sur la terre qui font une exception à la règle générale. Au Sénégal, en Guinée, à Angola, et probablement dans tous les pays où l'on trouve l'espèce humaine teinte de noir, comme en Nubie, à la terre des Papous, dans la Nouvelle-Guinée, etc., il est certain que la chaleur est plus grande que dans tout le reste de la terre; mais c'est par des causes locales, dont nous avons donné l'explication dans le second volume de cet ouvrage (a). Ainsi, dans ces climats particuliers où le vent d'est règne pendant toute l'année, et passe avant d'arriver sur une étendue de terre très considérable où il prend une chaleur brûlante, il n'est pas étonnant que la chaleur se trouve plus grande de 5, 6 et même 7 degrés qu'elle ne l'est partout ailleurs. Et de même les froids excessifs de la Sibérie ne prouvent rien autre chose, sinon que cette partie de la surface du globe est beaucoup plus élevée que toutes les terres adjacentes. « Les pays asiatiques septentrionaux, dit le baron de Strahlenberg, » sont considérablement plus élevés que les Européens ; ils le sont comme une table l'est » en comparaison du plancher sur lequel elle est posée; car lorsqu'en venant de l'ouest et » sortant de la Russie on passe à l'est par les monts Riphées et Rymniques pour entrer » en Sibérie, on avance toujours plus en montant qu'en descendant (b). — Il y a bien des » plaines en Sibérie, dit M. Gmelin, qui ne sont pas moins élevées au-dessus du reste de » la terre, ni moins éloignées de son centre, que ne le sont d'assez hautes montagnes » en plusieurs autres régions (c). » Ces plaines de Sibérie paraissent être en effet tout aussi hautes que le sommet des monts Riphées, sur lequel la glace et la neige ne fondent pas entièrement pendant l'été : et si ce même effet n'arrive pas dans les plaines de Sibérie, c'est parce qu'elles sont moins isolées, car cette circonstance locale fait encore beaucoup à la durée et à l'intensité du froid ou du chaud. Une vaste plaine une fois échauffée conservera sa chaleur plus longtemps qu'une montagne isolée, quoique toutes deux également élevées, et par cette même raison la montagne une fois refroidie conservera sa neige ou sa glace plus longtemps que la plaine.

Mais si l'on compare l'excès du chaud à l'excès du froid produit par ces causes particulières et locales, on sera peut-être surpris de voir que dans les pays tels que le Sénégal, où la chaleur est la plus grande, elle n'excède néanmoins que de 7 degrés la plus grande chaleur générale qui est de 26 degrés au-dessus de la congélation, et que la plus grande hauteur à laquelle s'élève la liqueur du thermomètre n'est tout au plus que de 33 degrés au-dessus de ce même point, tandis que les grands froids de Sibérie vont quelquefois jusqu'à 60 et 70 degrés au-dessous de ce même point de la congélation, et qu'à Pétersbourg, à Upsal, etc., sous la même latitude de la Sibérie, les plus grands froids ne font descendre la liqueur qu'à 25 ou 26 degrés au-dessous de la congélation ; ainsi l'excès de chaleur produit par les causes locales n'étant que de 6 ou 7 degrés au-dessus de la plus grande chaleur du reste de la zone torride, et l'excès du froid produit de même par les causes locales étant de plus de 40 degrés au-dessous du plus grand froid sous la même latitude, on doit en conclure que ces mêmes causes locales ont bien plus d'influence dans les climats froids que dans les climats chauds, quoiqu'on ne voie pas d'abord ce qui peut produire cette grande différence dans l'excès du froid et du chaud. Cependant, en y réfléchissant, il me semble qu'on peut concevoir aisément la raison de cette différence. L'augmentation de la chaleur d'un climat tel que le Sénégal ne peut venir que de l'action de l'air, de la nature du terroir et de la dépression du terrain : cette contrée presque au niveau de la mer est en grande partie couverte de sables arides ; un vent d'est constant, au lieu d'y rafraîchir l'air, le rend brûlant, parce que ce vent traverse avant que d'arriver plus de 2,000 lieues de terre, sur laquelle il s'échauffe toujours de plus en plus, et néanmoins toutes ces causes réunies ne produisent qu'un excès de 6 ou 7 degrés au-dessus de 26, qui est le terme de la plus grande chaleur de tous les autres climats. Mais, dans une contrée telle que la Sibérie, où les plaines sont élevées comme les sommets

(a) Voyez l'*Histoire naturelle*, t. II, art. Variétés de l'espèce humaine, p. 137 et suivantes.

(b) *Description de l'empire Russien*, traduction française, t. Ier, p. 322, d'après l'allemand, imprimée à Stockholm, en 1730.

(c) *Flora Siberica*, Præf., p. 58 et 64.

des montagnes le sont au-dessus du niveau du reste de la terre, cette seule différence d'élévation doit produire un effet proportionnellement beaucoup plus grand que la dépression du terrain du Sénégal, qu'on ne peut pas supposer plus grande que celle du niveau de la mer; car si les plaines de Sibérie sont seulement élevées de quatre ou cinq cents toises au-dessus du niveau d'Upsal ou de Pétersbourg, on doit cesser d'être étonné que l'excès du froid y soit si grand, puisque la chaleur qui émane de la terre décroissant à chaque point comme l'espace augmente, cette seule cause de l'élévation du terrain suffit pour expliquer cette grande différence du froid sous la même latitude.

Il ne reste sur cela qu'une question assez intéressante. Les hommes, les animaux et les plantes peuvent supporter pendant quelque temps la rigueur de ce froid extrême, qui est de 60 degrés au-dessous de la congélation : pourraient-ils également supporter une chaleur qui serait de 60 degrés au-dessus? Oui, si l'on pouvait se précautionner et se mettre à l'abri contre le chaud, comme on sait le faire contre le froid; si d'ailleurs cette chaleur excessive ne durait, comme le froid excessif, que pendant un petit temps, et si l'air pouvait pendant le reste de l'année rafraîchir la terre de la même manière que les émanations de la chaleur du globe réchauffent l'air dans les pays froids : on connaît des plantes, des insectes et des poissons qui croissent et vivent dans des eaux thermales, dont la chaleur est de 45, 50, et jusqu'à 60 degrés; il y a donc des espèces dans la nature vivante qui peuvent supporter ce degré de chaleur, et comme les nègres sont dans le genre humain ceux que la grande chaleur incommode le moins, ne devrait-on pas en conclure avec assez de vraisemblance, que, dans notre hypothèse, leur race pourrait être plus ancienne que celle des hommes blancs?

FIN DU TOME PREMIER.

TABLE DES MATIÈRES

DU TOME PREMIER.

Pages.

PRÉFACE, par M. de Lanessan. I
NOTICE BIOGRAPHIQUE, par M. de Lanessan. *1
INTRODUCTION, par M. de Lanessan. *51
Premier Discours.— De la manière d'étudier et de traiter l'Histoire naturelle. 1
Second Discours. — Histoire et théorie de la terre. 34
Preuves de la théorie de la terre. — Article premier. De la formation des planètes. 67
Article II. Du système de M. Whiston. 82
Article III. Du système de M. Burnet. 86
Article IV. Du système de M. Woodward. 87
Article V. Exposition de quelques autres systèmes. 89
Article VI. Géographie. 95
Article VII. Sur la production des couches ou lits de terre. 104
Article VIII. Sur les coquilles et les autres productions de la mer qu'on trouve dans l'intérieur de la terre. 119
Article IX. Sur les inégalités de la surface de la terre. 135
Article X. Des fleuves 144
Article XI. Des mers et des lacs. 160
Article XII. Du flux et du reflux. 179
Article XIII. Des inégalités du fond de la mer et des courants. 184
Article XIV. Des vents réglés. 190
Article XV. Des vents irréguliers, des ouragans, des trombes et de quelques autres phénomènes causés par l'agitation de la mer et de l'air 197
Article XVI. Des volcans et des tremblements de terre. 206
Article XVII. Des îles nouvelles, des cavernes, des fentes perpendiculaires, etc 219
Article XVIII. De l'effet des pluies, des marécages, des bois souterrains, des eaux souterraines. 231
Article XIX. Des changements de terres en mers et de mers en terres. . . 235
CONCLUSION. 247

ADDITIONS ET CORRECTIONS AUX ARTICLES QUI CONTIENNENT LES PREUVES DE LA THÉORIE DE LA TERRE.

Pages.

Additions à l'article qui a pour titre : De la formation des planètes. 248
Additions et corrections à l'article qui a pour titre : Géographie. 250
Additions à l'article qui a pour titre : De la production des couches ou lits de terre. 255
Additions et corrections à l'article qui a pour titre : Sur les coquillages et autres productions marines qu'on trouve dans l'intérieur de la terre. . 260
Additions à l'article qui a pour titre : Des inégalités de la surface de la terre. 265
Additions à l'article qui a pour titre : Des fleuves. 273
Additions et corrections à l'article qui a pour titre : Des mers et des lacs. 275
Additions et corrections à l'article qui a pour titre : Des inégalités du fond de la mer et des courants. 284
Additions à l'article qui a pour titre : Des vents réglés 287
Additions à l'article qui a pour titre : Des vents irréguliers, des trombes, etc. 292
Additions à l'article qui a pour titre : Des tremblements de terre et des volcans. 295
Additions à l'article qui a pour titre : Des cavernes. 324
Additions à l'article qui a pour titre : De l'effet des pluies, des marécages, des bois souterrains, des eaux souterraines. 326
Additions à l'article qui a pour titre : Des changements de mer en terre. . 336

SUPPLÉMENT à la théorie de la terre. Partie hypothétique. *Premier mémoire.* — Recherches sur le refroidissement de la terre et des planètes. 337
Second mémoire. — Fondements des recherches précédentes sur la température des planètes. 396

FIN DE LA TABLE DU PREMIER VOLUME.

Paris. — Imp. Vve P. Larousse et Cie, rue Montparnasse, 19.

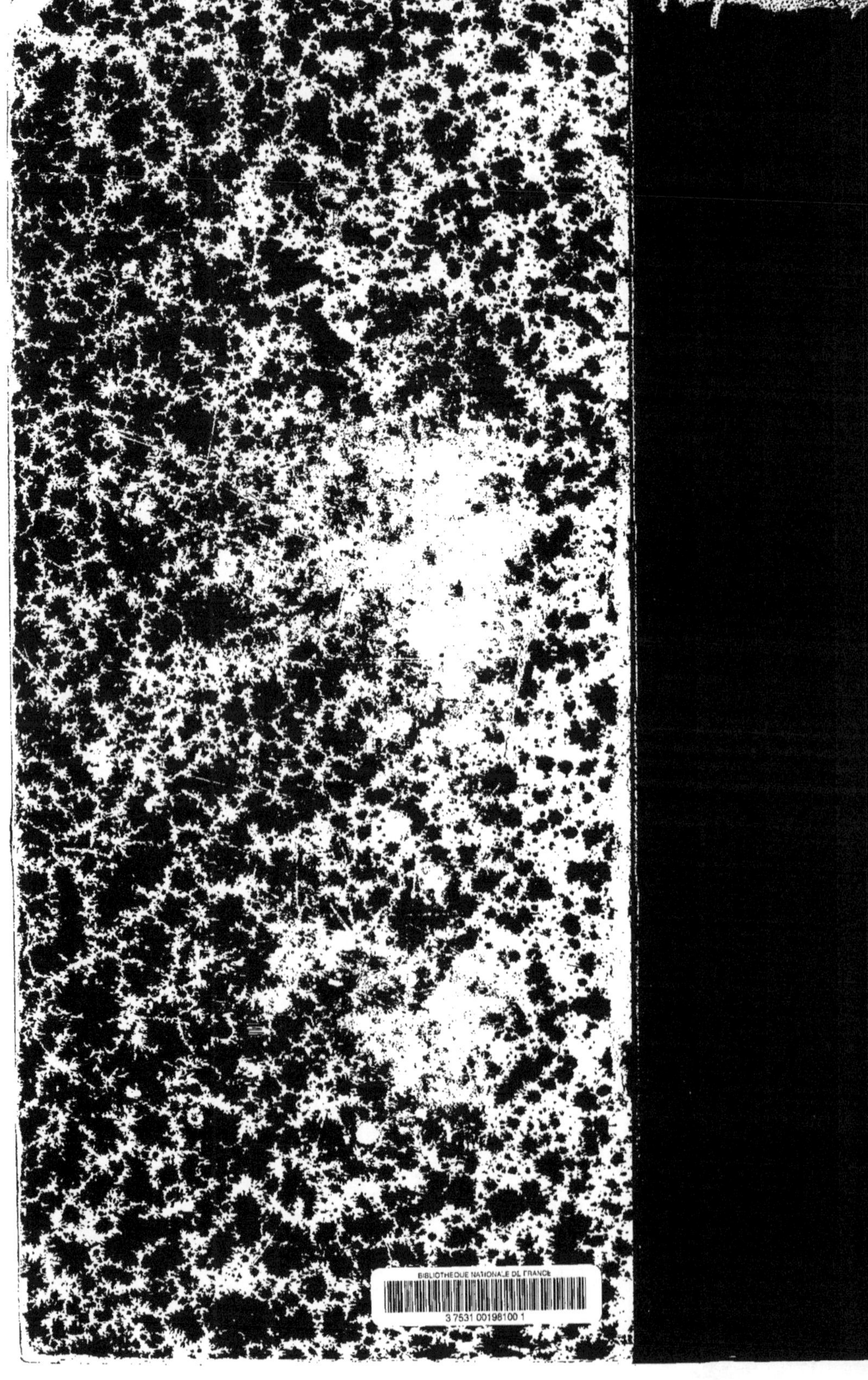

www.ingramcontent.com/pod-product-compliance
Ingram Content Group UK Ltd.
Pitfield, Milton Keynes, MK11 3LW, UK
UKHW022315190726
13856UKWH00001B/16